中国知识产权研究会 ○编

各行业专利技术现状及其发展趋势报告
（2016—2017）

GEHANGYE ZHUANLI JISHU XIANZHUANG JIQI FAZHAN QUSHI BAOGAO（2016—2017）

知识产权出版社
全国百佳图书出版单位

图书在版编目（CIP）数据

各行业专利技术现状及其发展趋势报告．2016—2017/中国知识产权研究会编．—北京：知识产权出版社，2017.4

ISBN 978-7-5130-4836-1

Ⅰ.①各… Ⅱ.①中… Ⅲ.①专利—技术发展—研究报告—中国—2016—2017 Ⅳ.①G306.72

中国版本图书馆 CIP 数据核字（2017）第 064306 号

内容提要

本书以陶瓷膜等十五个领域的专利数据为基础，通过对国内外专利数据库的检索和分析，全面地阐述了相关技术领域内专利申请和保护的状况，同时针对重点技术的竞争情况给出了明晰的结论，并对相关技术的发展趋势进行了预测。

责任编辑：纪萍萍　　　　　责任校对：王　岩
　　　　　　　　　　　　　　责任出版：刘译文

各行业专利技术现状及其发展趋势报告（2016—2017）
中国知识产权研究会　编

出版发行：知识产权出版社有限责任公司	网　址：http://www.ipph.cn
社　址：北京市海淀区西外太平庄 55 号	邮　编：100081
责编电话：010-82000860 转 8387	责编邮箱：jpp99@126.com
发行电话：010-82000860 转 8101/8102	发行传真：010-82000893/82005070/82000270
印　刷：三河市国英印务有限公司	经　销：各大网上书店、新华书店及相关专业书店
开　本：787mm×1092mm　1/16	印　张：40
版　次：2017 年 4 月第 1 版	印　次：2017 年 4 月第 1 次印刷
字　数：824 千字	定　价：120.00 元

ISBN 978-7-5130-4836-1

出版权专有　侵权必究
如有印装质量问题，本社负责调换。

编委会

主　任　申长雨

副主任　贺　化　杨铁军　甘绍宁　廖　涛
　　　　　张茂于　徐治江　徐　聪

主　编　张云才

编　委（按姓氏笔画排序）
　　　　　卜　方　马秀山　王岚涛　王　澄
　　　　　王霄蕙　冯小兵　曲淑君　毕　囡
　　　　　李永红　宋建华　陈　伟　郑慧芬
　　　　　赵喜元　崔　军　崔伯雄　龚亚麟
　　　　　焦　刚　葛　树　韩秀成

执　编　张健佳

序

"十三五"时期，要深入实施创新驱动发展战略、推进供给侧结构性改革、全面建成小康社会，对知识产权工作提出了更高要求，也带来了新的机遇和挑战。党中央、国务院高度重视知识产权工作，明确提出要深入实施知识产权战略，深化知识产权领域改革，加快知识产权强国建设。知识产权强国建设既是一个实践创新，也是一个理论创新，必须实现二者的协调推进。因此，要进一步做好知识产权强国建设研究，及时推出一批高质量的研究成果，为知识产权事业的发展提供有力支撑；要进一步把握研究方向，使各个课题的研究方向更加精准，内容更加深入，结论更具说服力，对工作有更强的指导作用，努力推动知识产权强国建设沿着科学的轨道向前发展。

中国知识产权研究会秉承"服务社会、服务创新主体"的理念，自2003年以来，组织开展各行业专利技术现状及其发展趋势的研究工作，通过对国内外有关专利信息数据的深度挖掘、整理和科学分析，对技术发展趋势做出预测，对行业的发展方向提出合理建议，在此基础上形成了《各行业专利技术现状及其发展趋势报告》系列丛书，及时向社会提供专业、高效的专利信息服务。

《各行业专利技术现状及其发展趋势报告（2016—2017）》向读者奉献出了新的研究成果。本报告集中了云存储、新能源、新材料、生物医药等行业和领域的15篇技术评价与预测分析报告，希望对创新主体的研发工作、企业知识产权战略实施以及管理部门制定行业规划等起到有益的参考和借鉴作用，促进相关行业更好更快发展，推动经济提质增效升级。

编委会
二○一七年二月

目　录

1. 陶瓷膜专利技术现状及其发展趋势
　　………………鲁岩娜　郝桂亮　高晓颖　刘巾娜　陈炆　杨鹏　王京　1
2. 病虫害绿色防控物理防治专利技术现状及其发展趋势
　　………………………………………李晓明　王夏冰　喻江霞　奚缨　28
3. 电动汽车充电专利技术现状及发展趋势
　　…………………………………师彦斌　郭春春　黄君　李路　韩蓓蓓　60
4. 云存储领域专利技术现状及其发展趋势
　　………………………刘力　王效维　刘佳　杨蕊　李云杰　王少锋　118
5. 高效晶硅光伏电池领域专利技术现状及其发展趋势
　　………………………李晓明　彭丽娟　章放　徐健　王丹　王兴妍　171
6. 超材料专利技术现状及其发展趋势　………………姜山　陈德锋　丰学民　236
7. 抗肿瘤抗体药物专利技术现状及其发展趋势　………马振莲　贾涛　田园　278
8. 稀土发光材料专利技术现状及其发展趋势
　　………………………………………张丹　张春艳　狄延鑫　曹雪娇　320
9. 制冷剂专利技术现状及发展趋势　…………靖瑞　李洋　王中良　马铁铮　344
10. 大环内酯类抗生素专利技术现状及其发展趋势
　　…………………………………………李雪莹　费嘉　王俊　沙磊　王影　377
11. 纳米压印光刻专利技术现状及其发展趋势　………单英敏　申红胜　戴翀　429
12. 民用建筑内防治、去除雾霾的专利技术现状及其发展趋势
　　………………………………李潇潇　杜鹃　周冬　赵艳　刘通广　476
13. 制氢催化剂专利技术现状及其发展趋势　………许俊　张麦红　王旭涛　513
14. 虚拟现实专利技术现状及其发展趋势　……………邵永德　谢丛言　卜芳　551
15. 儿童推车领域专利技术现状及其发展趋势
　　………………………王灵威　侯文静　梁一冰　李莉　李晓鹏　592

陶瓷膜专利技术现状及其发展趋势

鲁岩娜　郝桂亮[❶]　高晓颖　刘巾娜　陈炆　杨鹏　王京

(国家知识产权局专利局机械发明审查部)

一、引言

陶瓷膜是以陶瓷材料为介质制成的具有分离功能的无机分离膜，主要依据"筛分"原理，以压力差为推动力，实现物质之间的分离。膜为过滤介质，在一定压力作用下，当料液流过膜表面时，小分子物质（或液体）透过膜，大分子物质（或固体）被膜截留而达到分离、浓缩、纯化或环保等目的。

目前已经商品化的陶瓷膜主要有三种形式：平板式、管式或管束式和多通道或蜂窝体（如图1所示）。平板式主要用于实验室小规模分离和纯化，且多采用终端过滤的操作方式。管式膜组合起来形成类似列管换热器的形式，可增大膜装填面积，但由于其强度问题，已逐步退出工业应用。多通道或蜂窝体形式具有安装方便、易于维护、单位体积的膜过滤面积大，机械强度高等优点，适合于大规模的工业应用，已成为工业应用的主要品种。[1]

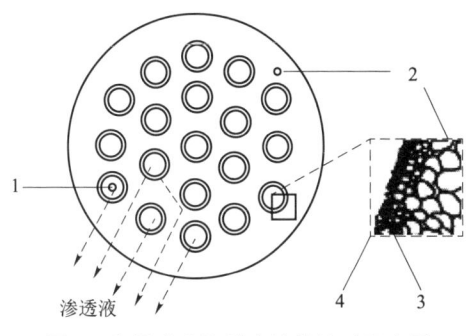

图1　多通道陶瓷膜中流体流动示意图
1—通道；2—支撑层；3—过渡层；4—膜

与目前工业化应用较多的有机膜相比，陶瓷膜具有以下优点[2]：

化学稳定性好，耐酸、耐碱、耐有机溶剂、抗氧化性好。

机械强度高，在高压或大的压差下使用不会变形，耐磨，耐冲刷，并可用高压反向冲洗使膜再生。

抗微生物能力强，有很好的抑菌作用，适用于医学和生物工程。

耐高温，一般可在400℃下操作，最高可达800℃以上。

---

❶ 郝桂亮贡献等同于第一作者。

孔径分布窄，分离效率高。

耐用性好，使用寿命长。

二、概述

（一）国家政策导向及支持方向

陶瓷膜是国家鼓励发展和重点支持的领域，《国家中长期科学和技术发展规划纲要（2006—2020）年》在优先主题"海水淡化"中明确提出重点研究开发"膜法低成本淡化技术及关键材料"，在优先主题"基础原材料"中提出要重点研究开发"分离材料"，陶瓷膜是分离材料的重要组成部分。《国务院关于加快培育和发展战略性新兴产业的决定》中将"高性能膜材料"列入战略性新兴产业，明确指出要大力发展高性能膜材料。《"十二五"国家战略性新兴产业发展规划》中指出，要重点开发膜技术等污水处理关键技术，要发展新型陶瓷功能材料。《"十二五"科学与技术发展规划》中，在促进重点产业技术升级中，高性能分离膜材料被列为产业关键技术攻关示范重点，要重点开发水处理膜、气体分离膜、特种分离膜等膜材料。2016年1月29日科技部公布的新的《国家重点支持的高新技术领域》中明确列出环保及环境友好型材料技术，其中将污水处理及烟气深度除尘耐高温、抗酸碱的陶瓷膜制备技术列为高新技术领域。

（二）陶瓷膜产业发展历程

1. 国外陶瓷膜产业发展历程[3]

国际陶瓷膜技术起源于20世纪40年代，其发展可分为三个阶段："二战"期间用以铀的同位素分离为主的核工业阶段；20世纪80—90年代，以无机微滤膜和超滤膜为主的液体分离阶段；20世纪90年代后，以气体分离应用和陶瓷膜分离器—反应器组合构件为主的全面发展阶段。

通过这三个阶段的发展，无机陶瓷膜技术已初步产业化。20世纪70年代，日本开发出孔径为5nm～50nm的陶瓷超滤膜，截留分子量为2万，并成功开发直径为1mm～2mm，壁厚200nm～400nm的陶瓷中空纤维超滤膜，特别适合于生物制品的分离提纯。在1980—1985年，美国UCC公司开发的载体为多孔炭、外层涂一层陶瓷氧化锆的无机膜可用作超滤膜管。美国Alcoa/SCT公司开发的陶瓷膜管，可承受反冲，可采用错流操作。此外，日本的几家公司也相继成功开发了陶瓷膜。80年代中期，荷兰Twente大学采用溶胶—凝胶技术制成的具有多层不对称结构的微孔陶瓷膜，孔径达到几个纳米，可用于气体分离。溶胶—凝胶技术的出现，使无机膜的制备技术有了新的突破，并将陶瓷膜的研制推向了一个新的高潮。目前国外陶瓷膜产品的产业化、商业化程度已经达到较高水平，其中美国、日本、法国等在陶瓷膜的开发和应用方面发展极为迅速。

2. 国内陶瓷膜产业发展历程[4]

我国陶瓷膜技术起源于20世纪90年代，山东工业陶瓷研究院开发出一种具有孔梯度结构的陶瓷微滤膜过滤材料，这种陶瓷微滤膜过滤材料是在原有刚玉质多孔陶瓷材料基础上，通过在材料外表面或内表面采用喷涂、浸渍、烧结技术涂覆一层孔径 0.5～30μm、厚度 100～300μm 的均匀氧化铝膜过滤层，其中刚玉质多孔陶瓷材料作为膜支撑体，具有较高机械强度、较大孔径和较小的过滤阻力。

90 年代后期，随着国外陶瓷超滤膜、纳滤膜技术的发展，国内相关单位也开始开展了用于错流过滤的多通道陶瓷材料的研究开发工作。其中，南京工业大学最早完成了多通道陶瓷微滤膜、超滤膜、纳滤膜的研究开发工作。这种多通道陶瓷材料主要以高纯氧化铝（或刚玉砂）为原料，首先采用基础成型工艺制备孔径 3～5μm 多通道管状陶瓷支撑体，然后在支撑体通道内表面采用粒子烧结工艺或溶胶—凝胶工艺制备一层或多层膜过滤层，膜层孔径从 0.8μm 到几个纳米不等，膜层材料主要有氧化铝质、氧化钛质、氧化锆质或其复合材料。特殊的通道结构进一步拓宽了产品应用领域，目前国内在多通道陶瓷膜材料的研究及开发应用方面已经达到较高水平。

进入 21 世纪以来，基于国家政策导向以及政策支持，我国陶瓷膜产业迅速发展，陶瓷膜产品已在化工、食品工业、医药工业、环保等领域推广应用。但国内陶瓷膜的发展与国外先进国家相比整体仍存在着明显差距，需要继续大力发展。

（三）陶瓷膜的应用

陶瓷膜在能源、资源、环境和健康等重要领域发挥着关键的作用，其应用涉及化工、食品工业、医药工业、环保等多个领域。

1. 水处理

陶瓷膜在水处理中的应用包括海水淡化预处理、给水处理、生活污水和工业废水等多个领域。采用陶瓷膜进行海水淡化预处理，步骤简单，运行稳定。在工业中往往会产生一些具有强酸、强碱或强腐蚀性的废水，致使有机膜难以应用，而陶瓷膜具有耐酸碱腐蚀的特性，因此在工业废水处理中具有独特的优势。陶瓷膜在水处理领域中的主要应用方向是废水处理。

2. 气固分离

陶瓷膜在近二十年才开始应用于气固分离方面，主要包括粉体回收和烟气除尘。在煤炭燃烧和气化、化工、水泥、冶金等行业中均存在着气—固分离过程。陶瓷膜耐高温、耐腐蚀、耐清洗、机械强度大等特性使其在高温气体中固体粒子的脱除或回收应用优势明显，已被广泛认为是气固分离的最佳材料。目前，在废物焚烧、煤炭气化、贵金属回收、锅炉装置、废物热解、流化床金属净化等领域已经得到应用。

3. 膜催化反应器

膜催化反应器是近二十年发展起来的集成技术，适用于众多反应，尤其是高温气相反应。膜的作用或者是把催化剂限定在反应器内，或者是防止反应物中某些组分（如固体颗粒）与催化剂接触或者作为催化剂载体。膜催化反应器中使用的膜材料主要为无机膜，陶瓷膜热化学稳定性好、耐高温等优点使其在膜催化反应器中广泛应用。

4. 电化学

多孔陶瓷膜由于高比表面积可提高化学活性，而且比重小，能用作电解槽、电池等的电化学膜。

5. 食品工业

用于食品工业中的膜要求耐高温蒸汽、耐化学和生物腐蚀、无二次污染，且多次清洗能保持分离性能不变，陶瓷膜完全可以满足这些要求。陶瓷膜在食品工业中主要用于酒类和果汁饮料的澄清、浓缩及奶制品制造。

6. 生物医药

陶瓷膜因其耐化学腐蚀性、耐高温、分离精度高等性能已成为生物医药行业优先选择的分离技术，陶瓷膜在生物医药行业中的应用主要集中于原生质、酶、微生物的分离和回收以及生物发酵液的澄清、中药有效成分提取等。

三、研究内容

（一）检索范围

陶瓷膜是无机膜中的一种，属于膜分离技术中的固体膜材料，主要以不同规格的无机陶瓷材料作为支撑体，经表面涂膜、高温烧制而成。商品化的陶瓷膜通常具有三层结构，即多孔支撑层、过渡层、分离层，呈非对称分布。因此本文的无机膜以上述定义为边界进行检索。

（二）专利分析样本构成

1. 检索的数据库及检索统计年限

本文仅针对专利数据库进行检索，选择的数据库为中国专利数据库（CNPAT）和德文特世界专利索引数据库（WPI）。检索数据的采集时间截至2016年7月。由于发明专利申请自申请日起18个月公布，实用新型专利申请在授权后公布，因此2015年后申请的部分专利在检索终止日尚未公开，故本文按年度统计的申请量分布的分析中，2015年申请量的统计数据不完全。

2. 检索策略

由于陶瓷膜本身没有准确的IPC分类号，分类号采用大组B28B、C04B表示，B28B为黏土或其他陶瓷成分、熔渣或含有水泥材料的混合物，例如灰浆的成型。C04B为水泥、混凝土、人造石、陶瓷、耐火材料。陶瓷膜主要采用关键词检索，在关键词检索时需进行充分扩展。陶瓷膜使用的关键词如下：陶瓷膜、陶瓷分离、陶瓷过滤、陶瓷、膜分离、膜过滤、陶瓷板、陶瓷管、多通道、多孔、氧化硅、碳化硅、氮化硅、氧化锆、氧化铝、氧化钛、氧化钴等。

陶瓷膜主要用于分离、过滤、催化、电化学等，根据其功能，选取如下分类号：

B01D 分离

C25D 覆层的电解或电泳生产方法；电铸；工件的电解法接合；所用的装置

B01J 化学或物理方法，例如，催化作用、胶体化学；其有关设备

C02F 水、废水、污水或污泥的处理

A61L 材料或物体消毒的一般方法或装置；空气的灭菌、消毒或除臭；绷带、敷料、吸收垫或外科用品的化学方面；绷带、敷料、吸收垫或外科用品的材料

A23 其他类不包含的食品或食料；及其处理

C12 生物化学；啤酒；烈性酒；果汁酒；醋；微生物学；酶学；突变或遗传工程

B03C 从固体物料或流体中分离固体物料的磁或静电分离；高压电场分离

C07 有机化学

C13 糖工业

A61K 医用、牙科用或梳妆用的配制品

本文以 IPC 分类号结合关键词作为主要检索手段进行检索。

(三) 相关约定

关于专利申请量统计中"项"和"件"的说明：

项：同一项发明可能在多个国家和地区提出专利申请，WPI 数据库将这些相关的多件专利作为一条记录收录，以表示其在技术上的高度相关性。在进行全球专利申请数量统计时，对于数据库中以一条记录的形式出现的一系列专利文件，计算为"1 项"。一般认为，专利申请的数目与技术的数目相对应。

件：在进行中国专利申请数量统计时，CNPAT 数据库将 1 项专利申请所涉及的多件专利分开进行收录，以表示其权利的独立性。在进行中国专利申请数量统计时，将每件专利单独计算为"1 件"。

四、陶瓷膜技术专利分析

(一) 全球专利技术发展趋势分析

众所周知，专利申请是技术发展和市场保护的重要反映，鉴于此，本章从陶瓷膜技术的全球及中国专利申请量趋势、技术分支的专利申请量分布、国内外主要申请人等方面进行研究分析，希望通过对相关专利申请状况的解读，从多角度反映当前陶瓷膜技术的状况以及未来的发展趋势，从而为业界人士对这项技术的客观认识和进一步研究提供帮助。

如图 2 所示，陶瓷膜技术相关专利技术大体可以分为三个阶段，第一阶段是 1985 年以前。在此阶段，专利申请量较小，平均每年申请量小于 10 项，申请数量和申请人都相对较分散，技术集中度不高，陶瓷膜技术处于初期的研究和技术储备阶段。在此阶段陶瓷膜应用领域有限，主要是高端领域，如用于铀的同位素的分离。从 1985 年至 1998 年，陶瓷膜技术全球专利申请量开始增加，每年的申请量平均超过了 50 项，此阶段专利申请量的增加主要是由于陶瓷膜技术成功地在法国的奶业和饮料

（葡萄酒、啤酒、苹果酒）业推广应用后，陶瓷膜分离技术和产业地位逐步确立，应用也已逐步向食品工业、生物工程、环境工程、化学工程、石油化工、冶金工业等领域拓展，陶瓷膜相关专利技术的发展进入了第二阶段。从1998年开始，陶瓷膜相关技术的专利申请进入了快速发展的第三阶段。在此阶段，随着陶瓷膜技术向各个领域应用的不断拓展和深化，每年的申请量快速增加。其中在2013年，陶瓷膜技术全球专利申请量突破1000项。最后的几年（图2中虚线部分）因专利公开的滞后性导致的数据不能反映真实的专利申请状况。按照整体趋势而言，陶瓷膜技术的相关专利申请仍处于高速增长的阶段。

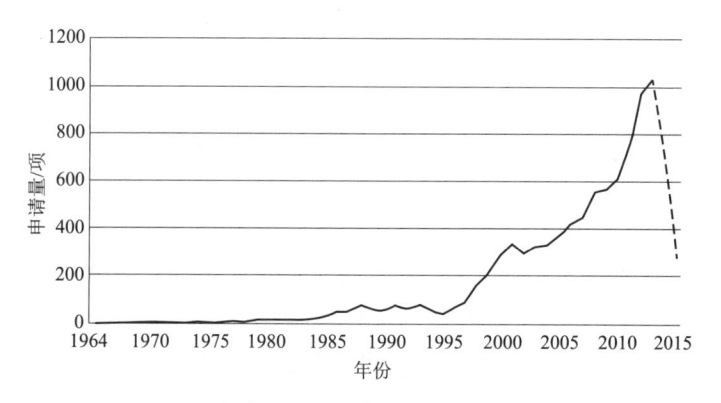

图2 陶瓷膜技术领域全球专利申请趋势分析

（二）全球专利技术区域分布分析

从图3可以看出，中国是陶瓷膜专利申请的主要布局区域，其次是美国、日本、德国、法国等传统陶瓷膜技术的强国。虽然中国布局的有关陶瓷膜技术的专利申请排名全球第一位，但结合表1和表2可以看出，我国陶瓷膜技术的专利申请基本全部在国内，向国外申请的专利非常少，仅有13项。而从排名第二位的美国来看，向国外

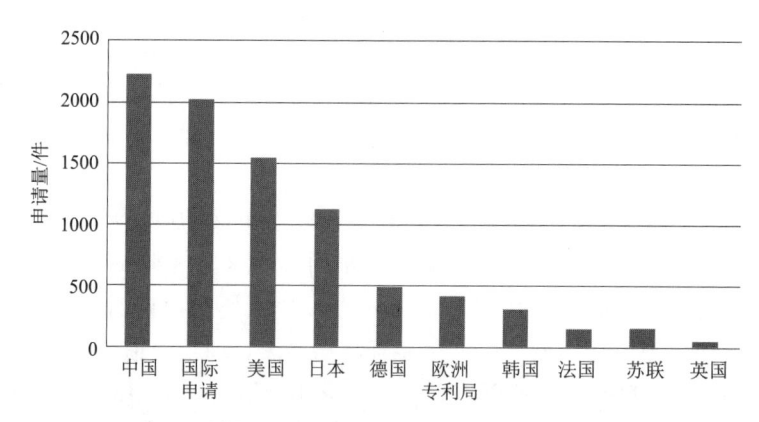

图3 陶瓷膜技术领域全球专利申请主要目标国/地区

申请的专利有700多项，其有超过1/3的专利在美国本土以外的国家和地区进行申请，可见，美国的陶瓷膜技术的专利申请人除了将美国作为主要的目标市场外，还将全球市场放在与美国市场相同的地位，专利申请的全球布局为美国之外市场的开拓奠定了良好的基础。与之相比，我国有关陶瓷膜技术的企业在"走出去"的市场开拓中，面临的知识产权风险将会增多。

表1 陶瓷膜领域中国专利全球布局情况

国别/地区	申请量/项
中国	2557
美国	3
中国香港	2
澳大利亚	2
印度	1
中国台湾	1
国际申请	1
韩国	1
欧洲专利局	1

表2 陶瓷膜领域美国专利全球布局情况

国别/地区	申请量/项
美国	1561
国际申请	149
日本	146
欧洲	132
韩国	94
澳大利亚	87
加拿大	81
中国	37
中国台湾	33

（三）全球专利申请人分析

陶瓷膜技术全球专利申请量排名前五位的申请人中，分别为来自日本的排名第一位的日本碍子株式会社、排名第五位的NOK株式会社、来自中国的排名第二位的南京工业大学和排名第三位的江苏久吾高科技股份有限公司、排名第四位的美国通用电气，可见，在陶瓷膜技术领域，中国的申请人已经占据了重要的地位。除此之外，还包括了美国、德国等陶瓷膜技术的传统强国的申请人。

结合前面陶瓷膜技术专利申请的主要布局区域的分析结果可以看出，中国的申请人专利申请数量虽然较多，但几乎所有申请均在国内申请，没有到其他国家进行专利布局，而国外申请人的申请量虽然没有我国申请人数量多，但大都在本国之外的国家和地区进行了专利布局，这是值得引起国内申请人注意的地方。

（四）全球技术分布分析

随着20世纪80年代初期成功地在法国的奶业和饮料业推广应用后，其技术和产业地位逐步确立，应用也拓展至食品工业、生物工程、环境工程、化学工程、石油化工、冶金工业等领域，成为苛刻条件下精密过滤分离的重要新技术。如图5所示，从陶瓷膜技术全球专利申请的技术分布可以看出，主要领域分布在水处理、生物医药、气固分离、食品工业和膜催化反应器5个领域，其中水处理领域分布最多，这主要是

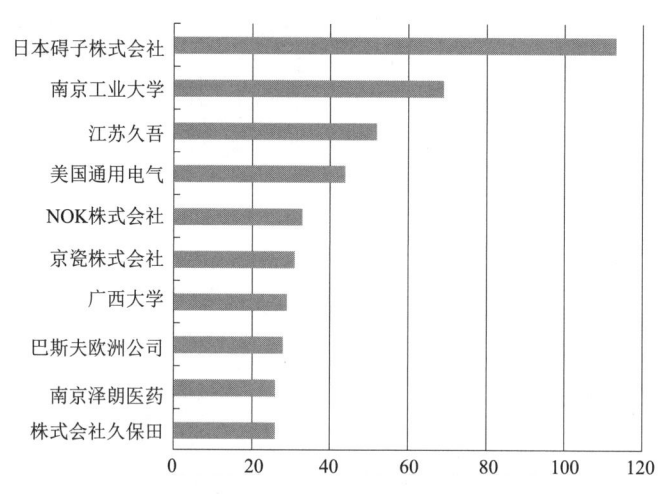

图4 陶瓷膜技术领域全球主要申请人分析

因为以无机微滤膜和超滤膜为主的液体分离时期是陶瓷膜技术的一个重要发展阶段，并且工业废水处理领域也将是陶瓷膜的一个重要方向；生物医药领域位居其次，排在第三位的气固分离技术和第五位的膜催化反应器都是最近二十年才开始应用的新技术，但申请量已经比较大；因此随着技术的不断发展，其技术分布领域在不断拓展，随着精密过滤分离的不断应用，领域还会进一步拓展，未来全球的技术分布有可能会出现新的变化。

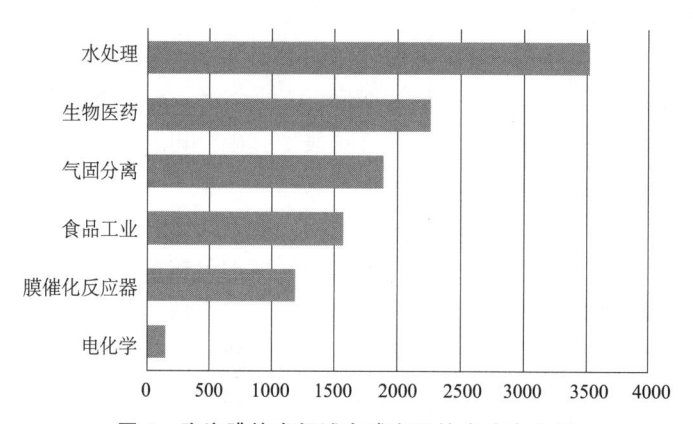

图5 陶瓷膜技术领域全球主要技术分布分析

（五）中国专利申请状况分析

1. 中国专利申请整体状况分析

图6显示了陶瓷膜技术领域中国专利申请的年度分布情况及专利申请类型状况。可以看出，发明比例最大，占申请总量的比例为73％，实用新型比例为23％，国外

来华的 PCT 量非常少，仅占 4%。从申请趋势可以看出，我国对陶瓷膜技术的研究、应用起步相对较晚，总体可以分为三个阶段。

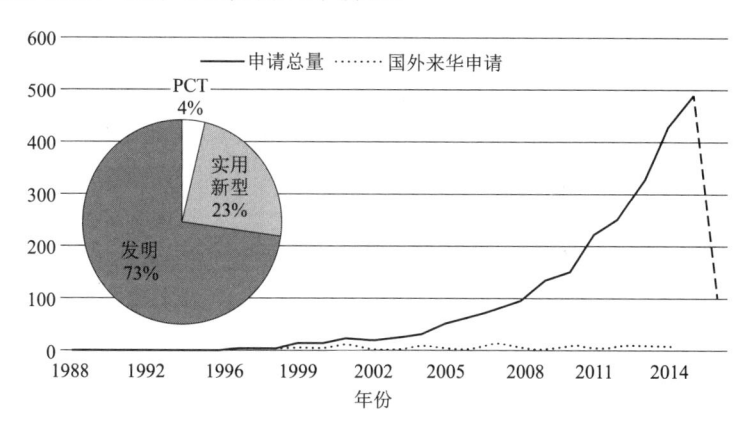

图 6 陶瓷膜技术领域中国专利申请趋势及国外来华申请状况分析

第一阶段为 2000 年之前，我国在陶瓷膜技术领域的专利申请数量很少，主要是部分国外申请人在中国的零散申请；第二阶段从 2000 年左右开始，申请量开始微量增长，这主要是由于 20 世纪 90 年代，中国科学院、中国科学技术大学以及南京化工大学等高等院校及科研机构积极参与并完成了"九五"国家重点科技攻关及"863"计划等科研项目，成功实现了陶瓷膜材料及制备研究方面的技术突破，继而打破了国外企业在陶瓷膜产品领域的垄断地位；第三阶段是在 2010 年以后，申请量增幅较快，年申请量突破 100 件，2015 年申请量接近 500 件。在此阶段，陶瓷膜技术在国内认知度和接受度逐渐提高，应用案例不断增加，随着国内陶瓷膜企业的技术进步和市场拓展，国内企业与国外先进企业的技术和品牌差距日益拉近，国内陶瓷膜行业得到了快速发展，随之而来的是专利申请的快速增长。

此外，从图 6 中还可以看出，在中国的申请绝大多数是中国的申请人，国外来华的申请人申请量相对较少，PCT 申请量仅占 4%，从 2000 年开始平均每年 10 件左右。可见，国外企业在该领域还没有在我国进行大量的专利布局，对于国内企业而言，可在此阶段有针对性的加快专利布局，完善国内市场的知识产权保护，避免国外重要申请人完成中国的专利布局后使国内企业陷入被动地位。

2. 中国专利申请法律状态分析

图 7 示出了陶瓷膜技术中国申请的法律状态状况。总体而言，目前获得授权的申请占总申请的比例大约为 45.8%，审查中申请的比例为 31.5%，授权专利中中国的专利存活率为 0.79，要低于日本、德国来华申请人的专利存活率。从表 3 中可以看出，国外来华申请人如日本、德国等的企业在华申请的专利授权率要高于我国平均比例，并且我国存活的授权专利主要是 2010 年之后，专利权维持时间长的较少，而日本、德

国的专利技术生命周期跨度较大，专利权维持时间长的相对较多。这一方面说明国外申请人来华申请专利时已经对专利的技术价值、市场价值和控制力等方面进行了充分的考虑，对所获得的专利权不会轻易放弃，另一方面也说明我国专利技术的转化程度偏低，以至于大量专利难以在市场上发挥控制作用，因而授权后终止的专利较多。

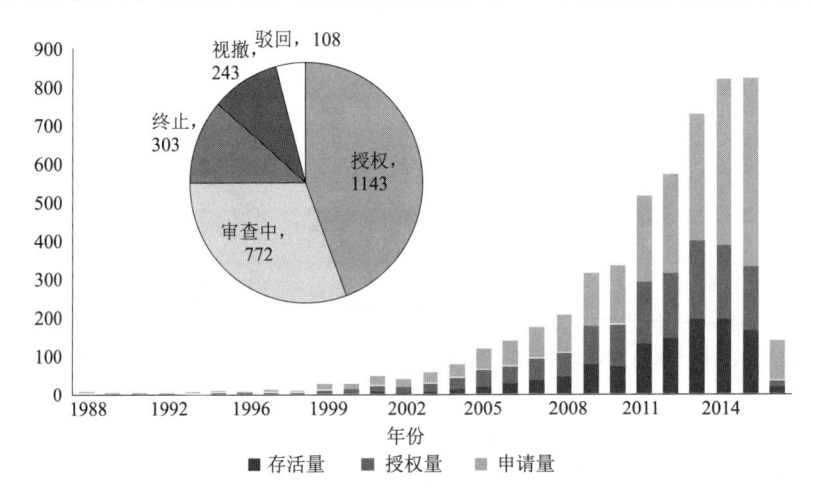

图7 陶瓷膜技术领域中国专利申请法律状态分析

表3 陶瓷膜技术领域中国申请授权有效专利分析

国家	申请量	授权量	存活量	存活率
日本	55	34	31	0.91
德国	12	9	8	0.89
中国	2434	1370	1084	0.79
美国	37	18	10	0.56

图8示出了陶瓷膜技术领域来华申请的主要国家的技术分布。从图中可以看出，日本在中国主要布局的技术是水处理领域，美国在中国主要布局的是气固分离技术，德国申请量较少，主要是水处理技术领域。从整体来看，水处理和气固分离是国外来华布局主要针对的技术分支。

3. 中国专利申请申请人类型分析

如图9所示，在陶瓷膜技术领域中，公司是申请人的主体，申请量达到50%；其次是大学申请，占申请量的25%；个人申请占13%；研究机构申请量占6%。其中个人申请主要是针对陶瓷膜应用领域的装置申请，技术含量相对较低。

合作申请的比例相对较低，仅占6%，其中公司高校合作申请为1%，产学研结合发展之路在该领域还需要进一步拓宽。

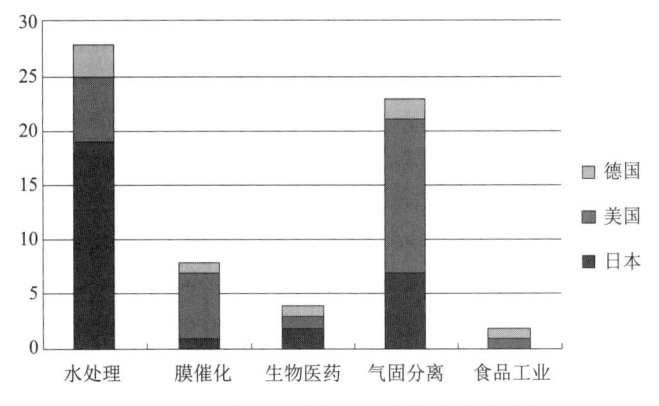

图 8 国外主要来华申请国家技术分布分析

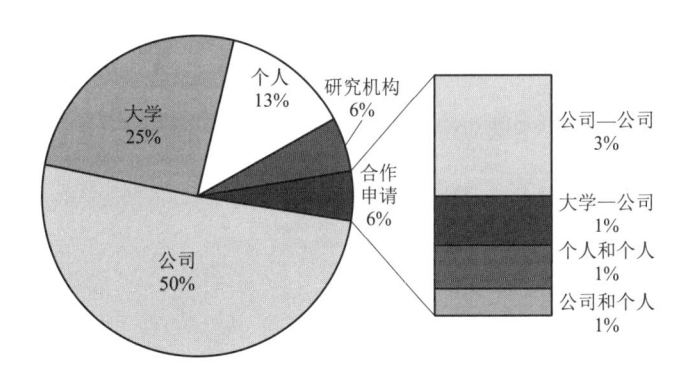

图 9 陶瓷膜技术领域中国专利申请申请人类型分析

4. 中国专利申请主要技术分布和主要申请人分析

从图 10（a）中可以看出，国内申请中申请量排名前 10 位的申请人中，有 5 家企业、5 所大学，仅有日本的碍子株式会社一个国外申请人；专利有效量排名前 3 位的申请人分别是南京工业大学、江苏久吾、哈尔滨工业大学。结合国内主要申请人的申请量、授权量和有效量分析可以看出，国内申请人主要是南京工业大学和江苏久吾，国外申请人主要是日本碍子株式会社。

从图 10（b）中可以看出，中国申请的主要技术分布的前两位分别是水处理和生物医药领域，与全球技术分布相同。不同的是，中国陶瓷膜技术在食品工业的申请多于气固分离，与全球技术分布略有差别。但总体上来看，我国陶瓷膜技术的研究领域与全球主要研发领域相同，都是集中在水处理、生物医药、食品工业和气固分离领域。

另外，表 4 对上述主要申请人的技术生命跨度进行了分析，从中可以看出，中国主要申请的申请人中，技术生命跨度最长的并非我国申请人，而是日本碍子株式会

(a)

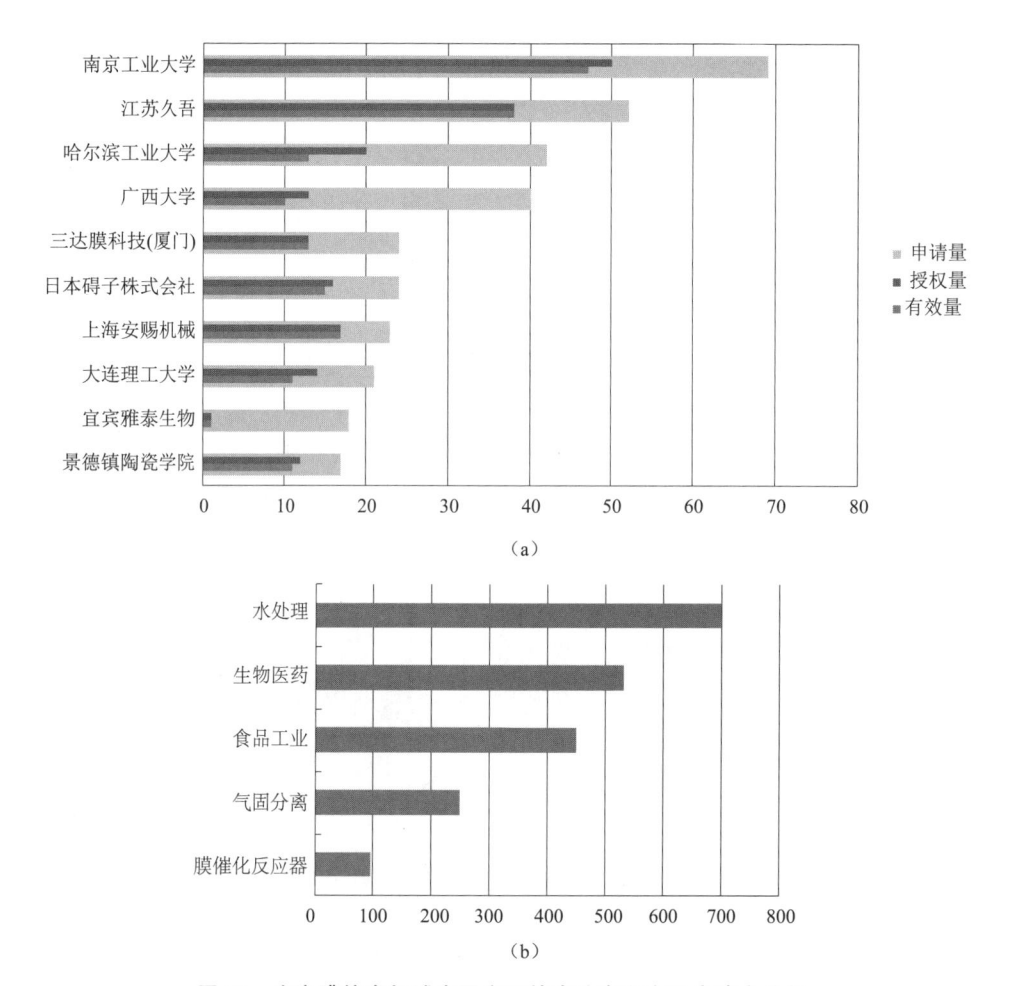

(b)

图 10　陶瓷膜技术领域中国主要技术分布和主要申请人分析

社，跨度为 19 年。技术生命跨度排名第二位的是南京工业大学，技术生命跨度为 13 年，比日本碍子株式会社少 6 年。这说明，国内申请人与国外申请人相比，技术起步相对较晚。针对这种情况，国内申请人更应该关注国外申请人在我国的专利布局情况，合理地进行技术研发和布局。

表 4　中国主要申请人的专利技术生命跨度分析

申请人	最新申请时间	最早申请时间	时间跨度（年）
南京工业大学	2015	2002	13
江苏久吾	2016	2005	11
哈尔滨工业大学	2015	2003	12

续表

申请人	最新申请时间	最早申请时间	时间跨度（年）
广西大学	2016	2009	7
三达膜科技（厦门）	2015	2006	9
日本碍子株式会社	2014	1995	19
上海安赐机械	2015	2012	3
大连理工大学	2015	2003	12
宜宾雅泰生物科技	2015	2014	1

5. 中国专利申请主要发明人分析

从表5可以看出，结合专利申请量、授权量和有效量总体分析，陶瓷膜领域主要的发明人包括徐南平、彭文博、邢卫红、张宏等。其中徐南平、邢卫红属于南京工业大学相关领域的主要研发团队，彭文博、张宏是江苏久吾的主要研发团队。并且从专利申请的状况来看，南京工业大学的发明人和江苏久吾的发明人存在合作发明的申请量较多，存在着密切的关联。经过查询，江苏久吾高科技股份有限公司就是由徐南平院士的发明团队创立的，目前南京工业大学和江苏久吾之间一直存在着密切的合作关系，这一点从专利合作申请中也得到了证实，南京工业大学和江苏久吾高科技股份有限公司之间存在多件合作申请。

表5 中国专利申请主要发明人分析

发明人	申请量	授权量	有效量	时间跨度（年）
徐南平	40	35	32	15
彭文博	43	30	30	14
邢卫红	33	26	25	9
张宏	29	20	20	9
蓝伟光	25	14	14	6
李凯	31	11	11	4
杭方学	30	10	10	2
李文	29	10	10	2
陆海勤	30	10	10	1

徐南平院士既是中国陶瓷膜技术的开拓者，也是中国陶瓷膜技术产业化的探索者。他从空白开始，开展了陶瓷膜工业生产、人才培养、行业标准制定和推广应用工

作，经过十几年的努力，终于在中国形成了能够与国际先进技术相竞争的陶瓷膜应用技术。

6. 中国专利申请的国家和地区分析

从图11中可以看出，陶瓷膜技术专利申请量最大的是江苏省，从前面的分析可知，这主要是得益于江苏省在该领域拥有两个重要的申请人南京工业大学和江苏久吾高科技股份有限公司。江苏省的专利申请除了多方面的应用研究外，一个较显著的特征就是对陶瓷膜的一些基础技术有相对较多的研究和专利申请；申请量排名第二的是福建省，福建省的申请主要集中在生物医药领域；排名第三的北京市主要申请来自高校，缺乏高校与企业的合作申请，另外北京地区对水处理领域的专利申请较多。上述三个地区申请量已经超过了我国该领域申请总量的一半，是我国在陶瓷膜技术领域研发和生产的主要三大区域。

总体而言，江苏省要继续利用产学研相互促进的优势，依托南京工业大学和江苏久吾高科技股份有限公司的技术优势，加强在陶瓷膜技术领域关键技术的研究，使得我国在该领域的地位不断加强。同时，江苏省的相关申请人应该树立起立足国内、面向世界的全球格局观念，在做好国内知识产权保护工作的同时，加大对国外的专利布局，尤其是像江苏久吾高科技股份有限公司这样的高技术企业，随着陶瓷膜产业的不断发展，必将会与全球的企业同台竞技，应未雨绸缪，提前规划海外布局。

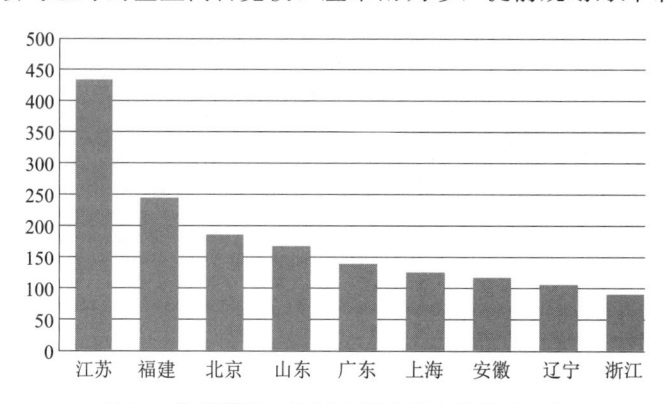

图11　陶瓷膜技术领域中国专利申请地区分布

五、水处理应用领域分析

作为陶瓷膜的主要应用领域，陶瓷膜在水处理中的应用日益广泛，主要包括工业废水处理、给水处理、海水淡化预处理等领域。陶瓷膜在水处理中的主要应用方向是废水处理，特别是工业废水的处理。工业废水的种类繁多，大致有含油废水、纺织废水、化工废水等。含油废水难降解、易乳化，因此采用常规方法难以有效处理，如果直接排放，将严重污染环境，而采用陶瓷膜处理后去油率高，因此在含油废水领域具有很强的优势。化工行业的废水往往具有强酸碱性或强腐蚀性，有机膜对这类废水处理效果差，陶瓷膜具有良好的化学稳定性，因此非常适合处理这种废水。纺织行业废水含有悬浮物、有机物、重金属等，单一的水处理技术处理效果不理想，将陶瓷膜过滤技术与其他技术联用已成为纺织行业废水处理的发展趋势。陶瓷膜在给水处理中的优点是能保证更好的和更可靠的水质，不用化学物质。采用陶瓷膜进行海水淡化预处理，过滤水质高、运行费用和能耗低，在海水淡化预处理领域具有广阔的应用前景。

（一）水处理应用领域全球专利申请状况分析

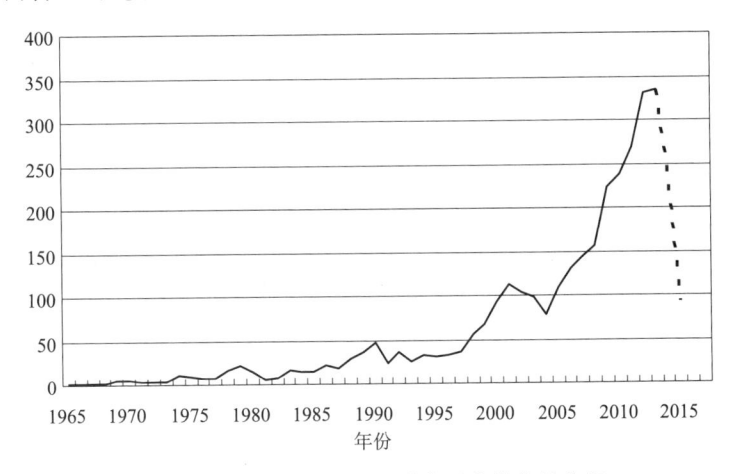

1. 水处理应用领域全球专利申请趋势分析

如图 12 所示，水处理应用领域的全球专利申请趋势与陶瓷膜技术的整体申请趋势大致相同。1998 之前申请量一直较小，年申请量不超过 50 项，这是由于 1985 年以前，陶瓷膜技术处于初期的研究和技术储备阶段。从 1985 年至 1998 年，陶瓷膜技术全球专利申请量开始增加，但是陶瓷膜商业化后，首先在食品及生物工程中成功运用，到 90 年代后期，才扩展到水处理方向，因此 1998 年后，水处理应用领域专利申请量开始增加，到 2001 年，年申请量超过 100 项。2003 年、2004 年申请量出现小范围波动，2005 年后年申请量迅速增长，2012 年年申请量超过 300 件。最后的几年（图 12 虚线部分）因专利公开的滞后性导致的数据不能反映真实的专利申请状况。按照整体趋势而言，陶瓷膜技术的相关专利申请仍处于高速增长的阶段。

图 12 水处理应用领域全球专利申请趋势分析

2. 水处理应用领域全球专利申请人状况分析

陶瓷膜在水处理应用领域中全球专利申请量排名前五位的有四位来自日本，分别是第一名日本碍子株式会社（NGK INSULATORS LTD）、第二名太平洋水泥株式会社（TAIHEIYO CEMENT CORP）、第四名精工爱普生株式会社（SEIKO

EPSON CORP)、第五名株式会社久保田（KUBOTA CORP）,中国的江苏久吾高科技股份有限公司排在第三名。其他的还包括第六名栗田工业株式会社、第七名华南理工大学、第八名南京工业大学，第九名哈利伯顿能源服务公司，第十名美得华水务株式会社。从图 13 可以看出排名前十位的申请人中有六位日本申请人，这说明日本企业在陶瓷膜水处理应用领域具有绝对的优势，并且非常注重知识产权的保护。

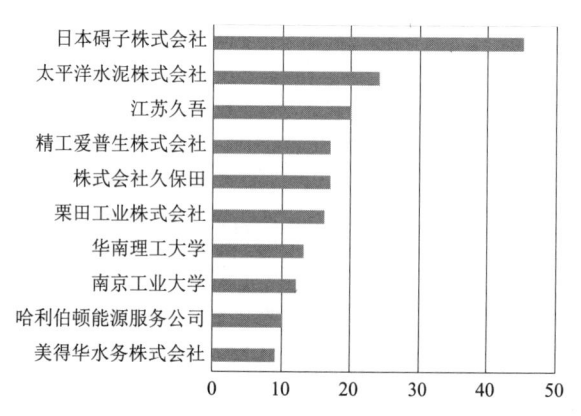

图 13 水处理应用领域全球专利申请人状况分析

（二）水处理应用领域中国专利申请状况分析

1. 水处理应用领域中国专利申请趋势分析

2005 年之前，我国在陶瓷膜技术领域的专利申请数量很少，申请量不超过 10 件，从 2005 年到 2011 年申请量开始增长，到 2011 年申请量达到 48 件。2011 年后，申请量迅速增长，到 2013 年申请量已超过 100 件，如图 14 所示。这主要是由于国家一系列的政策支持，2010 年《国务院加快培育和发展战略性新兴产业的决定》将"高性能膜材料"列入战略新兴产业，明确指出要大力发展高性能膜材料。《"十二五"国家战略性新兴产业发展规划》中指出，要重点开发膜技术等污水处理关键技术。2011 年国家发改委批准以江苏久吾高科技股份有限公司为依托，组建无机膜国家地方共建工程研究中心，从事无机膜的研究开发与产业化。2012 年，科技部印发了《高性能膜材料科技发展"十二五"专项规划》，设立 863 重大项目，重点支持高性能膜材料的发展。

2. 水处理应用领域中国专利申请法律状态分析

图 15 示出了水处理应用领域中国专利申请的法律状态状况。总体而言，获得授权的申请占总申请的比例最大，大约为 48.9%，约占总申请量的一半。审查中申请的比例为 27.1%，已终止的申请比例为 14%。从图中还可以看出 2008 年以前的专利存活量很低，这说明专利权维持时间较短，这可能跟技术价值低以及市场转化率低等因素有关。

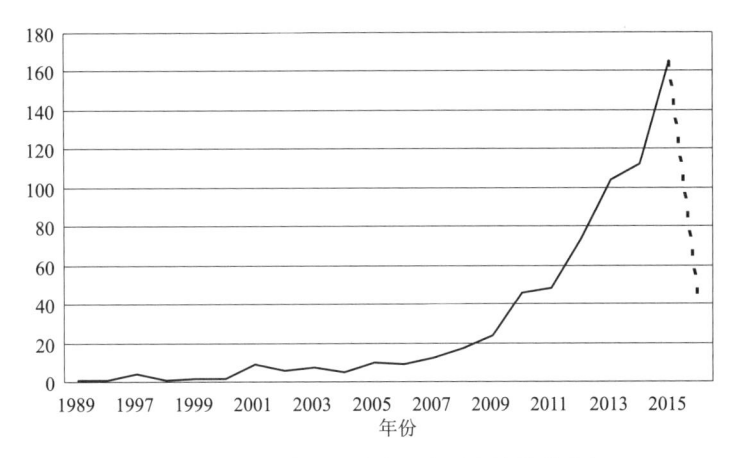

图 14 水处理应用领域中国专利申请趋势分析

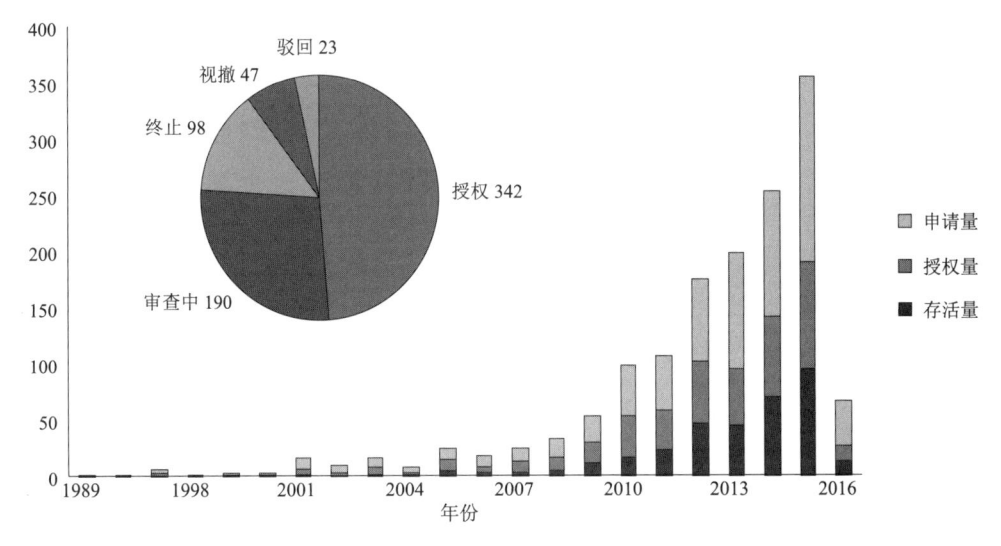

图 15 水处理应用领域中国专利申请法律状态分析

3. 水处理应用领域中国专利来华主要地区分布

从图 16 可以看出水处理应用领域来华申请的国家中美国和日本最多，其次是德国和新加坡，但是从数量上来看，国外来华申请整体的数量很小，国外企业在该领域还没有在我国进行大量的专利布局。近几年随着国内陶瓷膜产业的大力发展，对于国内企业而言，应抓住机会在发展技术的同时加强知识产权保护，加快进行专利布局。

4. 水处理应用领域中国专利主要地区分布

从图 17 可以看出国内申请主要分布在北京和东部南部工业实力较强的地区，其中江苏、北京、福建居前三位，三者的申请总量占国内申请总量的 41.4%，居前五位的省份的申请总量占国内申请总量的 55.9%，区域集中度较高。

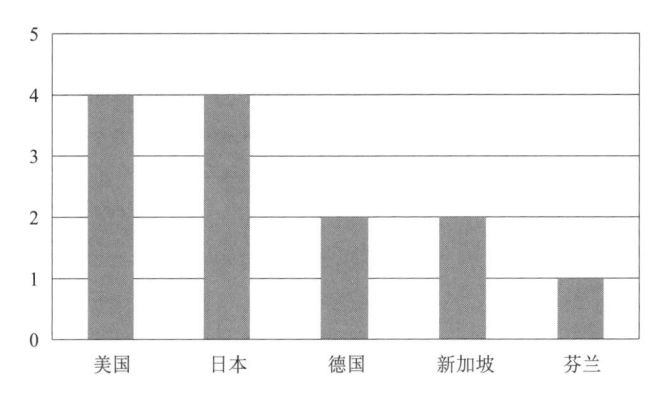

图 16　水处理应用领域中国专利来华主要地区分布

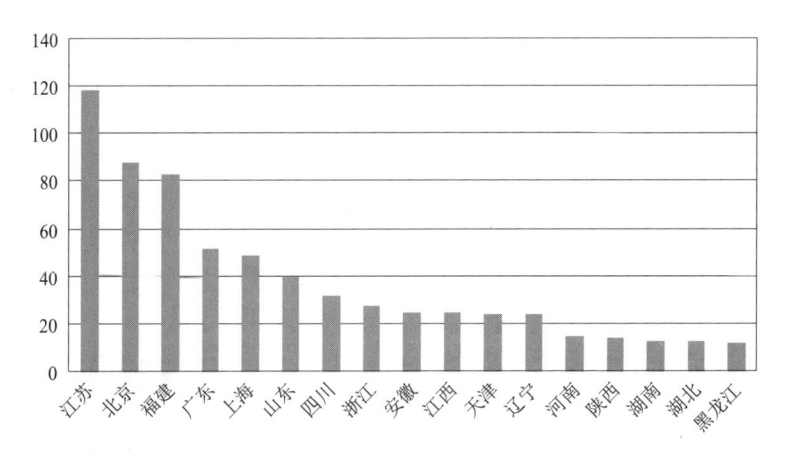

图 17　水处理应用领域中国专利主要地区分布

5. 水处理应用领域中国专利主要申请人及其专利申请状况分析

从图 18 可以看出，排名前十位的申请人全部为国内申请人，其中江苏久吾高科技股份有限公司、上海安赐机械设备有限公司、烟台海德专用汽车有限公司占前三位。位于第一位的江苏久吾高科技股份有限公司申请量为 27 件，比位于第二位的上海安赐机械设备有限公司申请量多 10 件。结合表 6 可以进一步看出，江苏久吾高科技股份有限公司专利申请时间跨度为 10 年，专利授权量和存活量均处于领先地位，这说明江苏久吾高科技股份有限公司在陶瓷膜水处理应用领域具有绝对的优势。从申请人类型来看，国内申请人主要为企业，说明在陶瓷膜水处理应用领域企业是创新主体。从表 6 来看，时间跨度最长的申请人分别是南京工业大学、江苏久吾高科技股份有限公司、中国石油化工股份有限公司，均达到 10 年以上。这说明这几家实力较强的企业或高校在陶瓷膜水处理领域的研究起步早，而申请量排前三位中的上海安赐机械设备有限公司和烟台海德专用汽车有限公司时间跨度短，这说明在该领域萌生了不

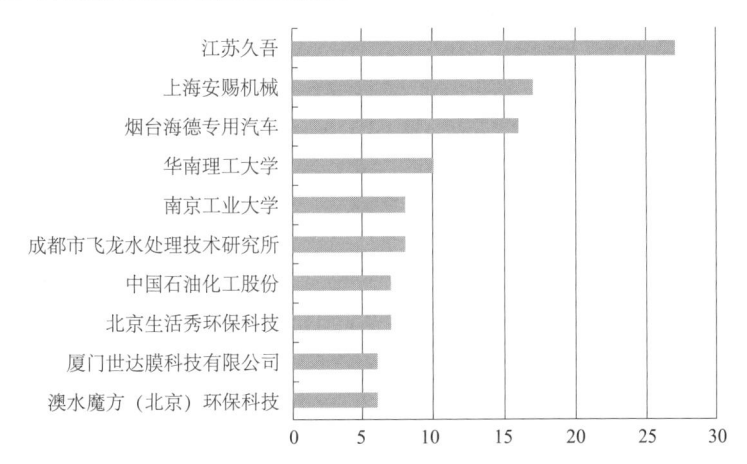

少新生企业,并且新生企业的发展强劲。

图 18 水处理应用领域中国专利主要申请人

表 6 水处理应用领域中国专利主要申请人状况分析

申请人	最新申请时间	最老申请时间	时间跨度（年）	专利件数	授权量	存活量
江苏久吾高科技股份有限公司	2015	2005	10	27	21	21
上海安赐机械设备有限公司	2015	2012	3	17	12	12
烟台海德专用汽车有限公司	2016	2016	0	16	6	6
成都市飞龙水处理技术研究所	2014	2010	4	8	6	0
南京工业大学	2015	2004	11	8	7	6
北京生活秀环保科技有限公司	2013	2012	1	7	6	6
中国石油化工股份有限公司	2014	2004	10	7	3	3
澳水魔方（北京）环保科技有限公司	2015	2015	0	6	5	5
厦门世达膜科技有限公司	2015	2013	2	6	1	1

六、重要申请人及其专利分析

关注国内外全球重要申请人、重要发明人的一些重要专利,既可以关注全球相关技术的研发方向,也可以关注某些重要专利的法律状态,为合理利用相关专利技术提供参考。

（一）南京工业大学徐南平院士团队及其重点专利分析

20世纪80年代发达国家已经广泛使用了陶瓷膜技术，而中国当时仍然处于完全空白的状态。直到1989年，徐南平院士团队开始进行陶瓷膜技术的研究，并将中国的陶瓷膜技术的某些领域开拓至世界领先水平，如在中药、纳米材料、化工等方面的应用，都具有自主知识产权。以下将徐南平院士团队的重点专利技术进行分析。

纳米材料领域：CN02137865.7公开了一种非均相悬浮态纳米催化反应的催化剂膜分离方法。催化剂分离过程与催化反应过程耦合于同一系统中，用泵连续抽取反应釜内的物料送入平均孔径为2~200纳米的无机膜管中且不断循环于反应釜与无机膜管之间，利用无机膜的筛分原理，液相产品不断地透过膜管被分离，悬浮态催化剂截留在膜管内并随循环物料重新返回反应釜中被回收。有效地解决了非均相悬浮态纳米催化反应中纳米催化剂分离回收的难题。CN200610098128.1公开了一种纳米粉体的制备方法，尤其涉及一种将气相法与陶瓷膜分离技术集成制备纳米粉体的方法，其特征在于由气相反应和陶瓷膜分离两部分组成，由气相法制备得到的纳米粉体通过陶瓷膜分离器被截留在陶瓷膜上，然后采用压缩气体的脉冲喷吹将陶瓷膜管上的纳米粉体吹下并收集。本发明工艺简单，具有可高温操作、分离效率高等优点；利用陶瓷膜分离与气相法结合制备得到的纳米粉体具有颗粒均匀，纯度高，粒度小，分散性好等优点。

化工领域：CN201510242197.4公开了一种基于膜分布的无溶剂绿色氨肟化工艺。包括：将TS-1催化剂、酮预先加入到反应器内，设定搅拌速率与反应温度，待达到设定温度后，将一定量的氨与过氧化氢加入到反应液中进行反应，其中，过氧化氢的进料方式为以膜作分布器进料，氨的进料方式为连续或者半连续的进料方式，反应得到肟的产品。本发明的优点在于，反应条件温和，效率高，过程简单，环境友好，反应过程无须加入任何溶剂。氨肟化反应过程中，酮的转化率与肟的选择性都可以达到98.0％以上。CN201010524543.5公开了一种烷基化反应产物脱酸的方法，其具体步骤为：烷基化反应产物（烃类油）与硫酸的混合乳化液经重力沉降后，以0.01m/s~5m/s的膜面流速通过装有疏水改性陶瓷膜的组件进行分离，在操作压力为0.01MPa~0.3MPa，操作温度为0℃~40℃的范围内，以错流过滤方式实现油品脱酸过程。在压力推动下，油通过陶瓷膜，其中的酸被截留，得到的油中酸含量低于100ppm，大大减少了烷基化工艺的酸碱精制系统中碱的用量和废水的产生量，并减少了静电沉降的使用。陶瓷膜表面经疏水改性，水滴在膜表面的接触角为70°~160°。该方法适用于多种油品中极性液体的脱除。本发明方法工艺简单，能耗低，分离精度高，无环境污染，经济实用价值高，易于实现工业化应用。

生物医药领域：CN01108189.9公开了一种陶瓷膜管生物反应分离系统，含有连成循环回路的生化反应器和膜管分离器，膜管为内壁载有一层烧结多孔膜的陶瓷管，膜管为循环管路的组成部分，膜分离器通过真空泵呈负压操作，膜分离器还与压力气源相连，通过该压力气源向膜管径向反冲曝气，或设置气升式曝气管，曝入气体以气泡形式在膜管内上升并溶入介质中。本系统负压操作，无须设泵，反应温和，反冲曝气及气升式曝气可有效解决膜污染的问题。适于工业化推广。CN200710191149.2公开了一种直接从发酵液中提取核黄素的方法，属于核黄素（维生素B_2）生产方法领域，包括将核黄素发酵液经过调碱、多级连续膜过滤洗涤除杂、稳定化处理、结晶、膜分离浓缩晶体等步骤直接得到含量高于98%的核黄素产品，其中膜分离浓缩晶体步骤的渗透液进膜分离回收步骤，采用纳滤膜回收结晶母液中的溶解性核黄素，渗透出水经深度处理回用或达标排放，整个工艺的产品收率高于95%，产品纯度达到国家标准要求，完全符合大规模工业化生产的要求。CN201010609948.9公开了一种头孢类抗生素生产中废丙醇溶媒回收的工艺，其具体步骤如下：对来自头孢生产车间的母液通过加酸调节pH为2～4去除溶媒中的有机碱性成分，加热蒸馏，温度控制在70～100℃，蒸馏出的母液经碱调节pH为8～11进一步去除溶媒中的有机酸性成分后进入精馏塔进行精馏分离，轻组分在塔顶收集，重组分进入塔釜；由塔釜出料进入子精馏塔回收异丙醇溶液；通过子精馏塔回收的异丙醇溶液进入渗透汽化膜分离机组进行醇水分离，脱水后得到异丙醇产品进入头孢生产车间作为溶媒重新使用。该发明异丙醇溶媒回收过程中除水外无其他废弃物的排放，资源利用率高，整套工艺占地面积小，操作简单，是一种清洁、高效的异丙醇溶媒回收方法。CN201010611117.5公开了一种制药工业溶媒回收的工艺，其具体步骤如下：对来自制药生产车间的母液通过加酸调节pH为2～4去除溶媒中的有机碱性成分，加热蒸馏，温度控制在50～150℃，蒸馏出的母液经碱调节pH为8～11进一步去除溶媒中的有机酸性成分后进入精馏塔进行精馏分离，轻组分在塔顶收集，重组分（水和溶媒）进入塔釜；由塔釜出料进入子精馏塔回收溶媒溶液；通过子精馏塔回收的溶媒溶液进入渗透汽化膜分离机组进行醇水分离，脱水后得到溶媒产品进入制药生产车间作为溶媒重新使用。该发明溶媒回收过程中除水外无其他废弃物的排放，资源利用率高，整套工艺占地面积小，操作简单，是一种清洁、高效的溶媒回收方法。

（二）江苏久吾高科技股份有限公司及其重点专利分析

江苏久吾高科技股份有限公司是国内生产规模最大、品种规格最多、研发能力最强的无机陶瓷膜元件及成套设备的专业化生产企业，是膜集成系统解决方案的专业化提供商，中国膜工业协会常务理事单位，《管式陶瓷微孔滤膜行业标准》等标准的起草单位。公司始创于1997年，是国内极少数拥有完全自主的陶瓷膜制备技术的企业。公司与南京工业大学膜科学技术研究所等多个国内外研发机构开展长期的研究合作，研制开发的多通道管式无机陶瓷微滤、超滤、纳滤膜系列产品填补了国内空白并达到世界先进水平，产品先后被列入国家"火炬计划"、国家重点成果推广计划和国家发改委批准的膜专项计划。多通道 Al_2O_3、ZrO_2 陶瓷微滤膜及成套装备被国家经济贸易委员会认定为国家重点新产品。

以下列举该公司的一些重点专利技术。其专利 CN03113127.1 "一种无机超滤膜的制备方法"获得了第十一届中国专利优秀奖及第六届江苏省专利金奖。本专利涉及一种无机超滤膜的制备方法，以无机盐为原料，把现行的湿化学法制备粉体工艺与粒子烧结法制备陶瓷膜工艺进行耦合，直接将湿化学法制备超细粉体工艺的中间产物——晶核颗粒悬浮液制成制膜液，涂在多孔陶瓷支撑体上，经 120～150℃下干燥 1～3 小时，600～800℃下焙烧 1～4 小时，烧结成膜。通过调整烧结温度及升温速度，控制晶核的长大，从而控制膜孔径达到超滤膜所需的 100nm 范围内。专利 CN200710020063.3 "一种分离纯化熊果酸、齐墩果酸的方法"被评为 2010 年度江苏省百件优质发明专利。该方法以海南产苦丁茶为原料，首先以纯水提取，过滤，所得滤渣以乙醇回流提取，醇提液采用无机膜过滤方法除去其中大分子杂质，超滤所得渗透液经纳滤浓缩、大分子树脂层析柱吸附洗脱、洗脱液浓缩结晶，得到总三萜酸粗品，所得总三萜酸粗品经水洗、乙醇溶解、碱化、酸化、再次水洗、重结晶后得到总三萜酸，所得总三萜酸产品经甲醇溶解致沸腾，趁热过滤，所得滤液经浓缩析晶得到齐墩果酸单体产品，所得沉淀物经水洗，乙醇溶解结晶得到熊果酸单体产品。上述苦丁茶水提液过滤所得滤液经超滤澄清、纳滤浓缩、聚酰树脂选择性吸附、洗脱，所得洗脱液经浓缩得到一定纯度的茶多酚单品。CN201610107120.0 公开了一种以原糖为原料生产结晶果糖的方法，包括如下步骤：溶解、酸解、调 pH、陶瓷膜过滤、活性炭预脱色、离子交换树脂脱色除盐、色谱分离、果糖异构酶异构以及蒸发和结晶后得到结晶果糖。本发明在糖浆的澄清脱色过程中，均采用物理方法，不添加任何化学试剂以及食品添加剂，保证了食品的绿色安全。由于陶瓷膜本身的结构特性，陶瓷膜过滤过程中造成的阻力较小，陶瓷膜的渗透通量较大，符合生产实际应用。

以下是该公司的其他一些重点专利技术。

1. 一种反渗透海水淡化陶瓷膜预处理方法 ZL200510041594.1
2. 海水淡化中陶瓷膜预处理方法 ZL200510041360.7
3. 含色素废碱液中回收氢氧化钠的方法 ZL200510041356.0
4. 一种陶瓷微滤膜的制备方法 ZL200510038695.3
5. 陶瓷膜管生物反应分离系统 ZL01108189.9
6. 无机膜集成技术超细粉体的制备方法 ZL00119077.6
7. 光催化与膜分离集成的水处理方法 ZL98111597.7
8. 一种净化高温凝结水的方法 ZL200810023494.X
9. 一种降低饮用水中硬度的方法 ZL200810023495.4

10. 一种膜过滤精制盐水的方法 ZL200610038868.6
11. 一种中空纤维陶瓷膜元件及其组件 ZL200710025876.1
12. 一种陶瓷膜过滤元件 ZL200510123058.6
13. 一种低温烧成多孔陶瓷支撑体的制备方法 ZL200710025877.6
14. 无机膜组件的检测方法 ZL200910184603.0
15. 地热水净化处理装置 ZL201120562708.8
16. 一种膜法盐水精制工艺的膜污染清洗方法 ZL200910264218.7
17. 回收酸洗废液中重金属盐和无机酸的工艺 ZL200910264219.1
18. 一种油田回注水膜法处理工艺 ZL201110101686.X
19. 一种垃圾渗滤液处理工艺 ZL201110069276.1
20. 一种退浆废水膜法处理工艺 ZL201410019433.3

(三) 国外重要申请人及其重点专利分析

主要介绍在世界陶瓷膜领域领先的几家公司。膜的基料一类是由纯 Al_2O_3 组成的基材，Pall 公司产品是此类的代表。另一大类是复合基材，是以 Orelis 和 TAMI 为代表，其中 Orelis 是以 TiO_2、Al_2O_3 组成的复合基材，TAMI 公司则增加了另外一种成分 ZrO_2。它们的膜产品的外形包括圆形膜和六角形膜。

EP2913093A1 公开了一种具有六方空隙的膜，其专利申请人为 Pall 公司。其包含第一和第二微孔表面，以及介于表面之间的多孔本体，本体包含第一和第二区域；第一区域包含具有外边缘并且具有受控孔径的第一组孔，以及与第一组孔的外边缘连接的第二组孔，第二组孔具有受控孔径，以及支撑第一组孔的聚合物基质；第二区域包含具有外边缘并且具有受控孔径的第三组孔，以及与第三组孔的外边缘连接的第四组孔，第四组孔具有受控孔径，以及支撑第三组孔的聚合物基质；以及制备和使用膜的方法。

FR2896170A1 公开一种过滤器元件，其专利申请人是 Orelis 公司。该发明涉及包括具有外表面的支架和位于支架内的至少三个槽的过滤器元件。所述槽包括朝向外表面的外壁，所述外壁与所述外表面之间的距离在所述外壁的中部的每一侧减小。所述元件的优点是在恶劣的使用条件下具有更高的强度。

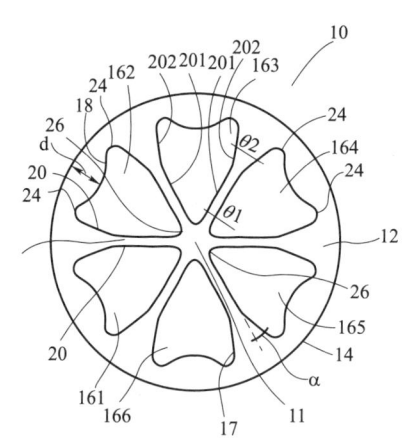

EP1074291A1公开了一种过滤膜及其制备方法，其专利申请人是TAMI公司。该发明的过滤膜的通道具有在流动方向上的梯度壁厚，如下图所示，分离膜层的厚度4在流动方向上逐渐减小，从而确保渗透能够在整个通道的流动方向上保持恒定或基本保持恒定。

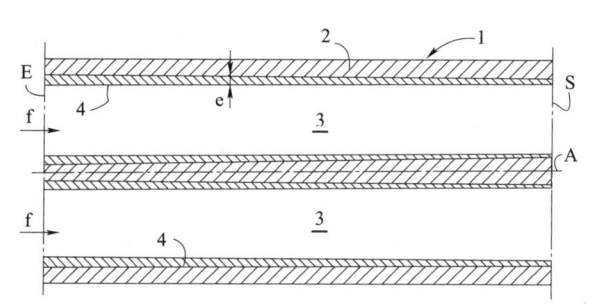

日本碍子株式会社（NGK INSULATORS LTD）是陶瓷膜水处理应用领域专利的主要申请人。其专利申请WO2014156579A1中公开了一种不用降低渗透性能也能提高分离性能的陶瓷分离膜结构体，以及其制造方法。陶瓷分离膜结构体包含陶瓷多孔质体9、配置于陶瓷多孔质体9之上的沸石分离膜33以及由有机无机杂化二氧化硅修补材料形成的修补部34。有机无机杂化二氧化硅是指由有机成分和包含二氧化硅的无机成分组合而成的物质。

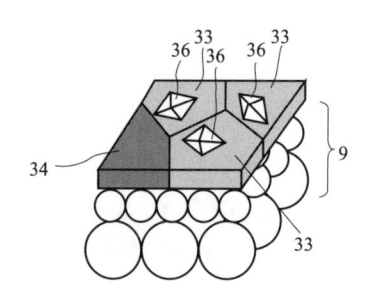

陶瓷膜专利技术现状及其发展趋势   25

WO2008050813A1 公开了一种陶瓷多孔膜和一种陶瓷过滤器，所述陶瓷多孔膜以较少膜形成次数形成且具有较少的缺陷、小且一致的厚度和高的流量。硅质膜 1 形成在二氧化钛 UF 膜 14 上，二氧化钛 UF 膜 14 作为超滤膜（UF 膜）形成在多孔基件 11 上，多孔基件 11 是微滤膜（也称为 MF 膜），二氧化钛 UF 膜 14 的平均孔径小于多孔基件 11 的平均孔径，且硅质膜 1 的平均孔径小于二氧化钛 UF 膜 14 的平均孔径，硅质膜 1 基本上没有渗透到二氧化钛 UF 膜中。

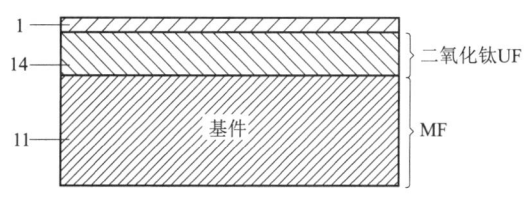

WO2013147272A1 公开了一种用于制造在比以往高的运转压力下分离性能不下降的蜂窝形状陶瓷分离膜结构体的蜂窝形状陶瓷多孔体及其制造方法，以及蜂窝形状陶瓷分离膜结构体。蜂窝形状陶瓷分离膜结构体具有蜂窝形状的基材 30、中间层 31、氧化铝表面层 32 以及分离层 33。中间层 31 上具有氧化铝表面层 32，由此，即使在对孔单元 4 内加压的情况下，多孔体 9 以及分离层 33 也难以发生开裂，难以引起分离性能下降。

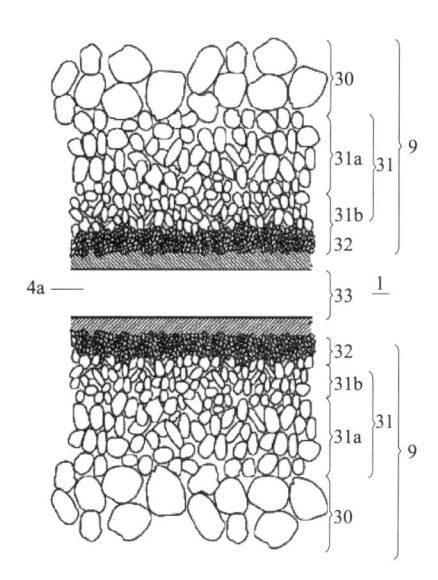

七、结论和建议

（一）主要结论

通过对陶瓷膜领域专利信息的统计和分析，对陶瓷膜领域专利情况总结如下。

1. 中国陶瓷膜专利申请量持续增长

从之前的数据分析能够看出，2005年以后陶瓷膜领域国内外专利申请量迅速提升。我国陶瓷膜产业虽然起步比国外晚，但近年也有了迅速的发展和进步，我国的一些企业和学校也开始注重自己的知识产权，年申请量大幅提升，尤其是江苏久吾高科技股份有限公司和南京工业大学，专利申请量已经进入全球申请人前列。但是我国陶瓷膜企业向国外申请专利的数量非常少，这说明虽然我国企业开始注重自己的知识产权，但在国际上并无真正的竞争力，我国虽然已是陶瓷膜专利申请大国，而非陶瓷膜专利技术强国。

2. 水处理领域和生物医药领域为技术集中领域

目前全球和国内技术发展热点均为水处理领域和生物医药领域，这说明我国研发趋势与全球趋势一致。另外由于我国在水处理领域存在较大的市场需求，未来几年，国内企业应该把握好研发方向，同时还需要及时关注目前国外的研发进展，抓住新技术发展的机会。

3. 日本、美国企业重视全球布局，中国企业全球竞争面临挑战

日本企业无论在全球还是在中国，均有大量专利布局。全球专利申请量排名前五位的申请人中，排名第一位的为日本碍子株式会社、排名第五位的为NOK株式会社，这反映了日本企业强大的技术实力和充分的知识产权布局工作。美国有超过1/3的专利在美国本土以外的国家和地区进行了专利布局，非常注重全球的专利布局。而我国企业专利申请基本全部在国内，向国外申请的专利非常少，我国企业在"走出去"的市场开拓中，面临的知识产权风险将会增多。

（二）发展建议

1. 加大研发投入，提升创新水平和产品制造水平

我国陶瓷膜技术经过多年的发展，在产品制备技术以及应用开发方面已经取得了大的进展，但是在产业化规模和产品制造水平方面与国外相比还存在一定差距，在高端产品的开发方面，国外企业仍然具有明显优势。我国必须加大研发投入，提高自主创新能力，注重高端产品的开发，提高产品技术含量。

2. 关注国外重要企业研发动态，制定符合国情的发展策略

从陶瓷膜应用领域进行分析可以看出，全球专利申请技术分布前三位是水处理、生物医药和气固分离。中国专利申请技术分布前三位是水处理、生物医药、食品工业。而国外来华申请中，日本、美国、德国这三个主要国家技术分布前两位的都是水处理和气固分离。结合目前我国产业政策导向来看，未来企业应重点关注水处理、生物医药和气固分离这三个领域，尤其是气固分离领域，国内企业关注度明显低于国外企业，应进一步加强在气固分离领域的研发投入。

3. 进一步加强企业与高校研究机构之间的合作

我国陶瓷膜领域两个重要申请人南京工业大学和江苏久吾高科技股份有限公司之

间一直存在着密切的合作关系，并且走在国内陶瓷膜技术的前端，这也进一步说明了产学研结合的重要性。未来企业、高等院校、科研机构应进一步加强合作，做到全产业链协同创新，提高我国陶瓷膜技术核心竞争力。

4. 提高专利保护意识，加强专利海外布局

我国申请人申请总量已经进入全球前列，但是向国外申请专利非常少，我国申请人应该提高专利保护意识，学习和借鉴国外优秀企业的专利申请和保护策略，注意自身专利的挖掘，提高专利申请质量，重视专利权的保护和维持。密切关注国外相关技术领域和专利申请的动态，紧跟国外脚步，及早做好应对准备，提高对专利布局的敏感度，对海外潜在市场国家和地区进行专利布局。

八、结束语

陶瓷膜作为膜分离材料的一个重要分支，在能源、环境、工业制造、食品、医药等领域都将发挥重大作用。随着我国经济结构的转型，以及对环境保护的重视，我国陶瓷膜产业面临难得的发展机遇，同时也存在巨大的挑战。陶瓷膜材料的发展应当基于市场需求，进一步开发高性能产品，提升制造和产业化技术水平，同时提高专利保护意识，学习和借鉴国外优秀企业的专利申请和保护策略，注意自身专利的挖掘，加强对其他国家和地区进行专利布局。

参考文献

[1] 任建新. 膜分离技术及其应用 [M]. 北京: 化学工业出版社, 2003: 50.
[2] 张小赛, 倪卫红. 陶瓷膜发展现状及应用研究 [J]. 环境工程, 2013, 31 (6): 108-111.
[3] 徐南平, 时钧. 陶瓷分离膜的发展历史与趋势 [J]. 粉体技术, 1997, 3 (3): 43-48.
[4] 侯立红. 多孔陶瓷及陶瓷膜过滤材料国内发展现状及问题分析 [J]. 现代技术陶瓷, 2015 (4): 46-49.

病虫害绿色防控物理防治专利技术现状及其发展趋势

李晓明　王夏冰[1]　喻江霞　奚缨

（国家知识产权局专利局机械发明审查部）

一、引言

病虫害防治，在农业领域中是指为了减轻或防止病原微生物和害虫危害作物或人畜，而人为采取的某些手段。常见的病虫害防治措施包括物理防治、化学防治以及生物防治等。我国是农业大国，农用土地面积约 1.2 亿公顷，各种病虫害是我国农业生产的大敌，长期以来，我国病虫害防治基本上是以化学农药为主。据统计，我国每年需要化学防治的土地面积在 3 亿公顷以上，消耗农药制剂 100 万吨左右。由于农村目前使用的施药机械技术落后、制造工艺粗糙，农民没有掌握正确的施药技术和方法，使得农药利用率一直很低，一般利用率为 20%～30%，其余的农药流失到土壤、河流及空气中，严重污染生态环境，加重了农作物的农药残留，直接影响农产品质量安全，并且，大量农药的反复使用，使得害虫的抗药性明显增强，虫害的发生有愈演愈烈之势。化学农药的滥用，不仅给农民带来了沉重的经济负担，更是成为污染环境、危害人民身体健康的重要因素，迫切地需要采取手段来改变这种状况。

为减少农药的使用量，近年来，我国一直在积极推广实施病虫害绿色防控技术，2011 年 7 月，农业部在部署推进农作物病虫害专业化统防统治工作时指出，力争"十二五"末，主要粮食作物和棉花、蔬菜、水果等经济作物化学农药使用量减少 20%。着力集成关键技术，以蔬菜、水果、茶叶等鲜活农产品及水稻、玉米等主要粮食作物为重点，围绕控制病虫危害、减少农药用量、降低农药残留，开发出一批绿色防控产品及配套使用技术。病虫害绿色防控技术中包含物理防治技术与生物防治技术，其中，物理防治技术是将电、磁、声、光、热、核等物理学原理应用于农业生产，通过一定的装备用特定的物理方法实现生产环境的防控和治理，达到抗病治虫、增产、优质和高效的目的。生物防治技术是利用生物或它的代谢产物来控制有害动、

---

[1] 王夏冰贡献等同于第一作者。

植物种群或减轻其危害程度的方法，主要包括保护利用自然天敌控制虫害发生、人工繁殖释放治虫以及生物农药治虫等。

与化学防治技术相比，物理防治技术突破了害虫防治的传统理念和生产模式，减少了化学农药的喷洒和对环境的污染，简单易行、利于推广，是替代化学防治的有效手段。与生物防治技术相比，物理防治简单易行、效率高而成本较低，并且可以与生物防治手段结合使用以提高效果。作为一种古老而又年轻的防治手段，物理防治从最原始、最简单的徒手捕杀或清除，发展到近代物理最新成就的运用，目前常用且易于推广的手段主要包括灯光诱杀技术、防虫网覆盖技术、信息素诱杀技术、粘虫捕捉技术、虫情测报技术，以及最新发展的利用原子能治虫技术等。这其中，灯光诱杀技术、信息素诱杀技术、粘虫捕捉技术和虫情测报技术将在本文之后的内容中详细介绍分析。而近年来发展较快的技术中，防虫网覆盖技术是效果较好的一种，它是指利用由聚乙烯拉丝精织后制成的防虫网，覆盖在作物或大棚表面，以起到防虫作用的防治方法；原子能治虫多是利用放射能直接杀灭病虫或用放射能照射导致害虫不育。

通过推广应用物理防治等病虫害绿色防控技术，不仅有利于保护生物多样性，减少病虫害危害，而且符合农业现代化、绿色发展的要求。病虫害绿色防控物理防治技术是促进农作物安全生产、减少化学农药使用量、利用环境友好型措施来控制有害生物的有效行为，是促进农业生产安全、农产品质量安全、农业生态安全和农业贸易安全的有效途径。基于此，本文对国内外在该技术上的专利申请活动进行了梳理，客观分析了国内外专利申请的主要情况，以期在绿色发展的大潮下，对我国病虫害绿色防控物理防治技术的发展提供一些有价值的信息。

二、研究内容

（一）研究方法

物理防治技术涵盖多种方法，且常常与生物防治技术、化学防治技术结合使用，其外延覆盖范围广且随技术的发展在不断改变。在进行了初步的统计且与专家深入座谈的基础上，本文选取了近年来较有发展前景且利于推广应用的灯光诱杀技术、信息素诱杀技术、粘虫捕捉技术以及虫情测报技术作为主要研究对象。

专利信息分析通过对专利文献的著录项目事项以及技术内容的统计和分析以获得有价值的信息。在研究时，运用定量分析、定性分析方法。定量分析主要是在确定最佳的检索策略，兼顾查全率和查准率的基础上得到分析数据，对相关专利文献的著录项目事项进行统计，解读统计结果，分析其所代表的技术和产业发展趋势。定性分析则是对专利文献具体技术内容进行解读，特别是具有代表性的形成国家标准的技术所涉及的重点专利文献进行详细解读。通过结合定量分析和定性分析的结果展示产业发展现状、技术发展轨迹，并进一步预测产业的发展方向和技术演进趋势。

（二）检索策略

本文中所指的病虫害物理防治技术主要是指农业领域中农作物上所涉及的病虫害，上述技术在 IPC 分类表上相应的分类号主要涉及 A01M1/00 下的内容，本文在检索时主要使用的分类号如下：

A01M1/00　　捕捉或杀灭昆虫的固定式装置
A01M1/02　　·带引诱昆虫装置的
A01M1/04　　··用光照的
A01M1/08　　··用光照和吸入联合作用的
A01M1/10　　·诱捕器
A01M1/12　　··自动复位的
A01M1/14　　·用黏性表面捕捉的
A01M1/16　　··粘蝇纸或条带
A01M1/18　　··树木的黏着圈或涂层

为了将上述分类号中涉及的专利文献按照本文中的四种技术进行分类，利用灯、光、信息素、性激素、粘虫、虫情测报等关键词进行了进一步检索，在进行重点专利筛选时采取了人工筛选的方法，对专利文献的全文进行阅读。

（三）相关约定

本文所指的全球专利数据是指 2016 年 7 月 8 日之前 DWPI 数据库收录的相关专利数据。中国专利数据是指 2016 年 7 月 8 日之前 CNABS 数据库收录的相关专利数据。

关于专利申请量统计中"项"和"件"的说明：

项：同一项发明可能在多个国家和地区提出专利申请，DWPI 数据库将这些相关的多件申请作为一条记录收录，以表示其技术上的高度相关性。在进行全球专利申请数量统计时，对于数据库中以一条记录的形式出现的一系列专利文献，计算为"1项"。一般认为，专利申请的数目与技术的数目相应。

件：在进行中国专利申请数量统计时，CNABS 数据库将 1 项专利申请所涉及的多件专利分开进行收录，以表示其权利的独立性。在进行中国专利申请数量统计时，以每件专利单独计算为"1件"。

三、灯光诱杀技术专利分析

（一）灯光诱杀技术介绍

灯光诱杀技术是利用昆虫的趋光性对害虫进行诱集并集中杀灭的防治手段，其可以控制灯光诱杀区域害虫基数，解决虫害和虫媒病害问题。灯光诱杀技术专门诱杀害虫的成虫，降低害虫基数，使害虫的密度和落卵量大幅度降低，从而减轻或避免害虫对人、畜、作物的直接危害或传播病害。在实践中，当病虫指数在防治标准以下则无需用农药防治，只需保证害虫基数控制在不会对农作物造成灾害的水平上即可，从而解决虫害和虫媒病害。特别是，与化学农药防治不同，灯光诱杀不会破坏原有的生态平衡，害虫、益虫都不会被完全诱杀，解决了化学防治过程中容易出现的诱杀害虫使益虫没有了食物被饿死的问题，把益虫和害虫量都控制在一个较低的水平上，可以形成不会对农作物造成灾害的新的生态平衡。

我国采用灯光诱杀由来已久，从20世纪60年代开始，中国农村在集体所有制条件下，种植业就开始推广使用煤油灯、气灯、白炽灯诱虫；也有用普通荧光灯或紫外灯诱虫，后来随着技术的发展又有高压汞灯、节能灯、节能宽谱诱虫灯、LED灯诱杀害虫的研究与应用。

实施灯光诱杀，首先必须有诱虫效果好的诱虫光源。诱虫光源的性能是灯光诱杀专用设备性能的基础。诱虫光源的性能主要决定于光谱范围和光强，由于各种昆虫对不同的光谱敏感程度不同，相当一部分专利申请是针对不同种类的昆虫以及不同的使用面积对传统的诱虫光源进行了改进。近年来，随着光学技术的发展，白炽灯作为传统的诱虫光源因光效率低、能耗高，且光波只包括部分可见光段，诱虫种类少，现在基本不用，而紫外灯、双波灯、频振灯、LED灯等的使用范围逐渐增多。这其中，频振灯是将电源转化为多种特定频率的技术，其实质就是直管紫外灯和直管荧光灯的组合，该种组合光源诱虫种类多，效果好，得到了广泛应用。除了围绕着诱虫光源所做的改进，灯光诱杀技术中还涉及杀灭害虫的配套杀虫部件。包括根据不同的电源条件发展的蓄电池式、直流电形式的杀虫部件，以及近年广泛使用的太阳能电源；根据灭杀害虫的不同方式如电击式、水溺式、毒瓶式、粘连式和红外线式而涉及的不同杀虫部件；以及为了提高杀虫灯的安全性、工作效率而涉及的保护部件、支撑部件等配套组合。

下面将基于全球范围以及中国的灯光诱杀技术相关专利统计数据进行分析，其中申请年份依据最早优先权日确定，技术来源国依据优先权所属国确定，经统计，全球专利申请共4506项，中国专利申请共3923件。下面在这一数据基础上从专利申请整体发展趋势、专利申请国家或地区分布、主要专利申请人、重点专利分析等角度对灯光诱杀技术领域的中国专利技术进行分析。

（二）全球专利申请总体状况分析

通过对全球灯光诱杀技术领域相关专利申请随年代变化的趋势进行分析，可以初步掌握该领域的专利技术产出量变化的起止时间和变化幅度，从而对其未来的发展方向进行初步的判断。

如图1所示，在2005年之前，灯光诱杀技术领域的专利申请年申请量均不足100件，同时技术集中度不高，呈现零散分布的态势。从2006年起，申请量出现了大幅度的攀升，2007年即突破200项，虽然2008年因金融危机等原因导致申请量有所下滑，但之后又迅速恢复增长，至 2014 年达到 600 项以上的最高值，之后的两年因专利公开的滞后性导致数据不能反映真实情况。总体而言，灯光诱杀技术领域的专利申请仍处于高速增长时期。

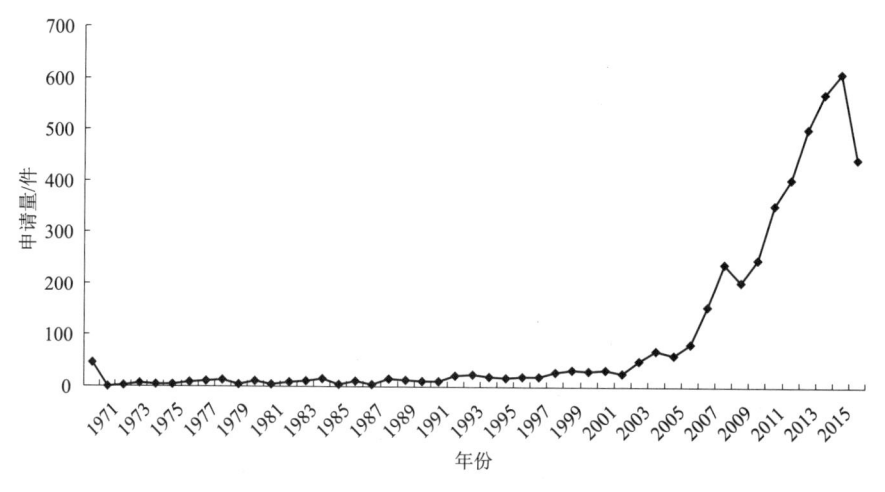

图 1　灯光诱杀技术全球专利申请量年代分布

如图 2 所示，中国的专利申请量占有绝对优势，达 59% 之多，高出第二名的美国 49%。而日本、韩国这些由于地理因素较易发生农业病虫害的国家或地区也占据一定比例。

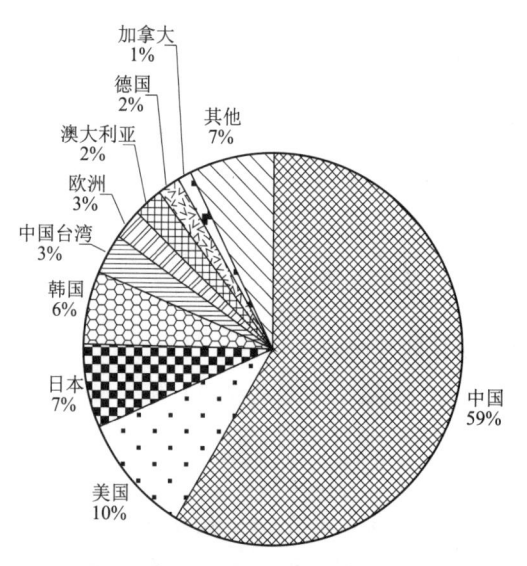

图 2　灯光诱杀技术全球专利技术来源国家和地区分布

(三) 中国专利申请状况分析

1. 灯光诱杀技术中国专利申请的年代分布

图 3 显示了灯光诱杀技术领域中国专利申请的年度分布情况。可以看出，由于我国专利制度实行比较晚，灯光诱杀技术专利申请起步也较晚，在专利法实施第一年仅有 2 件相关的专利申请。1985—1995 年，每年的专利申请量较少，均低于 10 件。1996—2006 年，每年的专利申请量维持在一个低水平的稳定状态量，虽较之前增长，但仍低于 100 件。从 2007 年开始，灯光诱杀技术专利申请开始大幅增长，到 2015 年甚至超过了 800 件。申请量增长速度最快的时期是从 2011 年开始，这主要是因为随着人们生活水平的提高，对绿色防控、绿色环保的要求越来越高，国家又出台了绿色防控技术方面的政策。例如，2011 年 5 月 15 日以农办农〔2011〕54 号文件印发的《农业部办公厅关于推进农作物病虫害绿色防控的意见》，在此期间，各机构、企业、个人都响应国家的号召在农作物病虫害绿色防控方面进行了重点研究。

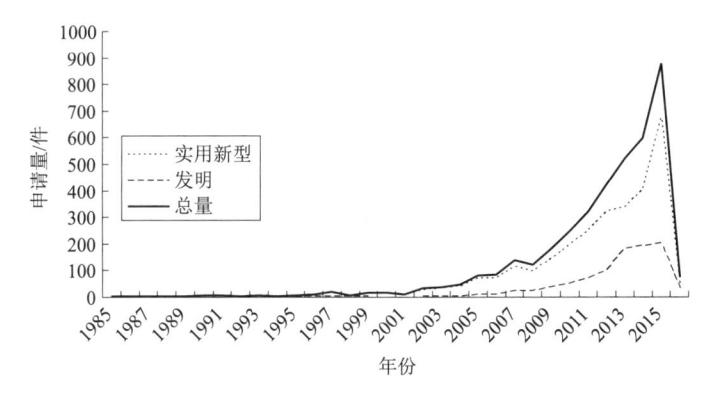

图 3 灯光诱杀技术中国专利申请量年度分布趋势

2. 灯光诱杀技术中国专利申请的法律状态

图 4 所示为在灯光诱杀技术领域中国专利申请的法律状态。总体而言，获得授权的专利占总体的比例大约为 44%，终止专利权的专利占总体的比例大约为 34%，这很大一部分原因是因为大部分申请人既申请了实用新型又申请了发明，在发明能够授权的情况下，为避免重复授权而放弃了实用新型的权利，因此导致终止专利权的专利数据偏高。还有一部分原因在于技术的日新月异，技术更新换代快，从而没有市场前景的专利就很难维持，最终的结果是专利权终止。

图 5 所示为在灯光诱杀技术领域中国发明专利申请的法律状态。从该图明显看出，在 47% 已经结案的专利申请中，获得授权的专利仅仅占 13%。授权率如此之低，归根结底有两方面原因：一方面因为创新的技术少，市场上出现的技术大部分都是相同或类似的；另一方面是农作物病虫害绿色防控技术已经趋向于成熟，很难实现进一步突破。

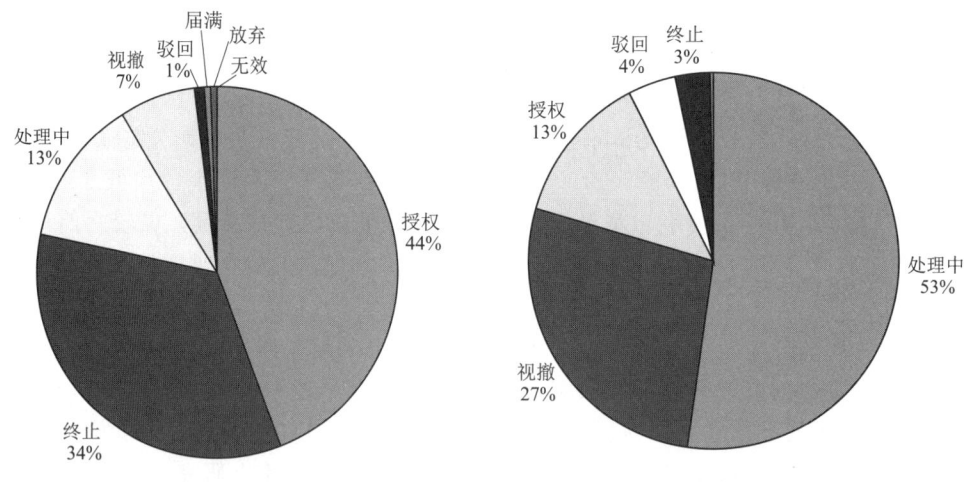

图 4　灯光诱虫技术的法律状态　　　　图 5　发明专利申请的法律状态

灯光诱杀技术中专利申请授权之后的有效量见表 1。可以看出，授权的 154 件发明专利申请中的有效量为 126 件，授权的 2940 件实用新型申请中的有效量仅 1601 件，授权的 10 件 PCT 申请中的有效量为 9 件。其中实用新型的授权专利占绝大部分，并且主要来自国内申请人，说明中国申请人倾向于通过实用新型的申请方式来尽快获得专利权，对专利权的稳定性不够重视。从已授权的实用新型的有效量进一步反映出实用新型的技术含量低，稳定性不够，并且很多申请人是通过同时提交发明和实用新型的方式来申请专利权，在发明能够授予专利权的情况下而放弃了实用新型的权利，这也导致实用新型申请中的有效量偏低以及我国专利申请数量虚高。

表 1　灯光诱杀技术中专利申请授权之后的有效量

专利类型	授权量	有效量
发明	154	126
发明（PCT）	10	9
实用新型	2940	1601
总量	3104	1736

3. 灯光诱杀技术中国专利申请类型分布

对灯光诱杀技术领域的中国专利类型进行了分析，可以看出，发明专利申请仅占 5%，而实用新型占比达到 93.6%，PCT 申请比较少。

4. 灯光诱杀技术中国专利申请的国家和地区分布

图 6 为中国大陆以外的地区在中国申请的灯光诱杀技术的专利，纵观 3923 件中国专利文献，仅有 126 件来自中国大陆以外的地区的申请，占 3%，并且这 126 件

中，以中国台湾的 75 件申请量排在第一位。这可以看出，国外在中国的专利布局量比较少，这也说明作为农业大国的中国来说，在农作物病虫害绿色防控的灯光诱杀技术的发展已经走在了世界前列，以致国外无法抢占中国的市场。

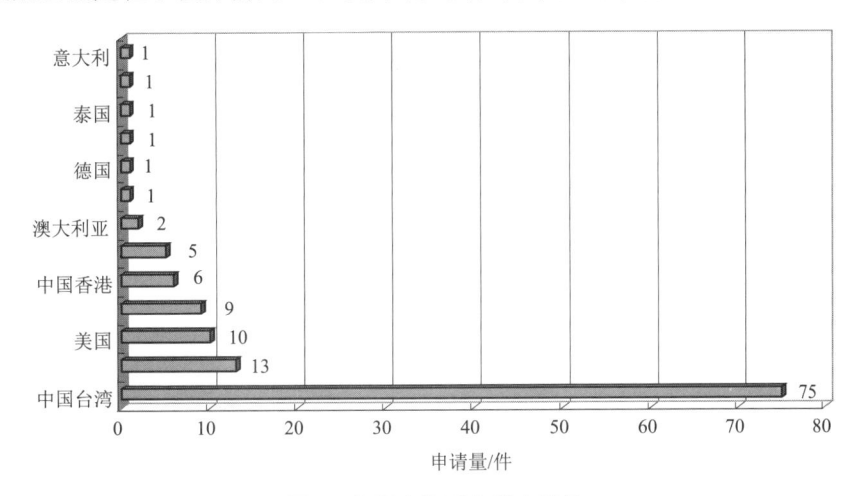

图 6　各国家地区在华申请量

意大利　1
　　　　1
泰国　　1
　　　　1
德国　　1
　　　　1
澳大利亚　2
　　　　　5
中国香港　6
　　　　　9
美国　　10
　　　　13
中国台湾　　　　　　　　　　　　　　　　　　　75

申请量/件

灯光诱杀技术领域国内申请的省份来源分布情况见图 7。可以看出，我国专利申请的主要来源集中在经济比较发达的东部沿海地区，来自江苏、浙江、广东、山东、福建的申请人分别居申请量的前五位，并且这五个省份占全国申请量的 48%。

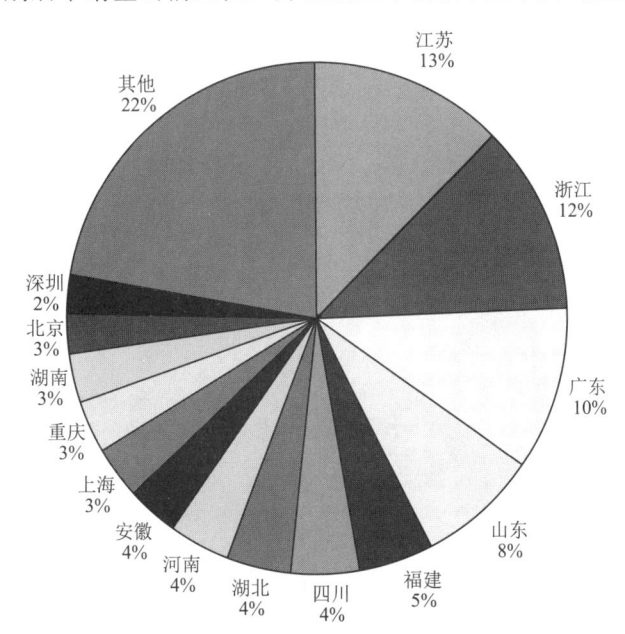

江苏 13%
浙江 12%
广东 10%
山东 8%
福建 5%
四川 4%
湖北 4%
河南 4%
安徽 4%
上海 3%
重庆 3%
湖南 3%
北京 3%
深圳 2%
其他 22%

图 7　灯光诱杀技术领域国内申请的省份来源分布情况

5. 灯光诱杀技术领域中国专利申请的主要申请人分析

图 8 列出了 CNABS 数据库中灯光诱杀技术领域专利申请量排名前 15 的申请人。排名第一的是青海祥田生态科技有限公司，申请量为 31 件。排名前十四名的都是中国本地的企业、机构、个人等，这说明中国是一个农业大国，对农业病虫害的绿色防控的投入已经引起了高度的重视，在该领域中国的技术已经走在了世界的前列。图 9 为灯光诱杀技术领域中国专利申请人类型分布情况。从图 9 可以发现，个人申请占据比例比较大，占 46%，个人申请和企业申请占了 84%，大学或研究机构仅占 12%，这说明我国的灯光诱杀技术从研究阶段已经开始向产业化阶段迈进了一大步。

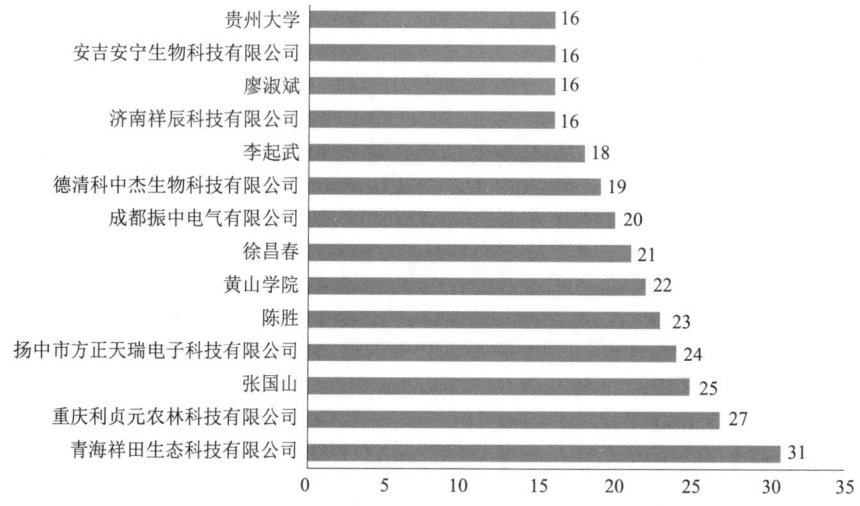

申请人	申请量
贵州大学	16
安吉安宁生物科技有限公司	16
廖淑斌	16
济南祥辰科技有限公司	16
李起武	18
德清科中杰生物科技有限公司	19
成都振中电气有限公司	20
徐昌春	21
黄山学院	22
陈胜	23
扬中市方正天瑞电子科技有限公司	24
张国山	25
重庆利贞元农林科技有限公司	27
青海祥田生态科技有限公司	31

图 8　灯光诱杀技术领域专利申请量排名前 15 的申请人

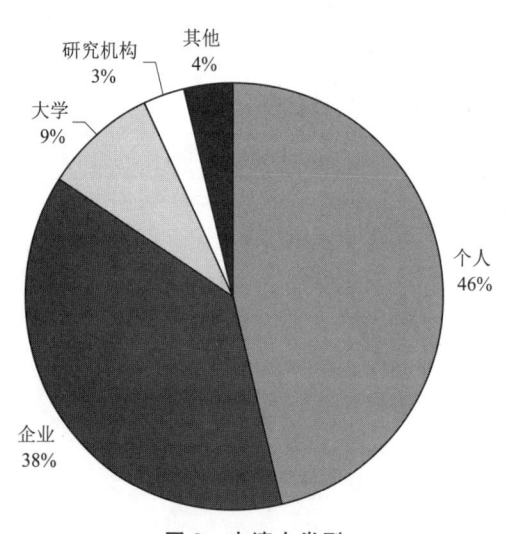

申请人类型分布：个人 46%，企业 38%，大学 9%，研究机构 3%，其他 4%

图 9　申请人类型

6. 灯光诱杀技术领域的重点专利分析

(1) 频振式杀虫灯已列入国标

频振式杀虫灯已列入国标 GB/T 24689.2—2009《植物保护机械频振式杀虫灯》，并且于 2010 年 4 月 1 日实施，频振式杀虫灯是采用电转换为特定频率光来诱杀害虫的一种特殊灯具。

(2) 频振式杀虫灯原理、特点、应用

频振式杀虫灯自 1991 年问世以来，以杀虫效果好、不引入化学物质、节支增收、保护生态环境等优点受到了人们的青睐，在农林业、酒业酿造、仓储业等的害虫防治及监测中应用较广，为我国农林业生产和生态环境保护做出了一定的贡献。

果园虫害的物理防治是利用声、光、电、温/湿度等控制和诱捕害虫的方法，具有能长期有效控制害虫、不产生抗性、减少环境污染、降低农药残留、提高农产品质量和价格、降低劳动强度和生产成本的优点。甘肃张家川县 2002 年引进佳多牌 PS-15 Ⅱ型普通频振式杀虫灯，2003—2005 年对果园害虫进行防治试验示范，效果明显。

ⅰ. 杀虫原理

频振式杀虫灯是利用害虫趋光（由灯管产生）、趋波（由电网产生）、趋色（由紫外线灯管和壳体产生）、趋味（由集虫袋内的虫体产生）的特性，近距离用光，远距离用波，加以色和味引诱害虫成虫扑灯，通过频振式高压电网将害虫击晕或击死，最后落入集虫袋内，同时被击毙的虫体也可发出信息素，诱来更多的害虫。

ⅱ. 杀虫特点

(a) 单灯控制面积大，杀虫谱广，诱虫数量多。从 3 年的防治试验看出，频振式杀虫灯单灯控制面积在 2~3.3 公顷，平均每晚单灯诱虫 400 多头，最多可达 853 头，诱杀的昆虫主要以鳞翅目和鞘翅目为主，初步统计鉴定有 8 目 41 科 108 种。

(b) 对天敌杀伤力小，有利于维护生态平衡和生物多样性。频振式杀虫灯避开了天敌的趋性光源和波长，对天敌相对安全。据鉴定统计，天敌数量和害虫数量之比（益害比）为 1∶207.6，说明频振式杀虫灯对天敌影响不大。

(c) 能降低虫口基数，较长期控制害虫危害。据 2003—2004 年在定点果园挂灯防治卷叶虫试验，2003 年随机调查 60 株树有卷叶虫 948 头，2004 年同期调查上年标记的 60 株树，发现有卷叶虫 178 头，虫口减退率 81.22%，说明应用频振式杀虫灯能降低虫口密度，较长时期控制害虫危害。

(d) 能监测害虫发生动态，为指导防治提供科学依据。频振式杀虫灯不但有防虫治虫的作用，还对一定区域害虫的发生具有预测预报功能。可根据掌握的资料和当年气象资料及连续几天诱集到的重要害虫的数量，发布最新虫情消长动态，给有害生物综合防治提供准确科学的依据。

(e) 操作方便，管理简单，效益显著。频振式杀虫灯安装完毕后，只需在挂灯季节每天按时开关灯，换取集虫袋即可，操作方便，管理简单。该灯的使用寿命 3—5 年，控制面积范围内面积越大，单位防治成本越低。同时，所诱集的害虫能喂鸡喂鸭，既减少了果园用药次数，减轻了农药残留和环境污染，又维护了生态平衡和生物多样性，经济、社会、生态效益显著。

ⅲ．使用技术要点

（a）频振式杀虫灯一般能控制 2～3.3 公顷果园，适于单家独户经营的集中连片果园联防联治。为提高防治效果，灯应悬挂于梯田地果园的中心田埂或川地果园的中心位置，并用木橛和铁丝固定，防止被风吹倒。

（b）悬挂高度以高于果树树冠顶部 20～50 厘米为宜，这样灯光照射距离远，诱虫数量大，否则会因树梢遮挡灯光影响诱杀，防治效果不佳。

（c）在果树生长季节，即 4 月至 9 月底，每天 19：00～21：00 开灯，次日清晨 5：00～6：00 关灯，同时应取下集虫袋。雷雨天可不开灯，大风天或月光明亮的晚上诱虫数量少，可不开灯或缩短开灯的时间。

（d）每年挂灯前应全面检修，保证生产季节正常亮灯，电网正常通电，使用过程中如出现故障，应先停电再作检修。通电后切勿触摸频振式高压电网。应定期停电，用毛刷清除附着在频振式高压电网和集虫锥盘上的成虫残体。

e）收灯后，彻底清除频振式高压电网和集虫袋内及集虫锥盘上的害虫残体，将灯装于原包装箱内，存放于干燥处妥善保管。

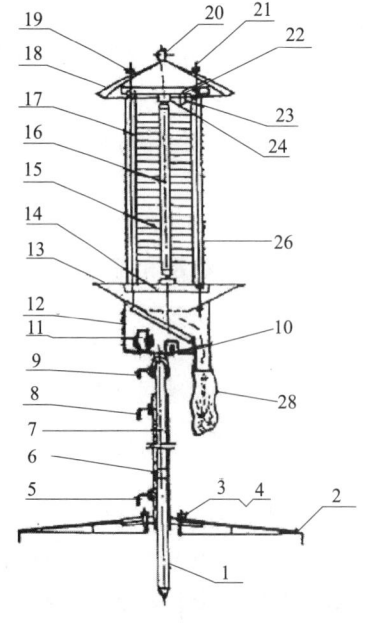

图 10　频振式杀虫灯

（3）频振式杀虫灯的专利发展

1993 年河南省汤阴县佳多科工贸公司申请了第一件频振式杀虫灯的实用新型专利（CN2190405Y），如图 10 所示，频振式杀虫灯由灯体、光源、电网、升降架和控制电路构成，电网支架上面的防雨帽 18 和下面的收集盘 13、电路盒 12 由螺母 19 固定为一体成灯体，电网支架是由四根螺栓 21 串入绝缘管 17 内与灯座 24 上下接板 22、14 相互插接用螺母 19 固定而成，灯管 16 安在灯座 24 内，电网 15 绕在电网支架上，升降架由升降内管 7、升降外管 6、地爪 20 和地锥 1 构成，地锥 1 在升降外管 6 内可以上下作直线滑动，由弯柄螺栓 5 紧固，升降外管下部有对称的地爪 2，升降内管 7 与升降外管呈直线滑动配合，灯体下连接板 10 与升降内管 7 套装，由螺栓 9 紧固，防雨帽上装有吊环 20，控制电路装于电路盒 12 内。光源为短波灯管插入灯座内构成，电网绕在电网支架上，灯体安装在升降架上边，控制电路是由整流稳压、振荡调制、诱虫、扑杀和保护部分构成，本实用新型杀虫范围大、种类多、无副作用，成本低，使用方便，利于生产和推广应用，社会和经济效益显著。

从 1993 年开始一直到 2016 年，频振式杀虫灯每年都有一定的专利申请量，其发展主要围绕以下问题进行：杀虫效果不够理想，不能根据外界的天气变化情况、每天的时长、每天所处在的时间段、系统内部的电压情况等配置参数来自动控制，不能自动切断杀虫网的高压电，当人和畜类靠近时起到保护作用，不能及时对高压网上的虫尸进行处理，不能实现手机电脑的远程操控等，并且由于频振式杀虫灯安装在室外，势必会受到风吹日晒雨淋的影响以及能源的缺乏，因此，企业、研究机构或个人围绕着频振式杀虫灯存在的上述问题等方面进行了研究。

2013 年 12 月 30 日由四川瑞进特科技有限公司申请的太阳能频振式杀虫灯系统及控制方法（CN103749415A）。

如图 11 所示，太阳能频振式杀虫灯系统包括中央服务器、灯杆 2、设置在灯杆 2 上的频振式杀虫灯 7 和设置在灯杆 2 顶部的支架 6 上的太阳能板 8，灯杆 2 顶部设置有一灯罩 9；灯杆 2 底部侧壁上设置有一控制柜 1；所述频振式杀虫灯 7 包括灯管和设置在灯管外的高压网。灯罩 9 上设置有一个与微处理器连接的雨水传感器，灯杆 2 内设置有与微处理器和电源模块连接的控制电路 3 以及与控制电路 3 连接用于控制灯杆 2 顶部的支架 6 带动太阳能板 8 旋转的传动机构；传动机构包括设置在灯杆 2 内侧壁的传动电机，与传动电机连接的电机齿轮 4 以及与电机齿轮 4 啮合的弓形齿轮 5；所述灯杆 2 顶部的支架 6 安装在弓形齿轮 5 的上表面。

如图 12 所示，控制柜 1 内设置有微处理器，以及分别与微处理器连接的无线收发模块、控制开关、电压采样电路和电源模块；所述控制开关分别与电源模块、太阳能板 8、高压网、频振式杀虫灯和电压采样电路连接；所述灯罩 9 上设置有一个与微处理器连接的雨水传感器 10，中央服务器通过无线网络与控制柜 1 内的无线收发模块进行通信。

设计这套太阳能频振式杀虫灯系统后，不再使用人工去实现农场的频振式杀虫灯的开启和关闭，微处理器能够根据外界的天气变化情况、每天的时长、每天所处在的时间段、系统内部的电压情况等配置参数来自动控制频振式杀虫灯和高压网的自动开启或关闭，保护了田间的益虫、降低了电能的消耗，延长了频振式杀虫灯和高压网的寿命；设置的雨水传

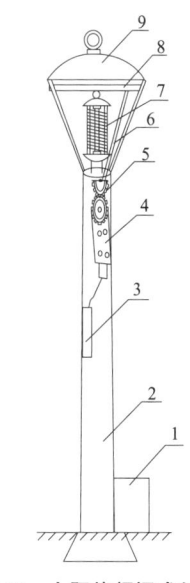

图 11　太阳能频振式杀虫灯
1—控制柜；2—灯杆；3—控制电路；4—电机齿轮；5—弓形齿轮；6—支架；7—频振式杀虫灯；8—太阳能板；9—灯罩

```
中央服务器    电压采样电路    太阳能板
    ↓↑           ↓↑            ↓
无线收发模块 ⇄ 微处理器 ⇄ 控制开关 → 频振式杀虫灯
              ↓↑ ↓↑  ↓↑
雨量传感器   控制电路   电源模块    高压网
```

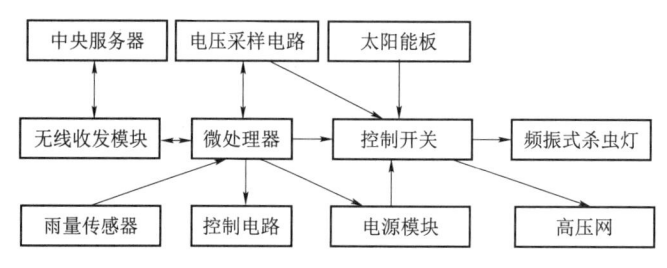

图12　工作原理示意

感器、传动机构能够在雨水量大的情况下，将太阳能板收回到灯罩内，延长了太阳能板的使用寿命。

2015年由黄石东贝机电集团太阳能有限公司申请的一种具备抗风性的太阳能频振式杀虫灯（CN205005772U），参见图13，具有灯杆1、太阳能电池板2、灯体3和底座4，所述太阳能电池板2固定安装在一组件支架5上，组件支架5由两根水平放置的角钢6和两根竖直放置的角钢6相互焊接组成，每根角钢6上均开有螺孔7，其中两根水平放置的角钢6之间焊接有一固定板8，固定板8上焊接有一管状转向支架9，管状转向支架9表面具有两层六个错位布局的固定螺栓10，组件支架5通过管状转向支架9运用公母管件结构配合的方式安装在灯杆1的顶端，并通过固定螺栓10拧紧固定。灯杆1与管状转向支架9连接处的下侧焊接有一竖直连接管11，竖直连接管11的上端开口通过公母管件结构配合的方式连接有一悬臂12，悬臂12末端的下侧焊接有一连接环13，灯杆1位于竖直连接管11的下侧还焊接有一水平连接管14，水平连接管14开口的一侧通过公母管件结构配合的方式连接有一钢质抱箍15，所述灯体3安装在悬臂12与钢质抱箍15之间，并通过固定螺栓10拧紧固定，所述底座4焊接在灯杆1底部，底座4上均匀布置有若干个螺孔，并通过螺栓与地面固定。这可以根据不同的季节，灵活调整太阳能电池板朝向正午太阳的方位，大大地节约了能源，并且通过钢制抱箍，进一步提高了频振式杀虫灯的灯体的安装稳定性。

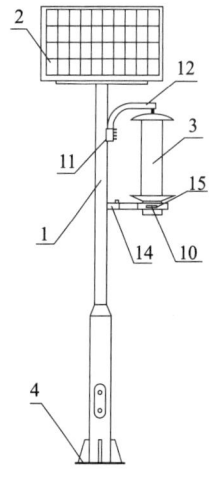

图13　具备抗风性的太阳能频振式杀虫灯
1—灯杆；2—太阳能电池板；3—灯体；4—底座；10—固定螺栓；11—竖直连接管；12—悬臂；14—水平连接管；15—抱箍

四、信息素诱杀技术

害虫可以降低农作物的产量和品质，破坏林木，传播影响植物、人类和动物的病害以及危害食物和其他储存产品。尽管杀虫剂可以解决害虫控制的问题，但是重复、大量使用杀虫剂却会引起昆虫抗药性的增强和环境污染等问题。为了避免上述问题，人们开始使用昆虫引诱剂诱杀昆虫，其中，性引诱剂就是最常用的引诱剂种类。性引诱剂是指用于吸引异性来交配的化学物质，在性引诱剂中，性信息素的主级成分是指负责长距离（大于1m）逆风的活动的化学物质，提高对田间引诱量。目前对鳞翅目昆虫研究最多，应用最广。例如，在桃园或梨园中利用性引诱剂防治梨小食心虫有较好效果，迷向率达到89.0%以上，防治效果达到55.77%以上。近年来，信息素诱杀技术的研究方向多集中于针对某种害虫如何配置引诱剂的成分，以及与引诱剂配套使用的装置、使用方法，以此提高引诱效果，达到灭杀目的。

（一）信息素诱杀技术全球专利申请总体状况分析

通过对信息素诱杀技术领域相关专利申请随年代变化的趋势进行分析，可以初步掌握该领域的专利技术产出量变化的起止时间和变化幅度，从而对其未来的发展方向进行初步的判断。

如图14所示，在2003年之前，信息素诱杀技术领域的专利年申请量均不足20件，直到2010年，申请量出现了大幅度的攀升，增长速度比较迅速，但年申请量仍然不高，仅50～60件，至2013年达到67件的最高值，之后的两年因专利公开的滞后性导致数据不能反映真实情况。总体而言，信息素诱杀技术领域的专利申请仍处于高速增长时期。

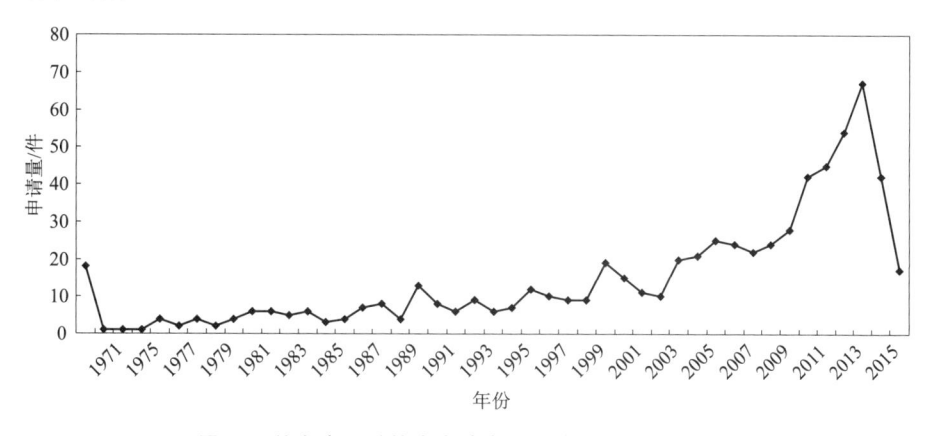

图14 信息素诱杀技术全球专利申请量年代分布趋势

如图15所示的各国申请量比例，中国的专利申请量占有很大优势，达24%，居第一位，这进一步验证了中国作为农业大国，在农业领域的病虫害绿色防控物理防治方面的研究、应用已经走到了世界的前列。第二名的美国占18%，而日本、欧洲、澳大利亚、德国、韩国这些由于地理因素较易发生农业病虫害的国家或地区也占据一定比例。

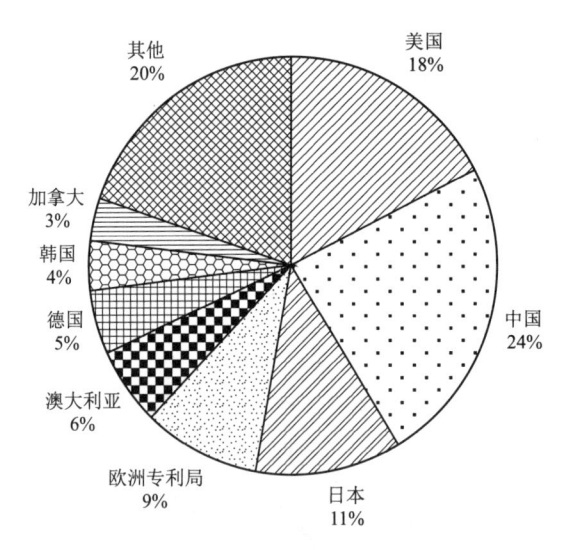

图 15　各国申请量比例

（二）信息素诱杀技术中国专利整体态势

本部分基于中国的信息素诱杀技术相关专利统计数据，中国专利申请总共 462 件。下面在这一数据基础上从专利申请整体发展趋势、专利申请国家或地区分布、主要专利申请人、重点专利分析等角度对信息素诱杀技术领域的中国专利技术进行分析。

1. 信息素诱杀技术中国专利申请的年代分布

图 16 显示了信息素诱杀技术领域中国专利申请的年度分布情况。可以看出，由于我国专利制度实行比较晚，信息素诱杀技术专利申请起步也较晚，在专利法实施第

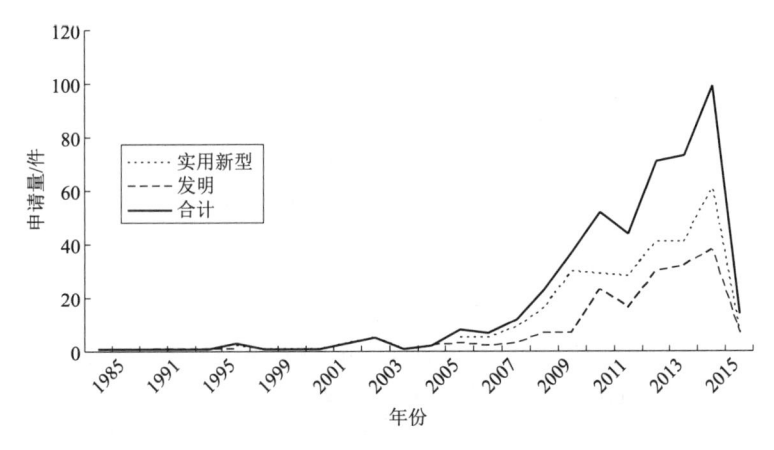

图 16　信息素诱杀技术中国专利申请的年代分布趋势

一年仅有1件相关的专利申请。1985—2007年，每年的专利申请量较少，均低于10件，一直到2008年，一年的申请总量才突破10件，但是2008—2015年，除2012年稍微有所下降之外专利申请量的增长趋势比较明显。

2. 信息素诱杀技术中国专利申请的法律状态

在信息素诱杀技术领域中国专利申请总量的法律状态见图17。总体而言，获得授权的专利占总体的比例大约为47%，终止专利权的专利占总体的比例大约为26%，这很大一部分原因是由于实用新型的审查周期比较短，因此大部分申请人既选择了申请实用新型又选择了申请发明，在发明能够授权的情况下，为避免重复授权而放弃了实用新型权利，因此导致终止专利权的专利数据偏高。还有一部分原因在于技术的日新月异，技术更新换代快，从而没有市场前景的专利就很难维持，最终的结果是专利权终止。

在信息素诱杀技术领域中国发明专利申请的法律状态见图18。从该图明显看出，在47%已经结案的专利申请中，获得授权的专利占25%，终止的专利仅仅占6%，这跟申请总量的法律状态相比，终止的专利明显减少很多，这进一步佐证了大部分申请人放弃了实用新型专利而选择发明专利。

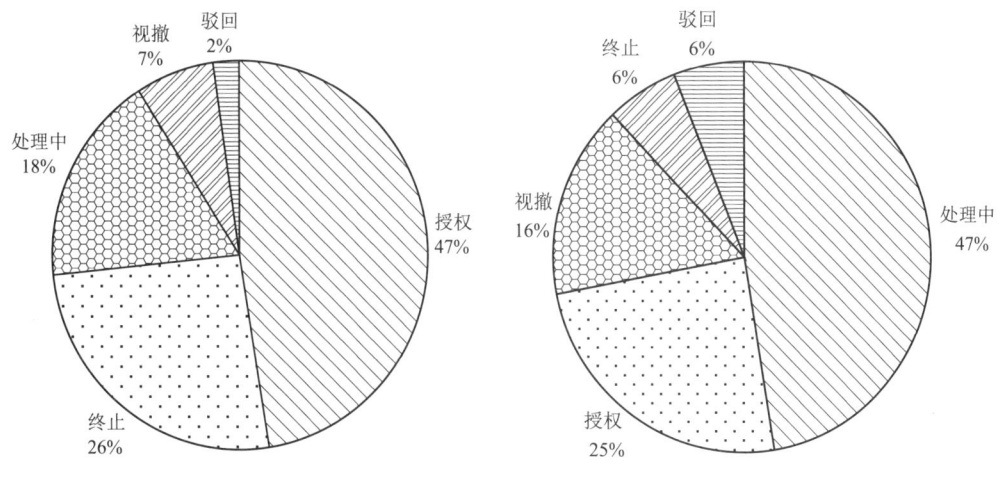

图17 信息素诱杀技术法律状态　　图18 信息素诱杀技术发明申请法律状态

信息素诱杀技术中专利申请授权之后的有效量见表2。可以看出，授权的54件发明专利申请中的有效量为43件，授权的287件实用新型申请中的有效量仅177件。其中实用新型的授权专利占绝大部分，并且主要来自国内申请人，说明中国申请人倾向于通过实用新型的申请方式来尽快获得专利权，对专利权的稳定性不够重视，从已授权的实用新型的有效量进一步反映出实用新型的技术含量低，稳定性不够，并且很多申请人也都是通过同时提交发明和实用新型的方式来申请专利权，在发明能够授予专利权的情况下而放弃了实用新型的权利，这也导致实用新型申请中的有效量偏低以及我国专利申请数量虚高。

表2 信息素诱杀技术中专利申请授权有效量

专利类型	申请量	授权量	存活量
发明	175	54	43
实用新型	287	287	177
总量	462	341	220

3. 信息素诱杀技术中国专利申请的主要申请人分析

表3列出了CNABS数据库中信息素诱杀技术领域专利申请量排名前11的申请人。462件中国专利文献中，排名第一的申请人是北京市农林科学院，申请量为34件。排名前十一名的均是企事业单位、大学或研究所，企事业单位占5个，大学占3个，研究所占3个。这明显可以看出，信息素诱杀技术虽然一部分还处于研究阶段，但是也有相当大一部分已经迈进了市场。

表3 信息素诱杀技术中国专利申请的主要申请人分析

申请人	申请量
北京市农林科学院	34
山西农业大学	11
中国计量学院	11
漳州市英格尔农业科技有限公司	10
漳州市中海高科生物科技有限公司	10
山东省花生研究所	10
北京林业大学	9
宁波纽康生物技术有限公司	8
厦门英格尔生物科技有限公司	7
中国农业科学院植物保护研究所	7
中国农业科学院茶叶研究所	6

图19为信息素诱杀技术领域中国专利申请人类型以及申请量分布情况。从图19中可以发现，公司和研究机构均占到27%，并且占总量的一大半。个人申请占据比例也相对比较大，为20%，大学占16%，这说明我国的信息素诱杀技术从研究阶段

已经开始向产业化阶段迈进了一大步。

（三）信息素诱杀技术的专利发展

通过对 1985 年到 2016 年的性信息素专利申请的统计分析，近三十多年的技术的发展脉络仍然是围绕着如何与性信息素技术的原理、特点、应用相配合来提高性信息素诱杀装置的诱虫、灭虫等效果，因此，性信息素诱杀领域的专利申请也主要集中在性信息素引诱剂的改进、性信息素引诱装置的结构改进等方面。

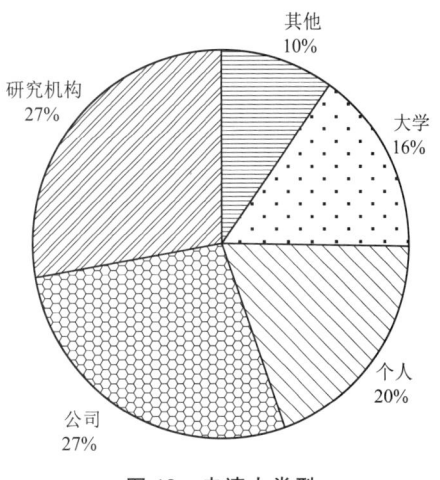

图 19 申请人类型

1985 年中国科学院上海昆虫研究所申请了用信息素大量诱捕法防治杨树透翅蛾的新方法（CN85100443A），使用含有杨树透翅蛾性信息素的硅橡胶诱蕊和涂以黏胶的船型纸质诱捕器，作为诱杀雄蛾的手段，在杨树危害率达 5%～30% 时采用每亩林地设置一个诱捕器，即能将危害率压低到 3% 以下，连续使用二年可将危害率压低到 1% 以下，诱捕器的设置高度一般为 1.5～2 米高，设置时间从杨树透翅蛾始见期开始至终见期止。当杨树危害率超过 30% 时仍采用每亩设置一个诱捕器连续使用二至三年即能将危害率压低到 1% 以下。

1996 年南京林业大学申请了一种防治农林害虫的方法（CN1180482A），使用上下两同轴空心圆柱体，中间有隔膜；在圆柱体一头内滴加性信息素提取液，绒布片上加上病毒制剂塞入该头端孔中，制成性信息素加病毒诱蕊，悬挂于树枝上。优点在于，污染雄虫不需诱捕器或类似的装置。发明人利用风洞和进行林间大袋蛾试验证明了使用效果。该方法还扩大了性信息素和昆虫病毒的应用范围，适于飞机散布，大面积使用。

2006 年中国林业科学研究院森林生态环境与保护研究所申请了一种云南松毛虫性引诱剂诱蕊（CN 101061798A），包括复合橡胶诱蕊载体，及滴加于诱蕊载体的性引诱剂和二氯甲烷，性引诱剂配方：每个诱蕊加入 0.1～50mg 的反 5，顺 7-十二碳二烯醇，0.1～15mg 的反 5 和顺 7-十二碳二烯乙酸酯或顺 5，反 7-十二碳二烯乙酸酯，0.1～15mg 的反 5 和顺 7-十二碳二烯醛；还可包括滴加于诱蕊的抗氧化剂或/和紫外光吸附剂 2-羟基-4-甲氧基二苯甲酮。可使诱蕊中的共轭双烯信息素较之天然橡胶载体中产生的异构化速率大大降低，同时性信息素可在载体中缓慢均匀释放；诱蕊中的抗氧化剂和紫外光吸附剂能有效保护性信息素成分不被外界环境因子氧化、降解，使得诱蕊的持效期提高，诱蛾量增加。

2012 年江苏动感控虫科技有限公司申请了一种诱虫信息素及其植入方法（CN102578157A），将正乙烷溶剂、植物源信息素、昆虫性信息素、荷尔蒙、释放剂、缓释剂按重量百分比为 97.84%：0.49%：0.98%：0.29%：0.2%：0.2% 的比例均匀调和制成调和剂；将适量填充材料置于调和剂中浸泡 24 小时，且每隔 2 小时翻动一次，最后置于无源发光导管内。本发明将昆虫的趋光性、趋味性、趋色性融为一体，并采用迷向法干扰雌雄成虫间正常的化学通信，不但能够达到诱捕害虫的目的，而且还能使雄成虫无法定向找到雌虫交尾，实现害虫被捕杀和阻止交配繁殖的目的。

五、粘虫捕捉技术

下面将基于全球范围以及中国的粘虫捕捉技术相关专利统计数据进行分析，其中申请年份依据最早优先权日确定，技术来源国依据优先权所属国确定。经统计，全球专利申请共 2385 项，中国专利申请共 725 件。下面在这一数据基础上从专利申请整体发展趋势、专利申请国家或地区分布、主要专利申请人、重点专利分析等角度对灯光诱杀技术领域的中国专利技术进行分析。

（一）粘虫捕捉技术全球专利申请总体状况分析

1. 各国家及地区专利申请量比较

在有关粘虫捕捉技术的全球专利申请中，如图 20 所示，在 2000 年之前，粘虫捕捉技术领域的专利申请年申请量均不足 100 件，同时技术集中度不高，呈现零散分布的态势。从 2005 年起，申请量出现了大幅度的攀升，虽然 2009 年申请量有所下滑，但之后又迅速恢复增长，至 2013 年达到 180 项以上的最高值，之后的两年因专利公开的滞后性导致数据不能反映真实情况。总体而言，粘虫捕捉技术领域的专利申请仍处于高速增长时期。如图 21 所示，中国专利申请以占全球申请量的 31% 高居榜首，并且自 2006 年起申请量增长速度明显提高，日本专利申请占全球申请量的 24%，美国专利申请占全球申请量的 17%，美国和日本的专利申请近年虽然也逐步增加，但总体增长幅度大大小于中国，欧洲整体上在粘虫捕捉技术上的专利申请量较少，而韩国在粘虫捕捉领域的专利申请量则呈上升态势。

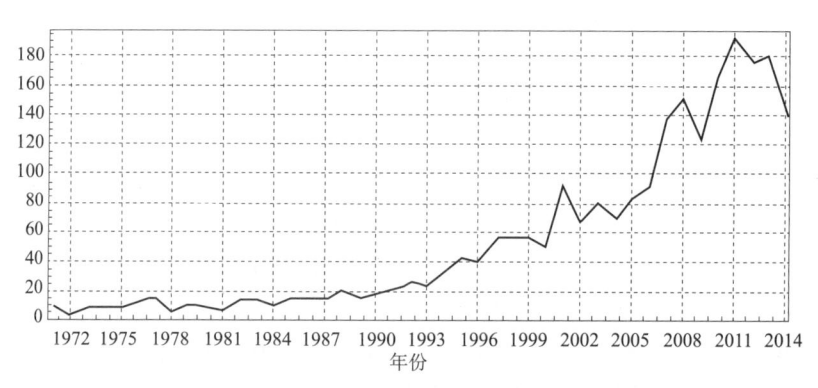

图 20 申请量趋势分析

（二）粘虫捕捉技术中国专利申请情况

1. 中国专利申请总体数量

图 22 显示了粘虫捕捉技术领域中国专利申请的年度分布情况。可以看出，1985 年之后申请逐渐增长，中国专利申请中，实用新型所占的比例较大。1985—1995 年，每年的专利申请量较少，均低于 10 件。1996—2003 年，每年的专利申请量维持在一个低水平的稳定状态量，虽较之前增长，但仍低于 20 件。从 2003 年开始，粘虫捕捉技术专利申请每年开始增长，到 2015 年达到将近 100 件。申请量增长速度最快的时期是从 2007 年开始，这主要与粘虫捕捉技术申请的增加原因类似，也是因为随着人们生活水平的提高，对绿色防控、绿色环保的要求越来越高，因此在此期间，各机构、企业、个人都响应国家的号召在农作物病虫害绿色防控方面进行了重点研究。

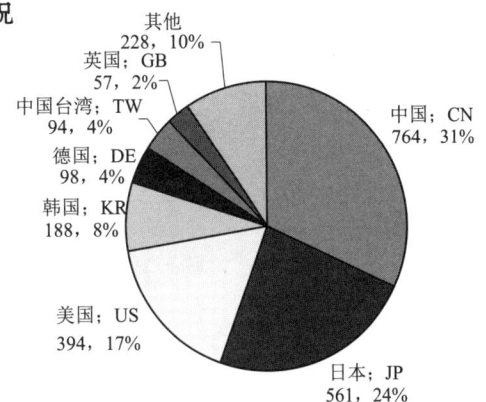

图 21　各国家和地区申请量比例

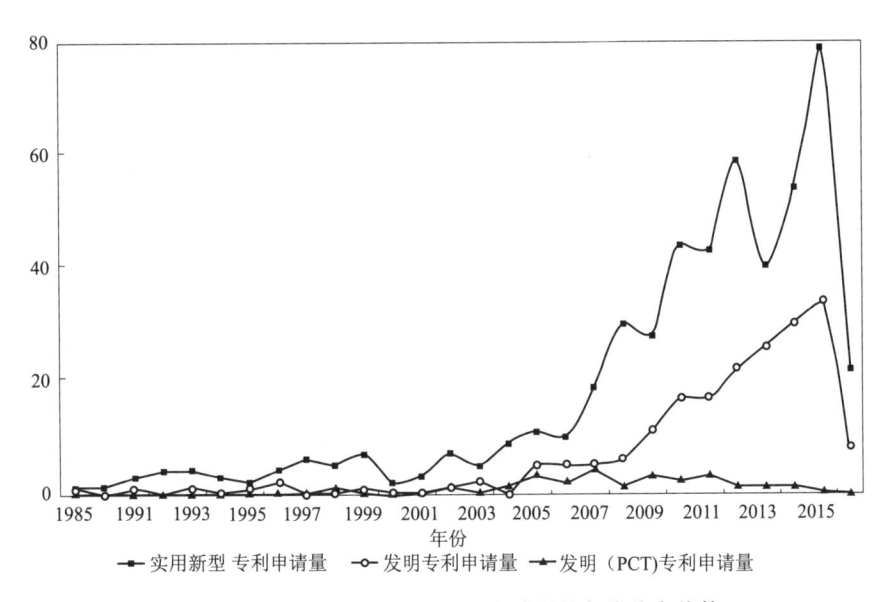

图 22　粘虫捕捉技术中国专利申请量的年代分布趋势

2. 粘虫捕捉技术中国专利申请类型分布

图 23 对粘虫捕捉技术领域的中国专利类型进行了分析，发明专利申请占 27%，而实用新型占比达到 70%，PCT 申请比较少，仅占 3%。

3. 粘虫捕捉技术中国专利申请的国家和地区分布

图 24 为在中国申请的粘虫捕捉领域的专利申请量分布图，在 725 件中国专利文献中，仅有 50 件来自中国大陆以外的地区的申请，占 7%，这可以看出，国外在中国的专利布局量比较少，这也说明作为农业大国的中国来说，在农作物病虫害绿色防控的粘虫捕捉技术的发展已经走在了世界前列。

其中国内申请的省份来源分布情况参见图 24，可以看出，我国专利申请的主要来源集中在经济比较发达的地区，来自江苏、北京、浙江的申请人分别居申请量的前三位。

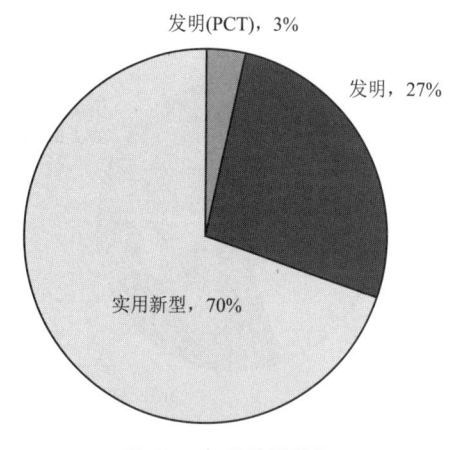

图 23　专利类型分析

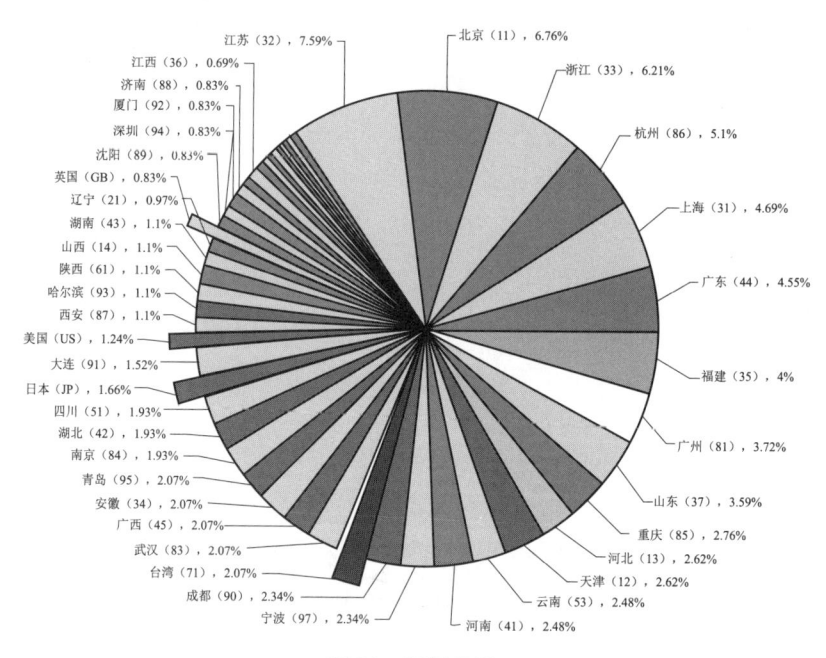

图 24　份额分析

4. 粘虫捕捉技术领域中国专利申请的主要申请人分析

图 25 列出了 CNABS 数据库中粘虫捕捉技术领域专利申请量排名前 10 的申请人。排名第一的是象山楚天生物仿制有限公司，申请量为 9 件。排名前十名的都是中国本地的企业、机构、个人等，这说明中国是一个农业大国，对农业病虫害的绿色防

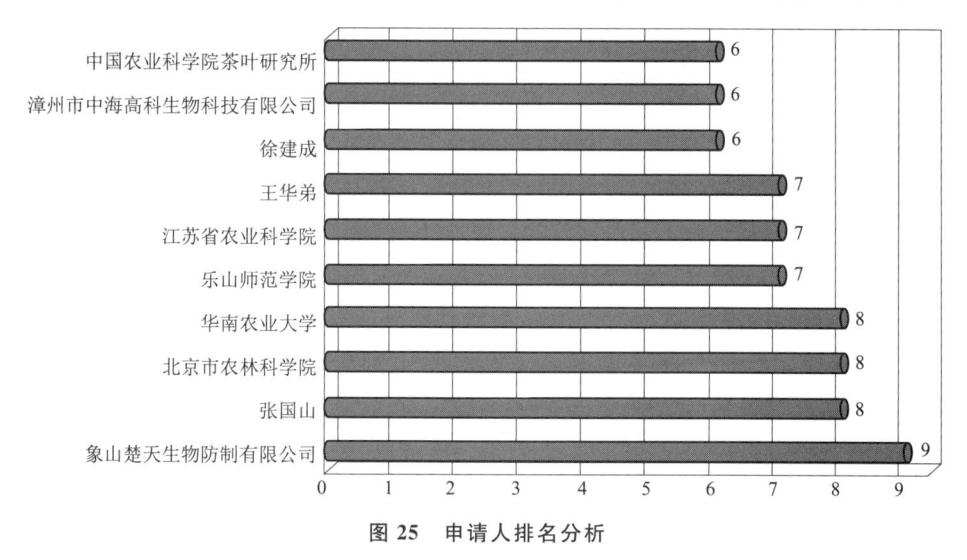

病虫害绿色防控物理防治专利技术现状及其发展趋势　　49

控的投入已经引起了高度的重视，在该领域中国的技术已经走在了世界的前列。

申请人	数量
中国农业科学院茶叶研究所	6
漳州市中海高科生物科技有限公司	6
徐建成	6
王华弟	7
江苏省农业科学院	7
乐山师范学院	7
华南农业大学	8
北京市农林科学院	8
张国山	8
象山楚天生物防制有限公司	9

图 25　申请人排名分析

图 26 为粘虫捕捉技术领域中国专利申请人类型分布情况。从图 26 可以发现，个人申请占据比例比较大，占 43.8%，个人申请和企业申请占了 76.3%，大学或研究机构仅占 23.7%，这说明我国的粘虫捕捉技术从研究阶段已经开始向产业化阶段迈进了一大步。

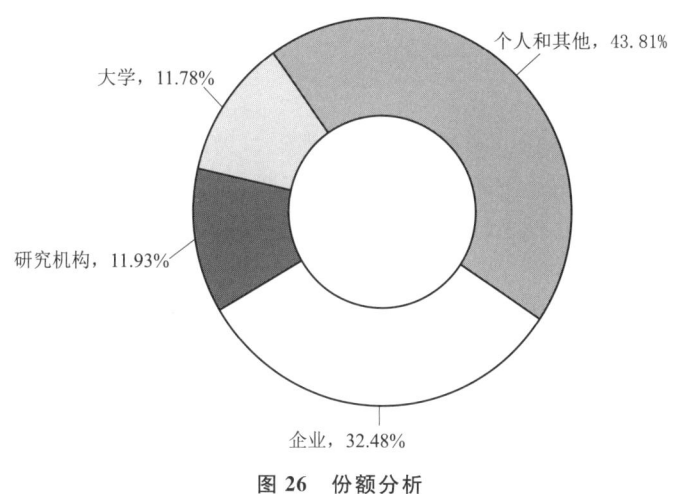

个人和其他	43.81%
企业	32.48%
研究机构	11.93%
大学	11.78%

图 26　份额分析

5. 粘虫捕捉技术原理、特点、应用
(1) 杀虫原理
粘虫捕捉技术是利用某些昆虫对颜色的趋性，从而诱捕昆虫的一种特殊装置。昆

虫的趋性是其在长期进化中形成的一种特异行为，目前有很多关于昆虫趋色性机制的假说，其中被广泛采用的是光干扰和光定向行为假说。

目前，国内使用的粘虫板有两大类：一类是传统的自制粘虫板，即在有色两面涂上凡士林或机油等黏性物质而成。另一类是使用较为广泛的商品粘虫板，它采用生物高新技术，在色板两面涂上高分子黏合胶。

（2）杀虫特点

利用害虫的特异光谱反应，在田间设置粘虫板诱集昆虫，一方面能及时预测田间害虫的变化规律，另一方面还能显著降低害虫的发生量。粘虫板作为物理防控措施的一种，在诱杀大量成虫的前提下，能够显著减少农药的施用量，对天敌危害很小，并且避免污染环境，具有无毒、安全、使用方便等优点。昆虫的趋性随昆虫种类的不同而不同，如有黄曲条跳甲、温室白粉虱等小型昆虫对黄色趋性较强，蓝色粘虫板主要用来诱杀给蓟马，而夜蛾类、甲虫等对 $360\sim400\mu m$ 的紫外光趋性极强。

（3）使用技术要点

（a）粘虫板的悬挂高度

在确定粘虫扳的悬挂高度时，应综合考虑昆虫的飞行能力、植株的高度和生长特性以及昆虫的交配习惯等因素。目前的大部分研究发现，粘虫板稍高于植株或与植株顶部相平时，对大多害虫的诱集效果较好。

（b）粘虫板的颜色

不同种类的昆虫对颜色的趋性有所差异，甚至有些昆虫对同种色彩的不同饱和度也具有选择性。

（c）粘虫板形状

常见的粘虫板有平板形、圆筒形及三棱柱形，大多数人认为平板状使用最为方便，且诱虫效果最好。但也有研究认为，在黄瓜地里圆筒状粘虫板的诱集效果优于其他两种。因此应当针对不同目标害虫和植物，选择适宜的形状。

（d）粘虫板密度

通常来说，在粘虫板大小固定的情况下，诱集总量随悬挂密度的增大而增加，但超过一定范围后，随着诱集总量的增加，平均每张粘虫板的有效利用率却不再增加甚至不断降低，因此确定粘虫板悬挂数量必须综合考虑诱集量与经济成本。同时值得注意的是，随着害虫数量的不断变化，粘虫板的设置密度要及时随之调整。

（e）粘虫板放置方向

粘虫板的悬挂方向多为与植株行向平行或垂直。

（f）粘剂类型及其影响

粘剂类型不同，诱捕效果也有所差异。有研究比较了黏胶、黄油、油脂、石蜡和凡士林等黏剂的效果。

(g) 诱集的时段和天气

在不同的温度和光照条件下，昆虫的活动能力有较大差异。大多数昆虫阴雨天活动弱，而晴天时较为活跃。

(三) 粘虫捕捉技术的专利发展

通过对1985年到2016年的专利申请的统计分析，近三十多年的技术的发展脉络仍然是围绕着如何与粘虫捕捉技术的原理、特点、应用相配合来提高粘虫捕捉装置的诱虫、粘虫、灭虫等效果，因此，粘虫捕捉领域的专利申请也主要集中在粘虫捕捉装置的色板颜色的选择、粘虫剂改进、粘虫装置的结构稳定性以及粘虫捕捉装置在害虫防治领域的综合利用等方面。

1999年山东省农业科学院蔬菜研究所申请了第一件采用色板进行诱虫的专利申请（CN2365893U），发明名称为"诱蚜黄板"，涉及灭虫器具，是一种可以多次使用的诱蚜黄板。它有黄色底板，黄色底板上设置薄膜，薄膜上设置胶层。黄色底板上设置胶层，胶层上设置薄膜，薄膜上设置胶层。它具有可多次重复使用，降低成本，使用方便的优点。

2009年河南省农业科学院申请了一种蝶类害虫的诱捕方法及诱捕装置（CN101637151A）。在田间设置盛装有液体的敞口容器，其外壁全部或部分和/或液体设置为蓝绿色、紫色、蓝色中的至少一种；或在田间设置粘板，其部分或全部设置为蓝绿色、紫色、蓝色中的至少一种。其装置包括承雨罩、储水筒、水盆及水位控制机构，设置于水盆上方的储水筒之下端设置有与水位控制机构相接的出水口，其上端与承雨罩集水口相接，储水筒外壁设置为蓝绿色、紫色、蓝色中的至少一种。本发明利用蝶类害虫的趋色性，诱捕收集主要的蝶类害虫，其防治效率高、成本低，且环保、无公害；本发明诱捕装置不用每天加水、不用经常更换部件，能重复利用，具有广泛的拓展性，不污染环境，且能保留完整的昆虫标本。

2010年宁波纽康生物技术有限公司申请了一种化学信息素复合色板及其制备方法（CN102349486A），包括设有颜色的基板，基板表面涂有黏虫胶，黏虫胶是由具有黏性的黏胶与适宜的化学信息素按一定比例混合而成的。利用化学信息素与视觉信息对昆虫取食、产卵等行为的协同作用，优化每一昆虫的颜色波长、化学信息素的组成方案，结合带黏胶的塑板（PP，PVC或PE）或纸质色板，制成化学信息素复合色板，克服视觉信息的短距离，大大提高诱捕效率以及范围，可以诱捕到雌雄两性的害虫；可以诱杀蚜虫，粉虱，斑潜蝇，小菜蛾，假小绿叶蝉，黑刺粉虱，蓟马等半翅目、同翅目、鳞翅目和双翅目中多种害虫；特别是躲在叶面下或阴暗处的昆虫。

2011年北京依科曼生物技术有限公司申请了一种蓟马害虫的诱杀装置（CN102217577A），主要用于害虫诱捕领域。蓟马昆虫信息素的各化学物质成分按质量含量百分比计：1.8-桉树脑0.1%～50%、大茴香醛0.5%～20%、已烯醛20%～50%、丁香酚1%～15%、已烯醇4%～25%、苯乙醇0.1%～40%、香芹酮

0.01%～5%、芳樟醇0.1%～10%、异烟酸甲酯0.1%～60%，将上述各组分配制的混合物溶解于正己烷或二氯甲烷溶剂中，添加至橡胶载体上，待溶剂完全挥发后，即制成蓟马昆虫信息素诱芯。将蓟马昆虫信息素诱芯置于由黏虫胶和基板制成的诱虫板上。

2011年中国计量学院申请了一种诱捕防治茶蚜的方法（CN102283187A），将顺-3-己烯-1-醇、反-2-己烯醛、水杨酸甲酯和苯甲醇作为味源物，按1∶0.1～15∶0.1～15∶0.1～15的比例配成茶蚜植物源信息素诱捕剂，或将水杨酸甲酯、荆芥内醇和荆芥内脂按1∶0.1～15∶0.1～15比例配成茶蚜性诱捕剂，选用色彩芽绿、油菜花黄和素馨黄制成黏性色板，将黏性色板诱捕器组合，制成诱捕器，将诱捕器放入茶园，诱捕茶蚜或性蚜，以减少越冬的受精卵，压低翌年虫口密度。本发明方法无污染，适应于当前的有机茶和无公害茶叶生产；防治效率高、性能稳定，减免化学农药使用次数和使用剂量；原材料便于运输，使用方便，成本低。

2015年安徽省农业科学院茶叶研究所申请了一种茶园物理防虫方法（CN105145197A），本方法包括以下步骤：1）在每2～3行茶树蓬面处，沿着茶行方向每隔30～40m间距固定1根高1.2～1.5m的木桩，在距离茶树蓬面上方30～40cm处，横向拉固定绳；2）于每年4月中下旬和7月中下旬，在上述固定绳上间隔4.5～5m水平悬挂三色混合色板，保持色板平面与茶树冠面间距10～15cm，且色板的有色面指向茶树冠面处。

2016年北京农业信息技术研究中心申请了一种害虫监测系统及方法（CN105900954A），所述害虫监测系统包括：诱捕单元、升降单元、控制单元、获取单元和传输单元；诱捕单元，设置在目标区域的预设位置处，用于诱捕所述预设位置周围的害虫；升降单元与所述诱捕单元连接，用于调节所述诱捕单元的高度；控制单元与所述升降单元连接，用于根据预设控制信号或所述预设位置处的作物的生长状况控制所述升降单元对所述诱捕单元进行高度调节；获取单元，用于获取所述诱捕单元诱捕的害虫的害虫数量信息；传输单元，用于将所述获取单元获取的害虫数量信息发送给预设服务器。

六、虫情测报技术

传统的虫情测报方式，农技人员需要到田间地头以人工计数方式获得诱捕到的虫害数据，这种统计方式不但费时费力且也难以确保实时有效获取虫害数据。自2009年开始，全国农业技术推广服务中心测报处就组织安排开展了全国范围内的重要农业虫害性诱测报技术的多年多点试验示范，结合生产实际的需要，在实验室和田间应用上进行探索❶。从

---

❶ 杜永均，郭荣，韩清瑞. 利用昆虫性信息素防治水稻二化螟和稻纵卷叶螟应用技术［J］. 中国植保导刊，2013（11）：40-42，39.

近几年我国各地农作物性诱监测技术情况汇报中可以看出，性诱技术已在虫情测报中得到广泛应用，成为害虫测报技术重点推广技术[1]。同时，近年来信息技术（包括计算机技术、光电技术、遥感技术、微电子技术、通信技术等）也已广泛应用于农业病虫害测报防治领域，农业病虫害防治领域的数据采集技术也日渐更新，使虫情测报工作更加数字化、简易化和信息化。国外的信息农业起步较早，包括虫情测报技术在内的各类信息技术已经在农业生产中得到广泛应用。欧美等发达国家将农业劳作智能化，将农业信息数字化、网络化和综合化，使农业信息化设施不断完善、智能化和个性化服务质量得到提高、组织化管理加强，强有力地推动着数字农业的发展[2]。美国在20世纪70年代就发射了用以分析植物和土壤反射的太阳光谱进行生物量和作物、土壤湿度感测的landsat系列卫星，在农作物信息采集与动态监测方面具有较强影响力[3]。

（一）各国家地区的专利申请量比较

下面将基于全球范围的虫情测报技术相关专利统计数据进行分析，其中申请年份依据最早优先权日确定，技术来源国依据优先权所属国确定，经统计全球专利申请共1601项。下面在这一数据基础上从专利申请整体发展趋势、专利申请国家或地区分布等角度对虫情测报技术领域的全球专利技术进行总体趋势分析。

如图27所示，虫情测报技术在2000年左右出现了申请量增长的第一次高峰，年申请量突破了100件，随后申请量下滑。从2006年起，申请量从低谷再次大幅度的攀升，2013年达到最高值，并且突破了2000年的申请量高点，之后的两年因专利公开的滞后性导致数据不能反映真实情况。总体而言，虫情测报技术领域经历了两次申请量的高速增长期，目前专利申请量处于第二次高速增长时期。

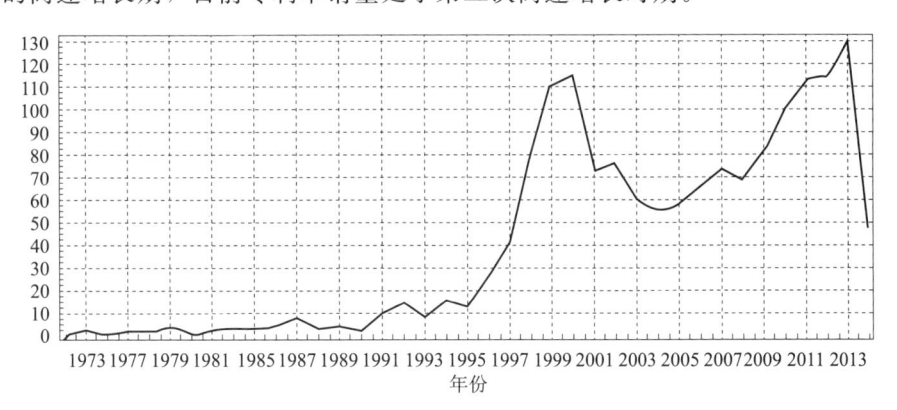

图27　申请量趋势分析

---

[1] 李永川. 云南省农业害虫性诱剂监控技术的应用 [J]. 云南农业，2014（1）：21-23.

[2] 卢钰，赵庚星. "数字农业"及其中国的发展策略 [J]. 山东农业大学学报（自然科学版），2003，34（4）：485-488.

[3] 贾科利. 信息农业发展的现状与趋势 [J]. 安徽农业科学，2006（15）：3868-3870.

如图 28 所示，在有关虫情测报技术的全球专利申请中，美国专利申请以占全球申请量的 43% 高居榜首，中国专利申请和日本专利申请分别占全球申请量的 22% 和 14%，但中国专利申请自 2011 年以后申请量增长幅度提升较快，欧洲专利申请占全球申请量的 10% 左右，欧洲整体上在虫情测报技术上的也具备一定的专利申请量。

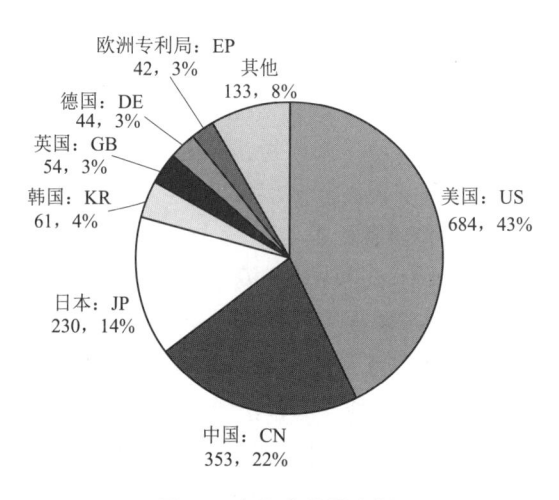

图 28　各国申请量比例

（二）虫情测报技术中国专利技术分析

本部分基于中国的虫情测报相关专利统计数据，中国专利申请总共 446 件。下面在这一数据基础上从专利申请整体发展趋势、主要专利申请人、重点专利分析等角度对虫情测报技术领域的中国专利技术进行分析。

1. 专利申请类型申请量年代分布

图 29 显示了虫情测报技术领域中国专利申请的年度分布情况。可以看出，涉及虫情测报的技术专利申请起步较晚，中国专利申请中，实用新型所占的比例较大。1987—2007 年，每年的专利申请量较少，均低于 5 件，一直到 2008 年，一年的发明和实用新型的申请总量才突破 10 件，但是从 2008—2015 年，除 2014 年稍微有所下降外。每年的专利申请量的增长趋势比较明显，本领域中 PCT 申请量很少，仅 2011 年有 1 件。

2. 虫情测报技术中国发明专利申请的审批历史分析

在虫情测报技术领域中国发明专利申请的法律状态见图 30。从该图明显看出，在 50% 已经结案的专利申请中，获得授权的专利仅占 19.65%，终止、视撤和驳回的专利占近 30%，这表明虫情测报技术发明专利在我国最终获得授权的比例较低。

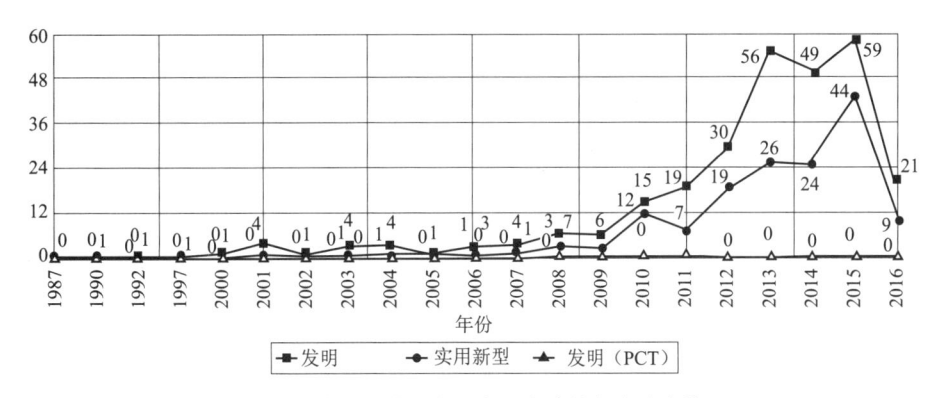

病虫害绿色防控物理防治专利技术现状及其发展趋势 55

图 29 虫情测报技术中国专利申请的年度分布情况

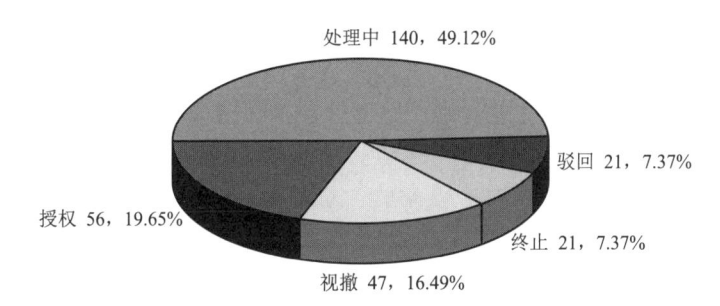

图 30 审批历史分析

3. 申请人及申请类型

图 31 为虫情测报技术领域中国专利申请人类型。如图 31 所示，公司、研究机构、大学和个人的申请量相对均衡，各占申请总量的 1/4 左右，同时各类型的申请人申请的发明专利明显多于实用新型专利，主要在于虫情测报中涉及方法较多，同时，也基于我国是农业大国，对病虫害的防治相当重视，使得我国的虫情测报技术的技术含量也相对较高，研究和产业发展较为均衡。

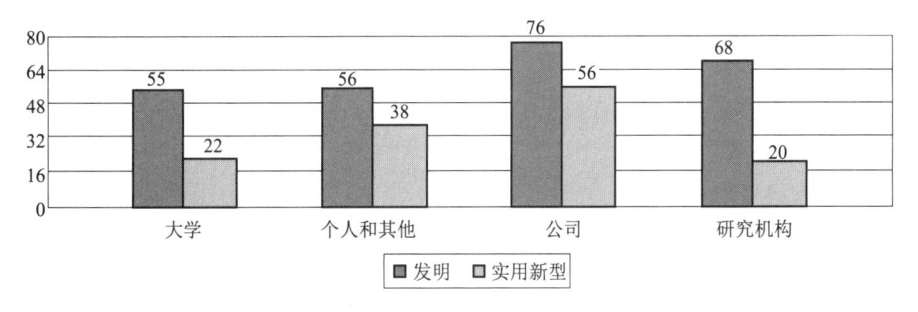

图 31 申请人类型分析

4. 主要申请人排名

图 32 列出了 CNABS 数据库中虫情检测技术领域专利申请量排名前 10 的申请人。排名第一的申请人是张国山，申请量为 12 件。排名前十名中企事业单位占 5 位，研究所占 3 位，个人占 2 位，这明显可以看出，虫情测报技术有相当大一部分已经迈进了市场。

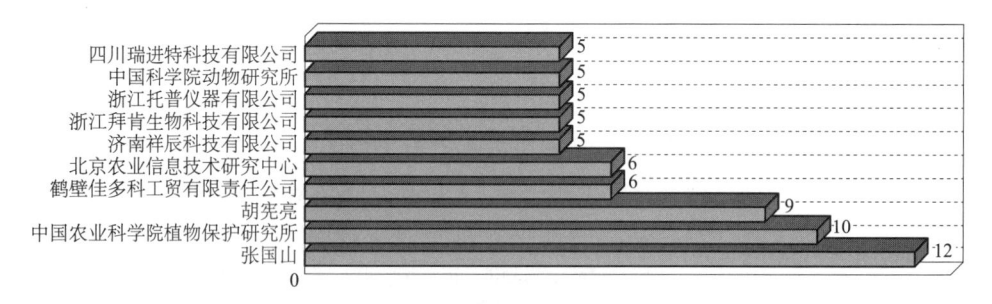

申请人	申请量
四川瑞进特科技有限公司	5
中国科学院动物研究所	5
浙江托普仪器有限公司	5
浙江拜肯生物科技有限公司	5
济南祥辰科技有限公司	5
北京农业信息技术研究中心	6
鹤壁佳多科工贸有限责任公司	6
胡宪亮	9
中国农业科学院植物保护研究所	10
张国山	12

图 32 申请人排名分析

张国山的专利申请以一种自动化虫情测报设备（CN104872094A）为核心，分别以虫情测报设备的各组件：传动辊结构（CN104886023A）、捕捉传输装置（CN104823949A）、诱虫记录装置（CN 104839120A）、昆虫收回装置（CN 104823950A）以及传动装置（104839127A）申请了发明专利并同时就相同的主题申请了实用新型专利。中国农业科学院植物保护研究所的专利申请主要集中在虫情测报中的虫害引诱剂的制备及应用上，如苜蓿盲蝽性引诱剂及其用途（CN103478128A）等。胡宪亮的专利申请主要集中在虫情测报灯，如投射式太阳能测报灯（CN102805068A），基于 PLC 技术的虫情专家诊断系统（CN201607638U）等。

5. 技术发展趋势

虫情测报预报对于病虫害的监测、防治与管理尤为重要，对病虫害的有效防治离不开虫情测报。若监测预报准确及时，就可及早控制害虫，减少农药用量，避免农作物遭受重大损失。我国的病虫害测报技术的发展过程，从初期主要依靠人工的目测手查、田间取样等方式，逐步发展到虫情测报灯、黏虫板等工具，随着科技的进步和发展，目前的前沿技术发展到主要依靠基于计算机的图像识别以及卫星遥感等技术实现对虫情的实时测报以及远程测控。

（三）重点专利技术分析

在虫情测报领域的信息化发展上，国内的申请人以研究所、大学居多，但这些涉及虫情测报信息化、集成化的研究所和大学的专利申请大都还未形成体系，以单个申请为主。

1. 基于计算机视觉技术的虫情测报技术

2013 年由北京农业智能装备技术研究中心申请的一种基于计算机视觉技术的广

谱虫情自动测报方法（CN 103246872A），定时获取捕获的目标昆虫的昆虫图像；对获取的当前昆虫图像和昨日昆虫图像进行滤波处理，分别得到当前昆虫轮廓图和昨日昆虫轮廓图；对当前昆虫轮廓图和昨日昆虫轮廓图进行做差处理，得到增量图；根据增量图建立和更新昆虫特征图谱；根据增量图计算本次昆虫数量的增量计数值；根据昆虫特征图谱计算昆虫数量的面积计数值；根据本次昆虫数量的增量计数值和昆虫数量的面积计数值取加权平均值，计算得到昆虫总数。本发明结合机器视觉、模式识别以及生物化学方法，根据需要对害虫进行自动测报，获取田间害虫虫口密度，为虫害预警和综合防治提供科学的决策依据。

2015 年由浙江大学申请的基于计算机视觉的大田虫情监控采样装置及采样方法（CN104918007A），包括：杀虫装置；透明承虫板，用于承接来自杀虫装置的死虫；两个摄像头，分别位于透明承虫板的上下两侧，用于采集死虫的图像；终端机，用于接收来自各摄像头的图像并进行识别。采集的害虫图像传输给处理终端进行图像处理，对图像进行害虫种类的识别以及各种类的数目统计。

2015 年由黑龙江省农垦科学院科技情报研究所申请的作物虫情自动监控系统（CN 204374705U），系统包括：图像采集装置，用于采集并发送作物图像信息；监控终端，用于接收来自所述图像采集装置的所述作物图像信息，并对所接收到的作物图像信息进行图像处理，以确定作物虫情，以及根据所确定出的作物虫情控制杀虫装置工作；以及所述杀虫装置，用于在所述监控终端的控制下工作。通过采集作物的图像信息，并利用图像处理技术来自动识别作物虫情，并根据所识别出的作物虫情来自动控制杀虫装置的工作，从而能够实现作物虫情的实时、自动化监测及控制。

2. 基于卫星遥感技术的虫情测报技术

2012 年由北京农业信息技术研究中心申请的一种基于卫星影像的病虫害信息提取方法（CN102937574A），利用时间序列影像数据中的光谱信息和时相信息，结合 GIS、GPS、RS 技术，将光谱信息散度分析引入作物灾害监测领域，提出利用一定区域内的星—地同步数据对病害进行大范围监测的方法和技术，有效降低病害监测的野外作业的成本，并对传统病害监测方式进行了由点及面的扩展，便于政府部门和农业管理部门及时、准确掌握和了解区域病害发生及严重程度等重要信息。

2013 年由广西生态工程职业技术学院申请的一种基于遥感技术的森林资源动态变化预测方法（CN103745087A），包括：通过卫星遥感技术获取待测森林资源的遥感图像，对遥感图像进行处理，提取与病虫害相关的参数指标；基于提取所得与病虫害相关的参数指标，建立针对森林资源病虫害变化情况的平滑指数预测模型；利用建立的平滑指数预测模型，对森林资源动态变化趋势进行预测。

2014 年由北京大学申请的一种基于遥感技术的草原蝗灾渐进式预测方法（CN103955606A），该方法通过定量遥感反演和气象站点观测等手段获得影响草原蝗虫种群发育的关键生境要素分布，其中，遥感反演的关键生境要素包括陆面温度、植被覆盖度和土壤湿度，通过建立评价模型定量化分析蝗虫产卵适宜性、孵化适宜性与生长适宜性，构建蝗灾风险早期预测模型；再根据蝗虫孵化与发育的时间轴，利用孵化期与三龄期的遥感观测和野外实测的蝗虫密度数据，修正蝗灾风险等级预测结果，获得对草原蝗灾灾情的渐进式预测。

七、病虫害绿色防控物理防治专利技术发展趋势及发展建议

以上介绍了病虫害绿色防控物理防治专利技术的国内外发展现状，详细分析了世界和中国范围内涉及四种主要的物理防治手段的专利技术，分析了这些专利技术的申请和授权情况，并针对这些专利数据所反映的信息进行了详细解读。另外，还介绍了重点专利的技术方案以及涉及国家标准的几项专利，以明确各项技术的发展，希望据此能为行业的发展提供参考，也为相关研究人员和企业提供一定的技术指引和规避防范现有专利的应对措施。

（一）应用新技术提高设备科技含量

现代物理农业工程技术为解决化学农业的弊端开创了一条新途径，它将电、磁、声、光、热、核等物理学原理应用于农业生产，通过一定的装备用特定的物理方法实现生产环境的防控和治理，达到抗病治虫、增产、优质和高效的目的。与传统的光学诱杀技术相比，电场、磁场、电子束、红外线等技术在我国农业上的应用尚处于摸索阶段，待进一步完善。而由于这些技术的先进性以及设备的昂贵，个人和企业往往很难单独完成新技术的研发，因此，迫切需要大学、研究机构中的相关科研人员关注农业领域，积极调研实际需求，研发新的设备，将新技术的发展应用到农业生产活动中，促进农业的发展。在研发方向上，激光诱变杀虫、超声波驱虫、空间电场驱虫等技术都是新兴技术，如何将这些技术进一步针对不同的病虫害种类进行改进，研发出适于我国农业生产使用的设备并细化相关的使用方法，是值得重视和投入的发展方向。

（二）与化学防治、生物防治手段结合

农作物病虫害的防治涉及农田生态系统的维持，而单纯地采用某种方法往往无法实现病虫害的控制与保护农田生态系统的目的。虽然物理防治技术是目前农业上非常推崇的技术，但往往见效慢，无法立即控制突发的病虫害。因此，将物理防治手段与化学防治、生物防治手段相结合，可以大大减少农药的使用量，有效控制病虫害的发展。这其中，不仅涉及防治过程中使用的装置类专利，还涉及方法类的专利，需要进一步细化各个步骤，将新的方法与新的装置结合，真正研发出能在实际中推广使用的，具有产业价值的新技术。

（三）提高专利申请与撰写质量

纵观整个病虫害绿色防控物理防治技术领域的专利状况可以看出，从申请数量上讲，近年来，我国已占有很大的优势，但不可忽略的是，这些申请的质量并没有得到

很好的提升。该领域内有效专利的数量相当低，且这些专利中有相当大比例的实用新型专利，而在审查过程中我们也发现，该领域的专利申请撰写质量有待提高，特别是针对农业中通过大量实验筛选出的技术方案，如何在撰写时对技术效果进行描述、如何概括一个合理的权利要求保护范围都是需要重点考虑的问题。在此过程中，技术人员和专利撰写人员需要加强沟通，普及专利知识，使专利制度为我国的农业创新发展起到积极的推动作用。

（四）注重我国病虫害绿色防控物理防治技术专利的合理布局

无论是一项技术方案还是一件产品，都需要合理的专利布局以提高其整体的价值、效益以及竞争力。我国在病虫害绿色防控物理防治技术领域的专利申请量在全球范围内总量较多，灯光诱杀技术占全球的59%，信息素诱杀技术占全球的24%，粘虫捕捉技术占全球的31%，虫情测报技术占全球的22%，但研究发现，国内的重点企业和申请人的专利申请目前仅局限在国内，尚未进行海外专利布局，同时，美、日、欧等国的企业和申请人在我国的专利申请也较少，因此，对于未来可能走国际化道路的国内重点企业来说，在立足国内的基础上，可以借鉴现有的在其他领域已成功走向国际化企业的经验，施行适合自身发展的专利申请和布局策略。

参考文献

[1] 赵今凯. 我国植保机械的应用现状及发展建议 [J]. 农业技术与装备，2011（2）：32-33.

[2] 马健. 植保亟须现代化 [J]. 农经，2010（10）：60-61.

[3] 影响杀虫灯诱虫效果的因素及其发展方向 [J]. 中国植保导刊，2015（5）：19-22.

[4] 昆虫引诱剂在害虫管理中的应用 [J]. 安徽农业科学，2013，41（15）：7036-7037.

电动汽车充电专利技术现状及发展趋势

师彦斌　郭春春[1]　黄君[1]　李路[1]　韩蓓蓓[1]

（国家知识产权局专利局电学发明审查部）

一、引言

我国在"八五"计划中就已将发展新能源汽车列入国家科技重点攻关项目，2001年提出"863"电动汽车重大专项计划。在"十二五"规划中，新能源汽车又被列为加快培育和发展的七大战略性新兴产业之一。作为保障电动汽车发展的重要能源基础，电动汽车充电技术（包括充换电设施、方法及运营服务网络等）已成为汽车产业和新能源产业的发展重点，备受社会广泛关注。

国家电网、南方电网、中石油、中石化、中海油等大型国企集团纷纷发布电动汽车充电设施建设规划，比亚迪、中兴通讯、重庆大学、科陆电子、成都电动汽车服务公司、中科院电工研究所等企业和研究院所也进行着电动汽车充电技术研发。国外车企、特斯拉、博世（Bosch）、丰田、本田、高通、沃尔沃、奥迪、宝马、奔驰等公司，都已经开始研发或推行电动汽车充电系统，尤其是无线充电系统。

目前，现有的研究成果主要体现在国家知识产权局的三个课题，2010年的"纯电动汽车专利分析和预警"，主要从年代分布、区域分布、申请人排名、技术分布等方面对充电技术进行了分析，未对其他国家专利技术进行分析；2012年的"电动汽车产业专利分析及预警机制研究"，着重于电动汽车产业链四大组成环节的分析，对电动汽车的充电技术涉及很少；2014年的"特斯拉电动汽车专利技术分析"，主要从技术分布、竞争对手方面进行了分析，并集中在几个典型申请人的技术分析上。

此外，国网电力科学研究院以及东南大学等2013年发表的课题报告《电动汽车充放电及与电网互动关键技术》，主要针对电动汽车的无线充放电技术及电动汽车与电网的协调互动调度策略进行研究。同年，北京电科院发表的课题报告《电动汽车充电对电网影响及有序充电研究》，主要是针对电动汽车负荷预测模型和有序充电的研究。中国电力企业联合会于2011年发布的课题报告《电动汽车充换电站建设标准技术研究》，主要针对电动汽车充换电站建设标准进行研究。

本文主要针对电动汽车充电技术领域进行专利研究，分析电动汽车充电技术领域

---

[1] 均为第一作者。

的中国专利申请和全球专利申请的申请现状，确定相关重点技术领域的专利分布态势以及重要专利，从而为电动汽车充电技术相关企业和行业发展提供支持。

基于以上分析目标，本文选择的中文数据库是中国专利深加工数据库 CNABS 和中国专利文摘数据库 CPRSABS，外文数据库是德温特公司的 DWPI 数据库和 EPODOC 数据库，数据是截至 2016 年 3 月 18 日前各数据库公开的全部专利数据。采用关键词和专利分类号相结合的策略进行检索。

电动汽车充电技术的 IPC 和 CPC 分类号主要在于：H02J（充电技术等），B60L（电动车辆供电等），H01M（电池相关），G01R（测量装置等），B60S（车辆的举升等）；B60K（车辆装置的布置），G06Q（用于管理的处理等）等。

为确定技术范围和保证关键词的准确性，在归纳分析上述分类号的基础上，我们结合电动汽车充电技术的行业分类、专利数据统计，经与行业专家反复磋商研究，将电动汽车充电技术划分为 5 个一级分类和 16 个二级分类和其下若干三级分类，一、二级分类具体见下表，本文着重对该技术分类下的专利技术进行分析。

表 1

一级分类	二级分类
充电站组成设备及控制方法	接触式充电设备
	感应式（非接触式、无线）充电设备
	充电控制方法及装置
换电站组成设备及控制方法	充换电设备
	换电技术
	换电模式
	换电控制方法
充换电设施仿真与规划	充换电设施仿真与规划
	充放电设施仿真与规划
充换电设施建设与运营管理	电动汽车与电网互动
	充换电设施设计与建设
	充换电服务网络监控与运营管理
	动力电池
	辅助设施
充换电设施试验与检测	设备级
	系统级

本文将属于同一专利族的多件申请作为一条记录收录，视为一件专利申请，并且选取较早的申请日作为同族专利的申请日。同一申请人在不同的专利申请中名称可能不一，本文进行了统一，如国家电网公司、其网省公司等子公司和下设机构的申请均统一为国家电网公司。

二、中国专利和申请分析

（一）年度趋势

电动汽车充电的中国专利申请年度分布如图 1 所示。从该图中可以看出，专利申请量从 2007 年开始逐年提高。2015 年呈现下降趋势，部分原因是由于发明专利申请一般在申请日 18 个月之后才公开，因此 2014 年以后的一部分专利申请一般会在 2016 年以后方才公开（下文中年度趋势也存在类似原因，不再赘述）。中国专利申请近 5 年来即 2011 年以后的专利申请量为 3170 件，约占全部申请量 4365 件的 73%，如图 2 所示，说明涉及电动汽车充电的技术在中国目前正处于活跃期。

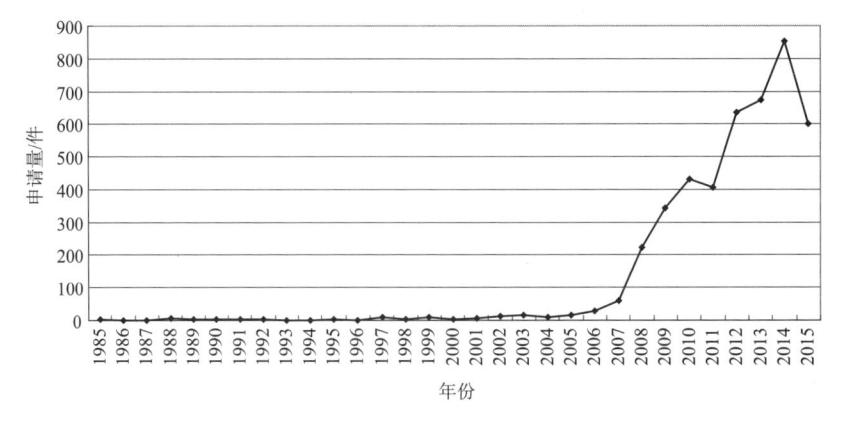

图 1　中国专利申请年度分布

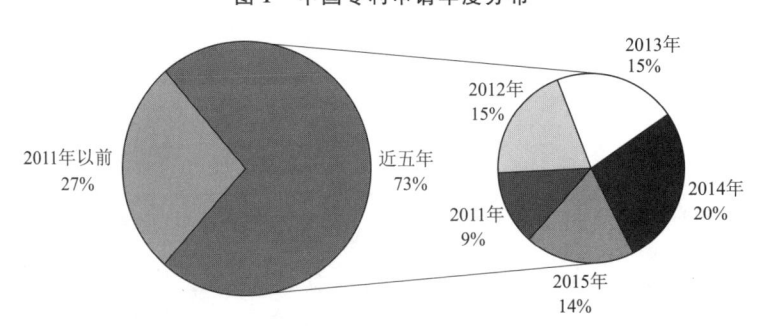

图 2　中国专利申请近年来申请量占比

（二）申请人及地区分布

排名在前的申请人的统计结果如图 3 所示。从该图可以看出，中国国家电网公司的申请量最大,有 348 件,其次是山东鲁能智能技术有限公司和奇瑞汽车股份有限公司,分别有 61 件和 36 件。

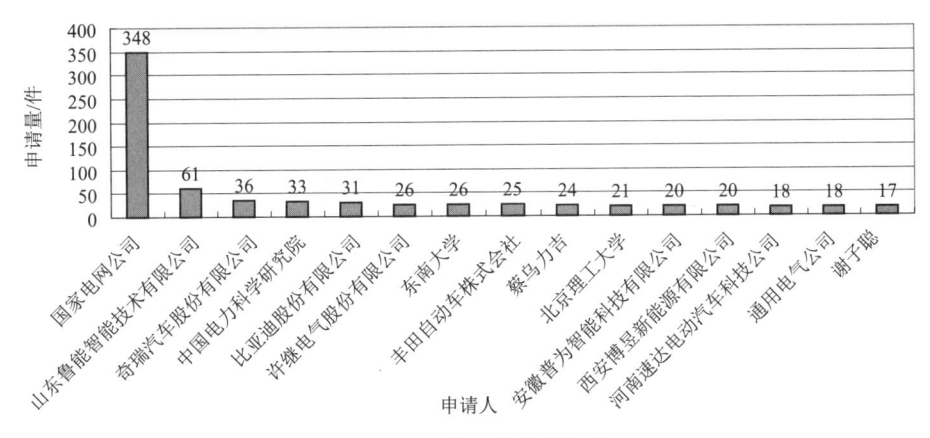

图 3 中国专利申请人分布

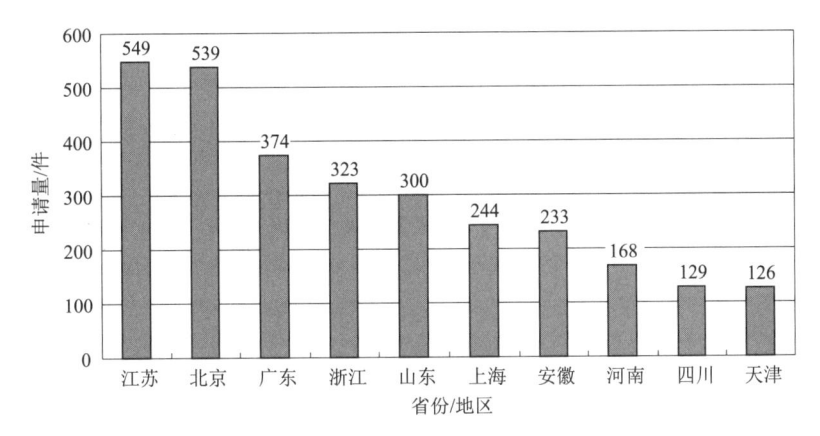

图 4 中国专利申请省市/地区分布

在对申请人所属省市/地区的统计分析中,我们发现申请量最大的是江苏省,具有 549 件,其次是北京市,有 539 件,接下来在 300 件以上(含 300 件)的依次是广东省、浙江省和山东省,如图 4 所示。

(三)专利类型分布

电动汽车充电技术在中国的专利申请的类型分布如图 5 所示。发明专利(包括发明 PCT 专利申请)的比例为 54.6%,实用新型专利(包括实用新型 PCT 专利申请)的比例为

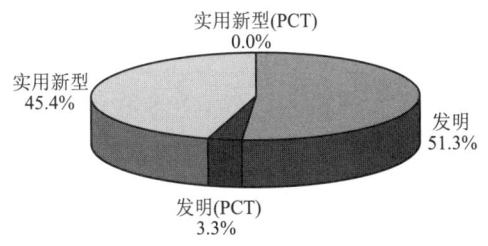

图 5 中国专利申请专利类型分布

45.4%，基本相当。

（四）技术领域分布

1. 技术领域分布

图 6 为技术领域分布图，中国专利申请所涉及的两大领域是充电站组成设备及控制方法和充换电设施建设与运营管理。其中，充电站组成设备及控制方法领域的申请量占总申请量的 48%，共计有 2050 件；充换电设施建设与运营管理领域的申请量占总申请量的 29%，共计有 1284 件。

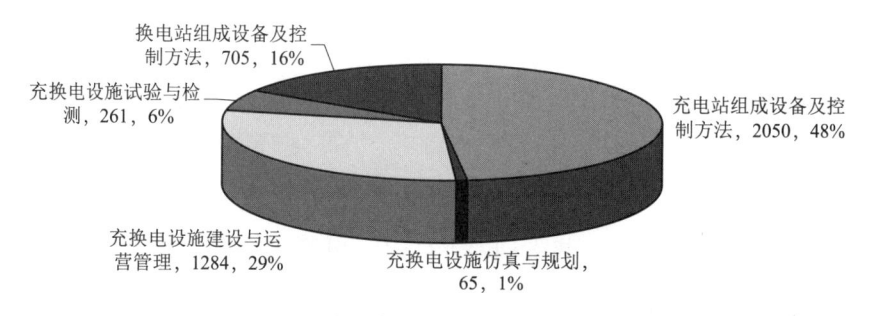

图 6 中国专利申请技术领域分布

从技术领域年度趋势图（见图 7）上可以看出，各个技术领域在 2005 年以前的申请量均为个位数，从 2006 年开始，充电站组成设备及控制方法、充换电设施建设与运营管理、换电站组成设备及控制方法这三个领域的申请量开始逐年增多，尤其是充电站组成设备及控制方法领域的申请量从 2007 年开始每年以几十件甚至上百件的增速增长。

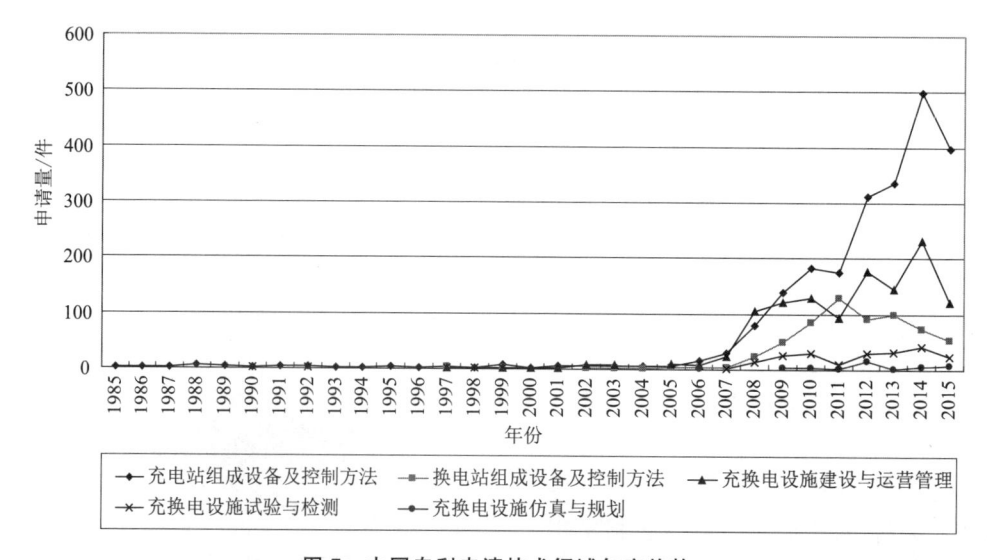

图 7 中国专利申请技术领域年度趋势

2. 重点领域分布

在对重点领域进行分析时，本文挑选了中国专利申请所集中的两个领域：充电站组成设备及控制方法和充换电设施建设与运营管理进行分析。

如图8、图9所示，在充电站组成设备及控制方法领域中，申请量最大的是涉及接触式充电设备的申请，共有1044件，占该领域总申请量的51%，其次是涉及充电控制方法及装置的申请，共有732件，占该领域总申请量的36%，其余的是涉及感应式充电设备的申请，共计274件，占该领域总申请量的13%。在年度分布图上可以看出，占比最大的涉及接触式充电设备的申请从2007年开始申请量逐年增大，且每年的增幅较大，几乎每年增幅为50件左右；涉及充电控制方法及装置的申请从2006年开始申请量逐年增大，增幅较大的年度为2011—2012年以及2013—2014年度，其中2011—2012年增幅将近100件；涉及感应式充电设备的申请从2008年开始申请量逐年增大，增幅在每年20件左右，增幅最大的年度为2013—2014年度，增幅

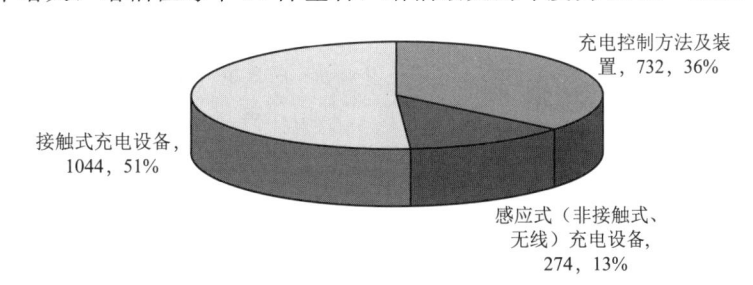

图8 充电站组成设备及控制方法领域中重点领域分布

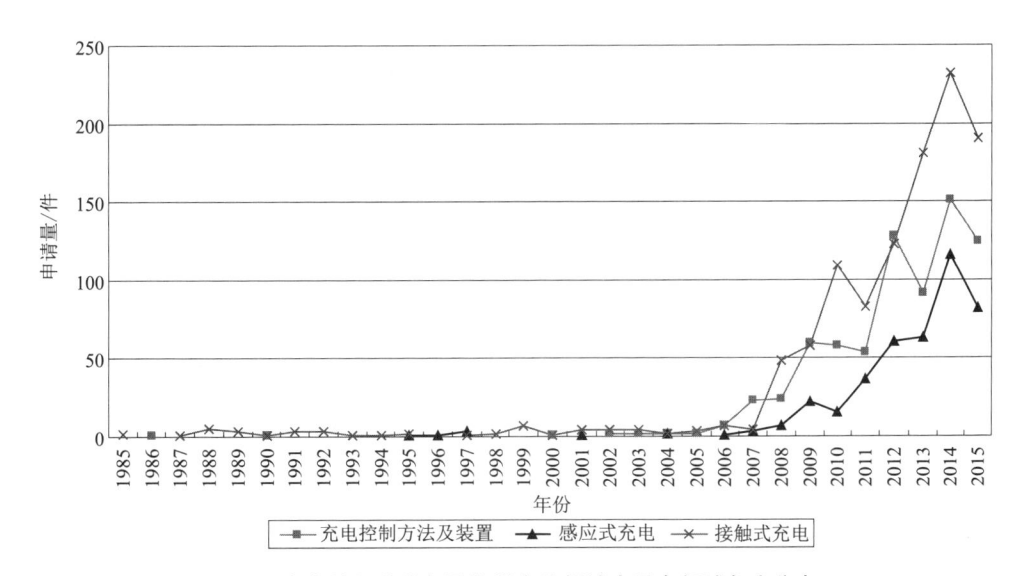

图9 充电站组成设备及控制方法领域中重点领域年度分布

超过50件。另外，从年度分布图上来看，尽管各个重点领域的申请量突增的起始年份不相同，每年的增幅也小有变化，但是在2013—2014年度的增幅都是最大的，而在2012—2013年度，涉及充电控制方法及装置和感应式充电设备的申请均有一定幅度的回调，与此同时，涉及接触式充电设备的申请却仍然在大幅增加。

如图10、图11所示，在充换电设施建设与运营管理领域中，申请量最大的是涉及电动汽车与电网互动的申请，共有464件，占该领域总申请量的36%，其次是涉及充换电服务网络监控与运营管理的申请，共有307件，占该领域总申请量的24%，涉及充换电设施设计与建设以及动力电池的申请大致相同，在220件左右，分别占该领域总申请量的18%和17%，其余的是涉及辅助设施的申请，仅有64件，占该领域总申请量的5%。在年度分布图上可以看出，占比最大的涉及电动汽车与电网互动的申请起步较晚，最早的申请出现在2005年，但是，从2008年起申请量就显著增长，有45件，从2011年起，申请量逐年增加，增幅最大的年度为2011—2012年，增幅大约为50件；涉及充换电服务网络监控与运营管理的申请在2008年以前的年份偶尔出现几件申请，且申请量不大；到了2008年以后申请量才有所增加，增幅较大的年度为2010—2012年度以及2013—2014年度。其中增幅最大的年度为2013—2014年，增幅达30多件。涉及充换电设施设计与建设的申请从2005年开始出现，在2005—2007年每年的申请量较小，为个位数，从2007年开始申请量逐年增加，但增幅不大，最大增幅在2012—2013年度，增幅为17件，其余各年度增幅均在5件左右，2014年较2013年申请量稍有下降；涉及动力电池的申请在2007年以前的年份偶尔出现几件，每年的申请量较小，2007—2009年度、2011—2012年度以及2013—2014年度内申请量有所增加，2009—2011年度以及2012—2013年度内申请量有所下降。对于涉及辅助设施的申请，申请量较少，且分布较分散。

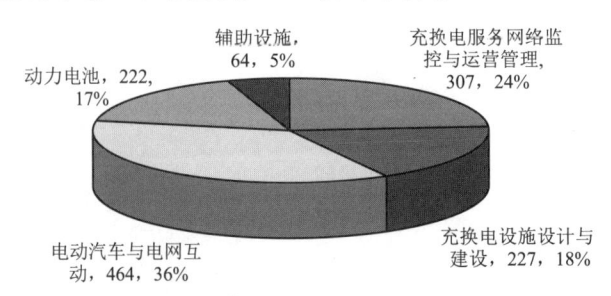

图10　充换电设施建设与运营管理领域中重点领域分布

（五）国外来华专利申请

1. 年度趋势

在电动汽车充电技术中国专利申请中，有285件是来自国外的申请，占总量4365件的6.5%。其年度分布趋势如图12所示。从图中可以看出，1992年开始有国

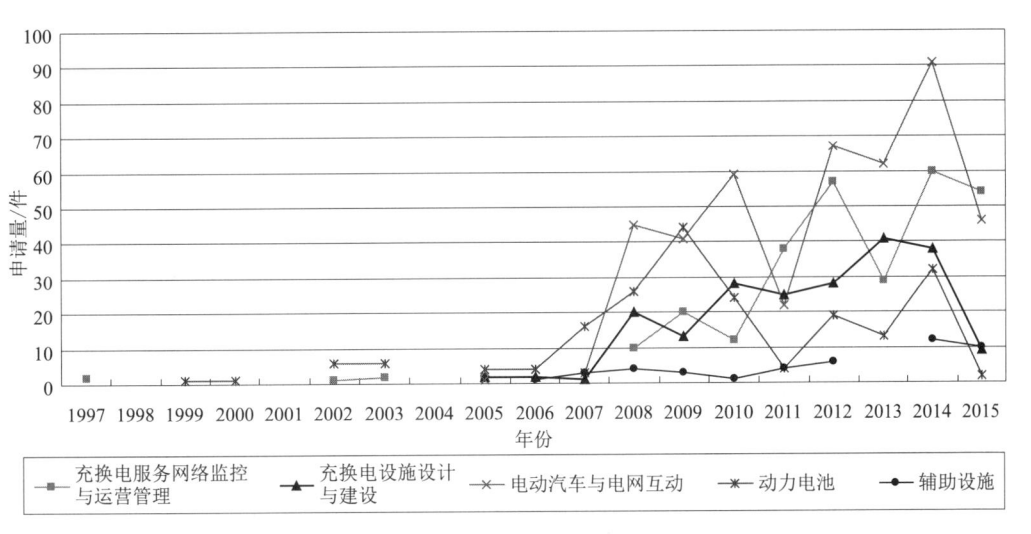

图 11 充换电设施建设与运营管理领域中重点领域年度趋势

外相关的申请进入中国,每年申请量较少,不超过5件,一直持续到2006年;从2006年开始申请量开始有了较大幅度的变化,其中2006年到2007年申请量有较大变化,2007年到2010年增速变慢,2010年到2011年有一次大幅度的增长,增幅达22件,2011年到2015年经历了调整期,申请量稳中有降。分析其原因,一方面,发明专利申请存在申请日18个月之后公开的原则,另一方面,如果国外来华申请是通过PCT公约的方式进入中国则公开日将会进一步延后。

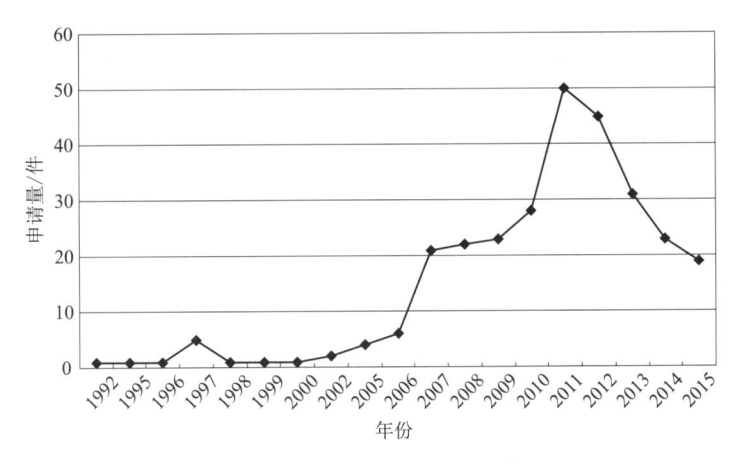

图 12 国外来华申请年度趋势

2. 申请人及地区分布

在国外来华申请的国别分布图上可以看出,其中申请量最大的是日本,有104

件,占国外来华申请总量的 36.5%,接下来依次为美国、德国、韩国、法国,分别为 66 件、46 件、30 件、19 件,分别占国外来华申请总量的 23.2%、16.1%、10.5% 和 6.7%;英国与其他国家的相关专利申请总和仅占国外来华申请总量的 7.0%。具体参见图 13、图 14。

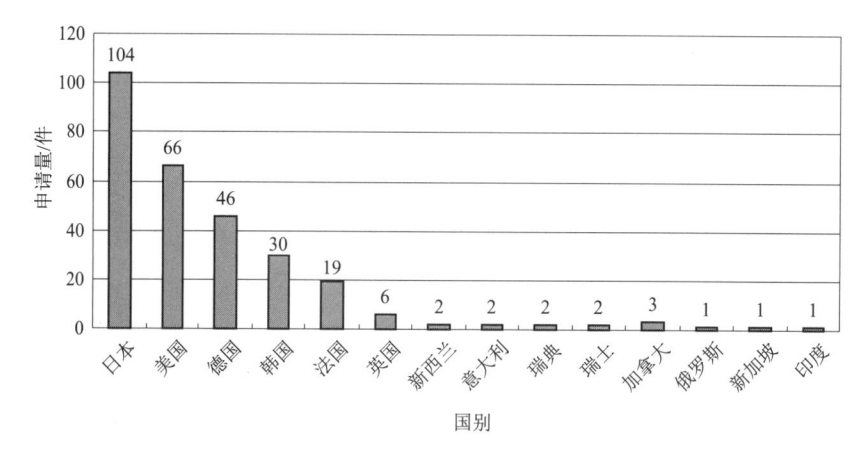

图 13 国外来华申请国别分布一

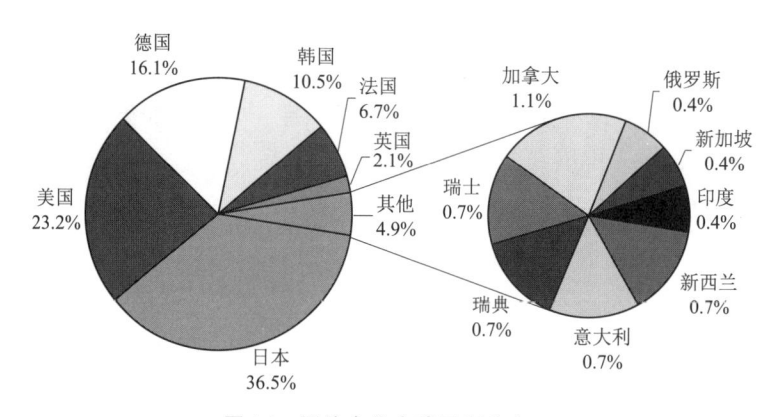

图 14 国外来华申请国别分布二

从国外来华申请的申请人分布图(图 15)中可以看出,丰田自动车株式会社的申请量最大,有 25 件,其次是通用电气公司,申请量为 18 件,接下来申请量超过 10 件的依次是三菱自动车工程株式会社、现代自动车株式会社、西门子公司、本田技研工业株式会社和福特全球技术公司,申请量分别是 17 件、17 件、16 件、13 件、11 件。

3. 专利类型分布

国外来华申请的专利类型分布如图 16 所示。从图上可以看出,国外来华的相关申请主要专利类型为发明专利申请,占国外来华申请总量的 97%,其中有 139 件是通过 PCT 公约进入中国的,占国外来华申请总量的 49%。

电动汽车充电专利技术现状及发展趋势   69

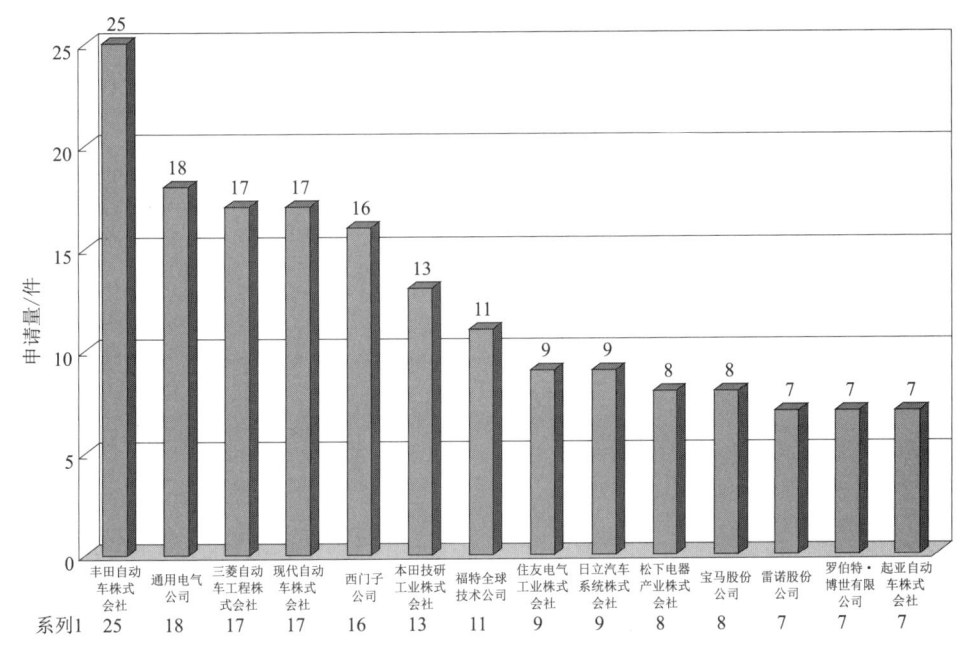

图 15 国外来华申请申请人分布

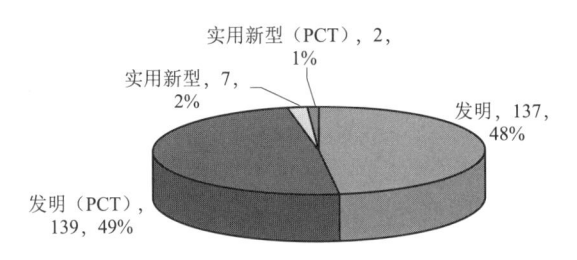

图 16 国外来华申请专利类型分布

4. 技术领域分布

（1）技术领域分布

从技术领域分布图（图 17）上可以看出，国外来华申请所涉及的领域集中在充电站组成设备及控制方法和充换电设施建设与运营管理这两个领域，其中，充电站组成设备及控制方法领域的申请量占总申请量的 59%，共计有 166 件；充换电设施建设与运营管理领域的申请量占总申请量的 25%，共计有 71 件。从技术领域分布年度趋势图（图 18）上可以看出，从 2007 年开始，充电站组成设备及控制方法领域的申请量开始增多，尤其是 2009—2010 年度以及 2010—2011 年度的增量较大，有 10 件左右的增幅；充换电设施建设与运营管理领域的申请量从 2007 年到 2014 年则经历了两个上升阶段和两个下降阶段，两个上升阶段分别是 2008—2010 年以及 2011—2012 年。

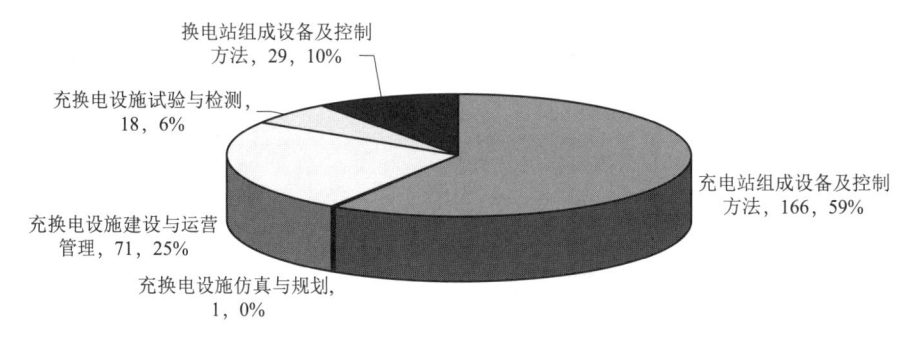

图17 国外来华申请技术领域分布

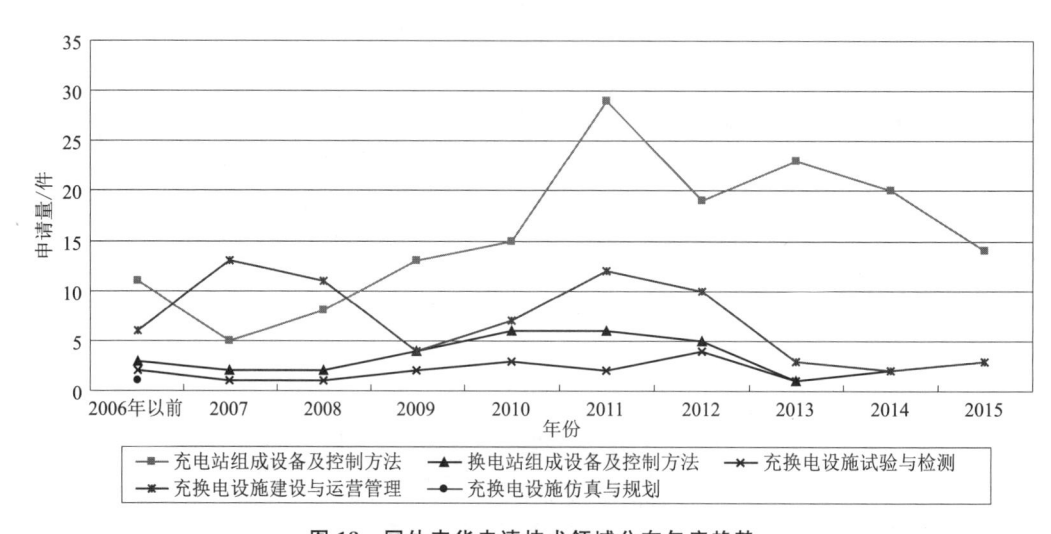

图18 国外来华申请技术领域分布年度趋势

(2) 重点领域分布

在对国外来华申请的重点领域进行分析时，本文挑选了国外来华申请所集中的两个领域：充电站组成设备及控制方法、充换电设施建设与运营管理进行分析。

从图19、图20中可以看到，在充电站组成设备及控制方法领域中，充电控制方法及装置、接触式充电设备以及感应式充电设备三个技术分支的申请量大致相同，各占1/3左右。三个技术分支中起步较早的是接触式充电设备分支，从1995年出现了第一件申请；起步最晚的是充电控制方法及装置分支，2009年才出现第一件申请，但每年的申请量变化幅度较大；感应式充电设备分支的申请量从2007年开始每年稳步增加。

从图21、图22中可以看到，在充换电设施试验与检测领域中，申请量最大的是电动汽车与电网互动这一技术分支，共计有23件，占该领域总量的33%，接下来依

电动汽车充电专利技术现状及发展趋势 71

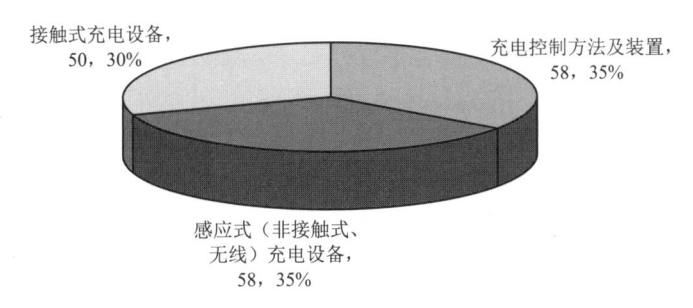

接触式充电设备，50，30%
充电控制方法及装置，58，35%
感应式（非接触式、无线）充电设备，58，35%

图 19　国外来华申请中充电站组成设备及控制方法领域的重点领域分布

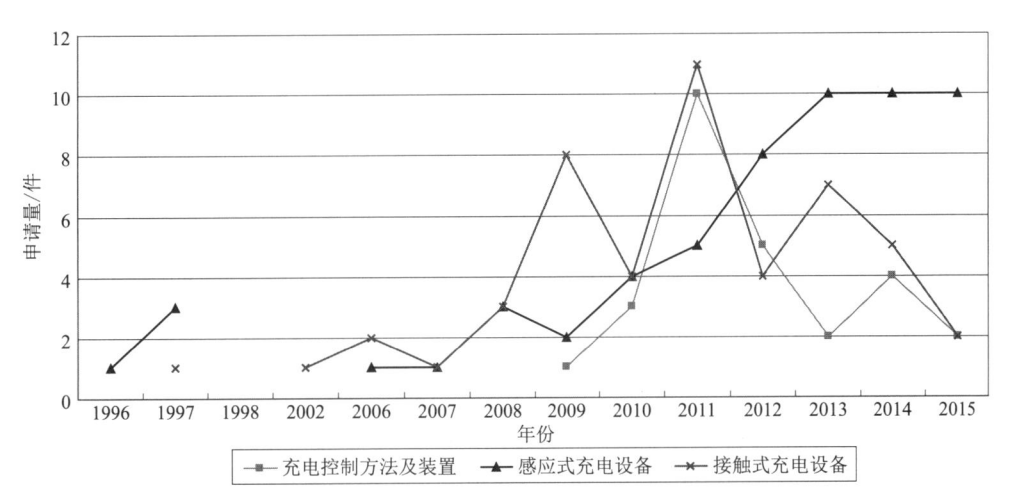

图 20　国外来华申请中充电站组成及控制方法领域中重点领域年度趋势分布

次是动力电池、充换电服务网络监控与运营管理、充换电设施设计与建设、辅助设施，分别有 17 件、11 件、11 件和 9 件。在该领域中，起步较早的技术分支是充换电服务网络监控与运营管理分支，1997 年有第一件申请。辅助设施分支起步较晚，2007 年有 1 件申请。动力电池分支则在 2000 年、2002 年、2005 年分别有 1 件申请，2007 年的申请量最大，达到 9 件。

综上所述，电动汽车充电技术的国内申请量是从 2007 年开始大幅增加，目前正处于技术活跃期。国外来华申请及国内申请所涉及的领域均集中在充电站组成设备及控制方法和充换电设施建设与运营管理这两个领域，其中国内申请在充电站组成设备及控制方法这一领域中，申请量最大的是涉及接触式充电设备这一技术分支，而国外来华申请在充电站组成设备及控制方法这一领域中，接触式充电设备、感应式充电设备、充电控制方法及装置三个技术分支的申请量大致相同；在充换电设施建设与运营管理这一领域中，国内申请和国外来华申请的申请量最大的均为电动汽车与电网互动这一技术分支。

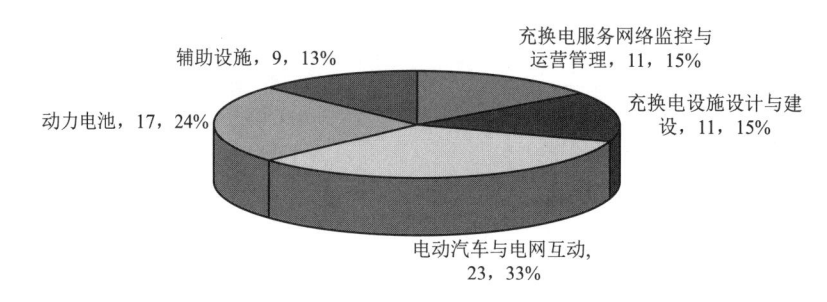

图 21 国外来华申请中充换电设施试验与检测中重点领域分布

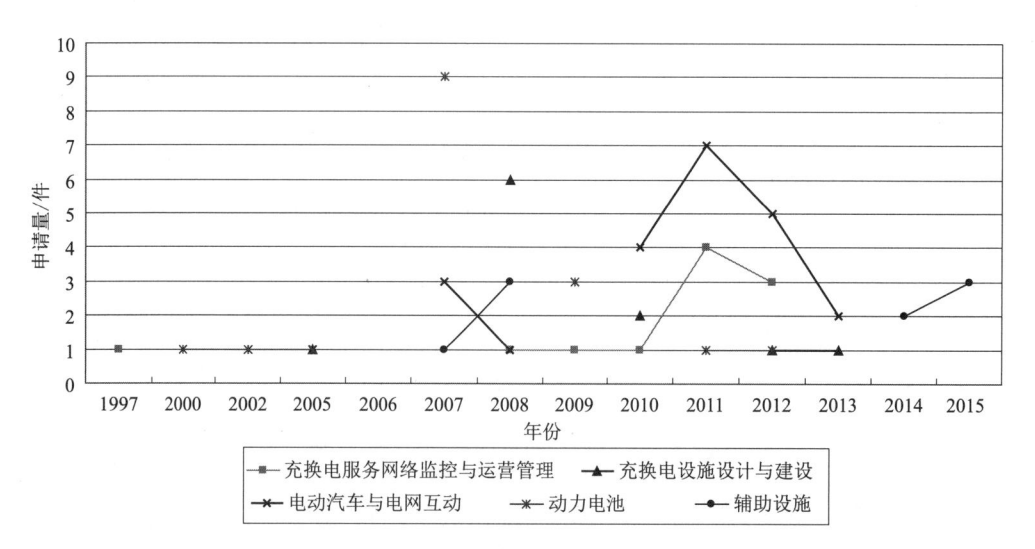

图 22 国外来华申请中充换电设施试验与检测中重点领域年度趋势分布

三、全球专利和申请分析

(一) 年度趋势

涉及电动汽车充电的全球专利申请以及单纯国外专利申请按照其申请年度分布如图 23 所示。从图中可以看出,电动汽车充电技术相关的专利申请,无论是全球专利申请还是单纯国外专利申请,其申请量都是从 2007 年开始逐年提高。其中,全球专利申请中近五年,即 2011—2015 年专利申请量为 4660 件,占全部申请量 7422 件的 62%,参见图 24,即涉及电动汽车充电的技术在全球目前正处于活跃期。

(二) 申请人及地区分布

对全球电动汽车充电领域的申请人分布进行统计,排名前 15 位的申请人的统计结果参见图 25。从图中可以看出,在涉及电动汽车充电的全球专利申请中仍然是国家电网公司的申请量最大;其次是罗伯特·博世有限公司,为 89 件。

电动汽车充电专利技术现状及发展趋势 73

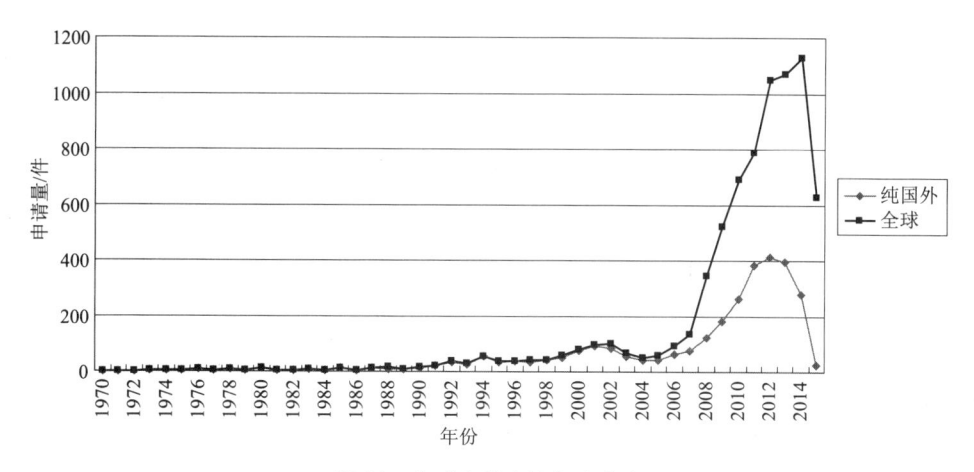

图 23 全球专利申请年度分布

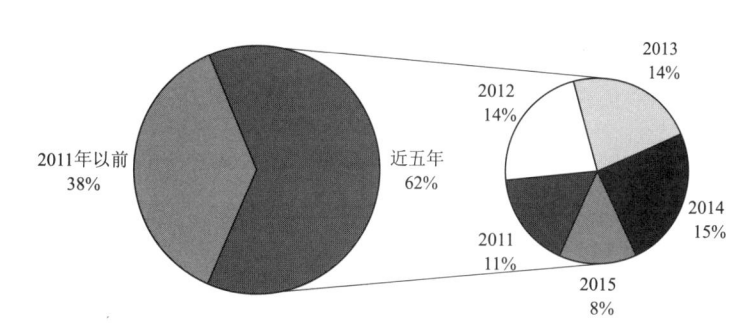

图 24 近年来申请量占比

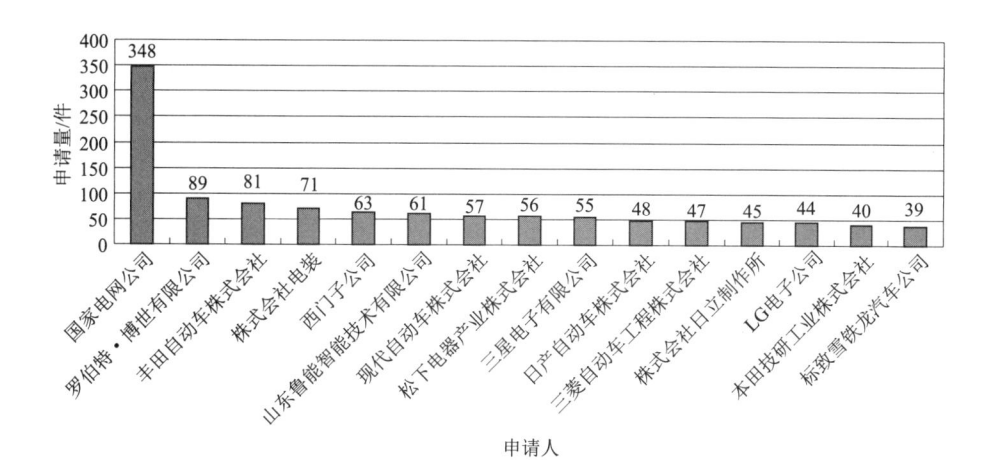

图 25 申请人分布

在对全球电动汽车充电领域的申请人国别分布进行统计时，我们发现，申请量最大的国家是中国，申请量为 4399 件；其次是美国，申请量为 762 件，接下来是日本，申请量为 589 件（参见图 26）。

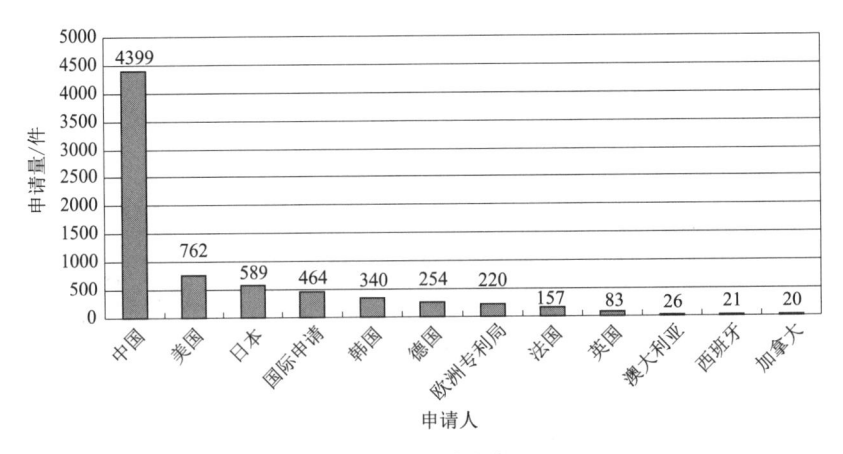

图 26 国别分布

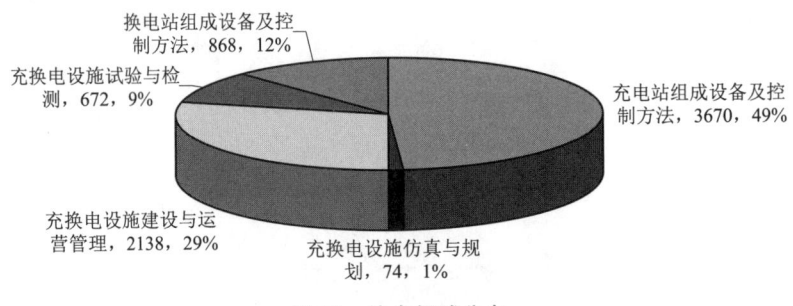

（三）技术领域分布

1. 技术领域分布

从涉及电动汽车充电的全球专利申请的技术领域分布图上可以看出，全球专利申请所涉及的领域集中在充电站组成设备及控制方法和充换电设施建设与运营管理这两个领域。其中，充电站组成设备及控制方法领域的申请量占总申请量的 49%，共计有 3670 件；充换电设施建设与运营管理领域的申请量占总申请量的 29%，共计有 2138 件。从技术领域分布年度趋势图上可以看出，各个技术领域在 2007 年以前的申请量都很少，从 2007 年开始，充电站组成设备及控制方法、充换电设施建设与运营管理、换电站组成设备及控制方法这三个领域的申请量开始逐年增多，尤其是充电站组成设备及控制方法领域的申请量，从 2007 年开始每年以几十件甚至上百件的增速增长。

图 27 技术领域分布

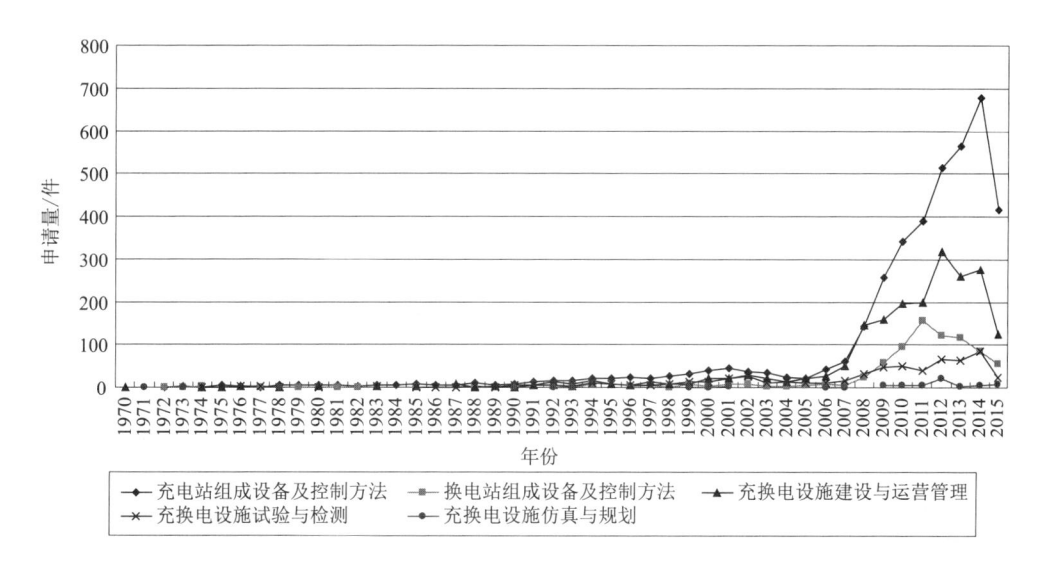

图 28 技术领域年度趋势

2. 重点领域分布

在对重点领域进行分析时，本文挑选了全球专利申请集中的两个领域：充电站组成设备及控制方法和充换电设施建设与运营管理进行分析。

参见图 29、图 30，在充电站组成设备及控制方法领域中，申请量最大的是涉及接触式充电设备的申请，共有 1647 件，占该领域总申请量的 45%，其次是涉及充电控制方法及装置的申请，共有 1224 件，占该领域总申请量的 33%，其余的是涉及感应式充电设备的申请，共计 799 件，占该领域总申请量的 22%。在年度分布图上可以看出，占比最大的涉及接触式充电设备的申请从 2007 年开始申请量逐年增大，增幅较大的年度为 2009—2010 年，增幅将近 100 件；涉及充电控制方法及装置的申请从 2006 年开始申请量逐年增大，增幅较大的年度为 2008—2009 年以及 2013—2014 年度，其中 2013—2014 年增幅将近 100 件；涉及感应式充电设备的申请从 2008 年开始申请量逐年增大，增幅在每年 40 件左右，增幅最大的年度为 2010—2011 年度，增幅为 70 多件。另外，从年度分布图上来看，尽管各个重点领域的申请量突增的起始年份不相同，每年的增幅也小有变化，但是在 2009—2012 年度都是大幅增加，而在 2010—2011 年度，涉及接触式充电设备和充电控制方法及装置的申请均有一定幅度的回调。

参见图 31、图 32，在充换电设施建设与运营管理领域中，申请量最大的是涉及电动汽车与电网互动的申请，共有 633 件，占该领域总申请量的 30%；其次是涉及动力电池的申请，共有 558 件，占该领域总申请量的 26%；接下来是涉及充换电服

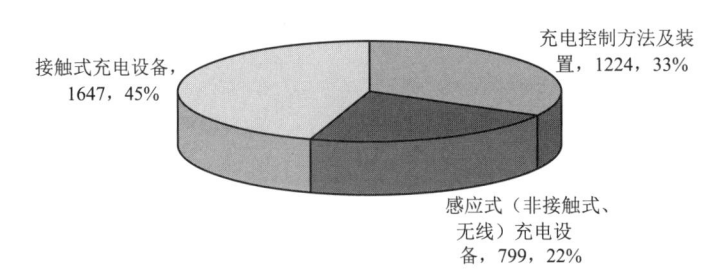

76　各行业专利技术现状及其发展趋势报告（2016—2017）

接触式充电设备，1647，45%
充电控制方法及装置，1224，33%
感应式（非接触式、无线）充电设备，799，22%

图29　充电站组成设备及控制方法领域中重点领域分布

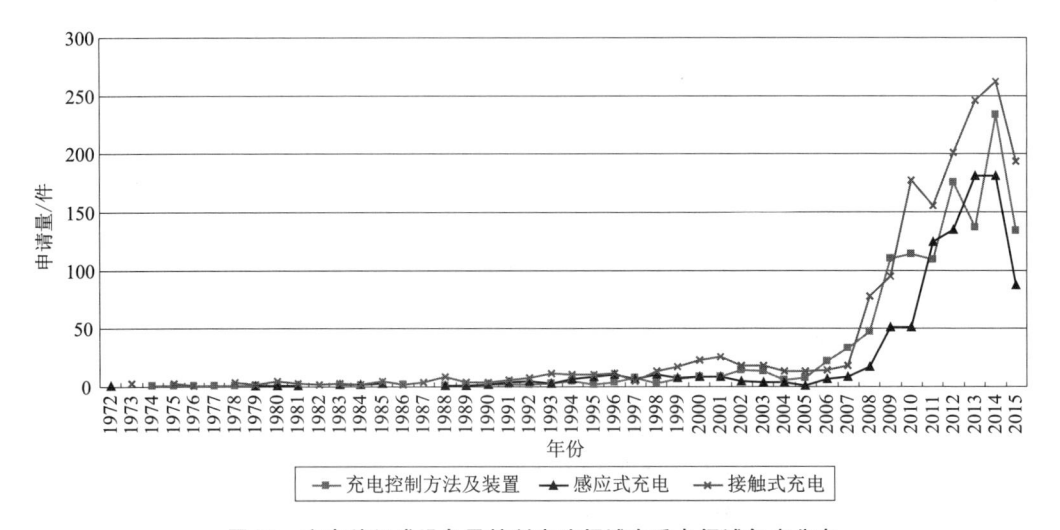

图30　充电站组成设备及控制方法领域中重点领域年度分布

务网络监控与运营管理的申请，共有515件，占该领域总申请量的24%；然后是涉及充换电设施设计与建设的申请，共有259件，占该领域总申请量的12%；最后是涉及辅助设施的申请，仅有171件，占该领域总申请量的8%。在年度分布图上可以看出，占比最大的涉及电动汽车与电网互动的申请发展较晚，在2007年之前的申请量都很少，但是，从2008年其申请量迅速增加，增幅最大的年度为2011—2012年，增幅超过50件，2012—2013年度的申请量有明显下降；涉及动力电池的申请类似，也是在2007年之前的申请量很少，2011—2012年增幅较大，接近30件，随后2012—2014年的申请量均略有下降；涉及充换电服务网络监控与运营管理的申请在2007年之前的申请量也很少，从2008年开始申请量逐年增加，但增幅不大，最大增幅在2010—2011年度，增幅接近40件，其余各年度增幅均在十几件，2013年较2012年申请量有明显下降；涉及充换电设施设计与建设的申请在2007年以前的年份偶尔出现几件，每年的申请量很少，从2007年开始申请量逐年增加。对于涉及辅助设施的申请，申请量较少，且分布较分散。

电动汽车充电专利技术现状及发展趋势　77

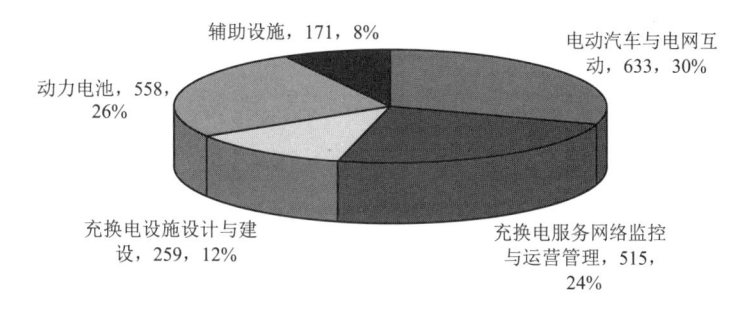

图 31　充换电设施建设与运营管理领域中重点领域分布

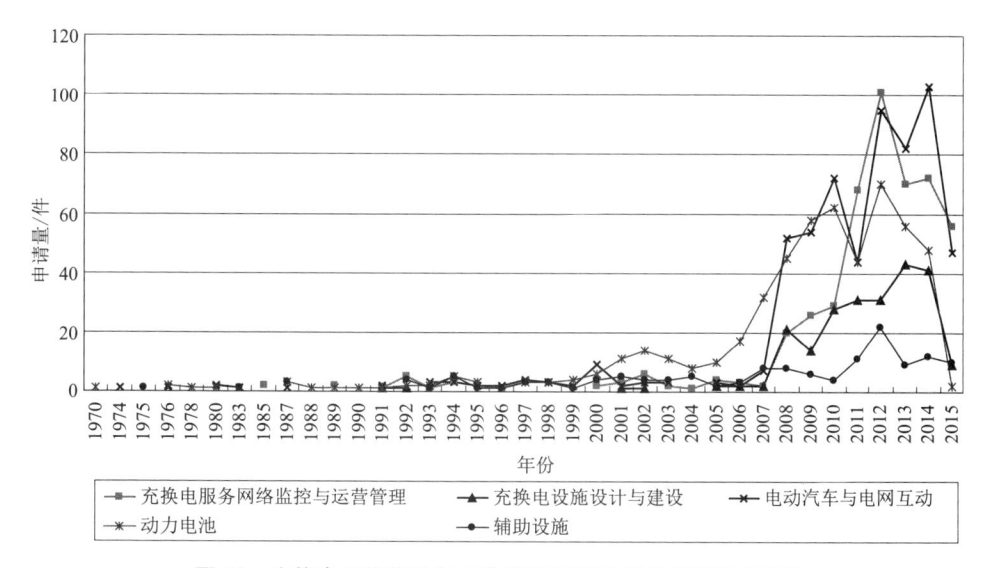

图 32　充换电设施建设与运营管理领域中重点领域年度趋势

（四）重要国外申请人分析

根据之前的数据统计，在涉及电动汽车充电的全球专利申请中，申请量排名前5位的申请人包括四家外国公司，分别是罗伯特·博世有限公司、丰田自动车株式会社、株式会社电装和西门子公司，这四家公司的全球申请量均在60件以上。接下来，将从年度趋势、国家分布和技术领域分布这几个方面对这四家主要竞争公司的专利布局状况进一步分析。

1. 年度趋势

这四家公司的年度分布趋势如图33所示。从图中可以看出，这四家公司中，罗伯特·博世有限公司进入电动汽车充电领域较早，从1992年开始申请，在各年间的申请量较为平均，其中在2001年和2008年有两次较大的申请量波动，但自2013年之后就退出了该领域的专利申请。丰田自动车株式会社最早进入电动汽车充电领域，早在1972年就开始申请，但是在2008年之前的申请量一直较少，自2009年开始该公司才开始重点关注电动汽车充电领域，申请量迅速增加，并在 2013 年达到顶峰 49 件。株式会社电装和西门子公司进入电动汽车充电领域都比较晚，分别是在 2003 年和 2001 年开始申请；株式会社电装在 2009—2011 年的申请量比较大，2010 年达到最多的 26 件，2012 年之后的申请量很少。西门子公司在 2003—2008 年申请量增加，随后有下降趋势，而在 2014 年又迅速增加达到 14 件。

从年度趋势中可以看出，这四家主要的外国公司中丰田自动车株式会社和西门子公司对电动汽车充电领域还保有很高的关注度，而罗伯特·博世有限公司和株式会社电装对电动汽车充电领域的关注度已经逐渐减弱。

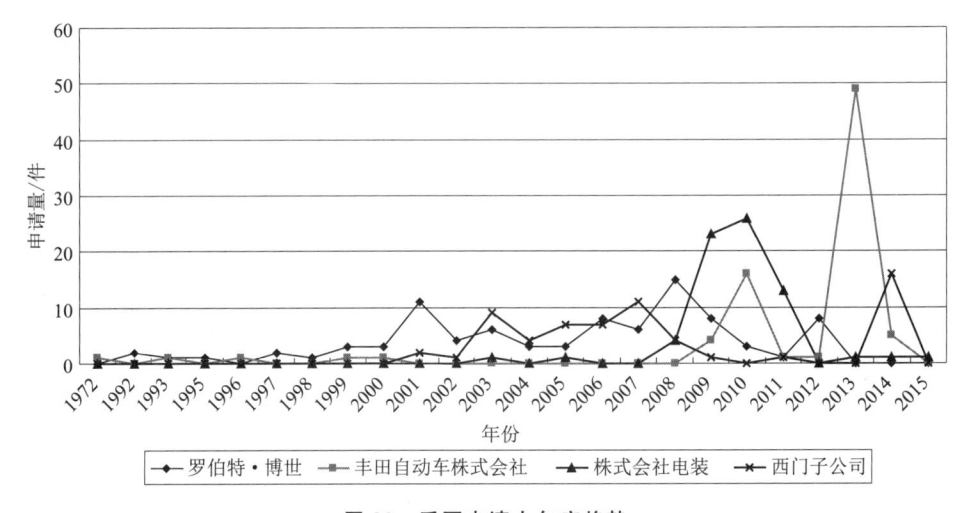

图 33　重要申请人年度趋势

2. 国家分布

这四家公司涉及电动汽车充电领域的专利申请的国家/地区分布如图 34 所示。从图中可以看出，罗伯特·博世有限公司虽然是德国公司，但是其在美国的申请量最大，其次是德国、欧洲专利局和日本。丰田自动车株式会社作为日本公司，在日本的申请量最大，其次是中国、德国和美国。株式会社电装虽然也是日本公司，但是在美国的申请量最大，为 58 件，在日本的申请量仅有 7 件。西门子公司也是德国公司，但是其在中国的申请量最大，其次是美国、法国和德国。

从国家分布趋势中可以看出，这四家主要的外国公司在涉及电动汽车充电领域的专利申请时都会重点在美国进行专利布局，此外，他们对于本土市场和中国市场也较为重视，而在其他国家的专利申请量很少。

3. 技术领域分布

这四家主要外国公司的技术领域分布图如图 35～图 42 所示。从技术领域分布图上可以看出，这四家主要外国公司在电动汽车充电领域的专利申请所涉及的技术领域分

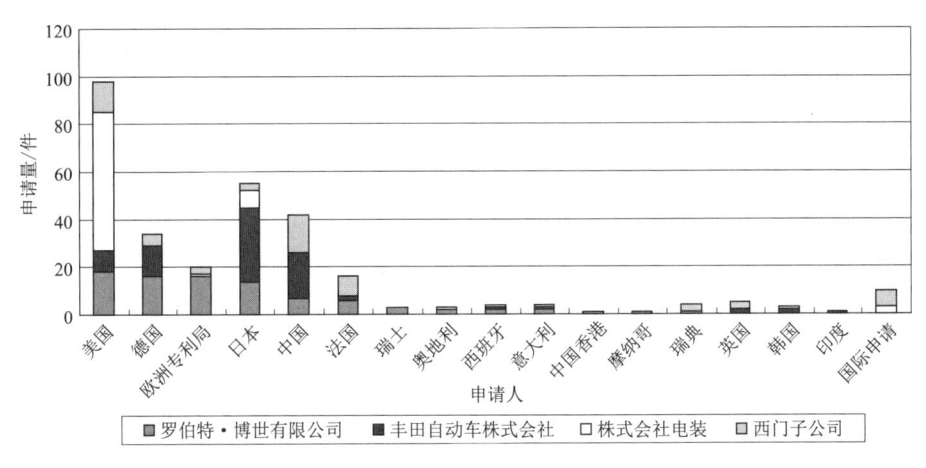

图 34 重要申请人国别/地区分布

支都集中在充电站组成设备及控制方法和充换电设施建设与运营管理这两个分支,其中,罗伯特·博世有限公司在充电站组成设备及控制方法领域的申请量占总申请量的42%,其余三家公司在充电站组成设备及控制方法领域的申请量均超过了总申请量的50%。从技术领域分布年度趋势图上可以看出,罗伯特·博世有限公司在各技术领域中各年的申请量都比较平均,其中在2001—2008年申请量略有增加。丰田自动车株式会社在2009年之前各个技术领域的申请量都很少,在2010年和2013年各技术领域的申请量均有明显增加,特别是充电站组成设备及控制方法和充换电设施建设与运营管理这两个领域的增量最显著。株式会社电装在2008—2011年各技术领域的申请量也均有增加,但是2012年之后各技术领域的申请量均明显减少。西门子公司在2008年之前各技术领域的申请量都比较平均,2009—2010年各技术领域的申请量很少,而从2011年开始,充电站组成设备及控制方法领域的申请量迅速增加。可以看出,对于丰田自动车株式会社和西门子公司,充电站组成设备及控制方法领域是它们持续重点关注和进行专利布局的技术领域。

综上所述,电动汽车充电技术的全球申请的申请量从2007年开始大幅增加,目前处于技术活跃期。申请量最大的申请人为国家电网公司,然后是罗伯特·博世有限公司、丰田自动车株式会社、株式会社电装和西门子公司,可以看出申请量排名靠前的均为汽车企业和能源企业。另外,在全球申请中,由中国公司或个人申请的专利申请量占大多数。全球专利申请所涉及的领域集中在充电站组成设备及控制方法和充换电设施建设与运营管理这两个领域。其中在充电站组成设备及控制方法领域中,申请量最大的是涉及接触式充电设备这一技术分支的申请。在充换电设施建设与运营管理领域中,申请量最大的是涉及电动汽车与电网互动这一技术分支的申请。结合当前的技术热点,在下一部分中将对充电站组成设备及控制方法技术领域下的三大技术分支——接触式充电设备、感应式充电设备和充电控制方法及装置进行重点专利分析。

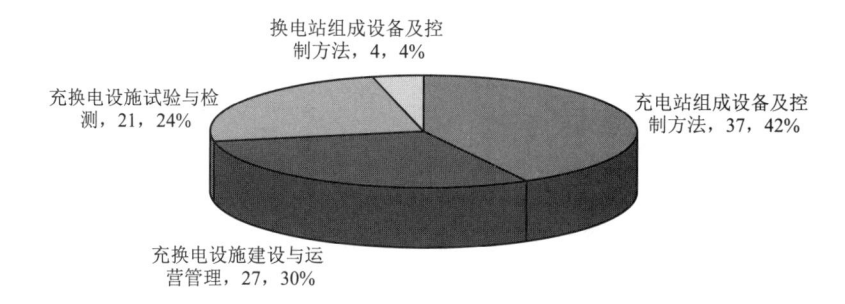

图 35 罗伯特·博世有限公司申请技术领域分布

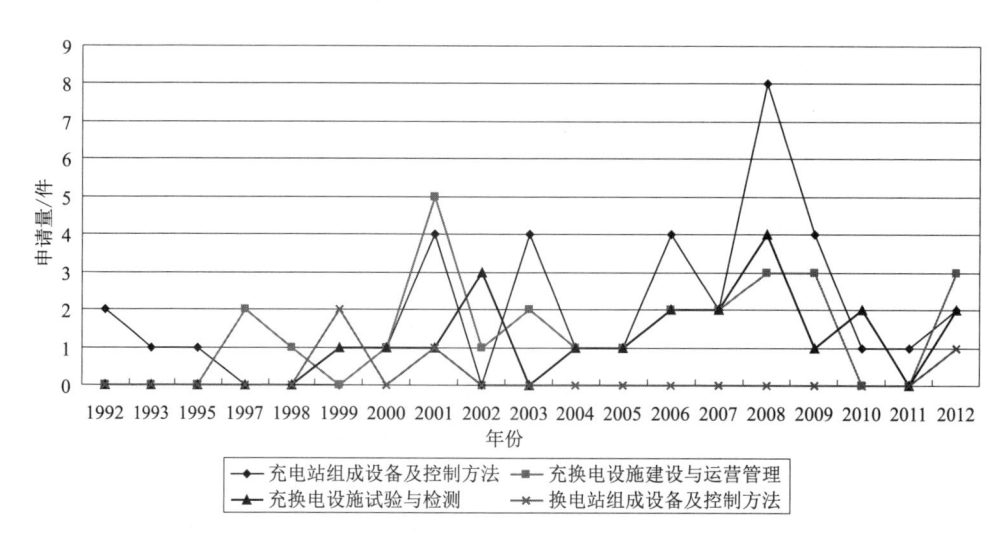

图 36 罗伯特·博世有限公司申请技术领域分布年度趋势

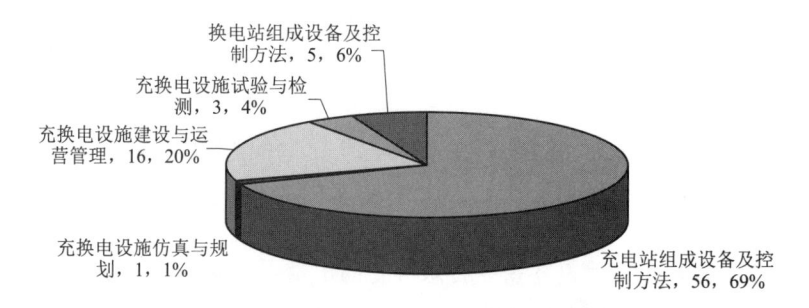

图 37 丰田自动车株式会社申请技术领域分布

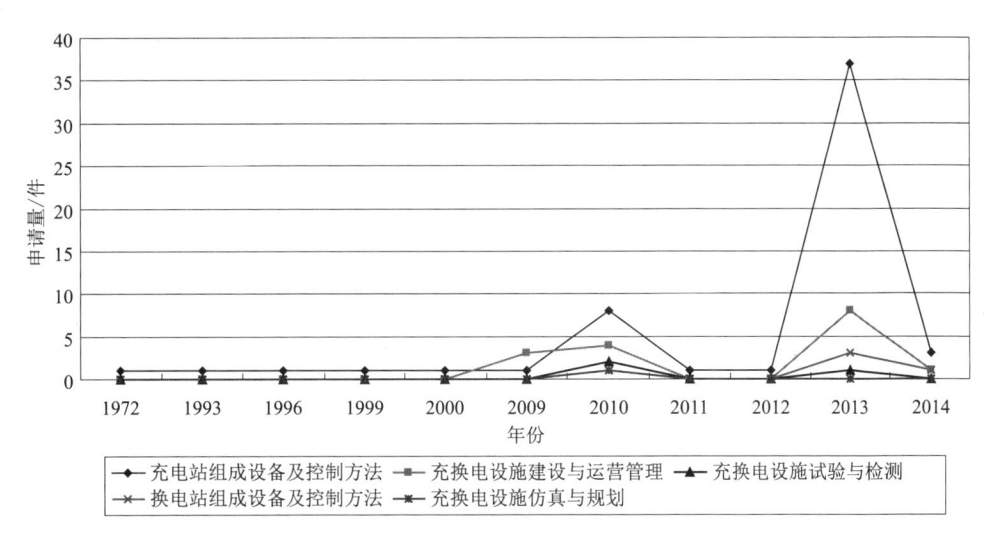

图 38　丰田自动车株式会社申请技术领域分布年度趋势

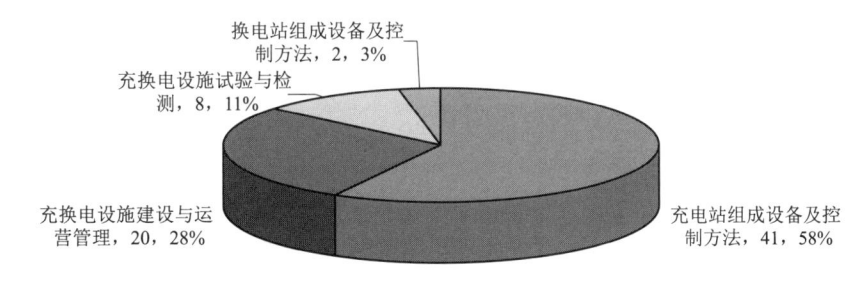

图 39　株式会社电装申请技术领域分布

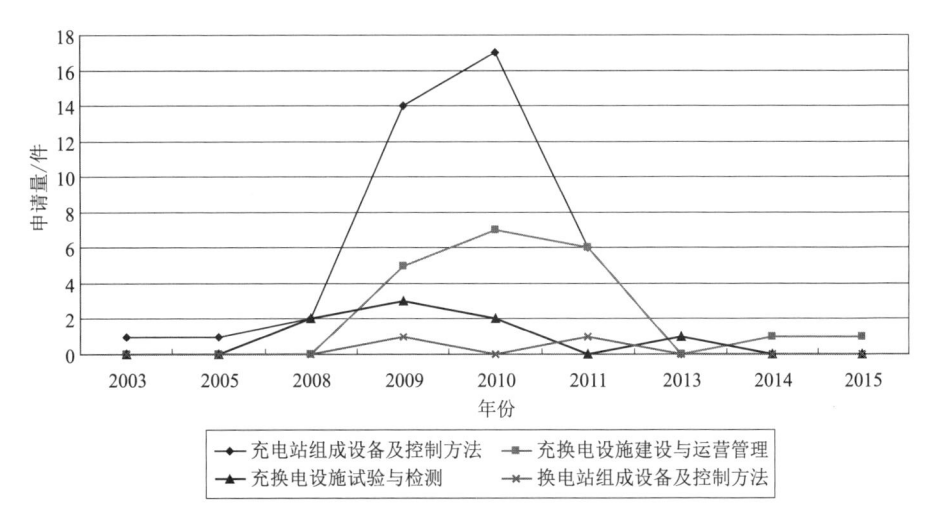

图 40　株式会社电装申请技术领域分布年度趋势

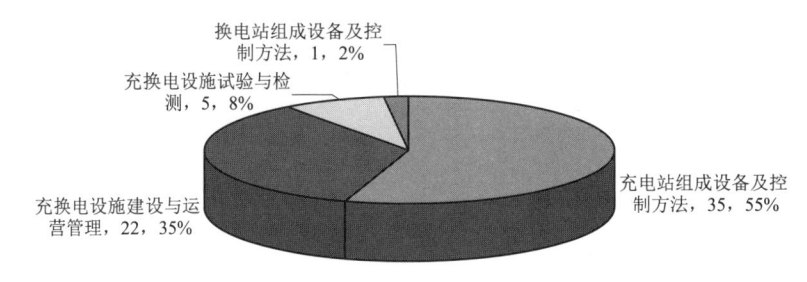

换电站组成设备及控制方法，1，2%
充换电设施试验与检测，5，8%
充电站组成设备及控制方法，35，55%
充换电设施建设与运营管理，22，35%

图 41　西门子公司申请技术领域分布

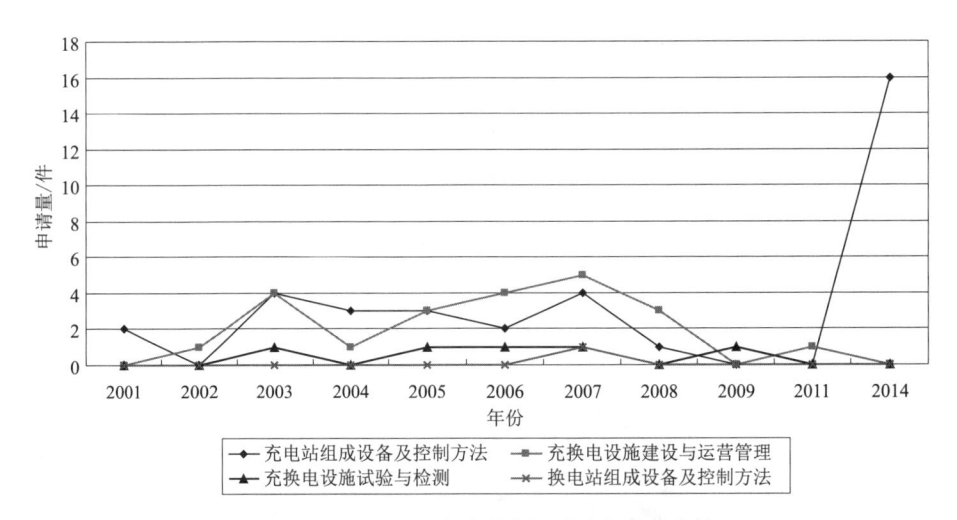

图 42　西门子公司申请技术领域分布年度趋势

四、重要专利及申请分析

根据本文第二、三部分的数据分析，在电动汽车充电技术中，涉及充电站组成设备及控制方法这一技术领域下的专利申请所占比重最大，本部分将对这一技术领域下的三个技术分支——接触式充电设备、感应式充电设备以及充电控制方法及装置分别进行重点专利分析和筛选。

我们将从申请人在产业上的影响力、专利申请的法律要素（专利类型、法律状态、稳定性、保护范围等）、地域分布（同族情况）、专利申请在产业链中的作用（解决的技术问题、采用的技术手段以及被其他专利进行引证的情况等）和其他（如专利申请的存活周期、专利的获奖情况等）四个方面来对专利申请的重要性进行综合权衡判断，并据此得出本领域的重要专利申请。

（一）接触式充电设备

1. 专利分布

充电站组成设备及控制方法技术领域中涉及接触式充电技术的全球专利申请量共

计 1647 项，其中中国的专利申请共计 1044 件。图 43 中三角形折线表示全球专利及申请趋势分布，正方形折线表示中国专利及申请趋势分布，菱形折线表示他国专利及申请趋势分布，可以看出全球该技术的专利申请最早出现在 1973 年，1973—2007 年，该技术领域的全球年申请量不足 25 件，中国专利申请的年申请量也是比较少，而且有些年份没有相关专利申请，这表明接触式充电技术不论是全球还是中国都处于萌芽阶段。2008 年的全球申请量跃升至 72 项，中国专利申请量跃升至 47 件，2008—2010 年，全球和中国的申请量逐年上升，但是到了 2011 年全球和中国的申请量都出现了第一个拐点，随后申请量逐年上升，并且，2011—2015 年这五年的全球专利申请量共计 1095 项，占全球专利申请总量的 66.5%；近五年中国的专利申请量共计 785 件，占中国专利申请总量的 75.2%。这表明接触式充电技术无论是在全球还是中国都处于技术发展阶段。

另外，从图中还可以看出，2010 年前三者趋势趋于一致，而在 2011 年以后，全球趋势与中国趋势基本一致，这表明，近几年中国的专利申请量引领着全球专利申请量，中国是世界较为关注的市场之一，中国申请人也较为关注接触式充电技术。

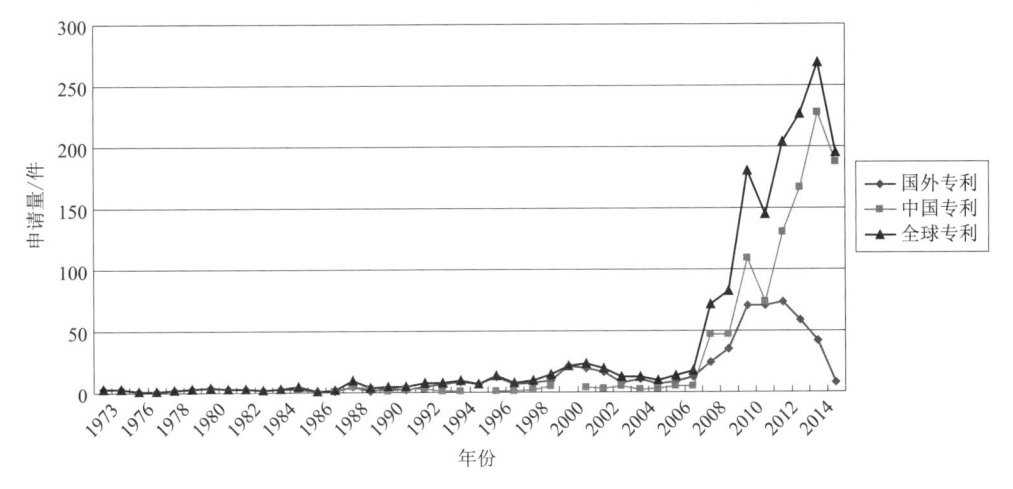

图 43　全球及中国专利申请的发展趋势

2. 重要专利申请分析

关于接触式充电，中国国家标准化管理委员会于 2015 年 12 月 28 日发布的新的国家标准 GB/T 18487.1—2015《电动车辆传导充电系统第 1 部分：通用要求》中新增了关于接触式充电设备对于连接接口的要求："额定充电电流大于 16A 的应用场合，供电插座、车辆插座均应设置温度监控装置，供电设备和电动汽车应具备温度监测和过温保护功能"。在使用将电动汽车连接到交流电网的充电模式中，在插头/插座端安装温度监控装置，会涉及一些专利，其中比较重要的专利会在下文中详细分析。

接触式充电是在充电装置和电池之间需要通过金属接触连接之后才能充电。其较关键的问题在于其通用性和安全性，为了使它满足严格的安全充电标准，必须在电路上采用许多措施使充电设备能够在各种环境下安全使用。

关于安全性，如何防止金属接触件接触不良，如何确认充电接口的连接，如何防水、防尘、防护人身安全是本领域的关键问题，如何避免充电过程中出现的过热问题也为本领域所关注。关于通用性，如何使得电动汽车的充电控制导引电路适应各国标准也就成为本领域的一个热点。如何改进配套充电设施，降低成本成为本领域的一个热点。

根据前述重要专利筛选原则，综合考虑本领域的关注焦点和技术热点，共计筛选出14篇接触式充电重点专利，其中具有中国同族的专利申请10件、没有中国同族的国外专利申请4件。限于篇幅，以下将对其中两篇重点专利作为示例进行具体分析。

【重点专利编号：1】
公开号：CN101609971A
发明名称：混合动力车辆再充电电缆插头的热保护装置及方法

授权的独立权利要求1：一种用于中断具有端部插头的电缆中的电流的系统，所述系统包括：传感器，其耦合到该插头并且具有指示该插头的温度的输出；以及电流中断装置，其耦合到该传感器，用于在该温度达到预定温度时终端所述电缆中的电流，其中所述预定温度在80℃至150℃的范围内。

其最能反映独立权利要求技术方案的附图如图44所示。其中134为插头，138为传感器，136为电流中断装置。

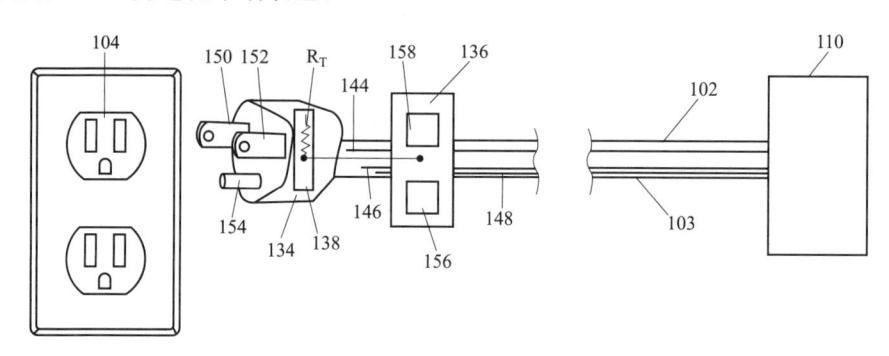

图44 重点专利1附图

关键技术分析：本专利的申请年份为2009年，是电动汽车大范围推广时期出现的专利申请，汽车制造商将电动汽车的充电电源扩大到普通的交流电源。为了解决电缆温度迅速上升、造成安全隐患的技术问题，本专利在电缆插头中设置了检测插头温度的传感器，并且在感测到的温度超过预定温度时切断电路，从而避免插头因为过热而引起燃烧等问题。通过授权的独立权利要求所保护的技术方案可以看出，组成该技术方案的技术特征较少，其保护范围较大，对插头进行过热保护的技术方案基本上都落入了该专利的保护范围,属于基础型专利。

法律分析:该专利不仅在中国进行了申请,而且在美国和德国也提出了申请,并在美国也获得了授权,其授权范围与上述授权范围相同。可见,该专利在国际上具有一定的专利布局,具有一定的垄断性。另外,该专利及其同族专利申请被直接引证的次数多达 26 次,这里所提及的直接引证的次数是指其他专利申请在审批过程中以该专利或其同族作为现有技术,判断所审批的专利申请的新颖性或者创造性,也就是说,该专利有效地阻止了一些专利申请的授权。

【重点专利编号:2】

公开号:WO2012/168599A1

发明名称:用于向电动或混合动力车辆充电的系统

授权的独立权利要求 1:一种电动或混合动力车辆的充电系统,包括适用于经由配备有温度敏感装置的电插座连接到家庭配电网络的交流充电连接器,以及处理模块,所述处理模块用于确定是否正在使用家庭充电模式,其特征在于:所述充电系统还包括所述温度敏感装置的极化模块,以及用于使用极化后的温度敏感装置来确定表示所述电插座的温度的值的模块,当家庭充电模式被使用时激活所述极化模块。

反映独立权利要求技术方案的附图如图 45 所示。其中,4 为电插座,8 为温度敏感装置,12 为交流充电连接器,24 为处理模块,RP 为极化电阻器,SP 为极化源,C 为开关。

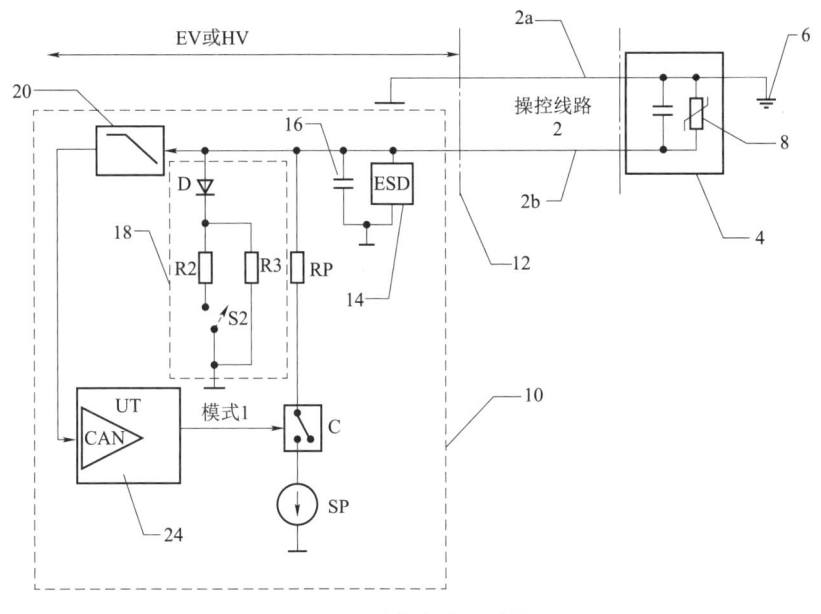

图 45 重点专利 2 附图

关键技术分析：本专利申请属于在插座中设置温度监控装置的技术方案，即属于涉及前述国家标准 GB/T 18487.1—2015 的专利申请。上述权利要求限定的技术方案，首先判断充电方式是否为家庭充电模式，如果是，则将极化模块连入电路中，从而由处理单元确定来自极化后的温度敏感装置代表温度的值，从而确定电插座的温度，如果不是家庭充电模式，则极化模块不起作用。该技术方案的保护范围较大，几乎涵盖了电动汽车利用家用交流充电连接器充电的插座中设置温度监控装置的所有技术方案。

法律分析：本专利申请通过专利合作条约（PCT）的形式申请了国际专利申请，目前具有的专利同族包括中国、法国、美国和欧洲等四个国家和地区，足见申请人对本专利申请较为重视，有意在多个国家和地区占领相应的市场。同时，本专利申请的中国同族、法国同族均获得了授权，因此，在其专利保护期限内，本专利的专利权人可以在中国和法国享有权利要求保护范围内所涉及的技术的独占权。另外，本专利申请及其同族专利申请被直接引证的次数为 5 次，在相关领域专利申请的授权方面起到了一定的限制作用。

涉及电动汽车接触式充电技术的相关专利，除了上述两篇重点专利技术之外，其余 12 篇重点专利所涉及的具体技术包括防止接触件接触不良，对充电机或充电电缆的过温保护，充电接口标准的兼容以及配套充电设施的完善，均属于接触式充电技术领域的难点或者热点，其相关信息以列表的方式示于本文附件部分的附表 1。

综上所述，电动汽车充电技术中关于接触式充电技术相关专利及专利申请最早起源于 1973 年，在萌芽阶段，大多数相关的专利及专利申请集中在如何解决接触件接触不良的技术问题，因此解决该技术问题的重点专利也出现在这一阶段。2008 年至今，接触式充电技术处于技术发展阶段，相关专利及专利申请涉及接触式充电技术的各个方面，比如金属接触件的防水、防尘、充电过程中的过温保护、充电标准的兼容及配套设施的完善等，因此筛选出的重点专利也涉及各个方面。另外 2016 年 1 月 1 日起执行的电动汽车充电国家标准中涉及了接触式充电技术中的对充电机或充电电缆的过温保护，这一部分也涉及了一些被授权的专利，其中比较重要的专利已在前文中给出详细分析，值得相关企业和研发机构的关注。

（二）感应式充电设备

1. 专利分布

（1）发展态势

如图 46 所示，1972 年至 2015 年（按照优先权时间统计）全球共提出 799 件电动汽车感应式充电设备领域专利申请，1972 年至 2007 年期间发展相当缓慢，但从 2008 年开始申请量逐年阶跃增长，2014 年达到峰值 176 件。2011 年至 2015 年这五年的专利申请量共计 602 件，占全部专利申请的 75.3%，说明近 5 年该领域热度较高，属于技术快速发展期。

1995 年至 2015 年在中国共提出 274 件申请,中国申请自 2012 年开始呈现阶跃增长,2014 年达到峰值 112 件。由于与全球趋势存在相同的先申请后公开的原因,因此 2015 年的数据下降较大。并且,2012 年至 2015 年这四年的专利申请量共计 256 件,占全部专利申请的 93.4%,近四年热度非常高。

从趋势分布图可知,全球与他国趋势较一致,都是从 2008 年开始快速增长,而国内快速增长期从 2012 年才开始,近两年则以中国申请量较突出。这些数据表明,电动车无线充电技术无论在国外还是在国内都进入技术快速发展期,但国内 1995 年才开始起步,快速发展期更是较国外晚了 4 年,专利申请在时间上已经呈现落后趋势。

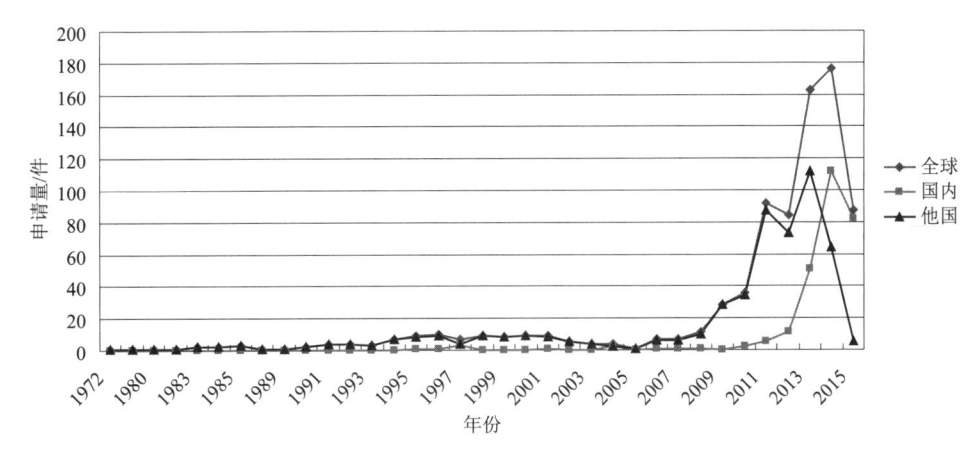

图 46　全球及中国专利申请的发展趋势

(2) 主要申请人分析

参见图 47,从全球申请量来看,国外主要申请人排名前十是几个主要发达国家的 10 家世界知名电子或汽车制造企业,包括丰田、高通、松下、博世、西门子等,符合现今电力电子或汽车制造市场的热度情况,日本丰田申请量 43 件,占比 5.38%,位居第一。

如图 48 所示,中国地区申请中,重点考虑排名前十五(申请量在 4 件以上)的国内申请人,主要涉及国家电网、一些新兴公司、大学研究机构和国内知名的车企,其中,国家电网公司位居第一,占比 8.03%。

2. 重要专利申请分析

电动汽车感应式充电领域业界主要采用电磁感应和磁共振原理,其中电磁感应式无线充电技术虽然能量转换效率高,传输功率的范围较大,不过弊端也很明显,只能进行一对一充电,且对于磁场发射端和接收端的位置要求很高,两者的距离、角度稍有偏差都会大大影响充电效率,充电效率受线圈对准定位、线圈间充电空间环境的影

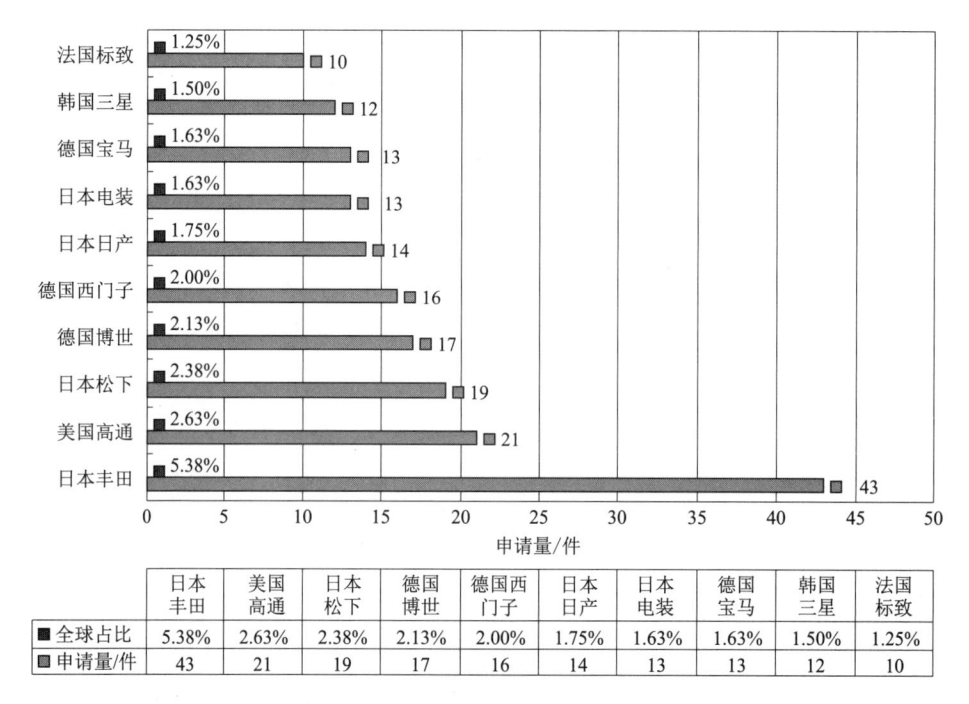

	日本丰田	美国高通	日本松下	德国博世	德国西门子	日本日产	日本电装	德国宝马	韩国三星	法国标致
全球占比	5.38%	2.63%	2.38%	2.13%	2.00%	1.75%	1.63%	1.63%	1.50%	1.25%
申请量/件	43	21	19	17	16	14	13	13	12	10

图 47　电动汽车无线充电领域国外主要申请人排名前十

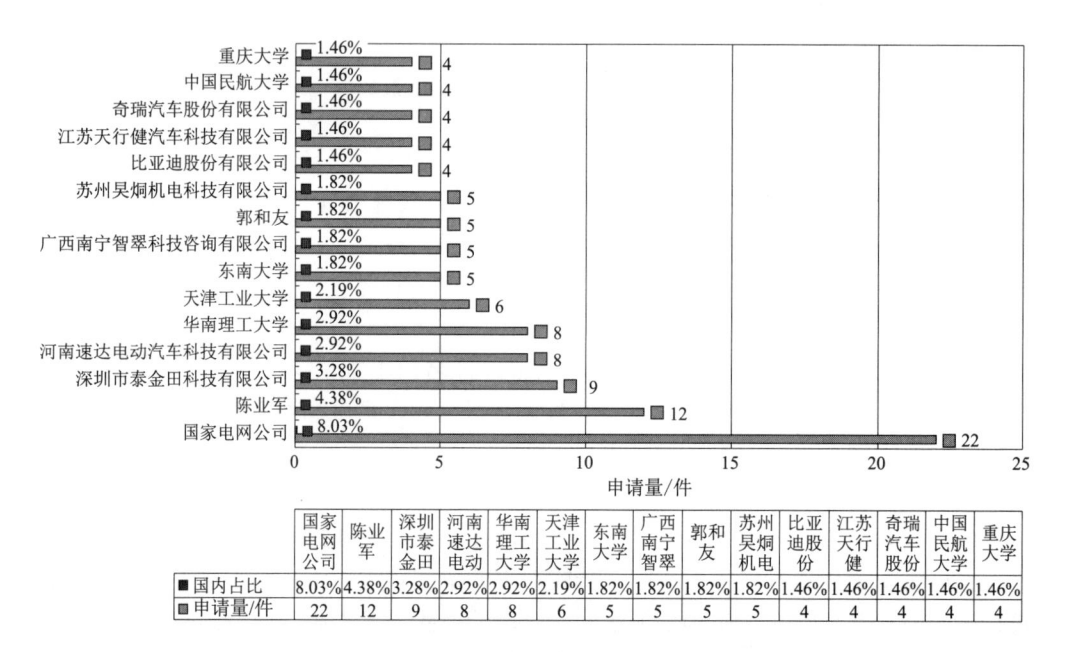

	国家电网公司	陈业军	深圳市泰金田	河南速达电动	华南理工大学	天津工业大学	东南大学	广西南宁智翠	郭和友	苏州昊烔机电	比亚迪股份	江苏天行健	奇瑞汽车股份	中国民航大学	重庆大学
国内占比	8.03%	4.38%	3.28%	2.92%	2.92%	2.19%	1.82%	1.82%	1.82%	1.82%	1.46%	1.46%	1.46%	1.46%	1.46%
申请量/件	22	12	9	8	8	6	5	5	5	5	4	4	4	4	4

图 48　电动汽车无线充电领域国内主要申请人排名前十五

响很大。而磁共振式无线充电技术只要发射端和接收端达到相同的共振频率，就能传递能量，因此对于位置要求不高，支持一对多充电，但其能量损耗比较大，而且传输功率越大损耗也就越大。因此，许多企业致力于汽车无线充电自动泊车定位监视技术、异物检测技术、送受电线圈形状和布置方式设计及磁共振传输方式的研究。而在无线充电之上，如今一种基于该技术演变的新技术逐渐崭露头角，那就是可以在行驶途中充电的"Charging on the go"技术，也称动态无线充电技术。综上，如何实现定位对准监测，避免距离位置影响；如何提高线圈效能，降低辐射污染；如何提高充电效率，缩短充电时间以及如何实现动态无线充电等都是业界关注的问题。

该领域申请大部分是近几年才提出，授权专利和被引证情况较少，所以本节还着重考虑了同族数量、同族国家、申请人排名及合作申请人情况等，据此反映专利技术研发难度、基础性及重要性，并结合本领域主要关注的热点技术问题，筛选出15件重点专利，其中具有中国同族的专利9件、没有中国同族的国外专利6件。

综合分析上述重要专利的具体技术点分布，主要涉及以下几个方面：

（1）感应式充电定位对准技术，主要解决感应式充电磁感应线圈间对位是否准确对电能量传输效率影响较大的问题，针对磁感应线圈位置对准的较高要求，通过提高线圈对准精度，提高充电传输的效率，从而提高无线充电的充电效率。

（2）磁共振式充电定位，主要针对磁共振耦合区域不同的充电效率，实现车辆和充电装置之间的测距，实现进入充电区的判断，实现充电引导线圈激活，从而调节充电强度，以提高充电效率。

（3）感应充电区异物监测，针对感应充电线圈之间磁场区域异物对充电效率影响大的问题，提出检测的方法和装置提高异物检测的准确性，以采取对应充电调整措施，保障充电安全。

（4）充电结构及控制方法设计，解决的主要技术问题是充电电路结构复杂，充电传输效率低，充电时间长的问题，目的在于简化结构、提供便利，提高充电效率、缩短充电时间。

（5）线圈结构和布置方式设计，解决线圈结构安装位置不合理导致的传输效率低下问题和磁波污染问题，意在改进能量传输效率，减少磁场环境污染。

（6）动态无线充电技术，又称"Charging on the go"，即现今时髦的电动车边走边充技术，其在车辆行驶的过程中实现电能的补给，可大大提高电动车辆的运行效率。

以下将从申请的同族状态、法律状态、权利要求保护范围、技术方案要点、引证关系等几个方面对其中两件具有代表性的重点专利进行具体分析，其他重点专利以列表方式示于本文附件部分附表2中。

【重点专利编号：3】
公开号：JP2010183814A

发明名称：非接触电力传输装置

授权的独立权利要求1：一种非接触电力传输装置，包括：一交流电源；一初级线圈，交流电源的交流电压提供给该初级线圈；一初级侧谐振线圈；一次级侧谐振线圈；一次级线圈，用于与负荷连接；一电压测量装置，检测初级线圈的电压；以及一距离计算装置，基于电压测量装置检测的电压，计算初级谐振线圈和次级谐振线圈之间的距离。

其最能反映独立权利要求技术方案的附图如图49所示。其中，10为供电侧装置、12为初级线圈、13为初级侧谐振线圈、14为控制器、14a为CPU、14b为存储装置、15为电压检测装置、20为接受侧装置、21为次级侧谐振线圈、22为次级线圈、23为充电装置、24为二次电池、25为充电控制装置、26为电池水平检测部、27为信息部、30为车辆。

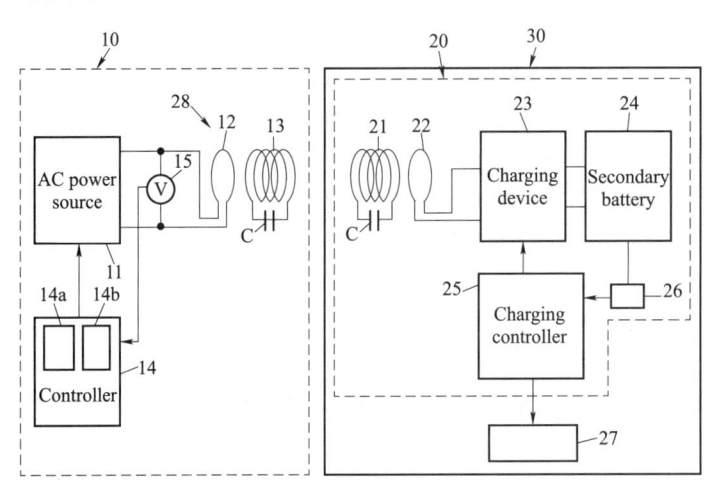

图49　重点专利3附图

关键技术分析：该申请基于现有技术现状，针对现有技术在磁共振理论具体实现方面的缺失，特别是针对谐振线圈之间距离对电能传输效率的影响，设计一种基于电压检测的方案，来实现距离检测，从而提高电能传输效率，这种方式通过简单电压检测实现测距，避免了专门设置测距装置带来的困难。主要解决磁共振充电测距定位的技术问题。

法律分析：该申请为丰田公司于2009年提出的申请，其技术内容属磁共振理论运用早期具体实现的解决方案，属早期基础性申请。该申请先后在韩国、美国、日本和欧洲皆提出同族申请，具有全球布局的特性，并且已经在韩国和美国获得授权，对其他申请人进入韩国、美国市场具有阻止作用。从已授权的独立权利要求的保护范围来看，其授权权利要求保护范围仅包含基本的必要结构特征，保护范围较大。从其被引证情况分析，先后共被其他申请引证了9次，引证频率较高，可对其他申请人申请的授权产生阻止作用。综上分析，该申请申请早、保护范围大、引证频次高，说明其方案为基础技术方案，对其他相关申请具有一定技术垄断作用，并且其在各主要发达国家都有布局，会对行业有一定影响。

【重点专利编号：4】
公开号：CN102803005B
发明名称：具有自动定位的感应充电车辆

授权的独立权利要求1：一种以非接触方式从设置在车辆外部的电力传输线圈接收电力的车辆，所述车辆的特征包括：电力接收线圈，所述电力接收线圈被配置在所述车辆的底部，并且经由电磁场谐振来从所述电力传输线圈接收电力；图像捕捉器件，所述图像捕捉器件用于捕捉从所述车辆来看位于外部的图像；显示单元，所述显示单元用于显示由所述图像捕捉器件所捕捉到所述车辆外部的视图；第一引导控制部，所述第一引导控制部用于根据由所述图像捕捉器件捕捉到的图像来控制所述车辆；以及第二引导控制部，所述第二引导控制部基于以下（i）和（ii）中的至少一项来将所述车辆引导到所述电力传输线圈所设置的位置，其中，所述（i）是所述电力接收线圈从所述电力传输线圈接收的电力的电压，所述（ii）是安装在所述车辆上的通信单元从电力供应设施接收到的有关电力输出的信息，其中，所述电力接收线圈被配置在：相对于所述车辆的纵向方向上的所述底部的中心，而朝着在上面配置有所述图像捕捉器件的外围面偏移的位置处。

其最能反映独立权利要求技术方案的附图如图50所示。其中，100为电动车辆、110为电力接收单元、120为捕捉外部的图像的照相机、121为显示单元、130和240为通信单元、220为电力传输线圈、122为后保险杠、150为电力存储装置、230为发光部、210为电力供应装置。

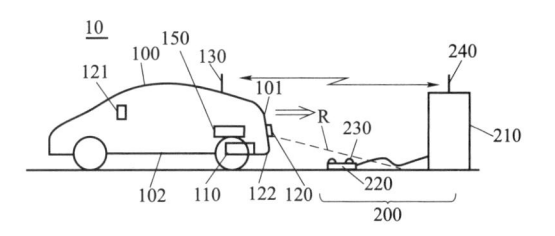

图50 重点专利4附图

关键技术分析：为了对安装在车辆上的蓄电池进行充电，需使安装在车辆上的线圈和设置在充电设施侧的线圈对准。现有技术已经提供了装备有在车辆倒车时捕捉车辆附近的图像的照相机和显示由照相机捕捉的图像的显示单元的车辆。然而当安装在车辆上的线圈被配置在车辆底部时，在充电设施侧的线圈也变得位于车辆下面，难以经由设置在车辆的侧面的照相机在显示单元上观察安装在车辆上的线圈。因此，在车辆上安装照相机的传统方式并不一定能有助于在车辆上安装的线圈和在充电设施侧的线圈的对准。本申请解决线圈处于车辆底部的对准问题，不仅具有图像捕捉装置，还具有引导装置，根据检测到的电力供应状态引导车辆线圈对准。

法律分析：该申请为丰田公司2010年提出的申请，解决早期感应充电研发阶段关注的线圈有效对准问题，也属于早期较基础的专利技术。其具有多国同族，通过PCT国际申请途径分别进入欧洲、美国、日本和中国，具有全球布局的特性，且已经在日本、美国和中国获得授权，对其他申请进入授权国家感应充电市场具有一定阻止作用。需特别注意的是，该申请在中国的授权专利将对国内申请人在线圈对准技术领域获得保护产生阻碍。从授权的保护范围来看，保护范围不算大，所以国内申请人如需在该领域申请，可考虑从其他角度绕开该申请的具体检测参数。

综上所述，电动汽车感应式充电设备在近几年国内外申请量增长迅速，但国内的快速发展期较国外滞后。静态式充电的申请量占比较大，是相对成熟的感应式充电技术，而移动式充电属起步阶段。上述筛出重点专利申请契合电动车感应式充电和电动车磁共振充电技术中研究人员关注的问题，符合现今主要技术问题的解决思路。这些申请需本领域技术人员关注。

（三）充电控制方法及装置

1. 专利分布

（1）发展态势

充电控制方法及装置技术在全球共计专利申请1224项。如图51所示，菱形折线表示全球趋势分布，正方形折线表示中国趋势分布，而三角形折线表示他国申请趋势分布。

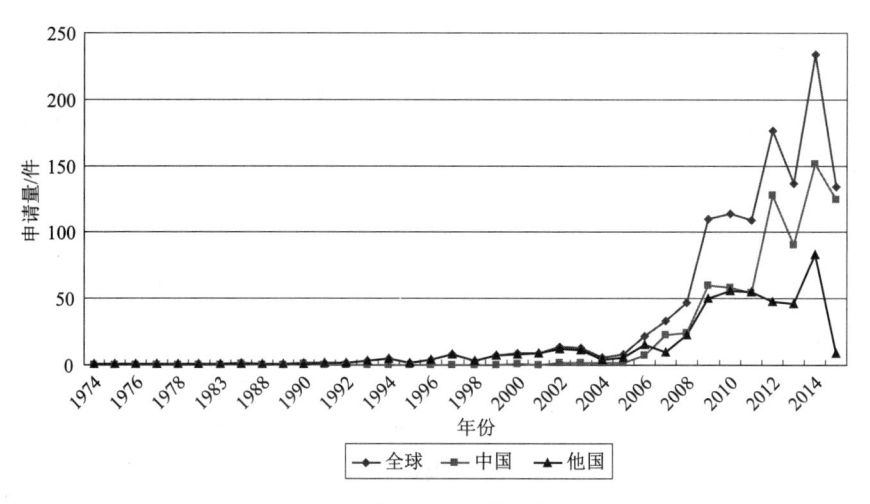

图51 全球、中国、他国趋势图

从图51可以发现，最早的充电控制方法和装置申请出现在1974年，从1974年起到2005年，在该领域申请的专利申请并不多，表明电动汽车充电技术中充电站组成及控制方法中的充电控制方法及装置技术处于萌芽阶段。从2006年开始的申请量为22件到2010年的114项，基本上呈逐年上升趋势。2010—2014年这五年的专利申请量共计770件，占全部专利申请的62.9%。这些表明电动汽车充电技术中充电站组成及控制方法中的充电控制方法及装置技术处于技术发展阶段。

充电控制方法及装置技术在中国的专利申请共计732件。最早的充电控制方法和装置申请出现在1986年，从1986年起到2005年，该领域的专利申请并不多，表明该领域在中国也处于萌芽阶段。从2006年开始的申请量为7件到2012年的128件，基本上呈逐年上升趋势。2010—2014年这五年的专利申请量共计482件，占全部中国专利申请的65.8%。

另外，从图51可知，在2006年以前，他国的专利申请趋势与全球趋势基本一致，说明国外在该领域的起步比中国早。在2006—2012年期间，全球、中国、他国三者趋势也逐步趋于一致，而2011年以后，在该领域中国的发展比他国要快。由于专利与市场挂钩，而在统计时对申请国别往往以优先权的申请国为依据进行，一方面表明电动汽车充电技术中充电站组成及控制方法中的充电控制方法及装置技术的市场上，中国是世界较为关注的市场之一，另一方面表明中国申请人也较为关注充电控制方法及装置技术。

(2) 申请人和专利权人分析

下面，从申请人和专利权人的角度对充电控制方法和装置技术进行分析，该部分分析主要从主要的申请人总量和技术分布的角度进行相应的分析。充电控制方法和装置技术的主要申请人统计见图52。

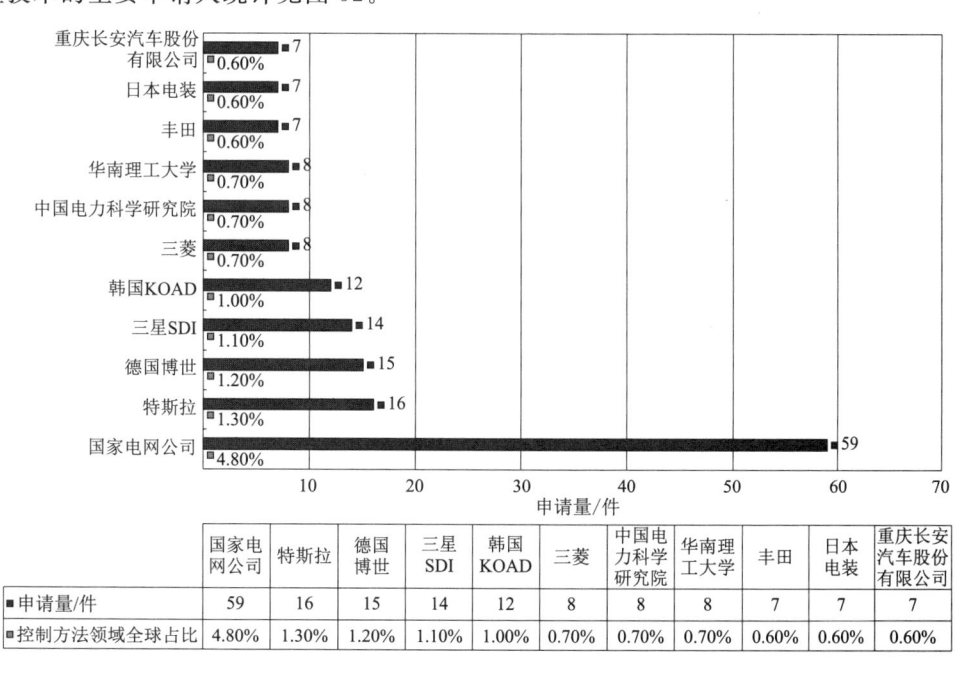

	国家电网公司	特斯拉	德国博世	三星SDI	韩国KOAD	三菱	中国电力科学研究院	华南理工大学	丰田	日本电装	重庆长安汽车股份有限公司
■申请量/件	59	16	15	14	12	8	8	8	7	7	7
■控制方法领域全球占比	4.80%	1.30%	1.20%	1.10%	1.00%	0.70%	0.70%	0.70%	0.60%	0.60%	0.60%

图52 主要申请人分布图

如图52所示，在充电控制方法和装置技术上，国网公司的专利申请最多，其次为特斯拉、博世公司（BOSC）、三星SDI公司和KOAD公司，再次为三菱公司以及中国电力科学研究院等。充电控制方法及装置技术领域中，申请人相对较为分散，在申请量较为靠前的公司中，除了国家电网公司之外，相应的汽车企业也具有一定的申请量。

2. 重要专利申请分析

电动汽车充电站组成设备及控制方法中，其充电控制方法和装置具有多种研究方向，其中主要的研究方向为：

（1）智能充电，其主要是根据电网电量的供应情况而改变电动汽车的充电时间以及充电速率，以解决由于电动汽车充电在时间和空间上具有的大随机性、差可控性和可预测性易导致电网危机的缺陷；

（2）快速充电，其研究方向是如何增大充电的功率，减小充电的时间，以解决常规充电方法由于充电时间过长，难以满足电动汽车运行需求的问题；

（3）均衡充电，其是确保电池组充分发挥效能的重要保障，主要解决电池不一致造成的电池寿命降低的问题；

（4）功率分配，其主要研究方向是如何规划和分配不同类型、不同功率的充电设备的充电功率和充电时间。上述四个不同的研究方向都是充电控制方法和装置领域中重点关注的问题。

本节根据重要专利确定原则，筛选出13件重点专利（参见本文附件部分附表3），其中具有在中国进行申请的专利8件、没有中国同族的国外专利5件。

综合分析上述重要专利的具体技术点分布，主要涉及以下几个方面：

（1）智能充电。由于电动汽车充电在时间和空间上均有很大的随机性，其会引起电网负荷峰值升高、电网电压下降以及电网能量损失增多的情况。当电动汽车的数量达到一定的规模，就会对电网产生严重危机。因此需要采取智能充电的策略以根据电网电量的供应情况而改变电动汽车的充电时间以及充电速率，从而克服上述缺陷。智能充电技术主要分为集中式调控策略和分散式调控策略。

（2）快速充电。常规充电方法采用小电流恒流等充电方式，充电周期在6至8小时，难以满足充电速度需求，因此需要采用大功率短时间的快速充电策略。但是，快速充电模式由于其充电电流大，会对电网的负荷带来严重冲击，因此，如何消除其对电网的负荷影响和谐波污染影响，也是快速充电研究的一个重要方向。

（3）均衡充电。由于近年来出现的如锂电池等的新型电池敏感易损，工作电压精度要求较高，因此，对单体电池能量进行均衡控制，有益于防止电池由于容量等性能的不一致导致充放电过程中的不均衡，确保电池组充分发挥效能，以及延长电池使用寿命。目前，均衡充电技术的关注点主要在两个方面：首先是提高均衡效率；其次是实现均衡充电的系统也需要降低系统复杂度以降低系统成本及能耗。

(4) 功率分配。通过规划和分配不同类型、不同功率的充电设备的充电功率和充电时间，来协调各种充电设备、优化控制策略，从而保证电网稳定性以及延长电池使用寿命。

以下将从申请的法律状态、权利要求保护范围、技术方案要点等几个方面对其中两件具有代表性的重点专利进行具体分析，其他重点专利以列表方式示于本文附件部分附表3中。

【重点专利编号：5】

公开号：CN104935064A

发明名称：电动汽车铅酸蓄电池超快速充电系统

授权的独立权利要求1：一种矩阵式V2G快速充放电方法，其采用AC/DC矩阵变换器拓扑结构，其6组双向开关采用共射极的IGBT，并且采用如下步骤：第1步，划分扇区并求取扇区角以及有效电流矢量占空比；第2步，设置各扇区双向开关的导通时间；第3步，采用电压电流双闭环空间矢量控制方式对蓄电池进行快速充电；第4步，采用电流环负反馈控制方式对蓄电池进行恒流放电。

其最能反映独立权利要求技术方案的附图如图53所示。

关键技术分析：该申请涉及快速充电，其采用矩阵式V2G快速充放电方法，划分扇区并求取扇区角以及有效电流矢量占空比，设置各扇区双向开关的导通时间，

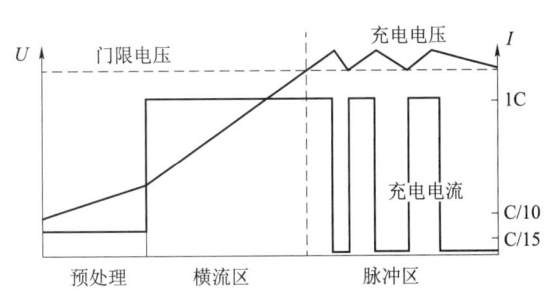

图53 充电曲线示意图

采用电压电流双闭环空间矢量控制方式进行快速充电，采用电流环负反馈控制方式进行恒流放电四个步骤，解决了电能转换次数高、转换效率低以及充放电时间长的问题，实现了电动汽车蓄电池快速充电与放电，同时该申请采用双零矢量开关序列实现了功率因数为1，使网侧电流谐波畸变率降低到5%以下。该申请在实现快速充电的同时还消除了电网的负荷影响和谐波污染影响，从一定程度上解决了快速充电领域中的一个重点关注的技术难题。

法律分析：该申请为西安理工大学于2015年提出的申请，由于申请日期较晚，因此尚在审查中。

【重点专利编号：6】

公开号：JP2012235545A

发明名称：电力监视控制装置及电力监视控制系统

授权的独立权利要求1：一种电力监视控制装置，是从电力系统经由充电机器向电池搭载的机器进行充电时的电力监视控制装置，其将电流控制计算值和充电请求值

进行比较，并将较小的一方的电流值作为电流控制值进行采用，其中，所述电流控制计算值是能从所述电力系统向所述电池搭载的机器进行供给的电流值，所述充电请求值是从所述电池搭载的机器向所述充电机器进行请求的电流值，所述电流控制值是向电池搭载的机器进行充电的充电电流，计算以规定的周期由传感器获取的所述电力系统中的电流值或电压值，并且基于所述电力系统的阻抗值计算与针对所述电力系统中的母线的电流增加量相应的灵敏度系数，对基于该灵敏度系数的各节点的微小变化进行分析，并确定向所述电池搭载的机器进行供给的供给电流量。

关键技术分析：该申请涉及智能充电中的分散式调控。分散式调控主要是通过制定的电价机制使车主避开用电高峰期充电以及各车主根据电价机制进行的充电控制。该申请在各个住宅的电动汽车进行插入电源充电时能将功率负载限于最大合同功率，同时还具有均衡化电动汽车充电负载的优点，从而解决了随着电动车的普及，使用者在回家之后立即进行插入电源充电这一生活方式导致作为住宅整体的功率负载会突破最大合同功率的问题。

法律分析：该申请为株式会社日立制作所于2011年申请并获得日本授权的申请，其在中国、美国的同族申请也均获得了授权，该专利及其同族专利申请被直接引证的次数为3次。在多国的同族申请充分说明该公司对该技术的重视程度，上述同族申请在各国获得授权的情况也说明该专利具有比较高的授权稳定性。

综上所述，电动汽车充电控制方法及装置技术领域在中国以及全球均处于快速发展时期，筛选出的重要专利申请覆盖了该领域的四个主要研究方向，相关企业及研究机构需引起足够的关注。

五、发展趋势分析及建议

根据前面数据的整理及分析，我们给出如下总结及建议。

1. 电动汽车充电技术活跃，国内申请创新性有待提高

中国和全球的专利分析明确显示，近年来电动汽车充电的技术非常活跃，而且还将持续一段时间。中国专利申请中，实用新型专利申请几乎占据了半壁江山；重要专利及专利申请的分析也显示，重要专利及申请大部分来自国外企业。因此，中国申请人需继续提高发明水平和专利质量。

2. 中国市场巨大，专利布局尚有空间

电动汽车充电专利及专利申请具有中国同族的申请量占全球申请量的三分之二强；中国专利及申请中，有285件来自国外，只占总量4365件的6.5%左右。可见，电动汽车充电中国市场巨大，专利布局尚有不小空间。国外来华申请国靠前的是日本、美国、德国、韩国、法国，国外申请人位列前端的依次是丰田自动车株式会社、通用电气公司、三菱自动车工程株式会社、现代自动车株式会社、西门子公司、本田技研工业株式会社和福特全球技术公司。国内申请人前三甲分别为国家电网公司、山

东鲁能智能技术有限公司和奇瑞汽车股份有限公司。

3. 日韩企业专利突出全球，中国企业需注重海外专利布局

从全球专利的申请人分布中可以看出，日本企业在电动汽车充电技术领域内拥有大量专利技术，既有丰田、日产、三菱和本田等大型跨国汽车巨头，也有松下、日立和东芝等在电子电器领域实力雄厚的企业，说明日本对发展电动汽车充电技术十分重视，既有技术广度也有技术深度。韩国企业通过向日本先进企业学习，重视各个领域的专利布局，目前在电动汽车充电技术领域也具有研发能力较强的企业和科研机构。而中国排名靠前的申请人中，国家电网公司和山东鲁能公司为能源企业，中国电力科学研究院为科研单位，奇瑞公司和比亚迪公司作为中国电动汽车领域的企业拥有较多的专利申请量，但与全球顶级的技术企业相比仍存在明显的差距。中国企业几乎没有提出过 PCT 申请，需注重于在国外的专利保护与布局。

4. 接触式充电技术涉及标准，相关企业需重视

接触式充电技术涉及国家标准及其他国际标准，相关企业和研发机构在执行国家标准时需关注相关专利，并注意中国标准与其他国家标准之间的转换与兼容。新发布的国家标准中涉及的充电插座过温保护技术标准至少涉及三项中国授权的专利，具有多个国家和地区的同族，相关企业和研发机构应该给予充分的重视。

5. 感应式充电技术国外起步早，国内创新机会多

从非接触式的感应充电技术看，国外普遍起步早、申请多，而国内近几年才大幅增长，但申请技术上与国外企业的深厚积淀存在不小差距。随着磁共振技术难点的逐步突破，无线充电正逐步从感应式向磁共振式技术转变。国内申请人可以紧跟国际这一发展趋势，在无线充电各技术难点领域进行创新和提出有价值的专利申请，提前专利布局。

6. 动态无线充电是新兴热点，国内申请人可提前布局

动态无线充电属新兴热点技术，是现今的创新新方向，近年来相关专利大量涌现，相关中国申请主要涉及动态充电结构设计、充电线路道路布置、充电发射方式等的改进，以期实现道路发射磁场的均衡，提高电动车动态充电的充电接收效率，值得国内研发人员关注。建议国内企业可以密切关注该领域的技术发展，争取主动创新与布局。

7. 电动汽车充电控制方法及装置专利技术快速发展

2006 年开始，该领域专利申请开始大幅增长，近几年来一直快速发展。本领域的主要申请人为中国国家电网公司、特斯拉公司、博世公司（BOSC）、三星 SDI 公司和 KOAD 公司等，申请量大都在 12~16 件之间。

电动汽车充电控制方法及装置的专利技术主要集中在智能充电、均衡充电、快速充电和功率分配。筛选出的该领域的 13 件重要专利中有 12 件均已获得授权，其中有 7 件在中国得到了授权，在这 7 件中国授权的专利中有 3 件属于国外来华申请，申请

人分别是特斯拉公司、株式会社日立制作所和丰田自动车株式会社，并且分别涉及智能充电、快速充电和均衡充电，均是该领域最受关注的研究方向。由此可见，该领域技术快速发展，申请人多而分散，尚没有形成明显的垄断局面，值得中国申请人重视。

六、后记

本文的基础是 2015 年 6 月电力一处研究的通过部门自主课题评审的《电动汽车充电技术专利分析》。本文在此基础上更新了数据，拓展了研究范围，加强了技术热点、难点和发展趋势的分析，对重点技术分支的重要专利进行了筛选和分析。

首先，要感谢为本文提供基础的课题主要研究人员师彦斌、柴德娥、张海春、黄君、郭春春、李承承、韩蓓蓓、李路，特别是柴德娥老师为本研究做了大量的工作，以及辅助研究人员李峰、曹志明、侯雪、刘茜。其次，还要感谢为本文的技术分类以及重点技术多次进行技术把关的国家电网公司技术专家。另外，还要特别感谢在研究、撰写过程中给了大量指导与支持的电学部李永红部长和肖光庭部长，为本文提供宝贵建议的张云才秘书长、马秀山副秘书长及各位中期汇报会评审专家。

在本文的研究与写作过程中，我们通过对电动汽车充电技术的研究，不仅了解了该领域的国内外的现有技术现状，并且还对该领域的关键技术以及技术发展趋势有了进一步的认识，对做好专利审查与相关支持服务工作有很大帮助。

由于本文的撰写主要依托于已公开的专利申请，不可避免地存在着一定的不足，例如专利申请的公开存在一定的滞后时间等，我们的时间、水平都有局限，恳请专家与读者多提宝贵意见，希望本文能够对我国电动汽车充电技术的研究、创新与产业发展提供一些参考与帮助。

参考文献

［1］国际专利分类表（IPC8）［EB/OL］. http：//www.wipo.int/classifications/ipc/en.

［2］CPC 专利分类表［EB/OL］. http：//www.cpcinfo.org.

［3］国家知识产权局. 纯电动汽车专利分析和预警［R］. 国家知识产权局文献部图书馆 09-06.2009.

［4］国家知识产权局学术委员会. 电动汽车产业专利分析及预警机制研究［R］. 国家知识产权局文献部图书馆 A120614.2012.

［5］国家知识产权局学术委员会. 特斯拉电动汽车专利技术分析［R］. 国家知识产权局文献部图书馆 A140503.2014.

［6］国网电力科学研究院以及东南大学. 电动汽车充放电及与电网互动关键技术［R］. 国家科技报告馆 306-2014-012462.2013.

［7］北京电科院. 电动汽车充电对电网影响及有序充电研究［R］. 国家科技报告馆 306-2014-011720.2013.

[8] 中国电力企业联合会等.电动汽车充换电站建设标准技术研究［R］.国家科技报告馆藏号 306-2014-016394.2011.

[9] 中华人民共和国国家质量监督检验检疫总局、中国国家标准化管理委员会．GB/T 18487.1—2015 电动汽车传导充电系统 第一部分：通用要求［M］.北京：中国标准出版社，2015.

[10] 杨铁军．专利分析实务手册［M］.北京：知识产权出版社，2012.

附件

附表 1　接触式充电技术重点专利列表

公开号	申请年份	申请人	发明名称	同族/PCT/法律状态	技术问题	技术要点	被引证次数
WO2010115926A2	2010	RWE AG	电动车用充电导柱	TW, EP, DE/PCT/EP, TW 授权	防止充电桩被损坏	具有连接到混凝土基座的冲撞保护件, 充电导柱置于冲撞保护件上, 供车辆充电的电气接线被布置在充电导柱内	1
US3986095A	1975	JAPAN TOBACCO & SALT PUBLIC	电动汽车的自动充电桩	FR, DE, GB/否/US, DE 授权	避免充电时连接触不良	利用可以移动的轨道连接到插头设备。当检测插头设备到预定位置则发出信号, 控制插头为车辆充电	11
WO2011032104A1	2011	BETTER PLACE GMBH	柔性电连接器	US/PCT/US 授权	防止意外接触损坏电气敏感元件	使用柔性电连接器	2
US20110304297A1	2010	BOSCH GMBH ROBERT 等	充电设备	KR/否/授权	用于充电时的冷却	对电池进行充电的装置包括围绕电池的冷却管道	0
WO2013085007A1	2012	本田技研工业株式会社	电动车辆的充电装置	US, CN, JP/PCT/CN, JP 授权	充电端口与外部充电器之间防逆流用的二极管无法判定有无异常状态	包括蓄电装置; 以能装卸的方式与充电器侧连接器连接充电装置的车辆侧充电线; 和被设置在车辆侧和蓄电装置的正极以及负极管朝向上述蓄电装置的方向设为正方向的二极管, 所述电动车辆的充电装置具备: 电阻器, 其被设置在充电连接器、在上述二极管和上述车辆侧充电线之间; 和控制部, 对正连接的上述车辆侧充电线和负极给当地判断有无异常状态	0

续表

公开号	申请年份	申请人	发明名称	同族/PCT/法律状态	技术问题	技术要点	被引证次数
CN101119530A	2006	比亚迪股份有限公司	电动汽车车载充电器的冷却装置和方法	无/否/授权	充电器冷却	充分利用后备厢的空间和出风口，对充电器进行冷却，包括第一冷却风道，其一端与车载充电器的散热部分相连；第二冷却风道，其一端与后备厢出风口相通，另一端与车室相通。本专利将后备厢设置在后备厢内，有效利用了后备厢的空间，并且无需利用有的通风风条件，通过冷却风道和后备厢处出风口，使充电器充分冷却，且通风不影响汽车原来的温度和通风风系统	1
CN102487208A	2010	比亚迪股份有限公司	用于电动汽车的充电控制导引电路	无/否/授权	充电接口标准中国和美国标准不能兼容	兼容中国标准和美国标准的用于电动汽车的充电控制导引电路，包括参考电压模块，将数字PWM波和参考电压进行比较，根据比较结果将数字PWM波转换为幅值为电源电压的PWM波输出信号；第一、第二电平检测及输出模块，判断充电接口的连接状态，在判断充电设备连接时，切断供电设备连接，在判断充电接口与充电设备连接时，将电平转换模块产生的输出幅值为车辆控制装置、选择模块、选择使用第一检测及输出模块或者第二检测及输出模块的充电控制导引电路能够输出可靠的用于电动汽车的正负12V的PWM波，并且兼容国标及美标两种标准，极大方便了厂产品的普遍适用性，不会增加成本	5

续表

公开号	申请年份	申请人	发明名称	同族/PCT/法律状态	技术问题	技术要点	被引证次数
CN103426247A	2013	国家电网公司等	带有充电操控功能的电动汽车充电枪	无/否/授权	充电枪进行充电操控功能，及充电枪的可视化操控	包括设置有充电插头的枪体，所述枪体通过电缆与充电桩连接，还包括主控板、手柄、操作面板、读卡器、微型打印机、防护罩和吸盘；主控板包括总控单元、充电模块、表计模块、数据采集模块、输入输出电路、读卡器读写电路、读卡器打印驱动电路。本专利实现了在充电枪上进行充电操控的功能，而且集成于一体，对充电时诸波等输入输出设备的影响。另外，打印远距离操作、计费、计量，实现了远距离操作、打印等充电设备的建设成本，增加操作安全性，使充电枪与充电桩合二为一，不仅减少了充电桩体积，大大加强了安全防护能力	0

续表

公开号	申请年份	申请人	发明名称	同族/PCT/法律状态	技术问题	技术要点	被引证次数
CN103872731A	2014	江苏中辆科技有限公司	有轨电车的三防充电系统及其控制方法	无/否/授权	目前直流充电桩处于露天状态，无法实现防水、防尘、防人身安全的安全充电	有轨电车的三防充电系统，包括设置于有轨电车站台的充电桩和设置于有轨电车车身的伸缩受电臂，所述充电桩上设有充电插槽，所述充电插槽中设有连接充电电源的A电极，所述受电臂上设有连接入充电插槽后连接电源的B电极，所述受电臂插入充电插槽和连接电源的B电极贴合于A电极，还包括控制受电臂控制器输入端的有轨电车位置检测装置，所述充电插接有启闭驱动装置，所述启闭驱动装置连接于控制器输出端；所述充电插槽内腔壁设有连通槽开口设有盖板，所述启闭驱动装置通过A接触器的线圈开关连接A电电源，所述A接触器开关串联于B接触器的线圈端子连接充电插接触器之间，所述B接触器的线圈开关串联于A电电源，负接触器之间，所述B接触器的线圈端子连接充电插板之间，由于本专利在充电插槽的出风口将进入充电插控制器设置盖板，连通送风装置防止水或灰尘进入充电插槽B电极上的充电插槽灰尘吹走，从而确保受电臂插入充电槽时A电极和B电极表面的清洁，不会出现电插接点连接发热熔化后粘在一起的问题；充电接开关的常开开关KM通过接触器充电时A电极不带电，从而避免误碰漏电造成人身伤害	0

续表

公开号	申请年份	申请人	发明名称	同族/PCT/法律状态	技术问题	技术要点	被引证次数
CN104064921A	2014	南京普斯迪尔电子科技有限公司	一种充电连接器	无/否/授权	现有的插针与插孔的"插拔式"充电连接器误插性非常高,不适用于普通车库和立体车库的使用	包括车位连接端和车库连接端,所述车位连接端固定在车库底盘上,所述车位电气保护机构,所述底盘电气连接机构和底盘和机构的顶面为车位接触金属块,所述金属块的金属端子,接触金属块与电缆固定在底盘电气保护机构内,所述底盘电气保护机构设置为金属盒,所述底盘电气保护机构设置有两块可移动的绝缘防尘板,所述金属盒为一矩形盒,矩形盒底面为一金属板,金属板与车位底盘之间有4个车位调位弹簧;绝缘板与底板相互接触,有效防止灰尘、杂物、雨水进入;需充电时保证电气连接状态良好,适用普通车库、立体车库,提高汽车配套设施的通用性,方便维修项目可靠性高	0

续表

公开号	申请年份	申请人	发明名称	同族/PCT/法律状态	技术问题	技术要点	被引证次数
CN203368091U	2013	国家电网公司等	一桩多枪式电动汽车充电桩	无/否/授权	一个电桩配备一个插头，无法同时满足多辆电动汽车充电问题	一种一桩多枪式电动汽车充电桩，包括装载有主控板的桩体和通过电缆与桩体连接的充电接口装置，其特征是，所述桩体下端设置有底座，上端设置有伞状顶棚；所述充电接口装置包括多个充电枪，所述充电枪分别设置在桩体的各个侧面；所述充电枪包括充电插头、枪体、手柄、防护罩和吸盘，所述充电插头设置在枪体前端，所述枪体的前端充电插头周围设置有防护罩，所述防护罩在枪体上。本专利采用了一桩多枪状结构，不仅可以遮蔽雨雪，保护充电桩体，而且可同时给多辆电动汽车进行充电，提高了充电效率，降低了设备成本，节约了占地面积	2

续表

公开号	申请年份	申请人	发明名称	同族/PCT/法律状态	技术问题	技术要点	被引证次数
WO2011/012451A1	2010	RWE股份公司	用于将电动车连接至充电站的充电电缆插头	ES、DK、CN、US、TW、AR、DE、EP/PCT/CN、EP、TW、US授权	充电电缆中用于阻止温度上升的欧姆电阻器一旦老化，则易导致电缆温度迅速上升，造成安全隐患	插头装置包括设置在外壳内的编码装置，用于可通过充电电缆传输的电流的数值，还包括设置在外壳区域内的温度探测装置，以及计算外壳区域内编码值的评估装置，用于传送至充电电流控制装置的通信装置	52
CN101609971A	2009	通用汽车环球科技运作公司	混合动力车辆再充电电缆插头的热保护装置及方法	US、DE/否/CN、US授权	希望提供一种用于在再充电循环期间检测车辆再充电电池和再充电电缆上的插头的温度的系统	包括耦合插头并且指示温度的传感器，以及当温度达到预定值时中断电流中断的中断装置，预定温度为80～150摄氏度的范围内	26
WO2012/168599A1	2012	标致·雪铁龙汽车公司	用于向电动或混合动力车辆充电的系统	US、EP、FR、CN/PCT/CN、FR授权	普通电插座防止过热装置不适用于电动汽车的充电系统，不能实现有效的保护	包括配备有温度敏感装置的电插座连接到家庭配电网络的交流充电连接器，用于确定是否正在使用家庭充电模块以及用于处理模块、温度敏感模块后的温度敏感装置所确定值的模块，用电插座后的温度敏感装置所确定值的模块，当家庭充电模块极化使用时激活所述充电模块	5

附表 2 电动车无线充电技术重点专利列表

公开号	申请年份	申请人	发明名称	同族/PCT/法律状态	技术问题	技术要点	被引证次数
CN104520135A	2012	宝马	用于通过三角测量法定位的装置和方法	DE、WO、US/PCT/CN授权	充电定位	定位系统，通过电磁式距离和角度测量借助三角测量法来确定地点位置，描述了次级线圈关于初级线圈的与时间有关的空间位置，并且所述系统借助于地点位置和充电位置确定行驶轨迹	0
CN104549375A	2013	博世	用于感应式能量传输的设备和用于运行感应式能量传输的设备的方法	DE、KE、WO/PCT/否	感应充电控制	具有附加运行状态的从初级线圈到次级线圈的感应式能量传输。这种优化的运行策略能够通过空转状态实现，所述空转状态借助人的感应式能量传输系统的次级侧上的开关允许次级侧的周期性短接	0
CN104620465A	2012	丰田	车辆和非接触式供电系统	WO、US、JP、DE/PCT/JP、DE授权	感应充电控制	车辆ECU能够向电力发送装置输出调整匹配变换器的指令，并且在蓄电装置正被充电的同时，基于电力发送单元与电力接收单元之间的电力传输效率设置匹配变换器的阻抗	0
CN104955674A	2013	丰田	电力接收装置、电力发送装置和电力传输系统	WO、EP、US、JP/PCT/JP授权	线圈布置	一种电力发送装置包括电力发送线圈和切换装置。当电力接收线圈为螺管形线圈时，切换装置使电力发送线圈相互并联连接，以使在电力发送线圈内侧产生的磁通沿相同方向向上流动。当切换装置使电力发送线圈相互串联连接，以使在电力发送线圈内侧产生的磁通沿着缠绕轴在相反的方向向上流动	0

续表

公开号	申请年份	申请人	发明名称	同族/PCT/法律状态	技术问题	技术要点	被引证次数
CN102803005B	2010	丰田	具有自动定位的感应充电车辆	WO, EP, US, JP, CN/PCT/JP, US, CN 授权	感应充电定位	一种电动车辆经由电磁场相谐振接收电力，包括捕捉外部的图像的照相机以及显示由照相机捕捉到的车辆的外部的视图的显示单元。电力接收单元配置相对于车辆的底部的纵向方向上的中心而朝着在上面配置有照相机的外围面的位置处偏移的位置处	0
CN104768795A	2012	高通	在低电磁发射功率的无线功率传递系统中的线圈布置	JP, US, TW, WO, KR, EP/PCT/否	线圈布置	第一导电结构具有大于宽度的长度且经配置以经由磁场来无线地接收功率。第一导电结构具有各自沿所述第一导电结构的第一边缘和第二导电结构相交的材料线宽度的第一导电结构以实质上共平面方式。第一导电结构与磁性材料实质上至少一导电结构的所述第一边缘与所述第二边缘的所述第二边缘的距离	0
CN105163976A	2014	高通	用于检测车辆下方移动物体的存在的系统和方法	US, KR, EP, WO/PCT/US 授权	异物检测	系统包含位于车辆的表面上的检测设备，被配置成检测在车辆下面的禁区内移动物体的存在	0
CN104477044A	2010	高通	电动车辆中的无线电力传输	WO, KR, US, EP, TW, JP/PCT/否	磁共振充电控制	充电基座与电动车辆之间的耦合模式中使用磁性谐振的双向无线电力传送	2次

续表

公开号	申请年份	申请人	发明名称	同族/PCT/法律状态	技术问题	技术要点	被引证次数
CN105531907A	2013	三星	电力发送单元(PTU)的用于确定电力接收单元(PRU)的位置的方法和采用该方法的PTU	KR, US, CN, WO/PCT/否	磁共振充电定位	一种电力发送单元(PTU), 基于电力接收单元来无线地发送电力。PTU基于与PTU的电学特性的曲线上检测到的拐点相应的频率信息来确定PRU是否位于PTU的充电区域内	0
WO2013136753A1	2012	日立等	无线充电装置的电力供应装置	EP, JP, US/PCT/否	磁共振充电控制	控制单元，控制开关电力供给等并同步控制AC电流频率	0
WO2014011788A1	2012	高通	磁场出现物体的检测装置	EP, AR, TW, US, WO/PCT/TW授权	异物检测	检测装置，发送检测信号，基于送回的测信号反映的异物的震动频率检测异物存在	0
WO2013022207A1	2011	三星	无线电力传输系统、方法和装置	KR, US/PCT/US授权	磁共振充电定位	控制装置，检测电力放大电流的变化，并基于此检测目标负荷	0
KR20120128114A	2011	三星等	无线电力传输的装置和方法	KR, US/PCT/KR授权	线圈结构设计	供应单元与电容连接环，源谐振器形成闭环，与源谐振器成为盘形线圈也为盘形	0

续表

公开号	申请年份	申请人	发明名称	同族/PCT/法律状态	技术问题	技术要点	被引证次数
JP2010183814A	2009	丰田	非接触电力传输装置	KR, US, JP, EP/否/US, KR授权	磁共振充电定位	磁共振式无线充电，具有控制装置，通过检测电压计算线圈之间距离	9
US20130098723A1	2010	韩国技术研究院	供电道路车辆单元为车辆能电力输电的系统和方法	KR, US, WO/否	动态移动无线充电	道路铺设线圈的通断控制，实现汽车的行驶充电	1

附表 3　充电站组成设备及控制方法重点专利列表

公开号	申请年份	申请人	发明名称	同族/PCT/法律状态	技术问题	技术要点	被引证次数
CN103997091A	2014	国家电网公司，中国电力科学研究院等	一种规模化电动汽车智能充电控制方法	授权	属于功率分配领域，能够降低负荷曲线的功率波动	利用 Markov Chain 和 Monte Carlo 抽样模拟每一辆电动汽车在一天中各个时刻的运行状态。于是，可以通过安排在电网的非行驶时间段内并入电网，并设计合理的充电方案，从而既满足电动汽车用户的充电需求，同时使包括传统负荷和电动汽车充电在内的总日负荷曲线负荷标准差最小，降低负荷曲线的功率波动	0

续表

公开号	申请年份	申请人	发明名称	同族/PCT/法律状态	技术问题	技术要点	被引证次数
CN103986202A	2014	国家电网公司，江苏省电力公司等	一种电量智能均衡的电动车	授权	属于均衡充电领域，能够实现电量的智能均衡	两组供电电池，其固定在所述车体上并电连接至所述供电电口，其中，每一组供电电池均由多个可充电电池单元构成，在每两个电池单元之间都设有一个多绕组变压器，每个电池单元都连接到第一多绕组变压器的线路上都设有一个第一多绕组变压器，在所述两组供电电池之间设有一个第二多绕组变压器，每一组供电电池在连接到该第二多绕组变压器的线路上都设有一个第二双向开关；启动开关，用于启动所述车体供电；控制器，控制器同时为所述车体供电的同时通过控制器控制双向开关以使电池之间的能量通过多绕组变压器进行传递，进而实现电量的智能均衡	0

续表

公开号	申请年份	申请人	发明名称	同族/PCT/法律状态	技术问题	技术要点	被引证次数
CN102647005A	2012	华北电力大学	一种电动汽车有序充电方法	授权	属于智能充电领域，有效地解决了用户的充电需求与电网经济运行之间的矛盾。同时可以避免大量充电负荷的过载和大量充电负荷同时投入对电网的冲击	通过建立优化方程来提供一种电动汽车有序充电方法。本发明的有益效果为：在此基础上能够有效地避免电负荷高峰，并最大限度地填补负荷低谷，提高电网运行和发电机给电网带来的经济性、有效地解决了用户的充电需求与电网经济运行之间的矛盾。同时可以避免充电负荷引起的过载和大量充电同时投入对电网的冲击	0

续表

公开号	申请年份	申请人	发明名称	同族/PCT/法律状态	技术问题	技术要点	被引证次数
CN104935064A	2015	西安理工大学	矩阵式V2G快速充放电方法	待审	属于快速充电领域，提供一种矩阵式V2G快速充放电方法，解决了现有的V2G变换器存在电能转换次数高、转换效率低以及充放电时间长的问题	采用AC/DC矩阵变换器拓扑结构，其6组双向开关采用共射极双向开关以及有效电流矢量占空比，设置各扇区的导通时间，采用电压电流双闭环同步空间矢量控制方式进行快速充电，采用电流环负反馈控制矩阵式V2G快速充放电方法四个步骤。本发明的矩阵式V2G快速充放电能转换次数高、转换效率低以及充放电时间长的问题。本发明的方法对基于脉冲充电和恒流放电方式实现了电动汽车蓄电池快速充电放电，功率因数为1，采用双零矢量开关序列实现了使网侧电流谐波畸变率降低到5%以下，有效地减小了开关损耗，提高了转换效率	0

续表

公开号	申请年份	申请人	发明名称	同族/PCT/法律状态	技术问题	技术要点	被引证次数
JP2013013236A	2011	丰田自动车株式会社	电池单元平衡控制装置和电池单元平衡控制方法	JP、CN、US、EP/各同族均授权	属于均衡充电领域，其能够在具有串联连接的多个可充电池单元的电池装载对象中移动时，增加均衡电池单元的电压的机会数量	该电池单元平衡控制装置包括电池监测单元、电池单元平衡单元和ECU。并且均衡装载到车辆中的电池中的串联连接单个可充电电池单元。电池监测单元检测每个电池单元的电压。电池单元平衡单元基于电池监测单元检测到的每个电池单元的电压而均衡多个电池单元中的电压。在车辆的空转停止状态开始到时刻，电池的充电操作终止时刻以及一个时刻触发ECU允许电池单元的平衡单元均衡多个电池单元中的至少一个时刻均衡电池单元电压	0

续表

公开号	申请年份	申请人	发明名称	同族/PCT/法律状态	技术问题	技术要点	被引证次数
CN103956804A	2014	河北科技大学	电动汽车铅酸蓄电池超快速充电系统	授权	属于快速充电领域。实现了电能的前期储备，并可以对电流控制单元的输出电流的大小进行调整，从而可以达到在极短时间内（9～15min）充到铅酸蓄电池定额容量的80%，大大缩短了充电时间，同时可以减少大电流充电对电网系统电压的谐波污染与能量冲击，提高电能的利用率，节约电能	电网输入单元将电网的交流电转换成直流电并进行滤波后输出给能量库单元，能量库单元通过电流控制单元对铅酸蓄电池组进行充电，电池管理单元通过电参数检测单元与中心处理单元连接，电池管理单元状态对铅酸蓄电池组中各节蓄电池使铅酸蓄电池组中各节蓄电池荷电状态保持一致，电参数检测单元将检测到的铅酸蓄电池组中各节电池的荷电状态数信息反馈给中心处理单元，中心处理单元处理后分别输出控制信号给能量库单元和电流控制单元。在极短时间内（9～15min）充到了充电时间，同时可以减小大电流充电对电网电压的谐波污染与能量冲击	0

续表

公开号	申请年份	申请人	发明名称	同族/PCT/法律状态	技术问题	技术要点	被引证次数
US20112248683A	2010	(EVPT-N) EVP TECHNOLOGY USA LLC 等	Energy-efficient fast charging device and method	授权	属于快速充电领域，实现电动汽车电池的快速充电和有效充电	在快速充电器中设置快速充电储能器，外部电源通过快速充电器和快速充电储能器一起对电动汽车的电池进行充电	0
KR20120013775A	2010	SAMSUNG SDI CO LTD	Battery pack and method of controlling the same	KR、US/各同族均授权	属于均衡充电领域，对电池包进行充电并防止单电池的过充过放	确定一个电池单元是否完全充电或者过度放电，如果是，则执行均衡充电方法	0
JP2012235545A	2011	株式会社日立制作所	电力监视控制装置及电力监视控制系统	JP、CN、US、EP、IN/除 EP 和 IN 待审之外，其余均授权	属于智能充电领域，能提供一种在各个住宅进行充电时不仅能将功率负载限于最大合同功率，又能在电力系统整体中均衡化充电负载的电力监视控制装置及其系统	一种电力监视控制装置及电力监视控制系统，在各个住宅进行充电时不仅能将功率负载限于最大合同功率也能在电力系统整体中均衡化充电负载。该电力监视控制装置是在电力系统经由充电器向电池搭载的机器进行充电时的电力监视控制装置，其将能从所述电力系统向所述电池搭载的机器进行供给的电力电流值和从所述机器进行请求的充电电流值进行比较，将较低的一方的电流作为向电池搭载的机器进行充电的充电电流进行采用	0

续表

公开号	申请年份	申请人	发明名称	同族/PCT/法律状态	技术问题	技术要点	被引证次数
DE10236165A	2002	SIEMENS AG	Method and apparatus for balancing capacitors in a capacitor bank	DE, EP, US/各同族均授权	属于均衡充电领域，提供一种能够对电容器组中的电容均衡充电的方法	参考电压源提供三个电压等级，用于监控电容器组的充电状态。确定每一个电容器的电压并将其与电压等级比较。当电容电压达到最低电压等级时，常规操作启动，直到电容电压达到中间电压等级时，均衡操作启动，之后，在所有的电容的电压在一次达到最低电压等级时，结束操作	6
US2004217736A	2001	罗伯特·博世有限公司	可用于车辆的自动电池充电状态均衡的方法及其装置	US, EP, DE, JP/属于PCT/各同族均授权	属于均衡充电领域，满足电池状态均衡的需求	在运行期间对二次电池进行充电、检测运行期间电池状态均衡的需求，如果检测到处于准备充电状态，使车辆电池充电状态均衡则从二次电池向车辆电池馈送电流	3
US8901885A	2012	TESLA MOTORS INC	Low temperature fast charge	授权	属于快速充电领域，提高电动车充电站效率	快速充电，提高电动车充电站效率	0
US20092166688A	2007	TESLA MOTORS INC	电池充电系统和电池充电方法	US, JP, EP, CN, AU/PCT/除EP待审外，其余均授权	属于智能充电领域，减少电池损坏的同时降低电池充电的成本和方法	智能充电，减少电池损坏的同时降低电池充电的成本的系统和方法	15

云存储领域专利技术现状及其发展趋势

刘力　王效维❶　刘佳❶　杨蕊❶　李云杰❶　王少锋

（国家知识产权局专利局电学发明审查部）

一、引言部分

（一）传统数据存储技术概况

数据存储是数据流在加工过程中产生的临时文件或加工过程中需要查找的信息。数据以某种格式记录在计算机内部或外部存储介质上，数据流反映了系统中流动的数据，表现出动态数据的特征，数据存储反映系统中静止的数据，表现出静态数据的特征。

常见的三种存储方式是直接附加存储（Direct Attached Storage，简称 DAS）、网络附加存储（Network Attached Storage，简称 NAS）和存储区域网络（Storage Area Network，简称 SAN）。其中 DAS 与普通的 PC 存储架构一样，外部存储设备直接挂接在服务器内部总线上，数据存储设备是整个服务器结构的一部分。DAS 被认为是一种低效的结构，也不方便进行数据保护，直连存储无法共享，也就无法进行容量分配与使用需求之间的平衡。NAS 方式则全面改进了 DAS 的存储方式，它独立于服务器，是单独为网络数据存储而开发的一种文件服务器来连接所存储设备，自形成一个网络，数据存储不再是服务器的附属，而是作为独立网络节点存在于网络之中，可由所有的网络用户共享，其缺点在于存储性能较低，可靠度不高。1991 年，IBM 公司在 S/390 服务器中推出了 ESCON（Enterprise System Connection）技术，它是基于光纤介质，最大传输速率达 17MB/s 的服务器访问存储器的一种连接方式，并进一步推出了功能更强的 ESCON Director（FC SWitch），构建了一套最原始的 SAN 系统，SAN 存储方式创造了存储的网络化，顺应了计算机服务器体系结构网络化的趋势。

虽然 DAS、NAS 和 SAN 使得部分海量数据存储和管理问题在一定程度上得到了解决。但是随着信息基础设施和网络应用的高速发展，以及海量数据的急剧增长，传统存储技术的局限明显，主要表现在存储容量有限，不能像软件定义那样适应最新的业务应用，成本高，操作复杂，数据访问慢，受 RAID 组态变化的影响较大，在可

---

❶ 王效维、刘佳、杨蕊、李云杰所作贡献与第一作者相同。

扩展性、高性能、并发、综合效能、分布管理、安全可用、数据一致性以及容错、维护代价等方面已经不能满足更大规模的网络存储系统的需求,特别是对于海量数据存储,传统的 SAN 或 NAS 在容量和性能的扩展上存在瓶颈,为了避免传统存储架构的缺陷并保证集群的低成本性,采用分布式文件系统进行数据存储就成为必然的选择。

(二)云存储技术现状及发展分析

云存储是在云计算概念上延伸和发展出来的一个新的概念,是指通过集群应用、网格技术或分布式文件系统等功能,将网络中大量各种不同类型的存储设备通过应用软件集合起来协同工作,共同对外提供数据存储和业务访问功能的一个系统,保证数据的安全性,并节约存储空间。当云计算系统运算和处理的核心是大量数据的存储和管理时,云计算系统中就需要配置大量的存储设备,那么云计算系统就变成为一个云存储系统,所以云存储是一个以数据存储和管理为核心的云计算系统。简单来说,云存储就是将储存资源放到云上供人存取的一种新兴方案。使用者可以在任何时间、任何地方,通过任何可联网的装置连接到云上方便地存取数据。与传统的存储设备相比,云存储不仅仅是一个硬件,更是一个网络设备、存储设备、服务器、应用软件、公用访问接口、接入网以及客户端程序等多个部分组成的复杂系统。各部分以存储为核心,通过应用软件来对外提供数据存储和业务访问服务。

云存储将存储资源作为服务通过互联网提供给用户使用,是云计算中基础设施即服务(Infrastructure as a Service,IaaS)的一种重要形式。借助于虚拟化和分布式计算与存储技术,云存储可以将众多廉价的存储介质整合为一个存储资源池,向用户屏蔽了存储硬件配置、分布式处理、容灾与备份等细节。用户可以按自己对存储资源的实际需求量向云服务提供商租用池内资源,省却了本地的存储硬件及人员投入。同时,将存储的基础设施交由专业的云服务提供商来维护可以保证更好的系统稳定性。专业云服务提供商一般具有普通用户无法比拟的技术和管理水平,从技术上为用户数据提供更好的冗余备份与灾难恢复。

云存储具备以下优势:(1)超强地可扩展性、不受具体地理位置的限制,存储管理可以实现自动化和智能化,所有的存储资源被整合到一起,客户看到的是单一存储空间;(2)提高了存储效率,通过虚拟化技术解决了存储空间的浪费,可以自动重新分配数据,提高了存储空间的利用率,同时具备负载均衡、故障冗余功能;(3)云存储能够实现规模效应和弹性扩展,降低运营成本,避免资源浪费,如按需使用,按需付费,不必承担多余的开销,有效地降低成本;无须增加额外硬件设备或配备专人负责维护,减少管理难度;将常见的数据复制、备份、服务器扩容工作交由第三方执行,从而将精力集中于自己的核心业务,快速部署配置,随时扩展增减,更加灵活可控。

云存储概念一经提出就得到了众多厂商的支持和关注,代表公司为亚马逊、微软、Google、IBM、EMC 等。根据云服务的部署模式可以将其分为公有云、私有云和混合云：公有云为公众提供服务，理论上任何企业或个人都可以通过授权接入，代表为亚马逊的 S3；私有云仅针对企业内部服务，代表为 EMC 的 Atoms，与公有云相比私有云的安全性更好，但成本也更高；混合云能同时提供公有和私有服务，现在业内对公有云、私有云和混合云的评价不一。

最早推出云存储服务的是亚马逊，其于 2006 年推出了亚马逊网络服务 AWS（Amazon Web Service），以 Web 的服务的形式向企业提供 IT 基础设施服务，主要包括：简单存储服务（Simple Storage Service，S3）、弹性计算云（Elastic Compute Cloud，EC2）、简单队列服务（Simple Queuing Service）等。其中，S3 是一个全球存储区域网络（SAN），它表现为一个超大的硬盘，用户可以在其中存储和检索数字资产。通过 S3 存储和检索的资产被称为对象，对象是 S3 的基本单元，每个对象都是数据本身及与数据有关的元数据组成，元数据是描述数据属性的数据，包括数据分布、服务质量等。元数据分为两种：系统元数据和用户自定义元数据，系统元数据描述系统本身，包括副本数量、存储区域等，而用户自定义元数据指用户可以选择的服务，包括对象的版本信息、生命周期等。S3 用容器与对象模型代替了传统的目录与文件模型，上层用户看到的不再是递归嵌套的目录树结构而是扁平的二级目录结构。与传统的文件目录结构相比，对象存储可以依靠对象号的 HASH 值将对象均匀地分布在整个存储集群中，做到负载均衡与线性扩展，由对象自身维护自己的属性从而简化存储系统的管理任务，两级结构极大地减少了 IO 路径。EC2 是一个可以让用户租用云电脑运行所需应用的系统，让中小企业能够按照自己的需要购买亚马逊数据中心的计算能力，其使用了 Xen 虚拟化技术，借由提供 Web 服务的方式让用户可以弹性地运行自己的 Amazon 机器镜像文件，用户可以在这个虚拟机上运行任何自己想要的软件或应用程序，并且可以随时创建、运行、终止自己的虚拟机服务器。以 EC2 为基础的云存储 S3 能提供文档、照片、音乐、视频及其他数据的无限量存储。

Microsoft Azure 是微软的核心云产品，它提供了软件+服务的计算方法，其主要目标是为开发者提供一个平台，帮助开发可运行在云服务器、数据中心、Web 和 PC 上的应用程序，云计算的开发者能使用微软全球数据中心的存储、计算能力和网络基础服务。

2008 年 Google 发布 PaaS 层的互联网应用服务引擎 GAE（Google App Engine）的测试版本，它是 Google 管理的数据中心用 B 应用程序的开发和托管的平台，为用户提供主机、数据库、互联网接入带宽等资源，用户不必自己购买设备。在 IaaS 领域，谷歌推出了 GCE（Google Compute Engine）在云端提供可扩展、灵活的虚拟机计算功能的云计算服务器，用于跟亚马逊的 AWS 竞争。2012 年 Google 推出了其在线云存储服务 Google Drive，用户可以获得 15GB 的免费存储空间，并提供了付费扩容服务。

2013年IBM收购了全球最大私人控股云计算基础设施供应商和云服务提供商Solftlayer，开始发力以快速进入云服务领域，以追赶其已经落后于的微软、谷歌和亚马逊。

2008年EMC推出了云存储平台Atoms来提供云存储服务，在不同地点分别存储文件副本以便为全球各地用户提供较快的访问速度的较高的安全性稳定性，软件方面其包括各类数据服务，如复制、数据压缩、重复数据删除。

云计算管理公司Rightscale的一项最新调查反映了当前公有云市场的格局，57%的受访者目前使用亚马逊AWS服务，20%使用微软Azure，并且用户越来越多地关注私有云和混合云架构。

国内，以阿里云、浪潮为代表的厂商近年来也逐渐发力，其中，阿里云创立于2009年，是中国的云计算平台，服务范围覆盖全球200多个国家和地区。虽然阿里云和浪潮等在国内市场占据绝对优势，但与国际领先的企业相比研发实力有待进一步提高。

目前，完整的云存储系统主要由其硬件、软件和所提供的服务构成，其中硬件位于最底层，是云存储的基础设施，通常包括输入输出、内部互联、散热与基础架构、电源、引擎、磁盘扩展和管理监控等，该部分已经发展的比较成熟，不作为本文分析的对象；云存储所能提供的服务位于最上层，主要提供的服务包括存储空间服务、云计算服务、大数据服务、数据库服务、备份归档服务等；而连接服务和硬件的中间层即云存储的软件是连接两者的桥梁，也是现阶段业界所关注的重点。因此，基于上述现状，本文将云存储技术划分为两个一级技术分支：云存储架构和云存储应用，云存储的架构决定了云存储的优越性，在此基础上近年来发展起来了基于云存储的各种应用，例如政务云、警务云、交通云、通信云、食药云等，它们将云存储应用于各行各业，该部分本文将着重对云存储的架构进行分析，将其分为存储池、数据安全、数据保护、数据管理、协议等五个二级技术分支，并将其进一步细分为相应的三级技术分支，例如：重复数据删除、数据分级存储、自动精简配置、低功耗、数据备份、远程复制、数据隔离、访问控制、加解密、存储资源整合、负载均衡、数据迁移等。其中，重复数据删除是数据缩减技术的一种，旨在减少存储系统中的使用的存储容量；数据分级存储指的是根据数据的重要性、访问频率、保留时间、容量、性能等指标，将数据采取不同的存储方式分别存储在不同性能的存储设备上；自动精简配置是一种容量分配技术，它不会一次性的划分过大的空间给某项应用，而是根据该项应用实际所需要的容量，多次少量的分配给应用程序，当该项应用所产生的数据增长，分配的容量空间已不够的时候，系统会再次从后端存储池中补充分配一部分存储空间；数据备份是容灾的基础，为防止系统出现操作失误或故障导致数据丢失，而将全部或部分数据集合从应用主机的硬盘或阵列复制到其他的存储介质的过程，数据备份必须要考虑数据恢复的问题，包括采用双机热备、磁盘镜像或容错、备份磁带异地存放、关键部件冗余等多种灾难预防措施，常见的策略有：完全备份、增量备份、差分备份；远程复制是指为了达到数据保护或灾难恢复的目的,将复制产品数据到远程位置的设备上,可同步也可异步,与数据备份相比具有实时性高、数据丢失少、容灾恢复快、投资高的特点。本文对其中申请量较集中、业界关注度较高的数据管理技术、数据安全技术、存储池化技术进行分析研究,也对使用云存储技术的主要应用进行分析。此外,由于该领域呈现出重点申请人明显且有相应的代表产品面世的现象,因此本文还将对重点申请人的技术发展状况进行分析。

二、云存储领域总体态势分析

(一)数据库选取及样本构成

为了能全面、准确地反映云存储领域的专利技术现状及其发展趋势,同时考虑到分析的便利性,本文在对现有专利数据库进行比较的基础上,将中国专利文献检索系统(CPRS)作为中国专利的主要检索数据库,德温特世界专利库(DWPI)作为全球专利的主要检索数据库。根据云存储领域的特点,主要分为两个部分,第一部分为云存储技术本身的架构,第二部分为对云存储技术应用。在第一部分中,根据云存储系统架构的组成,主要分为多协议访问、数据管理、数据保护、数据安全、存储池五大部分。这五大部分各自又依据功能进行细化,多协议访问中包括文件访问协议、块访问协议、对象访问协议、自定义访问协议;数据管理包括重删、分级、自精简;数据保护包括备份、远程复制;数据安全包括数据隔离、访问控制;存储池包括存储资源整合、数据冗余、负载平衡、数据快照、数据迁移。检索时,在两个数据库中均采用关键词结合分类号的方式,首先,将云存储系统架构中各个部分及其功能的同义或近义词进行扩展,如多协议、数据管理、数据保护、存储池、重删、分级、自精简、备份、同步、远程复制、负载平衡、快照、迁移等;然后使用如"云计算""云平台""云存储"等与"云"技术相关的一类上位关键词进行限定,将结果限定在云存储的领域中,在此基础上,通过概览发现明显的噪点,进行初步去噪,其中发现的噪点例如"点云""云台"等,进而再使用高频分类号进行去噪,我们选取的分类号主要在H04L、H04N和G06F小类;最后通过人工标引剔除噪音确定最终的文献集。检索截止日期为2016年7月18日,通过上述检索得到的数据量为:CPRS中得到了3182件专利申请文献,DWPI中检索到7420件专利申请文件,由于发明专利申请在申请日(有优先权的自优先权日)起18个月公布、实用新型专利申请在授权后才能获得公布、PCT专利申请可能自申请日期30个月甚至更长时间之后才能进入到国家阶段,因此,会存在2015年之后的专利申请量比实际专利申请量少的情况。

(二)全球专利申请总体状况分析

1. 全球专利申请总体趋势

图1是涉及云存储技术的专利申请在全球范围内历年申请量的年代分布折线图,该图清楚地显示了该领域申请量自1996年以来随时间变化的趋势。

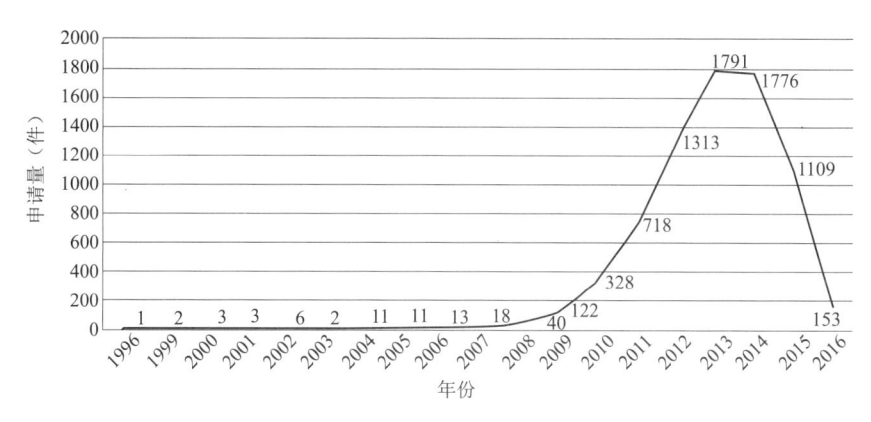

图 1 云存储技术全球专利申请的年度分布

总体来说，该领域的申请量呈上升发展趋势。2008 年之前，申请量增长缓慢，全球年申请量较少。自 2009 年起，申请量出现大幅持续增长，2011 年突破了 700 件，2013—2014 年更是达到了近 1800 件的高峰。由于专利文献公开的滞后性，其中部分专利申请数据还未公开，因此 2015 年和 2016 年的数据并不完整。从图 1 中明显看到云存储技术近年来得到了广泛关注，是一个研究热点，并且未来的发展前景依然良好。

2. 全球专利申请区域分布

图 2 示出了云存储技术的专利申请在全球主要国家及地区的区域布局情况。图 3 示出了云存储技术全球专利申请按年份的主要地区分布情况。图 4 示出了 2011—2015 年五年间云存储技术的全球专利申请的主要国家及地区的逐年的申请量变化情况。

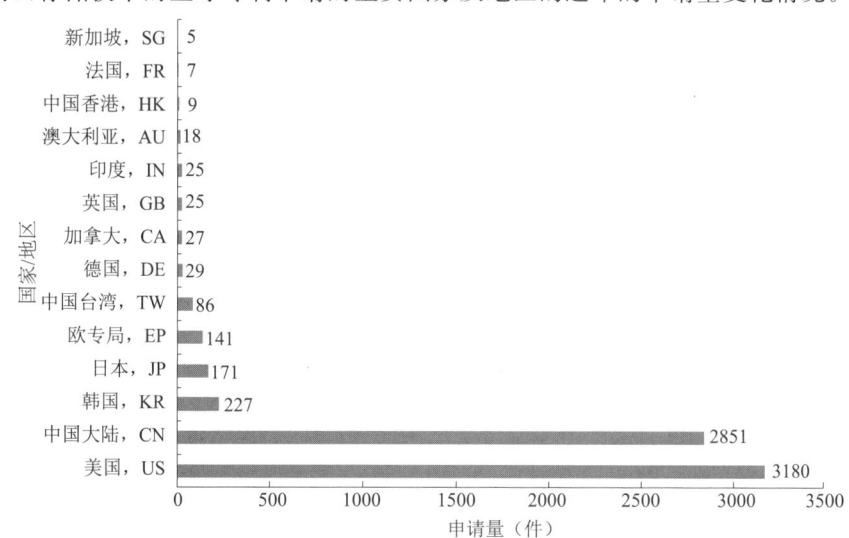

图 2 云存储技术全球专利申请的主要国家地区分布

如图2所示,在云存储技术的全球申请中,在美国和在中国大陆的申请量之和超过了6000件,占该领域申请总量的82%,远远超过其他国家。其中,在美国的申请有3180件,占该领域总申请件数的43%,位居第一,而在中国大陆的申请达到了2851件,占该领域总申请件数的39%,这表明了美国和中国是云存储技术主要的专利布局国家,同时也反映出这两个国家在该领域具有明显的竞争优势。此外,韩国、日本、欧洲和中国台湾也具有一定的专利申请量。

从图3可以看出,2009年以前的专利申请绝大部分均为在美国的专利申请,2009年开始的申请量激增也主要是由于在美国的申请量增加引起的,其经历了六年的高速增长,这说明了云存储技术起源并且快速发展于美国;在中国的申请量从2009年开始快速增长,2009—2014年的申请量一直紧随美国之后。同时,虽然从图上看2015年中国的申请量远远超过了美国,但是由于专利文献公开的滞后性等原因,2015年的数据存在误差。

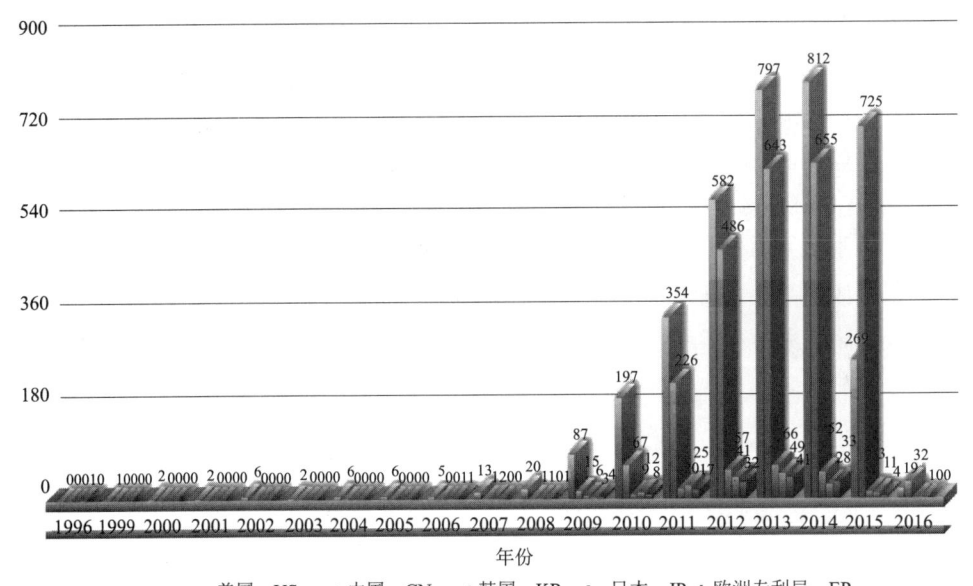

图3 云存储技术全球专利申请按年份的主要地区分布情况

如图4所示,可以看到2011—2013年,云存储技术全球专利申请的主要国家和地区的申请量大部分均是稳步增长,2014年韩国、日本、欧洲的申请量有所回落,而美国和中国仍保持增长的态势,特别是中国的申请量在五年间一直呈增长趋势,这体现了云存储技术在中国市场具有广阔的发展前景。

3. 全球专利申请原创区域分布

通过对专利申请的优先权文件进行分析,获得云存储技术领域的原创专利申请在

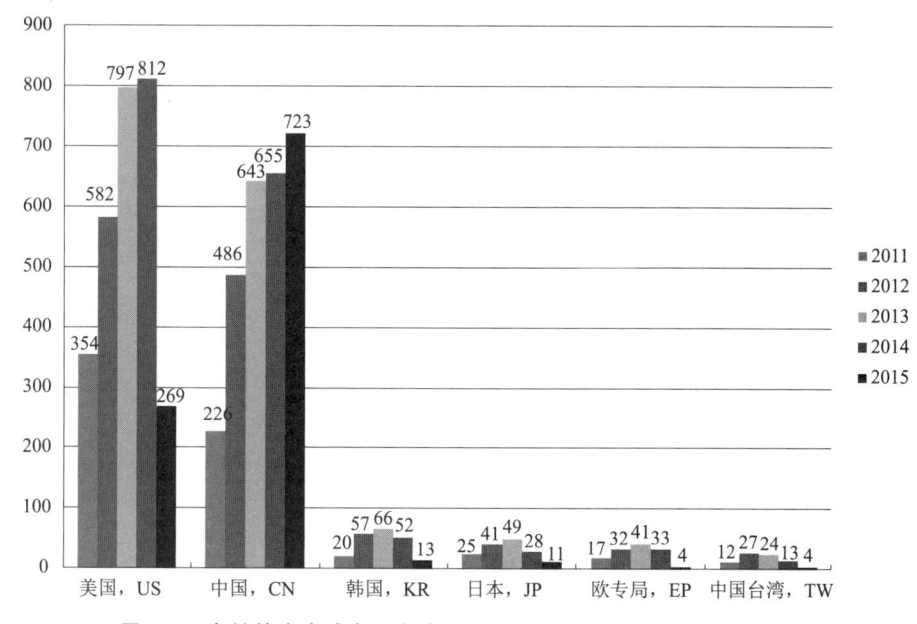

图 4 云存储技术全球专利申请的主要国家地区的近五年申请量统计

全球主要国家及地区的区域分布情况。图 5 示出了各主要原创国家或地区的申请量。由图 5 可以看出，美国和中国是云存储领域原创专利申请最多的两个国家，中国位列第二，为 2816 件，体现出中国在该领域中也具有一定的研发能力，美国在技术原创性上的具有相当的优势。

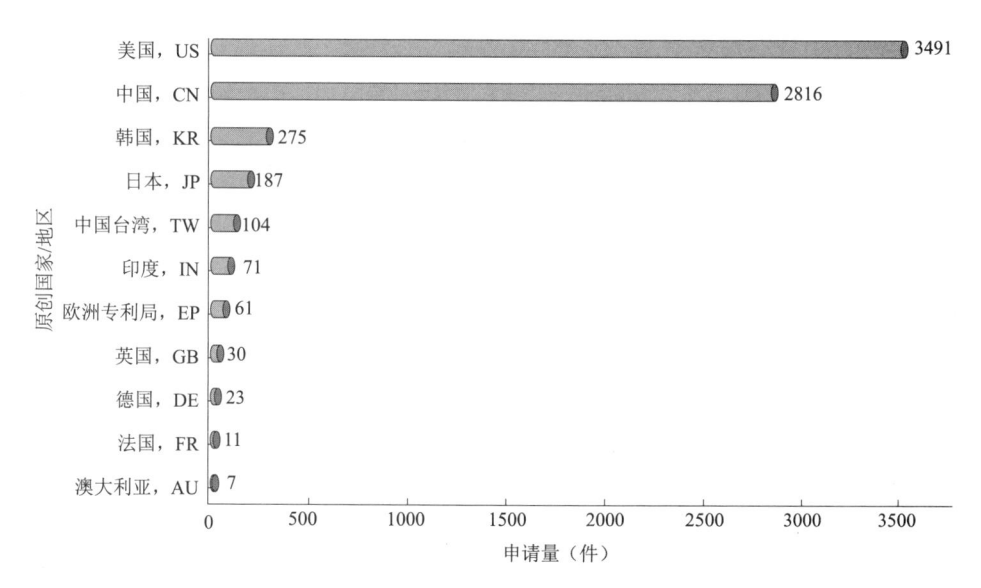

图 5 云存储技术全球专利申请的原创国家地区分布

4. 全球专利申请主要申请人

图 6 为云存储技术领域的全球专利申请的十一位主要申请人及申请量，由图 6 可以看出 IBM 公司的申请量为 657 件，居第一位，IBM 是提供计算机相关服务解决方案的重要供应商，随着云计算和云存储技术的发展，IBM 在云存储领域的服务解决方案是重要的业务发展方向，该领域的专利申请量也处于领先地位；微软公司的申请量为 217 件，居第二位，微软公司的 Azure 产品重要的应用领域之一为云存储服务，其可提供不同规模数据的云存储，该领域也是微软公司的重要申请领域之一。其后的申请人依次是谷歌、赛门铁克、ORACLE、浪潮、英特尔、奇虎、思科、三星、惠普。这些公司拥有一定的申请量，但与 IBM 和微软相比有巨大的差距。

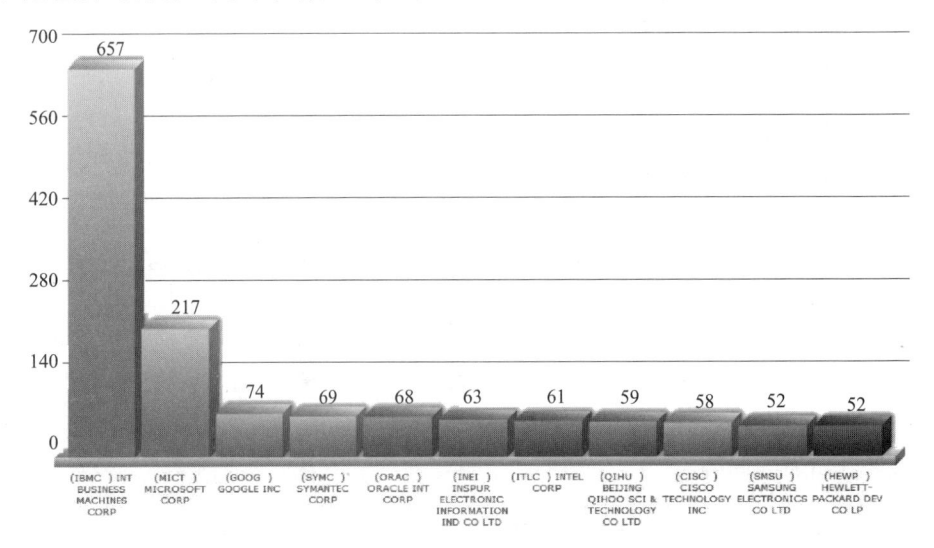

图 6　云存储技术全球专利申请的主要申请人排名

图 7 为云存储技术领域的全球专利申请前三位的申请人历年专利申请增长量的分析。由图 7 可知，总体来看，IBM 的申请量呈上升发展趋势，2010 年之前申请量变化不大，从 2010 年开始，申请量增速迅猛，在 2014 年的申请量为 226 件。微软公司的申请量自 2009 年开始增速迅猛，到达 2011 年相对保持平稳，维持在每年 40 余件；谷歌公司的申请量自 2009 年以来增速也较快，在 2014 年后申请量略有下降（由于 2015 年的数据并未完全公开，2015 年的申请量暂不纳入统计）。

全球范围的专利较为集中在美国、日本、欧洲、中国和韩国等几个国家和地区，因此，将这五个国家或地区的专利数据作为分析的重点。图 8 为云存储技术全球专利申请的主要申请人在美国、中国、韩国、日本和欧洲的专利布局。由图 8 可知，IBM 和微软等美国公司其专利申请主要分布在技术原创国美国，其次是中国市场；浪潮公司和奇虎公司的专利申请主要布局在国内，三星公司的主要专利布局在美国和韩国，除本土韩国外，反映出美国市场份额。虽然谷歌、ORACLE、英特尔、惠普的申请量并不高，但其均在中国市场部署一定数量的专利。

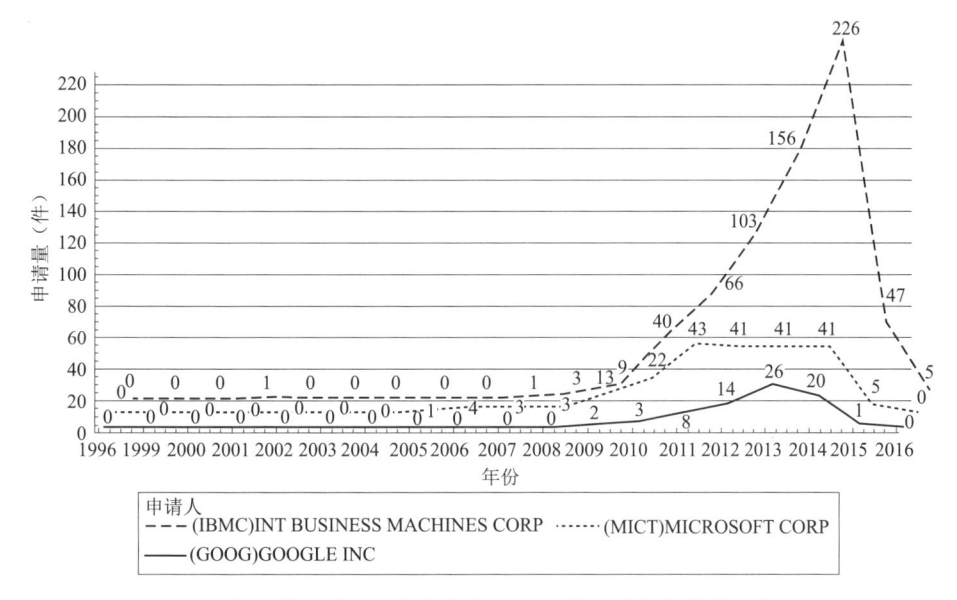

图 7 云存储技术全球专利申请 top3 申请人的历年增长量分析

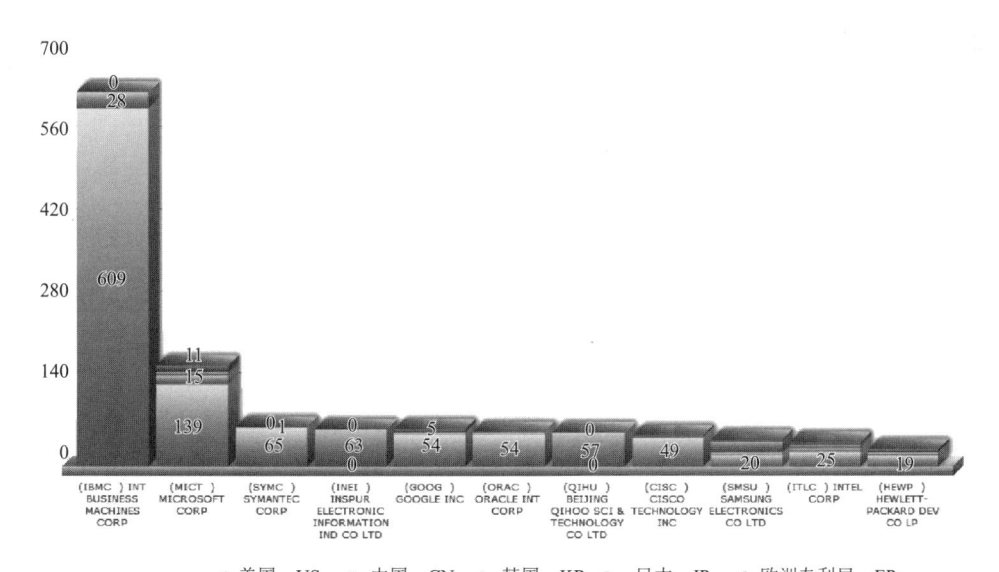

图 8 云存储技术全球专利申请的主要申请人在主要国家地区的布局

（三）中国专利申请总体状况分析

截至 2016 年 7 月 18 日，在中国专利文献检索系统（CPRS）中检索到涉及云存储领域的专利申请为 3182 件。本文从云存储整体架构和云存储领域应用两个大的方面对专利申请进行了人工标引，并且进一步对云存储整体架构的下一级分支以及应用的具体方面也进行了人工标引。

1. 国内专利申请发展总体趋势

图 9 是涉及云存储技术的专利申请在中国的历年申请量的年代分布折线图，该图清楚地显示了云存储领域申请量自 2006 年以来随时间变化的趋势。

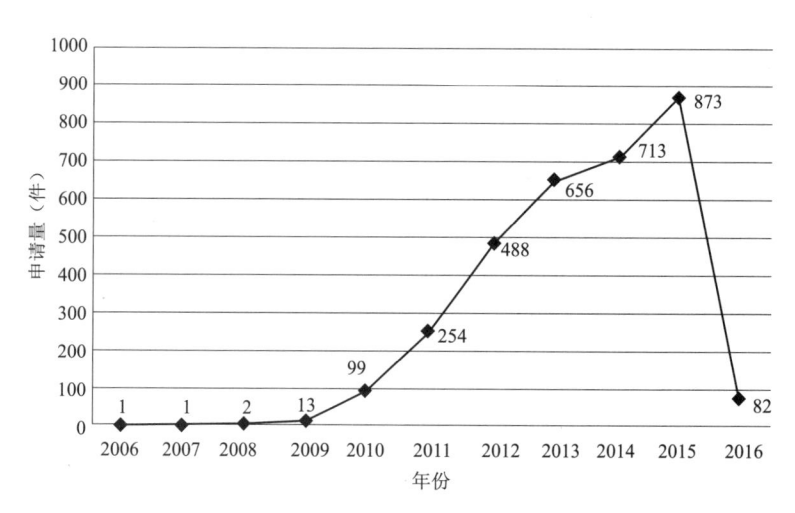

图 9 云存储技术在华申请的年度分布

从图 9 中可见，云存储领域的申请量在国内的申请最早为 2006 年，但是申请的总量一直呈快速上升发展趋势。在 2009 年之前，申请量的数量并不是很多，从 2010 年开始，申请量增长速度开始逐渐增大，呈持续增长的态势。由于专利文献公开的滞后性，由于其中部分专利申请数据还未公开，因此，2015 年和 2016 年的数据并不完整。即使这样，在 2015 年达到申请量的峰值 873 件。可见，云存储技术在近年来得到了广泛的关注，并且可以预期在未来，云存储技术的发展前景依然良好。

2. 国家（区域）分布分析

图 10 为云存储领域国内申请区域分布图，

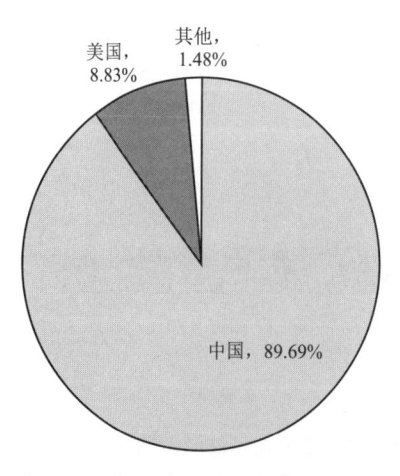

图 10 云存储领域国内申请区域分布

来自中国的申请占云存储领域国内申请量的第一位，占据了 89%。图 11 为云存储领域国内申请各分支占比情况，其中，中国的申请大部分侧重于云存储领域的应用方面，如利用云存储技术的监控、智慧城市、医疗等。同时，如图 10 所示，美国的申请占云存储领域国内申请量的第二位，而仅中国和美国就占据了云存储领域国内申请量的 98%，反映出这两个国家对云存储领域具有明显的竞争优势。

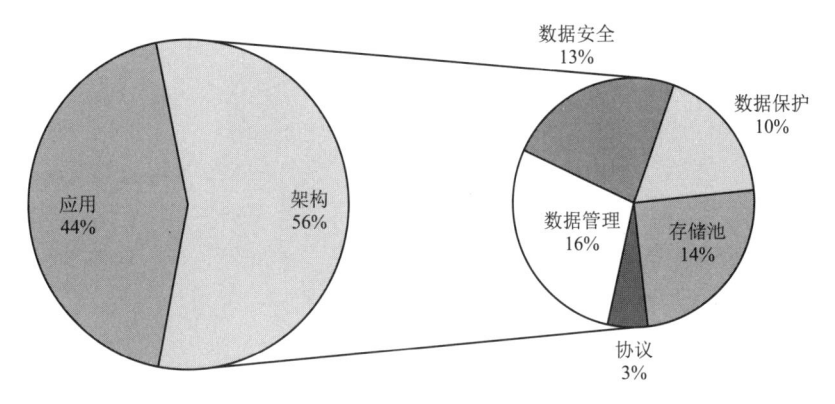

图 11　云存储领域国内申请各分支占比

（1）国外来华申请分布

图 12 为国外在中国申请的区域分布图，如图 12 所示，国外在中国申请中占申请量第一位的为美国，共有 281 件申请，占申请量的 85%，其次为法国、日本、韩国等，其申请量均未超过 10 件。

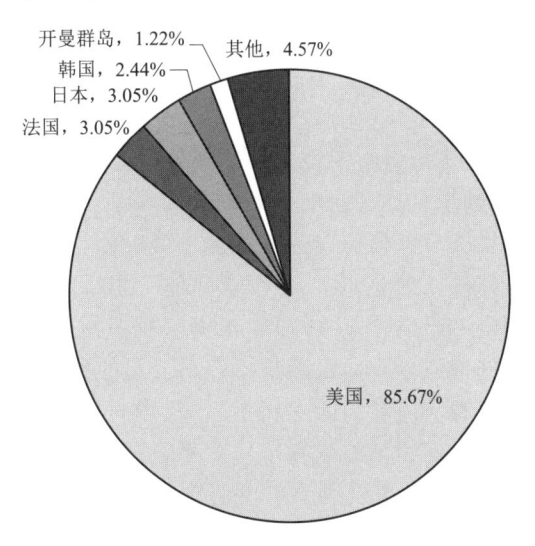

图 12　国外在中国申请区域分布

(2) 国内申请分布

在云存储领域的专利申请中，中国的申请量为第一位，其国内申请人主要区域分布如图13所示。

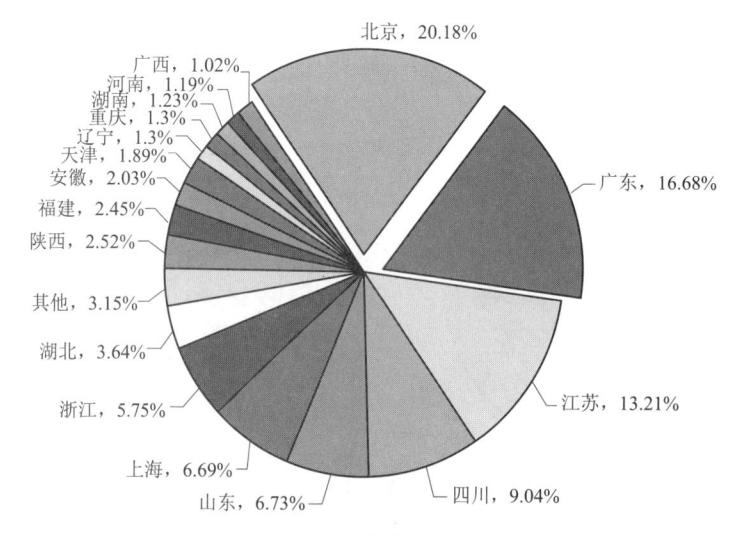

图 13 国内申请人的主要区域分布

饼图数据：
- 北京，20.18%
- 广东，16.68%
- 江苏，13.21%
- 四川，9.04%
- 山东，6.73%
- 上海，6.69%
- 浙江，5.75%
- 湖北，3.64%
- 其他，3.15%
- 陕西，2.52%
- 福建，2.45%
- 安徽，2.03%
- 天津，1.89%
- 辽宁，1.3%
- 重庆，1.3%
- 湖南，1.23%
- 河南，1.19%
- 广西，1.02%

如图13所示，北京在该领域的申请量居第一位，共有576件申请，占总量的20%。广东位于第二位，共有476件申请，占总量的16%。江苏、四川、山东分列第三位至第五位依次占13%、9%、6%。可见，在云存储领域，北京具有较强的技术实力，广东、江苏、四川、山东、上海具备一定的技术竞争力，而且申请量较大的区域均为经济发展比较好的区域。

3. 国内专利申请主要申请人

图14为在云存储领域中占有重要地位的国内外企业和高校在国内申请的申请量。

如图14所示，与该领域全球主要申请人的分布相似，大型跨国公司在国内的申请量比较多，但是浪潮集团有限公司以168件排在第一位，微软公司和国际商业机器公司分别以99件和94件排在第2、3位，奇智软件（北京）有限公司以35件位于第四位。但是需要注意的是，虽然图14中显示浪潮集团有限公司排在第一位，但就申请人个体而言，这168件申请分别为浪潮集团有限公司的母公司和各子公司各自申请的总和（具体申请子公司和申请量如表1所示），从中可看出浪潮集团有限公司对云存储领域的关注以及在云存储领域的专利布局策略。同时，国外的跨国公司很关注中国市场，其在国内申请量也处于领先位置，并且加速在中国关于云存储领域的专利布局。南京邮电大学、华中科技大学和清华大学分别排在第5、6、8位，反映了在云存储领域申请中国内的高校对创新技术的关注。

云存储领域专利技术现状及其发展趋势

```
浪潮集团有限公司           168
微软公司                    99
国际商业机器公司            94
奇智软件（北京）有限公司   35
南京邮电大学                34
华中科技大学                33
华为技术有限公司            30
清华大学                    28
国家电网公司                28
中兴通讯股份有限公司        27
```

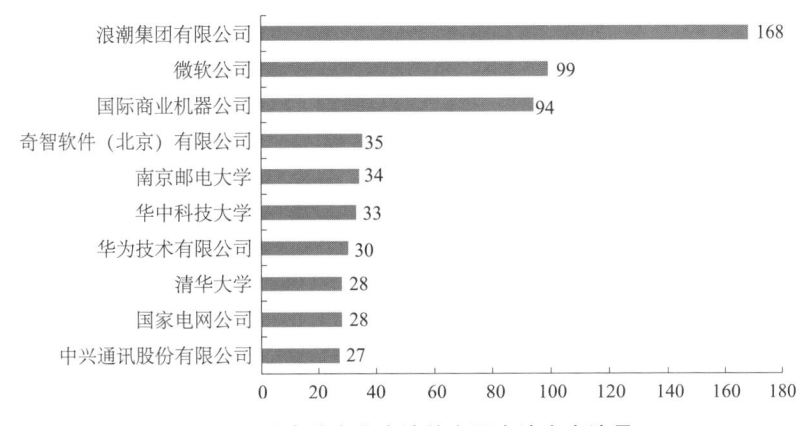

图 14　国内外在华申请的主要申请人申请量

表 1　浪潮集团有限公司的母公司及各子公司申请情况

申请人	申请量（件）
浪潮电子信息产业股份有限公司	65
浪潮（北京）电子信息产业有限公司	47
浪潮集团有限公司	37
浪潮齐鲁软件产业有限公司	10
浪潮通信信息系统有限公司	4
浪潮软件集团有限公司	3
浪潮软件股份有限公司	1
浪潮（山东）电子信息有限公司	1

图 15 为在华专利申请中主要申请人专利活动分析，在平均专利年龄中，其中微软公司以 4.23 年位于第一位，其对云存储技术的申请专利开始的比较早，并且其专利的可维持性是有领先优势的；而国内企业对云存储技术申请专利比较早的企业为中兴通讯股份有限公司，平均专利年龄为 4.07 年，清华大学的平均专利年龄为 3.54 年，排在第三位；国际商业机器公司的平均专利年龄为 3.27 年，排在第四位。虽然中兴通讯股份有限公司和清华大学对云存储领域的专利申请比较早，但在专利申请量中并不见优势，反倒是浪潮集团有限公司后来者居上。在云存储领域的研究人员数量上，跨国公司还是占据一定优势的，其在专利申请的发明人人数上，遥遥领先于国内的企业，可见国内企业与国外企业在研究人员数量上的差距。

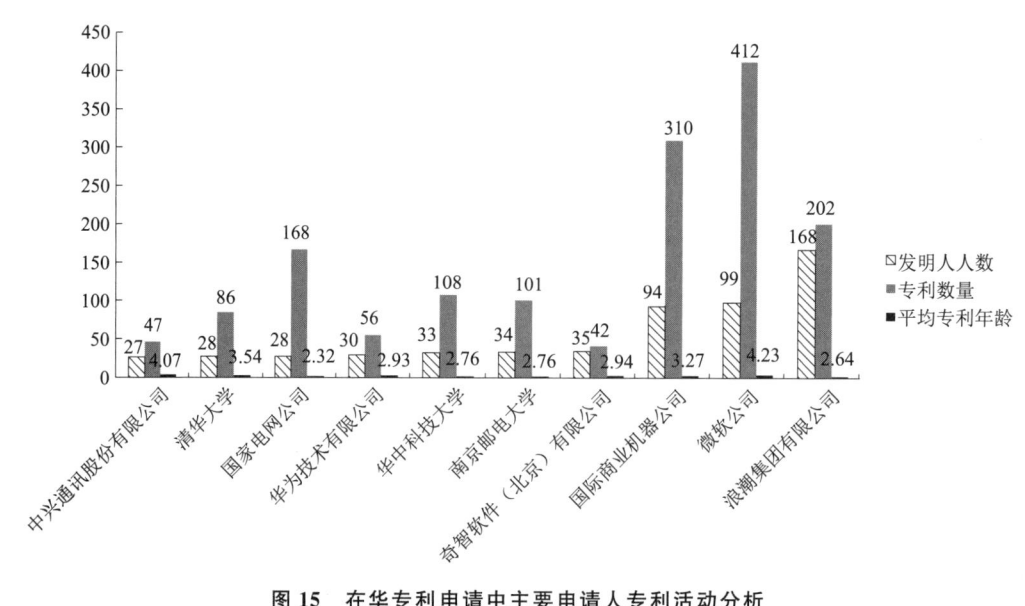

图 15　在华专利申请中主要申请人专利活动分析

4. 国内专利申请类型分布

图 16 示出了国内外在华申请的主要申请人类型及专利类型，在云存储领域，大部分申请还是侧重于发明专利申请，大多数申请均为企业申请人，其次为高校，还存在部分企业与企业的联合申请，企业在云存储领域的技术优势还是非常明显。

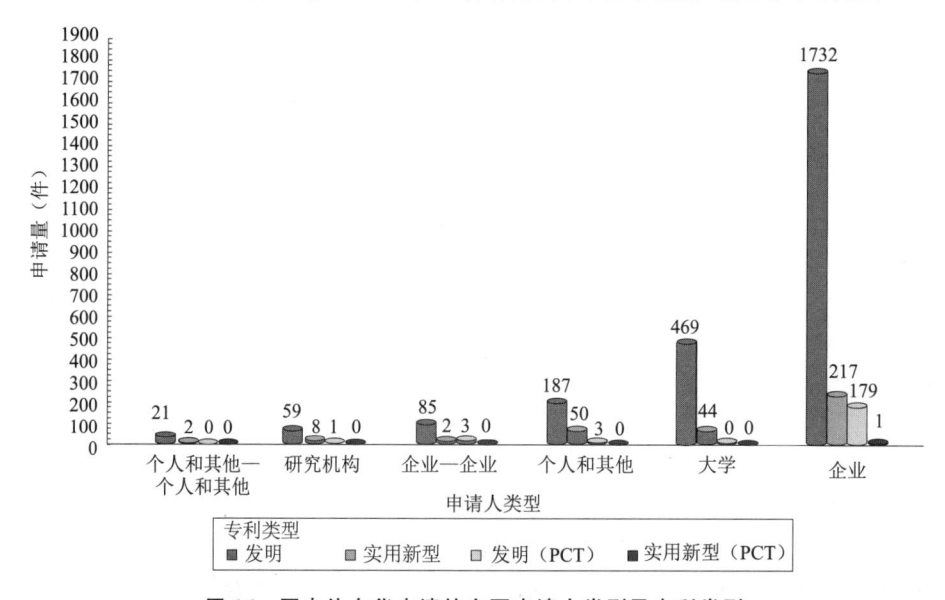

图 16　国内外在华申请的主要申请人类型及专利类型

云存储领域专利技术现状及其发展趋势   133

如图 17 所示，在云存储领域的国内申请中，发明专利申请占总申请量的 88%，其中通过 PCT 渠道进入到中国的申请，占总申请量的 5%，在云存储领域，申请还是主要集中在发明专利申请。

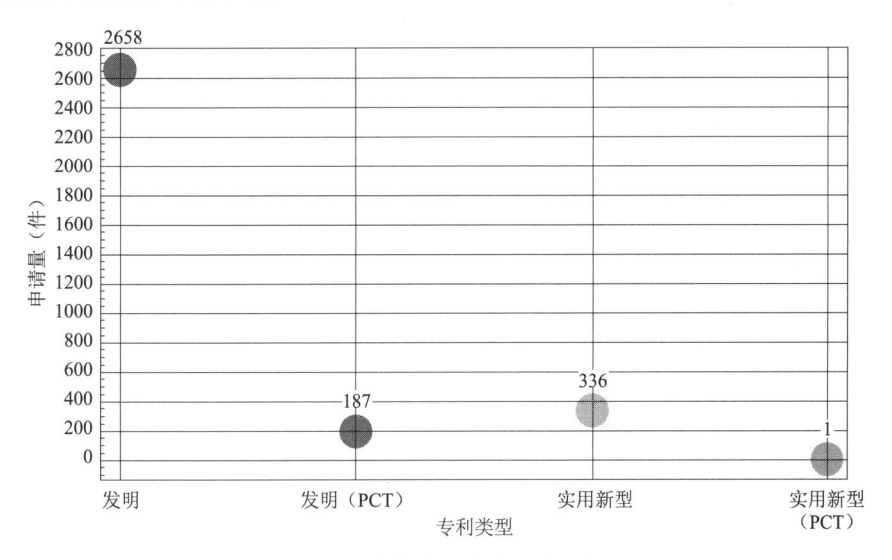

图 17　在华专利申请类型分布

5. 国外来华申请途径分析

图 18 为在华专利申请中，通过 PCT 渠道进入到中国阶段的申请人来源区域分布。从中可见，美国有 81% 的申请是通过 PCT 渠道进入到中国的，而中国也有 5% 左右的 PCT 申请可以通过 PCT 渠道进入其他国家。可见，中国企业在云存储领域也考虑到了国外市场的需要以及在国外市场的专利布局。

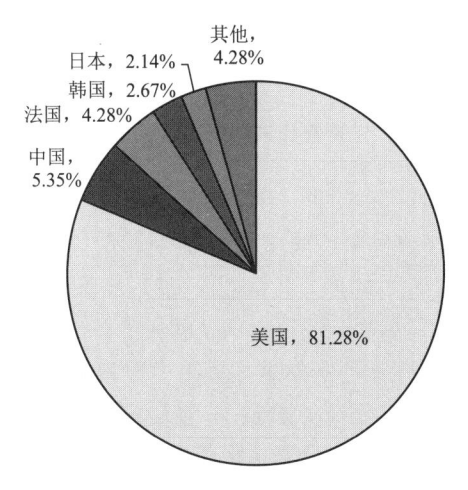

图 18　在华专利申请中发明 PCT 的来源区域分布

三、云存储领域架构分析

下面将依据云存储领域架构的主要的四个技术主题（数据管理、数据保护、数据安全和存储池）下的手工标引数据进行分析，概览各技术主题的专利申请年度分布、区域专利布局特点、各技术主题下的重点申请人构成情况，为进一步了解云存储架构技术的专利发展状况提供依据。

（一）云存储领域数据管理技术

数据管理技术是指利用云存储设备对数据进行有效的收集、存储、处理和应用的过程，将其进一步划分为十个三级分支：重复数据删除、数据分级存储、容量分配、数据迁移、低功耗、共享、检索、监控、上传下载和数据读写。

1. 中国专利申请状况分析

（1）中国专利申请情况概要

该技术主题下的申请总计519件，图19所示为数据管理技术主题下的申请年度分布情况，2010年以后该技术主题下的申请呈现快速增长的态势，并在2012年、2013年和2015年出现了三个峰值，年申请量均达到了100件以上。

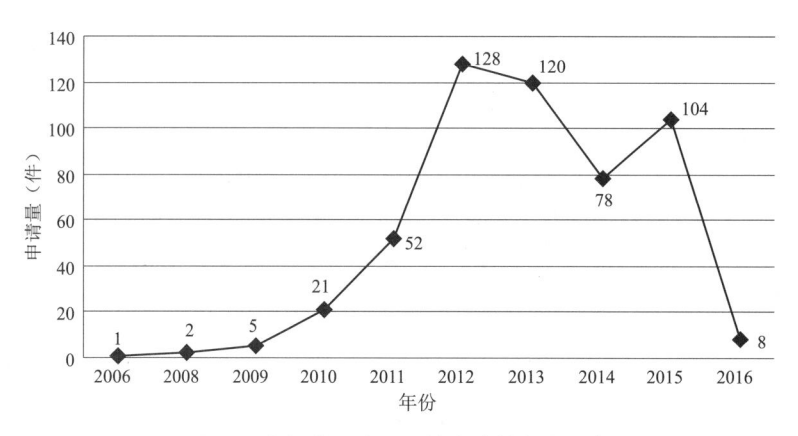

图19 数据管理主题下的申请的年度分布

（2）国家（区域）分布

如图20所示，数据管理技术主题下的申请中，国内申请量为410件，占了总申请量的78%，美国申请量为104件，占了总申请量的20%，可见该领域在申请的数量上国内申请人占优。但需注意申请数量的优势并不一定代表技术优势。

图21为国内各地区申请量的分布图，从图中可以看出，北京和广东地区的申请量占有的比重较大，两者之和达到了总量的54%，江苏、山东、四川、上海、浙江等也具有一定的申请量，上述省份均为我国较发达的省份和地区，也与云存储行业密切相关的公司的分布成正相关。

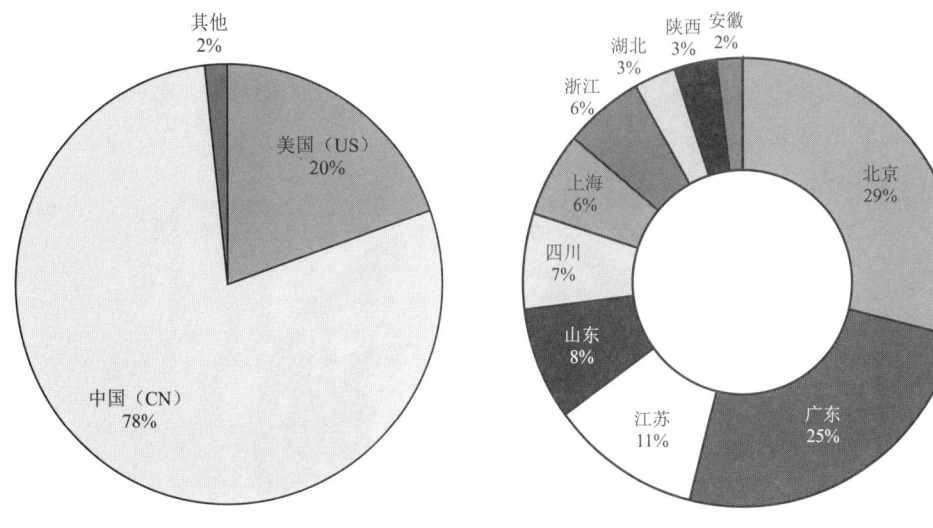

图 20　数据管理主题下的申请的区域分布

图 21　数据管理技术主题下国内各地区的申请量分布

(3) 主要申请人

图 22 显示的是按申请量排序的主要申请人分布状况，可以看出：该领域的申请人众多，其中浪潮集团有限公司、国际商业机器公司和微软公司的申请量处于前三位，分别占到了 9.8%、8.3% 和 7.5% 的份额，国云科技股份有限公司、中国电信股份有限公司、华为技术有限公司、腾讯科技（深圳）有限公司、南京邮电大学、华中科技大学、奇智软件（北京）有限公司、中兴通讯股份有限公司也具有一定的竞争力。

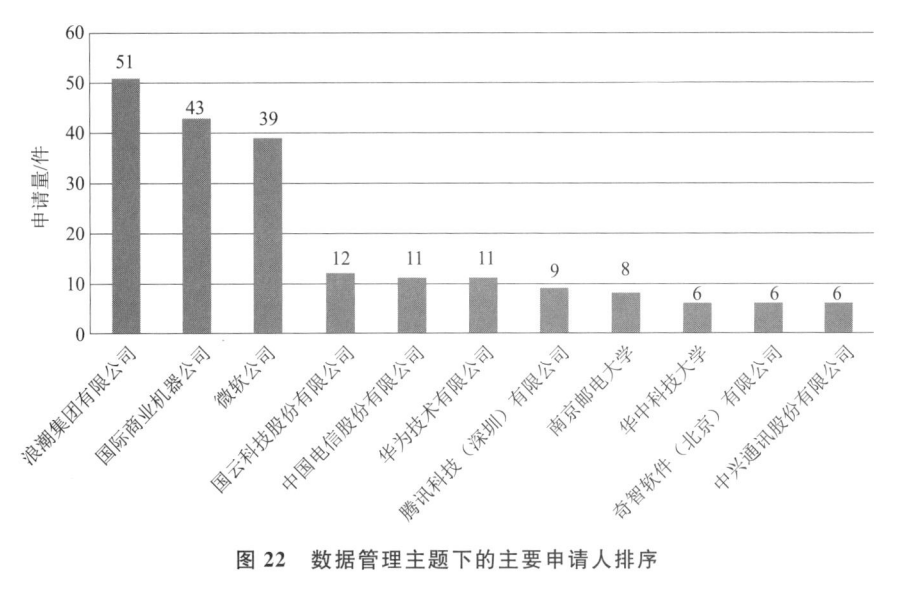

图 22　数据管理主题下的主要申请人排序

（4）重点技术主题分析

数据管理技术主题包括如上所述的十个技术分支，如图23所示，涉及数据读写的专利申请相对较多，占到了总量的近1/4，其次占据较大比重的是数据迁移、上传下载、监控数据分级存储和检索，均达到了8%以上，涉及容量分配、重复数据删除、低功耗和共享的申请占比均在5%左右。

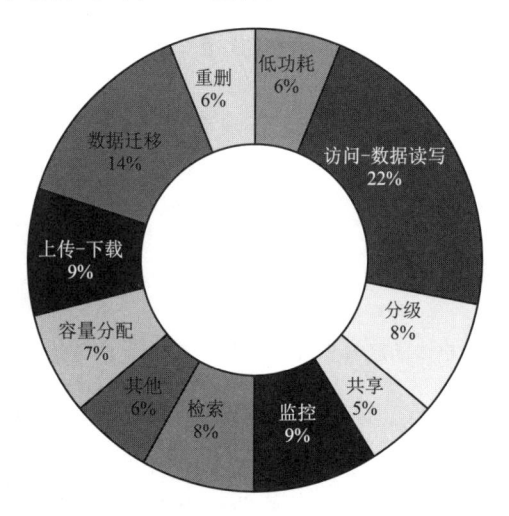

图23　数据管理主题下的具体技术分类的申请布局

2. 全球专利申请状况分析

截止到检索日为止，数据管理技术主题下全球专利申请共有2311件，下面从申请量总体趋势、技术目标国分布和主要申请人三个方面来进行介绍。

（1）全球专利申请总体趋势

如图24所示该技术分支下从2002年开始出现专利申请，早于国内专利申请，2009年申请量出现较大幅度增长，2010年申请量首次超过100件，并在2012年和

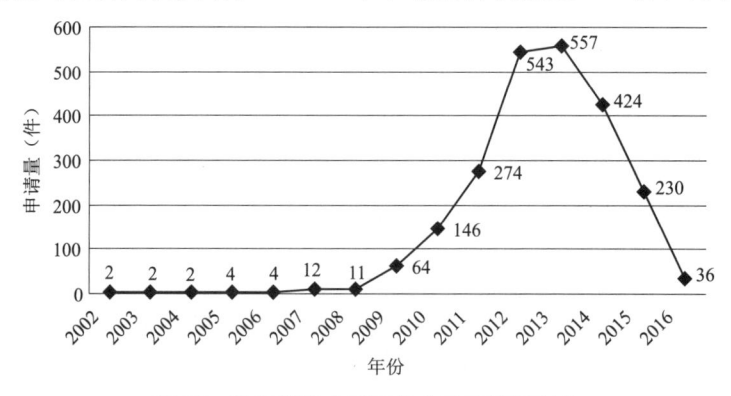

图24　数据管理主题下的全球申请量变化

2013年达到峰值，年申请量均超过了500件，与国内申请的趋势基本吻合，可见在云存储技术中，国内的技术还是紧跟国际技术的，并不存在太大的差距。

（2）国家分布分析

由图25可以看出，在数据管理这一技术主题下，全球专利申请的技术目标国主要为：美国、中国、欧洲、韩国和日本，也即五大局所在的国家和地区，其中美国和中国占据了77%的比重，是各大申请人最为重视的技术目标国。

（3）主要申请人分析

从全球范围内来看，数据管理领域主要的申请人为：IBM、奇虎、微软、浪潮、谷歌、惠普、三星、腾讯、Oracle和华为等，其中IBM、奇虎和微软在该技术领域的申请量较大，是最为重要的申请人，体现出其对该领域技术的关注度较高（见图26）。

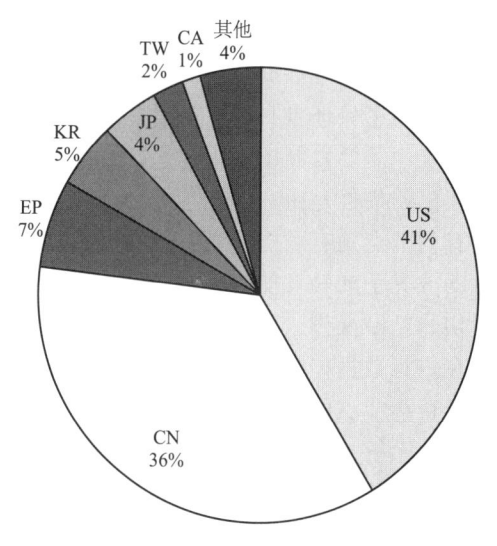

图25 数据管理主题下的全球专利申请技术目标国分布

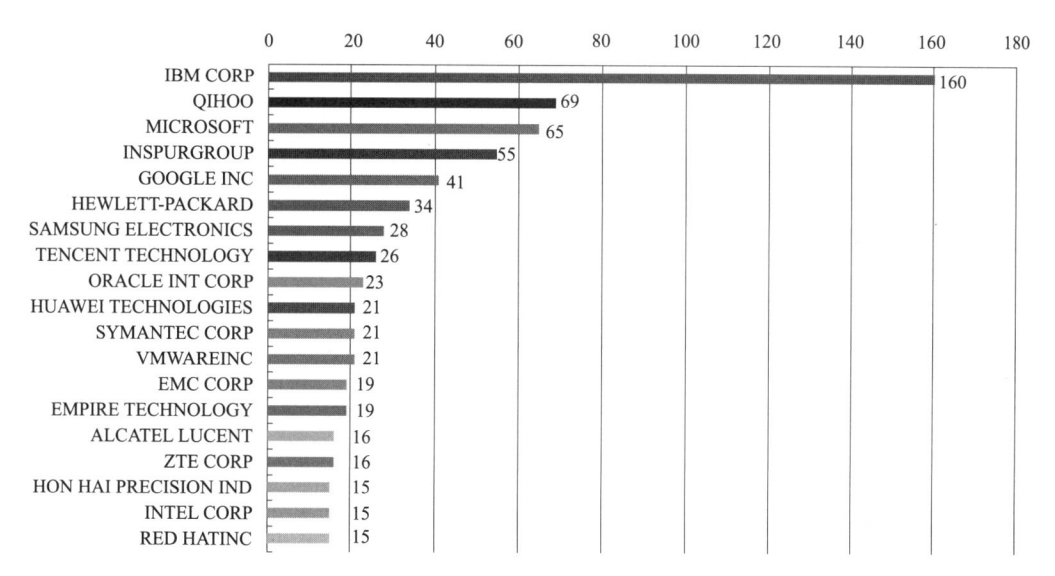

申请人	数量
IBM CORP	160
QIHOO	69
MICROSOFT	65
INSPURGROUP	55
GOOGLE INC	41
HEWLETT-PACKARD	34
SAMSUNG ELECTRONICS	28
TENCENT TECHNOLOGY	26
ORACLE INT CORP	23
HUAWEI TECHNOLOGIES	21
SYMANTEC CORP	21
VMWAREINC	21
EMC CORP	19
EMPIRE TECHNOLOGY	19
ALCATEL LUCENT	16
ZTE CORP	16
HON HAI PRECISION IND	15
INTEL CORP	15
RED HATINC	15

图26 数据管理主题下的全球专利申请主要申请人

3. 重点专利技术介绍

虽然涉及数据读写的专利申请比较多，但是数据读写并不是云存储领域的数据管理技术所独有的技术。但是，云存储为了保证系统自身的强壮性、均衡性，其内部的分布式文件系统中数据迁移的应用是非常广泛的，最基本的两种应用在于：第一，大部分集群为了保证自身的容错性、强壮性，都会进行数据冗余备份处理——同一份数据在系统中需要自制出多份拷贝，由此需要进行繁多的类似于数据复制、粘贴操作；第二，由于集群是由众多的动态节点组成的，即有的节点可能会在某一时刻突然宕机，有的节点则有可能在某一时刻重新加入集群，系统为了保证整体存储的均衡性，会自动或者手动触发使各个节点间的存储使用率平衡的命令，由此需要进行繁多的文件剪切、粘贴操作。在进行云环境的集群内部数据迁移过程中，普遍存在以下安全风险：在进行数据传输伊始，任意数据源节点需要对目标节点进行选择，目前大部分集群选择目标节点的策略是比较粗略的，在一个广义的存储云环境下，通常存在多个分布式文件系统子集群，有的数据本身存在于一个子集群下是安全的，而基于分布式文件系统自身特有的内部数据迁移特性，该数据有可能会被迁移到其他子集群中，此刻有可能该子集群针对该数据是不安全的或者说该子集群没有权利保存这个数据等，因此存在一定的安全风险。因此，下面就对数据管理技术主题下的数据迁移进行专利介绍。

（1）CN102292698A，用于在云计算环境中自动管理虚拟资源的系统和方法

申请人为思杰系统有限公司，以美国专利申请61/149812和61/149781为优先权文件，优先权日均为2009年2月4日，目前处于授权后保护、专利权维持状态。该专利提供了存储系统通信组件用于识别存储区域网络中的存储系统并供应所识别的存储系统上的虚拟存储资源；还包括接口对象，通过访问接口转换文件将所供应的虚拟存储资源的标识从专用格式转换为标准格式来供应虚拟存储资源，接口转换文件将多个专用格式的每一个与标准格式相映射；还包括存储传送管理服务，其通过将存储系统配置为根据第二通信协议与第二物理计算装置通信来对从第一物理计算装置向第二物理计算装置迁移虚拟机的请求进行响应。

（2）CN103081441A，网络存储系统中的动态迁移

申请人为苹果公司，以美国专利申请12/846363为优先权文件，优先权日为2010年7月29日。该专利申请涉及管理个人网络存储系统中设备的无缝添加和移除，个人云可以通过共享由用户和受该用户信任的其他用户拥有的若干个设备的资源来构造，为将一设备添加至个人云，该设备可以将其拥有者识别给库管理器，库管理器可以代表拥有者提供形成云的其他设备的寻址信息，该新设备可以与其他设备建立通信路径，并且基于个人云所需的服务或数据来配置自身（例如，根据与其他设备的通信来确定）。在个人云的各个设备上运行的服务可以动态地且自动地迁移，以确保用户可以随意地从个人云移除设备，而不会影响个人云的操作。

（3）CN102185928A，一种在云计算系统创建虚拟机的方法及云计算系统

申请人为广州杰赛科技股份有限公司，申请日为2011年6月1日，目前处于授

权后保护、专利权维持状态。该专利提供了一种在云计算系统创建虚拟机的方法,存储服务器存储虚拟机基准镜像文件、用户扩展镜像文件和用户磁盘镜像文件,云控制器接收用户请求并向节点控制服务器转发用户请求,用户请求包括用户选择的虚拟机基准镜像、CPU、内存大小以及用户磁盘镜像文件;节点控制服务器接收云控制器转发的用户请求,并根据用户请求创建虚拟机。

(4) CN102196049A,适用于存储云内数据安全迁移的方法

申请人为北京大学,申请日为 2011 年 5 月 31 日。本方法为:1) 将存储云用户划分为若干部门并为每一部门设一标签,建立该用户的树型结构标签,并将其保存到存储云中的中央节点;2) 将存储云中的数据节点划分为若干机组并为每一机组设一标签,建立存储云系统的树型结构标签,并将其保存到存储云中的中央节点;3) 建立上述两个树型结构标签点对点的关联关系,得到每一部门数据迁移过程中的目标机组安全选择策略,并将其保存到存储云中的中央节点;4) 中央节点所述目标机组安全选择策略,确定每一待迁移数据块要迁移的目标数据节点,然后执行迁移命令进行迁移。

(5) CN103620551A,虚拟机迁移工具

申请人为微软公司,以美国专利申请 13/171446 为优先权文件,优先权日为 2011 年 6 月 29 日。该申请描述了用于将应用迁移到计算云的工具和技术,工具可被用来将任何任意应用迁移到计算云的特定实现。该工具可以使用迁移规则库,将这些规则应用于所选应用,并且在该过程中生成迁移输出。

(6) CN103856480A,虚拟机迁移中的用户数据报协议分组迁移

申请人为国际商业机器公司,以美国专利 13/690135 为优先权文件,优先权日为 2012 年 11 月 30 日。该申请描述了利用用户数据报协议(UDP)作为传送或接收数据的基础的计算环境中的虚拟机迁移。

(7) CN104572274A,跨云点迁移系统及方法

申请人为宇宙互联有限公司,申请日为 2013 年 10 月 18 日。该申请提供一种跨云点迁移系统及方法,该系统应用于多个云节点,一第一云节点的一待迁移虚拟机发起一迁移请求,该系统响应该迁移请求获取该待迁移虚拟机的配置信息及创建该待迁移虚拟机的镜像文件,封装待迁移虚拟机的配置信息和镜像文件及存储所述封装文件到第一云节点中,将第一云节点的封装文件迁移到一目标第二云节点中,该第二云节点读取迁移的封装文件中的配置信息创建一个新的空白虚拟机及把镜像文件恢复到该新的虚拟机中。

(8) CN105283879 A,在多个公共云中提供存储服务的方法和系统

申请人为思科技术公司,以美国申请 61/833629 和 14/058041 作为优先权文件,优先权日分别为 2013 年 6 月 11 日和 2013 年 10 月 18 日。该申请描述了被配置为在

云环境中提供安全存储服务的云存储网关，云存储网关协助企业存储和云存储之间的与虚拟机相关联的数据的安全迁移。

（9）CN104519119A，虚拟化的云环境中异构迁移会话的反应性节流

申请人为国际商业机器公司，以美国申请 14/039898 作为优先权文件，优先权日为 2013 年 9 月 27 日。该申请公开了一种用于在虚拟化的云环境中同时运行的异构迁移会话的反应性节流的方法，能够节流各种不同功能类型的异构迁移会话以通过利用虚拟化的云计算数据中心中资源的虚拟到物理映射信息来减少该数据中心的流量拥塞。

（二）云存储领域数据安全技术

1. 中国专利申请状况分析

（1）中国专利申请情况概要

国内的数据安全领域的申请总计 414 件，图 27 为数据安全技术主题下申请量的年度分布，其中 2014 年出现了年度申请数据的数据高峰，2010 年至今在数据安全技术主题上的申请量一直保持增长趋势，充分反映了 2010 年以来云计算、云存储技术的发展趋势。

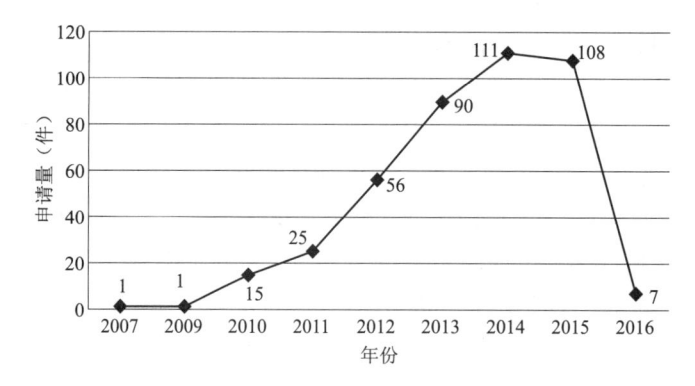

图 27　数据安全技术主题下申请的年度分布

（2）国家（区域）分布

图 28 为云存储数据安全技术主题中各国向我国申请专利的申请量分布图，由图

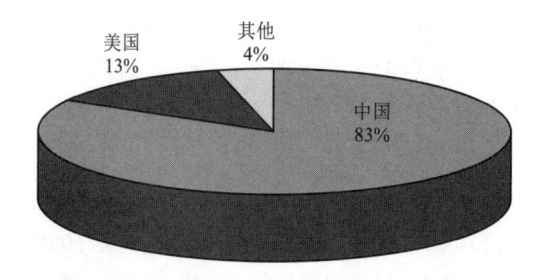

图 28　数据安全技术主题中各国向我国申请专利的申请量分布图

28 可知，数据安全领域向我国的专利申请中我国申请人占的比重最大，达 83%，美国居第二位，占 13%，其他国家或地区占有的申请相对较少。

图 29 为国内各地区申请量的分布图，由图 29 可知，北京、广东地区的申请量占有比重较大，江苏占有的比例其次，四川、上海、湖北也具有一定的申请量，这与地区的云计算、云存储行业的技术发展相对应。

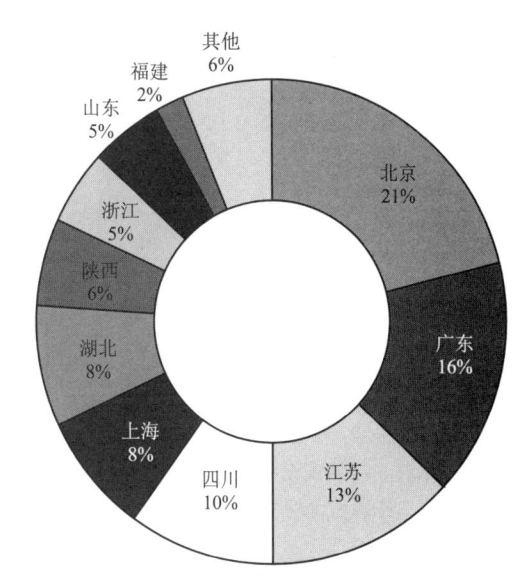

（3）中国专利申请的主要申请人

涉及数据安全领域申请人排名情况如图 30 所示，在云存储的数据安全领域，专利申请分布较为分散，嘉兴云歌公司的申请为 19 件，居第一位，环旭电子、惠州紫旭、济南伟利迅半导体公司的申请量紧随其后，其他专利申请人的数量较少，暂未形成系统的专利布局。

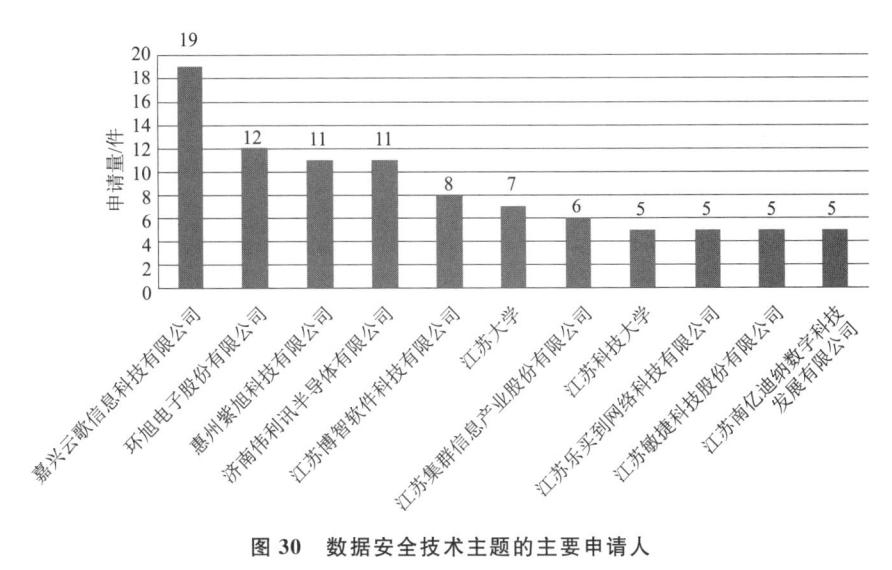

图 29 数据安全技术主题下国内各地区的申请量分布

图 30 数据安全技术主题的主要申请人

（4）主要技术分支的申请量分析

数据安全技术主题包括数据的加/解密、加/解封、密钥、凭证、密码、认证，数据隔离，访问控制与权限管理。其中，加/解密、加/解封、密钥、凭证、密码、认证解决的是如何通过设置密码、密令等方式更好地保障用户数据的私密性及其加密和解密过程，占数据安全技术主题下的52%；访问控制与权限管理通过权限管理与访问控制实现用户及用户指定方对其数据访问的控制，占数据安全技术主题申请量的36%，居第二位；数据隔离包括内网和互联网产生的数据相互隔离，隔离互联网、敏感业务系统，区别对待隔离数据，以数据加密技术为核心，访问控制与权限管理在于通过不同的方式确定访问用户的身份，定义数据的访问机制，占7%（见图31）。

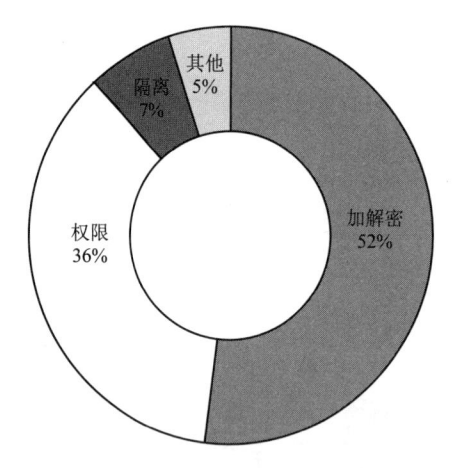

图31 数据安全技术主题下具体技术分支占比

2. 全球专利申请状况分析

（1）全球专利申请总体趋势

该技术主题下的申请总计1313件，图32所示为数据安全技术主题下的申请年度分布情况，2010年以后该技术主题下的申请呈现快速增长的态势，并在2013年和2014年达到了峰值。

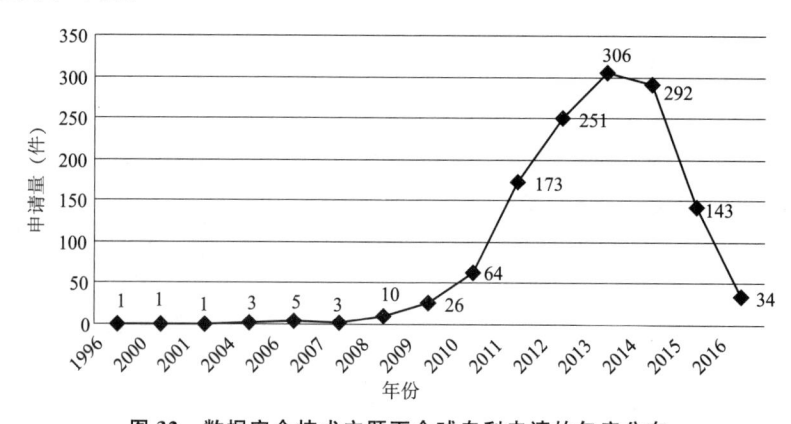

图32 数据安全技术主题下全球专利申请的年度分布

（2）国家分布分析

图33为云存储数据安全技术主题中各国申请专利的申请量分布图，由图33可知，美国与中国大陆的专利申请量占的比重最大，日本、欧洲和韩国的申请量其次。

（3）主要申请人分析

涉及数据安全领域申请人排名情况如图34所示，国外公司中微软与IBM公司的

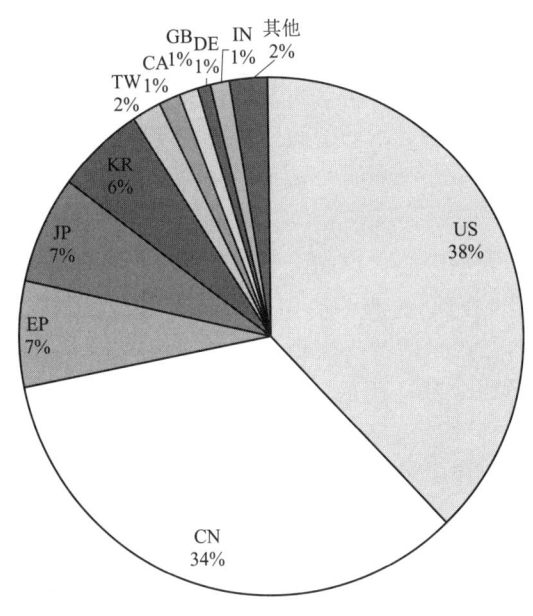

云存储领域专利技术现状及其发展趋势   143

图 33 云存储数据安全技术主题中各国申请专利的申请量分布图

全球申请量居前，其次是英特尔、赛门铁克、思科、谷歌等公司，国内的专利申请主要集中在如浪潮、华为等公司，西安电子科技大学、华中科技大学和南京邮电大学等高校。国外的企业在技术以及申请量上还是存在显著的优势。

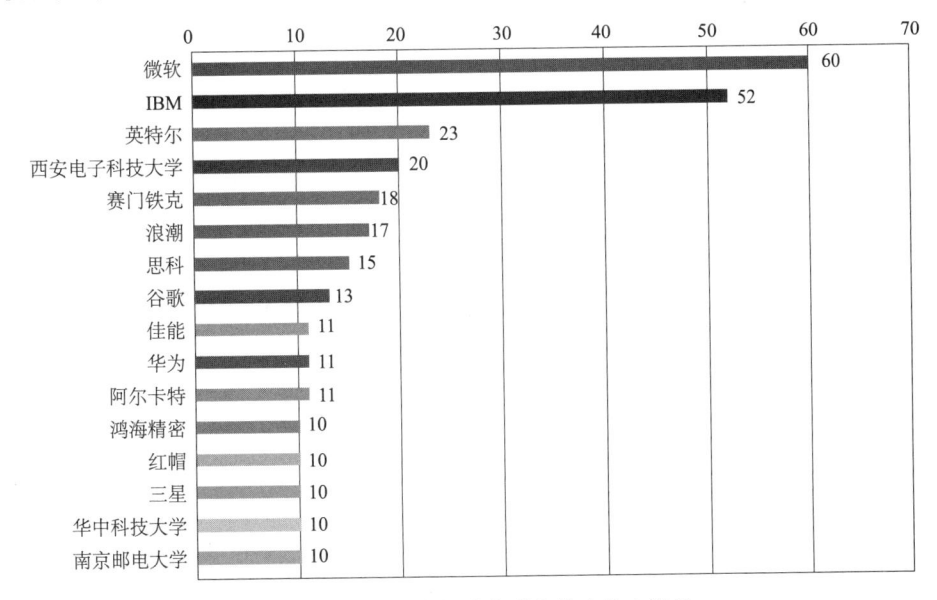

申请人	申请量
微软	60
IBM	52
英特尔	23
西安电子科技大学	20
赛门铁克	18
浪潮	17
思科	15
谷歌	13
佳能	11
华为	11
阿尔卡特	11
鸿海精密	10
红帽	10
三星	10
华中科技大学	10
南京邮电大学	10

图 34 数据安全领域专利申请人的申请量

3. 重点专利技术介绍

就数据安全技术来说，目前常用的方式为数据的加/解密、密钥、凭证、数据隔离、访问控制与权限管理等，这些方式可以通用在任何数据安全方面，而数据隔离包括内网和互联网产生的数据相互隔离、隔离互联网、敏感业务系统，区别对待隔离数据，由于云存储技术整体架构的要求，数据隔离技术存在一定的代表性，现对隔离技术的专利进行简要介绍。

云计算基础设施如数据中心可以同时为多个顾客提供多种服务，数据中心的顾客常常要求运行在私有企业网中的业务应用与运行在该数据中心中的资源上的软件交互，提供私有企业网与资源之间的受保护连接通常包括在数据中心内建立限制其他当前运行的承租人程序访问业务应用的物理分隔，如从数据中心中开辟出专用物理网络，使得该专用物理网络被设置为企业私有网的延伸。然而，由于数据中心被构造为动态增加或减少被分配给特定顾客的资源的数目，从经济角度考虑，开辟专用物理网络以及静态地将其中的资源分配给个别的顾客不易实现。微软公司于2009年11月6日申请的CN102598591A，采用用于保护跨网络的连接的覆盖，提供了隔离运行在物理网络上的顾客的服务应用的端点的机制，用于建立和维护虚拟网络覆盖，该覆盖横跨在数据中心和私有企业网之间并且包括服务应用的位于每个位置的端点。位于数据中心和企业私有网中的服务—应用端点可以以物理IP地址被数据分组到达。通过向服务—应用端点分配相应的虚拟IP地址以及维护虚拟IP地址与物理IP地址之间的关联来实例化服务—应用端点的虚拟存在。

上海网技信息技术有限公司申请日2011年6月28日的CN102855450A，用于对虚拟计算环境进行隔离保护的方法及系统，其法律状态为专利权维持有效。可以通过将所述云安全管理器设置在虚拟计算平台中的硬件资源之上，用来管理与安全任务相关的硬件物理地址的映射，以及将虚拟机监视器设置在所述云安全管理器之上，用于管理与非安全任务相关的硬件物理地址的映射，并且所述虚拟机监视器对硬件物理地址的映射进行的操作由所述云安全管理器进行控制。

英特尔公司2011年6月21日的CN103620578A，经由网络分割的本地云计算，其法律状态为专利权维护有效。通过数据通信网络将多个计算节点配置为计算节点群集群，设置控制节点，其配置成分割数据通信网络或促使数据通信网络的分割，以使计算节点群集与其他计算节点群集隔离用于计算任务的本地执行的分配。

微软公司2011年8月10日的CN103718506A，在云与宅内之间的混合统一通信部署，专利权维持有效，公开了混合统一通信（UC）电话通讯部署包括被托管在UC云部署与UC宅内部署之间的承租者的用户，其为所述用户提供PSTN连通性。

宇龙通信科技有限公司申请日为2013年3月29日的CN103207908A，基于云端服务器的数据管理方法、系统及移动终端，公开了一种基于云端服务器的数据管理方法、系统及移动终端。移动终端与云端服务器建立连接；向所述云端服务器发送数据下载请求；接收所述云端服务器根据所述数据下载请求下发的云端存储数据；将所述云端存储数据存储在动态存储区中，所述动态存储区与用于存储终端原始数据的本地存储区相互隔离。

成都康赛电子科大信息技术有限责任公司申请日为 2013 年 3 月 29 日的 CN103207908A，多数据源动态隔离访问方法，该方法针对多数据源动态访问的要求，利用动态数据库连接、访问与多事务处理技术，通过多数据源动态连接、多数据源动态查询和多数据源隔离存储三个阶段实现多数据源动态隔离访问。

华为技术有限公司申请日为 2013 年 11 月 5 日的公开号 CN104618313A，安全管理系统和方法，桌面云子系统和至少一个数据处理子系统。通过桌面云子系统向办公终端转发数据处理子系统的桌面图像，数据处理子系统接收办公终端在桌面图像上操作时产生的触发信号；数据处理子系统根据触发信号在数据处理子系统内部或者不同数据处理子系统之间完成关键信息的编辑、存储、处理、上传和下载等，实现了将关键信息隔离在数据处理子系统中或者数据处理子系统之间的范围内。

浪潮公司申请日为 2014 年 6 月 5 日的公开号为 CN103997502A，一种基于云计算数据中心安全增强模型的设计方法，包括扩展基于 sHype 的 Xen 可信安全架构、虚拟化网络隔离、网络存储资源隔离等方面。主要用来对云计算数据中心资源进行合理有效的划分和归类，并构建多个相互隔离的区域。

广州中国科学院软件应用技术研究所申请日为 2014 年 9 月 17 日公开号为 CN104270349A，一种云计算多租户应用的隔离方法及装置，针对不同的租户名分别设定不同的租户业务数据存储地址，并将该用户所要执行操作的数据库地址设置为查找到的租户业务数据存储地址，不同的租户执行操作的业务数据存储地址不同，实现了多租户应用的隔离。

杭州华三通信技术有限公司申请日为 2015 年 10 月 27 日公开号为 CN105591873A，一种虚拟机隔离方法和装置，网关设备与虚拟机所在物理服务器建立基于 GRE 实现的 VPN 隧道，在 VPN 隧道中传输虚拟机的报文时，将虚拟机所属 VPC 信息携带在 GRE 隧道封装报文的头部，以此实现 VPC 之间虚拟机的隔离。

（三）云存储领域存储池技术

资源池化是云存储的一个典型特点，因为资源的池化才能带来能力的分配，这种能力包括 CPU 的运算能力、网络的连接能力、I/O 的处理能力等，池化资源是打破硬件之间的差异性，为应用提供统一的一种服务的理想化状态，云存储是用来提高 IT 资源的利用率的，而非创造基础资源。

1. 中国专利申请状况分析

(1) 中国专利申请情况概要

国内的存储池技术主题的申请量按照年代分布的情况如图 35 所示，自 2009 年起，开始有存储池技术主题下的申请，从 2009 年至 2013 年，申请量保持稳步增加，而2014年的申请量增幅减慢，说明存储池技术基本成熟，同时由于发明专利申请自申请日起18个月才予以公开，导致2015年和2016年的数据并不能反映其真实的申请量。总体上看来，自2009年开始有存储池技术主题的申请以来，该技术主题的申请量基本保持线性上升，这也一定程度上反映了该领域的技术发展水平。

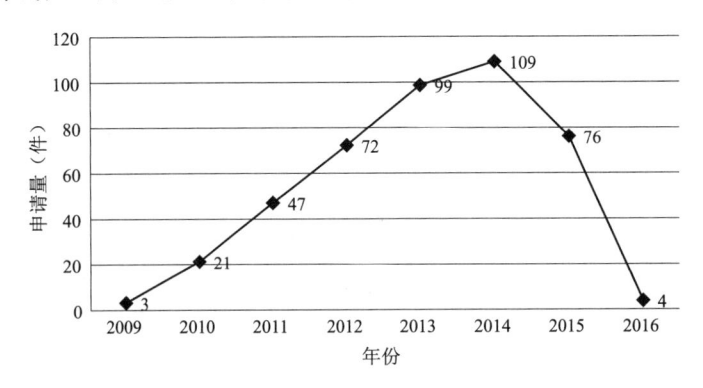

图35　存储池技术主题申请量按年代分布

（2）国家（区域）分布

图36为云存储存储池技术主题中各国/地区向我国申请专利的申请量分布图，由图可知，国内申请人占的比重最大，申请量达369件，美国居第二位，达到53件，其他国家或地区占有的申请相对较少。由此可见，国内企业对于中国市场相当重视，这一方面有地理上的本地优势，另一方面也反映了中国市场相当庞大，这一点从美国对于中国专利的布局所花费的精力也能得到佐证。

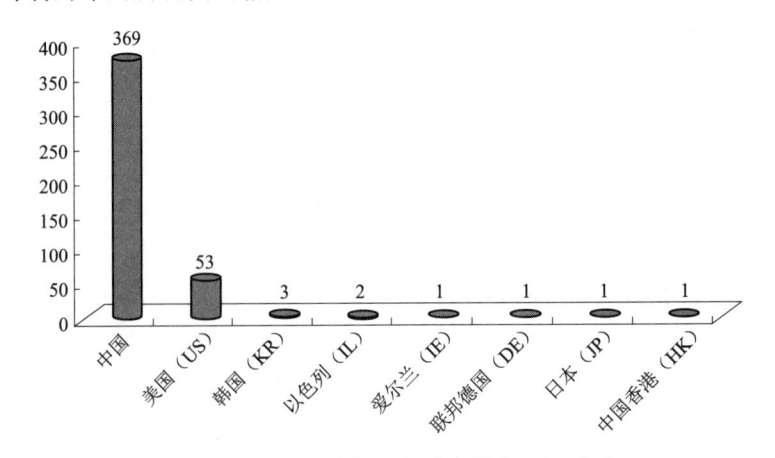

图36　存储池技术领域申请人国家/地区分布

图37为国内各地区申请量的分布图，由图可知，占比较多的省市依次是北京、广东、江苏、山东、四川、上海和浙江，这与地区的云计算、云存储行业的技术发展

相对应,也基本上与各省市的经济发展水平相对应。

```
天津    7
陕西   11
湖北   12
浙江   18
上海   21
四川   34
山东   36
江苏   57
广东   62
北京   74
     0  10  20  30  40  50  60  70  80
```

图 37　存储池技术领域国内申请按区域分布

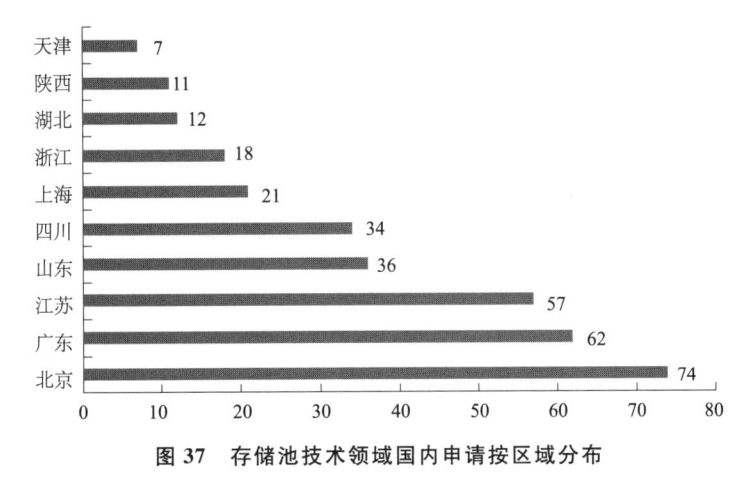

图38示出了存储池技术主题国内申请量所占份额在前十位的区域,从中可以看出,北京占比最大,达到20%,而后依次是广东、江苏、山东和四川,而前五个区域总和占到全部申请的60%以上,这充分说明了存储池技术主题下国内申请主要集中在经济较发达地区。

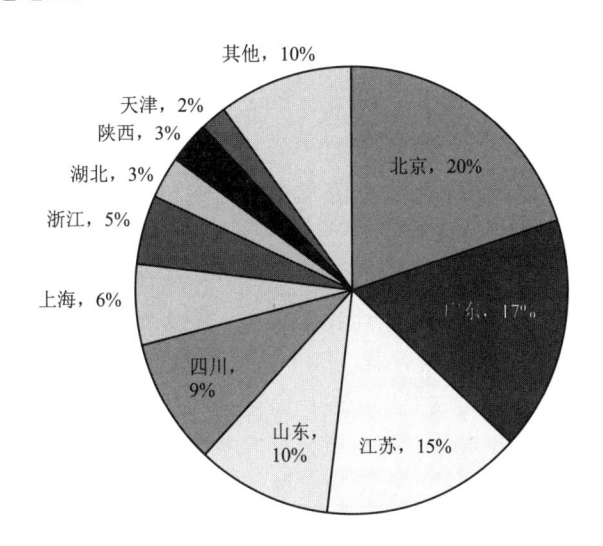

其他,10%
天津,2%
陕西,3%
湖北,3%
浙江,5%
上海,6%
四川,9%
山东,10%
江苏,15%
广东,17%
北京,20%

图 38　存储池技术主题国内申请量所占份额在前十位的区域

(3) 中国专利申请的主要申请人

涉及存储池领域申请人前20名排名情况如图39所示,在云存储的存储池技术主题下,浪潮集团申请量最大,随后是微软公司和国际商业机器公司,而在申请量排前十的申请人中，有两所高校，即南京邮电大学和清华大学，这一定程度上反映了产学研结合的成果，高校的研究方向和专利申请也密切考虑到了市场的需求，同时在前十位申请人中，除了国际商业机器公司和微软公司，其他的申请人都是国内的企事业单位或个人，这说明在存储池技术主题下，国内企事业对于专利的布局较为到位。但反映出申请量排在后面的申请人在这方面的专利布局还稍欠缺。

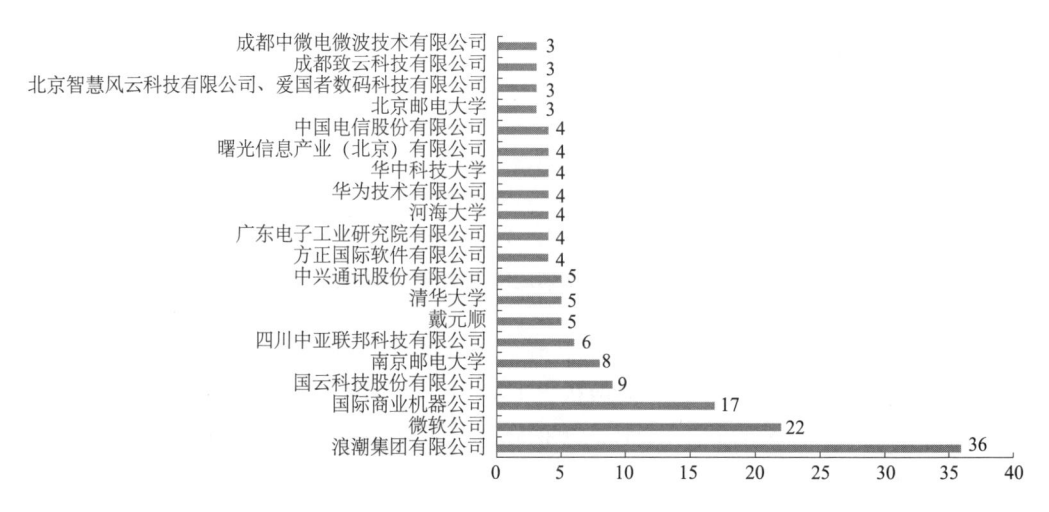

申请人	申请量
成都中微电微波技术有限公司	3
成都致云科技有限公司	3
北京智慧风云科技有限公司、爱国者数码科技有限公司	3
北京邮电大学	3
中国电信股份有限公司	4
曙光信息产业（北京）有限公司	4
华中科技大学	4
华为技术有限公司	4
河海大学	4
广东电子工业研究院有限公司	4
方正国际软件有限公司	4
中兴通讯股份有限公司	5
清华大学	5
戴元顺	5
四川中亚联邦科技有限公司	6
南京邮电大学	8
国云科技股份有限公司	9
国际商业机器公司	17
微软公司	22
浪潮集团有限公司	36

图 39　存储池技术领域国内申请主要申请人分布

（4）主要技术分支的申请量分析

存储池技术主题包括的具体技术分支有存储资源整合、负载均衡、数据快照/镜像以及重定向。其中，存储资源整合是存储虚拟化的整合解决方案，通过跨平台异构存储资源整合技术，将孤立的存储设备整合成一个统一的虚拟存储池，消除品牌、型号等方面的差异，实现了数据共享，提高了数据资源的使用效率，也就是搭建了整个云存储的框架，这部分申请量最大；而负载均衡，是将负载进行平衡，分摊到多个操作单元上进行执行，例如 Web 服务器、FTP 服务器、企业关键应用服务器和其他关键任务服务器等，从而共同完成工作任务；而数据快照是数据库的只读静态视图，在创建时，每个数据库快照在事务上都与源数据库一致，在创建数据库快照时，源数据库通常会有打开的事务，在快照可以使用之前，打开的事务会回滚以使数据库快照在事务上取得一致，数据镜像是指保留两个或两个以上在线数据的拷贝，以两个镜像磁盘为例，所有写操作在两个独立的磁盘上同时进行，当两个磁盘都正常工作时，数据可以从任一磁盘中读取，如果一个磁盘失效，则数据还可以从另外的一个正常工作的磁盘读出，I/O 重定向是 Shell 编程中用于捕捉一个文件、命令、程序或脚本，甚至代码块的输出，然后把捕捉到的输出作为输入发送给另外一个文件、命令、程序或脚本等。后面两部分的申请量较少。

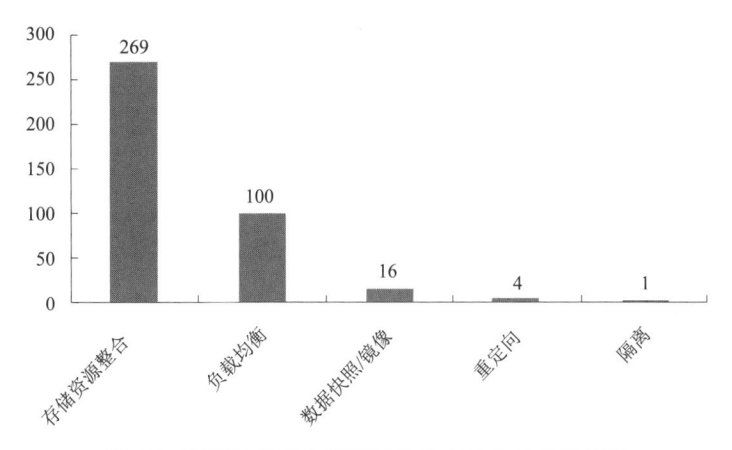

云存储领域专利技术现状及其发展趋势   149

图 40   存储池技术主题下具体技术分支的申请布局

图 41 是存储池技术主题下具体技术分支的申请量占比,从中可见,存储资源整合占到了一半以上,而负载均衡占比也较大。

由于存储资源整合技术分支下的申请量很大,所以将该分支单独进行分析,获得图 42。

从图 42 可以看出,存储资源整合的申请量也一直保持较快上升趋势,尤其在 2011 年至 2013 年期间,上升速度较快。

而图 43 示出了存储资源整合技术分支下申请量排在前十位的申请人分布,其前四位与存储池技术主题的申请人分布基本相同,这与存储资源整合在存储池技术主题中所占比重较大有一定关联。

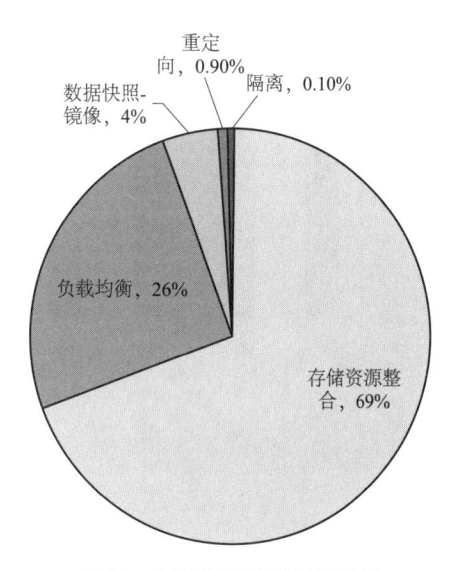

图 41   存储池技术主题下具体技术分支的申请占比

2. 全球专利申请状况分析

(1) 全球专利申请总体趋势

图 44 为全球的存储池技术主题的申请量按照年代分布,如图 44 所示,自 2002 年起,开始有存储池技术主题下的申请,从 2010 年至 2013 年,申请量保持持续增加,而 2014 年的申请量增幅减慢,说明存储池技术基本成熟,同时由于发明专利申请自申请日起 18 个月才予以公开,导致 2015 年和 2016 年的数据并不能反映其真实的申请量。总体上看来,自 2002 年开始有存储池技术主题的申请以来,该技术主题的申请量基本保持线性上升,这也一定程度上反映了该领域的技术发展水平。

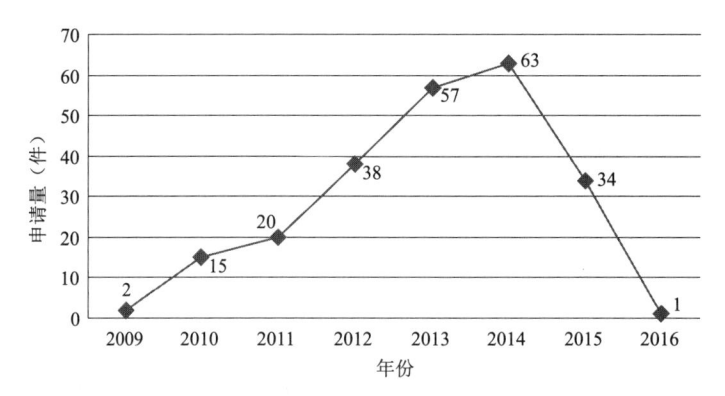

图 42　存储资源整合申请量年代分布

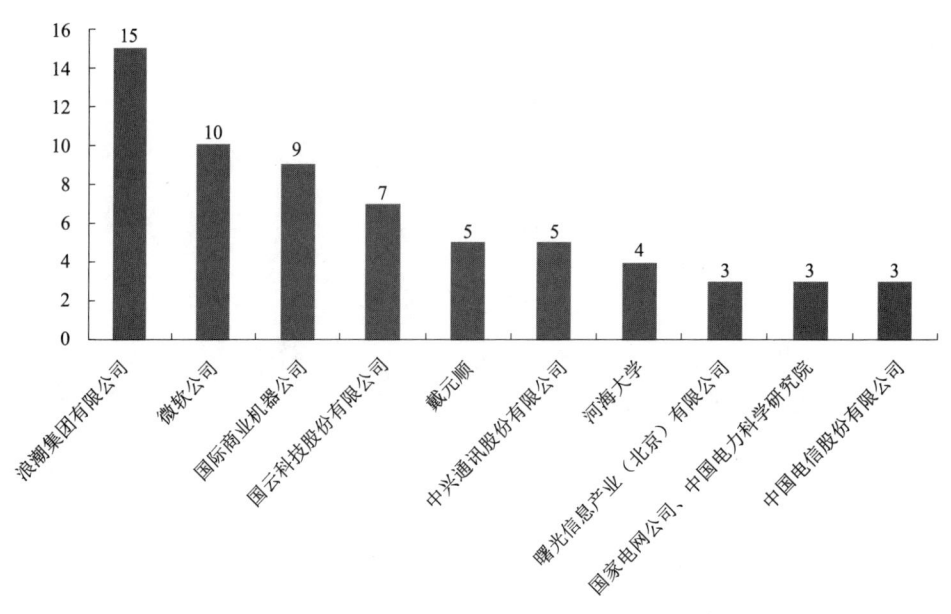

图 43　存储资源整合申请量前十位的申请人分布

(2) 国家分布分析

图 45 为云存储存储池技术主题中目标国/地区的申请量分布图,由图 45 可知,美国占的比重最大,达 60%,中国居第二位,达到 22%,其他国家或地区占有的申请相对较少,总体上占到快 20%。由此可见,从全球范围来看,存储池领域在美国的专利布局最为完善,申请量最大,而中国成为美国之后的第二位,这充分说明了,美国是存储池领域最为重要的市场,而中国也成为一个非常重要的市场。

(3) 主要申请人分析

图 46 示出了存储池技术主题下全球主要申请人的申请量占比,可以看出,申请

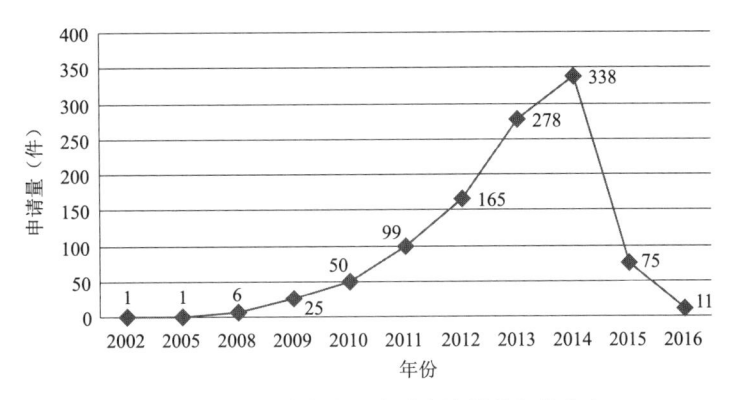

云存储领域专利技术现状及其发展趋势　151

图44　存储池技术主题全球申请量按年代分布

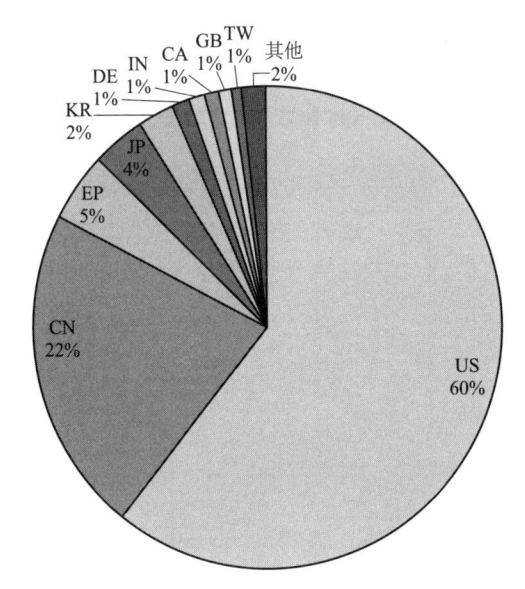

图45　存储池技术领域全球申请人国家/地区分布

量最多的申请人IBM所占比例较大，而在前几位申请人中，中国企业只有浪潮集团上榜，进一步分析浪潮集团的申请发现，其均是在中国的申请，这反映出在存储池技术领域，国内企业的专利布局很弱，一方面由于国内企业的市场在国内，另一方面也体现出国内企业在该领域的技术研发力量不够，还处于跟随阶段。

3. 技术发展路线及重要专利技术介绍

负载均衡技术是存储池技术领域中较为重要的技术分支，其能够较大程度地影响整个云存储系统的功耗和执行效率，因此有必要对该技术分支进行技术脉络的梳理，图47示出负载均衡技术自2009年至今的技术发展状况。

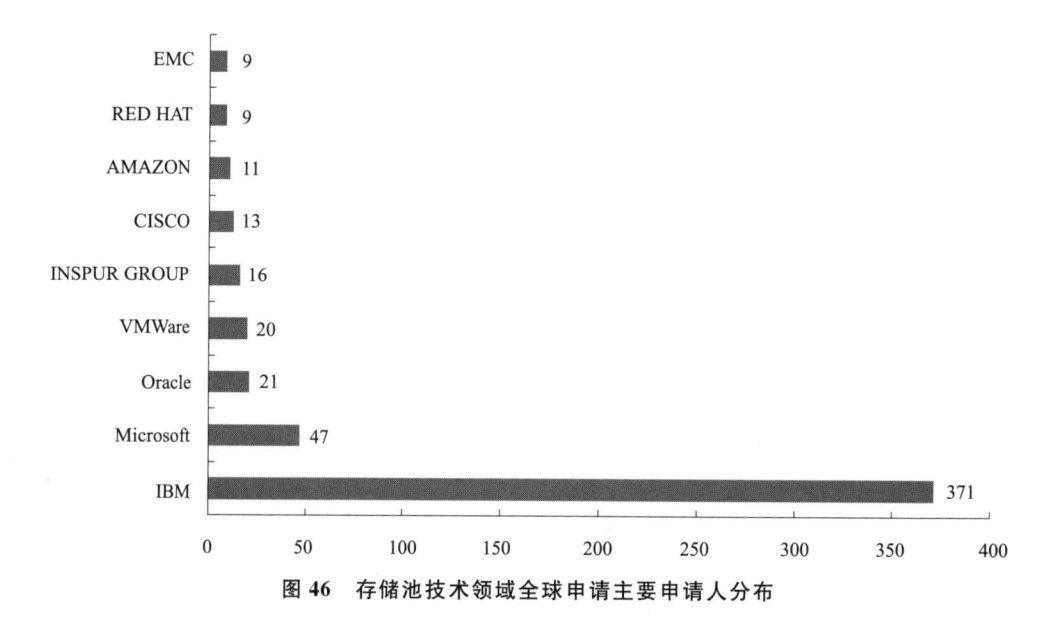

图46 存储池技术领域全球申请主要申请人分布

申请人	申请量
EMC	9
RED HAT	9
AMAZON	11
CISCO	13
INSPUR GROUP	16
VMWare	20
Oracle	21
Microsoft	47
IBM	371

图47 负载均衡技术的技术发展路线图

2009年
- US20090169522P 云数据中心内Web服务器群架构的客户端侧扩展的方法和系统（提出了负载均衡的初始概念）埃森哲环球服务有限公司

2010年
- US20100908752 高可用性场服务器组的升级（采用负载均衡器，根据具体因素确定那个服务器接收客户端请求）微软公司
- US20100731205A 管理分布式计算系统中的功率供应（通过重复计算各个计算机的功率消耗，来评估给定计算机）微软公司
- US20100693922A 用于抽象对虚拟机的基于非功能需求的部署的方法和系统（提供抽象层，响应于工作负荷请求来实例化虚拟机）国际商业机器公司

2011年
- CN201110022741A 一种基于网络的PB级云存储系统及其处理方法（计算服务器集群的工作负载和不平衡度，进行负载均衡处理）中国人民解放军理工大学
- CN201110454194A 一种云计算中依赖任务的解耦并行调度方法（对任务解耦，从而更合理地调度）大连理工大学

2012年
- CN201210478919A 云公共服务平台下的大规模计算机资源的监控和调度方法（按照租户的特性进行存储）合肥华云通信技术有限公司
- CN201210550262A 一种提高多平台只能终端处理能力的方法（对调度进行优化，将作业分成多个子作业，在不同JVM上并行运行）武汉大学
- CN201213453019A 用于修复过渡承诺的计算环境中的过载方法和系统（修复被静默的VM，达到负载均衡）国际商业机器公司

2013年
- CN201310063508A 一种块级别云存储负载均衡优化的方法（具体部署方式利用了种群）杭州电子科技大学

2014年
- CN201410019297A 一种云存储下元数据服务的负载均衡方法和系统（将数据的热度作为负载均衡的考量之一）浪潮集团

2015年
- CN201510054826A 一种高性能Web服务网络中的就近访问负载均衡调度方法（就近访问负载均衡调度方法）浪潮集团

其中，对于上述路线图具体介绍如下：

2009年由埃森哲环球服务有限公司申请的US20090169522P，其是云数据中心内Web服务器群架构的客户端侧扩展的方法和系统，提出了负载均衡的初始概念，具有负载均衡文件，该文件中主要是当前负载数，为了访问动态内容，基于虚拟机的当前负载，浏览器从虚拟机中选择合适的虚拟机进行处理。该篇文献目前的法律状态是授权后专利权维持。

2010年由微软公司申请的US20100908752A是高可用性场服务器组的升级，采用了负载平衡器，其根据WFE服务器的利用率、连接到WFE的连接数目和整体WFE性能等因素确定哪个WFE服务器接收客户端请求，该篇文献目前的法律状态是授权后专利权维持，授权后发生过权利变更，从微软公司变更为微软技术许可有限责任公司。

同年，由微软公司申请的US20100731205A是管理分布式计算系统中的功率供应，通过重复地评估多个计算机的功率消耗，一个或多个计算机管理多个计算机的功率消耗，以便通过聚集任何给定的多个计算机中的单个计算机的功率消耗的标记来评估所述给定的多个计算机，该篇文献目前的法律状态是授权后专利权维持，授权后发生过权利变更，从微软公司变更为微软技术许可有限责任公司。

以及由国际商业机器公司申请的US20100693922A是用于抽象对虚拟机的基于非功能需求的部署的方法和系统，通过生成虚拟管理程序作为应用程序设计接口，在云环境与一个或多个数据中心之间提供抽象层，以及响应于一个或多个数据中心的工作负荷请求，使用虚拟管理程序在一个或多个数据中心中划分资源并实例化虚拟机，使得使用虚拟管理程序在抽象层解决工作负荷的非功能需求，该篇文献目前的法律状态是授权后专利权维持。

2011年由中国人民解放军理工大学申请的CN201110022741A是一种基于网络的PB级云存储系统及其处理方法，其中主控服务器周期性的计算当前存储服务器集群的总工作负载和数据分布不平衡度，当总工作负载低于某设定值，且数据分布不平衡度高于某设定值时，则对存储负载最重的存储服务器实行数据迁移，将数据迁移到存储负载最轻的存储服务器。该篇文献目前的法律状态是授权后专利权终止。

同年，由大连理工大学申请的CN201110454194A是一种云计算中依赖任务的解耦并行调度方法，其对于有任务依赖关系的任务进行解耦，对解耦后的任务进行并行调度，以达到更合理的调度和部署。该篇文献目前的法律状态是授权后专利权维持。

2012年由合肥华云通信技术有限公司申请CN201210478919A是云公共服务平台下的大规模计算机资源的监控和调度方法，涉及租户的信息情况，对虚拟机按照租户的特性进行存储，该篇文献目前的法律状态是授权后专利权维持。

同年由武汉大学申请的CN201210550262A是一种提高多平台智能终端处理能力的方法,其对调度进行优化,将作业分成多个子作业,然后在不同JVM上并行运行,该篇文献目前的法律状态是授权后专利权维持。

由国际商业机器公司申请的US201213453019A是用于修复过渡承诺的计算环境中的过载的方法和系统,其修复被静默的VM,并达到负载均衡,该篇文献目前的法律状态是授权后专利权维持。

2013年由杭州电子科技大学申请的CN201310063508A是一种基于块级别云存储负载均衡优化的方法,其具体部署方式利用到了种群,及其中个体的适应度值和积累概率,根据编码结果,对iSCSI重新布置,该篇文献目前的法律状态是授权后专利权维持。

2014年由浪潮(北京)电子信息产业有限公司申请的CN201410019297A是一种云存储下元数据服务的负载均衡方法及系统,其将数据的热度作为负载均衡的考量之一,该篇文献目前处于实审阶段。

2015年由浪潮电子信息产业股份有限公司申请的CN201510054826A是一种高性能Web服务网络中的就近访问负载均衡调度方法,主要是就近访问负载均衡调度方法,该篇文献目前处于等待实审提案阶段。

(四)云存储领域数据保护技术

数据保护技术主要涉及对所存储数据的保护手段,包括容灾/备份、恢复、远程/跨平台复制、一致性管理/同步/更新、数据冗余、数据完整性等三级分支。

1. 中国专利申请状况分析

(1) 中国专利申请情况概要

涉及数据保护主题的申请总共322件,年度申请量分布如图所示。从图48中可以看出,从2010年开始,相关申请量呈逐年递增的趋势,2012—2015年间每年申请量均在60件以上,其中2014年申请量最大。

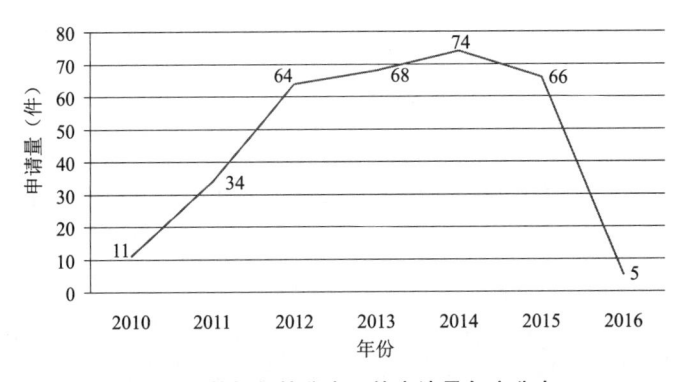

图48 数据保护分支下的申请量年度分布

(2) 国家（区域）分布

数据保护相关申请的申请人主要来自中国、美国、法国、日本、加拿大和新加坡，如图 49 所示。其中美国申请人共申请了 36 件，法国 4 件，日本、加拿大和新加坡各 1 件，而中国申请人的申请量则为 279 件，远远多于其他国家。可见，中国和美国申请人较为重视在数据保护方面进行专利布局。

进一步地，根据对我国申请人所属省市地区的分析，在总共 279 件本国申请中，北京、广东申请人的申请量明显高于其他地区（参见图 50），这与云存储技术发展密集的地区较为吻合，换言之，在云存储技术发展较快的地区，对数据的保护需求也较大。

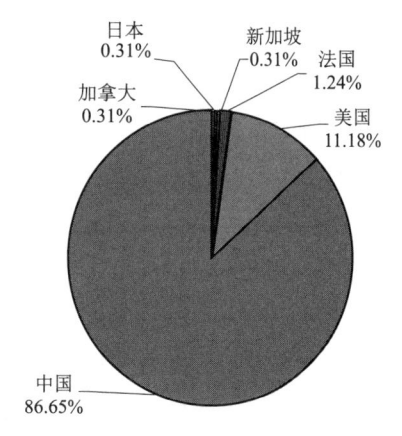

图 49　数据保护分支下的国家区域分布

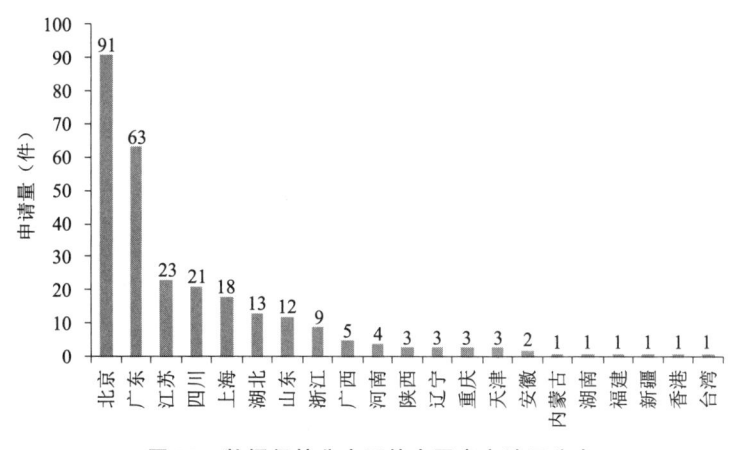

图 50　数据保护分支下的中国省市地区分布

（3）中国专利申请的主要申请人

数据保护技术主题下的申请人较多，一共有 182 个，这在一定程度上反映出了大众对数据保护技术的创新热情。另一方面，通过对主要申请人进行分析我们发现，申请量排名的第一梯队主要来自互联网领域的软、硬件企业，其中即包括在云存储技术领域专利申请量全球排名前 2 位的跨国巨头 IBM 和微软。可见，数据保护技术与云存储技术的发展呈现一定的正相关特性。考虑到云存储所涉及的数据体量越来越庞大，对于数据的正确性、完整性的保护必得到妥善解决，从而云存储的可靠性、稳定性才能得到保障。

如图 51 所示，奇智软件公司、浪潮集团、IBM 和微软的申请量均超过了 10 件。剩余申请量在 5 件以上的申请人中，包括清华大学、华中科技大学、南京邮电大学等技术研发实力较强的高校，以及华为、中兴等大型企业。其中清华大学在这方面的申请也接近十件。纵观几个大学在整个云存储技术中的申请量可知，国内某些研发实力较强的高校在重要领域的技术布局实力是不容小觑的。

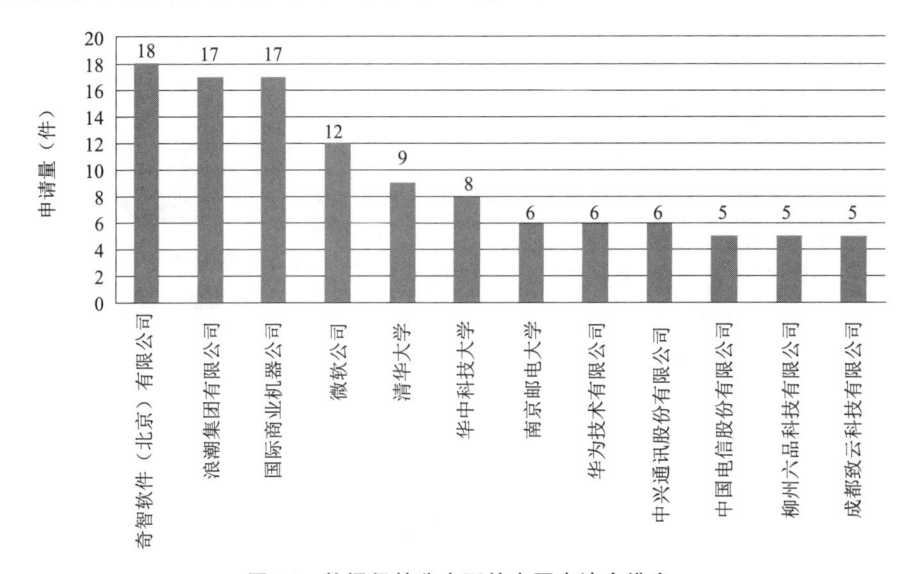

图 51　数据保护分支下的主要申请人排序

图 52、表 2 更直观地展现了各公司在数据保护分支的申请量占比情况。从中可以看到各公司在该技术主题下的申请量差别不太大，这其中有一部分原因在于，很多申请人均有在"数据备份""数据同步"这两个次级分支进行申请。

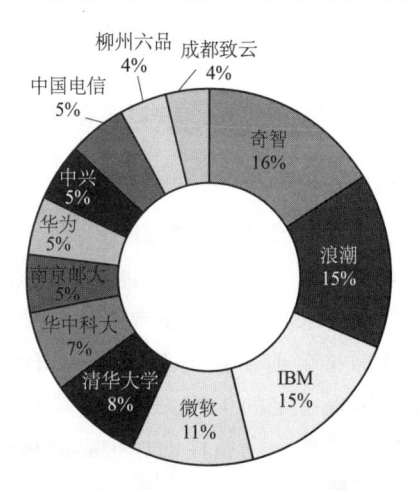

图 52　数据保护分支下的主要申请人占比

表 2　数据保护分支下的主要申请人申请情况

申请人	申请量（件）	在整个分支下的占比（%）
奇智软件（北京）有限公司	18	5.08
浪潮集团有限公司	17	4.8
国际商业机器公司	17	4.8
微软公司	12	3.39
清华大学	9	2.54
华中科技大学	8	2.26
南京邮电大学	6	1.69
华为技术有限公司	6	1.69
中兴通讯股份有限公司	6	1.69
中国电信股份有限公司	5	1.41
柳州六品科技有限公司	5	1.41
成都致云科技有限公司	5	1.41

（4）主要技术分支的申请量分析

数据保护技术主题包括的六大技术分支如图53所示。申请最多的是备份/容灾和一致性管理/同步/更新，这两个分支的申请量占到了数据保护这一主题的申请量的70%以上，这一方面是因为云存储数据的备份、同步较为重要；另一方面，远程数据备份、同步、更新的技术构成也较为丰富，在标引过程中我们看到，很多中小企业、科研机构等在数据备份、同步的实现方式方面也有它们的创新思想。

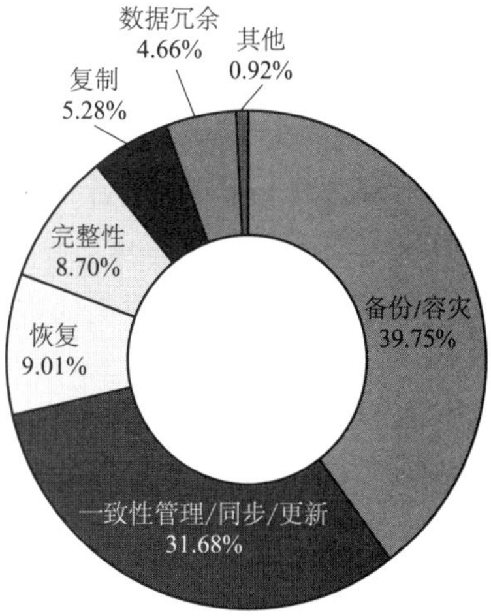

剩下的约30%申请中，数据恢复、数据完整性的申请分别约占9%，这也与云存储领域的实际需求相符。远程/跨平台复制和数据冗余则占比较少。

2. 全球专利申请状况分析

（1）全球专利申请总体趋势

涉及数据保护主题的全球申请总共1308件，从最早优先权日来看，年度申请量分布如图所示。从图54中可以看出，从2009年开始，相关申请量逐年迅速递增，尤其

图 53　主要技术分支的申请占比

（备份/容灾 39.75%；一致性管理/同步/更新 31.68%；恢复 9.01%；完整性 8.70%；复制 5.28%；数据冗余 4.66%；其他 0.92%）

在 2010—2015 年，每年申请量均在 100 件以上，其中 2013 年申请量最大，接近 300 件。

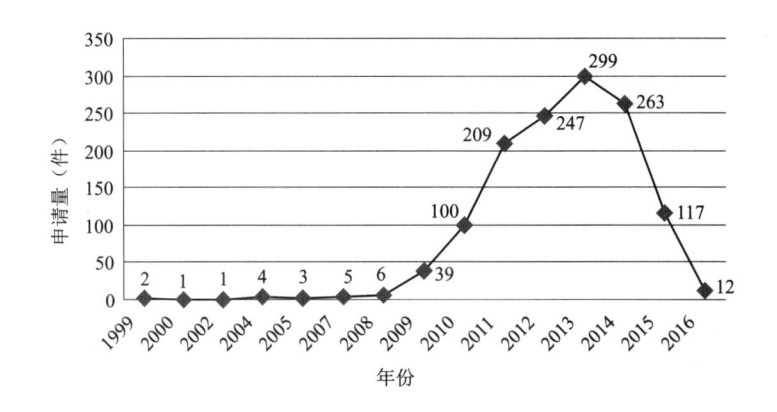

图 54　数据保护分支下的全球申请量年度分布

(2) 国家（区域）分布

数据保护相关全球申请的申请人主要来自美国、中国、欧洲、韩国、日本，如图 55 所示。其中美国申请人共申请了 764 件，中国申请人 577 件，欧洲申请人 90 件，韩国、日本申请人分别申请了 60 件、54 件。可以看出，美国和中国申请人的全球申请量远远多于其他国家/区域。可见，美国和中国申请人较为重视在数据保护方面进行专利布局。

(3) 全球专利申请的主要申请人

数据保护技术主题下的申请人较多，申请人数量超过了 1000 个。申请量排在前十位的申请人依次包括 IBM、微软、浪潮、赛门铁克、奇虎、思科、EMC、RED HAT、鸿海、苹果，这些都是计算机技术领域的世界知名企业。其中前三名的 IBM、微软、浪潮在整个云存储方面的申请量都明显较多，可见，数据保护也是云存储里面较为重要的一个技术分支。

如图 56 所示，IBM 和微软的申请量均超过了 60 件。可以看到，IBM 和微软在数据保护领域内的专利布局具有绝对优势，而前十位的申请人中，中国大陆申请人有浪潮和奇虎两家公司，台湾地区的鸿海也位列前十。需要注意的是，排名第三的浪潮申请量虽然也较大，但是几乎都是向中国提交的申请。可见，我国企业在全球云存储数据保护领域的布局中还有待加强。

3. 重点专利技术介绍

在数据保护中，一般会采用数据备份恢复、数据复制、数据冗余、数据同步等方式，在数据复制中，一般采用将中心数据分别复制到各个分中心，而本文主要分析采

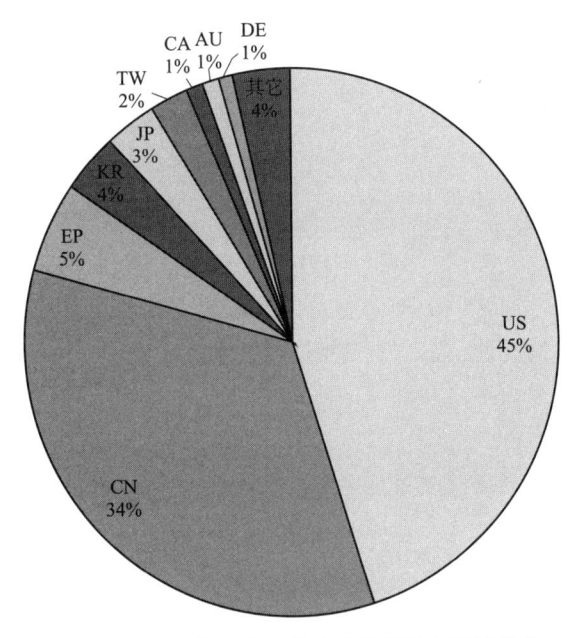

云存储领域专利技术现状及其发展趋势 159

图 55 数据保护分支下的全球申请国家区域分布

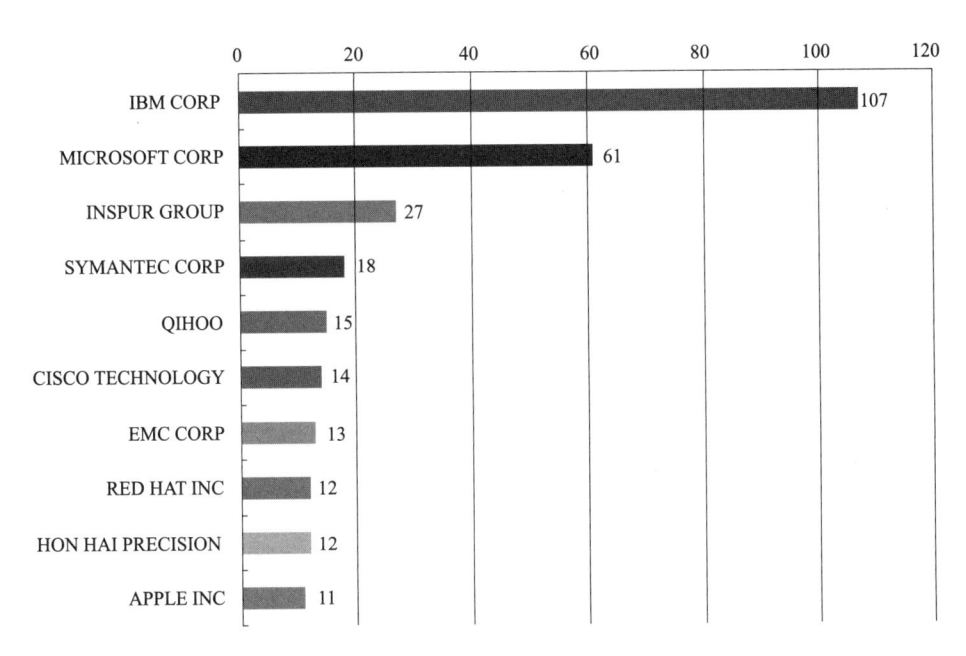

图 56 数据保护分支下的主要申请人排序

用数据备份恢复的重点技术专利。

在2010年的申请中，主要以节点备份技术为主，2011年的申请中，以将数据进行分块，然后分块备份数据；从2012年开始，主要以异地备份，利用快照进行数据备份，2013年以数据快照备份为主，其中还会有对节点数据备份和数据块数据备份的改进；2014年主要是对节点数据备份和数据块数据备份的改进；2015年主要是数据的镜像备份和数据的快照备份，以及数据的副本复制；2016年也仍为数据快照备份。

微软公司申请日为2010年3月26日的CN102388361A，差别文件以及从对等点和云恢复的系统，可使用基于差别的分析以便在取出备份数据之前基于签名和/或与要恢复的给定项有关的其他信息来计算新的完全差别。根据该差别，仅传输被确定为该项的当前版本与期望版本之间独有的块，此后对该块与非独有的本地存在块进行合并以获得该项的完全恢复的版本。此外，可采用混合结构，其中将签名和/或数据存储在网络之内的全球位置以及一个或多个本地对等点上。其法律状态为专利权维持有效。

中兴通讯股份有限公司申请日为2012年1月4日的CN 103197987A，一种数据备份的方法、数据恢复的方法及系统，接收到保存文件的请求后，对所述文件进行分片存储，并触发对所述文件的分片的备份流程。其法律状态处于审查状态。

南京邮电大学申请日为2012年11月14日的CN102780769A，一种基于云计算平台的容灾存储方法，当用户上传的数据比较大时，先将数据进行一定程度的分割，再将分割后的数据块交叉存储在数据节点上。其法律状态为专利权维持有效。

国际商业机器公司申请日为2012年8月17日的CN103946846A，使用虚拟驱动作为用于RAID组的热设备，识别针对第一数据存储设备的故障指示，该第一数据存储设备是存储阵列内的第一RAID组的成员。其使用了快照备份的方式，法律状态处于审查状态。

微软公司申请日为2012年5月18日的CN103547994A，用于容量管理和灾难恢复的跨云计算通过检测峰值负载条件并且自动地将计算移至另一计算资源（并移回）以及通过跨两个或更多云提供计算并且在一个站点处发生灾难的情况下完全移至一个计算资源来提供容量管理和灾难恢复。采用了跨多个中心备份的技术，法律状态处于审查状态。

浪潮集团有限公司申请日为2013年10月18日的CN103500136A，一种云系统中计算机硬盘数据的保护方法，系统对云环境下的物理机进行监控，当计算机硬盘告警时，将告警的物理机关机，并远程启动数据拷贝系统，将计算机硬盘的数据拷贝到备用机上，备用机开机后，直接使用。采用了远程数据拷贝技术，其法律状态处于审查状态。

国际商业机器公司申请日为2014年6月17日的CN 104252319A，一种企业数据云备份系统及方法，针对多个逻辑分区的备份管理，其法律状态处于审查状态。

清华大学、中国移动通信集团公司申请日为2015年3月17日的CN104731528A，一种云计算块存储服务的构建方法及系统，使用了镜像备份技术，其法律状态处于待审状态。

浪潮集团北京有限公司申请日为 2015 年 10 月 28 日的 CN 105577763A，一种动态副本一致性维护系统、方法及云存储平台，使用了快照与节点备份结合的方式，其法律状态为待审状态。

四、云存储领域应用分析

在云存储领域中，除了云存储自身的整体架构外，还有大部分是对云存储技术的使用。现阶段，由于对大数据的处理，使得多个领域都使用云存储技术，本文仅对主要的应用进行分析，选取了将云存储技术应用于平安城市、智慧城市和医疗健康领域中的情况。

1. 中国专利申请状况分析

（1）中国专利申请情况概要

在 3182 件申请中，涉及云存储领域技术的应用的申请有 1408 件，可见，在云存储技术的应用在国内专利申请中占比很大，并且涉及领域较广。

图 57 为涉及应用的申请的年度分布情况。云存储服务是在 2006 年首次推出的，随着各大公司将其推广使用，越来越多的使用者意识到其便捷性，各个公司也看到了在云存储领域的巨大潜力。使用云存储技术的应用开始于 2009 年，其后随着技术的发展，应用云存储技术的申请量也不断增长，仅 2015 年就有 478 件申请，可见，越来越多的企业会在各个领域使用云存储技术，并大力推广。

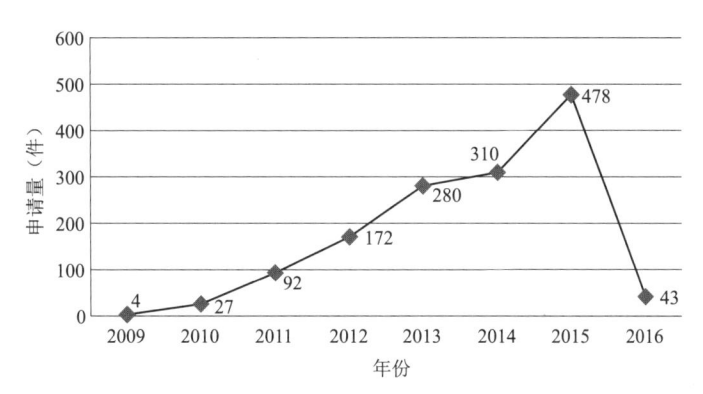

图 57 云存储领域应用的申请的年度分布

（2）国家（区域）分布

国外来华涉及云存储技术的专利一般是涉及云存储技术的框架，而在云存储技术应用的专利大部分为国内申请人，占云存储技术应用总量的 96%（见图 58）。图 59 为云存储技术应用的申请的申请人的区域，前五名的申请人所在的区域为北京、江苏、广东、四川、上海，但就其整体范围而言，各个省份均有申请，但还是经济发达的省份或者城市申请量较大。

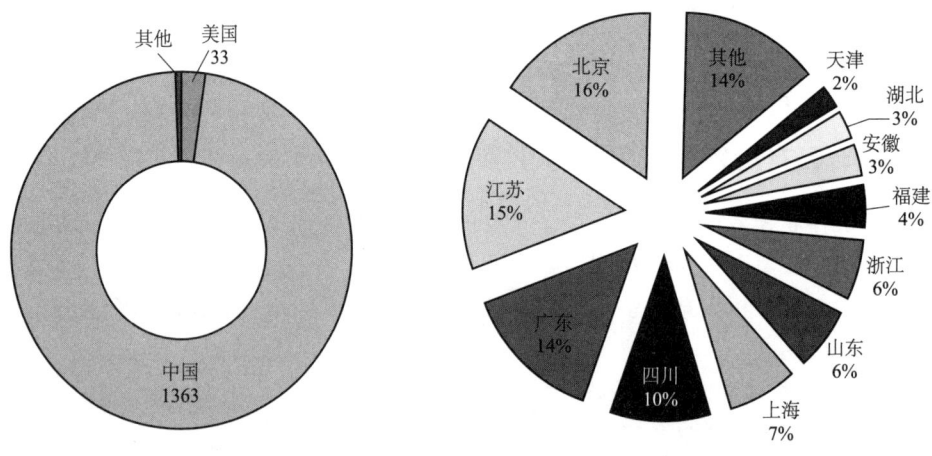

图 58　云存储技术应用的国家区域分布

图 59　云存储技术应用的申请的国内申请人的区域分布

（3）主要申请人

表 3 为云存储技术应用的主要申请人的申请情况。在云存储应用整体 1400 多件申请中，浪潮集团有限公司以 41 件排在第一位，而其所占比例也仅为 4.4％，可见，在云存储技术的应用中，国内申请人比较多，并且每个申请人的申请量均不大，但涉及领域比较广。

表 3　云存储领域应用的主要申请人申请情况

申请人	申请量（件）	在整个分支下的占比（％）
浪潮集团有限公司	41	4.41
北京白象新技术有限公司	19	2.04
微软公司	13	1.4
国家电网公司	13	1.4
成都怡云科技有限公司	12	1.29
上海墨芋电子科技有限公司	12	1.29
四川中亚联邦科技有限公司	12	1.29
北京邮电大学	10	1.08
浙江大学	9	0.97
成都杰迈科技有限责任公司	9	0.97

(4) 重点技术主题分析

图 60 为云存储领域应用的申请中主要云存储应用的占比。使用云存储的领域很多，可以将云存储应用到教学、电网数据存储、农业数据管理、支付交易数据的管理等各行各业，涉及的种类多，应用的方面也比较杂，其中，利用人工标引，筛选出主要云存储应用，其为智慧城市、医疗健康和平安城市，占比分别为 21%、10% 和 9%，体现出在与人们生活息息相关的领域中，越来越多的使用云存储进行数据管理和存储。

图 61 体现了所选取的平安城市、智慧城市、医疗健康三个方面的专利申请的年度分布情况，图中的分布趋势与云存储应用整体的趋势是一致的，并且都在 2015 年达到了峰值。平、智、医三者的申请总量为 253 件，占云存储应用整体的申请量的 52%，可见云存储应用在这三个领域持续升温，关注度很高。

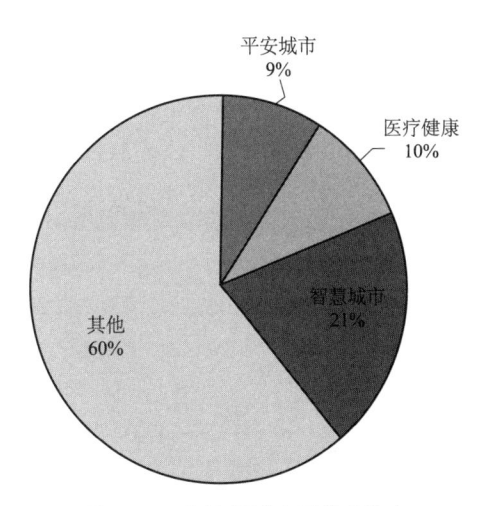

图 60 云存储领域应用的申请中主要云存储应用的占比

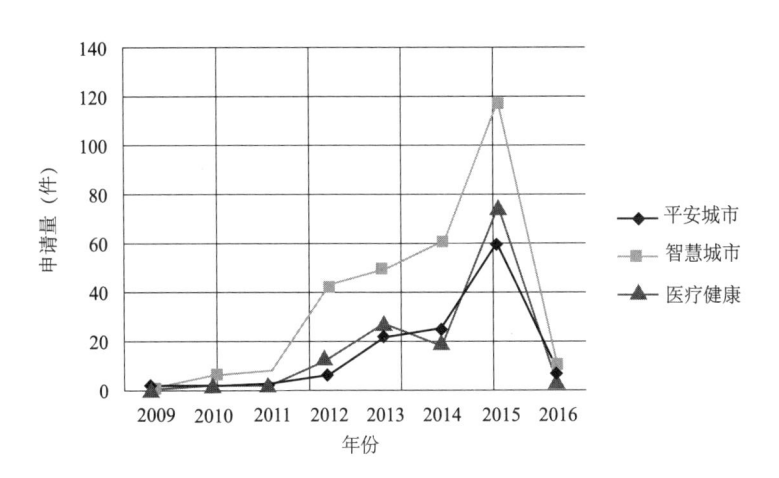

图 61 所选取的主要云存储应用的申请的年度分布

2. 全球专利申请状况分析

(1) 全球专利申请总体趋势

图 62 为全球的云存储领域应用的全球申请量年代分布图，如图 62 所示，自 1996 年起，提出了云存储这一概念，从 2001 年才开始将其进行应用，从 2010 年至

2014年，申请量开始激增，并且申请量保持持续增加，而2014年的申请量增幅减慢，同时由于发明专利申请自申请日起18个月才予以公开，导致2015年和2016年的数据并不能反映其真实的申请量。总体上看来，自2001年开始对云存储领域的应用进行专利申请以来，在使用云存储这一技术的申请量基本保持线性上升，由于云存储应用是依托于云存储整体技术，这也一定程度上反映了云存储技术的技术发展水平。

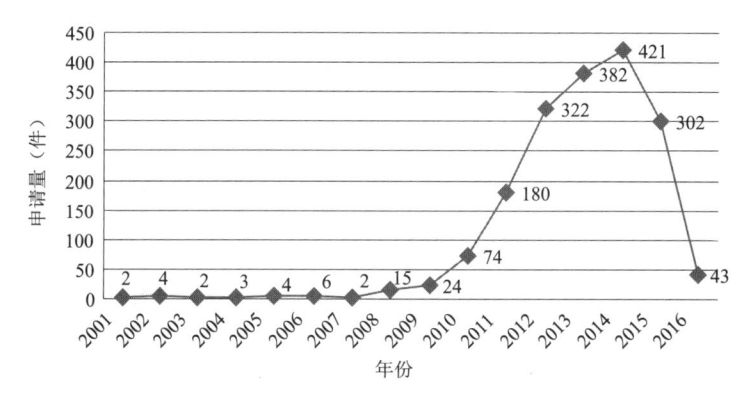

图62　云存储领域应用的全球申请量按年代分布

（2）国家分布分析

图63为云存储领域应用中目标国/地区的申请量分布图，由图63可知，中国占的比重最大，达48%，美国居第二位，达到41%，其他国家或地区占有的申请相对较少，总体上所占比例才为11%。由此可见，从全球范围来看，在中国，云存储技术可以应用到各个行业，为各种行业提供更便利的存储，尤其在大数据时代，这种将

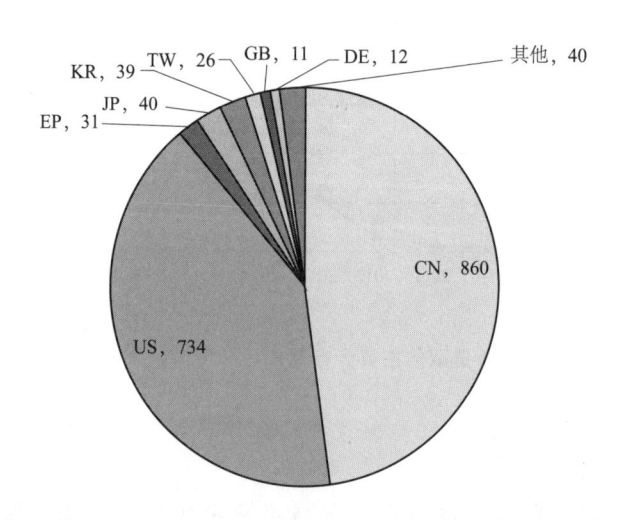

图63　云存储领域应用的全球申请人国家/地区分布

云存储技术应用到各种行业的情况会愈加凸显出来，而作为云存储技术最发达的美国来说，其一方面对云存储架构进行研究，另一方面也对云存储技术进行应用，其发展相对更均衡，云存储技术也将应用到更多行业。

（3）主要申请人分析

图 64 示出了云存储领域应用的全球主要申请人的申请量占比，可以看出，申请量最多的申请人 IBM 所占比例较大，而在前几位申请人中，中国企业有浪潮集团、国家电网公司、奇虎，结合表 3 可以得出，在云存储领域的应用中，中国申请人比较多，这也进一步说明现在各行业都在使用云存储技术进行数据存储，尤其对于电网这类数据量巨大的企业来说，使用云存储技术进行存储可以解决数据存储的难题，也可以延长数据存储时间。

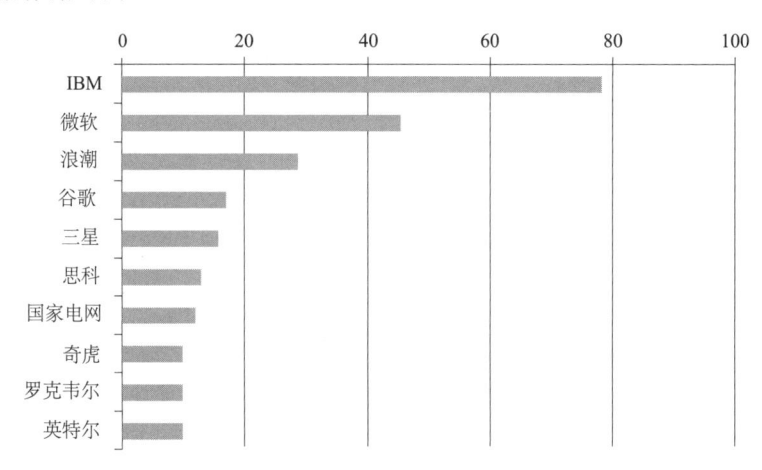

图 64　云存储领域应用的全球申请主要申请人分布

五、国内外主要专利申请人在华专利布局分析

本节针对国内专利申请量居前的主要申请人进行重点分析，期望通过对国内主要申请人、国外主要申请人分别进行专利技术的分析，获得他们在中国的专利布局情况。在中国的专利布局中，国内企业申请量最大的是浪潮集团有限公司，而国外企业申请量最大的是微软公司和 IBM 公司，因此有必要对这三家公司的专利布局情况进行分析对比，以对国内企业今后的专利布局给予一定参考。

（1）浪潮公司专利布局情况

对浪潮集团有限公司的全部申请进行了技术分支的标引，发现，在较早的申请中，涉及云存储技术的专利主要是进行系统的架构，而往后就涉及了云存储技术的应用，发展非常迅速。对数据管理、数据保护、数据安全和存储池技术这四个分支分别进行人工标引，得到浪潮集团在这四个分支的专利布局年代情况，参见图 65。

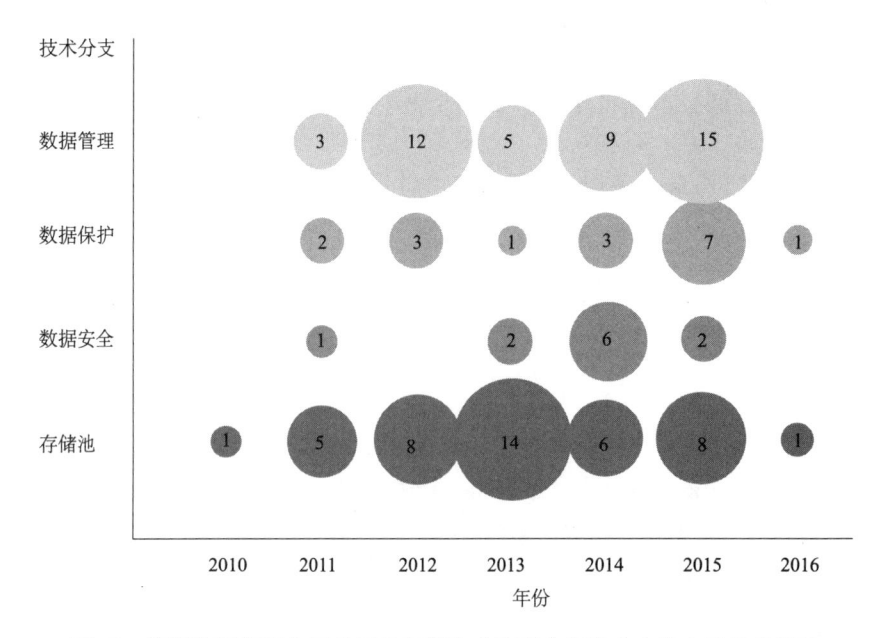

图 65 浪潮集团有限公司关于云存储技术的四个专利分支的布局年代状况

从图 65 中可以看出,浪潮公司在云存储领域的专利分布较为平均,布局相对较多的是在数据管理和存储池分支。其中,数据管理涉及对云存储系统中数据的清理、优化和读写等,存储池分支涉及对现有存储资源的整合,这两个分支在整个云存储领域中的确占据了较为重要的位置。2012 年在数据管理分支下申请量达到了 12 件,而 2013 年在存储池分支下申请量达到了 14 件,另外,在存储池分支下,近两年的申请量有所下降,而在前期主要的专利布局都在该分支下,这与存储池技术趋于成熟不无关系,同时也能看到,在云存储技术领域,浪潮集团的专利布局的重心逐渐从存储池分支向数据管理分支转移,这与该领域的技术发展水平也是对应的。

(2) IBM 公司专利布局情况

图 66 示出了 IBM 公司在云存储技术领域的各分支的专利布局年代状况。

可以看出,IBM 公司在云存储领域的四个分支中,专利布局的分布较为均衡,尤其是这两年,其加大了在数据安全和数据保护上的专利布局。同时可以看到,虽然在前期,存储池分支和数据管理分支的申请量相对较大,但到了 2014 年,IBM 公司在云存储的四个分支上的专利布局量基本是相等的,这表示 IBM 的专利布局的重心从存储池和数据管理开始向数据安全和数据保护倾斜。而 2015 年和 2016 年没有出现数据是因为 IBM 公司在云存储领域的专利申请都是通过 PCT 的方式进行的,2015 年和 2016 年的 PCT 申请尚未进入中国国家阶段。

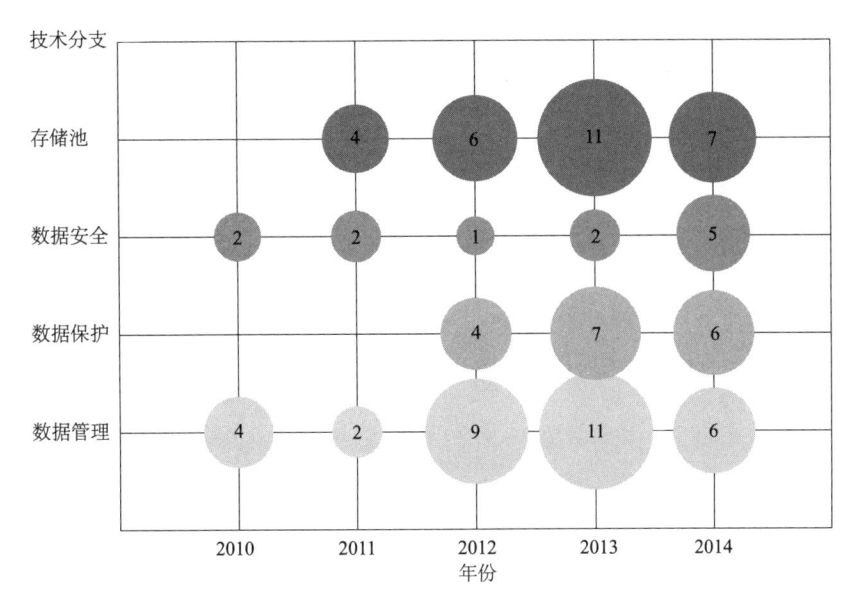

云存储领域专利技术现状及其发展趋势 | 167

图 66 IBM 公司关于云存储技术的四个技术分支的专利布局年代状况

(3) 微软公司专利布局情况

图 67 示出了微软公司在云存储技术领域的各分支的专利布局年代状况。

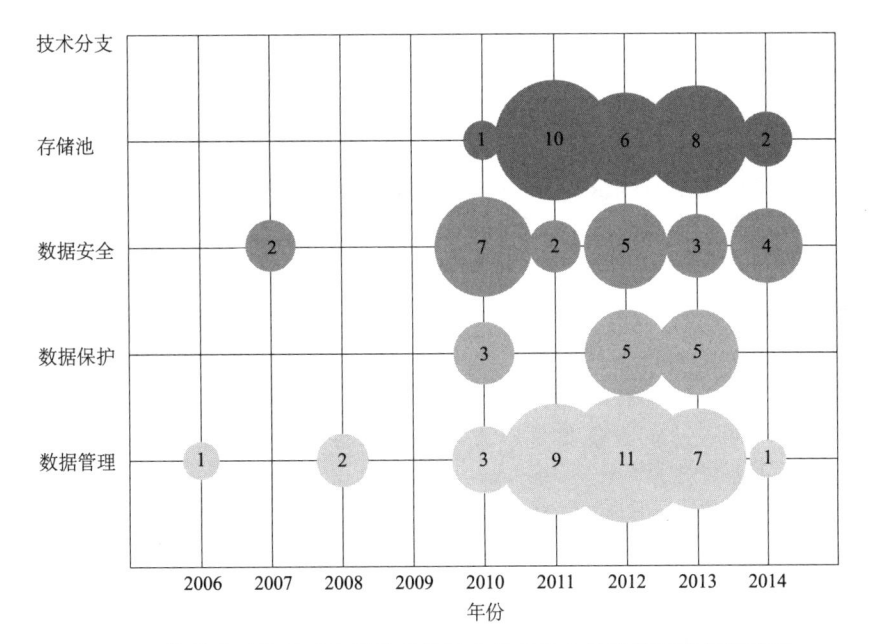

图 67 微软公司关于云存储技术的四个技术分支的专利布局年代状况

从图 67 中可见，微软在数据安全上的专利布局较为重视，自 2007 年以来，基本上每年都有不少数量的申请。同时还可以看出，微软的专利布局的重心从 2011 年的存储池分支、2012 年的数据管理分支逐渐地向数据安全倾斜，并且在 2014 年，数据安全分支的申请量已经超过了存储池和数据管理分支。

（4）主要申请人布局分析小结

从 IBM 公司和微软公司的技术分支专利年代走势看出，在云存储技术兴起伊始，技术人员主要关注的都是如何搭建云存储系统的框架，如何利用云存储系统管理数据。而云存储技术发展迅速，近年来，技术人员逐渐将研究重点转移到云存储系统的安全性和可靠性上，在专利申请量上就体现为数据安全和数据保护两个分支的申请量所占比重逐渐增大。

从上述分析可见，相对于两大跨国企业的状况，浪潮集团有限公司在云存储技术领域的专利布局较早，基本与跨国企业同时期开始进行专利布局，体现了其较强的专利布局意识，同时其研发和产品基本配套，涉及领域较为完备，各个技术分支均有涉及，近年来，申请量保持较高增长，所申请的技术点从开始的系统架构逐渐深入到技术细节，例如数据的分级、加解密等。

六、云存储技术发展趋势预测与建议

（一）云存储技术发展趋势预测

随着大数据时代的到来，云计算和软件即服务（SaaS）的受关注度越来越高，云存储成为信息存储领域的一个研究热点。

1. 我国的云存储技术正处于快速发展阶段，专利申请量持续增加，且发明比例也比较高

在 CPRS 数据库中所收录的 3182 件涉及云存储领域的专利申请中，国内申请人的专利申请占云存储领域国内申请量的 89%，并且在这 3182 件申请中，发明专利申请占总申请量的 89%，其中有 79% 的申请为近三年的申请。可见，云存储技术正处于快速发展阶段。在云存储领域的两个一级技术分支中，涉及云存储领域的架构的申请占总申请量的 56%，而云存储技术应用的申请占总量的 44%，两者比例相当，而云存储技术应用正是依托于云存储的架构才能更好的发展。

2. 国内申请人的专利申请集中于云存储技术的应用，而国外申请人更注重云存储技术的架构的专利保护

在云存储技术应用中，有 96% 的申请均来自国内申请人，且涉及领域广泛，所涉及的申请人众多。而未来，随着云存储技术的进一步发展，也会有越来越多的领域应用云存储技术，更多的国内企业会参与到其中。与国内企业不同，国外企业的侧重点在于云存储技术的架构方面，是云存储技术发展的核心，而令人欣慰的是，国内的大型企事业单位，也将其发展核心侧重于云存储技术的架构，并通过专利寻求保护。

3. 云存储技术的架构下的发展的方向

在数据的保护方面，对备份/容灾和数据同步的改进是近年来的重点，这主要是由于云技术的普及，使用云端存储数据的团体、个人越来越多，云存储端保存的数据量迅速增长，为了保证所存数据不会因为云端故障而毁损，提高数据一致性效率，所以迫切需要有效的数据备份、同步方法。具体而言，在备份方面，近年来的重点在于数据节点备份、分块备份技术，并提出了跨中心的备份。在同步方面，申请主要涉及网络数据传输时的同步，包括如何提升网络传输速率、如何扩展互连带宽等。

随着信息时代的发展，人们越来越注重个人隐私，也就越来越关心各种"云"的安全性，各种"云"服务的保障措施及技术要点也是人们关注的重点。

4. 云存储技术应用的发展方向

在应用分支下，由于现在计算机处理的数据越来越多，大量申请涉及云存储技术在智慧城市、物联网、安防监控、医疗健康、电网数据管理、教学等领域，涵盖了人们的生产生活的各个方面。

（二）对国内云存储技术的发展建议

1. 涉及技术领域的专利布局建议

通过前述对浪潮集团有限公司与IBM和微软的比较可以发现，浪潮集团有限公司在数据管理和存储池分支下的专利布局较完备，而未来，随着云存储技术的成熟和普及，技术人员将会对数据保护和数据安全分支更加关注，人们更期待看到更安全更可靠的云存储服务，同时也看到跨国企业的专利布局重心也已逐渐向数据安全和数据保护倾斜，因此，建议加强这两个分支下的专利布局。

2. 海外专利布局建议

在云存储技术领域中，我国企业的主要申请目标仅集中在国内，缺少全球化的视野，通过上面的分析，可以看出，在云存储技术领域中，主要的申请人的地区主要集中在美国和中国，而美国企业也将其重要专利流向中国，这说明中国的市场是比较重要的。以浪潮为例，浪潮在国外的申请并没有涉及云存储相关技术，这不利于该企业走出国门，虽然目前浪潮的市场主要在国内，但是若有进入海外市场的计划，还需要增加自信，需提前做好海外的专利布局。

3. 加大研发投入，促进产学研结合

通过对国内专利申请的申请人的分析，在云存储领域的研究人员的数量上，跨国公司的研发人员的数量遥遥领先于国内的企业和高校，因此，应该充分发挥高校和企业各自的优势，推动高校与企业在技术上的结合。

七、结语

随着信息技术的发展和网络存储技术的完善，出现了一种新的存储技术——云存储技术。云存储以其随时随地访问的便捷性，按需使用的灵活性，极低的管理成本吸引着越来越多的人。本文对国内外涉及云存储领域的专利进行统计分析，依据分析获得的数据，对我国云存储技术的发展提出预测和建议，希望能为该技术领域的研究和应用推广提供有价值的参考和帮助。

参考文献

［1］百度百科，http：//baike.baidu.com/link？url＝UKYPbLOVbMhmk64EY7NpUHN Aql-LoSVOkeo50Z3JynRptNduQPFWtvGeq7S51lTsHji7MZQXek ＿ YJ4GqncDw-GvpRLBW4srkGNaVz7mbQHn76wFHyD5WDD8yrPjZ-pMuU.

［2］刘友华，周素芳. 国内外云存储技术专利实证分析［J］. 情报杂志，2014，33（1）：37-43.

［3］陈国俊. 基于Hadoop的云存储系统的研究与应用［D］. 成都：电子科技大学，2014.

［4］郅斌. 一种私有云存储系统的设计与实现［D］. 北京：北京邮电大学，2011.

高效晶硅光伏电池领域专利技术现状及其发展趋势

李晓明　彭丽娟[1]　章放[1]　徐健[1]　王丹[1]　王兴妍[1]

（国家知识产权局专利局电学发明审查部）

一、引言

光伏（PV）电池，又称太阳能电池，其作为一种清洁能源是新能源需求与半导体技术相结合产生的可再生能源产业，为全球气候变暖、环境污染以及能源短缺等问题提供了有效的解决途径。其中，以晶硅材料为代表的光伏电池应用具有资源充足、清洁、安全、长寿命等优点，目前已占据了主要的市场份额。

光伏产业已成为新能源的重要表现形式之一，其发展历来备受各国关注，我国的"十三五"规划纲要中也明确指出，要"推动能源结构优化升级""继续推进光伏发电发展"。传统能源面临去产能、新能源快速发展，光伏产业如果想要真正意义上成为主流能源，首先需要克服的就是光电转化效率这一难题。目前对于单晶硅光伏电池，其转换效率的理论最高值是28%，在实验室最佳的条件下制作的单晶硅光伏电池效率最高能达到25%，行业内量产的单晶硅光伏电池效率已达到19%以上，而量产的多晶硅光伏电池效率则约为18%。为了能够进一步提高转化效率、降低成本，近年来我国光伏行业已将转化效率高于22%的高效晶硅电池作为核心技术展开研究。同时在产业政策上也给予了更多的支持，2015年6月1日，国家能源局、工信部、认监委三部委联合发布了《关于促进光伏技术产品应用和产业升级的意见》，明确国家将通过"领跑者"计划支持高效电池等先进光伏技术产品应用；2015年11月17日，工信部公布《产业关键共性技术发展指南（2015年）》，将"高效电池生产技术"明确列为优先发展的产业技术之一[1]。因此，在未来高效率将是光伏硅电池工业的发展趋势，也将成为使光伏产业健康持续发展和提升产业核心竞争力的突围之钥。

本文通过对高效晶硅光伏电池领域的技术现状、全球专利申请和中国专利申请情况、专利布局特点以及主要研发主体相关信息等内容进行梳理，并在上述分析的基础上对该项技术的未来发展趋势提出合理预期，以期为政府的产业决策、相关企业和科

---

[1] 贡献等同于第一作者。

研单位的技术研发和专利策略提供参考和帮助,进一步推动我国光伏产业的可持续发展。

二、概述

在能源需求不断升高、传统能源价格居高不下、全球气候和环境问题受到普遍关注的背景下,可再生绿色能源在全球范围内得到快速发展。近几年来,光伏产业成为低碳经济中的重点产业,光伏发电技术也是全球研究的热点之一,世界各国都给予了高度重视与关注,产业也有了突飞猛进的发展。

自1969年世界上第一座光伏发电站在法国建成,光伏发电的比例在欧美国家逐渐提高,光伏技术也得到了不断发展。日本也是光伏发电的强国,采取政府补贴等激励政策,鼓励家庭购买家用的光伏发电装置,每个家庭通过光伏发电装置产生的剩余电量还可以由政府或电力公司回购,这使日本的光伏发电量不断提高,也使日本的能源利用率大幅提升。美国虽然在光伏发电技术上较早起步,但由于以往美国政府对光伏发电并不重视,以致美国的光伏发电的发电量和技术革新不如欧盟和日本。近年来政府出台一系列鼓励发展新能源的政策,不少州也已相继出台了《可再生能源配额标准》,美国在光伏发电产业上大有后来居上的势头。

我国太阳能光伏电池产业的发展始于20世纪80年代初,发展初期由于受电池成本及产量的制约,产业发展比较缓慢;20世纪90年代以后,我国光伏产业步入稳健发展期,成本的降低推动了光伏电池向工业和农村电气化应用领域拓展;2001年,无锡尚德建立10MWp(兆瓦)光伏电池生产线获得成功,2002年,尚德第一条10MW光伏电池生产线正式投产,产能相当于此前四年全国光伏电池产量的总和,一举将我国与国际光伏产业的差距缩短了十几年;我国还相继实施包括"光明工程""西部新能源行动"等促进光伏发展的电力和科技扶贫项目,"送电到乡"项目以及荷兰、美国、德国等国实施的光伏发电双边援助计划,极大地加速了我国光伏产业的发展;截至2008年年底,我国太阳能光伏电池的年产量跃居全球首位,我国太阳能光伏产业的发展实现了新的飞跃。

但自2011年以来,我国光伏产业的产能已经远远超过了市场需求。此外,受到欧美对我国光伏出口征收高额反倾销、反补贴税的冲击,使我国光伏产业主要依赖国际市场的状况难以持续,从而加剧光伏组件产能的继续过剩,我国光伏企业普遍面临亏损和资金链紧张的严峻局面。"双反"事件表明,缺乏核心技术、内部市场的发展模式必将使中国企业陷入困境,在一定程度上阻碍了中国光伏产业的发展。

目前,太阳能光伏发电在新能源消费领域仍占有重要席位,尽管在2011年、2012年经历了低谷,但是近几年全球光伏行业已呈现复苏增长态势,商业信息服务商IHS近日预计,全球光伏市场的年装机量在2016年将会增长17%,达到67GW,预计全球的装机总量将会超过300GW,中国、美国和日本将会主导全球装机潮,总计占全球总装机量的65%。可以预见,在未来,太阳能光伏发电将成为重要的可再生资源。而我国自2013年起,已超过德国成为全球第一大光伏市场,新增装机容量更是跃居全球首位。中国市场的持续快速扩大,在为光伏产业带来机遇的同时,也为技术研发、产业布局和结构调整带来新的挑战。

(一) 光伏电池

太阳能光伏电池是通过光电效应或者光化学效应直接把光能转化成电能的装置。当太阳光入射时,被吸收的光子产生电子—空穴对,在PN结的强电场作用下而分离,电子移向N区,空穴移向P区,由于电子和空穴的积累,P区和N区之间就产生了光生电动势。硅基光伏电池作为第一代电池,目前依然是世界上产量和安装量最高的光伏电池,其规模占所有光伏电池的90%以上。目前典型的硅基太阳能光伏电池的结构主要是,太阳光从电池正面入射,然后到达硅发射层与硅衬底形成的耗尽层区域,在耗尽层区域,能量超过硅禁带宽度的光子激发出的载流子,在内建电场的作用下实现分离,电子和空穴在这种分离的作用下分别被正面和背面的电极所吸收,就产生了光电流。

光伏电池技术追求的终极目标是提高效率并降低成本。随着中国光伏电池产业的迅猛发展,市场与日俱增的需求必将带动光伏电池向着效率更高、成本更低的方向发展,晶体硅光伏电池以其优异的应用特性和较高的转换效率,已成为公认的并在未来相当长一段时期内都将占据主导地位的光伏电池技术。目前,我国对高效晶体硅光伏电池基础理论的研究仍需深化,工业化研究略显欠缺。而优化的电池结构、先进的工业制造技术,则无疑是这一清洁能源真正实现产业化生产、走进千家万户的保障基础。

(二) 高效晶硅光伏电池

光电转换效率是衡量光伏电池技术水平的关键指标,一直以来也是光伏电池发展所必须解决的重大问题。目前我国高端产能表现不足,中低端产能占比较大,仍呈现低端产能过剩的状态,为缓解结构性失衡压力,光伏产业面临结构性调整。目前众多光伏企业和科研机构已将目光转向高效太阳能光伏电池的研发。

光伏电池的光电转换效率是电池输出电功率与入射光功率的比值。虽然太阳光包含了一个很宽的连续光谱范围,但光伏电池的材料只能吸收特定波长的太阳光,因此光伏电池不能将照射到电池表面全部的太阳光转换为电流,电池的最高转换效率不可能达到100%。实际上由于额外的损失,光伏电池的效率很低。

总体来说,影响晶体硅光伏电池转换效率的因素主要有两种:光学损失和电学损失。光学损失,包括材料的非吸收损失、硅表面的光反射损失以及前电极的阴影遮挡损失等。电学损失,包括半导体表面及体内的光生载流子的复合损失、半导体与金属电极接触的欧姆损失等。

以减少各种损失为改善思路,提高晶硅光伏电池转换效率主要有如下方法:

(1) 制作表面织构化结构。为了降低硅表面的光反射损失，通常会采用化学腐蚀法在电池表面制作绒面结构，可将电池表面的反射率降低到 10% 以下。目前较为先进的制绒技术是反应等离子蚀刻技术。另外，也可通过光刻的手段制作倒置金字塔陷光结构，虽然此方法能更有效的地降低光反射率，但成本比化学腐蚀制绒法高，因此不适合在生产上大规模使用。(2) 制作减反射膜。在晶体硅表面制作一层具有一定折射率的膜，可以使入射光产生的各级反射相互间进行干涉甚至完全抵消，其不但可进一步减少光反射损失，还能提高电池的电流密度并起到保护电池、提高电池稳定性的作用。目前，一般采用 TiO_2、SiO_2、SnO_2、ZnS、MgF_2 等材料在晶体硅光伏电池表面制作单层或双层减反射膜。(3) 制作钝化层。通过制作钝化层，可阻止载流子在一些高复合区域（如电池表面、电池表面与金属电极的接触处）的复合行为，从而提高电池的转换效率。一般会采用热氧钝化、原子氢钝化、或利用磷、硼或铝在电池的表面进行扩散钝化。(4) 制作背场。可通过蒸铝烧结、浓硼或浓磷扩散的工艺在晶体硅电池上制作背场。不但可建立一个与光生电压极性相同的内建电场，提高电池的开路电压，还能增加光生载流子的扩散长度，提高电池的短路电流，同时可降低电池背表面的复合率，提高电池的转换效率。(5) 改善衬底材料。使用高纯的硅材料，可降低因晶体结构中缺陷所导致的光生载流子复合。

除了考虑各种损失以外，效率的提高还依赖工艺、材料及电池结构的改进；成本的下降依赖于现有材料成本的下降、工艺的简化及新材料的开发；组件寿命的提升依赖于组件封装材料及封装工艺的改善。因此，高效晶硅光伏电池的研发和产业化，除了依赖产业规模的扩大外，电池效率的提升可能不仅要依靠工艺水平的改进，更有赖于新结构、新工艺的建立。目前在业界内应用较为广泛的、具有产业化前景的高效晶体硅光伏电池技术主要有：背场钝化（主要包括钝化发射区背面接触 PERC、钝化发射极背部局域扩散 PERL、钝化发射极背部全扩散 PERT）电池、异质结本征薄膜（HIT）电池、背接触（主要包括交叉式背接触 IBC、点接触 PCC、金属穿孔缠绕 MWT、金属环绕 MWA 和发射极环绕 EWT）电池、双面电池、叠层电池、N 型电池等。

（三）本课题的研究内容及方法

1. 研究内容

本文将对包括前述的背场钝化电池、异质结本征薄膜（HIT）电池、背接触电池、双面电池等在内的多种类型高效晶硅光伏电池进行具体研究分析，以期了解中国大陆和全球范围内专利申请态势、专利布局策略、各研发主体相关信息等情况，并对未来技术发展趋势提出合理预期。

2. 主要研究方法

本文分析研究主要以中国专利文献数据库（包括中国专利文摘数据库 CNABS，中文全文数据库 CNTXT）和全球专利文献数据库（包括德温特世界专利库 DWPI，世界专利文摘库 SIPOABS，西文全文数据库 WOTXT、USTXT、EPTXT 等）分别作为中国和全球专利数据采集的数据库。检索主要采用关键词和分类号结合的方法，同时对重要申请人进行跟踪检索，检索时依据查全率和查准率等指标不断调整检索过程，从而确保检索数据的全面性和准确性。

技术领域	检索所用的关键词	检索所涉及分类号
局部背场钝化型光伏电池	背场，背面，背部，背侧，背表面，钝化，氧化硅，氧化铝，局部，接触，点接触，发射极，发射结，发射区，扩散，金字塔，选择，双面钝化，PERC，PERL，PERT，passivation，rear，back，contact，diffuse，backfield，rearfield，touch，join，connect，emitter，select，point，locally，totally，double face，double sides passivation，two sides passivation，pyramid	H01L31
HIT 光伏电池	硅，本征，异质结，薄膜电池，薄膜太阳能电池，薄膜太阳电池，薄膜异质结太阳，si，hit，intrinsic，hetero，junction，silicon，thin film，solar，cell	H01L31，H01L31/072，H01L31/073，H01L31/074
背接触型光伏电池	背接触，背面接触，电池，硅，叉指，交错，点接触，背电极，异质结，金属穿导，金属绕穿，金属化环绕，金属穿孔缠绕，发射极穿孔，金属环绕，发射极环绕，发射极卷包，IBC，HIT，HBC，EWT，MWT，MWA，PCC，back，contact，rear，interdigitated，single，evaporation，metallization，wrap，through，around，through	H01L31/042，H01L31/0224，H01L31/18，H01L31/04，H01L31/05
双面光伏电池	双面，两面，太阳，光伏，电池，双面受光，两面受光，double，dual，face，surface，side，bifacial，bilateral，battery，solar，photovoltaic	H01L31，H01L31/068

检索范围包括 2016 年 6 月 30 日以前公开的专利申请数据，检索结果如表 1 所示：

表 1 中国和全球专利文献数据库检索结果

技术领域	中国专利文献数据库/件	全球专利文献数据库/项
局部背场钝化型光伏电池	433	690
HIT 光伏电池	491	1049
背接触型光伏电池	921	2425
双面光伏电池	559	1078

3. 相关约定

（1）中文和全球相关数据库部分数据收录不完整的说明。本文中 2015—2016 年统计的专利申请量少于实际申请量。原因如下：发明专利申请通常自申请日（有优先权的，自优先权日）起满18个月才能公布（要求提前公布的除外）；PCT专利申请可能自申请日起30个月甚至更长时间之后才进入国家阶段，导致与之相对应的国家公布更晚；实用新型专利申请在授权后才能获得公布，其公布日的滞后程度取决于审查周期的长短。

（2）同族专利的处理：同一项发明创造在多个国家申请专利而产生的一组内容相同或基本相同的系列专利申请，可视为属于同一项技术，称为同族专利，在全球数据库中检索获取的数据，将这样的一组同族专利视为一件专利申请。

（3）申请人名称的简写：本文统一了因翻译原因造成的同一申请人表述不同的问题，以及为统计方便，将同一母公司的不同子公司的专利申请进行了合并，同时均予简称来代表各申请人。

三、局部背场钝化型光伏电池

（一）技术概述

晶硅太阳能电池的表面钝化一直是设计和优化的重中之重。从早期的仅有背电场钝化，到正面氮化硅钝化，再到背面引入诸如氧化硅、氧化铝、氮化硅等介质层的钝化局部开孔接触的PERC/PERL/PERT设计。以下是局部背场钝化的电池的典型结构PERC、PERL、PERT电池的技术说明[2,3]。

1. PERC电池

PERC（Passivated Emitter and Rear Contact）电池是澳大利亚新南威尔士大学光伏器件实验室最早研究的高效电池。它的结构如图1所示，正面采用倒金字塔结构，进行双面钝化，背电极通过一些分离很远的小孔贯穿钝化层与衬底接触，这样制备的电池最高效率可达到23.2%。

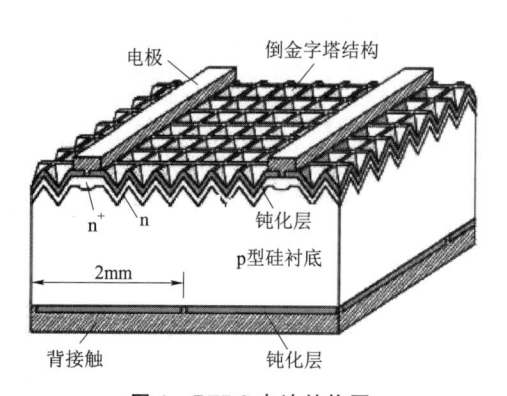

图1 PERC电池结构图

其剖面图如图2所示，PERC技术通过在电池的后侧上添加一个电介质钝化层来提高转换效率。PERC电池的核心，就是背面的钝化层（介质层）。钝化层主要是SiO_2、AlO_x。然而SiO_2的缺点在于其抗腐蚀性很差，只能用热氧化法生长，成本难以下降。目前，AlO_x的应用更为广泛。PERC电池最大化跨越了P-N结的电势梯度，这使得电子更稳定的流动，减少电子重组，以及更高的效率水平。

由于背电极是通过一些小孔直接和衬底相接触的，所以此处没能实现钝化。为了尽可能降低此处的载流子复合，所设计的孔间距要远大于衬底的厚度才可。然而孔间距的增大又使得横向电阻增加，从而导致电池的填充因子降低。另外，在轻掺杂的衬底上实现电极的欧姆接触非常困难，这就限制了高效 PERC 电池衬底材料只能选用电阻率低于 0.5Ωcm 以下的硅材料。

图 2　PERC 电池剖面图

2. PERL 电池

为了进一步改善 PERC 电池性能，该实验室设想了在电池的背面增加定域掺杂，即在电极与衬底的接触孔处进行浓硼掺杂。1990 年，在 PERC 结构和工艺的基础上，J. Zhao 在电池的背面接触孔处采用了 BBr_3 定域扩散制备出 PERL 电池，结构如图 2 所示。如此，PERL 电池的效率可达 23%～24%，相比于采用同样硅片制作的 PERC 电池性能有较大提高。

1993 年该实验室对 PERL 电池进行改善，使其效率提高到 24%，1998 年再次提高到 24.4%，2001 年达到 24.7%，创造了世界最高纪录。这种 PERL 电池取得高效的原因是：（1）正面采光面为倒金字塔结构，结合背电极反射器，形成了优异的光陷阱结构；（2）在正面上蒸镀了 MgF_2/ZnS 双层减反射膜，进一步降低了表面反射；（3）正面与背面的氧化层均采用 TCA 工艺（三氯乙烯工艺）生长高质量的氧化层，降低了表面复合；（4）为了和双层减反射膜很好配合，正面氧化硅层要求很薄，但是随着氧化层的减薄，电池的开路电压和短路电流又会降低。为了解决这个矛盾，在正面的氧化层上蒸镀铝膜然后退火，最后用磷酸腐蚀掉这层铝膜。经过退火工艺后，载流子寿命和开路电压都得到较大提高；（5）电池的背电场通过定域掺杂形成，定域扩散提供了良好的背面场，同时减少了背面金属接触面积，使金属与半导体界面的高复合速率区域大大减少。并且由于背面浓掺杂区域的大面积减少，也大大降低了背面的表面复合。

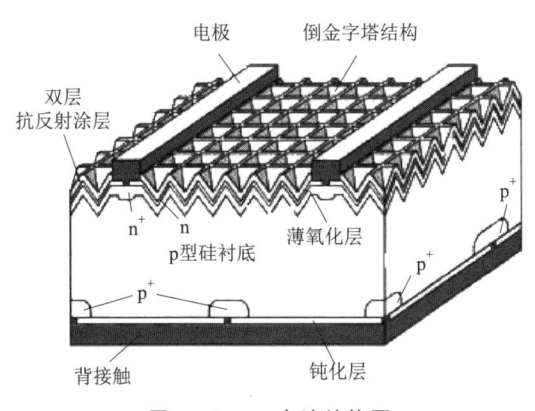

图 3　PERL 电池结构图

3. PERT

在对 PERC 电池改进成 PERL 电池的同时，又将定域掺杂扩大到在整个背面进行全掺杂，制成 PERT 电池，结构如图 3 所示。可以看出它和 PERL 结构非常相似，电极与衬底的接触孔处实行浓硼掺杂，但是在背面的其他区域增加了淡硼掺杂。经过这样处理后，开路电压和填充因子可以得到最优化，更为重要的是，它可以在很高电阻率的衬底上达到较高的填充因子，PERT 电池效率达到 24.5%。

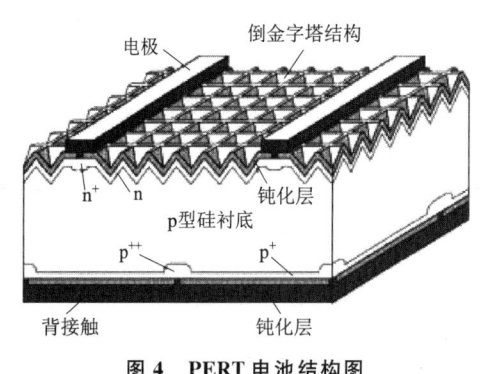

图 4 PERT 电池结构图

PERC、PERL 和 PERT 结构虽然部分地解决了背面钝化的问题，但如何形成局部接触仍然给传统丝网印刷生产线带来不小的调整。另外，虽然 PERC 电池的光衰已经从 4% 降到 2% 左右，但普通电池的光衰只有 1.5% 左右，因而影响 PERC 应用的一个重要因素就是光衰。目前，在行业内主流的技术方案是光照＋热处理，其基本原理就是将缺陷从衬底的体内激发出来，之后，利用在介质层中的残留氢原子来钝化缺陷，达到修复目的（见图 4）。

（二）全球专利状况分析

截至 2016 年 6 月 30 日，在全球专利文献数据库中检索到涉及局部背面钝化电池的专利申请达到 690 件，本节将主要以上述数据作为研究对象进行分析。由于 1999 年之前很少有关于局部背场钝化电池的专利申请，每年不超过 5 件，因此重点分析 1999 年之后的专利申请。

1. 专利申请趋势分析

就申请量趋势来看，2003 年之前申请量较少，2003 年后总体呈现缓慢增长趋势，到 2008 年达到 30 件以上，2009 年之后申请量开始暴涨直到 2013 年到达年申请量 104 的顶峰，随后，2013—2015 年略微有所下降，但年申请量仍然在 50 件以上。这和国内申请量趋势也大致相同，2011—2014 年是申请量的黄金时期，每年申请量均在 70 件以上，可见这期间是局部背场钝化电池的快速研发发展时期（见图 5）。

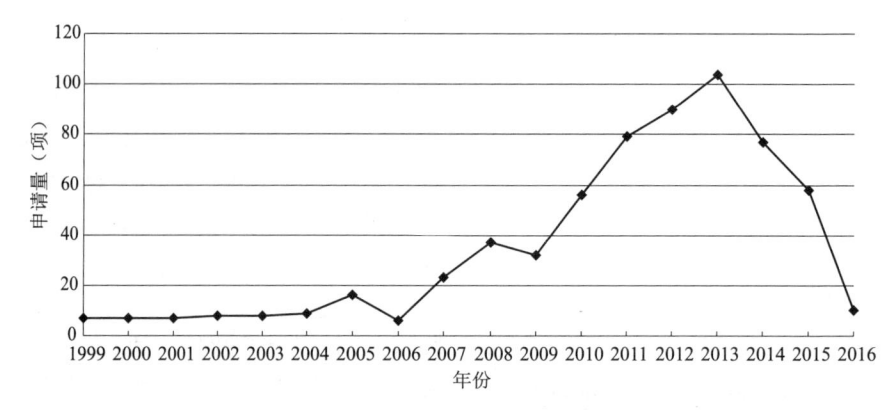

图 5 全球专利申请年申请量变化趋势

2. 区域分布分析

就技术来源国看，来自中国和美国的发明最多，分别为287件和156件，可见中国和美国在局部背场钝化电池方面的研发相对其他国家更加活跃，绝大部分的新发明原创于中国和美国。如图6所示，中国发明的主要目标国为中国，在其他国家几乎没有布局，可见国内申请人让专利走出国门抢占国外市场布局的意识还不够强，与之相对的，美国的申请人在各国布局相对均衡，对国际上各主要国家的专利保护都较为重视。另外，针对以德国为目标国的申请，各国布局都偏少，这和大多数申请人更倾向于向欧专局寻求专利保护有一定关系。

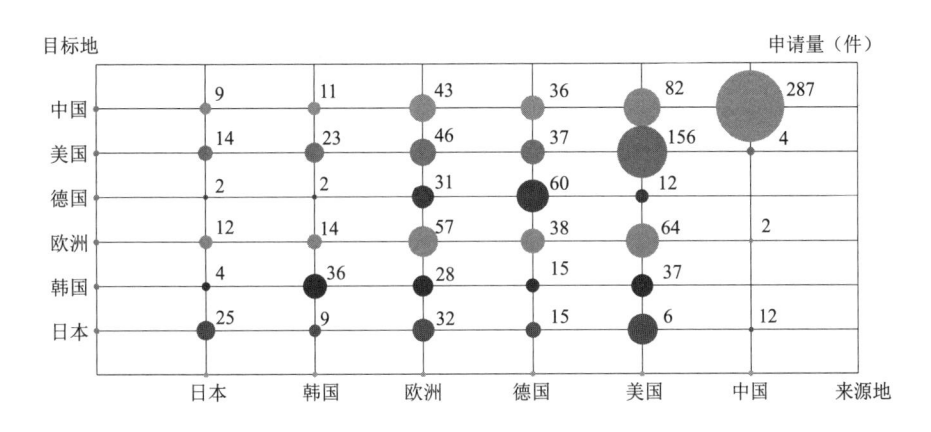

目标地\来源地	日本	韩国	欧洲	德国	美国	中国
中国	9	11	43	36	82	287
美国	14	23	46	37	156	4
德国	2	2	31	60	12	
欧洲	12	14	57	38	64	2
韩国	4	36	28	15	37	
日本	25		32	15	6	12

图6 全球专利申请主要来源区域的专利申请流向

3. 主要申请人分析

从主要申请人看，通过申请总量对申请人进行排序，位居第一的是天合光能申请量为25件，其次是弗劳恩霍夫的20件和奥特斯维的18件，就全球申请量来说，国内和国外公司大致各占半壁江山，而位居前列的国外公司如弗劳恩霍夫和应用材料等公司的申请在中国的同族并不多，可以视为其在中国布局并不多。国内公司如能保持研发实力不断增长，做好专利布局，则将为国内局部背场钝化电池的产业化扫清更多障碍，为产业发展提供更有利的环境。

（三）中国专利状况分析

截至2016年6月30日，在中国专利文献数据库中检索到的涉及局部背面钝化电池的专利申请达到433件，本节将主要以上述数据作为研究对象进行分析。由于2001年之前中国很少有关于局部背场钝化电池的专利申请，因此重点分析2001年之后的专利申请。

1. 专利申请趋势分析

就申请量趋势来看，2007年之前申请量较少，年申请量不超过10件。2007年后

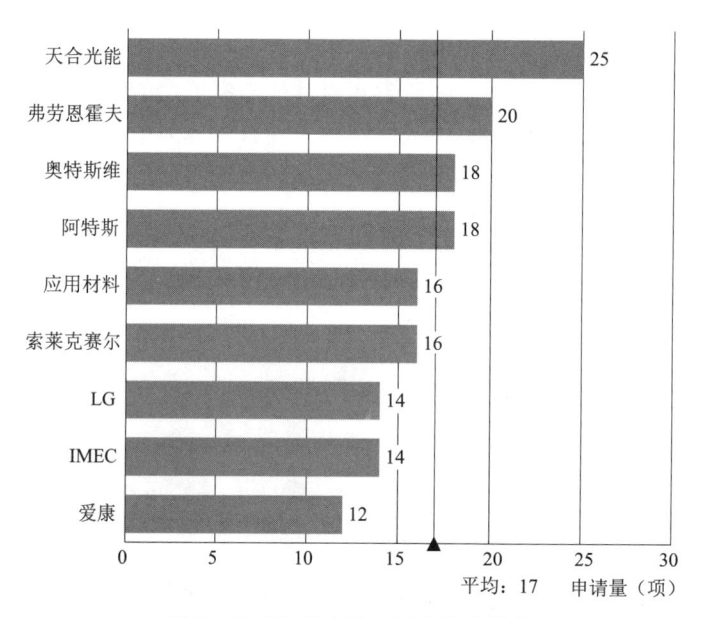

图 7　全球专利申请主要申请人排名

一直呈现增长趋势直到 2013 年到达年申请量 87 件的顶峰，随后，2013—2015 年略微有所下降，但年申请量仍然在 60 件以上（见图 7、图 8）。

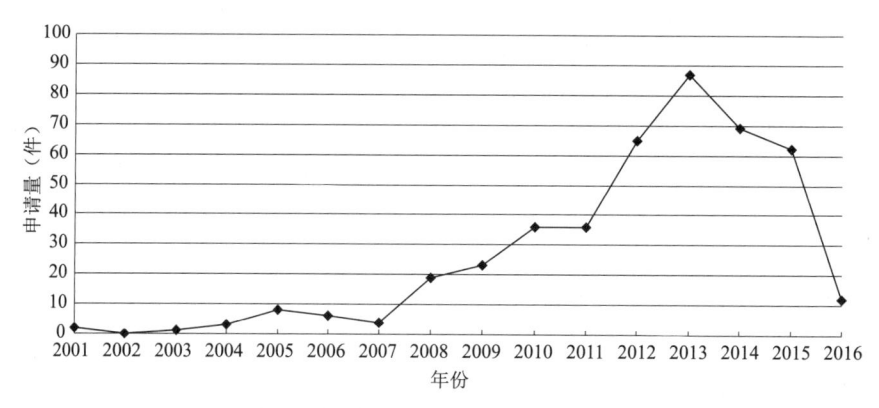

图 8　中国专利申请年申请量变化趋势

2. 区域分布分析

（1）国家/地区分布

从申请人所在国家和地区看，中国最多，申请达到了 287 件，占总量的 60% 以上，美国紧随其后，然后是德国和韩国，这四个国家的申请量达到了申请总量的 90% 以上（见图 9）。

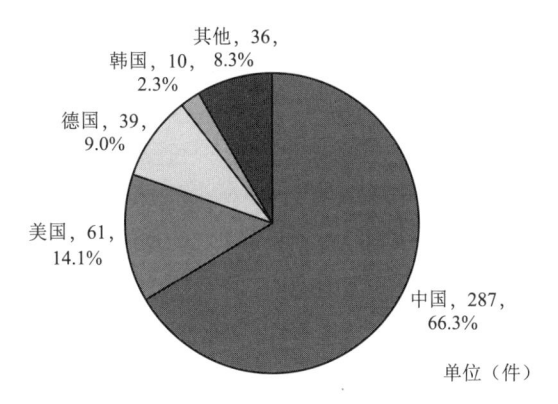

高效晶硅光伏电池领域专利技术现状及其发展趋势 　181

图 9　中国专利申请人国家/地区分布

就四个主要国家的申请人历年申请量来看，2007年之前普遍申请量较小，尤其韩国在2005年、2009年和2011年各仅有一件关于局部背场钝化电池的专利申请，2008年之后申请量开始增长，尤其中国在2011年后开始爆发式增长，说明中国申请人的专利保护意识已经显著增强，大幅加强在局部背场钝化电池方面的专利布局（见图10）。

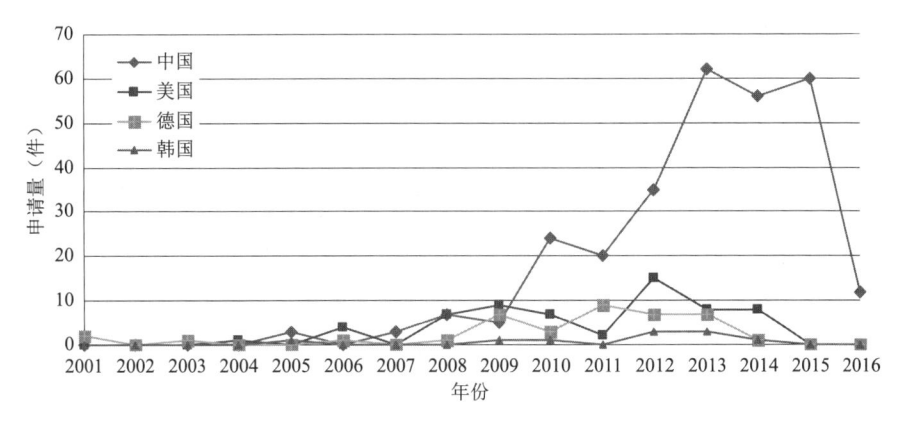

图 10　主要申请国家的年申请量变化趋势

（2）省市分布

就中国大陆各省市的申请量来看，江苏遥遥领先，达到122件，占了大陆申请总量的将近一半，这与我国的电池产业分布于长三角地区尤其江苏省的关系密不可分，尤其位于江苏省的天合光能、阿特斯、奥特斯维等公司，申请量均比较多，说明江苏省在局部背场钝化电池产业方面走在国内前列（见图11）。

3. 申请类型分析

就申请类型来看，绝大部分申请是发明专利申请，占到了总量的60.5%，还有

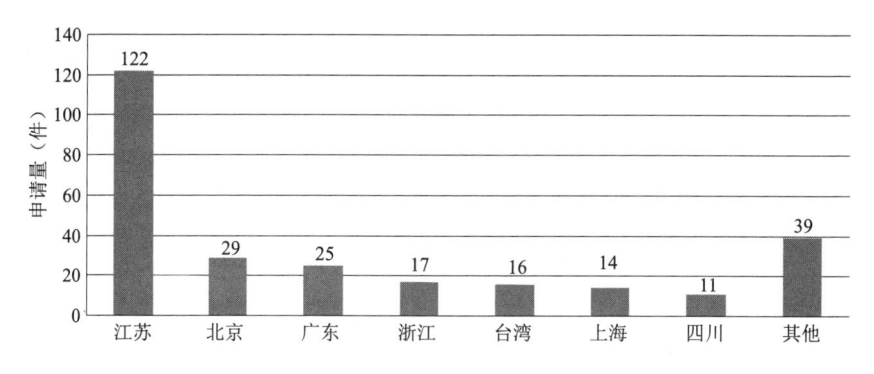

图 11 国内申请人省市排名

占总量26.6%的申请为PCT发明国际申请，即发明类型的专利申请总占比达到了87.1%。由此可见，在中国的专利布局已经开始，在局部背场钝化电池方面，各国都力争在中国市场化产业化竞争中提前布局，更多的是选择保护效力更高的发明专利申请来保护自己的发明（见图12）。

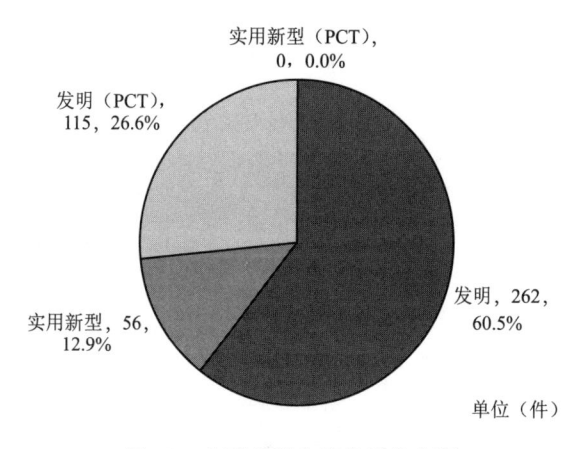

图 12 中国专利申请类型分布图

4. 主要申请人/专利权人分析

（1）主要申请人

从主要申请人看，通过申请总量对申请人进行排序，位居第一的是天合光能，申请量为24件，其次是阿特斯的19件和奥特斯维的18件，申请量前5名的均是中国大陆的公司，尤其前三名均为江苏省的公司，可见在局部背场钝化电池领域，目前申请量较大的还是国内的公司，尤其是国内电池等高新产业的公司聚集地长三角、珠三角地区（见图13）。

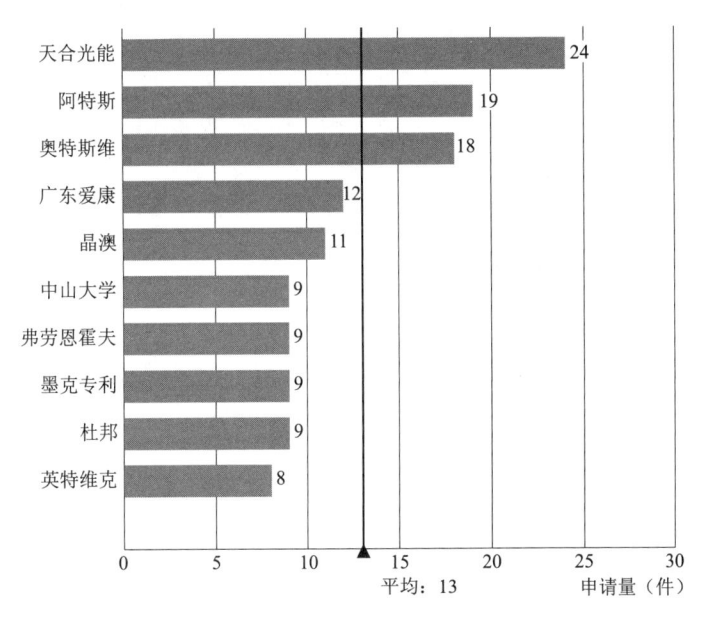

高效晶硅光伏电池领域专利技术现状及其发展趋势   183

```
天合光能 ████████████████████████ 24
阿特斯   ███████████████████ 19
奥特斯维 ██████████████████ 18
广东爱康 ████████████ 12
晶澳     ███████████ 11
中山大学 █████████ 9
弗劳恩霍夫 █████████ 9
墨克专利 █████████ 9
杜邦     █████████ 9
英特维克 ████████ 8
         0   5   10   15   20   25   30
                    平均：13      申请量（件）
```

图 13　中国专利申请主要申请人排名

就主要申请人所侧重的技术方向来看，几乎均侧重于钝化方向，这和局部背场钝化电池的核心发明点一致，其关键是改进钝化层。另外天合光能和奥特斯维在电极方向也有所侧重，这也是目前局部背场钝化的改进方向，以更好地提高电接触的效率（见表2）。

表 2　主要申请人及其重点布局的技术方向

排名	申请人（简称）	国别	重点布局的技术方向
1	天合光能	中国	钝化，电极
2	阿特斯	中国	钝化
3	奥特斯维	中国	钝化，电极
4	广东爱康	中国	钝化，掺杂扩散
5	晶澳	中国	钝化
6	中山大学	中国	钝化
7	弗劳恩霍夫	德国	钝化
8	墨克专利	德国	开孔
9	杜邦	美国	钝化
10	英特维克	美国	钝化

（2）主要专利权人

从主要专利权人看，通过授权总量对申请人进行排序，位居第一的是授权量为

11件的天合光能,这是在其高申请量的基础上保持了较好授权率的结果,说明天合光能的专利有效性好。其次,阿特斯拥有8件专利以及广东爱康拥有6件专利,授权量前3名的均是中国大陆的公司,而且阿特斯和天合光能类似,也是具有较高申请量的公司,可见这两家公司在局部背钝化电池领域有较强的研发能力。而申请量居于第三、五位的奥特斯维和晶澳的授权量排名较低,一方面,这两家公司有将近1/3的申请已经撤回或者被驳回,另一方面,由于这两家公司尤其晶澳的专利申请集中在近两年,目前仍处在审查流程中,因此,授权排名受到了影响(见图14)。

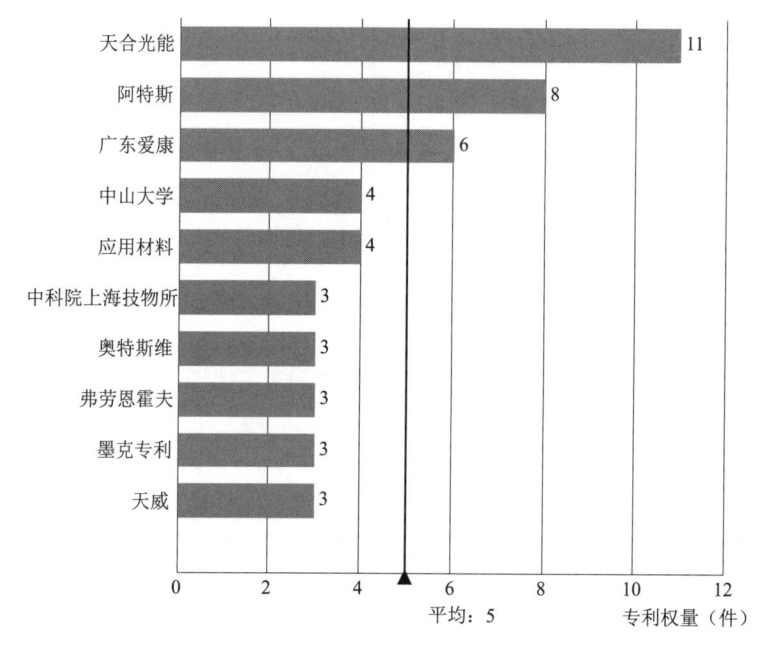

图14 中国专利主要专利权人排名

就主要专利权人所侧重的技术方向来看,表3与主要申请人相似,几乎均侧重于钝化方向,这和局部背场钝化电池的核心发明点一致,其关键是改进钝化层。另外天合光能在电极方向也有所侧重,而广东爱康则是在掺杂扩散领域有相关研究,这也是目前局部背场钝化的改进方向,以更好地提高电接触的效率。

表3 主要专利权人及其重点布局的技术方向

排名	专利权人(简称)	国别	重点布局的技术方向
1	天合光能	中国	钝化,电极
2	阿特斯	中国	钝化
3	广东爱康	中国	钝化,掺杂扩散

续表

排名	专利权人（简称）	国别	重点布局的技术方向
4	中山大学	中国	钝化
5	应用材料	美国	钝化
6	中科院技物所	中国	钝化
7	奥特斯维	中国	钝化，电极
8	弗劳恩霍夫	德国	钝化
9	墨克专利	德国	开孔
10	天威	中国	钝化

5. 技术分支分析

根据局部背场钝化电池的各部分结构以及其不同工艺方向的改进点，对其技术分支做了如下分解：其中局部背场钝化的核心在于对钝化的改进，另外为了提高电接触效率，对钝化层的开孔以及形成电极进行改进以及对掺杂扩散的材料方法等改进也是侧重点，同时对硅片的表面整体处理以及上表面的陷光结构和发射极的制作也是不可或缺的。如图15所示，就该些技术分支而言，涉及钝化的改进最多，均占到了申请总量的28.6%，其次是电极占27.7%，掺杂扩散占17.1%，开孔占14.1%，这和局部背场钝化技术各方面的重要性也相吻合。

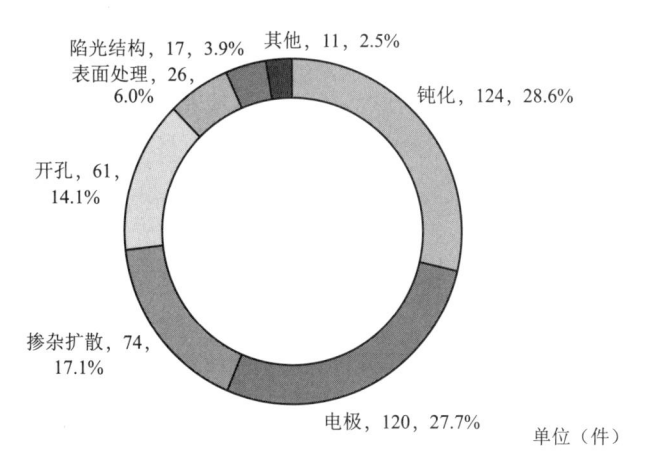

图 15 中国专利申请技术分布图（1）

就发明的本质而言，对技术的改进主要涉及方法、结构、材料或设备，如图 16 所示，涉及方法改进的发明占到了一半以上（52.9%），其次是结构21.9%和材料20.6%，对于设备的改进仅占2.5%，这和电池的整体改进思路是一致的，在电池的大致结构固定的情形下,对电池性能的改进主要通过方法的改进来提高电池的转换效率。

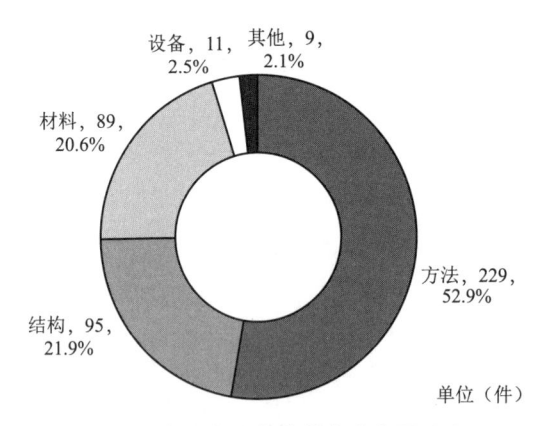

图 16　中国专利申请技术分布图（2）

（四）重要专利分析

以下将针对局部背钝化型电池领域的一些重要专利进行梳理和分析。

2005 年,南京中电光伏科技有限公司申请了一种硅太阳电池的结构与制作方法的专利申请（申请号为 CN200510039002.2）,其被 4 个不同国家的 9 个公司共计引用了 10 次且均为非自引用,该专利申请于 2007 年 8 月 29 日获得授权（CN100334744C）。该申请的发明点在于将绒面腐蚀后,即对 N 型硅片的背面扩散,再生长钝化氧化层。该技术方案的技术效果为有潜力达到与常规丝网印刷工艺一样低的成本,并且达到保持较高的转换效率（18%~19%以上）,甚至有可能将电池的效率提高到 21% 以上,以丝网印刷技术在 N 型 CZ 硅片上达到 18% 和在 FZ（区熔）硅片上达到 20% 的光电转换效率（见图 17）。

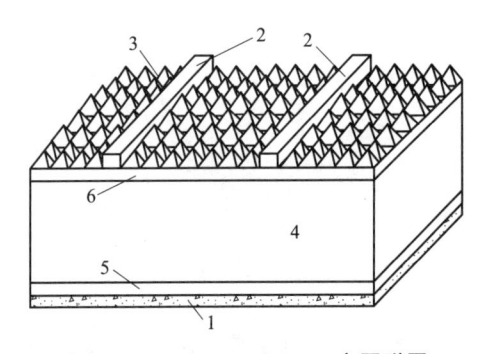

图 17　CN200510039002.2 主要附图

附图标记：1—丝网印刷背面金属；2—丝网印刷金属条；3—随机正金字塔绒面结构；
4—N 型硅；5—背面 P 型发射结；6—正面钝化 N 型扩散

2008年，佐治亚科技研究公司申请了利用丝网印刷的局部背场形成高质量背接触的专利申请（申请号为CN200880015133.9），其被2个国家的6个不同公司引用了7次，在中国、美国、欧洲等11个国家或地区都提交了专利申请，并在中国、美国、欧洲都获得授权，由此可见该公司对该申请的重视，在多个国家均有布局。该申请的发明点在于第一阻挡层和第一介电层限定通向硅晶片的开口，背接触包含铝和硅的合金，该合金在开口处形成厚度为6~15微米的背场。该申请的技术效果在于：能够防止薄膜硅的变形、确定介电开口的尺寸和间距、清洁介电开口以及在介电开口处形成高质量的背场（见图18）。

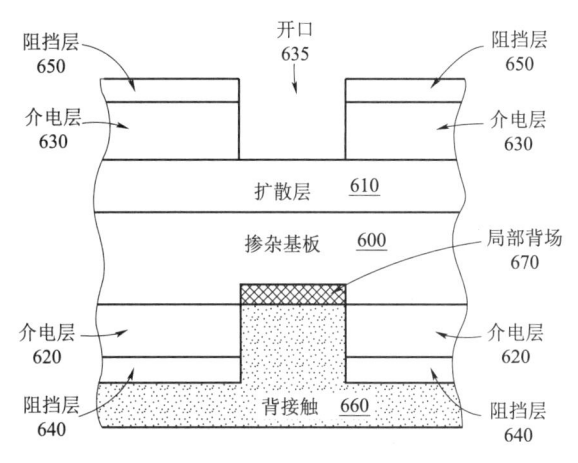

图18 CN200880015133.9主要附图

2008年，三菱电机株式会社申请了一种太阳能电池单元及其制造方法的专利申请（申请号为CN200880129990.1），其被3个国家的4个不同公司引用了5次，在中国、美国、日本等5个国家或地区都具有同族，并在中国、美国、日本都获得授权，由此可见该公司对该申请的重视，在多个国家均有布局。该申请的发明点在于以掩埋开口部且不与邻接开口部接触的方式，涂敷第二电极材料；以与所有第二电极材料接触的方式，在钝化膜上涂敷第三电极材料；加热以同时形成第一、第二和第三电极及高浓度区域。该申请的技术效果在于：能够通过制造工序的简化以及电力能量的消耗量的降低来实现制造成本的降低，可以廉价地制作不产生弯曲且电池单元特性优良的高质量的太阳能电池单元（见图19）。

2008年，苏威氟有限公司申请了用于生产太阳能电池的方法的专利申请（申请号为CN200880125466.7），其在中国、美国、欧洲等12个国家或地区都提交了专利申请，即在多个国家均有布局，由此可见该公司对该申请的重视。该申请的发明点在于使用包含碳酰氟、氟、三氟化氮或其混合物的蚀刻气体蚀刻晶片。可降低反射率，阻止由切割操作所造成的裂纹的增长，除去由磷掺杂所引起的类似玻璃的含磷氧化物

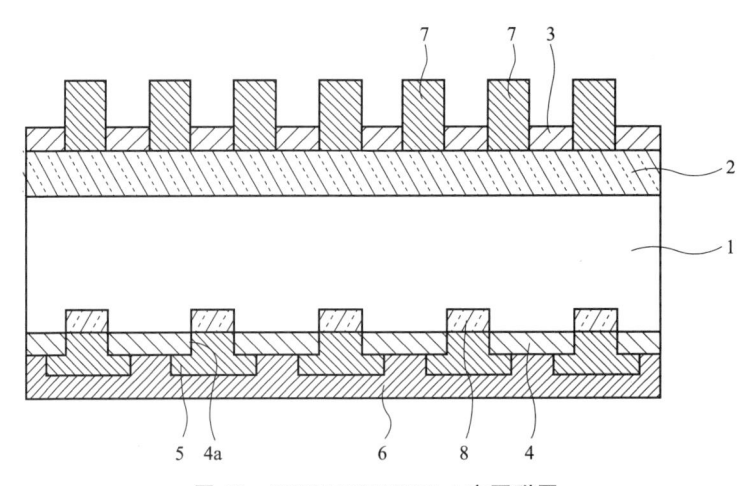

图 19　CN200880129990.1 主要附图

附图标记：1—半导体基板；2—杂质扩散层；3—反射防止膜；4—背面钝化膜；4a—接触孔；
5—背面铝电极；6—背面集电电极；7—受光面电极；8—BSF 层

涂层，可取代水性蚀刻，碳酰氟和氟不消耗臭氧层、具有低的温室气体潜能并且可以从离开反应器的任何排气口容易地被除去。

2008 年，罗伯特·博世申请了一种单晶太阳能电池的制造方法的专利申请（申请号为 CN200980116340.8），其在中国、美国、欧洲等 9 个国家或地区都具有同族，且在中国、日本和欧洲等获得了授权，即在多个国家均有布局，由此可见该公司对该申请的重视。该申请的发明点在于优化了工艺步骤序列，将薄层生成与通过丝网印刷或模版印刷的厚层生成相结合，其优点为用一种相应地最适合的材料以相应地最适当的工艺技术制成钝化层，同时也是电绝缘体。也可以用一种与其他组件相互作用极小的工艺技术将该钝化层局部地打开。还可以用一种节约的工艺技术尤其是薄层工艺技术，又给钝化层覆盖一层最适合的金属化结构尤其是铝，同时也可以用大的绝缘面覆盖半导体表面上的局部接触面，保证在钝化层上的薄层金属化结构与半导体中的局部受限的 BSF 层之间形成持久的低欧姆连接（见图 20）。

2011 年，中国科学院上海技术物理研究所申请了一种背面点接触晶体硅太阳电池及制备方法的专利申请（申请号为 CN201110187549.2），其被 5 个不同公司非自引用了 5 次，且获得了授权（CN102290473B）。该申请的发明点在于采用氮化硅/氧化铝及氧化铝/氮化硅双层膜分别钝化晶体硅电池的前表面和背表面。该申请的技术效果在于：能够减少表面复合速度，同时减少前表面的反射，增强背表面的内反射；减弱高温对钝化效果的消极影响；增强烧结高温过程中的钝化性能的稳定性（见图 21）。

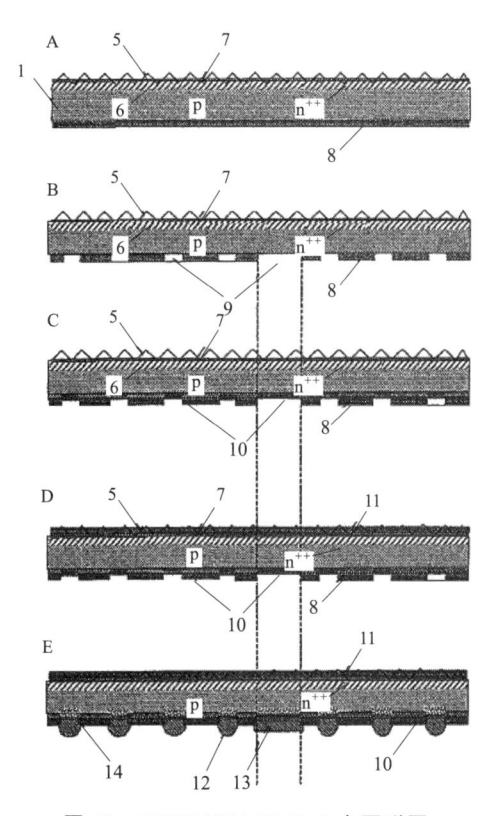

图 20   CN200980116340.8 主要附图

附图标记：5—正面结构；6—发射极；7—增透层；8—钝化层；9—接触点；10—薄层；11—银浆料；12—穿通接触部；13—汇流条；14—低熔点 AlSi 共晶体

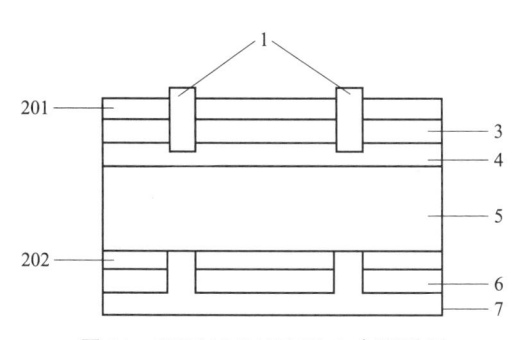

图 21   CN201110187549.2 主要附图

附图标记：1—金属银电极；201—前表面的上氧化铝层；202—背表面的下氧化铝层；3—上氮化硅；4—n^+ 发射极；5—p 型硅基底；6—下氮化硅；7—金属 Al 电极

四、HIT 光伏电池

（一）技术概述

HIT（Hetero-junction Intrinsic Thin-layer）异质结本征薄膜光伏电池为异质结与晶体硅光伏电池的重要结合点，是该领域的热点研究方向。异质结是两种不同的半导体材料相接触所形成的界面。按照材料的导电类型不同，异质结可划分为同型异质结（P-p 结、N-n 结）和异型异质结（P-n、p-N）。形成异质结的两种半导体材料，通常需要有相似的晶体结构以及相近的原子间距和热膨胀系数。异质结可以利用界面合金、化学沉积、外延生长等方式制造。

异质结具有同质 PN 结不能达到的优良的光电特性，包括：（1）有利于宽谱带吸收，进而提高效率，晶体硅同质结光伏电池的吸收波长范围为 $0.3 \sim 1.1 \mu m$，而对于占一半以上的紫外区和红外区无法吸收，而异质结光伏电池可展宽吸收谱；（2）增加内建电场，提高注入效率。异质结比同质结具有更大的内建电场，使注入结两侧的非平衡少子增加，增加了开路电压和短路电流；（3）减小硅原料消耗，降低制造成本。由于上述诸多优势，异质结光伏电池适宜制作多种器件，如高速开关器件、光伏电池、半导体激光器等，得到了广泛的研究和应用。

硅基异质结光伏电池采用禁带宽度不同于晶体硅的薄膜材料，如非晶硅、非晶碳化硅、纳米晶硅和微晶氧化硅等，与晶体硅衬底构成异质结。在工艺上，硅基异质结电池采用减薄的掺杂晶体硅衬底，通过沉积等方法制备出薄膜材料，与晶体硅衬底构成有源区。异质结的引入，既提高了硅基光伏电池的能量转化效率，也降低了晶体硅光伏电池的成本。然而，该类电池也存在诸如界面缺陷、薄膜稳定性以及与传统工艺的兼容性等问题。以下介绍硅基异质结光伏电池的几个主要类型。

1. 非晶硅薄膜/晶体硅异质结

非晶硅薄膜/晶体硅异质结本征薄膜光伏电池是在例如 N 型晶体硅衬底上生长出厚度约为 10nm 的 P 型非晶硅薄膜；为了降低反向漏电流，又在中间夹入一层本征的非晶硅薄层。该结构具有普通异质结所具备的优点，包括提高了内建电场，增大了开路电压和短路电流，增加了对能量较高的短波长太阳光的吸收。

异质结界面是比较关键的因素，决定了这类光伏电池的最终特性。为此，三洋电气采取了以下措施保证获得低缺陷的界面：[4]（1）为降低异质结界面的热损伤，整个工艺步骤的温度始终小于 200℃；（2）引入本征非晶硅中间层，以钝化由于杂质的引入而形成的界面缺陷；（3）采用等离子体化学气相沉积（plasma enhanced chemical vapor deposition）生长非晶硅薄膜，降低等离子体损伤，以获得高质量的非晶硅薄膜。HIT 的其他工艺改进也几乎完全围绕着制备低界面态展开，因为低界面态能够有效降低复合概率，提高非平衡载流子的寿命。

当然，非晶硅薄膜/晶体硅异质结目前依然处在发展不成熟的阶段，还存在一些问题：(1)非晶硅本身具有光致衰减效应(Stabler-Wronski effect)，造成 HIT 的特性先期衰减和不稳定；(2)额外增加了等离子体化学气相沉积非晶硅的步骤，使工艺复杂化；(3)厚度在几个纳米的本征非晶硅层在实际中很难获得，因此反向漏电抑制效果并不明显；(4)由于 HIT 的低温工艺限制，无法采取传统的后续高温工艺，造成工艺不兼容。

2. 非晶碳化硅薄膜/晶体硅异质结

非晶碳化硅薄膜的禁带宽度更大，这种薄膜材料作为光吸收层，可以吸收短波长区的太阳光，成为发展的另一趋势，碳化硅薄膜/晶体硅异质结光伏电池正是基于这一思路提出的。在 N 型晶体硅衬底上生长 P 型碳化硅薄膜构成异质结，其中 P 型碳化硅层是化学组分依次变化的碳化硅组成的超晶格结构，禁带宽度从宽到窄变化，覆盖短波长区 300~450nm，增强了对短波长太阳光的吸收。通过调节碳化硅的组分，使嵌入其中的硅纳米晶的直径改变，能够有效地调制其光学禁带宽度，展宽光吸收谱。

采用射频磁控溅射硅靶材和掺有 P 型杂质、比例精确控制的碳化硅靶材，形成多层薄膜；然后在氮气中高温退火，使硅纳米晶形成，并且使缺陷钝化。然而，该类电池也存在以下缺陷：(1)高温退火工艺使晶体硅衬底的杂质向碳化硅层扩散，使电学性能劣化；(2)由于在高温条件下，两种材料的热应力不同，使异质结界面处出现缺陷，增大了载流子的复合，降低量子效率；(3)碳在硅中容易形成深能级的复合中心，降低了光生载流子的寿命。

3. 硅纳米晶薄膜/晶体硅异质结

根据量子限制效应，纳米晶尺寸越小，其光学禁带宽度越大。纳米晶薄膜/晶体硅异质结光伏电池就是利用了纳米晶的宽光学能带效应，增加对短波长光的吸收；而且通过改变纳米晶的尺寸，可以设计吸收不同波长的光。例如在 P 型单晶硅衬底上，使用共溅射硅、氧化硅、磷氧化物的三靶源，形成 N 型掺杂的硅混晶层，然后退回形成硅纳米晶/晶体硅异质结。然而，该类器件也存在缺陷，由于硅纳米晶是嵌入在导电性差的氧化硅层中，影响了电池的电学特性，导致其能量转化效率降低。通过改善制备手段和材料，有望进一步提高这种新结构光伏电池的转化效率。

4. 微晶氧化硅薄膜/晶体硅异质结

微晶氧化硅薄膜/晶体硅异质结通常选用 P 型衬底。通过高频等离子体化学气相沉积制备 N 型的氢化微晶氧化硅膜，采用例如 4nm 的本征非晶硅薄层作为中间层，形成类似 HIT 结构的异质结。电池的整个制备过程始终在 170℃以下。由于普通晶体硅光伏电池与微晶氧化硅薄膜/晶体硅异质结都是选用 P 型衬底，所以微晶氧化硅薄膜/晶体硅异质结存在成本优势。

(二)全球专利状况分析

在全球专利文献数据库中检索到涉及 HIT 光伏电池的专利申请达到 1049 项，本节将主要以上述数据作为研究对象进行分析。

1. 专利申请趋势分析

图 22 示出了 HIT 光伏电池相关专利在全球申请的年代分布情况。早在 1976 年就已经陆续有涉及 HIT 光伏电池的专利申请出现。其中在 2002 年达到 60 项左右。在 2005—2007 年，专利申请量略微下降。但在 2008 年后，申请量开始迅速增长，并于 2011 年超过 110 件。在近年，申请量又稍微有所回落。

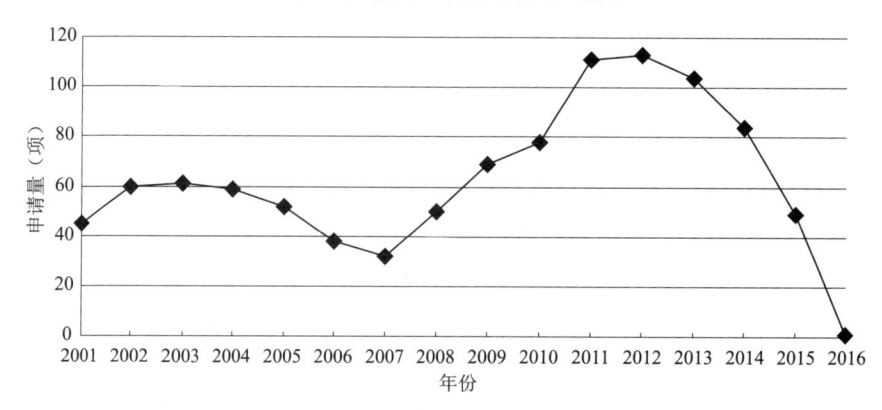

图 22　全球专利申请年申请量变化趋势

2. 区域分布分析

图 23 示出了 HIT 光伏电池专利申请的全球技术来源地和目标地示意图。其中美国和日本是最主要的来源地和目标地，表明美国和日本在该领域具备比较强的研发优势，同时也是非常重要的市场。除此以外，中国也是比较主要的目标地，表明中国在全球的市场地位日益重要。然而，向他国申请的中国原创专利则非常少，说明我国的技术在该领域还没有完全走出国门，国内的研发水平与国外还有较大差距。

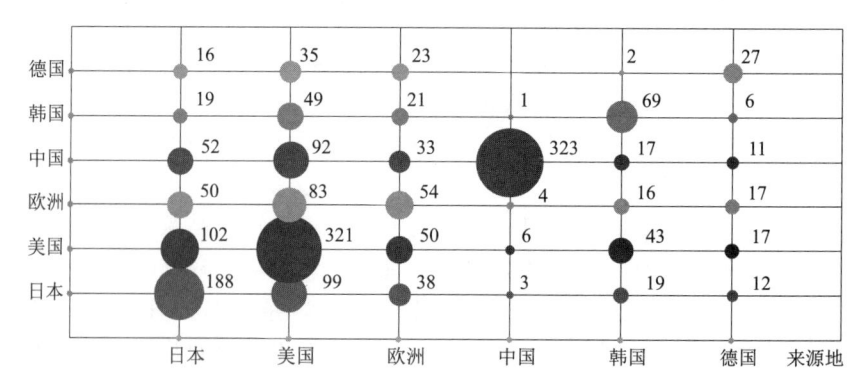

图 23　全球专利申请主要来源区域的专利申请流向

3. 主要申请人分析

图 24 所示是全球主要申请人的申请量排名。其中 IBM 和三洋电气的申请数量都

超过 50 件，位居前列，表明这些企业在该领域具备比较领先的技术优势。天合光能、新奥光伏等国内企业的申请数量也比较高，这表明国内企业在该领域也已经取得了比较大的发展，具备了一定的研发实力。在国外企业中，日本的三菱电机、夏普、钟化以及韩国的 LG 和美国的通用电气也有一定的比例，这体现出了这些企业的传统技术优势。

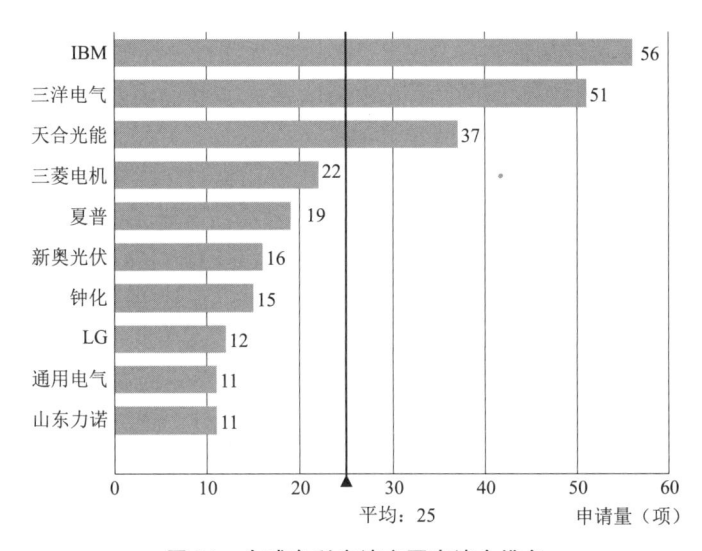

申请人	申请量（项）
IBM	56
三洋电气	51
天合光能	37
三菱电机	22
夏普	19
新奥光伏	16
钟化	15
LG	12
通用电气	11
山东力诺	11

平均：25

图 24　全球专利申请主要申请人排名

国际商业机器公司（International Business Machines Corporation，简称 IBM），于 1924 年创立于美国，是全球最大的信息技术和业务解决方案公司。在 HIT 光伏电池方面，IBM 在 SiGe/晶硅异质结光伏电池方面申请较多，在Ⅲ-Ⅴ族化合物/晶硅异质结光伏电池和非晶硅/晶硅异质结光伏电池方面也有一定数量的专利申请。IBM 主要在美国进行申请，其次在日本、欧洲和中国也都有一定数量的专利申请。

三洋电气成立于日本。目前三洋电气在中国布局三大产业，分别为 SanAce 风扇、SANUPS 电源与逆变器、SANMOTION 伺服与运动控制，三大领域都致力于开发长寿命、高可靠性、耐环境性、低消耗功率方面的产品。在 HIT 光伏电池方面，三洋电气的专利申请主要集中在非晶硅/晶硅异质结光伏电池领域。三洋电气主要在日本进行申请，其次在美国和中国也都有比较多的专利申请。

天合光能有限公司（TSL）是一家专业从事晶体硅太阳能组件生产的制造商。天合光能有限公司于 1997 年成立于江苏常州，其生产的光伏组件用于并网和离网状态下的民用、商用、工用以及大规模的公共设施。产业包括：太阳能光伏电站设备制造、太阳能光伏电站设备及系统装置安装；多晶铸锭、单晶硅棒、硅片、太阳能电池片、光伏组件的制造；太阳能、光能技术开发。在 HIT 光伏电池方面，天合光能的专利申请主要集中在非晶硅/晶硅异质结光伏电池方面，在纳米硅/晶硅异质结光伏电池方面也有一定数量的专利申请。天合光能的专利申请主要集中在中国，而在国外几乎没有专利申请。

三菱电机株式会社（Mitsubishi Electric Corp）于1921年创立于日本。三菱电机覆盖工业自动化（FA）产品和机电一体化（Mechatronics）产品。FA产品包括电动机（Motor）及减速机（Gear Motor）等。此外，三菱电机还致力于拓展新的事业领域，特别在环境保护等领域取得了成功。在HIT光伏电池方面，三菱电机的专利申请主要集中在非晶硅/晶硅异质结光伏电池领域。三菱电机主要在日本进行申请，其次在美国和中国也都有一定数量的专利申请。

夏普公司（Sharp Corporation）是一家日本的电器及电子公司，于1912年创立，总公司设于日本大阪。夏普公司自创业以来，开展的业务较广，是一个大型的综合性电子信息公司，太阳能电池只是其中的一个领域。在HIT光伏电池方面，夏普的专利申请主要集中在非晶硅/晶硅异质结光伏电池领域。夏普主要在日本进行申请，其次在美国和中国也都有一定数量的专利申请。

新奥光伏能源有限公司于2007年成立于河北省。新奥光伏具备先进的硅基薄膜生产技术和环保的生产工艺，是一家以高性能光伏组件及定制产品的研发，制造与集成应用为核心，为客户提供全方位太阳能源集成服务的企业。新奥光伏专注于光伏电池转换效率的提高和生产成本的降低，在硅基薄膜太阳能电池的开发、制造和应用领域处于世界领先水平。公司在河北廊坊建成了年产70MW的光伏电池生产基地，生产技术含量处于国际领先水平的超大型高性能电池组件。在HIT光伏电池方面，新奥光伏的专利申请主要集中在非晶硅/晶硅异质结光伏电池领域。

国电光伏（江苏）有限公司成立于2009年，形成了涵盖拉棒铸锭、硅片、电池片、电池组件的生产到系统集成安装、电站投资建设运营能力的完善的光伏行业产业链。在HIT光伏电池方面，国电光伏的专利申请主要集中在非晶硅/晶硅异质结光伏电池领域。

山东力诺太阳能电力集团于2002年正式注册，累计实现光伏电站装机10万kW，在全球范围内从事太阳能光伏电站的投资建设、光伏电站EPC总承包和太阳能光伏产品的推广应用。在应用产品领域，集团专业从事光伏发电系统、照明系统、交通系统、风电互补系统、便携式电源的设计、研发与销售，已自主开发了户用电源、屋顶电站、交通照明及太阳能手电、太阳能台灯等一系列产品。在HIT光伏电池方面，山东力诺的专利申请主要集中在非晶硅/晶硅异质结光伏电池领域。

（三）中国专利状况分析

在中国专利文献数据库中检索到涉及HIT光伏电池的专利申请达到491件，本节将主要以上述数据作为研究对象进行分析。

1. 专利申请趋势分析

图 25 示出了 HIT 光伏电池相关专利在中国申请的年代分布情况。早在 1986 年就已经陆续有涉及 HIT 光伏电池的专利申请出现。其中，2005 年起在中国申请的 HIT 光伏电池相关专利的数量显著增加，并在 2008 年达到 27 件。尽管由于经济危机的原因，2009 年的专利申请量出现短暂的回落，但在 2010 后申请量又迅速回升，并于 2014 年达到一个新的高值 82 件。由于近年的专利申请量无法完全统计的原因，所以只能统计到 2015—2016 年的部分专利申请量，但根据目前的发展趋势可以预计，近年的专利申请量仍然会维持在一个比较高的水平。

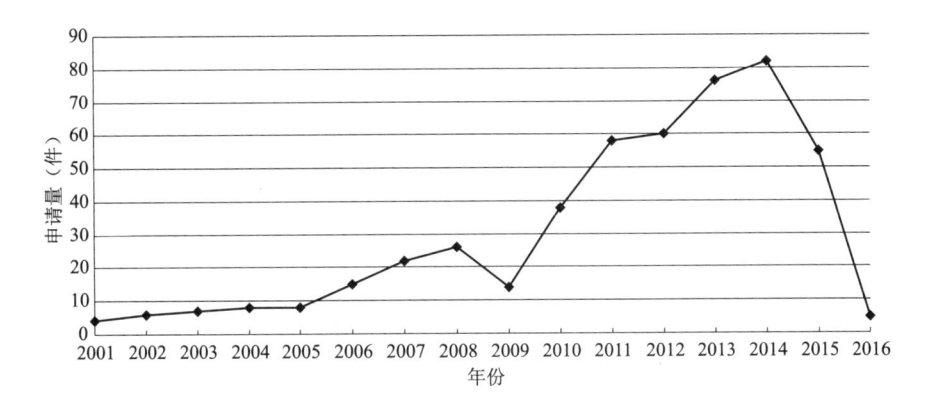

图 25　中国专利申请年申请量变化趋势

2. 区域分布分析

(1) 国家/地区分布

图 26 和图 27 展示了在 HIT 光伏电池专利申请中，技术原创区域的分布情况和年度申请量变化情况。可以看出，中国申请人原创的专利申请占到 62% 以上，其大规模增长主要是集中在 2009 年之后。国外来华的专利申请仅占到了 38%，主要以美国和日本为主，这是与美国和日本在 HIT 光伏电池领域的优势地位以及其对中国市场的重视程度密切相关的。

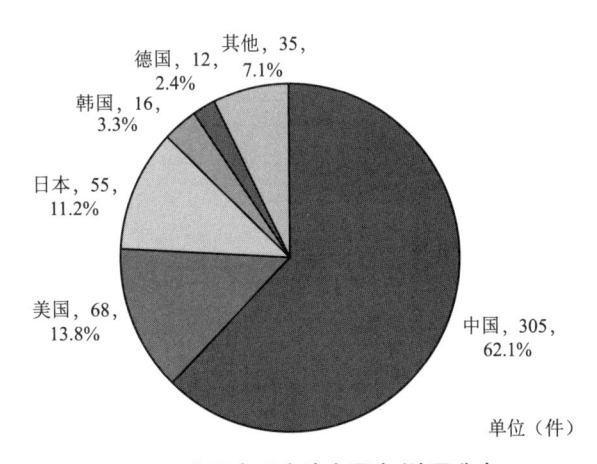

图 26　中国专利申请人国家/地区分布

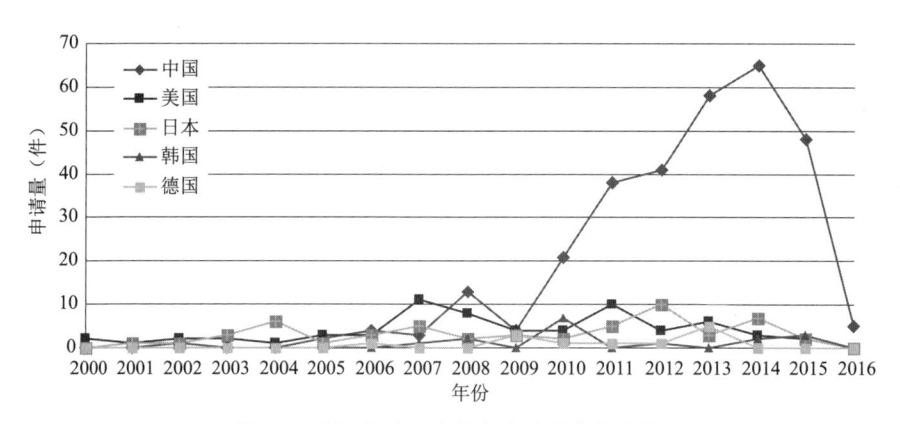

图 27 主要申请国家的年申请量变化趋势

(2) 省市分布

图 28 展示了国内申请人在 HIT 光伏电池专利申请中,各省市的技术原创区域的分布情况。可以看出,国内申请人的地域分布并不集中,其中申请量最多的是江苏(82 件),主要申请人包括天合光能、艾德光伏、华创光电、金瑞晨新、晶澳。其次是北京(33 件),主要申请人包括清华大学、中科院半导体所等。其次是上海,主要申请人包括中智光纤、上海光伏工程技术研究中心、上海交通大学等。

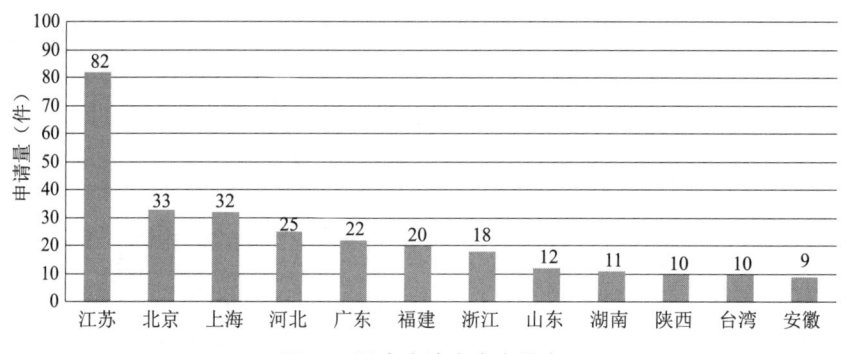

图 28 国内申请人省市排名

图 29 展示了在 HIT 光伏电池专利申请中,主要省市的年度申请分布情况。可以看出,在 2011 年之前,各省市的年度专利申请量都比较小。但从 2011 年开始,江苏的申请量迅速增长,位居各省市的首位,这主要是由于江苏省的企业近年来专利申请较多。而其他各省的专利申请增长相比之下就不太明显。

3. 申请类型分析

图 30 展示了 HIT 光伏电池技术在中国的专利申请类型分布,其中发明专利申请占 82% 以上,发明专利申请的占比较高表明该领域技术含量较高,并且期望在较长

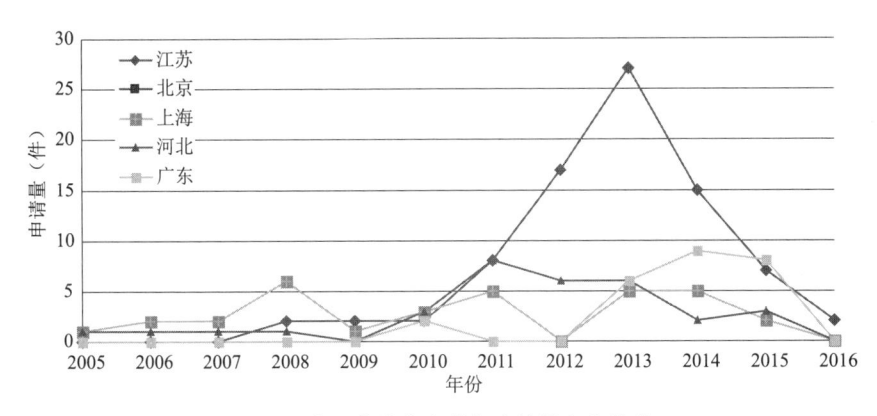

图 29　主要申请省市的年申请量变化趋势

的时间内拥有稳定的专利权。其中 PCT 发明专利申请占申请总量的 24%，说明企业非常愿意在全球范围内就该领域申请专利。

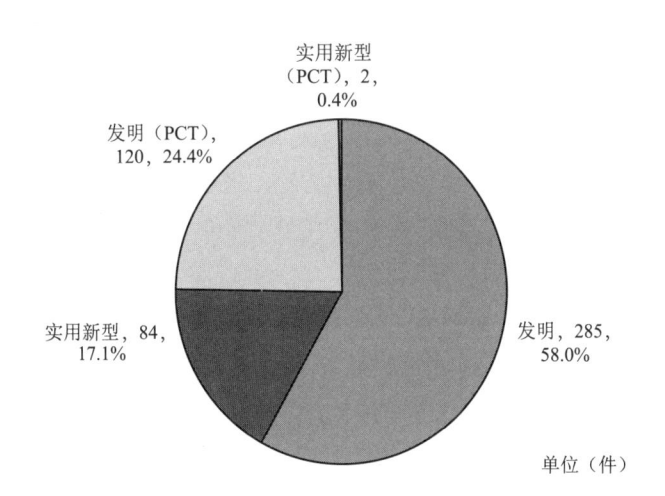

图 30　中国专利申请类型分布图

4. 主要申请人/专利权人分析

(1) 主要申请人

如图 31 所示，常州天合的申请数量有 37 件，数量最高，这与常州天合在该领域的技术优势是密不可分的。新奥光伏、国电光伏等国内企业的申请数量也比较高，这也体现这些公司具备较强的技术优势。在国外企业中，日本的三洋电气、美国的 IBM、韩国的 LG、美国的通用电气也有一定的比例，这体现出了这些企业的传统技术优势。尽管这些国外企业在华不具备主体地位，但是目前依旧是比较有影响力的公司。

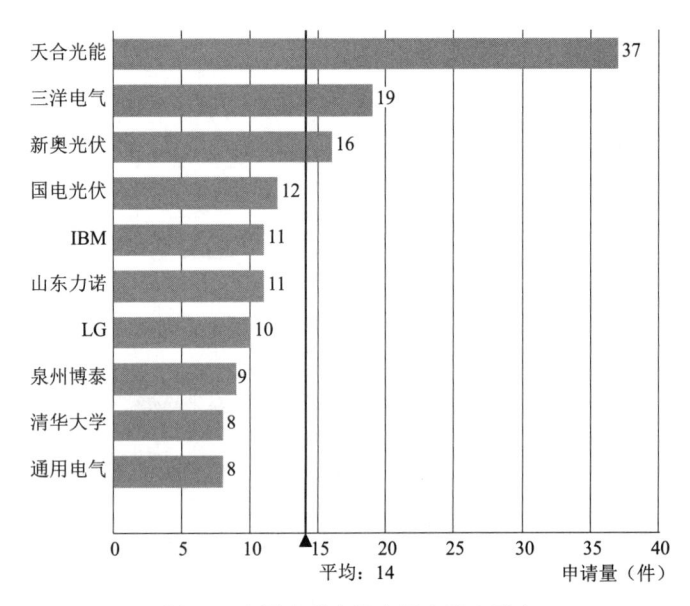

图 31 中国专利申请主要申请人排名

申请人	申请量（件）
天合光能	37
三洋电气	19
新奥光伏	16
国电光伏	12
IBM	11
山东力诺	11
LG	10
泉州博泰	9
清华大学	8
通用电气	8

平均：14

如表 4 所示，主要申请人的重点布局技术方向几乎都集中在晶硅/非晶硅异质结。这表明晶硅/非晶硅异质结在本领域是最常见的，居于主体地位。部分申请人在其他个别领域也有一些技术布局，例如 IBM 在晶硅/SiGe 异质结方向以及清华大学在纳米硅/晶硅异质结方向重点进行了布局。

表 4 主要申请人及其重点布局的技术方向

排名	申请人（简称）	国别	重点布局的技术方向
1	天合光能	中国	晶硅/非晶硅异质结
2	三洋电气	日本	晶硅/非晶硅异质结
3	新奥光伏	中国	晶硅/非晶硅异质结
4	国电光伏	中国	晶硅/非晶硅异质结
5	IBM	美国	晶硅/SiGe 异质结；晶硅/非晶硅异质结
6	山东力诺	中国	晶硅/非晶硅异质结
7	LG	韩国	晶硅/非晶硅异质结
8	泉州博泰	中国	晶硅/非晶硅异质结
9	清华大学	中国	纳米硅/晶硅异质结
10	通用电气	美国	晶硅/非晶硅异质结

（2）主要专利权人

如图 32 所示，天合光能的授权专利数量有 23 件，数量最高。山东力诺、泉州博泰等国内企业的授权数量也比较高。在国外企业中，日本的三洋电气、美国的 IBM 和通用电气等也有一定数量的授权专利。

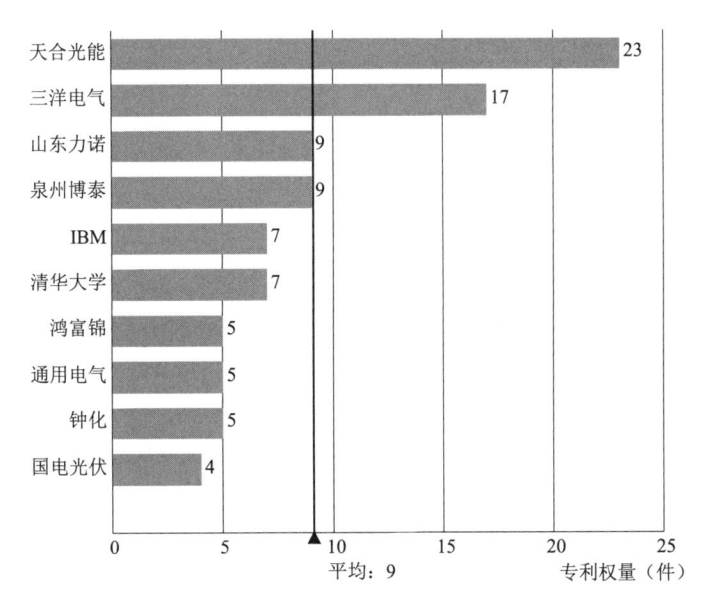

图 32 中国专利主要专利权人排名

排名	专利权人（简称）	国别	重点布局的技术方向
			专利权量（件）

（柱状图数据：天合光能 23、三洋电气 17、山东力诺 9、泉州博泰 9、IBM 7、清华大学 7、鸿富锦 5、通用电气 5、钟化 5、国电光伏 4；平均：9）

如表 5 所示，主要专利权人的重点布局技术方向几乎都集中在晶硅/非晶硅异质结。部分专利权人在其他个别领域也有一些技术布局，例如 IBM 在晶硅/SiGe 异质结方向以及清华大学在纳米硅/晶硅异质结方向重点进行了布局。

表 5 主要专利权人及其重点布局的技术方向

排名	专利权人（简称）	国别	重点布局的技术方向
1	天合光能	中国	晶硅/非晶硅异质结
2	三洋电气	日本	晶硅/非晶硅异质结
3	山东力诺	中国	晶硅/非晶硅异质结
4	泉州博泰	中国	晶硅/非晶硅异质结
5	IBM	美国	晶硅/SiGe 异质结；晶硅/非晶硅异质结
6	清华大学	中国	纳米硅/晶硅异质结
7	鸿富锦	中国	晶硅/非晶硅异质结

续表

排名	专利权人（简称）	国别	重点布局的技术方向
8	通用电气	美国	晶硅/非晶硅异质结
9	钟化	日本	晶硅/非晶硅异质结
10	国电光伏	中国	晶硅/非晶硅异质结

此外，天合光能和三洋电气的申请量和授权量都位居前列，体现了这些企业在HIT光伏电池领域有较强的研发实力。山东力诺和泉州博泰尽管申请量较低，但授权量较高。经分析，山东力诺的申请基本都较早，集中在2014年左右，且大部分是实用新型，因此基本都已经获得授权。泉州博泰则全都是实用新型，且都获得了授权，所以授权量较高。此外，新奥光伏和国电光伏虽然申请量较高，但授权量相对较低。经分析，新奥光伏和国电光伏基本都是近年才开始申请发明专利，大部分尚处于审查过程中，因此还未获得授权。

5. 技术分支分析

在上述491件专利申请中，其中有321件涉及了异质结的材料。其中大部分都属于晶硅/非晶硅异质结，有237件。其次是晶硅/化合物异质结，有49件，其中化合物包括多种类型，例如各种氧化物、硫化物、InGa系、GaN、SiC、Ⅲ-Ⅴ族化合物等。再次是不同类型的晶硅之间的异质结，其中主要是纳米晶硅/晶硅异质结，此外也包括单晶硅/多晶硅异质结（见图33）。

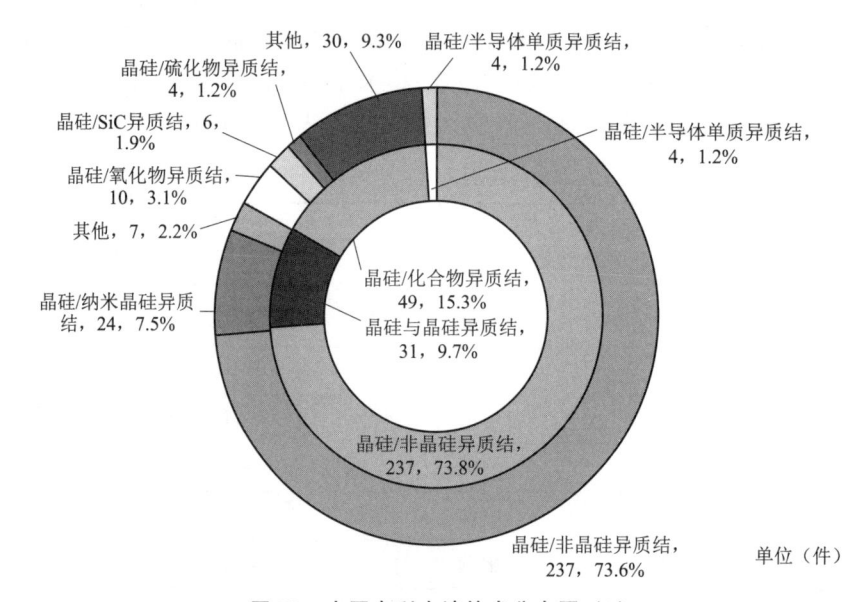

图33 中国专利申请技术分布图（1）

高效晶硅光伏电池领域专利技术现状及其发展趋势　201

在上述491件专利申请中，其中有308件涉及了HIT光伏电池的工艺和结构。其中大部分涉及光伏电池的各类部件，有212件，包括电极结构、光学部件等。其次是光伏电池的工艺，有62件，涉及掺杂、沉积等。再次是光伏电池的结层，有26件，其中涉及量子阱、肖特基势垒等（见图34）。

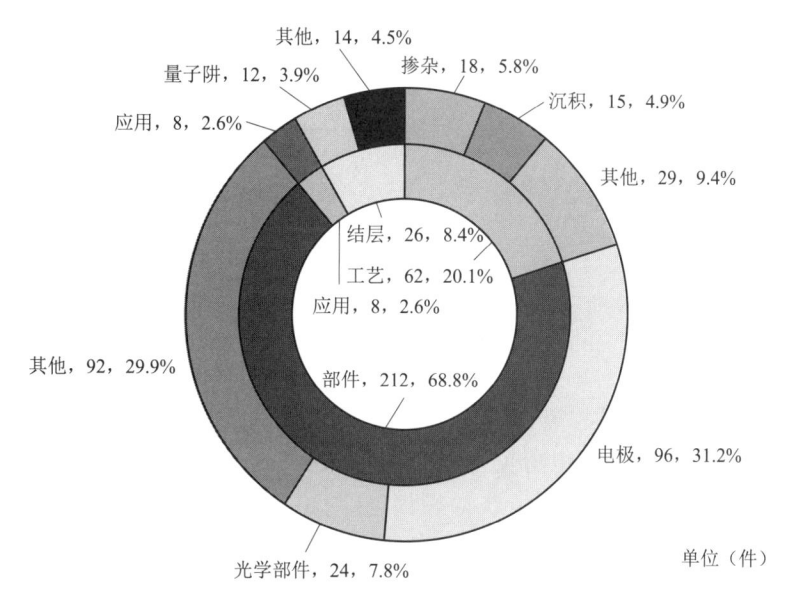

图34　中国专利申请技术分布图（2）

（四）重要专利分析

本节对本领域的重要专利进行梳理和分析。

2001年，日本三洋电气申请了光发电装置的专利申请，申请号为JP2002327345A，其在中国、美国、欧洲具有同族，并在中国、美国、欧洲、日本都获得授权（CN100449792C、US6878921B2、EP1320134B1、JP3902534B2）。该申请的主要发明点在于在结晶半导体和非晶态半导体薄膜的界面附近引入有杂质。能够抑制界面处载流子的再耦合，缓和频带偏移的影响，提高开路电压（见图35）。

2006年，日本三洋电气申请了太阳能电池模块的专利申请，申请号为JP2006322097A，其在中国、美国、欧洲、韩国具有同族，并在中国、美国、韩国获得授权（CN101192629B、US9024174B2、KR1535297B1）。该申请的发明点在于太阳能电池模块包括设在太阳能电池第一电极和配线件之间的由包括多个导电性颗粒的树脂构成的连接层，导电性颗粒从第一电极表面凹部露出且第一电极和配线件通过导电性颗粒电连接。有益效果是降低了电极和互连线之间的电阻，抑制输出功率下降（见图36）。

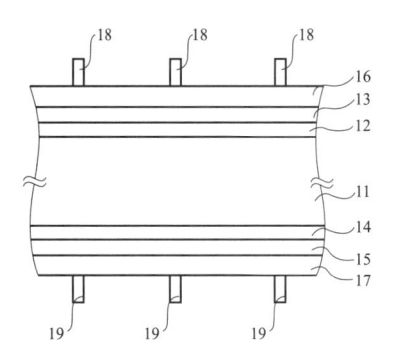

图 35　JP2002327345A 主要附图

附图标记：11—基板；12—i 型非晶态硅层；
13—n 型非晶态硅层；14—i 型非晶态硅层；
15—n 型非晶态硅层；16—ITO 膜；17—ITO 膜；
18—银电极；19—银电极

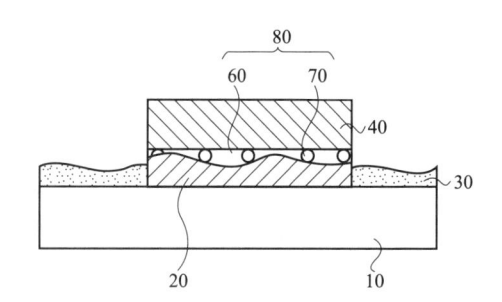

图 36　JP2006322097A 主要附图

附图标记：10—光电变换部；20—第一电极；
30—指状电极；40—配线件；60—树脂；
70—导电性颗粒；80—连接层

2006 年，美国索林塔有限公司（SOLYNDRA INC）申请了非平面太阳能电池的单片集成电路的专利申请，申请号为 US20060378835A，其在中国、欧洲、日本、德国等具有同族，并在中国、美国获得授权（CN101517740B、US7235736B1）。该申请的发明点在于：本单元中，衬底上的各个光伏电池包括周向沉积在衬底上的后电极、半导体结层、透明导电层；各个光伏电池中，第一光伏电池的透明导电层与第二光伏电池的后电极串联电连接。本单元使得在其中的电池中形成结的半导体膜一致，电池效能升高，避免发生针孔以及类似瑕疵，从而避免结上的分流（见图 37）。

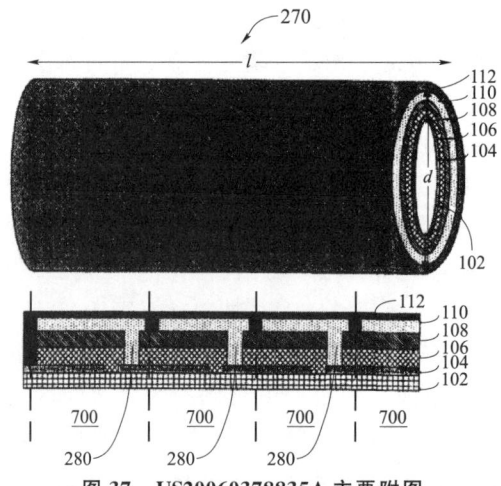

图 37　US20060378835A 主要附图

附图标记：102—衬底；104—后电极；106—吸收器层；108—窗层；110—透明导电层；
112—增透涂层；270—太阳能电池单元；280—太阳能电池单元；700—光伏电池

2007年，美国通用电气申请了发明名称为"多层膜—纳米线复合物、双面型和串联型太阳能电池"的专利申请，申请号为US20070622275A，该发明在中国、美国、欧洲、日本都进行了申请，并在中国、美国获得授权（CN101221992B、US7977568B2）。该申请的发明点在于：光生伏打器件中，在多层膜顶层的隧道结层上设置有多个伸长型纳米结构，在多个伸长型纳米结构的上方设置有共形层，共形层是感光结的一部分。有益效果在于优化光的吸收，可以减少电荷载流子在异质结界面的复合，可避免光导致的退化（见图38）。

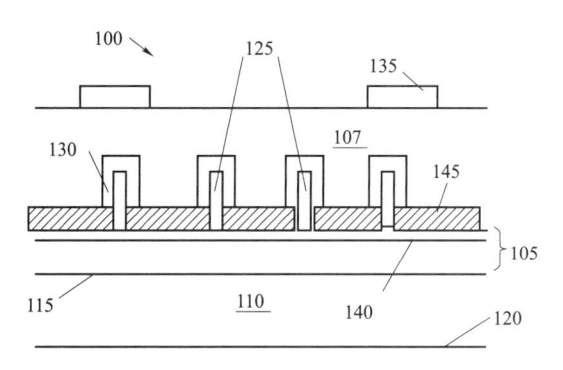

图38　US20070622275A 主要附图

附图标记：100—光生伏打器件；105—多层膜；107—导电材料层；110—基片；115—表面；120—表面；130—无定形层；135—顶接触；140—隧道结；145—模板

2008年，日本三洋电气申请了发明名称为"光电动势装置及其制造方法"的专利申请，申请号为JP2008030373A，其在中国、美国、欧洲、韩国都进行了申请，并在中国、美国、韩国获得授权（CN101271930B、US7804024B2、KR1371799B1）。该申请的发明点在于在结晶硅与第二非晶硅层的界面上形成具有高度为2nm以下的非周期的凹凸形状，可提高输出特性（见图39）。

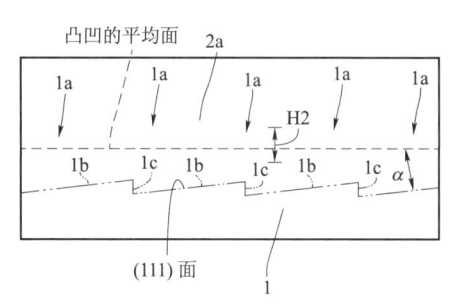

图39　JP2008030373A 主要附图

附图标记：1a—n型单晶硅基板；1b—平台部；1c—台阶部；2a—i型非晶质硅层

2008年，美国桑艾维公司（SUNIVA INC）申请了硅基太阳能电池的专利申请，申请号为US20080036766A，该发明在中国、欧洲、日本、加拿大都进行了申请，并在中国、欧洲、日本、加拿大获得授权（CN102017188B、EP2215665B1、JP5307818B2、CA2716402C）。该申请的发明点在于硅太阳能电池中，p型非晶硅层和n型非晶硅层分别与第一和第二本征非晶硅层相接合以加强结晶硅电场。该太阳能电池解决了电子和电洞在表面上因再结合而减少的问题，增强p-n同质接面的内部电场（见图40）。

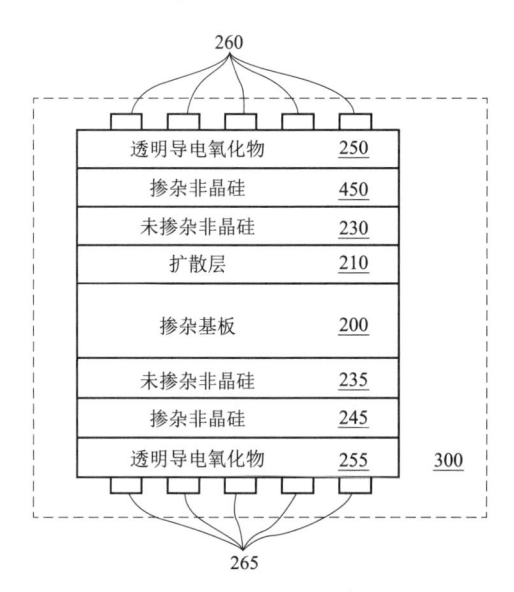

```
                    260
         ┌────────────────────┐
         │ 透明导电氧化物  250 │
         │ 掺杂非晶硅      450 │
         │ 未掺杂非晶硅    230 │
         │ 扩散层          210 │
         │ 掺杂基板        200 │
         │ 未掺杂非晶硅    235 │
         │ 掺杂非晶硅      245 │
         │ 透明导电氧化物  255 │  300
         └────────────────────┘
                    265
```

图 40　US20080036766A 主要附图

附图标记：260—触点；265—触点；300—太阳能电池

2013 年，浙江正泰太阳能科技有限公司申请了一种异质结电池的制备方法的专利申请 CN201310125902A，同样的发明在美国也进行了申请并获得授权（US9023681B2）。该申请的发明点在于在非晶硅 p 层上低压化学气相沉积（LPCVD）掺硼氧化锌薄膜。掺硼氧化锌薄膜表面具有自然的金字塔形貌，可以在硅片表面产生优越的光陷作用，无须在硅片表面制绒，避免复杂的制绒过程在电池生产中难以控制并消耗大量化学品的问题，降低 ITO（氧化铟锡）用量，简化工艺步骤，将光陷、导电和减反射三项重要功能合一，可以在平坦硅表面形成异质结，沉积的非晶硅膜可以实现良好的全覆盖，有利于电池开路电压的提升，提高光电转换效率（见图 41）。

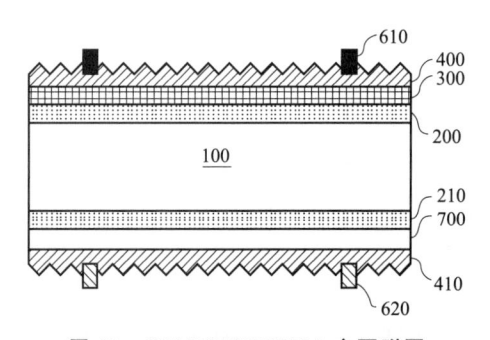

图 41　CN201310125902A 主要附图

附图标记：100—硅片；200—第一非晶硅本征层；210—第二非晶硅本征层；300—非晶硅 p 层；
400—第一 BZO 层；410—第二 BZO 层；610—正电极；620—背电极；700—非晶硅 n 层

2013年，常州天合申请了一种异质结太阳能电池器件的专利申请CN201310154476A，并获得授权（CN103199143B）。该申请的核心方案为：一种N型掺氢晶化硅钝化的异质结太阳能电池器件，N型掺氢晶化硅层沉积在N型晶体硅衬底的背面上。该申请的发明点在于N型掺氢晶化硅层（n-c-Si：H），由于掺杂氢原子的存在，可以钝化硅片表面，保持较好的钝化效果从而获得异质结电池高开路电压（Voc）（见图42）。

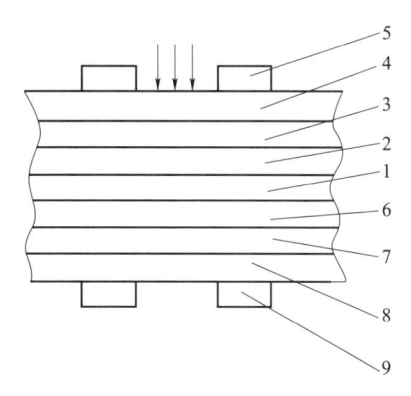

图42 CN201310154476A 主要附图

附图标记：1—衬底；2—钝化层；3—p型非晶硅层；4—正面透明导电膜层；5—正面电极层；6—掺氢晶化硅层；7—非晶硅层；8—背面透明导电膜层；9—背面电极层

五、背接触型光伏电池

（一）技术概述

背接触光伏电池是指电池的发射区电极和基区电极均位于电池背面，具有很多优点：由于降低或完全消除了正面栅线电极的遮光损失，从而提高电池效率；易组装，采用全新的组件封装模式进行共面连接；电池的正面均一、美观。

根据p-n结的位置不同，背接触光伏电池可分为两类：（1）背结电池。p-n结位于电池背表面，发射区电极和基区电极也相应地位于电池背面。主要包括交叉式背接触（Interdigitated Back Contact，IBC）电池、点接触（Point-Contact Cell，PCC）电池等。（2）前结电池。p-n结位于电池正表面，把正表面收集的载流子传递到背面的接触电极上。主要包括金属穿孔缠绕（Metallisation Wrap Through，MWT）电池、金属环绕（Metallisation Wrap Around，MWA）电池和发射极环绕（Emitter Wrap Through，EWT）电池。

1. IBC电池

IBC电池结构如图43所示，受光面无电极遮挡损失，电池前表面没有栅线，正负电极采用交叉排列的方式被制备在电池背面，由于电极完全分布在电池的背表面，无须考虑电极的宽度造成的遮光损失，可进一步优化电极宽度从而提高串联电阻，提供更好的优化前表面陷光和实现极低反射率的潜力。

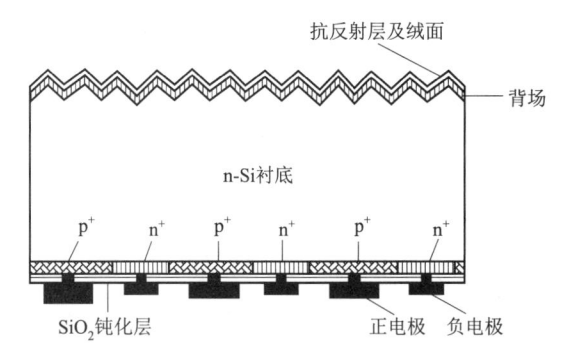

图 43 IBC 电池结构图

2. PCC 电池

点接触电池，见图 44，正表面没有任何电极遮挡，并通过金字塔结构及减反射膜来提高电池的陷光效应。背面电极与硅片之间通过 SiO_2 钝化层中的接触孔实现了点接触，减少了金属电极与硅片的接触面积，进一步降低了载流子在电极表面的复合速率，提高了开路电压。

3. MWA 电池

MWA 电池的主栅转移到了背面边缘区域，见图 45。光生电流被细栅收集后，经电池侧面传递到背面主栅上。正表面沉积一层 SiN_x 作为减反射层和表面钝化层，并进行浅磷扩散形成发射区。在侧面及底面的电极接触区重扩，以形成选择性发射极结构。在基区电极接触区沉积一层铝膜形成铝背场。

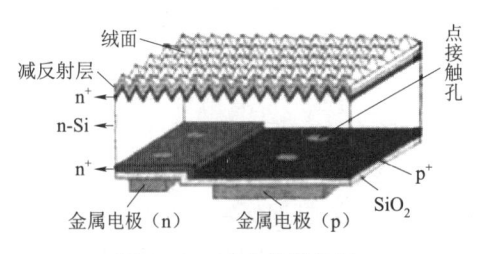

图 44 PCC 电池结构图   图 45 MWA 电池结构图

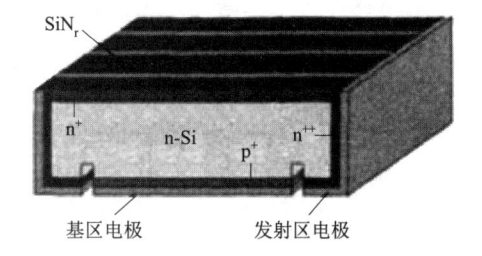

4. MWT 电池

MWT 电池的主栅同样转移到了电池背面，电池正表面保留了金属栅线，并沉积了 SiN 薄膜（见图 46）。正表面细栅与背表面主栅通过细栅上的导电孔连接。在主栅的电极接触区重扩形成选择性发射极结构，而在基区电极接触区制作铝背场。

5. EWT 电池

EWT 电池完全去除了正表面的栅线电极，依靠电池中的无数导电小孔来收集载流子，并传递到背面的发射区电极上（见图 47）。电池背面是间隔排列的 P 型电极凹槽和 n 型电极凹槽。分别在 n 型电极凹槽和 P 型电极凹槽内进行磷硼扩散以降低接触复合[5]。

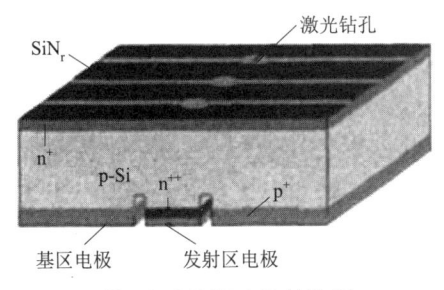

图 46　MWT 电池结构图

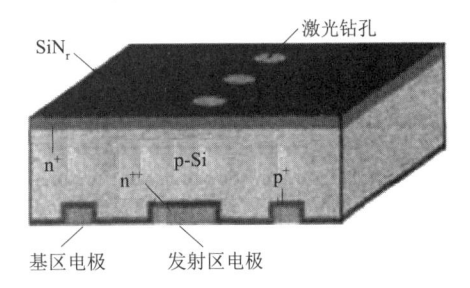

图 47　EWT 电池结构图

（二）全球专利状况分析

截至 2016 年 6 月 30 日，在全球专利文献数据库中检索到涉及背接触光伏电池的专利申请达到 2425 项，本节将主要以上述数据作为研究对象进行分析。

1. 专利申请趋势分析

图 48 示出了背接触光伏电池相关专利在全球申请的年代分布情况。早在 1976 年就已经陆续有涉及背接触光伏电池的专利申请出现。其中在 2004 年达到 37 项。在 2006 年，专利申请量略微下降。2007 年之后，申请量开始连年持续迅猛增长，并保持增长趋势至 2011 年达至峰值 335 件，在 2013 年缓慢回落，但申请数量仍高达 305 件，可见光伏产业在新能源应用领域仍是重点，全球的光伏产业仍然是生机勃勃的景象，作为高效晶硅电池之一的背接触光伏电池的研发和创新也非常活跃。

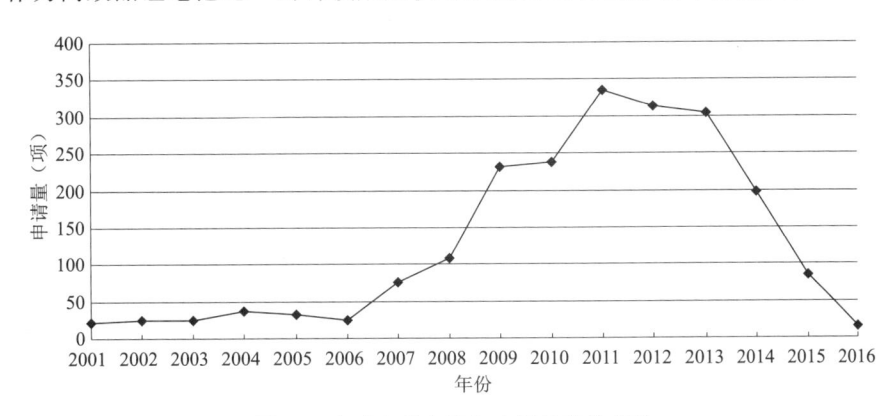

图 48　全球专利申请年申请量变化趋势

2. 区域分布分析

图 49 示出了背接触光伏电池专利申请的全球技术来源地和目标地。其中美国和中国是最主要的来源地和目标地，一方面是由于光伏产业在美国和中国的蓬勃发展，应用较多，另一方面也表明美国和中国的研发优势和领先地位，全球各国的专利申请需要在此重点布局。除此以外，日本也是比较主要的目标地。然而，向他国申请的中国原创专利比较少，既说明中国市场广大，需求量高，也说明我国的技术还没有完全走出国门，尤其企业发展过程中对国外专利布局重视程度也不够。

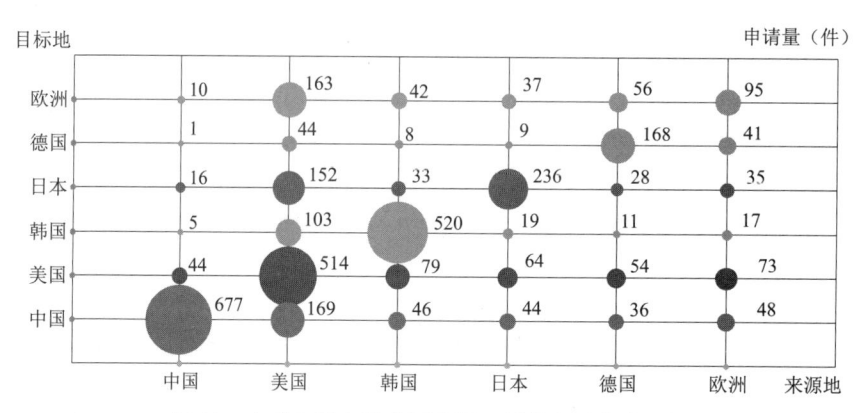

目标地 \ 来源地	中国	美国	韩国	日本	德国	欧洲
欧洲	10	163	42	37	56	95
德国	1	44	8	9	168	41
日本	16	152	33	236	28	35
韩国	5	103	520	19	11	17
美国	44	514	79	64	54	73
中国	677	169	46	44	36	48

图 49　全球专利申请主要来源区域的专利申请流向

3. 主要申请人分析

图 50 所示的是全球主要申请人的申请量排名。其中 LG 和阿特斯的申请数量都超过 100 件，位居前列，表明这些企业在该领域具备比较领先的技术优势。美国太阳能公司和应用材料公司、日本的夏普公司、韩国现代公司也有较高比例，这体现出了这些企业的传统技术优势。天合光能、中来等国内企业的申请数量也不少，这表明国内企业在该领域也已经取得了比较大的发展，具备了一定的研发实力，也体现了中国背接触光伏电池技术从无到有的飞跃发展。

（三）中国专利状况分析

截至 2016 年 6 月 30 日，中国专利文献数据库收录的背接触光伏电池技术领域的专利申请总量为 921 件，其中中国申请人提出申请共计 600 件，占申请总量的 68%，国外申请人提出的申请共计 321 件，占申请总量的 32%。

1. 专利申请趋势分析

1996 年，美国埃伯乐太阳能公司在中国提出了名为"一种铝合金结自对准背接触硅太阳电池的结构和制造工艺"的专利申请，开启了背接触光伏电池技术中国专利申请时代。其后几年，陆续有几件专利申请，直至 2005 年起，相关专利申请数量显著增加，并在 2010 年之后申请量增长迅猛，2013 年申请量达到最高峰近 200 件，可

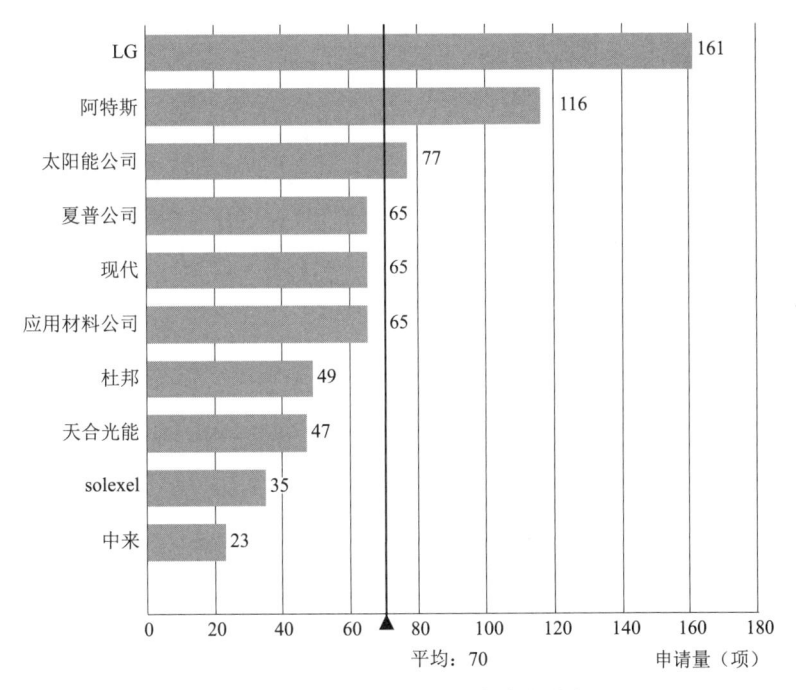

图 50　全球专利申请主要申请人排名

见背接触光伏电池领域近年来发展迅速,是目前技术创新的热点(见图 51)。

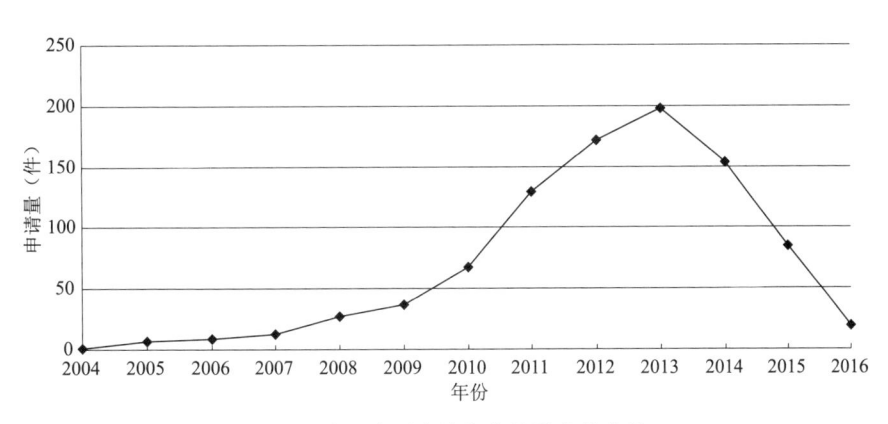

图 51　中国专利申请年申请量变化趋势

2. 区域分布分析

(1) 国家/地区分布

图 52 和图 53 分别为背接触光伏电池技术专利申请地区分布和主要申请国家的年度专利申请趋势。可以看出,在中国专利申请中,数量排在前三位的是中国、美国、

韩国，并且中国的专利申请量远超其他国家，高达总量的65%以上，充分体现了中国在背接触光伏电池领域技术的高速发展和专利申请的显著增长。美国作为较早进行背接触光伏电池研究的国家之一，也拥有相对多的专利申请量。在各国年度专利申请趋势图中，各国专利申请在2010年后都有明显增长，体现了光伏电池产业良好的发展势头，尤其是美国的申请量在2010年以前一度超越中国，而中国申请在2010年后，迅猛增长，遥遥领先，表明了中国市场的重视以及中国光伏产业的飞速发展。而除中国外的其他国家基本在2012年达到最大值后，都开始呈下降趋势，这与光伏电池行业产能迅速扩大，市场供过于求，是有密切关系的。中国专利申请却在2013年达到最大值后再递减，延缓了国际申请量的下降趋势，这是由于中国光伏市场蓬勃发展，并得到了国家和地方层面的大力支持。

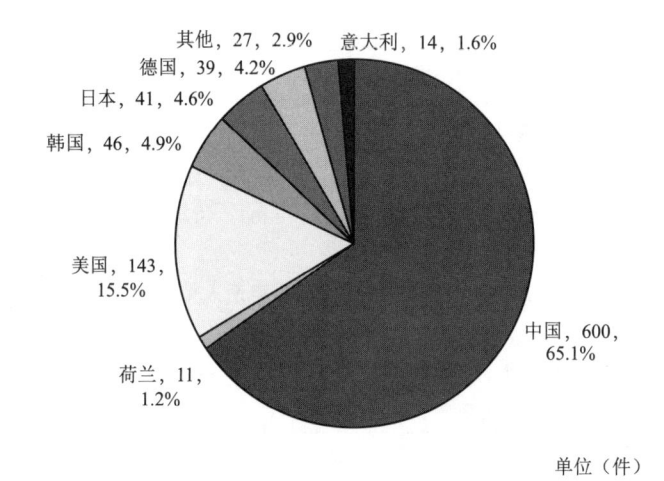

图52 中国专利申请人国家/地区分布

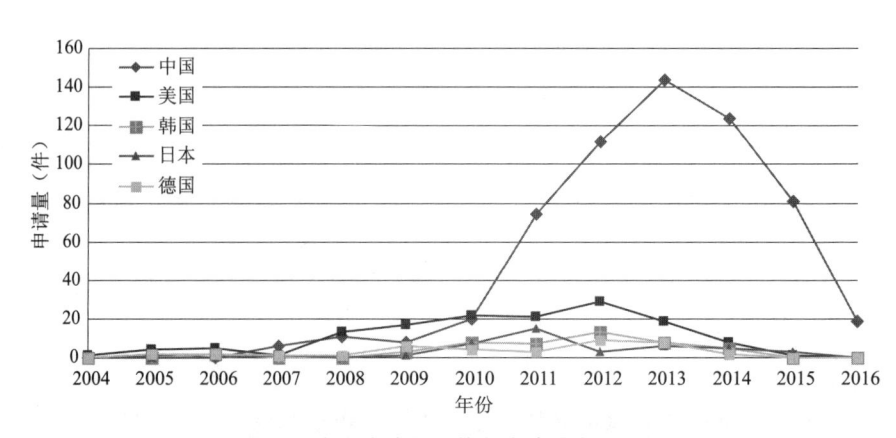

图53 主要申请国家的年申请量变化趋势

（2）省市分布

国内申请数量与国外来华申请数量的对比，可以反映背接触光伏电池技术上国内外专利技术力量的对比。而国内各省市地区的分布份额则能反映各地区在背接触光伏电池技术上的发展情况及知识产权保护意识。

图 54 为背接触光伏电池技术专利省市分布图。从图中可以看出，国内申请最集中的地区主要是长三角、珠三角、台湾、华北地区，并且西南地区也有较大发展。这是由于长三角、珠三角地区经济发展较为领先，光伏发电的需求也较高，而台湾半导体领域发展较早，包括北京在内的华北地区地处华北平原，地理位置较适合发展光伏产业，并且随着西部大开发，众多企业迁至西南地区，也增加了当地的专利申请。

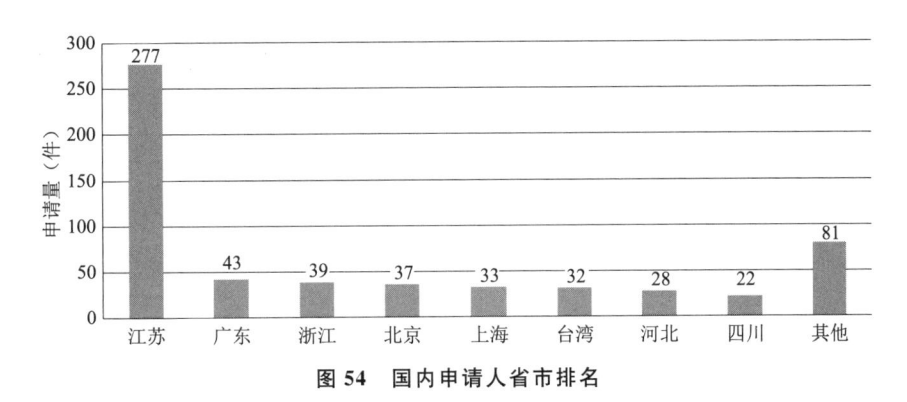

图 54　国内申请人省市排名

3. 申请类型分析

图 55 为背接触光伏电池专利申请类型分布图，其中发明专利申请量占 51.6%，表明该领域属于高科技技术领域，技术含量较高，而 PCT 发明专利申请也达申请总量的 26.5%，说明该技术领域的企业关注度较高，具有全球专利布局意识。

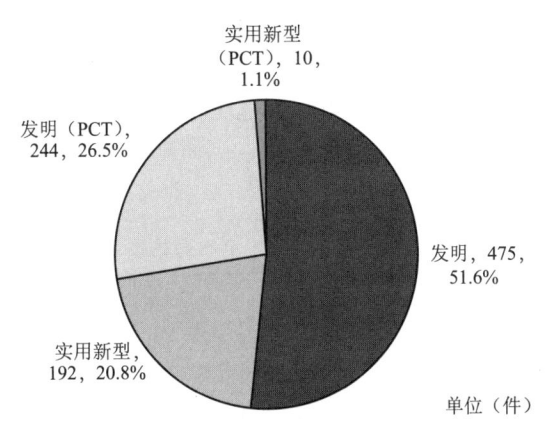

图 55　中国专利申请类型分布图

4. 主要申请人/专利权人分析

（1）主要申请人

图 56 展示了主要申请人的排名情况。从图中可以看出，阿特斯公司的申请量占有绝对的领先地位，而美国太阳能公司从背接触光伏电池研发初始，就一直非常重视专利申请，以 42 件位列第二，天合光能的申请量紧随其后位居第三。此外，英利、杜邦、中来、LG 等企业，在这一技术领域也具备较强的技术优势，因此专利申请量也较高。

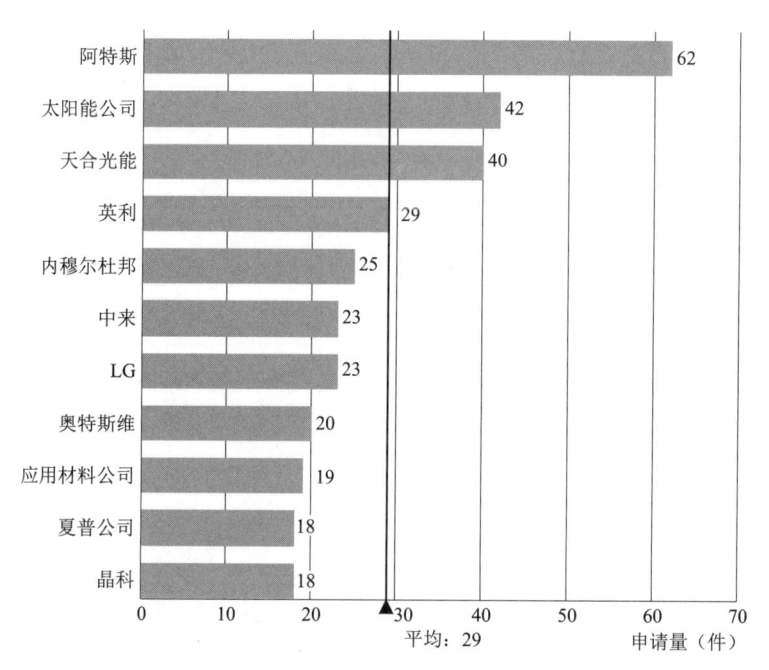

申请人	申请量（件）
阿特斯	62
太阳能公司	42
天合光能	40
英利	29
内穆尔杜邦	25
中来	23
LG	23
奥特斯维	20
应用材料公司	19
夏普公司	18
晶科	18

平均：29

图 56　中国专利申请主要申请人排名

表 6 列举了主要申请人的重点布局的技术方向，可以看出，主要技术方向都在背结/前结，表明这是背接触光伏电池领域的主要方向，并且背结的主要技术方向是 IBC 电池，前结的主要方向是 MWT 电池，这也是高效光伏电池研究及产业化的主要方向。部分申请人在其他领域也有技术布局，例如夏普公司在制造方法方面进行了重点布局。

表 6　主要申请人及其重点布局的技术方向

排名	申请人（简称）	国别	重点布局的技术方向
1	阿特斯	中国	背结/前结
2	太阳能公司	美国	背结（尤其是 IBC、PCC）
3	天合光能	中国	背结（尤其是 IBC）

续表

排名	申请人（简称）	国别	重点布局的技术方向
4	英利	中国	前结（尤其是MWT）
5	内穆尔杜邦	美国	前结（尤其是MWT）
6	中来	中国	背结（尤其是IBC）
7	LG	韩国	背结/前结
8	奥特斯维	中国	背结（尤其是IBC）
9	应用材料公司	美国	背结、制造方法
10	夏普公司	日本	制造方法

（2）主要专利权人

图57展示了主要专利权人的排名情况。从图中可以看出，阿特斯公司的授权量仍然占有绝对的领先地位，授权率近63%，表明阿特斯公司具有良好的专利布局意识，申请的专利质量也较高。而美国太阳能公司和天合光能的授权量也与申请量成正比，并且授权率也达50%。此外，中来、英利、LG、山东力诺等企业，也有一些授权专利。国内高校唯一上榜的中山大学，虽然申请量不算很高，但授权率较高，达到了69%，并且大都是发明专利，表明该校的科研能力较强，技术领先，但专利意识重视程度不够。

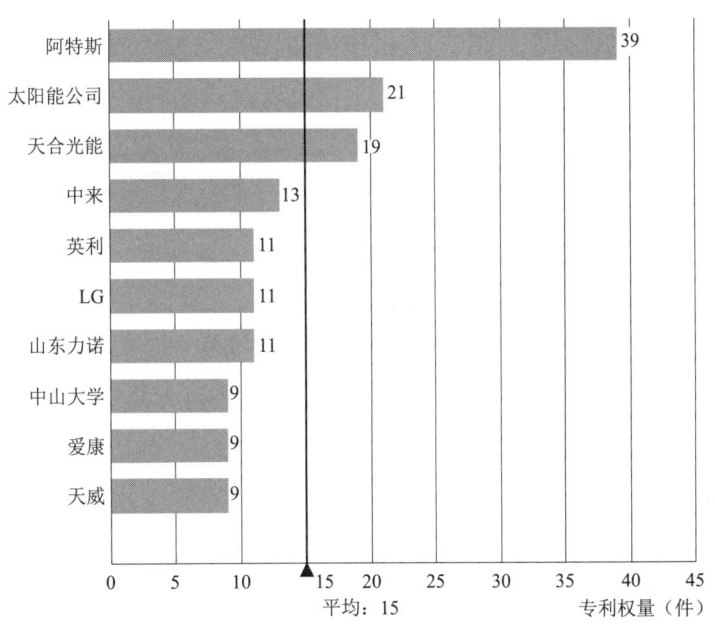

图57 中国专利主要专利权人排名

将图 56 与图 57 对比，可以了解到，申请量靠前的内穆尔杜邦公司、奥特斯维、应用材料公司、夏普公司授权量都不多。而山东力诺、爱康、天威的申请量不算多，但授权率较高，是由于其申请实用新型较多。

表 7 列举了主要专利权人的重点布局的技术方向，可以看出，主要技术方向都在背结/前结，表明这是背接触光伏电池领域的主要方向，并且背结的主要技术方向是 IBC 电池，前结的主要方向是 MWT 电池，这也是高效光伏电池研究及产业化的主要方向。

表 7 主要专利权人及其重点布局的技术方向

排名	申请人（简称）	国别	重点布局的技术方向
1	阿特斯	中国	背结/前结
2	太阳能公司	美国	背结（尤其是 IBC、PCC）
3	天合光能	中国	背结（尤其是 IBC）
4	中来	中国	背结（尤其是 IBC）
5	英利	中国	前结（尤其是 MWT）
6	LG	韩国	背结/前结
7	山东力诺	中国	背结（尤其是 IBC）
8	中山大学	中国	背结（尤其是 IBC）
9	爱康	中国	背结/前结
10	天威	中国	前结（尤其是 MWT）

5. 技术分支分析

在分析的这 921 件专利申请中，有 439 件是背结背接触光伏电池领域，占到了 47.7%，而前结背接触光伏电池领域有 198 件专利申请，占到了 21.5%，而对背接触光伏电池进行制造的制造方法和进行外部连接的连接装置领域也有较多的专利申请，分别达到了 14.4% 和 14.7% 的比例。IBC 电池占总量的 21%，MWT 电池占总量的 15.2%，表明在背接触光伏电池领域，IBC 电池和 MWT 电池由于其较高的转化效率，适合进行大规模产业化高效率低成本制造。同时，在高效率低成本晶体硅电池研发方面中国也走在了世界前列（见图 58）。

（四）重要专利分析

美国埃伯乐太阳能公司 1996 年提出名为"一种铝合金结自对准背接触硅太阳电池的结构和制造工艺"的专利申请（申请号 CN96114483.1），是首件背接触光伏电池中国专利申请。主要使用 n 型掺杂硅和铝来形成 p-n 结背接触太阳电池，铝合金结位于电池的背面，表面结构化，正背表面场少数载流子镜，表面钝化，使用铝接触电

高效晶硅光伏电池领域专利技术现状及其发展趋势　215

图中数据：
- 制造设备, 12, 1.3%
- 制造方法, 132, 14.4%
- 连接装置, 135, 14.7%
- 其他, 27, 2.9%
- EWT, 23, 2.5%
- MWA, 9, 1.0%
- MWT, 139, 15.2%
- 其他, 179, 19.5%
- PCC, 68, 7.4%
- IBC, 192, 21.0%
- 其他, 279, 30.8%
- 背结, 439, 47.7%
- 前结, 198, 21.5%

单位（件）

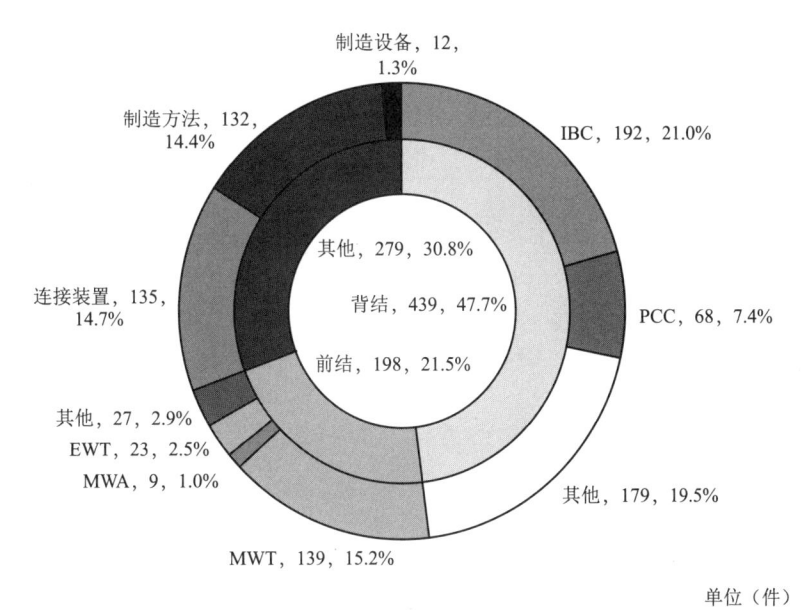

图 58　中国专利申请技术分布图

极作为光反射器。为了形成欧姆接触，使用自对准工艺。该专利在中、美、韩、意等 12 个国家提出 17 项专利申请，被引证次数高达 21 次，是本领域被引用次数最高的专利文献之一。2000 年，该公司申请了另一名为"铝合金背面结太阳电池及其制作方法"的专利申请（申请号 CN00806689.2），也在全球进行专利布局，共有 13 项专利申请被引用 21 次。

德国壳牌阳光有限公司 2002 年提出名为"制造带背面触点的太阳能电池"的专利申请（申请号 CN02823389.1）并在中、美、德、日等 9 个国家提出 14 项专利申请，是较早的 IBC 电池专利申请。如图 59 所示，太阳能电池包括具有接收光正面 4 和背面 6 的硅晶片 3，硅晶片 3 在背面 6 设置有第一掺杂的第一扩散区 9 和第二掺杂的第二扩散区 10 的叉指状半导体图案，第二扩散区 10 与第一扩散区 9 分离，沿着从背面 6 延伸到硅晶片 3 中的沟槽 12 的侧面布置每个第二扩散区 10。

美国太阳能公司 2007 年提出的发明名称为"具有掺杂的半导体异质结触点的太阳能电池"的专利申请（申请号 CN200780016230.5），并在包括中、美、日、韩等 7 个国家提出了 16 项专利申请，被引证频率达到 11 次。如图 60 所示，包括：半导体本体，在第一表面上的第一电介质层和在第二表面上的第二电介质层，第二电介质层依次包括隧道氧化层 16、具有受主掺杂的半导体材料的第一图案 18、施主掺杂的半导体材料的第二图案 22，并且第二图案与第一图案相交错；第一导电性图案 24 与第一图案互连，第二导电性图案 26 与第二图案互连。

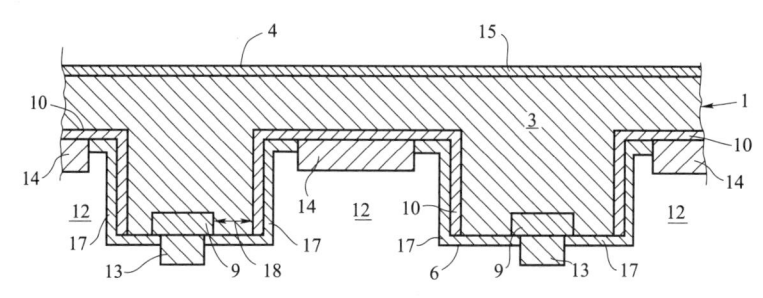

图 59　CN02823389.1 主要附图

附图标记：1—太阳能电池；3—硅晶片；4—接收光正面；6—接收光背面；9—第一扩散区；
10—第二扩散区；12—沟槽；13—第一接触结构；14—第二接触结构；15—抗反射涂层；
17—抗反射涂层；18—第一和第二扩散区 9 和 10 之间的分离尺寸

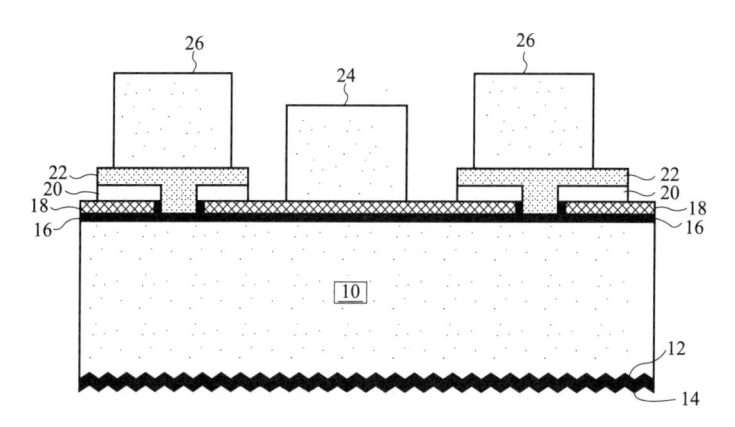

图 60　CN200780016230.5 主要附图

附图标记：10—基底；12—隧道氧化物；14—钝化涂层；16—隧道氧化物；18—P+非晶硅；
20—氧化硅；22—N+非晶硅；24—金属触点；26—金属触点

　　太阳能公司 2009 年申请的名为"具有多晶硅掺杂区域的背面接触太阳能电池的沟槽工艺和结构"的专利申请（CN201310175111.1），并在包括中、美、日、韩等 7 个国家提出 45 项专利申请。太阳能电池包括衬底（103）背面（106）上的多晶硅 P 型和 N 型掺杂区域，沟槽结构（104）将 P 型掺杂区域和 N 型掺杂区域分开，并包括用来增加太阳能辐射收集的纹理表面（114）。通过在相邻的 P 型和 N 型掺杂区域之间提供隔离来提高效率，从而防止掺杂区域会接触的空间电荷区域中的复合（见图 61）。

　　阿特斯公司 2011 年提出了发明名称为"背接触晶体硅太阳能电池片制造方法"的专利申请（申请号 CN201110141248.6），并在中、美、日共提出了 30 项专利申请并已获得授权，重点专利布局成功。采用扩散前在半导体基片的一个表面上先生成阻

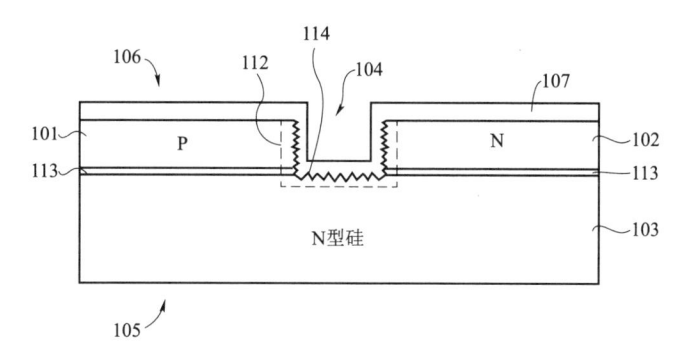

图 61　CN201310175111.1 主要附图

附图标记：103—衬底；101—掺杂区域；102—掺杂区域；104—沟槽；105—正面；106—背面；107—氮化硅；112—钝化区域；113—电介质层；114—纹理表面

挡层，再在该表面通孔周围腐蚀开窗，只在该表面上通孔的周围区域进行扩散，使得太阳能电池片的背光面上的发射结为局部发射结，而不存在将 P-N 结短路的导电层（见图62）。

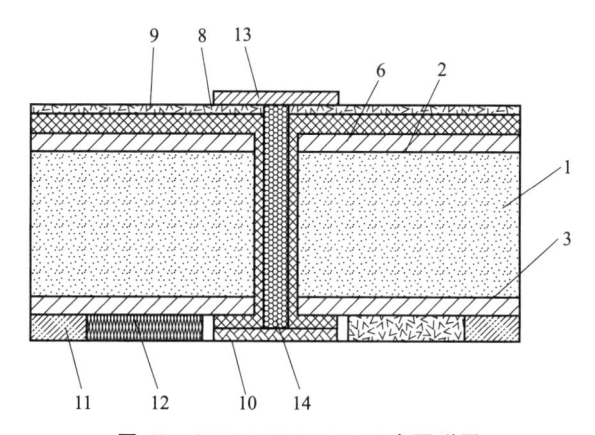

图 62　CN201110141248.6 主要附图

附图标记：1—硅片；2—受光面；3—背光面；6—绒面；8—发射结；9—减反射膜；10—孔背电极；11—背电极；12—背电场；13—受光面电极；14—孔电极

苏州中来2014年提出了名为"无主栅、高效率背接触太阳能电池模块、组件及制备工艺"的专利申请（申请号 CN201410509847.2），也申请国际同族，表明中国本土企业对全球专利布局的重视。太阳能电池模块包括电池片和电连接层，电池片的背光面具有与 P 型掺杂层连接的 P 电极和与 N 型掺杂层连接的 N 电极，电连接层包括平行排列的若干导电线，若干导电线分别与 P 电极或者 N 电极电连接，P、N 电极可为点状电极或线型电极。

六、双面光伏电池

(一) 技术概述

目前市场上光伏电池产品主要以传统的 P 型晶硅单面电池为主,双面晶硅光伏电池为两面都可以受光从而产生电能的光伏电池,其能够提高电池发电效率,双面光伏电池相对于单面太阳能电池能够将光转换效率提高到 20%～30%,同时单片电池的发电效率也有了进一步的提高。

现有的双面光伏电池通常包括双面晶硅光伏电池、晶硅与薄膜电池、有机电池等层叠而成的双面电池等。高效双面电池一般采用 N 型硅为基体材料,正面扩硼形成 P+ 层,背面扩磷形成 N+ 层,双面印刷减反射膜,最后印刷电极。电池组件与传统的区别在于背板采用透明材料。另外,P 型晶硅基体也能高效地用作电池基体材料,如图 63 所示一种传统的多晶硅双面太阳能电池组件,包括 P 型半导体基板 10,在半导体基板 10 的上下表面分别形成发射极层 11 和背面电场层 14,然后分别形成上下电极 16、17,由此形成常规的两面能够发电的太阳能电池结构。

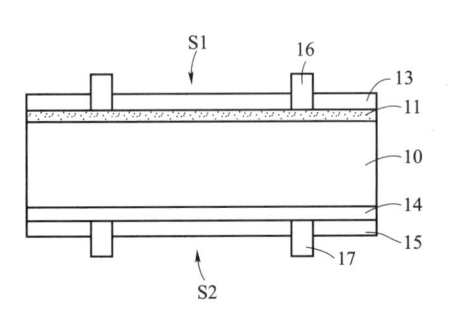

图 63 多晶硅双面光伏电池结构图

(二) 全球专利状况分析

截至 2016 年 6 月 30 日,在全球专利文献数据库中检索到双面光伏电池的专利申请达到 1078 项,下面将主要以上述数据作为研究对象来研究分析双面光伏电池的全球专利申请情况。

1. 专利申请趋势分析

通过图 64 来分析双面光伏电池的全球申请的趋势情况。早在 19 世纪 60～70 年代,相关公司和研究人员就已经发现可以通过在光伏电池的两侧设置发电结来提高光伏电池的发电效率,但是由于受到各种技术的制约,成效比一直居高不下,所以 1997 年之前全球申请量总共 80 余件。随着三洋电气株式会社在 HIT 双面光伏电池技术以及其他公司双面光伏电池技术的突破,使得双面光伏电池的发电效率有了质的飞跃,发电效率甚至达到 20% 左右,由此双面光伏电池的全球专利申请量也有了一定的上升,从 1998 年到 2007 年每年申请量达 20～30 件。

从 2008 年开始,双面光伏电池的全球专利申请量呈爆发式增长。从 2009 年到 2014 年,每年申请量均超过 80 项,这主要是由于中国在该阶段在光伏电池领域投入巨资,并造就了数个世界级的光伏电池企业,例如无锡尚德、阿特斯、英利集团等,到 2012 年全球申请量达到了 160 余项。但是,巨大的投入和快速的扩张使得中国乃

高效晶硅光伏电池领域专利技术现状及其发展趋势 219

至全球的光伏电池产能严重过剩，使得一批光伏电池企业出现了经营困难甚至倒闭清算，同时受到市场环境的影响，2013年以后全球专利申请量开始发生滑坡式回落。

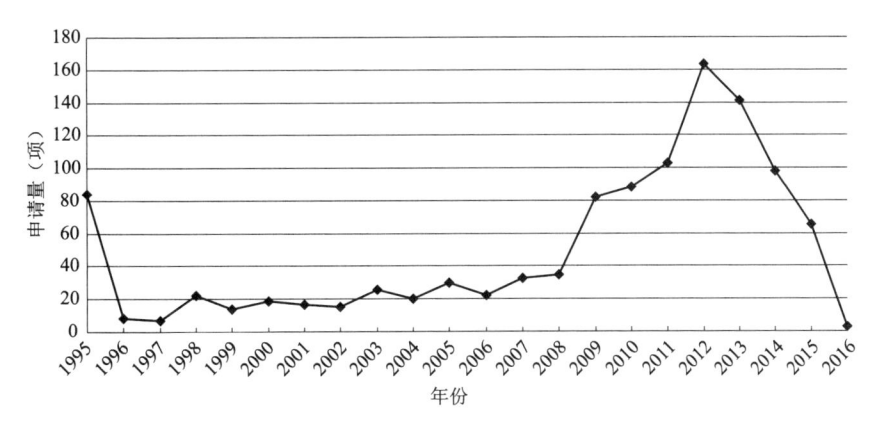

图64　全球专利申请年申请量变化趋势

2. 区域分布分析

图65显示了双面光伏电池全球技术来源地和目标地的分布情况。由图中可看出，中国、美国以及日本是全球最主要的技术来源地和目标地，韩国作为在高新技术领域投入较多的国家，也是主要的技术来源地。由图中还可以看出，美国、日本以及韩国企业非常重视在他国的专利布局，尤其是都非常注重在美国、中国、日本、欧洲的布局，这是由于这些国家或地区的经济发展较好，市场需求庞大。

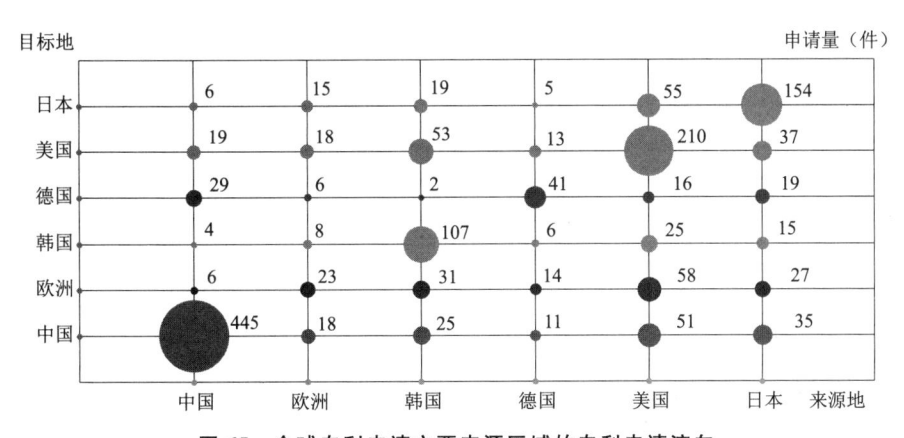

图65　全球专利申请主要来源区域的专利申请流向

3. 主要申请人分析

图66示出了双面光伏电池全球重要申请人的排名情况。排在前三位的分别是LG、三洋电气、日立，申请量分别为46项、37项、34项，中国的英利、阿特斯也

排在前列，申请量分别为 32 项、31 项。排在 6～10 位的其他企业包括一些著名的老牌光伏电池企业，例如太阳能公司，在双面光伏电池领域也进行了一定的研发投入。

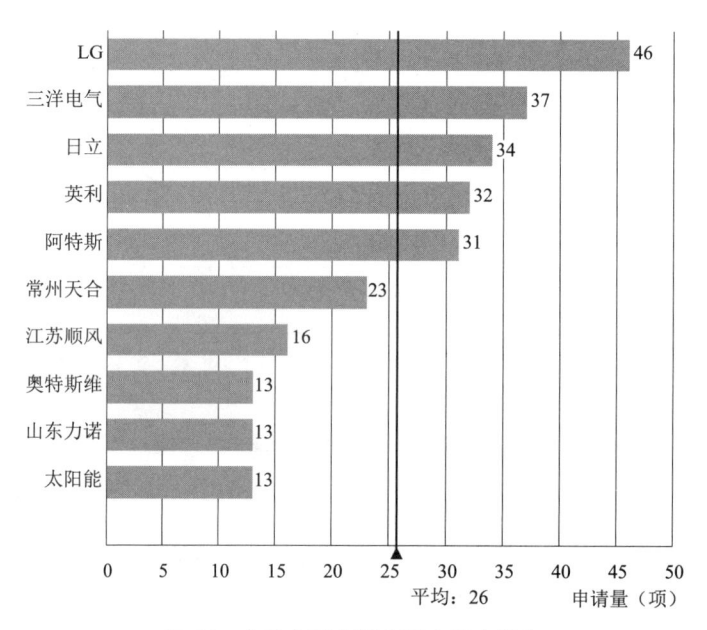

申请人	申请量（项）
LG	46
三洋电气	37
日立	34
英利	32
阿特斯	31
常州天合	23
江苏顺风	16
奥特斯维	13
山东力诺	13
太阳能	13

平均：26

图 66　全球专利申请主要申请人排名

（三）中国专利状况分析

本节根据在中国专利数据库检索到的双面电池专利申请，对国内外企业在中国的专利布局进行分析。其中在中国专利文献数据库共检索到专利申请 559 件。

1. 专利申请趋势分析

由图 67 可知，双面光伏电池在中国的申请明显可以分为以下三个阶段：

第一阶段：从 1991—2004 年，国内外申请人在中国的申请量均非常少，基本上每年都是个位数的数量级。该阶段，双面电池还处于前期的研发阶段，由于其效率与成本相对于其他高效电池并不具有优势，因而国内外企业在该方向的投入较小，相应地专利申请量也较小。

第二阶段：从 2005—2009 年，随着三洋电气等公司在双面 HIT 电池领域、双面背接触式电池领域取得了技术上的突破，使得双面电池的发电效率能够达到 19.5% 左右，由此使得双面电池在成效方面相对于其他电池结构具有越来越明显的优势，使得双面光伏电池在该阶段的研发取得了明显的发展。

第三阶段：2010 年至今，随着中国政府、企业在光伏电池领域的大规模投入，使得从 2010 年至今双面光伏电池的专利申请量呈现爆发式的上涨。由于政府、企业在光伏电池领域的高投入，使得各企业在不同方向投入大量资金用于技术研发。不过从 2013 年开始，申请量开始呈现相对缓慢的下降趋势，这是由于前期的投入爆炸式增长，使得中国甚至全球的光伏电池出现了严重的产能过剩，导致一大批的企业出现亏损，甚至导致一些著名企业破产。

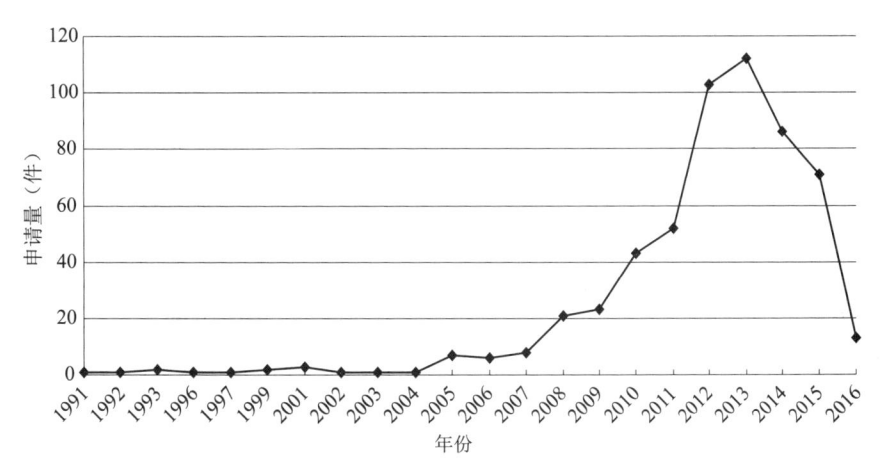

图 67　中国专利申请年申请量变化趋势

2. 区域分布分析

以下从国家/地区分布、省市分布等方面对双面光伏电池的申请情况进行分析，以得出专利申请人的分布情况，从中分析各国在该领域的研发投入以及知识产权布局。

（1）国家/地区分布

由图 68 可知，双面光伏电池的中国专利申请主要是由中国申请人提出的，申请数量为 428 件，占总量的 76.8%，由此可见，从专利布局数量来看，中国企业/个人在双面光伏电池领域相对国外申请人占有绝对的优势。这一方面表明中国在该领域有重大投入，另一方面也表明该领域的中国企业非常注重知识产权的保护。

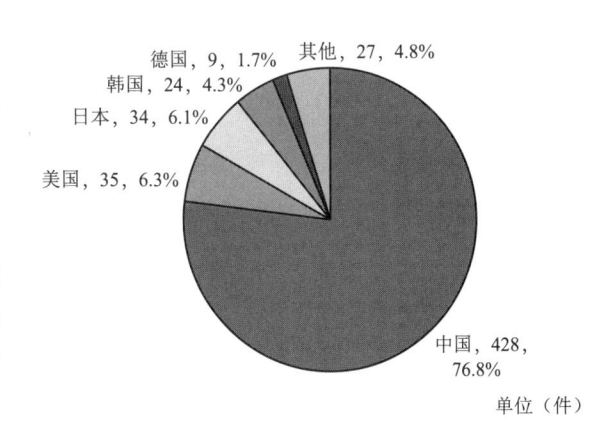

图 68　中国专利申请人国家/地区分布

除中国外，排在前几位的其他国家依次为美国、日本、韩国、德国等，申请量分别为 35 件、34 件、24 件、9 件。由此可见，相对于国内企业/个人，国外申请人不是很注重在中国的专利保护。这可能一方面是由于双面光伏电池的成效相对较低，在整个光伏电池行业中并未受到广泛关注,另一方面可能也是由于国外申请人更注重在中国进行一些核心专利/重要专利的保护,对于边缘/外围专利申请较少。

由图 69 可知,中国国内申请人的申请都是近 7 年内提出的,在 2008 年之前,国内申请人与国外申请人的每年申请数量都不是很多,大约在 10 件以内,而从 2009 年开始,国内申请人的申请急剧增加,而国外申请人的申请量与之前变化不大,由此可见,中国申请人的申请量都是最近 7 年贡献的,这表明最近 7 年左右中国在双面光伏电池领域投入重资,而国外在该领域的投入则比较稳定。

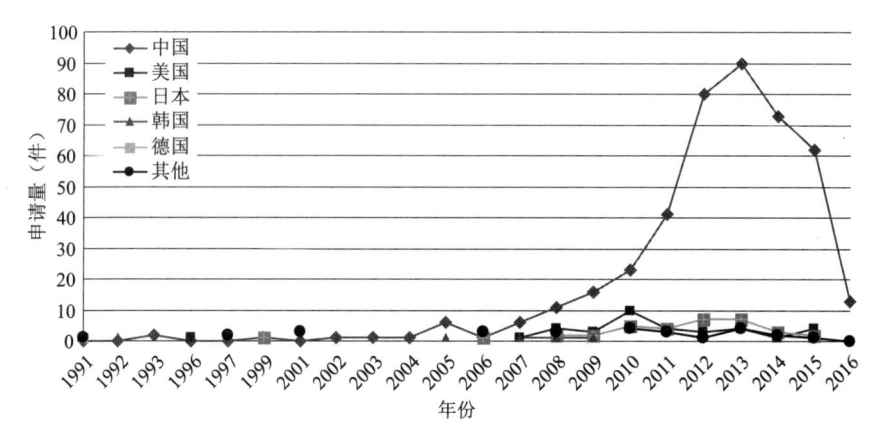

图 69 主要申请国家的年申请量变化趋势

(2)省市分布

由图 70 可知,国内申请主要分布在以下几个主要省市:江苏、上海、广东、河北、浙江、台湾等,而其中江苏的申请量明显高于其他几个省市,达 130 余件,而排名靠前的其他几个省市一般在 30 件左右,这说明江苏地区的相关申请人比较重视在双面光伏电池领域的投入。值得一提的是,其他省市的申请量总和相对也比较多,这表明双面电池领域的技术研发的企业省市分布较为分散。

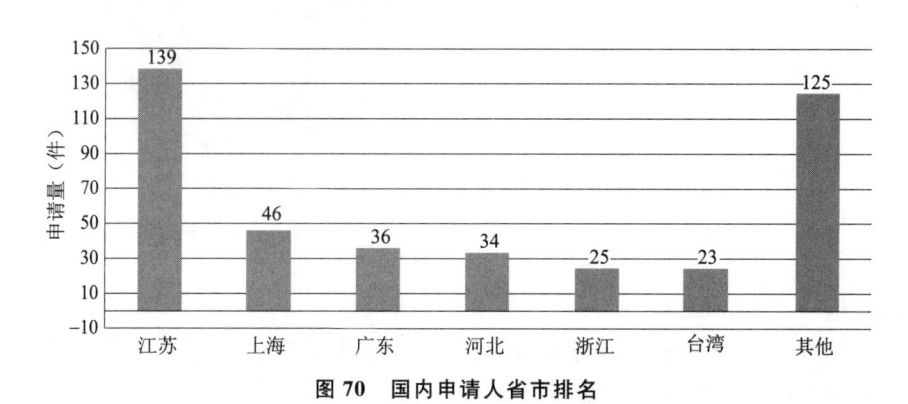

图 70 国内申请人省市排名

3. 申请类型分析

下面从申请类型方面来分析双面光伏电池中国专利申请情况。

由图 71 可知，双面光伏电池的申请类型排名分别为：发明、实用新型、发明（PCT）、实用新型（PCT），数量分别为 319 件、163 件、75 件、2 件。由此可见，相对来说，发明专利的申请量是实用新型申请量的 2 倍，而实用新型申请量也达 160 余件，技术含量较低的专利申请数量较大表明国内申请人在双面光伏电池领域的技术研发涉及外围专利较多。

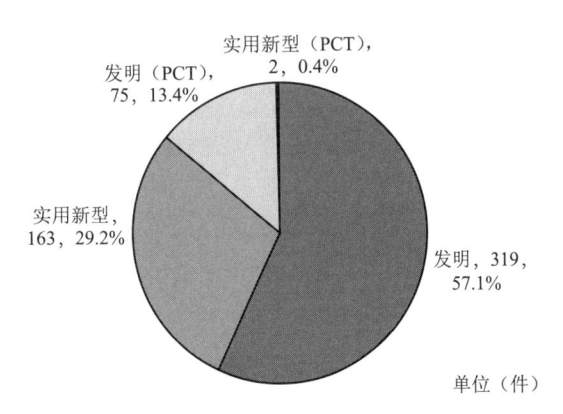

图 71 中国专利申请类型分布图

4. 主要申请人/专利权人分析

以下从主要申请人/专利权人的角度对双面光伏电池的中国专利申请进行分析。

(1) 主要申请人

由图 72 可知，排名靠前的国内主要申请人包括阿特斯、英利、顺风光电、常州天合、奥特斯维、山东力诺等，国外企业主要为 LG、三洋电气。其中排在前三名的阿特斯、英利、LG，其申请量均超过 20 件。值得一提的是，阿特斯和英利近年来投

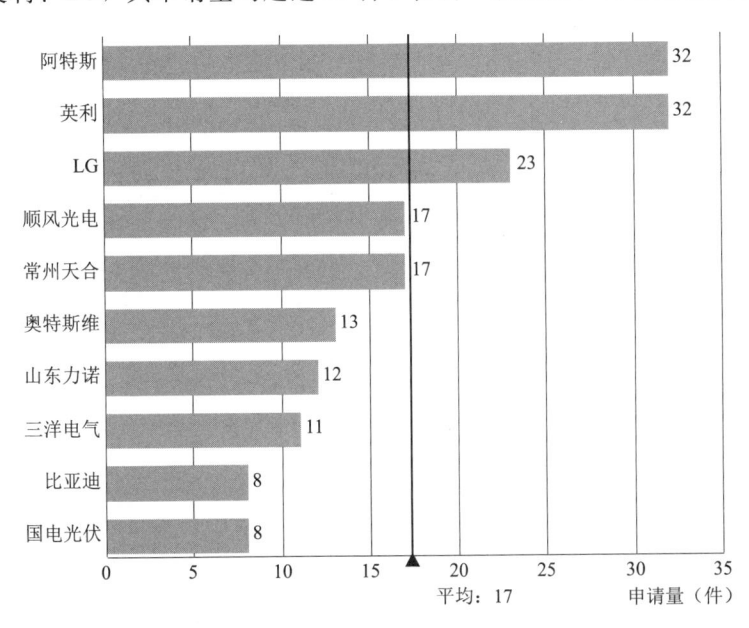

图 72 中国专利申请主要申请人排名

入巨资研发高效率、低成本的晶硅光伏电池，例如阿特斯研发方向主要为"ELPS"电池，相关技术也能应用到双面电池技术领域。

由表8可以看出，排名前十的主要申请人研发布局的技术方向主要分布在电极、扩散/双面结以及封装等方向。排名前三位的阿特斯、英利、LG主要研发方向为电极、扩散/双面结，这是由于对电极和半导体结的改进能够显著提高电池的效率；其中英利的研发方向主要是"熊猫电池"，因而其在技术布局方面还比较重视反射率的提高。涉及封装方向的企业都是中国企业。

表8 主要申请人及其重点布局的技术方向

排名	申请人（简称）	国家/地区	重点布局的技术方向
1	阿特斯	中国	电极/双面结/扩散
2	英利	中国	电极/扩散/钝化/反射
3	LG	韩国	电极/扩散/双面结
4	顺风光电	中国香港	封装/扩散
5	常州天合	中国	封装
6	奥特斯维	中国	封装/电极
7	山东力诺	中国	封装/电极
8	三洋电气	日本	电极/扩散
9	比亚迪	中国	封装
10	国电光伏	中国	电极/双面结

（2）主要专利权人

由图73可知，在双面光伏电池领域，主要专利权人与主要申请人排名情况类似，依次包括：阿特斯、英利、顺风光电、LG、常州天合、山东力诺、三洋电气等。其中申请量排名第一的阿特斯获得授权专利23件，这表明阿特斯公司在知识产权保护方面的意识比较超前，另外一个原因也是由于其申请的实用新型的较多，因而能够较快较早获得专利权。而其余企业的专利授权量相对较少，相对申请量的差距也较为明显，表明专利申请起步较晚。泉州博泰能够排名前列主要是由于其申请的专利都为实用新型专利，因而能够较快地获得专利权。

排名靠前的国外申请人主要为LG和三洋电气，这两家企业是老牌的光伏企业。

由表9可知，排名前十的主要专利权人的研发布局的技术方向也是主要分布在电极、扩散/双面结以及封装等方向。排名前四位的全部为中国企业，这主要是由于顺风光电和常州天合在外围的封装领域研发较多，并且主要申请了审批较快的实用新型专利。

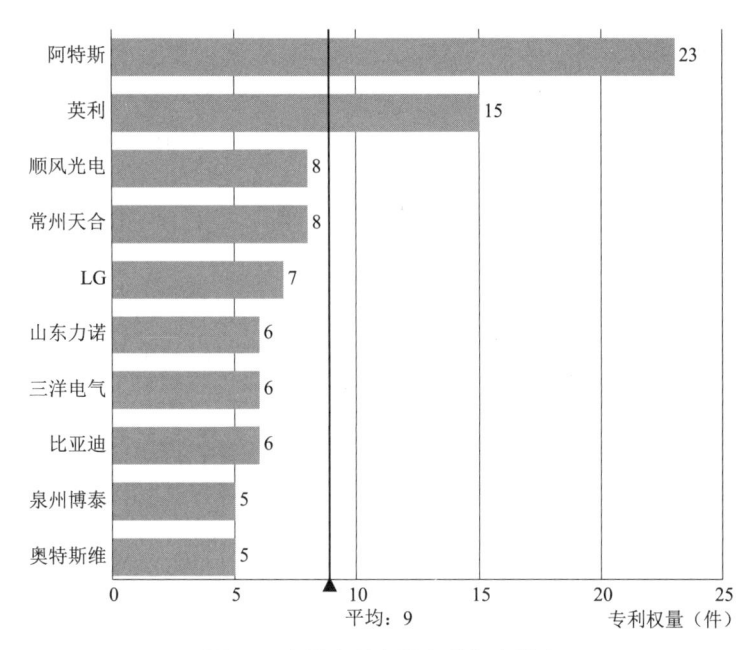

高效晶硅光伏电池领域专利技术现状及其发展趋势   225

阿特斯					23
英利			15		
顺风光电	8				
常州天合	8				
LG	7				
山东力诺	6				
三洋电气	6				
比亚迪	6				
泉州博泰	5				
奥特斯维	5				

0   5   10   15   20   25
         平均：9   专利权量（件）

图 73 中国专利主要专利权人排名

表 9 主要专利权人及其重点布局的技术方向

排名	申请人（简称）	国别	重点布局的技术方向
1	阿特斯	中国	电极/双面结/扩散
2	英利	中国香港	电极/扩散/钝化/反射
3	顺风光电	中国	封装/扩散
4	常州天合	中国	封装
5	LG	韩国	电极/扩散/双面结
6	山东力诺	中国	封装/电极
7	三洋电气	中国	电极/扩散
8	比亚迪	中国	封装/反射
9	泉州市博泰	中国	电极
10	奥特斯维	中国	封装/电极

5. 技术分支分析

以下从双面光伏电池中国专利申请的技术分布的角度进行分析，以期得出中国专利申请的主要技术研发方向。

首先，对双面光伏电池主要从芯片和封装两个方面进行细分，而电池芯片方面又从电池的层叠结构/材料分为 Si 基双面电池、Si 基电池/薄膜电池以及 Si 基电池/有机电池构成的叠层双面电池。

并且，由于所研究的双面光伏电池主要为晶硅双面电池，因而仅针对双面 Si 基光伏电池的结构进行细分，从发明的主要改进方向分为双面结、扩散、电极、钝化、反射、减反射、叠层、制绒几个方面，其中"双面结"涵盖了发明对整个电池结构进行改进的双面光伏电池以及其他双面光伏电池。

双面电池的封装结构方向专利申请量虽然也较多，但是由于该方向的改进技术含量较低、封装结构没有统一的形式，因而不再对其进行细分。

由图 74 可知，双面光伏电池的研发方向主要是在 Si 基双面电池和电池的封装结构两个方向，专利申请量分别为 374 件、142 件，电池的封装结构方向专利申请量布局较多，主要是由于在该方向的改进较为容易、研发投入较低。

当前高效双面光伏电池仍然是 Si 基双面电池，随着技术的突破，例如双面 HIT 高效晶硅电池的改进，双面 Si 基光伏电池的发光效率逐渐提高，成效比逐渐降低。

而在进一步细分的技术分支方面，专利申请量排名靠前的主要为电极、扩散、双面结、钝化、反射、减反射等，申请量分别为 118 件、91 件、72 件、40 件、33 件、26 件。申请量排名第一的为电极，这是由于早期光伏电池的电极位于前表面上，因而会占用电池的正面吸光面积，导致电池的光转换效率降低，因而各个企业对电极的结构进行各种改进，以期将电极对光吸收量的影响降到最低。另外，为了提高光转换效率，还可以改进电池结构的核心层，例如通过改变 PN 结的结构/材料、降低光折射、提高背面光反射、提高电池的钝化性能等各种方式来获得，因而涉及上述几个核心层方面改进的发明专利申请量也较多。

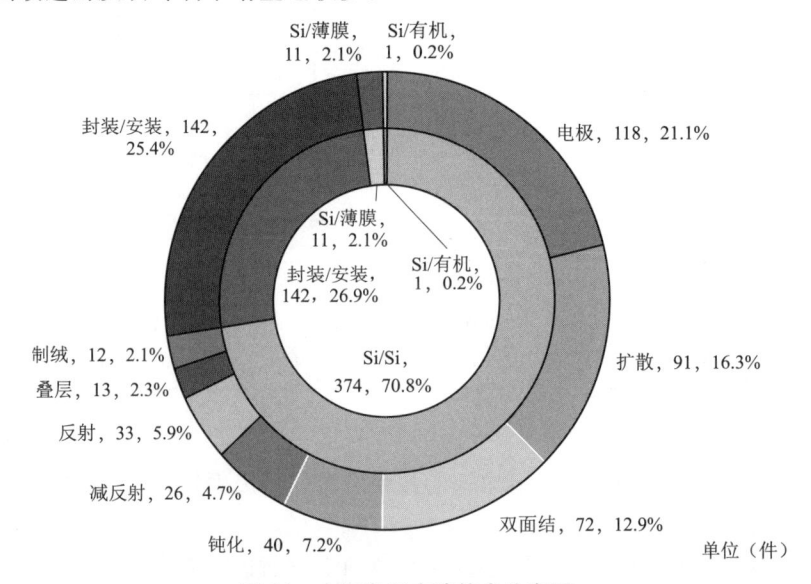

图 74 中国专利申请技术分布图

（四）重要专利分析

双面光伏电池的发展依赖于单面光伏电池的发展，从 20 世纪 70 年代开始，研究人员就致力于通过设置两面受光的光伏电池装置来提高电池的发电效率，美国的埃伯乐太阳能公司于 1996 年申请了一种局域深扩散发射极太阳能电池，其中中国申请的申请号为 CN96197446A，具有 11 个同族申请，在中、日、美、欧、韩、中国台湾等国家或地区都进行了布局，被引用次数高达 9 次，在中国获得了专利权，并且专利权目前有效，其具体技术方案为：太阳能电池 10，包括：具有第一和第二表面的半导体衬底 12；以相对较低的掺杂浓度、相对浅的深度形成于第一和第二表面之一的多个第一发射极区 22；在第一和第二表面之一当中形成的基本上比第一区域更深，比第一区域更高的掺杂剂浓度的多个第二发射极区 21，多个第一和第二区交替形成；在第一和第二表面的另一个中形成用于提供表面场的掺杂剂区；形成于掺杂剂区域之上的欧姆接触；以及包含在多个第 2 发射极区上形成的铝的第一图形化欧姆电极层。如图 75 所示。

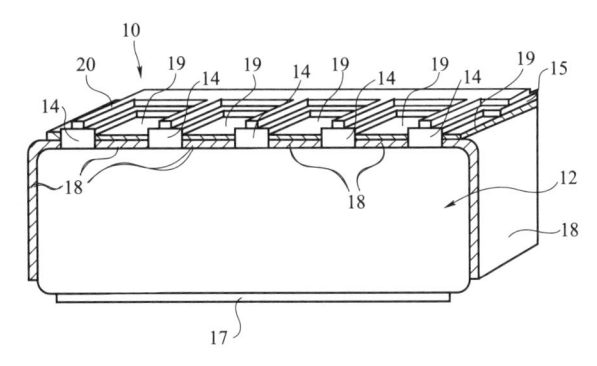

图 75　CN96197446 主要附图

附图标记：10—太阳能电池；12—衬底；14—条或指；15—汇流条；17—电极；
18—钝化层；19—抗反射材料；20—银层

比利时的依麦克 VZW 公司在此基础上对上述器件的制造工艺作了进一步地改进，于 1997 年申请了一种具有选择性扩散区的半导体器件及其制造工艺，其中中国申请的申请号为 CN97180891A，其具有 15 个同族，在中、日、美、欧、韩、中国台湾都进行了布局，被引用次数多达 11 次，在中国获得了专利权，且专利权有效，制造工艺的具体技术方案是：（1）把基于固体的杂质源的图案选择性地加到片状半导体衬底 2 的第一主表面；（2）在包围半导体衬底的气体环境下，通过受控的热处理步骤使杂质原子从固体杂质源扩散到衬底中，杂质从固体杂质源直接扩散到衬底中以在刚好位于杂质源的图案以下的衬底中形成第一扩散区 12，与此同时，杂质从杂质源经由气体环境间接地扩散到衬底中，以在衬底的未被图案覆盖的至少一些区域中形成第二扩散区 15，从而在半导体衬底上形成具有不同掺杂水平的选择性扩散区；（3）形成基本上与第一扩散区对准的金属触点图案 20,而基本上无须蚀刻第二扩散区。如图 76 所示。该方案中的选择性扩散区能够显著优化器件的性能,提高电池的发电效率,通过改进其制造工艺,能够显著降低器件的制造成本。

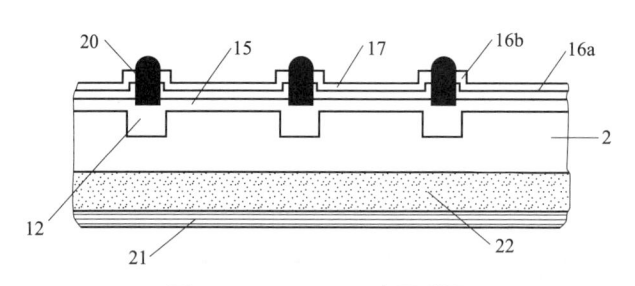

图 76 CN97180891 主要附图

附图标记:2—衬底;12—发射极;15—发射极;16a、16b—钝化层;
17—抗反射涂层;20、21—触点;22—背面场层

三洋电气株式会社于 1992 年公开了一种新的高效 HIT 光伏电池,2006 年德国的企业对 HIT 光伏电池进行了改进,在晶硅衬底的两侧形成 HIT 结构,由此使得电池可以两面受光发电,三洋电气之后又对该双面光伏电池结构进行了改进,由此得到了两电极 HIT 双面光伏电池,相关专利申请号为:CN201080036341A;该专利申请在中、欧、日、美、中国台湾进行了申请,但是在中国撤回。该申请的具体技术方案为:包含:p 型或 n 型的结晶类半导体衬底;在该衬底的主面上形成的 p 型半导体层;和在所述衬底的另外的主面上形成的 n 型半导体层,所述太阳能电池的特征在于:在所述 p 型半导体层上形成有第一透明导电膜,所述第一透明导电膜包含含有氢和铈的氧化铟,在所述 n 型半导体层上形成有第二透明导电膜,所述第二透明导电膜包含不含有铈的氧化铟。该技术能够显著提高光伏器件的导电性能,提高发电效率。如图 77 所示。

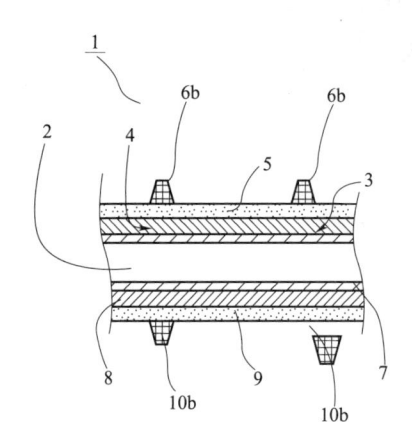

图 77 CN201080036341 主要附图

附图标记:1—太阳能电池;2—衬底;
3—i 型非晶硅;4—p 型非晶硅;
5—透明导电膜;6b—集电极;
7—i 型非晶硅;8—n 型非晶硅;
9—透明导电膜;10b—集电极

澳大利亚的源太阳能股份有限公司于 2001 年 11 月 29 日向中国专利局提交了一件专利申请,该申请具有 54 件同族专利申请,申请号为 CN02826867,该申请能够显著降低电池的反射率,提高光吸收效率,具体技术方案为:在所述表面上涂敷一个保护物质层,其中,所述层足够薄,并具有多个穿过其中的窗口;以及采用能够对所

述半导体材料比对所述保护物质腐蚀得更快的腐蚀剂，接触所述层和所述半导体材料，在所述半导体材料在所述窗口附近被所述腐蚀剂腐蚀从而在所述半导体材料上产生结构化表面，但所述保护物质基本上未被腐蚀的条件下，所述腐蚀剂至少通过所述窗口与所述半导体材料进行一定时间的接触。如图78所示。

比利时的依麦克VZW公司于2006年在中国申请了一件发明专利申请，申请号为：CN200680008429A，其具有11个同族，在中、欧、美、日、澳等各大国家/地区进行了布局，被引用次数为3次。该发明主要通过提高基板背面的钝化效果来优化器件的开路电压等性能，具体技术方案为：i. 提供一半导体基板，该基板具有用于收集入射光的前主面和与该前主面相对的背面，ii. 在所述背面上沉积电介质层，其中电介质层的厚度大于100纳米，沉积温度低于600℃，iii. 在所述电介质层上沉积包含氢化SiN的钝化层，iv. 经以下步骤形成贯穿所述电介质层和所述钝化层的后触头：a. 在所述电介质层和所述钝化层中形成孔眼；b. 在所述钝化层上沉积接触材料层，从而填充所述孔眼；c. 进行600～1000℃的高温步骤，烧结所述器件。如图79所示。

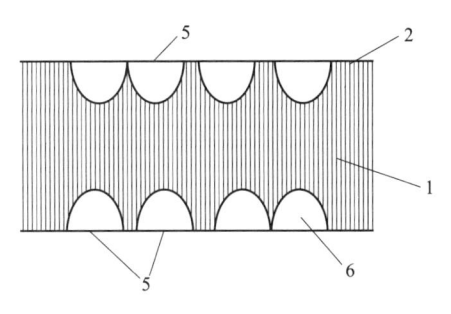

图78　CN02826867主要附图

附图标记：1—硅带；2—氮化硅薄层；
5—孔；6—腐蚀坑

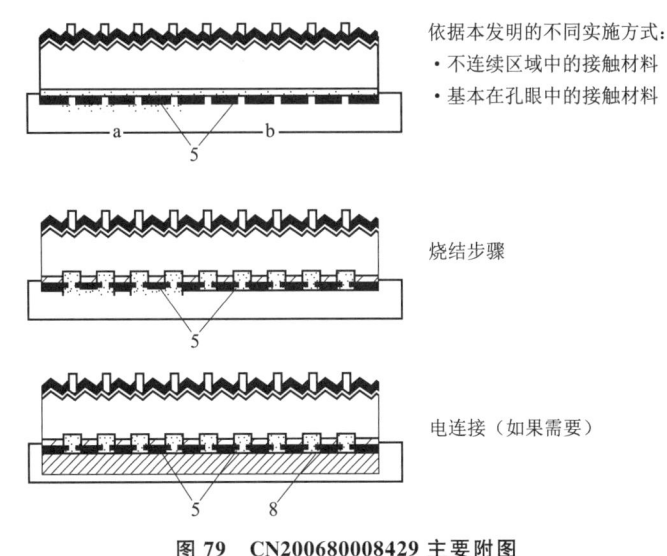

依据本发明的不同实施方式：
• 不连续区域中的接触材料
• 基本在孔眼中的接触材料

烧结步骤

电连接（如果需要）

图79　CN200680008429主要附图

附图标记：5—接触材料；8—电连接装置

背钝化结构太阳能电池也是当前的技术热点，其能够提高器件的转换效率，中国的英利集团于2013年申请了一件专利申请，申请号为CN201310261117A，涉及背钝化太阳能电池及其制作方法，该申请还存在一件PCT同族申请，该申请的背钝化太阳能电池包括：硅片基体，覆盖在所述硅片基体正面的掺杂层，覆盖在所述掺杂层背离所述硅片基体一侧表面上的减反射层；位于所述硅片基体背面的背面场，所述背面场具有镂空图案；位于所述背面场背离所述硅片基体一侧的背钝化层，所述背钝化层覆盖所述背面场和所述硅片基体的背面；位于所述背钝化层背离所述硅片基体一侧表面上的背电极；位于所述减反射层背离所述硅片基体一侧表面上的正电极。如图80所示。

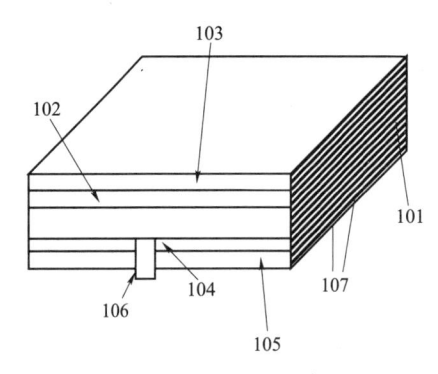

图80 CN201310261117 主要附图
附图标记：101—硅片基体；102—掺杂层；103—减反射层；104—钝化层；105—背面场；106—背电极；107—接触区

七、高效晶硅光伏电池领域的技术发展趋势及相关建议

（一）高效晶硅光伏电池领域的技术发展趋势

1. 局部背场钝化型光伏电池的重点领域是PERC、PERL、PERT电池，其主要改进方向是对钝化层和电极的改进

局部背场钝化型光伏电池是一种背接触型电池，因此受光面积较大，光电转换效率相对较高。从中国专利现状来看，自2008年起即进入了申请量快速增长期，于2013年达到顶峰，发展迅猛，2013年之后略有回落但年申请量依然在60件以上。由此可见，局部背场钝化型光伏电池仍然处于研发高峰期，且研发主力均为企业，尤其是位于江苏省等长三角地区以及广东省等珠三角地区的光伏产业聚集地的企业。而依据市场未动、专利先行的一般规律，未来两三年产品将会大规模上市，专利布局的威力才会显现出来。因此，先行做好专利布局，才能先别人之先占领市场，引领市场方向，巩固市场地位。

就目前专利申请的技术方向来看，主要改进方向依然是钝化和电极的改进，其次是掺杂扩散和开孔，这与局部背场钝化型光伏电池的结构不无关系。目前来看，在钝化改进方面上，钝化层为叠层型钝化结构例如氧化硅和/或氧化铝和氮化硅叠层仍是主流，而氧化铝由于工艺上的优势，相对于氧化硅更渐有占主流的趋势；而在电极改进方面，电极材料还是以铝电极为主，银电极相对较少，这和企业成本控制有关，电极的形成方法主要还是通过激光和沉积以及丝网印刷，由于局部背场钝化型光伏电池大部分是点接触型，因此，丝网印刷形成电极目前还存在技术瓶颈有待突破；在掺杂扩散的改进方面，目前依然是激光和离子注入占主流，这是将工艺难度和成本控制进行平衡的结果，短期之内该两项技术的地位还较稳固，不会受到大的挑战；而在开孔的改进方向上，目前主要方法是激光开孔，激光开孔的准确率较高，在孔的位置和大小控制方面具有较强优势，其次是蚀刻和掩膜，相对较能简化工艺难度。

目前局部背场钝化型电池的专利申请，明确用于PERC、PERL、PERT电池的占到了55%，其他未明确的可用于局部背场钝化型的光伏电池的占到了45%，因此对于局部背场钝化型的专利申请，未来的研发主要方向还是在于对PERC、PERL、PERT电池的技术进行改进。

2. 非晶硅/晶硅异质结光伏电池是HIT光伏电池中的重点领域，功能层、电极结构、光学部件是HIT光伏电池的主要研发方向

从近十年的HIT光伏电池技术相关的全球专利申请量来看，HIT光伏电池技术于2007年申请量大幅度增长，并于2012年达到顶峰，发展迅猛；但2012年之后其申请量下降明显。

从专利申请的统计情况来看，主要是以企业为主，如美国的IBM，日本的三洋电气、三菱电机、夏普，中国的天合光能等。由此可见，在全球范围内来看，企业为HIT光伏电池的发展起到了巨大的推动作用，尤其以美国和日本更为突出，所属企业在HIT光伏电池领域具有很强的实力。对于国内申请人的统计情况来看，专利申请主要是以天合光能、山东力诺、泉州博泰等为代表的企业为主。这说明近些年来，国内的高新科技企业已经投身到HIT光伏电池的研究发中来，而且随着企业不断地发展壮大，在关于HIT光伏电池的研发领域已经占有一席之地。虽然我国在HIT光伏电池方面的研究起步较晚，但由于近些年国家的大力投入和鼓励，加上一些企业的积极参与，我国在HIT光伏电池方面的发展势头迅猛，正在向着光伏电池技术大国的方向稳步前进。而国内的HIT光伏电池方面的专利申请，除了江苏较多以外，其他各省份相对来说比较平均，分布并不集中，这主要是因为各省份中都有能够参与研发与制造的相关企业。

非晶硅/晶硅异质结光伏电池一直是HIT光伏电池技术中专利申请量最多的一项技术分支，一直以来都是HIT光伏电池技术中的热点和重点技术，重点专利也主要集中在该技术分支。化合物/晶硅异质结以及纳米硅/晶硅异质结光伏电池等其他技术分支虽然在业内也有较高的关注度，但由于其技术难度以及技术成熟程度等原因，并没有发展成为主流的技术，尽管近几年申请量也有所增加，但还没有形成集中性的申请，重点专利也比较少。从这个角度来看，预计未来几年，非晶硅/晶硅HIT光伏电池技术仍然是HIT光伏电池技术中的主流技术，其专利申请量仍然占据HIT光伏电池技术的总专利申请量的主流。在未来几年，业内也将会将研究的重点主要集中在非晶硅/晶硅HIT光伏电池技术上。

就HIT光伏电池技术而言，目前还处于逐渐成熟的发展阶段。一直以来，HIT

光伏电池技术中对各功能层本身的性能以及电极结构、光学部件等都非常关注,在目前乃至未来都将是主要的研发方向。功能层是电池的核心,直接决定了电池的各种性能。因此业内对 PN 结层的材料、量子阱特性以及势垒特性等一直都非常关注。对功能层的掺杂、沉积等形成工艺也有比较多的研发,相关的专利申请也比较多。电极结构对电池的电学性能影响较大。电极接触的电阻偏大,则会降低电池的功率输出性能。电极位置不佳,或者电极透光性不强,则会对光线的输入造成影响,进而影响到整个电池的光吸收特性,因此涉及电极的专利申请也占很大比例。光学部件对电池的光学性能影响较大。光学部件的聚光、折射性能直接影响电池的受光能力,进而影响到整个电池的光吸收效率。因此光学部件也是 HIT 光伏电池技术中非常受关注的技术,该方面的专利申请也占一定比例。

HIT 及其技术在新型硅基光伏电池领域被广泛地应用,成为当前研究的热点。将 HIT 异质结应用到晶体硅光伏电池中,能有效地增加对不能被硅材料吸收波段的太阳光的吸收,提高硅基光伏电池的转换效率。然而,由于 HIT 的引入带来的晶体硅电池的性能稳定性、工艺兼容性问题,以及界面问题仍然有待解决,进一步的工艺改进和新材料、新结构的剪切与设计成为可能的解决方案,通过对上述解决方案的深入研发,可以实现整体性能更好的光伏电池。

3. 背接触型光伏电池的主要发展方向是 IBC 光伏电池和 MWT 光伏电池

从背接触型光伏电池的中国专利现状来看,在背结光伏电池领域,专利申请量占主导地位的 IBC 光伏电池的申请数量是 PCC 光伏电池申请数量的近三倍,在前结光伏电池领域,专利申请量占主导地位的 MWT 光伏电池的申请数量是其他前结类型总和的两倍多。从专利申请数据上,可以看出,背结光伏电池领域和前结光伏电池领域的主要发展方向分别是 IBC 光伏电池和 MWT 光伏电池。

IBC 光伏电池的所有电极完全分布在电池的背面,受光面没有任何电极。和传统晶硅电池相比,IBC 光伏电池完全消除了遮光损失,电池的光吸收特性可进一步得以优化。除此之外,这一特点也为电极的接触特性提供了优化的空间,IBC 光伏电池的串联电阻普遍低于传统电池。因此,IBC 光伏电池在光吸收和电极接触特性两个方面都较好,是目前效率突破 20% 的 N 型高效电池结构之一(美国的 Sunpower 公司于 2011 年报道了产业化的 N 型高效 IBC 电池,转化效率达到 22.4%)。目前,在 IBC 光伏电池中用于形成 PN 结的工艺主要有:液态 B 扩散、丝网印刷 Al 烧结、B 离子注入等。在专利申请数据中,这三方面都有不少相关专利。尤其是国内主要申请人阿特斯公司和英利公司,已有相关专利布局。

MWT 光伏电池通过激光穿孔和灌孔印刷技术将正面发射极的接触电极穿过硅片基体引导到硅片背面,直接减少了主栅的遮光面积。MWT 光伏电池工艺中如何使用激光精确而安全的穿孔,如何避免孔洞内及附近的漏电,都是需要特别关注的问题。制作 MWT 光伏电池的关键在于对硅片开孔的激光的选择以及对灌孔浆料印刷和烧结的优化。正确选择激光可以在保证开孔的速度和精度的同时，将对硅片的热损伤降到最低。灌孔浆料的印刷是 MWT 电池工艺的难点。国内重点申请人和专利权人阿特斯公司、奥特斯维公司和中山大学，在 MWT 光伏电池的灌孔技术方向也有相关专利布局。

另外，背接触型光伏电池的专利申请还包括占总量的 30.8% 的其他方向，尤其是背接触型光伏电池的连接装置和制造方法各有 100 多件专利申请，分别着重于光伏电池的电接触互连和用于制造光伏电池的方法。

4. 双面光伏电池的主要发展方向是材料与制造工艺改进、器件电极结构改进

双面光伏电池的发电效率主要依赖于正面电池，而正面电池通常采用本领域常用的光伏电池技术，如 HIT、PERL 等，因而双面光伏电池的技术发展与单面光伏电池的发展趋势类似，其中中国申请的最高值出现在 2013 年，晚于全球的最高值年份，这是由于国内申请人近几年的爆发式的研发导致的，双面光伏电池与单面光伏电池的发展趋势基本类似。且从技术研发方向来看，核心技术也是在半导体结、扩散以及对电极的改进，理论发电效率已经达到较好的水平，近年来各企业都在保持高发电效率的同时努力降低生产成本，中国专利申请的方法权利要求居多、对电极结构、材料的选择的专利申请也较多，因而这都表明，未来研发的重点方向应在于降低成本，包括材料的选择、结构的改进、制造工艺的优化，例如进一步降低电极的制造成本、改进电极结构提高吸光效率、改进半导体层制造工艺步骤降低工艺成本等。

双面光伏电池的封装方向近年来专利申请也较多，这是由于通过封装结构的改进也能尽可能地保持或提高发电效率，例如对幕墙的改进，以及提高封装结构对光的反射来提高背面电池的发电效率等。

（二）高效晶硅光伏电池领域的发展建议

在各种高效电池结构研发和制备技术的推动下，实验室晶体硅光伏电池效率正在趋近其极限值。在这些研究中，科学家们为挑战光伏电池效率的极限，在实验室使用了极其复杂的制备工艺及昂贵的制备技术。对于光伏电池的产业化大规模生产，如果使用复杂和昂贵的制造技术将导致光伏电池的制备成本提高，无法转化为大规模生产。因此发展高效率低成本的技术路线成为光伏科学家们的追求目标，特别是效率超过 20% 的高效率低成本晶体硅电池已成为规模化生产光伏电池的发展趋势。从目前来看，我国在光伏电池技术领域的基础还是较好的，同时也是光伏电池制造产业的主要集中地，技术环境和市场环境良好，因此在高效光伏电池产业发展的关键时期，更应该以此为契机，将现有优势扩展到高效光伏电池领域，促进高效光伏产品从实验阶段向量产阶段的转化，在国际市场上占领先机，迎接高效光伏电池时代的到来。

为此，基于本文的分析数据并结合产业实际情况，对我国的高效晶硅光伏电池产业提出以下建议：

第一，在局部背场钝化型光伏电池领域，目前专利申请量和授权量位于前列的均

是国内企业，我国在该领域研发处在相对活跃的时期，但是国内企业在国外申请的专利很少，对外布局意识还不够强。目前局部背场钝化型光伏电池中，效率最高的是 PERL 电池，另外 PERC 和 PERT 电池也是研发的重点方向，但是由于这些类型电池的制造工艺相对复杂，在大规模产业化的路途中，主要挑战在于简化工艺流程、降低工艺难度和成本。该领域未来的技术改进目标在于更高的转换率和更低的衰减，技术的核心还在于背面高质量的钝化层，国内企业应从各自的技术特点出发，例如根据各自的背钝化材料的不同选择合适的对应设备，同样在掺杂扩散技术以及电极开孔技术的改进上也应在各自的技术特点的基础上对设备加以选择。另外专利的核心内容还是技术本身，针对目前改进的重点如钝化层、电极、掺杂扩散以及开孔技术，国内企业还应加大研发投入，提高自身技术水平，努力突破技术瓶颈，降低工艺难度，只有掌握了真正自主核心的技术，才能促进企业长足发展。

第二，在 HIT 光伏电池领域，目前我国企业已经取得了比较大的发展，具备了一定的研发实力。在 HIT 光伏电池中，最常见的类型还是非晶硅薄膜/晶体硅异质结。然而，非晶硅薄膜/晶体硅异质结还处在发展不成熟阶段，存在非晶硅本身的光致衰减效应、额外增加了沉积非晶硅工艺、厚度在几个纳米的本征非晶硅层在实际中很难获得以及低温工艺与后续高温封装工艺不兼容等问题。因此国内的企业要在如何克服非晶硅薄膜/晶体硅异质结的缺陷方面加强研发，改善该类光伏电池的性能，缩小与国外的差距。除了非晶硅薄膜/晶体硅异质结光伏电池以外，近年也涌现出了一些新兴的技术点，例如碳化硅/晶体硅异质结、硅纳米晶/晶体硅异质结等，这类电池尽管本身也都存在各种方面的缺陷，使其在整体性能上无法超越非晶硅薄膜/晶体硅异质结，但其在某些方面能够弥补非晶硅薄膜/晶体硅异质结的缺陷。因此我国企业在这些新兴技术点也应加强研发，争取开发出整体性能较好的光伏电池。

第三，在背接触光伏电池领域，背结光伏电池领域和前结光伏电池领域的主要发展方向分别是 IBC 光伏电池和 MWT 光伏电池。未来 IBC 光伏电池的研究趋势集中在以下两个方面：（1）进一步优化电池的特性，包括 Al-p＋发射极、背表面钝化、前表面场和钝化等；（2）研发低成本设备，包括激光刻蚀氮化硅设备、可丝网印刷的抗酸浆料等。在提高 MWT 电池本身效率的基础上，可以与选择性发射极（SE）、局部背场钝化（LBSF）、n 型电池结构相结合，进一步提高 MWT 电池转换效率。建议国内申请人把握技术发展趋势，着重在重点领域的重点技术方面进行专利布局。同时，全球专利中，国内申请人所做的布局寥寥，与中国企业在国际市场上的地位形成了较大反差，国内申请人应该利用现有的技术储备，进一步加强研发投入，并且加强企业间的技术合作，提升技术水平，以此形成突破口，争取尽快延伸在国际市场的专利布局。

第四，关于双面光伏电池领域，建议本领域企业加强对制造成本的控制，优化电池的制造工艺，提高新材料的研发能力与水平，例如量子材料、碳化硅材料、黑硅材料等，紧跟主流技术的发展方向，争取引导技术发展方向。由于双面光伏电池的核心知识产权都被国外企业垄断，但是很多核心技术已经到期，因而应当加强对到期知识产权的学习运用与改进。另外，为了应对知识产权纠纷，也应当成立相关产业联盟，共同面对国外企业的知识产权诉讼，降低诉讼成本，相关企业也可以依托于联盟，加强本领域产业的兼并重组，淘汰落后产能，扶持领军企业。此外，由于高端制造设备都需要从国外进口，这无形中提高了成本，因此有能力的企业也可以向专用设备制造领域拓展。

参考文献

[1] 高效晶硅光伏电池技术究竟是什么［EB/OL］．［2015-12-10］．http：//solar.ofweek.com/2015-12/ART-260018-8140-29037725.html.

[2] 光伏变迁见证者．高效晶硅太阳能电池结构与PERC电池工艺路线论坛［EB/OL］．［2016-03-22］．http：//www.wtoutiao.com/p/136Awyf.html.

[3] 邓庆维等．25％效率晶体硅基太阳能电池的最新进展［A］．激光与光电子学进展，2015（52）：110002.

[4] 陈晨等．异质结及其技术在新型硅基太阳能电池中的应用［J］．物理，2010（2）：123-129.

[5] 任丙彦等．背接触硅太阳电池研究进展［J］．材料导报，2008（9）：101-105.

超材料专利技术现状及其发展趋势

姜山　陈德锋[1]　丰学民

(国家知识产权局专利局通信发明审查部)

一、引言

超材料（Metamaterial）是指一类具有特殊人工结构的复合结构或复合材料。通过在材料的关键物理尺度上的结构有序设计来突破某些表观自然规律的限制，获得超常的材料物理性质。特别是超材料可以控制微波段电磁波传播的方式，实现电磁波往法线同一侧折射，制造出负折射率超材料。超材料可以根据具体应用电磁波的需求采用逆向设计，设计制造出具有相应功能的材料。

作为具有国家战略意义的新兴产业，超材料的研究开发得到了美国、俄罗斯、日本等发达国家的高度关注，美国军方确立超材料技术率先应用于最先进的军事装备。美国超材料项目主要包括：美国海军基地超材料研究项目、美国ARMY超材料研究项目、美国国防部—波音超材料研究项目、美国空军科学研究办公室超材料研究项目。日本和俄罗斯亦将超材料技术列为下一代隐形战斗机的核心关键技术。欧盟联合协调项目也已联合多个大学参与研究新型超材料。当前，美国波音公司、日本丰田公司、美国斯瑞特公司、美国雷神导弹公司和洛克希德马丁公司等世界级跨国公司都开展了大量的超材料技术研发和应用，正着力推动超材料技术的产业化进程，积极抢占超材料市场份额并进行全球专利布局。

我国相关机构也在积极开展超材料技术的研发工作。国家自然科学基金、国家"973"计划、国家预研技术等均在超材料基础研究方面给予支持。国家科技部建立了超材料电磁调制技术国家重点实验室，进行超材料及电磁调制技术的科学研究；国家标准化管理委员会成立了全国电磁超材料技术及制品标准化技术委员会，开展超材料及相关产业的标准化工作。目前，我国在超材料的基础研究领域已积累了一批有影响的研究成果，形成了在国际上有一定影响的研究队伍，包括深圳光启创新技术有限公司、清华大学、中科院物理所、东南大学、浙江大学、复旦大学、上海联能科技有限

---

[1] 陈德锋贡献等同于第一作者。

公司等。我国在平板天线、无线互联、战斗机隐身方面的超材料应用已经起步。

超材料具有三个重要特征：第一，超材料通常是具有新奇人工结构的复合材料；第二，超材料具有超常的物理性质，而这往往是自然界的材料所不具备的；第三，超材料的性质往往不主要决定于构成材料的本征性质，而决定于其中的人工结构。可见，超材料中的人工结构，或者称为微结构，是超材料最重要的特征，决定着整个超材料所能够实现的物理性能。

本文将对超材料结构专利技术现状进行分析，其中包括对国内外的超材料结构技术专利申请总量、申请年代分布、所申请国家分布、技术领域分布和申请人分布等进行统计分析，旨在摸清超材料结构领域的国内外专利申请状况、研究超材料结构技术的发展脉络并勾勒技术发展路线、掌握国内外主要申请人和发明团队信息、梳理该领域重要专利，并从实证角度分析该领域发展趋势，最终得到研究结论和政策建议，以期为国内企业超材料领域专利战略的制定起指导作用，推进超材料技术在国内的产业化。

二、专利技术现状

（一）专利相关技术介绍

1. 发展历程

（1）超材料技术的发展历程

迄今已经发展出的超材料包括左手材料、光子晶体、频率选择表面等。左手材料（Left-Handed Materials，LHM）是一类在一定的频段下同时具有负的磁导率和负的介电常数的材料系统，因为电场强度 E、磁场强度 H、波矢 K 三者在这种材料中满足左手关系而得名。光子晶体（Photonic Crystal，PC）的基本特征是通过和电磁波波长尺度上相当的人工周期性结构对一定频段的电磁波形成"带隙"，即落在带隙内的光是被禁止传播的，类似于半导体的晶体结构对电子物质波的调制而形成电子能带带隙一样。频率选择表面（Frequency Selective Surface，FSS）通常是由平面二维周期结构所形成，其基本的电磁特征表现在它对具有不同工作频率、极化状态和入射角度的电磁波具有频率选择特性。超材料技术发展的路线图如图 1 所示。

1910 年美国物理学家 David Rittenhouse 提出了频率选择表面 FSS 的概念。1968 年苏联科学院 Lebedev 物理研究所的理论物理学家 Veselago 提出了左手材料的概念。

70 年代，美国俄亥俄州立大学的 Munk 领导的研究小组先后完成了 T 形、十字形及圆形 FSS 理论工作并在 1974 年制出了第一个锥形金属雷达罩。80 年代开始，英国肯特（KENT）大学 E. A. Parker 领导的小组开始利用等效电路法分析了大量基本单元形式的 FSS，得到了其等效电路参数，并研究了 FSS 的结构参数对其传输特性的影响，还研究出小型化 FSS、宽带 FSS、有源与可调 FSS、有限大与曲面 FSS 等；美国伊利诺伊大学电子和计算工程系，电磁通信实验室 R. Mittra 领导的研究小组提出了谱域法，使得无限大平面频率选择表面的分析趋于完善。

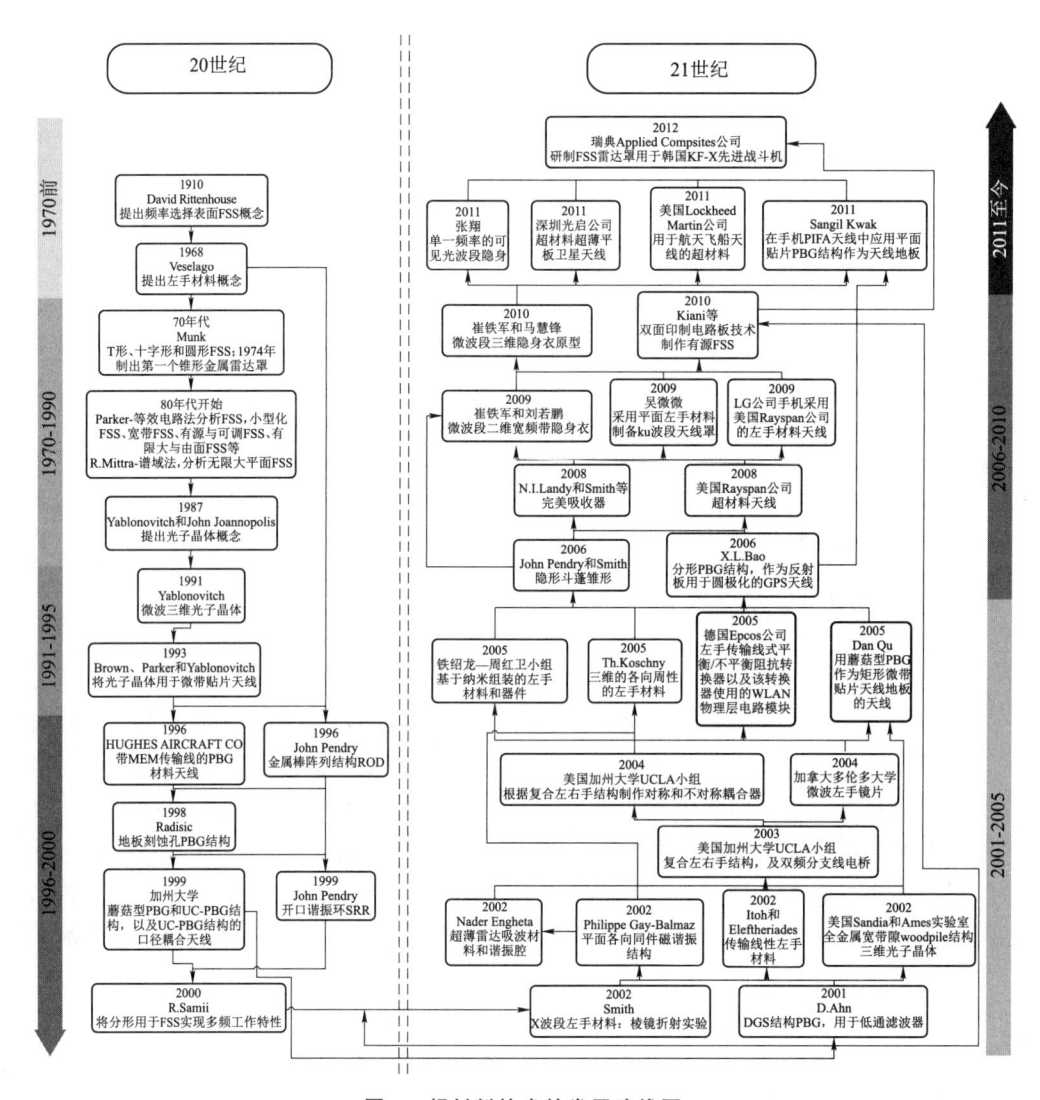

图 1　超材料技术的发展路线图

  1987 年，美国加州大学伯克利分校 Yablonovitch 和麻省理工学院 John Joannopolis 在研究材料的辐射性质和光子局域态随折射率的变化关系时分别提出了光子晶体这一概念，也是属于超材料的一种。1991 年，Yablonovitch 制造出了第一个在微波范围的三维光子晶体，光子晶体又通常被称为光子带隙 PBG 或电磁带隙 EBG。1993 年，马萨诸塞州科技大学林肯实验室 E. R. Brown 等人将光子晶体应用于微带贴片天线[1]。1996 年美国加州大学电子工程系 T. Suzuki 和 P. K. L. Yu 将光子带隙结构用于波导，同年，HUGHES AIRCRAFT CO 公司发明了带 MEM 传输线的 PBG 材料天线。

1996年，对于左手材料来说，也是里程碑的一年，英国帝国理工学院John Pendry教授等人提出了一种以一定间距周期排列的金属棒阵列结构（ROD），终于实现左手材料。1999年，他们又进一步采用由2个开口的薄铜环内外相套而成的微结构胞元，设计出一种具有磁响应的周期结构，即开口谐振环（Split Ring Resonator，SRR）结构。

1998年美国加州大学研究人员发明了地板刻蚀孔的PBG结构，次年又发明了蘑菇型PBG结构和共面紧凑型光子晶体UC-PBG结构，并研究了基于UC-PBG结构的口径耦合天线。1999年加州理工学院Axel Scherer研究组发明了光子晶体激光器。

2000年，加利福尼亚洛杉矶大学R. Samii领导的研究小组将分形技术应用于FSS设计中从而实现了多频工作特性。

2001年韩国顺天乡大学和美国加州大学的研究人员合作提出了一种地板开槽的PBG结构，用于低通滤波器，这种在地板上腐蚀形状的结构被称为缺陷地板结构（Defected Ground Structure，DGS）。

2001年，美国加州大学圣迭哥分校Smith等人又制备出X频段的左手材料，并且通过著名的"棱镜折射实验"，证明了电磁波束在通过左右手材料分界面处后，折射束和入射束在分界面法线的同一侧。这也是首次通过实验的方式证实了左手材料的存在性。2002年，美国加州大学Itoh教授和加拿大多伦多大学Eleftheriades教授发明了传输线性左手材料[2~4]，同年，瑞士联邦理工学院电磁领域和微波电子实验室Philippe Gay-Balmaz发明了平面各向同性磁谐振结构单元，宾夕法尼亚州大学Nader Engheta根据二维的平面左手材料在某些频段内会表现出高阻抗表面的特性，提出超薄雷达吸波材料[5]，并采用左手材料实现谐振腔[6]。

2002年，美国Sandia和Ames实验室报道了全金属宽带隙woodpile结构三维光子晶体，可以很好地抑制$8 \sim 20\ \mu m$波段的红外辐射。

2003年美国加州大学UCLA研究小组在传输线性左手材料的基础上提出了复合左右手结构（Composite Right/Left Handed Structure，CR/LHS）的概念。通过在单元结构中加入串联电感和并联的电容来表示寄生的右手特性。并设计出能同时工作在任意两个频率的分支线电桥，其工作原理是通过调整左右手传输线的比例使得电桥的双臂在任意两个频率的相移分别为正负90度，从而实现双频工作。次年，UCLA研究小组根据CRLH的特殊性质制作了对称型和不对称型耦合器。2004年加拿大多伦多大学发明了左手镜片，其工作原理与具有微波波长的射线有关，这种射线在电磁波频谱中的位置紧邻无线电波。

2005年10月，制造商德国爱普科斯（Epcos）公司运用LTCC技术开发出5GHz WLAN的平衡/不平衡阻抗转换器，以及该转换器所使用的WLAN物理层电路模块。两者均运用了左手材料传输线路设计技术。这是第一款左手材料实用化的器件。同年，美国爱荷华州立大学的ames实验室Th. Koschny发明了三维的各向同性的左手材料。

2004—2005年，瑞典国防研究机构制备了禁带覆盖8～12μm波段的WO三维结构光子晶体，利用其对禁带8～12μm热红外波段的高反射特性，同时实现了对3～5μm及8～12μm波段红外的宽频抑制，拓宽了红外隐身的频率范围。2005年，加拿大曼尼托巴大学电子和计算工程系Dan Qu和Lotfollah Shafai用蘑菇型PBG作为矩形微带贴片天线地板的天线。同年，我国华南师范大学铁绍龙—周红卫小组承担了广州市科技局重点项目"基于纳米组装的左手材料及其器件"通过中山大学、华南理工大学专家验收。其在左手材料领域重要贡献是：首次采用纳米组装技术，在多孔的纳米二氧化硅球中，组装磁性材料和导电纳米线，这种"带磁性和金属线的微球"再定向共混在有机体系中，通过加入粉体百分比来控制基材的密度，进而调整左手频段频率，获得了左手材料的一种批量制造技术。

2006年，爱尔兰都柏林理工学院X. L. Bao等人在蘑菇型PBG基础上改进的分形PBG结构，将这种PBG结构作为反射板应用在圆极化的GPS天线上[7]。

2008年，美国波士顿大学N. I. Landy和杜克大学Smith等人基于超材料首次提出了完美吸收器（perfect metamaterial absorber）[8]。同年，雷斯潘声称一项重要专利ANTENNAS BASED ON METAMATERIAL STRUCTURES（WO2008024993A2）被公开。2009年韩国LG的手机LG BL40的天线部分采用了雷斯潘的左手材料。

2009年国防科技大学吴微微采用平面左手材料制备Ku波段左手材料天线罩[9]，她还申请了2014自然科学基金《复合超材料隐身曲面天线罩理论与应用研究》。

2010年澳大利亚麦考瑞大学物理和工程研究所Kiani等人设计了一种采用双面印制电路板技术制作的有源FSS[10]。

2011年12月，深圳光启推出超材料超薄平板卫星天线产品。2011年美国洛克希德马丁和宾夕法尼亚州大学合作制做出用于航天飞船天线的超材料，可显著提高天线性能。同年，韩国大田市电子和电信研究所射频技术研究部门Sang il Kwak在手机PIFA天线中，应用平面贴片EBG结构作为天线地板。

2012年，瑞典的应用复合材料（Applied Compsites AB，ACAB）公司获得韩国LIG集团旗下的LIG Nex1公司所授予的一份合同，为韩国的KF-X先进战斗机研制一批先进隐身雷达罩样件。

（2）超材料结构的发展历程

通过对在全球范围内，超材料结构三大分支技术的梳理，依据超材料结构的发展状况和超材料结构相关的专利申请状况，可以将超材料结构技术发展路线按时间大致划分为三个阶段（以相关专利申请的申请日作为时段划分的依据）。

a. 初步发展期（1996年之前）

该阶段属于超材料结构源起和发展的初期，主要专利涉及周期阵列原理的提出和一些基础性的结构的产生。这一阶段的技术主要限于频率选择表面技术。周期性超材料结构在这一时期初步发展起来，非周期性超材料结构也开始萌芽，但是非阵列型超材料还未提出。

b. 快速发展期（1996—2006年）

这一阶段属于超材料结构的快速发展期，技术和相关专利申请量都有较大及较快的增长；在该阶段中，诞生了超材料技术中最具有代表性的左手材料，即电磁参数呈现双负特性的超材料，这项技术随后逐渐发展起来开始占据重要地位。此外，非阵列型超材料结构也在这一阶段开始出现，产生了著名的传输线型左手材料以及复合左右手结构。

c. 平稳发展期（2006年之后）

该阶段属于超材料结构的平稳发展期，技术和相关专利申请量都呈平稳发展、增长的态势；在该阶段中，我国高校、科研院所和企业开始广泛关注并投身超材料结构技术的研究，出现了一批有代表性的科研团队，如东南大学的崔铁军团队、西北工业大学的赵晓鹏团队、清华大学的周济团队、深圳光启的刘若鹏团队等。

2. 超材料技术的分类

超材料技术包含的内容众多且分布广泛，超材料中的人工结构，或者称为微结构，是超材料最重要的特征，决定着整个超材料所能够实现的物理性能。另外，除了结构之外，超材料技术还涉及应用和制备。本文主要针对超材料的结构进行分析和研究。

然而由于超材料结构的多样性，对其进行项目分解是很有挑战性的。在学术界和产业界也一直没有提出过一个比较完备的分解方案，尤其是涉及多分支细分的方案。

通过阅读并总结大量专利、非专利文献，并兼顾在专利分析中对专利文献进行标引工作的可实施性，我们尝试把超材料结构进行项目分解，将所有的超材料结构划分为阵列型结构和非阵列型结构两大分支。其中我们定义阵列型结构指的是超材料上的金属微结构具有阵列型的排布方式，同时金属微结构的数量在三个以上（包括三个）；我们定义非阵列型结构指的是超材料上的金属微结构的数量只有一个或者两个时，形成的一种非阵列的排布方式，图2展示了一种典型的非阵列型超材料结构。除此之外，非阵列型结构还包括没有金属微结构，仅是基板非均匀的超材料，这种超材料较为少见。

其中阵列型结构又可分解为周期性结构和非周期性结构两个分支，这里的周期性和非周期性都是

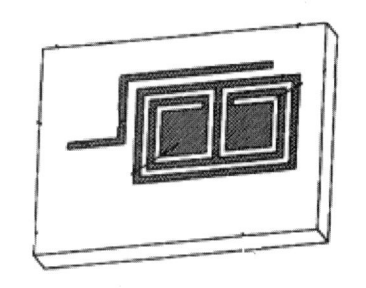

图2 非阵列型超材料结构

对于单层超材料或是多层超材料中的每一层超材料而言的。周期性结构是指超材料上均匀划分出的每个晶胞（包括其上的金属微结构）呈周期性重复，也就是金属微结构阵列中的各个微结构都具有相同的外观，即形状、尺寸都相同，并且它们之间的间距相等。图3左侧图显示了一种典型的阵列型周期性结构。非周期性结构是指超材料上

均匀划分出的各个晶胞（包括其上的金属微结构）呈非周期性分布，造成这种非周期性分布的原因可能是微结构具有不同的形状，也可能是微结构具有不同的尺寸，还可能是微结构具有不同的分布方式，比如间距不等造成的疏密不均，或者各微结构倾斜不同角度分布，抑或是这些可能方式的组合，等等。图 3 右侧图显示了一种典型的阵列型非周期性结构，其中微结构具有三种不同的形状。

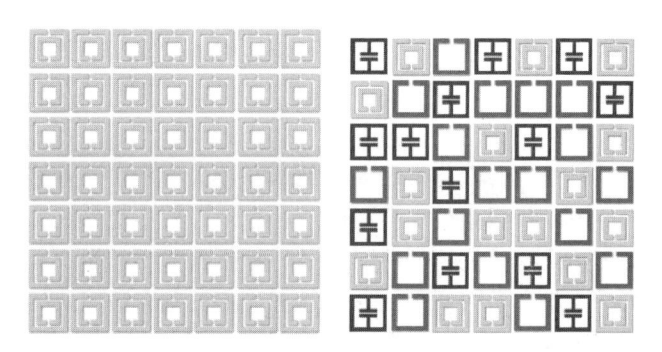

图 3　阵列型周期性结构和阵列型非周期性结构

阵列型结构中的周期性结构继续可以分解为单层及相同叠层型和相异叠层型两个分支，其中单层及相同叠层型结构分支包括单层周期性结构和多个相同的单层周期性结构超材料层叠加而构成的相同叠层型结构，之所以将这两种情况归于同一个分支，是因为从单层结构到相同叠层型结构的变化只是起到增强单层超材料所能实现的电磁特性的作用，并不涉及实质性的改变，并且这种情况的应用也很常见。而这里的相异叠层型结构指的是相互叠加的多个单层周期性结构层中，至少存在两个互不相同的层。相异叠层型结构还可继续分为两个分支：层与层之间微结构形状相同，尺寸不同和层与层之间微结构形状不同。

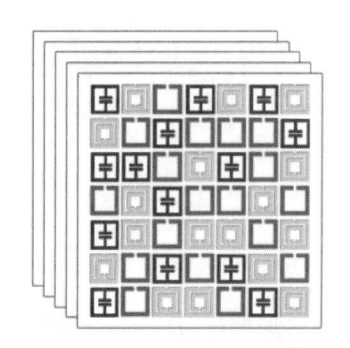

阵列型结构中的非周期性结构继续也可以分解为单层及相同叠层型和相异叠层型两个分支，这里的单层及相同叠层型结构分支包括单层非周期性结构和多个相同的单层非周期性结构超材料层叠加而构成的相同叠层型结构；而这里的相异叠层型结构指的是相互叠加的多个单层非周期性结构层中，至少存在两个互不相同的层。图 4 展示的就是非周期性结构的叠层型结构，可能是相同叠层型，也可能是相异叠层型。这一分支中的单层及相同叠层型结构还可分为微结构形状相同和微结构形状不同两个分支，这里指的是每一单层结构上的微结构阵列中，各个微结构之间形状相同或不同。微结构形状相同这一分

图 4　非周期性结构的叠层型结构

支还可继续分为两个分支：微结构尺寸不同和微结构尺寸相同但分布方式不同，分布方式不同的情形包括间距不等造成的疏密不均，或者各微结构倾斜不同角度等等。与在周期性结构中类似，非周期性结构中的相异叠层型结构也可继续分为两个分支：层与层之间微结构形状相同，尺寸不同和层与层之间微结构形状不同。

最后，所有的超材料结构都可归于以下十种类型：环型、工字型、中心连接型、实心片型、线型、螺旋型、立体型、镂空型、基板不均匀型和组合型。其中环型包括微结构呈闭合环、开口环、单环、多环、圆环、方环等各式环型。工字型包括微结构呈工字、I字甚至Z字的各类工字演变型。中心连接型是指微结构中心存在一金属连接点时的各个形态的微结构，比如十字交叉型、雪花型等。实心片型是指微结构呈方片、圆片等实心片型。线型微结构是指不能归于其他各型之中的线型微结构，比如弧线型、折线型，等等。螺旋型结构包括微结构呈方形螺旋、圆形螺旋、曲率渐变式螺旋等。立体型微结构是指微结构本身是三维立体的，而非平面的，如XYZ坐标轴形状，或圆球形状等。镂空型结构指的是微结构是在金属层上蚀刻产生的镂空，比如与环型中的开口谐振环（SRR）互补的镂空型结构——互补开口谐振环（CSRR）。基板不均匀型结构是指基板的形态或质地不均匀从而使超材料的电磁参数渐变。最后，组合型顾名思义，可以是上述九种类型彼此之间的任意组合所构成的微结构的形态。

整个超材料结构分支的项目分解如图5所示。表1列出了超材料结构各主要分支的几种典型结构，从中可以形象的理解各分支的含义及所包括的对象。本文主要针对周期性结构、非周期性结构和非阵列型三大分支进行研究。

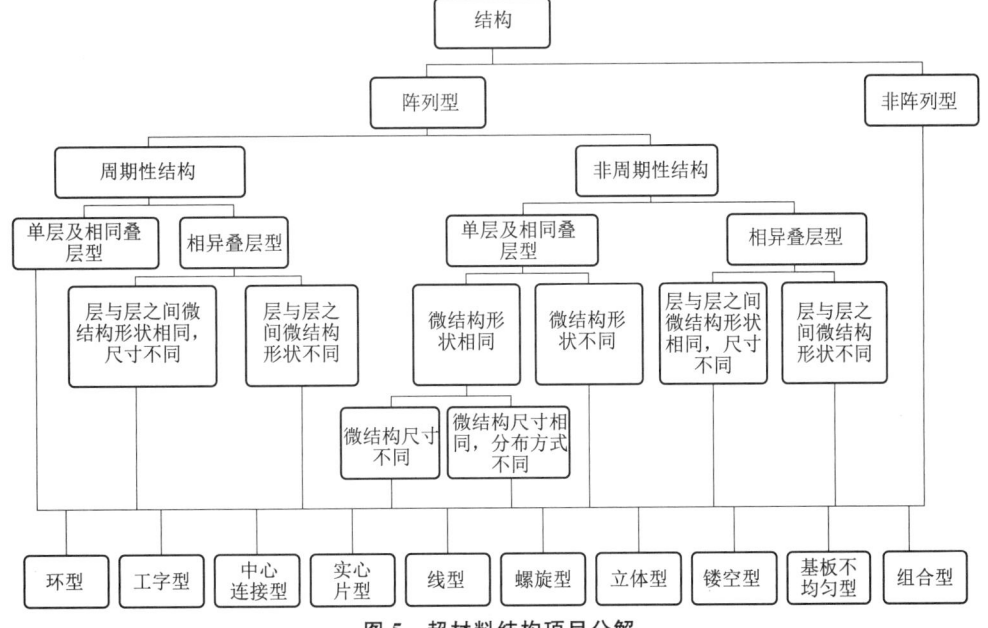

图5 超材料结构项目分解

表 1　超材料结构各主要分支的典型结构

结构名	典型图例
周期性结构	
非周期性结构	
非阵列型	
周期性结构 相异叠层型 层与层之间微结构形状 相同，尺寸不同	
周期性结构 层与层之间微结构 形状不同	
非周期性结构 单层及相同叠层型 微结构形状相同 尺寸不同	

续表

结构名	典型图例
非周期性结构 单层及相同叠层型 微结构形状相同 尺寸相同，分布方式不同	
非周期性结构 单层及相同叠层型 微结构形状不同	
非周期性结构 相异叠层型 层与层之间微结构形状相同，尺寸不同	
非周期性结构 相异叠层型 层与层之间微结构形状不同	
环型	
工字型	

续表

结构名	典型图例
中心连接型	
实心片型	
线型	
螺旋型	
立体型	
镂空型	

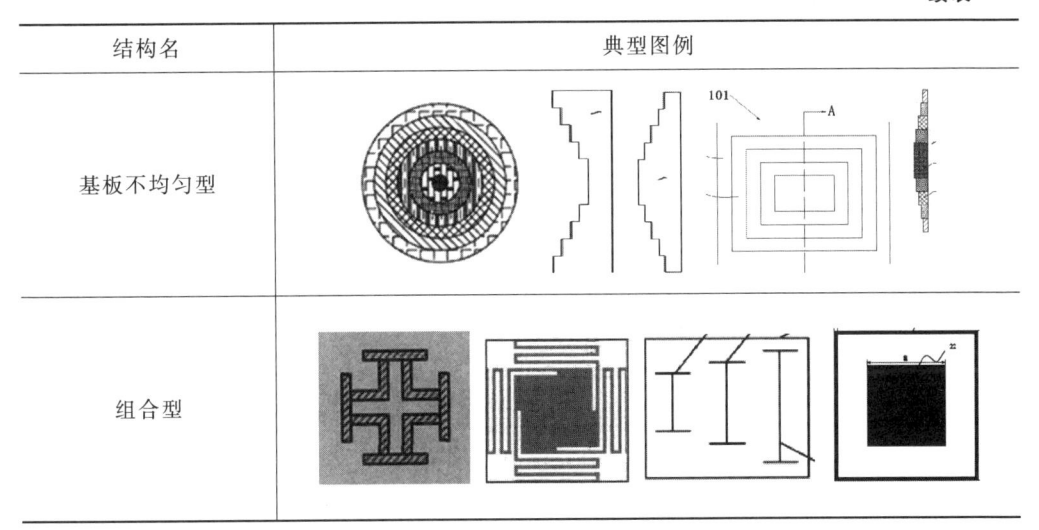

结构名	典型图例
基板不均匀型	
组合型	

（二）专利技术分析的样本构成

1. 数据库的选择

本文的研究范围为微波波段的超材料结构技术，采用的专利文献数据主要来自 EPOQUE 系统以及中国专利检索与服务系统（简称"S"系统）。在检索过程中使用了 EPOQUE 的德温特（WPI）数据库以及 S 系统的 CNABS、CNTXT 和 SIPOABS 数据库。

2. 检索策略

由于超材料领域并无明确或专用的分类号，关键词虽然相对准确但是遗漏文献的可能性较大，鉴于上述情况，课题组采取的检索策略是：主要用超材料的各种扩展关键词限定出课题研究的文献范围，再通过人工标引确定出微波波段的超材料专利，同时辅助分类号限定进行明显噪声的去除，例如采用 H01P（波导、谐振器、传输线或其他波导型器件）、H01Q（天线）进行限定去除非所需技术分支的噪声。

对于检索词的选取，首先列出尽可能的表达方式，并交由小组讨论，同时也征询了行业、研究机构和企业专家的意见，了解一些通用的常用的或者专业的表达方式，从而形成检索词的合集。课题组主要使用的检索词列举如下：

中文：

超材料、特异材料、超颖材料、超常媒质、人工电磁、人造电磁、人工磁导体、人造复合材料、人工复合材料、超介质、周期结构、周期性结构、负磁导率、负折射、超常材料、人工合成材料、人工合成介质。

电磁带隙、电磁晶体、电磁禁带、频率选择表面、频率选择性表面、左手材料、高阻抗表面、高阻表面、双负材料、开口谐振环、裂环谐振、双负媒质、频选表面、左右手复合、右左手复合、手性材料、手性结构、手征、开口共振环、裂环共振、复合左右手、复合右左手、微结构、子结构、光子晶体、光子带隙、光子禁带。

英文：

metamaterial，meta-material，meta-rf，artificial w magnetic w conductor，artificial w electromagnetic，artificial w magnetic，negative w magnetic，negative w index，negative w refractive w Index，negative w refraction w Index，negative w (permeability，permittivity)，EBG，electromagnetic w band w gap，electromagnetic w bandgap，electromagnetic w band-gap，left-handed，left w handed，LH，CRLH，FSS，frequency w selected w surface，frequency w selective w surface，AMC，SRR，split w ring w resonator，HIS，high w impedance w surface，chiral w material，chiral w structure，PBG，photonic w band w gap，photonic w bandgap，photonic w band-gap，photonic w crystal。

在检索式的确定方面，主要遵循以下原则：（1）保留核心检索词，例如"超材料""超颖材料""人工电磁""左手材料""metamaterial""artificial w electromagnetic""left w handed"等核心关键词；（2）其他关键词要慎重取舍，对于每一个加入检索式或从检索式中除去的关键词，要对其可能带来的噪音文献量进行判断评估；（3）使用关键词是尽量减少使用带来歧义较多的关键词，尽量使用准确的逻辑运算符，例如"w""s"等。

根据以上检索策略，所获得的超材料结构的检索样本由上述各数据库最早收录日期至 2016 年 8 月 16 日为止的全部可检索到的相关专利文献构成。经过检索，在英文数据库中最终获得 2194 篇专利文献；在中文数据库中，最终获得 1772 件专利文献。在数据分析过程中使用了知识产权局出版社开发的专利信息分析系统（PIAS）。

（三）世界范围内专利现状分析

1. 世界范围内专利申请的年代分布

图 6 显示了超材料结构技术领域全球专利申请量的年度变化情况。由于 1990 年之前的数据总量很小，总共只有 16 件，且申请年度较为分散，因此图中仅示出了 1990 年以后的数据。

超材料结构领域在 1999 年之前申请的相关专利较少，这段时期属于超材料结构技术的初步发展阶段，随后相关专利申请量迅速增长，2011 年出现井喷式增长，原因是我国深圳光启在这一年开始申请了大批超材料相关专利。

2. 世界范围内专利申请的地域分布

（1）主要国家/地区的专利申请趋势

图 7 显示的是 1990 年以后全球主要国家/地区（中国、美国、韩国、日本、法国）在超材料结构领域的年度申请趋势。由于我国光启的申请量占比过大，且集中在 2011 年和 2012 年，因此这里将中国的数据中暂时除去了光启的数据，以更加清楚地

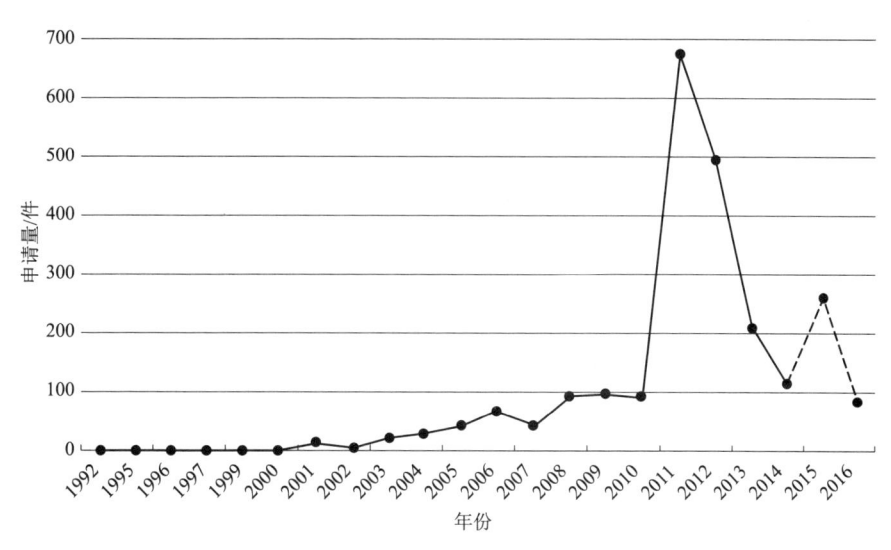

图 6 超材料结构领域全球专利申请量的年度变化

观察各主要国家/地区的申请差异。从中可以发现：

中国的申请量（除去光启数据）仍然最大。美国的技术起步较早，且总体呈平稳增长趋势。年度专利申请量峰值出现在 2011 年，为 27 项。韩国排名第三，起步稍晚，在 2005 年以前只有零星申请，但在 2005 年以后申请量迅速增长，年度专利申请量峰值出现在 2010 年，为 30 项，这之后申请量大幅下滑，到 2012 年仅有 6 项申请。日本从 2005 年之后申请量逐渐增多，2009 年时达到峰值，为 17 项，此后也呈下滑趋势。法国总共提交了 14 项涉及超材料结构领域的申请，位居第五，但年度分布较为分散，最多每年只有 2 件申请。

（2）申请的来源地和目的地分析

本报告将申请人首次提出专利申请的国家或地区定义为专利申请的来源地，来源地的申请量某种程度上反映了申请人所在地区的技术实力。另外本报告将申请人向非本国提出专利申请的其他国家或地区定义为专利申请的目的地，目的地的申请量则反映了申请人向其他国家或地区进行专利布局的愿望和能力，体现了申请人对目的地市场的重视程度。

中国、美国、韩国、日本、法国和英国是提交专利申请的主要来源国家。其各自在超材料结构领域的申请量和占比如图 8 所示。在全球专利申请中，来自中国的申请最多，共有 1683 件，占全球专利申请总量的 74%，主要申请人包括深圳光启（1021件）、东南大学（54 件）、西北工业大学（46 件）等；其次是美国，共有 268 件，申请人数目较多，但申请较为分散，且申请量比较平均，主要申请人有雷斯潘公司（22件）、哈里（17 件）、丰田北美（12 件）、波音（9 件）等；韩国总计 100 件，位居第三，包括韩国电信（41 件）、三星（31 件）等；日本共有 86 件，NEC（33 件）、国

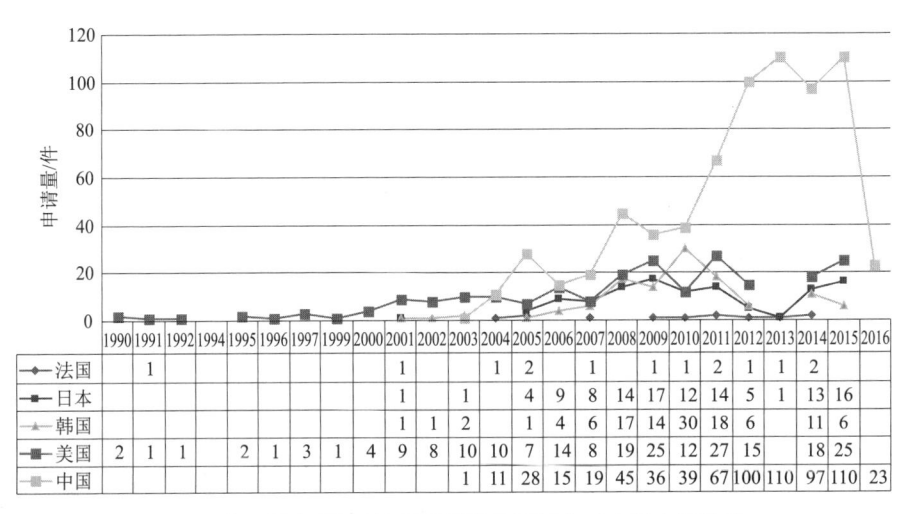

图7 主要国家/地区的超材料结构领域全球专利申请趋势

立大学法人山口大学（以下简称山口大学，15件）申请量最大；法国申请15件，英国申请16件，其中申请量较多的申请人包括法国泰勒斯（5件），英国BAE（3件）。

图9示出了超材料结构领域专利申请主要目的地。在目的地分布图中，可以发现，各申请国除了注意在中国、美国、日本和韩国这些主要申请国家布局之外，还注意在欧洲进行布局。

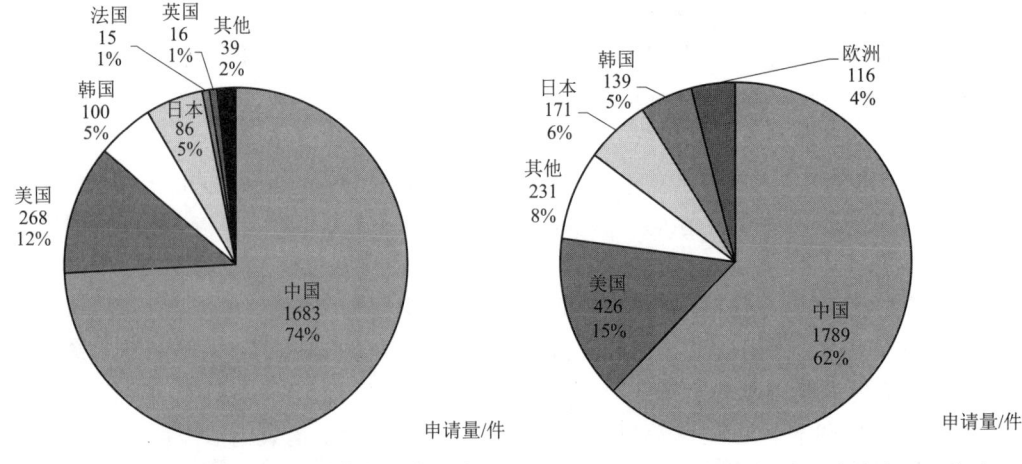

图8 超材料结构技术专利申请主要来源地

图9 超材料结构技术专利申请主要目的地

从图10展示的主要申请国家/地区的专利流向来分析，美国申请人除了在本国申请大量专利外，还在中国、欧洲、日本和韩国都提交了部分专利申请，说明美国申请人重视全球市场,在主要国家/地区都进行了专利布局。而中国申请人大量的申请还是在国内提交,与在国内提交的申请数量相比,中国申请人在美国和欧洲的申请数量很少,在日本和韩国更是没有进行专利布局工作。和美国申请人类似,韩国和日本的申请人也比较重视全球专利布局,特别是在本国和美国的专利布局,在本国和美国都提交了相对较多的申请。

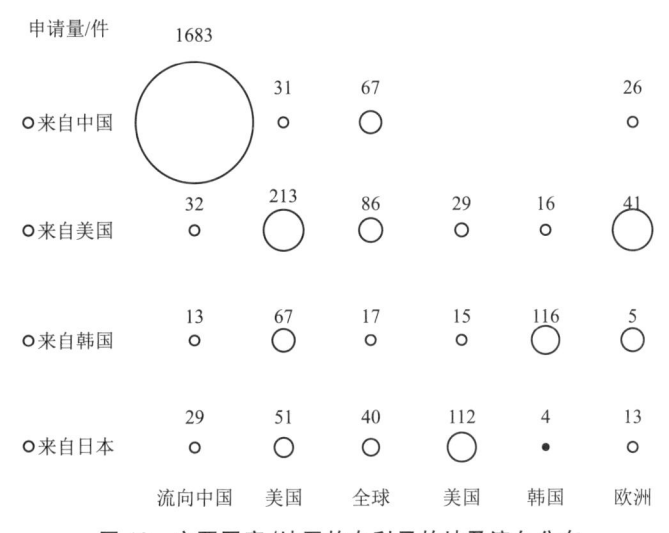

图 10 主要国家/地区的专利目的地及流向分布

3. 全球专利申请的申请人分析

超材料结构领域申请量居全球前10位(除光启)的申请人及申请量如图11所示,这里,由于深圳光启的数据量与其他申请人相距悬殊,因此这里仍然除去光启数据,以便能够更清晰地观察和分析其他主要申请人数据。除去光启之外,中国申请人仍位居前三,其中第一位是东南大学,共有54件申请,主要发明团队包括崔铁军团队和洪伟团队,其重要专利涉及CN101587990B(基于人工电磁材料的宽带圆柱形透镜天线)、CN100395916C(基于基片集成波导技术的频率选择表面)等;西北工业大学共有46件申请,主要发明团队为赵晓鹏团队,其在专利CN1925209B提出了一种新颖的周期性树枝状中心连接型微结构。此外,电子科技大学、西安电子科技大学和上海联能也榜上有名。韩国电信、NEC、三星和雷斯潘是申请量前10位中的外国公司,可以发现韩国和日本的实力不容小觑。雷斯潘公司虽然有22项专利申请的总量,但是已于2010年左右被泰科电子收购,其大部分的授权专利都已转让给了泰科电子或豪沃基金。

超材料结构领域的主要申请人在各结构分支的专利申请量如图12所示,可以看出,光启在周期性结构和非周期性结构领域专利布局较为均衡,在非阵列型超材料结

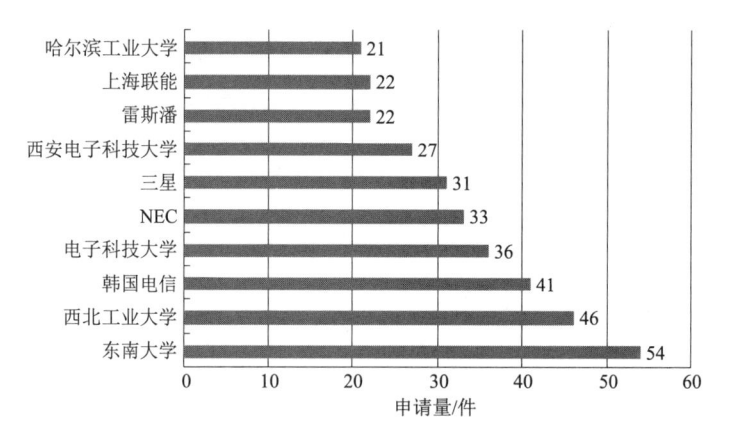

图 11 全球超材料结构前 10 位申请人（除光启）申请量

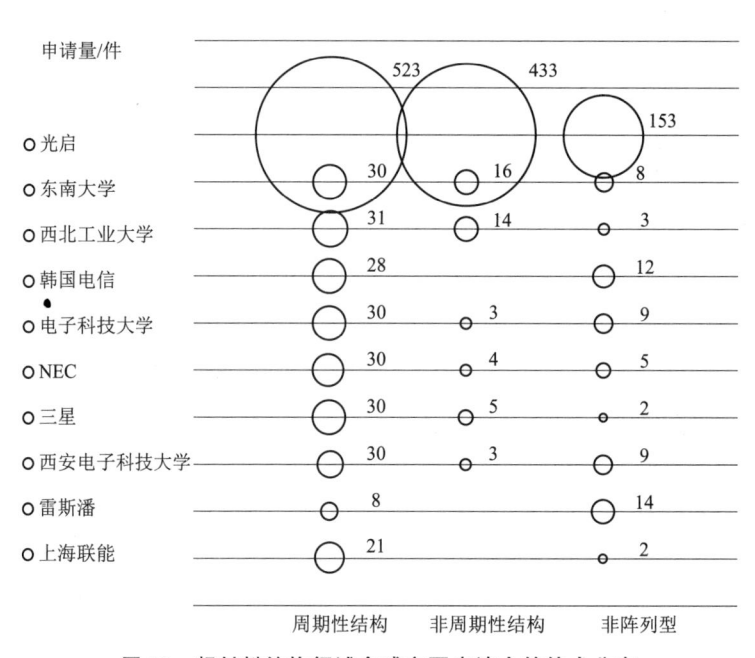

图 12 超材料结构领域全球主要申请人的技术分布

构领域也有 153 件申请。而其余各主要申请人在非周期性结构中申请普遍较少，上海联能、韩国电信和雷斯潘公司在非周期性结构领域没有申请专利。这是由于非周期性结构设计和制造的复杂度都较高，难以实现规模产业化。非阵列型超材料的研究起步较晚，因此申请量相对较小，但是非阵列型超材料是雷斯潘公司的重点研究对象，有 12 件关于非阵列型结构的申请，并超过了其在周期性结构领域的申请数量。雷斯潘的超材料已经实现初步产业化，其超材料手机天线是世界上首例将超材料应用于移动终端的例子。随着雷斯潘被泰科电子收购,国内企业应该在未来密切关注泰科电子在超材料领域的研发和产业化动向。目前泰科电子在这方面尚无动作,除了拥有雷斯潘公司之前申请的超材料专利权外,未继续在超材料结构方面进行专利申请。

4. 全球专利申请的技术主题分析

超材料结构可分为阵列型和非阵列型两大类,其中的阵列型超材料结构又分为周期性结构和非周期性结构。这三大分支的全球申请量如图13所示,其中,传统的周期性结构的申请量最大,达到1389件,非周期性结构为607件,而非阵列型超材料结构出现的最晚,故申请量最少,为345件。需要说明的是,这三个分支的数据并不是排他的,有些专利申请同时涉及其中的两种或三种结构。国内申请人可以将研发的重点转移至申请量还相对较少的非阵列型结构上。

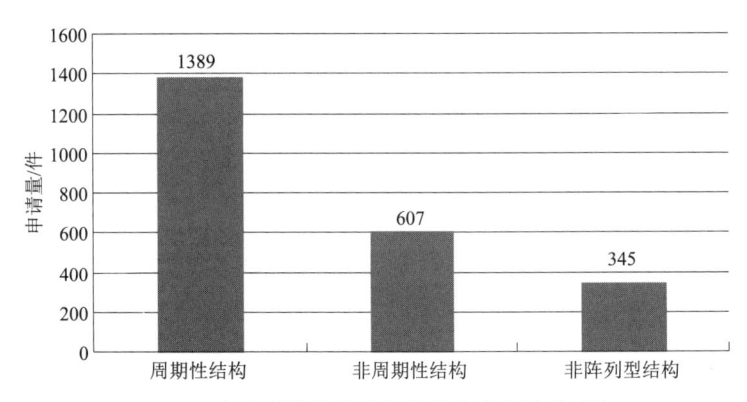

图13 超材料结构技术主题的全球申请量对比

图14展示了1990年之后的超材料结构领域各技术主题的全球年度申请趋势。可以看出,周期性结构技术起步最早,发展也最快,非周期性结构技术次之,从2000年左右才开始提交专利申请,非阵列型结构技术出现最晚,2002年开始出现专利申请。2011年,超材料结构领域的三个技术主题的申请量都出现了大幅上涨,周期性结构技术申请量在2012年继续走高,而非周期性结构和非阵列型结构技术的申请量在2012年出现下滑。

(四)在华专利申请现状分析

为了研究超材料结构技术在中国的发展情况,对超材料结构技术在中国的专利申请状况进行总体分析,重点研究中国专利申请的变化趋势、国内各省市的专利申请状况、各国在中国的专利申请状况、申请人排名、国内申请的技术主题分布等。截止到本课题的检索日期(2016年8月16日),中国超材料结构技术领域中已经公开的相关专利申请总量为1765件,其中国内申请1683件(包括发明和实用新型),国外来华申请82件。国内申请人在提交发明专利申请时,常会就同一主题同时提交同样的

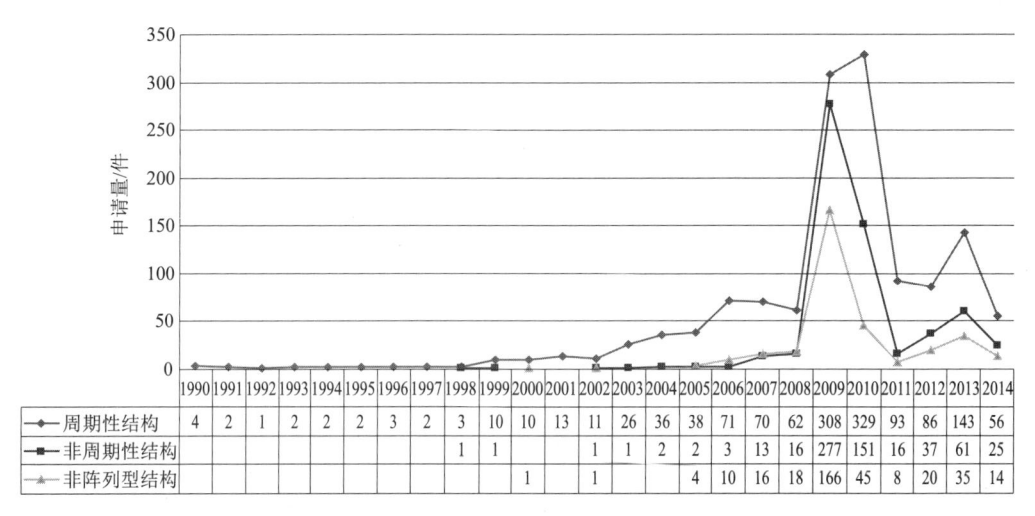

申请量/件	1990	1991	1992	1993	1994	1995	1996	1997	1998	1999	2000	2001	2002	2003	2004	2005	2006	2007	2008	2009	2010	2011	2012	2013	2014
周期性结构	4	2	1	2	2	2	3	2	3	10	10	13	11	26	36	38	71	70	62	308	329	93	86	143	56
非周期性结构									1	1			1	1	2	2	3	13	16	277	151	16	37	61	25
非阵列型结构											1		1			4	10	16	18	166	45	8	20	35	14

图 14 超材料结构领域各技术主题的全球年度申请趋势

实用新型申请，而国外来华申请除了一个实用新型外，其他都是发明专利申请。为了摸清国内申请人实际的专利拥有量，并且使数据更有说服力，我们在分析中国专利申请数据时，将国内申请人提交的与发明专利申请同样的实用新型专利申请从数据中剔除，对未同时提交发明专利申请的那部分实用新型数据保留。经过这样的数据处理后，中国的专利申请总量为 1571 件，国内申请的超材料结构领域相关专利为 1498 件，本文将基于这一数据进行分析。

1. 在华专利申请的年代分布

下面从国内和国外来华两个角度来介绍超材料结构领域的专利年度申请量趋势。

图 15 示出了超材料结构领域中国地区专利申请量的年度变化。可以看出，超材料结构技术领域的中国专利申请主要来源于国内申请人，2011 年之前中国地区的技术创新和专利布局能力较弱，2011 年出现猛增的原因主要是由于深圳光启的拉动。国外申请人在华进行专利布局的力度一直相对较弱，国内相关技术创新主体可抓住良好的发展机遇，加快超材料结构领域的国内专利布局。

2. 在华专利申请的地域分布

下面分别从国内和国外来华两方面介绍超材料结构技术领域的专利分布情况。由表 2 可以看出，国内申请量与国外来华申请量相差很多，说明中国地区专利申请和授权的主要来源都是国内申请人。从申请类型来看，去除与发明专利申请同样的实用新型专利申请数据后，国内申请中实用新型为 92 件，约占总专利申请量的 5%，而国外来华的专利申请和授权中仅有 1 件实用新型，这说明在超材料结构技术领域，国内申请人的专利质量和稳定性仍有待改善和提高。

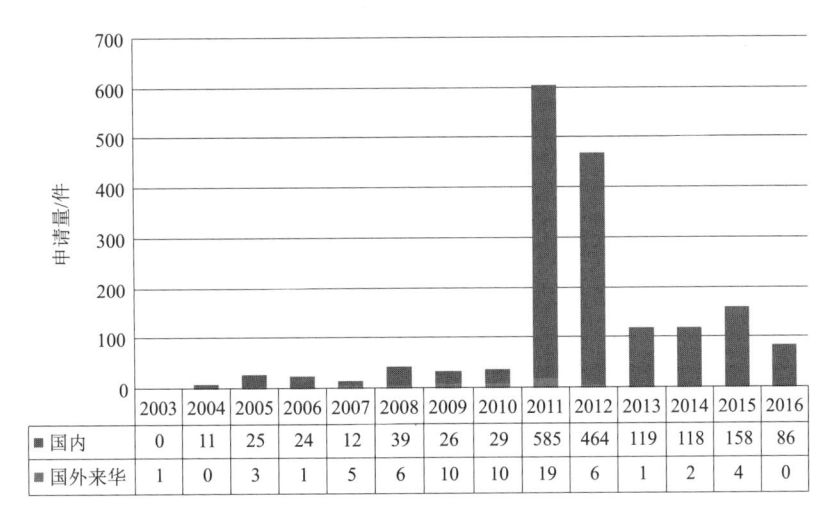

超材料专利技术现状及其发展趋势　255

图15 超材料结构领域中国专利申请年度变化

年份	2003	2004	2005	2006	2007	2008	2009	2010	2011	2012	2013	2014	2015	2016
国内	0	11	25	24	12	39	26	29	585	464	119	118	158	86
国外来华	1	0	3	1	5	6	10	10	19	6	1	2	4	0

表2 超材料结构领域国内和国外来华对比　　　　　　　　　　　　单位：件

专利类型 \ 数量	专利申请量 国内	专利申请量 国外来华	专利授权量 国内	专利授权量 国外来华
发明	1406	81	273	32
实用新型	92	1	92	1
合计	1498	82	365	32

图16示出了国内超材料结构领域主要申请省市的申请量分布。可以看出，在超材料结构领域，广东省申请量位居第一，其次分别是陕西、江苏、北京、四川、上海、浙江、黑龙江、福建、吉林和辽宁。超材料结构领域主要的创新主体是高校和科研院所，比如江苏省的东南大学、陕西省的西北工业大学、北京的北京航空航天大学和清华大学、四川的电子科技大学等，除广东的深圳光启之外，超材料的产业化尚未规模开展。总体来看，国内在超材料结构技术领域的技术创新主要集中在知识资源密集的地区，特别是集中在国内部分高校和科研机构，超材料的产业应用亟待全面展开。

图17示出了国外来华国家的专利申请分布。可以看出，国外来华国家主要是美国、日本和韩国，这三个国家的申请量合计接近国外来华申请总量的90%，说明国外来华申请的创新区域比较集中。特别是美国和日本，在华专利申请量占比分别接近38%。各地区的龙头企业比如日本NEC、韩国三星、美国雷斯潘等十分注重中国市场，在华进行专利布局比较积极。

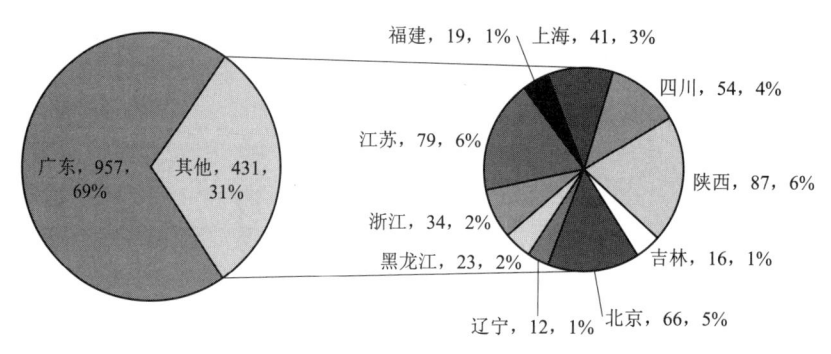

图 16　超材料结构领域国内申请的省市分布

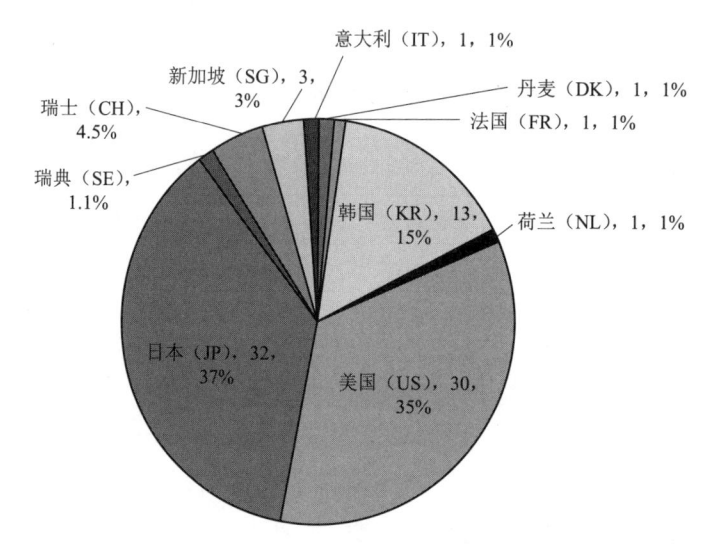

图 17　超材料结构领域国外来华申请的区域分布

图 18 示出了美国、日本和韩国三个主要来华国家的申请量年度变化。由图 18 可以看出，各国历年的年申请量比较分散，美国 2003 年以来对超材料结构在华专利申请工作一直持续跟进，申请数量较为稳定，日本 2011 年有跳跃式发展，猛增至 16 件，之后又大幅回落，韩国在 2010 年之前逐年申请量持续攀升，但之后申请量也明显减少。

3. 在华专利申请的申请人分析

超材料结构技术领域的国内申请人的申请和授权分布情况见表 3。由表 3 可以看出，国内申请排名前十位的申请量总和占总量的 78.84%，说明我国超材料结构技术的研究结构比较集中，国内申请人申请量排名前五位的分别是深圳光启、东南大学、西北工业大学、电子科技大学和西安电子科技大学。这些申请人中大部分申请人的发

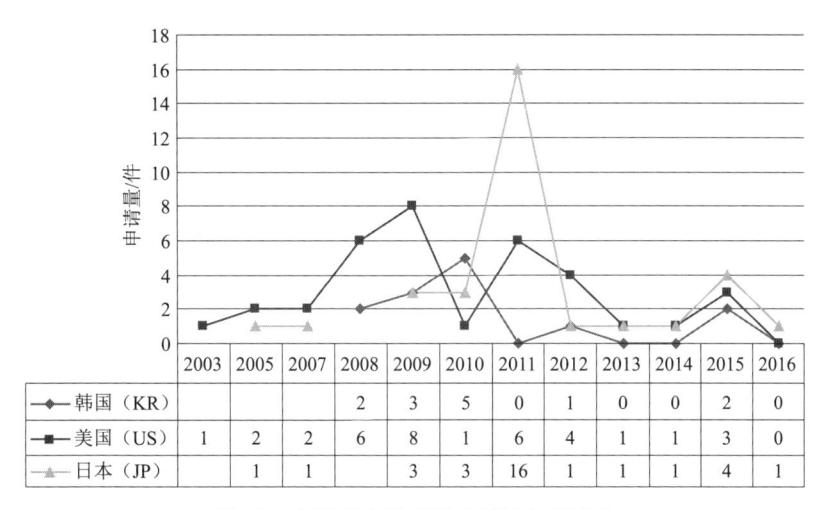

超材料专利技术现状及其发展趋势 257

	2003	2005	2007	2008	2009	2010	2011	2012	2013	2014	2015	2016
韩国（KR）				2	3	5	0	1	0	0	2	0
美国（US）	1	2	2	6	8	1	6	4	1	1	3	0
日本（JP）		1	1		3	3	16	1	1	1	4	1

图 18 主要来华国家的申请量年度变化

明申请所占比率较高，中科院长春光机所的申请更是均为发明申请，而深圳航盛的申请中则全部都是实用新型申请。

国内申请人中按照发明授权量排名前五位的分别是深圳光启、西北工业大学、东南大学、电子科技大学、哈尔滨工业大学和上海联能。

从近三年活跃度来看，排名前五位的分别是中科院长春光机所、深圳光启、哈尔滨工业大学、电子科技大学和北京航空航天大学。这些申请人近年来申请比较活跃。

表 3 超材料结构领域国内申请人分布

申请人	申请量	发明申请量	活跃度	发明授权量
深圳光启	898	898	1.66	136
东南大学	54	36	0.80	15
西工大	46	45	0.22	26
电子科大	36	34	1.19	9
西安电子科大	27	23	0.67	6
上海联能	22	16	0.14	5
哈工大	21	19	1.20	5
中科院长春光机所	16	16	1.67	0
深圳航盛	15	0	0.33	0
北京航空航天大学	15	11	1.14	3

国外来华申请人共申请超材料结构领域相关专利 82 件，除 1 件实用新型申请外，都为发明专利申请。其申请人分布较为分散，申请量在 3 件以上的只有 6 家公司，见表 4，包括两家日本公司（NEC 和佳能），两家韩国公司（EMW 和三星），一家美国公司（雷斯潘）和一所美国高校（加利福尼亚大学）。其中雷斯潘公司申请了 14 件，但其已转让给了泰科电子，并且其授权专利均已转让给泰科电子或豪沃基金。泰科电子在收购雷斯潘之后，并未继续申请超材料结构领域相关专利。

表 4　超材料结构领域国外来华申请人分布

申请人	申请量	发明申请量	活跃度	发明授权量
雷斯潘	14	13	0.45	8
NEC	12	12	0.97	1
佳能	6	6	0.67	1
EMW	4	4	0.56	2
三星	5	5	0.67	3
加利福尼亚大学	4	4	0.89	2

4. 在华专利申请的技术主题分析

超材料结构领域三大分支的中国专利申请量如图 19 所示，其中，传统的周期性结构的申请量最大，达到 875 件，非周期性结构为 529 件，而非阵列型超材料结构出现的最晚，故申请量最少，为 188 件。需要说明的是，这三个分支的数据并不是排他的，有些专利申请同时涉及其中的两种或三种结构。国内申请人可以将研发的重点转移至申请量还相对较少的非阵列型结构上。

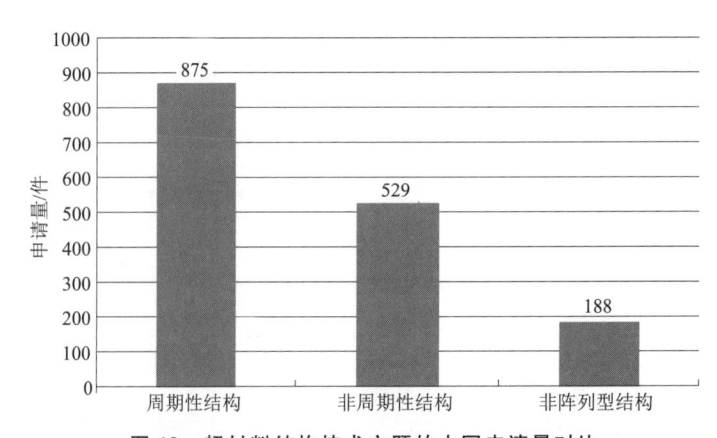

图 19　超材料结构技术主题的中国申请量对比

图 20 显示了超材料结构领域各技术主题在中国的年度申请趋势，中国在超材料结构领域的专利申请整体出现较晚，周期性结构技术的相关申请于 2004 年开始出现，各技术主题的申请量在 2011 年以前呈缓慢上涨。2011 年，中国超材料结构领域的三个技术主题的申请量都出现了大幅上涨，周期性结构技术申请量在 2012 年继续上涨，而非周期性结构和非阵列型结构技术的申请量在 2012 年出现下滑。

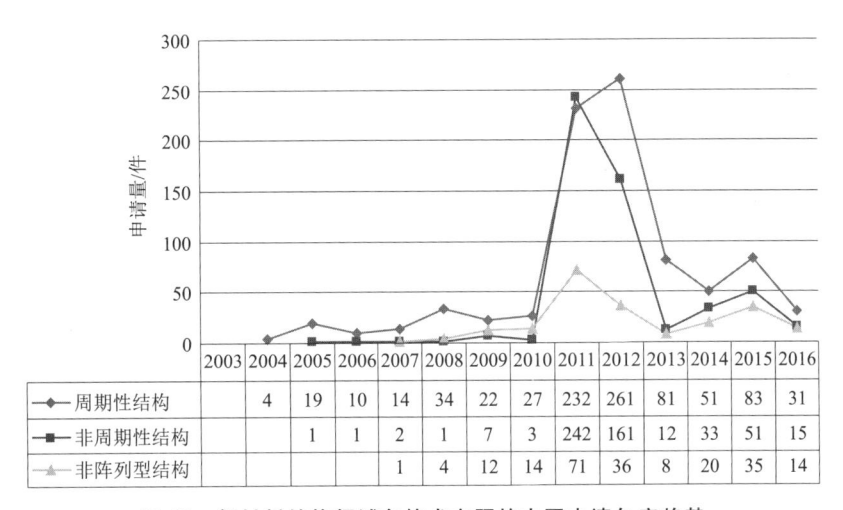

年份	2003	2004	2005	2006	2007	2008	2009	2010	2011	2012	2013	2014	2015	2016
周期性结构		4	19	10	14	34	22	27	232	261	81	51	83	31
非周期性结构			1	1	2	1	7	3	242	161	12	33	51	15
非阵列型结构					1	4	12	14	71	36	8	20	35	14

图 20　超材料结构领域各技术主题的中国申请年度趋势

三、关键技术和重点申请人分析

（一）关键技术分析

由于微波段的左手材料、频率选择表面和光子晶体的涵盖范围有所交叉，因此我们才选择从结构角度进行重新划分，并梳理超材料结构技术的发展脉络。超材料结构主要可分为周期性结构、非周期性结构和非阵列型结构三大分支，前两分支属于阵列型结构。下面逐一介绍每个关键技术的发展路线。

1. 周期性结构

超材料结构技术中，周期性结构起步最早，其中，美国物理学家 David Rittenhouse 在 1910 年就发现和提出了频率选择表面的概念，频率选择表面的思想来源于对同样是周期性结构的光栅的研究。Marconi 和 Franklin 在其 1919 年授权的著名专利 US1301473A 中，提出了周期性表面的基本原理，设计了具有细线截面的抛物面反射面，并首次提出了谐振单元的概念。从 20 世纪 60 年代，国外开始关注周期性频率选择表面的研究，随着计算机在计算电磁学中的应用，以及印刷电路技术的日趋成熟，为频率选择表面的研究提供了良好的环境，带来了频率选择表面的一次研究热潮，Matson 在 1962 年申请的 US3231892A 使用了十字形中心连接型、实心片型、环型微结构。美国俄亥俄州立大学的 Munk 在 1968 年申请的 US3789404A 提出了一种四腿环形微结构，Munk 也是周期结构（特别是 FSS、电路模拟吸收体和相控阵理论）的主要设计者。1975 年 Munk 和俄亥俄州立大学的同事 Pelton 共同申请了关于三腿镂空型微结构的专利 US3975738A。1977 年 Pelton 申请的 US4126866A 又提出了一种新颖的组合型微结构。

在具有不同微结构形状的单层超材料发展的同时，Munk 在 1977 年申请的专利 US4125841A 中又提出了一种周期性相同叠层型频率选择表面结构。在三层介质板中夹入两层相同的缝隙周期结构，使得这种叠层结构对不同入射角和极化方向具有恒定带宽和谐振频率。

1990 年，波音公司的 Yee 提出一种具有三层复合结构的频率选择表面，能够用于飞行器的外表面，每层呈周期性结构，且层与层之间的微结构形状不同，这便是周期性相异叠层型超材料。Yee 就此申请并获得了专利 US5208603A。

1999 年，加利福尼亚大学的 D. Sievenpiper 等人设计了一种"蘑菇"型（Mushroom-like）电磁带隙结构，可归于立体型微结构，同时申请并获得专利 US6262495B1。这种结构可以形成等效电感和电容，其频率带隙的产生可以由单元本身的谐振特性引起的，不受 Bragg 条件的限制，能够很方便地将它应用于集成电路和天线设计当中。同年，加利福尼亚大学 Roberto Coccioli 等人提出共面紧凑型电磁带隙结构，即 UC-PBG 结构，可归于中心连接型微结构，也是基于谐振机制的，与"蘑菇"型电磁带隙结构相比，这种结构不需要金属过孔与地板相连，加工工艺相对简单，随后由加利福尼亚大学的 Tatsuo Itoh 等人申请并获得了相关专利 US6518930B2。

Ramon Gonzalo 等人在微带贴片天线的介质基板中开凿出呈矩形阵列排列的空气圆柱，形成空气—介质的二维 PBG 结构，称为基地钻孔型 EBG，属于立体型微结构中的一种，于 2000 年申请并获得专利 US6469682B1，这种周期结构通常也满足 Bragg 条件，所以这种结构相对尺寸比较大，已经被用在各种天线的设计中。

1983 年，Sureau 提出了一种能够选择性传输电磁能量的结构，通过调节导电元件之间的二极管的偏置电压实现特定频段的传输，申请并获得专利 US5621423A。1999 年，Hart 提出一种光电控制型频率选择表面，能够实现 FSS 的光学可控性，申请并获得专利 US6232931B1。在此基础上，2000 年，McKinzie 等人提出了一种具有电压可调型结构的频率选择表面，用作天线基板，通过调谐频率选择表面上的变容二极管的偏置电压实现天线谐振频率的调谐，申请并获得专利 US6646605B2。

2008 年，清华大学的周济等人提出通过无机陶瓷材料本身尺寸效应、微结构、晶体结构、电子结构等与 SRR 环的复合电磁波的相互作用实现超常电磁参量，申请并获得专利 CN101242021B，将磁场可调的磁性材料引入到负磁导率材料，并对负磁导率材料施加一定强度的磁场，通过调控磁性材料的磁场调节负磁导率材料的电磁响应。2013 年，周济又提出一种基于热敏铁氧体的温控负折射开关，利用单根热敏铁氧体棒与单根金属线构成一个结构单元，实现超材料负折射性能的温度可调，并申请了专利 CN103490122A。

与此同时，超材料中，具有周期性结构的左手材料的研究也正在逐步展开。左手材料可视为狭义的超材料，超材料（metamaterial）这个词正是 1999 年 Rodger Walser 在左手材料概念的基础上为了适应研究领域的不断扩大，而提出的。

1968 年，苏联物理学家 Veselago 首次提出了左手材料的假想。其背景是苏联实现首次载人航天飞行，而在航天器回收进入大气层时由于摩擦在航天器外产生等离子体，导致与地面通信中断，这是由于等离子体具有负介电常数，电磁波无法在这种单负介质中传播，基于此，Veselago 提出能否找到一种双负材料，满足左手特性，使电磁波能够在单负介质中传播。然而自然界中一直无法找到天然的左手材料，以致在其后的近 30 年里左手材料领域一直没有实质突破。

直到 1996 年，英国帝国理工学院的 Pendry 指出细金属棒阵列具有负介电常数效应，同年申请并获得专利 GB2433842B，在 1999 年 Pendry 又发现同心开口圆柱阵列或开口谐振环阵列具有负磁导率效应，申请并获得专利 US6608811B1。这两项工作为超材料中的左手材料的实现打开了大门。

2000 年 Smith 在 Pendry 所在的帝国理工大学任客座教授期间，在 Pendry 的基础上展开构想，将金属棒和开口谐振环阵列组合在一起，加工出了第一块具有双负特性的一维左手材料，在 2001 年又加工出二维左手材料，同时申请并获得专利 US6791432B2。

2005 年，西北工业大学的赵晓鹏提出了一种周期性树枝状中心连接型微结构，申请并获得了专利 CN1925209B。2006 年东南大学的洪伟基于基片集成波导技术，申请了具有双层周期性镂空型微结构的超材料，申请并获得专利 CN100395916C。

深圳光启于 2011 年申请并已获得授权的 CN102479999B 提出了一种周期性结构中的相异叠层型结构，其中层与层之间的微结构各不相同，并且层与层之间的微结构形状是渐变的，从而实现阻抗匹配。中科院于 2013 年申请的 CN103151580A 提出了一种加载分形结构的双频带频率选择表面超材料，具有由三个分形结构组合形成的组合型微结构，带来了稳定的双频带通频率特性。

2. 非周期性结构

1988 年，马里布研究会公司的 Gonzalez 等人采用阵列型非周期电磁加载结构，通过基于对传输路径和相位的补偿实现每个区域的结构尺寸和电磁参数的设计，从而对需要的反射表面进行模拟，可以用平板反射器天线实现电磁波的汇聚，于 1988 年申请并获得专利 US4905014A，其中采用了非周期性排布的微结构，这也是超材料平板天线的最初设计思想。

2002 年，哈里公司的 Killen 等人提出一种空间滤波表面，即一种频率选择表面，包括介质板和位于其上的多个谐振单元，多个谐振单元形成多个同心环，各个同心环中的单元形状可以不同，这属于非周期性结构中的微结构形状不同这一分支。Killen 申请并获得专利 US6885355B2。

2005 年，Smith 等人提出一种折射率梯度渐变型超材料，这种超材料的多个晶胞的布置能够提供具有沿至少一个轴梯度渐变的折射率，提出专利申请并获得专利，中国同族的授权号为 CN101389998B，首次提出折射率梯度渐变的超材料。

2006 年，西北工业大学的赵晓鹏提出一种具有双左手通带的非对称结构左手材料介质基板，用这种基板制作的手机天线可在两个工作频段内对电磁波中的倏逝波进行有效放大，并使倏逝波参与天线对信号的辐射和接收工作，从而提高手机双频天线的辐射效率，改善手机双频天线的增益。其中使用了非周期性结构的超材料作为天线基板，申请并获得了专利 CN101162800B。

2009 年，在 Smith 提出的折射率梯度渐变型超材料的基础之上，东南大学的崔铁军等人提出一种非周期性相同叠层型结构，每层超材料上的微结构阵列的微结构具有不同的排布方式，申请并获得专利 CN101587990B。2011 年光启申请的 CN102780095A 提出了一种非周期性结构，属于相异叠层型，各层之间非周期性微结构各不相同。

3. 非阵列型结构

2002 年，加拿大多伦多大学 Eleftheriades 研究小组对由开口谐振环和金属棒阵列构成的左手材料进行了仔细的分析，构造出了传输线电路模型，这个模型中的 R、L 和 C 的串并联谐振电路可以对应于开口谐振环和金属棒阵列。于是通过直接在普通传输线上加载并联电感和串联电容而实现"传输线型左手材料"，同年申请并获得专利 US6859114B2。

2003 年美国加利福尼亚大学研究小组在传输线型左手材料的基础上提出了复合左右手结构（Composite Right/Left Handed Structure，CR/LHS）的概念。通过在单元结构中加入串联电感和并联的电容来表示寄生的右手特性。并设计出能同时工作在任意两个频率的分支线电桥，其工作原理是通过调整左右手传输线的比例使得电桥的双臂在任意两个频率的相移分别为正负 90 度，从而实现双频工作。次年，加利福尼亚大学研究小组的 Itoh 等人根据 CRLH 的特殊性质制作了对称型和不对称型耦合器，申请并获得专利 US8072289B2。

2009 年，在传输线型左手材料的基础上，杜克大学的 Smith、刘若鹏等人与东南大学的崔铁军、程强合作研究出了互补型超材料，共同申请并获得了专利，其中国同族的授权号为 CN102204008B。所谓"互补的"超材料元件是原始的超材料元件比如开口谐振环和电 LC 谐振器的巴比涅补偿。互补的超材料元件可以被嵌入平面波导的边界面，以实现用于光束转向、聚焦设备、天线阵馈电结构等的基于波导的梯度折射率透镜。

2006年，雷斯潘公司的Achour提出了一种基于复合左右手结构的超材料结构的天线设备，使用一个或多个在低频表现为左手材料，而在高频表现为右手材料的复合左右手超材料，构成非阵列型结构，来形成天线、天线阵列和其他射频设备，申请并获得专利，中国同族为CN101542838B。2008年光启申请的CN101740862B提出了一种基于非阵列型超材料结构的射频芯片小天线，可应用在各类移动通信接收终端和基站天线等，2011年申请的CN102637959A提出了一种介质基板的厚度呈非均匀分布的超材料结构。2012年，NEC与加利福尼亚大学合作，对经典的裂环谐振器进行改进，共同研发出一种小型垂直式裂环谐振器天线，用于减小天线的尺寸，并申请了专利CN103620870A。

基于上述分析，图21示出了超材料结构领域技术发展路线图。

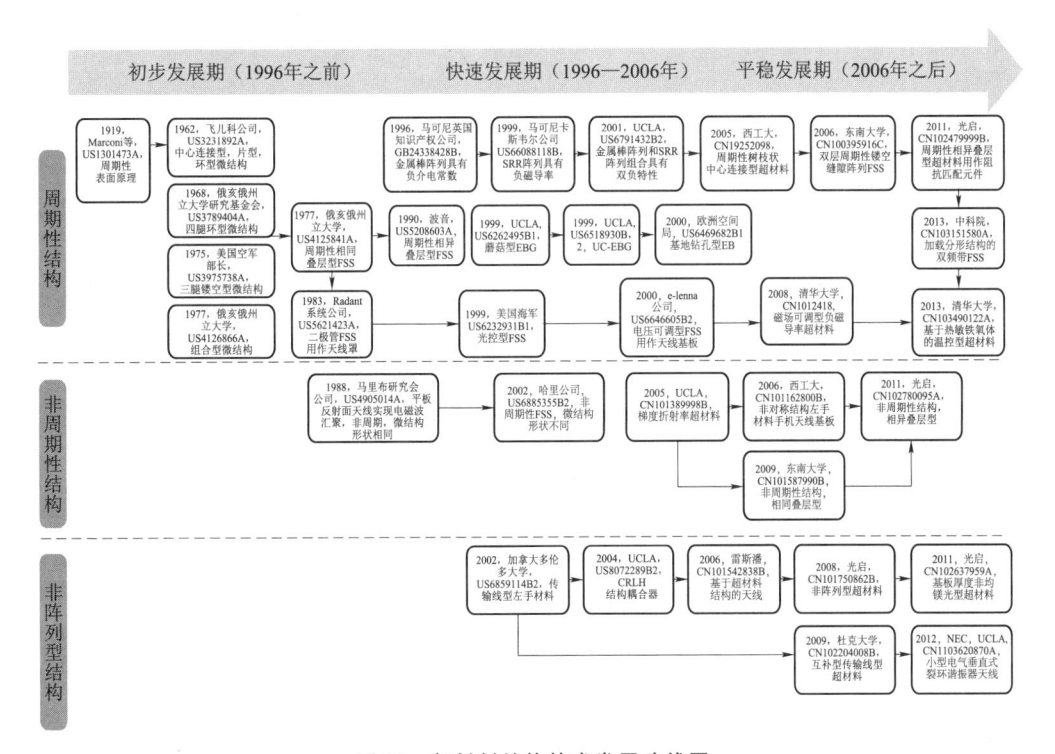

图21 超材料结构技术发展路线图

（二）重点申请人分析

结合专利申请的数量、公司状态以及在我国的专利布局数量，确定深圳光启、NEC和三星为超材料结构领域的主要申请人。下面逐一进行分析。

1. 深圳光启

深圳光启在超材料结构技术领域共有898件专利申请（该数据未计入与发明专利

申请重复的 122 项实用新型专利申请），均为发明专利申请，其中 136 件已经授权。图 22 是深圳光启在超材料结构各主要技术主题的申请量分布。

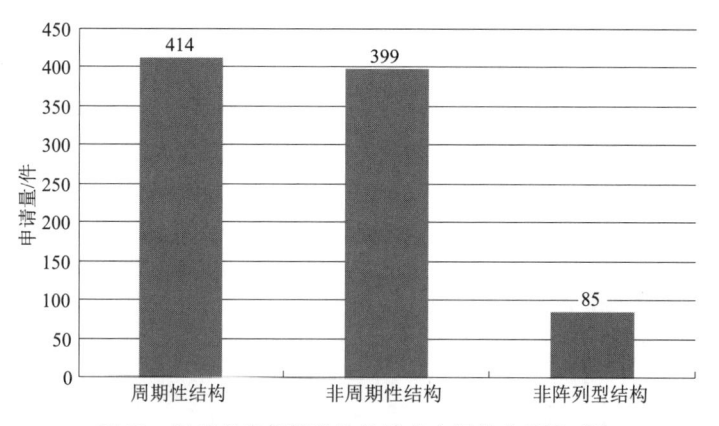

图 22 深圳光启超材料结构技术主题的申请量对比

深圳光启在周期性结构和非周期性结构方面申请量较为平均，在传统的周期性结构超材料方面提交相关申请 414 件。其中单层及相同叠层型周期性结构占比最大，涉及 383 件申请，其中多是对超材料微结构的形状结构进行具体改进或涉及超材料的具体应用。从这些申请的独立权利要求的撰写可以发现，授权的独立权利要求大都存在着特征限定过于下位导致的保护范围较窄的问题。这样做的后果便是由于授权权利要求保护范围过窄，导致国外申请人只需对专利申请或产品稍作修改，略加变化，就很容易规避侵权风险，同时从技术角度来讲对整体产品性能可能也无太大影响。这种问题的主要原因应该还是申请人、代理人撰写水平有限，抑或对技术的整体把握不足，不知怎样撰写权利要求才能最大限度地得到专利保护。

而深圳光启在相异叠层型周期性结构技术方面申请量为 33 件。相异叠层型结构最典型的应用之一是阻抗匹配，可明显降低因失配带来的损耗，深圳光启围绕相异叠层型结构的这一应用提交了一组申请，其代表性附图见图 23。经过对比其中的 5 件申请（CN102479999B，CN102480000B，CN102683786B，CN102769192B，CN102905508A）的权利要求的技术方案可以发现，这 5 件申请的独立权利要求的核心技术方案实质相同，都是利用各片层的人造微结构的尺寸沿片层的堆叠方向连续变化使得所述各片层的阻抗沿片层的堆叠方向连续变化，并且首位片层和末尾片层的阻抗分别与第一介质和第二介质的阻抗相同，其不同之处仅在于具体应用不同或对超材料微结构的形式增加某些限定。这也反映出深圳光启在专利申请方面存在的一个现象，就是就一个技术方案短期内提交多件申请，其间的不同之处多是公知技术，并不涉及发明点。这可能是深圳光启出于某种企业战略考虑，但本来可以作为一件申请提交的技术方案被作为多件申请分别提交，无疑造成申请人和专利管理部门的资源浪费，这种做法是否合适值得商榷。

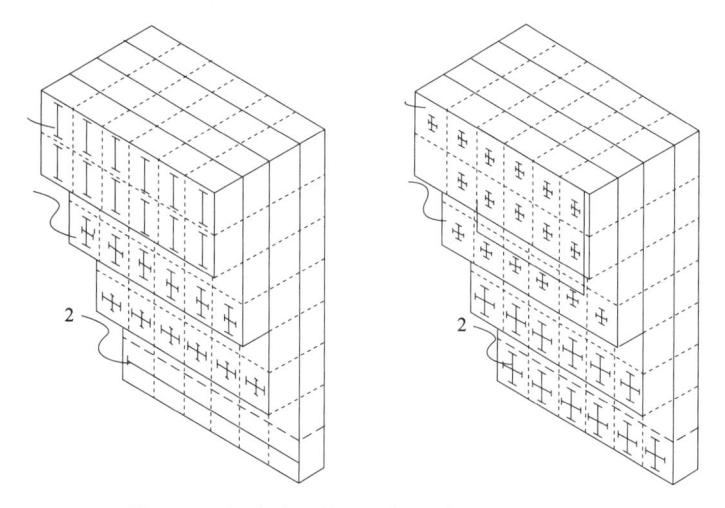

图 23 深圳光启阻抗匹配相关申请代表性附图

此外，深圳光启还十分重视非周期性结构方面的专利申请，申请量达到 399 件。而国外申请人在非周期结构方面的申请量占比较少，总量也只有 25 件，且绝大部分仅涉及非周期结构中的单层及相同叠层型结构。在相异叠层型非周期结构中，只检索到一件申请，是日本 NTT 都科摩申请的 JP5371633B2，其具有中国、美国、欧洲同族，在美国和日本已授权，中国同族的公开号为 CN101714694A（已驳回）和 CN102769187A（分案，已授权）。

而国内申请的超材料结构中，关于相异叠层型非周期结构的超材料的专利申请共有 17 件，其中深圳光启占 14 件，虽然数量也相对较少，但是与国外申请人在这方面的申请数量而比，还是具有较大优势。图 24 示出了相异叠层型非周期结构的典型代表。深圳光启的 14 件专利中，只有两件申请 CN102751579B 和 CN102769192B 具有外国同族，且已被中国和美国授权。

由于国内申请人，特别是深圳光启在非周期结构，尤其是相异叠层型非周期结构方面具有较大优势，而国外申请人目前涉足极少，因此应积极把握，尽快在这一领域展开国内外专利布局。

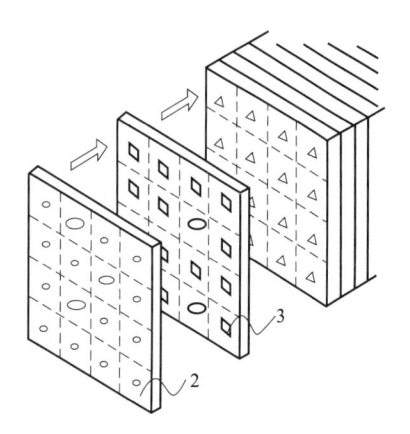

图 24 相异叠层型非周期结构

相比之下，深圳光启在非阵列型结构的超材料方面关注相对较少，提交了 85 件专利申请，并且，这 85 件申请都是以深圳光启的前身启汉公司于 2008 年申请的

CN101740862B 为基础进行申请的,存在较多发明点实质相同,只是将具有同样的结构的超材料用于不同的应用领域或具体产品的情况,或是对具体结构稍加改进,又申请了一系列发明的情况。因此深圳光启在非阵列型结构方面还存在着研究范围较窄的问题。

而国外申请人在全球就非阵列型结构提交了 51 件申请,其中包括 29 件来华申请,分别来自雷斯潘(14 件)、EMW(5 件)、NEC(5 件)、手持产品公司(2 件)、杜克大学(1 件)、阿丹特(1 件)、德卡(1 件),涉及多种不同具体结构的非阵列型超材料。

2. NEC 公司

日本 NEC 公司在超材料结构领域共有 33 件申请,其中有 11 件在中国提交了申请,如表 5 所示。

表 5　NEC 公司超材料结构领域在华申请

公开/公告号	发明名称	申请年	中国法律状态	同族
CN101814651A	使用了波导构造的天线及印刷电路板	2009	专利权有效	欧洲,美国,日本
CN101615710B	波导构造及印刷电路板	2009	专利权有效	欧洲,美国,日本
CN102171891A	电磁带隙结构、包括电磁带隙结构的元件、基板、模块、半导体装置及其制造方法	2009	视撤	全球,美国,日本
CN102341961A	谐振器天线和通信设备	2010	专利权有效	全球,美国,日本
CN102349192A	谐振天线	2010	专利权有效	全球,美国,日本
CN102414920A	结构体、印刷板、天线、传输线波导转换器、阵列天线和电子装置	2010	专利权有效	全球,美国,日本
CN102754274A	结构体、印刷电路板、天线、传输线波导转换器、阵列天线和电子装置	2010	视撤	全球,美国,日本
CN102792519A	结构、线路板和制造线路板的方法	2011	视撤	全球,美国,日本
CN103098567A	结构体和配线基板	2011	专利权有效	全球,美国,日本
CN103120038A	结构体和配线基板	2011	专利权有效	全球,美国,日本
CN103620870A	小型电气垂直式裂环谐振器天线	2012	专利权有效	全球,美国,日本

NEC 公司注意全球专利布局,除了在本国进行专利申请,还在欧洲、美国和中国进行广泛布局。NEC 在中国提交的有关超材料结构领域的 11 件专利申请,涵盖了

超材料结构的三大分支，其中 CN101814651A、CN101615710B、CN102171891A、CN102349192A 涉及周期性结构，CN102341961A、CN102414920A、CN102754274A 涉及周期性和非周期性结构，CN102792519A、CN103620870A、CN103098567A、CN103120038A 涉及非阵列型结构。可见 NEC 公司在超材料结构的各个分支领域都有一定实力，并且十分注重专利布局的全面性，国内企业在对 NEC 公司提高警惕的同时更多的是需要学习和借鉴。

此外，NEC 还与加利福尼亚大学展开合作，共同申请了 CN103620870A，将超材料微结构中的经典裂环谐振器进行改进，制成垂直式裂环谐振器，用以减小天线的尺寸。这也是非阵列型超材料的典型代表。

3. 三星公司

韩国三星公司在超材料结构领域共有 31 件申请，其中在中国申请的有 3 件。分别是 CN101610636A、CN101299903A 和 CN103339824A。其申请信息如表 6 所示。

表 6　三星公司超材料结构领域在华申请

公开/公告号	发明名称	申请年	中国法律状态	同族
CN101610636B	电磁带隙结构及印刷电路板	2008	专利权有效	US, JP, KR
CN101299903B	电磁能带隙结构和印刷电路板	2008	专利权有效	US, JP, KR, TW, DE
CN103339824A	均匀磁场的源谐振器的无线电力传输的设备和方法	2012	在审	US, EP, WO, JP, KR

其中 CN101610636B 涉及周期性结构和非周期性结构，CN101299903B 涉及周期性结构，CN103339824A 涉及非周期性结构。CN101610636B 和 CN101299903B 两件专利申请均已在中国授权，其中 CN101299903B 的独立权利要求为：

1. 一种电磁能带隙结构，包括：

第一金属层；

第一电介质层，层叠于所述第一金属层上；

金属板，层叠于所述第一电介质层上；

导通孔，将所述第一金属层连接至所述金属板；

第二电介质层，层叠于所述金属板和所述第一电介质层上；以及

第二金属层，层叠于所述第二电介质层上，

同时，在所述金属板上形成有通孔。

7. 一种具有模拟电路和数字电路的印刷电路板，在所述印刷电路板中设置有位于所述模拟电路与所述数字电路之间的电磁能带隙结构，所述电磁能带隙结构包括：

第一金属层；

第一电介质层，层叠于所述第一金属层上；

金属板，层叠于所述第一电介质层上；

导通孔，将所述第一金属层连接至所述金属板；

第二电介质层，层叠于所述金属板和所述第一电介质层上；以及

第二金属层，层叠于所述第二电介质层上，

同时，在所述金属板上形成有通孔。

可见其所要求保护的是实际上是一种具有相异叠层型的周期性结构，其微结构在经典的蘑菇型立体微结构的基础上进行了少许变化，增加了多个通孔，如图25左侧图所示。然而其在中国授权的独立权利要求中并未体现出"多个"通孔（其在美国的授权文本 US7965521B2 就体现出了"多个"通孔），这样权利要求1中的"通孔"就可以是一个，并可以理解为所述"通孔"就是之前记载过的"导通孔"。这无疑造成了较大的保护范围，直接涵盖了如图25右侧图所示的形式。国内企业在进行关于蘑菇型立体微结构的专利申请时，应注意规避。

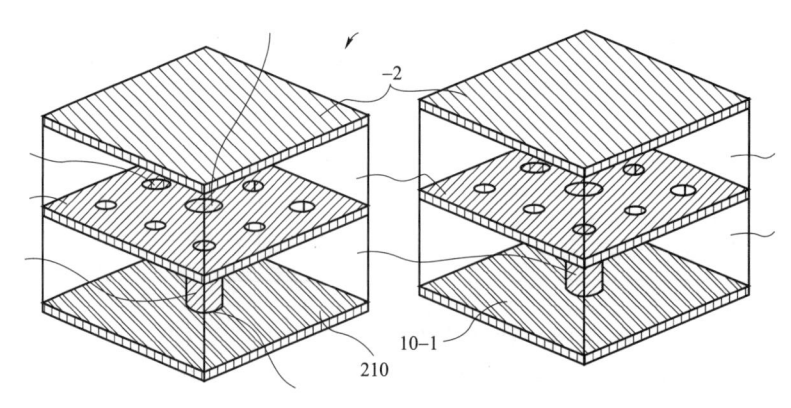

图 25　CN101299903B 授权保护范围对比

（三）主要发明团队分析

下面对超材料结构领域相关专利的主要申请人的发明团队和传承关系角度进行分析。

超材料结构技术的主要研发团队和传承关系大致如图27所示。1968年，苏联物理学家 Veselago 首次提出左手材料的假想。然而自然界中一直无法找到天然的左手材料。直到大约30年后，Pendry 于1996年和1999年先后实现了具有负介电常数和负磁导率的单负阵列，并申请了相关专利（GB2433842B，GB2346485B，GB2346486B，US7532008B2）。不久 Smith 在 Pendry 所在的帝国理工学院任客座教授期间在 Pendry 的基础上展开联想，将两种单负阵列组合在一起实现了左手材料并申请了专利（US6791432B2）。之后 Pendry、Smith 以及 Smith 的学生 Schurig 共同申请了超

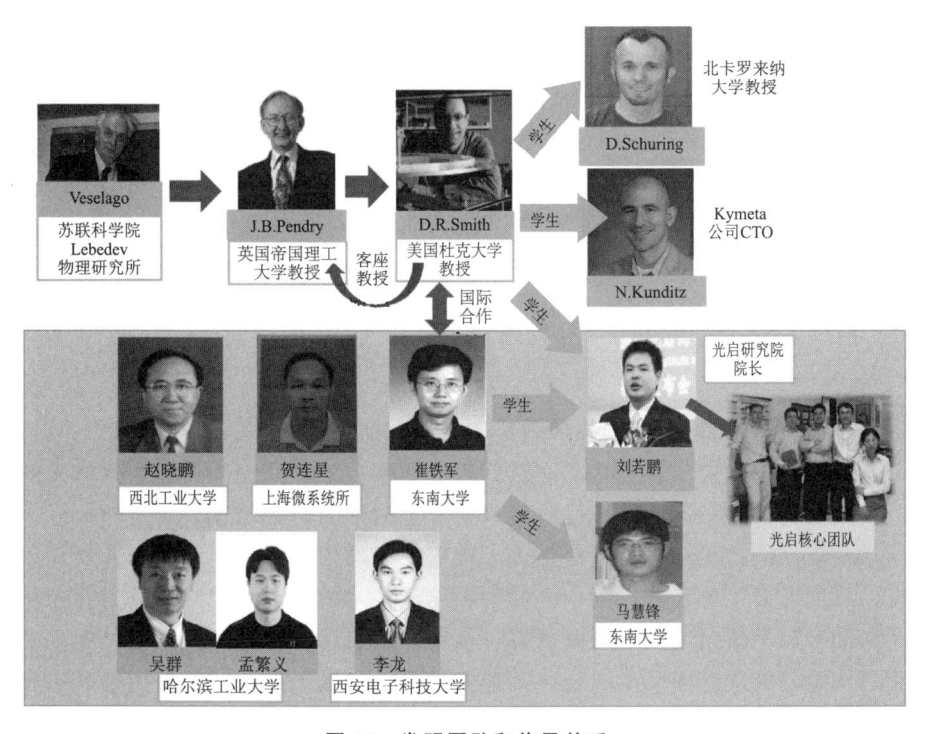

图 26 发明团队和传承关系

材料隐身大衣的基础专利（US2008024792A1）。Smith 团队此后在超材料领域申请了多项专利（US6791432B2，CN101389998B，CN102798901B，US2008024792 A1，CN102204008B 等），并在杜克大学培养了多位超材料人才，其中最有代表性的包括后来成为北卡罗来纳大学教授的 Schurig（US8638505B2，US8736982B2，US7777962B2，US8026862B2），成为 Kymeta 公司 CTO 开发超材料产品的 Kundtz（CN103222109A，WO2011044239A1），以及学成归国创建深圳光启实现超材料产业化的刘若鹏。刘若鹏是带着自己的五人核心团队回国共同创业的，其中包括在杜克大学研究超材料的过程中认识张洋洋、赵治亚、季春霖和栾琳。这五人核心团队也是光启诸多申请中出现频次最多的发明人，申请了深圳光启的一系列专利。五人中的三人取得杜克大学博士学位，张洋洋和季春霖分别是牛津大学博士和哈佛大学博士后，其中刘若鹏擅长材料、张洋洋擅长系统、赵治亚擅长工艺、季春霖擅长计算、栾琳擅长光电子通信，五人在各自擅长的领域通力配合，为光启在超材料这个多学科交叉的复杂学科领域的不断创新打下基础。与此同时，国内高校和科研院所也有多支团队从事超材料研发并申请多项专利，并与国外前沿研发团队保持紧密联系。其中东南大学的崔铁军也曾是刘若鹏去杜克之前的导师，之后崔铁军与 Smith 团队展开国际合作，与 Smith、刘若鹏等人共同申请二维宽频带隐身地毯专利，并带领东南大学团队申请了一系列超材料结构技术相关专利（CN101587990B，CN103153035A，CN101378151B 等），后来又与学生马慧锋提出三维隐身地毯。国内主要研究团队还有西工大的赵晓鹏团队（CN100454659，CN100377422C，CN100580994C），原上海联能公司、现中科院上海微系统所的贺连星（CN100499258C，CN101320837A，CN103337711A），哈工大的吴群孟繁义团队（CN103647152A，CN102694277B，CN102646869B），西安电子科技大学的李龙团队（CN102291969B，CN102751584B，CN102291969B）等。这些团队对超材料结构技术的发展做出了大量贡献，并且是超材料结构领域专利的主要发明人。

四、对超材料结构技术的发展趋势的分析和建议

（一）对超材料结构技术的发展趋势的分析

通过超材料结构技术领域在频率选择表面技术方面的积淀和近十余年的大规模发展，微波波段超材料结构的研究已日趋成熟，同时随着研究的进一步发展，近年来也出现了一些新兴的技术和发展趋势。为了能够更好地为超材料产业未来发展提供导向和建议，我们需要了解和掌握国内外超材料结构技术的发展趋势。为此，我们从主要发明团队的专利申请角度入手展开研究。由于超材料结构技术领域国内外的主要发明团队相对固定，而这些团队的科研水平通常处于本领域前沿，其最新研究动态和研究热点很大程度上代表了超材料结构领域未来的发展方向。此外，考虑到高校在科研的能力和对新技术的超前洞察能力通常要强于企业，因此高校的发明团队是在研究发展趋势时最需要被关注的。

基于以上考虑，我们选取了国内外有代表性的四支主要发明团队进行研究，分别是 Smith 团队（杜克大学）、崔铁军团队（东南大学）、吴群—孟繁义团队（哈尔滨工业大学）和李龙团队（西安电子科技大学），这些团队在微波段超材料结构技术领域研究时间相对较长，涉足面相对较广，近年来研究比较活跃，专利申请量相对较多。我们旨在通过统计分析这些团队近年来的专利申请所体现出的关键技术，捕捉微波段超材料结构技术的未来发展趋势。需要说明的是在检索时，我们是针对整个发明团队的主要发明人进行检索，而不只是针对团队带头人进行检索，也不只是针对其所在高校进行检索，因为相关发明人可能通过合作等方式与其他单位联合研发，并以其他单位作为申请人提交申请，在实际检索中就存在这样的情况。

表 7 列出了这四支发明团队的相关信息以及各团队近年来在超材料结构技术领域相关技术的年度申请趋势，这些相关技术也是专利申请中使用的关键技术，或者说是发明点的体现。由于我们是要捕捉发展趋势，因此主要关注近几年的申请情况，统一选取 2008 年（如果已经开始申请的话）以后的数据进行研究。此外，由于国内团队可能存在提交发明申请的同时，也提交相同主题的实用新型申请的情况，会影响数据分析的有效性，因此这种情况下的实用新型申请不予统计。

表 7 主要发明团队相关信息及技术申请趋势

团队带头人	所属单位	主要发明人	技术申请趋势
Smith	杜克大学	Smith Pendry Schurig Nguyen	微结构改进／可调型结构／复合左右手结构／折射率渐变
崔铁军	东南大学	崔铁军 程强 马慧锋 杨歆汩	微结构改进／可调型结构／复合左右手结构／折射率渐变（多项）
吴群—孟繁义	哈尔滨工业大学	吴群 孟繁义 傅佳辉 杨国辉 张狂	微结构改进／可调型结构／非阵列型／折射率渐变
李龙	西安电子科技大学	李龙 翟会清 史琰	微结构改进／可调型结构／非阵列型／加载FSS覆层

纵观表7可以发现，这四支发明团队的专利申请所涉及的技术点各有侧重，但也在微结构改进、可调型结构、折射率渐变等几方面存在较多交叉。通过将四支发明团队在各技术点的申请量逐年叠加，微结构改进、可调型结构和折射率渐变技术在2008年至今一直保持较高且较为稳定的申请量，甚至还有继续上涨的趋势，可以预见，在未来的一段时间内，对于这三种技术的改进和发展仍然是一种趋势。其中的可调型结构技术由于在实施中需要与微结构或超材料基板相结合，从而实现超材料电磁参数的可调谐，具有较多的实现手段和改进空间，发展潜力和开拓空间较大。清华大学的周济团队近年来就可调型结构技术也申请了一系列相关专利，由于周济团队关注的技术点主要集中在超材料制备技术，而对超材料结构技术的关注点相对单一，主要固定在可调型结构方面，因此未被选入主要发明团队，但是其在可调型结构以及为了实现可调而采用的超材料与天然材料的融合技术方面，进行了许多积极探索，并申请了相关专利，包括CN100553030C、CN100553031C、CN101242021B、CN102944907A、CN102944907A、CN103490122A、CN103013440A等，超材料与天然材料的融合不仅可以克服制约超材料发展的若干困难，也为功能材料的改进和提高提供了新的途径。例如，2013年，周济团对在专利申请CN103490122A中提出一种基于热敏铁氧体的温控负折射开关，利用单根热敏铁氧体棒与单根金属线构成一个结构单元，实现超材料负折射性能的温度可调。此外，由于随着工作频率的提高，实现超材料的结构阵列、特别是三维阵列将越来越困难，周济等人提出通过无机陶瓷材料本身尺寸效应、微结构、晶体结构、电子结构等与SRR环的复合电磁波的相互作用实现超常电磁参数，并申请了专利CN101242021B。周济团队还基于磁性材料磁场的负磁导率材料电磁响应行为调控方法，将磁场可调的磁性材料引入到负磁导率材料，并对负磁导率材料施加一定强度的磁场，申请并获得专利CN101242021B。他的这些材料融合的想法非常值得超材料研究者深思，毕竟人工制备工艺水平总是有限的，超材料的亚波长结构设计思想也存在其物理极限，而人们对已知天然材料的性能挖掘还有待加强，对未知天然材料的探索、发现和研究更存在无限的空间。

四支团队中，崔铁军团队近年来申请最为活跃，申请量最大，并且覆盖的技术点也相对最多。除了在诸如折射率渐变、微结构改变这些传统技术上一直保持较大申请量以外，崔铁军团队近几年来开始逐渐转向对表面波微波器件、微波全息技术以及比特编码型超材料技术的关注，并提交较多申请，而此前崔铁军团队并未在这些方面申请专利，另外三支团队也没有就此提交过已公开的相关申请，结合对非专利文献以及互联网信息的查阅，我们发现这三项技术正代表着微波段超材料结构技术的前沿成果，一定程度上将引领微波段超材料结构技术的发展趋势。其中崔铁军团队涉及比特编码型结构技术在2014年4月开始申请专利、目前已有4件申请公开，其中的CN103904436A公开了一种一比特电磁编码超材料（或称数字电磁超材料），由在较宽频带内相位差接近180度的两种基本单元（记为"0"和"1"单元），按照一定规律排列而成。采用一比特电磁编码超材料或超表面，无须从等效媒质参数的角度来设计，而只需设计相应的"0"和"1"单元编码次序，就可以调控电磁波，实现预期的各种功能，包括实现特定的散射波方向图、减小雷达散射截面（RCS）等，具有易于设计、易于加工、宽频带等优点，在高性能天线、减小雷达散射截面等方面都有重要的应用前景。在此基础上，崔铁军团队又申请了多比特电磁编码超材料的专利 CN103928764A、由数字控制单元和人工电磁表面两部分构成数字式可编程超表面的专利 CN104078771 A，以及由特殊设计的电磁超材料微粒组成的一比特数字式超表面专利，这种电磁超材料微粒在两种不同的偏置电压作用下呈现相位差接近180度的两种不同状态。比特编码型超材料通过一种简化的方式所构造超材料，具有基于设计加工的特性，而这正是传统超材料的发展瓶颈之一，这种新型同样可以实现复杂、多样化的电磁特性，因此无疑成为超材料结构技术未来的发展趋势之一。

（二）对我国超材料结构技术未来发展的建议

1. 抓紧有利时机进行全球专利布局，尽快在布局量为零的日、韩展开布局，同时应把握非周期结构技术优势，围绕核心技术开展多方位布局

超材料结构基础专利大都被美国、英国等外国国家掌握，但国外在华专利布局相对较弱，总共不足百件，大部分早期基础专利并未在中国布局，如 US6262495B1、US6608811B1、US7532008B2、US6791432B2、US6859114B2 等。国外来华专利申请主要来自美国（22件）、日本（14件）、韩国（4件）等地区，国外来华申请人基本都是企业类型的创新主体，包括日本 NEC（10件）、雷斯潘（7件）、韩国三星（2件）等，但是这些国外申请人在华专利申请普遍也都较少，在华专利布局相对较弱。

此外，国内申请人非周期结构技术上，尤其是相异叠层型的非周期结构方面，具有很大技术优势，而目前国外申请人在相异叠层型非周期结构的超材料方面尚未申请专利，因此我国应积极把握并扩大这一技术优势，围绕这一技术进行针对性的专利申请。

因此，国内企业应抓紧把握这一有利时机，开始在国内和国外进行专利布局工作，特别应注意尽快在近年在我国申请比较活跃，而我国对其专利布局量为零的日本和韩国展开布局。同时，在撰写权利要求时应尽量规避在中国申请并已获授权的重要专利，如 CN102798901B 和 CN101389998B 等，避免造成侵权风险。

2. 国内企业可注意开发利用国外失效专利

超材料领域中，目前国内申请人申请的大量专利集中在具有负折射特性（左手材料）的超材料以及具有渐变参数（介电常数、磁导率和/或折射率）的超材料方面，然而经过对比分析研究，这两种超材料的结构却很大程度上借鉴和利用了超材料中的频率选择表面的结构。虽然负折射率超材料的发展以及对超材料折射率的关注仅有十余年的时间，但是频率选择表面的研究却是从20世纪60年代在国外就已经蓬勃开展，并申请了多个结构领域相关专利。在超材料结构领域，频率选择表面的研究是基

础，负折射率超材料以及参数渐变的超材料大都利用了频率选择表面的各种经典结构和排布方式。然而，需要说明的是，频率选择表面结构不一定是具有负折射率或具有渐变参数的，在频率选择表面的研究工作中，并没有对整个结构的等效介电常数、磁导率和折射率进行研究，同时频率选择表面的设计思路和方法也不一样，因此虽然频率选择表面可能与具有某种折射率特性的超材料有着相同的结构，通常也不能将两者等同起来，在专利审查领域，不能用具有相同或类似结构的频率选择表面来评价具有某种折射率特性的超材料的新颖性或创造性。

针对以下四个事实，我们认为国内申请人可以考虑开发利用失效专利。

（1）负折射率超材料以及参数渐变的超材料与频率选择表面有着相同或相似的基础结构和排布。

（2）负折射率超材料以及参数渐变超材料与频率选择表面具有不同的电磁参数和设计方法，并不能简单等同。

（3）频率选择表面的研究起步于国外，目前国外许多基础专利和重要专利已经过期失效或正面临失效，同时有不少国外专利并未在我国提出申请。

（4）国内申请主体为科研院所和中小型民营企业，缺乏科研基金以及人力、物力的支持。

失效专利并不是有明确含义的法律概念。它是指失去专利权的专利，严格地讲是指曾经受到专利保护但现在已经失去专利保护的技术，还包括已经申请并公开但最终未能获得专利权的申请专利。另外，外国的失效专利以及在国外申请了专利而未在我国取得专利权的技术，也和失效专利处于同样的法律地位，可以称它们为国外的失效专利。失效专利的产生一定是存在法定事由的，按法定事由的不同可将失效专利分为如下五种：一是因法定期限届满而进入公有领域的失效专利；二是因未按规定缴纳年费而终止专利权的失效专利；三是因专利权人书面放弃其专利权的失效专利；四是因专利权被宣告无效的失效专利；五是国外的失效专利。

结合超材料结构领域专利的特点，国内企业可以把重点放在国外失效专利的开发和利用上，比如借鉴国外失效专利中的频率选择表面的结构和排布方式，在经过设计、仿真计算，满足参数要求的前提下，将其利用在负折射率超材料或者折射率等参数渐变的超材料上，这样国内企业可能实现减少科研经费投入、缩短研发时间，并且使专利具有新颖性和创造性的多重有益效果。

比如美国波音公司在 1990 年申请，并于 1993 年获得授权的专利 US5208603A 涉及一种频率选择表面，具有"孔缝阵列—贴片阵列—孔缝阵列"三层单元结构，其间由介质基板支撑，用于传输入射电磁波的一个离散频率，如图 27 左侧图所示。根据美国专利法，这项专利目前已届满失效，但是其公开的多层不同的频率选择表面的复合结构以及各层频率选择表面上的具体结构却可以为我所用，并且分析发现国内申请人关于这种相异叠层型超材料的申请并不少见，比如光启 2012 年申请，并于 2014 年获得授权的专利 CN102723540B 也是关于一种频率选择表面，能够实现双通带特性，其原理与这篇波音公司的专利十分相似，只是频率选择表面的具体结构为圆形片和圆形孔，具有"贴片阵列—孔阵列—贴片阵列"三层结构，如图 27 右侧图所示，从而实现不同的双通带特性。我们并不清楚光启这篇专利的研究历程，如果说这篇专利是光启在已知波音这篇专利的基础上，进行了借鉴和改进，那无疑是成功的案例，它既因为具有新颖性和创造性而被授权，又因为借鉴了波音的研发思路和排布结构节约了研发成本，还因为波音专利的失效而不存在潜在的侵权风险。当然，如果光启是在不知波音这篇专利的存在而全靠自身团队研发出成果的话，那必然耗费大量的研发成本，不过也正说明了开发利用失效专利的作用和意义。

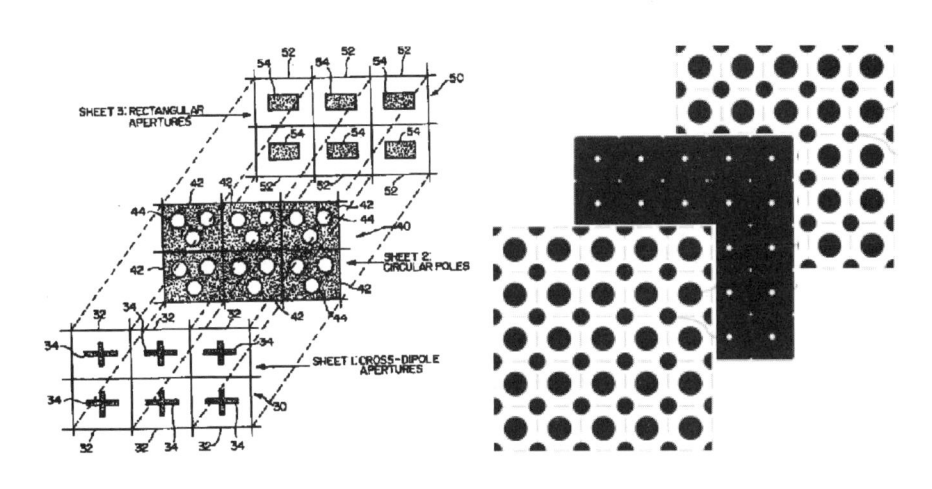

图 27　US5208603A（左）和 CN102723540B（右）的示意图

大量的失效专利是全世界的公共财富，无论谁都可以免费使用，"世上没有免费的午餐"这句谚语对失效专利的利用而言是个例外。对于我国企业特别是许多中小企业来说，失效专利的利用可以摆脱项目和技术欠缺的困扰，是提高企业技术水平和经济实力的捷径。

同时，国内企业应该清醒地意识到，失效专利的开发利用不是如此的简单。失效专利中相当大的一部分是由于技术发展和技术更新而落后和被淘汰的技术。这样的技术显然是无市场价值的。其实，即便是有效的专利技术都不见得有市场价值，更何况是失效专利。而且，开发失效专利除市场风险外，还可能因失效专利存在其他相关申请等原因而遭遇侵权纠纷，存在法律风险。因此，国内企业在开发利用实效专利时，可通过认真检索专利文献、建立企业专题专利数据库、大力培养和启用开发利用失效专利所需的专业人才等角度防范和规避法律风险。

3. 把握已有优势，建立国内竞争性战略联盟，加快产业化步伐

以左手材料为代表的超材料技术发展至今只经历了短短十余年的时间，在这十余年中，超材料领域不断有新的结构、新的应用和制备技术被研发出来，虽然对于超材料的研究，特别是超材料在微波波段的应用研究已经有了一定的广度和深度，但是超材料技术在世界范围内的产业化却还只有一个雏形。

我国在超材料结构技术研究领域已处于世界领先水平，相关专利申请量占据全球七成份额。并且拥有深圳光启这样的超材料产业化的先驱公司，因此在世界范围内超材料产业化刚刚起步这个大背景下，我国的超材料产业发展是存在着先发制人的先决优势的，充满了机遇。然而，超材料行业中需要创新和突破的地方很多，全世界都没有超材料规模化产业，因此对于我国企业来说，是既没有设备，也没有测试方式，更没有标准技术，一切从零开始，有多大的机遇就有多大的挑战。

目前国内较成规模的超材料企业仅深圳光启一家，其余大部分属于高校和科研机构，产业化仅是零散分布或处于正在布局阶段。同时，超材料结构领域产业化的发展受计算机大规模计算和仿真的能力、微结构加工工艺手段以及超材料领域技术人才稀缺等几方面因素的制约。因此，为加快推进超材料结构领域的产业化，国内企业和研究机构应根据自身优势和劣势，加强产学研相互结合，并考虑与其他单位建立合作关系，比如通过建立专利池，共享专利和技术的方式，进行优势互补，共同发展壮大。在这方面，光启已经开始尝试。光启于2010年成立当年，便与国民技术签订合作协议。根据公开报道，深圳光启2010年8月与国民技术签订《关于成立智能无线互联标准技术联合实验室战略合作协议》。此外，2011年7月，光启、中兴通讯、华为等共同发起成立深圳超材料产业联盟，目标是在深圳建立原创性的超材料研发基地，带动超材料产业集群。

4. 加快推进超材料产业国内外标准制定工作

超材料技术作为一项创新技术，在国防和民用领域具有广阔的应用前景，目前超材料的产业化进程发展很快，对超材料的国内、国际标准化工作需求也十分急迫，然而时至今日，超材料行业还没有自己的术语等技术标准，相应的产品标准也没有制定。从国内来说，急需推动电磁超材料标准化工作的规范、有序发展，成立标准化技术机构，制定电磁超材料领域基础通用、超材料加工、社会制品及应用的相关标准；从国际来说，作为该领域全球技术领先的国家，我国应积极推动电磁超材料的国际标准化技术委员会的成立，推动相关国际标准的制定，抢占先机，为产业发展做好全球性的布局。

目前，全国电磁超材料技术及制品标准化技术委员会（以下简称"超材料标委会"）已于2013年11月5日在深圳成立，秘书处设在深圳光启。这标志着我国在全球率先启动电磁超材料标准化工作。

五、结束语

超材料技术属于目前国际科技发展前沿，超材料具有的特殊电磁性能和内部结构特点，使得其在雷达、隐身、电子元件、光学器件等方面都具有巨大的应用前景，并且在民用和国防方面都有很大的应用空间，在提高产品性能和节省成本方面有很大的开发可能。本文对国内外涉及超材料结构技术的专利进行了统计分析，特别是对周期性结构、非周期性结构和非阵列型三大分支进行了重点分析，并对重要申请人的专利申请情况进行了分析。在此基础上，对超材料结构技术的发展趋势进行了分析并对我国超材料结构技术的未来发展给出了建议和意见，为超材料技术的研究与应用推广提供了参考。

参考文献

［1］Brown E R, Parker C D, Yablonoviteh E. Radiation properties of a planar antenna on a photonic-crystal substrate ［J］. Opt Soc Am B, 1993, 10（2）：404-407.

［2］Caloz C., Itoh T. Application of the transmission line theory of Left-Handed (LH) materials to the realization of a microstrip LH line ［C］. IEEE Antennas Propag. Soc. Int. Symp. 2002（2）：412-415.

［3］Caloz C, Sanada A, Itoh T. Microwave applications of transmission line based negative refraction index structures, Asia-Pacific Microwave Conference, 2003.

［4］Caloz C, Itoh T. Novel microwave devices and structures based on the transmission line approach of meta-materials. in IEEE-MTT int. Symp. Dig. , 2003：195-198.

［5］Engheta N. Thin absorbing screens using metamaterial surfaces. IEEE Antennas and Propagation Society (AP-S) Int. Symp. And USNC/URSI National Radio Science Meeting, 2002, 16-21.

［6］Engheta N. An idea for thin subwavelength cavity resonators using metamaterial with negative permittivity and permeability ［J］. IEEE Artennas and Wireless Propagation Letters. 2002, 1（1）：10-13.

［7］Bao X. L., Ruvio G., Ammann M. J., John M.. A novel GPS patch antenna on a fractal hi-impedance surface substrate, IEEE Antennas and Wireless Propagation Letters, vol. 5, pp. 323-326, 2006.

［8］Landy N I, Sajuyigbe S, Mock J J, et al. Perfect meta-material absorber ［J］. Phys Rev Lett, 2008, 100（20）：7402-7405.

［9］吴微微，黄敬健，胡俊伟等. Ku波段新型左手材料平面天线罩 ［J］. 宇航学报，2009（9），30（5）：1953-1956.

［10］Kiani G I, Ford K L, Olsson L G, et al. Switchable frequency selective surface for reconfigurable electromagnetic architecture of buildings ［J］. IEEE Trans Antennas Propag, 2010, 58（2）：581-584.

抗肿瘤抗体药物专利技术现状及其发展趋势

马振莲　贾涛❶　田园❶

（国家知识产权局专利局医药生物发明审查部）

一、抗肿瘤抗体药物概述

（一）抗肿瘤抗体药物发展历程

由于肿瘤生物学特征的高度复杂性、多样性和可变性，认识肿瘤的发生发展机制和寻找肿瘤治疗的方法成为科学家面临的巨大挑战。长期以来，肿瘤的常规治疗手段均为手术、化疗和放疗。1975年杂交瘤技术的出现使肿瘤的治疗策略发生了重大改变。杂交瘤细胞就像一个巨大的抗体生产工厂，可以不断产生性质相同的单克隆抗体。这些抗体由于特异性高，性质均一，在肿瘤治疗领域得到了广泛应用。此后，诸多新技术推动了抗体药物的快速发展，全世界范围内不断有抗体药物陆续进入临床研究并且上市销售，成为生物技术类药物中最重要的一大类产品，单抗药物也是整个制药行业中发展最快的领域之一。

抗肿瘤抗体药物的研发历程中出现了诸多"里程碑"❷。1982年，美国斯坦福医学中心的Levy用B细胞淋巴患者的瘤细胞制备了一个抗独特型（anti-idiotype）单抗——一种能够直接识别、结合另一抗体可变区的特异性抗体，患者经这一抗体治疗后，病情缓解，瘤体消失。这是第一次利用单抗治疗肿瘤，它的成功使人们对用单抗治疗肿瘤抱有极大期望。但之后的一些抗肿瘤单抗都未能显示出明显的治疗效果，人们的研发热情开始下降。1995年，欧洲批准单抗17-1A（panorex）上市，这是一个针对17-1A抗原的鼠源IgG2a单抗，主要用于治疗结直肠癌，但疗效不明显。随着使用单抗病例的增加，鼠单抗导致人体的副作用也越来越明显，主要表现在鼠抗体的可结晶片段（crystalliable fragment, Fc）不能激活人的效应系统，如存在抗体依赖性细胞介导的细胞毒作用（Antibody-Dependent Cell-mediated Cytotoxicity, ADCC）和补体依赖的细胞毒作用（Complement Dependent Cytotoxicity, CDC）等；此外，鼠抗体作为异源蛋白进入人体，会激发人体免疫系统产生人抗小鼠抗体（Human

---

❶ 贾涛、田园贡献等同于第一作者。
❷ 沈倍奋. 肿瘤抗体治疗的历史回顾与展望［J］. 中国药理学与毒理学杂志，2016, 30 (1): 1-6.

Anti-Mouse Antibody，HAMA)，而且由于异源蛋白在人体内清除很快，抗体在体内的半寿期很短。因此，自1986年OKT3进入市场后的10年内没有单抗药物被批准上市。

随着分子生物学技术的发展，逐步实现了抗体及抗体片段的基因操作，人们开始对鼠源性抗体进行人源化改造❶,❷。在肿瘤治疗领域，1997年第一个人鼠嵌合抗体——利妥昔单抗（Rituximab）（美罗华）被美国食品药品管理局FDA批准上市，它由人类抗CD20抗体的恒定区和从鼠类对应物IDEC2B8中分离出的可变区组成，对CD20抗原有很强的亲和力，可用于治疗血液肿瘤性疾病，如非霍奇金淋巴瘤（NHL)。

1998年第一个人源化单抗——曲妥珠单抗（Trastuzumab，赫赛汀）上市，这是一种重组DNA衍生的人源化单克隆抗体，选择性地作用于人表皮生长因子受体-2（HER2）的细胞外部位，属于IgGl型，含人的框架区和能与HER2结合的鼠抗-p185HER2抗体的互补决定区，用于治疗HER-2过度表达的转移性乳腺癌。

随着转基因小鼠和噬菌体展示技术的成功，研制治疗性人源抗体成为可能。2006年运用Abgenix公司的XenoMouse技术研制而成的第一个完全人源化单克隆抗体——帕尼单抗（Panitumumab）被批准治疗结直肠癌，其靶向作用于表皮生长因子受体（EGFR)，可阻止EGFR与EGF或TGF-α结合，从而阻断癌细胞生长。全人源单抗药物具有靶向性强、特异性高和毒副作用低等特点，代表了单抗治疗领域的最新发展方向，在肿瘤和自身免疫病治疗领域具有广阔的市场前景。

随后10多年间，抗体-药物偶联物（Antibody-Drug Conjugate，ADC）药物的研究取得重大进展，其中Mylotarg［抗CD33抗体吉妥单抗（gemtuzumab）上连接奥佐米星（ozogamicin)］是第一个被批准上市的ADC药物，用于治疗白血病，但因疗效不高且毒性作用较大，已于2010年撤市。2011年FDA批准了新一代ADC药物-Adcetris，它由抗CD30嵌合抗体布妥昔单抗（brentuximab）与单甲基金抑素奥利斯他汀E（auristain E）组成，治疗淋巴瘤。2013年又批准了Kadcyla（T-DM1)，它由人源化抗Her2抗体阿多西妥珠单抗（ado-Trastuzumab）与美坦新（maitansine）（美登素）偶联，治疗乳腺癌。

免疫检验点抗体疗法是近几年取得突出疗效的肿瘤免疫治疗方法。2011年抗免疫检验点（immune check-point）分子细胞毒T淋巴细胞相关抗原4（Cytotoxic T Lymphocyte Antigen 4，CTLA-4）抗体伊匹莫单抗（Ipilimumab）被批准治疗晚期黑色素瘤，开启了阻断免疫检验点抗体治疗肿瘤的先河。2014年另外2个抗免疫检

---

❶ Kurella VB, Gali R. Structure guided homology model based design and engineering of mouse antibodies for humanization [J]. Bioinformation，2014，10（4)：180-186.

❷ Parrena PWHI, Lugovskoy AA. Therapeutic antibody engineering [J]. Mabs，2013，5（2)：175-177.

验点分子 PD-1 的抗体纳武单抗（Nivolumab）和派姆单抗（Pembrolizumab）被批准用于治疗晚期转移性黑色素瘤，同年安进公司的布利莫单抗（Blinatumomab）被 FDA 批准上市，用于治疗费氏染色体阴性的急性前 B 淋巴细胞白血病。该抗体是由抗 CD19 和抗 CD3 组成的双特异性 T 细胞待接器（Bispecific T cell Engager，BiTE），这些免疫检验点抗体在肿瘤治疗中均显示出良好疗效，表明人类可利用自身免疫系统杀伤肿瘤细胞，它们的上市掀起了肿瘤免疫治疗新的热潮。

自 1997 年美国食品药品管理局（FDA）批准首个抗肿瘤抗体药物利妥昔（Rituximab）上市以来，截至目前，FDA 共批准上市了 26 种抗肿瘤抗体药物[1]（见表 1），其中 1997—2010 年平均每年上市 0.8 个抗肿瘤抗体药物，2011—2015 年平均每年上市 2.8 个抗肿瘤抗体药物，抗肿瘤抗体药物的上市速度越来越快。在近几年新上市的抗体药物中，罗氏的 HER2 单抗 Perjeta 和 ADC 药物 Kadcyla、BMS 的 PD-1 单抗 Opdivo、默沙东的 PD-1 单抗 Keytruda 等都表现出了巨大的商业潜力。

表 1　FDA 批准的抗肿瘤抗体药物

序号	商品名	靶点	通用名	中文通用名	适应症	企业	上市时间
1	Rituxan/MabThera	CD20	Rituximab	利妥昔单抗	非霍奇金淋巴瘤	Genentech/Roche	1997
2	Herceptin	HER2	Trastuzumab	曲妥珠单抗	乳腺癌	Genentech/Roche	1998
3	Mylotarg	CD33	Gemtuzumab Ozogamimcin	吉妥单抗	急性髓性白血病	Wyeth/AHP	2000
4	Campath	CD52	Alemtuzumab	阿仑单抗	B 细胞慢性淋巴细胞白血病	Sanofi	2001
5	Zevalin	CD20	Ibritumomab-tiuxetan	替伊莫单抗	非霍奇金淋巴瘤	Spectrum	2002
6	Bexxar	CD20	I-131 Tositumomab	托西莫单抗	非霍奇金淋巴瘤	GSK	2003
7	Erbitux	EGFR	Cetuximab	西妥昔单抗	结直肠癌、头颈癌	Lilly / BMS / Merck	2004

---

[1] 吴文君．扫描美国 FDA 批准上市的 66 个抗体药物［J］．中国医药报．2016-9-6．

续表

序号	商品名	靶点	通用名	中文通用名	适应症	企业	上市时间
8	Avastin	VEGFR	Bevacizumab	贝伐珠单抗	癌症	Genentech/Roche	2004
9	Vectibix	EGFR	Panitumumab	帕尼单抗	结直肠癌	Amgen / Takeda	2006
10	Arzerra	CD20	Ofatumumab	奥法木单抗	慢性淋巴细胞白血病	GSK	2009
11	Xgeva / Ranmark	RANK	Denosumab	狄诺塞麦	癌症	Amgen / 第一三共	2010
12	Yervoy	CTLA-4	Ipilimumab	伊匹单抗	癌症	BMS	2011
13	Adcetris	CD30	Brentuximabvedotin		淋巴瘤	Seattle / Takeda	2011
14	Poteligeo	CCR4	Mogamulizumab		淋巴瘤	Kyowa Kirin	2012
15	Perjeta	HER2	Pertuzumab	帕妥珠单抗	乳腺癌	Roche	2012
16	Zaltrap	VEGF、PIGF	Ziv-Aflibercept	阿柏西普	转移性结直肠癌	Sanofi	2012
17	Kadcyla	HER2	Ado-Tadstuzumabemtansine	Ado-曲妥珠单抗-美登素	乳腺癌	Roche	2013
18	Gazyva/Gazyvaro	CD20	Obinutuzumab		慢性淋巴瘤	Roche	2013
19	Cyramza	VEGFR2	Ramucirumab	雷莫芦单抗	非小细胞癌（NSCLC）	Lilly	2014
20	Opdivo	PD-1	Nivolumab	纳武单抗	癌症	BMS	2014
21	Keytruda	PD-1	Pembrolizumab	帕母单抗	癌症	MSD	2014
22	Blincyto	CD3、CD19	Blinnatumomab		白血病	Amgen	2014
23	Unituxin	GD2	Dinutuximab		神经母细胞瘤	United Therapeutics	2015

续表

序号	商品名	靶点	通用名	中文通用名	适应症	企业	上市时间
24	Darzalex	CD38	Daratumumab		多发性骨髓瘤	J&J	2015
25	Empliciti	SLAMF7	Elotuzumab		多发性骨髓瘤	BMS	2015
						Abbvie	
26	Tecentriq	PD-L1	Atezolizumab		膀胱癌	Roche	2016

(二) 抗肿瘤抗体药物作用机制

1. 传统抗肿瘤抗体药物

目前在研的抗肿瘤抗体药物约有 200 种,针对的靶点有 70 多个,主要为肿瘤细胞表面抗原,包括造血分化抗原 CD20、CD30、CD33、CD52 等;生长及分化信号通路中的生长因子及受体 ERBBs、HGFR、IGF-1R、EPHA3、TRAILR、RANKL 等;血管、细胞间质及外基质抗原 VEGF、VEGFR、$\alpha V\beta 3$、$\alpha 5\beta 1$、FAP、tenascin 等;实体瘤糖蛋白 CEA、EPCAM、PSMA 等;糖脂类 GAN-GD2、GAN-GD3、GM2 等[1]。近年来临床上应用较为成功的抗体药物主要以 CD20、EGFR、HER2、VEGF 为靶点。

(1) 靶向 CD20 的抗肿瘤抗体药物

CD20 为 B 淋巴细胞表面特有的分化抗原,表达于 90% 以上的 B 淋巴瘤细胞和正常 B 淋巴细胞;CD20 分子不易脱落,与抗体结合后不内化,因此成为治疗 B 细胞淋巴瘤的理想作用靶点。以 CD20 为靶点的已上市及临床在研的单抗药物约有 30 种,其中 60% 为 Rituximab 及其仿制药。Rituximab 是非霍奇金淋巴瘤的"金标准"治疗药物,并作为慢性淋巴细胞白血病的一线用药,其临床疗效好,副作用低,因此被大量仿制。但 Rituximab 为嵌合抗体,人源化程度低,难免会产生免疫原性,且其有效性依赖于细胞表面 CD20 的表达水平,很多患者对其不应答或易产生耐药性,并且会产生严重的输液反应。针对这些不足,人们通过开发 CD20 新表位、人源化改造和糖基化改造研制出多种新型抗体。ofatumumab 是 II 型全人源抗 CD20 单抗药物,较 I 型嵌合 Rituximab 具有较强的 ADCC 作用、较低的免疫原性、较好的耐受性,但被感染的风险较大。obinutuzumab 是糖基化修饰的 II 型人源化抗 CD20 单抗药物,通过修饰 Fc 段而增强对 Fcγ 受体的亲和力,ADCC 作用和直接细胞毒作用较 Rituximab 更强,CDCC 作用更弱,对非霍奇金淋巴瘤的总体响应率及耐受性均更强。除此之外,放射性标记的 ibritumomab tiuxetan 与 Tositumomab 均已上市,

---

[1] Scott AM, Wolchok JD, Old LJ. Antibody therapy of cancer [J]. Nat Rev Cancer, 2012, 12 (4): 278-287.

ocrelizumab、ocaratuzumab、veltuzumab 等均处于临床Ⅱ/Ⅲ期研发阶段。

(2) 靶向 EGFR 家族的抗肿瘤抗体药物

EGFR 家族包括 HER1（EGFR）、HER2、HER3 及 HER4 四个成员，它们同属于跨膜酪氨酸激酶受体，在结构和功能上具有高度同源性。EGFR 家族在多种实体瘤（如非小细胞肺癌、乳腺癌、宫颈癌、胃癌等）中存在过表达和（或）突变，导致肿瘤细胞生长失控和恶性程度增高，且与肿瘤的侵袭和转移等相关。EGFR 家族通过与配体结合，产生二聚化和自身磷酸化，从而被活化，进一步激活下游信号通路。HER1（EGFR）和 HER2 与肿瘤的发生发展关系密切，多年的临床试验证明靶向HER1（EGFR）和 HER2 的抗体药物是癌症治疗史上的重大进步。

① 靶向 HER1（EGFR）的抗肿瘤抗体药物

以 HER1（EGFR）为靶点已上市单抗药物有 Cetuximab 和 Panitumumab，均用于治疗转移性结肠癌，通过阻断 EGFR 信号通路发挥作用。Cetuximab 是嵌合抗体，与伊立替康联用治疗转移性直肠癌效果显著，与 FOLFIRINOX 联用治疗转移性结直肠癌，联合放疗治疗局部晚期头颈部鳞状细胞癌。Panitumumab 是高亲和力全人源抗体药物，相对于 Cetuximab 免疫原性较低，ADCC 效应较弱。Panitumumab 联合FOLFOX4 治疗转移性结直肠癌 PFS 比 FOLFOX4 单独治疗提高了 1.6 个月。

目前以 EGFR 为靶点的临床在研抗体药物主要有 Necitumumab、LY-3016859 和 Futuximab、ABT-806、GT-MAB 5.2-GEX、RO-5083945 等，其中 Necitumumab 在临床Ⅲ期试验中改善了患者的总生存期。我国对于 EGFR 抗体药物的研究主要是 Cetuximab 仿制，中信国健相关研究已进入Ⅲ期临床。

② 靶向 HER-2 的抗肿瘤抗体药物

以 HER-2 为靶点的已上市及临床在研单抗药物约有 20 个，其中 70% 是 Trastuzumab 及其仿制药，Trastuzumab 与 HER2 的胞外结构域Ⅳ结合阻断 HER2 相关信号通路。Trastuzumab 是目前 HER2 阳性乳腺癌的标准治疗方案，可明显延长转移性乳腺癌患者的肿瘤进展时间及总生存期。Pertuzumab 靶向 HER2 胞外结构域Ⅱ，阻断异二聚体的形成从而阻断 HER2 信号转导通路。Pertuzumab 较 Trastuzumab 有更好的安全性和耐受性，由于两种抗体作用的表位不同，联合用药表现出较好的协同性，治疗有效率显著提高[1]。从多年的临床应用来看，Trastuzumab 与多种化疗方案或与 Pertuzumab 联用大大提高了病人的无进展生存期和总生存率[2]。

---

[1] McCormack PL. Pertuzumab: a review of its use for first-line combination treatment of HER2-positive metastatic breast cancer [J]. Drugs, 2013, 73 (13): 1491-1502.

[2] Cobleigh MA, Vogel CL, Tripathy D, et al. Multinational study of the efficacy and safety of humanized anti-HER2 monoclonal antibody in women who have HER2-overexpressing metastatic breast cancer that has progreeed after chemotherapy for metastatic disease [J]. J Clin Oncol, 1999, 17 (9): 2639-2648.

2. 新型抗肿瘤抗体药物

近年来，临床上已经出现了新一代抗肿瘤抗体，其作用机制和临床疗效显著区别于传统抗体药物，其中最具代表性的当属靶向免疫检验点分子的抗体，相关治疗靶点和药物研发正处于井喷式增长中。此外，同时靶向不同抗原的多特异性抗体和负载有高杀伤力化学药物的抗体－药物偶联物（Antibody Drug Conjugates，ADCs）以其机制优越性和临床疗效也在新药研发中牢牢占据一席之地。

（1）通过激活 T 细胞杀伤肿瘤的免疫检验点抗体

T 细胞的激活依靠"双信号"细致地调控。一个激活信号依赖于 MHC（主要组织相容性复合体）与 TCR（T 细胞受体）的结合；另一个来自共刺激分子（OX40，4-1BB）和共抑制分子（CTLA-4、PD-L1、PD-1）的信号传递，好比是汽车的"油门"或"刹车"。肿瘤细胞入侵后，会抑制 T-细胞活化，从而逃脱免疫系统的围剿。如果能用针对 OX40、4-1BB 的激活剂单抗来"猛踩油门"，或针对 CTLA-4、PD-1/PD-L1 的拮抗剂单抗来"松开刹车"，T 细胞都可以摆脱肿瘤细胞的压制，重新被激活来识别杀伤肿瘤细胞。

免疫检验点抗体正是通过激活病人自身免疫系统中的 T 细胞来消灭肿瘤细胞（见图 1、图 2）。CTLA-4 单抗 Ipilimumab 由 Medarex 公司发现，授权百时美施贵宝开发，在恶性黑色素肿瘤患者上取得显着生存获益，于 2011 年在美国批准上市。另一个 CTLA-4 单抗 tremelimumab 也是由 Medarex 公司发现，经辉瑞开发，又转让给阿斯利康继续开发。针对 PD-1 和 PD-L1 的单抗有多家公司开发，竞争十分激烈。2014 年

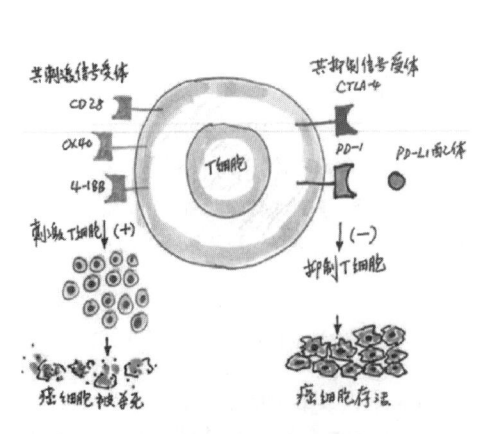

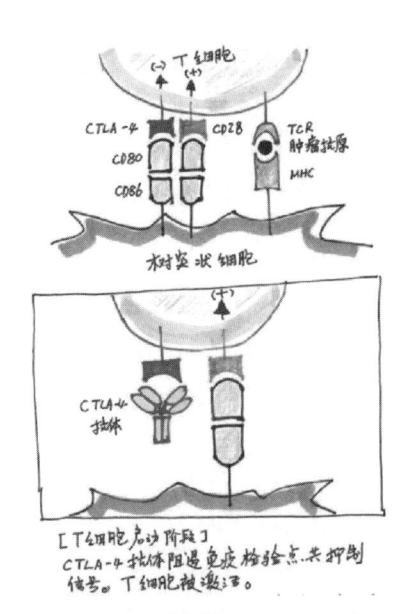

图 1　免疫检验点共信号机制　　　　图 2　免疫检验点抗体作用机理

靶向 PD-1 的 Nivolumab、Pembrolizumab 已经先后在日本、美国上市；靶向 PD-L1 抗体 MPDL3820A 成为 30 年来对转移性膀胱癌唯一有效的抗体药物。此外，靶向共刺激因子 4-1BB 的激动剂型抗体 Urelumab 和 PF05082566，以及靶向 CD40 激动剂型抗体的 Lucatumumab 和 Dacetuzumab 也已进入临床研究阶段。与此同时，CTLA-4 和 PD-1 单抗的联合治疗试验也在进行中，并取得阶段性成果。预计今后几年内会有多个免疫检验点抗体上市，适应症也会扩充到其他肿瘤类型[1]。

(2) 靶向不同抗原的多特异性抗体

大部分疾病都涉及多个靶点或多种信号通路，传统抗体药物通过封闭单一信号通路抑制肿瘤生长，临床上易出现耐药性。而多特异性抗体通过靶向不同抗原同时阻断多个信号通路，可更好地行使效应分子的功能。抗体可采用单链抗体、Fab 或全抗体，如 BiTE 和双重可变域（Dual-Variable Domain, DVD）等。2009 年欧盟批准双特异性抗体卡妥佐单抗（catumaxomab）（Removab）上市，治疗癌性腹水，该抗体同时针对肿瘤细胞上的上皮细胞黏附分子及淋巴细胞上的 CD3 分子。2014 年美国 FDA 批准布利莫单抗（Blinayto）是抗 CD19 和 CD3 的 BiTE 型双特异性抗体，它们均可通过激活 T 细胞杀灭肿瘤细胞。MM-111 通过同时靶向 HER2/HER3，有效抑制调蛋白诱导的 HER3 信号通路激活；同时靶向 VEGF-A 和 Ang-2 的 CrossMab 双功能抗体（Ang-2-VEGF-A）有效阻断肿瘤的血液传播；封闭 EGFR/HER2/HER3/VEGF 的四特异性抗体对于 HER2 耐药株有很好的抑瘤效果。

另外，多特异性抗体还可通过靶向效应细胞（T 细胞、NK 细胞等）抗原，利用效应细胞对肿瘤进行杀伤。2009 年三特异性抗体 Caumaxomab 在欧盟上市，该抗体同时靶向肿瘤抗原（EpCAM）和 T 细胞抗原（CD3），依靠招募 T 细胞和恒定区介导的效应功能等机制杀伤肿瘤。已在美国上市的 BiTE 药物 Blinatumomab，由靶向效应 T 细胞（CD3）和肿瘤细胞抗原（CD19）的单链抗体串联而成，用于治疗急性淋巴性白血病。由于 BiTE 药物的分子量只有 55kDa，能够充分激活 T 细胞，剂量可减少到普通抗体药物的 1/1000。但是，由于 BiTE 抗体缺乏恒定区，体内半衰期较短，临床给药需借助体内微型泵。此外，还有靶向 CD16A 和 CD30 的双特异性抗体（TandAb）通过招募 NK 细胞对肿瘤细胞进行杀伤。

(3) 借助抗体对化药进行靶向递送的抗体—化学药物偶联物（Antibody-Drug Conjugates，ADC）

ADC 药物由靶向肿瘤的抗体药物与高杀伤力小分子化药偶联而成，借助抗体实现化药对肿瘤组织的靶向递送。近年来，组成 ADC 药物的抗体、连接子和小分子化药的研究都有很大进展，抗体特异性好，免疫原性低且易内化；连接子在人体血液循环中稳定，不被降解，而到达靶细胞后才断裂，小分子药物细胞毒性强，一个抗体分

---

[1] 杨青. 肿瘤免疫治疗：三十年磨一剑 [J]. 医药经济报. 2014-4-18.

子上只要交联3~4个药物分子就足以杀灭靶细胞。目前已有3种抗体药物偶联物获批上市，尚有30多种ADC药物处于临床研究阶段。

辉瑞公司开发的吉妥单抗Gemtuzumab Ozogamicin（Mylotarg）是抗CD33单抗，该药2000年获FDA批准用于治疗急性髓性白血病，毒性较大，2010年由于其有效性与安全性受到质疑自动退市。西雅图基因公司开发的BrentuximabVedotin（SGN-35），是利用靶向CD30的嵌合抗体偶联毒素MMAE，2011年获美国FDA批准用于在治疗复发性霍奇金氏淋巴瘤、大细胞淋巴瘤等。基因泰克公司开发的DoTrastuzumab Emtansine（Kadcycla）则是Trastuzumab联有化药DM1，用于治疗HER2阳性乳腺癌，2013年获美国FDA批准。目前ADC药物发展渐趋成熟，成为世界各大制药公司进行抗体药物研发的热点之一。

（三）检索策略

本报告中的专利文献数据主要来自S系统，数据检索截止时间为2015年12月31日。检索时以IPC分类号为主要检索入口，对这一领域的专利进行全面检索；同时以关键词检索为辅，对相关分类号的检索范围作进一步限定。

由于发明专利申请自申请日（有优先权日的指优先权日）起18个月公布，实用新型专利申请在授权后公布（其公布的滞后程度取决于审查周期的长短），而PCT专利申请自申请日起30个月甚至更长时间才进入国家阶段，其对应的国家公布时间就更晚，因此检索结果中包含的2014年之后的专利申请量比实际申请量要少，反映到各技术分支申请量年度变化的趋势中，会出现申请量曲线在2014年之后突然下滑的现象。

1. 专利文献检索数据库

中文专利：源自CNABS（中文专利数据库）；

全球专利：源自DWPI（德温特世界专利索引数据库）。

2. 非专利文献检索数据库

中文：CNKI（中国知识资源总库）数据库；百度搜索引擎；

外文：ISI WEB OF KNOWLEDGE；Google搜索引擎。

3. 法律状态查询

中文法律状态数据来自CPRS数据库。

4. 数据处理

抗肿瘤抗体相关的专利申请，通常会给出适应症的分类号，而且相对较为准确，因此，本课题研究过程中针对适应症的相关专利数据标引主要采用分类号标引的策略。对于重点研究的技术分支，例如免疫检验点抗体，采用了全文浏览，重点阅读摘要、题目、权利要求、实施例，选择重要的关键词来进行标引。

5. 对"件"和"项"数的约定

在DWPI数据库中，将同一项发明创造在多个国家申请而产生的一组内容相同或基本相同的系列专利申请称为同族专利，一组同族专利视为一项专利申请；而单独的专利以件计数。本报告中部分内容涉及某一件专利的同族数，由于不同数据库中同族专利的集合存在差异，本报告中同族专利的数量主要参考 DWPI 数据库中同族专利的数量。

在 CNABS 数据库中，根据数据库的特点，主要采用单独的专利单独以件计数的方法来统计数量。

6. 术语含义约定

同族专利：同一项发明创造在多个国家申请专利而产生的一组内容相同或基本相同的专利文献出版物，称为一个专利族或同族专利。本报告中的同族专利主要是指 DWPI 数据库中的同族专利。

二、抗肿瘤抗体药物专利分析

抗体药物是发展最快的生物药之一，为创新药物市场带来了巨大的利益，其中抗肿瘤抗体药物占主导地位。据 Pharmaprojects V5 数据库统计，目前上市与临床在研的约 500 种抗体药物中，大约 50% 用于肿瘤治疗。抗体研发领域的不断进步为药用单抗提供了技术保障，而专利制度则保护和推动了技术的创新和发展。本章对抗肿瘤抗体药物领域的全球专利申请和中国专利申请概况分别进行了剖析，包括专利申请量的年度变化趋势、专利相关抗体的适应症、专利技术产出地、专利布局、专利申请人类型和主要申请人等。

（一）抗肿瘤抗体药物全球专利

1975 年 B 淋巴细胞杂交瘤技术的诞生有力地促进了诊断和治疗性抗体的发展。但是，鼠源性单抗在人体内反复应用会引起人抗鼠抗体（HAMA）反应，从而降低疗效，甚至引起过敏反应。为解决这些问题，嵌合抗体、人源化抗体、噬菌体展示、核糖体展示、转基因小鼠和大规模培养等技术不断应用到抗体的研发和生产中，降低了抗体在人体中的免疫原性，并提高了抗体对抗原的亲和力，使得抗体最终成为可以工业化生产和安全应用的理想药物。这些推动抗体药物发展的技术均受到相关专利的保护，迅猛增长的抗体药物相关技术专利为抗体药物技术的创新发展作了有力支撑。

截至 2015 年 12 月 31 日，全球范围内抗肿瘤抗体药物领域的专利申请共计 40787 项。图 3 显示了近 20 年来抗肿瘤抗体领域全球专利申请量的年度变化趋势，以及来自美国、日本、欧洲、中国和英国这几个主要专利申请国家的专利申请量年度变化趋势。值得注意的是，由于专利申请的公开需要一定周期，检索结果中包含的 2014 年之后的部分专利申请尚未公开，因此近两年的申请量尚不能准确地统计。

1975 年 B 淋巴细胞杂交瘤技术的出现有力地促进了诊断和治疗性抗体的发展。在该技术诞生之后的几年，即从 1980 年开始，抗肿瘤抗体药物相关专利开始出现缓慢增长，这种增长速度一直维持到 1994 年，年申请量由个位数增长到两百多项的规模。从 1995 年开始，全球范围内抗肿瘤抗体药物领域的专利申请量出现猛增，至

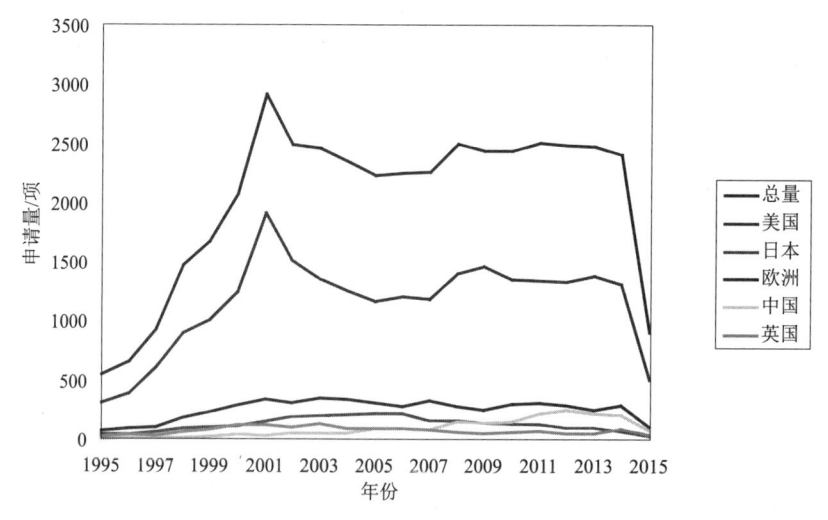

图 3 抗肿瘤抗体专利申请量年度变化趋势

2001年达到顶峰（2915项），此后十多年间的申请量也都稳定在2400项左右。这其中虽然存在一些基因组科学研究的泡沫，但也不能否认抗肿瘤抗体药物技术在这一时段的迅猛发展。

大量受到专利保护的抗体逐步进入临床应用，并快速为市场所接受，产生了巨大的经济效益和社会效益。基于目前的发展趋势，可以预期，抗肿瘤抗体药物相关专利还将维持很长一段时间的稳定增长，未来将有更多的抗肿瘤抗体药物进入市场，而这些新抗体药物必将受到更加严密的专利保护。

1. 抗肿瘤抗体药物全球专利来源国家/地区

抗体药物领域的技术发展对于该领域的药物研发起着非常关键的作用。通过分析抗肿瘤抗体药物技术的原创国家/地区，可以了解世界范围内的顶尖技术产自哪里；哪些目标国家/地区在该领域的研发占据主导地位。对抗肿瘤抗体药物领域全球专利的首次申请国家/地区进行了分析（见图4），该领域专利申请量排名前五位的国家/地区分别为：美国（25977项）、日本（3572项）、欧洲（2556项）、中国（1961项）、英国（1699项）。

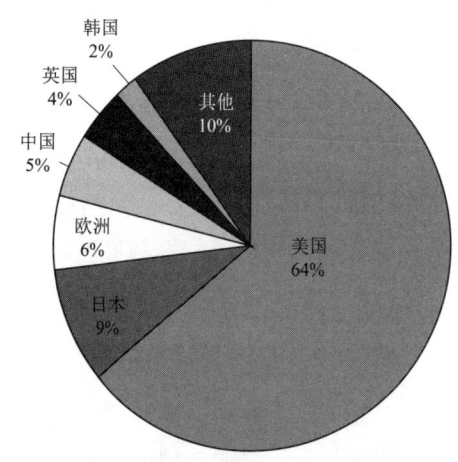

图 4 抗肿瘤抗体领域全球专利的技术来源

美国是抗肿瘤抗体技术领域全球专利

产出量最多的国家,来自该国的专利申请占该领域全球专利总申请量的接近2/3。从历年申请量来看,美国一直是抗肿瘤抗体技术专利申请量最大的国家,显示出美国在该领域占有绝对的技术优势,是当之无愧的"领头羊"。由于美国申请量占全球总申请量的绝大多数,其申请量的年度变化趋势与全球专利申请量的变化趋势相一致,自1999年开始美国的年申请量突破了1000项,并于2001年达到顶峰(1911项),之后每年的申请量均在1100项以上,2008—2014年每年的申请量维持在1300项左右,显示出近年来美国在该领域的技术发展基本达到稳定状态。

日本作为亚洲最发达的国家,在抗肿瘤抗体药物领域的研发实力仅次于美国,其总申请量占该领域全球专利总申请量的9%。日本的年申请量自1999年开始突破了100项,并于2003—2006年达到巅峰状态,这四年的年申请量均保持在200余项;2007年和2008年的申请量较前几年有所下降;之后三年的年申请量更是下滑至不到140项,2012年、2013年的申请量仅有100项左右,可见近些年来日本在该领域的技术发展呈下滑态势。

我国在抗肿瘤抗体药物领域的研发起步较晚,总申请量仅占全球专利总量的5%,但从申请量的年度变化趋势来看,技术发展势头强劲。1995—1997年我国的年申请量只有个位数,从1998年开始年申请量突破了10项,之后呈现稳步增长并于2005年达到了90项,之后两年的申请量跟2005年持平,自2008年开始年申请量突破了100项;2008—2010年的年申请量均在150项左右,2011年开始每年的申请量都在200项以上,这表明我国在抗肿瘤抗体药物的研发与投入上比较重视,并具有一定的技术储备,发展势头良好。

对抗肿瘤抗体领域全球专利的申请人类型进行分析(见图5),结果显示62%的专利申请出自公司(25255项),来自大学和个人的申请量均在5000项左右,来自研究机构和其他类型申请人的申请量均不到3000项。企业申请专利是以市场需求为导向的,基本上以技术保护和市场占有为目的,这是由企业的性质所决定的;而研究机构和大学在申请专利时并没有很强的转化动力,很少考虑市场需求。专利的价值在于应用,由抗肿瘤抗体药物领域的专利申请主要来自公司可以看出,该领域专利的技术转化率很高,已经达到了较高的产业化水平。

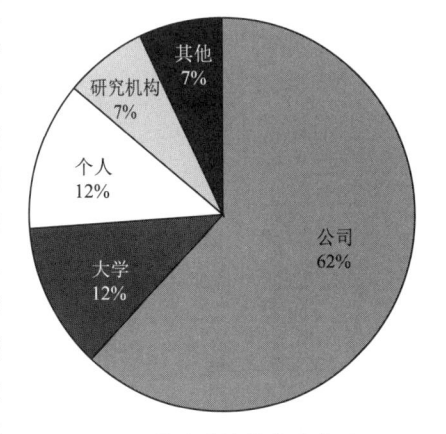

图5 抗肿瘤抗体全球专利
专利申请人类型分析

2. 抗肿瘤抗体药物全球专利主要申请人

图6显示了抗肿瘤抗体药物领域全球专利申请的主要申请人(采用DWPI数据库进行申请人统计,未涉及企业间的合并关系)。从申请人所属国别来看,申请量排

名全球前十的申请人中有八位来自美国，显示出美国无论在总申请量还是主要申请人数量方面都居于绝对领先地位。其中，基因泰克公司以881项的申请量高居世界第一，这主要得益于该公司在抗肿瘤抗体药物研发领域以及专利申请方面长达数十年的积累。除基因泰克公司以外，另外7位申请量位居全球前十的美国申请人依次是：因塞特公司（588项）、加利福尼亚大学（534项）、阿森尼克斯公司（527项）、美国政府健康及人类服务部（526项）、米伦纽姆医药公司（498项）、史密丝克莱恩比彻姆公司（472项）、默沙东公司（369项）。其中美国政府健康及人类服务部是一家负责项目资助的美国政府机构，虽然该机构并不直接参与抗体药物的研发，但是其享有相关资助项目的专利申请权。可以看出，美国政府健康及人类服务部十分重视对抗肿瘤抗体药物的研究资助。值得注意的是，来自瑞士的罗氏公司和诺华公司分别以575项、444项的申请量位居全球第3位、第9位，显示出这两家公司在抗肿瘤抗体药物技术方面的研究实力十分突出。

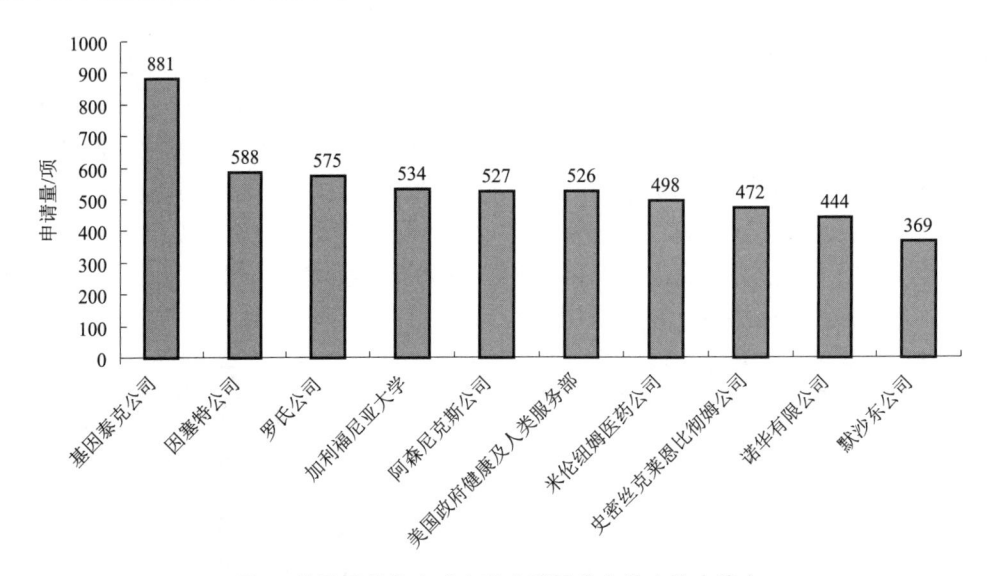

图6 抗肿瘤抗体全球专利申请量排名前十的申请人

基因泰克是美国历史最久的生物技术公司，也是发展最快的生物公司，主要研制治疗肿瘤的药物，在嵌合抗体和人源化抗体技术刚刚出现之后甚至同时，便掌握了这些技术，并熟练地将先进技术运用到抗体药物的筛选中。由基因泰克公司研发的抗肿瘤抗体药物包括：

（1）美罗华 Rituxan（Rituximab，利妥昔单抗）：以 CD20 为靶点的人鼠嵌合型单克隆抗体，于1997年获美国 FDA 批准用于治疗 B 细胞非霍奇金淋巴瘤（NHL），是第一个被批准用于肿瘤治疗的单抗产品。美罗华单用或联合化疗大大提高了 NHL 患者的近期缓解率，而且能显著延长患者的生存时间，为真正治愈 NHL 提供了可能。此外，美罗华也可以用于非 B 细胞淋巴瘤的治疗，如慢性淋巴细胞白血病、自身免疫性溶血性贫血、特发性血小板减少性紫癜等。

（2）赫赛汀 Herceptin（Trastuzumab，曲妥珠单抗）：以 HER2 为靶点的人源化单克隆抗体，是第一个分子靶向的抗癌药，通过阻断 HER2 的功能从而阻止癌细胞的生长和转移。赫赛汀既可以作为单药治疗，也可以与化疗药物如紫杉醇等联合应用；其不仅能降低早期乳腺癌的复发风险，还能显著改善晚期（转移性）乳腺癌的生存。1998 年被美国食品药品监督管理局（FDA）首次批准用于治疗 Her2 阳性的晚期乳腺癌转移患者，2000 年在欧盟获准用于治疗 HER2 阳性的晚期（转移性）乳腺癌，2002 年被中国 SFDA 批准上市。

（3）阿瓦斯汀 Avastin（Bevacizumab，贝伐珠单抗）：以 VEGFR 为靶点的人源化单克隆抗体，包含了人源抗体的结构区和可结合 VEGF 的鼠源单抗的互补决定区。其通过抑制血管内皮生长因子（VEGF）的生成阻断对肿瘤的血液供应从而杀伤癌细胞。该药于 2004 年获 FDA 批准上市，用于治疗乳腺癌。此外，这种药物还被美国药管局批准用于治疗肺癌、结肠癌和直肠癌，并在欧洲获准用于治疗乳腺癌。

3. 抗肿瘤抗体药物全球专利目标国家/地区

在现代市场经济运行机制中，专利是企业用来遏制竞争对手、提升市场竞争力的武器，是谋求市场利益的工具，更是企业经营决策的资源和重要依据，其关系到企业当前及预期市场利益和企业的发展机会。就技术布局而言，以核心专利为中心，通过合理设计、规划一系列专利构筑形成专利组合，为竞争对手设置障碍，让自身获得尽可能多的市场机会和利益。对抗肿瘤抗体领域专利申请的目标国家/地区进行分析，可以了解这一领域相关地区的市场竞争力，预估相关专利技术的市场布局以及抗体药物准备"销"往何处去。

图 7 显示了抗肿瘤抗体领域全球专利申请量位居前八位的国家/地区，其中美国专利的申请量为 8822 项，遥遥领先于其他国家/地区，这主要是由于美国在该技术领域具有突出的研发优势导致来自美国本土的申请量很高，同时也说明对申请人而言美国是一个巨大的目标市场。此外，日本、欧洲专利的申请量分别为 3048 件、2730 件，列居第二、第三位。中国、澳大利亚专利的申请量分别为 2004 件、1855 件。上述结果表明，美国、日本、欧洲、中国和澳大利亚五个地区的市场前景比较广阔，是大多数申请人认为需要进行专利保护和市场布局的关键地区。

我国在抗肿瘤抗体领域的专利申请量共计 2004 项，仅次于美、日、欧，这一方面显示出国内申请人提出的专利申请数量较多，说明我国企业越来越关注抗肿瘤抗体药物领域的技术发展；另一方面也体现了我国是一个潜力巨大的药物市场，国外申请人正加紧在我国进行专利布局。申请人以某个国家或地区作为目标申请国家/地区有两个重要的考虑因素：一是该国家/地区存在足够的市场需求；二是该国的民众整体

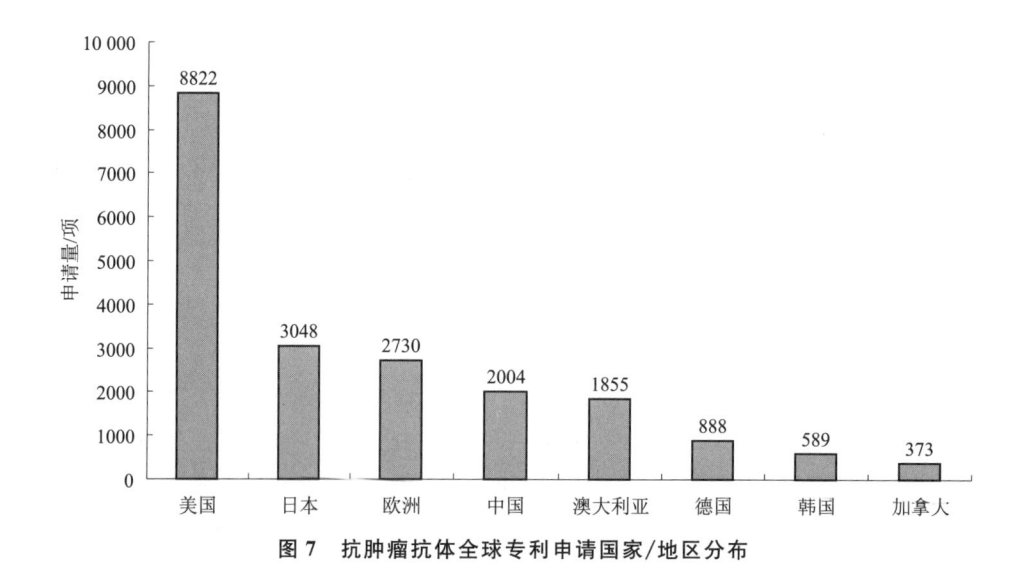

图 7　抗肿瘤抗体全球专利申请国家/地区分布

上具备相当的经济承受能力。中国成为一个重要的目标市场国，表明了中国经济正在进一步的稳定发展，民众的收入也进一步增长，越来越受到各国申请人的重视。

（二）抗肿瘤抗体药物中国专利

中国专利包括国外来华申请和来自国内申请人的申请（国内申请）。对抗肿瘤抗体领域中国专利申请量的年度变化趋势进行分析，结果显示于图 8 中。1985—2015年，抗肿瘤抗体药物领域的中国专利申请共计 9761 件，其中 7196 件为国外来华申请，2590 件来自国内申请人。

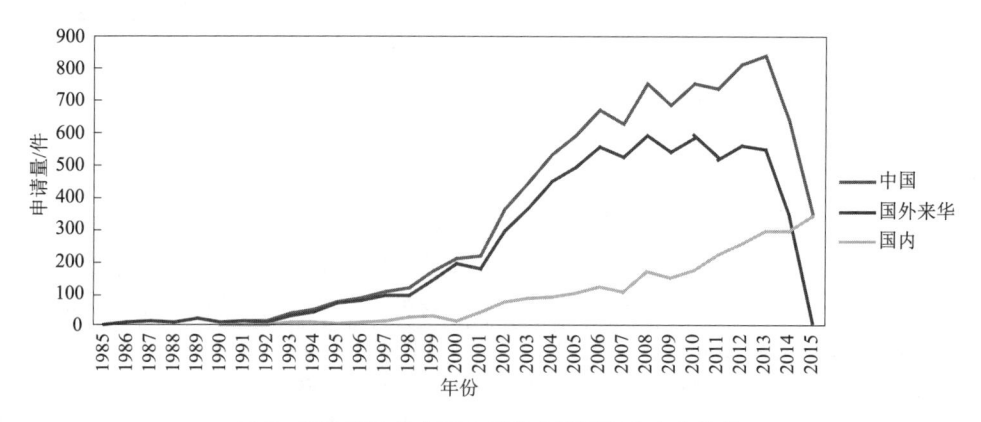

图 8　抗肿瘤抗体中国专利的申请量年度变化趋势

在抗肿瘤抗体领域，国外公司以其绝对的技术优势在中国市场上占据垄断性地位，这些公司通过精心的专利布局限制竞争对手在中国市场的产品空间。基因泰克、罗氏等国外大公司的专利申请中涉及了抗体产品，制备方法和医药用途等保护主题，所涉及的抗体针对多种不同的靶标，而特定的靶标又与特定的疾病密切相关，可见这些公司长期占据抗肿瘤抗体药物中国市场的主体地位。

我国自 20 世纪 80 年代开始单克隆抗体的研究开发，经过 20 多年的发展，已经初步实现了从基础研究到产业化的跨越，在新型结构抗体的开发、抗体药物的规模化制备和抗体药物创新等方面均取得了重大突破。但由于抗体药物研发具有门槛高、进入风险大、研发周期长的特点，国内创新主体的研发水平与国外仍存在较大差距。目前，国内医药企业主要采取跟随战略，以模仿国外上市药物为主，要想在激烈的竞争中占有一定的市场份额，必须规避或攻破竞争对手的专利壁垒，寻找机会形成自身的专利防御体系。

1. 抗肿瘤抗体药物中国专利来源国家/地区

中国市场消费潜力巨大，是各大制药企业重点争夺的市场之一。我们对抗肿瘤抗体药物领域国外来华申请的来源国家以及国内申请的申请人分布进行了分析（见图 9、图 10）。

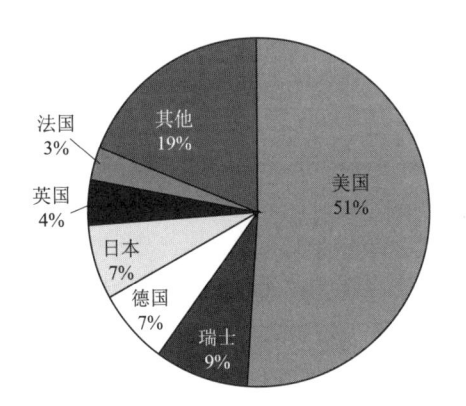

图 9　抗肿瘤抗体中国专利的国外来华申请人分布

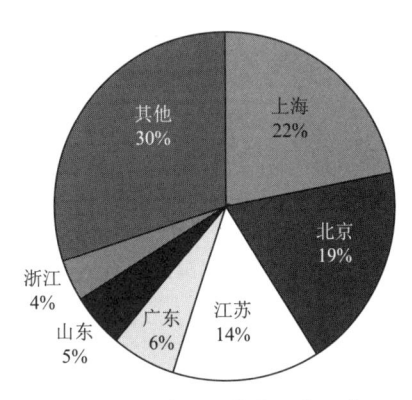

图 10　抗肿瘤抗体中国专利的国内申请人分布

国外来华申请中，美国在该领域的技术优势十分突出（3758 件），占国外来华总申请量的一半以上，遥遥领先于其他国家/地区，显示出美国在这一技术领域具有绝对的技术优势。瑞士、德国、日本、英国、法国分别以 647 件、510 件、502 件、289 件、248 件的申请量居于国外来华申请量的第 2~6 位。

从国内申请的申请人地区分布来看，上海、北京两地的申请量分别为 568 件、504 件，二者合起来占国内总申请量的 41%，可见我国已经形成了以上海、北京为中心的抗肿瘤抗体药物研发基地。此外，江苏、广东、山东、浙江分别以 355 件、170 件、122 件、108 件的申请量居于国内申请量的第 3~6 位。可以看出，国内申请人主要分布在我国东部和南部比较发达的地区，与地区的经济发展程度和科研教育水平密切相关。

2. 抗肿瘤抗体领域中国专利主要申请人

对抗肿瘤抗体领域中国专利申请的重点申请人进行分析（见表2），罗氏公司和基因泰克公司分别以246件、170件的申请量遥遥领先，可见罗氏公司十分重视中国大陆市场，同时也印证了二者是抗肿瘤抗体药物研发领域的巨头。罗氏公司关于抗体药物的研究一直位于世界最高水平之列，其研发实力和专利储备在2009年完全控股基因泰克后得到进一步加强，罗氏公司无疑已经成为抗肿瘤抗体药物领域实力最强劲的公司。随着罗氏公司加大在中国的研发力度和拓展中国的市场份额，可以预见，未来一段时间内罗氏在华抗肿瘤抗体药物专利申请量仍会维持较高的水平。此外，中外制药株式会社、诺瓦提斯公司、先灵公司的申请量也均在70件以上。这些数据说明中国已经成为国外各大药企很看重的市场，国外大公司在抗肿瘤抗体药行业的中国市场上已经占据垄断性地位，并且通过精心的专利布局，形成专利壁垒，国内相关企业在实施相关技术时存在一定的障碍。

表2 抗肿瘤抗体领域中国专利排名前30位的申请人

排名	申请人	专利申请量/件
1	罗氏公司	246
2	基因泰克公司	170
3	中外制药株式会社	81
4	诺瓦提斯公司	75
5	先灵公司	72
6	安姆根有限公司	58
7	惠氏公司	55
8	加利福尼亚大学董事会	54
9	复旦大学	48
10	默克专利有限公司	42
11	瑞泽恩制药公司	41
12	诺华股份有限公司	41
13	肿瘤疗法科学股份有限公司	40
14	比奥根艾迪克MA公司	40
15	中国人民解放军第二军医大学	39
16	伊缪诺金公司	38

续表

排名	申请人	专利申请量/件
17	免疫医疗公司	38
18	中国人民解放军第四军医大学	36
19	米迪缪尼有限公司	36
20	北京大学	35
21	中国药科大学	34
22	东丽株式会社	34
23	中国科学院上海生命科学研究院	33
24	浙江大学	33
25	米德列斯公司	33
26	细胞基因公司	32
27	罗切格利卡特公司	32
28	葛兰素集团有限公司	31
29	伊莱利利公司	30
30	上海交通大学	30

国内有 8 位申请人进入了前 30 名的行列，其中复旦大学的申请量为最高，达到了 48 件；此外，第二军医大学、第四军医大学、北京大学、中国药科大学、中国科学院上海生命科学研究院、浙江大学、上海交通大学也均在 30 件以上。需要特别提及的是，国内知名的生物制药公司上海中信国健、百泰生物、北京天广实的申请量分别为 13 件、12 件、6 件。与国外对抗肿瘤抗体药物的研发以企业为主相比，国内在该领域的研发是以大学为主，科研院所和企业在这方面的研究相对较弱，说明我国在该领域的产业化程度有待于进一步加强。

3. "重磅炸弹"药物中国专利分析

在抗肿瘤抗体领域，罗氏公司及其旗下的基因泰克公司在中国的专利申请量高达 416 件，遥遥领先于其他申请人。这也反映出罗氏公司十分重视中国大陆市场，随着罗氏加大在中国的研发力度和拓展中国的市场份额，可以预见，未来一段时间内罗氏在华的抗体药物专利申请量仍会维持较高的水平。

罗氏关于抗体药物的研究一直位于世界最高水平之列，其研发实力和专利储备在 2009 年完全控股基因泰克后得到进一步加强。该公司开发的用于治疗肿瘤疾病的"重磅炸弹"药物是美罗华 Rituxan（利妥昔单抗，Rituximab）、赫赛汀 Herceptin（曲妥珠单抗，Trastuzumab）和阿瓦斯汀 Avastin（贝伐珠单抗，Bevacizumab）。我们对这三种药物在中国的专利申请进行了分析（见表 3），为国内相关领域的研发机构提供借鉴。

表 3 "重磅炸弹"抗肿瘤抗体药物相关的中国专利

药物名称	中国专利申请号	申请日	授权公告日	发明名称
美罗华 Rituxan	CN93121424	1993.11.12	2006.8.23	抗人类 B 淋巴细胞限制分化抗原的嵌合及放射标记抗体
	CN200410048808	1993.11.12	2012.9.79	抗人类 B 淋巴细胞限制分化抗原的嵌合及放射标记抗体在治疗 B 细胞淋巴瘤中的应用
	CN200610090080	1993.11.12	2012.5.30	抗人类 B 淋巴细胞限制分化抗原的嵌合及放射标记抗体
	CN200610090082	1993.11.12	2010.5.26	抗人类 B 淋巴细胞限制分化抗原的嵌合及放射标记抗体
	CN200610090084	1993.11.12	2012.9.12	抗人类 B 淋巴细胞限制分化抗原的嵌合及放射标记抗体
赫赛汀 Herceptin	CN96195830	1996.7.23	2004.6.2	稳定等渗的冻干蛋白质制剂
	CN200410030256	1996.7.23	2008.1.9	稳定等渗的冻干蛋白质制剂
	CN200710192806	1996.7.23	2012.2.15	稳定等渗的冻干蛋白质制剂
	CN200710192812	1996.7.23	无权	稳定等渗的冻干蛋白质制剂
	CN201110410281	1996.7.23	无权	稳定等渗的冻干蛋白质制剂
	CN201080043414	2010.7.28	2015.9.30	皮下抗 HER2 抗体配制剂
	CN201510673057	2010.7.28	未决	皮下抗 HER2 抗体配制剂
阿瓦斯汀 Avastin	CN98805910	1998.4.3	2005.3.2	人源化抗体和制备人源化抗体的方法
	CN98805914	1998.4.3	2009.4.22	抗-血管内皮生长因子的抗体
	CN200710197140	1998.4.3	2010.12.8	抗-血管内皮生长因子的抗体
	CN200710197141	1998.4.3	2012.12.26	抗-血管内皮生长因子的抗体
	CN200910147016	1998.4.3	无权	抗-血管内皮生长因子的抗体
	CN200910147017	1998.4.3	2013.7.3	抗-血管内皮生长因子的抗体
	CN201410411945	1998.4.3	未决	抗-血管内皮生长因子的抗体

可见，罗氏/基因泰克公司为其关键产品在中国提交了一系列专利申请，内容涵盖了上游的新抗体研发和抗体设计改造、中游的抗体制备以及下游的抗体药物制剂和应用，这反映出该公司在抗肿瘤抗体领域投入了大量的研发力量。从表3也可以看出，如果我国授权的保护范围没有达到罗氏/基因泰克的预期，其会不断地提交继续申请或分案申请，这也体现出该公司对我国抗肿瘤药物市场的高度重视。另外，该公司针对同一技术内容同时提出多项申请，这些申请的权利要求是类似的，但授权文本的保护范围则是层次不同、各有侧重。

4. 国内重点产品及相应专利

我国对于单抗药物的研发起步较晚，国内有100多家企业在做单抗药物的开发，除了中信国健、百泰生物、海正制药等一些老牌企业之外，近几年还涌现出了许多新兴企业，包括丽珠单抗、信达生物、百济神州、嘉和生物以及恒瑞医药等。它们开发的单抗药物的主要适应症就是肿瘤，目前已获CFDA批准上市的国产抗肿瘤抗体包括唯美生、利卡汀和泰欣生，而真正实现产业化的抗肿瘤抗体药只有百泰生物药业公司的泰欣生。

泰欣生（尼妥珠单抗）是百泰生物药业的拳头产品，其靶向肿瘤细胞表面生长因子受体（EGFR），适用于治疗EGFR表达阳性的III/IV期鼻咽癌。该药于2005年4月获得国家食品药品监督管理局颁发的I类新药证书，2012年12月获得CFDA批准。上市以来，在国产抗体药的销售榜上始终处于领先位置。

泰欣生源自古巴分子免疫中心的专利技术（专利申请号：CN95118826，申请日：1995.11.17；授权公告号：CN1054609C，公告日2000.7.19）。该专利请求保护的主要技术方案如下：与表皮生长因子受体特异性结合的单克隆抗体，该单克隆抗体包含一种人源化抗体，后者包括非人源的互补决定区，人源的含框架区的可变区和人源的重链和轻链的恒定区，并对6个互补决定区的氨基酸序列进行了限定。2011年11月25日，百泰生物药业围绕这一产品在治疗胃癌、非小细胞肺癌、结直肠癌、食管癌、头颈部肿瘤等用途同时提交了5件专利申请，然而，但是这些专利申请均未能获得授权（见表4）。

表4 百泰生物围绕药物泰新生的专利布局

申请号	申请日	发明名称	状态
CN201110379929	2011.11.25	一种单克隆抗体用于治疗胃癌的用途	实审请求视撤失效
CN201110380406	2011.11.25	一种单克隆抗体用于治疗非小细胞肺癌的用途	驳回失效
CN201110380181	2011.11.25	一种单克隆抗体用于治疗结直肠癌的用途	实审请求视撤失效
CN201110380183	2011.11.25	一种单克隆抗体用于治疗食管癌的用途	驳回失效
CN201110380639	2011.11.25	一种单克隆抗体用于治疗头颈部肿瘤的用途	撤回专利申请

可以看出，百泰生物对泰欣生的专利布局构成典型的星形专利组合，该组合中的核心专利保护抗体产品本身，然后延伸出一系列专利保护抗体在治疗不同类型肿瘤中的用途。虽然2011年提交的5件专利未获得授权，但也能给相关领域的制药企业造成了一定的专利障碍，限制竞争对手的产品的应用领域。

（三）小结

抗体药物从鼠源单抗逐步发展到嵌合型抗体、人源化抗体、全人源抗体，免疫原性的问题已经基本解决。目前，技术研究进入稳定的成熟期，抗肿瘤抗体药物已不再局限于通过结合肿瘤特异性蛋白或生长因子而发挥靶向治疗的作用，基于抗体的一些新兴疗法已逐步形成，如负载有高杀伤力化学药物的抗体－药物偶联物（Antibody Drug Conjugates，ADCs）是利用抗体作为靶向载体输送化疗药物，而靶向不同抗原的多特异性抗体则通过同时阻断多个信号通路，免疫检验点抗体则通过激活病人自身免疫系统中的T细胞来消灭肿瘤细胞，给人们治愈肿瘤带来了新的希望。

美国以其绝对的技术优势始终处于抗肿瘤抗体药物研发的领先地位。美、日、欧等发达国家是抗体药物的主要目标市场，中国市场也日益受到关注。基因泰克和罗氏是目前最主要的抗肿瘤抗体药物研发公司，同时也是在华抗肿瘤抗体药物专利的主要申请人。面对我国巨大的市场需求，国外大公司通过精心的专利布局限制竞争对手在中国市场的产品空间。我国在抗肿瘤抗体药物领域的研究已经初步实现了从基础研究到产业化的跨越，然而，我国的原始创新方面相对薄弱，自主研发产品比较少，真正能通过临床检验并走向临床的抗肿瘤抗体药物同欧美等发达国家相比尚存在较大差距。国内处于发展中的抗体药企要想在激烈的竞争中占有一定的市场份额，必须突破竞争对手的专利壁垒，或者利用专利间隙突破原有的壁垒来限制强大的竞争对手，并利用自身的资源去占有新的专利空间。

三、免疫检验点抗体

2015年12月6日，美国前总统吉米·卡特透露了一个振奋人心的好消息：他成功战胜了癌症。卡特与癌症战斗的胜利在很大程度上应当归功于免疫检验点抗体技术的发展，其采用的Pembrolizumab是一种于2014年上市的免疫检验点单抗药物。本课题组对免疫检验点抗体的全球和中国专利申请进行了分析和梳理，以便了解免疫检验点抗体在全球和中国的专利分布，排查相关领域的在华重点专利并进行专利风险分析，对国内企业在该领域的发展给出预警和建议。课题组还试图通过对Pembrolizumab进行专利申请和市场活动等几个方面的研究，期望探讨其所述企业在专利布局方面的成功之处。

（一）免疫检验点抗体简介

免疫检验点疗法（immune checkpoint therapy）是一类通过调节T细胞活性来提

高抗肿瘤免疫反应的治疗方法[1]，已经加入了由手术、放疗、化疗和靶向治疗等组成的"抗癌大军"中。由 FDA 批准的三种免疫疗法药物中，一种是特异性结合 T 细胞表面 CTLA-4 受体的抗体类药物，叫作 Ipilimumab，于 2011 年得到批准。另外两种是特异性结合 T 细胞表面 PD-1 受体的抗体类药物，分别叫作 Pembrolizumab 与 Nivolumab，于 2014 年得到批准。

Axel Hoos 于 2016 年 3 月发表在 Nature Reviews Drug Discovery 上的综述[2]中列举了已上市和待审查的肿瘤免疫治疗抗体药物，其中包括了前述三种免疫检验点抗体，如图 11 所示：

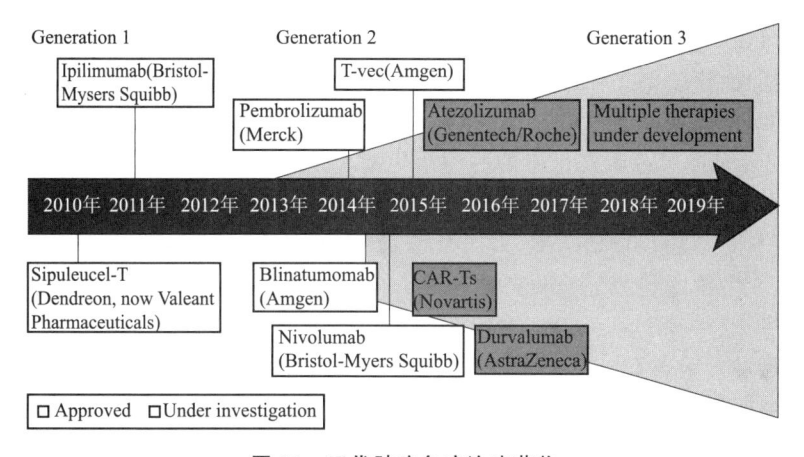

图 11 三代肿瘤免疫治疗药物

与之前的药物相比，这三种药物在抗癌方面具有完全不同的特性：首先，它们并不直接作用于肿瘤细胞，而是通过作用于 T 细胞来间接杀伤肿瘤细胞；另外，它们并不是针对肿瘤细胞表面的某些特定物质，而是系统性地增强了全身的抗肿瘤免疫反应。具体来讲，在一小部分特定的癌症类型中，CTLA-4 抗体类药物已经能够有效延长患者寿命长达十年。

20 世纪 90 年代中期，人们逐渐了解了 T 细胞的激活受到多种复杂的信号调节。CTLA-4 是一类表达在 T 细胞表面的分子，能够抑制 T 细胞的活化。基于对 CTLA-4 功能的了解，人们开始猜想是否通过解放内源的 T 细胞活化程度就能够起到广谱地杀伤肿瘤的效果，而不需再去考虑特异性的抗原物质。很多实验室均通过小鼠模型验证了这一猜想，并最终促成了 CTLA-4 阻断抗体 Ipilimumab 的问世。Ipilimumab 是

---

[1] Padmanee Sharma et al. The future of immune checkpoint therapy [J]. Science, 2015, 348 (6230): 56-61.

[2] Axel Hoos. Development of immuno-oncology drugs — from CTLA4 to PD1 to the next generations [J]. Nature Reviews Drug Discovery, 2016, 15 (4): 235-247.

一个抗人 CTLA-4 的抗体药物，它于 90 年代末进入临床试验。与预期相符，Ipilimumab 能够抑制多种肿瘤类型患者的病情恶化。I 期/II 期临床试验结果显示：Ipilimumab 能够有效抑制黑色素瘤、肾细胞癌、前列腺癌、尿道癌以及卵巢癌的恶化。III 期临床中，Ipilimumab 被用于治疗晚期黑色素瘤患者，结果显示患者的寿命明显延长。重要的是，在 20% 以上的寿命延长 4 年以上的患者中发现了免疫反应的唤起。

Ipilimumab 的问世开辟了免疫检验点疗法的方向。现在我们知道了更多的免疫检验点分子，其中包括本庶佑在 1992 年发现的 PD-1。PD-1 也有两种配体，分别叫作 PD-L1 与 PD-L2，它们在各类型细胞表面均有表达。与 CTLA-4 不同，PD-1 并不阻断共刺激信号，而是直接抑制 TCR 下游的信号。同样，抗 PD-1 的抗体药物也获得了明显的治疗效果。

由于 CTLA-4 与 PD-1 的作用机理不同，那么也就意味着两种药物联合使用或许会获得更佳的治疗效果，在小鼠模型上的实验也确实验证了这一假设。2013 年，I 期临床试验的结果证明：抗 CTLA-4（Ipilimumab）与抗 PD-1（Nivolumab）联合用药能够抑制 50% 晚期黑色素瘤患者的肿瘤恶化情况。

目前，除 CTLA4 和 PD1 抗体已经获得批准外，其他检验点受体和配体靶向的临床试验也在不断增加，包括 LAG3、TIM3、B7H3（CD276）、CD39、CD73 以及腺苷 A2a 受体。大多数这些免疫检验点的开发结合了 PD-1 通路抑制抗体。这其中的一些检验点与 PD-L1 共表达，为这类双重阻断疗法提供了依据❶。

（二）免疫检验点抑制剂药物的开发

PD-1 是目前使用最多的免疫检验点抑制剂开发靶点。PD-1 抗体的开发始于 2005 年，当时由日本的小野制药与美国 Medarex 制药共同开发，2006 年第一次开展 I 期临床试验即取得令人惊喜的结果。2009 年，百时美施贵宝公司斥资 24 亿美元收购 Medarex，将 PD-1 抗体项目收入囊中；同一年，美国默克收购先灵葆雅，获得 PD-1 项目 MK-3475。2014 年 9 月与 12 月，默克公司、施贵宝公司的 PD-1 抗体相继获得 FDA 批准上市。罗氏、阿斯利康、GSK 等公司也积极加入 PD-1 与 PD-L1 抗体药物研究的队伍。未上市的 PD-L1 抗体在研项目也被大量用于各种临床试验，阿斯利康与罗氏制药的两款 PD-L1 研发进度最快，预计将很快获得 FDA 上市批准。PD-1 与 PD-L1 抗体药物的临床试验情况如图 12 所示。

从上市的 3 款免疫检验点抑制剂单抗的销售情况来看，Ipilimumab 上市短短 4 年的时间就取得了 13.08 亿美元/年销售业绩，复合增速为 38%；2014 年 9 月上市的 PD-1 抗体 Pembrolizumab 于 2015 年上半年取得了 1.1 亿美元的优秀业绩，据 EvaluatePharma 预测，未来该款产品销售额有望达到 40.6 亿美元。BMS 的 PD-1 抗体药物 Nivolumab 在 2014 年年底被 FDA 批准上市，2015 年上半年取得了 1.6 亿美元的销售成绩，预计 2020 年销售额能达到 60.1 亿美元。具体如图 13 所示。

---

❶ Suzanne L. Topalian et al. Mechanism-driven biomarkers to guide immune checkpoint blockade in cancer therapy [J]. Nature Reviews Cancer, 2016, 16 (5): 275 - 287.

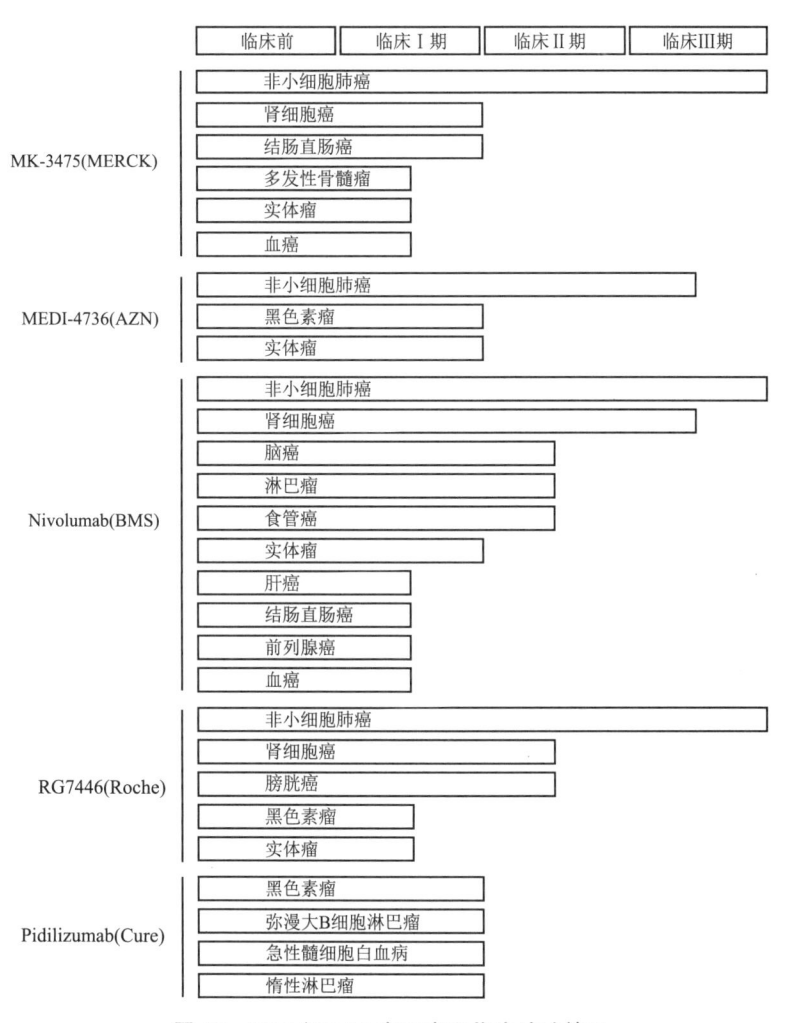

图 12　PD-1/PD-L1 在研产品临床试验情况

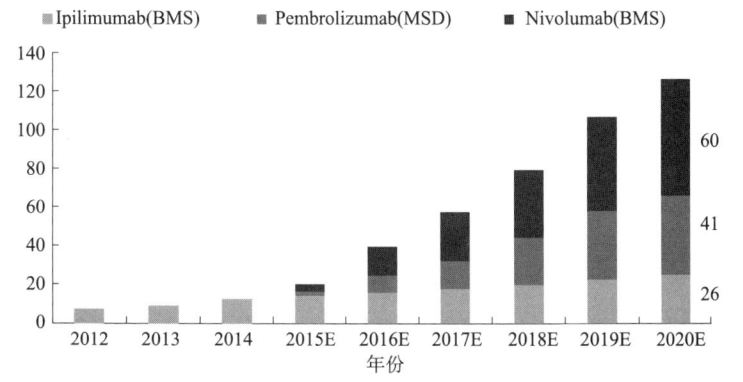

图 13　已获批上市的三种免疫检验点抑制剂药物未来市场销售预测（亿美元）

另外，还有默沙东、葛兰素史克、辉瑞等制药巨头在免疫检验点抑制剂药物开发中。多款针对不同免疫检验点的重磅药物正在临床试验中，未来几年将有更多免疫治疗抗体上市，肿瘤治疗范围也在逐步增加（见表5）。

表5 在研免疫检验点抑制剂药物情况

靶点	名称	研发企业	肿瘤类别与临床进度
PD-1	Pidilizumab	CureTech	Melanoma、DLBCL-NHL、AML、iNHL（II）
	AMP-224	葛兰素史克（GSK）	Solid Tumors（I）
	AMP-514	阿斯利康（AZN）	Cancer（I）
	STI-A1110	SRNE	Preclinical
	TSR-042	TSRO	Preclinical
PD-L1/L2	RG7446	罗氏	NSCLC（III）、RCC（II）、Melanoma（I）
	BMS-936559	百时美施贵宝	Solid Tumors（I）
	MEDI-4736	阿斯利康	NSCLC（III）、Melanoma（II）
	MSB0010718C	MKGAY	Solid Tumors（I）
	AUR-012	Pierre Fabre Med.	Preclinical
	STI-A1010	SRNE	Preclinical
CTLA-4	Tremellmumab	阿利斯康	Mesolthelioma（I）
OX40	Anti-OX40	阿斯利康	Prostate Cancer（I）
LAG3	BMS-986016	百时美施贵宝	Preclinical

数据来源：BioMedTracker。

国内还没有免疫检验点抑制剂单抗的上市品种，上海君实的PD-1抗体于2015年1月开始申请临床实验，其他相关产品的研发尚在临床前阶段（见表6）。

表6 国内企业免疫检验点抑制剂药物研发情况

分类	公属名称	在研产品	临床试验申请时间
免疫检验点单抗	君实生物	重组人源化抗PD-1单克隆抗体注射液	2015.1.19
	中美华世通	抗人PD1单抗抑制剂的临床前及临床研究	临床前
	中山康方	用于肿瘤治疗的抗CTLA4/PD1双功能人源化抗体	临床前

分类	公属名称	在研产品	临床试验申请时间
	四川大学	抗PD-1新型抗体治疗肿瘤的临床前研究	临床前
	复旦大学	PD1/c-MET	临床前
	百济神州	PD1、PDL-1	临床前

(三) 免疫检验点抗体相关专利

课题组以全球和中国范围内免疫检验点抗体的专利申请总量为基础，通过数量的统计分析来研究免疫检验点抗体的技术发展趋势和发展特点，包括申请量的年度变化趋势、申请的来源地和目的地的国家和地区分布，以及主要申请人和技术主题分布等方面。

1. 免疫检验点抗体相关专利申请量变化趋势和分布

首先，我们考察了免疫检验点抑制剂抗体的全球和中国专利申请量随时间的变化情况（见图14、图15）。对于中国专利申请量的变化趋势，我们还进一步细化考察了国外来华的申请和国内本土申请数量的比较。

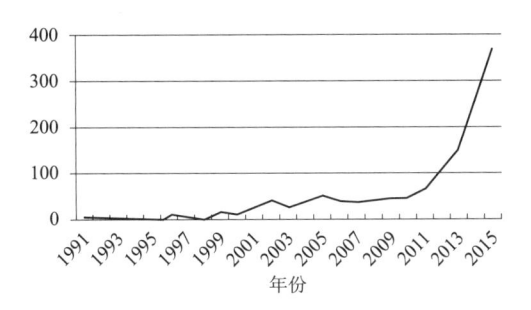

图14 免疫检验点抑制剂抗体全球专利申请量年度变化趋势

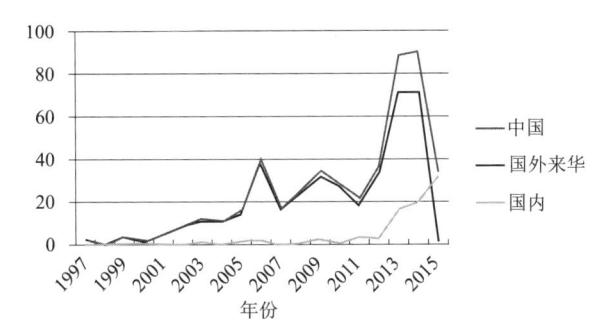

图15 免疫检验点抑制剂抗体中国专利申请量年度变化趋势

从图 14 和图 15 可以看出，免疫检验点抑制剂抗体的全球专利申请量自 2010 年后有迅猛增长，从之前的不足 100 件/年陡增至接近 400 件/年，并且仍然处于快速上升过程中，这充分表明免疫检验点抑制剂抗体是一项新兴技术和研究热点。我们认为，这一专利申请量急剧增长情况的出现与 2011 年 FDA 批准抗 CTLA-4 的单克隆抗体 Ipilimumab 的上市不无关系。而随后 2014 年针对 PD-1/PD-L1 配体的两种抑制剂抗体的成功上市，更是进一步点燃了各大企业和科研院所对于相关专利申请的热情。可以想象，在可预见的未来，随着免疫检验点相应靶点的种类、机理和病理研究进一步深入，针对不同免疫检验点和不同癌症种类的不同抗体的进一步开发和相应的专利申请在很长一段时间内仍然会保持井喷态势，直至相应的市场被彻底瓜分。此外，由于药物研发周期一般相对较长，而人们对于免疫系统的研究目前仍然不够成熟，对免疫检验点和肿瘤发生之间的关联以及阻断某个/某些免疫检验点可能带来的免疫系统的整体变化仍然不是非常清楚，导致免疫检验点抑制剂药物研发成功非常困难，因此可以预计各种免疫检验点抑制剂药物的研发将会是一个漫长的过程，而其间相应专利申请量将继续快速增长。

另外，免疫检验点抗体的中国专利申请量也增长明显，由 2000 年左右的十几件增加到接近 100 件，显示出中国是免疫检验点抑制剂抗体的一个重要市场。在 2012 年之前，中国的免疫检验点抑制剂抗体专利申请主要是国外来华的申请，国内企业和科研院所对此的相应申请量几乎为零；自 2013 年开始，本土申请量快速增长，到 2015 年已经接近中国申请总量的一半。这表明国内的企业和科研院所在 2011 年 FDA 批准抗 CTLA-4 的单克隆抗体 Ipilimumab 上市之后，对于免疫检验点抑制剂抗体的研究逐渐开始重视，也已经开始投入研究力量，试图在免疫检验点抑制剂药物这一未来前景看好的市场上分一杯羹。

接下来，我们考察了免疫检验点抑制剂抗体全球专利申请量的分布情况。

图 16 显示了 CTLA-4 和 PD-1/PD-L1 这两类免疫检验点抗体的全球专利申请量分布情况，以及其他 6 种目前研究较多的免疫检验点 OX40、4-1BB、GITR、TIM-3、LAG-3 和 VISTA 抗体的全球专利申请量分布。可以看出，免疫检验点抑制剂抗体在美国的专利布局最多，其中以 CTLA-4 的专利申请量为最多，但 PD-1/PD-L1 抗体的专利申请量与其差距并不明显，可见 CTLA-4 和 PD-1/PD-L1 均是目前研究最多的靶点。值得一提的是，在中国专利申请中，CTLA-4 抗体的专利申请量明显低于 PD-1/PD-L1 抗体，显示国内申请人更多关注后者，这可能是因为 CTLA-4 抗体 Ipilimumab 上市相对较早，其市场占有已经比较稳定，而抗 PD-1/PD-L1 的两种抗体都是 2014 年才上市，在市场发展上可能仍有空间。

相对于 CTLA-4 和 PD-1/PD-L1 而言，我们研究的其他 6 种靶点抗体申请量之和才能与前述两种靶点各自的申请量相当，显示其研究热度远远不如前二者。对此我们认为，随着 CTLA-4 和 PD-1/PD-L1 上市药物市场份额的逐渐确立和其他靶点的机

图 16 免疫检验点抑制剂抗体全球专利国家/地区分布

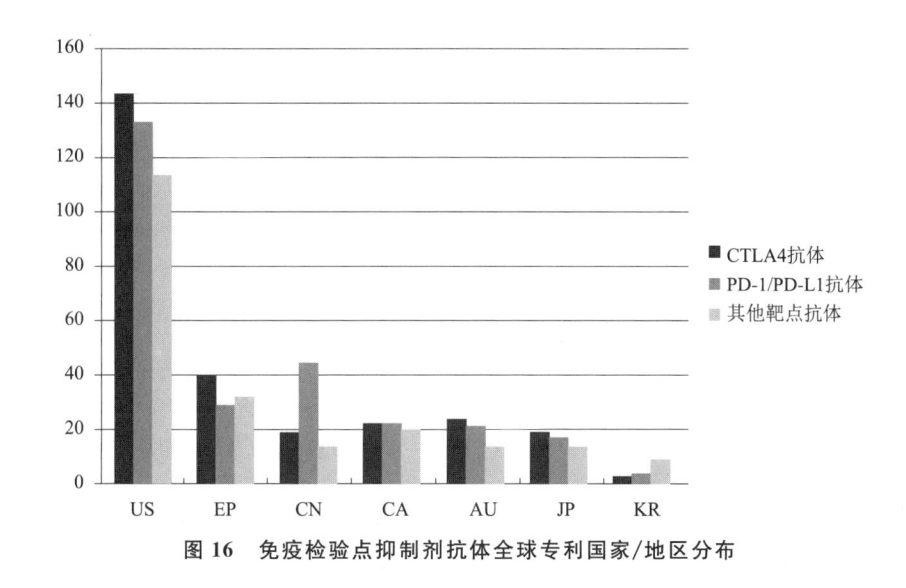

理/病理研究的进一步成熟，CTLA-4 和 PD-1/PD-L1 之外的其他免疫检验点抗体药物的研发必将快速发展，甚至其中有望出现下一批成功上市的药物。这一方面是由于市场竞争，同类药物的市场竞争必然比新型药物更为艰难；另一方面是由于免疫检验点抗体药物的自身缺陷，即目标特异性非常强，需要对适应症进行细分，造成其总体有效率并不高（每种免疫检验点抗体药物所能有效针对的患者人数不高），同时往往依赖于多种免疫检验点抗体药物的联合用药。

然后，我们考察了免疫检验点抗体全球专利的技术来源（见表 7），其中涉及了 CTLA-4、PD-1/PD-L1 和其他 6 种靶点的抗体申请来源地。从三类靶点英文专利的地区分析中可以看出美国在免疫检验点抗体领域的申请量遥遥领先，显示出美国在该领域的强大科研实力。中国目前的申请量相还对比较落后。

表 7 免疫检验点抑制剂抗体全球专利技术来源

	CTLA4	PD-1/PD-L1	其他靶点
美国	354	385	282
欧洲	63	47	57
澳大利亚	19	11	11
中国	13	37	7
日本	9	15	8
印度	5	5	0
韩国	5	4	6

2. 六种重点免疫检验点抑制剂抗体的专利申请

如前所述，目前市场上已经成功的免疫检验点抗体所针对的主要靶点有 CTLA4 和 PD-1/PD-L1，但是一方面，这两类靶点的相应抗体药物已经上市，其剩余市场容量已经相对不大；同时，由于人类免疫系统和肿瘤之间的分子水平的机理研究远远没有达到成熟，针对这两类靶点的抗体在治疗效果和适用范围方面仍然存在着很大的缺陷，因此科学家在继续努力探索人类免疫系统对肿瘤的作用机理的同时，还在不断开发新的靶点作为免疫检验点抗体的作用对象，并持续关注不同免疫检验点抗体的联合用药情况。例如，针对方兴未艾的 PD-1 靶点，Diana Romero 于 2016 年 3 月发表的文献甚至喊出了"PD-1 再见，TIM-3 你好"的口号❶。从而，在针对其他靶点的免疫检验点抗体药物方面存在着各种潜在的可能性，而目前的全球市场上相应产品仍然是空白，因此对于我国的制药企业而言存在着一定程度的机遇。因此，我们对于目前人们所认为的免疫检验点抑制剂抗体主要靶点进行了研究。

目前已知的免疫检验点种类众多，其分为共抑制分子和共刺激分子两大类，前者提供抑制免疫的共抑制信号，后者提供增强免疫的共刺激信号。对于共抑制分子类而言，除了已经存在成功上市靶向药物的 CTLA4 和 PD-1/PD-L1 两类靶点外，一些新的抑制性免疫检验点正在早期临床或临床前研究中，包括淋巴细胞活化基因-3 (Lymphocyte Activation Gene-3，LAG-3)，T 细胞免疫球蛋白和黏蛋白 3 (T cell Immuno-globulin and Mucin protein 3，TIM-3)，T 细胞活化的 V 结构域免疫球蛋白抑制剂（V-domain Immunoglobulin Suppressor of T cell Activation，VISTA）等，其中靶向 LAG-3 的抗体 BMS986016 治疗晚期实体瘤的 I 期临床研究正在进行中。靶向 TIM-3 研究表明，黑色素瘤患者中 TIM-3 与 PD-1 共同表达，且在一些实体瘤的治疗中表现出一定疗效。靶向 VISTA 的抗体在临床前研究中也显示出抗肿瘤潜力。此外，作为免疫检验点治疗领域的重要组成，靶向共刺激分子的单抗药物也逐渐进入大众视野，例如靶向 CD137/4-1BB 的单抗 PF-05082566 和 urelumab，靶向 CD27 的单抗 CDX-1127，靶向 CD40 的药物 ChiLob 7/4、dacetuzumab 和 lucatumumab，靶向糖皮质激素诱导的肿瘤坏死因子受体（Glucocorticoid-Induced Tumor necrosis Factor Receptor，GITR）的抗体 TRX518，以及靶向 CD134/OX40 的药物等都已进入临床研究阶段❷。基于目前的药物开发情况和关注程度，我们选取了 OX40、4-1BB、GITR、TIM-3、LAG-3 和 VISTA 六种免疫检验点分子进行了详细研究，其中 TIM-3、LAG-3 和 VISTA 属于共抑制分子类，OX40、4-1BB 和 GITR 属于共刺激分子类免疫检验点分子。

---

❶ Romero D. Immunotherapy：PD-1 says goodbye，TIM-3 says hello [J]. Nature Reviews Clinical Oncology，2016，13（4）：202-203.

❷ 张敏，李佳，俞德超. 单克隆抗体药物在肿瘤治疗中的研究进展 [J]. 实用肿瘤杂志，2015，30（6）：495-500.

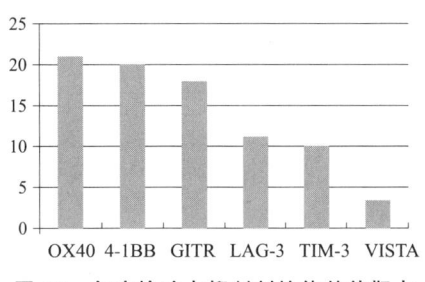

图 17 免疫检验点抑制剂抗体其他靶点

图 17 显示了除 CTLA4 和 PD-1/PD-L1 之外其他 6 种靶点的全球专利申请量的分布情况。在我们重点关注的 6 种其他靶点中，OX40、4-1BB 和 GITR 三类共刺激分子靶点的申请量之和达到了所有其他靶点申请量的 3/4，其他三类共抑制分子 TIM-3、LAG-3 和 VISTA 靶点的抗体专利申请量相对较低。

接下来，针对上述 6 种靶点 OX40、4-1BB、GITR、TIM-3、LAG-3 和 VISTA 进行了解读和梳理，考察了各靶点的申请人分布，特别是中国的专利申请状况，试图了解在这些领域各主要申请人的专利布局。

首先考察了全球范围内这 6 种靶点抗体的专利申请人分布。经统计，全球范围内针对这 6 种靶点的抗体专利申请共 77 项，申请量排名前 7 位的申请人如表 8 所示。

表 8 6 种靶点抗体相关专利的主要申请人

靶点	申请人	申请量/项
4-1BB、GITR、LAG-3	百时美施贵宝	8
4-1BB	辉瑞	4
OX40	德克萨斯大学	4
TIM-3、4-1BB、OX40	协和发酵麒麟	4
GITR、LAG-3	诺华	3
OX40	罗氏（基因泰克）	3
VISTA	达特茅斯大学	3

表 8 显示了 6 种靶点的抗体全球专利申请量排名前 7 位的申请人及其专利申请涉及的靶点和申请量。整体而言，针对这些靶点的抗体专利申请非常分散，排名最高的百时美施贵宝也只有 8 项申请，绝大部分申请人的申请量仅有 1~2 项。这表明目前该领域的药物开发尚处于起步阶段，在没有进一步的临床研究成果之前申请人还没有积极地进行外围性质的专利申请。可以预计，一旦有针对这 6 种靶点的抗体药物成功上市，这方面的专利申请量将会大幅增加。

中国专利申请中针对这6种靶点的抗体专利申请情况显示于表9中。国内对于上述6种靶点的抗体药物开发并不活跃，仅有相应的6件国内申请，其申请人主要是科研院所，如中科院、苏州大学等，而国外大型药企则已经开始在中国进行专利布局，其中包括了百时美施贵宝、默沙东、辉瑞、葛兰素史克等巨头企业。对此，课题组认为，目前国内制药企业在该领域可以尝试开始投入，或者联合科研院所进行一定的初步临床研究，或者开发相应的抗体并尽早申请专利，争取在未来的免疫检验点抗体药物领域占有一席之地。

表9 中国专利申请中针对6种靶点的抗体专利申请

申请号	申请人	靶点	法律状态
97198565	布里斯托尔-迈尔斯斯奎布公司	4-1BB	视撤
03807877	莱顿大学医学中心	4-1BB	驳回
03812095	特鲁比昂药品公司	4-1BB	视撤
200480029775	布里斯托尔-迈尔斯·斯奎布公司	4-1BB	授权
200780038601	斯克利普斯研究院	4-1BB	视撤
200880124203	生物医学工程应用医药研究中心有限公司；国家卫生和医药研究所	4-1BB	视撤
200910157592	中国科学院生物物理研究所	4-1BB	授权
201180054004	辉瑞公司	4-1BB	授权
201610034818	辉瑞公司	4-1BB	未决
200480017401	WYETH公司；由卫生与公众服务部代表的美利坚合众国政府	GITR	视撤
200680006891	根茨美公司	GITR	视撤
200680018394	托勒克斯股份有限公司	GITR	驳回
200880106968	托勒克斯股份有限公司	GITR	视撤
200980134895	新兴产品开发西雅图有限公司	GITR	驳回
200980136139	国立大学法人三重大学；宝生物工程株式会社	GITR	授权
201080049756	先灵公司	GITR	未决
201310021575	中国科学院上海巴斯德研究所	GITR	授权
201410047532	默沙东公司	GITR	未决
201480046383	默沙东公司	GITR	未决
200980139549	梅达雷克斯有限责任公司	LAG-3	授权

续表

申请号	申请人	靶点	法律状态
201380035443	百时美施贵宝公司	LAG-3	未决
201410132483	梅达雷克斯有限责任公司	LAG-3	未决
201480028079	葛兰素史克知识产权开发有限公司	LAG-3	未决
200510038729	苏州大学	OX40	授权
200680044085	麒麟医药株式会社；拉霍拉敏感及免疫学研究所	OX40	授权
200880120734	布里斯托尔-米尔斯·斯奎布公司；辉瑞大药厂	OX40	授权
201180051223	德克萨斯州立大学董事会	OX40	授权
201210393680	苏州丁孚靶点生物技术有限公司	OX40	授权
201280052153	德克萨斯州立大学董事会	OX40	未决
201280056242	比奥塞罗克斯产品公司	OX40	未决
201480028619	比奥塞罗克斯产品公司；杨森制药公司	OX40	未决
201110407008	中国人民解放军军事医学科学院基础医学研究所	TIM-3	授权
201180028878	协和发酵麒麟株式会社；国立大学法人九州大学	TIM-3	未决
201410006645	苏州大学	TIM-3	驳回
201180025788	达特茅斯大学理事会	VISTA	未决
201380043664	达特茅斯大学理事会；伦敦国王学院	VISTA	未决
201380058195	达特茅斯大学理事会；伦敦国王学院	VISTA	未决

3. Pembrolizumab（商标名 Keytruda®）概述

（1）Pembrolizumab 简介

在已经上市的几种免疫检验点抗体中，我们选取了首个上市的 PD-1 单抗——Pembrolizumab 作为研究对象进行深入研究。Pembrolizumab 是一种针对 PD-1 的人源化 IgG4 抗体，由 Organon Biosciences 公司的 Gregory Carven、Hans van Eenennaam 和 John Dulos 等人发明，MRC Technology 于 2006 年对其进行了人源化改造❶。后来，

---

❶ Pembrolizumab. From Wikipedia, the free encyclopedia [EB/OL]. [2016-12-18]. https：//en. wikipedia. org/wiki/Pembrolizumab.

Pembrolizumab 由 Merck 公司生产和销售。在其审批过程中，至 2016 年 4 月为止，Pembrolizumab 共获得了由 FDA 批准的针对包括晚期黑色素瘤、晚期非小细胞肺癌、晚期结直肠癌、复发性或难治性经典型霍奇金淋巴瘤（cHL）的 4 个突破性疗法认定，并成功地于 2014 年获得 FDA 批准用于与 Ipilimumab 联用治疗黑色素瘤，2015 年 FDA 批准用于治疗非小细胞肺癌，2016 年 FDA 加速批准用于治疗头颈癌。EvaluatePharma 预测 Pembrolizumab 的销售额在 2020 年将达 55 亿美元之巨。

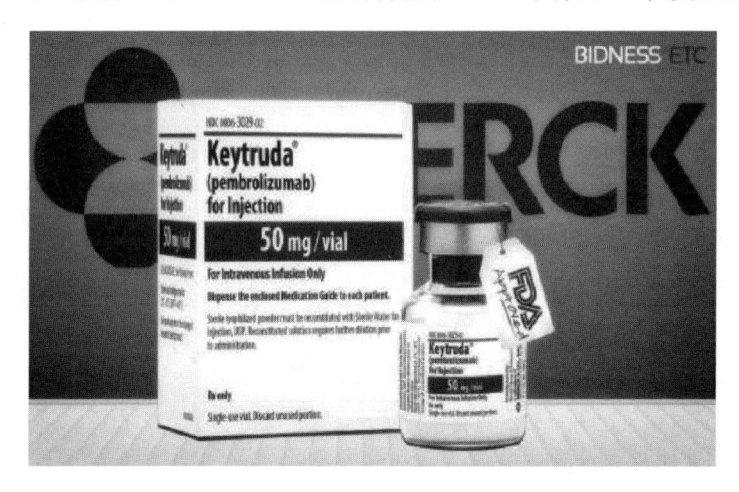

与靶向抗癌药物不同，Pembrolizumab 这类肿瘤免疫药物通过 T 细胞发挥抗癌作用，并不局限于某一特定类型的肿瘤，具有广谱抗癌的潜质。默沙东针对 Pembrolizumab 的临床开发计划包括 30 种以上的肿瘤类型以及超过 250 个临床试验，其中有超过 100 项临床试验用于评估 Pembrolizumab 联合其他癌症治疗方法的临床效果。目前已登记的 Pembrolizumab 临床试验包括黑色素瘤、非小细胞肺癌、头颈部癌、膀胱癌、胃癌、结直肠癌、食管癌、乳腺癌、卵巢癌、霍奇金淋巴瘤、非霍奇金淋巴瘤、多发性骨髓瘤等，其他癌症项目正在进一步计划当中。

课题组试图通过对其在市场和专利两个维度的发展历史进行对照研究，考察专利申请和药物研发之间的联系，并关注针对该药物的专利布局策略。

（2）Pembrolizumab 的专利布局和市场事件

课题组考察了 Pembrolizumab 在研发过程和上市过程中进行的专利布局以及相应的市场事件，并按照时间线对其进行了排序，以从中获得该产品的时机把握和申请主题等方面专利布局信息。我们还进一步考察了该产品的相关专利申请（包括核心专利和外围专利）的整体情况以及其在中国的专利布局情况，以为国内相关企业和研发机构提供参考。

课题组首先对 Pembrolizumab 在研发过程和上市过程中进行的专利布局以及相应的市场事件进行了梳理，如图 18 所示。

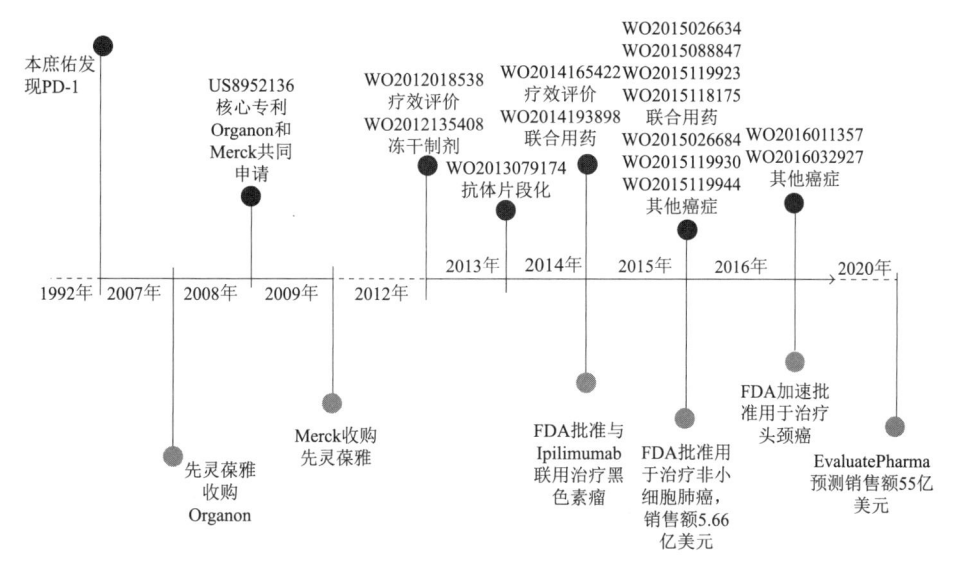

抗肿瘤抗体药物专利技术现状及其发展趋势 311

图 18 Pembrolizumab 相关专利和市场事件

Pembrolizumab 的发明发生在 1992 年本庶佑教授发现 PD-1 的分子机制后十几年，其最早研发是在 Organon 进行的，默沙东作为共同申请人在 2008 年参与了其核心专利的申请。随着一步的市场并购活动，默沙东掌握了 Pembrolizumab 的全部知识产权，并对其进行了进一步的开发，最终成功于 2014 年获得 FDA 批准上市。而从该药物在 FDA 的批准情况与相关专利申请进行的对比可以看出，在批准上市前默沙东主要针对抗体药物本身结构、其制剂和疗效评价等方面申请专利，而在获得批准其中一个用途前后大量进行涉及联合用药和其他适应症拓展方面的专利申请。

上述专利申请和上市审批过程从一个侧面体现了药物研发和专利申请的规律。药物的研发和审批周期较长，需要巨额投入并面临着非常高的风险，因此在核心专利申请后往往会暂缓外围专利的相关申请，直至有希望通过上市审批前后才进行其他外围专利申请，从而变相延长药物专利的保护周期。另外，前述专利布局也是由免疫检验点抑制剂抗体的作用机制决定的。免疫检验点抑制剂抗体并不是针对某一种类的肿瘤，而是通过刺激免疫系统攻击肿瘤细胞达到治疗目的，因此从某种意义上说，针对一种免疫检验点的抗体能够治疗或辅助治疗所有涉及该检验点的肿瘤，这也造成了一种免疫检验点抑制剂抗体的适应症可以有非常多的种类。例如，如前所述，默沙东对于 Pembrolizumab 计划进行 30 种以上的肿瘤类型的临床试验。在多种肿瘤类型都存在可观的目标市场的情况下，成功上市后密集进行涉及多种适应症的专利申请也就不足为奇了。

随后，课题组对该产品的相关专利申请的整体情况以及其在中国的专利布局情况进行了详细考察。根据默沙东公司的产品信息，Pembrolizumab 的核心专利是美国专利 US8354509 和 US8900587，二者是同族专利，其中前者是抗体结构专利，其授权的权利要求 1 涉及用轻链和重链 6 个 CDR 限定的抗体分子，后者是组合物专利，其授权的权利要求 1 涉及前述抗体分子的相应药物组合物。

前述核心专利在国内已经获得授权的同族专利 ZL 200880103544.3 的权利要求 1 如下：

权利要求 1. 结合人 PD-1 且包含轻链 CDRs SEQ ID NOs：15、16 和 17 以及重链 CDRs SEQ ID NOs：18、19 和 20 的分离的抗体或抗体片段，其中所述抗体片段选自 Fab、Fab′、Fab′-SH、Fv、scFv、F（ab′）$_2$ 和双抗体，且其中所述抗体或抗体片段阻断人 PD-L1 和人 PD-L2 与人 PD-1 的结合。

Pembrolizumab 的核心专利是典型的抗体专利，其主要权利要求涉及抗体分子结构，以轻链和重链 6 个 CDR 表征。此种权利要求的保护范围相对稳定，并且能够较好地保护以所述抗体作为主要活性成分的抗体药物。

然后，我们考察了默沙东关于 Pembrolizumab 申请的外围专利情况（见表 10）。

表 10 Pembrolizumab 的外围专利

主题	公开号	内容概述	中国同族
疗效评价	WO2012018538	评价用 PD-1-PD-L1 阻断剂治疗的哺乳动物受试者中 PD-1 阻断效果的方法，包括检测血样中细胞因子的表达并与对照进行比较	无
	WO2014165422	对肿瘤样品中 PD-1 表达进行评分，包括从样品获得组织切片，检查组织切片中的癌巢，并对组织切片指定修饰的 H 分值和修饰的比例分值	无
	WO2015088930	对肿瘤样品指定 PD-1-PD-L1 近似分值，包括获得组织图像，定义兴趣区（ROI），跨 ROI 创建几个子区域，并计算子区域的百分比	无
冻干制剂	WO2012135408	抗-人 PD-1 抗体或其抗原结合片段的低压冻干的制剂，其包含：a) 所述抗-人 PD-1 抗体或其抗原结合片段；b) 组氨酸缓冲液；c) 聚山梨酯 80；d) 蔗糖。	CN103429264，未决
抗体片段化	WO2013079174	抗 PD-L1 抗体或其抗原结合片段，具体为所述抗体的分离的重链可变区多肽	CN103987405，未决

续表

主题	公开号	内容概述	中国同族
联合用药	WO2014193898	包含 PD-1 拮抗剂和 trametinib 和/或 dabrafenib 的联合治疗，用于治疗癌症例如晚期黑色素瘤	无
	WO2015026634	包含 PD-1 拮抗剂和 CDK 抑制剂 dinaciclib 的联合治疗，用于治疗癌症，特别用于治疗表达 PD-L1 的癌症	CN105451770，未决
	WO2015088847	包含 PD-1 拮抗剂和 VEGF 受体抑制剂 pazopanib 的联合治疗，用于治疗癌症	无
	WO2015119923	包含 PD-1 拮抗剂和 4-1BB 激动剂的联合治疗，用于治疗癌症	无
	WO2015118175	包含人转化生长因子 β-RII 和 PD-1 抗体的蛋白及其用于治疗癌症的用途	无
其他适应症	WO2015026684	治疗增殖性疾病特别是结肠癌和膀胱癌的方法，具体地，提供了使用 GITR 激动剂和 PD-1 拮抗剂的联合治疗	CN105492463，未决
	WO2015119930	治疗癌症特别是肾细胞癌的方法，具体地，提供了使用 PD-1 拮抗剂和 VEGF 受体抑制剂的联合治疗	无
	WO2015119944	治疗癌症特别是膀胱癌和乳腺癌的方法，具体地，提供了使用 PD-1 拮抗剂和吲哚胺 2,3-二氧化酶 1 抑制剂的联合治疗	无
	WO2016011357	治疗前列腺癌的方法，具体地，提供了使用 PD-1 拮抗剂和基于利斯特菌的疫苗的联合治疗	无
	WO2016032927	治疗癌症特别是膀胱癌和乳腺癌的方法，具体地，提供了使用 PD-1 拮抗剂和间变性淋巴瘤酶抑制剂 crizotinib 的联合治疗	无

表 10 显示了 Pembrolizumab 的外围专利的主题、公开号、主要内容和中国同族等情况，从表中可以看出，默沙东已经对 Pembrolizumab 针对多种癌症的治疗提出了专利申请，包括结肠癌、膀胱癌、前列腺癌、乳腺癌、肾细胞癌等，且其中涉及了

与多种现有抗癌药物的联合给药方案，包括 VEGF 受体抑制剂、吲哚胺 2,3-二氧化酶 1 抑制剂、间变性淋巴瘤酶抑制剂等常规抗癌药物，和 GITR 激动剂等肿瘤免疫治疗药物等。此外，Pembrolizumab 在中国目前的专利布局并不是很多，且均处于申请未决状态。

（3）Pembrolizumab 的专利纠纷

几乎每一种成功的上市药物背后都存在着漫长且昂贵的专利纠纷，Pembrolizumab 也不例外。2015 年 7 月 7 日，美国百时美施贵宝有限公司（Bristol-Meyer-Squibbs Co.,）及其子公司 E. R. Squibb & Sons, L. L. C 在美国特拉华州联邦地方法院对美国默沙东公司（Merck Sharp & Dome；在美国及加拿大称为 Merck & Co）发起专利侵权诉讼，控告默沙东的新药 Pembrolizumab（商标名：Keytruda®）侵害 US 9 073 994 专利（'994 专利）❶。'994 专利的专利权人包括了 PD-1 分子机制的发现者京都大学教授本庶佑，而百时美施贵宝则拥有此专利权的独占实施许可。2014 年，百时美施贵宝成功上市了一种抗 PD-1 单克隆抗体——Nivolumab（商标名：Opdivo®），Nivolumab 的上市时间仅仅比 Pembrolizumab 稍晚了几个月，是 Pembrolizumab 最主要的竞争对手，目前其全球市场份额与 Pembrolizumab 基本相当。因此二者之间存在着非常激烈的市场竞争，专利诉讼自然是一项重要手段。

'994 专利是有关利用一种抗 PD-1 的单克隆抗体或人源化抗体治疗黑色素瘤的方法，其授权的权利要求 1 的译文如下：

权利要求 1. 一种治疗转移性黑色素瘤的方法，包括对患有转移性黑色素瘤的人静脉内给药有效量的组合物，所述组合物包含人或人源化抗 PD-1 单克隆抗体和增溶剂的溶液，其中所述组合物的给药治疗该人的黑色素瘤。

事实上，默沙东与百时美施贵宝在 PD-1 免疫途径领域的全球知识产权战役早已在 2011 年就已经开始：默沙东于 2011 年 6 月即已在欧洲专利局（EPO）针对日本小野药品在抗 PD-1 抗体领域的另一欧洲专利 EP1537878（'878 专利），"具有免疫增强效果的组合物"提出专利异议（Opposition）程序，主张 '878 专利无效，'878 专利和前述的 '994 专利属于同族专利，其专利内容和 '994 专利相似。其中，默沙东主张：'878 专利的优先权主张不成立，从而相对于现有技术不具备新颖性和创造性，同时其说明书公开不充分，所属技术领域的技术人员不能实施。欧洲专利局于 2014 年 6 月驳回了默沙东的异议，判定 '878 专利有效。默沙东接着于 2014 年 5 月在英国针对 '878 专利提起专利撤回（revocation）程序。作为回击，百时美施贵宝也随后主张默沙东的 Pembrolizumab 侵害 '878 专利，且于 2015 年 7 月 7 日在美国特拉华州联邦地方法院以 '994 专利对默沙东发起专利侵权诉讼，目前该案件尚在审理过程中。

---

❶ 苏佑谆. BMS VS 默沙东：PD-1 明星药物 Opdivo 与 Keytruda 的全球专利之战 [EB/OL]. [2015-10-21]. http://www.biodiscover.com/news/industry/122688.html.

虽然 Pembrolizumab 被诉侵权案件目前胜负未知，但是该专利纠纷的整个过程仍然能够给我们带来一定的启发：

首先，该案件是典型的在先的机理性发明和在后的具体药物发明之间的专利之争。'994 专利是基于 PD-1 分子机制的科学发现形成的，其原创性非常高，因此获得的授权范围相对宽泛。从授权的权利要求 1 可以看出，其中以类似功能性限定的方式涵盖了所有的人或人源化抗 PD-1 单克隆抗体的治疗应用，在理论上对所有在后发明的所有抗 PD-1 单克隆抗体都构成排他权和专利壁垒。这种专利权在药物发明领域非常常见，也是所有利用已有现有科学发现和分子机制开发新药的企业所必须面临的挑战。对于此类专利，在后药物研发企业通常采用的策略是反诉其无效，例如基因泰克在其明星药物赫赛汀®（Herceptin®）的专利侵权纠纷中即成功证明关于其药物靶标 HER2 的机理性的在前单克隆抗体专利无效❶。虽然默沙东的类似努力目前并未成功，但是这一举动在目前的专利体制下是有着非常积极的意义的。

其次，对于重要专利，应当密切关注其同族专利信息，排查专利风险，并在不同地区合理利用当地的法律制度和行政程序保护自己的权益。例如在前述案例中，默沙东即试图首先在欧洲利用其异议和撤回等耗时短、费用低的行政程序先发制人，主张竞争对手核心专利在欧洲的同族专利无效。这种尝试由于其投入相对较低、收益非常巨大而备受在后发明人所青睐。对于国内制药企业而言，特别是在原创程度相对不高的情况下，更应该努力关注自己领域的重要专利及其同族和外围专利所形成的专利壁垒，在有必要或者有可能的情况下利用不同地区的专利制度进行差异化处理，以最大程度地规避侵权风险。

（四）小结

免疫检验点抑制剂抗体是一种新型的抗癌药物，其适用范围广，疗效明显，具有广阔的市场前景，是目前抗肿瘤药物领域的研究热点。我们考察了免疫检验点抑制剂抗体的专利申请概况，进一步分析了主要免疫检验点类型的抗体专利申请情况，特别是目前尚无成功上市药物的 6 种免疫检验点分子的抗体专利申请。还考察了 Pembrolizumab 的专利布局及其重要市场事件和侵权纠纷等。

目前成功上市的免疫检验点抗体药物包括抗 CTLA-4 抗体（Ipilimumab）与抗 PD-1 抗体（Nivolumab 和 Pembrolizumab），针对其他靶点的抗体药物尚处于临床研发阶段。免疫检验点抑制剂抗体相关专利的申请量自 2010 年后呈爆发性增长，目前正处于快速增长阶段。美国是免疫检验点抑制剂抗体药物开发方面的绝对领导者，中国目前在该领域投入的力量和相关专利申请尚显不足，建议国内相关企业针对目前尚

---

❶ 凯龙诉基因泰克（Chiron Corp. vs. Genetech Inc.），美国加利福尼亚东区地方法院，诉讼号 NO. CIV. S-00-1252. 亦可参见杨铁军主编，《产业专利分析报告（第 28 册）——抗体药物》，知识产权出版社 2014 年 5 月第 1 版，第 238-241 页.

无产品成功上市的几种免疫检验点抗体领域适度进行研发投入或与科研院所合作申请专利。在专利申请和布局方面，可以参考 Pembrolizumab 的专利布局策略，即核心专利申请后暂缓外围专利的申请，并在有希望上市前后进行联合用药及其他适应症方面的专利申请。在专利侵权纠纷方面，应当密切关注重要专利的同族专利信息，排查专利风险，并在不同地区合理利用当地的法律制度和行政程序保护自己的权益。

四、结论

（一）抗肿瘤抗体药物专利情况总览

1. 抗肿瘤抗体药物全球专利概况

（1）20 世纪末全球专利申请量猛增，近十几年高位稳定发展，美国占有绝对技术优势，中国尚在起步阶段

自 1995 年开始，抗肿瘤抗体药物的全球专利申请量迅猛增长，至 2001 年达到顶峰（2915 项），此后 2002—2014 年间每年的专利申请量稳定在 2400 项左右。来自美国的专利申请量占全球专利申请总量的接近 2/3，显示出美国在该领域的研发占有绝对优势。我国在抗肿瘤抗体药物领域的研发起步较晚，申请量仅占全球专利总申请量的 5%，但我国在该领域的技术发展势头较好，2008—2010 年的年申请量维持在 153 项左右，2011 年开始年申请量均在 200 项以上。

（2）罗氏、葛兰素史克、诺华和默沙东等大型跨国药企积极研发和专利布局

基因泰克公司的全球专利申请量最多，而该公司已于 2009 年被瑞士医药巨头罗氏制药公司收购，加之罗氏原有在该领域的专利申请，罗氏公司无疑在抗肿瘤抗体药物领域的全球专利布局最多，实力强劲。另外，史密丝克莱恩比彻姆公司（属于葛兰素史克）、诺华和默沙东等大型跨国药企在该领域的全球专利申请量都位居前列，表明全球知名的跨国药企都在抗肿瘤抗体领域进行了大量的研发投入，并且积极寻求全球专利布局。

（3）美国、日本、欧洲和中国是抗肿瘤抗体药物的主要目标市场

对申请人而言美国是一个巨大的目标市场。此外，日本、欧洲和中国的市场前景都比较广阔，是大多数申请人认为需要进行专利布局的关键地区。

2. 抗肿瘤抗体药物中国专利概况

（1）中国专利申请量本世纪逐年上升，国外来华专利申请比重大，以美国为主

1985—2015 年，抗肿瘤抗体药物领域的中国专利申请共计 9761 件，呈现逐年上升的趋势，特别是本世纪以来，专利申请量保持稳步增长，其中 7196 件为国外来华申请，可见国内在该技术领域的起步较晚。而国外来华的专利申请中，美国占有绝对的技术优势，也表明美国是我国最主要的竞争国。

（2）罗氏公司是重要国外来华申请人，国内申请人以大学为主

罗氏公司和基因泰克公司（已被罗氏收购）在中国的专利申请量遥遥领先，印证了罗氏公司是抗肿瘤抗体领域的巨头，并且十分看重中国市场。国内主要申请人均为

大学,其中复旦大学的申请量达到了 48 件,也表明中国在该领域的产业化程度不高。

3. 抗肿瘤抗体重要产品的中国专利情况

(1) 美罗华 Rituxan(利妥昔单抗,Rituximab)

关于美罗华 Rituxan(利妥昔单抗,Rituximab)的 5 项中国专利均已超过保护期,这些专利可以作为现有技术应用或者在面临专利纠纷时,作为现有技术抗辩资料(具体专利参见表 3)。

(2) 赫赛汀 Herceptin(曲妥珠单抗,Trastuzumab)

关于赫赛汀 Herceptin(曲妥珠单抗,Trastuzumab)的中国专利,主要涉及冻干蛋白质制剂,并且大部分已经超过保护期或临近保护期。国内企业或研究机构可以考虑将其作为现有技术使用或在面临专利纠纷时作为现有技术抗辩资料。另外有两项关于皮下抗 HER2 抗体配制剂的中国专利(申请)尚在有效期或权利未决,应当注意规避或持续关注专利审查结果(具体专利参见表 3)。

(3) 阿瓦斯汀 Avastin(贝伐珠单抗,Bevacizumab)

关于阿瓦斯汀 Avastin(贝伐珠单抗,Bevacizumab)的多项专利申请的权利要求是类似的,但授权文本的保护范围则是层次不同、各有侧重。到 2018 年 4 月 3 日,这些专利将到期(具体参见表 3),中国企业的相关研究或仿制可以在适当时候启动。

4. 免疫检验点抗体相关专利情况

(1) 近几年全球和中国专利申请量猛增,2013 年后国内申请从无到有增长迅速

免疫检验点抑制剂抗体的全球专利申请自 2010 年后有迅猛增长,陡增至接近 400 件/年,并仍处于快速上升过程,表明免疫检验点抑制剂抗体是一项新兴技术和研究热点。中国的专利申请量也增长明显,已增加到接近 100 件/年。2012 年之前,中国的专利申请基本是国外来华申请。自 2013 年开始,国内申请快速增长,到 2015 年已经接近中国申请总量的一半。

(2) 在美专利布局最多,CTLA-4 和 PD-1/PD-L1 靶点是研究重点和热点,国内申请人更关注 PD-1/PD-L1 靶点

免疫检验点抑制剂抗体在美国的专利布局最多,以 CTLA-4 靶点的专利申请量最多,但 PD-1/PD-L1 靶点的专利申请量与其差距不明显,可见 CTLA-4 和 PD-1/PD-L1 均是目前研究最多的靶点。中国的专利申请中,PD-1/PD-L1 靶点的专利申请量明显多于 CTLA-4 靶点,显示国内申请人更多关注 PD-1/PD-L1 抗体。

(3) OX40、4-1BB 和 GITR 靶点的专利申请量明显高于 TIM-3、LAG-3 和 VISTA 靶点,上述六类靶点的全球重要申请人为百时美施贵宝,国外药企已在中国进行专利布局,国内专利申请少

关于 6 种重要靶点 OX40、4-1BB、GITR、TIM-3、LAG-3 和 VISTA,全球相

关专利申请共 77 项，但排名最高的百时美施贵宝也只有 8 项申请，绝大部分申请人的申请量仅有 1~2 项。百时美施贵宝、默沙东、辉瑞、葛兰素史克等已经就上述六种靶点的抗体在中国进行专利布局，但国内相关申请仅有 6 项。

（4）Pembrolizumab 的核心专利为轻重链 6 个 CDR 限定的抗体分子和抗体组合物，同族专利已在中国授权；外围专利涉及抗体改进、制剂、联合用药和拓宽适应症等，在中国多状态未决

Pembrolizumab 的核心专利是美国专利 US8354509 和 US8900587，前者是抗体结构专利，涉及用轻重链 6 个 CDR 限定的抗体分子，后者是组合物专利，涉及前述抗体分子的相应药物组合物。核心专利的中国同族专利已经获得授权，专利保护范围相对稳定。Pembrolizumab 的外围专利主要涉及抗体片段、制剂、联合用药以及拓宽适应症等，在中国的专利布局并不多，且多处于申请未决状态。

（二）抗肿瘤抗体药物的发展趋势分析和建议

1. 抗肿瘤抗体药物领域在本世纪迅猛发展的势头仍将保持，中国在该领域的研发起步晚，产业化程度低，应当进行政策扶持，加大科研投入和增强全球重要市场的专利布局

抗肿瘤抗体药物的全球专利申请量近十几年均保持在每年 2000 件以上，表明这个领域的各方研发投入很大，技术持续迅猛发展。结合抗肿瘤抗体药物的巨大市场收益和需求以及已有的重大技术突破，能够合理预测，抗肿瘤抗体药物领域在未来相当长的时间内，还将显示蓬勃向上的发展势头。

美国在抗肿瘤抗体药物领域占有绝对的技术优势，中国在该领域的技术起步较晚，即使在中国市场的专利布局中，也是由罗氏、诺华和默沙东等跨国药企巨头占据主要地位。抗肿瘤抗体药物领域，国内专利申请人以大学为主，企业所拥有的专利不多，该领域在我国的产业化程度较低，并且抗体药物的研发周期很长，研发投入也很多。随着专利保护对市场影响的加深，我国抗肿瘤抗体市场将面临较大风险和挑战。政府应当从政策层面上给予国内企业更大的扶持力度，通过减免税收等鼓励手段，尽量引导国内资本进入抗肿瘤抗体研发领域。也应当加大知识产权宣传力度，适当资助企业积极在中国和全球重要市场进行相关的专利布局。

2. 三种单抗销售王利妥昔、曲妥珠和贝伐珠的相关专利过期或邻近过期，中国国内的仿制和研发改进可适时开展

利妥昔、曲妥珠和贝伐珠均为罗氏公司产品，三药的销售额总计 200 多亿美元，占全球销售前 10 的抗肿瘤药物的近三成销售额。通过对上述三药的相关专利进行梳理发现，很多相关专利已过保护期或保护期邻近。由于我国抗肿瘤抗体研究起步晚，基础差，因此国内企业可以在适当时候开展对上述三药的仿制和研发改进。另外，这些专利除了可以作为现有技术使用，还可以为其他的研究和市场活动提供现有技术抗辩资料。

3. 免疫检验点抑制剂抗体代表了抗肿瘤抗体药物领域的研究热点和发展趋势，CTLA-4 和 PD-1/PD-L1 靶点是研究重点，国内相关研究和专利布局已经起步，应当加强产学研合作，加快临床试验和产业化步伐，争取抢占部分市场

无论是全球还是中国，关于免疫检验点抑制剂抗体的专利申请量都自 2010 年后迅猛增长，并且仍处于快速增长期，免疫检验点抑制剂抗体为肿瘤治疗带来了无限曙光，是抗肿瘤抗体药物领域的研究热点和发展趋势。其中绝大部分专利申请涉及 CTLA-4 和 PD-1/PD-L1 靶点，目前上市的三款药物也涉及以上两种靶点，当前的研究力量仍在上述两个靶点上投入最多，预计未来关于以上两个靶点可能出现新药物或在联合用药以及适应症的拓宽上出现新进展。

国内关于免疫检验点抑制剂抗体的研究和专利布局已经起步，但目前只有上海君实的 PD-1 抗体于 2015 年 1 月开始申请临床实验，其他产品的研发尚在临床前阶段。因此，对于免疫检验点抗体药物这样的新兴领域，国内应当加强科研单位和企业间的合作，推动临床试验的开展，简化审批流程，尽快推动产业化进程，力争抢占部分市场，特别是中国市场的空间。

4. OX40、4-1BB、GITR、TIM-3、LAG-3 和 VISTA 靶点的免疫检验点抑制剂抗体专利风险不大，OX40 和 LAG3 靶点显示希望，TIM-3 和 VISTA 靶点专利布局相对空白，国内应适当关注以上新靶点，创制新药物和布局专利

CTLA-4 和 PD-1/PD-L1 靶点之外，OX40、4-1BB、GITR、TIM-3、LAG-3 和 VISTA 靶点有一定的研究。目前，关于 OX40 和 LAG3 靶点，已经有药物进入临床试验，可能未来会有相关新药物上市，是比较有希望的免疫检验点抑制剂抗体的靶点，而 TIM-3 和 VISTA 靶点的专利布局相对是空白的。总体来说，关于 OX40、4-1BB、GITR、TIM-3、LAG-3 和 VISTA 靶点的专利风险不大，国内应当对上述靶点有所关注和研发投入，尝试新药物的创制，如有新的发现或成果，应当积极进行专利布局，构建专利保护池。

5. Pembrolizumab 核心专利已在中国授权，外围专利多处于未决状态，国内企业应关注其审批结果，并学习其专利保护策略，根据技术发展和市场事件合理构建核心技术的专利保护池

Pembrolizumab 于 2014 年获得 FDA 批准上市。在批准上市前默沙东主要针对抗体药物本身结构、其制剂和疗效评价等方面申请专利，而在获得批准一个用途前后，大量申请涉及联合用药和其他适应症拓展方面的专利。Pembrolizumab 核心专利已经在中国授权，但外围专利多处于未决状态，国内企业应适当跟踪关注其审批结果，明晰专利风险，并寻找可以作为现有技术应用的可能。另外，国内企业应当学习相应的专利保护策略，结合技术发展和市场情况，对其自身开发研究的核心技术，一定要合理构建专利保护池，通过渐进式关联性专利申请的方式，延长专利生命期。

稀土发光材料专利技术现状及其发展趋势

张丹　张春艳❶　狄延鑫❶　曹雪娇❶

（国家知识产权局专利局化学发明审查部）

一、引言

照明对人类活动有着重要影响。但是直到19世纪晚期，爱迪生发明白炽灯后，现代意义上的电光源照明才得以实现。而电灯从发明至今，共经历了四大阶段：白炽灯、高压气体放电灯、荧光灯和白光LED。白光LED是指用半导体发光二极管作为光源的照明，又称固态照明，其具有环保、节能、寿命长、效能高等优点，是21世纪最具发展前景的照明光源。而稀土发光材料是目前最广泛使用的荧光灯以及最具发展前景的白光LED的重要组成部分，发光材料的发展对于荧光灯和白光LED的进一步广泛应用具有非常重要的影响。

（一）白炽灯

白炽灯是利用电流将灯丝加热，通过灯丝热辐射发出可见光的电光源。常用的白炽灯是以钨丝作为灯丝材料，钨丝的熔点很高，但由于在高温下使用，钨原子仍会蒸发成气体，并在灯泡的玻璃内表面上沉积，从而使灯泡发黑。随着灯丝的不断升华，会逐渐变细，最后断开，一只灯泡的寿命也就结束了。在所有的电光源照明灯中，白炽灯的效率最低，大部分电能都以热的形式散失了，并且其寿命也很短，因此目前世界各国正在逐渐减少和限制白炽灯的使用。

（二）高压气体放电灯

高压气体放电灯也称为重金属灯，是在水晶石英玻璃管中填充以氙气与碘化物等惰性气体为主要成分的多种化学气体，通过增压器将12V直流电瞬间增至23 000V，经过高压振幅激发氙气电子游离，在两个电极之间产生电源，即气体放电。其亮度和寿命均优于传统白炽灯。

（三）荧光灯

荧光灯又称日光灯。由美国通用电子公司的伊曼于1938年研制成功。荧光灯可

---

❶ 张春艳、狄延鑫、曹雪娇贡献等同于第一作者。

以说是室内照明方向非常重要的发明。目前全球室内照明绝大多数使用的都是日光灯。荧光灯通常是由灯头、阴极和玻璃管组成,在玻璃管的内壁上涂有荧光粉,并在灯管内封装水银蒸汽和惰性气体,通过灯管两点的电极引发高压放电,激发汞蒸气发射紫外光,从而激发荧光粉转换为可见光。因此荧光粉的性能直接决定了荧光灯的特性。普通荧光灯中使用的荧光粉主要是卤磷酸盐荧光粉,卤磷酸盐荧光粉从发现至今经过 70 多年的研究,其发光效率已接近理论值。

节能灯又称为稀土三基色紧凑型荧光灯,顾名思义其是通过激发三基色荧光粉实现照明的。节能灯在 20 世纪 70 年代诞生于荷兰菲利浦公司,在达到同样的光输出量的前提下,节能灯的用电量只有白炽灯的 1/5～1/4,因此大大节省了能源。节能灯中最早使用的三基色荧光粉是 1974 年由菲利浦公司首先合成的绿粉(Ce,Tb)$MgAl_{11}O_{19}$、蓝粉 $(Ba, Mg, Eu)_3Al_{16}O_{27}$ 和红粉 $(Y, Eu)_2O_3$。

(四)白光 LED

白光 LED 的出现是 LED 从标识功能向照明功能跨出的实质性一步,它是利用半导体 PN 结电致发光制成的发光器件。目前,白光 LED 的制备技术主要有以下三种。

1. 多芯片白光 LED。基于三基色原理,利用红、绿、蓝三基色 LED 芯片合成白光。

2. 利用紫外 LED 激发三基色荧光粉,由荧光粉发出的光合成白光。

3. 利用蓝光 LED 激发黄色荧光粉,实现二元混色白光。1993 年日本日亚化学公司率先在蓝色氮化镓(GaN)LED 技术上取得突破,于 1996 年将发射黄光的 YAG:Ce 作为荧光粉,涂在发射蓝光的 GaN 二极管上,成功制备出白光 LED。这也是目前唯一市场化的白光 LED 器件。

节能照明工程和平板显示工程都是我国重点支持和优先发展的高新技术领域,它们都离不开稀土发光材料。随着我国市场经济的日益成熟,我国稀土企业也非常重视技术进步,并且利用我国自身的稀土资源优势,已经发展成为稀土发光材料生产大国。但是目前我国荧光粉的质量与国外领先水平相比还存在较大的差距,主要表现在粉末颗粒大、效率低下、热稳定性差等,所以生产出的照明灯与国外同类产品相比,表现出光效低和寿命短的问题。并且产品附加值低、缺乏核心知识产权产品,高端照明荧光粉市场占有率很低。因此本文拟通过对该领域的专利技术进行全面的统计分析,尽可能全面地反映出稀土发光材料的研究现状和发展趋势,以及掌握该领域核心技术的主要国家和地区的技术水平和研究状况,期望为我国稀土发光材料研究机构和生产企业提供必要的信息支撑。

二、稀土发光材料领域专利技术现状

(一) 分析样本构成

本文的专利检索范围为中国专利申请数据库（CNPAT）和德温特世界专利索引数据库（WPI）。根据《国际专利分类表》（第8版）（IPC）分类体系，将稀土发光材料的领域检索限制在发光材料：C09K11/＋的分类号下。为了能全面、准确反映出稀土发光材料专利技术现状及发展趋势，将检索限定在以 C09K11/＋分类号作为第一分类号的范围内，但是分别排除以下领域：发光材料的回收：C09K11/01；以特殊材料作为黏合剂，用于粒子涂层或作悬浮介质：C09K11/02；含有天然或人造放射性元素或未经指明的放射性元素：C09K11/04；含有机发光材料：C09K11/06；具有化学相互作用的组分，如反应性的化学发光组合物：C09K11/07。

检索截至时间为 2016 年 6 月 29 日，通过以上检索领域的限制，检索到的样本总量为：在 S 系统的 CNABS 数据库中得到了 7541 篇专利文献；在 WPI 数据库中得到 18 631 篇专利文献。

需要说明的是，检索得到的 2015—2016 年的专利申请量少于实际申请量，因为依据各国专利法的规定，专利申请文献的公开日会晚于其申请日，以中国专利数据库为例，发明专利申请通常自申请日（有优先权的，自优先权日）起满 18 个月才能公开（要求提前公开的除外），因此截至到 2016 年 6 月 29 日，还有部分 2015—2016 年申请的专利申请文献没有收录到上述数据库中。

(二) 全球专利技术情况及发展趋势分析

1. 全球专利申请的年度分布情况

如图 1 所示，早在 20 世纪 60 年代就已经出现了关于稀土发光材料方面的专利申请，但是发展比较缓慢，到了 70 年代，随着荧光灯中荧光粉的使用，带动了稀土发光材料行业的发展，其专利申请数量得以提高，因此 70 年代至 90 年代稀土发光材料的专利申请量呈现一个总体缓慢增长的趋势。进入 21 世纪之后，随着节能灯的广泛使用，三基色节能灯用荧光粉的申请量出现快速增长的趋势，特别是 21 世纪初期，另外随着白光 LED 的优异性能被广泛认知，极大促进了半导体技术和稀土发光材料的不断发展，因此也导致稀土发光材料的专利申请量呈现出快速增长的趋势，2000 年之后专利申请量几乎是以每年一百多件的增长量增长。

2. 全球专利申请国家和地区分布情况

图 2 显示了统计得到的稀土发光材料领域专利申请的主要国家和地区申请量的分布情况。从图中可以明显看出，从申请量来看，日本、中国、美国、韩国、德国分别占据前五位。其中以日本为优先权的申请量高达 41%，即有接近一半的申请人来自于日本，其在稀土发光材料领域占有绝对的优势；其次为中国，中国作为第二大经济体的典型代表以及稀土大国，稀土荧光粉也经历了从无到有再到迅猛发展的过程，其

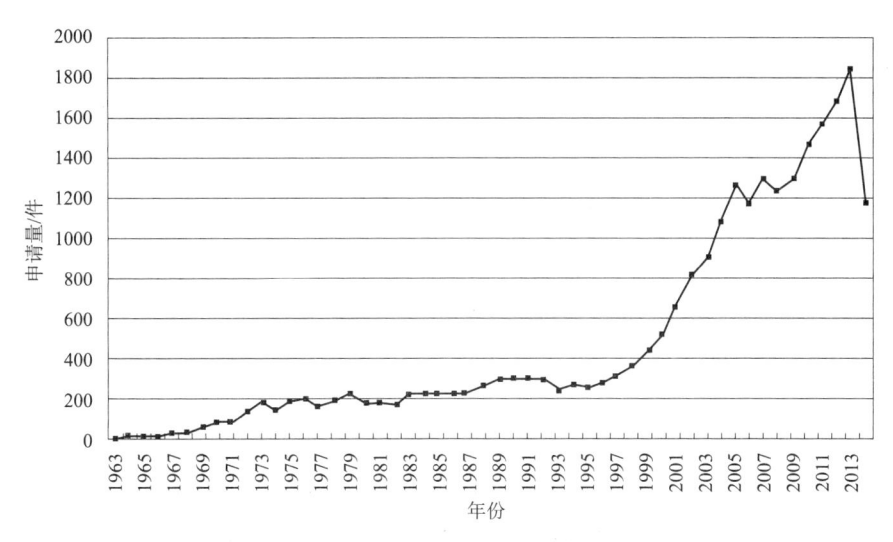

图 1　全球稀土发光材料专利申请年度分布情况

在稀土发光材料领域的专利申请量占该领域全球专利申请总量的 24%，这也正符合我国如今稀土大国的地位。美国、韩国、德国在稀土发光材料领域也一直处于领先地位，其专利申请量为别占全球专利申请总量的 11%、7% 和 3%。

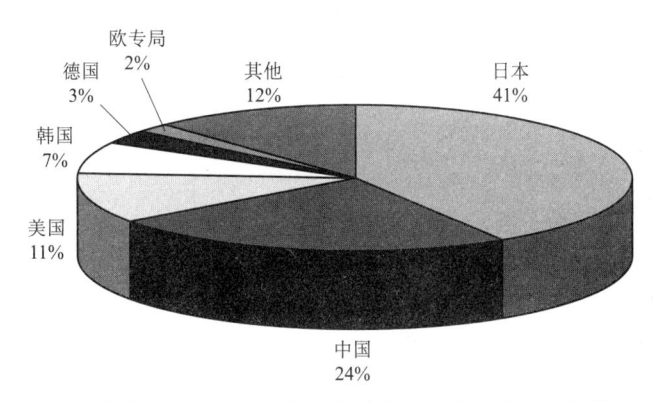

图 2　全球稀土发光材料专利申请主要国家和地区分布情况

3. 全球专利申请主要申请人分布

图 3 和表 1 显示了全球范围稀土发光材料领域专利申请人排名前十三位的申请人以及相应的专利申请数据。从上述排名可以看出，排名前 13 位的申请人中有 8 位申请人所属国家为日本，可见日本在稀土发光材料领域的技术实力雄厚，而且日本的东芝、松下、富士、日亚、三菱、夏普等作为历史悠久的企业在该领域也处于全球领先地位。

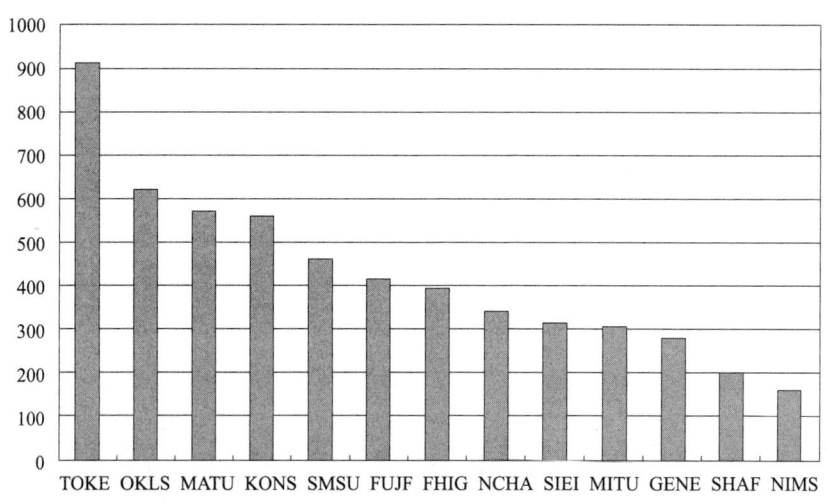

图 3　全球范围稀土发光材料领域专利主要申请人排名分布情况

表 1　稀土发光材料领域全球主要申请人排名

排序	国家	公司名称	对应代码	申请量/件
1	日本	东芝	TOKE	910
2	中国	海洋王照明科技股份有限公司	OKLS	612
3	日本	松下	MATU	572
4	日本	柯尼卡美能达	KONS	563
5	韩国	三星	SMSU	464
6	日本	富士胶片	FUJF	412
7	荷兰	皇家飞利浦	PHIG	397
8	日本	日亚化学	NCHA	341
9	德国	欧司朗	SIEI	317
10	日本	三菱化学	MITU	307
11	美国	吉尔科	GENE	281
12	日本	夏普	SHAF	200
13	日本	独立行政法人物质、材料研究机构	NIMS	160

（三）中国专利申请情况及发展趋势分析

1. 中国专利申请年度分析情况

图 4 是稀土发光材料国内专利申请年度分布趋势图。可以看出，2000 年之前相

关申请数量较少，并且增长缓慢，2000年后申请量开始逐年提高，并且在2008年之后申请量呈现明显增长的趋势。另外，通过对中国专利申请量的年度变化统计发现，在1999—2004年期间，国内申请量与国外在华申请量交替上升。从2005年开始，国内申请量呈现阶梯式增长，2008年申请量稍有回落，这可能与国际经济危机有关，之后申请量增长迅速，2013年达到高峰，与总申请量变化趋势基本保持一致；而国外申请量增长缓慢，并持续远低于国内申请量，这也表明在稀土发光材料领域，国内申请人技术在逐渐进步，并且知识产权保护意识在逐步增强。

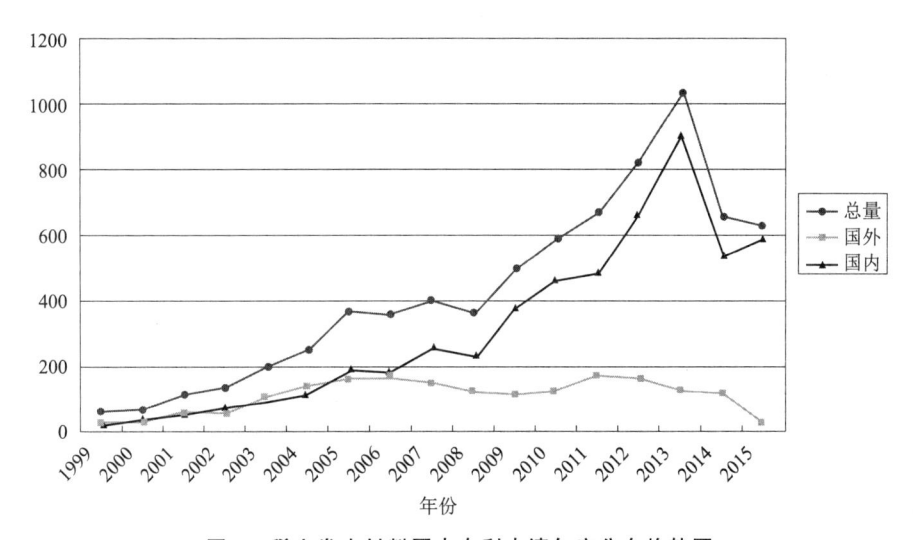

图4 稀土发光材料国内专利申请年度分布趋势图

2. 中国专利申请的区域分布分析

图5显示了稀土发光材料领域中国专利申请的申请人国别或地区分布情况。经过分析发现，在7541件中国专利申请中，国内申请人的专利申请为5380件，占专利申请总量的71.34%。图6显示了国外来华申请中申请人的国家或地区份额。在国外来华申请中，日本申请人的申请量最大，占国外来华总申请量的41%，其次的美国、韩国、荷兰、德国和中国台湾地区，其申请量分别占总申请量的16%、10%、9%、9%和8%。日本、美国、韩国、荷兰等在稀土发光材料技术领域中技术实力、研发水平以及市场占有率在国际上一直处于领先地位，从以上分析中可以看出，他们都比较注重中国市场，已经在中国进行了相当广泛的专利布局。虽然其在我国提出的专利申请数量远不如国内申请人，但是技术含量高、具有核心竞争力的专利数量远远高于国内申请的数量，因此为国内申请人的进入设立了较高的技术壁垒，对我国在该领域的技术进步和市场发展具有较大威胁。

3. 中国专利申请的主要申请人分布情况

表2列出了中国稀土发光材料领域主要专利申请人排名。由排名前二十位的申请

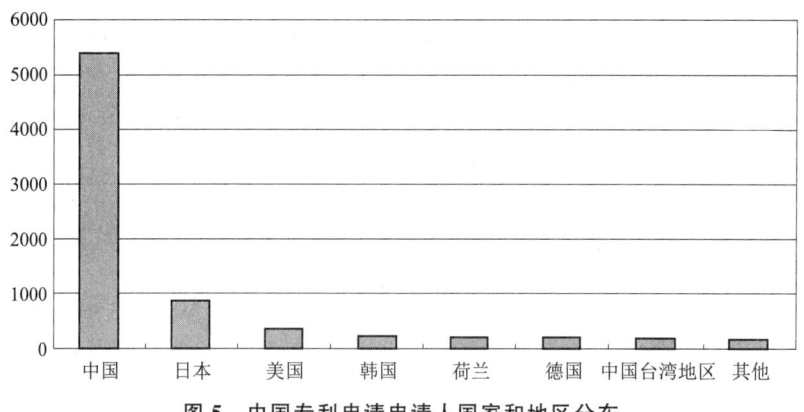

图 5 中国专利申请申请人国家和地区分布

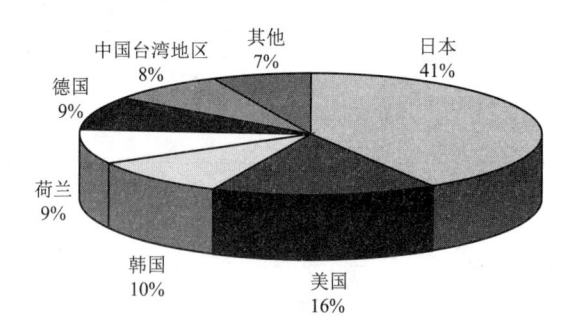

图 6 国外申请人的国家/地区份额

人情况可以看出,中国申请人当中,大专院校、科研院所占据着优势地位,占据了二十位中的五位,并且可喜的是,在这前十五位当中,还有三所国内公司,分别位于第 1 位、第 4 位和第 15 位,可见在中国专利申请中,国内企业开始重视对研究成果的保护。另外国外申请人中,如皇家飞利浦、三星、东芝、欧司朗等知名大企业也非常重视中国市场,在中国也进行了广泛的专利布局,申请量都在 100 件以上,并且他们掌握了该领域中很多核心技术。

表 2 中国稀土发光材料领域主要专利申请人排名

排名	申请人	申请量/件	占总申请量比例/%	国家/地区
1	海洋王照明科技股份有限公司	612	8.12	中国
2	皇家飞利浦	186	2.47	荷兰
3	三星	122	1.62	韩国
4	彩虹集团	118	1.56	中国

续表

排名	申请人	申请量/件	占总申请量比例/%	国家/地区
5	松下	118	1.56	日本
6	欧司朗	106	1.41	德国
7	苏州大学	96	1.27	中国
8	吉尔科	90	1.19	美国
9	中国科学院长春应用化学研究所	87	1.15	中国
10	东芝	80	1.06	日本
11	中国科学院福建物质结构研究所	77	1.02	中国
12	中国科学院上海硅酸盐研究所	76	1.01	中国
13	中国科学院长春光学精密机械与物理研究所	72	0.95	中国
14	陕西科技大学	66	0.88	中国
15	北京有色金属研究总院、有研稀土新材料股份有限公司	57	0.76	中国
16	中国计量学院	56	0.74	中国
17	独立行政法人物质·材料	53	0.70	日本
18	长春理工大学	52	0.69	中国
19	三菱化学	51	0.68	日本
20	上海师范大学	50	0.66	中国

三、主要申请人和关键技术分析

（一）重点技术专利分析

1. 白光 LED 用荧光粉

白光 LED 技术的关键之一是高效荧光粉材料的制备，它的性能决定了白光 LED 的发光光谱、发光效率、显色指数、色温以及使用寿命等关键参数。在现有技术中，已知白色发光二极管利用发射短波长光例如蓝光的 LED 元件以及荧光材料，该荧光材料吸收全部或部分由 LED 元件发射的光并且被其激发，从而发射较长波长的荧光例如黄色荧光。目前国际上商业应用最广泛的白光 LED 用荧光粉是日本日亚化学公司具有专利技术的 $(Re_{1-a}Sm_a)_3(Al_{1-b}Ga_b)_5O_{12}:Ce^{3+}$（简称 YAG:Ce）黄色荧光粉（US5998925A，US6069440A，US7071616A），该荧光粉结合 InGaN 蓝光 LED 芯片可得到高效的白光 LED 光源，但该光源存在显色指数不高、色温较高（>5000K）、高温衰减严重等缺点,很难得到满足于普通照明的"暖白光";另外,还存在技术垄断的问题。为此,该领域研究人员积极探索研究其他体系的荧光粉材料。

在蓝光 LED+YAG 白色发光装置中,在发光上红色成分较少,色温度更高,形成稍为蓝白的白色系发光装置。相比于此,显示用的照明或医疗用的照明,强烈要求带有红色的暖色系的白光发光装置。在这种情况下开始尝试将红色荧光材料加入到包括蓝色 LED 元件和铈激活 YAG 荧光材料的白色 LED 中。如 JP2003-273409A 公开了一种技术,其中将红色荧光材料例如 $(Sr_{1-x-y-z}Ba_xCa_y)_2Si_5N_8：Eu_z^{2+}$ 或 SrS：Eu 加入到上述包括蓝色 LED 元件和铈激活 YAG 荧光材料的白色 LED 中。但是硫化物红色荧光体,通常在紫外和蓝光激发下,效率和化学、热稳定性较低,因此耐久性不够充分,无法达到实用性,并且还存在色彩范围窄、环境不友好等等不足。此外,在人眼中,在红色成分的波长域内感觉昏暗,为了感受到和绿色、蓝色区域相同程度的亮度,在红色区域必须具有更高的亮度。在此情况下,(氧)氮化物荧光粉材料由于具有发光效率高、能被可见光有效激发(450~470nm)、热稳定性好、化学稳定和环境友好等优点,在白光 LED 领域受到广泛关注和重视,日本、荷兰、美国、韩国等相继掀起了稀土掺杂(氧)氮化物荧光粉的研究热潮(如 WO2004/029177A1,WO2004/030109A1 等)。并且荷兰爱因霍芬(Eindhoven)科技大学固态材料化学实验室和日本独立行政法人物质·材料研究所(NIMS)氮化物研究组经过几年研究,依次开发出了一系列发光性能优异的新型(氧)氮化物荧光粉体系,如 $M_2Si_5N_8$：Eu^{2+}(M=Ca,Sr,Ba) 红色荧光粉和 Ca-α-Sialon：Eu^{2+} 黄色荧光粉等。2004 年,NIMS 氮化物研究组采用研制的 Ca-α-Sialon：Eu^{2+} 黄色荧光粉结合蓝光 LED 芯片(λ_{em}=450nm)和 Fujikura(藤仓)公司合作成功研制了国际上第一个氧氮化物基的暖白光 LED(WO2005/090514A1),色温(CCT)可降低到 2750K,在室温到 200℃的变化范围内,其色坐标只有 0.006 的漂移(用商业 YAG：Ce 荧光粉制备的白光 LED 的漂移为 0.021),表明该体系具有优异的热稳定性。并且在此基础上,又研制了包含下列组成的发光器件(JP2006261512A):发射蓝紫或蓝光的半导体发光器件;吸收由半导体元件发射的全部和部分光并且发射不同于该光波长的荧光材料,该荧光材料包含第一荧光材料、第二荧光材料和第三荧光材料的混合物,所述第一荧光材料发射绿或黄—绿光,是铈激活 β-SiAlON 荧光材料,所述第二荧光材料发射黄—绿、黄或黄—红光,是铈激活 α-SiAlON 荧光材料,所述第三荧光材料发射黄—红或红光,是通式(Ca,Eu)$AlSiN_3$ 表示的氮化物结晶红色荧光材料。进一步提高了白光 LED 发射效率、高温性能、显色性等。

到目前为止,为了改善蓝光 LED+YAG 荧光体显色指数不足、色温高等缺点,现有技术已经进行了一系列改进,主要从以下几个方面对其进行改进。

(1) 采用多种荧光体混合的方式

CN1886484A(电灯专利信托 奥斯兰姆奥普托)设计了一种达 3500K 的低色温

LED，由发射蓝光的 LED 和设置在其前面的两种发光物质组成，其中第一种发光物质由基本式为 $M_{(1-c)}Si_2O_2N_2：D_c$ 的氧氮硅酸盐类组成，其中 M＝Sr，或 M＝$Sr_{(1-x-y)}Ba_yCa_x$，$x+y<0.5$，该氧氮硅酸盐完全或基本上由高温稳定的变体 HT 组成，该第二种发光物质是式为 $(Ca，Sr)_2Si_5N_8：Eu$ 的氮硅酸盐。

CN1934220A（独立行政法人物质·材料研究机构）为了 LED 红色成分不足的问题，采用了具有蓝紫色光或蓝色光的半导体发光元件与两种荧光物质组合使用的方式，所述荧光物质是第 1 荧光物质 X‰ 和第 2 荧光物质 Y‰ 混合而成的物质，其中，第 1 荧光物质发出黄绿色光、黄色光或黄红色光中的任一种，第 2 荧光物质比第 1 荧光物质的发光主波长长，发出黄红色光或红色光，并且它们的混合比例为：$0<X\leqslant 100$、且 $0\leqslant Y<100$，$0<X+Y\leqslant 100$；并且第 1 荧光物质是用通式 $Ca_x(Si，Al)_{12}(O，N)_{16}：Eu_y^{2+}$ 表示的、主相具有 α-塞隆结晶结构的塞隆荧光体。据此得到的器件演色性能得到改善，并且在低色温区也具有较高的效率。

CN1381072A（电灯专利信托 奥斯兰姆奥普托）基于在色图中，绿色荧光粉的色品位置与黄色荧光粉的色品位置以及蓝光 LED 的色品位置一起，封闭成很宽的三角形，产生适合特殊要求的更多可能性，利用发射绿光的 $Ca_{8-x-y}Eu_xMn_yMg(SiO_4)_4Cl_2$ 和发射黄光的石榴石类荧光体 $Re_3(Al，Ga)_5O_{12}：Ce$ 混合在蓝光 LED 激发下得到白光 LED。它们具有高的量子效率，同时发射光谱非常明亮，色品位置可以在很宽范围内调节。

CN1883057A（日亚化学工业株式会社）提供了包含三种或以上荧光体的发光装置，其中第一荧光体为，选自至少被 Eu 激活的碱土类金属卤素磷灰石荧光体、碱土类金属卤素硼酸盐荧光体、碱土类金属铝酸盐荧光体中的一种以上的荧光体；第二荧光体包括：(a) 至少被 Ce 激活的具有石榴石结构的稀土类铝酸盐荧光体；(b) 选自至少被 Eu 激活的碱土类金属铝酸盐荧光体、至少被 Eu 或者 Ce 激活的碱土类氧氮化硅荧光体、碱土类硅酸盐荧光体中的一种以上的荧光体；第三荧光体为，选自至少被 Eu 激活的碱土类氮化硅荧光体中的一种以上的荧光体。在上述荧光体中，即使使用了含 YAG 系荧光体，也可以实现显色性高的、所需的发光颜色。

CN1965614A（皇家飞利浦电子股份有限公司）提供了一种适用于白光 LED 的荧光粉组合，该专利中通过使用单一芯片，提供了具有可调可见光的 LED。所述荧光粉组合包括了多种可选情况，分别是发光层发出具有约 430nm 到 485nm 的蓝光，以及从下面构成的组中选择的单荧光体或者两种成分的荧光体混合物：a) $(Y_{1-x}Gd_x)_3(Al_{1-y}Ga_y)_5O_{12}：Ce$；b) $(Sr_{1-x}Ca_x)_2SiO_4：Eu$；c) $(Y_{1-x}Gd_x)_3(Al_{1-y}Ga_y)_5O_{12}：Ce+(Sr_{1-x-y}Ca_xBa_y)_2Si_5N_8：Eu$；d) $(Y_{1-x}Gd_x)_3(Al_{1-y}Ga_y)_5O_{12}：Ce+(Sr_{1-x}Ca_x)S：Eu$；e) $(Lu_{1-x}Y_x)_3(Al_{1-y}Ga_y)_5O_{12}：Ce+(Sr_{1-x-y}Ca_xBa_y)_2Si_5N_8：Eu$；f) $(Lu_{1-x}Y_x)_3(Al_{1-y}Ga_y)_5O_{12}：Ce+(Sr_{1-x}Ca_x)S：Eu$；g) $(Sr_{1-x}Ca_x)Si_2N_2O_2：Eu+(Sr_{1-x-y}Ca_xBa_y)_2Si_5N_8：Eu$；h) $(Sr_{1-x}Ca_x)Si_2N_2O_2：Eu+(Sr_{1-x}Ca_x)S：Eu$；i)

$(Ba_{1-x}Sr_x)SiO_4:Eu+(Sr_{1-x-y}Ca_xBa_y)_2Si_5N_8:Eu; j)(Ba_{1-x}Sr_x)SiO_4:Eu+(Sr_{1-x}Ca_x)S:Eu; k)SrCa_2S_4:Eu+(Sr_{1-x}Ca_x)S:Eu; l)SrCa_2S_4:Eu+(Sr_{1-x-y}Ca_xBa_y)_2Si_5N_8:Eu$,其中 $x=0.0\cdots1.0$。

或者发光层发出具有约 370～420nm 的紫外光,以及从下面构成的组中选择的单荧光体或者两种成分的荧光体混合物:$m)BaMgAl_{10}O_{17}:Eu+(Sr_{1-z}Ca_z)_2SiO_4:Eu; n)BaMgAl_{10}O_{17}:Eu+(Sr_{1-z}Ca_z)Si_2N_2O_2:Eu+(Sr_{1-z-y}Ca_zBa_y)_2Si_5N_8:Eu; o)BaMgAl_{10}O_{17}:Eu+(Sr_{1-z}Ca_z)Si_2N_2O_2:Eu+(Sr_{1-z}Ca_z)S:Eu; p)BaMgAl_{10}O_{17}:Eu+(Ba_{1-z}Sr_z)SiO_4:Eu+(Sr_{1-z-y}Ca_zBa_y)_2Si_5N_8:Eu; q)Sr_3MgSi_2O_8Eu+SrCa_2S_4:Eu+(Sr_{1-z-y}Ca_zBa_y)_2Si_5N_8:Eu; r)Sr_3MgSi_2O_8Eu+(Sr_{1-z}Ca_z)_2SiO_4:Eu; s)Sr_3MgSi_2O_8Eu+(Sr_{1-z}Ca_z)Si_2N_2O_2:Eu+(Sr_{1-z-y}Ca_zBa_y)_2Si_5N_8:Eu; t)Sr_3MgSi_2O_8Eu+(Sr_{1-z}Ca_z)Si_2N_2O_2:Eu+(Sr_{1-z}Ca_z)S:Eu; u)Sr_3MgSi_2O_8Eu+(Ba_{1-z}Sr_z)SiO_4:Eu+(Sr_{1-z-y}Ca_zBa_y)_2Si_5N_8:Eu; v)Sr_3MgSi_2O_8Eu+SrCa_2S_4:Eu+(Sr_{1-z-y}Ca_zBa_y)_2Si_5N_8:Eu$,其中 $z=0.0\cdots1.0$。

(2) 白光 LED 用黄色荧光粉

目前已知的黄色荧光体是基于 YAG 的荧光体,该荧光体依据组成具有在 530 到 590nm 的波长范围内变化的主发射波长峰值。虽然已知的 YAG:Ce 荧光体具有稳定性好,量子产率高,色坐标稳定等优点,但也存在着若干的缺点,比如合成温度高,显色指数不好(约 70 至 75),并且当用于照明系统中时,色温度过高(介于 6000～8000K 之间)。因此研究人员致力于研究开发其他黄色荧光粉,其中各方面性能均较好主要有以下两种:

① 基于 YAG 的其他石榴石荧光体

CN1318271A(电灯专利信托 奥斯兰姆奥普托)公开了一种被短波光学光谱范围 420～490nm 范围内蓝光激发的石榴石荧光体,用 $(Tb_{1-x-y}SE_xCe_y)_3(Al、Ga)_5O_{12}$,其中:SE=Y、Gd、La 和/或 Lu;$0 \leqslant x \leqslant 0.5-y$;$0 < y < 0.1$。较少量的 Tb 在基质晶格中主要用于改进已知的用铈活化的发光物质,而加入较大量的 Tb 主要用于偏移已知的铈活化的发光物质发射的波长。因此,高含量 Tb 特别适于色温在 5000K 以下的白光 LED。

CN1331272A(中国科学院长春光学精密机械与物理研究所)公开了一种白光发光材料,由两部分组成,第一部分是用通式 $Y_{3-x}Ma \cdot Al_{5-a}O_{12}:Re_{x-b} \cdot n_b$ 表示的石榴石结构荧光体,其中 M 可取代部分 Al,n 可取代部分 Re 并且 $0.1 \geqslant X \geqslant 0$,$0.5 \geqslant a \geqslant 0.05$,$0.05 \geqslant b \geqslant 0$,Re 为激活剂,它可以是 Ce、Dy、Tb、Sm、Pr、Er、Tm、Eu、Lu、Ho、Nd、Pm、Gd、Yb 等;取代部分 Re 的 n 为共激活剂,它可以是 Mn、Sn、Pb、Bi、In、Ti、Se、Cd 等;Y 可以被 Gd、Lu 等稀土元素部分取代,M 可以是 Ga、Gd、Ge、W、V、Si、B、P 等可部分置换 Al 的元素;也可加入电荷补偿剂,即碱金属或碱土金属氟化物或氯化物;第二部分是发光的砷酸盐、锗酸盐、钡酸盐、钒酸盐、硫化锶等发光材料。由此得到了具有较好显色性的白光材料。

吉尔科有限公司在 CN1513209A 中公开了一种近紫外/蓝色光范围（约 315～480nm）的激发光激发，在约 490～770nm 的宽波长范围内高效发射可见光的荧光体，其中一个发射峰包括了人眼的最大敏感范围。所述荧光体具有通式 $(Tb_{1-x-y}A_xRE_y)_3D_zO_{12}$，其中 A 是一种成分选自由 Y、La、Gd、和 Sm 组成的组；RE 是选自由 Ce、Pr、Nd、Sm、Eu、Gd、Dy、Ho、Er、Tm、Yb、Lu、及其组合组成的一种成分；D 是选自由 Al、Ga、In 及其组合组成的组的一种成分。之后在 CN1922286A 中进一步公开了一种与传统 TAG 荧光体相比，具有更深红色发光的荧光体，通过将部分 Tb 用等量 Y 和 Gd 取代得改性的 TAG 荧光体，所述荧光体用 $(Tb_{1-x-y-z-w}Y_xGd_yLu_zCe_w)_3M_rAl_{s-r}O_{12+\delta}$ 表示，其中，M 选自 Sc、In、Ga、Zn 或 Mg。

② Eu^{2+} 激活各类碱土硅酸盐

Eu^{2+} 激活各类碱土硅酸盐，其效率与 YAG：Ce 相当，但是显色性得到了明显改善。不过硅酸盐也存在其自身的不足，主要问题是稳定性不好，在高温和低温下都容易形成变体。

US2004/0104391A（松下电器）中阐述了一种对应于式 $(Sr_{1-a1-b1-x}Ba_{a1}Ca_{b1}Eu_x)_2SiO_4$ 以硅酸盐为主的荧光体，其中 $0 \leq a1 \leq 0.3$；$0 \leq b1 \leq 0.8$；且 $0 < x < 1$。该黄色—浅黄色荧光体在 550～600nm 波长范围内具有主发射峰的荧光，其中 560～590nm 的波长范围内较好，在 565～585nm 波长范围内效果更好。即该荧光体发射自黄绿色至黄色至橙色的光。因此，该黄色/浅黄色荧光体的光与来自蓝色发光装置的蓝光组合，获得的光实质上是白光。

但是该专利中也承认硅酸盐荧光体发光效率低，当所述以硅酸盐为主的荧光体被波长范围大于 430nm 且小于或等于 500nm 的蓝光激发时，在 470nm 激发下其以硅酸盐为主的荧光体的发光效率仅是以 YAG 为主的荧光体的一半。因此业内需要优于现有技术以硅酸盐为主的黄色荧光体的改良，以增加其发光效率。

CN101292009A（英特曼帝克司公司）中公开了一种具有式 A_2SiO_4：$Eu^{2+}D$ 表示的荧光体，其中 A 是选自 Sr、Ca、Ba、Mg、Zn 及 Cd 等二价金属，D 是选自 F、Cl、Br、I、P、S 及 N 的掺杂剂。所述荧光体发射强度高于已知 YAG 化合物或基于硅酸盐的荧光体的光。

（3）白光 LED 用红色荧光粉

在 Nakamura 发现有效的蓝光 LED 后，通过结合在 465nm 发射的 InGaN 基的蓝光 LED 与宽波段的黄光荧光体如 $(Y_{1-x}Gd_x)_3(Al_{1-y}Ga_y)_5O_{12}$：$Ce^{3+}$（铈掺杂的钇铝石榴石（YAG：Ce）），第一种白光 LED 立刻得到商业化（US5998925A）。尽管这种类型的白光 LED 仍然分享很大的市场，但是由于缺少绿光和红光元素，因而它们具有不充分的显色性能。因此，近些年来为发展新的荧光体系统特别是红光荧光体系统做出了巨大的努力。

现有的硅酸盐荧光体、磷酸盐荧光体、铝酸盐荧光体、硫化物荧光体等荧光体，在暴露于紫外线、电子束、蓝色光等的高能量的激发源之下时会存在荧光体的亮度降低的问题。因此，人们致力于寻求即使暴露于上述激发源之下亮度也不降低的荧光体。

日亚化学工业株式会社（CN1522291A）首先提出了一种氮化物荧光体，为氮化物的研究提供了先河，其具有通式 $L_X M_Y N_{((2/3)X+(4/3)Y)}$：R 或 $L_X M_Y O_Z N_{((2/3)X+(4/3)Y-(2/3)Z)}$：R，其中 L 是至少一种或多种选自由 Mg、Ca、Sr、Ba 和 Zn 所组成的第 II 族元素中的元素，M 是至少一种或多种选自由 C、Si、Ge 所组成的第 IV 族元素中的元素，其中 Si 为必需的，R 是至少一种或多种选自由 Y、La、Ce、Pr、Nd、Sm、Eu、Gd、Tb、Dy、Ho、Er 和 Lu 所组成的稀土元素中的元素，其中 Eu 为必需的，所述的氮化物荧光体吸收具有峰值波长为 500nm 或更短的光并发出具有在 520~780nm 的范围内具备至少一个或多个以上的峰值的光，其特征在于，其还含有至少一种或多种选自由 Li、Na、K、Rb 和 Cs 所组成的第 I 族元素中的元素。该荧光体具有较多的红色成分，并且发光效率、亮度、耐久性都较高。

但是在实际应用过程中，为了实现高的色空间，最需要的还是发射最大值为 620~660nm 的深红色荧光体。目前研究最为广泛、效果最佳的两类红色荧光材料分别是：2-5-8 型氮化物，如 $(Ca, Sr, Ba)_2 Si_5 N_8$：Eu 和铝硅氮化物，如 $(Ca, Sr)AlSiN_3$：Eu。

① 2-5-8 氮化物，如 $(Ca, Sr, Ba)_2 Si_5 N_8$：Eu

2011 年 EP1104799A1（奥斯兰姆奥普托）公开了一类 $M_x Si_y N_z$：Eu（M 为 Ca/Sr/Ba 中至少一种，$z=2/3x+4/3y$）氮化物红色发光材料，其代表性的发光材料主要有 $MSiN_2$：Eu、$M_2 Si_5 N_8$：Eu 和 $MSi_7 N_{10}$：Eu 三种。但据报道这种 $Sr_2 Si_5 N_8$：Eu 氮化物红色发光材料在 150℃时发光强度只有室温时的 86%。$M_2 Si_5 N_8$：Eu^{2+} 此荧光体家族中，纯 $Sr_2 Si_5 N_8$：Eu^{2+} 具有高量子效率且在约 620nm 的峰值下发光。但是此类荧光体用作 LED 涂层时，当在 60℃至 120℃范围内的温度和 40%至 90%范围内的环境相对湿度下操作稳定性差。因此研究人员已开始对于此类荧光体进行改进。如 US20100288972A、US2008008101A、US20080001126A 通过掺入氧来改善其稳定性。

CN102333844A（默克专利有限公司）为了使得 2-5-8 碱土金属硅氮化物实现更高的发光效率，使用四价和/或单价阳离子进行共掺杂，该专利申请涉及的是一种掺杂铕和/或铈的 2-5-8 碱土金属硅氮化物型化合物，其还包含铪、锆、锂、钠和/或钾作为共掺杂剂。

CN101157854A（北京宇极科技发展有限公司）为了进一步提高 2-5-8 型氮化物

荧光粉的发光强度，公开了一种在 470～700nm 具有发射峰的氮氧化物荧光体 $A_xB_yO_zN_{2/3x+4/3y-2/3z}$：R，其中，A 为二价金属中的一种或几种，B 为 Si，Ge，Zr，Ti，B，Al，Ga，In，Li，Na 中的一种或几种且至少含有 Si，R 为发光中心元素包括 Eu，Ce，Mn，Bi 中的一种或几种，$1.0 \leqslant x \leqslant 3.0$，$1.0 \leqslant y \leqslant 6.0$，$0 \leqslant z \leqslant 2.0$。

CN101163775A（皇家飞利浦电子股份有限公司）公开了一种二价 Eu 激活的卤代-氧代次氮基硅酸盐 $Ea_xSi_yN_{2/3x+4/3y}$：$Eu_zO_aX_b$。利用该红色荧光体制成的照明系统能够在色彩上很好的平衡输出的白光，特别是与常用的灯相比在红色范围内具有较大的发射量。

② 铝硅氮化物，如（Ca，Sr）$AlSiN_3$：Eu

鉴于以 $Ca_{1.97}Si_5N_8$：$Eu_{0.03}$ 为代表的 2-5-8 氮化物红色荧光体发光强度仍不足的问题，CN1918262A（独立行政法人物质·材料研究机构）提供了一种发射黄红色光或红光的荧光物质，该物质是在 $CaAlSiN_3$ 结晶相中固溶了选自 Mn、Ce、Pr、Nd、Sm、Eu、Gd、Tb、Dy、Ho、Er、Tm、Yb、Lu 的 1 种或多种的元素，在该荧光体当中混合预订比例的发射绿色、黄绿色、黄色光中任意一种光的荧光物质，该混合荧光体与发射蓝紫色或蓝色光的半导体发光元件组合，成功制作和提供了高效率发射白光的白色 LED，或者能够发射在宽色度范围内任选色调的光的白色 LED。另外在此基础上还布局了 WO2005/090514A1，WO2005/102921A1，WO2006/025261A1 等外围专利。此外在 CN102348778A 中进一步公开了一种通过控制组成来发出黄色、橙色或红色发光色的荧光体，所述荧光体至少含有 Li、Ca、Si、Al、O（氧）、N（氮）和 Ce 元素，以 $CaAlSiN_3$ 或具有与 $CaAlSiN_3$ 相同的晶体结构的结晶为基质晶体，通过使 Ce 固溶于该基质晶体中，从而产生高效率、高辉度的发光。此外，主要关于 Li 量、Ce 量、O 量，通过控制为特定的组成，具有在 560～620nm 的波长范围内具有峰的发射光谱，作为黄色、橙色或红色的荧光体是优异的。其中 Ce 浓度变高，则荧光体的发射波长倾向于长波长化，由于每个荧光体的发光强度受除了 Ce 的原子分率之外的其他元素的原子分率的组成的影响，因此有必要逐个设计组成，但是短波长发光的用途可选定 Ce 的原子分率小的区域，长波长发光的用途时可选定 Ce 的原子分率大的区域。Li 和 O 的原子分率与发光强度有关，为了得到高的发光强度，选优 Li 的原子分率为 0.005 至 0.11 的范围，O 的原子分率为 0.008 至 0.1 的范围。此外，由于化学稳定性优异因而即使在暴露于激发源时亮度也不降低、可适合用于 FED、PDP、CRT、白色 LED 等。

CN101138278A（皇家飞利浦电子股份有限公司）公开了一种通式为 $(Ca_{1-x-y-z}Sr_xBa_yMg_z)_{1-n}(Al_{1-a+b}B_a)Si_{1-b}N_{3-b}O_b$：$RE_n$ 的稀土金属激活的氧氮铝硅酸盐，在近紫外至蓝色范围的辐射源激发下在可见的琥珀色至深红色范围内发光。其比传统的红色荧光体具有更大量的深红色范围内的发射并且扩大了可再现的颜色范围。这个特性使用于白色输出光时在颜色方面得到了很好的平衡。

CN101023151A（同和电子）公开了一种即使增大电子束的激发密度，也能维持高的发光效率和高亮度的具有电子射线激发特性的电子射线激发用 CaAlSiN$_3$ 型红色荧光体。并且提供了其制备方法，作为原料准备 Ca$_3$N$_2$（2N）、AlN（3N）、Si$_3$N$_4$（3N）、Eu$_2$O$_3$（3N），按各元素的克分子比（Ca＋Eu）：Al：Si＝1：1：1 地进行秤量混合，把该混合物在惰性环境中以 1500℃保持 3 小时烧成后进行粉碎，制造具有组成式 Ca$_{0.985}$SiAlN$_3$：Eu$_{0.015}$ 的荧光体。

（4）白光 LED 用绿色荧光粉

CN1839191A（独立行政法人·物质材料研究机构）公开的 β 型硅铝陶瓷中添加二价 Eu 表示成绿色的荧光体，发射出高亮度，是到目前为止最适合于白光 LED 用途的绿色荧光体。所述荧光体以组成式 Eu$_a$Sib$_1$Al$_{b2}$O$_{c1}$N$_{c2}$（式中，a＋b$_1$＋b$_2$＋c$_1$＋c$_2$＝1）表示，所述氮化物或者氧氮化物的结晶时，式中的 a、b$_1$、b$_2$、c$_1$、c$_2$ 满足以下的关系：0.00001≤a≤0.1，0.28≤b$_1$≤0.46，0.001≤b$_2$≤0.3，0.001≤c$_1$≤0.3，0.4≤c$_2$≤0.62。

之后又在 CN1839193A 中公开了以 JEM 相为主要成分的塞隆荧光体用 MAl（Si$_{6-z}$Al$_z$）N$_{10-z}$O$_z$ 表示。JEM 相是在通过稀土类金属调整稳定化的 α—塞隆过程中生成的新的富氮物质。这样的荧光体能够得到亮度更高的绿色发光。

CN1596478A（奥斯兰姆奥普托）公开了一种新型的绿色荧光体，可在 380～470nm 的紫外—蓝光区域被激发，其特征在于掺杂 Eu 的一般组成为 MSi$_2$O$_2$N$_2$ 的主体晶格，其中 M 是选自 Ca、Sr、Ba 的至少一种碱土金属，Eu 占 M 的比例为 0.1%～30%。该专利中的荧光体发射波长可以精细调制，并表现出高度的化学和热稳定性。

昭和电工株式会社，独立行政法人·物质材料研究机构在 CN102575161 和 CN101796157A 中分别公开了一种具有优异的亮度和稳定性的荧光体，由通式（A$_{1-x}$R$_x$M$_{2X}$）$_m$（M$_2$X$_4$）$_n$ 和 M（0）$_a$M（1）$_b$M（2）$_{x-(vm+n)}$M（3）$_{(vm+n)-y}$O$_n$N$_{z-n}$ 表示，其含有率为 80 体积%以上，其余量是选自 β—塞隆、未反应的氮化硅或氮化铝、氮氧化物玻璃、SrSiAl$_2$N$_2$O$_3$、SrSi$_{(10-n)}$Al$_{(18-n)}$O$_n$N$_{(32-n)}$（n≈1）、SrSi$_6$N$_8$ 中的一种以上，从而可得到充分高的发光强度。并将该荧光粉与 CaAlSiN3：Eu 等荧光体配合使用，在蓝光 LED 激发下，得到了接近于自然光的白光。

2. 稀土发光材料主要制备方法

在开发红色荧光体的过程中，Jansen 等人在 DE 10 2006 051757 A1 中报道了一种基于非晶 Si$_3$B$_3$N$_7$ 陶瓷的新型荧光体，其显示出突出的热、机械和化学稳定性以及主要用于普通照明目的的非常有前景的光致发光性能。因此，在工业和学术界进行着广泛的研究以合成新的结晶次氮基硅酸盐荧光体，特别是能够将这些材料用于工业化生产的优异方法。近年来已提出了氮化物和塞隆（sialon）荧光体等氧氮化物荧光体，但是由于（氧）氮化物体系含有氮，因此它的合成需要采用含氮的原料或者通过氮气气氛来引入氮，导致其合成方法受到很大限制。氮化物荧光体的制备通常非常复杂，需要高温因此难以实现工业化生产，尤其难以制备得到高纯度的产品，极低浓度的碳或氧都可能导致其效率方面的降低。因此人们积极研发在保持其红光性能的情况下，降低其生产成本，以及对外界环境的敏感性。

目前报道的关于（氧）氮化物荧光粉体的制备方法主要是固相反应法，该方法通常采用氮化物或部分金属为初始原料，价格昂贵，而且在空气中极不稳定，需要在 N_2 等保护气氛下进行混料。另外，用 Si_3N_4 作为初始原料时，由于它具有很强的共价键，扩散系数低，反应活性差，因此需要比较高的合成温度（1600~2000℃）和反应压力（5~10atm）。这些综合因素导致（氧）氮化物荧光粉的制备过程复杂，生产成本高。因此在较低温度或压力下合成（氧）氮化物荧光体是研究的热点和难点。

CN102725378A（默克专利有限公司）公开了一种 $A_{2-0.5y-x}Eu_xSi_5N_{8-y}O_y$ 表示的荧光体，其保持了 $M_2Si_5N_8：Eu^{2+}$ 荧光体的性能，但是显著降低了制备方法中氧含量和相纯度方面的要求以及对于水的敏感性。制备过程中的至少一种其他含硅和氧的化合物副产物不对上述荧光体的相关光学性能产生不利影响。其采用的制备方法为：在步骤 a) 中，使选自二元氮化物、卤化物和氧化物或其相应反应性形式的合适原料混合，和在步骤 b) 中，将该混合物在还原性条件下热处理。

CN101090953A（宇部兴产株式会社）公开了一种晶相是单斜的 Eu 活化的 $CaAlSiN_3$ 红色荧光体及其制备方法。该方法包括在含氮的气氛中于 1400~2000℃ 下烧制包含 Ca_3N_2、AlN、Si_3N_4 和 EuN 的原材料粉末，所述 Ca_3N_2、AlN 和 Si_3N_4 给出的组成落在表示原料粉末组成范围的特定三角图中的下列四个点 A 到 D 的直线围成的区域中，即由下面的（Ca_3N_2：AlN：Si_3N_4）摩尔比定义的四个点：点 A：(10：70：20)、点 B：(10：65：25)、点 C：(70：23：7)、点 D：(70：22：8)，并且 EuN 的含量为每 100 重量份 Ca_3N_2、AlN 和 Si_3N_4 的总量包含 0.01~10 重量份 Eu。

CN102816566A（三菱化学株式会社）公开了一种含氮合金以及使用该含氮合金的荧光体制造方法。使用所述方法能够工业化生产高特性、特别是高亮度的荧光体。该方法包括在含氮气氛下对荧光体原料进行加热的工序，使用两种以上构成荧光体的金属元素的合金作为全部或部分荧光体原料，并且，在上述加热工序中，以每 1 分钟的温度变化在 50℃ 以内的条件下进行加热。由于使用荧光体原料用合金作为部分或全部原料来制备荧光体，能够抑制加热处理中的急剧的氮化反应，因此能够工业化生产高特性、特别是高亮度的荧光体。

CN103045256A（有研稀土）成功在高温常压下制备得到具有 $CaAlSiN_3$ 结构的白光 LED 用氮化物红色荧光体，直接将原料在还原气氛下预焙烧和常压焙烧（1500~1700℃），经后处理得到荧光粉。在国际上率先实现了氮化物荧光粉的常压产业化制备，在国内率先实现产业化，打破了国外企业的技术和市场垄断，目前已被成功应用于氮化物红色荧光粉的规模化制备，打破了三菱化学在该方面的市场垄断，销售产值近 1 亿元。

在生产发绿光的 SiAlON 荧光体的常规方法中，具有形成显著量副产物（变相晶体）的问题，该副产物发射除绿色以外颜色的光。为了防止副产物的形成 CN102382647A（东芝株式会社）公开了一种荧光体的制备方法，使（Sr，Eu）$_2$Si$_5$N$_8$ 所示化合物，氮化硅和氮化铝混合，然后在高压下在氮气气氛中焙烧。该方法有效控制了副产物的生成。

（二）主要申请人技术分析

1. 国外主要申请人分析

（1）独立行政法人物质·材料研究机构

独立行政法人物质·材料研究机构（NIMS）在中国的专利申请始于 2004 年，目前在中国拥有 50 多件专利申请，主要是涉及氮化物红色荧光体材料，反应了其在该方面的优势，另外还涵盖了器件、荧光体制备方法。

其中 CN1918262A 是其极具代表性的专利，该专利公开了一种氮化物荧光体，具有与 CaAlSiN$_3$ 相同的晶体结构，其首次揭露了一种优于 2-5-8 氮化物红色荧光体，该荧光体可以发射特别高亮度的红色荧光体，并且采用该荧光体可以得到具有高发射效率、富含红色成分以及显示良好显色性的白色发光二极管。成为继氧化物、硫化物、2-5-8 氮化物之后又一优异的、能够满足商业应用的红色荧光体，该专利也成为 NIMS 的核心专利，被引用 300 多次。

NIMS 另一重要专利是 CN1839191A，公开的 β 型硅铝陶瓷中添加二价 Eu 表示成绿色的荧光体，其首次发现固溶有特定金属元素的、具有 β 型 Si$_3$N$_4$ 晶体结构的氮化物或者氧氮化物受到紫外线和可见光、电子射线或 X 射线激发后，可以用作具有高亮度绿色荧光体，其发射出的高亮度使其成为目前为止最适合于白光 LED 用途的绿色荧光体。所述荧光体以组成式 Eu$_a$Sib_1Al$_{b2}$O$_{c1}$N$_{c2}$（式中，$a+b_1+b_2+c_1+c_2=1$）表示，所述氮化物或者氧氮化物的结晶时，式中的 a、b_1、b_2、c_1、c_2 满足以下的关系：$0.00001 \leqslant a \leqslant 0.1$，$0.28 \leqslant b_1 \leqslant 0.46$，$0.001 \leqslant b_2 \leqslant 0.3$，$0.001 \leqslant c_1 \leqslant 0.3$，$0.4 \leqslant c_2 \leqslant 0.62$。

另外 CN1922741A、CN1881629A、CN101044223A、CN1839192A、CN1839193A、CN1824728A 等都是其非常具有价值的专利，分别涉及器件和荧光体，被引用次数都多达 50 次以上，有的甚至在 100 次以上，足可见其技术含量。

NIMS 由于在氮（氧）化物方面具有广泛的研究、掌握众多关键技术并拥有大量专利，因此也存在多项专利诉讼，以下面的诉讼案件为例，涉案专利号为 200580000742.3，专利权人独立行政法人物质·材料研究机构，争辩双方为独立行政法人物质·材料研究机构和麦善勇，主要涉及荧光体、制备方法和照明器具。双方以该专利申请是否符合中国《专利法》第 26 条第 3 款、第 4 款、第 22 条第 2 款、第 3 款等规定展开诉讼。该诉讼案件背后也反映出市场竞争的激烈性以及企业对稀土发光材料及其应用领域的重视程度。

(2) 三星电子株式会社

三星电子株式会社是一家肩负韩国 21% 出口总额的韩国产业支柱型企业，虽然在韩国本土并没有宽广的消费能力和技术研发能力，但拥有国民支持和庞大的国外消费市场。虽然韩国在 LED 材料的研发中起步较晚，但拥有较为完整的专利技术系统，并且在各技术领域分布均衡，均拥有大量专利申请，主要海外市场为美国、中国和日本。在 2015 年第 1 季在 LED 封装市场上，三星电子株式会社拿下 6.1% 的市占率，仅次于 LED 业界龙头日亚化学（Nichia）和欧司朗（Osram），首次挤进全球 LED 封装市场的前三。

在专利保护措施上，三星电子株式会社着重开发等离子显示面板、液晶显示面板以及 LED 显示器制造工艺，但近年来也涉及多种具有重要应用价值的发光材料，其中包括了 YAG：Ce、硼酸盐荧光体、硅酸盐荧光体和荧光体组合物。YAG：Ce 发光材料，其中最著名的是钇铝石榴石为主体结构进行掺杂或改造的发光材料，三星公司也在该荧光粉的基础上进行了改进，以得到更加能够满足也能够用要求的荧光粉，如专利 CN101497788A、CN101724399A；涉及硼酸盐荧光体是以 (Y, Gd) BO_3：Eu 为主的发光材料，它们在真空紫外区激发的发光效率最高，相关专利如专利 CN101050364A、CN101245245A，以及硅酸盐荧光体 $ZnSiO_4$：Mn 及其衍生物，如专利 CN1664059A、CN1903976A、CN101026214A、CN101216150A、CN1012041002A。另外在荧光粉方面，三星公司还非常注重荧光粉组合物的开发，通过不同发光波长荧光粉的调配，开发出具有优异发光性质、满足实际应用的荧光粉，如专利 CN101372618A、CN101481614A、CN101503620A、CN101525538A、CN101747891A 等。

(3) 皇家飞利浦电子股份有限公司

飞利浦电子是世界上最大的电子公司之一，在欧洲名列榜首。在彩色电视、照明、电动剃须刀、医疗诊断影像和病人监护仪以及单芯片电视产品领域世界领先。其主要致力于研发不同波长的材料合成白色光以及寻找宽带隙材料方面的努力，其中主要涉及的化合物类型包括 YAG 荧光粉（如 CN1761835A、CN1977393A、CN101184823A 等）、硅酸盐发光材料（如 CN1853283A、CN1922285A、CN1997723A、CN101072844A、CN101129095A、CN101137278A）、磷酸盐发光材料及其衍生物（如 CN1706023A、CN1947213A、CN101160373A 等）、硅基氮化物（CN101163775A、CN1879193A、CN101103088A）等。

(4) 日亚化学工业株式会社

1993 年日亚化学的 S. Nakamura 等率先在蓝色氮化镓 LED 技术上取得突破，于 1996 年将发射黄光的 YAG：Ce 作为荧光粉，涂覆在蓝光 LED 上，成功制备出白光 LED。从此日亚化学工业株式会社成为 LED 的领导厂商，并拥有白光 LED 原始技术的专利权，是 LED 材料和器件设计原始技术的专利的拥有者。除此之外还保护了多种在此基础上改进的结构，形成了比较完善的专利保护体制，可以说日亚化学工业株式会社掌握了大部分 LED 材料和器件设计的核心技术。另外目前应用最广泛的氮化物荧光体也是日亚化学工业株式会社的专利产品。

但是日亚化学工业株式会社在专利授权方面的态度并不是十分积极，甚至可以说在专利授权对象的挑选上非常严格，迄今只有 20 多家公司得到了日亚化学工业株式会社的专利授权。从授权的地域上看，日亚化学工业株式会社的专利许可对象开始是以日本厂商为主，之后逐步转向中国台湾，而并没有将欧洲和美国的厂商作为重点合作对象。日亚化学工业株式会社 LED 专利许可的厂商大多具有 LCD 产业背景，因为这些厂商在产品开发和市场渠道方面具有相当的优势，此举很好地促进了 LED 技术的发展。

目前广泛使用的多种无机发光材料都是最先由日亚化学工业株式会社发表的，如目前广泛使用在白光 LED 中的 YAG 黄色荧光体、氮化物荧光体，因此人们一直努力在 YAG 和氮化物的基础上进行进一步修饰和改进。

包含 YAG 荧光体的发光器件在美国专利 US5998925A 中首次进行了专利保护，并于 2003 年获得授权，成为日亚化学工业株式会社的核心专利。鉴于该材料的优异性能，日亚化学工业株式会社又在该专利的基础上，延伸出众多专利，例如美国专利 US6069440A、US7071616A 等，分别对器件和荧光体作出进一步改进，在被引用次数较多日亚化学工业株式会社的专利 CN1476640A，CN1522291A，CN1613156A 等文献中也都引用美国专利 US4759392A，足可见该化合物在无机发光材料中的地位。

(5) 欧司朗股份有限公司

欧司朗股份有限公司是欧洲 LED 的领导厂商，也是欧洲 LED 产业化的积极推动者，1906 年 4 月 17 日，德国煤气灯公司（Deutsche Gasgluhlicht-Anstalt，也被称为 Auer-Gesellschaft）注册了 "OSRAM" 商标。因为在 Deutsche Gasgluhlicht-Anstalt 注册 "OSRAM" 商标之后的 13 年，也就是 1919 年 7 月 1 日，德国煤气灯公司、德国通用电器与西门子和哈尔斯克（Siemens & Halske AG）通过整合各自的白炽灯业务，合并成一家新公司，该公司全称欧司朗灯泡公司（OSRAM Lightbulb Company），总部设在德国慕尼黑，就是现在所熟悉的欧司朗。简而言之，在 1906 年的时候，OSRAM 只是作为商标而存在，而到了 1919 年，它正式作为公司的名称，登上照明的大舞台。

EP1104799A1 是欧司朗公司的核心专利，报道了一种次氮基硅酸盐型 $M_xSi_yN_z$：Eu 的主晶格的黄光至红光发射的荧光粉，其中 M 是选自 Ca、Sr、Ba 族的至少一种碱土金属，而其中 $z=2/3x+4/3y$。氮的加入增加了共价键与配体领域分裂的比例，从而与氧化物晶格相比，使激发与发射光谱带明显向更长波长位移，可在 200～500nm 范围内被激发，并且具有高的化学和热稳定性。

欧司朗公司在 LED 研究中取得的另一个重要专利是 CN1444775A，即将具有

370～430nm 主激发波长的 LED 与蓝、绿、红荧光粉配合使用得到照明单元，所述蓝光荧光粉的波长最大值在 440～485nm 的范围内，绿光荧光粉的波长最大值在 505～550nm 的范围内，红光荧光粉的波长最大值在 560～670nm 的范围内。所述的照明单元可以产生特定希望的色调或白光光源。

在专利授权方面，欧司朗公司采取了开放的姿态，专利授权的态度要比日亚化学工业株式会社积极，希望以此来推动和加速 LED 的产业化。欧司朗公司认为 LED 显示器具有广视角、高亮度及低功率消耗等特性，在显示领域具备更佳的竞争优势。在专利许可方面其许可的对象主要以欧美厂商为主，日本厂商则相对较少，其许可的对象不仅包括 LED 器件制造商，还包括了一些 LED 材料供应商，通过这样的合作，加强了与 LED 供应链上游厂商的联系，推动了 LED 技术的发展。

2. 国内主要申请人分析

(1) 有研稀土新材料股份有限公司

有研稀土新材料股份有限公司（简称有研稀土）是 2011 年由北京有色金属研究总院作为主发起人对稀土材料国家工程研究中心进行整体改制而设立的股份公司。从 2002 年开始涉及稀土发光材料领域的专利申请，随后申请量呈现整体上逐年增加的趋势，2015 年专利申请总量达到 57 件，主要涉及材料和制备方法的技术领域，同时也有少量装置方面的专利申请。

CN1539914A 提供了一种红色荧光粉，改善了传统钼酸盐 LED 用红色荧光粉有效激发波长范围窄的问题，合成的荧光粉可在 280～480nm 光线激发下发出红光，并且能够保持红色荧光粉高的发光强度、发光效率以及优异的稳定性。

CN101113330A 公开了一种双掺杂或多掺杂的硅酸盐荧光粉，通过改变基质组成得到了发光效率极大改善的黄色荧光粉，并且敏化剂的加入使发光强度得到显著增强，可达到现有发光强度的 160%，同时提高了与紫外、紫光和蓝光 LED 的匹配性，克服了日本、美国等国家的专利壁垒。

氮化物红色荧光体是目前公认的一种比较好的红色荧光体，具有有效激发光谱范围宽、化学稳定性和热稳定性高的特点，但是其必须使用高温高压的制备方法一直是限制其广泛应用的难题。并且性能优异、能够商用的氮化物红色荧光粉的原始专利基本都掌握在国外的一些研究单位和企业手中。有研稀土在 CN103045256A 中成功在高温常压下制备得到具有 $CaAlSiN_3$ 结构的白光 LED 用氮化物红色荧光体，直接将原料在还原气氛下预焙烧和常压焙烧（1500～1700℃），经后处理得到荧光粉。在国际上率先实现了氮化物荧光粉的常压产业化制备，在国内率先实现产业化，打破了国外企业的技术和市场垄断，目前已被成功应用于氮化物红色荧光粉的规划化制备，打破了三菱化学在该方面的市场垄断，销售产值近 1 亿元。

另外在 CN103045256A 和 CN103045266A 中分别开发出了具有高耐候性、高亮度的氮化物红色荧光粉，攻克了氮化物红色荧光粉表面惰性化修饰技术，在经历极端条件老化后荧光粉的光色特性能够得到很好的保持，从而成为国际上少数几家掌握该技术并实现量产的企业之一。

（2）中科院长春应用化学研究所

中科院长春应用化学研究所在无机发光材料与器件的基础研究方面具有很好的积累，研究主要是围绕提高发光效率、调控发光颜色、提高热稳定性等关键性能指标方面，目前在无机发光材料体系和材料制备方法等方面都取得了一定的研究进展，从2000年开始申请了87件材料方面的申请，居国内申请人的前四位，其研究主要是集中在发光材料，侧重点荧光材料，表明了在荧光材料中的较强实力，主要是长余辉发光材料如CN1344777A、CN1390912A、CN1410508A、CN1775902A等、发光材料制备方法如CN1415695A、CN1415694A、CN1443827A等和白光LED用发光材料，如CN100999662A、CN101054519A、CN101144016A、CN101270286A等，其次磷光材料也是其主要研究方向。

他们发现铝酸盐体系和硅酸盐体系两大类长余辉荧光材料，这两类长余辉荧光材料在发光亮度、余辉时间、稳定性方面都较前述硫化物系列长余辉荧光材料有很大提高，从而具有非常广阔的应用前景和应用范围，但这两类长余辉荧光材料的发光颜色一般为蓝紫、蓝或黄绿，没有红色发光现象。随着研究的深入，发现稀土元素激活的碱土钛酸盐红色长余辉荧光材料，这种荧光材料在发光亮度及余辉上都有明显的提高，而且解决了硫化物不稳定的缺点。他们开发了以碱土金属氧化物为发光基质，以Eu为激活剂的红色长余辉荧光材料，进一步提高了余辉亮度及时间。

长春应化所围绕"无机发光材料及其器件应用"作为核心主题，在"单一无机发光白光材料""长余辉发光材料""发光材料制备方法"等方面在做出具有系统性和创新性的研究工作，产生重要影响，带动了国内外十余个研究小组的跟踪研究和体系拓展。

（3）江苏博睿光电有限公司

江苏博睿光电有限公司创始于2005年，由江苏博特新材料有限公司光功能材料事业部为基础于2009年成立，专业从事新型光电材料技术的研究、开发和应用工作。主要研发包括LED荧光粉、PDP荧光粉、CCFL/CFL荧光粉及长余辉荧光粉等高端稀土发光材料。其依托于江苏省稀土发光材料工程技术研发中心的材料合成实验室、表面修饰实验室、粉体工程实验室、高分子化学实验室和白光LED封装实验室，在荧光粉晶体相转变、合成反应动力学、荧光粉晶粒长大机制；荧光粉表面改性技术、提升荧光粉的应用特性；荧光粉粉体粉碎技术、后处理技术、表面改性及包覆技术；与荧光粉应用相关的功能高分子材料；LED荧光粉应用技术及其涂敷特性等方面开展研究。

从其申请的针对国来看，中国是江苏博睿光电有限公司专利申请的主要国家，另外韩国、日本、美国和欧洲也是其专利重点部署地。材料方面,其在中国申请量为最多,达到37件,韩国、日本和美国各2件,欧洲1件,而在韩国和欧洲的申请则都涉及材料方面,足可见其发展重点是在LED前景较好的中国,以及在显示方面有较好发展传统的韩国、日本和美国。

江苏博睿光电有限公司在材料方面的专利申请上,申请量大且涉及广泛,包括LED铝酸盐荧光粉如铝酸盐黄色荧光粉、铝酸盐黄绿色荧光粉;LED氮化物荧光粉如2-5-8结构氮化物红粉、1-1-3结构氮化物红粉;LED硅酸盐荧光粉如硅酸盐橙红色荧光粉、硅酸盐绿色荧光粉和硅酸盐黄色荧光粉;CCFL荧光粉如红、绿、蓝CCFL荧光粉;PDP荧光粉如红、绿、蓝PDP荧光粉;蓝绿色长余辉荧光粉和黄绿色长余辉荧光粉。江苏博睿光电有限公司通过PCT申请途径申请的国际专利"一种白光LED红色荧光粉及其制造方法"(PCT专利号PCT/CN2010/077624)获得德国、美国、日本、韩国四国授权。该发明专利提出一种稀土共激活的氮化物红色荧光粉,采用碱金属作为电荷补偿剂,减少烧结过程中的氧空位缺陷的产生,降低无辐射跃迁的概率;通过Y、P等微量元素共掺杂,有效的提升了荧光粉的发光性能;通过元素取代,加强离子间结合力,同时匹配新型的制造方法,提高了荧光粉的抗老化性能。本发明获得的氮化物荧光粉在620~680nm范围内可调,可满足低色温高显色白光LED的封装要求。该发明专利已在公司的产品中获得应用,这势必会对其在材料领域的研发带来深远的影响。

江苏博睿光电有限公司在专利权的运用和保护中,利用了专利保护的方式为自己争取最大的利益。对于关键技术,积极申请国外专利和PCT专利。这些举措可以看出申请人有避开国外专利公司技术壁垒的意识和进入该新兴领域的积极性,这必将增加其市场竞争力,扩大研究空间。

四、稀土发光材料专利发展趋势预测及相关建议

伴随着节能照明和消费电子产业的崛起,稀土发光材料行业内新技术新产品层出不穷,稀土发光材料的产业应用出现爆发式增长,稀土发光材料已经成为节能照明和显示器生产中不可或缺的基础材料。随着应用领域的不断拓展,稀土发光材料行业的未来发展潜力巨大。由于我国近年加强了对稀土原材料出口的控制,国外厂家生产成本提高,逐渐退出了低利润的节能灯用稀土发光材料市场。未来几年随着各国白炽灯淘汰政策的执行和下游平板显示屏市场需求的增加,稀土发光材料市场发展前景良好,增长潜力还是很大的。但由于技术的提高和新型稀土荧光粉的研发需要一段时间,稀土发光材料高端市场的供需缺口在未来一定时期内仍将持续存在。因此针对我国稀土发光材料技术领域的现状,提出如下建议。

(一)追踪挖掘国外具有市场前景的专利技术

及时了解国外主要企业技术发展变革趋势以及侧重点,分析国内外重点技术上的

差别，对国外有可能进入国内市场的产品提高警惕，在上述基础上有预期的拓展稀土发光材料技术的深度，提早研发改进型技术。另外加大综合研发力度，随着上游产品的不断发展完善，将研发重点逐渐延伸到 LED 等中下游领域，使材料、制备方法、照明产品、显示产品得到多元化发展。

（二）加强自主创新能力，走产学研相结合的发展道路

目前中国一些主要厂商的做法是与高校或研究单位合作，跟踪研究 LED 技术，但是这种合作并不深入。国内企业应利用国内稀土资源优势，将自主创新作为企业发展的长期占率，加强学校与企业的横向联系，充分发挥企业、科研院所和政府的作用，实现创新成果的转化，抢占 LED 市场，目前，LED 产业还没有完全成熟，正处于上升阶段，发展潜力巨大。在 LED 产业中，无机发光材料处于整个 LED 产业的上游，中国企业完全可以通过对材料分子结构的设计、制备方法的改进，合成出具有优异效果的发光材料，并形成自己的核心专利。如果在发光材料制备上拥有核心专利和技术，就能在 LED 产业链中居于主动地位。

（三）加强专利布局，丰富产品品种

目前国外大公司已经把中国作为了 LED 的重点市场，在中国布局了大量的专利，申请了各种形式的专利保护，但这些发光材料仍然有改进的空间。因此国内企业在产品的研发、生产以及销售过程中做好必要的知识产权调查分析，避免产品的重复开发，有效规避知识产权风险。在确立研发方向后，对产品的专利情况应进行全方面的追踪调查，进行现有技术分析，在找到相关领域没有获得专利保护的盲区或规避已获得专利保护的技术，形成自己的核心专利及外围专利，建立起自己的专利壁垒，这样才能真正加入到 LED 的国际化竞争中。

（四）积极应对知识产权诉讼

国内 LED 产业专利积累已经到了一定规模，今后的专利竞争将主要集中在专利体系建立和核心专利拥有方面。因此，及早采用专利运营的思路来建立企业的专利战略，并选择适合的专利运营策略对于 LED 企业的持续发展至关重要。近两年，LED 领域的专利官司早已被业内熟知。其中最具代表性的有：CREE 告东贝光电专利侵权，三菱化学控告希尔德与 Intematix 侵害红色荧光粉专利，欧司朗控告华硕侵犯其白光 LED 专利等。当国内企业在遭遇知识产权诉讼时，应采取积极应对的态度。例如涉及"337"调查的企业往往需要支付高达几百万美元的律师费用，这些费用对于大多数中国企业而言是沉重的负担。但如果企业不应诉，就意味着失去了整个美国市场，从长远来看，受损的还是企业。这时企业可以采取积极灵活的方式来应对，如可采用联合应诉的方式减少单个企业所负担的应诉成本，或是以较低条件达成和解。在知识产权诉讼过程中，还应该充分注意诉讼的实体以及程序方面的问题，企业应该组织技术人员提供充分的资料和证据，与专利工程师以及律师进行良好的配合，对竞争对手的专利进行分析，制定相应的策略，把握应诉主动权。

五、结束语

　　LED作为一个新兴的产业它的发展趋势在中国，本文对稀土发光材料专利申请进行了多方位的统计分析，重点分析了该领域中主要申请人的核心技术优势，以及该技术领域的发展趋势，同时对国内企业的发展提出了建议，希望中国企业在积极投入研发积累核心技术的同时，还应重视知识产权保护在该行业发展中的重要作用，抓住发展机遇，摆脱对国外技术的依赖，提升稀土发光材料行业的整体技术水平。

参考文献

[1] 张中太，张俊英. 无机光致发光材料及应用 [M]. 北京：化学工业出版社，2011.

[2] 余泉茂. 无机发光材料研究及应用新进展 [M]. 合肥：中国科学技术大学出版社，2010.

制冷剂专利技术现状及发展趋势

靖瑞　李洋❶　王中良　马铁铮

（国家知识产权局专利局化学发明审查部）

一、引言

（一）制冷剂的定义

制冷剂，俗称氟利昂，又称制冷工质或冷媒，它是在制冷系统中不断循环并通过本身状态变化以实现热量传输的工作物质，是决定制冷系统特别是蒸汽压缩型系统制冷性能的一项关键因素。

（二）制冷剂的重要性

制冷剂被广泛地应用于社会生产和人民生活中，例如家用空调、冰箱、商用冷库以及车载空调等。在蒸汽压缩式制冷系统中，制冷剂被形象地称为"血液"。随着工业的发展，制冷剂从最初的能用即可，到现今的需要考虑其安全性、环保性以及经济性等多个因素来进行研发和选用。据统计，我国各个领域中制冷剂的需求量每年都达到几十万吨，伴随着近年来中国经济的高速增长，中国制冷行业取得了快速发展。《国民经济和社会发展第十二个五年规划纲要》提出的依靠科技进步和创新实现产业转型升级为行业指明了今后发展的方向。目前，行业正处在实施含氢氯氟烃（HCFCs）制冷剂替代转换改造的关键时期，也面临着节能减排方面的艰巨任务和挑战。中国制冷空调行业 HCFCs 淘汰管理计划的批准，意味着 HCFCs 淘汰第一阶段的行业替代技术路线已基本确立，行业已进入后 HCFCs 时代。下一步全行业工作的重心，应及时转移到节能减排这一核心任务和目标上来。产业界应积极加大研发投入，提高技术创新能力，尽力掌握节能减排的核心技术和关键技术，为我国制冷空调行业早日实现由大到强的转变作出应有的贡献，并借机实现企业自身的跨越式发展❷。

（三）制冷剂的分类

制冷剂按组成、性质或用途可划分为不同类别。从组成/配方上来讲，制冷剂可

---

❶ 李洋等同于第一作者。
❷ 张朝晖等．"十二五"之路，节能减排任重道远［J］．制冷与空调．2010, 12（1）：1-7．

分为单组分制冷剂和混合制冷剂。单组分制冷剂物性稳定，系统泄漏后组分不变，在再补充方面存在天然优势，但在可用品种、制冷性能以及与现有制冷系统的适配性方面存在诸多限制。混合制冷剂是指由两种以上制冷剂组分通过物理混合形成的混合物。通过不同制冷剂组分的组合，可以对制冷剂各方面性能如效能系数、单位容积制冷量、可燃性等进行灵活调整，以使其满足不同的应用需求。混合制冷剂是制冷行业的主要研究领域。

从性质上说，制冷剂（此处主要涉及混合制冷剂）可分为共沸和非共沸两类。共沸混合制冷剂具有与单组分制冷剂相同的热力学特征，可像单组分一样使用，系统泄漏后组分不发生变化，在保证性能长期稳定性和灌注便捷性方面具有明显优势。但是，目前已确定并可应用的共沸混合制冷剂种类很少，且性质较为单一。相对而言，非共沸混合制冷剂定压下相变不等温，与实际热源的变温特点相适应，可减小冷凝器和蒸发器的传热不可逆损失，从而可取得较好的节能效果。根据应用参数如单位容积制冷量、调制容量、工作温度范围等的不同需求，非共沸混合制冷剂的组成调整更为灵活。非共沸混合制冷剂的最大不足在于系统泄漏会引起混合物成分的变化。

从用途上看，制冷剂主要用于空调、冰箱、热泵、冷冻机等领域。基于相同的传热（包括制冷和制热）机制，选择何种物性的制冷剂取决于应用环境（如制冷温度范围）的具体需求。

（四）制冷剂的发展历程

自 1834 年帕金斯发明第一个蒸汽压缩制冷循环以来，制冷剂的发展迄今已历经三代，并正在向第四代转变。

1830—1930 年：第一代制冷剂以易获取的单组分物质为主，包括乙醚、二氧化碳（R744）、氨（R717）、氯甲烷（R40）、异丁烷（R600a）、丙烷（R290）、二氯甲烷（R30）以及水等。这些制冷剂在早期制冷系统中表现出了一定的效果，但应用中发现，第一代制冷剂大多具有可燃、有毒、稳定性低、腐蚀性强和/或压力过高的缺陷。

1931—1990 年：第二代制冷剂是指卤代烃类制冷剂，以含氯卤代烃为主，主要包括全氯氟烃（CFCs）和含氢氯氟烃（HCFCs），其出现以 1926 年二氟二氯甲烷（CFC12）制冷剂的公开为标志。相比于第一代制冷剂，第二代制冷剂在制冷性能、安全性和稳定性方面有着明显优势。1931 年，杜邦公司正式将 CFC12 工业化，随后一系列卤代烃类制冷剂商品相继出现，主要产品有 CFC11、CFC113、CFC114、HCFC22、R502 等。到 1963 年，这些制冷剂已占到整个有机氟工业产量的 98%。然而进一步研究发现，CFCs 或 HCFCs 泄漏后会引发臭氧分解，是典型的消耗臭氧层物质（ODS），且使全球变暖潜值（GWP）高，与当今加强环境保护的理念相违背。根据《蒙特利尔议定书》（1987 年签署）的规定，含氯卤代烃制冷剂将被限制生产且逐步淘汰。目前，CFCs 已被完全淘汰，而按照议定书规定的 ODS 淘汰时间表，截至2040年将淘汰包含HCFCs在内的所有ODS。

1991—2010年：第三代制冷剂是含氢氟烃（HFCs）类制冷剂。相比而言，HFCs类制冷剂不含氯，不破坏臭氧层且GWP值相对较低，制冷性能与第二代相当，其在安全性能、应用性能、替代技术的成熟性及替代成本等方面具有明显优势。时至今日，第三代制冷剂已占据市场主导地位，产品主要有R32、R125、R134a、R143a、R407C、R410A、R507A和R404A等。尽管如此，常用HFCs类制冷剂中大多仍是GWP值较高的温室气体。随着气候变化特别是全球变暖问题日益突出，HFCs被《京都议定书》（1997年签署）规定为6种受控温室气体之一，生产和应用推广受到很大影响。在此形势下，寻求具有更佳环保性能且安全性能、制冷性能以及与现有制冷设备的适配性都能够满足应用要求的新一代制冷剂就变得尤为关键。

2011年至今：针对第四代制冷剂的类别当前并未形成统一明确的定论，但在霍尼韦尔、杜邦等制冷行业巨头的倡导下，以2,3,3,3-四氟丙烯（HFO-1234yf）为代表的氢氟烯烃（HFOs）类化合物极有可能被正名。早在1992年，大金公司就已提出HFO-1234yf可作为制冷剂（JP4110388A），并指出其制冷性能与R12、R22或R502相当，环保性能优异，并且能够与常用润滑剂相溶。在2004年霍尼韦尔提出氢氟烯烃制冷剂概念之后（中国同族专利：CN1732243A），以霍尼韦尔、杜邦、阿克马和大金为代表的国际知名制冷企业对该领域进行了大量研发，并积极在全球范围内进行专利布局和利益划分，迄今已建立起强大的技术优势和专利壁垒。但是，由于HFO-1234yf的价格昂贵，遭到了如戴姆勒、德国大众等汽车厂商的抵制，使得人们对第一代制冷剂中环保性能优异的"天然制冷剂"（如二氧化碳、氨等）又重新燃起了研究的兴趣。

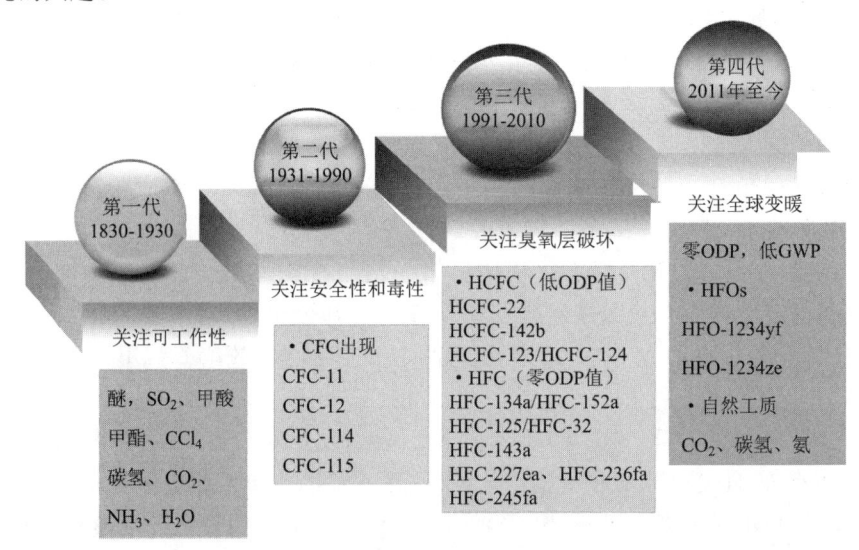

图1 制冷剂发展技术路线图

从图 1 中可以看出：

第一，经过近 200 年的发展，制冷剂的组成从最初的第一代以二氧化碳、氨和水等天然工质为代表的简单组分逐步向以 2,3,3,3-四氟丙烯为代表的氟烯烃类复杂化合物衍变，制冷行业的快速发展激励着人们在不断地扩大制冷剂的类型和范围，以寻求更优良的制冷工质；但有趣的是，作为第四代制冷剂，天然工质在沉寂了近一个世纪之后，再次受到了人们的广泛关注。这种"回到原点"的探索模式，不仅体现出了人们对零排放环保制冷剂的追求，同时对制冷剂的研发提出了更高的要求。

第二，从第一代的 100 年，到第二代的 60 年，再到第三代的 20 年，制冷剂更新换代的速度在逐步加快，从一个侧面反映出了人们对制冷剂的研究热情在不断提高，研发的能力也在逐步提升，从另一个侧面也反映出了制冷剂在工业生产中的地位越来越重要。

第三，制冷剂的关注点从第一代的仅关注其工作性能，到第四代的工作性、安全性、臭氧消耗性以及温室气体排放性多指标、高要求，不仅反映出了人们对制冷剂对环境影响的重视，同时也直接促进了制冷剂技术的发展和革新，因此可以说政策的制定是制冷剂技术发展的重要推动力之一。

参数	制冷剂	R22	R134a	R410a	R600a	R744	R1234yf
临界温度/℃		96	101.1	70.5	134.7	31.1	94.7
临界压力/MPa		4.963	4.059	4.810	3.63	7.372	3.38
饱和液密度/kg/m³		1194.6	1210.1	1066.1 (1.6MPa)	559.8	725.02 (6.3MPa)	1094
饱和气密度/kg/m³		43.12	31.26	63.65 (1.6MPa)	7.94	231.1 (6.3MPa)	37.6
定压比热容 kJ/kg·K	饱和液	1.254	1.420	1.679 (1.6MPa)	2.38	5.767 (6.3MPa)	1.46
	饱和气	0.875	1.006	1.285 (1.6MPa)	1.024	7.049 (6.3MPa)	
导热系数 (mW/mK)	饱和液	86.2	82.4	79.4	95.6	97.0	87.4
	饱和气	10.94	13.96	15.4	16.5	20.06	
黏度 μPa·s	饱和液	167.7	215.4	121.23	151.1	62.5	21.2
	饱和气	12.63	12.14	13.85	12.2	13.8	
臭氧层破坏潜能 ODP		0.003 4	0	0	0	0	0
全球变暖潜能 GWP		1900	1430	2100	20	1	4

图 2　几种常用制冷剂物化性质对比图

由图 2 可以看出，首先，在制冷循环中，要求制冷剂有较高的临界温度，以便在常温及低温下能够液化。其次，制冷剂需要有较大的单位制冷量和导热率。在同一工况下，当制冷量一定时，制冷剂的单位容积制冷量越大，就越可以缩小制冷系统中压缩机的尺寸。较高的导热率也可以减少换热设备的传热面积，节省金属材料的消耗量。再次，制冷剂要求粘度和密度小，这样可以使制冷循环以低阻力运行，降低功耗，提高经济性[1]。最后，制冷剂的环保性能，特别是 ODP 和 GWP 值也是十分重要的，其他物化性能即使再优秀，无法满足环保性要求的制冷剂终将难逃被淘汰的命运。

以上对制冷剂的定义、重要性、分类、技术发展历程以及常用制冷剂的物化性质等进行了介绍、总结和对比。下面，本文将对国内外制冷剂领域的专利申请总量、申请年份分布、申请国家分布、技术领域分布、申请人分布、核心技术及核心申请人等内容进行统计分析。通过对上述内容的统计分析，拟从纵向上尽可能全面地反映出制冷剂的历史、现状和发展趋势；从横向上力求能系统地反映出拥有相关专利技术的主要国家、主要研究机构或企业以及产业界的实际水平，并对重点技术进行介绍，以期为我国制冷剂行业的研究机构和生产企业提供参考。

二、制冷剂专利技术现状

（一）专利技术分析样本构成

1. 检索数据库及起止时间

基于现有数据系统的特点，本文中对于在华专利主要采用中国专利文摘数据库（CNPAT）进行检索，并通过中国专利文摘深加工数据库（CNABS）和中国专利全文数据库（CNTXT）进行补充。对于全球专利，主要采用德温特世界专利索引数据库（WPI）进行检索，并通过欧洲专利局专利文献数据库（EPODOC）进行补充。由于第一代制冷剂（天然制冷工质除外）和第二代制冷剂目前已基本被淘汰，因此专利数据的起始日期为：中国专利文摘数据库的起止日期为数据库最早收录文献开始至 2016 年 7 月，WPI 数据库的起止时间为数据库最早收录文献开始至 2016 年 7 月。另外，本文中 2014—2016 年的专利申请未完全公开，为不完全统计。

2. 检索策略及数据处理

本文研究的基本检索思路为：检索—验证—原因分析—再检索—再验证，直至达到预期目的。具体检索方法为：根据国际专利分类表，涉及制冷剂的专利申请主要集中在分类号 C09K5 大组下（传热、热交换或储热的材料，如制冷剂；用于除燃烧外的化学反应方式制热或制冷的材料），特别涉及的是在分类号 C09K5/04 小组下（相

---

[1] 王洪利等．常用制冷剂及其代替物性质[J]．河北联合大学学报（自然科学版）．2013, 35 (3): 1-3, 23.

态变化是由液体到蒸气或相反)。

但是,根据图3可以看出,关于C09K5大组之中的专利申请种类众多,并不全是涉及制冷剂的。因此,为了保证数据统计分析上的全面性与准确性,在上述分类号的基础上,首先选取了"相变""胶囊""防冻""热界面""硅脂"等虽然同属于C09K5分类号下,但与制冷剂不相关的保护主题进行排除式检索;另外还选取了诸如"制冷组合物""制冷工质""制冷混合物""冷媒""氟烯烃""共沸"等关键词来对中国专利数据库进行组合检索,通过对上述分类号和关键词的配合使用,确定了制冷剂的国内专利技术分析样本。另外,还选取了refrigerant?、freezing medium?、cryogen?、coolant?、working fluid?、azeotropy?等关键词来对全球专利数据库进行检索,通过对上述分类号和关键词的配合使用,确定了制冷剂的全球专利技术分析样本。

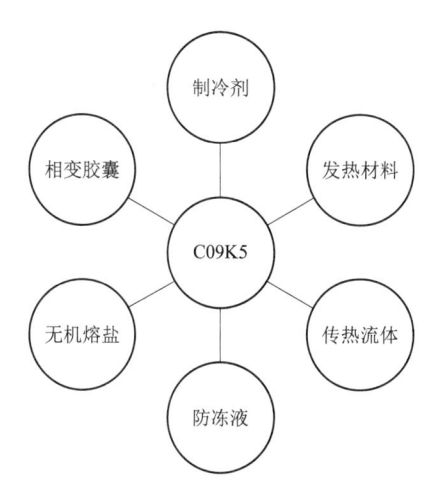

图3 分类号C09K5所涉及的技术领域

3. 检索结果

检索结果包括一定量的噪声。去噪时,针对中、外文数据量,采用了不同的策略。中文的去噪,采用人工逐篇阅读、筛选的策略,正确率比较高;外文的去噪,由于文献量较大,采用了批量清理与人工清理相结合,正确率相对低一些。

在检索过程中,课题组还发现了同一申请人采用不同的法人名称、子公司名称等进行专利申请的情况,因此,课题组利用DWPI数据库的公司代码CPY字段对申请人进行了统一整理、转换。

按照上述检索策略进行检索以及对检索结果进行去噪和人工筛选之后,获取制冷剂技术领域的样本总量为:在CNPAT数据库中检索到1020件专利文献;在WPI数据库中检索到6845件专利文献。

(二)全球专利申请状况分析

对于全球专利申请的分析,主要是在德温特世界专利索引数据库(WPI)中进行检索,并通过欧洲专利局专利文献数据库(EPODOC)进行补充检索,然后进行统计得到。下面主要从申请趋势、申请区域、重点申请人等方面对全球专利申请概况进行分析。

1. 全球专利申请趋势分析

截至2016年7月,全球制冷剂领域的专利申请量共6845件。以下数据分析的时间截取自1958年。近60年来世界范围内制冷剂领域的专利申请趋势如图4所示。

从图4可以看出,世界范围内制冷剂的相关专利申请量总体呈上升趋势。而由于

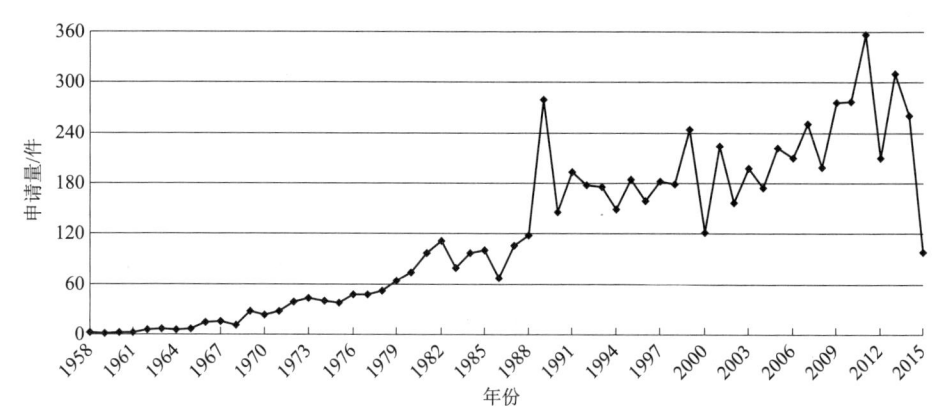

图 4 世界范围内制冷剂领域的专利申请趋势

发明专利申请通常自申请日（有优先权的，自优先权日）起满 18 个月才能公开（要求提前公开的除外），从而才能被检索查询，因此，截至 2016 年 7 月检索完毕时，2014—2015 年的相关专利申请仍然有部分没有被公开，导致这两年的数据呈现下降曲线。

通过分析可以发现，以 1982 年、1989 年和 2011 年为三个分水岭，制冷剂领域专利申请数量变化趋势大致呈现前后四个阶段。

第一阶段，即从 1958 年至 1982 年，这一时期正处于第二代制冷剂卤代烃类制冷剂的技术成熟期；同时也经历发达国家第三次工业革命的主要阶段。由于卤代烃类制冷剂的技术不断成熟，以及空调、冰箱、热泵、冷冻机等产品市场份额的不断扩大，制冷剂主题专利申请的数量在这一阶段呈现出稳步增长态势。经过统计分析，更能明显看出这种稳步增长的变化趋势。在第一阶段的头 11 年，即 1958 年至 1968 年，各国申请人在制冷剂领域的专利申请数量平均为每年 6 件。作为申请量最少的年份，1959 年仅有 1 件相关专利申请。在第一阶段中间 10 年，即 1969 年至 1978 年，各国申请人在制冷剂领域的专利申请数量平均为每年 38.5 件。与前一时期相比，平均每年的专利申请数量增加了 5 倍以上。最后，在第一阶段的最后几年，即 1979 年至 1982 年，制冷剂领域专利申请数量从 64 件迅速增加至 111 件，平均每年 86.5 件，与前一时期相比，平均每年的专利申请数量增加了 1 倍以上。作为制冷剂领域专利申请数量变化趋势的分水岭，1982 年首次单年专利申请数量超过百件。总的来看，这一阶段，制冷剂领域全球专利申请数量变化趋势与第二代制冷剂的技术成熟和蓬勃发展密切相关。

第二阶段，即从 1983 年至 1988 年，这一时期不仅处于第二代制冷剂卤代烃类制冷剂的技术成熟期，而且逐渐开始转向第三代制冷剂的研究开发。这一阶段同时也是发达国家第三次工业革命的末期。从申请数量上看，这一阶段制冷剂领域专利申请数量变化趋势呈现出震荡上行的变化趋势。先是从上一阶段的申请高峰降至 1983 年的

80 件，随后于 1984 年和 1985 年分别增加至 97 件和 101 件。这也是制冷剂领域第二次单年专利申请数量超过百件。然后，在 1986 年，专利申请数量再次降至 67 件，很快又于 1987 年和 1988 年恢复至 106 件和 118 件。在此以后，制冷剂领域的单年专利申请数量一直保持在百件以上。总的来看，这一阶段，制冷剂领域全球专利申请数量变化趋势与第二代制冷剂和第三代制冷剂的技术更新密切相关。

第三阶段，即从 1989 年至 2010 年，这一时期是第三代制冷剂即含氢氟烃（HFCs）类制冷剂蓬勃发展的时期。由于第三代制冷剂在安全性能、应用性能、替代技术的成熟性及替代成本等方面具有明显优势，因此，各国申请人对其投入了巨大的人力物力，促使第三代制冷剂从技术萌芽期、技术成长期走向技术成熟期。这种情形反映在专利申请数量变化趋势上，主要呈现出高位震荡趋势。先是在 1989 年，首次单年专利申请数量超过两百件，达到历史最高值 279 件。这一时期没有过于明显的阶段划分，但相对前面第二阶段，申请数量显著增加。在共 22 年的时间内，各国申请人在制冷剂领域的专利申请数量平均为每年 199 件。这个数字相对前面第一和第二阶段，平均每年的专利申请数量增加了 1 倍以上。总的来看，这一阶段，制冷剂领域全球专利申请数量变化趋势与第三代制冷剂的技术成熟和蓬勃发展密切相关。

第四阶段，即从 2011 年至今，这一时期是第四代制冷剂技术蓬勃发展的时期。各国申请人投入了大量人力物力，尤其在 2,3,3,3-四氟丙烯（HFO-1234yf）为代表的氢氟烯烃（HFOs）类化合物方面进行了大量研发活动。这一时期专利申请数量变化趋势与第三阶段差距不大，但考虑前面提到的近几年相关专利申请数据未完全公开的情形，总体上还是呈现出震荡上升趋势。以 2011 年为例，这一年首次单年专利申请数量超过 300 件，达到历史最高值 357 件。然而，如前所述，第四代制冷剂的类别当前并未形成明确定论，存在若干重点研发方向。同时，这一阶段也是制冷剂领域返璞归真的阶段，即人们对第一代制冷剂中的"天然制冷剂"（如二氧化碳、氨等）又重新燃起了研究的兴趣。因此，这一阶段制冷剂领域全球专利申请数量变化趋势与第四代制冷剂的技术发展之间的关系尚不明朗。

综上所述，自 20 世纪 70 年代起，由于经济水平的提高，世界各国对科技的投入力度加大，空调、冰箱、热泵、冷冻机等产品的不断普及和推广，使得制冷剂的研发一直是电器和电机行业相关企业的研发重点；并且随着时间推移，没有任何减弱的趋势。

2. 全球申请区域分析

图 5 显示出制冷剂领域全球专利申请人的区域分布。从图上可以看出，全球专利申请中，申请人排名第一的国家是美国，提交的专利申请占到制冷剂领域全球专利申请总数的 63%，呈现出一家独大的格局。欧洲、日本和中国则分别占到 15%、13% 和 8%。值得一提的是，中国籍申请人提交的专利申请主要出现在近十几年，属于制冷剂领域的后起之秀。总的来看，制冷剂领域全球专利申请人呈现出四分天下的

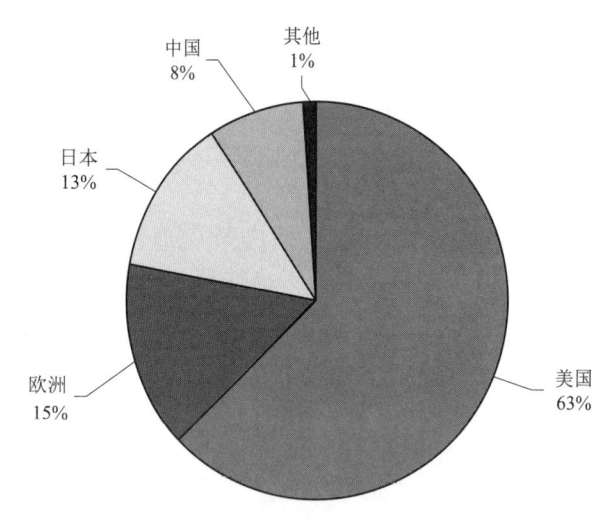

图5 全球专利申请人的区域分布

3. 全球主要申请人的申请情况分析

图6显示出制冷剂领域全球专利申请人的申请情况分析。如图6所示，制冷剂领域的专利申请主要申请人重点集中在以下四家公司：纳幕尔杜邦公司（DU PONT，美国）、霍尼韦尔国际公司（HONEYWELL，美国）、阿克马法国公司（ARKEMA，法国）以及大金工业株式会社（DAIKIN，日本）。按照申请数量排序，以上四家公司的专利申请量占全球制冷剂专利申请量的比重分别为38%、22%、11%和9%，申请量之和占到制冷剂领域全部专利申请的80%。这表明，制冷剂领域的行业集中度非常高，主要专利申请人相对稳定并且数量较少，少数申请人垄断大多数的制冷剂相关专利申请。

反观中国籍申请人，尽管申请数量不低，但申请人数量较多，并未涌现出能够挤入全球申请量排行榜的申请人。

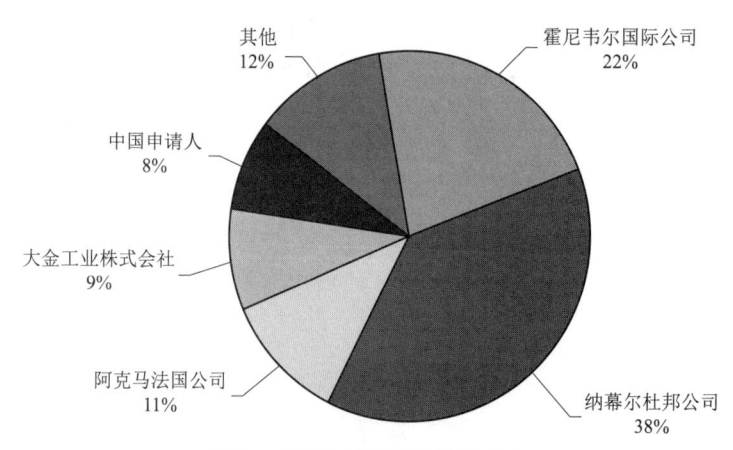

图6 全球主要专利申请人分布

（三）中国专利申请状况分析

对于中国专利申请的分析，主要是在中国专利文摘数据库（CNPAT）进行检索,并通过中国专利文摘深加工数据库(CNABS)和中国专利全文数据库(CNTXT)进行补充,然后进行统计得到。下面主要从申请量及分布趋势、申请人类型和主要申请人等方面对中国专利申请情况进行分析。

1. 中国专利申请量及分布趋势

截至2016年7月,在华制冷剂领域的专利申请量共1020件。以下数据分析的时间截取自1985年。近30年来在华制冷剂领域的专利申请趋势如图7所示。

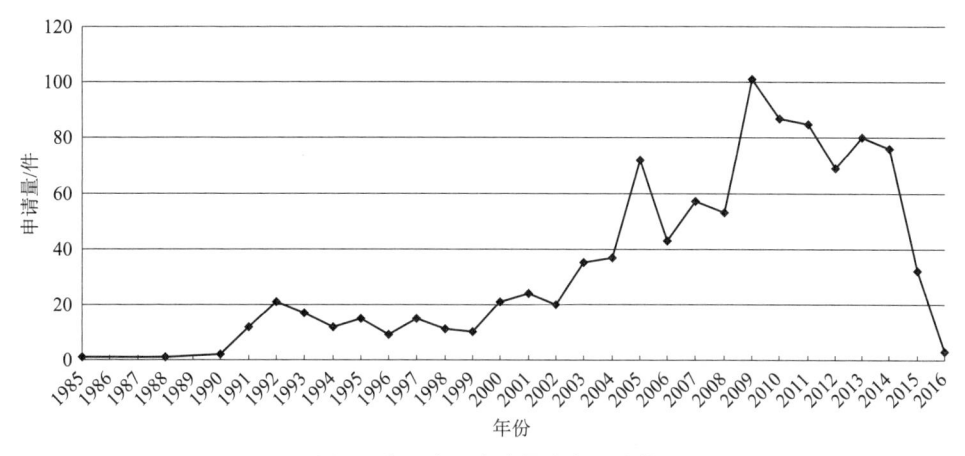

图7 中国专利申请量分布及趋势

从图7中可以看出,自1985年起我国就已经开始申请制冷剂技术专利,但是在1990年之前专利申请量极少。从1990年开始,我国制冷剂技术的专利申请量开始缓慢提升,到2000年之后制冷剂领域专利申请量迅速增长,并在2009年达到峰值。这一阶段属于第三代制冷剂时期,人们注意到CFCs物质在大量消耗平流层中的臭氧,《蒙特利尔议定书》和《维也纳公约》的签署则提出了限制和替代CFCs物质的期限,因此这一时期以保护臭氧层为目标的制冷剂专利申请大量涌现。

2010年之后,制冷剂发展进入第四个阶段,联合国气候变化框架公约(UNFCCC)的《京都议定书》对发达国家提出了减少温室气体排放的要求,这一时期的制冷剂领域的专利申请主要涉及具有低全球气候变暖潜势和较低甚至零臭氧消耗的制冷剂。但是自2010年以来中国制冷剂技术的专利申请量有所降低,可见当前制冷剂技术领域在选用第四代制冷剂方面遇到了较大的挑战。

2. 国内专利申请人类型和比例

由图8可以看出,制冷剂领域的国内申请主要为大学或者研究机构申请以及企业申请,二者占比分别为37%和33%,个人申请占比也达到了23%,企业与大学或者研究机构的联合申请相对来说较少,占比为7%。其中,大学或者研究机构申请、企业申请以及个人申请占比较为平均,这表明国内制冷剂的研究已经得到各阶层广泛的

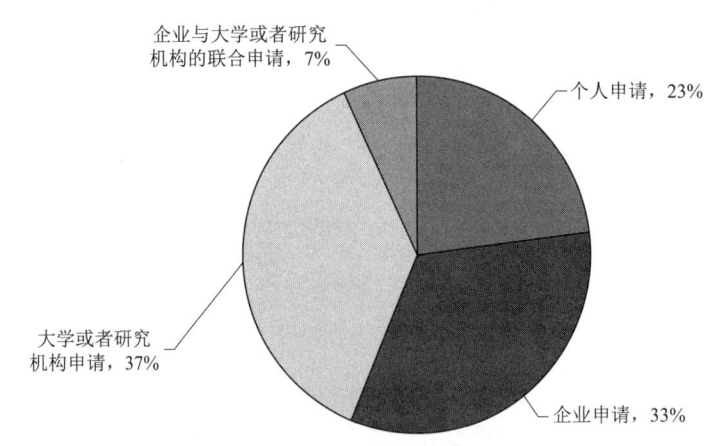

图 8 国内专利申请人类型和比例

关注。同时，企业与大学或者研究机构的联合申请数量也较为可观，表明制冷剂领域企业与科研机构的联合研发也取得了较好的发展。

3. 中国主要申请人

制冷剂领域国内排名前十位的申请人如图 9 所示，其主要包括一些大学或者研究机构，以及相关企业。其中，天津大学、西安交通大学和中国科学院理化技术研究所专利申请量排名前三位，其专利申请量分别达到了 58 件、21 件和 20 件。从图 9 中还可以看出，在国内，大学或者研究机构在制冷剂研发上占有较大的优势，但是我国企业在专利申请数量上还有较大的提升空间，特别是结合图 6 可以看出，我国企业与国外企业在制冷剂专利申请的数量上差距悬殊。因此，今后制冷剂企业应当进一步加强与相关大学或者研究机构的合作，加大科研和技术的投入力度。

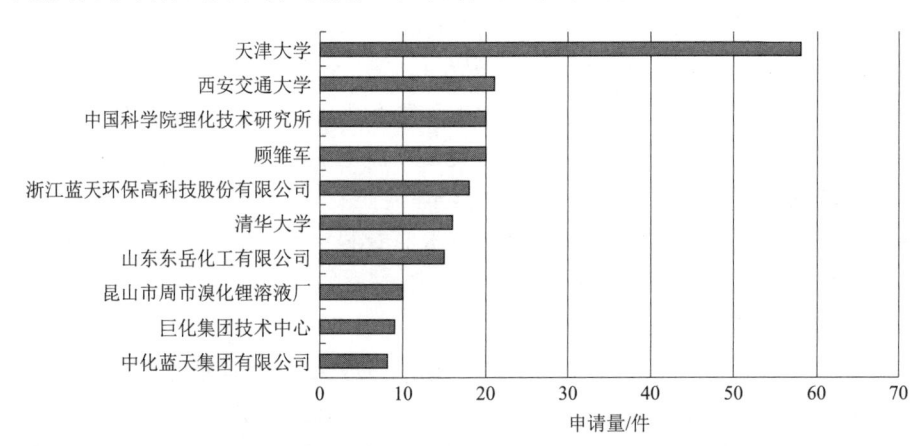

图 9 国内专利申请人类型和比例

三、核心技术分析和重点申请人分析

自 1834 年制冷剂诞生以来,制冷剂的组成和关注点在不断地变化和革新。从最初的"能用即可",到关注了制冷剂的效能,再到如今对其环保性的严格要求,制冷剂技术经历了第一代至第四代的变革。

由图 10 可以看出,根据各代制冷剂的专利申请数量来看,虽然第一代制冷剂的研发空间最大,但是由于当时人们对专利制度的了解和运用能力并不完善,因此在近 100 年的时间段内其相关专利的申请数量并不多;第二代制冷剂更加注重了制冷性能、安全性和稳定性等方面,开发了卤代烃类系列制冷剂,并且随着各国专利制度的进一步发展,其相关专利申请在 60 年左右的时间里几乎达到了第一代制冷剂的三倍;第三代制冷剂的相关专利申请的数量最多,大约占全部数量的 40%,第三代制冷剂的时段仅为 21 年,但是随着制冷设备,如冰箱、空调等在家用和工业中所扮演的角色越来越重要,人们随之也加大了对制冷剂的相关研究,与此同时重视了对其技术进行专利保护;普遍认为,2010 年至今是第四代制冷剂出现的萌芽时期,短短的几年时间内,涌现出了以纳幕尔杜邦公司、霍尼韦尔国际公司等为代表的多家新型制冷剂研发机构,其在美国、欧洲、中国等全球重要国家和地区进行了多篇第四代制冷剂的专利申请,做到了研发与保护双管齐下。另外,随着联合国气候变化框架公约(UNFCCC)的《京都议定书》对发达国家提出了减少温室气体排放的要求,对于更加环保的第四代制冷剂的刚性需求与日俱增,因此,这些因素都导致了第四代制冷剂的专利申请数量在短短的 6 年时间之内已经达到了 1300 多件。

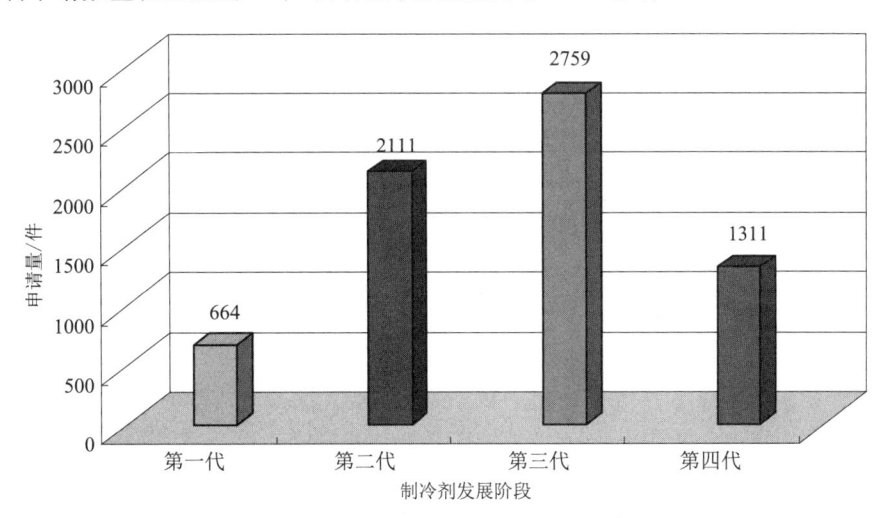

图 10 第一代至第四代制冷剂专利申请数量

目前,第一代(除天然制冷工质之外)和第二代制冷剂已经退出了历史的舞台,第三代制冷剂由于其环保性的缺陷在众多发达国家中也已经基本被禁止使用。在我国，第三代制冷剂也将逐步被淘汰。因此，从组合物组成的角度来看，制冷剂的核心技术主要集中在对于第三代制冷剂的升级改进，以及对第四代制冷剂的创新研究方面，而从制冷剂的性能角度来看，同时具有低 ODP/GWP 值的稳定制冷剂则是人们所追求的产品。

（一）核心技术分析

1. 第三代制冷剂

从 20 世纪 70 年代后期开始，人们注意到作为第二代制冷剂主要组成的 CFCs 物质对平流层中的臭氧造成了大量的消耗，甚至使南极上空出现臭氧空洞，严重影响了全球环境。因此，《维也纳公约》和《蒙特利尔议定书》提出了限制和替代 CFCs 物质的计划和期限。第二代制冷剂基本属于 CFCs 物质，都有较高的 ODP 值。由于，考虑制冷剂更换对相关工业的重大影响，因此，在选择 CFCs 物质代替物时首先关注的是与 CFCs 物质具有相似组合和结构的 HCFCs 以及 HFCs 类物质，期望降低制冷剂中的氯含量从而减少对臭氧的消耗。

由于无毒、不燃且 ODP 为零的制冷剂所剩无几，而且单一的化合物难以达到原来 CFCs 的热力性能。这时，人们想到了可以采用混合制冷剂的方法来平衡制冷剂的多种性能需求。因此，对于第三代制冷剂而言，其发展的重点在于选择适当 HCFC 以及 HFCs 化合物，从而筛选出符合需求的制冷剂混合物。

第三代制冷剂技术现状——重点制冷剂化合物/混合物

（1）R32（二氟甲烷，CH_2F_2）不仅具有良好的环保性能，能够单独使用以及混配制成 R22 的替代品，而且热物理性质与 R22 也十分接近。另外，R32 不容易燃烧，安全且环保，并且由于其与 R22 的生产工艺路线相似，只需略经改动就能转产 R32。因此，R32 是第三代制冷剂研发初期的重要化合物之一。R32 的 ODP 值为 0，GWP 值为 675。

（2）R152a（1,1-二氟乙烷，CH_3CHF_2）一般与其他制冷剂组成混合制冷工质，其具有一定的可燃烧性，R152a 的 ODP 值为 0，GWP 值为 124。

（3）R134a（1,1,1,2-四氟乙烷，CH_2FCF_3）作为 CFC-12（二氟二氯甲烷，CF_2Cl_2）的替代制冷工质被提出，已被证明是对环境较友好的绿色环保制冷工质，而且特别适用于家用冰箱、窗式空调、汽车空调以及小型空冷制冷机组和离心式冷水机组。HFC-134a 自身被认为是无毒和不可燃的。HFC-134a 的 ODP 值为 0，GWP 值为 4470。

（4）R125（五氟乙烷，CHF_2CF_3）是混合制冷工质的组要组分。R125 的 ODP 值为 0，GWP 值为 3500。

（5）R143a（1,1,1-三氟乙烷，CH3CF3）属于易燃气体，并且具有一定的低毒性，其同样是混合制冷工质的组要组分。R143a 的 ODP 值为 0，GWP 值为 3800。

(6) 由上述几种制冷剂化合物所组成的混合物同样是第三代制冷剂中的典型介质，例如 R404A（R125/143a/134a；44/52/4），R407C（R32/125/134a；23/25/52），R410A（R32/125；50/50），R507A（R125/143a；50/50）。

虽然第三代制冷剂成功地减少了臭氧层消耗，但是，形成鲜明对比的是全球气候变暖的趋势更加严重：全球平均空气与海洋温度上升，冰雪大范围融化，全球平均海平面上升等现象已很明显。依照联合国气候变化框架公约（UNFCCC）的《京都议定书》的规定：二氧化碳、甲烷、氧化亚氮、HFCs、PFC 和 SF_6 6 类气体均属于温室气体，对发达国家提出了减少温室气体排放的要求。第三代制冷剂 HFCs 都有很高的全球温室效应潜能值。

2007 年 9 月第 19 次《蒙特利尔议定书》缔约国大会上决定加快淘汰 HCFCs。其中规定发达国家 2010 年 HCFCs 的使用量减少 75%，2015 年减少 90%，2020—2030 年只保留 0.5% 用于维修；对于发展中国家 HCFCs 的用量以 2009 年和 2010 年的平均水平为基准，2013 年 HCFCs 的用量不能超过这个基准，2015 年减少 15%，2020 年减少 35%，2025 年减少 67.5%，2030—2040 年只留 2.5% 用于维修。

中国是世界上最大的 HCFCs 物质的生产和消费国，据统计，2007 年我国 HCFCs 物质的产量是全球的 70% 左右，消费量占到全球的 50% 左右。HCFCs 物质如何发展和未来的成功替代，对于中国制冷行业来说面临严峻的挑战。

依据《蒙特利尔议定书》与《京都议定书》，参照欧盟含氟温室气体控制法规的要求，许多目前被视为新的替代品的制冷剂（第三代制冷剂）很快会被淘汰。根据此要求，新一代制冷剂的选择标准通常应具备以下几个要求：符合环境保护要求，即 ODP 为 0，GWP 低（起始为 150 或更小）；化学性质稳定；良好的兼容性和易采用性；良好的安全性能，包括不可燃或低可燃性，无毒或低毒性；较好的经济性❶。

作为第三代制冷剂中较佳的工质，R134a 的臭氧消耗潜值（ODP）为零，但它的温室效应潜值（GWP）高并且在大气中停留时间长，大量使用会引起全球气候变暖。而且 R134a 分子中含有 CF_3 基团，在大气中解离后易与 OH 自由基或臭氧反应形成对生态系统危害严重的三氟乙酸。在寻找 R134a 的替代物、即开发第四代制冷剂的过程中，氢氟烯烃（HFOs）类化合物以及在第一代制冷剂中所采用的"天然制冷剂"受到了广泛地关注。

由于第三代制冷剂存在的上述缺陷，并且其退出历史舞台已经进入了倒计时阶段，因此，本文不再对其相关专利申请进行列举和分析。

2. 第四代制冷剂

第四代制冷剂技术现状——重点制冷剂化合物/混合物。

---

❶ 吴四清. 第 4 代含氟制冷剂的发展 [J]. 化工生产与技术. 2010, 17 (5)：9-15.

（1）氟烯烃类物质：HFO-1234ze 和 HFO-1234yf

HFO-1234ze（1,1,1,3-四氟丙烯，$CF_3CH=CF$）低毒，具有可接受的可燃性，具有优良的物化性能，与常见的润滑油可溶，大气停留时间 18 天，化学性能稳定，并且具有与 R134a 相当的 COP（性能系数）值。但是，HFO-1234ze 因为存在顺反异构体，两者沸点相差 28℃，不能单独作为制冷工质使用，大多以混合工质使用。HFO-1234ze 的 ODP 值为 0，GWP 值为 6。

HFO-1234yf（2,3,3,3-四氟丙烯，$CF_3CF=CH$）低毒，具有可接受的可燃性，与常见的润滑油可溶，大气停留时间只有 11 天，化学性能稳定，并且具有与 R134a 相当的 COP（性能系数）值。HFO-1234yf 的 ODP 值为 0，GWP 值为 4。

HFO-1234ze 和 HFO-1234yf 在 20 世纪 50 年代开始主要用作氟化工领域，例如作为氟树脂和氟橡胶的聚合单体和共聚单体。从 20 世纪 80 年代开始，大金公司对其进行了深入研究，并在专利 JP4110388A 中首次提出了将其作为制冷剂的应用。2002 年后，杜邦和霍尼韦尔开始了寻找 HFC-134a 的替代品研究，并把四氟丙烯当作制冷剂对其进行了深入地研究。

除上述两种氟烯烃类物质以外，人们还对其他类型的氟烯烃类物质进行了相关研究，例如：HFO-1225ye（1,2,3,3,3-五氟丙烯），HFO-1234ye（1,2,3,3-四氟丙烯），HFO-1234zf（3,3,3-三氟丙烯）等。但是，这些氟烯烃类物质的综合性能均不及 HFO-1234ze 和 HFO-1234yf。因此，对于第四代制冷剂来说，氟烯烃类物质的研究主要集中在 HFO-1234ze 和 HFO-1234yf 及其混合物。

（2）天然制冷剂

为发展制冷工业，人类发明了各种各样的制冷剂，但其均或多或少地对环境造成一定的危害作用。这时，第一代制冷剂中的"天然制冷剂"重新燃起了人们的希望[1]。

天然制冷剂是可以在冰箱/冰柜和空调中使用的天然制冷物质，包括碳氢化合物（丙烷-R290，丁烷-R600 和异丁烷-R600a）、二氧化碳（R744）、氨（R717）、水和空气。这些天然制冷剂不仅对臭氧层无害，而且也不会加剧气候变化。

氨：优良的热力性能、ODP=0 和 GWP<1，有强烈的刺激性气味，在化学工业和食品工业中以及中央空调都重新得到了应用。

二氧化碳：ODP=0 和 GWP=1，用于跨临界循环热泵提供热水，作为复叠循环低压级和低温载冷剂时具有优良性能。

碳氢化合物：ODP=0 和 GWP<1，用于冰箱制冷剂和发泡剂，也可用于冷水机组，RAC 和 PAC 等，但易燃易爆。

水：ODP=0 和 GWP<1，用于冷凝温度较低的水冷冷水机组以及冰蓄冷机组。

---

[1] 任金禄. 制冷剂发展历程[J]. 制冷与空调. 2009, 9 (3): 41-44.

空气：ODP＝0 和 GWP＝1，用于较低温度的冷库时有较高的热力指标。

R123（$CHCl_2CF_3$）：ODP＝0.02 和 GWP＝77，属于 HCFC 物质，但是用于离心式冷水机组有优良性能，能兼顾臭氧层保护和缓和温室气体效应。

虽然，这些天然制冷剂的安全性（如可燃性、毒性、使用压力等）问题受到质疑，但只要严格遵守相关的安全规范，天然制冷剂就能够像其他制冷剂一样安全地应用在各种设备上。具体地说，为避免氨的毒性对人体造成危害，可将采用氨制冷剂的设备放置在室外或者许可进入的地方。为降低碳氢化合物的可燃性风险，在设计时应进行优化设计，尽可能地减少其充注量。此外，从经济角度考虑，使用天然制冷剂也十分经济实惠。首先，许多天然制冷剂并不昂贵，甚至有一些比 HFCs 还要便宜；其次，伴随天然制冷剂的节能技术，有些比 HFCs 节能高达 35％；最后，虽然根据投资类型和企业规模的不同，企业初期投入也许较高，但从中长期考虑，天然制冷剂无须考虑 HCFCs 和 HFCs 的泄漏风险，维护费用比较低，更为节能，对废机的后期处理费用也相对便宜❶。

3. 制冷剂的核心性能

通过对制冷剂相关专利技术的统计分析，从制冷剂的性能角度来看，制冷剂的核心技术实际上在于寻求如图 11 所示的各项性能指标之间的平衡。作为一种具有实用性和可产业化的制冷剂产品，可接受的毒性和可燃性、稳定的化学性、制冷系数以及润滑油的相容性是其所必须具备的基本性能。而随着人们环保意识的不断增强，制冷剂的臭氧损耗潜值/全球变暖潜势越来越受到人们的关注，对二者的要求也越来越严格。在制冷剂的相关专利申请中，上述制冷剂的性能指标显得尤为重要。在专利申请的说明书中根据所要求保护的技术方案准确详细地记载相关性能数据，不仅是所要求

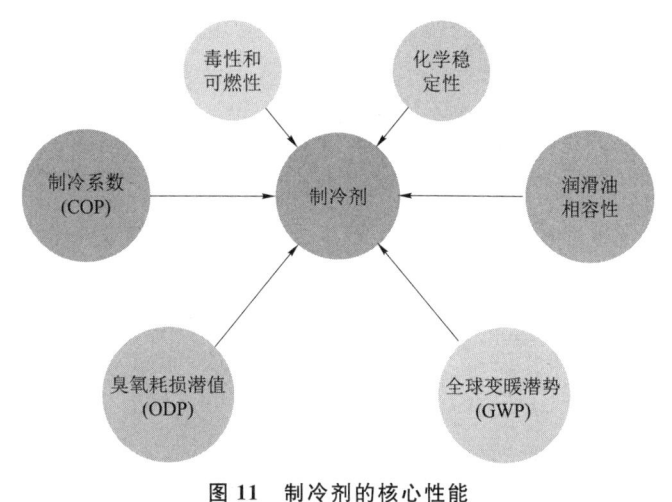

图 11 制冷剂的核心性能

---

❶ 范丽平．自然制冷剂助推中国制冷空调行业节能减排［J］．制冷与空调，2008，8（增刊）：115-118．

保护制冷剂相对于现有技术具有突出的实质性特点的量化体现，同时也是其具有显著进步的质的衡量标准。

纵观制冷剂的发展历程，制冷剂核心性能的提升和平衡既是人们所追求的目标，同时也是推进制冷剂改进和创新的源动力。

（二）国内外重点申请人及其重点专利分析

1. 国外重点申请人及其重点专利分析

（1）纳幕尔杜邦公司

纳幕尔杜邦公司是杜邦公司的一个子公司，成立于 1802 年的杜邦公司业务遍及全球 70 多个国家和地区，涉及农业与食品、楼宇与建筑、通信和交通等众多领域。杜邦公司一直处于制冷剂研发生产的前沿，目前拥有 20 多种制冷剂产品。纳幕尔杜邦公司在全球申请的制冷剂相关专利技术 2500 多项。

其中几篇重要的专利（中国同族）申请如下：

CN101346450A：该专利为纳幕尔杜邦公司关于第四代制冷剂的一篇基础性重要专利，其公开了一种制冷剂或传热流体组合物，所述组合物包含至少一种选自以下的化合物：

(i) 式 E-或 Z-R^1CH=CHR^2 的氟代烯烃，其中 R^1 和 R^2 独立为 C_1-C_6 全氟烷基基团，且其中该化合物中的碳总数为至少 5；

(ii) 式环-[CX=CY（CZW)$_n$-] 的环状氟代烯烃，其中 X、Y、Z 和 W 独立为 H 或 F，且 n 为 2-5 的整数；和

(iii) 选自以下的氟代烯烃：2,3,3-三氟-1-丙烯（CHF_2CF=CH$_2$）；1,1,2-三氟-1-丙烯（CH_3CF=CF_2）等等。

该专利是杜邦涉及以氟烯烃作为制冷剂组合物组分的早期重要专利之一，其中涉及了多种氟烯烃化合物作为制冷剂的应用，特别涉及了 HFO-1234ze、HFO-1234yf、HFO-1234zf 以及 HFO-1225ye 与 HFC-134a、HFC-152a 以及 HFC-32 等常用制冷剂的组合物，该专利对加快第四代制冷剂的研发与生产具有重要的意义。

该专利申请于 2012 年 11 月 14 日获得授权，并被引证了 112 次，各国引证情况及按年代统计引用情况如图 12 和图 13 所示。可以看出，该专利被中国、美国、韩国等多国专利申请引证，且其中引证最多的是美国专利申请，共有 56 篇美国专利申请引证了该专利。该专利自 2009 年公开以来，在 2012 年之前被引证次数随着时间推移而逐步增加，而在 2012 年以后该专利的被引证次数整体上呈降低趋势，这体现了在第四代制冷剂蓬勃发展的时期内，人们对制冷剂的研究存在着若干重点研究方向，而不是仅仅局限在对氟代烯烃组合物的研究。此外，从图 12 中还可以看出，就我国而言，共有 28 件专利申请引证了该专利，但是经检索发现，其中绝大部分专利申请为纳幕尔杜邦公司、霍尼韦尔国际公司、阿克马法国公司等本领域知名的国外公司进入中国阶段的 PCT 申请或国外公司的在华申请，而仅有 3 篇专利申请为我国本土申请

人所申请，这从一定程度上反映了我国本土企业和科研机构虽然已经开始关注国际上同类公司的研发热点，但是在研发力度和技术更新程度上仍显薄弱。

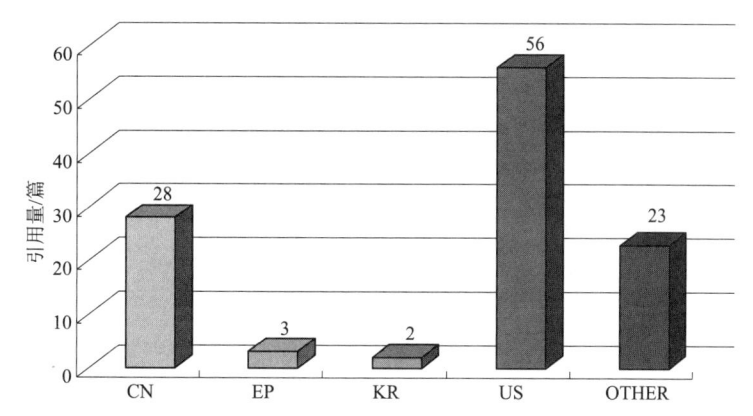

图 12 纳幕尔杜邦公司重点专利 CN101346450A 的各国家/地区引用情况

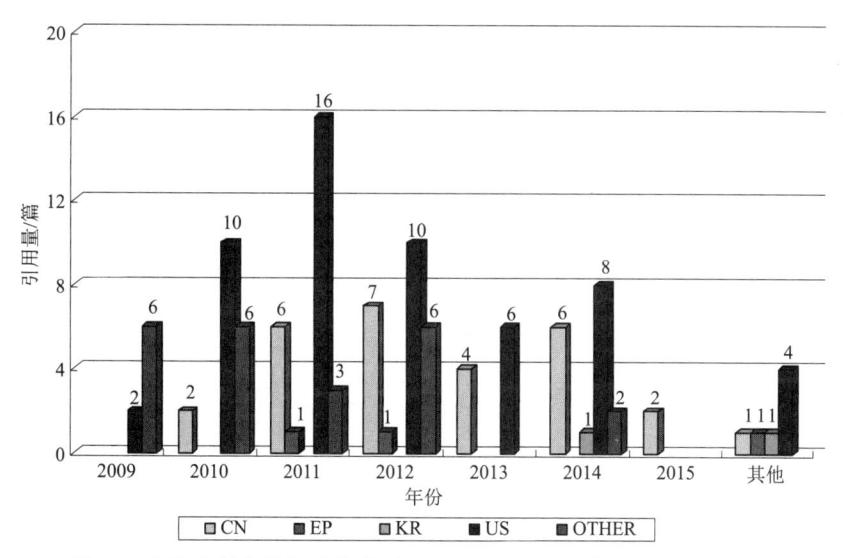

图 13 纳幕尔杜邦公司重点专利 CN101346450A 按年度统计引用情况

CN101297016A：其公开了多种包含氟代烯烃的组合物，所述氟代烯烃可以为 HFO-1225ye、HFO-1234ze、HFO-1234yf、HFO-1234ye 以及 HFO-1243zf；组合物中的其他组分包括 HFC-32、HFC-125、HFC-134、HFC-134a、HFC-143a、HFC-152a、HFC-161、HFC-227ea、HFC-236ea、HFC-236fa、HFC-245fa、HFC-365mfc、丙烷、正丁烷、异丁烷、2-甲基丁烷、正戊烷、环戊烷、二甲基醚、CF_3SCF_3、CO_2 和 CF_3I 等。

该专利是杜邦涉及以氟烯烃作为制冷剂组合物组分的早期重要专利之一，其中筛选出了 HFO-1225ye、HFO-1234ze、HFO-1234yf、HFO-1234ye 以及 HFO-1243zf 几种重要的氟烯烃，并涉及了其与其他制冷化合物形成相应组合物的技术方案，由于其公开的内容较多，涉及范围较大，因此易对后续相关专利申请的新颖性及创造性产生影响。

CN101511967A、CN101517032A、CN101522849A、CN101522850A、CN101605863A、CN1015288877A 等几篇专利分别公开了氟烯烃与胺、含磷化合物、抗坏血酸、对苯二甲酸酯、硝基甲烷、萜烯、萜类化合物、富勒烯、硫醇、硫醚、酚、环氧化物和氟化环氧化物等形成的稳定的组合物。上述几篇系列专利申请克服了氟烯烃在与特定用途和/或应用中存在的其他化合物接触时会表现出自降解和/或产生有用产物或不想要的副产物的缺陷，所提出的几种稳定剂成为了后续专利申请中的常见添加组分。

CN101166804A：其公开了 3,3,4,4,5,5,6,6,6-九氟-1-己烯（PFBE）与氟醚组合的共沸或近共沸组合物，该组合物满足低或零臭氧耗损潜值和较低的 GWP，可应用于传热、制冷和空调系统。其后，纳幕尔杜邦公司的 CN101166805A、CN101166806A 和 CN101184821A 等多篇专利文献还公开了 3,3,4,4,5,5,6,6,6-九氟-1-己烯与氢氟烃和烃组合的热传递和致冷组合物，以及 3,3,4,4,5,5,6,6,6-九氟-1-己烯与溴氟烃、酮、醇、含氯烃、醚、酯、4-氯-1,1,2,3,3,4-六氟丁烯、N-（二氟甲基）-N,N-二甲基胺或其混合物中的至少一种组成的共沸或近共沸组合物，这些专利充分展示了 3,3,4,4,5,5,6,6-九氟-1-己烯在制冷剂领域中的应用。

CN101668566A，其公开了多种共沸或类共沸组合物，所述共沸或类共沸组合物是 Z-1,1,1,4,4,4-六氟-2-丁烯（Z-FC-1336mzz）与甲酸甲酯、戊烷、2-甲基丁烷、1,1,1,3,3-五氟丁烷、反式-1,2-二氯乙烯、1,1,1,3,3-五氟丙烷、二甲氧基甲烷或环戊烷的混合物，并公开了通过使用这样的共沸或类共沸组合物来制冷的方法。

其后，CN101679841A、CN102066521A、CN102459498A、CN102459499A、CN102695771A、CN102695772A 等多篇专利又进一步公开了多种正式或反式 1,1,1,4,4,4-六氟-2-丁烯的共沸和类共沸组合物以及所述组合物在制冷设备中的应用。1,1,1,4,4,4-六氟-2-丁烯具有零臭氧损耗潜值和低 GWP，被认为是一种新型环境友好的替代品，已逐渐应用于制冷剂领域中。

CN101815773A，其公开了多种共沸或类共沸组合物，其中共沸或类共沸组合物是 E-1,1,1,4,4,5,5,5-八氟-2-戊烯与甲酸甲酯、正戊烷、2-甲基丁烷、1,1,1,3,3-五氟丁烷、反式-1,2-二氯乙烯、1,1,1,3,3-五氟丙烷、二甲氧基甲烷、环戊烷或 Z-1,1,1,4,4,4-六氟-2-丁烯的混合物。E-1,1,1,4,4,5,5,5-八氟-2-戊烯（E-CF$_3$CH=CHCF$_2$CF$_3$，E-FC-1438mzz，反式-FC-1438mzz）对同温层臭氧不具有破坏性并且还具有低全球变暖潜势（GWP），该共沸或类共沸组合物应用广泛，如将它们用作气溶胶推进剂、制冷剂、溶剂、清洁剂、热塑性和热固性泡沫的发泡剂（泡沫膨胀剂）、热传递介质、气体电介质、灭火剂和阻燃剂、动力循环工作流体、聚合反应介质、颗粒移除流体、载液、抛光研磨剂以及置换干燥剂。

重要专利	1988—1994年	1995—2001年	2002—2008年	2009年至今
	CN88103467A：1988.12.28 一种含三种或三种以上卤化碳的独特冷冻剂（失效）	CN1248996A：2000.03.29 包括氢氟丙烷的且由第一和第二组分组成的二元恒沸物或类恒沸物的组合（未缴年费终止失效）	CN1479772A：2004.03.03 非一极性的压缩制冷润滑剂和氢氟烃和/或氢氯氟烃制冷剂增容的组合物（失效）	CN101346450A：2009.01.14 用作制冷剂或传热流体和用于产生冷却或加热的方法中的氟代烯烃组合物（专利权维持）
	CN1046357A：1990.10.24 1,1-二氯-2,2,2-三氟乙烷和1,1-二氯-1-氟乙烷的类共沸混合物（失效）		CN101166804A：2008.04.23 PFBE与氟醚合的共沸或近共沸组合物（未缴年费终止失效）	CN101511967A：2009.08.19 包含至少一种氟烯烃和有效量的稳定剂的组合物（专利权维持）
	CN1047525A：1990.12.05 由制冷剂和至少一种氟化烃构成的用于压缩制冷的混合物（失效）		CN101297016A：2008.10.29 包含氟代烯烃和至少一种其他组分的用于制冷、空调和热泵体系的组合物（驳回失效）	CN101668566A：2010.03.10 包含Z-FC-1336mzz与甲酸甲酯、戊烷等的共沸或类共沸组合物（专利权维持）
	CN1053637A：1991.08.07 HFC-134与至少一种HFC-134a和HFC-125形成的掺和物作为制冷剂（失效）			CN102015956A：2011.04.13 包含HFC-245eb和至少一种附加化合物的组合物，化合物选自HFO-1234ze、HFC-245fa、HFC-236cb（专利权维持）
	CN1063300A：1992.08.05 由HFC-125、HFC32和四氟乙烷组成的三元氟代烃恒沸组合物（届满终止失效）			CN102215917A：2011.10.12 包含四氟丙烯和至少一种其他组分的组合物（专利权维持）
	CN1082089A：1994.02.16 包含HFC-134和第二组分的制冷组合物，第二组分包括HFC-227ca（失效）			CN103254875A：2013.08.21 包含氟烯烃和至少一种其他组分的组合物（逾期视撤失效）
				CN104583355A：2015.04.29 包含四氟丙烯和二氟甲烷的制冷剂混合物及其用途（进入审查）

图14 纳幕尔杜邦公司制冷剂技术发展路线图

从图 14 中可以看出，纳幕尔杜邦公司在该领域的中国专利申请重点技术主要以制冷剂的组成改进为主，应用领域涉及制冷、空调和热泵等多个领域。在 2010 年以前，制冷剂的组成主要以第三代制冷剂为主，包括 R32、R125、R134a、R143a 相互之间以及与其他制冷剂之间的组合物，例如，CN1053637A、CN1063300A 和 CN1082089A 等。在 2010 年以后，制冷剂的组成逐渐开始涉及第四代制冷剂，主要包括 Z-FC-1336mzz 和 HFC-245eb 与第三代制冷剂之间的组合物，例如，CN101668566A 和 CN102015956A。

总体而言，纳幕尔杜邦公司针对制冷剂的安全性、臭氧消耗性以及温室气体排放性等多项性能指标，围绕制冷剂对环境产生的不利影响，不断推进制冷剂技术的发展和革新，并积极在全球范围内，特别是美国、欧洲、中国等制冷剂应用重点区域进行了专利布局，迄今已建立起强大的技术优势和专利壁垒。

(2) 霍尼韦尔国际公司

霍尼韦尔国际公司是一家营业额达 300 多亿美元的多元化高科技和制造企业。在全球的业务涉及：航空产品和服务，楼宇、家庭和工业控制技术，汽车产品，涡轮增压器，以及特殊材料。霍尼韦尔公司在制冷剂领域居全球领先地位，其与杜邦公司于 20 世纪 90 年代起开始研发的氟烯烃类制冷剂掀开了制冷剂进入第四代的序幕。从第一代制冷剂开始，霍尼韦尔便进行了相关专利技术的申请，目前其在全球申请的制冷剂相关专利技术近 1600 项。

其中几篇重要的专利（中国同族）申请如下：

CN1732243A，该专利为霍尼韦尔国际公司关于第四代制冷剂的一篇基础性重要专利，其公开了一种传热组合物，包括：

(a) 至少一种具有下式 I 的氟烯烃：

$$XCF_zR_{3-z} \quad (I)$$

其中 X 为一不饱和的、经取代或未经取代的 C_2 或 C_3 烷基，R 独立为 Cl、F、Br、I 或 H，且 z 为 1 至 3，所述传热组合物具有一不大于约 150 的全球变暖潜能值（GWP）。

该专利于 2014 年 3 月 19 日提交的最新一次权利要求修改文本中的权利要求 1 如下：

一种传热组合物用作空调系统的制冷剂的用途，其中所述传热组合物包括：

(a) 至少 50 重量%的 2，3，3，3-四氟丙烯（HFO-1234yf）；和 (b) 至少一种润滑剂，该润滑剂包括聚烷撑二醇。

该专利（及其同族专利）是霍尼韦尔所申请的关于氟烯烃系列制冷剂相关专利中较早的一篇，其中公开涉及了多种氟烯烃类化合物作为制冷剂的应用，特别涉及了 HFO-1234ze、HFO-1234yf 以及 HFO-1225ye 与矿物油、烷基苯和 PAG 油等润滑油的相溶性实验，该专利对加快第四代制冷剂的研发与生产具有重要的意义。

该专利申请于 2006 年 2 月 8 日授权,并被引证了 393 次,各国引证情况及按年代统计引用情况如图 15 和图 16 所示。可以看出,中国、美国、日本和韩国等多国的专利申请均引证了本专利。该专利于 2006 年公开,自公开以来,该专利被引证次数逐年增加并于 2011 年后逐步趋于稳定,可见该专利在制冷剂领域中具有较大且长期的影响,其对加快第四代制冷剂的研发与生产具有重要的意义。此外,从图 15 中还可以看出,在中国共有 77 篇专利申请引证了霍尼韦尔国际公司的该专利,但是经检

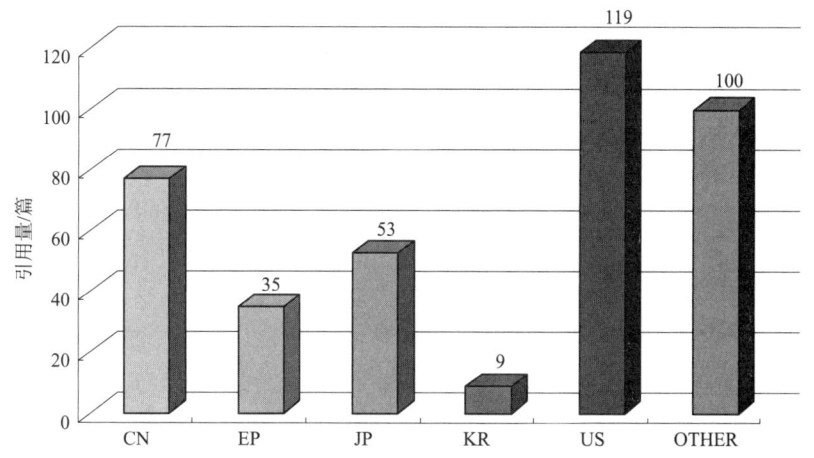

图 15 霍尼韦尔国际公司重点专利 CN1732243A 的各国家/地区引用情况

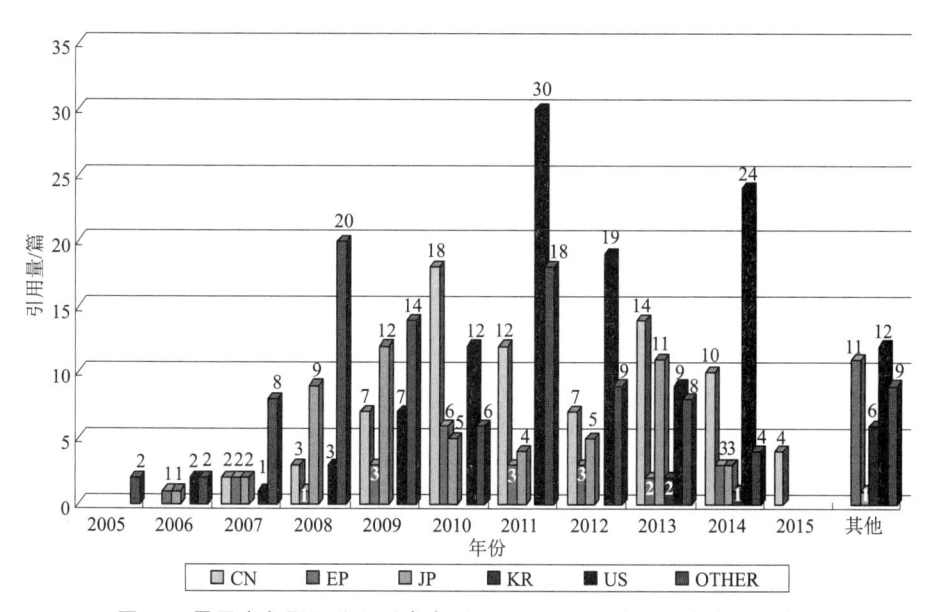

图 16 霍尼韦尔国际公司重点专利 CN1732243A 按年度统计引用情况

索发现，在这77篇专利申请中绝大部分为国外公司进入中国阶段的PCT申请或国外公司的在华申请，这些申请人涵盖了本领域中一些知名企业，如纳幕尔杜邦公司、霍尼韦尔国际公司、阿克马法国公司、大金工业株式会社以及出光兴产株式会社等等，而仅有1篇专利申请为我国本土申请人所申请，这进一步反映了我国本土企业和科研机构对于国外重点专利的关注度和认知度较为缺乏，且没有在整体上把握本领域的研究进程。

CN101636466A，其公开了一种类共沸组合物，所述组合物包含有效量的HFO-1234yf和CF$_3$I。在该专利的基础上霍尼韦尔开发出了由HFO-1234yf和三氟碘甲烷组成的二元混合物，并命名为Fluid-H。该混合物的GWP<10，因其具有不可燃、滑移温度小等特性受到广泛的关注。但随着制冷剂本身实验的进一步深入，人们发现Fluid-H也有可燃性，且ODP>0，对臭氧层还有一定的破坏，其还有一定的渗透性并且和目前所使用的压缩机油不能完全兼容，最终人们放弃了对Fluid-H的研究。

CN1977023A，其公开了一种四氟丙烯和五氟丙烯类共沸组合物，所述组合物包含有效量的HFO-1234yf和HFO-1225yeZ。四氟丙烯和五氟丙烯的组合物曾被认为是一种环保的并符合汽车空调协会关于氟气体排放标准，具有不可燃、低毒性、材质兼容性及高温稳定性，与现有汽车空调技术兼容的候选制冷剂。但是，由于长期毒性实验的结果不能满足替代制冷剂的要求，在2007年7月美国汽车工程师协会（SAE）的替代制冷剂年会之后，退出了替代制冷剂的候选阵营。

CN1977025A，其公开了包括四氟丙烯和氟代烃的类共沸物组合物及其应用，包括用于制冷剂组合物、制冷系统、发泡剂组合物和气溶胶推进剂的应用。具体来说，该类共沸组合物包括有效量的反式-1,3,3,3-四氟丙烯（transHFO-1234ze）和选自1,1-二氟乙烷（"HFC-152a"）、1,1,1,2,3,3,3-七氟丙烯（"HFC-227ea"）、1,1,1,2-四氟乙烷（"HFC-134a"）、1,1,1,2,2-五氟乙烷（"HFC-125"）以及这些当中的两种或多种的组合的化合物。该专利是霍尼韦尔公司涉及以包含四氟丙烯和氟代烃的类共沸组合物作为制冷剂的早期重要专利之一，其后，霍尼韦尔公司以该申请作为母案先后提出了CN103396766A、CN105623615A和CN105567172等多件分案申请。

CN102741203A，其公开了包含顺式-1,1,1,4,4,4-六氟-2-丁烯和选自水、氟酮、醇、氢氯氟烯烃及其两种或更多种的组合的另一材料的类共沸物组合物，以及该组合物作为发泡剂、制冷剂、加热剂、动力循环剂、清洁剂、气溶胶推进剂、灭菌剂、润滑剂、香精和香料萃取剂、可燃性降低剂和火焰抑制剂的用途，丰富了1,1,1,4,4,4-六氟-2-丁烯在制冷剂领域中的应用。其后，霍尼韦尔公司以该申请作为母案先后提出了CN105295846A、CN105238356A和CN105238359A等多件分案申请。

从图17中可以看出，霍尼韦尔公司在该领域的中国专利申请重点技术同样以制冷剂的组成改进为主，应用领域涉及制冷、空调和热泵等多个领域。在2010年以前，

制冷剂专利技术现状及发展趋势 367

重要专利	2004—2006年	2007—2009年	2010—2012年	2013年至今
	CN1529625A：2004.09.15 含有HFC-365mfc、水和选自正戊烷、异戊烷等的烃类的类共沸组合物（专利权维持）	CN1898353A：2007.01.17 含3至4个碳原子和至少1个但不超过2个双键的氟代烯烃与一种可基本混溶的有机润滑剂组合物（专利权维持）	CN101636466A：2010.01.27 包含HFO-1234yf和CF3I的类共沸组合物及其用途（专利权维持）	CN102307965A：2012.01.04 可用作有机液兰金循环工作流体的氯-和溴-氟烯烃化合物（专利权维持）
	CN1541261A：2004.10.27 HFC-134a、HFC245fa和2-甲基丁烷的类共沸组合物（失效）	CN1977023A：2007.06.06 包括四氟丙烯和五氟丙烯的类共沸物组合物及其应用（专利权维持）	CN101668796A：2010.03.10 四氟丙烯与溴氟丙烯的混合物（专利权维持）	CN102741203A：2012.10.17 包含Z-HFO-1336mzzm和选自水、氟酮、醇、氢氯氟烯烃及其两种或更多种的组合的另一材料的类共沸物组合物的用途（专利权维持）
	CN1732243A：2006.02.08 HFO-1225和HFO-1234在制冷设备中的用途（合议组审查）	CN101014680A：2007.08.08 HFO-1234在包括致冷设备在内的多种应用中的用途（专利权维持）	CN101796154A：2010.08.04 包括四氟丙烯和一种或多种所选择的烃的类共沸物的组合物及其用途（视为放弃失效）	CN104046331A：2014.09.17 选自HFO-1233zd、HFC-245fa及这些的组合的第一组合物；还任选包括：选自HFO-1234ze、HFC-134a及这些的组合的第二组合物（等待实审提案）
	CN1860200A：2006.11.08 在很宽应用范围中使用的含氟烃组合物，该组合物能溶解在烃润滑油中（失效）	CN101407713A：2009.04.15 包含R134a、R227ea以及R236fa的混合工质（逾期视撤失效）		CN104797677A：2015.07.22 包含（a）HFC-32；（b）HFO-1234ze；和（c）HFC-152a和/或HFC-134a中的任一者或两者的传热组合物（进入审查）
		CN101583700A：2009.11.18 包含氢氟烯烃、碘烃和至少一种具有氢原子和碳原子的润滑剂的汽车制冷剂（专利权维持）		

图 17　霍尼韦尔公司制冷剂技术发展路线图

制冷剂的组成也是主要以第三代制冷剂为主，包括 R32、R125、R134、R134a、R143a 相互之间以及与其他制冷剂之间的组合物，例如，CN101407713A 和 CN1541261A 等。在 2010 年以后，制冷剂的组成同样开始转向第四代制冷剂，例如，

CN101636466A 等。

总的来说，霍尼韦尔公司主要围绕氢氟烯烃制冷剂针对制冷剂的组成进行了大量研发并持续改进，同纳幕尔杜邦公司一样，其积极在全球范围内，特别是美国、欧洲、中国等制冷剂应用重点区域进行了专利布局，迄今已建立起强大的技术优势和专利壁垒。

（3）阿克马法国公司

阿克马法国公司是一家全球性的化学品公司及法国领先的化学品生产企业，阿克马在全球50个国家开展业务，拥有14 000名员工，10家研发中心，年销售额达77亿欧元。创新是阿克马的核心战略，其工业特种产品部门负责冰箱冷冻冷藏和空调制冷的研发与生产。阿克马积极投入到第四代制冷剂的开发中，其在全球申请的制冷剂相关专利技术达750多项。如：

CN102066519A，公开了一种基于氢氟烯烃的组合物，其包含2～55重量％的2,3,3,3-四氟丙烯、2～55重量％的HFC-152a和30～55重量％的HFC-32。

CN102066518A，公开了一种基于氢氟烯烃的组合物，其包含10～90重量％的2,3,3,3-四氟丙烯、5～85重量％的HFC-134a和2～20重量％的HFC-152a。

CN102066520A，公开了一种基于氢氟烯烃的组合物，其包含5～65重量％的2,3,3,3-四氟丙烯、5～70重量％的HFC-134a和25～42重量％的HFC-32。

上述三篇专利提出了2,3,3,3-四氟丙烯分别与HFC-152a、HFC-32以及HFC-134a的三元组合物，其与杜邦的CN101297016A所公开的内容相类似，可视为进一步的优选技术方案。

CN104837952A，公开了一种组合物，其包含化合物HFO-1234yf和至少一种其他的额外的化合物，所述其他的额外的化合物选自HCFC-240db、HCFO-1233xf、HCFC-243db、HCFO-1233zd、HCC-40、HCFC-114a、HCFC-115、HCFC-122、HCFC-123、HCFC-124、HCFC-124a、HFC-125、HCFC-133a、HCFC-142、HCFC-143、HFC-152a、HCFC-243ab、HCFC-244eb、HFC-281ea、HCO-1110、HCFO-1111、HCFO-1113、HCFO-1223xd和HCFO-1224xe。

该发明提出了HFO-1234yf与其生产过程中的副产物所组成的组合物作为制冷剂使用的方案，从而避免了复杂而昂贵的纯化步骤。

（4）大金工业株式会社

日本大金工业株式会社自1924年创业以来已拥有90多年的历史。大金公司的产品主要涉及空调、制冷、氟化学、电子、油压机械等多种领域。在制冷剂的研发方面，大金公司于20世纪90年代也提出了以氟烯烃类物质作为制冷剂的技术方案。目前，其在全球申请的制冷剂相关专利技术达630多项。如：

JP平4-110388A，其公开了$C_3H_mF_n$（$m=1$-5，$n=1$-5且$m+n=5$）的化合物作为制冷剂的应用，具体地，所述化合物可以为$H_3C\text{-}CF=CH_2$、$F_3C\text{-}CH=CH_2$、

$F_3C-CH=CHF$(HFO-1234ze)、$H_3C-CF=CF_2$以及$F_3C-CF=CH_2$(HFO-1234yf)。该专利的公开日为1992年4月10日,远远早于杜邦和霍尼韦尔提出了氟烯烃可以作为制冷剂应用的技术方案,打破了之前人们一直认为烯烃类物质由于其不稳定性无法单独作为制冷剂使用的技术偏见,具有重要的划时代意义。但遗憾的是,该技术仅在日本进行了申请,没有其他国家的同族专利,并且在该专利之后,大金没有立即进行后续的相关研究,直到杜邦和霍尼韦尔提出了以氟烯烃作为第四代制冷剂的候选物质后,其才重新开始了对氟烯烃类物质的开发。

2. 国内重点申请人及其重点专利分析

(1) 天津大学

天津大学在制冷剂领域的申请量位居国内申请人前列,其机械工程学院热能与制冷工程系以及热能研究所在第三代以及第四代中高温混合制冷工质的方向上申请了多项专利,其中涉及第四代制冷剂的专利申请如:

CN101747867A,其公开了一种含有HFO-1234yf的有机朗肯循环混合工质,包括HFC-143、HFC-236ea、HFC-236fa、HFC-245ca、HFC-245fa、CF_3I、HFE-143、HFE-134和HFC-254cb。该专利中公开的制冷剂可作为蒸发温度为60～100℃的低温地热资源,或其他低品位热源的有机朗肯循环系统中的制冷工质。

CN104789192A,其公开了一种适用于中低温冷冻冷藏系统的新型制冷剂,由R32,R290,R134a和HFO-1234yf组成,具体质量百分数如下:R32 1%～35%,R290 25%～60%,R134a 20%～60%,HFO-1234yf 1%～20%。该专利涉及的制冷剂具有零ODP、GWP值明显低于R507A值;相比R507A系统充灌量降低,COP有较大提高,可直接应用于R507A的冷冻冷藏系统,不需做过多部件的更换,或只做部分部件的更改即可。

(2) 西安交通大学

西安交通大学的制冷与低温工程研究所成立于1956年,是我国最早设置的制冷本科生专业。在制冷剂领域,其主要研究方向以及相关专利的申请主要集中在低温制冷剂以及R22的代替制冷剂。

CN103937458A,其公开了一种有机朗肯循环混合工质,其特征在于,按质量百分数计,包括70%～98%的反式-1-氯-3,3,3-三氟丙烯和2%～30%的第二组分,其中第二组分为2,3,3,3-四氟丙烯、反式-1,3,3,3-四氟丙烯中的一种或两种。该专利的混合工质不可燃,ODP接近于零,GWP极低,符合环保要求;热工参数适宜,循环性能优良。

CN103980861A,其公开了一种中高温有机朗肯循环工质,其特征在于,按质量百分数计,包括11%～59%的反式-1-氯-3,3,3-三氟丙烯和41%～89%的3-乙氧基-1,1,1,2,3,4,4,5,5,6,6,6-十二氟-2-三氟甲基己烷。该专利的混合工质为二元非共沸工质,相变过程中存在较大的温度滑移,可显著降低传热过程的不可逆损失,提高循环系统效率。

(3) 中国科学院理化技术研究所

中国科学院理化技术研究所组建于 1999 年 6 月。其低温工程学重点实验室以先进制冷与低温技术为研究重点，以工程热物理、工程热力学及流体力学为基础开展相关的基础及应用基础研究。该实验室是我国唯一一个综合性的低温工程科学技术研究单位，是中国制冷学会制冷与低温专业委员会的主任单位。其专利申请主要集中在共沸/近共沸制冷剂方向。

CN103571437A，其公开了一种含氨混合制冷剂，其由下述经过物理混合的组分 1、组分 2 和组分 3 组成：所述组分 1 为氨；所述组分 2 为乙烷、丙烷、丙烯、异丁烷、丁烷、1-丁烯、异丁烯中的一种、两种或多种；所述组分 3 为三氟碘甲烷、二氟甲烷、1,1-二氟乙烷、1,1,1,2-四氟乙烷、1,1,2,2-四氟乙烷、1,1,1,2,3,3,3-七氟丙烷、反-1,3,3,3-四氟丙烯、1,1,1,3,3,3-六氟丙烷、1,1,1,2,3,3-六氟丙烷、1,1,1,3,3-五氟丙烷和 1,1,2,2,3-五氟丙烷中的一种、两种或多种；在所述含氨混合制冷剂中，所述组分 1 含量为 3wt%～90wt%，所述组分 2 含量为 5wt%～80wt%，所述组分 3 含量为 1wt%～75wt%。该专利涉及的制冷剂与润滑油具有良好互溶性，可燃性和毒性低，可替代纯氨制冷剂，简化现有氨制冷系统结构，降低成本，提高经济性。

CN104531079A，其公开了一种含四氟丙烯的混合制冷剂，其特征在于，由组分 1 和组分 2 组成，其中：所述组分 1 为反式-1,3,3,3-四氟丙烯、2,3,3,3-四氟丙烯中的至少一种；所述组分 2 为丙烷、丙烯、异丁烷、丁烷、1-丁烯、异丁烯中的至少一种；所述组分 1 摩尔组分为 10%～90%，所述组分 2 摩尔组分为 10%～90%。该专利涉及的上述含四氟丙烯的混合制冷剂，其环保性能好，ODP 值为零，GWP 值较低，且与普通润滑油具有良好的互溶性、能效较高、可燃性低、安全性能较好，可用于现有普冷温区的压缩制冷系统。

(4) 山东东岳化工有限公司

山东东岳化工有限公司创建于 1987 年，现已成为规模和技术居国内领先地位的绿色环保制冷剂生产基地。该公司与清华大学强强联手，率先在国内推出的"东岳清华系列绿色制冷剂"荣获国家技术发明奖，被美国环保局 SNAP 计划批准认可，并已获得国际制冷剂统一编号 R415A、R415B、R418A 和 R425A。

CN102229793A、CN102229794A、CN102241962A 三篇专利申请分别涉及了 2,3,3,3-四氟丙烯与丙烷、丙烯和氟乙烷的混合制冷剂。所述制冷剂组合物 ODP 值为零，GWP 值非常低，可应用于家用空调、热泵等系统中直接充灌替代 R22。但遗憾的是，上述申请所要求保护的混合制冷剂均已被杜邦公司在先申请的专利所公开，因此最终没有获得专利授权。

通过上述对国内外重点申请人及其重要专利的列举和分析，可以看出：首先，与制冷剂领域的国外申请人相比，我国的申请人在技术上存在滞后性，缺少自主研发的革命性专利技术，专利申请的授权前景受到了国外申请人在先申请的严重制约；其次，相比较于纳幕尔杜邦公司和霍尼韦尔国际公司等形成的强强联手，共同开发新一代制冷剂的合作关系，我国的申请人仍以"单打独斗"的形式进行艰苦的探索，缺乏有效的资源共享；最后，国外企业在我国申请了大量的相关专利，已经构成了一个相对稳定和有效的知识产权保护体系，而反观我国企业，在国外的相关专利申请数量屈指可数，无法在国外市场形成竞争力。

四、制冷剂的生产量预测、技术发展趋势及相关建议

（一）制冷剂的生产量预测

从图 18 中可以看出：

第一，制冷剂的总需求量预计将平稳下降，这主要是由于制冷剂及其相关设备的技术不断进步和发展，制冷剂的单位制冷能力得到了不断提高。因此，使得制冷将变得更为高效。

第二，由于 HCFCs 的环保性能不能满足相关政策的限制要求，因此，其需求量将出现大幅下降，并且会逐步退出制冷剂市场的舞台。

第三，作为目前使用最为广泛的第三代制冷剂的主要组分——HFC 的产量虽然会受到新兴第四代制冷剂推出的一定挤压，但预计在未来的一段时间，其仍将是制冷剂市场的主要产品。

第四，第四代制冷剂如 HFO（图中未示出，其走势预计与 HC 相似，产量界于 HFC 和 HC 之间），HC/天然工质的生产量将会稳步上升，以迎合人们对制冷剂环保高效的需求。

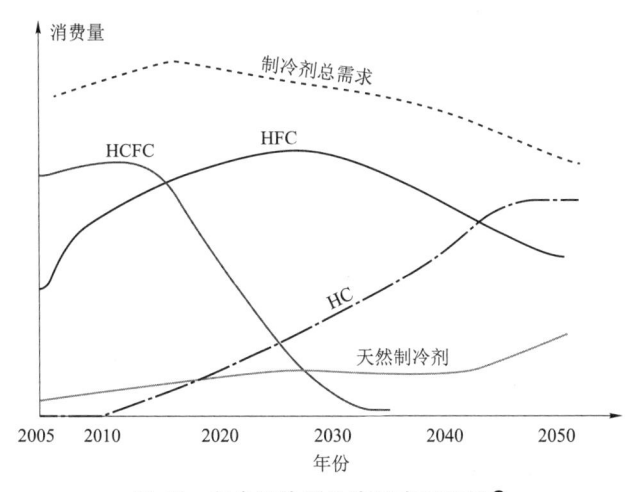

图 18　各类制冷剂生产需求量预测[1]

---

[1] 佰世越管理咨询（北京）有限公司. 环境保护与制冷剂发展［J］. 家电科技，2014，(3)：16-17.

（二）制冷剂技术发展趋势

近些年来，尤其是 2010 年以后，无论是国内还是国外，制冷剂领域的专利申请数量都进入了一个高潮期。这一方面，说明在相关公约和政策的限制下，制冷剂的更新换代迫在眉睫。另一方面，也说明制冷剂的相关潜在申请人对于知识产权的保护意识和运用能力也在不断地提高。本文通过对制冷剂领域国内外申请人的相关专利文献的统计分析，我们可以看出未来的一段时间内该领域的几个发展趋势。

（1）从制冷剂专利申请的技术类型来看，其主要以组合物产品权利要求为主，并且制冷剂组合物在今后很长一段时间内仍将是主要申请类型。组合物组分的选择、各组分的配比、组合物的性能参数以及各种助剂（如润滑剂、稳定剂）的加入都是制冷剂专利申请权利要求所要求保护技术方案中的重要技术特征。

（2）从制冷剂专利申请所要解决的技术问题来看，新一代的制冷剂在具有高效制冷、低（无）毒性、低（无）可燃性等基本性能要求的同时，制冷剂的环保性能将是决定其能否真正实现市场化的关键。因此，出于对环境保护的考虑，低 ODP 值、低 GWP 值且综合性能良好的制冷剂的研发是今后制冷剂的技术发展方向。另外，制冷剂的共沸性，润滑油可容性以及现有制冷剂的良好替代性也同样是研究的重点。

（3）从制冷剂专利申请的技术内容来看，目前第四代制冷剂主要关注点在于氟烯烃类物质以及天然制冷工质。在中短期内，预计相关专利申请将集中研究包含氟烯烃类物质和天然制冷工质的各种制冷剂组合物，进一步寻求制冷性能与环保性能之间的平衡。而从长远的角度来看，虽然目前一些人工合成制冷剂占据市场的主导地位，并且杜邦和霍尼韦尔等公司针对汽车空调用制冷剂，又采用新的合成制冷剂（如：HFO-1234yf）来替代即将被淘汰的 HFCs 类物质，但是本着回归自然、寻求环境友好的制冷剂技术发展以及专利申请的主旋律，预计未来最有竞争力并且最终会被人们选择并长期使用的制冷剂将会是如 CO_2、碳氢化合物、氨以及水等为代表的天然制冷工质。

（4）从申请人类型来看，随着全球工业化的不断进展，美国、西欧、日本、中国等国家的制冷剂的年需求量逐年增加，这些国家对于制冷剂的研发，特别是第四代具有更高环保性能的新型制冷剂的研发势必会迎来又一轮高潮。制冷剂市场发展格局仍将以美国、欧洲等跨国公司为主，中国内地企业紧跟其后。尽管随着我国对创新扶持和知识产权保护的力度不断加大，我国内地企业近年来在制冷剂领域的专利申请量方面发展迅速，自我保护意识不断加强，但由于技术研发集中度不高、资金和研发能力相对较弱，因此，短时间内不具备赶超美欧的实力。

（三）制冷剂技术发展建议

根据以上对制冷剂专利技术现状的分析，提出对我国制冷剂行业的建议。

1. 主管部门

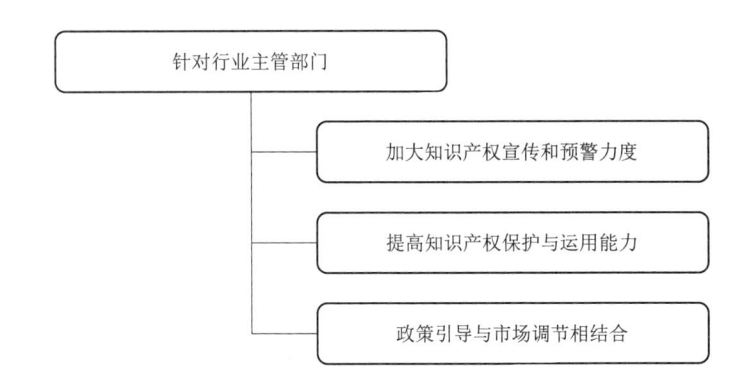

```
针对行业主管部门
├── 加大知识产权宣传和预警力度
├── 提高知识产权保护与运用能力
└── 政策引导与市场调节相结合
```

（1）加大知识产权宣传和预警力度

在冷链物流业、空调产业、汽车制造业发展迅速的今天，制冷剂的技术发展和应用显得越发的重要。作为制冷剂行业的相关主管部门，应当将制冷剂的知识产权问题放到战略性的高度，加大对知识产权重要性和实用性的宣传力度，对相关企业和高校进行针对性的知识产权培训。同时，作为政策的制定者和实施者，相关部门还应当做好本行业的知识产权预警工作，未雨绸缪，帮助本行业成员规避国外行业巨头的知识产权雷区，促进行业的稳定健康发展。

（2）提高知识产权保护与运用能力

从前述的统计分析可以看出，我国制冷剂生产企业的专利申请无论从数量还是质量上均无法与霍尼韦尔国际公司和纳幕尔杜邦公司等跨国行业寡头进行抗衡，因此需要相关主管部门在制冷剂行业的知识产权工作方面，加大政策扶持力度，整合国内的精品专利申请，积少成多，积小成大，助力完善我国企业的知识产权保护体系。同时，对于技术含量高，经济效益大的专利技术，主管部门应主动帮助相关申请人进行国外的专利申请工作，将我国的自主知识产权推广到国外市场，逐步提高我国企业的国际竞争力。

（3）政策引导与市场调节相结合

纵观制冷剂的发展历史，相关政策的制定，例如对臭氧消耗的限定、温室气体的排放的国际公约等无不是影响制冷剂研究方向的重要因素。因此，相关主管部门应将重要的政策信息及时告知相关企业，使其有充分的准备时间在产品的研发和生产上做出相应的调整，避免因政策导向的偏离而造成行业技术性的整体落后。同时，对于预期即将被淘汰的产品和技术，主管部门也应当做好相关的监督和引导，运用市场调节杠杆及时有效地将落后技术逐步淘汰，集中行业的人力、财力和物力尽早地开展新技术、新标准的研发和制定，做到知识产权先行一步。

2. 申请人

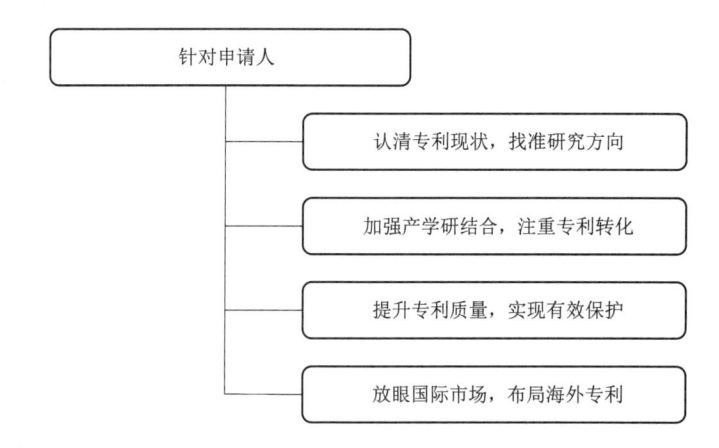

```
针对申请人
  ├─ 认清专利现状，找准研究方向
  ├─ 加强产学研结合，注重专利转化
  ├─ 提升专利质量，实现有效保护
  └─ 放眼国际市场，布局海外专利
```

(1) 认清专利现状，找准研究方向

从全球以及中国制冷剂技术专利申请情况看，无论是发明数量还是发明质量，我国都明显落后于美国、欧洲等发达国家。在制冷剂的研发上，从第一代到第四代制冷剂，开创性的革命及其相关专利申请始终是由国外发明人和申请人完成的。制冷剂的研发一直多年滞后于国外，一方面是由于我国相关潜在申请人的财力人力资源有限，另一方面也体现出了对于相关国际公约标准的敏感度不够，对知识产权保护的重视不足。因此，时刻关注制冷剂前沿动态，专利保护先行一步是我国相关领域企业应继续改变的意识形态。另外，在欧洲各国以自然工质，美日以 HFO 类物质为第四代制冷剂研究重点的大环境下，我国相关企业和高校如何找准制冷剂研发的切入点是迫在眉睫所需要解决的问题。

(2) 加强产学研结合，注重专利转化

从以上中国制冷剂申请情况来看，近年来我国制冷剂申请量呈现出逐年增加的趋势，但排名前 5 位的申请人中只有 1 家属于企业类型的申请人。国内申请人类型分布以大学或者研究机构为主。为形成专利与技术升级的良性循环，我国的企业申请人不仅要积极地在政策提供的框架内捕捉和运用政策红利，更要加大产学研结合，主动与大学或者研究机构的联合研发，联合申请专利。另外，企业要着眼长远、持续投入，加强对相关专利的改进性发明，对优秀专利权的引进、购买以及与从事相关研究生产的企业或者科研院所合作，最终形成投入—产出—再投入—再产出的专利与技术升级的良性循环。同时高校或研究机构也要适应经济市场的需求，借助自身的技术研发优势，针对企业的实际技术难题提供技术支持，使真正的好技术能够得到实际的应用，将创新转化成驱动力。

(3) 提升专利质量，实现有效保护

随着市场的逐步放开，竞争的日趋国际化，技术革新和专利保护是企业生存发展的有力保障。对于大部分国内申请人来说，特别是经验、技术欠缺的中小型企业，应继续培养既懂技术，又掌握专利相关法规的复合型专门人才；同时应加强对专利管理基础性工作的重视，从现有专利技术的汇总整理到每次实验数据的收集，这些基础性工作对于专利申请文件的撰写都是至关重要的。专利申请文件撰写质量不高，往往会导致有前景的专利申请无法得到有效的保护，专利申请文件撰写的优劣既关系到技术研发成果是否能够得到专利保护，也关系到专利权的稳定性，进而影响整体专利布局。另外，在全球经济一体化的今天，国内企业要主动走出去，与国际接轨，熟悉国外知识产权开发、保护以及运用的相关先进经验，为自身专利权的顺利获取、稳定持有以及有效运用奠定良好的基础。

（4）放眼国际市场，布局海外专利

与很多高新技术领域一样，我国在制冷剂技术领域的专利申请情况同样不容乐观。该领域的专利申请目前主要集中在美国、欧洲等发达国家和地区，而且对于关键的核心技术，以纳幕尔杜邦公司和霍尼韦尔国际公司为代表的跨国申请人在我国以PCT，巴黎公约等形式申请了多篇专利，构成了致密的专利保护网络，对我国企业的技术研发和产品销售构成了严重的制约和壁垒。相比之下，我国该领域专利申请数量较少，在技术上占主导地位的专利申请也不多，无论在数量上还是质量上都与国外申请人存在一定的差距。因此，我国的申请人对此要有足够的危机意识，从之前的多个技术领域在知识产权方面所遭遇的"滑铁卢"之中吸取经验教训。一方面，我国相关申请人要合理有效地借鉴已有的知识产权资源，站在巨人的肩膀上，创新出质量更好，效果更好的改进型专利技术，提升市场话语权；另一方面，更要熟悉国际通用的市场规则，在获得技术突破后不仅要及时在国内进行专利申请，也要放眼国际市场，合理运用各项公约政策在国外申请专利保护，增强国际竞争力。

五、结束语

党的"十三五"规划将"创新"作为核心内容之一，知识产权制度无疑是实现我国经济技术领域"创新"的一项重要措施。

作为工业发展的重要技术之一的制冷剂，现阶段正处于由第三代升级为第四代的转型关键时期。因此，国内外涌现出了大量的制冷剂相关领域的专利申请。本文通过对制冷剂领域专利技术文献的统计和分析，从整体上归纳总结了制冷剂技术专利申请的特点、技术发展方向以及我国与国外先进技术之间的差距，以期能为该领域的相关企业进行研发和专利申请及布局提供一定的参考和帮助。

参考文献

［1］张朝晖等."十二五"之路，节能减排任重道远［J］.制冷与空调，2010，12（1）：1-7.

［2］王洪利等.常用制冷剂及其代替物性质［J］.河北联合大学学报（自然科学版本），2013，

35（3）：1-3，23.

［3］吴四清．第 4 代含氟制冷剂的发展［J］．化工生产与技术，2010，17（5）：9-15.

［4］任金禄．制冷剂发展历程［J］．制冷与空调，2009，9（3）：41-44.

［5］范丽平．自然制冷剂助推中国制冷空调行业节能减排［J］．制冷与空调，2008，8（增刊）：115-118.

［6］佰世越管理咨询（北京）有限公司．环境保护与制冷剂发展［J］．家电科技，2014，（3）：16-17.

［7］杨铁军．专利分析实务手册［M］．北京：知识产权出版社，2012.

大环内酯类抗生素专利技术现状及其发展趋势

李雪莹　费嘉❶　王俊　沙磊　王影

（国家知识产权局专利局化学发明审查部）

一、引言

　　细菌感染性疾病是目前临床上最为常见的一类疾病，也是引起患者死亡的常见原因之一。抗生素在各种常见细菌性感染疾病的治疗中发挥了重要作用。自发现青霉素以来，抗生素药物种类越来越丰富，目前包括了13个子类。抗菌药物市场上，大环内酯类抗生素虽然不占据主导地位，但自2010年以来大环内酯类抗生素全球销售速度增长最快，已成为临床常用品种，其与头孢菌素、青霉素类一起占据了抗生素类药物的大部分市场，2015年三者累计市场份额高达85%。

　　抗生素类药物最大的问题在于迅速而不断产生的耐药性。企业药物开发困难重重，研制一种新抗生素需要大约十年的时间，但是耐药菌的产生只需要两年甚至更短的时间，抗生素的耐药性在很大程度上影响着上市药物的市场前景和生命周期。由于耐药性的迅速产生，一方面，仿制药企业也没有足够的时间来等待专利权失效，最终不得不退出市场；另一方面，专利权人能够在有限的时间内最大程度地独占市场，获得专利的最大市场价值。

　　2014年WHO指出"后抗生素时代"即将来临，面对日益严重的细菌耐药性难题，世界各国都积极引导激励多种抗生素新药研发，以期拥有更多具有自主知识产权的抗生素新品种。大环内酯类抗生素是对其他类型抗生素耐药菌有效的一类抗生素药物，与其他类型的抗生素不存在交叉耐药性。大环内酯类抗生素是以一个大环内酯为母体，通过羟基，以苷键和1～3个分子的糖相连接的一类抗生物质，常规的大环内酯类抗生素按其大环结构含碳母核的不同分为十四元、十五元和十六元大环内酯类抗生素。十四元环大环内酯包括红霉素、罗红霉素等，十五元大环内酯如阿奇霉素，十六元大环内酯如麦迪霉素等。自红霉素诞生以来，研究大环内酯抗生素的脚步从未停滞，新的候选药物不断产生，目前已经上市的大环内酯类抗生素已经发展到第三代，

---

❶　费嘉等同于第一作者。

但是其上市品种目前仅有泰利霉素，该品种由于严重的肝毒性并未在中国上市，并且在美国也被限制使用。在研的大环内酯类抗生素大部分为第四代大环内酯抗生素，其中包括我国即将上市的可利霉素。

大环内酯类药物不仅对需氧革兰阳性菌、部分革兰阴性菌具有很好的抗菌效果，对非典型致病菌如衣原体、支原体、军团菌以及幽门螺杆菌等也具有较好的抗菌作用，对于耐其他抗菌药的耐药菌也有效果。新型大环内酯类抗生素更是具有对胃酸稳定、口服吸收完全、生物利用度高、半衰期较长、消化道不良反应较轻并对耐药菌有效等特点，应用领域宽，有业内专家预言，20世纪将是大环内酯类抗生素的时代。

作为2015年5月8日国务院公布的《中国制造2025》战略规划中的十大领域之一的生物医药领域，明确了在2020年前对国际专利到期的重磅药物90%以上实现仿制生产。到2025年实现20~30个创新药物产业化；5~10个自主产权新药通过FDA或欧盟认证，进入国际市场。其中重点产品包括我国自主研发的抗感染新药可利霉素。在上市或具备上市前景的新一代大环内酯类抗生素中，仅有可利霉素是我国唯一拥有自主知识产权的大环内酯类抗生素，其他均为外国的专利权。具体来说，例如美国安万特公司于2001年上市的泰利霉素；雅培公司和日本大正制药所研发的处在注册前阶段的喹红霉素；cempro公司的三期临床研究新药solithromycin，其2006年获得除东南亚以外全世界范围内的专利；2004年盐野义制药株式会社获得二期临床药物Modithromycin的亚洲区独家授权；美国Insite Vision公司拥有处于三期临床、新型大环内酯复方制剂ISV-502的所有权；此外，还有多个一期临床或者临床前研究候选药物专利权全部为国外公司所有。我国自主研发的仅有处于注册前阶段的可利霉素这一枝独秀，与世界主要制药强国、制药企业仍然差距甚大。在不久的将来，我国广阔的抗生素市场极有可能将被外国企业分去很大一部分，不仅会影响我国药企的生存，还直接影响民生。在大众创业、万众创新的时代背景下，相关产业更应该以专利形式保护创新成果，完善自身知识产权保护制度，加强专利网建设，在激烈的医药竞争中占有一席之地。

本课题通过检索国内外专利信息，对一级技术分支（大环内酯类）和二级技术分支（十四元、十五元、十六元大环内酯类）相关专利技术进行查阅整理。分析大环内酯类抗生素的专利分布、发展趋势等基本情况，帮助我国药企和研发单位了解相关技术的发展动态，确定该领域技术发展趋势；分析该领域的研发热点和难点，尤其是大环内酯结构改造情况、非抗菌作用等，对我国企业选定进一步研发方向起到启发作用；分析国内外重点申请人的专利布局，给我国企业提供借鉴，充分利用专利制度建设有效的专利网保护创新成果，在国际竞争中占据一席之地；分析重点药物的专利分布和法律状态，进行专利预警，防止我国企业的产业化方案落入他人专利的保护范围。

二、大环内酯类抗生素专利技术现状

(一) 文献检索与数据处理

1. 分析样本的确定

在专利分析之前,课题组成员对相关的国内外非专利文献仅行了检索和分析,对大环内酯类抗生素的发展以及产业现状有了初步的了解。大环内酯类抗生素主要是按其结构中的多元环的原子数进行分类,形成了以红霉素为代表的十四元环类、以阿奇霉素为代表的十五元环类、以螺旋霉素为代表的十六元环类。随后,课题组根据大环内酯类的结构特点在 STN 数据库中进行了初步的检索,确定将十四元至十六元环大环内酯类抗生素作为分析对象。

在初步检索时,根据大环内酯类抗生素结构中必然存在的 14~16 元大环内酯结构和氨基糖苷结构作为检索的结构,确定在 STN 中以结构检索为入口进行检索。具体如下:

十四元大环内酯通式结构:

十五元大环内酯通式结构:

十六元大环内酯通式结构:

检索结果：

十四元大环内酯为 4297 篇；十五元大环内酯为 1786 篇；十六元大环内酯为 639 篇。

2. 分析样本的处理

本课题采用的专利文献数据主要来自国家知识产权局专利检索与服务系统（简称 S 系统）。由于本课题的分析样本比较大，部分数据的处理依赖于 S 系统中的 DWPI 和 SIPOABS 数据库。

首先，本课题主要选择使用德温特世界专利索引数据库（DWPI）进行专利数据的处理。该数据库收录了 47 个国家两个知识产权组织在内的专利信息，其数据涵盖生物、化学等多个领域专利数据，数据收录全面。DWPI 数据库中提供人工改写的摘要信息，信息撰写规范。此外，DWPI 数据库还将专利进行了同族整理，避免了数据重复。

其次，本课题选择世界专利文摘数据库（SIPOABS）进行数据的补充处理。该数据库包括 8 国两组织在内的 97 个国家和组织从 1827 年至今的专利数据，包括英语、德语、法语三种语言的摘要信息，ECLA、IPC 等分类信息，以及美、日、韩原始数据信息。用于补充早期的专利申请数据。

根据本课题的初步研究，十四元大环内酯类化合物开发得最早，专利申请量也最多，因此，对其不进行人工去噪；十五元大环内酯类化合物开发的较晚，但也比较成熟，专利申请量也比较大，因此也不对其进行人工去噪。这两类大环内酯类化合物，主要利用软件去噪，并利用 S 系统的检索与分析统计功能进行专利分析。而对于十六元大环内酯类化合物，我国的一类新药泰利霉素即属于十六元大环内酯类化合物，并且这类大环内酯类也是目前和将来重点的研究对象，因此，对十六元大环内酯类化合物的专利数据进行人工去噪和分析。

3. 相关说明

（1）数据的完整性说明

本课题限定于 2015 年 12 月 31 日前公开的专利申请。根据发明专利申请自申请日（有优先权的自优先权日）起 18 个月（主动要求提前公开的除外）才能被公布，PCT 专利申请可能自申请日起 30 个月甚至更长时间之后才进入国家阶段（导致其相对应的国家公布时间更晚），并且在专利申请公布后再经过编辑而进入数据库也需要一定的时间，因此在实际数据中会出现 2013 年之后的专利申请量比实际申请量少的情况，反映到本报告中的各技术申请量年度变化的趋势图中，一般自 2013 年之后会出现较为明显的下降。

（2）报告中有关专利"项数"

本报告中的专利数据主要来源于 S 系统中的 DWPI 数据库。该数据库中的一条记录中可包括多个同族专利的申请号、公开号以及优先权号。该同族专利指的是扩展的同族专利，即指一个专利族中的每个专利与该族中的至少一个其他专利具有至少一个共同的优先权。在本报告的专利数量的统计中，将这样一条记录视为一项专利申请。

（二）大环内酯抗生素专利申请状况

图1显示的是大环内酯抗生素全球专利申请人分布情况，大环内酯类专利申请以十四元环居多，申请量占总量的68%，其次是十五元环和十六元环。这与大环内酯类的技术发展规律是一致的。十四元环开发最早，专利申请量最多。十五元开发稍晚，技术也较为成熟，申请量也较大。十六元环虽然申请量仅占8%，但代表了目前和将来的研究趋势和重点。

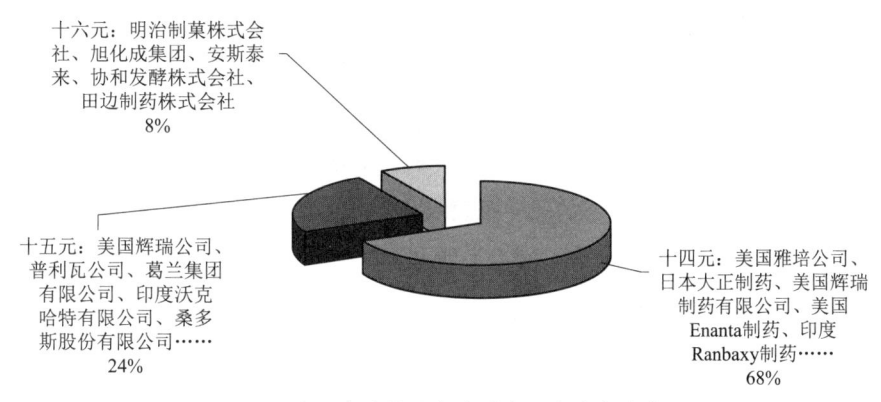

图1 大环内酯抗生素全球专利申请人分布

- 十六元：明治制菓株式会社、旭化成集团、安斯泰来、协和发酵株式会社、田边制药株式会社 8%
- 十五元：美国辉瑞公司、普利瓦公司、葛兰集团有限公司、印度沃克哈特有限公司、桑多斯股份有限公司…… 24%
- 十四元：美国雅培公司、日本大正制药、美国辉瑞制药有限公司、美国Enanta制药、印度Ranbaxy制药…… 68%

十四元大环内酯类全球专利按数量的排名前十位的有美国雅培公司、日本大正制药、美国辉瑞制药有限公司、美国Enanta制药、印度Ranbaxy制药、美国礼来公司、美国普强公司、香港康盛生物科技有限公司、中国华东理工大学、美国elitra公司等。十五元大环内酯类全球专利按数量排名在前的公司有美国辉瑞公司、普利瓦公司、葛兰素集团有限公司、印度沃克哈特有限公司、桑多斯股份有限公司、大正制药株式会社、山东大学、特瓦制药工业有限公司等。十六元大环内酯类全球专利按数量排名依次为明治制菓株式会社、旭化成集团、安斯泰来、协和发酵株式会社、田边制药株式会社、雷诺公司、武田公司、北里研究所、中国医学科学院、欧莱雅公司等。

可见，以红霉素及其衍生物为代表的十四元大环内酯类抗生素的专利主要分布于美国公司，以阿奇霉素为代表的十五元大环内酯类抗生素的专利则欧美公司均有涉及，而以麦迪霉素和螺旋霉素及其衍生物为代表的十六元大环内酯类抗生素则主要分布于日本公司。国内申请人在十四元环、十五元环和十六元环领域均有专利申请，但申请人更多的集中于大学和研究机构，并存在大量的个人申请。

图2显示了大环内酯类中国专利申请的二级技术分支的专利申请量分布以及各技术分支的主要申请人状况。十四元环领域，中国专利按数量排前十的公司有华东理工

大学、沈阳药科大学、宁夏启元药业有限公司、美国雅培公司、济南康泉医药科技有限公司、普利瓦 Istrazivacki 公司、浙江大学、美国 Enanta 制药、日本大正制药、北京大学。十五元环技术分支，中国专利按数量的排名靠前的公司有普利瓦公司、美国辉瑞产品公司、葛兰素集团有限公司、山东大学、科学与工业研究委员会、中国药科大学、沈阳药科大学等；十六元环技术分支中国专利按数量的排名依次为中国医学科学院、同联集团、北大集团、华东理工大学、明治制果、沈阳药科大学、中国石油等。中国的申请人在十四元环、十五元环和十六元环各技术分支均有相关专利申请，相对集中于十六元环。

十六元环：中国医学科学院、同联集团、北大集团、华东理工大学、明治制果……
7%

十五元环：普利瓦公司、美国辉瑞产品公司、葛兰素集团有限公司、山东大学、科学与工业研究委员会……
27%

十四元环：华东理工大学、沈阳药科大学、宁夏启元药业有限公司、美国雅培公司、济南康泉医药科技有限公司……
66%

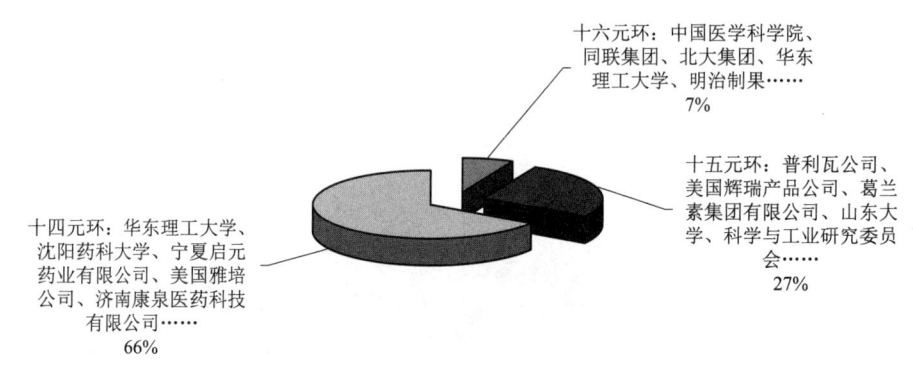

图 2　大环内酯抗生素中国专利申请人分布

（三）十四元大环内酯抗生素专利申请状况

十四元大环内酯抗生素的研发很早，技术发展成熟，并且很多专利已过专利保护期，因而课题组考虑研究十四元环的申请量趋势、申请人分布等于我国企业的借鉴意义并不大。十四元环的最大借鉴意义在于各申请人对结构修饰的研究及其研究成果，包括结构修饰位点和修饰方法、修饰后对化合物活性的影响以及各制药公司巨头此类发明中专利申请文件的撰写方式和技巧等，这些信息有利于帮助国内企业开发新的大环内酯药物、提出专利申请和获得专利保护。

十四元环大环内酯的开发通常以红霉素或克拉霉素为起点，其主要结构修饰位点包括 C2、C3、C5、C6、C7、C9、C11、C12、C13、C2′、C3′和 C4″位，以红霉素 A 为例，红霉素 A 的结构和修饰位点分布见图 3：

其中，各修饰位点、修饰方法、预期修饰效果以及相关代表性专利申请如表 1 所示。

从十四元环的结构修饰情况来看，随着十四元环大环内酯的抗菌作用机制日渐明晰，十四元环的各主要作用位点均已进行了充分的结构修饰，并取得了相当的成果，其中包括泰利霉素（AVENTIS PHARMA SA）、喹红霉素（艾博特公司）的成功开发。各申请人在对十四元环进行结构修饰时，通常是多位点同时修饰，比如喹红霉素含有 C3 位羰基、C6 位喹啉烯丙基氧基，C11、C12 位上桥架的氨基甲酸酯。

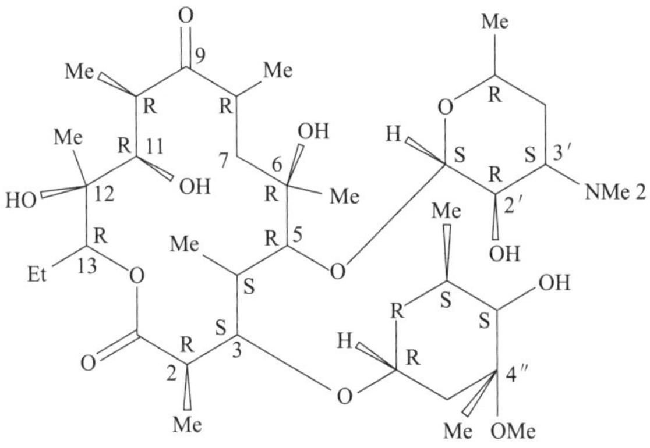

图 3 红霉素 A 及其修饰位点分布图

十四元环环中结构发生改变，或者 C5、C6、C9 位结构修饰后，很可能导致大环内酯类产生抗菌作用以外的活性，美国雅培公司、日本大正制药和美国高山生物科学公司在这些结构改造中也取得了一定成果，但尚无上市药物出现。

表 1 十四元大环内酯类化合物主要结构修饰方法及其代表性专利申请

修饰位点	修饰方法	改造效果	代表性专利（如有中文同族，则同时标出）	专利权人	申请日/年❶
C2	引入 F，常伴随其他位点同时改变	提高抗菌活性、改善药物代谢分布	JP09176182A	ROUSSEL-ULCAF	1995
C3	OH 或酯基	抗菌活性，尤其对革兰阳性菌的抗菌活性较强	CN102382157A	上海医药工业研究院	2010
	脱氧脱克拉定糖，形成酮内酯	抗菌活性	WO9742205A (CN1224426A)	雅培公司	1996
	形成酮内酯	提高抗菌活性，抗 G 阳性菌活性	EP0799833A	AVENTIS PHARMA SA	1995
	形成酮内酯	提高抗菌活性	WO0216380A (CN1464880A)	巴斯利尔药物股份公司	2000
	形成酮内酯或者 OH、酯基、C4″改造的克拉定糖基	抗肿瘤活性	CN101619085A	沈阳药科大学	2009

❶ 有优先权，指最早优先权日。

续表

修饰位点	修饰方法	改造效果	代表性专利（如有中文同族，则同时标出）	专利权人	申请日/年
C3	形成酮内酯	相对红霉素A和6-O-甲基红霉素A具有增加的酸稳定性、对革兰氏阴性菌和革兰氏阳性菌活性增强	WO 9809978A （CN1237183A及其分案）	雅培公司	1996
	OH（以克拉霉素为起点）	对大部分受试G+菌都有很强的活性，其中两类化合物对部分革兰氏阳性菌的活性比阿奇霉素更高	CN102786570A	上海医药工业研究院	2011
	C4″位烷氨基取代	对红霉素耐性菌（例如，耐性肺炎球菌、链球菌和支原体）有效	WO2012115256A (CN 103492404A)	大正制药株式会社，明治制果药业株式会社	2011
	C4″位烷基氨基甲酰基取代	同样具有抗菌活性	WO2005108413A (CN1980945A)	葛兰素伊斯特拉齐瓦森塔萨格勒布公司	2004
	C4″位－CH$_2$-NH-2-甲氧基苄基、烷基、烯基、炔基、恶唑环基等	抗菌活性	WO9856801A (CN1259955A)	辉瑞产品公司	1997
	C4″位脱氧	抗菌活性	JP63107994A	大正制药株式会社	1986
C5	C2′位 Ac-O 或者 OH（红霉素A为起点）	抗菌活性，尤其对革兰阳性菌的抗菌活性较强	CN102382157A	上海医药工业研究院	2010
	C2′位二烷基氨基、烷氧基、杂环基亚烷基氧基、羟基烷氧基等	NMP-9 抑制剂	WO2007129646A (CN103193840A)	大正制药株式会社	2006

续表

修饰位点	修饰方法	改造效果	代表性专利（如有中文同族，则同时标出）	专利权人	申请日/年
	C3′位 N 被烷基、烯基、芳基、烷芳基、烯基芳基、炔基芳基取代，或形成含氮杂环、含氮芳环	胃肠蠕动紊乱等	WO0160833A	高山生物科学股份有限公司	2000
	C3′位 N 上一个甲基替换为 H、烷基、烯基、炔基、芳基、杂环基等	胃运动减弱引起的疾病	WO2004019879A (CN1665799A)	高山生物科学股份有限公司	2002
C5	C3′位 N 上一个甲基替换为 [结构式]，X_2 独立地代表氢或者 -N(CO)$_w$R$_{17}$R$_{18}$ 或 -O(CO)$_x$R$_{19}$；其中 w 和 x 选自 0 或 1，R$_{17}$、R$_{18}$、R$_{19}$ 各自独立选自氢、任选取代的 -CRaRb（C1-C8）烷基、任选取代的 -CRaRb（C2-C8）链烯基、任选取代的 -CRaRb（C2-C8）炔基、任选取代的环烷基、任选取代的（C5-C7）环烯基以及任选取代的 -NRa（C1-C8）烷基、任选取代的 -NRa（C2-C8）链烯基、任选取代的 -NRa（C2-C8）炔基	抗肿瘤活性	CN101619085A	沈阳药科大学	2009

续表

修饰位点	修饰方法	改造效果	代表性专利（如有中文同族，则同时标出）	专利权人	申请日/年
C5	C3′位形成含氮杂环	LHRH受体拮抗剂	WO0012821A	雅培公司	1998
	C3′位N上两个甲基均被烷基、环烷基、可取代杂环、可取代烷基环烷基、烷芳基、烷基杂环、链烯基、链炔基等替换	LHRH受体拮抗剂	WO9950276A（CN1303389A）	雅培公司	1998
	C3′为N被取代或形成含氮杂环	NMP-9抑制剂	WO2007129646A（CN103193840A）	大正制药株式会社	2006
	C3′位N去甲基、N去甲基-N—异丙基等	胃肠功能紊乱	WO2005018576A	高山生物科学股份有限公司	2003
	C3′位一个甲基替换为环烷基、杂环基、烷基杂环基等	LHRH受体拮抗剂	WO9950275A（CN1307584A）	雅培公司	1998
C6	羟基烷基化	抗菌活性、抗耐药性、降低肝毒性	EP0248279A	雅培公司	1986
	羟基或甲氧基	抗肿瘤活性	CN101619085A	沈阳药科大学	2009
	氰基亚甲基、酯基亚甲基、芳基亚甲基、杂芳基亚甲基、芳基烯基、杂芳基烯基、杂芳基炔基等，其中喹红霉素此位点位喹啉烯丙基	相对红霉素A和6-O-甲基红霉素A具有增加的酸稳定性、对革兰氏阴性菌和革兰氏阳性菌具有增强的活性	WO9809978A（CN1237183A及其分案）	雅培公司	1996

续表

修饰位点	修饰方法	改造效果	代表性专利（如有中文同族，则同时标出）	专利权人	申请日/年
C6，C9	形成醚基	胃肠蠕动紊乱等	WO0160833A	高山生物科学股份有限公司等	2000
	形成醚基	抗菌活性	US3674773A	雅培公司	1970
	形成醚基	抗菌活性	US3681323A	雅培公司	1970
C9	扩环（获得化合物阿齐霉素）	抗菌活性	US4517359	Sour Pliva 公司	1981
	OH	胃运动减弱引起的疾病	WO2004019879A（CN1665799A）	高山生物科学股份有限公司	2002
	亚肼基	中间体	EP0972778A	CHEMAGIS LTD	1998
	2－羟乙基脒等	抗菌活性	EP0307176A	BEECHAM GROUP PLC	
	RR1-N-N=	抗菌活性	WO9912946A	雅培公司	1997
	取代的酰基脒	对大部分受试G＋菌都有很强的活性，其中两类化合物对部分革兰氏阳性菌的活性比阿奇霉素更高	CN102786570A	上海医药工业研究院	2011
	亚肼或酰肼	抗菌活性，尤其对革兰阳性菌的抗菌活性较强	CN102382157A	上海医药工业研究院	2010

续表

修饰位点	修饰方法	改造效果	代表性专利（如有中文同族，则同时标出）	专利权人	申请日/年
C9	CH-OH、C=O 或 [结构式图] 其中 Y 代表亚甲基、氧或 NH；Z 独立地代表氢或者-N(CO)$_s$R$_{11}$R$_{12}$ 或-O(CO)$_t$R$_{13}$ 或式 V；其中 s 和 t 选自 0 或 1，R$_{11}$、R$_{12}$、R$_{13}$ 各自独立选自氢，任选取代的-CRaRb（C1-C8）烷基，任选取代的-CRaRb（C2-C8）链烯基，任选取代的-CRaRb（C2-C8）炔基，任选取代的环烷基，任选取代的（C5-C7）环烯基，以及任选取代的-NRa（C1-C8）烷基，任选取代的-NRa（C2-C8）链烯基，任选取代的-NRa（C2-C8）炔基；式 V 是 [结构式图]	抗肿瘤活性	CN101619085A	沈阳药科大学	2009
C11	C11 脱氧红霉素 B	胃肠功能紊乱	WO2005018576A	高山生物科学股份有限公司	2003

续表

修饰位点	修饰方法	改造效果	代表性专利（如有中文同族，则同时标出）	专利权人	申请日/年
C11、C12	氨基甲酸酯	抗菌活性、抗耐药性、降低肝毒性	EP0248279A	雅培公司	1986
	不改变或形成氨基甲酸酯或与C9进一步形成亚胺	NMP-9抑制剂	WO2007129646A（CN103193840A）	大正制药株式会社	2006
	不改变或形成氨基甲酸酯、碳酸酯，或与C9进一步形成亚胺，其中喹红霉素C11、C12形成氨基甲酸酯	相对红霉素A和6-O-甲基红霉素A具有增加的酸稳定性、对革兰氏阴性菌和革兰氏阳性菌具有增强的活性	WO 9809978A（CN1237183A及其分案）	雅培公司	1996
	C11、C12的氨基甲酸酯与C9形成亚胺	抗菌活性	WO9742205A（CN1224426A）	雅培公司	1996
	C11、C12的氨基甲酸酯与C9形成亚胺	对G阳性菌高活性	WO9209614A	大正制药株式会社	1990
	C11、C12的氨基甲酸酯的氮被取代的芳基取代的A-(CH2)n取代，A是C、N或O	LHRH受体拮抗剂	WO9950275A（CN1307584A）	雅培公司	1998
	C11、C12的氨基甲酸酯的氮被杂芳基烷基取代，其中包括泰利霉素	提高抗菌活性，抗G阳性菌活性	EP0799833A	AVENTIS PHARMA SA	1995

续表

修饰位点	修饰方法	改造效果	代表性专利（如有中文同族，则同时标出）	专利权人	申请日/年
C11, C12	克拉霉素 C11、C12 位形成碳酸酯	提高抗菌活性	WO0216380A（CN1464880A）	巴斯利尔药物股份公司	2000
	C11、C12 位形成碳酸酯	抗菌活性，PDE4 抑制剂，可以抗炎	WO2006084410A（CN101115764A）	巴斯利尔药物股份公司	2005
C13	烷基、烯基、炔基、芳基、杂环基等	胃运动减弱引起的疾病	WO2004019879A（CN1665799A）	高山生物科学股份有限公司	2002

（四）十五元大环内酯抗生素专利申请状况

1. 十五元大环内酯类抗生素全球专利分析

十五元大环内酯结构最早出现于 1979 年的专利申请中，在这三十多年的研究过程中，除阿奇霉素外，并未见其他上市的十五元大环内酯。对于这部分，课题组通过初步去噪后获得 1979 年至 2015 年间十五元大环内酯类抗生素专利 911 篇。并通过 DWPI 数据库机器统计分析了样本的年申请量、地区分布、技术流向等。

（1）全球专利申请趋势分析

按照同族专利的最早申请日计算，统计 DWPI 中 1979—2015 年间的十五元大环内酯类抗生素的专利，其申请量随年份分布情况如图 4 所示。

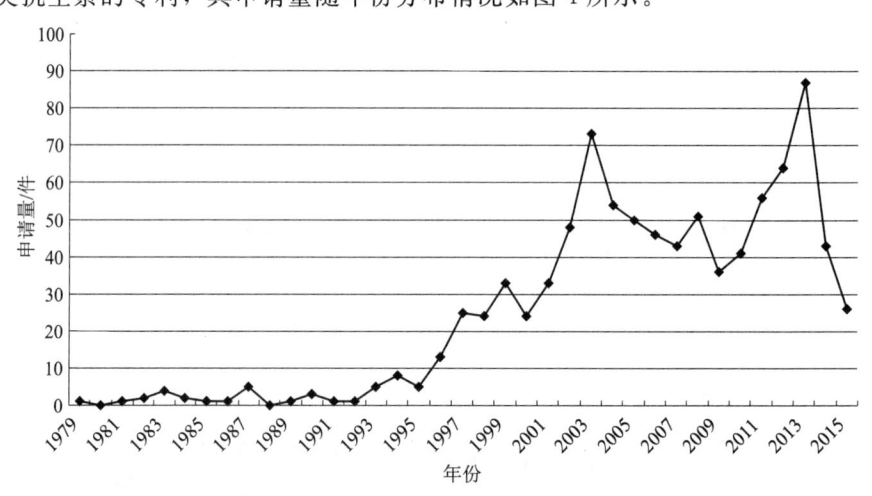

图 4　十五元大环内酯类抗生素全球专利年度申请量变化趋势

涉及十五元大环内酯类抗生素的第一件专利申请是在 1979 年申请的，在之后的十六年间，每年的申请量一直在 10 件以下，从 1996 年开始专利申请量逐渐增加，并在 2000 年后急剧增加，在 2003 年达到第一个申请量的峰值，随后几年申请量有所回落。2009 年之后申请量又开始迅速增多，在 2013 年达到了第二个申请量的峰值，年申请量达到历史最高，为 87 件。这与阿奇霉素抗菌活性研究密不可分。在发现阿齐霉素后，对十五元大环内酯类抗生素的研究受到重视，其专利权的拥有者辉瑞公司申请了一系列专利，在 2003 年申请量达到了 11 件之多。而在 2005 年阿奇霉素的口服制剂"希舒美"专利期满之后，尤其是 2008 年以后，有关十五元大环内酯类抗生素衍生物的专利申请又进一步增加。此外，酮内酯类大环内酯抗生素的研究也促进了申请量的增加。由于专利申请的公开具有一定的滞后性，2013 年后年申请量有一定的下降。

（2）全球申请国家和地区分布

对分析样本中专利申请的优先权国家和地区进行统计，分析各个国家和地区在十五元大环内酯类抗生素全球专利申请的原创国家和地区分布情况如图 5 所示。美国的原创申请量最大，占原创申请总量的 39%；其次为中国，原创申请量占原创申请总量的 35%；排名第三为欧洲地区，占原创申请总量的 9%。美国的原创申请量巨大，远超欧洲和日本，充分显示出美国对十五元大环内酯类抗生素的重视程度以及在该领域内的技术成熟程度。这与美国公司占有唯一上市的十五元大环内酯抗生素阿奇霉素密切相关。

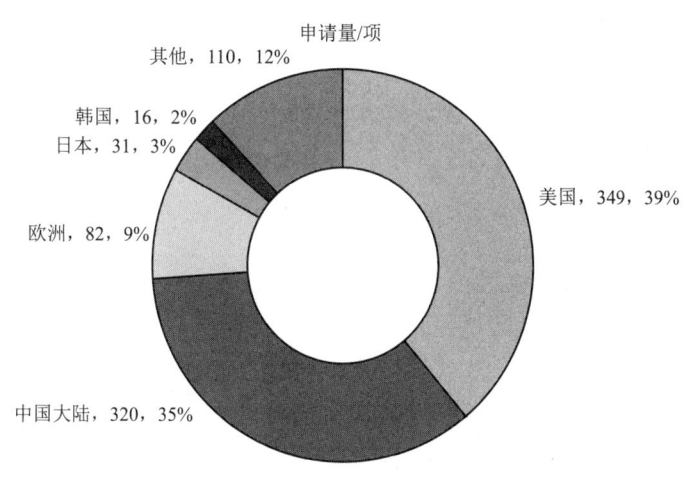

图 5 十五元大环内酯类抗生素全球专利申请的原创国家/地区分布

（3）全球专利公开的国家和地区分布

公开国家或地区的分布情况反映出某一技术领域在各个国家的市场分布的大致情况。全球十五元大环内酯类抗生素专利在五局中的公布情况见图 6。从图 6 中我们可以看出中国和欧洲专利申请公开量相当，均占五局专利申请公开量的 27%；排名第三的是美国，占五局专利申请公开量的 24%，之后是日本的 16%，韩国最少，只占五局专利申请公开量的 6%。中国与欧洲的专利公开量均较大，说明各个研发企业对使用抗生素最多的中国市场以及欧洲市场非常重视。

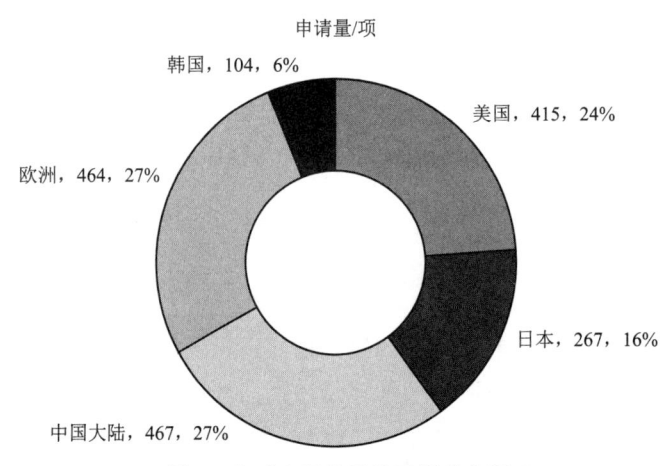

图 6　全球专利公开的五局分布图

（4）全球专利申请技术主题分布

参考相关领域专利申请的分类号等进行统计分析，对该领域的专利申请技术分解，最终得到化合物及其制备方法、组合物、制剂、用途等 5 个技术主题。全球十五元大环内酯类抗生素专利技术主题公布情况见图 7。其中药物组合物的专利申请最多，几乎占全部申请的一半，用途和化合物及其制备方法的专利申请分别居于第二、三位。这说明各研发企业对十五元大环内酯类抗生素的专利申请主要侧重于对药物组合物的研究。

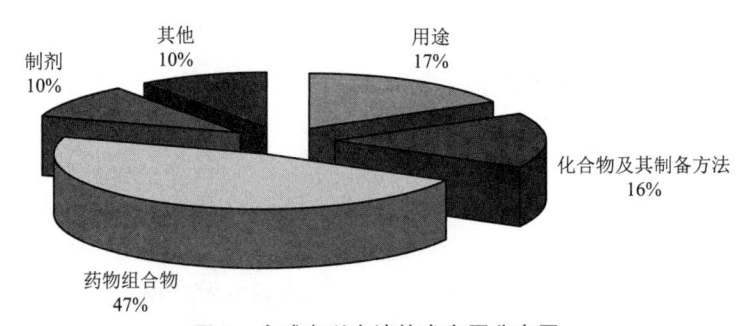

图 7　全球专利申请技术主题分布图

（5）全球专利申请技术流向

技术来源按照优先权国家和地区继续统计，目标市场按照申请公开的国家和地区进行专利公开的国家和地区进行统计。目标市场反映技术的流入情况，技术来源反映技术的输出情况。全球十五元大环内酯类抗生素相关发明专利申请流向情况见表2。相同专利申请国家和地区在不同国家和地区公开的分布情况反映了该国在该技术领域内对不同国家的技术输出情况。各个国家和地区专利申请全球分布情况见图8。同一国家地区公开的专利申请的国家和地区的分布情况反映各国研究单位对该国家和地区市场的关注程度。全球公开专利各国占有量分布情况见图9。

表2 全球十五元大环内酯类抗生素相关发明专利申请流向情况

技术来源 \ 目标市场	中国（467）	美国（415）	日本（267）	欧洲（464）	韩国（104）
中国（320）	320	8	8	12	4
美国（349）	88	306	168	278	64
日本（31）	8	14	31	19	7
欧洲（82）	33	57	48	109	20
韩国（16）	6	7	6	11	16

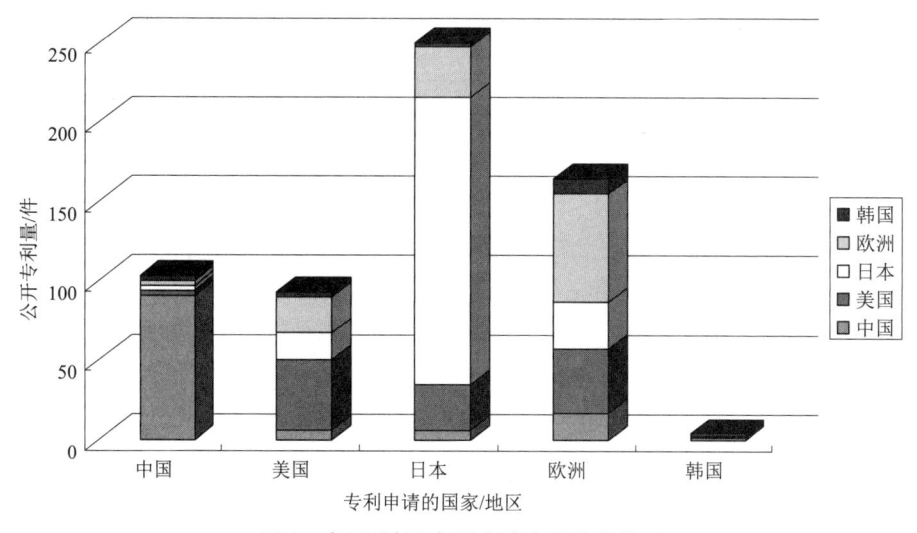

图8 各国/地区专利申请全球分布情况

从表2、图8和图9中可以看出，专利申请公开量最多的国家是中国，在中国的公开专利中占有优势，占中国公开专利总量的68.5%，技术来源于美国的在中国公开的专利，占中国公开专利总量的18.8%，技术来源于欧洲的在中国公开的专利，占中国公开专利总量的7.1%；对于欧洲，本国专利申请占在欧洲公开的专利总量的

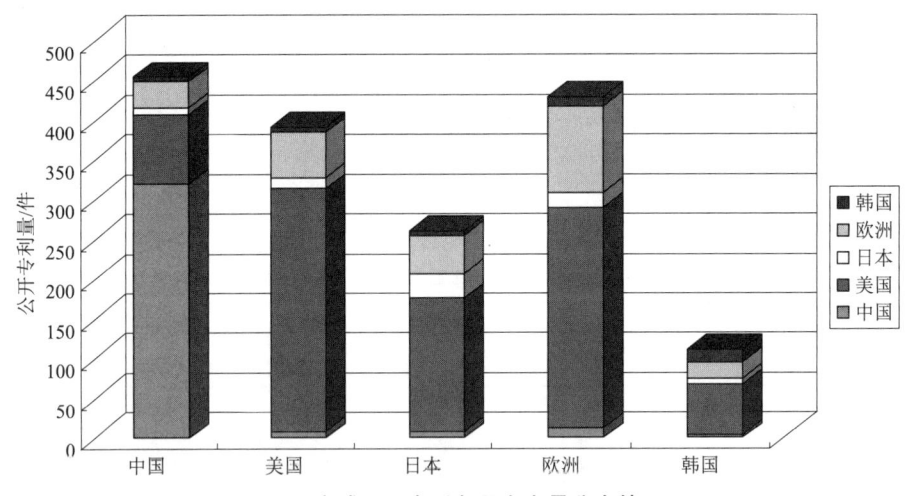

图 9 全球公开专利各国占有量分布情况

23.5%，而美国的专利申请占欧洲公开的专利总量的 59.9%，日本的专利申请占欧洲公开的专利总量的 4.1%；对于美国，本国专利申请占在美国公开的专利总量的 73.7%，而欧洲的专利申请占美国公开的专利总量的 13.7%，日本的专利申请占美国公开的专利总量的 3.4%。上述数据表明，美国在技术输出方面占有主导地位，其对欧洲、日本和中国的专利布局抢占了极大的份额。中国虽然是专利申请公开量最多，专利申请量第二多的国家，但是仅有 8 件申请进入了美国，8 件申请进入日本，12 件申请进入欧洲，4 件申请进入韩国。

(6) 全球专利申请人分析

对全球十五元大环内酯类化合物的申请人的专利申请量进行统计分析，如图 10 所示，可以看出，拥有阿奇霉素专利权的美国辉瑞产品公司以 57 件申请占据首位，占据总申请量的 6.3%，阿奇霉素的原研公司克罗地亚普利瓦公司以 47 件申请排名第二，英国葛兰素集团有限公司以 44 件申请排名第 3，印度的沃克哈特有限责任公司以 10 件申请排名第 4，其他申请人的申请数量都低于 10 件。

申请量排名前十的申请人的申请量总和为 202 件，只占据总申请量的 22.2%，这表明涉及十五元大环内酯类化合物的申请人是相对较为分散的，同时表明对十五元大环内酯类化合物进行研究的单位比较多。申请量排名前十的申请人中，其中美国申请人和印度申请人各有两位，其他申请人分别来自克罗地亚、英国、瑞士、日本、中国和以色列，这说明了各个国家的研究单位都对十五元大环内酯类化合物感兴趣。但到目前为止，未见有新的十五元大环内酯上市。

2. 十五元大环内酯类化合物中国专利分析

针对进入中国并在中国公开的 467 篇专利申请进行统计分析。在中国公开的 467

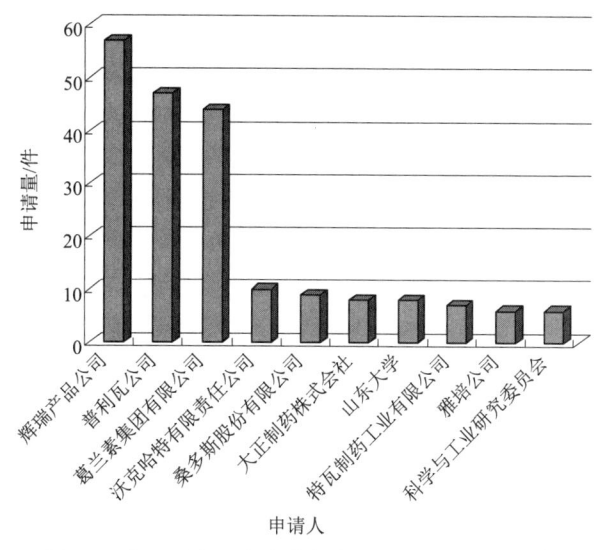

图 10　十五元大环内酯类化合物主要申请人申请量

篇十五元大环内酯类化合物专利中，国内申请人的数量占有 320 篇，占总数的 68.5%，美国进入中国的专利为 88 件，排名第二，占总数的 18.8%，欧洲进入中国的专利为 33 件，占总数的 7.1%，而从日本和韩国进入中国的专利分别只有 8 件和 6 件，分别占总数的 1.7% 和 1.3%。

(1) 中国专利申请趋势分析

按照中国国内公开的专利的最早申请日计算，统计 DWPI 中全部十五元大环内酯类抗生素的专利。

从图 11 可以看出，我国对于十五元大环内酯类抗生素的第一件专利申请是在 1984 年申请的，是由辉瑞产品公司提交的。此后直到 1992 年均未有十五元大环内酯抗生素的申请出现，而在之后的九年间（1993—2002 年）每年的申请量一直在 0~3 件徘徊，从 2003 年开始专利申请量呈现出曲折上升的趋势，2003 年以后每年的申请量均在 10 件以上，并在 2011 年达到峰值，为 34 件。在 1996 年阿奇霉素的口服制剂"希舒美"在中国上市之后，关于十五元大环内酯类抗生素的中国申请量也逐年增多。而 2005 年"希舒美"的专利期满后，中国的专利申请增长的更快，特别是在 2008 年之后，关于十五元大环内酯类抗生素的中国申请量都在 20 件以上，在 2013 年达到了 33 件之多，其中主要涉及了十五元大环内酯类抗生素的衍生物，中间体以及产品的制备方法，药物制剂和药物组合物等。由于专利申请公开的滞后性，2013 年以后的数据仅具有有限的参考意义。

(2) 中国申请人区域分布

中国十五元大环内酯类化合物专利申请人的国籍分布情况见图 12。从图 12 中我

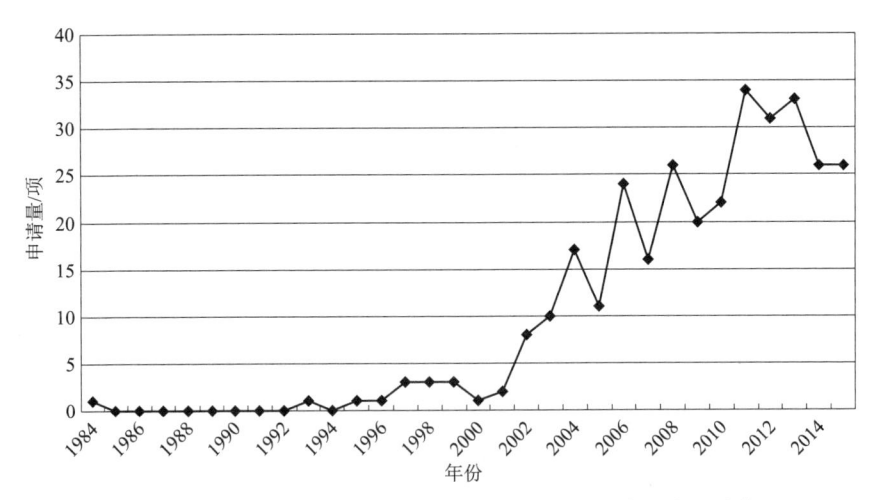

图 11 十五元大环内酯类抗生素中国专利年度申请量变化趋势

们可以看出在中国公开的十五元大环内酯类专利中，我国申请人的专利占绝大多数，为中国专利申请公开量的 68％，其次是美国申请人，占我国专利申请公开量的 19％，欧洲申请人占我国专利申请公开量的 7％，而日本申请人和韩国申请人分别仅占我国专利申请公开量的 2％和 1％。这表明了在国内十五元大环内酯类抗生素的专利申请方面，我国的申请人占有主导地位。

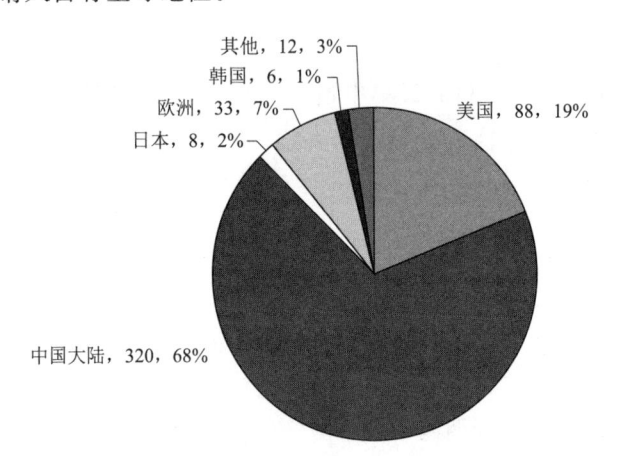

图 12 我国十五元大环内酯类化合物专利申请人国籍/地区分布图

（3）中国专利申请人分析

对在中国申请的十五元大环内酯类化合物的申请人的专利申请量进行统计分析，可以看到如图 13 所示排名第一的普利瓦公司的申请量为 34 件，排名第二的辉瑞产品公司的申请量在 24 件，排名第三的申请人为葛兰素集团有限公司，申请量为 23 件，其余申请人的申请量均在 10 件以下。排名前十的申请人中，山东大学大学以 8 件排名第四，中国药科大学和沈阳药科大学均申请了 5 件申请，排名并列第 6，科伦制药有限公司、上海医药工业研究院、山东方明药业集团有限公司、上海天龙药业有限公司和石药集团欧意药业有限公司以 4 件申请排名并列第 8。这一方面表明了国外申请人在核心专利申请方面占据着优势，另一方面说明了我国的很多研发单位均对十五元大环内酯类化合物进行了研究。

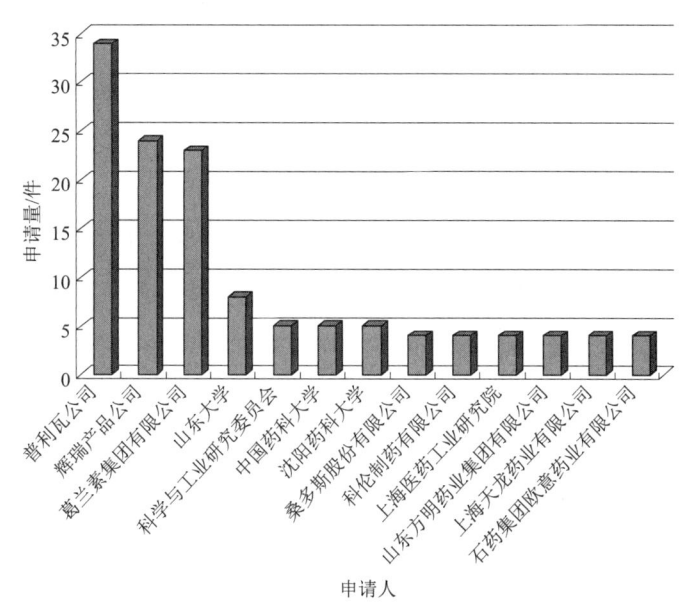

图 13　十六元大环内酯类化合物中国专利主要申请人的申请量

（4）中国专利申请技术主题分布

参考相关领域专利申请的分类号统计等，并根据对该领域的专利申请的技术分解，最终得到化合物及其制备方法、组合物、制剂、用途和其他等 5 个技术主题。全球十五元大环内酯类抗生素专利技术主题公布情况见图 14。其中药物组合物的专利申请最多，占全部申请的 44%，用途和化合物及其制备方法的专利申请分别居于第二、三位，分别占全部申请的 19% 和 16%，这与全球专利申请技术主题分布趋势一致。

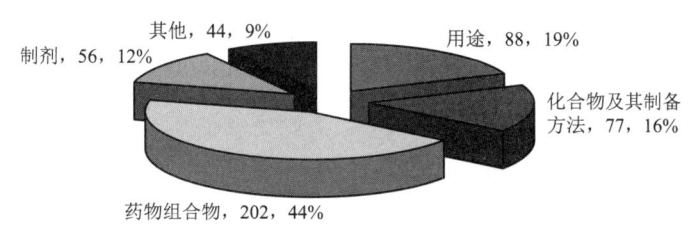

图 14　中国专利申请技术主题分布图

(五) 十六元大环内酯抗生素专利申请状况

1. 十六元大环内酯类化合物全球专利分析

本部分基于全球范围的十六元大环内酯类化合物专利统计数据，全部人工去噪后，共获得1953年至2015年间十六元大环内酯类化合物专利408篇。通过统计分析样本的每年申请量确定，分析十六元大环内酯类化合物的发展趋势；通过统计分析各地区的首次申请量，分析十六元大环内酯类化合物的分布趋势；通过统计分析不同地区的申请公开量与本地区申请的占比，分析十六元大环内酯类化合物的技术的原创性；通过统计分析申请国与流入国分析专利申请的流向以及市场占有集中地；通过统计分析该领域申请人情况，描绘出本领域重要申请人的专利申请布局。

(1) 全球专利申请趋势分析

按照同族专利的最早申请日计算，统计DWPI中1965—2015年50年间的十六元大环内酯类化合物的专利，其申请量随年份分布情况如图15所示。

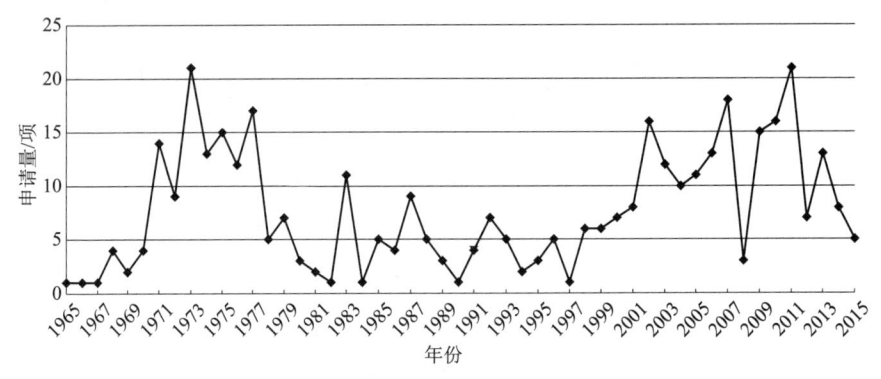

图15 十六元大环内酯类化合物全球专利年度申请量变化趋势

从图15可以看出，十六元大环内酯类化合物在过去50年间出现了两个申请量的峰值，一个集中在20世纪70年代初中期，另一个集中在2011年左右。前一个峰值是在发现红霉素及其衍生物对某些日益流行的致病源具有特殊的治疗效果后，对大环内酯类的药物研究受到重视，并且开发出了一系列的十六元环的大环内酯类药物，例如螺旋霉素等。这时对十六元大环内酯类化合物的研究达到了一个峰值。其次是在1994年后，十六元大环内酯类化合物的研究逐年成上升趋势，在这一时期涵盖了酮内酯类大环内酯类抗生素的开发，该类抗生素是第四代大环内酯类抗生素，一致为业界所看好。其中，泰利霉素是在2001年在德国首次上市，由此也掀起了研究十六元大环内酯类的酮内酯化合物的热潮。图中，2013年后年申请量有一定的下降，这是由于专利申请的公开具有一定的滞后性，因此，2013年以后的数据仅具有有限的参考意义。

(2) 全球申请国家和地区分布

对分析样本中专利申请的优先权国家和地区进行统计，分析各个国家和地区在十六元大环内酯类化合物全球专利申请的原创国家和地区分布情况如图 16 所示。日本的原创申请量最大,占原创申请总量的 46%;其次为中国,原创申请量占原创申请总量的 23%;排名第三的为欧洲地区,占原创申请总量的 17%。日本的原创申请量最为巨大,远超美国和欧洲,充分显示出日本对十六元大环内酯类化合物的重视程度以及在该领域内的技术成熟程度。我国的原创申请量排名第二,也显示出在该领域中我国申请人也是具有相当不错的研发实力。

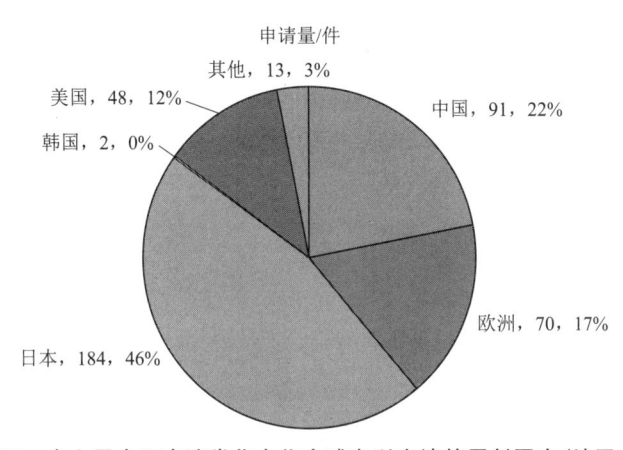

图 16 十六元大环内酯类化合物全球专利申请的原创国家/地区分布

(3) 全球专利公开的国家和地区分布

公开国家或地区的分布情况反映出某一技术领域在各个国家的市场分布的大致情况。全球十六元大环内酯类化合物专利在五局中的公布情况见图 17。从图 17 中,我们可以看出日本专利申请公开量最大,占五局专利申请公开量的 38%;美国、欧洲、中国专利的公开量基本相当,均约占五局专利申请公开量的 20%。日本作为十六元大环内酯类化合物专利申请量第一的国家,造成其专利的公开量也居于首位。美国、

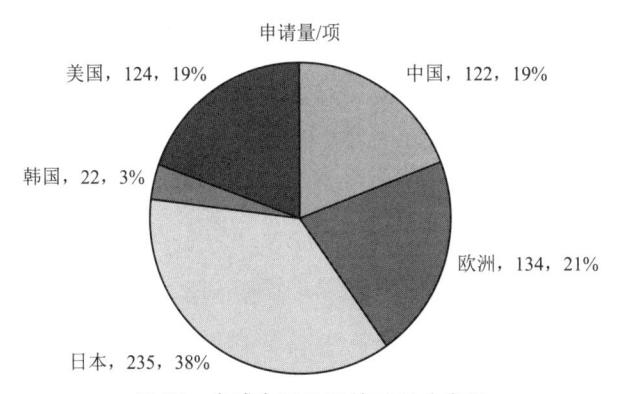

图 17 全球专利公开的五局分布图

欧洲、中国专利的公开量相当,说明各个研发企业对各个国家和地区的市场都是相当的重视。可以说,十六元大环内酯类化合物市场前景也是相当广阔的。

(4) 全球专利申请技术流向

全球十六元大环内酯类化合物相关发明专利申请流向情况见表3。各个国家和地区专利申请全球分布情况见图18。全球公开专利各国占有量分布情况见图19。

表3 全球十六元大环内酯类化合物相关发明专利申请流向情况

技术来源 \ 目标市场	中国 (122)	美国 (124)	日本 (235)	欧洲 (134)	韩国 (22)
中国(92)	91	3	3	3	3
美国(48)	4	44	17	23	3
日本(184)	5	29	181	32	2
欧洲(71)	19	40	30	68	10
韩国(2)	1	1	0	0	2

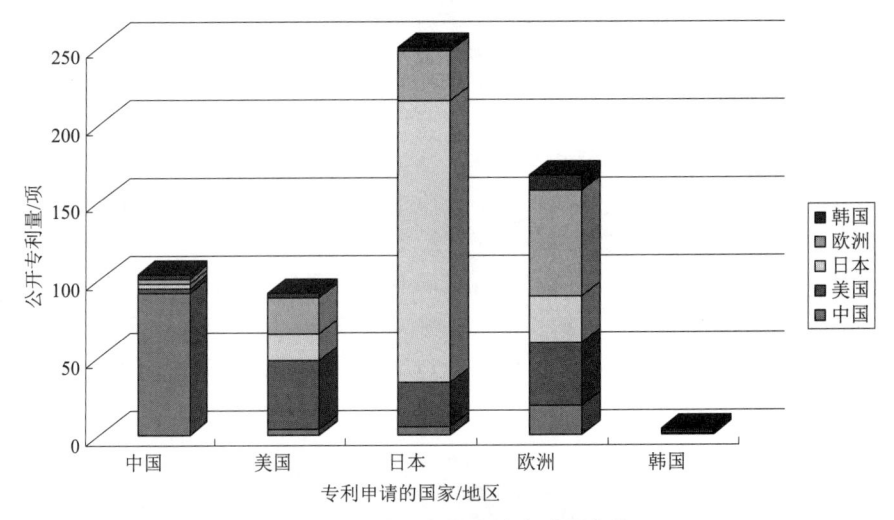

图18 各国/地区专利申请全球分布情况

从表3、图18和图19中可以看出,申请量最多的国家日本,在日本的公开专利中占有绝对优势,占日本公开专利总量的77.0%;技术来源于欧洲的在日本公开的专利,占日本公开专利总量的12.8%;技术来源于美国的在日本公开的专利,占日本公开专利总量的7.2%;对于欧洲,本国专利申请占在欧洲公开的专利总量的50.7%,而日本的专利申请占欧洲公开的专利总量的23.9%,美国的专利申请占欧洲公开的专利申请总量的17.2%;对于美国,本国专利申请占在美国公开的专利总

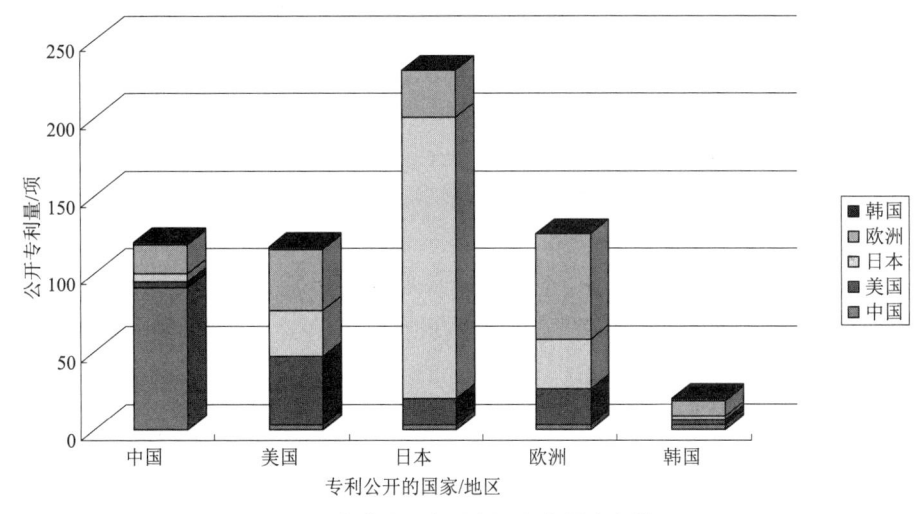

图 19 全球公开专利各国占有量分布情况

量的 35.5%，而日本的专利申请占美国公开的专利总量的 23.4%，欧洲的专利申请占美国公开的专利申请总量的 32.3%。上述数据表明，日本对欧美市场的专利布局抢占了极大的份额，而美国市场是美日欧三个国家和地区竞争比较激烈的地方。中国虽然是申请量第二大的国家，但是仅有 3 件申请分别进入了美国、日本、欧州和韩国；美国虽然申请的总量不大仅有 48 项，但进入中国的申请占美国申请总量的 12.5%，进入日本的申请占美国申请总量的 35.4%，进入欧洲的申请占美国申请总量的 47.9%；欧洲申请总量为 71 项，进入中国的申请占欧洲申请总量的 23.9%，进入日本的申请占欧洲申请总量的 42.3%，进入美国的申请占欧洲申请总量的 56.3%。这些数据表明，虽然欧美申请的十六元大环内酯类化合物专利并不是十分多，但欧美的发明人十分重视在全球的专利技术保护，注重对外的技术输出。我国在这方面存在着巨大的差异。今后也应当加强对外技术输出，以及在全球的专利技术保护工作。

(5) 全球专利申请人分析

对全球十六元大环内酯类化合物的申请人的专利申请量进行统计分析，其结果参见图 20。主要申请人的申请量表明，十六元大环内酯类化合物的专利申请排名前 5 位的都是日本公司，分别是明治制果、旭化成、山之内制药、协和发酵和田边制药。其中明治制果以 56 项申请量占据首位，占据总申请量的 13.7%；排名第二的是日本申请人旭化成，其申请量为 49 件，占总申请量的 12.0%。排名前 5 位的申请人的申请总量占全球申请总量的 36.5%；排名前 10 位的申请人的申请总量占全球申请总量的 47.3%；排名前 20 位的申请人的申请总量占全球申请总量的 57.3%。申请量排名前 10 位的申请人中有多位申请人在十六元大环内酯类化合物领域中作出了重要贡献。例如，明治制果 1974 年上市的麦迪霉素；山之内开发的交沙霉素；中国医学科学院开发的可利霉素等。

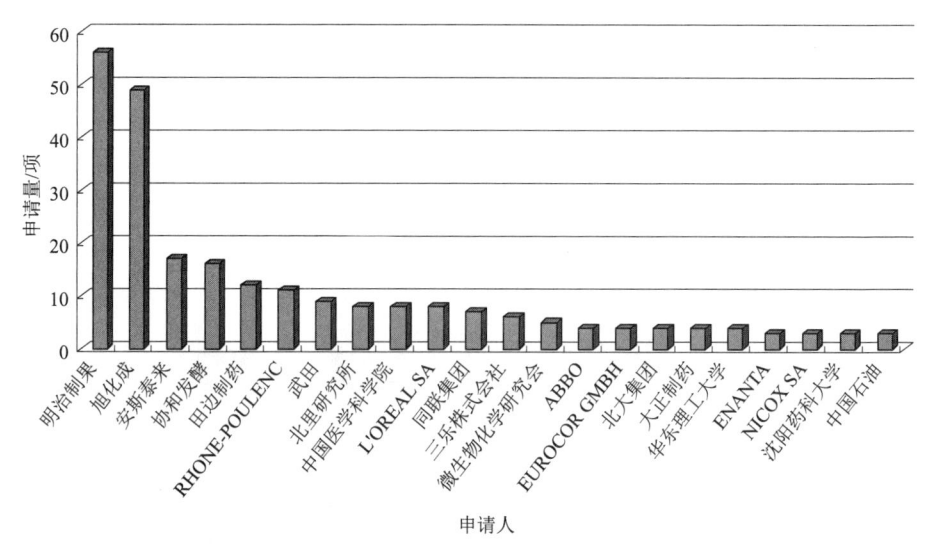

图20 十六元大环内酯类化合物主要申请人申请量

申请量排名前十位的申请人中,有八位是日本申请人。日本在十六元大环内酯类化合物方面发展较早,布局也比较全面,占据了一定的优势。申请量排名前十位的申请人中,中国申请人仅一位为中国医学科学院,排名第九。显示出我国在十六元大环内酯类化合物这一方面起步虽然较晚,但相关研究也具有一定的潜力,并能够占据一席之地。我国专利申请人在专利的绝对数量上与日本申请人相去甚远,提示我国专利申请人仍然需要注重对已有技术的专利布局与保护。

2. 十六元大环内酯类化合物中国专利分析

针对进入中国并在中国公开的122篇专利申请进行统计分析。通过分析结果了解十六元大环内酯类化合物在中国的发展趋势的整体趋势。在中国公开的122篇十六元大环内酯类化合物专利中,国内申请人的数量占有91篇,占总数的74.6%,美国和日本进入中国的专利均为6件,占总数的4.9%,而从欧洲进入中国的专利则占总数的13.9%。国内对十六元大环内酯类化合物的研究技术十分重视,并已经具有了一定的规模。

(1) 中国专利申请趋势分析

按照中国国内公开的专利的最早申请日计算,统计DWPI中1965年至2015年50年间的十六元大环内酯类化合物专利,其申请量随年份分布情况如图21所示。

从图21可以看出,我国对于十六元大环内酯相关专利首次出现于1987年,之前由于专利制度等原因未见有相关专利的申请,由此我国也错过了十六元大环内酯研发的第一个峰值。而在2000年以后,我国有关大环内酯的相关专利申请呈现曲折上升

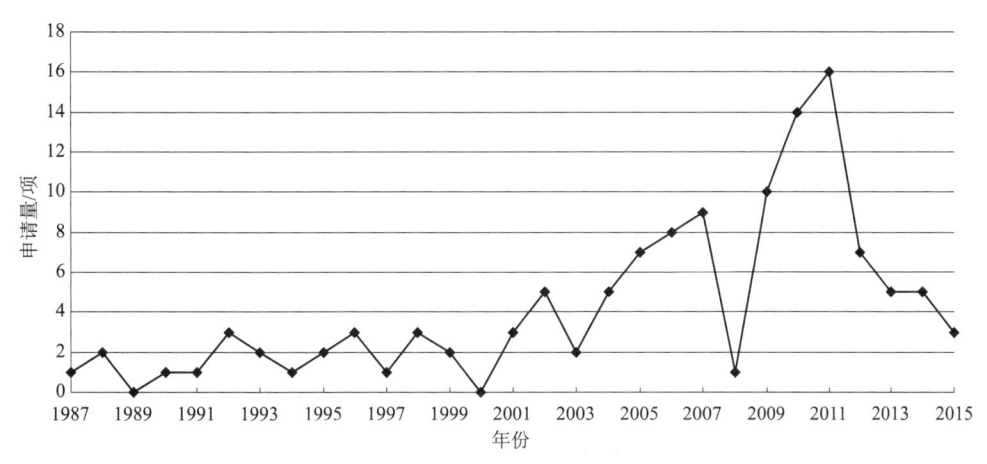

图 21 十六元大环内酯类化合物中国专利年度申请量变化趋势

的趋势,这很大一方面与国际大环境相关,这一趋势与全球申请量变化趋势一致。

(2) 中国申请人区域分布

我国十六元大环内酯类化合物专利申请人的区域分布情况见图 22。从图中我们可以看出在我国公开的十六元大环内酯类专利中,我国申请人的专利占绝大多数,为我国专利申请公开量的 74%,其次是欧洲地区的申请人,占我国专利申请公开量的 16%,日本申请人仅占我国专利申请公开量的 4%,美国申请人占我国专利申请公开量的 3%。这一方面反应了在我国十六元大环内酯类抗生素的市场上,我国的研发企业占有主导地位;另一方面也显现出国外企业并不注重在该领域内的在华专利布局。那么,对于我国企业而言,应当能够把握这一契机,充分利用已有的产品和研发能力,利用合理的专利布局,充分占有国内市场。

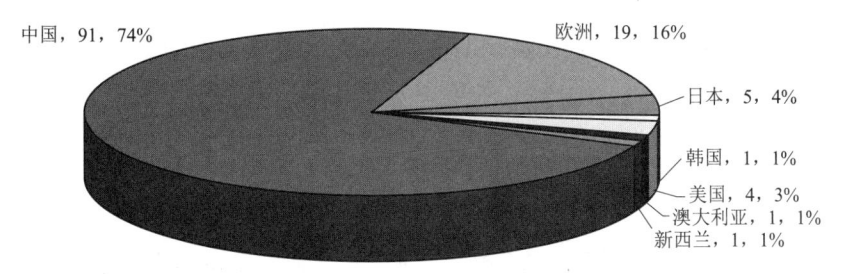

图 22 我国十六元大环内酯类化合物专利申请人区域分布图

十六元大环内酯类化合物专利申请国内申请人的省区分布见图 23。国内申请人主要集中在北京、辽宁、广东、上海、江苏,申请人在多个省市地区均有分布。其中,北京占申请总量的 26%,辽宁占申请总量的 16%,广东占申请总量的 9%,上海占申请总量的 7%。十六元大环内酯类的专利申请主要集中在药物研发机构以及制药企业相对较发达的北上广地区。由于同联集团的总部位于辽宁沈阳，因此，辽宁省的专利申请量也较高。

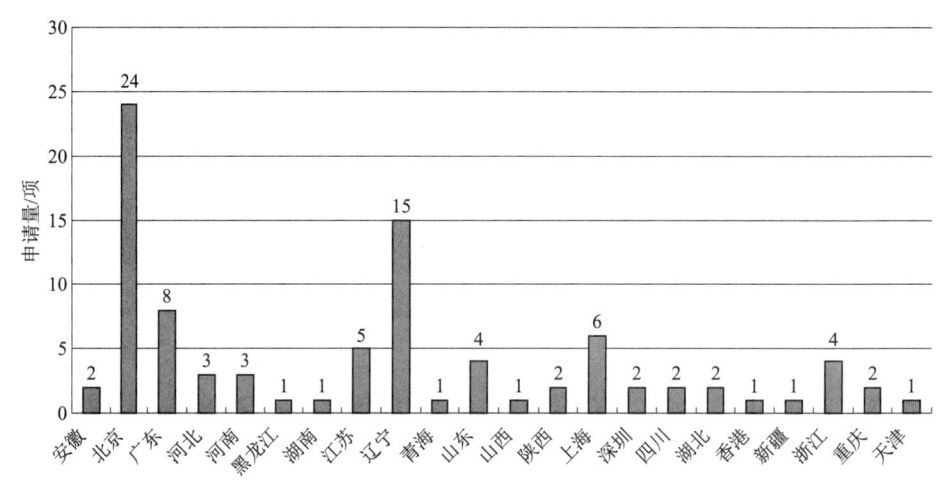

图 23　十六元大环内酯类化合物国内申请人地区分布图

（3）中国专利法律状态分析

十六元大环内酯类化合物在我国申请的专利的法律状态如图 24 所示。国内公开的案件一共 122 件，其中还在实审过程中的案件 16 件，占 13%；专利授权并维持有效的案件占全部案件的 28%；其余均为失效案件，占全部案件的 59%。失效的专利申请中，视撤案件占全部案件的 28%，专利权未到期而终止的占全部案件的 20%，驳回的仅占 11%。可见在我国申请的十六元大环内酯类化合物的大部分专利均处于失效状态，其中专利公开后视撤的案件占失效案件的 48%，专利权授权后终止的案件占失效案件的 34%。在我国专利申请量虽然比较大，但对于发明并未进行有效的保护，并且真正能够获得市场价值的发明也并不多。同样，也表明了在十六元大环内酯化合物的市场并未饱和，还存在很大的市场空间。

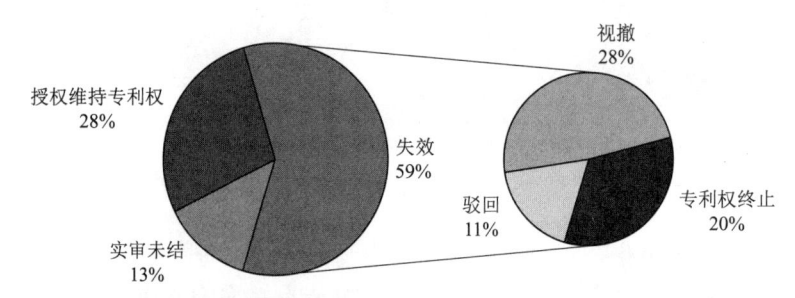

图 24　十六元大环内酯化合物国内申请专利法律状态

(4) 中国专利申请人分析

对在中国申请的十六元大环内酯类化合物的申请人的专利申请量进行统计分析，其结果参见图25。在该图中，排名第一的中国医学科学院与排名第二的同联集团在部分专利中是共同申请人，并且这二者之间存在专利权的转让，此外，华东理工大学与同联集团在部分专利中也是共同申请人。这些专利均涉及我国的自主一类新药可利霉素。该药物是研究院校的科研成果转化较为成功的案例，值得我国科研单位和企业借鉴。排名前五的申请人中，北大集团是包括北京大学、北大医药集团、北大方正集团等在内的集团。他们在申请人排名中处于第三的位置，主要涉及麦迪霉素和乙酰麦迪霉素的制备方法。

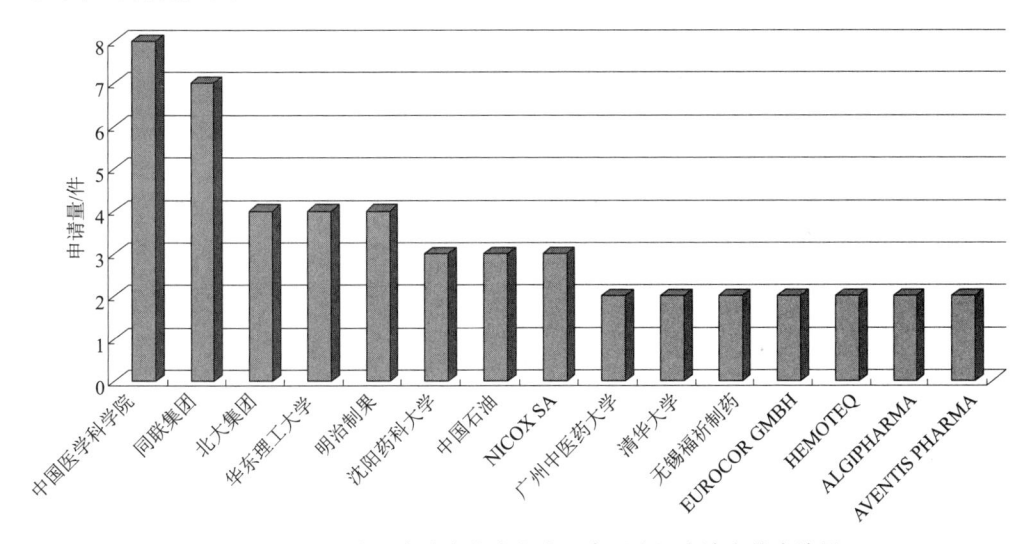

图 25　十六元大环内酯类化合物中国专利主要申请人的申请量

(5) 中国专利技术分布分析

十六元大环内酯类化合物专利技术分布如图26所示。其中涉及十六元大环内酯类化合物的申请仅有13件，并且目前专利已经授权并处于专利权维持有效状态的仅有2件，均为同联集团有关可利霉素的化合物申请。大部分的专利是涉及已知化合物的制备方法以及药物组合物。涉及大环内酯类化合物的药物联用的专利申请为18件。其他技术中包含了含量测定、农残检测、药敏试剂盒等方面。从整体上来看我国的十六元大环内酯类化合物专利技术的分布，我国在新型十六元大环内酯类化合物的专利申请方面还有很大的空间。

3. 十六元大环内酯类化合物日本专利分析

螺旋霉素的发酵菌株最早在1953年由法国人发现，并在1957年提出了螺旋霉素的化学结构，而对螺旋霉素的结构改造中，选择乙酰螺旋霉素并应用于临床的则是日

图 26 十六元大环内酯类化合物专利技术分布

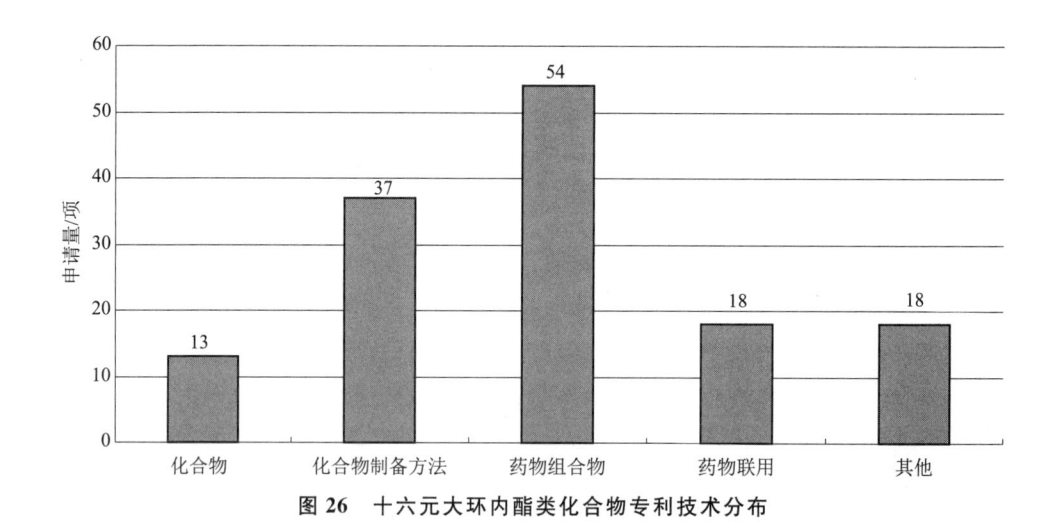

本的协和发酵公司。相对于螺旋霉素，乙酰螺旋霉素的副作用更低，抗菌活性更强，抗菌谱更广。由此，日本在十六元大环内酯的市场中占据了主导地位。

(1) 日本专利申请趋势分析

按照在日本公开的专利的最早申请日计算，统计 DWPI 中 1965 年至 2015 年 50 年间的十六元大环内酯类化合物专利，其申请量随年份分布情况如图 27 所示。

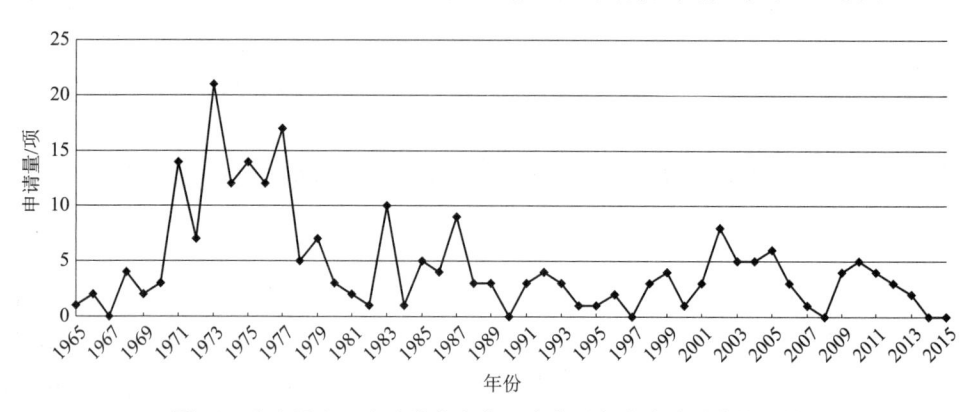

图 27 十六元大环内酯类化合物日本专利年度申请量变化趋势

从图 27 中可以看出，在日本十六元大环内酯类化合物的申请高峰期在 20 世纪 70 年代初中期，这与螺旋霉素的发现以及其衍生物的开发密不可分。同样，这一变化趋势与全球的趋势相同。然而，在 90 年代以后，日本的十六元大环内酯类化合物专利申请量并未有较大的起伏，这与 90 年代后期，十六元大环内酯类化合物的研发在日本并没有较大的进展有关。

(2) 日本申请人区域分布

日本十六元大环内酯类化合物专利申请人的区域分布情况见图28。在日本公开的十六元大环内酯类专利中，日本申请人的专利占据绝大多数，为日本专利申请公开量的77%，其次是欧洲地区的申请人，为日本专利申请公开量的13%，美国申请人占日本专利申请公开量的7%，而我国仅占1%。对于我国来说，我们虽然拥有自主研发的可利霉素，但是对海外的专利布局，尤其是在十六元大环内酯的研发具有较大优势的日本，并不完善。

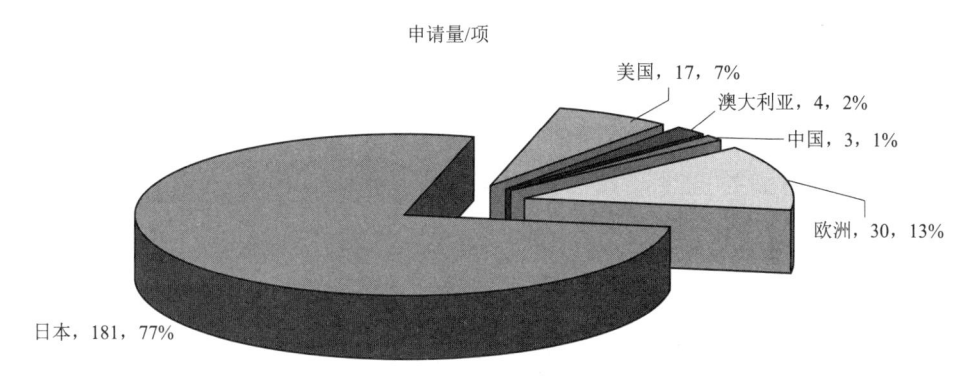

图28　日本十六元大环内酯类化合物专利申请人区域分布图

(3) 日本专利申请人分析

对于在日本申请的十六元大环内酯类化合物的申请人的专利申请量进行统计分析，其结果参见图29。该图中排名第一的是明治制果株式会社，该公司主要的抗生素产品有很多，其中大环内酯类产品主要上市的是麦迪霉素以及其衍生物美欧卡霉素等。排名第二的是旭化成集团，在1992年药品生产商东洋酿造株式会社并入旭成化工业后，在抗生素生产中旭化成集团也占有了一席之地。图中所统计的有关旭化成的申请量包括原东洋酿造株式会社申请的相关专利。其中涉及的主要产品为东洋酿造与北里研究所共同开发的北里霉素和东洋酿造开发的罗他霉素。排名第三的是安斯泰来制药集团，是由原来的山之内制药株式会社与藤泽制药株式会社合并而成，合并之后成为世界排名前20的制药企业。图中统计的安斯泰来的申请量包括原山之内制药以及后更名为安斯泰来制药的相关申请。其中的申请主要涉及山之内制药的交沙霉素及其衍生物。

在申请量排名前五的申请人中，全部是日本申请人，足见日本公司在十六元大环内酯的早期研发上具有领先的技术优势。但同时，日本的专利多集中在20世纪70年代和80年代，早期的十六元大环内酯类化合物专利几乎全部失效，而新型的十六元大环内酯类化合物的研发，日本在这方面并未作出更多的贡献。就我国目前的研发水平，在这一方面存在着较大的机遇。

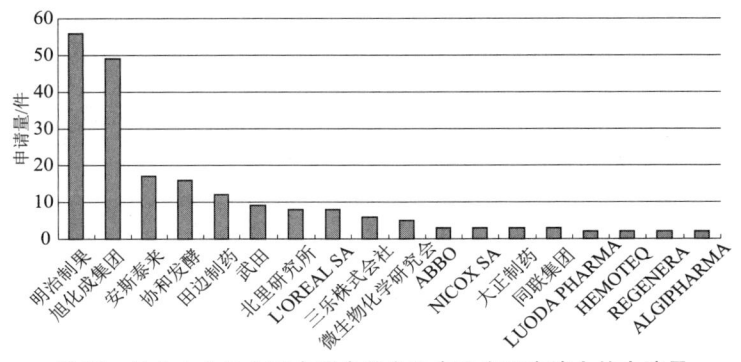

图 29 日本十六元大环内酯类化合物专利主要申请人的申请量

三、大环内酯类抗生素重点技术与重要申请人

（一）重点技术专利申请状况

1. 可利霉素

可利霉素（Kelimycin），曾用名为必特螺旋霉素（bitespiramycin）、生技霉素（shengjimycin），其是利用基因工程技术将碳霉素的 4″-异戊酰转移（4″-O-acyltransferase）基因克隆到螺旋霉素产生菌中，在微生物体内定向酰化螺旋霉素（spiramycin，SPM）得到以 4″-异戊酰螺旋霉素（4″-O- isovalerylspiramycin，ISVSPM）为主体的多组分十六元大环内酯类抗生素，包括 4″-异戊酰螺旋霉素 Ⅰ、Ⅱ、Ⅲ（生技霉素 A1、B1、E1），其次还含有约 6 种 4″-位羟基酰基化的螺旋霉素，故其化学名统称为 4″-酰化螺旋霉素，化学结构如图 30 所示，具体组分见表 4。

图 30 可利霉素的分子结构示意图

表 4 可利霉素组分表

序号	组分	R_1	R_2
1	异戊酰螺旋霉素霉素Ⅲ	$COCH_2CH_3$	$COCH_2CH(CH_3)_2$
2	异戊酰螺旋霉素霉素Ⅱ	$COCH_3$	$COCH_2CH(CH_3)_2$
3	异戊酰螺旋霉素霉素Ⅰ	H	$COCH_2CH(CH_3)_2$
4	（异）丁酰螺旋霉素Ⅲ	$COCH_2CH_3$	$COCH_2CH_2CH_3$ 或 $COCH(CH_3)_2$
5	（异）丁酰螺旋霉素Ⅱ	$COCH_3$	$COCH_2CH_2CH_3$ 或 $COCH(CH_3)_2$
6	丙酰螺旋霉素Ⅲ	$COCH_2CH_3$	$COCH_2CH_3$
7	丙酰螺旋霉素Ⅱ	$COCH_3$	$COCH_2CH_3$
8	乙酰螺旋霉素Ⅲ	$COCH_2CH_3$	$COCH_3$
9	乙酰螺旋霉素Ⅱ	$COCH_3$	$COCH_3$
10	螺旋霉素Ⅲ	$COCH_2CH_3$	H

可利霉素为十六元环大环内酯类抗生素，三种主要组分的活性表现为：异戊酰螺旋霉素Ⅲ＞异戊酰螺旋霉素Ⅱ＞异戊酰螺旋霉素Ⅰ。ZL201010119745等专利中报道：可利霉素进入体内后很快代谢为螺旋霉素，以母体药物异戊酰螺旋霉素Ⅰ、Ⅱ、Ⅲ和活性代谢物螺旋霉素Ⅰ、Ⅱ、Ⅲ的AUC_{0-t}总和计算，其口服绝对生物利用度平均为91.6%。然而，螺旋霉素人体口服绝对生物利用度为30%～40%。说明异戊酰螺旋霉素的结构明显改善了螺旋霉素的口服生物利用度。此外，单次服药可利霉素消除较慢，$T_{1/2}$在23～27小时。

可利霉素作用机制是通过与细菌核糖体结合而抑制其蛋白质合成。体外试验结果表明，可利霉素对革兰阳性菌、尤其对某些耐药菌（如耐β-内酰胺金葡菌、耐红霉素金葡菌等）有效，与同类药无明显的交叉耐药性。同时它对支原体、衣原体有很好的抗菌活性，对部分革兰阴性菌也有抗菌活性，且对弓形体、军团菌等有良好抗菌活性和组织渗透性，还有潜在的免疫调节作用。其体内抗菌活性明显优于体外。临床研究表明，其总有效率为87.76%，且不良反应率低。从活性效果上看，可利霉素是应用前景非常看好的药物。

可利霉素是由中国医学科学院医药生物技术研究所研制，而后转让给江西同联集团。该集团在2010年向国家食品药品监督管理局（SFDA）提交了国家1.1类新药可利霉素（原料药和片剂）的上市申请。

(1) 可利霉素专利布局

目前，与可利霉素相关的专利申请共26件，其中16件已被授权，其中15件专利权人主要为同联集团。

中国医学科学院医药生物技术研究所、北京首都科技集团有限公司于 1997 年 6 月 3 日提交了专利申请，要求保护一种利用基因工程技术制造生技霉素的方法，其获得的生技霉素为一组 4″-酰化螺旋霉素，以 4″-异戊酰螺旋霉素Ⅱ、Ⅲ为主要组分。该专利申请于 2000 年获得授权（ZL97104440.6）。该专利获得产品即为可利霉素。这是可利霉素首次在专利申请中出现。但遗憾的是虽然异戊酰螺旋霉素Ⅱ、Ⅲ在申请日时属于新化合物，但当时并未就化合物提出专利申请，仅请求保护方法。

2002 年 11 月 19 日，申请人中国医学科学院医药生物技术研究所、北京首科集团公司、北京京泰投资管理中心、北京宝亿通商贸有限责任公司提出申请，要求保护一种必特螺旋霉素的基因工程菌株螺旋霉素链霉菌 WSJ－195。该申请于 2004 年获得授权（ZL02148771.5）。其中必特螺旋霉素为可利霉素的别名。

2003 年 12 月 23 日，申请人沈阳同联集团有限公司、中国医学科学院医药生物技术研究所、北京首科集团公司提出申请，要求保护一种可利霉素的药物组合物、其制备方法及其应用。2005 年可利霉素的药物组合物及其制备方法得到授权（ZL200310122420.9）。

2009 年 7 月 3 日，申请人中国医学科学院医药生物技术研究所、沈阳同联集团有限公司就"一种提高基因工程异戊酰螺旋霉素主组分含量的基因串连技术"提出专利申请，并于 2011 年获得授权（ZL200910148767.8）。

2010 年 3 月 9 日，申请人沈阳同联集团有限公司"异戊酰螺旋霉素Ⅲ的分离制备及其应用"提出专利申请，并于 2013 年就"异戊酰螺旋霉素Ⅲ的分离方法"获得授权（ZL201010119761.0）。

2010 年 3 月 9 日，申请人沈阳同联集团有限公司提出发明名称为"异戊酰螺旋霉素Ⅰ的分离制备及其应用"的专利申请 CN201010119745.1，请求保护异戊酰螺旋霉素Ⅰ的药物组合物及其制备方法（主要是用 HPLC 从可利霉素中分离出异戊酰螺旋霉素Ⅰ的方法），该申请因不具备新颖性和创造性被驳回。

2010 年 3 月 9 日，申请人沈阳同联集团有限公司"异戊酰螺旋霉素Ⅱ的分离制备及其应用"提出专利申请，并于 2014 年"异戊酰螺旋霉素Ⅱ的分离方法"获得授权（ZL201010119758.9）。

2010 年 7 月 23 日，申请人中国医学科学院医药生物技术研究所、沈阳同联集团有限公司分别就"一株异戊酰螺旋霉素高含量主组分基因工程菌"和"一株异戊酰螺旋霉素Ⅰ组分高含量、高产量基因工程菌"提出专利申请，并于 2013 年获得授权（ZL201010237573.8、ZL201010237595.4）。

2011 年 5 月 25 日，申请人沈阳同联集团有限公司分别就"左旋可利霉素、其药物组合物、制备方法及应用"（ZL201110136228.X）、"左旋异戊酰螺旋霉素Ⅱ、其制剂、制备方法及应用"（ZL201110136519.9）、"左旋异戊酰螺旋霉素Ⅰ、其制剂、制备方法及应用"（ZL201110136529.2）、"左旋异戊酰螺旋霉素Ⅲ、其制剂、制备方法及应用"（ZL201110136529.2）提出专利申请，并于 2014 年获得授权。在 ZL201110136519.9、ZL201110136529.2、ZL201110136254.2 专利申请中，虽然原始专利申请请求保护的是立体结构为左旋的化合物，但均因为被质疑了创造性而修改为化合物的晶体形式。专利权限制于化合物的晶型，且用旋光度限定。ZL201110136228.X 专利权限制于晶体形式的左旋异戊酰螺旋霉素Ⅰ、左旋异戊酰螺旋霉素Ⅱ和左旋异戊酰螺旋霉素Ⅲ的组合物，且组合物的成分含量、旋光度进行了限定。同联集团还将 ZL201110136519.9、ZL201110136529.2 和 ZL201110136254.2 合案后提出了 PCT 国际申请 WO2011147313 A1，该申请目前已进入印度、韩国、加拿大、俄罗斯、美国、欧洲、日本等十多个国家和地区，并在加拿大、俄罗斯、美国、日本获得授权，在韩国处于审查状态。

2010 年 7 月 16 日，申请人华东理工大学、上海同联制药有限公司（其为沈阳同联集团有限公司投资的公司）就"可利霉素的纯化工艺"提出专利申请，并于 2012 年获得授权（ZL201010229139.5）。

2011 年 9 月 8 日，申请人上海同联医药技术有限公司（其为沈阳同联集团有限公司投资的公司）就"一种高效价可利霉素的发酵生产方法及其所用的培养基"提出专利申请，并于 2014 年获得授权（ZL201110265025.0）。

2013 年 3 月 15 日，申请人沈阳同联医药技术有限公司就"一种可利霉素片及其制备方法"提出专利申请，并于 2015 年获得授权（ZL201310082805.0）。

2013 年 12 月 31 日，申请人沈阳同联医药技术有限公司分别就"可利霉素生物合成基因簇"（CN201511028754.9）和"可利霉素在抗结核分枝杆菌感染中的应用"（CN201511030787.7）提出专利申请，目前尚未进入实质审查。

2003 年 8 月 26 日，中国医学科学院医药生物技术研究所、北京首都科技集团有限公司与沈阳同联集团有限公司签订"必特新药技术转让及合作开发协议"，并于 2012 年提出专利的著录项目变更，将专利 ZL97104440.6、ZL02148771.5、ZL200310122420.9、ZL200910148767.8 的专利权人变更为沈阳同联集团有限公司，于 2013 年提出专利的著录项目变更，将专利 ZL201010237573.8、ZL201010237595.4 的专利权人变更为沈阳同联集团有限公司。

通过自主研发、合作开发和技术收购，同联集团在可利霉素药物中掌握的专利技术如图 31 所示。

从图 31 可以看出，同联集团在可利霉素研发领域的各个方面均有专利保护，包括可利霉素本身，可利霉素的制造方法（含基因技术、菌种、发酵方法等），主要活性成分异戊酰螺旋霉素Ⅰ、Ⅱ、Ⅲ化合物及主要活性成分的分离方法，可利霉素的制剂。同联集团针对重点技术异戊酰螺旋霉素Ⅰ、Ⅱ、Ⅲ化合物也提出了 PCT 专利申请并获得了加拿大、俄罗斯、美国、日本专利权。可以预计，可利霉素在中国的有效专利保护将持续到 2023 年（ZL200310122420.9）。

```
1997年      2002年       2003年       2009年       2010年       2011年       2013年
```

1997年	2002年	2003年	2009年	2010年	2011年	2013年
ZL97104440.6基因工程技术制造生技霉素的方法	ZL02148771.5菌株螺旋霉素WSJ-195	ZL200310122420.9可利霉素的药物组合物（主要成分含量限定）及其制备方法	ZL20091 0148767.8基团串联技术	ZL201010119761.0异戊酰螺旋霉素Ⅲ的分离方法	ZL201110265025.0发酵生产方法及培养基	ZL201310082805.0可利霉素片及其制备方法
				ZL2010101 19758.9异戊酰螺旋霉素Ⅱ的分离方法	ZL2011101 36228.x左旋可利霉素（成分、旋光度、晶型限定）	
				ZL201010237573.8、ZL201010237595.4基因工程菌	ZL201110136519.9 ZL201110136529.2 ZL201110136524.2左旋异戊酰螺旋霉素Ⅰ、Ⅱ、Ⅲ的晶型（旋光度限定）	
				ZL201010229139.5可利霉素纯化工艺		

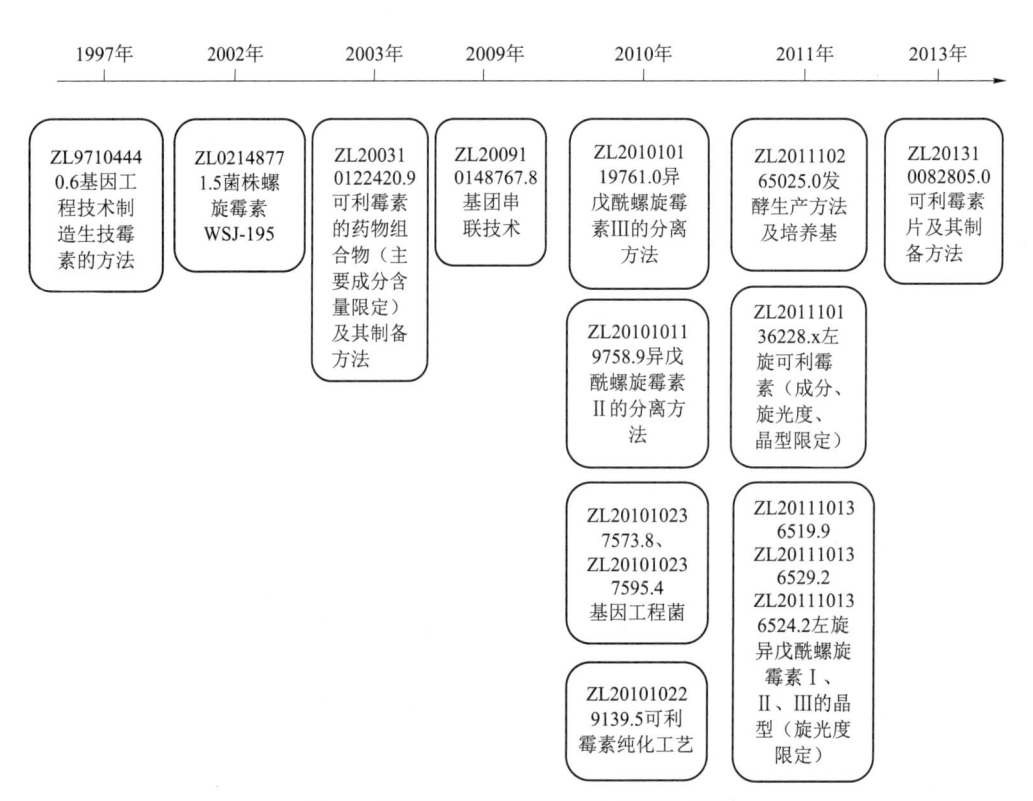

图31 同联集团可利霉素相关专利分布图

（2）可利霉素的其他专利

2003年12月12日，申请人华东理工大学就"一种添加金属离子提高必特螺旋霉素产量的发酵工艺"提出专利申请，并于2008年获得授权，2012年8月17日未缴年费终止失效。

2007年4月9日，申请人中国医学科学院医药生物技术研究所就"异戊酰螺旋霉素Ⅰ基因工程菌株的构建"，该案视撤失效。

2010年12月8日，申请人华东理工大学、上海同田生化技术有限公司分别就"高速逆流色谱法制备异戊酰螺旋霉素Ⅲ"和"同时制备异戊酰螺旋霉素Ⅱ和Ⅲ的方法"提出专利申请，该案视撤失效。

2012年10月31日，申请人江苏汉邦科技有限公司就"一种生技霉素的工业高效液相色谱精制方法"提出专利申请，该案于2016年1月8日实审请求视撤失效（CN201210426740.2）。

2014年1月8日，申请人华东理工大学就"一种优化可利霉素组分的方法"提出专利申请，并于2015年获得授权（ZL201410008345.1）。

2016年1月6日，申请人华东理工大学就"一种分离提纯必特螺旋霉素的工艺方法"（CN201610006130）提出专利申请，该案目前等待实质审查。(2016 年 1 月 13 日，华东理工大学与沈阳同联集团共建同联集团上海研发中心，暨国家生化工程研究中心（上海）与呼伦贝尔北方药业有限公司就"青霉素发酵技术服务协议"签约)。

(3) 可利霉素专利技术主题分布

可利霉素相关专利申请技术主题分布如图 32 所示，可见大部分专利申请集中于制造方法相关申请，还有一部分集中于分离可利霉素中有效成分，尤其是异戊酰螺旋霉素Ⅰ、Ⅱ和Ⅲ的分离方法和纯化可利霉素的方法，制剂和用途的申请极少。化合物申请即指同联集团 2010 年提出的左旋异戊酰螺旋霉素Ⅰ、Ⅱ、Ⅲ相关申请，其中仅左旋异戊酰螺旋霉素Ⅱ、Ⅲ的晶型取得了专利保护。组合物申请为组分含量限定的可利霉素。

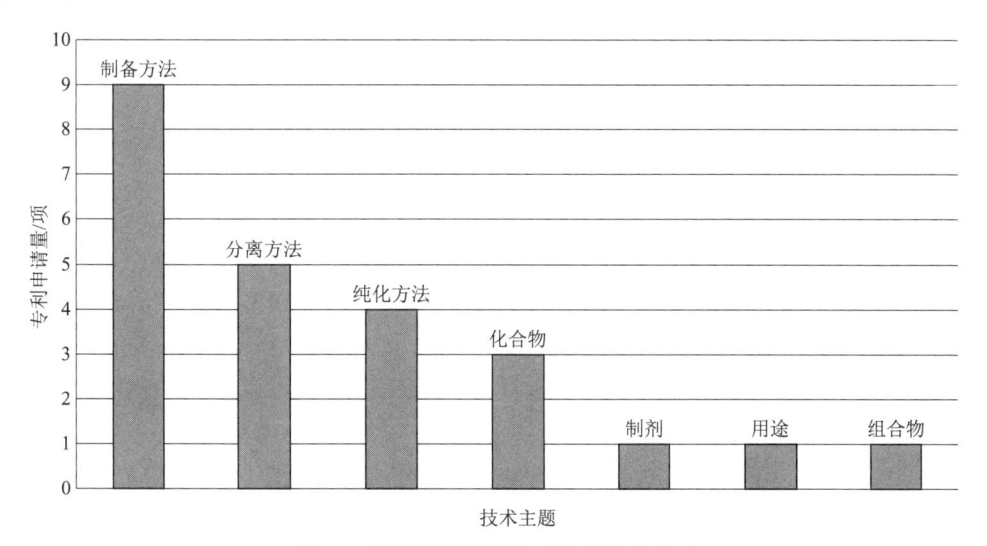

图 32 可利霉素专利技术主题分布状况

2. 阿奇霉素

十五元环大环内酯类抗生素中成功的例子只有阿齐霉素，涉及阿奇霉素的专利申请的最早优先权日为 1981 年 9 月 22 日（US4517359A），申请人为 Sour Pliva 公司，该申请人在 BE、US、GB、DE、AT、JP、SE、CA、FR、DD、HU、PL、CH、SU、HR 等国家和地区相继提出专利申请，专利申请涉及在红霉素 A 的基础上进行扩环等结构改造，获得了包括阿齐霉素在内的一系列化合物。1988 年，Sour Pliva 公司率先在南斯拉夫上市，之后美国辉瑞公司购买了其专利权。Sour Pliva 后续继续在十五元环大环内酯领域研究，提出了与阿齐霉素等十五元环相关的专利申请共三项 HU 47552A2（最早优先权日 1988 年 4 月 8 日，中国同族公开号为 CN 1031703A，

1993年获得授权），涉及半合成十五元大环内酯抗菌素 N-甲基-11-氮杂-10-脱氧-10-二氢红霉素 A 和 11-氮杂-10-脱氧-10-二氢红霉素 A 与二价金属 Cu^{2+}，Zn^{2+}，Co^{2+}，Ni^{2+} 和 Ca^{2+} 形成的新的生物活性 2∶1 络合物的制备方法；EP 259789 A2（最早优先权日1987 年 9 月 3 日，中国同族公开号 CN 87106924 A，1993 年授权），涉及 10-二氢-10-脱氧-11-氮杂红霉内酯 A 衍生物的制备方法；以及 EP283055 A2（最早优先权日 1988 年 4 月 8 日，无中国同族），涉及 10-二氢-10-去氧-11-氮杂红霉素 A 衍生物及其制备方法。

辉瑞公司购买了 Sour Pliva 公司的专利权后，在阿齐霉素等十五元大环内酯领域也开展了大量研究，在全球范围内提出了与阿齐霉素相关的 43 件专利申请。辉瑞公司与阿奇霉素相关的专利申请年度分布如图 33 所示。

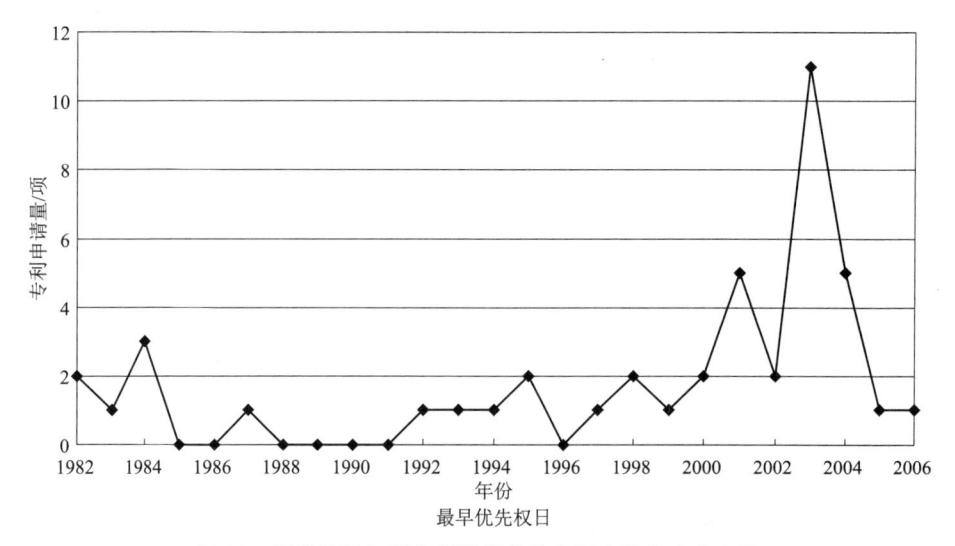

图 33　辉瑞公司与阿齐霉素相关的专利申请年度分布图

1982—1984 年申请集中在化合物上，2001 年之后，申请转向为剂型及其制备，尤其是 2003 年申请量峰值均是剂型及其制备的申请。这种申请方向的改变应当是与阿齐霉素的化合物专利在各国陆续到期相关。辉瑞公司与阿齐霉素相关的专利申请技术主题分布见图 34。辉瑞公司与阿齐霉素相关的专利申请的目标国家和地区以日本、欧洲、美国为主，其中有 15 件有中国同族申请，5 件获得了中国专利授权。

（二）重点申请人分析

1. 上海医药工业研究院

上海医药工业研究院在大环内酯类抗生素领域具有相当的研发实力，自 2006 年以来，其专利申请主要针对化合物的结构改造和化合物的制备方法。图 35 是其技术发展路线图。

综合图 35 和表 5 可以看出，除了 CN201410131277（实审待审）和 CN201110117330

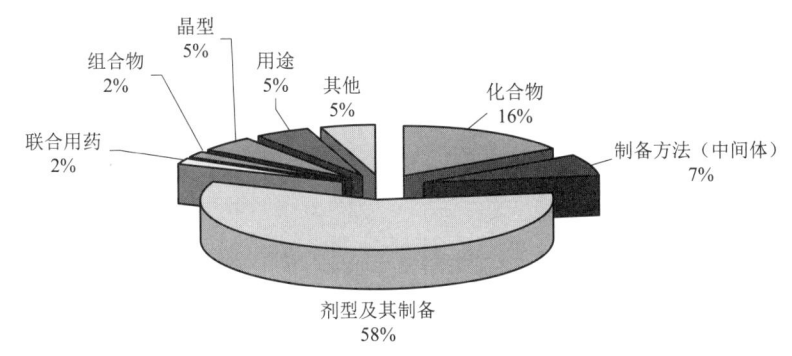

大环内酯类抗生素专利技术现状及其发展趋势 | 415

图34 辉瑞公司与阿齐霉素相关的专利申请技术主题分布图

（视撤失效）之外，上海医药工业研究院的绝大部分都获得了授权，并且授权范围以通式化合物或通式化合物的制备方法为主，仅有一个专利申请CN200610116211的授权范围限制为具体化合物。

2006年之前，上海医药工业研究院的研究重点在于十五元环阿齐霉素的结构改造，2009年之后，虽然研发重点转到十四元环红霉素类的结构改造和制备方法方面，其对十五元大环内酯，尤其是阿齐霉素的研发一直在继续，包括结构改造、制剂、以及分离检测方法。最近上海医药工业研究院还提交了PCT申请（WO2015014261A），涉及2006年以来该研究院结构改造后的十四环或十五环大环内酯化合物与β-内酰胺类抗生素联用的药物组合物。

2006年	2009年	2010年	2011年	2013年	2014年
CN101074250A，失效阿奇霉素衍生物及应用修饰位点C3'	CN101830949A，有效阿奇霉素衍生物、其中间体及其制备方法和应用修饰位点C3'、C12、C13	CN102250173A，有效红霉素A制备方法	CN102766181A，视撤红霉素A制备方法	CN104297383A，有效阿奇霉素的检测方法	CN104341471A，未结WO2015014261A CN104337826A 大环内酯类化合物或其盐的联用组合物
CN101148460A，失效阿奇霉素衍生物及应用修饰位点C3'	CN102058540A，有效阿奇霉素制剂	CN102250180A，有效红霉素A制备方法	CN102786570A，有效红霉素衍生物、其制备方法制备方法、中间体、应用修饰位点C3、C6、C9		
CN101148461A，失效阿奇霉素衍生物及应用修饰位点C3					
CN101148462A，失效阿奇霉素衍生物及应用修饰位点C3'、C12、C13		CN102382157A，有效红霉素A衍生物及其制备方法和修饰位点C3、C5''、C9	CN103130852A，有效红霉素A衍生物、制备方法、中间体、应用修饰位点C3、C9		
CN101148463A，失效阿奇霉素衍生物及应用修饰位点C3'、C12、C13					

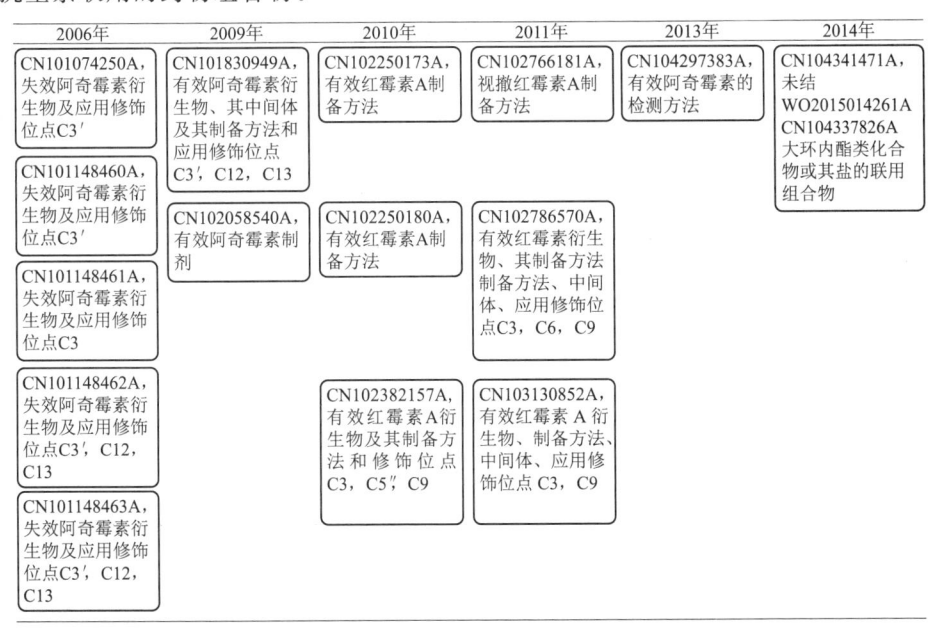

图35 上海医药工业研究院大环内酯领域的技术路线图

表 5　上海医药工业研究院大环内酯化合物类专利申请列表 ❶

申请号	二级技术分支	修饰的药物	修饰位点	修饰方法	修饰效果	法律状态	通知书是否涉及三性	授权范围
CN200610026600	15 环	阿齐霉素	C3′	R = N-NH-CO-取代的羟基	改善抗菌活性	未缴年费失效	否	通式化合物
CN200610116211	15 环	阿齐霉素	C3′	R-烯丙基-取代的羟基	改善抗菌活性	未缴年费专利权终止，等恢复	是	一个具体化合物
CN200610116212	15 环	阿齐霉素	C3	R-烯丙基-取代的羟基	改善抗菌活性	未缴年费专利权终止，等恢复	否	通式化合物
CN200610116213	15 环	阿齐霉素	C3′, C12, C13	C3′位：R（CH3）C = N-NH-CO-取代的羟基；C12，C13 位同为 OH 或形成 -O-CO-O-	改善抗菌活性	未缴年费专利权终止，等恢复	否	通式化合物
CN200610116214	15 环	阿齐霉素	C3′, C12, C13	C3′位：R-CH = N-NH-CO-取代的羟基；C12，C13 位形成 -O-CO-O-	改善抗菌活性	未缴年费专利权终止，等恢复	否	通式化合物
CN200910047499	15 环	阿齐霉素	C3′, C12, C13	C3′位：R-CO-NH-NH-CO-取代的羟基；C12，C13 位同为 OH 或形成 -O-CO-O-	改善抗菌活性	专利权维持	否	通式化合物
CN201010273264	14 环	红霉素 A	C3, C5″, C9	C3：羟基、克拉定糖基氧基、酯基；C5″：酯基或羟基；C9：R1（R2）C=N-N=	改善抗菌活性	专利权维持	是	通式化合物

❶ 法律状态统计时间截至 2016 年 8 月。

续表

申请号	二级技术分支	修饰的药物	修饰位点	修饰方法	修饰效果	法律状态	通知书是否涉及三性	授权范围
CN201110129340	14环	红霉素	C3, C6, C9	C3：克拉定糖基氧基或羰基；C6：烷氧基或羟基；C9：Ra-NH-N=	改善抗菌活性	专利权维持	是	通式化合物
CN201110385158	14环	红霉素A	C3, C9	C3：羰基；C9：R1(R2)C=N-N=	改善抗菌活性	专利权维持	是	通式化合物

2. 沈阳药科大学

沈阳药科大学在大环内酯领域的研发较早，1999年开始陆续有专利申请提出。课题组选出其代表性专利申请共12件，其中仅有三件技术主题为化合物，其余9件均为药物制剂。

表6 沈阳药科大学代表性专利申请列表

申请号	申请日	标题	法律状态	通知书
CN99112936	1999.5.20	一种阿奇霉素溶液及半固体的制备方法	因费用终止	不可查
CN02144614	2002.11.25	罗红霉素缓释制剂	视撤	不可查
CN03111656	2003.5.14	罗红霉素缓释制剂及其制备方法	视撤	不可查
CN200610046725	2006.5.29	地红霉素水溶性盐	驳回失效	创造性
CN200610080086	2006.5.11	一种罗红霉素注射剂及其制备方法	驳回失效	创造性
CN200810011373	2008.5.12	阿奇霉素缓释片及其制备方法	驳回失效	创造性
CN200810229962	2008.12.19	阿奇霉素滴眼剂及其制备方法	专利权维持	创造性
CN200910012341	2009.7.2	红霉素衍生物及其用途	专利权维持	新颖性创造性
CN200910013062	2009.8.11	红霉素衍生物及其作为肿瘤细胞增殖抑制剂的用途	专利权维持	新颖性创造性
CN201110042346	2011.2.22	一种阿奇霉素超细粉体原位凝胶滴眼液及其制备方法	专利权维持	创造性

续表

申请号	申请日	标题	法律状态	通知书
CN201410446016	2014.9.3	一种克拉霉素离子对脂质体注射液及其制备方法	实审中	其他
CN201410748577	2014.12.9	一种克拉霉素离子对脂质微球注射液及其制备方法	待实审	无

技术主题为化合物的三件申请中，两件涉及红霉素类化合物的结构改造，CN200910012341 和 CN200910013062 的结构改造位点在红霉素的 C3、C4″、C6 和 C9 位（具体改造方法见表6），通过改造获得抗肿瘤活性的化合物。然而，由于相关技术方案已被记载于本申请的发明人之一的毕业论文中，且在申请日前已经公开，因此这两件申请在实审中均被提出不具备新颖性和创造性的审查意见，授权范围仅为实施例中记载的具体化合物。另一件化合物申请 CN200610046725 涉及地红霉素的水溶性盐，因不具备创造性而被驳回。

3. 辉瑞公司

对辉瑞公司1976—2016年的有关大环内酯类抗生素专利进行统计分析，按照其专利申请的最早优先权日进行统计，辉瑞公司大环内酯类抗生素专利全球年度分布如图36所示。

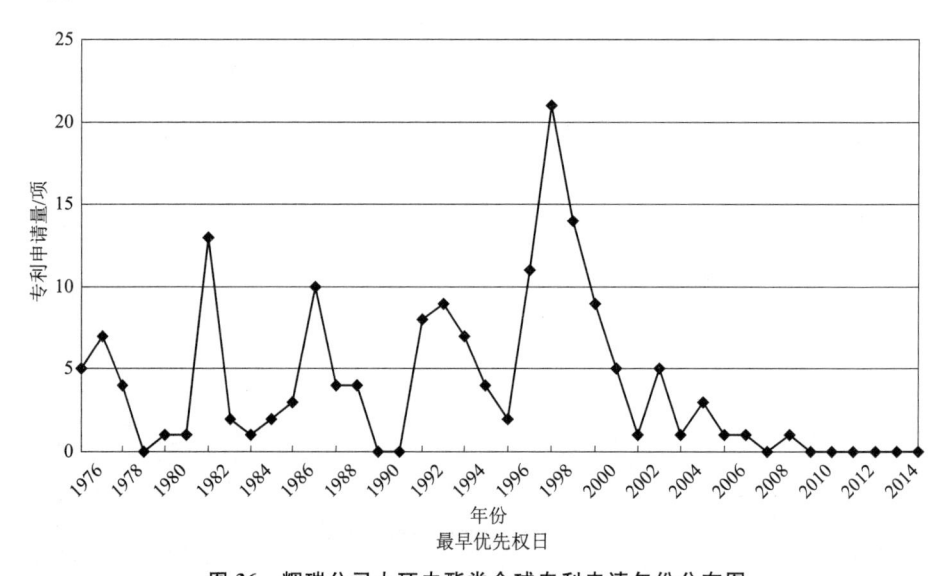

图36 辉瑞公司大环内酯类全球专利申请年份分布图

从图36可以看出，辉瑞公司在大环内酯抗生素领域，从1976年开始陆续出现申请，2010年之后不在该领域进行研发和申请，1982年、1987年、1993年、1999年申请出现峰值。1999年出现的申请的峰值中绝大多数是化合物申请，仅包括两件用途（治疗方法）申请和一件制备方法（中间体）申请。化合物申请集中在十四元和十五元环大环内酯的结构改造。

从辉瑞公司大环内酯类专利申请五局分布情况来看（见图37），辉瑞公司的技术流向主要是美国，其次是欧洲和日本，针对中国和韩国的专利申请较少。

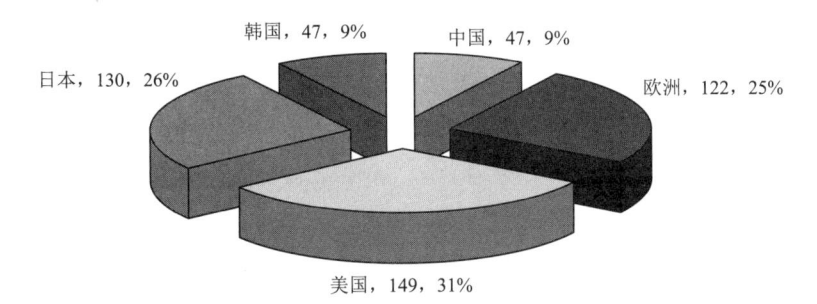

图37 辉瑞公司大环内酯类五局技术流向分布图

从辉瑞公司大环内酯领域全球专利申请技术主题分布情况来看（见图38），辉瑞公司在该领域的研发领域很强，主要进行的研究是针对化合物的结构改造，以获得更多相同活性化合物或者改善化合物的抗菌活性、耐药性。除了化合物申请，辉瑞公司研发还包括制备方法（含制备方法中间体和菌种）发明，还有少量的晶型、制剂、组合物和用途（治疗方法）申请。

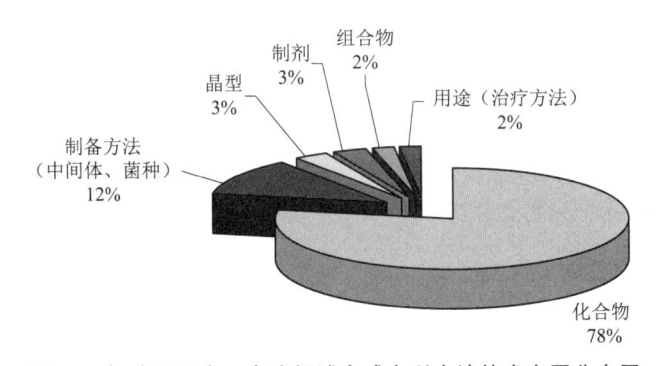

图38 辉瑞公司大环内酯领域全球专利申请技术主题分布图

辉瑞公司在中国的大环内酯类化合物的专利申请的年代分布趋势参见图39。辉瑞公司在大环内酯领域的中国专利申请从1987年开始，在1999年出现峰值，在2010年之后不再该领域进行研发。1999年的申请主要是化合物申请，针对十四元、十五元环大环内酯化合物的结构改造。

辉瑞公司在中国的大环内酯类化合物中国专利申请技术主题分布参见图40。其

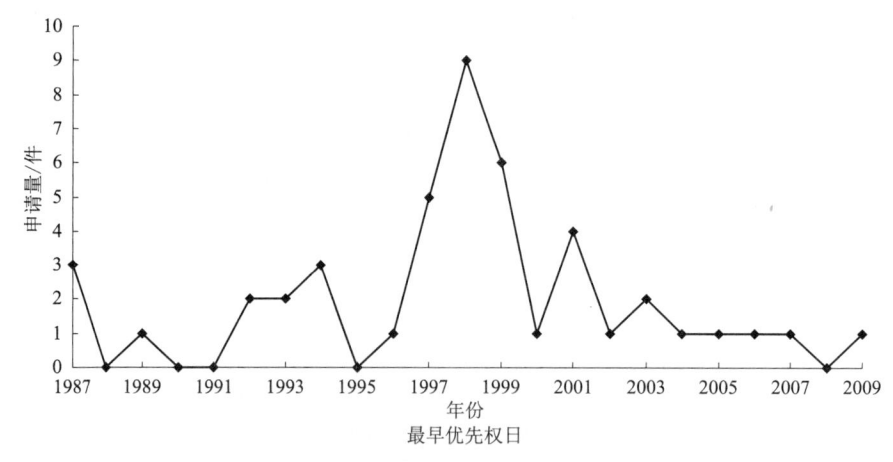

图 39 辉瑞公司大环内酯类中国专利申请年份分布图

中，辉瑞公司在大环内酯抗生素领域，60％的中国专利申请技术主题是化合物，其次是制备方法（中间体），此外还有少量的组合物、制剂和晶型专利申请。

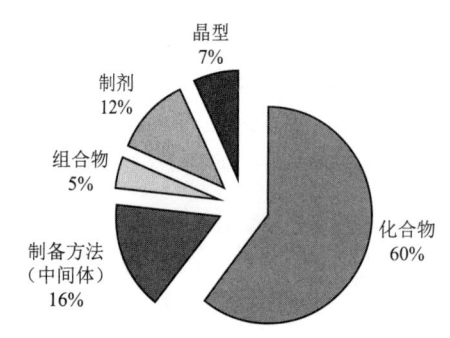

图 40 辉瑞公司大环内酯类中国专利申请技术主题分布图

辉瑞公司的大环内酯抗生素领域的中国专利申请均同时在欧洲申请，同时在 EP、US、JP、CN 和 KR 五局提出申请的占 87.23％，同时在 EP、US、CN 和 JP 提出申请的占 95.74％。

经统计，辉瑞公司大环内酯类中国专利申请获得授权的共 20 件，约占总申请量的一半。

4. 雅培公司

1982 年日本大正公司成功合成了克拉霉素，并将技术转让给美国雅培公司，该药于 1991 年 10 月获 FDA 批准上市。因其优越的抗菌性及安全性，成为大环内酯类抗生素的"重磅炸弹"。

按照最早优先权日对雅培公司的申请进行统计分析，雅培公司大环内酯类化合物相关专利全球年份分布如图 41 所示。雅培公司早在 1973 年就申请了大环内酯抗生素的化合物专利，但是在 1973 年至 1984 年仅有 4 篇专利申请，从 1985 年以后才开始在该领域陆续出现申请，在 2006 年以后几乎不再出现新申请。1997 年、1999 年和 2002 年申请量出现峰值。其中 1997 年申请量高达 19 件，且绝大多数为化合物申请，仅包括 3 件制备方法和 1 件药物组合申请。化合物申请集中在十四元和十五元大环内酯的结构改造。

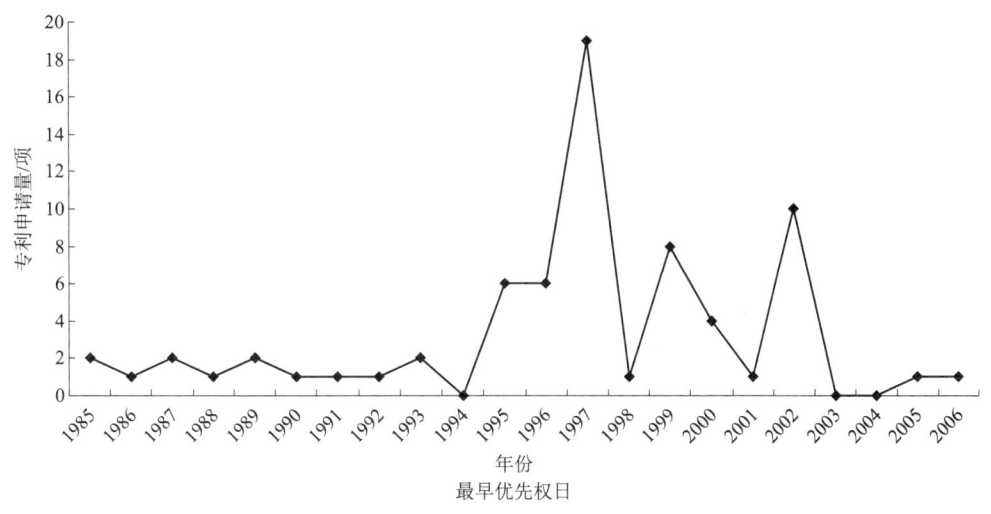

图 41 雅培公司大环内酯全球专利申请年份分布图

雅培公司大环内酯类专利申请五局分布图见图 42。从图来看，其技术流向主要是日本和欧洲，其次是美国，这可能与部分专利通过收购的方式纳入公司名下有关。针对中国和韩国的专利申请则相对较少。

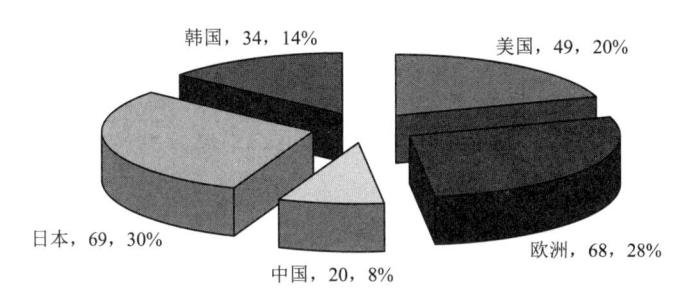

图 42 雅培公司大环内酯类化合物技术流向五局分布

雅培公司大环内酯领域全球专利申请技术主题分布图见图 43。从图来看，雅培公司在该领域的研发领域很强，主要进行的研究是针对化合物的结构改造，以获得更多相同活性化合物或者改善化合物的抗菌活性、耐药性、减少副作用。除了化合物申请，雅培公司研发还包括制备方法（含制备方法中间体）发明，还有少量的晶型、制剂、组合物和用途（针对鱼类和哺乳动物的细菌感染）申请。

以最早优先权日对雅培公司的大环内酯类化合物的中国专利申请进行统计分析，雅培公司中国专利申请的年度分布如图 44 所示。雅培公司在大环内酯领域的中国专利申请从 1995 年开始，在 1997 年出现峰值，在 2006 年之后对该领域逐渐停止研发。1997 年的申请主要是化合物申请，针对十四元、十五元环大环内酯化合物的结构改造。

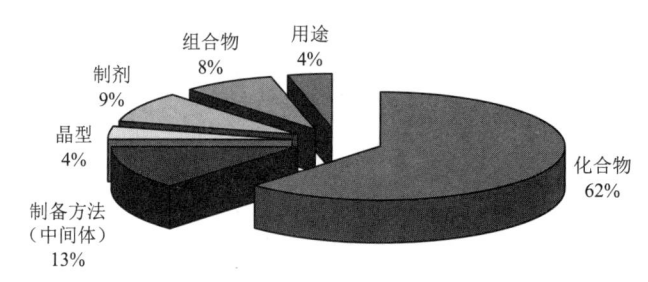

图 43 雅培公司大环内酯领域全球专利申请技术主题分布图

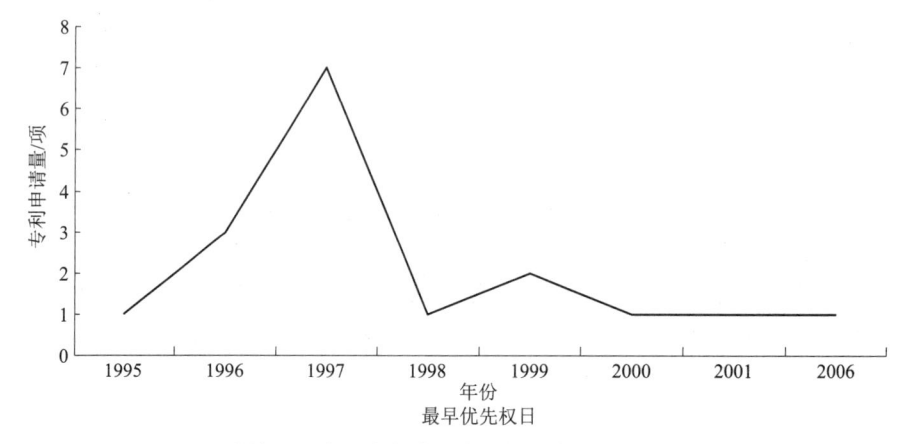

图 44 雅培公司大环内酯类化合物中国专利申请年份分布图

雅培公司在大环内酯抗生素领域，70%以上的中国专利申请技术主题是化合物，其次是制备方法（中间体），此外还有少量的组合物、制剂和晶型专利申请。

雅培公司的大环内酯抗生素领域的中国专利申请均同时在欧洲申请，同时在 EP、US、JP、CN 和 KR 五局提出申请的占 70%，同时在 EP、US、CN 和 JP 提出申请的占 75%。

经统计，雅培公司大环内酯类中国专利申请获得授权的共 11 件，其中尚处于保护期的有 5 件，约占总申请量的 25%。

5. 旭化成集团（包括并入的东洋酿造株式会社）

旭化成集团最初是一家工业化学品生产企业，在"二战"之后，开始扩展到化学品相关的其他领域，发展成为日本化工业最前端的企业。1992 年并入药品生产企业东洋酿造，拥有了自己的药品生产企业，组建了涉及材料、健康、住宅三个领域的大型化学品公司。

以最早优先权日对旭化成（包含东洋酿造）公司有关大环内酯类化合物专利进行统计分析。旭化成大环内酯类化合物全球专利申请年份分布如图 45 所示。东洋酿造株式会社早在 1966 年就申请了大环内酯抗生素的化合物专利，但是在 1966 年至

1972 年之间仅有 5 篇专利申请,从 1973 年以后才开始在该领域陆续出现申请,在 1997 年以后几乎不再出现新申请。1973 年至 1988 年期间申请量出现三次活跃期。其中 1979 年至 1987 年每年申请量均超过 10 件,化合物申请集中在十六元大环内酯的结构改造。

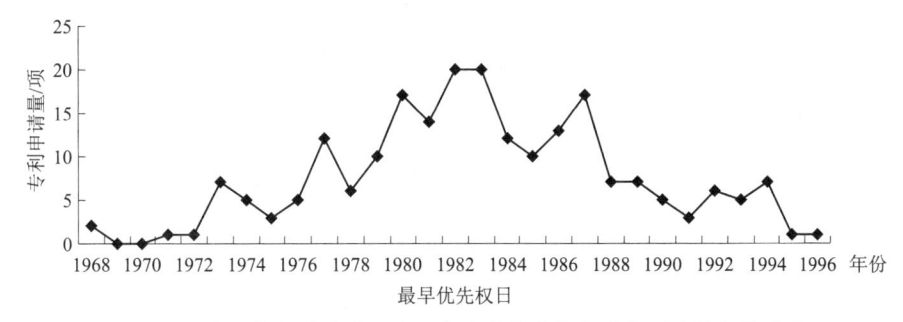

图 45 旭化成(含东洋酿造)大环内酯类化合物全球专利申请年份分布图

旭化成(含东洋酿造)大环内酯类化合物技术流向五局分布见图 46。由于该公司从事大环内酯类化合物的研究较早,因此直接进入 EP 的申请较少,统计时将欧洲的主要国家申请也计入 EP 申请。从大环内酯类专利申请五局分布图来看,其技术流向主要是日本和欧洲,其次是美国。针对中国和韩国的专利申请则相对较少。

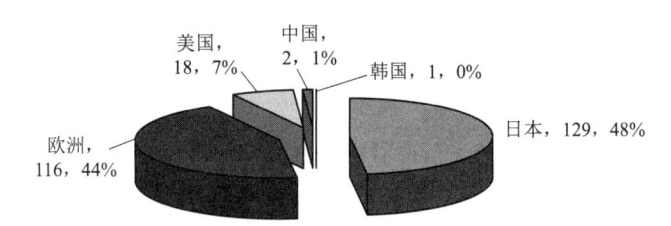

图 46 旭化成(含东洋酿造)大环内酯类化合物技术流向五局分布图

旭化成(含东洋酿造)大环内酯领域全球专利申请技术主题分布见图 47。旭化成在该领域的研发领域很强,主要进行的研究是针对化合物的结构改造,以获得更多相同活性化合物或者改善化合物的抗菌活性、耐药性、减少副作用。除了化合物申请,两大公司研发还包括制备方法(含菌种,中间体)发明,还有少量的晶型、制剂和用途申请。

对旭化成(含东洋酿造)在 1977—1987 年间申请的化合物专利进行了重点分析,主要考察其结构改造的位点,相关专利参见图 48。由重点时期的化合物专利分析可知,两家公司对大环内酯的改造位点集中在 C3、C6、C9、C14、C2′、C3′、C4″,且多为多位置同时修饰,改造的基础多基于泰乐霉素和罗红霉素的基本结构,改造的目的主要为减少副作用,增加生物活性,以及伴随有促生长作用。

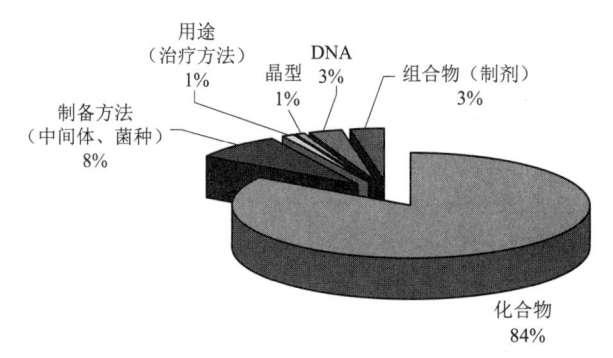

图 47　旭化成（含东洋酿造）大环内酯类化合物技术主题分布图

四、大环内酯抗生素技术发展现状、趋势和建议

（一）我国在大环内酯领域面临的机遇和挑战

尽管近年来大环内酯类抗生素在国内抗感染药物市场中占有的市场份额逐年提高，国内企业在越来越重视基础技术开发和专利保护，但是国内在该领域的现状和未来发展还存在诸多问题，与国外相比仍然存在较大差距。

第一，从专利分布来看，十四元、十五元大环内酯类专利主要集中在美国大型药企中，如雅培公司、辉瑞公司等，十六元大环内酯类专利则主要集中在日本企业中，国内专利持有量较多的大多都是国内各大高校，生产应用能力不强，国内企业所持有的专利很少，中国申请人提出的国外专利申请更是极少，在专利保护上国内企业相比于国外企业处于非常明显的劣势，增强国内企业的知识产权保护意识已经刻不容缓。

第二，从市场份额来看，传统的红霉素等第一代大环内酯类的用量正在逐渐减少，目前占据市场主流的是阿齐霉素、克拉霉素及罗红霉素等第二代大环内酯类抗生素，由于这三种药物的专利相继到期，国内大小厂家都蜂拥报批生产，比如大连辉瑞制药的希舒美、上海雅培的克拉仙、深圳制药的舒美特、北京大洋药业的泰立特、石药集团的维宏、哈药六厂的严迪、西安利君制药的利君沙和利迈君、南京长澳制药的奥扶安等等。这虽然给国内仿制药企业带来了一定的利润，但简单模仿到期专利造成的激烈竞争局面也导致产品生产能力过剩，价格战竞争激烈。由于受之前专利保护的影响，美国辉瑞、雅培公司仍然占有阿奇霉素、克拉霉素较大的市场份额，而其余厂家所能分到的份额相当少，未来随着降价及处方管理等政策因素的影响，第二代大环内酯类的市场规模很难扩张，国内中小企业的生存将会更加举步维艰，国内企业亟需的不是模仿，而是模仿基础上的研究开发，以期拥有自主知识产权的新药。

第三，从新药研发来看，近年来由于抗生素的大量使用，导致细菌耐药性（特别是多重耐药性）不断发展，细菌耐药甚至有逐步向酮内酯等第三代大环内酯类渗透的趋势，这对国内企业来说既是机遇，更是严峻的挑战，如果能比国外企业更早开发出

1977年	1978年	1979年	1980年	1981年	1982年	1983年	1984年	1985年	1986年	1987年
JPS5498793 16元环C13改造	AT376225 16元环C3′酰基化	JPS55136298 16元环C2′、C3″酰基化	JPS5724398 16元环C9改造、C3″酰基化	JPS5896099 16元环C3′酰基化	JPS5951298 16元环C3″酰基化	JPS60120894 16元环C14改造	JPH0510328 16元环C6改造	JPS6229595 14元环C9、C3′改造	EP0315720 14元环C2′、C4′、C4″改造	JPS6258486 14元环C6、C2′、C3、C4″改造
JPS5448779 16元环C6改造	US4291021 16元环 C2、C3、C9、C13、C13改造		JPS5718694 16元环C9改造	JPS5885498 16元环C13改造	JPS5820829816元环C6、C9、C14改造	JPS6026000 16元环C11、C14改造	JPS60155190 16元环C14改造			US4652638 14元环C6、C4″改造
JPS6137279 16元环 C3、C9改造	JPS6313999 16元环C9、C3′改造	JPS55122798 泰乐霉素C4″酰基化		JPS5813595 16元环C4′改造	DE3312735 16元环C6、C9、C14改造	FR2541288 16元环C3、C4″改造				
		JPS5515898 泰乐霉素C3′、C4″酰基化		US4415730 16元环C4′、C4″改造	JPS5614779816元环C6、C9、C14改造					
		US4345069 泰乐霉素C6、C3′、C4″酰基化								
	HU181976 泰东霉素衍生物									

图 48　旭化成（含东洋酿造）1977—1987年化合物专利分布图

新型的更具疗效的大环内酯类药物，将会有利于国内企业重新掌握市场的主导权。目前，国内唯一拥有自主知识产权的大环内酯类抗生素只有可利霉素，该药现已完成临床研究即将获批上市，而国外早在2004年就有法国安万特公司研发的第三代的泰利霉素获美国FDA批准上市（后因严重肝毒性被限制应用），还有美国尖端生命科学公司研发的喹红霉素（曾一度为业界看好，视为第三代中的新星，但后因资金不足而暂定运营），此外还有多个第四代的候选物如Solithromycin、Modithromycin等目前处于Ⅱ或Ⅲ期临床研究阶段，不得不说国内企业在新药研发上始终落后于国外企业。但考虑到近年来美国FDA对抗生素类新药的审批越加严苛，国外在该领域的研究步伐逐渐放缓，这对国内企业来说是一个大步追赶的好时机，未来亟需开发出更具疗效且毒副作用小的新型大环内酯类药物。

（二）对我国企业的建议

专利是抗生素创新药物研发的"指明灯"。通过前文国内外大环内酯类现有技术的检索分析，帮助我国企业及时全面掌握行业内部主要药物的技术发展趋势和研发热点，进一步为相关企业决策者和研发人员在研发立项、专利保护网建立、专利技术价值、侵权规避等方面提供如下建议：

1. 大环内酯抗生素类的化合物结构改造通常是多位点同时进行，通常会有助于提高化合物的抗菌活性、抗耐药性。个别位点修饰之后可能会导致活性的完全改变，比如抗菌活性消失而产生其他活性，从而化合物可用于非抗菌用途。目前已发现的大环内酯类化合物的非抗菌用途包括抗炎作用、抗肿瘤作用、对心血管系统的作用（治疗心肌缺血、心肌梗死、高脂血症、动脉粥样硬化）、抗疟疾作用、抗关节炎等。因而，在化合物的结构开发方面，建议我国企业能够借鉴制药公司巨头的开发经验，尤其是在发现化合物某位点可能导致化合物产生非抗菌用途时，应及时跟进，通过同时改变该已证实的位点和其他活性位点，研究改造后化合物的抗菌活性和非抗菌活性，力争在该领域及时占有一席之地。

2. 由于大环内酯类尤其是十四元、十五元大环内酯类化合物的构效关系相对清楚，各个结构位点的改造均已出现，所以仅对化合物进行结构改造而没有产生更优异的技术效果，通常会被认为不具备创造性。因而，在撰写专利申请文件时，应注重对改造后化合物的技术效果进行描述，并记载必要的实验数据，以免被提出不具备创造性审查意见时，由于原申请文件中未公开相关技术效果而补交实验数据不属于补强性证据而不被接受，导致申请被驳回。

同时，国内企业应当对国外制药企业的重要专利申请予以充分重视，跟踪专利法律状态，关注审批过程，主动挑战专利权有效性。其中尤其是可以关注相关专利或申请中权利要求的范围与其公开的证实其技术效果的实验数据的范围之间的匹配度，如果请求保护的范围或者已授权的范围与其实际作出的技术贡献不相符，应能充分利用公众意见途径或者无效途径，限制其专利权的范围或者无效其专利权，为国内制药企业的研发预留更多的空间。

3. 十六元大环内酯领域，我国具有相当的研发实力，但专利申请主要是针对中国，很少涉及国外。比如上海医药工业研究院多年来有多项化合物类基础专利申请产生，但仅在 2015 年，才有一项涉及联用的药物组合物的 PCT 申请。我国研发单位更应当学习品牌制药企业的经验，注重放眼国际市场，全盘考量，在创新药物立项和筛选时，就着手建立全球范围内的合理专利网络，进行全球专利布局，统筹申请路线、区域和时机，构建专利领地。虽然我国是抗生素使用大国，市场广阔，仅在中国获得专利保护能够给企业带来很大收益，但是在全球进行专利布局的意义不仅在于能够在海外形成自身的竞争优势，对国外制药企业的研发形成一定的专利壁垒和技术障碍，更重要的是在于积极开展产品目标国的专利布局，能够为企业产品走出去保驾护航，为将来的产品出口做好准备。

4. 十四元环、十五元环大环内酯开发较早，技术发展成熟，国内外产业已逐步步入成熟期，主要制药企业已在主要国家和地区包括中国构建了较为完善的专利布局。在这种情况下，国内企业应当重视对专利信息的运用和挖掘，充分利用已有的专利信息中包含的技术信息和法律信息，避免重复研发，绕开专利壁垒。对于无效或者失效的专利信息，对其技术含量和市场价值进行评估，直接利用或者二次开发成"me-too""me-better"药物，形成自己的知识产权。对于处于保护期的有效专利，应分析评价其技术内容和对近期和远期市场的影响，据此做出寻求技术许可、合作或者规避专利权的决策。必要时，国内企业可以借鉴国外制药公司的做法，采用防御性公开的专利申请策略，有技巧地公开一些大环内酯类似物及其制备方法、中间体，新晶型、共晶或氘代化合物等，从而划出自己在该领域的研究范围，并对竞争对手构成一定的专利技术障碍。

5. 研究结果充分表明，大环内酯类药物化合物的可修饰位点很多，在多个结构位点上进行结构修饰都能够成功地保留化合物的抗菌活性，甚至提高抗耐药性，改善的副作用，并且在抗菌活性消失时反而可能获得非抗菌用途的化合物，这就意味着对此类化合物进行结构修饰和优化仍有一定的发展空间，从技术研发的角度来看，该领域的市场可挖潜力可谓巨大。国内企业应当抓住这个机会，关注相关专利技术，寻找技术空白点，特别是有选择性的重点关注在临床研究阶段以及专利申请中已经公开的活性较好的具体化合物，及时开发改进新的小分子化合物及其制备方法、药物联用、前体药物、衍生物、新晶型或立体异构体。

6. 大环内酯抗生素领域，我国的研发实力集中于国内各高校，由于高校研发人员通常需要在规定的时间内完成毕业论文，也导致了专利申请与发表论文的时间矛盾，比如沈阳药科大学的两件化合物申请专利价值较高，却因为发明人的毕业论文于申请日前发表，导致专利申请的新颖性、创造性被质疑，仅获得了具体化合物的保护。因而，建议高校对涉及提交专利申请的毕业论文，应予以一定时间内的保密，在专利申请日后再予以公开,这样既能保证研究人员能顺利毕业,又能确保专利申请不因发明人的原因丧失新颖性和创造性,从而获得与其技术贡献相符的专利保护。

7. 为促进专利技术产业化,形成专利与技术升级的良性循环,在该领域继续加强企业和高校的合作。高校或研究机构应当利用技术研发优势对企业的实际技术难题提供技术支持,同时促进自身研究成果产业化,国内企业则要着眼长远,加强对相关优秀专利或其申请的引进、购买或与相关研究机构合作,尽快将优势技术转化为生产力,同时可以集中优势技术做好全球专利布局,最终能够与国外企业相抗衡。

参考文献

[1] 李喆宇等. 大环内酯类抗生素的研究新进展 [J]. 国外医药抗生素分册,2013,34 (1):6-15.

[2] 臧乐芸. 十四元大环内酯类化合物专利技术综述 [J]. 化工管理,2015,26:200.

[3] 顾觉奋等. 新一代大环内酯类抗生素-酮内酯类简介 [J]. 抗感染药学,2006,3 (2):49-53.

[4] Frydman AM et. al. J Antimicrob Chemother [J]. 1988,22 (suppl B):93-103.

[5] 张梦等. 美国抗生素研发激励政策及启示 [J]. 中国新药杂志,2016,25 (1):13-18.

纳米压印光刻专利技术现状及其发展趋势

单英敏　申红胜[1]　戴翀

(国家知识产权局专利局光电技术发明审查部)

一、引言

(一) 纳米压印光刻技术概述

1. 产生背景

半导体微电子技术以及由此引发的各种微型化技术已经发展成现代高科技技术产业的主要支柱，作为微纳加工关键技术之一的光刻技术的发展印证了每18～24个月集成度翻一番的摩尔定律的预言，随着经济发展的要求促使半导体业特征尺寸朝着不断缩小的方向发展，但受曝光波长衍射极限的限制，光学光刻的技术已无法满足纳米制造技术对线宽高分辨率的要求，在现有技术条件下提高光学光刻分辨率制造设备的成本将以指数形式增长，为了避免使用昂贵且复杂的光源和投影光学系统，在这样的技术瓶颈和产业需求的背景下，纳米压印光刻技术（Nano-Imprint Lithography，NIL）应运而生。纳米压印光刻技术于1995年由美国普林斯顿大学Stephen Chou教授首次提出。

2. 基本原理

纳米压印光刻是一种全新的纳米图形复制方法，实质上是将传统的模具复型原理应用到微观制造领域。它是利用不同材料（模具材料和预加工材料）之间的杨氏模量差，使两种材料之间相互作用来完成图形的复制转移。纳米压印图型转移是通过模具下压使抗蚀剂流动并填充到模具表面特征图型的腔体结构中；完成填充后在压力作用下使抗蚀剂继续减薄到后续工艺允许范围内（设定的留膜厚度），停止下压并固化抗蚀剂。与传统光刻工艺相比，压印技术不是通过改变抗蚀剂的化学特性实现抗蚀剂的图形化，而是通过抗蚀剂的受力变形实现其图形化。纳米压印技术主要包括3种典型的技术，分别是：热压印光刻技术、紫外压印光刻技术、微接触压印技术。

(1) 热压印光刻技术

热纳米压印技术是指在压力作用下使硬模板上图形转移到已加热到玻璃态的热塑

---

[1] 申红胜等同于第一作者。

性聚合物中的压印技术，具体工艺如图1所示，首先，利用电子束直写技术（EBDW）制作具有纳米尺寸图案的Si或SiO_2材料模版，在衬底上均匀涂覆一层热塑性高分子光刻胶，将衬底上的光刻胶加热到玻璃转换温度以上，利用机械力将模版压入高温软化的光刻胶层内，并且维持高温高压一段时间，使热塑性高分子光刻胶填充到模版的纳米结构内，待光刻胶固化成形之后，释放压力并使模版与衬底脱离。

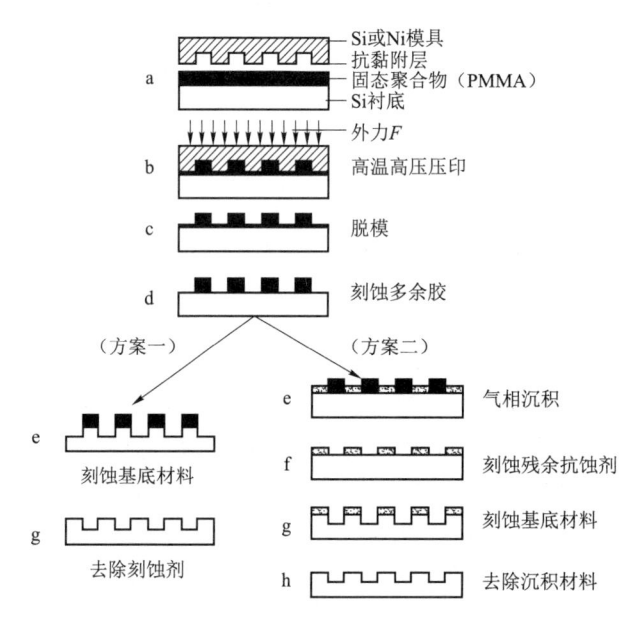

图1 热纳米压印工艺流程图

热压印技术所使用的抗蚀剂PMMA与现行电子行业相同，在后续光刻工艺中不需要重新调配工艺，与现有的微电子工业生产线吻合性良好，这是该工艺的技术优势。但是热压印技术需要加热，且压印力很大，会使整个压印系统产生很大的变形；同时，该工艺采用的是硬质模具，无法消除模具与衬底之间的平行度误差及两平面之间的平面度误差；此外，模板在高温条件下，表面结构或其他热塑性材料会有热膨胀的趋势，这将导致转移图形尺寸的误差且增加了脱模的难度，这也是热固化压印的最大缺点之一。

热压印技术的微结构制造具有广泛的应用：微电子器件、光器件和电子器件等，目前采用该复型技术制造能达到的最小图形特征尺寸5～30nm。

(2) 紫外压印光刻技术

针对热压印技术由于受热受力产生变形的问题，1999年由美国得克萨斯大学的研究小组提出的透明曝光技术很好地解决了该问题。因该工艺技术是在常温下进行的，不需要加热，与热压印技术相对，因而该工艺技术又称为常温纳米压印技术或冷压印技术。该技术与热压印技术有两大不同之处，一是压印模具本身采用的是透明的石英板材料，二是模具图形转移过程中在压印成形后不是利用聚合物材料的热固成形或冷却固化成形，而是通过紫外光辐射成形，大大减少了衬底的变形概率和程度。

紫外光固化纳米压印技术的主要工艺如图2所示，首先要制备高精度的透明掩模板，一般采用石英（SiO_2）作为掩模板材料；在Si等衬底材料上涂覆一层厚度为400～500nm的低黏度、流动性好、对紫外光敏感的光刻胶；低压将模板压在光刻胶上，使光刻胶填充模板空隙；充分填充后利用紫外光照射模板背面，使光刻胶固化；脱模后利用等离子体刻蚀技术将残留胶去除。

（3）微接触压印技术

微接触压印技术是从纳米压印技术派生出来的另一种技术，因该技术使用的模具是软模，故又被称为软印模技术，微接触压印是一种在大面积功能材料表面成形的微接触压印技术。

微接触纳米压印技术的主要工艺如图3所示，首先使用聚二甲基硅氧烷（PDMS）等高分子聚合物作为掩模制作材料，采用光学或电子束光刻技术制备掩模板；将掩模板浸泡在含硫醇的试剂中，在模板上形成一层硫醇膜；再将PDMS模板压在镀金的衬底上10～20s后移开，硫醇会与金反应生成自组装的单分子层SAM，将图形由模板转移到衬底上，后续处理工艺可分为两种：一种是湿法蚀刻，将衬底浸没在氰化物溶液中，氰化物使未被SAM单分子层覆盖的金溶解，这样就实现了图案的转移；另一种是通过金膜上自组装的硫醇单分子层来链接某些有机分子实现自组装，此方法最小分辨率可以达到35nm，主要用于制造生物传感器和表面性质研究等方面。

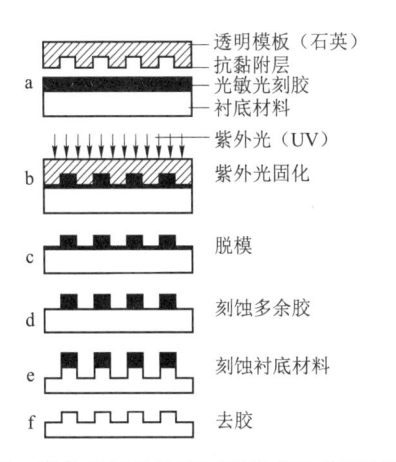

图2　紫外光固化纳米压印技术工艺流程图

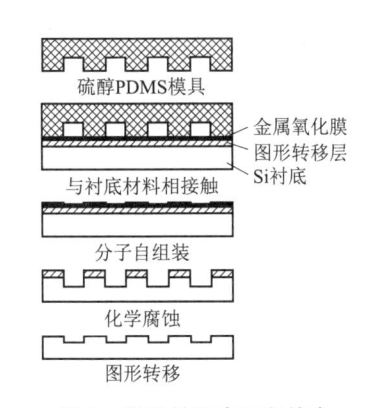

图3　微接触纳米压印技术

（二）纳米压印光刻技术的发展与现状

纳米压印光刻技术自提出以来，即引起业界的广泛关注。由于该技术避免了使用昂贵复杂的光源和光学投影系统，克服了传统光学光刻中由于衍射现象引起的分辨率极限等问题，具有高分辨率、低成本、适合大规模生产等优势，逐渐成为国内外研究的重点。目前，纳米压印光刻技术在电子器件、光电器件、光学组件、生物器件的研究和制造中都已得到广泛应用。纳米压印光刻技术作为22nm、16nm和11nm节点的集成电路制造技术已被列入国际半导体技术路线图（ITRS，2009），并极可能成为未来微纳电子与光电子制造的关键技术之一。纳米压印光刻技术自提出以来，其重大技术发展事件如下：

（1）1995年，Stephen Chou提出纳米压印技术概念；

（2）1997年，在PMMA上制作出6nm线宽结构，第一台纳米压印机在奥地利问世，对准精度达到1μm；

（3）1998年，Stephen Chou提出滚动压印工艺；

（4）1999年，制作出金属—半导体—金属结构的光电探测器，以及190nm周期的宽带波导金属偏振器；商用纳米压印设备的对准精度达到1μm；专用于纳米压印的聚合物胶问世；

（5）2000年，在6in晶圆上成功实现大面积纳米压印；

（6）2001年，商品化纳米压印胶mr-I8000问世；

（7）2002年，实现了对亚100nm图形的模板的抗黏处理，纳米压印加工出微流器件；郭凌杰提出逆向纳米压印技术；

（8）2003年，国际半导体蓝图将纳米压印技术列入下一代32nm节点光刻技术代表之一；

（9）2004年，空气垫子加压技术，通过空气加压避免了采用平行板加压带来的问题；郭凌杰提出纳米压印光刻复合技术；

（10）2005年，在硅基底上制作出多层结构，并用SPO进行氧化，结合湿法蚀刻微纳米结构；

（11）2006年，纳米压印技术进行量子点、纳米线等结构加工；

（12）2007年，利用硅的非对称刻蚀制作小于20nm的结构；

（13）2008年，HP实验室提出基于Spacer的水流弯曲技术；

（14）2009年，特征尺寸小于15nm的曲面压印技术出现，Suss公司开发出"基板完整压印光刻"技术，实现大面积图形上亚50nm结构的重复压印；

（15）2010年EV Group推出软紫外纳米压印技术，特征尺寸达到12.5nm；

（16）2013年，佳能纳米技术公司&分子制模股份有限公司联合开发出用于压印光刻的无缝大面积主模板，可以生成300mm晶片上的几乎无接缝的大面积图案；

（17）2014年，欧盟6个成员国和9家企业组成的PHOTOSENS研发团队，利用纳米压印光刻技术，整合卷对卷生长制造工艺，实现了纳米结构传感器阵列（NSA）的工业流程设置和设备样机开发。

纳米压印光刻技术的应用也依赖于纳米压印光刻设备的制造和完善。目前，全球主要有五家商业公司可提供纳米压印机，包括美国的 Molecular Inprints Inc. 和 Nanonex Corp.、奥地利的 EV Group、瑞典的 Obducat 和德国的 Suss Micro Tec.，见表1。其中，EV Group 公司组建了一个称为"NILcom"的联盟，这个联盟拥有来自企业、大学和研究院的12个成员，致力于纳米压印光刻技术的商业化。国内从2001年开始出现纳米压印光刻技术的研究机构，如西安交通大学、上海交通大学、华中科技大学、中国科学院光电所以及上海市纳米科技与产业发展促进中心（上海纳米中心）等也取得了很多成果。

表1 全球专业生产纳米压印光刻设备的公司

公司名称	所在地	备注
EV Group	奥地利	掩模对准器和键合工具制造商，已售出100多台压印设备
Molecular Inprints Inc.	美国德克萨斯州	得克萨斯大学的公司，是半导体行业最受关注的压印设备制造商，拥有员工超过100名
Nanonex Corp.	美国新泽西州	普林斯顿大学的公司，是最早的纳米压印公司，出售压印材料、压印模板以及压印设备
Obducat	瑞典	压印设备的主要供应商，同时提供扫描电镜显微镜和电子束光刻工具
Suss Micro Tec.	德国	掩模对准器和晶片键合工具制造商，提供能够自动完成晶圆处理过程的新型压印设备

本文围绕纳米压印光刻技术的工艺、装置和应用三个方面，对纳米压印光刻技术专利申请的申请量趋势、区域分布、申请人分布和技术分布进行研究，其中重点针对工艺中涉及的压印模具、压印胶、压印过程控制、三维压印和大面积压印五个主要技术分支和装置中涉及的平板压印装置和辊压印装置两个主要技术分支进行统计分析，并且通过全球主要申请人和中国主要申请人的申请概况、技术领域分布和代表性专利进行横向分析和比较，提出纳米压印光刻技术的发展趋势的预测和建议。

二、纳米压印光刻专利技术现状分析

（一）专利技术分析样本构成

1. 数据库的选择

本文研究的纳米压印光刻技术具有一定特殊性，其属于微纳制造领域的基础性技术，该技术同时融合了光学光刻技术和机械复型技术，同时该技术在电子器件、光电器件、光学组件以及生物领域都有着广泛的应用，因此目前对于纳米压印光刻技术的研究也非常广泛。本文重点关注纳米压印光刻技术在工艺和装置两大关键技术分支所涉及的专利申请，同时对于涉及技术应用方面的典型性专利申请也给予一定关注。为了实现专利文献检索的准确性和全面性，采用了专利检索与服务系统（S系统）中的中、外文专利文摘数据库及全文数据库，包括：CNABS、CPRSABS、CNTXT、DWPI、SIPOABS、VEN、WOTXT、EPTXT和USTXT。为了分析样本的规范性，对检索结果进行了数据转换处理，最后统一到CNABS和DWPI数据库。因此，本文的分析样本来自CNABS中国专利数据库和DWPI全球专利数据库。

2. 检索策略

纳米压印光刻技术各技术分支的技术主题目前均没有明确的分类号，有些技术分支如压印胶涉及的分类号还会与光学光刻胶的分类号共用，为了能够较为全面准确的反映纳米压印光刻技术的现状及其发展趋势，并考虑该技术领域的文献分布特点，检索过程采用分类号结合关键词的检索策略进行。对于关键词的选取，主要从工艺所涉及的模具、压印胶、压印过程控制、三维及大面积压印等分支以及从装置所涉及的平板、辊压等分支选择主要关键词，并进行充分的扩展；分类号主要涉及：G03F7，H01L21，H01L27，H01L33，H01L31，B29C，B81C，B82B，B82Y；在检索中还进一步采用CPC分类号、转库等检索策略，从而确保了数据的准确性和全面性。

检索截止日期是2016年7月15日，其中在CNABS中共检索到3015篇文献，在DWPI中共检索到9260篇文献。需要注意的是，2015—2016年的专利申请还存在部分未公开的情形，因此该阶段的统计数据不全。

（二）全球专利申请数据分析

1. 申请量趋势分布

通过对全球纳米压印领域相关专利申请量随年份变化趋势的分析，可以初步了解纳米压印技术的发展过程和趋势，从而有助于对其未来发展方向的判断。

图4、图5分别为自1993年以来公开的纳米压印光刻领域全球/中国申请量逐年变化趋势图和中国/全球申请量占比逐年变化图。从图中可以看出，自1993年以来，

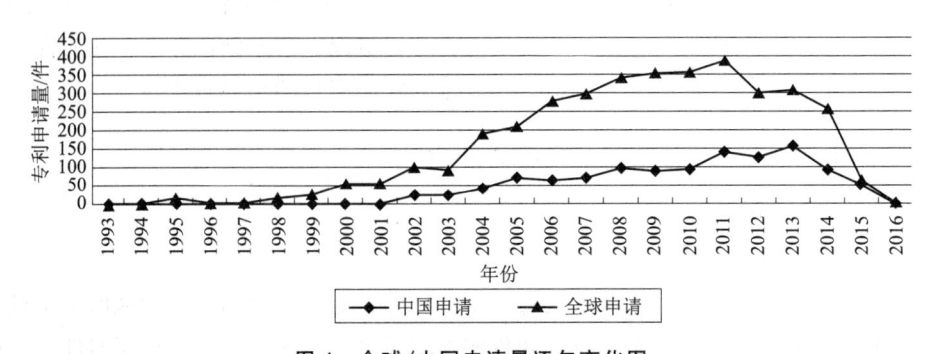

图4 全球/中国申请量逐年变化图

注：在中国的申请，包括国内申请人和国外申请人在中国的专利申请。

纳米压印光刻技术一直处于持续发展过程中。其全球技术专利申请的发展大致经历了以下阶段：

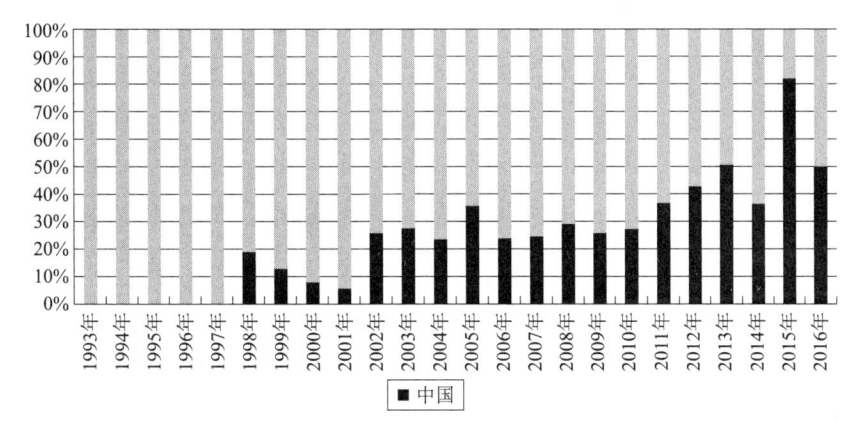

图 5 中国/全球申请量占比逐年变化图

第一阶段（1993—1998 年）为起步期。每年的专利申请量不足 20 件，甚至为个位数，纳米压印光刻技术处于探索阶段。

第二阶段（1999—2003 年）为快速发展期。各国逐渐对纳米压印光刻技术重视起来，期间专利申请逐年增长，2002 年、2003 年全球相关专利申请量 100 件左右，其中中国的专利申请所占比例相对较低，除 2002 年、2003 年达到全球申请量的 20% 以上外，其余年份均在 20% 以下。

第三阶段（2004—2011 年）为高速发展期。自 2003 年，国际半导体蓝图将纳米压印技术列入下一代 32nm 节点光刻技术代表之一后，各国、各公司投入了更大的人力和财力进行纳米压印光刻技术的研发，以期在该领域取得关键技术突破，在未来竞争中占得先机。自 2006 年，逐年的相关专利申请量稳定在 300 件以上。中国的专利申请均达到全球申请量的 20% 以上，且 2005 年、2011 年及以后均达到 30% 以上。

第四阶段（2012 年至今）为平缓发展期。自 2012 年，纳米压印光刻全球专利申请量有所回落并趋于稳定，一方面是由于纳米压印光刻领域基础研究趋于平缓，在关键性技术上未有实质性突破；另一方面在于纳米压印光刻技术的产业应用也未超出预期。但是值得注意的是，中国的专利申请在 2012—2013 年仍然呈现增长趋势，自 2014 年才出现回落。可见国内外相关创新主体对中国市场的专利布局意识和热情仍然较高。

2. 国家或地区分布

纳米压印光刻技术全球专利申请主要来自 10 个国家（地区），由纳米压印光刻技术在全球布局区域分析能够较为准确地反应该领域内各国家（地区）的科技实力、知识产权布局和保护意识，通过国家（地区）间的对比分析清楚表明了中国纳米压印光刻技术在世界范围内所处的位置以及与其他国家（地区）相比的专利优势与差距。图 6 为纳米压印光刻技术全球专利申请来源国家（地区）的分布情况，图 7 为纳米压印光刻领域全球专利申请的布局情况。

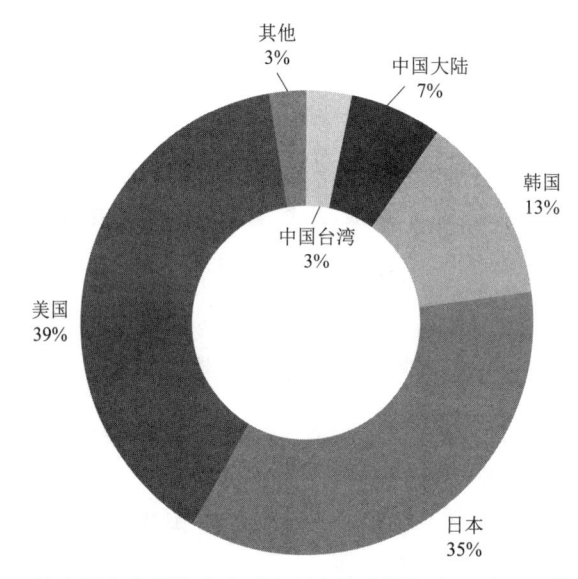

图 6　纳米压印光刻技术全球专利申请来源国家（地区）的分布

从图 6 可以看出，来源于美国、日本的专利申请所占份额较大，分别达到全球申请总量的 39%、35%，充分显示了美国、日本在纳米压印光刻技术方面的优势；紧随其后的是韩国（13%）和中国（10%，大陆和台湾分别为 7%、3%）的专利申请。由此反映出这些国家在纳米压印光刻领域的技术储备比较丰富，纳米压印光刻领域的重要申请人基本都来自以上几个国家。

由图 7 可知，美国不仅是纳米压印光刻技术的主要技术原创国，也是该项技术的主要布局国家，这主要是因为美国是目前全球范围内半导体微电子技术以及由此引发的各种微型化技术高度发达的国家（地区）之一，纳米压印光刻技术的应用最为广泛。基于相同的原因，日本、韩国也称为纳米压印光刻技术专利申请的主要布局国家。中国（包括台湾）等拥有广泛的市场优势，以及较快的相关技术发展速度，也成为为各国进行专利布局的重点。

3. 主要申请人分布及申请趋势变化

专利申请人是专利申请的主体，也是专利布局的谋划者，因此通过分析该领域主要申请人的状况，能够对该项技术的整体态势形成更深入的认识。本文根据专利申请量排名，选择排名前十的申请人进行简单分析，以便初步了解业内优势企业的专利信息。

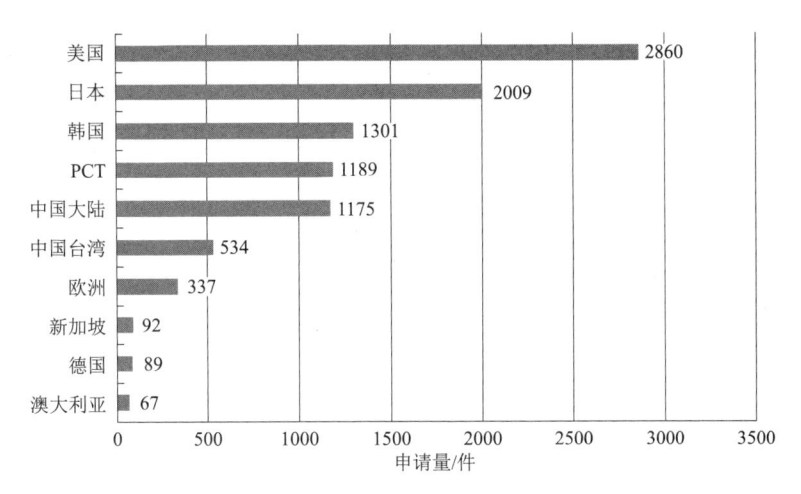

纳米压印光刻专利技术现状及其发展趋势 | 437

图7 纳米压印光刻领域全球专利申请的布局（国家或地区）情况

申请量（件）：美国 2860；日本 2009；韩国 1301；PCT 1189；中国大陆 1175；中国台湾 534；欧洲 337；新加坡 92；德国 89；澳大利亚 67。

分析过程中，对于同一件申请涉及多位共同申请人的，将该申请针对每位申请人分别单独计算；同时，采用 DWPI 数据库中提供的申请人代码统一不同名称表述的申请人。

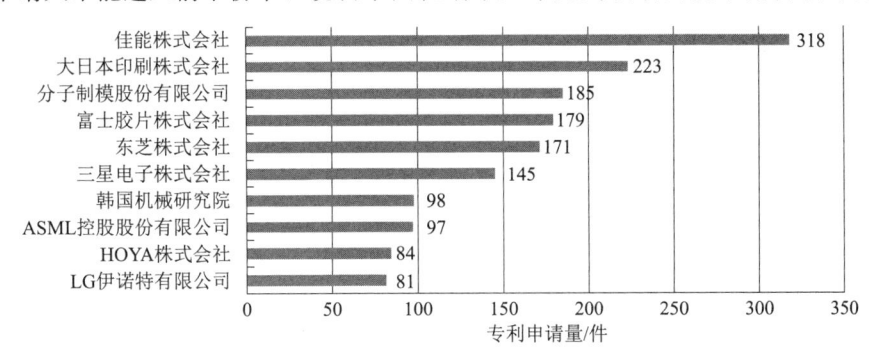

图 8（a）为纳米压印光刻领域全球主要专利申请人的排名情况。由图 8（a）可知，纳米压印光刻领域专利申请量排名前五名的分别为佳能株式会社、大日本印刷株式会社、分子制模股份有限公司、富士胶片株式会社、东芝株式会社，其申请量分别为 318 件、223 件、185 件、179 件和 171 件（上述统计数据涵盖上述公司及其子公司的申请总量），显示这五家公司在纳米压印光刻领域不容忽视的优势地位。且排名前五的公司中，四家为日本公司，更加凸显了日本在纳米压印光刻领域的集团优势。来自中国的申请人未能进入前十榜单，说明中国在纳米压印光刻领域的技术储备相对薄弱。

图 8（a） 纳米压印光刻领域全球主要专利申请人的排名情况

专利申请量（件）：佳能株式会社 318；大日本印刷株式会社 223；分子制模股份有限公司 185；富士胶片株式会社 179；东芝株式会社 171；三星电子株式会社 145；韩国机械研究院 98；ASML 控股股份有限公司 97；HOYA 株式会社 84；LG 伊诺特有限公司 81。

图 8（b）为纳米压印光刻领域全球排名前五位的主要专利申请人的申请趋势变化情况。从图 8（b）中可以看出，分子制模股份有限公司和三星电子株式会社早期

在纳米压印光刻领域的申请量较高，但近年的申请量下降明显。尤其是分子制模股份有限公司，在 2001 年至 2008 年间的申请量处于领先地位，但自 2009 年起，申请量出现大幅度下滑。这表明上述两家公司虽然在该领域发展早期处于较为领先的地位，但随着技术的发展，他们在该领域的领先优势已被其他公司赶超。东芝株式会社在 2008 年至 2010 年的申请量有较大幅度的上升，但自 2011 年起申请量也逐渐下滑。而申请量排名前两位的佳能株式会社和大日本印刷株式会社虽然在早期申请量不高，但其申请量总体上呈上升趋势，尤其是自 2009 年起，申请量有很大的增长，大幅度超过其他三家公司。说明这两家公司对纳米压印光刻领域的关注程度逐年升高，目前处于该领域的领先地位。

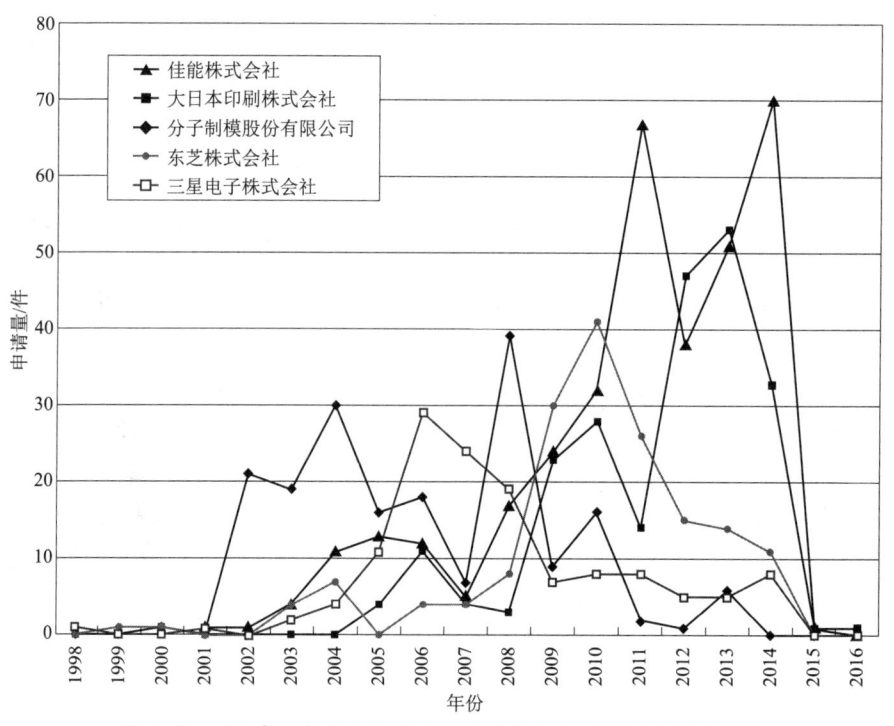

图 8（b） 纳米压印光刻领域主要专利申请人申请趋势变化情况

4. 主要技术分支专利申请量对比分析

根据纳米压印光刻技术本身的特点及行业分类方式，并结合课题的研究目的及意义，对纳米压印光刻的相关技术进行了技术分支的划分，一级技术分支包括工艺、装置和应用，二级分支包括压印模具制作、压印胶设计、压印过程控制、三维压印、大面积压印、辊压印装置、平板压印装置、其他辅助装置、电子器件、光电器件、光学组件、生物领域、其他应用等。这里将以各技术分支的全球专利申请数据作为分析对象进行分析。图 9～图 11 分别为纳米压印光刻技术各二级技术分支全球专利申请量变化趋势。

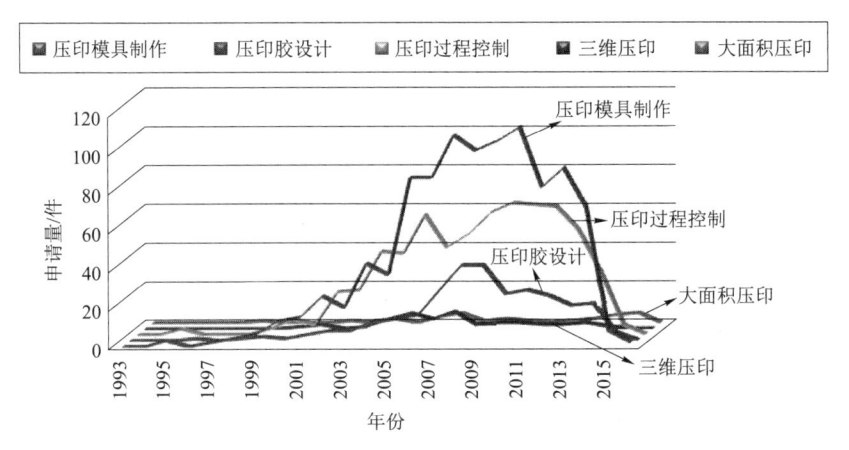

图 9 纳米压印光刻工艺各技术分支全球专利申请量趋势

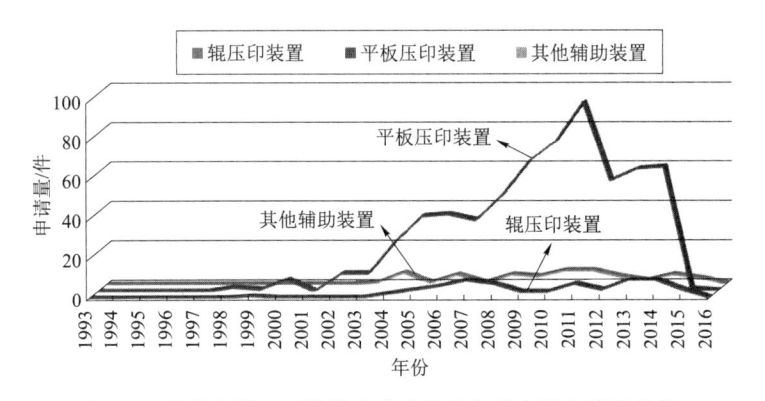

图 10 纳米压印光刻装置各技术分支全球专利申请量趋势

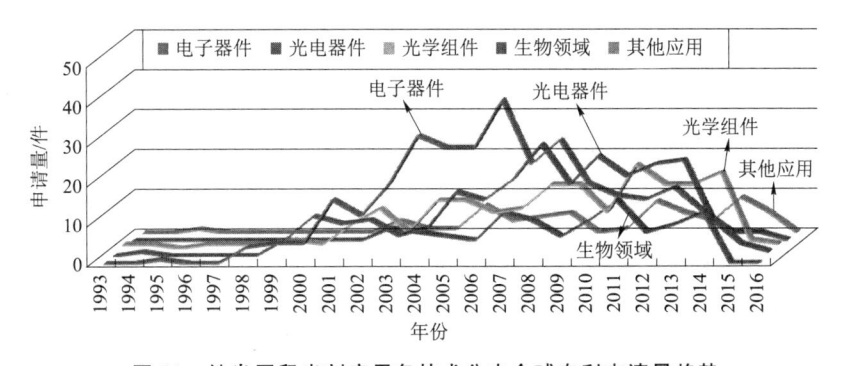

图 11 纳米压印光刻应用各技术分支全球专利申请量趋势

由图9～图11可知,在纳米压印光刻工艺的二级技术分支中,涉及压印模具制作专利申请量最多,发展速度也最快。这是因为纳米压印光刻中,压印模具的制作是最为关键的核心技术,所需要的研发投入最多,其次是涉及压印过程控制和压印胶的申请,这些也是与纳米压印工艺密切相关重点研究方向,而涉及三维压印和大面积压印的申请量较小;在纳米压印光刻装置的二级技术分支中,平板压印装置较辊压印装置的申请量更大,这是因为平板压印装置的研究起步较早,发展更为成熟,应用范围也更为广泛。而辊压印装置在压印模具制作、脱模和微器件压印中等方面亟待进一步的研究,并且应用范围也相对较窄。纳米压印光刻技术发展初期,主要应用于电子器件,随着技术的逐步发展,2007年后电子器件方面的应用比例逐步下降,而光电器件、光学组件和生物领域等新领域方面的应用逐渐增加。

(三) 中国专利申请数据分析

中国(仅统计在中国大陆的申请,不含港、澳、台地区)专利总申请量为1175件,在全球范围内位居第5位,说明中国是纳米压印光刻技术专利申请的主要布局国家之一。以下对中国专利申请的申请量趋势分布、区域分布、类型分布、主要申请人分布以及对主要技术分支的创新主体、国内主要申请人情况等进行统计分析。

1. 申请量趋势分布

图12为1998—2015年有关纳米压印光刻技术的国内、外申请人在中国专利总申请量随申请年份的变化图。

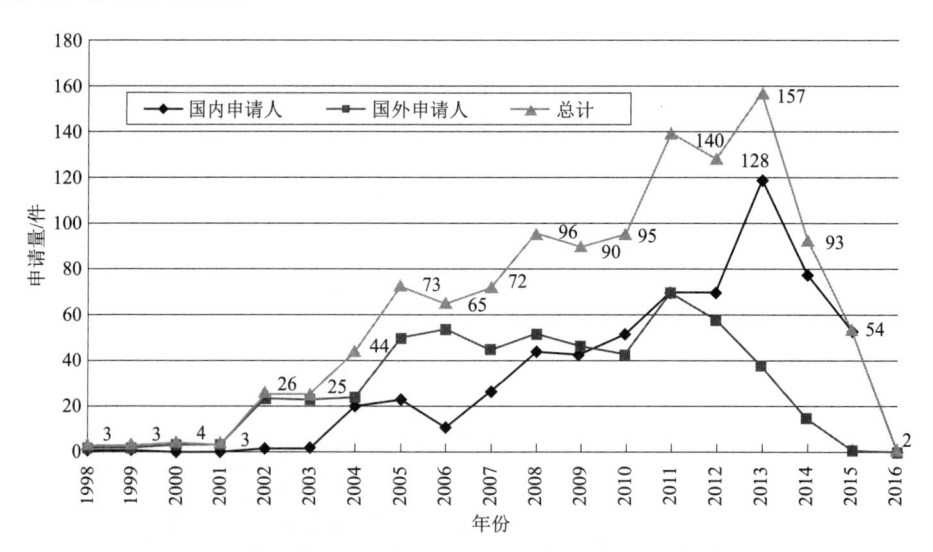

图12 纳米压印光刻技术国内/国外申请人中国专利申请量趋势

从图12可以看出,同全球专利申请的申请量发展趋势类似,纳米压印光刻技术中国专利申请量发展趋势大致也可以分为四个阶段:

第一阶段（1998—2001年）为起步期，仅有零星的少量申请；在纳米压印光刻领域的中国专利申请相比于全球申请起步较晚，直到1998年才有少量申请，而全球范围内在1999年已经进入快速发展期。

第二阶段（2002—2003年）为快速发展期，申请量开始有较大的增长，达到20件以上，紧跟全球的发展趋势。

第三阶段（2004—2013年）为高速发展期。在这一时期，国内相关的企业、高校和科研院所逐渐认识到纳米压印光刻技术的独特技术优势和广阔应用前景，开始大量投入到研发工作中来，与此同时，国外申请人也加快了在中国的专利布局步伐，申请量增加明显。这一阶段中，在2009—2010年，申请量出现了暂时的停滞不前的现象，考虑其原因可能是受2008年金融危机的影响，国内外企业受此影响专利布局步伐明显放缓；2011年以后，随着经济逐渐复苏，纳米压印光刻技术的专利申请量再次增加。

第四阶段（2014年至今）为平缓发展期。自2014年，纳米压印光刻中国专利申请量出现缓慢下降趋势，考虑其原因，受全球趋势影响，由于纳米压印光刻领域基础研究趋于成熟，纳米压印光刻的产业应用迟迟没有明显突破，各国申请人在中国的专利申请量也随全球趋势出现了下降。

我们注意到，从2010年起，国内申请人的中国专利申请量逐渐超越国外申请人的申请量，尤其是自2012年起，国外申请人的申请量已经呈逐年下降的态势，这与全球申请量趋势一致。而国内申请人的申请量在2012—2013年仍有大幅度上升，直到2014年才有所下降，但申请总量仍大幅度超过国外申请人的申请量。可见，国内对于纳米压印光刻技术的研究仍保持较高的热度，具有较大发展潜力。

需要注意的是，考虑到2015—2016年的专利申请还存在部分未公开的情形，因此该阶段的统计数据不全，但是2015年已有超过50件的申请，从纳米压印光刻技术的技术优势和发展前景来看，可以合理预见：随着关键技术的逐渐突破和产业需求的进一步加强，纳米压印光刻技术的专利申请量还会呈现增加的态势。

2. 区域分布

图13为1998年至今有关纳米压印光刻技术的中国专利申请的国家或地区分布图。由图13可以看出，来自国内（包括港澳台地区）的专利申请量以623件位居第一位，占总申请量的53.02%；日本以263件紧随其后，占总申请量的22.38%；美国121件，占总申请量的10.30%，剩下的韩国（55）、荷兰（43）、德国（24）、瑞典（18）依次位居第四至七位，上述七国的申请总量占据全部申请量的95%以上。由于本土优势的存在，国内申请在数量上占据绝对优势；美、日、韩作为光电产业发达国家，一向注重高新技术的研发和全球专利布局工作，这从申请量上可见一斑；荷兰和瑞典在光刻领域具有传统优势，其技术水平处于世界领先水平，它们的专利战略属于外张型，即依托自己的优势技术积极主动的开发新产品、新工艺，并及时向主要

国际市场所属的国家申请专利获取法律保护，以期在未来的市场竞争中抢占先机。

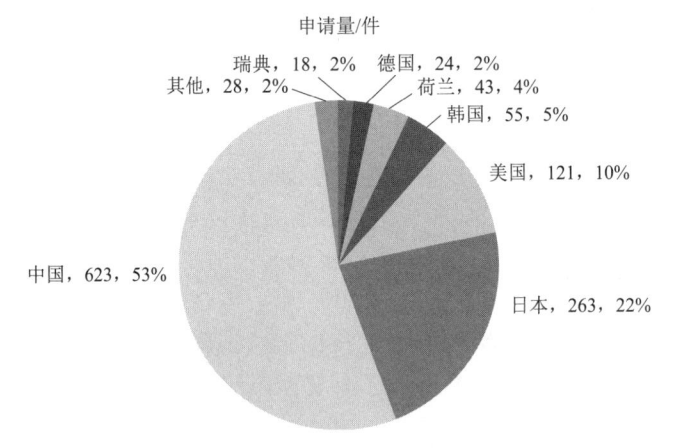

申请量/件
- 瑞典，18，2%
- 德国，24，2%
- 其他，28，2%
- 荷兰，43，4%
- 韩国，55，5%
- 美国，121，10%
- 中国，623，53%
- 日本，263，22%

图13 1998年至今有关纳米压印光刻技术的中国专利申请的国家或地区分布图

3. 专利申请的类型分布

对中国专利申请的类型进行统计分析，如图14所示。

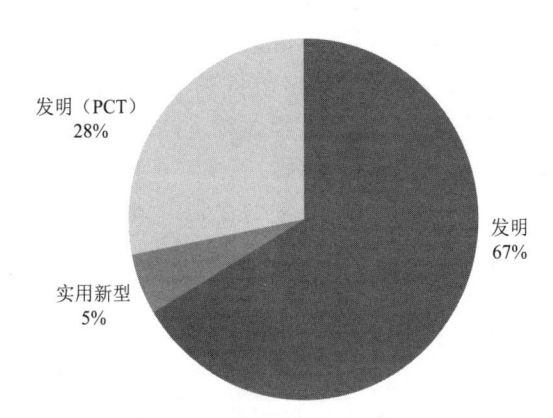

- 发明（PCT）28%
- 发明 67%
- 实用新型 5%

图14 纳米压印光刻技术中国专利申请类型分布

从图14中可以看出，纳米压印光刻技术领域在中国的专利申请主要是发明专利申请，占据总申请量的95%，而其中PCT申请也占了很大一部分比重，而实用新型专利的申请量较少。

此外，国内外申请的形式和途径也各具特点，国内申请人主要是进行单一的国内专利申请，很少有PCT国际申请专利和国外同族专利申请，而国外申请人主要是通过PCT途径或《巴黎公约》途径向中国申请专利，并且往往还存在一个或多个在其他国家或地区的同族专利申请。

4. 主要申请人分布

(1) 总体情况

图 15 为纳米压印光刻领域中国专利申请的主要申请人排名情况。由图可知，该领域中国专利申请量排名前五名的申请人分别为佳能株式会社、西安交通大学、鸿富锦精密工业（深圳）有限公司、鸿海精密工业股份有限公司和无锡英普林纳米科技有限公司，其申请量分别为 88 件、52 件、40 件、29 件和 27 件。其中佳能公司不仅在全球的专利申请量排名第一，其在中国的专利申请量也位居榜首，可见佳能公司不仅非常重视在纳米压印光刻领域的技术创新，也非常关注其创新技术在中国的专利布局。与全球申请人排名情况不同，由于本土优势的存在，中国专利申请中排名前五的申请人中，除佳能公司外，其他四个申请人都是国内申请人，包括一所高校和三家企业。这说明虽然在全球范围内中国在纳米压印光刻领域的技术储备相对薄弱，但中国企业和科研机构在该领域也投入了较大的研发力量，对该项技术和专利市场在本国的布局也较为重视。

申请人	申请量
佳能株式会社	88
西安交通大学	52
鸿富锦精密工业（深圳）有限公司	40
鸿海精密工业股份有限公司	29
无锡英普林纳米科技有限公司	27
分子制模股份有限公司	25
华中科技大学	23
上海交通大学	20
清华大学	20
青岛理工大学	18
ASML控股股份有限公司	17
奥博杜卡特股份有限公司	16
富士胶片印刷机材株式会社	15
三星电子株式会社	15
中国科学院光电技术研究所	15
中国科学院上海微系统与信息技术研究所	14
惠普开发有限公司	14
天津大学	13
苏州大学	12
LG菲利浦液晶显示器有限公司	12
综研化学株式会社	12

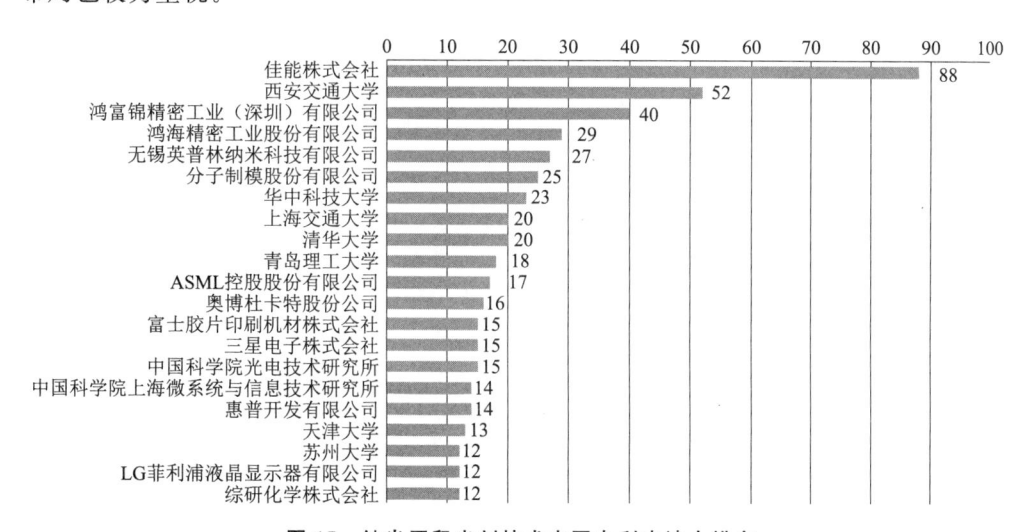

图 15 纳米压印光刻技术中国专利申请人排名

(2) 国内主要申请人排名

表 2 为纳米压印光刻技术中国专利申请的国内主要申请人排名情况。从表中可以看出，排名前十的国内申请人主要是大学/研究机构和企业。其中西安交通大学的申请量为 52 件，排名第一。西安交通大学在微纳米制造和光电子制造研究方面处于国内领先地位，其建有先进制造技术研究所和快速制造国家工程研究中心，在光刻、纳米压印光刻等微纳制造领域具有多项研究成果。排名第二、第三位的鸿富锦精密工业（深圳）有限公司和鸿海精密工业股份有限公司的大部分申请为两家公司的联合申请。

表2 纳米压印光刻技术中国专利申请的国内主要申请人

排名	国内申请人	申请量/件
1	西安交通大学	52
2	鸿富锦精密工业（深圳）有限公司	40
3	鸿海精密工业股份有限公司	29
4	无锡英普林纳米科技有限公司	27
5	华中科技大学	23
6	上海交通大学	20
6	清华大学	20
8	青岛理工大学	18
9	中国科学院光电技术研究所	15
10	中国科学院上海微系统与信息技术研究所	14

(3) 国内申请人类型分布

我们进一步对国内申请人的类型分布进行分析，如图16所示。

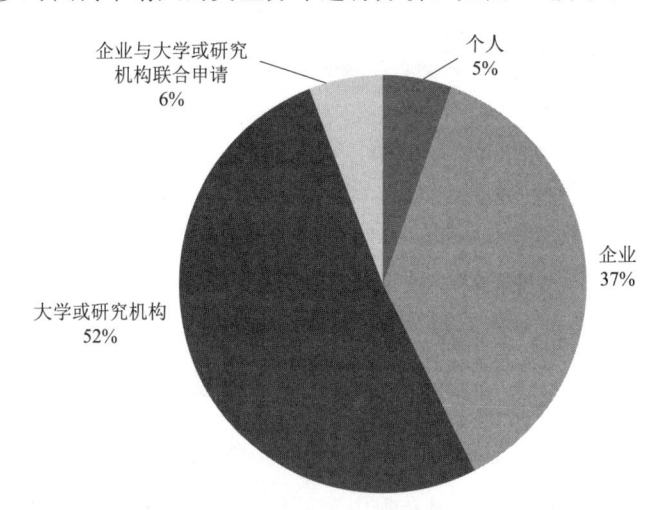

图16 纳米压印光刻技术中国专利申请国内申请人类型分布

从图16中可以看出，国内申请人主要是大学或研究机构和企业。大学或研究机构的申请占52%，企业占37%。可见国内对纳米压印光刻领域的技术创新主体还主要是以研究为导向的科研机构，而不是以市场为导向的企业，国内企业在纳米压印光刻领域的技术开发、应用还有很大的提升空间。此外，也存在少量的企业与大学或科研机构的联合申请，可以看出该领域的科研院所和高校也逐渐重视科研成果向生产实践的转化。

（4）国内申请人地区分布

图 17 是纳米压印光刻技术中国专利申请国内申请人地区分布情况。

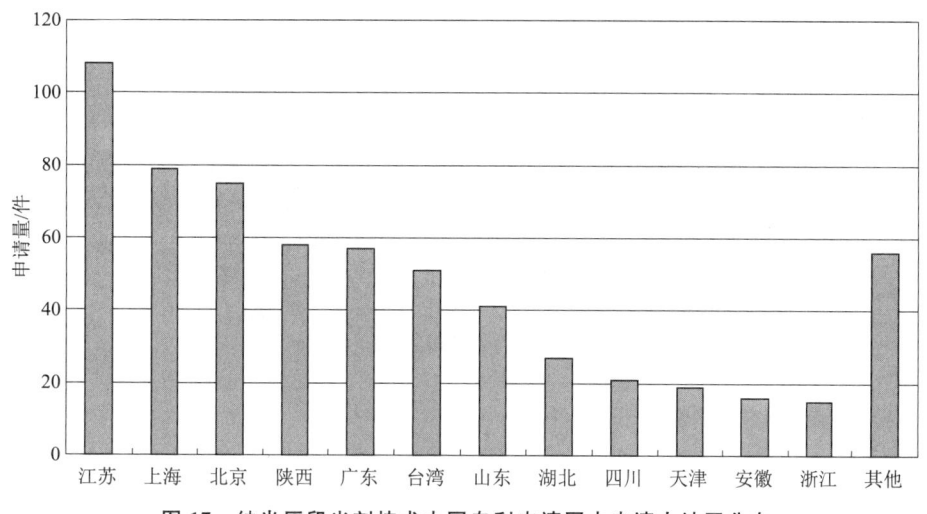

图 17　纳米压印光刻技术中国专利申请国内申请人地区分布

从图 17 中可以看出，排在前三位的江苏、上海、北京的专利申请量较多，陕西、广东和台湾的申请量次之，其他省份申请量较少。这主要是由于长三角地区和广东在半导体、光学元件等微纳制造领域发展较快，而北京、陕西致力于研究纳米压印技术的高校和科研院所较多。

5. 各技术分支分析

（1）总体情况

以下对纳米压印光刻专利技术从工艺、装置和应用三个一级技术分支以及相应的二级技术分支进行统计，如图 18 所示。

从图 18 中可以看出，纳米压印光刻技术的技术分支中，比例最高的是"工艺"，占 45%。这是因为纳米压印光刻工艺的改进与纳米压印光刻技术目前面临的关键技术问题如套刻对准、缺陷控制、脱模等最为密切，因此国内外也主要把资源投放在对于纳米压印光刻工艺的研究，这与涉及"工艺"的专利申请占比最高也是保持一致的。

其次，有 37% 的专利申请涉及纳米压印光刻技术的应用。应用研究也是纳米压印光刻技术的重要研究方向之一，因为纳米压印光刻技术属于微纳制造的基础性技术，在涉及微纳器件制造的各个应用领域如电子器件、光电器件、光学组件和生物领域的元器件等都能用到纳米压印光刻技术，加上纳米压印光刻技术相对于传统光刻技术具有高分辨率、低成本等诸多优势，因此，国内外的创新主体在原先使用传统光学

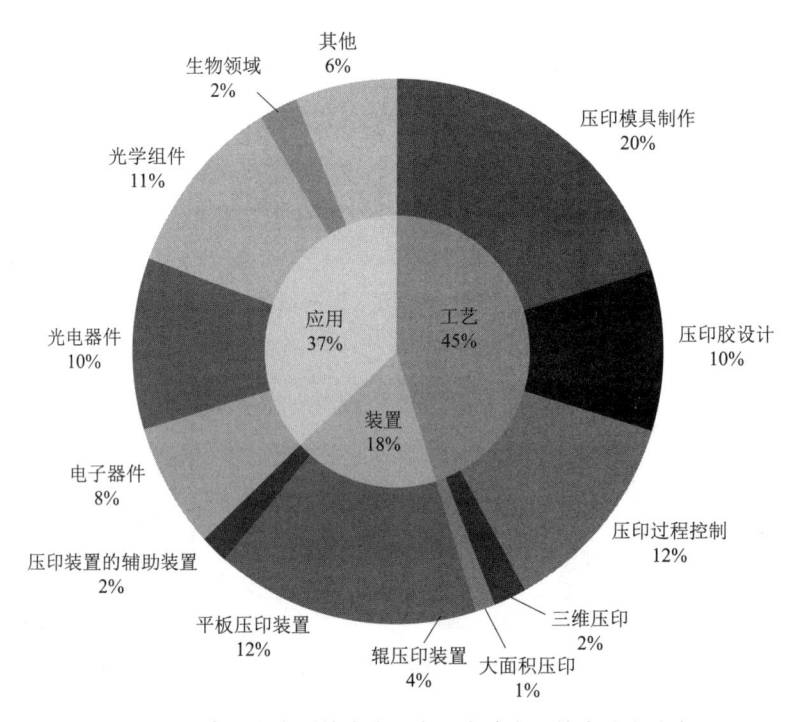

图 18 纳米压印光刻技术中国专利申请主要技术分支分布

光刻的应用领域，纷纷尝试采用纳米压印技术取而代之，从而涌现出了大量涉及应用的专利申请。

最后，有18%的申请涉及压印装置的改进，其所占比例最小。这一点与传统光学光刻有所不同，传统光学光刻领域的改进主要集中在对光刻设备的改进，尤其是光源、投影系统、控制系统等方面的改进，而纳米压印光刻技术本质上是一种物理接触式的机械复型技术，其不需要使用复杂的光源和光学投影系统，因此在装置上的技术要求没有光学光刻设备那么高，从而相应的导致该领域的申请量所占比例较小。

(2)"工艺"技术分支分析

① 技术分支构成

工艺中涉及的技术分支主要包括：压印模具制作、压印胶设计、压印过程控制、三维压印以及大面积压印。如图18所示，在"工艺"的二级技术分支中，涉及压印模具、压印过程控制和压印胶的专利申请量占比最多，其总和占据涉及"工艺"专利申请量的93%，是纳米压印工艺中的重点研究内容。

② 技术创新主体分析

对涉及纳米压印光刻工艺专利申请的国家分布、国内省市分布情况分别进行统计，结果如图19～图20所示：

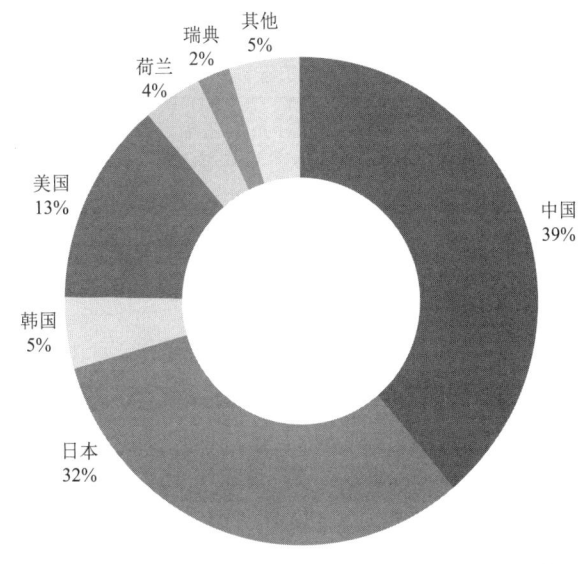

纳米压印光刻专利技术现状及其发展趋势　447

图19　涉及纳米压印光刻工艺的创新主体国家分布

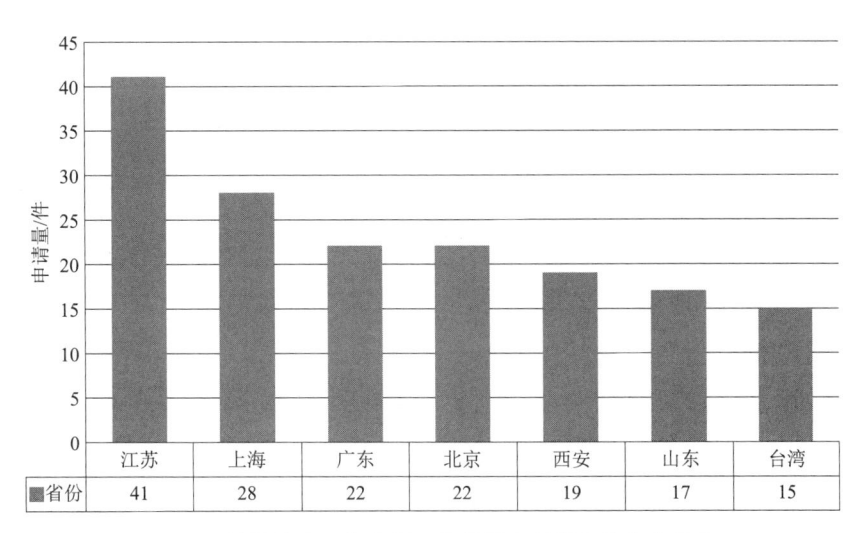

图20　涉及纳米压印光刻工艺的国内创新主体省市分布

省份	江苏	上海	广东	北京	西安	山东	台湾
申请量/件	41	28	22	22	19	17	15

从图19～图20中可以看出，中国、日本和美国在涉及纳米压印光刻工艺改进的申请量最多，日本和美国在该技术领域的申请量均占各自在中国的相关申请总量的50%以上。而从国内申请人省市分布来看，我国的江苏和上海等省市也非常关注这一关键技术。

③ 国内主要申请人分析

为了了解国内主要申请人在涉及"工艺"改进方面的专利申请情况，本课题组对国内主要申请人的相关申请量和比例进行了统计，参见表3。

表3　国内主要申请人涉及工艺改进的专利申请情况

排名	申请人	涉及工艺改进的申请量/件	在中国专利全部申请量	涉及工艺改进申请所占比例
1	鸿富锦精密工业（深圳）有限公司	25	40	62.5%
2	鸿海精密工业股份有限公司	18	29	62.1%
2	无锡英普林纳米科技有限公司	18	27	66.7%
4	西安交通大学	17	52	32.7%
5	清华大学	9	20	45.0%
6	上海市纳米科技与产业发展促进中心	8	11	72.7%
6	中国科学院光电技术研究所	8	15	53.3%
8	华中科技大学	7	23	30.4%
8	上海交通大学	7	20	35.0%
10	复旦大学	5	11	45.5%
10	哈尔滨工业大学	5	6	83.3%
10	苏州光舵微纳科技有限公司	5	11	45.5%

从总体上分析，高校、科研院所在涉及工艺方面的申请量普遍低于企业，并且占纳米压印光刻技术申请总量的比例也相对于企业而言较低，这说明企业作为推动技术应用和创新的第一主体，更加关注于技术应用中关键性技术问题的解决。

(3)"装置"技术分支分析

① 技术分支构成

纳米压印光刻技术的应用也依赖于纳米压印光刻设备的制造和完善。纳米压印光刻装置主要分为平板压印装置和辊压印装置两大类，另外还有一些辅助装置，虽然严格来说不属于压印装置的范围，但是涉及压印装置的某些部件的配套制造，和压印装置也存在配套使用关系，因此，也统计在"装置"中。本课题组通过对中国专利申请文献进行阅读和标引，统计出上述三类装置在纳米压印光刻装置中的分布情况，参见图18。

从图18中可以看出，在涉及纳米压印光刻装置的在中国的专利申请中，其中涉及平板压印装置的申请量最多，占68%，可见平板压印装置仍然是目前主流的压印设备；辊压印装置的占比为22%，虽然从占比上少于平板压印装置，但是由于辊压印的压印动作仅发生在与模板接触的区域，能够大大减少由受力不均匀和平板不平整等问题带来的负面效应,因此其具有良好的应用前景。此外还有部分涉及压印装置的辅助装置的申请,占10%。由于平板压印装置所占比重最大,因此本课题组针对平板压印装置的各技术分支再进一步进行统计,参见图21。从图21中可以看出,平板压印装置中,对准、压力控制和位置控制是对平板压印装置技术改进的三个主要研究方向。

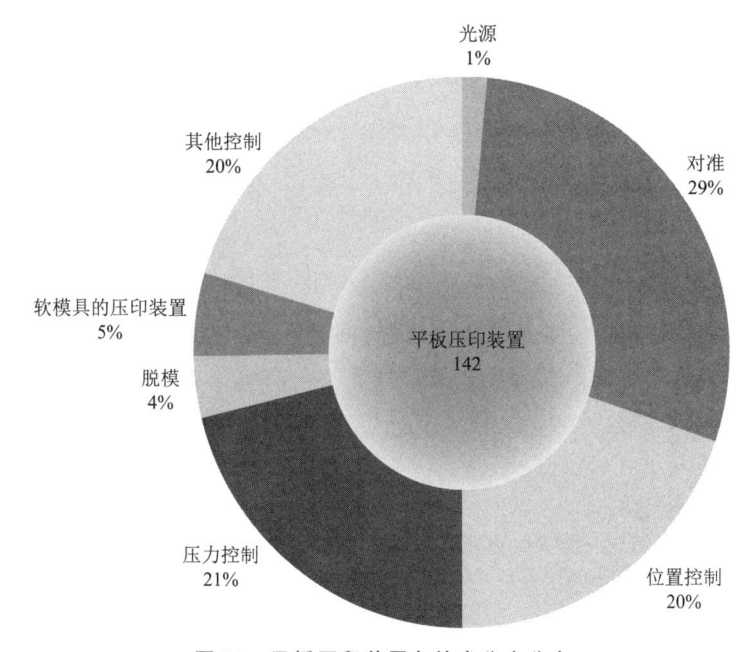

图 21 平板压印装置各技术分支分布

② 技术创新主体分析

对涉及纳米压印光刻装置专利申请的国家分布、国内省市分布情况分别进行统计,如图22～图23所示。

从图22～图23可以看出,从申请人国家分布来看,中国、日本在涉及纳米压印光刻设备改进的申请量最多。日本在该技术领域的申请量占其在中国的相关申请总量29%。而美国在该技术领域的申请量较少,说明其对该技术领域的关注程度一般。从国内申请人省市分布来看,我国的江苏和山东在涉及纳米压印光刻设备改进的申请量最多,它们在该技术领域的申请量分别占其在中国的相关申请总量的31%和23%,说明他们非常关注对纳米压印光刻设备的改进技术,尤其是山东省,其占比在23%以上。

③ 国内主要申请人分析

为了了解国内主要申请人在涉及"装置"改进方面的专利申请情况,本课题组对国内主要申请人的相关申请量和比例进行了统计,参见表4。

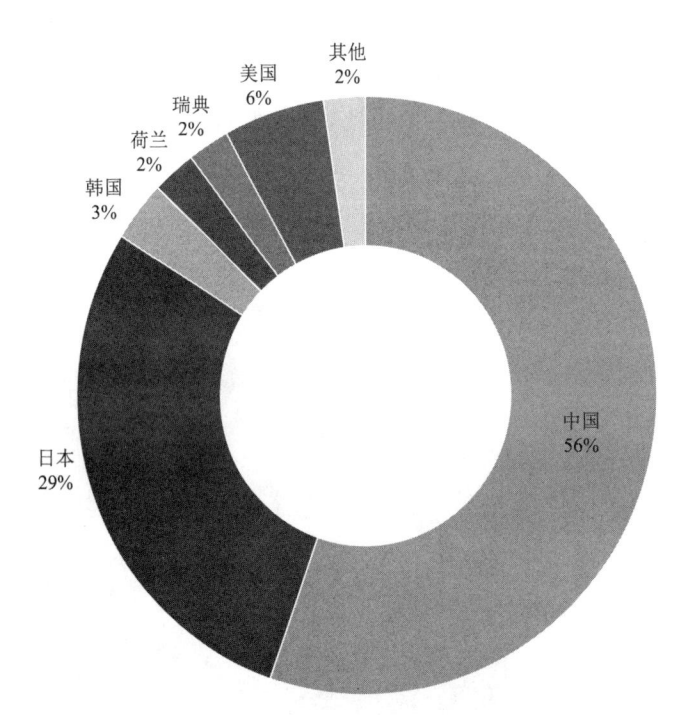

图 22　涉及纳米压印光刻装置的创新主体国家分布

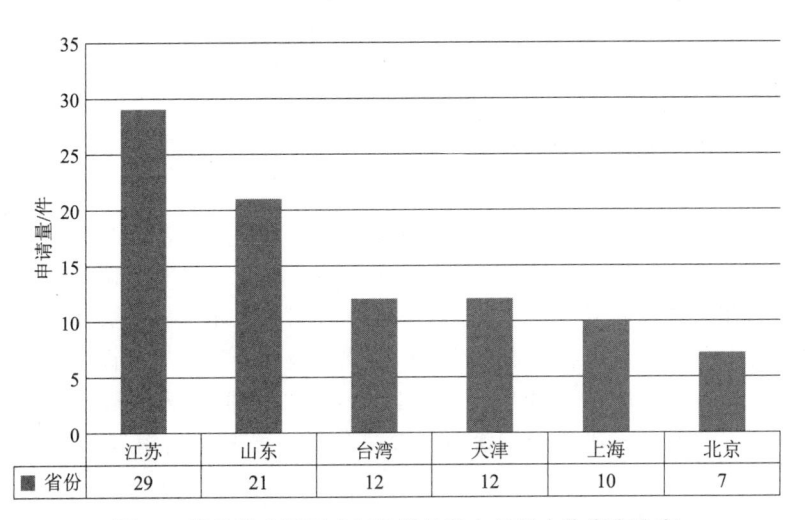

图 23　涉及纳米压印光刻装置的国内创新主体省市分布

表 4 国内主要申请人涉及装置改进的专利申请情况

排名	国内申请人	涉及装置改进的申请量	在中国专利全部申请量	比例
1	青岛理工大学	14	18	77.8%
2	天津大学	9	13	69.2%
3	上海交通大学	8	20	40.0%
4	苏州光舵微纳科技有限公司	5	11	45.5%
5	苏州大学	4	12	33.3%
5	西安交通大学	4	52	7.7%
7	鸿富锦精密工业（深圳）有限公司	3	40	7.5%
7	鸿海精密工业股份有限公司	3	29	10.3%
7	苏州苏大维格光电科技股份有限公司	3	9	33.3%
7	青岛博纳光电装备有限公司	3	6	50.0%

从表 4 可以看出，各企业、高校和科研院所对纳米压印装置的改进关注程度有很大的差异，在企业中，青岛博纳光电装备有限公司、苏州光舵微纳科技有限公司对该领域较为关注，相关领域专利所占比例分别为 50% 和 45%；而其他企业，如在中国专利申请总量排名靠前的企业，鸿富锦精密工业（深圳）有限公司、鸿海精密工业股份有限公司对纳米压印光刻设备改进领域的关注程度则很低，其相关申请所占比例仅在 10% 左右，这可能与企业产品线和发展方向有关。高校和科研院中，青岛理工大学、天津大学、上海交通大学对纳米压印光刻设备改进领域的关注程度较高，所占比例分别为 77.8%、69.2% 和 40%；而其他高校和科研院所，如在中国专利申请总量排名靠前的高校，西安交通大学的相关申请所占比例仅为 7.7%，由此可见，各高校和科研院所对纳米压印光刻技术的研究的侧重点也有所不同。

(4) "应用" 技术分支分析

① 技术分支构成

纳米压印光刻技术可应用于制造各种不同的微纳元器件，其应用领域非常广泛，如图 18 所示，对纳米压印光刻技术的具体应用分布进行统计可以看出，应用纳米压印技术，可制造电子器件、光电器件、光学组件和生物领域的元器件等多种微纳元器件。这其中，几种典型的应用领域实例如：半导体集成电路、LED、太阳能电池、光栅、微透镜阵列、生物芯片等。

② 技术创新主体分析

对涉及纳米压印光刻应用的相关申请的申请人国家分布情况进行分析，如图24所示。

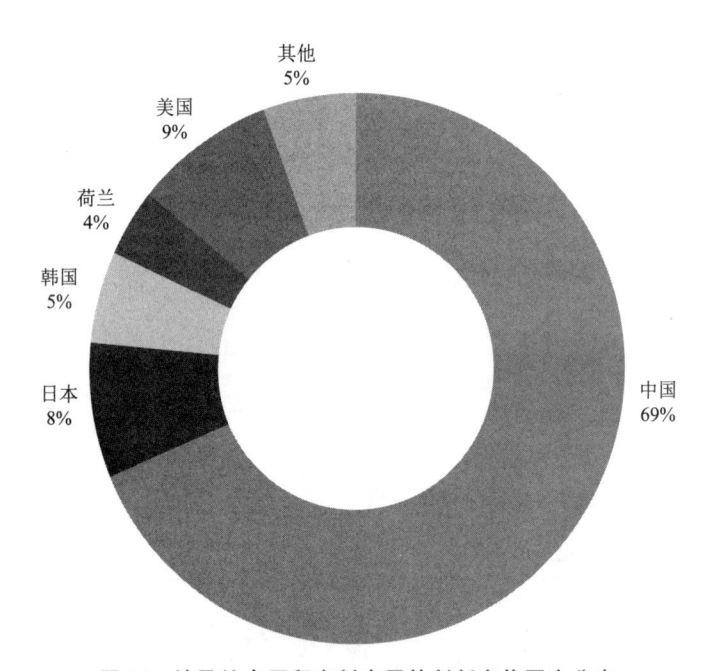

图 24　涉及纳米压印光刻应用的创新主体国家分布

从图 24 中可以看出，从申请人国家分布来看，中国在涉及纳米压印光刻应用的申请量最多，占该技术领域全部申请量的 69%，具有绝对优势地位。国内申请人在涉及纳米压印光刻应用的申请量占其在中国申请总量的 47.5%，可见国内申请人在纳米压印光刻技术领域的技术创新还主要停留在应用方面，而对于设备、工艺等核心技术的创新还有很大的提升空间。

三、主要申请人及重点技术分析

（一）重点技术专利分析

纳米压印光刻技术自提出之日起，即引起了各创新主体的高度关注，世界各国均认识到这是一项具有广阔应用前景的技术，因此，在提出纳米压印光刻技术的同时也非常注重知识产权的保护，表 5 列出纳米压印光刻技术的基础性专利：

表 5　纳米压印光刻技术的基础专利文献列表

最早专利文献	最早优先权日[1]	公开日	申请人	发明人	发明名称	主要涉及的技术	引证频次[2]（次）
US5772905A	1995.11.15	1998.06.30	UNIV MINNESOTA	CHOU S Y	Nanoimprint lithography	首次提出纳米压印光刻技术	938
EP0794015A1	1996.03.04	1997.09.10	MOTOROLA INC	MARACAS GEORGE N 等	Apparatus and method for patterning a surface	首次提出大面积压印光刻技术	72
WO0054107A1	1999.03.11	2000.09.14	UNIV TEXAS SYSTEM	WILLSON CARLTON GRANT 等	STEP AND FLASH IMPRINT LITHOGRAPHY	首次提出步进—闪光纳米压印光刻技术	432
US6776094B1	1993.10.04	2004.08.17	HARVARD COLLEGE	WHITESIDES GEORGE M 等	Kit for microcontact printing	首次提出微接触压印	164

续表

最早专利文献	最早优先权日[1]	公开日	申请人	发明人	发明名称	主要涉及的技术	引证频次[2]（次）
WO9629629A2	1995.03.01	1996.09.26	HARVARD COLLEGE	WHITESIDES GEORGE M 等	MICROCONTACT PRINTING ON SURFACES AND DERIVATIVE AMICROCONTACT PRINTING ON SURFACES AND DERIVATIVE ARTICLES RTICLES	首次提出微接触压印形成自组装单分子层	221
US6518189B1	1995.11.15	2003.02.11	UNIV MINNESOTA	CHOU S Y	Method and apparatus for high density nanostructures	首次提出纳米压印光刻制备纳米尺度光盘Nano-CDS	223
WO9706012A1	1995.08.04	1997.02.20	INT BUSINESS MACHINES CORP	BIEBUYCK H A 等	STAMP FOR A LITHOGRAPHIC PROCESS	首次提出软—硬混杂型压印模板	179

注1：最早优先权日，是指1）当该专利申请要求多个优先权时的最早的优先权日期；2）当该专利申请要求1个优先权时即指该优先权日期 2）当该专利申请没有要求优先权时，即指申请日。

2：引证频次，是指该专利及申请文本和其同族被其他专利引证次数。

以下从纳米压印光刻工艺、装置两个一级技术分支出发,对其涉及的重点技术专利进行分析和解读。

1. 纳米压印工艺

根据第二部分的分析,从纳米压印工艺中抽提出模板制备、光刻胶、压印过程控制三个最重要的技术及其代表性专利进行分析。

(1) 模板

模板作为压印特征的初始载体直接决定着压印特征的质量,要实现高质量的压印复型,必须要有高质量的压印模板。在纳米压印过程中,模板材质和外形参数会影响压印时模板的变形量和转移层质量,模板上的对准标记直接影响对准精度,模板上的结构特征(如占空比、高宽比)影响压印图形质量,模板上图案的分辨率决定着压印转移层上的图案分辨率。根据压印模板的形状和压印接触面积的不同,主要分为平板式和辊压式:

① 平板式

平板式模板是传统的平板压印工艺中采用的模板,在压印过程中,模板上的图形同时被转移到整个样品表面。平板式模板的代表性专利参见表6:

表6 平板式模板的代表性专利

专利文献号	US6696220B2	US5817242A	US6743368B2
申请人	德克萨斯州大学系统董事会	IBM公司	惠普公司
发明名称	用于室温下低压微刻痕和毫微刻痕光刻的模板	用于光刻的掩膜	利用间隔体技术的纳米尺寸压印模
主要发明构思	模板本体上的至少一个对齐标记,模板对于触发光基本透明,并且还包括间隙检测区域。该模板不需要高温或高压,可实现模板和衬底之间间隙的精确控制	提供一种复合掩膜板,包括可变形材料层和图案转移层,当施加负载时可变形层通过形变可与转移层紧密接触。由此同时获得模板的刚性、紧密接触性和高精度图案转印	压印模的微特征包括多个淀积在其相对侧表面上的间隔体,通过选择性地蚀刻微特征和间隔体以便产生高度差从而限定具有印记轮廓的压印模。由此得到复杂图案和形状的纳米尺寸压印模
同族专利申请及授权情况[1]	在美、欧、中、日、韩均有同族专利申请并在美、欧、中、韩已获得授权	在美、欧、日均有同族专利申请并均已获得授权	在美、欧、中、日有同族专利申请并均已获得授权
引用频次[2](次)	499	179	110
是否PCT	是	是	是

注1:主要考虑在五局(美、欧、中、日、韩)的专利申请和授权情况(下同)。

2:该专利及申请文本和其同族被其他专利引证次数(下同)。

② 滚动式

滚动式模具用于滚动式压印装置中，通常为表面具有特征图案的圆柱形模具，相对于平板式模具，滚动式模具仅在与模板接触的区域发生压印，可以减少由于受力不均匀和平板不平整等问题带来的负面效应，并且可以进行连续的压印动作。采用滚动式模具进行压印时根据该工艺有卷对卷（roll to roll）和卷对板（roll to plate）两种模式。滚动式模板的代表性专利参见表7：

表7 滚动式模板的代表性专利

专利文献号	JP4521479B2	KR100839774B1	CN101086614B
申请人	夏普株式会社	LG化学株式会社	西安交通大学
发明名称	辊型纳米压印装置、辊型纳米压印装置用模具辊、辊型纳米压印装置用固定辊以及纳米压印片的制造方法	形成纳米图案的方法和具有使用该方法形成的图案的基板	一种微米级特征的三维辊压模具及其制造方法
主要发明构思	模具辊在外周面形成有纳米尺寸的凹坑的圆筒体，并且具有位置对准机构，对准机构用于相对于配置在被模具辊的内周面包围的区域中的构件进行定位。该模具辊能够高精度地控制模具辊的位置和朝向	通过在辊形基板的轴向上相对移动干涉光光源和基板，同时旋转在其上面形成光敏树脂层的辊形基板，从而根据由干涉光形成的图案选择性曝光光敏树脂层。由此改善纳米图案的自由度和精密度	滚筒的外径表面上形成有微米级至亚毫米级三维结构的辊压图形，辊压图形三维特征的结构截面的尺寸组合为：截面最小宽度：$L<50\mu m$、深度：$0<H<500\mu m$、倾斜角度：$90°<\alpha<120°$，辊压图形被一层类金刚石过渡薄膜所覆盖
同族专利申请及授权情况	在美、欧、中、日有同族专利申请并均已获得授权	美、欧、日、中、韩均有同族专利申请并在韩国已获得授权	在中国已获得授权
引用频次（次）	7	5	5
是否PCT	是	是	否

（2）压印胶

压印胶是纳米压印技术中的转移介质，其具有两方面的功能，首先，是作为图形转移层，也就是抗蚀剂，在器件制作过程中实现图形转移以后被清除，此外，在某些制品中也可成为器件的一部分。由于纳米压印胶在压印过程中与模板发生机械式接触而使压印胶受压变形，再通过物理或者化学的方式使这种变形后的结构固定，从而实现对模板图形的复制，因此纳米压印胶相对于传统光刻胶在材料选择上有自己独特的技术要求，包括：成膜性能、黏度和硬度、固化速度、界面性能以及抗蚀刻性能等。

根据光刻胶的成型方式不同,纳米压印胶可分为热压印胶和光敏压印胶。

① 热压印胶

热压印胶主要包括热塑性胶和热固性胶两大类,热塑性胶,在压印时只发生物理变化,压印过程中随着升温降温过程,聚合物由固态变为黏流态再变成固态,常见的用于热塑性胶的聚合物包括 PMMA、PS、PC 和硅氟类高分子材料,热塑性胶的优点在于可选择材料的范围较广,成本较低,缺点在于压印周期较长,压印所需的温度和压力较高,且热稳定性较差;热固性胶在压印过程中,预聚物发生热聚合反应而完成化学固化,常见的材料如 PDMS 预聚物等,其优点在于聚合反应前预聚物黏度较低,所需的压力较小,固化速度快,但是缺点在于一旦发生粘连清洗模板困难。热压印胶的代表性专利参见表 8:

表 8 热压印胶的代表性专利

专利文献号	US6245849B1	US7122079B2	US6838227B2
申请人	桑迪亚公司	分子制模股份有限公司	希捷科技有限公司
发明名称	根据包含陶瓷纳米颗粒的聚合物组合物形成的陶瓷微结构	正性双层压印光刻法及其所用组合物	用于图案化介质的聚苯乙烯抗蚀剂
主要发明构思	用于纳米压印光刻的组合物,包含可热固化性聚合物、固化剂、溶剂以及陶瓷纳米颗粒。该组合物可以在相对较低的温度下使可热固化性的聚合物发生固化	用于正性双层压印光刻法的组合物,包含硅酮树脂组分、交联组分、催化剂组分和溶剂组分,使所述组合物重新流动并改变所述组合物中硅原子的百分数,而且当所述组合物从液态变为固态时重新流动,得到预定重量百分数的硅原子。由此可以缩短成图时间,能精确控制所形成图案的尺寸	用于纳米压印光刻的热塑性抗蚀剂,其中热塑性抗蚀剂包含聚苯乙烯或苯乙烯共聚物和溶剂。相对于传统的 PMMA 型热塑性抗蚀剂,聚苯乙烯型抗蚀剂具有良好的离子阻隔性,从而提高了图形的质量
同族专利申请及授权情况	在美国获得授权	在美、欧、中、日、韩有同族专利申请并均已获得授权	在美国获得授权
引用频次(次)	139	72	22
是否 PCT	是	是	否

② 光敏压印胶

光敏压印胶是在压印过程中通过紫外线、准分子激光、电子束、离子束等光源的照射而发生化学性质变化的感光胶,相对于热压印胶而言,光敏压印胶不需要高温高压即能得到纳米尺度的图形,因此生产效率较高,是目前主流的纳米压印胶。光敏压印胶的一般由主体树脂或预聚体、光引发剂、溶剂和添加剂组成,低黏度、高光敏度、低固化体积收缩率、高分辨率和优良的抗蚀刻性能是对光敏压印胶的主要技术要求。光敏压印胶的代表性专利参见表9:

表9 光敏压印胶的代表性专利

专利文献号	US8076386B2	JP5117002B2	DE50312189D1
申请人	分子制模股份有限公司	富士胶片株式会社	AZ电子材料德国公司
发明名称	用于纳米压印光刻的材料	光固化性组合物及使用其的图案形成方法	纳米压印光刻胶
主要发明构思	组合物在液态时黏度低于约100厘泊,蒸汽压小于约20托,在固体固化态时拉伸模量大于约100MPa,断裂应力大于约3MPa,断裂伸长率大于约2%该材料可以省去将表面活性剂溶液施加到压印模板的表面上的预处理步骤,同时为压印模板提供适当的工作寿命	该组合物在25℃下黏度为3~18mPa·s,聚合性化合物含有(e)皮肤原发刺激指数(PII值)为4.0以下的聚合性不饱和单体及(f)在25℃下黏度为30mPa·s以下的聚合性不饱和单体。该组合物具有光固化性、密合性、脱模性、残膜性、图案形状、涂敷性(Ⅰ)、涂敷性(Ⅱ)、蚀刻适性均优良	纳米压印光刻胶包含通式(Ⅰ)和/或(Ⅱ)的可聚合的硅烷和/或由其衍生的缩合物(化学式略)。该纳米压印光刻胶具有足够的耐蚀刻性,以达到高壁斜度和高纵横比
同族专利申请及授权情况	在美、欧、中、日、韩有同族专利申请并均已获得授权	在中、日、韩有同族专利申请并均已获得授权	在美、欧、中、日、韩有同族专利申请并均已获得授权
引用频次(次)	65	64	45
是否PCT	是	否	是

(3)压印过程控制

在压印过程中,由于加工环境、材料或工艺的原因,如气泡、模板变形、涂胶不均匀、模板与极板的不平行、脱模时压印胶的剥离等,会产生各种缺陷;在压印模板与压印胶的机械挤压过程中,为了减少图案转移误差,也存在类似于光学光刻的套刻对准问题。因此,如何在纳米压印工艺中,通过合理控制工艺条件和参数,消除压印过程中的各种缺陷和提高压印质量,是纳米压印技术中所面临的关键问题。压印过程控制中的关键技术主要包括:套刻对准、缺陷控制和脱模。

① 套刻对准

涉及套刻对准的代表性专利参见表10:

表 10 涉及套刻对准的代表性专利

专利文献号	US7303383B1	US7070405B2	US6954275B2
申请人	德克萨斯州大学系统董事会	分子制模股份有限公司	德克萨斯州大学系统董事会
发明名称	压印光刻系统用于压印和在可聚合液体与模板重叠对准标记	用于压印光刻的对准系统	压印制版用的透明模板与衬底之间间隙和取向的高精度控制方法
主要发明构思	在平版印刷过程中通过使用位于模板和基片两者上的对齐标记使模板与基片对齐,该对齐可以在加工层之前确定和校正	鉴别与模板对齐标记和基底对齐标记的所需空间方向的偏差,确定对齐偏差;以及根据所述对齐偏差确定平均偏差,根据从所述平均偏差得到的信息调整所述模板和所述基底之间的位置,得到所需的空间方向	对图案模板和衬底施加含多个波长的光;监视从图案模板表面和衬底反射的光;根据监视的光判定图案模板的表面与衬底之间的距离
同族专利申请及授权情况	在美、欧、中、日、韩均有同族专利申请并均已获得授权	在美、欧、中、日、韩有同族专利申请并在美、日、中获得授权	在美、欧、中、日、韩均有同族专利申请并在美、中获得授权
引用频次(次)	226	164	151
是否 PCT	是	是	是

② 缺陷控制

涉及缺陷控制的代表性专利参见表 11:

表 11 涉及缺陷控制的代表性专利

专利文献号	US7090716B2	EP1890887B1	JP5121549B2
申请人	分子制模股份有限公司	皇家飞利浦电子股份有限公司	东芝株式会社

续表

专利文献号	US7090716B2	EP1890887B1	JP5121549B2
发明名称	单相流体压印光刻方法	将图案从印模转印到基体的方法和装置	压印方法
主要发明构思	改变靠近黏性流体的气体的传送状况，在复制图案的垫片附近的环境中充满相对于所放置的黏性流体或者具有高度溶解性或者具有高度分散性或者两者兼有的气体。减少在一垫片上黏性流体层中的气泡来减少压印层上图案变形	压印面和接收面中的至少一个是柔韧的，印模局部地将图案转印到基体的连续转印区，致动机构用于将压印面和接收面中柔韧的一个的一部分沿着朝向压印面和接收面中另一个的方向移动，且致动单元和部分被致动的表面相对彼此移动	在将所述模板与基底接触之前，先移除黏附在模板上的颗粒；模板施压于黏附性元件上，随后将压印模板与所述的黏附性元件分离，其中黏附性元件与模板之间的黏附力高于黏附性与基底之间的黏附力。可克服混在可光固化性树脂中的气泡和减少缺陷
同族专利申请及授权情况	在美、欧、中、日、韩有同族专利申请并均已获得授权	在美、欧、中、日、韩均有同族专利申请并均已获得授权	在美、日有同族专利申请并均已获得授权
引用频次（次）	71	41	28
是否PCT	是	是	否

③ 脱模

涉及脱模的代表性专利参见表12：

表12 涉及脱模的代表性

专利文献号	EP1341655B1	US6309580B1	US7157036B2
申请人	阿夸—顾塔控股集团	明尼苏达大学董事会	分子制模股份有限公司 & 德克萨斯州大学系统董事会
发明名称	具有微米或纳米尺寸结构物品的制造方法	脱模表面、尤其用于纳米压印光刻中	减少贴合区与模具图案之间的黏合的方法

续表

专利文献号	EP1341655B1	US6309580B1	US7157036B2
主要发明构思	在模板的表面接触一层浇铸材料的流体，该流体经处理后产生相分离，该浇铸材料在模板表面部分的固化并且该物品与所述模板释放分离，改善物品与模板的脱模释放过程而不产生微结构结构的变形	脱模材料包括键合到具有脱模特性的分子链的无机连接基，脱模材料包括具有下述公式的材料：RELEASE-M（X）n-1 或 RELEASE-M（OR）n-1，RELEA-SE 是在长度上 4 到 20 个原子的分子链，长度最好是 6 到 16 个原子，其中，分子具有极性特性或非极性特性；M 是金属原子或半金属原子；X 是卤素或氰基，特别是 CI、F、Br；R 是氢、烃基、苯基，较好是 1 到 4 个碳原子的氢或烃基；(n) 是 M 的-1 价	在基片上形成贴合材料，并将整合材料与表面接触，整理由贴合材料形成一整理层，整理层具有第一和第二子部分，第一子部分被固化，第二子部分对于表面具有第一吸引力，对于第一子部分具有第二吸引力，第一吸引力比第二吸引力大。在此方式下，在模具从整理层中分离后，第二子部分的子集保持与模具接触，该方法减少贴合区和图案区之间黏合力，进而减少了黏合力对记录图案的破坏
同族专利申请及授权情况	在美、欧均有同族专利申请并均已获得授权	在美、中有同族专利申请并均已获得授权	在美、欧、中、日、韩均有同族专利申请并均已获得授权
引用频次（次）	190	165	81
是否 PCT	是	是	是

2. 纳米压印装置

根据第二部分的分析，从纳米压印装置中抽提出平板压印装置、辊压印装置两个最重要的技术及其代表性专利进行分析。

（1）平板压印装置

平板压印装置主要包括：载物机构、控制系统、压印机构、光源或热源、对准机构、压力施加及控制机构等。平板压印装置的代表性专利参见表13：

表 13　平板压印装置的代表性专利

专利文献号	EP1264215B1	US7635262B2	US6990870B2
申请人	奥博杜卡特股份公司	普林斯顿大学	分子制模股份有限公司

续表

专利文献号	EP1264215B1	US7635262B2	US6990870B2
发明名称	将图案转移到一个物体上的装置	用于液压压印光刻的装置	采用流体的几何参数确定基板的特性的方法和系统
主要发明构思	将图案从印模转移到物体上的装置，第一和第二接触装置中的一个包括一个基础和一个支承件，支承件有一个第一端和一个第二端，第一端限定一个接触面，相对的第二端与基础转动连接，使印模与物体相互接触时自动处于相互平行的位置。该压印装置可以使印模和物体在高压下接触，印模与物体之间具有很高的相互平行度	压印装置包括加压液体源和用于接收加压液体压力腔室，所述压力腔室通过定位提供压力流体将所述模制表面压向可模压的基底表面。通过使用液压装置进行压印动作，提高了压印的均一性，并增强了分辨率	在面对压印工作台的特定区域上布置一个包括CCD传感器和光波成形光学零件的检测系统，CCD传感器定位成能感测区域里的图形，检测系统构造成具有光波成形光学零件，其位于CCD传感器与平面镜之间。该装置能够精确的确定模板和进行压印的基底之间的空间关系
同族专利申请及授权情况	在美、欧、中、日均有同族专利申请并均已获得授权	在美国已获得授权	在美、欧、中、日、韩有同族专利申请并均已获得授权
引用频次（次）	125	103	54
是否PCT	是	否	是

（2）辊压印装置

辊压印装置主要由三部分组成：滚轴、可移动平台和铰链，辊压印装置依据滚动压印过程中导致压印胶发生物理或化学变化的能量源的不同，分为热辊压印装置和紫外辊压印装置，在热滚动式纳米压印工艺中，通过转动将圆柱形模具压入涂敷在衬底上的聚合物薄膜中，其温度已加热到玻璃化温度以上，模具上的图形被转移到薄膜上，薄膜也可以通式往前推进，随着温度的下降，转移后的图形固化；在紫外滚动式纳米压印工艺中，紫外光罩在滚动的滚动模具与薄膜接触的区域，薄膜呈凝胶或液体状，然后固化。按照施加压力压印方式的不同可分为包括辊对板压印（Roll-to-Plate，R2P）和辊对辊压印（Roll-to-Roll，R2R）两种形式。辊压印装置的代表性专利参见表14：

表 14 辊压印装置的代表性专利

专利文献号	EP1972997B1	JP5065880B2	JP4521479B2
申请人	奥博杜卡特股份公司	株式会社日立产机系统	夏普株式会社
发明名称	纳米压印设备及方法	在光刻中用于形成微细图案的压印装置和方法	辊型纳米压印装置、辊型纳米压印装置用模具辊、辊型纳米压印装置用固定辊以及纳米压印片的制造方法
主要发明构思	本设备具有可同步转动的第一、第二可转动安装辊,第二可转动安装辊具有与第一可转动安装辊的图案化表面面对的圆周表面,基板可在辊之间移动并与第一可转动安装辊的图案化表面接触,使图案转印到基板上	压印装置包括用于在圆柱状压力机构的滚轮之间支撑压印物体的支撑元件,压印物体、带状模板和支撑元件被设置成以相互不接触的状态向圆柱状压力机构运动,并且在压印物体位于带状模板和支撑元件之间的压力机构处被压印。该装置避免了压印缺陷如褶皱痕迹的产生,并且具有较高的图案转印精度和效率	该纳米压印装置是在被模具辊的内周面包围的区域具有流体容器,上述流体容器具备能通过流体的注入而膨胀的弹性膜,在使该弹性膜收缩的状态下进行模具辊的装卸,在使该弹性膜膨胀的状态下从内侧保持模具辊,该装置能够防止由模具辊转印纳米构造后的被转印膜的厚度不均匀和中空和模具辊损伤,防止模具辊在阴模压制时发生滑动、偏移
同族专利申请及授权情况	在美、欧、中、日有同族专利申请并在欧、日获得授权	在美、日有同族专利申请并均已获得授权	在美、欧、中、日有同族专利申请并均已获得授权
引用频次（次）	24	18	7
是否 PCT	否	否	否

（二）主要申请人技术分析

1. 压印模板

（1）国内主要申请人

该领域国内重要申请人主要有鸿富锦精密工业（深圳）有限公司、鸿海精密工业股份有限公司和西安交通大学。

鸿富锦精密工业（深圳）有限公司和鸿海精密工业股份有限公司在压印模板制作领域的申请量分别为 17 件和 15 件,大部分专利申请均为上述两个公司的联合申请。其中鸿富锦精密工业（深圳）有限公司、鸿海精密工业股份有限公司联合申请的公开号为 CN101900936A,发明名称为"压印模具及其制作方法"的发明专利申请,其公开了一种压印模具的制作方法,包括以下步骤：提供一个母模,该母模具有多个间隔分布的微结构；于该具有多个微结构的表面上设置软质透光材料，固化该软质透光材料，以使该软质透光材料成为具有多个间隔分布的成型面的图案层；于该图案层远离该母模的表面粘结一块透光基板；移去该母模；于该多个成型面形成硬质膜层，以形成具有该透光基板、图案层及硬质膜层的压印模具。该发明中的硬质膜层可以增强该压印模具的强度，从而提高了该压印模具的耐磨性及可反复利用性。

鸿富锦精密工业（深圳）有限公司、鸿海精密工业股份有限公司联合申请的公开号为 CN101870151A，发明名称为"光学元件的制造方法及压印模具"的发明专利申请，其公开了用于光学元件的制造方法的压印模具，其包括一个成型面，该成型面上设有预定图案的多个微结构，围绕每个微结构设置有第一对位标记，该成型面的边界处设置有第二对位标记。该发明解决了分区步进压印过程中，较在每个压印分区内难以实现压印模具与基板的对准的技术问题。

西安交通大学在压印模板制作领域的申请量为 6 件，其中公开号为 CN1731280A，发明名称为"基于湿法刻蚀 MEMS 压印模板制造工艺"的发明专利申请，其公开了一种基于玻璃湿法刻蚀的压印光刻模板的制造工艺，该工艺包括对基材清洗、蒸镀偶联剂及蒸镀后处理、涂覆光刻胶、曝光、显影、二次固化、刻蚀、去胶等工艺步骤，得到压印模板。其采用单层负性光刻胶作为刻蚀掩模，采用硅烷偶联剂增强刻蚀掩模与玻璃表面的黏附力，通过蒸镀的方式涂覆偶联剂降低钻蚀率，采用 HCl 作为刻蚀液添加剂提高刻蚀表面质量，通过厚胶层工艺消除刻蚀表面缺陷。该发明适用于 MEMS 的分层压印制造。

西安交通大学申请的公开号为 CN101329508A，发明名称为"一种利用飞秒激光制备微纳压印模版的方法"的发明专利申请，其公开了一种利用飞秒激光制备微纳压印模版的方法，该方法将适合制作微纳压印模具的硬质材料固定在三维精密平移台上，利用显微物镜将一束飞秒激光聚焦在样品表面，根据微纳结构与器件压印模斑的结构设计，通过飞秒激光刻蚀和三维精密移动平台的配合运动对材料进行微纳加工，实现微纳压印模版的制备。该发明将飞秒激光微纳加工技术同成熟的压印成型技术结合，可以批量制备出复杂及三维的微纳结构与器件，大大提高了微纳结构与器件的制备效率，促进了微纳压印技术与飞秒激光微纳加工技术的发展。

（2）国外主要申请人

该领域国外重要申请人主要有大日本印刷股份有限公司、东芝株式会社和分子制模股份有限公司。

大日本印刷股份有限公司在压印模板的制作领域的申请量达 126 件，其中 WO2009011215 A1 公开了一种用于制造微机电系统（MEMS）的压印模板，其具有设有图案区域的第一主表面以及与第一主表面相对的第二主表面的基板，设在第一主表面，沿着图案区域的外周的第一遮光膜；以及设在第二主表面，具有包含与图案区域相对向的区域的开口部，一部分与第一遮光膜相对的第二遮光膜。在垂直于基板的剖面中，辐射光相对于第二主表面的最大入射角小于将与开口部相连接一侧的第二遮光膜的一端以及距离图案区域最远侧的第一遮光膜的一端相连的线相对于第2主表面的垂线所成的角度。从而防止模板上非图案区域的漏光，并且防止由光辐射产生的杂质黏附到待转印膜上。

大日本印刷股份有限公司的公开号为JP2010214859 A的专利申请公开了一种纳米压印模板，其在基板上具有凹凸图案，在凹凸图案上形成一层脱模层。图案的表面具有二氧化硅或金属氧化物膜，脱模层由两性硅烷偶联剂组成，并且通过使脱模剂的疏水基朝向图案的相反方向定向而形成。该模板具有优异的脱模性和耐久性。

东芝株式会社在该领域的申请量为61件，其中JP2008091782 A公开了一种纳米压印模板，其具有用于吸收压印时溢出模板外的液体的凹槽。该压印模板防止多余的压印材料溢出到相邻的芯片，能够降低芯片的缺陷率，提高压印材料的均匀性，具有高压印精度。

分子制模股份有限公司在该领域的申请量为43件，其中US2003205658 A1公开了一种制造纳米压印光刻模板的方法，包括在透光基板上形成导电多晶硅层，在其上形成掩模层，在掩模层上形成图案，暴露多晶硅层的一部分，以及刻蚀暴露的多晶硅层和基板。使用导电层可以允许使用电子束形成掩模图案，该方法能够使制造的压印模板具有最小的底切和低缺陷密度。

分子制模股份有限公司的申请号为WO2006017793 A2的专利申请公开了一种纳米压印模板，包含一具有第一区以及第二区的本体，该第二区位于第一区的外侧；以及设置于该第一区和第二区之间的一沟槽，该沟槽具有与其相关联的几何性质，该几何性质用于减少液体进入该沟槽；其中该沟槽包括两个横向延伸的线段，该几何性质包括在上述线段之间延伸的一弓形结合部。通过设置上述结构，可以阻止或减少液体与对准标记重叠。

2. 压印胶

(1) 国内主要申请人

该领域国内申请人的申请量较少，国内申请人主要有无锡英普林纳米科技有限公司、上海交通大学、清华大学和鸿富锦精密工业（深圳）有限公司。

无锡英普林纳米科技有限公司在压印胶的设计领域的申请量为3件，其中公开号为CN102508409A，发明名称为"一种紫外光辅助热固化纳米压印技术与材料"的发明专利申请，其公开了一种紫外光辅助热固化纳米压印胶材料，该发明采用阳离子型光引发剂代替热引发剂，利用环氧基团常温下阳离子聚合反应速率慢、转化率只有10％以下，而在温度60℃以上可提高转化率至80％的特性，首先在常温下利用紫外光光解阳离子型光引发剂，产生阳离子，接着再进行压印与加热固化步骤，能实现快速热固化纳米压印，解决了热固化纳米压印固化温度高、时间长的问题和紫外光固化纳米压印需透明压印模板或衬底材料的限制。

上海交通大学在该领域的申请量为3件，其中公开号为CN102174059 A，发明名称为"含巯基的低倍多聚硅氧烷化合物及其紫外光刻胶组合物以及压印工艺"的发明专利申请公开了一种用于压印工艺的紫外光刻胶组合物，其包含含巯基的低倍多聚硅氧烷化合物。该紫外光刻胶具有低黏度，其光聚合过程中有效降低了氧阻聚作用，减小了光刻胶聚合后的收缩率，提高了压印图像的复制精度，且提高了光刻胶的抗氧刻蚀性能，机械性能和热稳定性。

清华大学和鸿富锦精密工业（深圳）有限公司在该领域有两件联合申请，其中公开号为CN101923283 A，发明名称为"纳米压印抗蚀剂及采用该纳米压印抗蚀剂的纳米压印方法"的发明专利申请公开了一种纳米压印抗蚀剂，包含高支化低聚物、全氟基聚乙醚、甲基丙烯酸甲酯、自由基引发剂以及有机稀释剂。该纳米压印抗蚀剂，具有良好的流动性，黏度低，且能在较短的时间内聚合，聚合形成的图形有较好的脱模性能，较高的模量，较低的固化收缩率，有利于脱模的优点。

（2）国外主要申请人

该领域国外重要申请人主要有富士胶片株式会社、大赛路化学工业株式会社和日产化学工业株式会社。

富士胶片株式会社在压印胶的设计领域的申请量为48件，其中JP2008019292 A公开了一种用于纳米压印光刻的光固化性组合物，其包含聚合性化合物、0.1～15质量%的光聚合引发剂及/或光酸产生剂、至少一种0.001～5质量%的含氟表面活性剂、硅氧烷类表面活性剂及含氟·硅氧烷类表面活性剂，并且该组合物在25℃下黏度为3～18mPa·s，其中，聚合性化合物含有皮肤原发刺激指数（PII值）为4.0以下的聚合性不饱和单体及在25℃下黏度30mPa·s以下的聚合性不饱和单体，这些聚合性不饱和单体的含量为50质量%以上；该组合物具有优良的光固化性、密合性、脱模性、残膜性、图案形状、涂敷性和蚀刻适性。

大赛路化学工业株式会社在该领域的申请量为13件，其中JP2008238417 A公开了一种纳米压印用光固化性树脂组合物，包含阳离子可聚合性化合物和辐射敏感性阳离子聚合引发剂，阳离子可聚合引发剂具有包含六氟化锑和硼酸盐的阴离子部分。该光固化性树脂组合物具有优异的耐候性，可用于制造例如半导体材料、偏振膜、光波导和全息图等精细结构。

日产化学工业株式会社在该领域的申请量为13件，其中WO2011024673 A1公开了一种形成高硬度膜的压印材料，其含有（A）成分：分子内具有5个以上聚合性基团的化合物；（B）成分：分子内具有2个聚合性基团的化合物；（C）成分：光自由基引发剂；其形成的膜具有高硬度、高透明性并且烘烤后不产生裂纹。可以适用于制造场效应晶体管等半导体元件、固体摄像元件、图像显示元件等电子器件以及光学部件。

3. 压印过程控制

(1) 国内主要申请人

该领域的国内重要申请人主要有鸿富锦精密工业（深圳）有限公司、鸿海精密工业股份有限公司、西安交通大学和无锡英普林纳米科技有限公司。

鸿富锦精密工业（深圳）有限公司和鸿海精密工业股份有限公司在压印过程控制领域的申请量分别为21件和18件，其中大部分为他们的联合申请。其中鸿富锦精密工业（深圳）有限公司和鸿海精密工业股份有限公司联合申请的公开号为CN1778568A，发明名称为"热压印方法"的发明专利申请，其公开了一种热压印方法，其包括：提供一基底，所述基底为在其玻璃化温度之上有较好流动性的高分子材料；提供一压模，所述压模具有一预定图案；将压模与基底置于一腔室内，将所述腔室内抽真空，并将压模与基底对准；向所述腔室内通入小分子物质蒸汽，以降低压模的预定图案结构的表面能；加热压模及基底，并向所述压模及基底施压；冷却压模及基底；将压模与基底分离。该发明解决了现有技术中热压印方法的操作较复杂、成本较高的技术问题。

西安交通大学在该领域的申请量为14件，其中公开号为CN102390802A，发明名称为"一种电毛细力驱动填充与反电场辅助脱模的压印成形方法"的发明专利申请，其公开了一种电毛细力驱动填充与反电场辅助脱模的压印成形方法，先加工导电模具，再进行导电聚合物匀胶，然后进行电毛细填充，固化，最后反转电场辅助脱模。该发明能够减小模具与聚合物的粘附力和摩擦力，进而减小脱模的缺陷并增加模具的寿命。

无锡英普林纳米科技有限公司在该领域的申请量为14件，其中公开号为CN103569952 A，发明名称为"一维聚合物周期性微结构的制备方法"的发明专利申请，其公开了一维聚合物周期性微结构的制备方法，该方法包括以下步骤：将聚二甲基硅氧烷填充石英纤维空隙的复合结构沿着石英纤维轴向劈裂，置于HF酸溶液中腐蚀去除劈裂断面的石英纤维，形成周期性半圆柱凹陷的微结构；利用上述微结构为模板，在衬底表面通过热压、光交联、热交联等方式压印聚苯乙烯、聚甲基丙烯酸甲酯、聚二甲基硅氧烷、光刻胶等高分子聚合物，形成一维聚合物周期性微结构。该方法成本低廉，无需大型仪器，工艺简单可靠；获得的微结构可在光电、能源、生物等领域获得应用。

(2) 国外主要申请人

该领域国外重要申请人主要有大日本印刷股份有限公司、佳能株式会社和分子制模股份有限公司。

大日本印刷股份有限公司在压印过程控制领域的申请量达73件，其中JP2011049374 A公开了一种纳米压印方法，包括在基板上形成包含电子束可固化树脂的树脂层，将压印模板与树脂层接触并从模板侧辐照电子束以固化树脂层，在树脂层固化后，使压印模板与树脂层分离；该方法可以使树脂层容易固化，并且提高树脂层的聚合效率和交联密度；该方法可以降低由于脱膜时的损伤产生的缺陷。

佳能株式会社在该领域的申请量达62件，其中JP2007137051 A公开了一种刻印方法，用于将模具上的刻印图形刻印到基片上的图形形成材料上，以便实现高的生产能力，该方法包括以下步骤：使刻印图形与基片上的图形形成材料接触；在模具与基片之间施加第一压力，以便增大刻印图形与图形形成材料之间的接触区域；在低于第一压力的第二压力下，调节模具与基片之间的位置关系。通过压力控制，使得可以在填充期间和对准曝光期间分别独立地施加压力，其中，在填充期间，通过向树脂材料施加高的压力，以高速填充树脂材料，而在对准曝光期间，在低的压力下，以高精度进行对准步骤和树脂材料的固化步骤。

分子制模股份有限公司在该领域的申请量达60件，其中US2004022888 A1公开了散射对齐法在平板压印中的应用，具体公开了一种用平版压印工艺在基底上形成图案的方法在，先将液体分布到基底上，然后使模板与液体接触，并固化液体，其中固化液体包含在模板上形成的任何图案的印记。其中使用的平版压印系统，包括：本体；与本体相连的台子；与台子相连的基底，基底含有基底对齐标记；与本体相连的压印头；与压印头相连的模板，模板含有模板对齐标记；产生具有第一、第二和第三波长的光的光源（光固化系统）；探测自基底和模板对齐标记反射的具有第一和第二波长的光并从中得到许多对齐测定值的探测系统，从许多对齐测定值鉴别与所需要的模板对齐标记和基底对齐标记的空间位向的偏差，确定对齐偏差，并根据对齐偏差确定平均偏差；与本体相连的液体分发器，用来在基底上沉积许多滴可光固化液体，可光固化液体对第三波长的光有响应，并在第三波长的光照射到时发生固化。

4. 平板压印装置

（1）国内主要申请人

该领域的国内重要申请人主要有青岛理工大学、天津大学和上海交通大学。

青岛理工大学在平板压印装置领域的申请量为10件。其中公开号为CN102346369 A，发明名称为"一种整片晶圆纳米压印光刻机"的专利申请，其公开了一种整片晶圆纳米压印光刻机，它包括压印头、曝光系统、模板、承片台、脱模喷嘴、机架、大理石底座、真空管路和压力管路，其中，模板固定于压印头上，承片台置于模板的垂直正下方，并固定在大理石底座上，承片台周边设有脱模喷嘴；曝光系统的紫外光源置于压印头内；真空管路和压力管路均与压印头相连；真空管路还与承片台相连。其具有结构简单、适应性广、操作方便、制造成本低和可靠性高等优点，可应用于LED图形化、微透镜、微流体器件的制造，尤其适合光子晶体LED的低成本和规模化制造。

天津大学在平板压印装置领域的申请量为9件，其中公开号为CN101750885 A，发明名称为"二自由度精密定位工作台"的发明专利申请，其公开了一种二自由度精密定位工作台,包括基座、动平台、连接在基座底部的刚性支架以及连接在动平台和基座之间的四个柔性支链,每一柔性支链包括一个移动块和三组柔性板簧结构,每一柔性板簧结构均由二个一字形柔性板簧构成,其中第一、第二组柔性板簧结构的分别位于所述的移动块的左右两侧;第三组柔性板簧结构的两个一字形柔性板簧的下端与移动块的上端侧壁相连,并且其上端与动平台的侧壁相连,四个压电陶瓷驱动器分别水平放置,每个驱动器的球形接头顶在移动块下端侧壁上,二个位置传感器的导电片分别连接在刚性支架的上平面和动平台的下平面上。此定位工作台可作为纳米压印光刻定位系统的辅助定位平台,实现微量进给和精密定位。

上海交通大学在平板压印装置领域的申请量为4件,其中公开号为CN101393392 A,发明名称为"用于纳米压印的真空模压装置"的发明专利申请,其公开了一种用于纳米压印的真空模压装置,包括拉伸试验机、精密模具固定系统、温度控制系统、基底、真空压缩机、真空罩,其中,真空罩与基底之间密封结合,真空压缩机与真空罩之间连通,精密模具固定系统由活塞和导轨组成,活塞在导轨内上下滑动,活塞与拉伸试验机中的驱动装置相连,并能沿拉伸试验机的滑槽滑动,导轨的一个侧面固定在拉伸试验机的外壳上,导轨另一侧穿过真空罩的侧壁,并与真空罩之间密封,导轨的底部与基底之间留有空隙以放置硅片,温度控制系统固定在基底上,负责对真空罩内的温度进行控制。该装置使纳米压印过程能顺利精密地完成,其压印的图形最高分辨率可达到20nm。

(2) 国外主要申请人

该领域的国外重要申请人主要有佳能株式会社、ASML荷兰有限公司和分子制模股份有限公司。

佳能株式会社在平板压印装置领域的申请量达211件,其中US2006279004 A1公开了一种图案转印设备,包括用于实施模子与待加工部件的对准的对准机构,所述对准机构被构造成通过利用第一位置信息和第二位置信息来实施模子与待加工部件沿模子图案区域的面内方向的对准,所述第一位置信息是关于设置在与模子的形成图案区域的表面位于同一水平面的模子表面上的第一标记和布置成远离所述形成图案区域的表面的第二标记之间的相对位置关系,该第二位置信息关于第二标记和设置在待加工部件上的第三标记之间的相对位置关系。该装置能够实现高精度对准。

佳能株式会社的公开号为JP2006165371 A的专利申请公开了一种纳米压印设备,该设备具有用于在模板与目标物接触时测量模板的位置的第一干涉仪、用于在模板与目标物分离时测量模板的位置的第二干涉仪、用于基于干涉仪的测量结果将模板与目标物对准的对准单元,以及驱动模板和目标物的驱动装置。通过使用干涉仪在模板与目标物接触时测量模板的位置,从而使装置能够在制造芯片的过程中确认模板的位置。该设备可用于制造半导体芯片、CCD、LCD等。

ASML荷兰有限公司在该领域的申请量为37件,其中US2007138699 A1公开了一种压印光刻设备，包括用来保持多个压印模板的模板保持器和用来保持基板的基板保持器，其中，模板保持器位于基板保持器的下方。还包括保持在模板保持器中的多个压印模板，压印模板具有带图案的上表面。还包括一个或多个喷墨嘴，喷墨嘴布置成将压印介质引导到压印模板上。

分子制模股份有限公司在该领域的申请量为25件，其中WO2004016406 A1公开了一种用于形成基底上的图形的系统，包括：一支承基底的本体；一连接于本体并具有一图形区域的模板；一连接于本体的位移系统，用来在基底和模板之间提供相对运动，并放置模板使之与基底的一部分重叠以形成一图形的部分；一偶联的液体分配器，用来将光激活的光固化液体分配到图形部分的子部分上，通过减小基底和模板之间的距离使所述偶联的位移系统有选择地放置光激活的光固化液体与模板相接触，一光源，它照在图形部分上，使光有选择地固化光激活的光固化液体；以及一力探测器，它连接于印刷头，以便通过模板和光激活的光固化液体之间的接触产生指示一施加到模板上的力的信息，使位移系统建立一根据信息实施距离变化的速率，以使延伸到图形部分的基底外面的区域的光激活的光固化液体量减到最小。

分子制模股份有限公司的公开号为US2005269745 A1的专利申请公开了一种改变衬底的尺寸的装置，其含有衬底卡盘、顺从构件以及通过顺从构件弹性耦合于衬底卡盘的执行器子部件。执行器子部件包括多个控制杆子部件，其中一个控制杆子部件包括一个体，该体与和其余的控制杆子部件中的一个相关联的相对体间隔开，并且控制杆子部件适于改变体和相对体之间的距离。其可减小利用压印光刻技术形成的由于放大和对准变化引起的图案的变形。

5. 辊压印装置

（1）国内主要申请人

西安交通大学在辊压印装置领域的申请量为4件，其中公开号为CN1693182 A，发明名称为"深亚微米三维滚压模具及其制作方法"的发明专利申请，其公开了一种深亚微米三维滚压模具，包括一个滚筒，滚筒内部有电阻式加热器；该滚筒表面有一层模具金属层，并在金属层上形成深亚微米三维微凸起结构，在金属层上又形成一层纳米级厚度的类金刚石过渡层；该凸起结构的截面尺寸组合为：凸起结构的倾斜角范围为 $90°<\alpha<180°$，凸起结构的横向宽度范围为 $L>50nm$，凸起结构的纵向深度范围 $0<H<50\mu m$。该发明通过采用连续旋转滚压的方式，解决了难以进行大面积三维微结构器件的滚压复制的技术问题。

（2）国外主要申请人

韩国机械研究院在辊压印装置领域的申请量为12件，其中公开号为WO2011028080 A2的专利申请公开了一种使用热辊压印和有图案的板的印刷设备，包括：第一供应辊，其连续地供应用于制图的膜；加热辊和第一子辊，其将第一图案压印在用于制图的膜上以形成有图案的板；压印掩模，其具有原始图案并安装在加热辊的表面上；第一收回辊，其收回有图案的板；可旋转的涂墨辊，其涂墨第一图案；刮片，其形成第二图案；胶印辊，其形成第三图案；以及第二子辊，其按压用于印刷的膜以将由胶印辊形成的第三图案印刷在用于印刷的膜上并因此形成第四图案。其使压印掩模能够向压印靶材压印小于 $10\mu m$ 或几百纳米尺度的图案或元件。

四、纳米压印光刻领域技术发展趋势预测与建议

（一）纳米压印光刻领域技术发展趋势预测

通过对纳米压印光刻专利技术的现状、主要申请人及重点专利技术的分析，可以对该技术的发展趋势作出如下基本判断：纳米压印光刻技术正处于快速发展期，是下一代光刻技术的主要备选技术之一，并日益得到各发达国家的重视，国际上著名的半导体公司、设备制造商以及许多知名企业均开始涉足该领域并积极的进行专利布局，同时该技术的应用逐渐从传统的半导体器件制造向光学器件、光电器件以及生物器件制造等更广泛的领域延伸。

纳米压印光刻工艺和装置是纳米压印光刻技术最重要、最核心的研究内容，工艺上的改进主要包括模板、压印胶、过程控制、三维及大面积压印等方面，装置上的改进主要在于平板压印装置和辊压印装置。以下对这些主要技术分支分别给出发展趋势预测。

1. 纳米压印光刻工艺

(1) 模板

压印模板直接决定压印图形的质量。目前纳米压印工艺全球和国内的专利申请中，涉及模板的专利申请量占比均是最高的。模板领域专利技术的发展趋势主要包括以下几方面：

① 材料的改进。压印模板对材料的要求是多方面的，通常包括具有较高的硬度和拉伸强度、较小的热膨胀系数、良好的抗蚀刻性能和抗粘连性，目前常规的制备模板的材料包括硅、石英、金属、蓝宝石、金刚石、PDMS 等，但是现有的模板材料往往不能同时满足上述多种性能的需求，因此，对模板材料的改进以同时满足多种性能是模板的重要发展方向，材料改进的方向包括：新材料的选择、掺杂、表面修饰及改性、复合等。

② 结构的改进。模板在结构上的改进主要包括结构形式的改进和特征结构的改进。常规的模板为单一层状结构，为了满足模板多性能的要求，采用不同材质的多层复合形式的掩模结构成为重点发展的方向（例如软—硬混杂型复合掩模）；对于掩模上的特征结构，通过特征结构参数（如占空比、高宽比、分辨率）的控制、辅助功能区（如对准标记、压力分散部、排气部）的设置来提高压印质量和减少缺陷，通过特征结构的复杂化、立体化来实现复杂图案的复型，均是模板结构的主要改进方向。

③ 制作方法的改进。传统纳米压印模板的制作方法包括电子束光刻、离子束光

刻、极紫外光刻、X射线光刻、激光全息以及LIGA等光刻技术，但是具有成本高、效率低的缺点。目前的改进方向一方面是优化光刻工艺参数，另一方面是提出了一些非光刻方法，例如自组装技术、微相分离技术，这些方法操作简单、成本相对较低，但是在大面积范围有序控制上仍比较困难。目前纳米压印模板的主流制造方法仍然是光刻法。

（2）压印胶

压印胶领域的专利申请主要集中在热压印胶和光敏压印胶两方面，其中光敏压印胶的占比相对于热压印胶具有绝对的优势，由于光敏压印胶相对于热压印胶具有无需高温加热、压印效率高等优点，因此可以预见其成为目前和以后长期的研究重点。光敏压印胶需要满足的技术要求主要有：① 黏度小；② 光固化速率快；③ 脱模性能优异，并与基片黏附性好；④ 抗蚀刻性能优异。光敏压印胶领域专利申请的技术发展趋势主要包括以下几方面：

① 由单一性能优异的压印胶向综合性能优异的压印胶方向发展；

② 寻求通过添加剂的改进来改善压印胶的某些特定性能；

③ 对于压印胶中的主体树脂、光引发剂、溶剂成分的改进，从单一类型的主体树脂、光引发剂、溶剂分别向复合类型的主体树脂、光引发剂、溶剂的方向改进。

（3）压印过程控制

压印过程控制领域的专利申请以提高压印质量和效率为目标，从多个角度、多个环节对压印过程进行改进：

① 套刻对准。通过设置对准标记，并检测对准标记的相对位置以完成模板与基片的精确定位，从而达到套刻的目的。套刻对准领域专利申请的技术发展趋势包括以下几个方面：1) 从简单但精度较低的几何成像对准方式（如基于几何图案标记的对准）向复杂但精度较高的光学对准方式（如基于衍射光栅标记的对准）的发展；2) 寻求不同的对准误差的测量、计算和消除方法；3) 寻求各种提升对准标记对比度的方法。

② 缺陷控制。通过合理控制工艺条件和参数，消除压印过程中的各种缺陷。缺陷控制领域专利申请的技术发展趋势包括以下几个方面：1) 在压印进行之前通过各种方式减少或消除压印模板和/或基底上的缺陷（如杂质、高粗糙度等）；2) 寻求各种方式减少或消除在挤压阶段压印模板与基底之间产生的缺陷（如模板与极板之间不平行、气泡等）；3) 在压印挤压中，由考察单个或个别压印参数逐渐发展到同时考察多个压印参数，来进行相应的动力学控制；4) 在压印工艺挤压阶段寻求各种方式进行加热或光辐射的精确控制。

③ 脱模。为了使模板与胶层实现分离，通过对模板施加拉力荷载进行两者分离的过程。脱模领域专利申请的技术发展趋势包括以下几个方面：1) 通过探索形成在模板的特征结构上所形成的各种抗黏层来实现良好的脱模效果；2) 通过考察和优化

与脱模相关的多个参数来进行相应的动力学控制。

④ 效率。提高压印效率方面的专利申请的技术发展趋势包括以下几个方面：1）通过辐射源（热源、光源）加热方式的改进来改善压印胶的固化效率；2）采用滚动式压印替代平板式压印；3）开发全面积压印技术；4）开发各种步进式压印技术。

（4）三维压印

三维压印领域的专利申请主要以高精度、高效率、低成本的形成三维结构为目标，从各方面来进行压印工艺的优化，三维压印领域专利申请的技术发展趋势主要包括以下几方面：① 根据目标三维结构体的不同开发出相应的三维压印模板，并且压印模板图案呈现从相对简单的3D图案向结构相对复杂的3D图案的发展趋势，② 寻求通过对工艺参数的控制和优化来控制一个或多个纳米结构参数（例如结构形态、节距、高度、深度、间隔、排列等）；③ 以卷对卷的柔性衬底压印工艺为主流工艺。

2. 纳米压印光刻装置

（1）平板压印装置

平板压印装置在纳米压印装置中占据绝对优势地位并且相对稳定，因此可以预期其为目前和今后一段时期的主流压印设备，平板压印装置领域的专利申请的技术发展趋势包括以下几个方面：① 从均匀发光的单一光源向根据掩模图案形状特点对光源的强度、方向精确控制的方向发展；② 从检测几何图案标记的对准检测系统向基于莫尔纹图案的相位检测的对准检测系统的发展，以及相应的寻求各种对对准检测系统的评估方法（如模型、软件）。③ 从一维位置控制向多维的、自动化位置控制的方向发展；④ 寻求可以均匀施压且同时满足缺陷控制、脱模等多种性能需求的压力精确控制装置。⑤ 寻求可以减少缺陷的脱模装置。

（2）辊压印装置

辊压印装置在纳米压印装置中占比较小但是比较稳定，辊压印装置具有连续生产和高产量的优势，在特定的领域还是具有显著优势。辊压印装置领域的专利申请的技术发展趋势包括以下几个方面：① 对光源结构的改进以寻求能够精确控制光源照射位置、光强的辐射装置；② 转印辊的安装、更换向简便易行的方向发展；③ 对加压辊结构、位置的改进以寻求减少缺陷（如气泡等）；④ 应用领域从某些特定领域向更广泛的领域扩展（如柔性电子器件、微透镜阵列等）。

（二）对我国纳米压印光刻领域技术发展的建议

目前，纳米压印光刻的主要核心技术，如压印模板、压印胶和压印设备等主要掌握在美、日、欧等微纳制造技术强国手中，我国绝大多数纳米压印光刻设备也是采购于上述国家和地区，自主研发的设备所占的市场份额非常少。从专利申请的角度分析，我国在全球范围内的相关专利申请虽然能占有一定比重，但大多申请涉及的是产业链末端的应用和制造工艺的改进，涉及核心技术的申请较少，且高校和科研院所等研究机构在创新主体中占很大比重，涉及该技术领域的相关企业较少，规模也较小，没有出现较大产能和专利申请量的企业。这与我国目前微纳加工制造行业的生产设备、生产原料主要依赖国外厂家的现状相符。从我国的综合国力和科技发展水平来看，纳米压印光刻技术是非常适合我国国情的一项高新技术，因为它具有成本低、效率高、和国外差距相对较小等特点。为了尽快改变目前光刻设备受制于人的不利现状，提高我国的自主创新能力，我国企业完全可以以纳米压印光刻技术作为突破口而有所作为。对于我国纳米压印光刻技术发展，我们给出如下的建议。

1. 注重核心技术研发，提高专利布局意识

从专利申请量来看，中国在全球范围内排名第四，仅次于美、日、韩三国，但是从专利申请的主要技术分支构成分析，我们看到，应用研究占据我国专利申请的份额最大，而对于工艺、装置等涉及核心技术方面的专利申请所占份额相对较小，"量大而质不高"，这对于提升我国纳米压印光刻技术的核心竞争力是非常不利的，国内高校、科研院所和企业应当将更多的资源投入到核心技术的研发中来，应注重多申请基础专利和核心专利；同时，国内申请人还应当注重提高专利战略和布局的能力，对于涉及核心技术和重要技术的科技成果，要有向国外积极申请专利的意识，以期在未来国际市场竞争中抢得先机。

2. 加强专业分工，注重交流合作

我国对纳米压印光刻技术进行研发的企业、科研院所和高校多而分散，技术水平和研发实力参差不齐，其中有很多单位进行的研发属于水平较低的重复工作。由于纳米压印光刻技术从科学类别上涉及物理、化学、材料、精密机械等多个学科领域，在技术上又包括模板、压印胶、过程控制、压印装置等各个方面，因此，特别需要各领域的专家学者紧密配合、协同工作，注重进行精细化的专业分工，充分发挥各相关领域技术人员的优势，做到人尽其才，才尽其用；同时，为了实现低投入高产出，也需要对研发资源进行优化和整合，加强产学研之间的有效结合，在科研项目的共同攻关、科技成果转化、成果走产业化道路等方面进行深层次的合作，从而为我国实现具有自主知识产权的纳米压印光刻技术创造有利条件。

3. 发挥自身优势，继续加强制造工艺的改进

我们注意到，随着纳米压印光刻技术应用领域的拓宽，该技术在微纳制造领域得到了广泛的应用。尤其是近些年来，该技术在光电器件和光学组件的制造，如太阳能电池、微透镜阵列等的制造方面的应用越来越多。虽然目前来说在半导体芯片制造行业，光学光刻仍是主流技术，纳米压印光刻技术一直未能作为主流技术在大规模的生产中得到应用，但对于上述太阳能电池、微透镜阵列等光电器件和光学组件的制造领域，它们对制造精度的要求相对较低，但要求实现大面积的连续成形，这就更能发挥纳米压印技术的优势，由其是采用辊压印技术的优势。我国企业应该在继续发挥其在制造业上的优势，在制造工艺上进行工艺革新，拓宽纳米压印光刻的应用领域，寻求更多的发展空间。

五、结束语

纳米压印光刻技术在微纳尺寸的电子器件、光电器件、光学组件以及生物领域均有重要的应用价值,已受到国内外企业和研究机构的广泛关注。由于纳米压印光刻相对于传统光学光刻具有技术门槛低、成本低的显著优势,因此具有很好的应用前景。虽然国外申请人在过去近二十年中在中国以及世界范围申请了大量专利,形成了由点及线、由线及面的专利布局,但是由于纳米压印光刻技术在各国的发展起步都比较晚,各项技术尚未成熟和完善,因此还存在非常大的发展空间。因此,国内申请人应当抓好这一良机,结合自身优势顺应市场需求来投入研发力量,以纳米压印技术作为突破口,力争打破国外在传统光刻机领域的垄断局面。

参考文献

[1] 周伟明,张静,刘彦伯,等.纳米压印技术[M].北京:科学出版社.

[2] 魏玉平,丁玉成,李长河.纳米压印光刻技术综述[J].制造技术与机床,2012(8):87-94.

[3] 董会杰,辛忠,陆馨.纳米压印用压印胶的研究进展[J].微纳电子技术,2014,51(10):666-672.

[4] 戴翀.我国纳米压印光刻技术专利态势分析[J].科技和产业,2013,13(4):111-115.

民用建筑内防治、去除雾霾的专利技术现状及其发展趋势

李潇潇　杜鹃❶　周冬　赵艳　刘通广

（国家知识产权局专利局材料工程发明审查部）

一、引言

环境问题已逐渐成为全球性问题。世界各国也相继爆发了严重的空气污染导致的危害事件。改革开放以来，我国经济取得了飞跃式的发展，但是，伴随着经济的发展，空气环境却越来越恶化。从2012年起，全国范围内爆发的雾霾天气，其持续时间之长、覆盖范围之广、污染程度之高都属罕见，让我们见识到了空气污染对在城市里生活的人们带来的严重影响，也让我们知晓了什么是雾霾和PM2.5，更是让我们深切体会到了空气污染之痛。

所谓"雾霾"，就是雾和霾的组合词，雾是由大量悬浮在近地面空气中的微小水滴或冰晶组成的气溶胶系统，其多出现于秋冬季节，是近地面层空气中水汽凝结（或凝华）的产物。雾的存在会降低空气透明度，使能见度恶化，如果目标物的水平能见度降低到1000米以内，就将悬浮在近地面空气中的水汽凝结（或凝华）物的天气现象称为雾。霾，也称灰霾，空气中的灰尘、硫酸、硝酸、有机碳氢化合物等粒子能使大气混浊。雾霾天气是一种大气污染状态，雾霾是对大气中各种悬浮颗粒物含量超标的笼统表述，尤其是PM2.5（空气动力学当量直径小于等于2.5微米的颗粒物）被认为是造成雾霾天气的"元凶"。随着空气质量的恶化，阴霾天气现象增多，危害加重。中国不少地区把阴霾天气现象并入雾一起作为灾害性天气预警预报，统称为"雾霾天气"。二氧化硫、氮氧化物以及可吸入颗粒物这三项是雾霾主要组成，前两者为气态污染物，最后一项颗粒物才是加重雾霾天气污染的罪魁祸首。它们与雾气结合在一起，让天空瞬间变得灰蒙蒙的。颗粒物的英文缩写为PM，北京监测的是PM2.5，也就是空气动力学当量直径小于或等于2.5微米的污染物颗粒。在目前公认的各种空气污染物中，颗粒物（包括TSP、可吸入颗粒物PM10、细颗粒物PM2.5等）与人

---

❶　杜鹃贡献等同于第一作者。

群健康效应各终点的流行病学联系最为密切。对大气污染的定量健康危害评价，近年来已成为 WHO、欧盟、世界银行等诸多国际机构关注的热点之一。颗粒物在此类评价中多被选作标志性空气污染物。通过对相关文献的综合分析，研究人员发现 TSP 浓度每升高 $100\mu g/m^3$ 我国居民健康效应终点发生的相对危险度均有所提高，其中对于全人群来说，急慢性支气管炎的相对危险度为 1.300，肺气肿的相对危险度达到 1.590，而对于儿童来说，急慢性支气管炎的相对危险度达 1.406，哮喘的相对危险度达 1.361。

随着空气污染尤其是雾霾等问题的日益加剧，越来越多的人开始关注民用建筑室内居住环境的空气质量，越来越关注绿色建筑的概念。所谓"绿色建筑"是指建筑对环境无害，能充分利用环境自然资源，并且在不破坏环境基本生态平衡条件下建造的一种建筑，又可称为生态建筑、节能环保建筑等。绿色建筑的结构本体和室内布局十分合理，尽量减少使用合成材料，充分利用阳光，节省能源，为居住者创造一种接近自然的感觉，室内环境良好。以人、建筑和自然环境的协调发展为目标，在利用天然条件和人工手段创造良好、健康的居住环境的同时，尽可能地控制和减少对自然环境的使用和破坏，充分体现向大自然的索取和回报之间的平衡。人们希望居住、工作、生活的建筑物能成为"绿色建筑"，而绿色建筑中对室内空气污染物的有效控制是室内环境改善的主要途径之一，影响室内空气品质的污染物有成千上万种，本文主要是从防治、去除雾霾的角度来提高民用建筑室内的空气质量。

民用建筑是由若干个大小不等的室内空间组合而成的，而其空间的形成，则又需要各种各样实体来组合，而这些实体称为建筑构配件。一般民用建筑由基础、墙或柱、楼底层、楼梯、屋顶、门窗等构配件组成。民用建筑内消除雾霾主要从被动防止雾霾进入和主动去除两个方面着手，对于建筑结构，从与外界接触的门、窗、墙体来减少或阻挡雾霾进入室内，同时在室内，采用环保的建筑材料或建筑设备净化室内空气，消除室内污染物中的雾霾。对于建筑结构，主要从门、窗、墙体的结构变化和建筑材料在其上的使用来减少或阻挡雾霾进入室内；对于建筑设备，主要从空调、空气净化器和吸排烟装置三个方面来净化室内空气，去除雾霾。

本报告基于专利数据库（CNPAT，EPODOC）中关于民用建筑内防治、去除雾霾的专利技术的检索结果，从民用建筑内防治、去除雾霾的全球专利分布状况、建筑结构和建筑设备防治、去除雾霾的方法专利分布及重点技术等几个方面，全面分析了民用建筑内防治、去除雾霾的专利技术现状，同时结合中外专利技术对比、行业布局、重点专利剖析，分析了民用建筑中防治、去除雾霾的方法重要的申请人及专利布局，展示其专利分布现状，为我国环保企业、科研院校提供参考和借鉴，在促进我国环保产业，尤其是民用建筑防治、去除雾霾产业知识产权保护体系的建立、提高其运用知识产权的能力等方面均有一定的参考和指导作用。

二、民用建筑内防治、去除雾霾的专利技术发展现状

(一) 民用建筑内防治、去除雾霾的专利技术分析样本构成

1. 检索范围

为了能全面、准确地反映民用建筑内防治、去除雾霾的专利技术现状及其发展趋势,本文以中国专利数据库(CNPAT)和欧洲专利数据库(EPODOC)为专利文献数据来源,其中 CNPAT 收录了全部公开的中国专利文献,EPODOC 收录了主要国家和国际组织的专利文献。

2. 检索策略

本文以 IPC 分类号结合关键词作为主要检索手段进行检索。

本文分析研究的主题是民用建筑内防治、去除雾霾的专利技术,具体为建筑结构和建筑设备防治、去除雾霾的专利技术。

对于建筑结构:本文的研究对象主要为与外界接触的门、窗、墙体,但不局限于其结构,还涉及其使用的建筑材料,包括墙体本身材料和涂层材料。门窗、墙体的结构和材料在国际专利分类表(IPC 第 8 版)中分类号主要集中在 E06B、E04B、E04F 和 B01D、C09D 下。对于建筑设备:本文的研究对象并不局限于单纯的去除雾霾的空气净化器,还包括具有空气净化技术的空气调节设备,如空调、吸排烟装置等,都在本文的研究范围以内,空调技术领域在国际专利分类表(IPC 第 8 版)明确其分类号为 F24F3/16,而空气净化器的范围较广,主要是 F24F、B01D、B03C、A61L,而吸排烟装置的分类号主要集中在 F24C 15/20,检索时按照性质和特点选择相关的分类号和关键词分别检索,最后将检索结果处理后汇总得到最终的专利分析样本。

相关的中文关键词有:雾霾、颗粒物、细颗粒、氮氧化物、硫化物、墙、幕墙、绿色建筑、智能建筑、传感器、感应器、活性炭、PM、空调、空气调节、空气净化器、吸附、吸、排、净化、过滤、静电、电极、负离子、负氧离子、等离子、净离子等;

相关的英文关键词有:haze、door、window、wall、fine particles、fine particulate、superfine particles、particulate、purify、clean、filter、static、active carbon、electrostatic、electrode、pole、anion、negative ion、negative oxygen ion、negative oxide ion、ozone、plasma、silverion、photocatalyst、smoke 等。

3. 数据处理

对于检索到的数据采用批量清理和人工筛选相结合去除噪声。另外,由于 EPODOC 数据库中每一个申请作为一条记录,在数据处理时相同优先权的专利依据优先权提取一条记录,从而避免出现大量重复专利的记录。

最终,在 CNPAT 数据库中得到 2361 篇专利文献,在 EPODOC 中得到 760 篇专利文献。需要说明的是,本次检索时间截止是 2016 年 7 月 20 日,由于发明专利申请

在申请日之后 18 个月公开，因此 2016 年后申请的部分专利在检索中之日尚未公开，由此造成本文按年度统计的申请量分布的分析中，2016 年申请量的统计数据不完全。

（二）民用建筑内防治、去除雾霾的全球专利整体态势

为了了解民用建筑内防治、去除雾霾专利技术布局的整体情况，下文对民用建筑内防治、去除雾霾的全球专利从发展趋势、国家和区域分布、领域分布等多个角度进行分析。

1. 全球民用建筑内防治、去除雾霾的专利申请的年代分布

图 1 是全球民用建筑内防治、去除雾霾的专利申请年代分布。从图 1 中可以看出，民用建筑内防治、去除雾霾的专利申请最早大约出现于 20 世纪 90 年代，到 2009 年以前，一直处于稳步增长，从 2010 年开始出现显著增长，其增长的规律和环境恶化的节奏是同步的，也就是说，随着环境的恶化，人们对防治雾霾的研究也是越来越多，愈加重视。

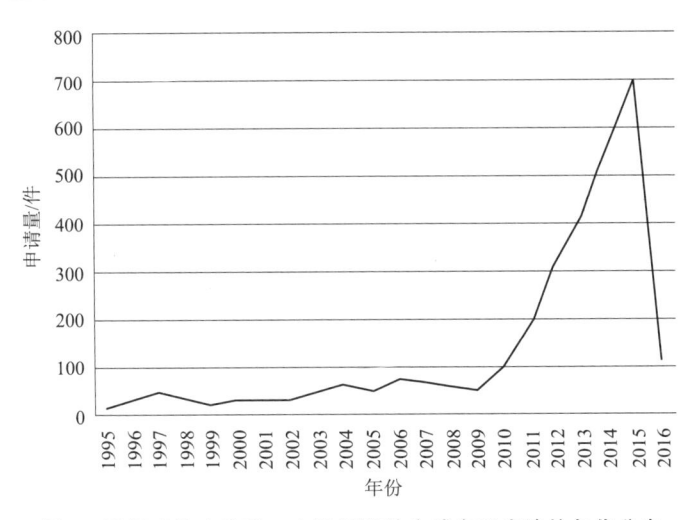

图 1　民用建筑内防治、去除雾霾的全球专利申请的年代分布

2. 民用建筑内防治、去除雾霾的全球专利申请的国家和地区分布

从全球民用建筑内防治、去除雾霾的专利申请的国家分布中可以看出（参见图 2），空气污染严重的亚洲国家是雾霾的重灾区，相应的技术研究的也就较多，除了雾霾严重的中国，日本和韩国研究较多，而西方国家中，德国和美国的申请量较为领先。数据分析显示，全球污染最严重的印度，巴基斯坦等国家的申请量较少，中国企业可以走出去，加大专利布局，开拓市场，积极争取这些国家的市场地位。

3. 民用建筑内防治、去除雾霾的全球专利申请涉及领域的分布

民用建筑内防治、去除雾霾的全球专利申请涉及领域包括建筑结构和建筑设备，建筑结构领域主要从与外界接触的门、窗、墙体的角度出发来防治、去除雾霾，但不

局限于其结构,还涉及其使用的建筑材料,其包括墙体本身材料和涂层材料。对于建筑设备,防治去除雾霾并不局限于单纯的去除雾霾的空气净化器,还包括具有空气净化技术的空气调节设备,如空调、吸排烟装置等。由图3可以看出,用空气净化器防治、去除雾霾发展的较快,而在建筑结构中,通过门窗过改进来防治、去除雾霾的方式也出现了较强的发展势头,而空调和墙体中防治、去除雾霾的技术也呈现了一定的发展趋势。

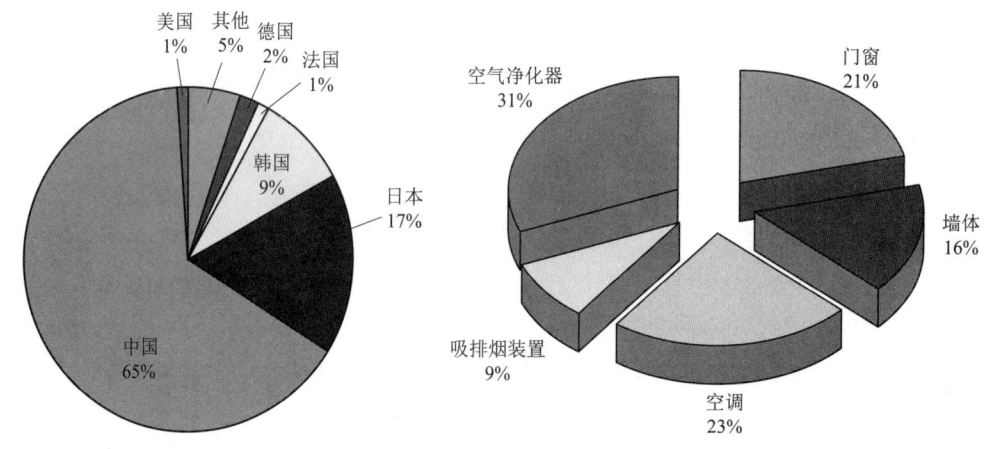

图2 民用建筑内防治、去除雾霾的
全球专利申请的国家和地区分布

图3 民用建筑内防治、去除雾霾的
全球专利申请涉及领域的分布

(三)民用建筑内防治、去除雾霾中国专利申请整体态势

为了了解民用建筑内防治、去除雾霾中国专利技术布局的整体情况,下文对民用建筑内防治、去除雾霾的中国专利从发展趋势、国家和区域分布等多个角度进行分析。

1. 民用建筑内防治、去除雾霾的中国专利申请的年代分布

图4是中国民用建筑内建筑结构防治、去除雾霾的专利申请年代分布。从图4中可以看出,中国民用建筑内建筑结构防治、去除雾霾的专利申请最早出现于20世纪90年代,到2001年以前,一直处于稳步增长,从2010年开始出现显著增长。通过研究我国相关专利技术研究的趋势,能够感受到我国环境在近年来的恶化程度让人触目惊心。

2. 民用建筑内防治、去除雾霾的中国专利申请的地区分布

图5是民用建筑内建筑内防治、去除雾霾中国专利申请的地区分布,国内申请中,沿海发达地区的申请量较高,也体现工业的发展带来了环境的恶化,同时经济发达地区对建筑环境质量的需求较高。

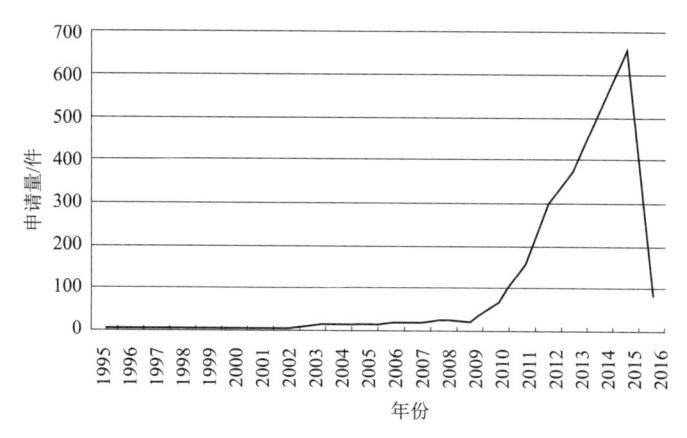

图 4　民用建筑内防治、去除雾霾的中国专利申请的国家和地区分布

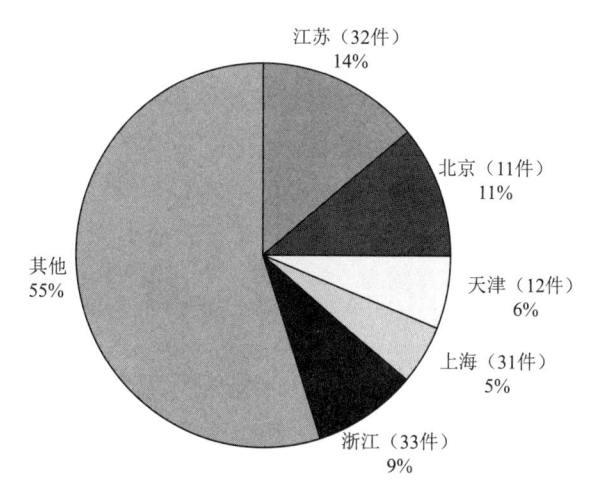

图 5　民用建筑内防治、去除雾霾的中国专利申请的地区分布

三、民用建筑内建筑结构防治、去除雾霾的专利技术分析

（一）民用建筑内建筑结构防治、去除雾霾的全球专利整体态势

1. 民用建筑内建筑结构防治、去除雾霾的全球专利申请的年代分布

图 6 是全球民用建筑内建筑结构防治、去除雾霾的专利申请年代分布。从图中可以看出，民用建筑内建筑结构防治、去除雾霾的专利申请最早出现于 20 世纪 90 年代，到 2001 年以前，一直处于稳步增长，从 2010 年开始出现显著增长。

2. 民用建筑内建筑结构防治、去除雾霾的全球专利申请的国家和地区分布

从全球民用建筑内建筑结构防治、去除雾霾的专利申请的国家分布中可以看出（参见图 7），空气污染严重的亚洲国家是雾霾的重灾区，相应的技术研究的也就较

多，中国的房地产业发展较快，新建的民用建筑较多，人们更愿意在建筑中采用新的结构和材料。除了雾霾严重的中国，日本和韩国研究较多，而西方国家中，德国和美国的申请量较为领先。

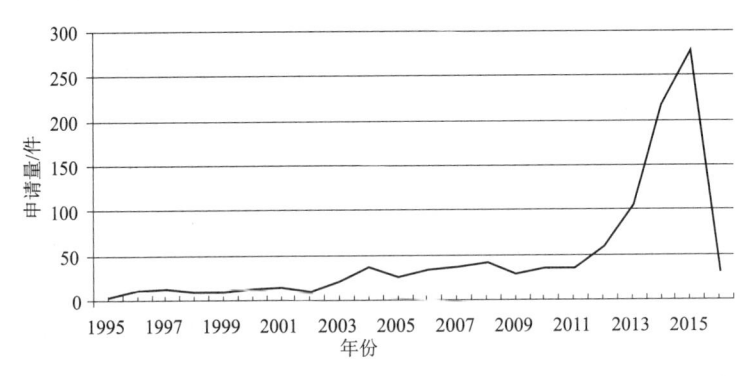

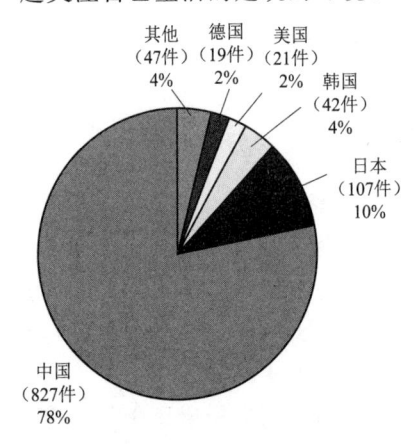

图6　民用建筑内建筑结构防治、去除雾霾的全球专利申请的年代分布

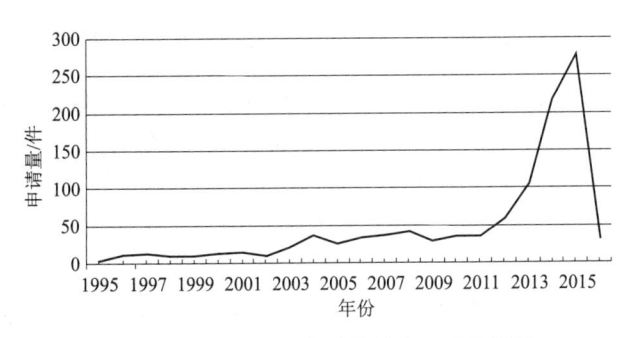

（二）民用建筑内建筑结构防治、去除雾霾的中国专利申请整体趋势

1. 民用建筑内建筑结构防治、去除雾霾中国专利申请的年代分布

图8是民用建筑内建筑结构防治、去除雾霾中国专利申请的年代分布。从图8中可以看出，中国的民用建筑内建筑结构防治、去除雾霾的专利申请最早出现于1995年，并且在2002年以前，专利申请量一直较低，直到2004年，民用建筑内建筑结构防治、去除雾霾的专利申请量才开始增加，而从2010年开始则出现快速增长，2015年甚至达到了250件以上，考虑到一些专利申请还未公开，实际可能更多，环境的污染和人们对优秀空气质量的需求使得市场和研发出现了大规模的需求，人们开始越来越关注自己生活的建筑的环境。

图7　民用建筑内建筑结构防治、去除雾霾全球专利申请的国家分布

图8　民用建筑内建筑结构防治、去除雾霾中国专利申请的年代分布

2. 民用建筑内建筑结构防治、去除雾霾中国专利申请的国内申请地区布

图 9 是民用建筑内建筑结构防治、去除雾霾中国专利申请的国内申请地区分布,国内申请中,沿海发达地区的申请量较高,沿海地区的工业化发达,同时也经济发达,雾霾也相对严重,由此带来的专利创新和技术研究必然更多。

图 10 是中国内地申请与来华申请的分布,由分布可以看出,作为雾霾的直接受害者,中国内地的人们更有创新的热情来把雾霾阻挡在建筑物外。

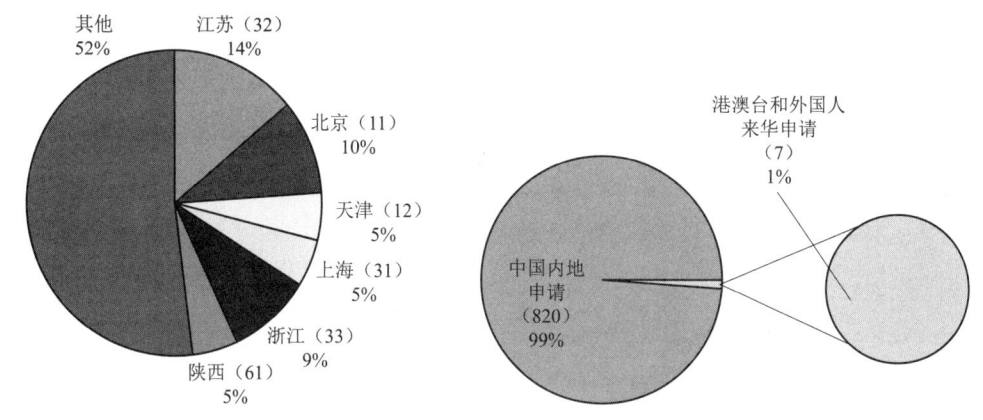

图 9 民用建筑内建筑结构防治、去除雾霾中国专利申请的国内申请地区分布

图 10 国内申请与来华申请的分布

3. 民用建筑内建筑结构防治、去除雾霾中国专利申请的类型分布情况

图 11 是民用建筑内建筑结构防治、去除雾霾中国专利申请的类型分布情况,其中发明专利也具有相当的比例,实用新型数量最多,比例最高,PCT 申请较少。

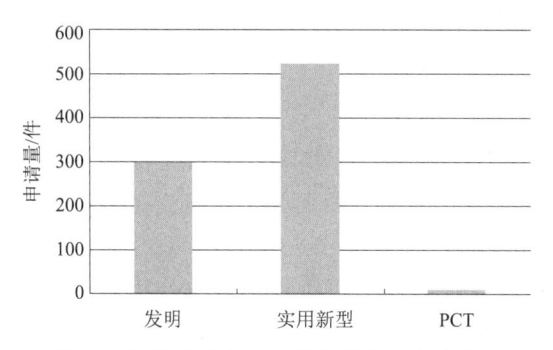

图 11 民用建筑内建筑结构防治、去除雾霾中国专利申请中国专利申请类型分布

4. 民用建筑内建筑结构防治、去除雾霾中国专利申请的主要申请人的分布情况

图 12、图 13 是民用建筑内建筑结构防治、去除雾霾主要申请人的分布情况。可

以发现，主要申请人为企业申请人，高校和研究机构申请量比较少，可见，高校和研究机构需提高对建筑结构防治、去除雾霾这类技术的关注。

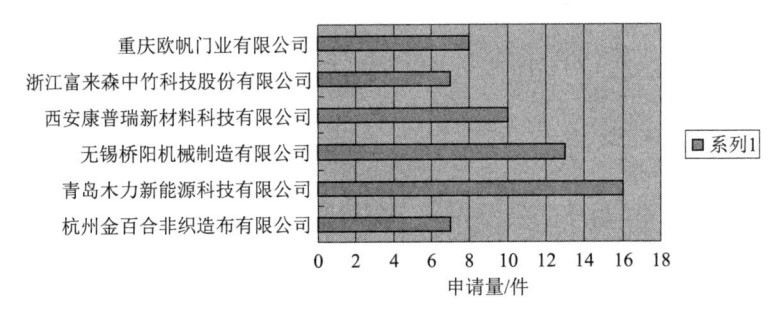

图12　民用建筑内建筑结构防治、去除雾霾中国专利申请中国主要申请人分布

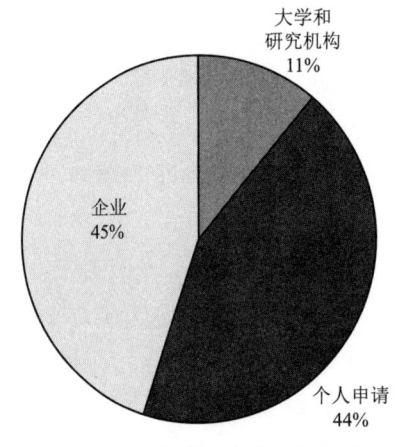

图13　民用建筑内建筑结构防治、去除雾霾中国专利申请主要申请人类型分布

（三）民用建筑内建筑结构防治、去除雾霾主要专利技术分析

1. 建筑结构中的门和窗防治、去除雾霾主要专利技术

从全球和中国专利申请数据分析表明，建筑结构本体中的门和窗防治、去除雾霾技术主要集中在滤网式空气净化技术、负离子膜空气净化技术、核孔膜空气净化技术、荷电水雾除尘空气净化技术、建筑智能化技术等，现对上述几种建筑结构中的门、窗防治、去除雾霾技术作简要介绍如下。

（1）滤网式空气净化技术

滤网式空气净化技术也称被动式空气净化技术（参见图14），其利用风机将空气抽入净化器，通过内置的滤网过滤空气，主要起到过滤颗粒物、去除异味、消毒等作用。滤网作为空气净化器的核心，其数量和材质对净化效果有很大影响，空气净化所用滤网中最为常见的是"机械滤网"，其他的还包括涉及静电、触媒、紫外、水洗、生物、纳米、HEPA等技术的滤网，各种滤网对空气净化的实现方式也不同。由于目前人们对于空气净化的需求已经不再是单纯的滤除尘埃，因此机械净化结合其他方式所形成的多重净化方式变得很普遍。在门窗结构中，为去除雾霾，去除PM2.5颗粒物，滤网多采用HEPA（High Efficiency Particulate Air，高效率空气微粒滤芯）滤网、活性炭滤网、纳米纤维滤网等结构，多与光触媒、紫外线杀菌、静电等多种技术结合使用。从经济角度来讲，成本比较高的就是HEPA滤网，它能起到分解有毒气体和杀菌作用，特别是抑制二次污染。其中HEPA滤网是目前广泛使用的高效滤网，由一叠连续前后折叠的亚玻璃纤维膜构成，形成波浪状垫片用来放置和支撑过滤介质，主要针对悬浮颗粒物，由于其对微粒的捕捉能力较强，孔径微小且吸附容量大，针对0.3微米的粒子净化率为99.97%，因而对过滤颗粒物的效果非常明显，净化效率高，特性是对于越大的粒子效果越好。滤网式空气净化技术应用于建筑门窗的主要缺点在于需要定期更换滤网。将满足各种需求的滤网单元进行模块化以实现定制化服务，将会是一个可以考虑的技术发展方向。

如CN105064893A公开了一种内平开铝合金窗，参见图14、图15，包括：窗框1；窗扇2，其安装在窗框中；空气过滤部3，其包括三个气体过滤装置，每个空气过滤装置包括盒体311和盖，盒体内部设置有活性炭过滤网312、HEPA过滤网313和灰尘过滤网314；电磁锁，锁紧窗；电动推杆，其固定端固定在窗框上，其伸缩端固定在窗扇上；检测装置，其包括固定在窗框上的温度传感器6、湿度传感器7、LED显示屏9和一氧化碳传感器8，湿度传感器7与LED显示屏9连接；服务器，其与电磁锁、电动推杆、温度传感器、LED显示屏和所述一氧化碳传感器电连接。本发明不仅具有现有窗体具备的功能，还能有效的起到对室内气体的净化，极大的满足了人们的生活需要。

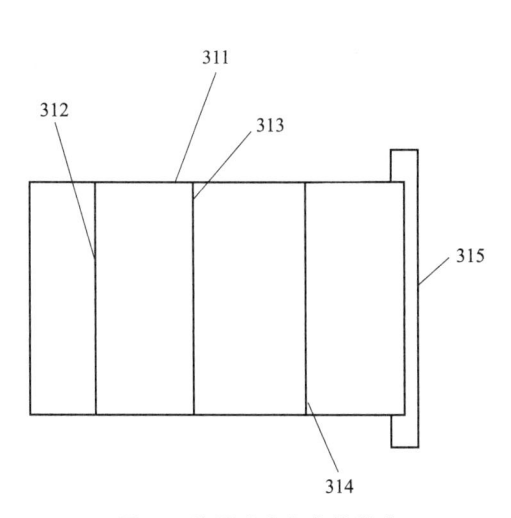

图14 滤网式空气净化技术　　图15 内平开铝合金窗

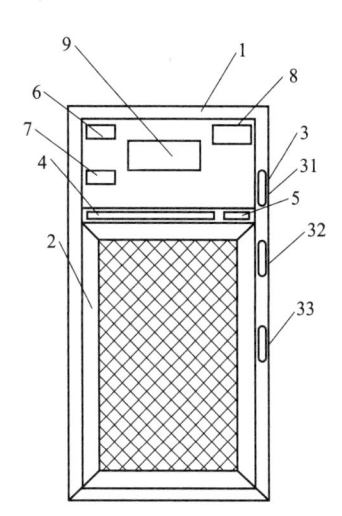

CN204703727U公开了一种防雾霾纱窗，参见图16，其特征是所述纱窗的纱网包括支撑网层2、保护网层3和纳米纤维膜层1，纳米纤维膜层覆盖在支撑网层上，且位于支撑网层和保护网层之间，纳米纤维膜层为静电纺PAN纳米纤维。支撑网层2和保护网层3的连接方式是通过黏结剂4黏结，该纱窗通过压纱条分别与固化好的长方形纱网部件安装到带有压纱槽的窗框6中。

(2) 负离子膜空气净化技术

负离子空气净化技术是一种利用自身产生的负离子对空气进行净化、除尘、除味、灭菌的空气净化技术,相比传统的被动式空气净化技术,其以负离子作为作用因子,主动出击捕捉空气中的有害物质。负离子的产生借助于脉冲、振荡电路将低电压升至直流负高压,利用尖端直流高压产生高电晕,高速地释放出大量的电子,而电子无法长久存在于空气中,立刻会被空气中的氧分子捕捉,形成负离子。负离子能使空气中微米级肉眼看不见的PM2.5等微尘通过正负离子吸引、碰撞形成分子团下沉落地。且负离子能使细菌蛋白质两级性颠倒,而使细菌生存能力下降或致死。负离子净化空气的特点为灭活速度快,灭活率高,对空气、物品表面的微生物、细菌、病菌均有灭活作用。在负离子的作用下,粒径小至0.01微米的微粒和难以去除的飘尘等都会被吸附、聚集、沉降。由于空气中的小分子悬浮颗粒,由于比空气比重轻,通过负离子作用,小分子悬浮颗粒容易结合成大分子悬浮颗粒,比空气比重重,易沉降与地面。这也是负离子净化空气的一个弊端,往往使用负离子空气净化装置,地面或墙壁会有灰尘的原因。

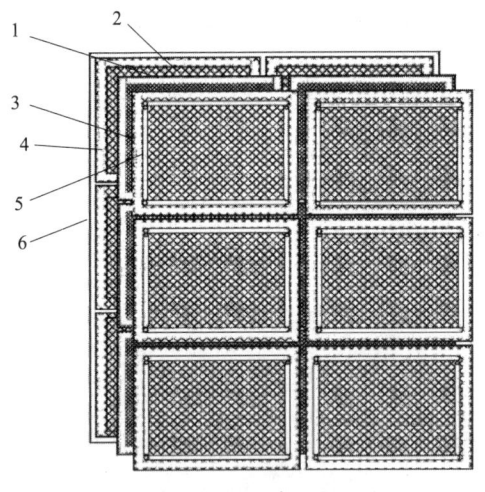

图 16 防雾霾纱窗

如CN105257197A公开了一种负离子窗纱膜加工工艺及负离子窗纱膜,其工艺步骤为:将涂布好的负离子膜连同承载层一同与窗纱热压复合,热压时负离子膜与窗纱直接接触;待负离子膜与窗纱复合完全且冷却后,剥去承载层;最后将剥去承载层的负离子膜与窗纱复合体收卷,由该加工工艺制成本发明负离子窗纱膜。本发明加工出的负离子窗纱膜能有效保证负离子释放量和释放精度,它所释放的负离子具有降尘、防霾、杀菌、提高人体免疫力,促进人体健康和清新室内空气的特点,而且其拉伸强度高、透明度好,安装方便。

如CN105328351A公开了一种负离子窗纱膜打孔方法及微孔窗纱膜,其先将负离子窗纱膜以负离子膜朝上装于放卷机,另一端穿过拖动压辊、多个过渡辊及纠偏器后装于收卷机,其设于电晕头下,负离子膜由涂料加工制成,涂料配方:水性聚氨酯乳液80~90份,水性蜡乳液5~8份,负离子粉3~5份,抗紫外线剂0.3~0.6份,抗氧化剂1~3份,表面活性剂0.01~0.3份,抗静电剂0.4~0.5份,阻燃剂5~6份,去离子水5~15份;调整负离子窗纱膜与电晕头间距离;闭合拖动压辊后开启主机,带动负离子窗纱膜运行增速,之后保持匀速;使电晕头连续打孔与放、收卷机同步进行,打孔孔径200~500μm,孔密度100~500个/cm^2,微孔窗纱膜包括窗纱和负离子膜。

(3) 核孔膜空气净化技术

核孔滤膜是一种新型的过滤膜。由于核微孔滤膜的滤孔，其几何形状规则，孔径均匀，基本是圆柱形的直通孔，过滤时大于孔径的微粒被截留在滤膜表面，适宜横向流过滤或反冲，以提高滤膜寿命。又由于滤膜本身是电介质薄膜，就不存在滤膜本身对滤液的污染，所以是精密过滤和筛分粒子的理想工具。功能核孔膜是一种无须耗电的高效空气净化装置，可阻挡大气污染物 PM2.5 进入室内。当室内氧气浓度降低时，外界的氧气会源源不断地流进室内，室内的甲醛、二氧化碳、一氧化碳、苯系物等有毒有害气体及病毒、放射性物质也会依浓度自由扩散原理透过微孔排到室外，从而营造室内氧气充足、无污染的清新自然空气环境。

核孔膜防雾霾窗纱外表看起来和普通窗纱没多大区别，但仔细观察可发现窗户上"暗藏核孔膜"。每平方米数百亿个锥型微孔有效地保证室内外空气交换，降低室内污染物浓度。防霾窗纱在通风换气的同时，可过滤掉室外空气中的悬浮颗粒，以此达到净化空气的功效。

如 CN103587172A 公开了一种核孔膜纱、核孔膜纱窗及核孔膜纱的制备方法，其中核孔膜纱包括依次层叠的核孔膜层、用于延长所述核孔膜层的表面积的延伸层，及支撑所述核孔膜层和延伸层的支撑层。该核孔膜纱将核孔膜层、延伸层和支撑层复合在一起，从而得到了机械强度高、使用寿命长、空气过滤效果好的宽幅的核孔膜纱，该核孔膜纱的面积可根据实际需求具体选择，可阻挡室外大气污染物进入室内，同时使室内污染物在换气时流至室外，大大减低室内污染物浓度。

(4) 荷电水雾除尘空气净化技术

在静电除尘的基础上增加了水雾吸尘的过程，采用滤网过滤与荷电水雾吸附相结合的复合除尘技术。过滤是指在纱窗前后表面安装具有一定网眼尺寸的滤网，过滤室外空气中较大尺寸的悬浮颗粒。荷电水雾吸附除尘技术是指在纱窗腔体中充满高浓度水雾，并用静电装置使水雾颗粒带静电，从而吸附空气中的细小粉尘颗粒。同时，带电水雾颗粒在静电力作用下被吸附到正极金属网上，最后被导流到污水盒中，便于纱窗清洁。

CN203978240U 公开了一种空气净化纱窗，参见图17，包括纱窗框架、滤网过滤装置、水雾发生装置、静电装置和污水收纳盒；所述滤网过滤装置包括前过滤网和后过滤网，分别设于纱窗框架两侧，所述水雾发生装置位于纱窗框架顶部内侧，所述静电装置与水雾发生装置配合使水雾颗粒带电荷，所述污水收纳盒设于纱窗框架底部内侧。同时采用了滤网过滤与荷电水雾吸附两种粉尘过滤技术，兼顾空气过滤效果与空气流通能力；通过使水雾颗粒带电荷进行主动式吸附粉尘的方式来完成过滤，过滤效果好且无污染；清洁容易，使用方便。

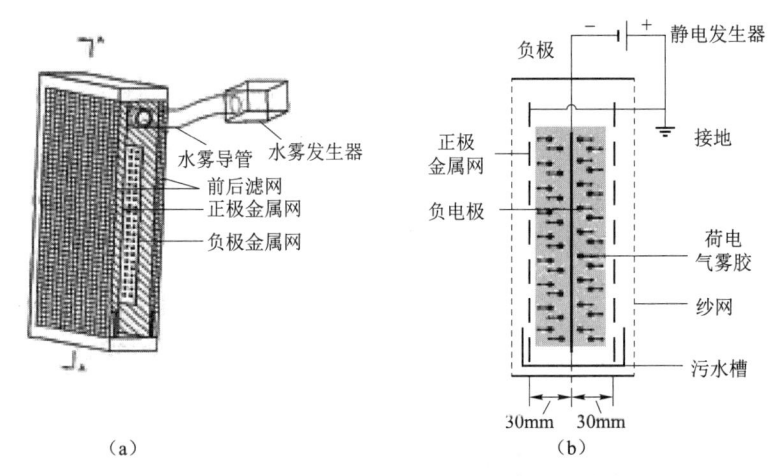

图 17 采用荷电水雾除尘技术的空气净化纱窗

(5) 建筑智能化

智能建筑将建筑技术和信息技术相结合，以建筑物为平台，兼备信息设施系统、信息化应用系统、建筑设备管理系统、公共安全系统等，集结构、系统、服务、管理及其优化组合为一体，向人们提供安全、高效、便捷、节能、环保、健康的建筑环境。建筑是智能建筑的平台，在节能环保的大背景下，建筑这一平台向绿色、生态方向发展，建筑智能化的内容、技术以及内涵均要随之扩展。

PM2.5 空气质量检测仪是指专用于测量空气中 PM2.5（可入肺颗粒物）数值的专用检测仪器。适用于公共场所环境及大气环境的测定，还可用于空气净化器净化效率的评价分析。仪器内置滤膜在线采样器，在连续监测粉尘浓度的同时收集 PM2.5，以便对其成分进行分析，并求出质量浓度转换系数 K 值。直读粉尘质量浓度（mg/m³）。仪器采用强力抽气泵，使其更适合需配备较长采样管的中央空调排气口，便于对可吸入尘 PM2.5 进行监测。

① 智能更换：安装在窗框上的主控制器、PM2.5 传感器、普通纱窗和防霾纱窗，普通纱窗和防霾纱窗按照前后方向层叠设置在窗户上，并分别固定在窗框上方所对应的卷轴上，PM2.5 传感器用于检测室外空气质量，主控制器根据 PM2.5 传感器的检测结果，启动普通纱窗卷轴或防霾纱窗卷轴的转动，实现普通纱窗和防霾纱窗的智能更换。

CN205117194U 公开了一种智能防霾纱窗装置，参见图 18，包括安装在窗框上的主控制器 11、PM2.5 传感器 9、普通纱窗和防霾纱窗 4-2，普通纱窗 4-2 和防霾纱窗 4-1 按照前后方向层叠设置在窗户上，并分别固定在窗框上方所对应的卷轴上，所述的 PM2.5 传感器用于检测室外空气质量，所述的主控制器根据 PM2.5 传感器的检测结果，启动普通纱窗卷轴或防霾纱窗卷轴的转动，实现普通纱窗和防霾纱窗的智能

民用建筑内防治、去除雾霾的专利技术现状及其发展趋势　489

更换。

② 智能控制与传输：利用细颗粒物监测装置准确地扑捉室外空气质量，当达到微处理器内的设定值后，由微处理器控制无线信号发送模块发出无线信号给控制器的无线信号接收模块，控制器用来控制电动窗的开合或者换气扇的启停，从而实现室内空气的自动更新。使用换气扇可以达到主动换气的效果，直接、快速；使用百叶窗可以达到被动换气的效果，安静、自然。具有监测细颗粒物及无线传输功能的智能窗户，自动化程度高，同时实现了无人控制、无线传输的功能，能够在家中无人的情况下自动进行换气。

③ 智能显示：门板一侧的中间位置设置有握柄，防盗门门板位于安装在室内的侧壁上设置有电子显示屏，电子显示屏外侧边缘上设置有呼吸灯条，电子显示屏与设置在防盗门门板内侧侧壁上颗粒传感器连接，电子显示屏、颗粒传感器分别与控制器连接。颗粒传感器可以对室内空气中颗粒进行探测，并将数据及时显示到电子显示屏上。室内的人可以根据实时显示的颗粒物探测情况来决定门的开启与关闭或室内净化装置的开启与关闭。

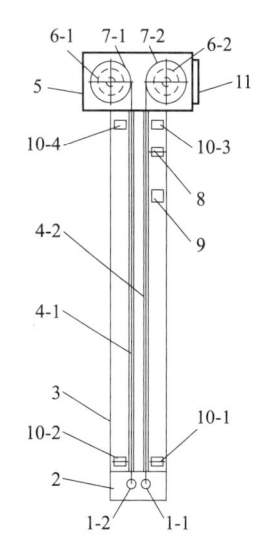

图 18　智能防霾纱窗装置

CN205277219U 公开了一种家用防盗门，参见图 19，包括呈矩形结构的防盗门门板 1，防盗门门板 1 一侧的中间位置设置有握柄 2，其特征在于：所述防盗门门板 1 位于安装在室内的侧壁上设置有电子显示屏 3，所述电子显示屏 3 外侧边缘上设置有呼吸灯条 4，所述电子显示屏 3 与设置在防盗门门板 1 内侧侧壁上颗粒传感器 I 5、颗粒传感器 II 6 连接，所述电子显示屏 3、颗粒传感器 I 5 与颗粒传感器 II 6 分别与控制器 7 连接，所述防盗门门板 1 位于安装在室外的侧壁上设置有太阳能电池板 8，所

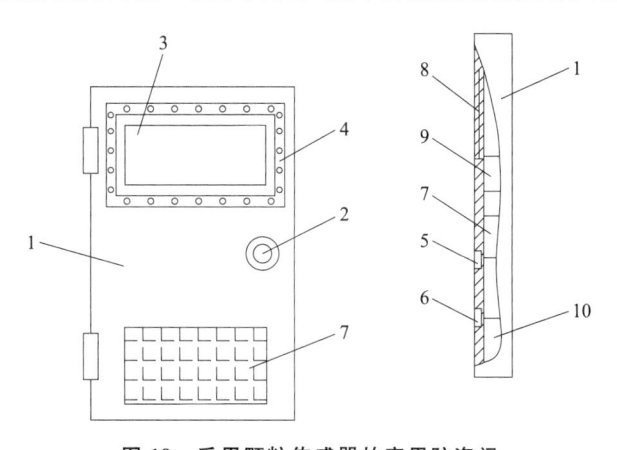

图 19　采用颗粒传感器的家用防盗门

述太阳能电池板8通过设置在防盗门门板1内部的转换器9与电池板10连接，并在所述防盗门门板1的一侧设置有电源适配器。

2. 建筑结构中墙体防治、去除雾霾主要专利技术

建筑结构中墙体防治、去除雾霾主要专利技术体现在智能材料的使用上，智能材料是指模仿生命系统，能感知环境变化，并及时改变自身的性能参数，作出所期望的、能与变化后的环境相适应的复合材料或材料的复合。仿生命感觉和自我调节是智能材料的重要特征。智能材料在建筑中的应用广泛，结构型智能建筑材料可对建筑结构的性能进行预先的检测和预报，不仅大大减少结构维护费用，更重要的是可避免由于结构破坏而造成的严重危害。

（1）墙体材料

① 净化空气混凝土：在砂浆和混凝土中添加纳米二氧化钛等光催化剂，制成光催化混凝土，分解去除空气中的二氧化硫、氮氧化物等对人体有害的污染气体。另外还有物理吸附、化学吸附、离子交换和稀土激活等空气净化形式，可起到有效净化雾霾、甲醛、苯等室内有毒挥发物，减少二氧化碳浓度等作用。

如CN104150955A公开了一种可降解NO_x的喷涂式水泥混凝土的制备方法，所述方法的具体步骤如下：（1）大孔径透水水泥混凝土的制备；（2）二氧化钛水性浆液的制备：将二氧化钛粉体和活性炭按质量比0.5~2∶1进行充分混合得到二氧化钛粉体和活性炭的混合物，然后将水泥、二氧化钛粉体和活性炭的混合物、混凝土渗透固化剂和分散剂进行混合，二氧化钛粉体和活性炭的重量是水泥重量的0.3%~1.5%，混凝土渗透固化剂的重量是水泥重量的1%~5%，分散剂的重量是水泥重量的0.3%~0.9%，上述混合物加水搅拌均匀后，得到二氧化钛水性浆液；（3）喷涂式混凝土的制备：将步骤（2）制备的二氧化钛水性浆液喷涂于步骤（1）制备的大孔径透水水泥混凝土的表层，使其渗入表层8~12mm内，然后对水泥混凝土进行养生，得到本发明的可降解NO_x的喷涂式混凝土。

② 功能型高晶板材：传统的石膏板具有保温隔热装饰性好等诸多优良的功能特点，以及特殊的呼吸作用，即可以调节室内的空气湿度，在此基础上，在基本材料中加入富含银离子的纳米无机抗菌材料，或掺入负离子经化学反应增加空气负离子浓度，可起到杀菌抑菌除臭、净化空气等作用，有效用作内墙板、吊顶板、防火面板等。

如CN 105400246A公开了一种环保型装饰石膏板，包括：纸面石膏板；复合在所述纸面石膏板上的面层；所述面层由包括以下组分的浆料制成：半水石膏45~55重量份；硅藻泥15~30重量份；生石灰10~20重量份；滑石粉5~20重量份；柠檬酸0.01~0.3重量份；纤维素0.01~0.5重量份；纳米二氧化钛2~14重量份；水90~130重量份。这样的环保型装饰石膏板通过对面层的组成及含量进行调配，使产品具有调节湿度和净化空气的性能。

(2) 涂层材料

纳米材料因近似大分子水平的粒径，具有大比表面积高表面活性，故化学催化和光催化能力强。以混凝土、涂料、玻璃、陶瓷、砖、板材或其他应用形式出现的纳米建材，可具备同时憎水憎油特性，将抗菌成分银、铜等离子及其化合物结合与其中，使其依靠自身能量激活水氧产生活性，使材料表面具有自清洁防污、防霉、防毒、防雾防霾、抗菌、净化环境等功能。纳米技术的发展为人们设计功能复合建筑材料提供了广阔的空间，以下介绍几种典型的应用形式。

① 室外净化空气涂料

外墙涂料在阳光下爆晒后激活其中的光催化剂捕捉空气污染物，由于表面不易产生静电作用，抗污性好，易清洁，雨水也能够将被吸收的污染物冲刷。这类涂料在国外已进入实用阶段，期内可大量吸收汽车尾气和有毒烟雾等有害气体。此类涂料的净化原理之一是涂料中的二氧化钛和碳酸钙球形粒子与多孔硅酮材料混合，通过紫外线把大气中的氮氧化物和硫氧化物等转变成硝酸和硫酸，从而被冲刷或中和。

如CN104789120A公开了一种新型室外空气净化及自清洁材料及其制备方法，包括如下重量百分比的组分：去离子：40%～50%，纳米二氧化钛：20%～30%，分散助剂1：1%～2%，分散助剂2：13%～15%，溶剂9%～10%，本发明能够降低和去除室外大气污染，减少和去除汽车尾气排放的氮氧化物、硫化物，减少雾霾，提高空气质量，还原绿色生活，让人们自由呼吸。

如CN105017905A公开了一种纳米改性净霾高耐候外墙涂料，属于化工涂料技术领域。其主要组成部分：水、润湿剂、分散剂、消泡剂、丙二醇、金红石型钛白粉、沉淀硫酸钡、重质碳酸钙、高岭土、改性纳米光催化剂、不透明聚合物、弹性乳液、成膜助剂、防腐剂以及增稠剂。本发明大大提高了涂料产品的耐候、耐沾污性能，具有一定的弹性，能够遮盖墙体细小裂纹；并且能够分解大气中有害的氮氧化物和硫化物，起到一定的净霾作用。

② 室内环境净化涂料

添加稀土激活无机抗菌净化材料，能够较好地净化 VOC、NO_X、NH_3 等室内环境污染气体，其净化原理与室外涂料类似；同时，在光催化反应过程中生成的自由基和超氧化物，能够有效分解有机物，从而起到杀菌作用；此外，利用表面二氧化钛的超亲水效应，使表面去污方便快捷。为充分发挥上述自清洁效果，也可把纳米成份用于瓷砖表面，使用在室内厨房、卫生间或内墙等部位；或用于玻璃表面，使用在建筑的采光玻璃上，使清洗变得容易。

CN1544558A公开了一种环保型光催化内墙涂料及其制备方法，该环保型光催化内墙涂料，采用无机、有机复合乳液作为成膜物质，而光催化剂以功能填料形式分散于其中，再辅以助剂及其他功能型添加剂，制成一种常温固化的水性环保涂料；该涂料的特征在于具有以下各原料组分及重量百分配比：硅丙乳液和聚丙烯酸酯乳液中的一种或两种的混合液为10%~35%、硅溶胶为5%~15%、纳米级的锐钛矿相或锐钛矿相和金红石相的混合相二氧化钛颗粒，或经表面处理的二氧化钛复合颗粒，即光催化剂为2%~15%、颜料和填料及其他添加剂为10%~20%、水溶剂为余量。该环保性光催化内墙涂料可有效降解周围空气中污染物质，净化室内空气，CN204609187A 公开了一种杀菌瓷砖，参见图20，包括瓷砖本体10及保护层40，所述保护层40是厚度为0.05~0.08mm 的抛光釉层，保护层40具有直径为纳米级别的细微孔洞，瓷砖本体与保护层之间还设置有有机材料层30和无机杀菌层20。利用无机杀菌层中的纳米金属离子或者纳米金属离子与二氧化钛类复合型纳米抗菌材料对散落在瓷砖表面的带菌物质杀菌，保持室内干净卫生。同时也对空气中含有的氨气甲醛、苯类化合物等有害气体产生良好的降解作用。

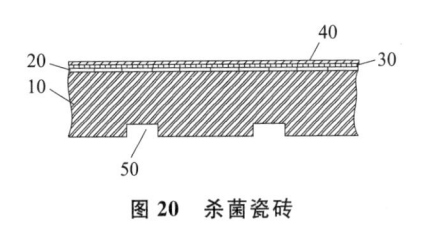

图20 杀菌瓷砖

③ 负离子功能涂料

在宏观上负离子内墙涂料涂膜表面光洁致密，但在微观上是高分子纤维网结成的多孔网膜。正是由于这种孔隙的存在，使得空气分子可以与涂料中的填料颗粒作用。当负离子材料作为功能性填料，加入到内墙涂料时，微米级的负离子粉料均匀地分散在有机膜中，空气中的水分子与墙壁涂料层碰撞，被负离子粉体颗粒电极附近的强电场电离，形成空气离子；此外，由于负离子复合粉体中的一种材料的变价特性，可以与空气中的自由基作用，消耗空气中自由基，增加负离子浓度。负离子内墙涂料就是通过这两种机制的协同作用增加空气负离子的浓度，产生具有森林功能的效果，吸收有害气体，抑菌除臭。

CN104497685A 公开了一种负离子抗菌净霾涂料。该涂料是由以下重量份的原料经研磨、混合而成：成膜乳液15~40 份；负离子添加剂8~30 份；银离子添加剂 0.5~20 份；颜填料5~35 份；助剂5~15 份；去离子水20~50 份。通过引入负离子添加剂使得成膜物具有持续释放负离子功能，从而净化空气尤其是能够降低PM2.5浓度。同时，银离子添加剂具备持久的抗菌防霉功能。

（四）民用建筑内建筑结构防治、去除雾霾主要申请人的主要专利技术分析

特定技术领域中的主要申请人的技术发展对本领域的动向及发展趋势有着重要的作用，并且对申请人研究方向的分析可以准确获知不同申请人的技术特长，本文对民用建筑内建筑结构防治、去除雾霾的重要申请人及其重点专利技术做了分析。

1. 立邦及其名下子公司

立邦是世界著名的涂料制造商，成立于1883年，已有超过100年的历史，是世界上最早的涂料公司之一。1962年集团成立，1992年进入中国的立邦涂料，是国内涂料行业的领导者。立邦始终以开发绿色产品、注重高科技、高品质为目标，以技术力量不断推进科研和开发，满足消费者需求。

立邦作为亚太地区最大的涂料制造商，其业务范围广泛，涉及领域建筑涂料、汽车涂料、一般工业涂料、卷钢涂料、粉末涂料等领域。立邦公司申请的主要领域集中在建筑涂料、涂层领域，也涉及一些砂浆饰面领域，其申请的核心技术也大部分涉及空气净化功能，在国外申请人除雾霾方面处于比较领先的地位，其涉及净化空气，去除雾霾的专利申请主要集中在2000年以后。

如JP2005095765A公开了一种砂浆饰面工程方法，通过该方法提供了砂浆装饰面结构，其应用光催化剂材料，包含过氧改良锐钛矿型或金红石型二氧化钛颗粒，在墙体表面形成清洁涂层膜，可吸收和分解有害物质，例如氧化氮和甲醛，利于净化空气；如JP2003096335A公开了一种无机涂料组成物及其施工方法，该无机涂料组成物包括化石研磨材料和/或电气石粉末、用于硅酸基粉末的水玻璃和/或铝材料粉末。该化石研磨材料包括具有平均粒径为1～50微米的琉球石灰石研磨材料。包括在该无机涂料组成物中的硅酸基粉末的水玻璃和/铝材料粉末吸收有毒物质，从而该无机涂料组成物提供了优越的除臭性能。上述材料使得该无机涂料组成物具有优越的空气净化功能。

2. 无锡桥阳机械制造有限公司

无锡桥阳机械有关民用建筑内防治、去除雾霾的专利技术的申请集中在2015年，其专利技术主要涉及防治雾霾的空气净化器、过滤网、防治雾霾的涂料等。

如CN105255346A公开了一种防治雾霾的水溶性涂料组合物，通过选取特定的β沸石作为载体，以及选取特定比例的掺杂有Ce的$V_2O_5/(MoO_3)_x(WO_3)_{1-x}$与$TiO_2$混合物作为活性成分，银和钯作为助催化剂，使得该催化剂产生协同效应，使得该涂料对雾霾的防治有效率达到100%；

如CN105219250A公开了一种防治雾霾的水溶性涂料组合物，通过选取特定的沸石作为载体，以及选取特定比例的Ti/Ce作为活性成分，Ag/Fe作为助催化剂，使得该催化剂产生协同效应，使得该涂料对雾霾的防治有效率达到100%；

如CN105219248A公开了一种防治雾霾的水溶性涂料组合物，通过选取特定组分1和组分2，使得该组合物产生协同效应，该组合物对雾霾的防治有效率达到100%，使得该催化剂产生协同效应，使得该涂料对雾霾的防治有效率达到100%；

如CN105238251A公开了一种防治雾霾的水溶性涂料组合物，通过选取特定的β沸石作为载体，以及选取特定比例的掺杂有Sb的$V_2O_5/(MoO_3)_x(WO_3)_{1-x}$与$TiO_2$混合物作为活性成分，银和钯作为助催化剂，使得该催化剂产生协同效应，使得该涂料对雾霾的防治有效率达到100%。

3. 西安康普瑞新材料科技有限公司

西安康普瑞新材料科技有限公司有关民用建筑内防治、去除雾霾的专利技术的申请集中在2015年，其专利技术主要涉及防治雾霾的负离子涂料、负离子窗纱膜、防霾透气窗纱、离子膜。

如 CN105255341A 公开了一种负离子涂料，由以下成分按重量份数的配方是：耐水胶粘剂 60～90 份，负离子粉 0.4～3 份，阻燃剂 5～10 份，抗静电剂 0.3～0.6 份，离型剂 0.2～5 份，抗紫外线剂 0.1～2.5 份，抗氧化剂 1～3 份，表面活性剂 0.01～0.4 份，去离子水 10～30 份。涂料能释放负离子，其成膜后表面硬度高、热稳定、耐候性好。

如 CN105257198A 公开了一种防霾透气窗纱加工工艺及防霾透气窗纱，其工艺步骤为：制备负离子涂料；用负离子涂料制备负离子膜；用制备的负离子膜与窗纱加工制备负离子窗纱膜；在制备的负离子窗纱膜上加工微孔，由该加工工艺制成防霾透气窗纱。

如 CN205185450U 公开了一种负离子窗纱膜，包括窗纱，所述窗纱上面连接有能释放负离子的负离子膜，所述负离子膜为能释放出负离子的功能层，所述负离子膜包括离型层和能释放出负离子的功能层，所述功能层设置于离型层上面。

如 CN105175767A 公开了一种离子膜加工工艺，工艺步骤为：（1）将离型层涂料涂覆于承载层上并烘干，形成连接于承载层上的离型层；（2）将功能层涂料涂覆于步骤（1）的离型层上并烘干，形成固定于所述离型层上的功能层；（3）将承载层与离型层及功能层的粘合层剥离，弃除承载层保留离型层与功能层二层的结合体即形成离子膜。

四、民用建筑内建筑设备防治、去除雾霾的专利技术分析

（一）民用建筑内建筑设备防治、去除雾霾的全球专利申请整体态势

1. 民用建筑内建筑设备防治、去除雾霾的全球专利申请的年代分布

图 21 是全球民用建筑内建筑设备防治、去除雾霾的专利申请年代分布。从图 21 中可以看出，民用建筑内建筑设备防治、去除雾霾的专利申请量在 2009 年以前一直比较稳定，2011 年，民用建筑内建筑设备防治、去除雾霾的专利申请量开始增加，从 2012 年开始则出现快速增长，2015 年达到高峰。

2. 民用建筑内建筑设备防治、去除雾霾的全球专利申请的国家和地区分布

图 22 显示的是全球民用建筑内建筑设备防治、去除雾霾的专利申请国家和地区的分布情况。空气污染严重的亚洲国家是雾霾的重灾区，相应的技术研究的较多，除了雾霾严重的中国，日本韩国的技术研究较多，而西方国家中，德国和法国的申请量较为领先。

（二）民用建筑内建筑设备防治、去除雾霾的中国专利申请整体趋势

1. 民用建筑内建筑设备防治、去除雾霾中国专利申请的年代分布

图 23 显示的是中国民用建筑内建筑设备防治、去除雾霾的专利申请年代分布情况。从图 23 中可以看出，在 2009 年以前，专利申请量一直较低，2011 年，民用建筑内建筑设备防治、去除雾霾的专利申请量开始增加，从 2012 年开始则出现快速增长，2015 年达到高峰。

民用建筑内防治、去除雾霾的专利技术现状及其发展趋势 495

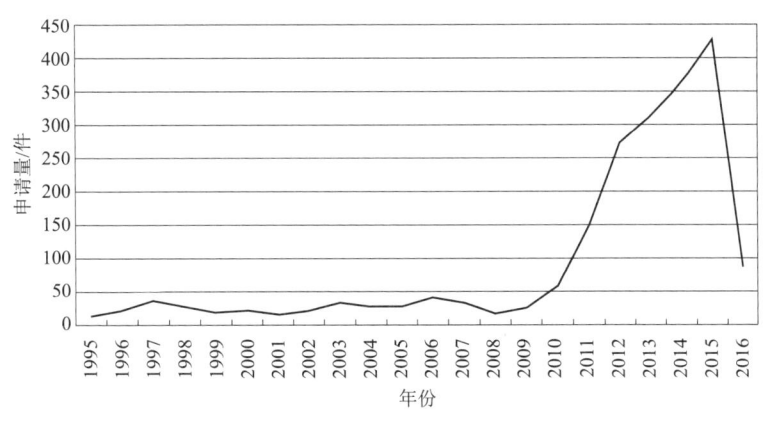

图 21 民用建筑内建筑设备防治、去除雾霾的全球专利申请年代分布

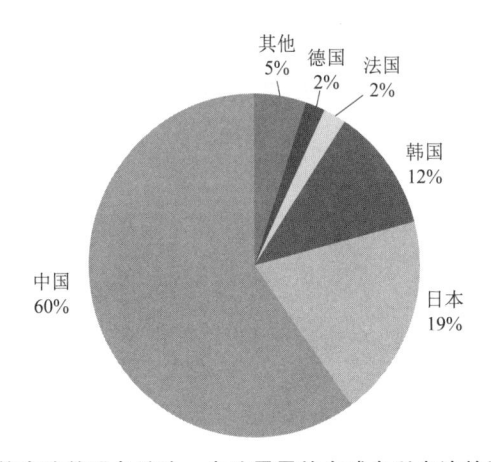

图 22 民用建筑内建筑设备防治、去除雾霾的全球专利申请的国家和地区分布

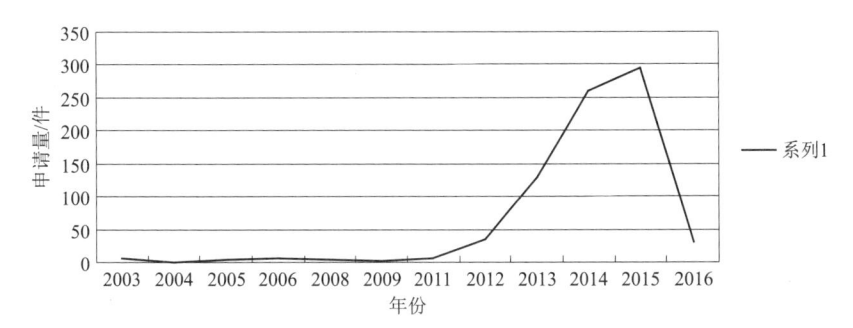

图 23 民用建筑内建筑设备防治、去除雾霾的中国专利申请年代分布

2. 民用建筑内建筑设备防治、去除雾霾中国专利申请的国内地区分布

图 24、图 25 显示的是中国民用建筑内建筑设备防治、去除雾霾的专利申请的国内地区分布情况。从图 24、图 25 中可以看出，在国内申请中，北京及沿海发达地区的专利申请量较高，国外来华的专利申请量较少。

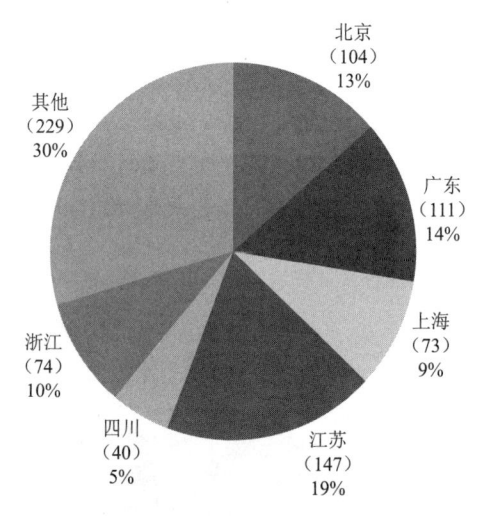

图 24 民用建筑内建筑设备防治、去除雾霾的中国专利申请的国内地区分布

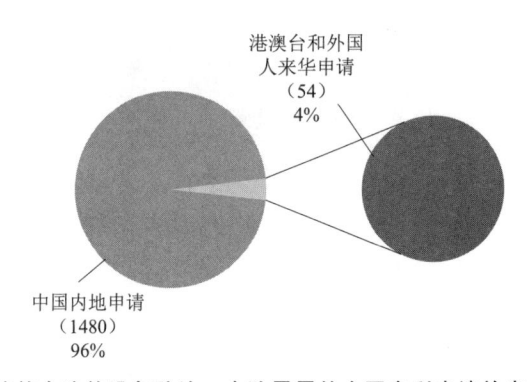

图 25 民用建筑内建筑设备防治、去除雾霾的中国专利申请的申请人地区分布

3. 民用建筑内建筑设备防治、去除雾霾中国专利申请的类型分布

图 26 显示的是中国民用建筑内建筑设备防治、去除雾霾的专利申请的类型分布情况，其中，发明专利与实用新型申请量相当，PCT 申请量较少。

4. 民用建筑内建筑设备防治、去除雾霾中国专利申请的国内主要申请人申请量分析

图 27、图 28 显示的是中国民用建筑内建筑设备防治、去除雾霾的主要申请人分布情况，申请人主要为企业申请人，高校和研究机构的专利申请量比较少。

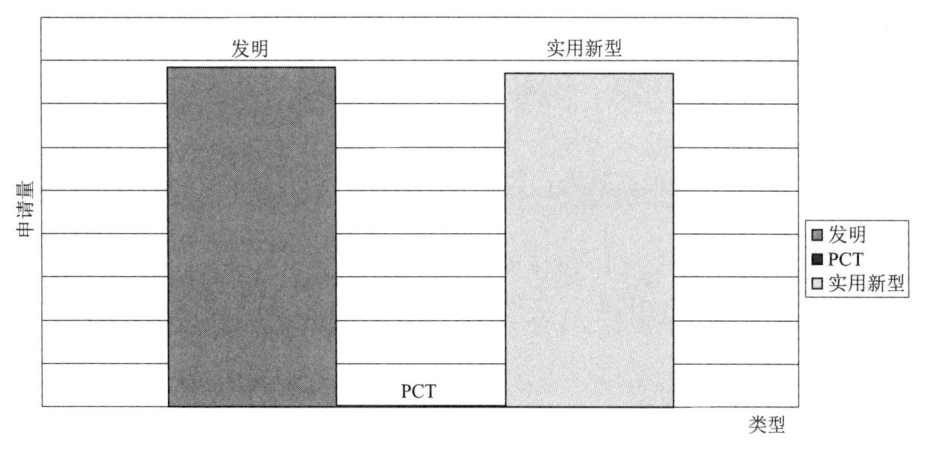

图 26 民用建筑内建筑设备防治、去除雾霾的中国专利申请的类型分布

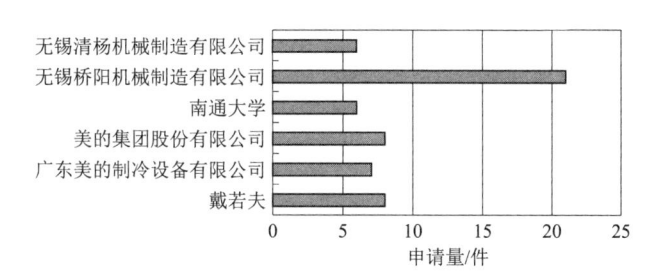

图 27 民用建筑内建筑设备防治、去除雾霾的中国专利申请主要申请人分布

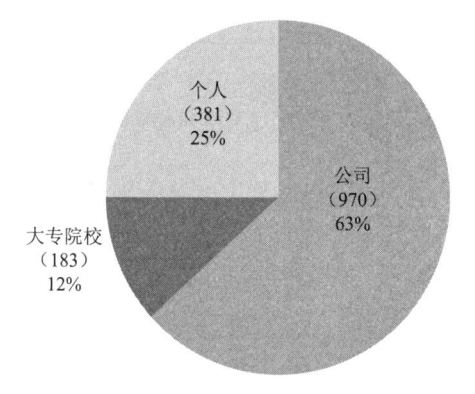

图 28 中国民用建筑内建筑设备防治、去除雾霾的申请人类型分布

（三）民用建筑内建筑设备防治、去除雾霾的主要专利技术分析

从全球和中国专利申请数据分析表明，民用建筑内建筑设备防治、去除雾霾的专利技术主要集中在水幕除尘技术、滤网式过滤技术、电子集尘过滤技术、负离子除尘

技术、等离子除尘技术等，现对上述几种专利技术作简要介绍。

1. 水幕除尘技术

水幕除尘技术是使含尘气体与液体（一般为水）密切接触，利用水滴和颗粒的惯性碰撞或利用水和粉尘的充分混合作用及其他作用捕集颗粒或使颗粒增大或留于固定容器内达到气体和粉尘分离的效果。水幕除尘技术在20世纪90年代就已出现，一直沿用至今。

如DE19619885A1（公开日1997年1月2日）公开了一种从空气中过滤细微颗粒物的方法，参见图29，其中，空气通过穿过水幕的方式从空气中过滤细微颗粒物。

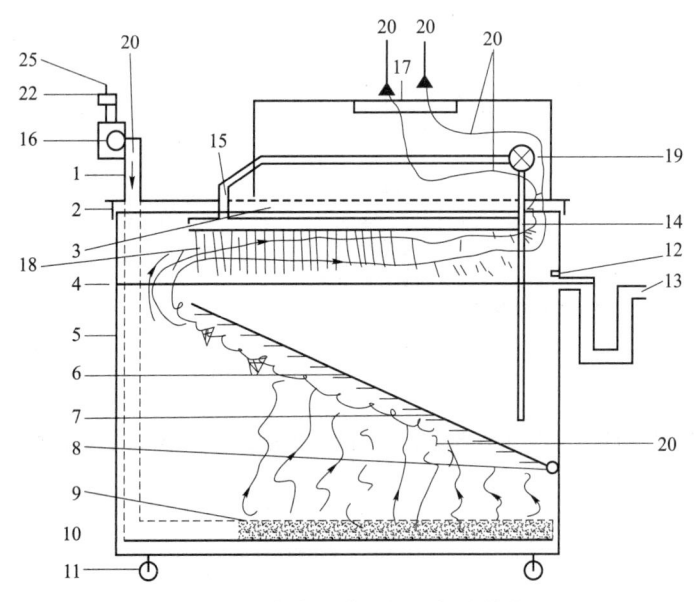

图29 从空气中过滤细微颗粒物的方法

如CN104807085A公开了一种提供基于微藻去除PM2.5的空气净化器及其使用方法，参见图30，包括从下往上依次包括储藻池、微藻处理装置和上端盖；使用方法为开启日光灯、紫外灯和恒温装置给储藻池中微藻提供适宜的生长环境，开启上端盖上的排风扇，排风扇将储藻池进气口中进入的气体往上抽，在净化器内部形成一个真空状态，开启水泵，藻液由水泵抽到抽液管道中，经过抽液管道的支路管道末端喷头，把藻液均匀的喷洒在滤芯上，再从上往下重新回流到储藻池中，储藻池中的微藻吸收溶解藻液中的有害物质，释放氧气，室内空气在经过湿滤芯的时候，将大颗粒污染物阻挡下来，经过湿滤芯层的过滤，大的颗粒物全部除尽；由于藻液的喷淋，潮湿的滤芯，PM2.5颗粒被清洗，藻液喷洒过程中溶解空气中的颗粒物和可溶性污染物，而空气中残留的VOCs被活性炭层吸收；最后上端盖的紫外灯对空气中的细菌灭活，净化的空气和氧气从排风口逸出。本发明的室内空气净化装置,通过整合微藻净化处理技术、水洗技术、活性炭吸附技术、紫外光杀菌技术四种技术巧妙的结合且互补,可以净化空气中的大部分污染物,并且还能增加室内氧气。

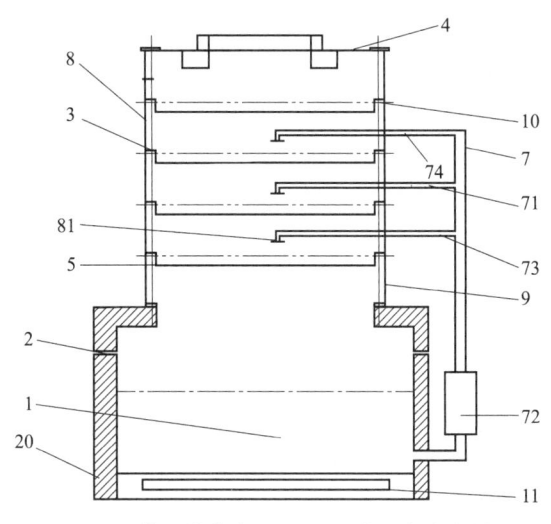

图 30 基于微藻去除 PM2.5 的空气净化器

2. 滤网式过滤技术

滤网式过滤技术不仅在建筑结构的防霾技术中广泛应用,在建筑设备中也是最主要的防霾技术。在有关空调的专利申请中,涉及滤网式过滤技术的申请就占比 50%。

如 CN105020780A 公开了一种空气净化、空气调节复合一体机,参见图 31,空气净化器与空气调节装置并联设于机壳内,一体机包括机壳、空气净化腔、空气调节腔,空气净化腔内设有空净风机、过滤模块;空气调节腔内设有空调风机、空调模块;空气净化腔与空气调节腔不连通;空气净化腔连通有新风口、回风口,优选带 HEPA 高效过滤模块的复合式过滤模块;优选采用离心式风机,机壳为螺旋式渐开线形结构,带有导流板。在保证空气净化、空气调节双重效果,不增大风机的功率,静音且不产生臭氧,节电,用户无需二次消费,节约空间、费用,克服雾霾天气引起的健康隐患以及室内的各种污染等问题,还具有除 PM2.5 达到 0.1 微米级别、空气含氧量高,房间空气循环无死角的效果。

如 CN105737262A 公开了一种智能感控的室内空气净化器,参见图 32,其包括空气导入装置、过滤装置、负离子发生装置、净化装置、在线智能感控装置以及空气导出装置;通过净化器内部连续的初级、深度两级过滤装置将室内空气中的大颗粒悬浮物、毛发、粉尘等有效过滤拦截;随后经过 HEPA 高效过滤网,去除 95% 的 PM2.5。

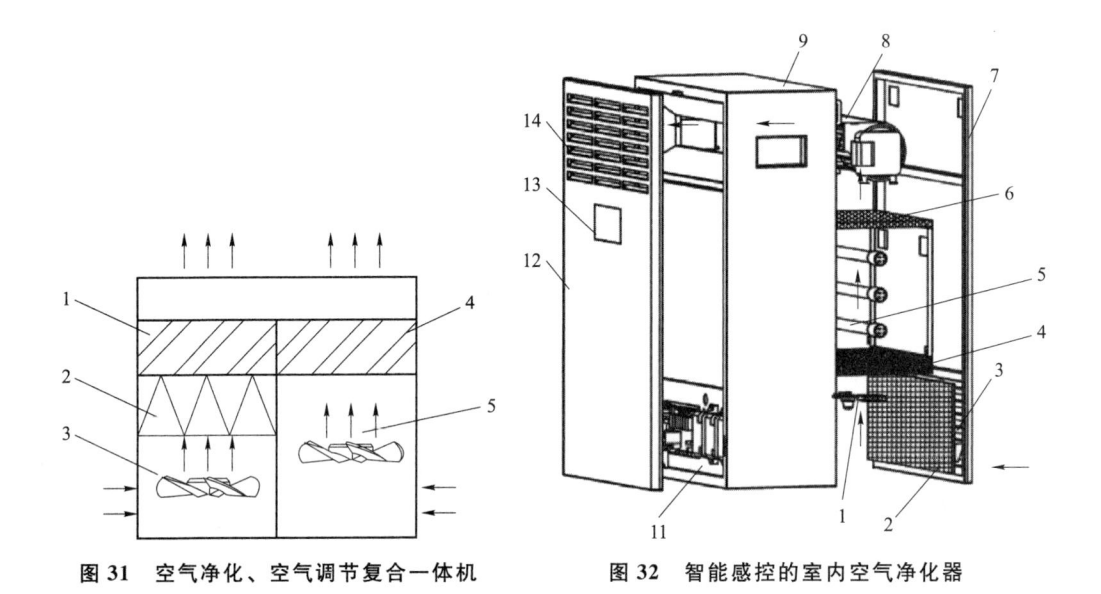

图 31 空气净化、空气调节复合一体机

图 32 智能感控的室内空气净化器

3. 电子集尘过滤技术

电子集尘式过滤技术利用高压将污染物颗粒带电，当带电的污染物颗粒通过有正负电极交叉的收集板时吸附到收集板上，从而达到改善室内空气中污染物颗粒的目的。电子集尘式空气净化器通常会与滤网组合使用，空气中较大颗粒物在通过空气净化器滤网时被过滤，更小的颗粒物虽气流进入集尘器。集尘器前部为电离区，后部为集尘区。颗粒物经过电离区后，被高压电电离后赋予电荷。当带电荷的颗粒物通过集尘区时被吸附在集尘板上，气流得到净化。在有关空调的专利申请中，涉及电子集尘式过滤技术的申请占比21%。

如 CN103851704A 公开了一种公共空间空气净化处理器，参见图33，其机体外壳下部四周设有四个进风口，机体外壳上部四周设有四个出风口，机体外壳内部设有空气过滤管，空气过滤管下部设有粗过滤网，粗过滤网上部设有 HEPA 层，HEPA 层上部设有高压静电集尘网，高压静电集尘网上部设有活性炭层，活性炭层上部设有两个光触媒层，两个光触媒层之间设有 UV 杀菌灯，空气过滤管上端设有高效蒸发过滤网，高效蒸发过滤网上部设有喷淋装置，出风口后部设有导风管，导风管下部设有风扇。本发明的有益效果在于：当设备开启时，通过风扇转动，将处理器周围空气通过进风口吸入处理器内，对空气进行过滤、加湿、净化空间中的杂质 PM2.5 等。该专利申请为滤网式过滤技术和电子集尘式过滤技术结合使用。

如 CN104826432A 公开了一种复合型空气净化方法，参见图34，该方法将空气通过充气泵注入到粗滤装置中进行粗滤，粗滤后的空气通过进气孔 11 进入密闭容器 1，空气在密闭容器中去除其中的带电颗粒和有机分子，最后经分子筛膜过滤装置进一步过滤 PM2.5，完成净化。本发明将静电除尘和光催化降解同时进行，提高了净化效率，提升了净化效果。在此基础上，结合充气泵，进一步空气通过分子筛膜进行过滤，去除空气中的 PM2.5。该专利申请为电子集尘式过滤技术与其他多种技术结合使用。

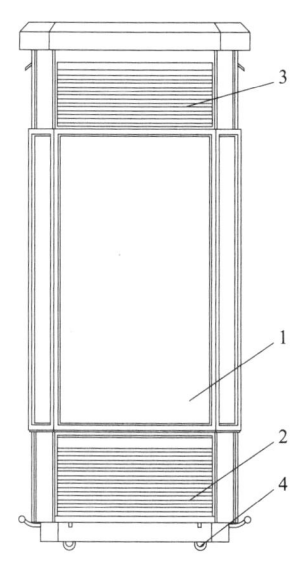

图 33　公共空间空气净化处理器

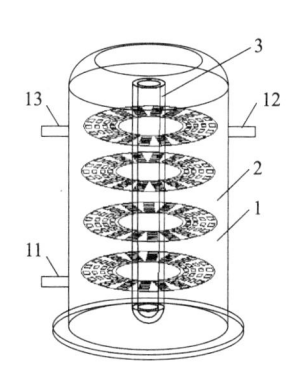

图 34　复合型空气净化方法

4. 负离子除尘技术

负离子除尘技术是一种利用自身产生的负离子对空气进行净化、除尘，相比传统的被动式空气净化技术，其以负离子作为作用因子，主动出击捕捉空气中的有害物质。负离子的产生借助于脉冲、振荡电路将低电压升至直流负高压，利用尖端直流高压产生高电晕，高速地释放出大量的电子，而电子无法长久存在于空气中，立刻会被空气中的氧分子捕捉，形成负离子。负离子能使空气中微米级肉眼看不见的 PM2.5 等微尘通过正负离子吸引、碰撞形成分子团下沉落地。

如 CN104613542A 公开了一种空气净化过滤方法，参见图 35，采用包括负离子发生器和静电纤维材料过滤单元共同组成空气净化过滤模块，沿进风方向，负离子位于静电纤维材料的上风口；所述的过滤模块中的负离子发生器，其产生的负离子能够与空气中的灰尘、灰尘颗粒结合，使其带电，静电纤维材料过滤单元吸附微粒；这是一种低风阻、高效率的空气过滤模块，可以消除 PM2.5 等细颗粒物，属于高效过滤器。

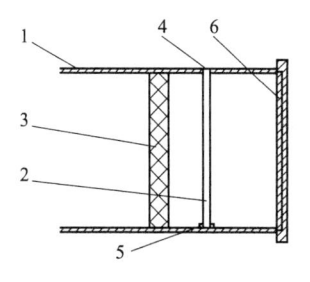

图 35　空气净化过滤模块

本发明占用空间小,实现了低风阻的高效过滤,大大降低通风能耗,可广泛应用于空调器、空气净化器、集中通风系统。该专利申请为负离子除尘技术和电子集尘式过滤技术结合使用。

5. 等离子除尘技术

"等离子体"(Plasma)术语最早出现在 1928 年,由朗缪尔(Langmuir)提出,含义是指离子和电子群的近似电中性的集合体。在其后的发展中,等离子体的定义随着认识的不断深入而变化,目前比较权威的定义为"等离子体(又称物质的第四态)是由电子、正负离子、激发态的原子、分子以及自由基等粒子组成的,并表现出集体行为的一种准中性非凝聚系统"。等离子体的应用技术因特点而异,其中低温等离子体技术应用于气态污染物的净化。低温等离子体去除室内微细颗粒污染物的机理主要体现在物理效应,在电晕放电过程中,产生大量的电子和正负离子,在电场的作用下,高速运动与颗粒污染物发生非弹性碰撞,从而附着在上面形成荷电颗粒物,在电场的作用下运动而被收集,最终达到去除的目的。

如 CN104390271A 公开了一种等离子放电结合改性分子筛的空气净化装置及其使用方法,参见图 36。该装置包括过滤网组模块、等离子净化装置、加湿增压装置、检测显示控制模块;过滤网组模块一个气体出口与加湿增压装置气体进口连接,另一个气体出口与等离子净化装置干燥空气气体进口连接;加湿增压装置气体出口与等离子净化装置湿空气气体进口连接。该方法是空气经过滤网组模块过滤分别送入等离子净化装置、加湿增压装置;空气进入加湿水箱通过超声波雾化器水雾化后送入等离子净化装置湿空气通入管;进入等离子净化装置的空气经电晕放电净化。该专利申请为等离子除尘技术和滤网式过滤技术结合使用。

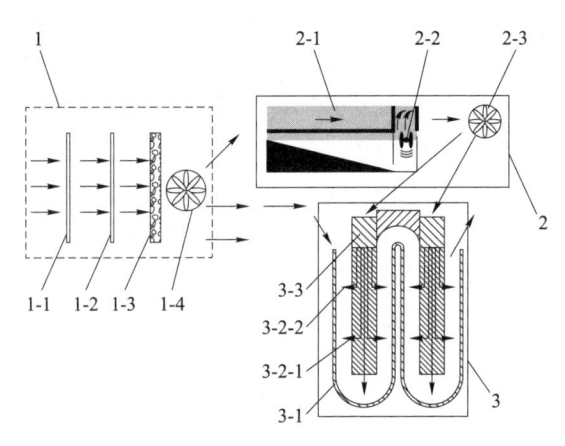

图 36 等离子放电结合改性分子筛

6. 建筑智能化

近年来,有关民用建筑内建筑设备防治、去除雾霾控制方法类的专利申请大幅增加，图 37 为中国民用建筑内建筑设备防治、去除雾霾的有关控制方法类专利申请年代分布图。

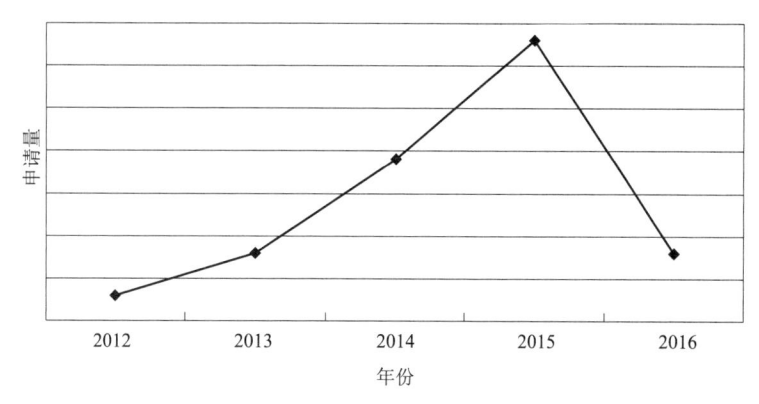

图 37　中国民用建筑内建筑设备防治、去除雾霾的
有关控制方法类专利申请年代分布

由图 37 可见，在节能环保的大背景下，建筑这一平台向绿色、生态方向发展，建筑智能化控制的内容、技术以及内涵也随之扩展。

如 CN104913454A 公开了一种用于空气净化装置的控制系统、控制方法及家用电器。其中，该系统包括：污染物检测装置，用于检测空气中的污染物浓度；以及控制装置，与所述污染物检测装置连接，用于接收所检测的污染物浓度，根据预定时段内所检测的污染物浓度和与所述空气净化装置的多个运行模式分别对应的多个预设污染物浓度范围确定所述空气净化装置的运行模式，并控制所述空气净化装置以所确定的运行模式运行。使用本发明上述的系统、方法及家用电器，能够根据一段时间内的污染物浓度自动控制空气净化装置以适当的运行模式运行，避免了污染程度与净化功率不对应的情况，从而优化了净化效果，且提升了智能化水平和使用价值。

如 CN203909575U 公开了一种智能家居环境质量调控系统，参见图 38，包括控制单元、环境质量调节设备环境参数显示单元以及向控制单元反馈信号的多个传感器，所述控制单元对传感器反馈值比对分析后对环境质量调节设备发出控制指令，控制单元连接有显示传感器参数的参数显示单元。通过各种传感器，将对居住环境有影响的二氧化碳、一氧化碳、二氧化硫、臭氧、可吸入颗粒、光线、光照度、温湿度等量化后发送到控制单元进行室内外的比对，控制单元根据用户的设定形成指令控制对应的空气加湿器、空调、臭氧呼吸机、智能百叶窗、电源控制开关等做出相应的调节达到调节环境的目的，为住宅提供优质、高效、节能的人居环境，最大限度地降低浪费，满足现代家居环境质量要求。

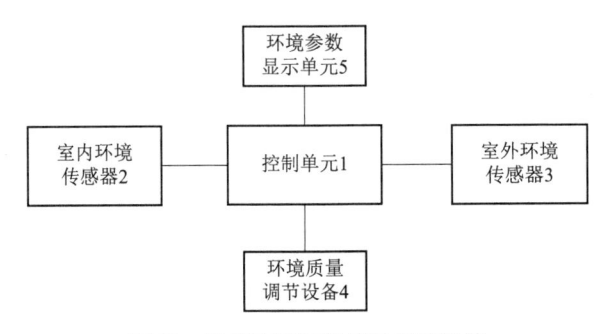

图 38 智能家居环境质量调控系统

(四) 民用建筑内建筑设备防治、去除雾霾主要申请人的主要专利技术分析

1. 美的集团股份有限公司、广东美的电器股份有限公司、广东美的制冷设备有限公司、广东美的暖通设备有限公司、美的集团武汉制冷设备有限公司

图 39 是美的集团股份有限公司及名下企业专利申请年代分布图。从中可以看出，自 2012 年来申请量逐年上升。

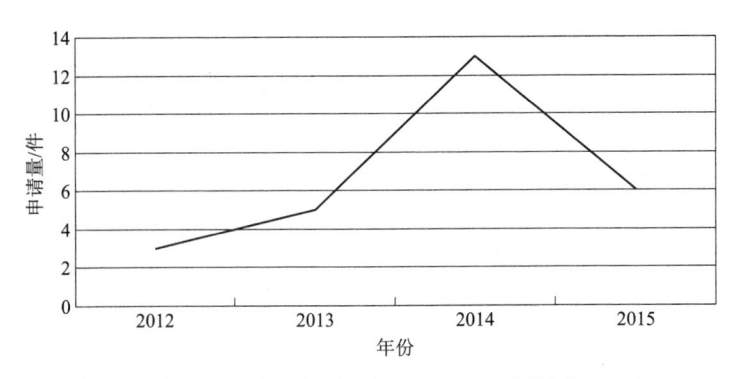

图 39 美的集团股份有限公司及名下企业专利申请年代分布

图 40 是美的集团股份有限公司及名下企业专利技术布局图。从中可以看出，滤网式过滤技术也是最主要的防霾技术。具体分析其专利布局，不仅限于各专利技术的单独使用，多种除霾技术通常还结合使用，以进一步保证建筑内部的除霾效果。

如 CN204153952U 公开了一种空调器过滤网组件及空调器，参见图 41。过滤网组件包括滤网本体和设置在滤网本体上的功能网体。本实用新型不仅可以对进入空调的空气进行一般过滤，而且还具有除 PM2.5、恶臭、异味、过敏原、细菌和病毒等功能，有效的提高了空调器的除尘及杀菌效果，进而提高室内空气质量。该专利申请为滤网式过滤技术。

如 CN104121657A 公开了一种可自动净化的空调系统的控制方法及空调系统，参见图 42。该空调系统中，净化模块 300 用于根据净化控制信号对室内环境的可吸入颗粒物进行净化。净化模块 300 包括负离子发生器 310 和净化装置 320，其中，净化装置 320 包括多个可过滤大于等于 M（μm）的颗粒的过滤网，优选地，M 为 1μm。该空调系统能够实现对室内环境的可吸入颗粒物的浓度进行自动监测与净化，解决了室内空气可吸入颗粒物浓度不可知与不可控的问题。该专利申请为滤网式过滤技术和负离子除尘技术结合使用。

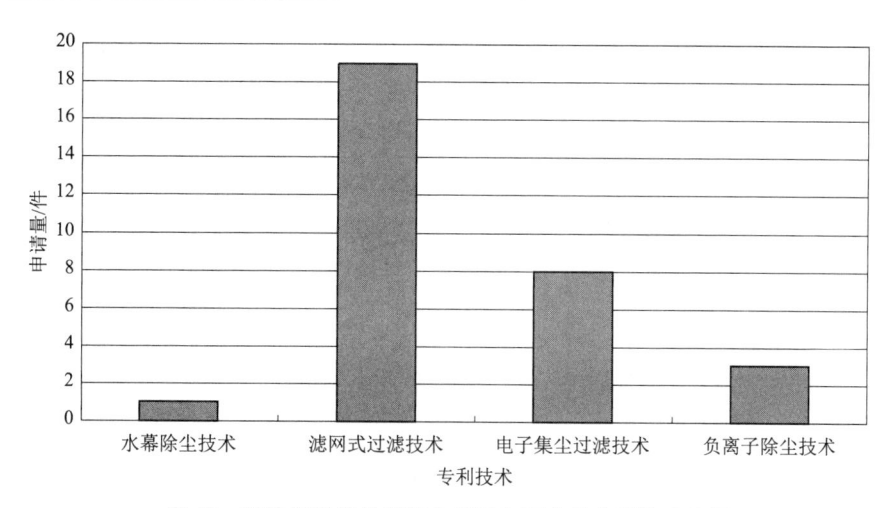

图 40　美的集团股份有限公司及名下企业专利技术布局

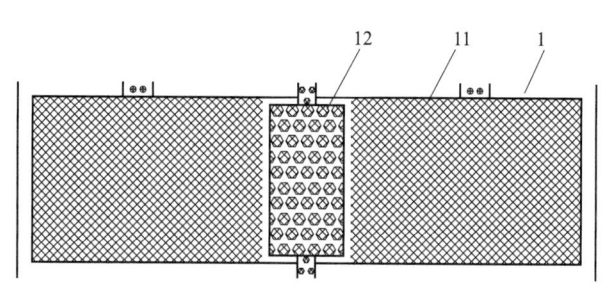

图 41　空调器过滤网组件

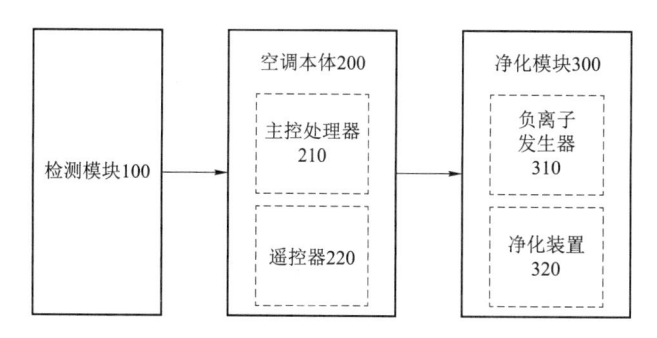

图 42　可自动净化的空调系统

如 CN203719091U 公开了一种空调用的去除空气中 PM2.5 的净化结构及空调器。该去除空气中 PM2.5 的净化结构，参见图 43，包括网架、负离子发生器、集成电源模块、电源模块支架及过滤网，网架包括框架、容置空间及横梁和纵梁、横梁和纵梁横纵交错形成网孔，过滤网支撑于横梁和纵梁上且位于容置空间内，过滤网覆盖网孔。一种空调器，包括所述净化结构、空调前壳体、空调后壳体、出风口、进风口、蒸发器，网架可拆卸地安装于空调后壳体上且对应进风口，电源模块支架及集成电源模块安装于所述空调后壳体上，电源模块支架位于网架的一端，负离子发生器设置于出风口处。采用所述净化结构的空调器，去除了室内空气中悬浮的灰尘颗粒，净化室内的空气，减少室内空气污染，利于室内人们的身体健康。该专利申请为滤网式过滤技术和负离子除尘技术结合使用。

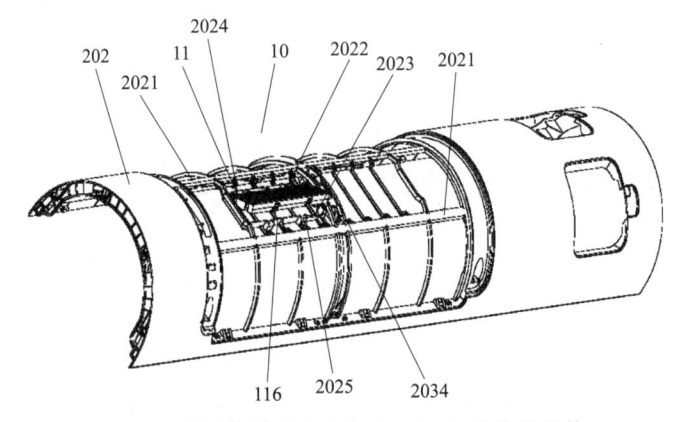

图 43 空调用的去除空气中 PM2.5 的净化结构

如 CN104110729A 公开了一种空气净化装置及具有该装置的空调器。该空气净化装置，参见图 44，包括离子发生器、过滤装置和控制器；其中离子发生器可向空气中持续释放负离子，一方面有益健康，另一方面负离子与空气中的悬浮颗粒物结合，使其荷电并自然沉积，为后续的静电除尘奠定基础；过滤装置可进一步对空气进行电离并对颗粒物进行强化荷电，同时分别对大颗粒物和超微颗粒物分别进行滤除和吸附；控制器根据接收到的用户输入的控制指令或是根据空气质量检测单元反馈的空气质量信息作出自动判断，对离子发生器和过滤装置进行独立控制，可以分别开启或者关闭离子发生器和过滤装置，以达到预期的净化效果。该专利申请为电子集尘过滤技术和负离子除尘技术结合使用。

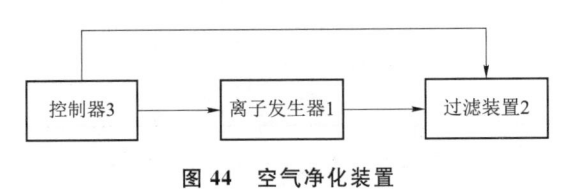

图 44 空气净化装置

2. 珠海格力电器股份有限公司

珠海格力电器股份有限公司有关民用建筑内防治、去除雾霾的专利技术最早的申请在 2005 年，近年来增多。专利布局集中在滤网式过滤技术、电子集尘过滤技术、负离子除尘技术以及等离子除尘技术等，且多种除霾技术结合使用。

如 CN104226477A 公开了一种空气净化器及其净化方法，该空气净化器，参见图 45，包括：荷电部，包括电源和与电源电连接的放电结构；凝并部，位于荷电部的下游，凝并部的气流通道中设置有紊流发生件；收集部，位于凝并部的下游。本发明还提供了一种用于上述的空气净化器的净化方法。本该发明的空气净化器及其净化方法，有效改善净化效果且成本较低。该专利申请为电子集尘过滤技术。

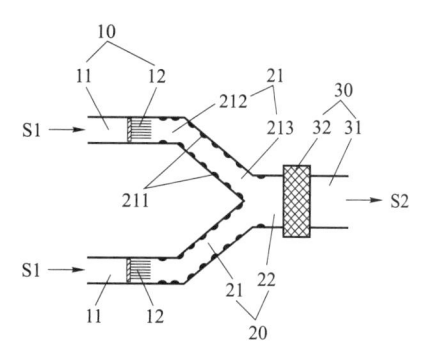

图 45　空气净化器

如 CN202747548U 公开了一种空调系统，参见图 46，包括设置于所述空调系统的室内机进风口，用于对空气进行 PM2.5 浓度采样检测的 PM2.5 检测装置；与所述 PM2.5 检测装置电连接，用于将检测后得出的采样值 D<sam>与设定阈值 D<set>进行比较并发出控制信号的处理器；与所述处理器电连接，当 D<sam>≥D<set>时启动的 PM2.5 净化装置；PM2.5 净化装置包括等负离子发生器和除尘装置。该空调系统，通过 PM2.5 检测装置 1 对室内空气进行采样检测，通过处理器将检测后得出的采样值 D<sam>与设定阈值 D<set>进行比较，在 D<sam>≥D<set>时，处理器控制空调@系统内的 PM2.5 净化装置启动，并对室内空气进行净化，以达到空调系统对 PM2.5 的净化作用，有效提高了室内空气质量。该专利申请为等离子除尘技术。

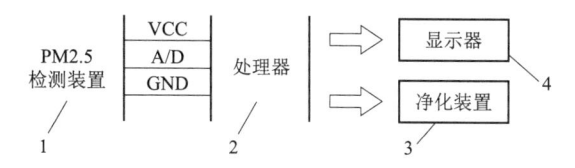

图 46　对 PM2.5 有净化作用的空调系统

如 CN2821446Y 公开了一种空调器用离子发生与除尘装置，参见图 47，该空调器结合了多端放电技术和过滤网技术，通过多个放电部位产生大量负离子，装置中的过滤网还可以将空气中的大颗粒尘埃过滤下来。该空调器包括框架、安装在框架上的过滤网，它的主要特征在于所述的空调器用离子发生与除尘装置还包括安装在框架上的放电板及放电端子支架，所述放电端子支架上设置了至少一个放电端子，所述放电端子为针尖状或圆柱状。其有益效果是阻力小，去除可吸入颗粒物的效果好，结构合

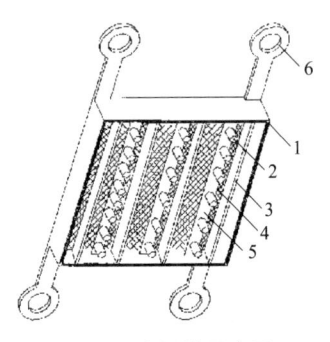

图 47 空调器用离子
发生与除尘装置

理,成本低。该专利申请为负离子除尘技术与滤网式过滤技术结合使用。

3. 南通大学

南通大学有关民用建筑内防治、去除雾霾的专利技术的申请集中在 2015 年,其专利技术主要涉及基于微藻去除 PM2.5 的空气净化器,属于水幕除尘技术。

如 CN104633778A 公开了一种室内空气净化器,参见图 48,由储液池、滤芯、活性炭、排风扇、紫外灯装置组成。抽风机可以把空气从最下层往上抽,每层滤芯上方都有一个喷头,喷头喷出的藻液与空气充分接触,空气中的颗粒物和水溶性物质融于水中,空气中的 PM2.5 值可以大幅度下降,还能加湿空气。空气中的 NOx、甲醛以及重金属离子等溶于水中被培养基反应之后,可以被微藻吸收利用。微藻可以吸收空气中的污染物转换成自身的营养,并且通过光合作用,释放出氧气。活性炭层,空气中的 VOCs 可以被活性炭吸附除去。紫外灯可以对空气中的细菌起灭活作用。实现了微藻净化技术、活性炭吸附技术、水洗净化技术、紫外光杀菌技术四种空气净化技术的组合,满足现代家庭的使用。

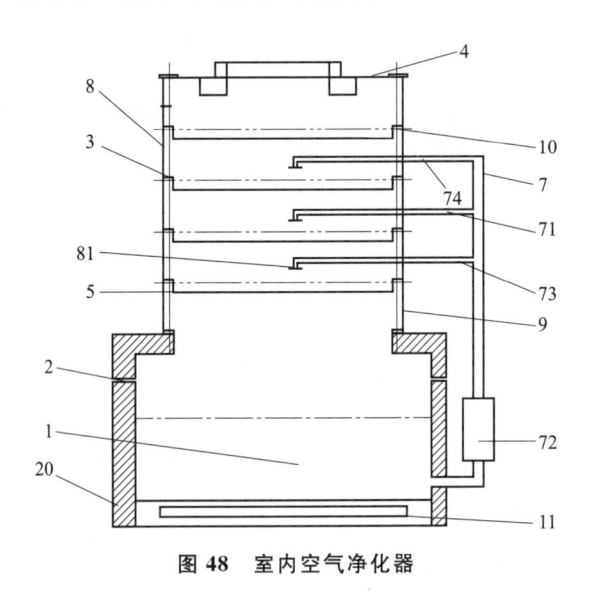

图 48 室内空气净化器

4. 松下株式会社及其名下企业

松下株式会社及其名下企业有关民用建筑内防治、去除雾霾的专利技术申请的专利布局主要集中在粉尘检测方面。

民用建筑内防治、去除雾霾的专利技术现状及其发展趋势   509

CN105299856A 公开了一种空调装置，参见图49，其具有关于读取粉尘检测部（2）在第1时刻输出的电压信号而测量出的第1时刻的空气中的粉尘的浓度和由第三者在第1时刻测量出的被视作与空气相同的空气的比较大气中的粉尘的浓度之间的相关关系的信息。另外，读取粉尘检测部（2）在比第1时刻靠后的第2时刻输出的电压信号来测量第2时刻的空气中的粉尘的浓度。然后，基于关于相关关系的信息对测量出的第2时刻的空气中的粉尘的浓度进行修正，基于修正后的第2时刻的空气中的粉尘的浓度控制粉尘捕集部（1）。

如 WO2015151502A1 公开了一种用于探测粉尘的可吸入颗粒检测装置，参见图50，其具有投光元件10和受光元件20，投光元件10发出的光被探测区域中的可吸入颗粒分散并被受光元件20接收以探测空气中的可吸入颗粒物。

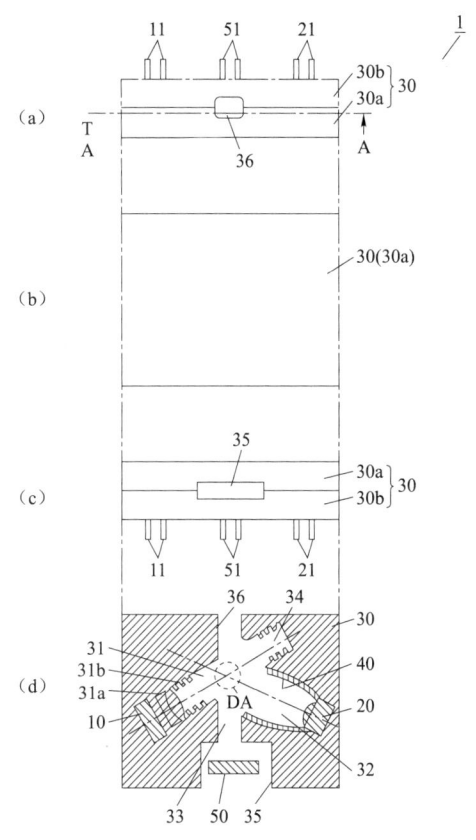

图 49　具有粉尘检测功能的空调装置

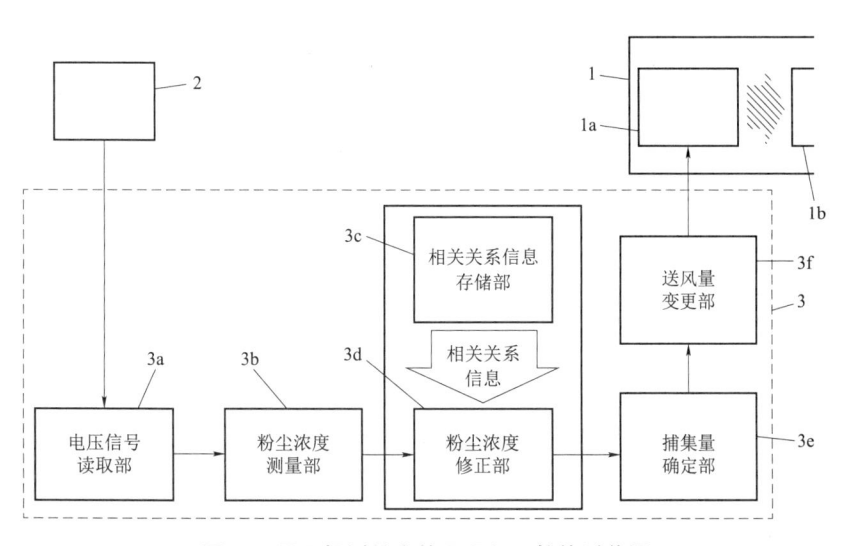

图 50　用于探测粉尘的可吸入颗粒检测装置

五、民用建筑内防治、去除雾霾的专利技术发展趋势预测与建议

（一）民用建筑内防治、去除雾霾的专利技术的主要特点和发展趋势

基于以上各部分的专利技术分析数据，可知民用建筑内防治、去除雾霾的方面的专利申请具有以下几方面特点和发展趋势。

1. 总体申请量保持持续上升趋势

由于全球环境的恶化，人们对雾霾的关注度越来越大，对绿色建筑的需要越来越强烈，民用建筑内防治、去除雾霾的专利技术的申请量在 1995 年以后进入增长期，并且在 2011 年以后申请量呈阶梯式持续增长。无论是从全球范围还是从中国范围来看，民用建筑内防治、去除雾霾技术的发展正呈现蓬勃生机，其将逐渐成为技术热点。

2. 中国申请量具有明显优势

由于中国的雾霾情况较为严重，政府极为重视，给予的政策支持较多，中国在专利申请量总量上已位居世界首位，占比较大，并且在中国专利申请中国内申请人的专利申请量超过 90%。而对于国内申请人的专利申请，公司/企业的专利申请占一半以上，而大学及研究机构的专利申请仅占 13% 左右。可见，生产厂商更加重视民用建筑内防治、去除雾霾的专利申请，其更期望通过专利技术来保证和扩宽销售市场，我国大学及研究机构应加大在该方面的研究。

3. 顺应绿色建筑潮流，建筑结构、建筑设备防治、去除雾霾的专利技术协同发展

为顺应绿色建筑潮流，民用建筑内防治、去除雾霾的专利技术表现出建筑结构和建筑设备协同发展的特点，例如在窗体、门体上加入普通滤网作为初级过滤器，而在此基础上增加光催化滤网等进一步提高净化效果，或者滤网式过滤器与电集尘过滤器、等离子体发生器、臭氧发生器、紫外线净化器等的结合使用等，一次性去除颗粒物、微生物和化学污染物。另外，随着对空气净化标准以及空气质量要求的提高，人们对室内空气提出更高的要求，不仅仅局限于除霾、除尘、灭菌，更提出了提高空气舒适度的要求。因此，对于空气净化器或者具有空气净化功能的空调器，在多重空气净化的基础上，加湿、增氧、增香等空气净化技术逐渐得到发展，例如水离子空气净化技术。

4. 顺应"互联网+"的时代需求，民用建筑内防治、去除雾霾的专利技术与智能建筑协同发展

智能建筑定义为"以建筑物为平台，兼备信息设施系统、信息化应用系统、建筑设备管理系统、公共安全系统等，集结构、系统、服务、管理及其优化组合为一体，向人们提供安全、高效、便捷、节能、环保、健康的建筑环境"。例如在窗体、门体上加入"PM2.5 传感器"与其他的智能建筑配套的传感器相连通，使得空气质量控制智能化。建筑是智能建筑的平台，在节能环保的大背景下，建筑这一平台向绿色、

生态方向发展，建筑智能化的内容、技术以及内涵均要随之扩展。

(二) 对民用建筑内防治、去除雾霾的专利技术发展的建议

1. 以"绿色"为目的、以"智能"为手段，适应时代新需求

在我国经济快速发展的今天，传统建筑面临着严重的能源环境问题，而且传统建筑越来越无法满足人们对建筑的使用要求，亟需更新和改造。可持续发展道路才是一个国家和社会的健康发展道路，绿色建筑的发展可以带动新材料、新工艺的发展，能促进一个行业的发展，从而促进国民经济的发展。在保证空气净化效果的同时，建筑结构和建筑设备的智能化发展也正在加快。例如松下电器开发的传感器技术，不仅可以感知各种污染物，还能感知人和动物的活动，并以此来调整建筑的运行。另外，随着互联网技术的介入，建筑智能化是发展的必然趋势，防治雾霾净化系统远程控制将成为潮流。以"绿色"为目的、以"智能"为手段，节约能源、降低资源消耗和浪费、减少污染，是建筑智能化发展的方向和目的，也是绿色建筑发展的必经之路。因而，建筑智能化的内涵应扩展对绿色生态设施、新能源的监控与管理，建筑智能化的体系应将绿色生态设施监控和新能源监控纳入建筑设备监控与管理之中，将绿色建筑运营管理的内容纳入集成系统管理中，增强能耗分项计量与能耗分析、能源管理等功能。目前，我国建筑和装饰材料原有的环保标准已不能适应建材市场发展和人民的需求。为此我们必须加快制定和修改其有关环保标准，尽快向国际高标准靠拢。随着我国绿色建筑的发展，以及人们对建筑室内空气品质的重视，在建筑内设置独立的新风系统，采用多种净化手段，并设置室内空气质量监控系统，根据室内的颗粒物等各种污染物浓度的变化，适时开启空气净化装置，达到控制室内空气品质和建筑节能的目的。

2. 密切关注多学科交叉的技术发展

为满足建筑物外颗粒物不进入室内，建筑物内 PM2.5 等有害物质去除效果的要求，民用建筑内防治、去除雾霾的专利技术逐渐表现出多学科技术组合使用的特点，在建筑过滤的技术发展趋势上，设备装置的自动化、集成化、小型化已成为行业的主要方向，对企业的综合实力提出了更高的要求，相关企业应密切关注行业动态，涉及建筑设计、自动化和建筑材料研发多个学科，同时还需要上下游企业加强交流与合作。

3. 产学研结合，加强空气净化技术的研发和挖掘

我国大学及研究机构应加大在该方面的研究，我们建议政府部门一方面要担起研究机构和企业的桥梁作用，促进研究机构和企业的沟通和交流，使得企业和研究机构都能发现与自己相匹配的合作伙伴；另一方面加强政策引导，鼓励研究机构和企业共同进行技术研发，整合形成产、学、研支持的合力，积极推动研究成果的转化，提高我国民用建筑内防治、去除雾霾的技术的核心竞争力，努力发展一批具有影响力的产品和技术。对此，国内的生产商想要在民用建筑去除雾霾的市场占据一席之地，更需

要加强与大学院校或科研机构的合作，促进该领域技术的进一步发展。

4. 促进技术标准化建设，走出国门，引导技术潮流。

根据2014年世界卫生组织的权威发布，全球污染最严重的城市包括印度新德里、巴基斯坦的拉瓦尔品第、巴基斯坦的卡拉奇等，也就是说雾霾已经是一个区域性的问题，对雾霾严重区域的民众造成了困扰，面对许多发达国家、跨国公司和产业联盟对民用建筑内防治和去除雾霾的关注热度不足，我国企业迎来了发展和应用该专利技术的重大机遇，因此国内企业需要加强交流与合作，建立技术联盟、企业联盟，为企业发展提供有力支撑，中国企业可加大在海外的专利布局，进军海外市场。国内企业可以依赖行业联盟的支撑和保障作用，积极进行技术创新和专利创新，应对挑战，为我国企业谋求更为广阔的生存和发展空间。

结语

民用建筑内防治、去除雾霾是一个涉及多学科的复杂问题，目前，国内外很多研究人员在这方面已经做了大量的实验和理论研究，但随着全球工业化进程的加速，空气污染问题越来越严重。本文从建筑结构和建筑设备两方面对民用建筑内防治、去除雾霾专利技术的现状、问题及研究方向等进行深入研究，能促使大家了解该技术领域的技术发展状况，并推动业内对该领域的研究。今后，希望能够引导相关标准的编制的出台，结合国情，参考国外技术发展方向，开发新技术，整合现有技术，从污染源的治理入手，理论联系实际，走出中国特色的民用建筑内防治、去除雾霾治理之路。

参考文献

[1] 刘剑伟，等. 室内空气污染分析及治理技术的研究 [J]. 环境卫生工程，2005，13（2）：7-9.

[2] 王鹤. 浅谈室内空气污染的危害与治理 [J]. 民营科技，2013（3）：160.

[3] 楼帅. 室内空气污染的预防与治理 [J]. 生命与灾害，2009（8）：42-43.

[4] 阚海东. 我国大气颗粒物暴露与人群健康效应的关系 [J]. 环境与健康，2002（6）：422-423.

制氢催化剂专利技术现状及其发展趋势

许俊　张麦红[❶]　王旭涛

(国家知识产权局专利局材料工程发明审查部)

一、引言

(一)产业背景

能源问题一直制约着人类经济和社会的发展。当前能源领域两大重要课题是能源来源和清洁能源。传统的能源——煤炭、石油、天然气不断地减少，随着科技发展，目前能源利用已经涉及煤炭、石油、天然气、煤层气、太阳能、水能、风能、潮汐能、生物质能、核能等多种类型，其中石油、天然气、煤层气作为当今世界能源消费的最主要品种，在一次性能源消费结构中仍然占据主要地位。经济发展对煤炭、石油及天然气类传统能源的需求急剧增长，但是传统能源消耗的大量增加不仅导致其将在有限的时间内消耗殆尽，而且会导致生态环境的恶化，因此为了解决以上问题，迫切需要提高新能源在能源消费结构中的比重。

氢能是一种最为理想的新能源，其有别于太阳能、水能、风能、潮汐能、生物质能、核能等新能源类型，可直接燃烧，氢能不仅是一种含能体能源，而且其燃烧热量高、无污染、来源广，是煤炭、石油及天然气类传统能源所无法比拟的。氢能总体来说，具有如下优点：① 资源丰富，地球上的氢以其化合物，如水和碳氢化合物等形式存在，而水作为地球的主要资源，是无处不在的"氢矿"。② 来源多样性，可以通过一次能源（煤炭、石油、天然气、煤层），也可以通过可再生能源（太阳能、水能、风能、潮汐能、生物质能），或者二次能源（如电力）来开采"氢矿"。③ 属于清洁能源，氢本身无毒，氢燃烧时最清洁，产物为水和少量氮化氢，不会产生诸如二氧化碳、粉尘颗粒等对环境有害的污染物质；少量的氮化氢经处理也不会污染环境。④ 具有可储存性，与电、热不能大规模储存不同，氢能可以以气态，液态或固态的金属氢化物出现，能适应储运及各种应用环境的不同要求，因而氢能可以大规模储存。⑤ 可再生性，氢由化学反应发出电能（或热能）并生成水，而水又可以分解为

[❶] 张麦红贡献等同于第一作者。

氢和氧,如此可以往复循环利用。⑥氢能是"和平"能源,每个国家都有丰富的"氢矿",可以不依赖化石能源(化石能源分布很不均匀,常常引发国家或地区间的激烈对抗)。⑦氢燃烧性能好,点燃快,与空气混合时有广泛的可燃范围,而且燃点高,燃烧速度快。⑧氢能利用形式多样化,既可以燃烧产生热能,在热力发动机中产生机械功,又可以作为能源材料用于燃料电池;或转换成固态氢用作结构材料,用氢能替代煤炭和石油,不需对现有的装备作重大改造。

氢的应用包括许多方面,主要包括:①高能燃料应用。氢的热值最高,达12 106kJ/kg,由液氢和液氧组合的推进剂产生的比冲非常高,所以在航天工业得到重用;中国以液氢和液氧为推进剂的火箭发动机把神舟七号载人飞船送上太空。氢能作为车用发动机燃料在许多方面要优于汽柴油,氢气替代汽油作汽车发动机燃料,已经过日本、美国和德国等许多汽车公司的试验,并被证明在技术上是可行的,日本丰田公司研发的氢能源轿车已经于2014年年末在日本上市,中国也已经出现首批量产的氢能源汽车在广东佛山等地投入示范运营;目前采用金属氢化物作为储氢材料,主要瓶颈是廉价氢的来源问题。②电子工业应用,在大规模、超大规模和兆位级集成电路制造过程中,须用纯度为5.5~6.5N(99.999 5%~99.999 95%)的超纯氢作为配制某些混合气的底气;电子管的阳极、阴极和栅极等金属零件,为除去其表面的有害杂质和氧化层,加速器件的排气过程,必须进行专门的烧氢处理,氢气纯度越高越好,否则会降低阴极发射能力,缩短电子管使用寿命。③石化工业应用,氢气是现代炼油和化学工业的基本原料之一,炼油工业中,氢气主要用于加氢脱硫、加氢裂化,C3馏分加氢等工艺过程。④冶金工业应用,氢气可作为还原剂将金属氧化物还原为金属,也可作为金属高温加工时的保护气。⑤食品工业应用,天然的食用油用氢处理之后,所得产品可以稳定储存,并能抵御细菌生长。⑥其他工业应用,在浮法玻璃生产中,须向密封的锡槽内连续地送入纯净的氮氢混合气,以维持锡槽内微正压与还原气氛,保护锡液不被氧化;原子氢焊接特别适合于薄片焊接;液氢可用于低温材料性能试验及超导研究;在电力、原子能领域,可用于发电机冷却和反应堆冷却。

尽管氢广泛存在于水、矿物燃料和各类碳水化合物之中,但是氢能不是一次能源,需要通过制备才能得到。随着能源结构的多元化调整和燃料电池技术的突破,市场对氢气的需求将大幅度增长。氢能的开发利用首先要解决的是制氢技术,尤其是制氢催化剂技术。

《中共中央关于制定国民经济和社会发展第十三个五年规划的建议》中将新材料、新能源作为需要加快突破的核心技术领域;并且着重提出"拓展产业发展空间。支持节能环保……新能源等新兴产业发展;促进……新材料……等产业发展壮大;推动低碳循环发展。推荐能源革命,加快能源技术创新,建设清洁低碳、安全高效的现代能源体系、提高非化石能源比重……加快发展风能、太阳能。生物质能……"。而制氢催化剂同时涵盖了新能源——氢能以及催化剂新材料,并且涉及太阳能、生物质能的有效利用。

国家发改委和国家能源局于2016年4月下发的《能源技术革命创新行动计划(2016—2030年》中,将氢能与燃料电池技术创新作为15项重点任务之一,并在氢能与燃料电池技术创新路线图中将大规模制氢技术作为战略方向之一。

在目前的主要制氢方法中,关键在于制氢催化剂的开发和使用,因此本报告重点研究制氢催化剂,通过梳理全球和中国范围内涉及制氢催化剂的专利申请,整理出制氢催化剂的发展历程和技术演变路线,借此为中国制氢催化剂的技术研发提供借鉴,有助于推动我国进一步提升新能源在能源体系中的比重。

(二) 技术背景

氢气生产的途径很多,如图1所示。但从生产氢气的原料出发可将生产方法分为两大类,即非再生氢和再生氢的生产方法。前者的原料是化石燃料,后者的原料是水或可再生物质。目前全球商业用氢大约96%从煤炭、石油及天然气类化石燃料制取,这显然没有摆脱对于传统能源的依赖,但是随着技术发展,再生氢必将逐渐替代非再生氢。

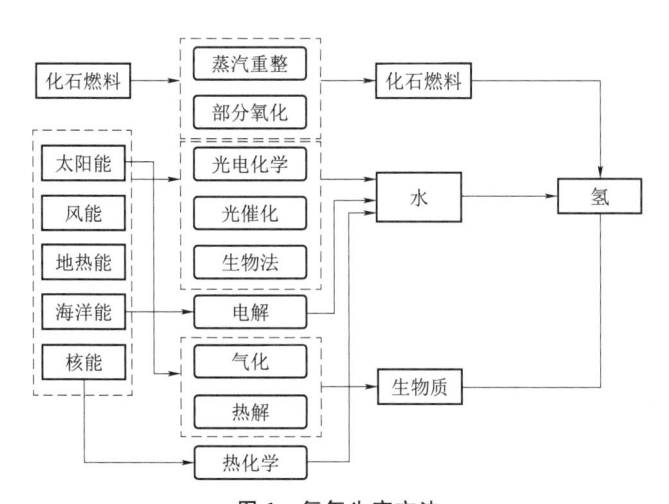

图1 氢气生产方法

目前我国工业化生产中常用的制氢工艺包括电解水制氢、含正电氢的无机化合物与无机还原剂反应制氢、烃水蒸气转化制氢、有机化合物分解制氢、有机化合物氧化制氢、水蒸气与CO变换制氢、醇重整制氢、光催化分解水制氢、煤或生物质气化制氢,各自的工艺过程分别如下:

1. 电解水制氢

这是目前唯一实现大规模制备再生氢的方法,但目前该法制得的氢气仅占总产量的 1%～4%，这是由于制氢成本中电费占了很大比例，目前还无法与化石燃料制氢的成本竞争。

电解水制氢的原理：浸没在电极中的一对电极接通直流电之后，水被分解为氢气和氧气。其电极反应为：

阴极　　$2H_2O+2e^-\rightarrow 2OH^-+H_2$

阳极　　$2OH^-\rightarrow H_2O+0.5O_2+2e^-$

为了降低制氢能耗，关键是降低阴极上析氢过电位，因此电极材料的选择非常重要。铂族贵金属是最理想的电解水制氢电极，但其价格过于昂贵，实际应用中受到限制，镍电极，如雷尼镍电极活性不亚于铂族金属，但是其主要缺陷是长时间使用后，析氢活性会逐渐降低，此外其使用过程中还存在机械强度差、结构松弛、易燃等问题。

2. 含正电氢的无机化合物与无机还原剂反应制氢

利用含正电氢的无机化合物如水、酸、碱、氨与无机还原剂反应制氢是目前常用的一种制氢方法，此类方法常用的反应包括水蒸气与金属的反应、金属硼氢化物水解反应。

硼氢化物水解制氢是用金属硼氢化物溶于碱性溶液中，与催化剂接触后金属硼氢化物发生水解反应释放出氢气，用以下方程式表示：

$$MBH_4+2H_2O\rightarrow 4H_2+MBO_2$$

M 是碱金属，可以是钠、钾、锂的一种或几种，在催化剂的作用下，金属硼氢化物与水反应生成偏硼酸盐和氢气。

硼氢化物水解制氢催化剂涉及铂族贵金属催化剂、二氧化钛负载的过渡金属催化剂、非负载型的钴基和镍基催化剂。

3. 烃水蒸气转化制氢

从天然气或裂解石油气（均为烃类混合物）制氢是目前大规模制氢的主要方法，此外，工业上也大量使用石脑油（氢碳比为 2.2∶1）为原料进行水蒸气转化制氢。由于甲烷的氢碳比最高，其是最理想的生产氢气的原料。转化反应方程式如下：

$$C_nH_m+nH_2O\rightarrow (n+m/2)H_2+nCO$$

目前的水气转化催化剂基本上以 Ni 为活性组分，载体通常为硅铝酸钙、铝酸钙以及难熔的耐火氧化物，如氧化铝、氧化镁、氧化锆和二氧化钛等。在催化剂中添加助剂可抑制催化剂的烧结过程，防止 Ni 晶粒长大，其包括碱金属、碱土金属和稀土金属氧化物。

4. 有机化合物分解制氢

将有机化合物，例如天然气或裂解石油气（均为烃类混合物）、焦油，甚至废弃塑料类有机化合物通过热分解或裂解制氢也是目前大规模制氢的常用方法。对于最常用的天然气催化热裂解制氢工艺来说，其主要优点是制取高纯氢气的同时，不向大气排放二氧化碳，而是制得更有经济价值、易于储存的固体碳，减轻了对环境的温室效应。烃的裂解反应方程式如下：

$$C_nH_m \rightarrow m/2\, H_2 + nC$$

分解制氢催化剂包括橄榄石、黏土矿类天然矿山型催化剂，其催化活性好、价格低廉，但容易失活；还包括 FCC 催化剂、碱金属基催化剂、过渡金属基催化剂，其活性高、耐失活能力强，但价格较贵。

5. 有机化合物氧化制氢

氧化制氢的原料包括炼厂干气和重油等烃类，其中焦化干气类的炼厂干气如果采用水蒸气转化制氢，需要对原料进行加氢精制以除去原料中的烯烃，否则烯烃会加快催化剂表面的结焦速度，降低催化剂使用寿命，由此导致工业复杂，成本升高；对炼厂干气进行选择性氧化则是比较经济的技术路线，其主要反应如下：

$$CH_4 + 0.5O_2 \rightarrow 2H_2 + CO$$

以价格低廉的重油为原料，利用氧气进行不完全燃烧，使烃类在高温下发生裂解，裂解产物、水蒸气和二氧化碳与甲烷反应，从而获得一氧化碳和氢气为主体的合成气。

炼厂干气部分氧化制氢的工业已实现商业化，其工艺过程中只需要一种氢气，而烃水蒸气转化制氢工艺需要 2～3 种催化剂。

6. 水蒸气与 CO 变换制氢

变换反应是将原料或前序工艺产物中的一氧化碳进一步与水反应生成氢气和二氧化碳。变换反应方程式如下：

$$CO + H_2O \rightarrow H_2 + CO_2$$

变换制氢催化剂可分为高温变换催化剂、低温变换催化剂和耐硫宽温变换催化剂。高温变换催化剂一直沿用铁铬基催化剂；低温变换催化剂早期使用 Cu-Zn-Cr 基催化剂，近年则采用 Cu-Zn-Al 基催化剂；而耐硫宽温变换催化剂常用钴钼基催化剂，多用 γ-Al_2O_3 为载体，为改善低温活性，还须添加 10％左右的 K_2CO_3。

7. 醇重整制氢

甲醇和乙醇类的液体原料具有容易储运、加注和携带、能量转换率高的优点，因此醇类液体原料车移动制氢和纯化技术，是近期乃至中长期最现实的燃料电池氢源技术。

甲醇制氢的方法包括水蒸气重整和部分氧化重整。甲醇水蒸气重整具有如下优点：与烃蒸气转化制氢相比投资少、能耗低；与电解水制氢相比，单位氢气成本较低；甲醇原料易得、储运方便；可做成组装式或可移动式装置，操作方便。

目前甲醇水蒸气重整催化剂已形成三大系列：镍基催化剂、铂钯催化剂和铜基催化剂。镍基催化剂稳定性好、应用范围广、不易中毒，但低温活性差；铂钯催化剂多以 ZnO 为载体,稀土元素为改性助剂,其活性高、选择性和稳定性好、受毒物和热的影响小,但价格高昂;铜基催化剂以氧化铝或二氧化硅为载体,助剂为 Cr、Mn、Zn、Fe、Ti、Sn 等的氧化物,其活性高、选择性好。

8. 光催化分解水制氢

光催化剂如 TiO_2 在光照下,半导体内的电子受激发从价带跃迁到导带,从而在导带和价带分别产生自由电子和空穴。水在这种电子—空穴对的作用下发生电离,生成氢气和氧气。

TiO_2 是一种宽禁带半导体材料,化学稳定性好,能够抵抗介质的电化学腐蚀,无毒无臭、有独特的光、电化学性质,是一种理想的光催化剂。为提高 TiO_2 的光催化活性,可对其进行不同处理,如晶型掺杂、金属离子掺杂、染料光敏化、半导体复合、阴离子掺杂等。

尽管光催化制氢是非常有发展潜力的制氢工艺之一,但现有光催化剂的活性不足,使其离工业化还有相当大的距离。

9. 煤或生物质气化制氢

煤气化制氢的过程为:首先将煤与气化剂在一定温度、压力条件下发生化学反应转化为煤气,其主要成分为氢气和一氧化碳,然后经过净化、CO 变换和分离、提纯等处理而获得一定纯度的产品氢。

生物质气化制氢的过程与煤气化制氢类似,将预处理过的生物质(如植物、农作物、藻类、秸秆等)在气化介质,如空气、纯氧、水蒸气或其混合物中,加热至 700℃以上,将生物质分解为合成气,再经过蒸汽重整、水气变换和变压吸附等分离手段得到高纯氢气。

生物质气化制氢催化剂可降低热解气化反应温度,减少气化介质用量,进行定向催化裂解,获得更多目标产物。

生物质气化制氢催化剂按构成可分为天然矿石、碱金属、镍基催化剂三类。天然矿石中研究最多的是白云石,其活性很高,但机械强度过低,另一种是橄榄石,其机械强度很高,可适用于流化体系。

二、研究对象和研究方法

(一)数据检索和分析

本报告的检索截止时间为 2016 年 7 月 14 日,在此之后公开并被检索数据库所收录的专利申请未纳入本报告的分析范围内。

1. 检索的数据库

本报告的数据采集所用数据库是中国专利文献检索系统(CPRS)和德温特世界专利索引数据库(WPI)。

2. 数据检索策略

本报告的检索策略为总分检索式检索。首先，针对制氢催化剂各种表达方式，通过关键词，如催化剂、触媒、制氢、析氢、产氢、生氢结合分类号，如C01B3/04、C01B3/02、C01B3/06进行检索，得到有关制氢催化剂的总申请量数据。其间经过多次不同角度的调整，考虑到生物质气化制合成气，进而由合成气分离得到氢气也是常用的制氢技术路线，而相关的关键词与分类号并没有被前述的关键词与分类号覆盖，因此进一步地利用关键词，如生物质、农业废弃物、林业废弃物、农林废弃物、植物、农作物、秸秆、藻、草、木、纤维素、有机垃圾、分解、热解、干馏、气化、合成气、生产、产生、制备、制造、制取，结合分类号，如C01B3/02、C01B3/22、C01B3/26、C01B3/34、C01B3/38、C10B49/0?、C10B49/10、C10B49/12、C10J3/00、C10J3/02、C10J3/46、C10J3/14、C10J3/16、C10J3/58、C10J3/60、C10J3/70、C10B51/00、C10B53/02进行了适当的扩展检索，进而得到了经过扩展之后的制氢催化剂的总申请量数据。此外，考虑到光催化剂水解制氢是制氢催化剂的一个重要技术分支，又进一步引入了关键词，光催化、光致、水、H_2O进行这一技术分支的精确检索，由此得到重要技术分支的专利申请量数据。总体而言，基于适当扩展与精确检索相结合的方式，利用分类号与关键词相结合的检索策略，尽可能查全查准的基础上力求减少噪音，来确保检索数据的完整性和准确性。

对于检索得到的数据，根据研究领域的不同，采用批量去除噪声、手工标引去噪等方式对检索得到的全领域数据进行标引和处理。

3. 主要分析方法

本文采用了宏观数据分析和对重点关注点进行深入分析相结合的研究方式。通过对专利数据在时间、地域、技术和申请人维度上统计，进行宏观分析，得到宏观的分析结果；对重点关注的申请人或专利技术进行深入分析，得到其专利布局和技术发展情况等；最后，将专利分析结果与产业实际相结合，得出相关结论。主要的分析内容包括：专利申请趋势分析、国家区域分布分析、技术构成分布分析、主要申请人的专利申请分析、重要专利分析等，在此基础上对专利技术内容进行定性分析，了解重要技术分支的重要专利和技术发展路线，分析技术热点。

（二）相关事项说明

1. 关于专利申请量统计中的"项"和"件"的说明

项：在进行专利申请量统计时，对于数据库中以族（这里的"族"是指同族专利中的"族"）数据的形式出现的一组专利文献，计为"1项"。以"项"为单位进行的专利文献量统计主要出现在外文数据的统计中。一般情况下，专利申请的项数对应于技术的数目。

件：在进行专利申请量统计时，为了分析申请人在不同国家/地区所提出的专利申请的分布情况，将同族专利申请分开进行统计，得到的结果对应于申请的件数。1项专利申请可能对应于1件或多件专利申请。本报告中涉及的中文专利数据计数单位为"件"。

2. 关于总申请量与首次申请量的说明

关于总申请量，对于外文专利数据的统计，以"项"为单位进行，此时总申请量，是指总的项数；对于中文专利数据的统计，以"件"为单位进行，此时总申请量，是指总的件数。

关于首次申请量，其以外文专利数据中专利申请的优先权为统计基础，以"项"为单位进行，此时首次申请量，是指对应于某一申请国或申请人，其提出优先权的专利申请的总项数。

3. 近两年专利文献数据不完整导致申请量下降现象

在本文分析所采集的专利申请数据中，由于下列多种原因导致2015年以后提出的专利申请的统计数量比实际的申请量要少：PCT专利申请可能自申请日起30个月甚至更长时间之后才进入国家阶段，从而导致与之相对应的国家公布时间更晚；中国发明专利申请通常自申请日起18个月（要求提前公布的申请除外）才能被公布；专利申请从公开到录入数据库存在一定的时间间隔。基于上面这些原因，因而会出现近两年的专利统计数量突然急剧下降现象，这种"下降"很大可能性有悖于实际申请情况。

三、制氢催化剂全球申请态势分析

（一）申请趋势分析

为了解全球范围内涉及制氢催化剂的专利申请的总体趋势，按照申请项数统计了申请量随年度的变化情况，得到图2和表1。

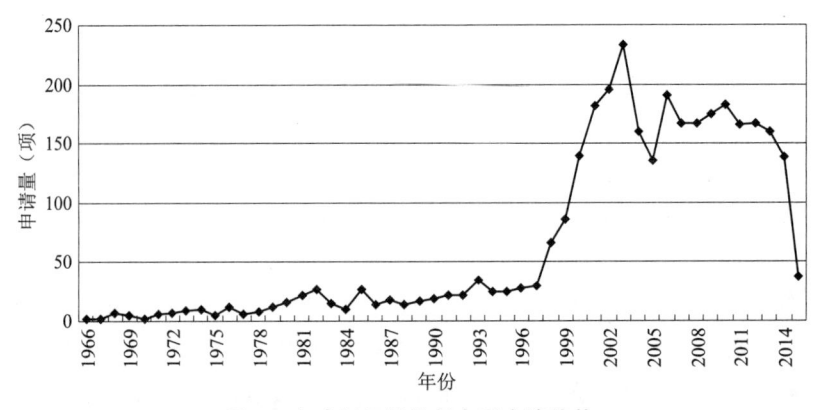

图2 全球制氢催化剂专利申请趋势

表 1　全球制氢催化剂专利申请总量及活跃情况

项目	总量	近 5 年 数量	近 5 年 占总比	近 10 年 数量	近 10 年 占总比	近 20 年 数量	近 20 年 占总比
申请量（项）	3228	669	20.7%	1552	48.1%	2807	87.0%

从图 2 和表 1 中可以看出：

从 20 世纪 60 年代初直到 70 年代末是制氢催化剂专利申请的起步期。在 60 年代初开始出现有关制氢催化剂的专利申请，这时期的专利申请主要涉及制氢催化剂在石化工业方面的应用。这表明，关于制氢催化剂的研发进行开始吸引炼油及化学工业领域技术开发者的兴趣，逐步开始成为上述领域技术创新的方向之一，由于近些年化石能源价格的走低，该研发方向显现出更大的价值。从 80 年代初到 1997 年进入缓慢发展期，有关制氢催化剂的年申请量从早期的个位数逐渐增长到 20 多件。

从 1998 年到 2003 年这 6 年进入井喷式的爆发期，早期的研发投入进入了收获期，制氢催化剂的申请量出现了急剧增长阶段，相比 1997 年申请量 28 件，1998 年申请量出现了翻番，达到了 61 件，然后迅速攀升至 2003 年的申请量峰值 213 件。

尽管 2004 年起申请量出现了回落，但此后直至 2014 年每年的申请量均保持在 150 件以上，表明制氢催化剂已经进入了稳定快速发展期。

总体上而言，近 20 年是制氢催化剂的专利申请的快速增长阶段，集中了该领域申请量的近九成。虽然涉及制氢催化剂的专利申请从 60 年代就开始起步，但从专利申请数量上来看，近 20 年的申请量为 2807 项，占到该领域专利申请总项数的 87.0%。而从近 10 年占比数据可以进一步看出，近 10 年申请总量占总申请量的比例接近五成，也就是说，近十年来制氢催化剂领域申请的活跃度很高。这反映了当前对制氢催化剂的市场需求和技术开发热情近年来不断高涨，并有继续保持稳定快速发展的态势，在这种稳定快速发展阶段，有关制氢催化剂的应用需求和领域也在不断拓展，值得相关企业保持关注并保持技术的研发投入。

（二）原创国地域分析

1. 首次申请国分布

一项专利申请的首次申请国往往也是对应的专利技术的原创产出国，一个国家作为首次申请国的专利申请数量的多少能够代表该国家整体的技术创新综合实力和技术创新积极性。为了解各个国家的技术创新综合实力，按照首次申请国对全球制氢催化剂的专利申请进行了地域统计，得到下面的图 3。

从图 3 中可以看出，日本、美国、中国、德国依次位居制氢催化剂领域专利申请首次申请国的前 4 位。总体上，日本、美国、中国、德国四个国家总的专利申请产出占到了全球首次申请总量的 81%。表明以上四国作为制氢催化剂领域技术创新成果

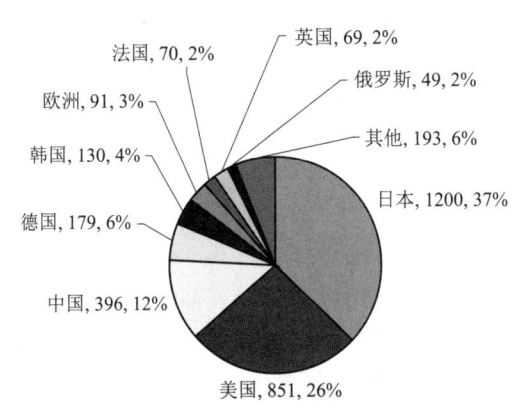

图 3　全球制氢催化剂首次申请国国籍分布

最为丰富的国家,已经成为制氢催化剂技术的主要原创国和技术输出国。制氢技术的发展有助于摆脱对于化石燃料等传统能源的依赖,这是日本作为传统能源极度匮乏国家如此重视制氢技术的原因之一;而且氢能在燃料电池中的应用前景也是促进日本、德国等汽车生产大国加快对制氢技术进行专利布局的重要原因。

2. 主要国家申请趋势

为了进一步了解主要原创国,日本、美国、中国在制氢催化剂领域技术创新的总体发展态势,对这些国家的首次申请量进行了统计,得到图 4。

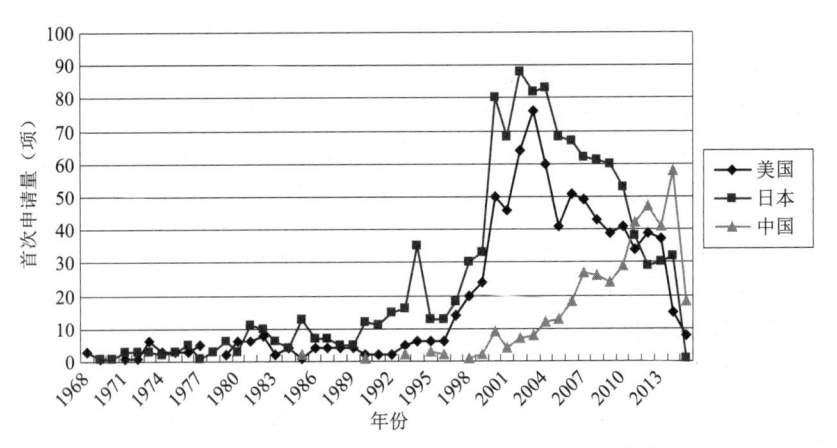

图 4　全球制氢催化剂主要原创国家专利申请趋势

从图 4 中可以看出:

有关制氢催化剂的研发,美国和日本在全球的布局明显要早于中国,美国斯坦福研究院早在 1976 年就开展了氢经济的可行性研究,由此也拉开了美国对全球布局的帷幕;中国直至 2000 年起才逐步开始在全球进行布局,之前仅有个别年度有零星申请，但从 2004 年至今保持了快速发展的态势，尤其是 2010 年之后，年度申请量超越了日本和美国，表明中国已经开始重视制氢催化剂技术在全球的布局，成效明显。

长期以来，日本的制氢催化剂专利申请的首次申请量都遥遥领先于其他国家，技术创新最为积极，技术积累最多，首次申请产出量为其他国家的数倍，其归因于日本政府正在竭力打造所谓的"氢能社会"，并试图将 2020 年东京奥运会打造成为一场"氢能社会"的盛事；但 2005 年起，日本首次申请量开始从井喷式爆发进入稳定增长。美国的首次申请量则在较长的时期内紧随日本位居第二。

总体来看，未来一段时间内，日本、美国、中国三个国家无论是在首次申请总量还是在每年首次申请量上都将继续领跑其他国家/地区，成为全球在制氢催化剂领域技术创新最为活跃、技术产出成果最为密集的区域。

（三）申请人分析

为了解全球范围内制氢催化剂领域的主要技术创新主体的分布情况以及其申请态势，按照专利申请总量，对前 31 名的申请人的专利申请的情况进行了统计，得到表 2 和图 5。

表 2　全球制氢催化剂主要申请人申请信息

排名	申请人（简称及全称）	国别	申请量（件）
1	(IDEK) 出光兴产株式会社	日本	69
2	(MITO) 三菱重工	日本	62
3	(NIOC) 新日本石油株式会社	日本	41
4	(CONO) 康菲石油	美国	30
5	(NSMO) 日产自动车株式会社	日本	29
6	(NIIT) 独立行政法人产业技术综合研究所	日本	29
7	(MATU) 松下电器产业株式会社	日本	26
8	(TOYW) 丰田中央研究所股份公司	日本	25
9	(TOYT) 丰田自动车股份有限公司	日本	25
10	(MITN) 三菱瓦斯化学公司	日本	19
11	(HITA) 日立有限公司	日本	19
12	(ASIT) 俄罗斯科学院西伯利亚分院格·克·巴类斯考夫催化研究所	俄罗斯	19
13	(CHIY) 千代田公司	欧洲	19
14	(LINM) 林德公司	德国	17

续表

排名	申请人（简称及全称）	国别	申请量（件）
15	（TOKE）东芝株式会社	日本	17
16	（TOPS）托普索公司	丹麦	16
17	（NIGA）碍子株式会社	日本	16
18	（JAPC）株式会社日本触媒	日本	16
19	（KOER）韩国能源研究所	韩国	16
20	（UNAJ）南京大学	中国	15
21	（UNVO）环球油品公司	美国	15
22	（TOLG）东京燃气公司	日本	15
23	（NIMS）日本宇宙航空研究开发机构	日本	14
24	（OSAG）大阪燃气有限公司	日本	14
25	（ESSO）埃克森研究与工程公司	美国	14
26	（SHEL）壳牌国际研究有限公司	美国	13
27	（HITF）日立造船有限公司	日本	13
28	（AGEN）通商产业省工业技术院	日本	13
29	（UTIJ）天津大学	中国	13
30	（AIRP）气体产品与化学公司	美国	11
31	（UYEN）华东师范大学	中国	11

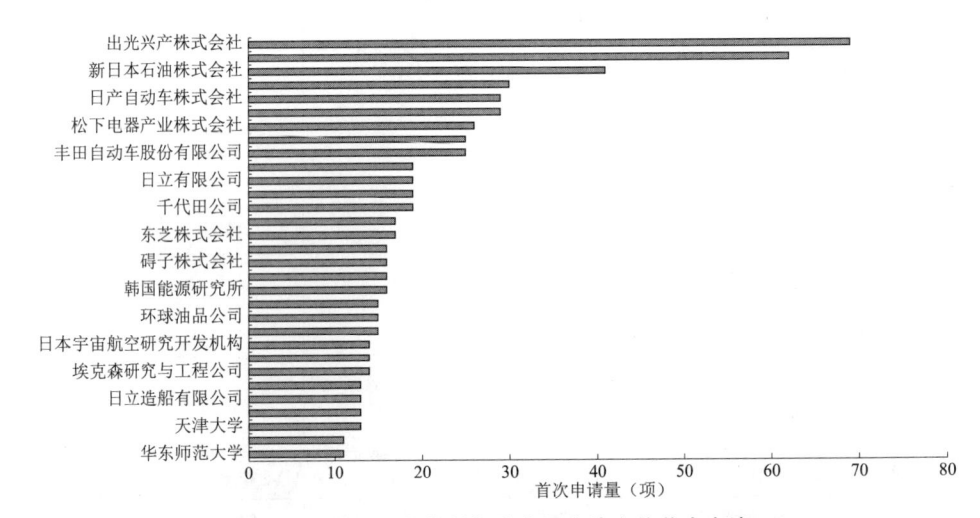

图5　全球制氢催化剂部分主要申请人的首次申请

从表2和图5中可以看出：

在前31名申请人中，来自日本的申请人占了绝大多数，总计达18名，这也佐证了日本在制氢催化剂领域内的技术领先地位。其次为美国和中国，分别有5名和3名申请人进入前30，而俄罗斯、欧洲、德国、丹麦和韩国则仅有1名，这种申请人的分布结构与该领域专利申请首次申请国的分布结构是基本一致的。在主要申请人中，日本的出光兴产株式会社（IDEMITSU KOSAN CO LTD）、三菱（MITSUBISHI JUKOGYO KK和MITSUBISHI HEAVY IND CO LTD）、新日本石油株式会社（TOYOTA JIDOSHA）、美国的康菲石油（CONOCOPHILLIPS CO）以及日本的日产自动车株式会社（NISSAN MOTOR CO LTD）依次占据了前5名，中国的主要申请人为南京大学（UNIV NANJING）、天津大学（UNIV TIANJIN）和华东师范大学（UNIV EAST CHINA NORMAL），这表明中国向国外进行专利布局的主体集中在高校，而中石化、中石油等大型石油企业却相对逊色，在我国加强产学研一体化就显得尤为必要。从领域来看，前31名申请人主要集中在石油化工行业、汽车行业等领域，这与制氢催化剂重点应用领域分布在石油化工、汽车等领域是一致的，这些领域的企业成为了制氢催化剂的应用技术开发的主体力量。

因此，总体来看，在制氢催化剂的传统应用领域，少数申请人集中了大量的申请，这些申请人经过多年的技术积累和发展，拥有了大量的专利或专利申请，其中，前31名申请人的专利申请量总计达到671项，占到了该领域专利申请总量的21%，值得国内企业对其保持持续的重点跟踪和关注，而这些申请人，中国申请人尤其是诸如南京大学、天津大学的高校则很有希望成为国内企业尝试进行技术合作的潜在对象。

四、制氢催化剂中国申请态势分析

（一）专利申请总体情况

总体上，1985年到2016年，涉及制氢催化剂的中国专利申请总共有2111件，其中，国内申请的申请量总计1600件，占到该领域申请总量的75.8%，外国来华的申请量总计511件，占到该领域申请总量的24.2%。

1. 专利类型分布

进一步统计了这些专利申请的类型分布情况，统计结果见表3。

表3 中国制氢催化剂专利申请类型分布

专利类型	国内申请（件）	外国来华（件）	合计（件）	占总比
发明	1445	511	1956	92.7%
实用新型	155	0	155	7.3%

从表3中可以看出：

制氢催化剂领域的中国专利申请以发明专利申请为主。其中发明专利申请总计达1956件，占到总申请量的92.7%，而实用新型专利仅为155件，仅占到总申请量的7.3%。这种专利类型的结构与制氢催化剂领域的技术特点有关，该领域的技术改进主要涉及催化剂组合物或应用所述催化剂组合物的制氢工艺等方面，虽然有部分涉及应用所述催化剂组合物的制氢装置，但由于其技术含量相对较多，也多选择了发明专利申请的保护形式。因此发明专利申请成为主要的申请类型。各种类型的申请主体主要是国内的申请人，实用新型专利申请完全来自国内申请人。总体而言，国内申请人在制氢催化剂领域的技术创新产出数量大，创新活动积极。

2. 法律状态分布

为了解制氢催化剂领域的中国专利申请的权利存续情况，本节对总体的申请情况、国内申请以及国外来华申请均按照授权有效、审查未决、授权终止、申请终止四种法律状态进行了统计，得到表4和图6。

表4 中国制氢催化剂专利申请法律状态分布

法律状态	总量（件）	占总比	国内申请（件）	占国内申请比	外国来华申请（件）	占外国来华申请比
授权有效	813	38.5%	626	39.1%	187	36.6%
审查未决	577	27.3%	453	28.3%	124	24.3%
授权终止	304	14.4%	231	14.4%	73	14.3%
申请终止	417	19.8%	290	18.1%	127	24.9%

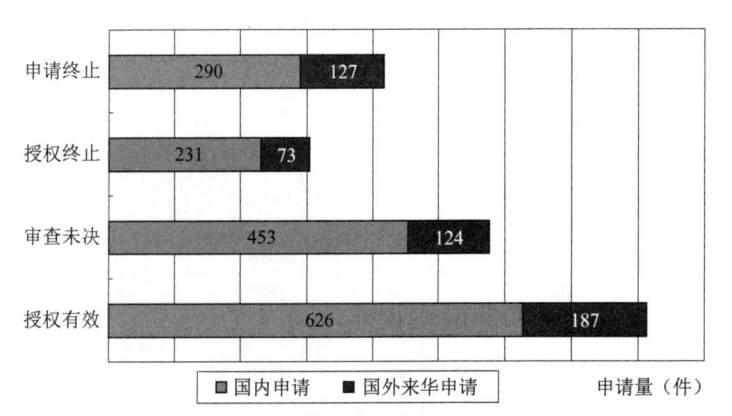

图6 中国制氢催化剂专利申请法律状态分布

从表 4 和图 6 中可以看出来：总体上看，制氢催化剂领域的中国专利申请的授权有效约占四成、审查未决接近三成、公知技术（公知技术包括授权终止和申请终止两类）约占三成，国内申请在各类法律状态中均占据了主体地位。较高的审查未决比例表明，制氢催化剂领域近年来的技术创新活动保持着积极活跃的状态，预示着该领域的专利密度会进一步增大。同时，授权终止的占比达到了 14.4%，表明目前已经存在着大量的过期专利技术可以供公众免费使用，对这些过期专利技术加以分析和利用会有比较大的价值。而申请终止的比例则高达 19.8%，表明该领域的授权率相对较低，技术创新的门槛较高，在专利申请审查过程中对技术创新质量具有较高的要求。

比较国内申请和外国来华申请中各种法律状态的分布比例，可以看出，总体上两者比较类似；具体来说，国内申请的授权有效和审查未决的占比略高，而申请中止的占比略低，同时，国内申请和外国来华的授权终止的比例分布则极为接近。上述分布比例反映了国内申请和技术创新质量已经不弱于外国来华申请，甚至在一定程度上还要领先于外国来华申请，这也与近几年中国在制氢催化剂领域原创发明向国外的申请量开始超越日本和美国的状况相吻合。

（二）申请趋势分析

为了进一步了解制氢催化剂相关合成和应用技术在中国的发展情况和研究热度，本节对制氢催化剂领域的中国专利申请进行了申请量的趋势分析。

1. 申请总体趋势

图 7 反映了制氢催化剂领域中国专利申请的总体趋势和增长率的变化。

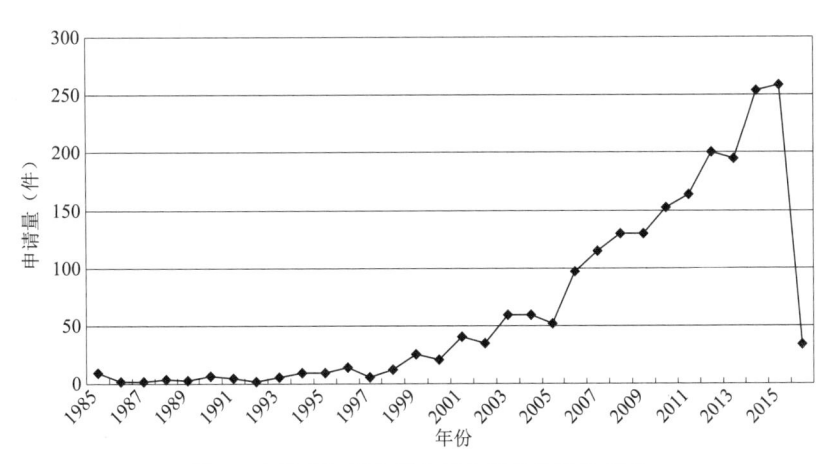

图 7 中国制氢催化剂专利申请趋势及增长率

从图 7 中可以看出：

最早的专利申请出现在 1985 年。在中国，1985 年共提交了 9 件专利申请，其中

7件来自国内申请人，2件来自国外申请人，分别为：天津大学的CN85100025、中科院成都有机化学研究所的CN85102194、化学工业部西南化工研究院的CN85103556和CN85201772，涉及镍基烃类蒸气转化制氢催化剂，南京化学工业公司的CN85100599涉及铜锌铝基低温变换催化剂，法国石油研究院的CN85101020，涉及烃蒸气转化制氢工艺，美国福陆公司的CN85101360，涉及烃蒸气自热生产合成气的工艺，中科院成都有机化学研究所的CN85102194，涉及镍基烃类蒸气转化制氢催化剂，中科院大连化物所的CN85102710，涉及用于制取超纯氢的脱氧催化剂，上海化工设计院的CN85204141，涉及煤制合成气的组合装置。可以看出，制氢催化剂领域中国专利申请早期的主要关注点在于镍基烃类蒸气转化制氢催化剂，而以天津大学为代表的高校和中科院为代表的研究院则是国内较早开展上述研究的主体力量；以美国福陆公司和法国石油研究院为代表的国外来华申请早期的主要关注点也集中在烃类蒸气制氢催化剂，这也表明早期国内外早期在制氢催化剂领域关注的重点技术分支总体是一致的。

1995年之前，制氢催化剂领域的中国专利申请处于起步阶段，年申请量基本上保持在个位数，这一阶段属于技术萌芽和形成期。从1996年开始，年申请量开始突破到两位数，进入缓慢发展阶段，2003年申请量突破了50件，2006年申请量达到了97件，这一阶段属于技术发展期。这期间，烃蒸气重整制氢催化剂和醇重整制氢催化剂这几个重要技术分支的申请量出现了明显的增长。

从2007年开始，制氢催化剂领域的中国专利申请进入一个快速发展阶段，年申请量出现了迅猛的增长，曲线的上升斜率超过了45°；2007年，年申请量首次超过100件，到2012年，年申请量首次超过200件，2016年由于绝大部分申请尚未公开，预计2016年实际年申请量有可能超过300件。这一阶段属于技术高速发展阶段。

总体上看，近30年来，制氢催化剂领域中国专利申请的年申请量经历了技术的萌芽起步期（1985—1995年）、发展期（1996—2006年），目前进入了高速发展期（2007年迄今）。在这期间，随着光催化制氢催化剂、烃氧化制氢催化剂、烃蒸气重整制氢催化剂、醇重整制氢催化剂等主要分支技术的进一步成熟和完善，国家对新能源、新材料的政策扶持，调整能源结构的方向引导，各领域对氢能的需求不断增多。

可以预见，随着以制氢催化剂为代表的制氢技术的不断成熟和发展，制氢催化剂在各个领域内的应用将不断增多，应用的效果将不断改善，并会提供更多的应用可能。日本政府所追求的"氢能社会"成为现实的一天将很快到来。

2. 国内和国外来华申请趋势对比

图8反映了制氢催化剂领域国内申请和国外来华申请的专利申请趋势的对比情况。

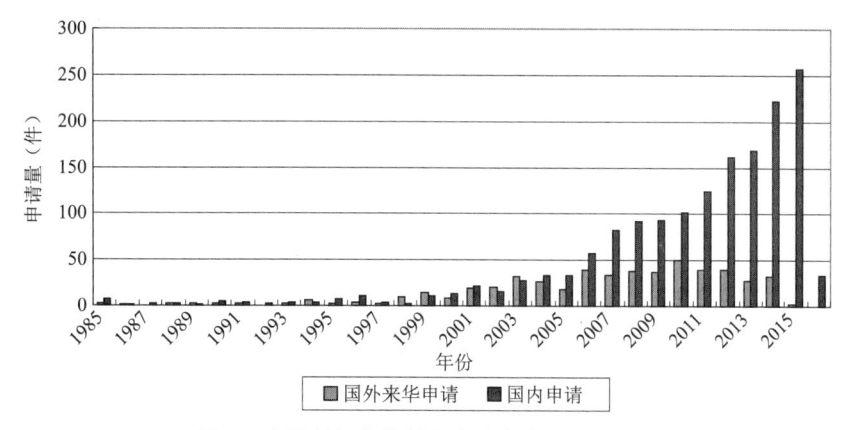

图 8 中国制氢催化剂国内外申请人趋势对比

从图 8 可以看出：

国外申请人在华专利布局起步较早，但申请量较少；以美国福陆公司和法国石油研究院为代表的国外来华申请早期的主要关注点集中在烃类蒸气制氢催化剂、美国菲利普石油公司的申请（CN86102648）则关注硫化氢的光化学法制氢工艺及所用的制氢催化剂；日本酸素株式会社的申请（CN88104817）则关注甲醇蒸气重整催化剂，美国戴维麦基公司的申请（CN868106072 和 CN89109001）关注烃部分氧化制合成气工艺及所用催化剂；英国帝国化学工业公司（CN868106072）关注水煤气变换制氢工艺及所用催化剂，这表明国外申请人已经分别开始在制氢催化剂的各个主要技术分支上进行了研发和投入。

在 2003 年以前，国外来华申请的年申请量和国内申请非常接近，甚至个别年度国外来华申请量还略微领先于国内申请，整体上呈现出同步发展的态势。

2004 年之后，随着整个中国经济的快速发展，尤其是石油化工、汽车制造等产业的投资规模不断加大，对氢能的需求越来越多，国家也对新能源、新材料加大了政策扶持力度，氢能及制氢催化剂的市场前景不断向好，国内关于制氢催化剂的技术研发非常活跃，专利申请量进入迅猛增长阶段，而同期的国外来华申请则保持平稳增长的态势，因此国内申请开始大幅超过国外来华的专利申请量。其中，2004—2009 年，国内年申请量与国外来华年申请量的比值在 2.0 左右，而 2010—2014 年，该比值激增至 4.7，并有继续增加的趋势。这种增长趋势也和中国近年来超越日本和美国成为第一大原创专利申请国的变化趋势吻合，表明国内申请人成为制氢催化剂领域技术创新和专利申请的主体力量。

3. 国外来华申请国家分布

图 9 反映了各主要国家在中国申请的数量和比例构成，表 5 进一步反映了各国家在中国的申请主体。

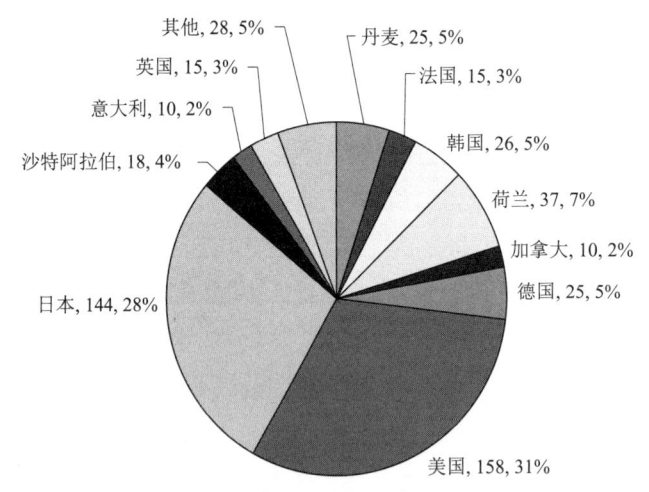

图 9 中国制氢催化剂专利申请国籍分布

从图 9 可以看出：

美国和日本是国外来华申请的主体力量，在中国的申请量分别达到了 158 件和 144 件，两者占到了国外来华申请总量的 59％。荷兰、韩国、德国、丹麦（德国和丹麦并列第五）则依次排在第三至第五位。总体上看，前 6 名来华申请国家的在华申请总量为 415 件，占到了制氢催化剂领域国外来华申请总量的 81.3％。其中，美国、日本、法国均是自 20 世纪 80 年代开始在中国提出有关制氢催化剂领域的专利申请的国家。中国作为能源消耗的大国，对氢能等新能源具有迫切的需求，新能源具有广阔的市场前景，因此吸引上述国家纷纷在中国进行专利布局。

表 5 主要国外来华申请国家的代表性申请人

国家	申请量（件）	主要申请人
美国	158	气体产品与化学公司，格雷特波因特公司，普莱克斯公司，埃克森美孚公司
日本	144	丰田株式会社、松下株式会社、新日本石油株式会社、吉坤日矿日石株式会社
荷兰	37	国际壳牌公司
韩国	26	SK 新技术公司

从表 5 中可以看出：

各主要国家来华申请的主体均为各国具有较强实力的代表性知名企业。其中，美国的格雷特波因特公司、埃克森美孚公司，日本的新日本石油株式会社、吉坤日矿日石株式会社，荷兰的国际壳牌公司以及韩国的 SK 公司新技术均属于能源行业，这些申请人的关注点偏重于化石燃料制氢用催化剂；美国的气体产品与化学公司和普莱克斯公司则是专业的工业气体公司；而日本的丰田和松下则是世界知名的汽车生产商，属于汽车领域，其关注点集中在氢能燃料电池方面。

总体上看，各国的主要申请人来中国进行专利布局的重点集中于市场需求庞大的能源行业，以及未来潜在需求将有爆发性增长的汽车行业（车用氢能燃料电池）两大领域。

4. 国内各省市申请分布

对国内申请进一步统计各省市分布情况，以了解各个省份的专利技术实力和申请主体，得到图10和表6。

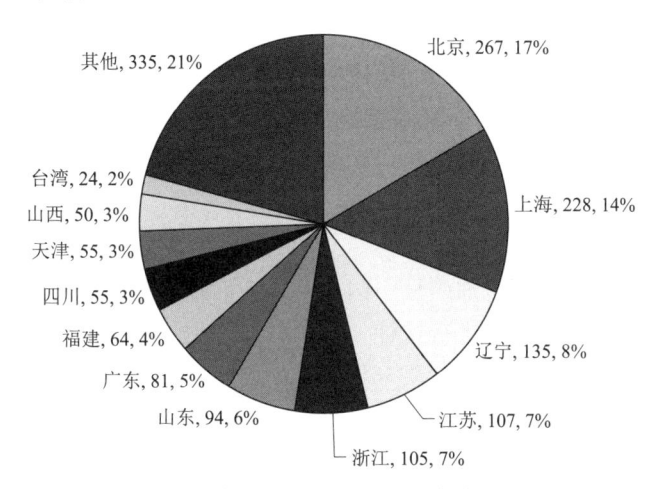

图 10 制氢催化剂国内专利申请省份分布

表 6 制氢催化剂国内专利申请各主要省份的代表性申请人

省份	申请量（件）	主要申请人
北京	267	石科院、中石化，清华大学、中科院理化所、汉能科技有限公司
上海	228	上海合既得动氢机器有限公司，华东理工大学，上海大学
辽宁	135	中科院大连化物所
江苏	107	南京大学
浙江	105	浙江大学
山东	94	齐鲁石化
广东	81	华南理工大学

从图10和表6中可以看出：

国内申请主要分布在传统意义上经济发达省份以及个别研发实力突出的省份，包括北京、上海、辽宁、江苏、浙江、山东、广东等。其中，北京、上海、辽宁、江苏位居前四强，其申请总量占到了国内申请总量的46%，区域集中优势明显。从表6中可以进一步看出，在申请量居前的各个省份中，集中了一批国内代表性的研究院校和企业。总体上，各省市的知名高校、中科院系的研究院以及著名石化企业成为了当地在制氢催化剂领域技术创新和专利申请的主体力量。而各省市代表性企业的专利申请侧重点各有不同，其中，位于北京的中石化、山东的齐鲁石化的专利申请主要集中在各类化石燃料制氢催化剂方面，例如醇重整制氢催化剂；而位于江苏的上海合既得动氢机器有限公司的专利申请主要集中在醇重整制氢催化剂以及将醇重整制氢技术进一步用于包括飞机、汽车、水上交通工具和家用生活器具等方面，位于北京的汉能科技有限公司的专利申请主要集中在燃料电池用制氢技术、硼氢化物水解制氢催化剂方面，位于江苏的南京大学专利申请则要集中在半导体光催化剂及光催化水解制氢技术方面，而位于辽宁的中科院大连化物所的专利申请则主要集中在甲烷部分氧化制氢用催化剂、醇重整制氢用催化剂方面。

（三）技术主题分析

为了进一步了解制氢催化剂领域中国专利申请的技术主体分布情况，本节按照所属的技术分支对中国专利申请进行统计，并比较了国内外申请技术构成的差异性，各技术分支专利申请特点，以及各主要来华国家和国内主要省份的专利申请技术特色。

1. 技术总体构成情况

图11反映了制氢催化剂领域中国专利申请的总体技术构成和各技术分支的申请比例，由于有总计728件专利申请中制氢催化剂不是发明点，其改进之处主要在于制氢装置或制氢工艺步骤，因此制图时排除了这部分数据。

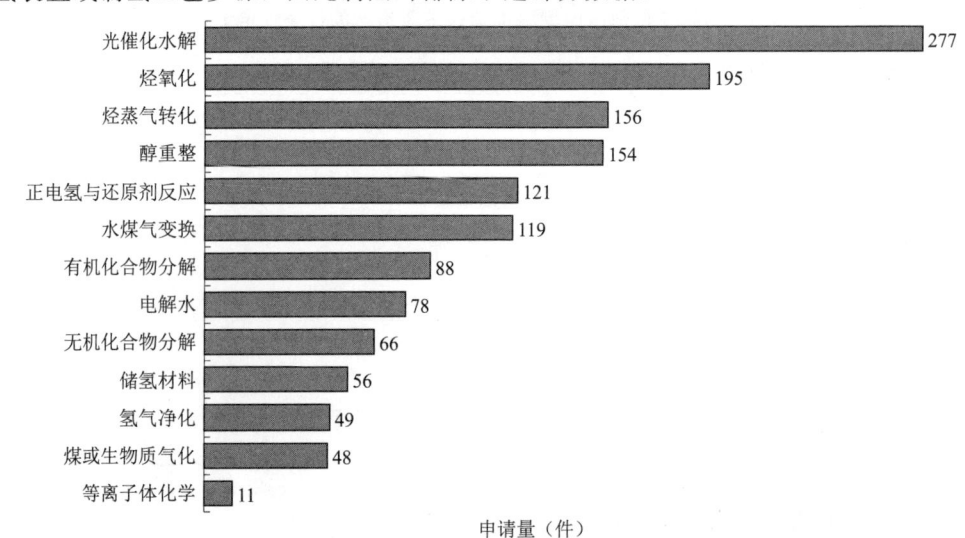

技术分支	申请量（件）
光催化水解	277
烃氧化	195
烃蒸气转化	156
醇重整	154
正电氢与还原剂反应	121
水煤气变换	119
有机化合物分解	88
电解水	78
无机化合物分解	66
储氢材料	56
氢气净化	49
煤或生物质气化	48
等离子体化学	11

图11 制氢催化剂中国专利申请的技术构成图

从图 11 可以看出：中国制氢催化剂专利技术主要集中在光催化水解制氢催化剂、烃选择性氧化/部分氧化制氢催化剂、烃水蒸气转化制氢催化剂、醇重整制氢催化剂（包括醇蒸气重整、醇氧化重整、醇自热重整），共有 781 件，占比达 55.1%（以 1417 件专利申请为基准）；其次是含正电氢的无机化合物与无机还原剂反应制氢催化剂（如硼氢化物水解制氢催化剂），有机化合物分解制氢催化剂（如烃裂解制氢催化剂）、水煤气变换制氢催化剂、电解水制氢催化剂，无机化合物（如氨、肼、硫化氢）分解制氢催化剂，共有 472 件，占比达 33.3%。

这表明，一方面，新兴的制氢工艺，主要为光催化水解制氢及所用的光催化剂正在迅速成为研发的热点；由于光催化水解制氢摆脱了对传统能源的依赖，又不需要消耗大量的电能，是非常有发展潜力的制氢方法，也是制氢技术未来的发展方向，因而国内的科研院所正在进一步加大对光催化水解制氢催化剂的研发投入，其代表性的申请人包括中科院理化所、南京大学、福州大学等。另一方面，传统的制氢技术，如烃选择性氧化/部分氧化制氢、烃水蒸气转化制氢、醇重整制氢等工艺目前仍然构成了研发的主流方向，这是因为如低碳烃的水蒸气转化制氢法相对于其他制氢方法而言，技术可靠、流程简单，在制氢工业中占有主导地位，其原料成本占制氢成本的 40%～80%，在目前油价低迷的时候，该类制氢方法显然具有较高的利润率，因而具有极大的市场空间，这也是各大石油能源企业仍然持续对化石燃料等传统能源制氢技术保持关注和积极投入研发的原因所在，其代表性的申请人包括中国石油化工股份有限公司、齐鲁石化等。此外，有总计 728 件专利申请涉及了制氢装置及工艺，这表明中国专利申请的申请人对于制氢技术的后续应用非常重视，已经努力尝试将制氢技术应用到制氢装置。

2. 各技术分支申请特点比较

进一步，对光催化水解催化剂、烃选择性氧化/部分氧化制氢催化剂、烃水蒸气转化制氢催化剂、醇重整制氢催化剂四个技术分支的年申请量进行了统计和分析，得到图 12。

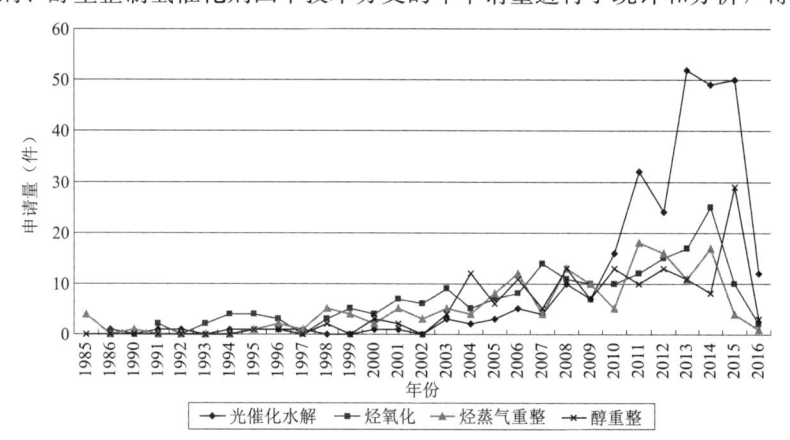

图 12　制氢催化剂中国专利申请主要技术分支的申请趋势图

从图 12 中可以看出：

烃蒸气重整催化剂的研发起步最早，在 1985 年就开始出现首批申请，但直至 2005 年，一直处于技术创新初期，2006 年之后进入快速发展期，每年的专利申请量增长至 10 余件；光催化水解催化剂研发起步时间仅次于烃蒸气重整催化剂，在 1986 年出现首件申请，此后直至 2007 年间，处于技术创新初期；每年申请量基本上在个位数；直至 2008 年之后才进入技术快速发展阶段，申请量增长至 10 件以上；在 2011 年之后，技术创新进入爆发式增长阶段，年申请量同比翻倍，开始大幅超过其他技术分支而遥遥领先。其他两个技术分支的中国专利申请也保持着稳定的增长，其中烃氧化制氢催化剂和醇重整制氢催化剂的总体趋势和年申请量均比较接近，在 2007 年前后进入技术快速发展阶段，年申请量从个位数增长到了 10 件以上。随着能源问题的日益突出，以及对能源结构调整的要求日益提高，光催化水解制氢催化剂的中国专利申请量会继续保持较高的增长速度。

（四）申请人分析

按照申请总量对申请人进行了排名，并对排名前 20 的申请人的专利申请的技术分布情况进行了统计和比较分析，如表 7 所示。

表 7 制氢催化剂中国专利申请主要申请人

排名	申请人	申请总量	光催化剂水解	烃氧化	烃蒸气重整	醇重整	其他重点分支	重要分支占比
1	大连化物所	77	5	12	2	14	44	45.5%
2	合既得动氢	68	0	0	0	4	64	5.9%
3	中石化	66	1	16	25	0	24	63.6%
4	浙江大学	61	1	4	6	0	50	18.0%
5	福州大学	42	27	0	0	1	14	66.7%
6	清华大学	32	1	7	1	0	23	28.1%
7	天津大学	31	2	4	4	15	6	80.6%
8	华东理工	30	8	3	5	4	10	66.7%
9	国际壳牌（荷兰）	29	0	2	1	3	23	20.7%
10	华南理工	25	0	0	1	1	23	8.0%
11	理化所	25	21	0	0	0	4	84.0%
12	气体产品（美）	23	0	2	8	0	13	43.5%

续表

排名	申请人	申请总量	技术分布					重要分支占比
			光催化剂水解	烃氧化	烃蒸气重整	醇重整	其他重点分支	
13	上海大学	22	2	7	3	1	9	59.1%
14	汉能科技	22	0	0	1	5	15	27.3%
15	格雷特波因特（美）	20	0	0	1	0	19	5.0%
16	赫多特普索（丹麦）	20	0	0	6	1	13	35.0%
17	太原理工	20	0	10	2	0	8	60.0%
18	南京大学	18	11	2	0	0	5	72.2%
19	山西煤化所	18	2	0	0	0	10	44.4%
20	石化院	18	0	2	9	0	7	61.1%

从表7可以看出：

从申请人国籍看，中国申请人占据主体。申请量排名前20位的申请人中，中国申请人总计为16名，占比高达八成，并且排名前8位的全部为国内申请人。而国外来华申请人中进入前20名的总计只有4名，分别为荷兰的国际壳牌研究有限公司、美国的气体产品与化学公司和格雷特波因特能源公司、丹麦的赫多特普索化工设备公司。

从申请人类型来看，国外来华主要申请人均为企业，且集中在能源化工行业；而国内的主要申请人则包括研究院所、高校和企业。在16名中国申请人中，高校有9名，且6所高校申请量进入前10名，其中浙江大学、福州大学、清华大学位居高校申请量的前3位；研究院所有4所，除了中国石油化工股份有限公司石油化工科学研究院外，另外3所均属于中科院系统，这也反映了中科院在国内技术研发所处的领先位置。国内企业仅有3家进入前30名，依次为上海合既得动氢机器有限公司、中国石油化工股份有限公司、汉能科技有限公司，其中上海合既得动氢机器有限公司是专业从事制氢技术的企业，但是其研发重心在于制氢技术的具体应用上，制氢催化剂并不是其研发重点；汉能科技有限公司是中国最大的民营能源企业，其研发重心在于硼氢化物水解制氢及燃料电池技术、甲醇蒸气重整制氢技术这两方面；中国石油化工股份有限公司作为国内著名的石油化工企业，其研发重心基本覆盖了制氢催化剂的各个技术分支。由此可以看出，国内的研发主体和前沿的科技创新成果仍大量集中在高校和研究院所中，因此在提高企业自主研发的积极性和创新质量的同时，努力探索加强产学研合作，切实提高科技创新成果的转化率，是国内在制氢催化剂领域技术创新中亟待解决的问题之一。

从重要分支占比情况来看，各申请人专利申请的技术集中度较高。其中，有 9 名申请人研发的重心位于光催化水解催化剂、烃选择性氧化/部分氧化制氢催化剂、烃水蒸气转化制氢催化剂、醇重整制氢催化剂四个技术分支，占总申请量的一半以上，另外有 3 名申请人在上述重点技术分支的申请量也接近了 50%；其他申请人则在其他技术分支，如含正电氢的无机化合物与无机还原剂反应制氢催化剂（如硼氢化物水解制氢催化剂），有机化合物分解制氢催化剂（如烃裂解制氢催化剂）、水煤气变换制氢催化剂、电解水制氢催化剂，无机化合物（如氨、肼、硫化氢）分解制氢催化剂等投入更多的研发力量。这表明申请人集中研发力量在重点技术分支上寻求技术突破，努力寻求在各个技术分支所涉及的子技术领域内占据技术领先地位，并将这种技术领先地位转换为在市场占有率上的领先地位。

五、重点技术分析

（一）技术概述

太阳能是一种辐射能，不带任何化学物质，是最洁净、最可靠的巨大能源宝库，可以说，太阳能是真正取之不尽、用之不竭的能源。通过光催化分解水制氢是利用太阳能的一种有效途径，而氢气作为清洁燃料，有着广阔的应用前景，将来可代替化石燃料以支撑社会经济。日本政府也正在竭力打造"氢能社会"，计划将 2020 年东京奥运会打造成为一场"氢能社会"的盛事，从巴士、汽车，再到普通家庭所使用的能源，都将是供应充足，零排放的氢气。

20 世纪 70 年代，Fujishima 和 Honda 成功地利用 TiO_2 进行光电水解制氢实验，并把光能转化为化学能而储存起来，该实验也成为光电化学发展史上的一个里程碑。

光催化分解水制氢的原理，如图 13 所示：光催化剂如 TiO_2 在光照下，半导体内的电子受激发从价带跃迁到导带，从而在导带和价带分别产生自由电子（e^-）和空穴（h^+）。水在这种电子—空穴对的作用下发生电离，生成氢气和氧气。

TiO_2 是一种宽禁带半导体材料，化学稳定性好，能够抵抗介质的电化学腐蚀，无毒无臭、有独特的光、电化学性质，是一种理想的光催化剂。为提高 TiO_2 的光催化活性，可对其进行不同处理，如晶型掺杂、金属离子掺杂、染料光敏化、半导体复合、非金属离子掺杂等。

由过渡金属构成的金属氧酸盐有许多在光催化剂水解制氢反应中具有较高的活性，目前研究比较广泛的有铌酸盐、钽酸盐以及钒酸盐等。

光催化水解制氢是非常有发展潜力的制氢工艺之一，但现有光催化剂的活性不足，使其离工业化还有相当大的距离。

为此，本文选择制氢催化剂中的光催化水解制氢催化剂技术分支作为重点技术，希望通过对相关的专利申请的综合分析，为我国企业和科研院所的技术研发、产业投入和市场布局提供一定的信息借鉴。

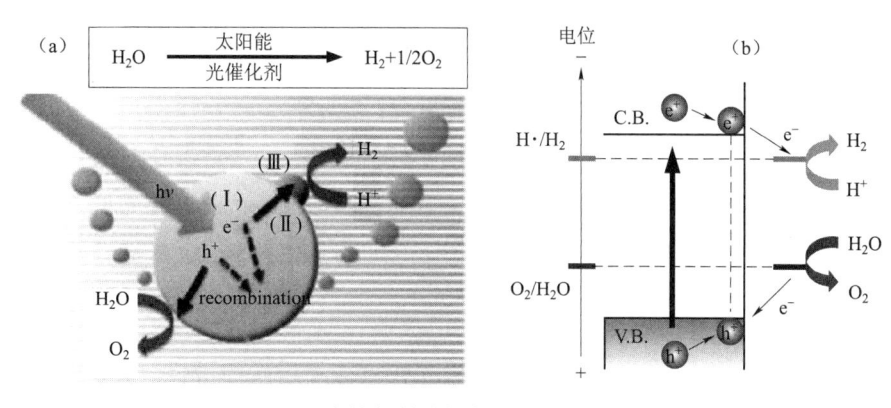

图 13　光催化剂分解水制氢的基本原理

（二）申请趋势分析

为了解全球范围内涉及光催化水解制氢催化剂的专利申请的总体趋势，按照申请项数统计了年申请量的变化，得到图 14 和表 8。

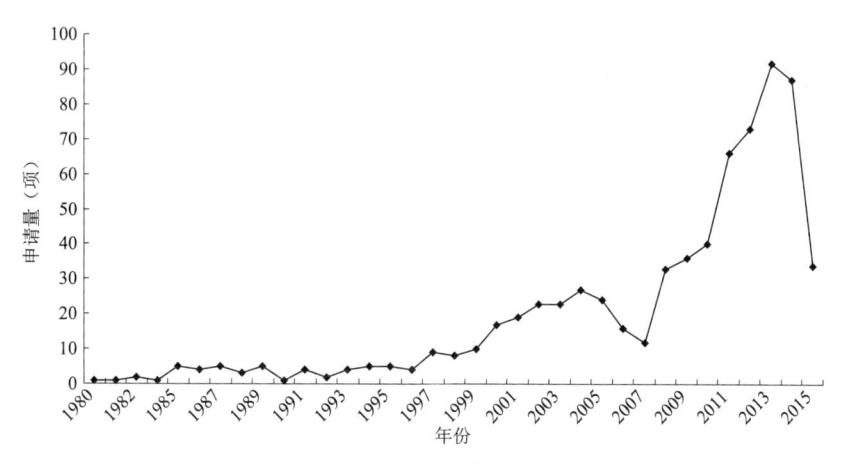

图 14　全球光催化水解制氢催化剂专利申请趋势

表 8　全球光催化水解制氢催化剂专利申请总量

项目	总量	近 5 年 数量	近 5 年 占总比	近 10 年 数量	近 10 年 占总比	近 20 年 数量	近 20 年 占总比
申请量（项）	701	352	50.2%	489	69.8%	653	93.2%

从图 14 和表 8 中可以看出：

最早的专利申请 FR19800023595 出现在 1980 年，由法国申请人 CNRS CENT NAT RECH 于 1980 年 11 月 5 日提出申请，主要涉及包含半导体复合氧化物和选自第 VII 或第 VIII 族金属的光催化剂，其中半导体复合氧化物优选为 $SrTiO_3$，金属优选为 Rh、Ru 等；所述光催化剂适用于将水光催化分解成氢气和氧气，其光催化活性明显高于单独的 $SrTiO_3$，且可以重复使用而不降低活性。

1996 年之前，光催化制氢催化剂领域的全球专利申请处于起步阶段，年申请量基本上保持在个位数，这一阶段属于技术萌芽和形成期。从 1997 年开始，年申请量开始大幅提高，出现了翻番式的增长，并在 1999 年突破到两位数，进入快速发展阶段，代表申请量趋势的曲线上升斜率接近 45°，这一阶段属于技术发展期。

虽然 2006—2007 年，申请量出现了小幅回落，但从 2008 年开始，光催化制氢催化剂领域的全球专利申请重拾升势，年申请量出现了爆发式的增长，曲线的上升斜率接近了 75°；2011 年，年申请量首次超过 50 件，达到了 66 件，到 2013 年，年申请量达到了 92 件，2016 年的绝大部分申请尚未公开，预计 2016 年实际年申请量有可能超过 100 件。这一阶段属于技术高速发展阶段。

总体上看，近 20 年来，光催化制氢催化剂领域全球专利申请的年申请量经历了技术的萌芽起步期（1980—1996 年）、发展期（1997—2007 年），目前进入了高速发展期（2008 年迄今）。

可以预见，随着以光催化制氢催化剂为代表的光催化水解制氢技术的不断发展和进步，光催化水解技术正式进入工业化实际应用的一天将很快到来。

（三）申请地域分析

为了解各个国家的技术创新综合实力，按照首次申请国对全球光催化水解制氢催化剂的专利申请进行了地域统计，得到图 15。

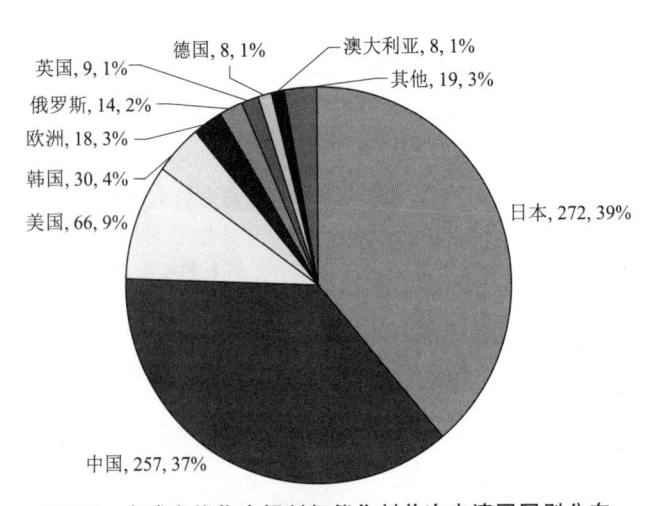

图 15 全球光催化水解制氢催化剂首次申请国国别分布

从图 15 中可以看出：

关于光催化水解制氢催化剂的研发，日本和中国是该领域技术创新成果最为密集的国家，两者作为首次申请国的专利申请总量占全球申请总量的 76%，可见日本和中国在全球的布局遥遥领先于其他国家。光催化水解制氢及所用的光催化剂正在迅速成为研发的热点。由于光催化水解制氢摆脱了对传统能源的依赖，又不需要消耗大量的电能，是非常有发展潜力的制氢方法，也是制氢技术未来的发展方向，因而在中国、日本等国受到了高度的重视，投入了大量的研发力量。

总体来看，未来一段时间内，日本、中国这两个国家在光催化水解制氢催化剂技术上都将继续领跑其他国家/地区，成为全球在光催化水解制氢领域技术创新最为活跃、技术产出成果最为密集的区域。

(四) 申请人分析

为了解全球范围内光催化水解制氢催化剂领域的主要技术创新主体的分布情况以及其申请态势，按照专利申请总量，对前 10 名的申请人的专利申请的情况进行了统计，得到表 9 和图 16。

表 9　全球光催化水解制氢催化剂主要申请人申请信息表

排名	申请人名称	国别	首次申请量（项）
1	中国科学研究院	中国	20
2	哈尔滨工业大学	中国	15
3	福州大学	中国	15
4	南京大学	中国	13
5	株式会社尼康	日本	13
6	日本宇宙航空研究开发机构	日本	13
7	通商产业省工业技术院	日本	12
8	拉·弗·皮萨尔日夫斯基乌克兰物理化工学院	苏联（俄罗斯）	12
9	夏普株式会社	日本	10
10	独立行政法人产业技术综合研究所	日本	10

从表 9 和图 16 中可以看出：前 10 名申请人，基本上来自中国和日本，而来自其他国家的申请人仅有 1 名，为苏联的拉·弗·皮萨尔日夫斯基乌克兰物理化工学院；其中来自中国的申请人有 4 名，占据了前 4 位，来自日本的申请人有 5 名。中国的申请人以中国科学研究院、哈尔滨工业大学、福建大学和南京大学为代表，这

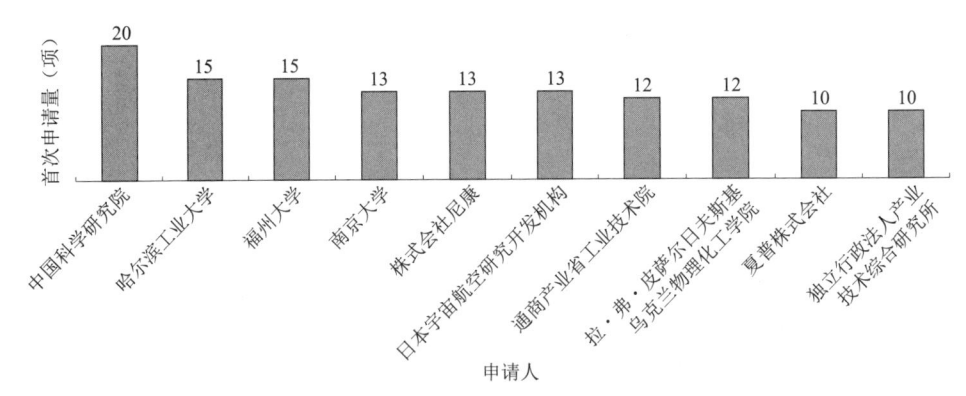

图 16　全球光催化水解制氢催化剂主要申请人及首次申请量

表明中国在光催化水解制氢催化剂领域内的研发主体是科研院所和高校。日本的申请人以株式会社尼康（NIKON CORP）、独立行政法人产业技术综合研究所（DOKURITSU GYOSEI HOJIN SANGYO GIJUTSU SO）、通商产业省工业技术院（AGENCY OF IND SCI & TECHNOLOGY）和夏普株式会社（SHARP KK）为代表，这表明日本在光催化水解制氢催化剂领域内的研发主体是企业和科研院所。

（五）专利技术路线分析

对于光催化水解制氢催化剂而言，其研究的终极目标是如何抑制光生电子和空穴在有效的光催化反应之前发生复合，从而有效地利用太阳能光催化分解水制氢，因此研究过程中，必须考虑到催化材料的晶体结构、物相、缺陷、形貌、量子效应、掺杂元素的种类及掺杂量、催化剂的粒径等因素，这些因素都会影响催化剂的光生电荷分离、迁移、光吸收剂与助催化剂界面的电荷传输。研究的重心主要围绕着以下几方面：（1）如何有效抑制光生电子和空穴的复合，从而提高光催化效率；（2）如何提高宽禁带光催化剂对可见光的响应；（3）如何寻找具有高活性的窄禁带光催化剂。

光催化剂基本上可分为以下三类，分别为 TiO_2 基光催化剂、氮化物或硫化物型光催化剂、金属氧酸盐型光催化剂。

TiO_2 基光催化剂是光催化领域内最常用的材料，但 TiO_2 带隙较宽，仅能吸收紫外光，选用合适的修饰方法减少带宽，使其能吸收可见光，是实现 TiO_2 基光催化剂水解制氢产业化的关键。目前研究的方向在于：

1）通过在催化剂表面负载助催化剂，如 Pt 或 Ru 来为产氢和产氧提供催化活性位，促进光生电子和光生空穴的分离。

2）通过在水中添加牺牲剂，如甲醇、乙醇、硫化钠等电子体以不可逆的消耗迁移到 TiO$_2$ 表面的部分光生空穴，以减少光生电荷复合的概率。

3) 半导体的复合，如 CdS-TiO$_2$、Cu$_2$O-TiO$_2$ 等可提高系统的电荷分离效率，如果和窄禁带半导体复合还可以扩展光激发能量范围。从本质上看，半导体复合可视为一种半导体对另一种半导体如 TiO$_2$ 的修饰。

4) 金属离子掺杂，通过掺杂合适的金属离子，例如 Fe、V、Mo、Ru、Os、Re 等可抑制光生电子空穴的复合，还能在半导体的禁带中形成杂质能级，进而能使其对光的响应范围从紫外光扩展到可见光。

5) 非金属离子掺杂，如果掺杂非金属元素的 p 轨道与氧的 p 轨道重叠，则可使 TiO$_2$ 的价带边界上移而使 TiO$_2$ 的带隙变窄，由此可提高催化剂的光催化活性。常用的非金属离子包括 N、S、B、卤素等。

6) 碳材料修饰，利用具有独特电子结构和优良电子传输性能的新型碳材料，如碳纳米管、石墨烯对 TiO$_2$ 进行修饰，可以降低光生电子和空穴的复合概率，从而增大光催化剂的光电活性。

对于氮化物或硫化物型光催化剂，由于 N^{2p}、S^{3p} 轨道能级比 O^{2p} 轨道能级更负，因此氮化物、氮氧化物和硫化物比相应的氧化物具有更窄的带隙，因而更能吸收可见光。尽管硫化物型光催化剂具有较高的制氢活性和量子效率，但其主要缺点是存在明显的光腐蚀问题，从而影响其使用寿命。其研究方向主要在于，将其与 TiO$_2$ 等进行复合以增加其活性和稳定性。

金属氧酸盐型光催化剂，主要包括钛酸盐、铌酸盐、钽酸盐、钒酸盐等过渡金属氧化物，其通常具有网状、层状、孔道结构或含有 TiO$_6$、NbO$_6$、TaO$_6$ 八面体结构，这些结构可提供合适的反应位点和促进光生电子空穴的分离，从而提高光催化水解制氢的效率。其研究方向主要在于，将其与 TiO$_2$ 类催化剂进行复合以进一步提高产氢速率和能量效率。

（六）重要专利技术分析

通过对全球 701 项光催化水解制氢催化剂专利引用频次统计，结合产业发展状况和专利申请技术内容，本课题组遴选出光催化水解制氢催化剂专利技术中具有代表性的 12 项专利申请，如表 10 所示，并对其进行了如下的具体分析。

表 10 光催化水解制氢催化剂的代表性专利

序号	公开号	最早优先权日	申请人	来源国	技术要点
1	FR2493181 A	1980-11-05	CNRS CENT NAT RECH	法国	包含半导体复合氧化物和选自第 VII 或第 VIII 族金属的光催化剂，其中半导体复合氧化物优选为 SrTiO$_3$，金属优选为 Rh、Ru 等。

续表

序号	公开号	最早优先权日	申请人	来源国	技术要点
2	CN101850255 A CN101850255 B	2010-06-09	南京大学	中国	核—壳结构的催化材料，其特征是用如下结构式：$\gamma\text{-}Fe_2O_3\text{-}Y_{3-x}Yb_xSbO_7$（$0.5 \leqslant x \leqslant 1$）、$\gamma\text{-}Fe_2O_3\text{-}Y_{3-x}Ga_xSbO_7$（$0.5 \leqslant x \leqslant 1$）、$SiO_2\text{-}Y_{3-x}Yb_xSbO_7$（$0.5 \leqslant x \leqslant 1$）、$SiO_2\text{-}Y_{3-x}Ga_xSbO_7$（$0.5 \leqslant x \leqslant 1$）、$MnO\text{-}Y_{3-x}Yb_xSbO_7$（$0.5 \leqslant x \leqslant 1$）或 $MnO\text{-}Y_{3-x}Ga_xSbO_7$（$0.5 \leqslant x \leqslant 1$），$\gamma\text{-}Fe_2O_3$、$SiO_2$和$MnO$的粒径为$0.06 \sim 2$微米，$Y_{3-x}Yb_xSbO_7$、$Y_{3-x}Ga_xSbO_7$包裹后粒径为$0.07 \sim 2.1$微米。
3	JP2005199187 A JP4803414 B2	2004-01-16	东京大学	日本	Z型体系的可见光催化剂，包含选自WO_3等的制氧催化剂，以及由$Pt/SrTiO_3$：Rh构成的制氢催化剂。
4	US4889604 A EP0281696 A JPH0187501 A EP0281696 B DE3775755 G CA1296672 C JPH0517161 B	1987-03-12	COUNCIL SCIENT IND RES	美国	一种光催化分解水制氢的方法，将六方晶系结构的半导体材料悬浮于$[\{Ru(L)(OH)_2\}O_2]K$溶液，将光线通入悬浮着的负载型半导体材料，然后分离生成的氢气和氧气，其中半导体材料负载有选自Pt、Rh、Ir和In的金属和过渡金属氧化物。
5	US6077497 A WO9815352 A1 KR19980025911 A EP0930939 A1 JP2000503595 A KR100202238 B1 EP0930939 B1 CN1108866 C	1996-10-07	韩国化学研究所等	韩国	一种光催化剂，它用以下通式Ⅱ表示：$Pt(a)/Zn[M(b)]S$Ⅱ，式中字母"a"代表光催化剂中Pt的重量百分数，其为$0.1 \sim 3.5$；字母"M"是选自于Co、Fe、Ni和P的元素；字母"b"代表M/Zn的摩尔%，其为$0.05 \sim 30$。该光催化剂在可见光范围可是活性的，其使用寿命是半永久性的，并能以较高的生产率生产氢而不使用任何含氧有机物作为产生氢的促进剂。

续表

序号	公开号	最早优先权日	申请人	来源国	技术要点
6	CN101757926 A CN101757926 B	2009-12-31	南京大学	中国	核—壳结构的磁性颗粒光催化剂，铁磁性、顺磁性或反磁性颗粒为核，光催化剂为壳，铁磁性、顺磁性或反磁性颗粒分别为 γ-Fe_2O_3、SiO_2 和 MnO 颗粒，光催化剂分别为 $Gd_{3-x}Bi_xSbO_7$、$Gd_{3-x}Y_xSbO_7$ 和 $In_{3-x}Bi_xTaO_7$。
7	CN102266787 A	2010-06-07	付文甫等	中国	一种不用贵金属作为助催化剂的太阳光分解水制氢催化剂，包括 CdS-石墨烯复合材料、TiO_2-石墨烯复合材料。以石墨烯作为助催化剂的光催化剂，其制氢效率可与含有相同质量的贵金属 Pt 的光催化剂在相同制氢条件下的制氢效率相媲美，甚至要高。
8	US2002151434 A WO0218048 A1 JP2002066333 A EP1314477 A1 US6878666 B2 JP4107792 B	2000-08-28	日本科学技术振兴机构等	日本	一种含有至少一种过渡金属的氮氧化物的光催化剂，所述过渡金属选自 La、Ta、Nb、Th 和 Zr；所述氮氧化物还可含有至少一种选自碱金属、碱土金属和 IIIB 族的金属元素；所述氮氧化物上还可负载一种选自过渡金属的助催化剂；所述助催化剂优选为 Pt；所述光催化剂可用于光催化分解水制氢。
9	US2003228727 A1 US7485799 B2	2002-05-07	GUERRA JOHN MICHAEL	美国	一种光催化剂，包含：具有某一深度和间距的波纹表面的基底；涂覆在所述波纹表面的半导体薄膜层。
10	CN101209420 A CN100560203 C	2007-12-25	山东大学	中国	一维 CdS/TiO_2 复合半导体光催化纳米材料，半导体 CdS 纳米线的平均直径约为 40 纳米，长度约几个微米，TiO_2 壳层的平均厚度约为 8 纳米；此类一维结构材料与普通的纳米薄膜、纳米颗粒相比，其性能更为优越，制作方法简单，成本比较低廉。

续表

序号	公开号	最早优先权日	申请人	来源国	技术要点
11	CN105013536 A	2015-06-15	中国科学院理化技术研究所	中国	一种含有铜离子—硫醇络合物可见光催化体系，以铜离子—硫醇络合物作为光催化体系的空穴消耗助催化剂，能提高半导体光催化体系中光生电子与空穴的分离效率，进而提高体系光催化产氢活性。
12	CN101229514 A CN101229514 B	2008-02-27	哈尔滨工业大学	中国	一种复合型钛酸盐纳米管光催化剂的制备方法及应用，将金属盐溶于去离子水中，滴入浓硝酸后，将此溶液滴入钛酸酯与稀释剂制成的溶液中搅拌、干燥，然后烧结，将产物分散在氢氧化钠水溶液中；反应24～72小时，降温、保温后洗涤至中性。光催化剂的金属或氧化物的负载量高，不仅被紫外光激发，还能被可见光激发。制氢的性能比普通催化剂活性高出3～15倍，可稳定使用100h以上。

1. 基础专利

经过课题组的筛选甄别，可以确定在1980年，CNRS CENT NAT RECH申请的FR2493181 A是光催化水解制氢催化剂的基础专利申请，该专利申请的优先权日是1980年11月5日。该专利申请公开了一种包含半导体复合氧化物和选自第Ⅶ或第Ⅷ族金属的光催化剂，其中半导体复合氧化物优选为$SrTiO_3$，金属优选为Rh、Ru等。该催化剂的制备可采用光沉积法将金属沉积在半导体复合氧化物上；该催化剂非常适于将光催化水解制得氢气和氧气，其活性远高于单独的半导体复合氧化物，其具有很长的使用寿命，可以反复使用而不降低催化活性。

该专利申请开启了利用助催化剂来提高复合氧化物类半导体光催化剂的光催化活性的新的研发方向，并对光催化水解制氢技术进行了非常有价值的技术探索。

2. 核心专利

经过课题组的筛选甄别，可以确定在2008年2月27日哈尔滨工业大学申请的CN101229514A、2010年6月9日南京大学申请的CN101850255A、2004年1月16日东京大学申请的JP2005199187A、1999年4月1日韩国化学研究所等人申请的US6077497A（该专利的优先权日是1996年10月7日）、2010年6月7日付文甫等申请的 CN102266787A、2002 年 4 月 16 日日本科学技术振兴机构等人申请的 US2002151434A1（该专利的优先权日是 2000 年 8 月 28 日）是光催化水解制氢催化剂的核心专利。

（1）现有复合型钛酸盐纳米管催化剂存在制备工艺复杂、负载量小，只能被紫外光所激发，并且稳定性差的问题。CN101229514A 公开了一种制备方法，该方法包括以下步骤：① 将钛酸酯与稀释剂按 1∶10 的体积比配成溶液；② 按金属盐与去离子水质量比为 0.2～18∶100 的配比将金属盐溶于去离子水中，缓慢滴入浓硝酸，浓硝酸与溶解金属盐去离子水的体积比为 1∶5，而后搅拌均匀配成溶液；③ 将步骤②制备的溶液滴入步骤①制备的溶液中，使溶液中的金属盐与步骤①溶液中所含二氧化钛的质量比为 0.01～40∶100，搅拌 30～60 分钟，制成溶胶；④ 在 50～100℃条件下将溶胶干燥 8～16 小时，然后放入坩埚中在 200～1000℃下烧结 4～6 小时后，将产物与氢氧化钠水溶液按 0.2～30∶100 的质量比分散在 4～16mol/L 的氢氧化钠水溶液中；⑤ 将经步骤④处理后的溶液在 0.1～50MPa、100～200℃条件下反应 24～72 小时，降温到 30～50℃，然后保温 1～10 小时，再用去离子水洗涤至中性，即得到复合型钛酸盐纳米管光催化剂。

该发明的制备工艺简单，即在纳米管制备过程中原位形成复合型钛酸盐纳米管，所制备的纳米管具有内嵌金属或金属氧化物的异质结构，利用异质结的势垒效应提高量子效率和光催化产氢性能，利用异质材料的可见光吸收特性提高光谱响应范围，该复合型钛酸盐纳米管的紫外光催化性能较纯钛酸盐纳米管光催化剂的活性（738μmol·h^{-1}·gcat^{-1}）提高了 3～15 倍，是复合型块体材料的 71 倍，是已商业化催化剂 P25 的 2～20 倍。

（2）太阳光谱中紫外光部分只占不到 5%，而波长为 400～750nm 的可见光则占太阳光谱的 43%，如果能将太阳光中的紫外光波段和可见光波段同时充分利用起来，光量子效率将会得到很大提高。因此，在保证较高的光催化效率的前提下解决光催化剂的回收和量子效率问题成了光催化废水处理和光催化水解制氢工业化应用的关键。因此为了克服上述缺陷，CN 101850255A 公开了一种粉末催化材料 Y$_{3-x}$Yb$_x$SbO$_7$ 和 Y$_{3-x}$Ga$_x$SbO$_7$ （0.5≤x≤1）及制备工艺路线及方法；以及一种"磁性颗粒核—光催化剂壳"结构的 γ-Fe$_2$O$_3$（铁磁性颗粒核）-Y$_{3-x}$Yb$_x$SbO$_7$（0.5≤x≤1）（光催化剂壳）、γ-Fe$_2$O$_3$（铁磁性颗粒核）-Y$_{3-x}$Ga$_x$SbO$_7$（0.5≤x≤1）（光催化剂壳）、SiO$_2$（顺磁性颗粒核）-Y$_{3-x}$Yb$_x$SbO$_7$（0.5≤x≤1）（光催化剂壳）、SiO$_2$（顺磁性颗粒核）-Y$_{3-x}$Ga$_x$SbO$_7$（0.5≤x≤1）（光催化剂壳）、MnO（反铁磁性颗粒核）-Y$_{3-x}$Yb$_x$SbO$_7$（0.5≤x≤1）（光催化剂壳）、MnO（反铁磁性颗粒核）-Y$_{3-x}$Ga$_x$SbO$_7$（0.5≤x≤1）（光催化剂壳）制备工艺；其制备方法是采用脉冲激光溅射沉积的制备方法；并考察了所述催化剂在可见光或紫外光照射下分解水制取氢气的效率和光学活性，以 Y$_2$YbSbO$_7$ 粉末为催化剂，分别负载 Pt，NiO 和 RuO$_2$ 辅助催化剂分解水制取氢气，24 小时后氢气的产量为 2.63~4.72mmol。

（3）为了抑制水分解的逆向，且尽量避免对氧化还原电子对的消耗，JP2005199187A 提出了一种 Z 型体系的可见光催化剂，包含选自 WO_3 等的制氧催化剂，以及由 $Pt/SrTiO_3$:Rh 构成的制氢催化剂。该催化剂具有更高的能量效率，具体结构如图 17 所示。该专利开创性地提供了光催化剂的一种新的研究方向。

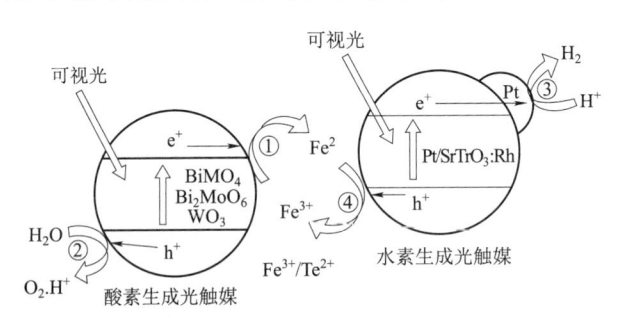

图 17　JP2005199187A 中 Z 型体系光催化水解制氢催化剂结构

（4）为了提高光催化水解制氢催化剂的寿命，并且避免使用含氧有机物作为产生氢的促进剂，US607749A 提出了一种光催化剂，它用以下通式 Ⅱ 表示：$Pt(a)/Zn[M(b)]S$ Ⅱ，式中字母"a"代表光催化剂中 Pt 的重量百分数，其为 0.1~3.5；字母"M"是选自 Co、Fe、Ni 和 P 的元素；字母"b"代表 M/Zn 的摩尔％，其为 0.05~30。该光催化剂在可见光范围可是活性的，其使用寿命是半永久性的，并能以较高的生产率生产氢而不使用任何含氧有机物作为产生氢的促进剂。

（5）现有技术中通常采用贵金属 Pt，Pd，Ru 和 Rh 作为助催化剂与 CdS、TiO_2 等半导体材料复合，以提高其光催化活性和光分解水制氢效率，但贵金属价格昂贵，难回收，对环境不友好，从而制约了它的使用，因此研究人员希望建立新的制氢体系或发现既便宜又环保的绿色材料代替贵金属，达到高效低成本制氢。为此，CN102266787A 提出了一种利用石墨烯作为助催化剂的新型光催化光解水制氢催化剂的制备方法，包括 CdS-石墨烯、TiO_2-石墨烯复合材料光催化剂的制备方法。其中 CdS-石墨烯复合材料的制备方法为：2mg 的磺酸化的石墨烯分散于 20ml 的去离子水中超声 30min，逐滴滴入 6mL 0.1mol/L 的 $CdCl_2$ 溶液，搅拌 2h 后再滴入 10ml 0.05mol/L 的 Na_2S 溶液，并搅拌 3h，过滤多次洗涤后，在 70℃ 的真空环境中干燥。TiO_2-石墨烯复合材料光催化剂的制备方法，其特征在于：将 2mg 石墨烯氧化物分散于 20mL 水和 10mL 乙醇混合溶剂中，超声振荡 1h 使其分散均匀。然后加入 200mg 二氧化钛，充分搅拌 2h，放入 50ml 的不锈钢反应釜中，在 120℃ 加热 3h，经过滤多次洗涤后，在 70℃ 的真空环境中干燥。

该专利利用石墨烯作为助催化剂，提高了电子传输速率，促进了电子空穴的有效分离，减少了激子复合的概率，进而增加了光分解水产氢的效率；提供了一种比贵金属成本低廉、制备工艺简单，且对环境没有污染的新选择。

(6) 现有的氮氧化物型光催化剂存在光电转换效率不够的缺陷，为了解决所述缺陷，US2002151434A1 提出了一种含有至少一种过渡金属的氮氧化物的光催化剂，所述过渡金属选自 La、Ta、Nb、Th 和 Zr；所述氮氧化物还可含有至少一种选自碱金属、碱土金属和 IIIB 族的金属元素；所述氮氧化物上还可负载一种选自过渡金属的助催化剂；所述助催化剂优选为 Pt；所述光催化剂可用于光催化分解水制氢。

六、主要研究结论及建议

(一) 制氢催化剂专利技术现状研究的主要结论

本节以制氢催化剂专利申请的整体态势——专利布局，重要技术分支：光催化水解制氢催化剂的研发现状——技术动向、重要专利申请人——研发团队等为基础，对其加以分析和小结，进而给出对中国申请人比较有参考价值的研发建议。

专利布局——申请量在全球和中国增长迅速，专利布局以中国、美国、日本和欧洲国家为主，美国、日本和欧洲国家也在中国积极布局，北京、上海、辽宁和江苏等省市是国内申请的主要来源。

近 20 年是制氢催化剂的专利申请的快速增长阶段，集中了该领域申请量的近九成。虽然涉及制氢催化剂的专利申请从 60 年代就开始起步，但从专利申请数量上来看，近 20 年的申请量为 2807 项，占到该领域专利申请总项数的 87.0%。而从近 10 年占比数据可以进一步看出，近 10 年申请总量占总申请量的比例接近五成，也就是说，近十年来制氢催化剂领域申请的活跃度很高。这反映了当前对制氢催化剂的市场需求和技术开发热情近年来不断高涨，并有继续保持稳定快速发展的态势。

日本、美国、中国、德国四个国家总的专利申请产出占到了全球申请总量的 81%。表明以上四国作为制氢催化剂领域技术创新成果最为丰富的国家，已经成为制氢催化剂技术的主要原创国和技术输出国。美国和日本在全球的布局明显要早于中国，美国斯坦福研究院早在 1976 年就开展了氢经济的可行性研究，由此也拉开了美国对全球布局的帷幕；中国直至 2000 年起才逐步开始在全球进行布局，之前仅有个别年度有零星申请，但从 2004 年至今保持了快速发展的态势，尤其是 2010 年之后，年度首次申请量超越了日本和美国，表明中国已经开始重视制氢催化剂技术在全球的布局，成效明显。

制氢催化剂领域的中国专利申请以发明专利申请为主；在中国专利申请中，审查未决所占比例为 27.3%，表明，制氢催化剂领域近年来的技术创新活动保持着积极活跃的状态，预示着该领域的专利密度会进一步增大。

近 30 年来，制氢催化剂领域中国专利申请的年申请量经历了技术的萌芽起步期 (1985—1995 年)、发展期 (1996—2006 年)，目前进入了高速发展期 (2007 年迄今)。在这期间，随着光催化制氢催化剂、烃氧化制氢催化剂、烃蒸气重整制氢催化剂、醇重整制氢催化剂等主要分支技术的进一步成熟和完善，国家对新能源、新材料的政策扶持，调整能源结构的方向引导，各领域对氢能的需求不断增多。

美国是国外来华申请的主体力量，美国在中国的申请量为158件，占到了国外来华申请总量的31%。日本、荷兰、韩国、德国、丹麦（德国和丹麦并列第五）则依次排在第二至第五位。总体上看，前6名来华申请国家的在华申请总量为415件，占到了制氢催化剂领域国外来华申请总量的81.3%。其中，美国、日本、法国均是自20世纪80年代就开始在中国提出有关制氢催化剂领域的专利申请的国家。

在2003年以前，国外来华申请和国内申请整体上呈现出同步发展的态势；2004年之后，国内申请开始大幅超过国外来华的专利申请量，国内年申请量与国外来华年申请量的比值激增至4.7，并有继续增加的趋势。

技术动向——光催化水解制氢催化剂、烃选择性氧化/部分氧化制氢催化剂、烃水蒸气转化制氢催化剂、醇重整制氢催化剂是研发热点；光催化水解制氢是制氢技术的发展方向。

中国制氢催化剂专利技术主要集中在光催化水解制氢催化剂、烃选择性氧化/部分氧化制氢催化剂、烃水蒸气转化制氢催化剂、醇重整制氢催化剂（包括醇蒸气重整、醇氧化重整、醇自热重整），共有781件，占比达55.1%（以1417件专利申请为基准）；其次是含正电氢的无机化合物与无机还原剂反应制氢催化剂（如硼氢化物水解制氢催化剂）、有机化合物分解制氢催化剂（如烃裂解制氢催化剂）、水煤气变换制氢催化剂、电解水制氢催化剂、无机化合物（如氨、肼、硫化氢）分解制氢催化剂，共有472件，占比达33.3%。

这表明，一方面，新兴的制氢工艺，主要为光催化水解制氢及所用的光催化剂正在迅速成为研发的热点；由于光催化水解制氢摆脱了对传统能源的依赖，又不需要消耗大量的电能，是非常有发展潜力的制氢方法，也是制氢技术未来的发展方向。另一方面，传统的制氢技术，如烃选择性氧化/部分氧化制氢、烃水蒸气转化制氢、醇重整制氢等工艺目前仍然构成了研发的主流方向，这是因为如低碳烃的水蒸气转化制氢法相对于其他制氢方法而言，技术可靠、流程简单，在制氢工业中占有主导地位，其原料成本占制氢成本的40%～80%，在目前油价低迷的时候，该类制氢方法显然具有较高的利润率，因而具有极大的市场空间。此外，有总计728件专利申请涉及了制氢装置及工艺，这表明中国专利申请的申请人对于制氢技术的后续应用非常重视，已经努力尝试将制氢技术应用到制氢装置。

就各个研发热点比较而言，烃蒸气重整催化剂的研发起步最早，在1985年就开始出现首批申请，但直至2005年，一直处于技术创新初期，2006年之后进入快速发展期，每年的专利申请量增长至10余件；光催化水解催化剂研发起步时间仅次于烃蒸气重整催化剂，在1986年出现首件申请，此后直至2007年间，处于技术创新初期；每年申请量基本上在个位数；直至2008年之后才进入技术快速发展阶段，申请量增长至10件以上；在2011年之后，技术创新进入爆发式增长阶段，年申请量同比翻倍，开始大幅超过其他技术分支而遥遥领先。其他两个技术分支的中国专利申请也保持着稳定的增长，其中烃氧化制氢催化剂和醇重整制氢催化剂的总体趋势和年申请量均比较接近，在2007年前后进入技术快速发展阶段，年申请量从个位数增长到了10件以上。随着能源问题的日益突出，以及对能源结构调整的要求日益提高，光催化重整制氢催化剂的中国专利申请量会继续保持较高的增长速度。

光催化水解制氢催化剂是未来研发的方向，主要涉及TiO_2基光催化剂、氮化物或硫化物型光催化剂、金属氧酸盐型光催化剂。专利申请从1980年起步，1997年开始进入快速增长，2008年迄今进入高速发展期。相关专利申请的技术原创地主要来源于日本、韩国和美国，其也是专利布局的主要目标市场。主要的申请人来自于中国和日本，中国的申请人以中科院、哈尔滨工业大学、福建大学和南京大学为代表，日本的申请人以株式会社尼康等为代表。1980年由CNRS CENT NAT RECH申请的FR2493181A是光催化水解制氢催化剂的基础专利申请。

研发团体——全球主要研发团体集中在日本、中国、美国；中国国内申请人主要来自北京、上海、辽宁、江苏，以高校、中科院和石化企业为主，国外来华申请人则以美国和日本为主。

全球制氢催化剂专利申请量前31名申请人中，来自日本的申请人占了绝大多数，总计达18名，这也佐证了日本在制氢催化剂领域内的技术领先地位。其次为美国和中国，分别有5名和3名申请人进入前30，而俄罗斯、欧洲、德国、丹麦和韩国则仅有1名，这种申请人的分布结构与该领域专利申请首次申请国的分布结构是基本一致的。在主要申请人中，日本的出光兴产株式会社（IDEMITSU KOSAN CO LTD）、三菱（MITSUBISHI JUKOGYO KK和MITSUBISHI HEAVY IND CO LTD）、新日本石油株式会社（TOYOTA JIDOSHA）、美国的康菲石油（CONOCOPHILLIPS CO），以及日本的日产自动车株式会社（NISSAN MOTOR CO LTD）依次占据了前5名，中国的主要申请人为南京大学（UNIV NANJING）、天津大学（UNIV TIANJIN）和华东师范大学（UNIV EAST CHINA NORMAL），这表明中国向国外进行专利布局的主体集中在高校，而中石化、中石油等大型石油企业却相对逊色。从领域来看，前31名申请人主要集中在石油化工行业、汽车行业等领域，这与制氢催化剂重点应用领域分布在石油化工、汽车等领域是一致的，这些领域的企业成为制氢催化剂的应用技术开发的主体力量。

各主要国家来华申请的主体均为各国代表性的知名企业。其中，美国的格雷特波因特、埃克森美孚、日本的新日本石油、吉坤日矿日石，荷兰的国际壳牌以及韩国的SK新技术均属于能源行业，这些申请人的关注点偏重于化石燃料制氢用催化剂；日本的丰田和韩国的现代这两家的关注重点是汽车尾气净化用催化剂，美国的气体产品和普莱克斯则是专业的工业气体公司；而日本的丰田和松下则是世界知名的汽车生产商，属于汽车领域，其关注点集中在氢能燃料电池方面。

国内各省市的知名高校、中科院系的研究院以及著名石化企业成为当地在制氢催化剂领域技术创新和专利申请的主体力量。而各省市代表性企业的专利申请侧重点各有不同，其中，位于北京的中石化、山东的齐鲁石化的专利申请主要集中在各类化石燃料制氢催化剂方面，例如醇重整制氢催化剂；而位于江苏的上海合既得动氢机器有限公司的专利申请主要集中在醇重整制氢催化剂，以及将醇重整制氢技术进一步用于包括飞机、汽车、水上交通工具和家用生活器具等方面，位于北京的汉能科技有限公司的专利申请主要集中在燃料电池用制氢技术、硼氢化物水解制氢催化剂方面，位于江苏的南京大学专利申请则集中在半导体光催化剂及光催化水解制氢技术方面，而位于辽宁的中科院大连化物所的专利申请则主要集中在甲烷部分氧化制氢用催化剂、醇重整制氢用催化剂方面。

（二）制氢催化剂技术发展的建议

加强与周边学科合作，增强自身研发优势，加快产业化步伐。研发重点建议：

（1）产学研一体化是实现科技创新的重要保证，中国科学院、哈尔滨工业大学、南京大学为代表的研究院所和高校作为国内重要申请人，缺少与相关大型企业的合作，不利于将研究成果产业化；国内下一步可考虑吸引高校、研究院所与企业成立研发联合体，实现产学研一体化，以促进制氢技术的产业化发展。

（2）对于光催化水解制氢技术，其属于当前研究的前沿领域，代表着未来的发展方向，研究过程中需要加强机理研究，探索光生载流子的分离与传输等问题，为光催化水解制氢催化剂的研发提供可靠的理论指导，这需要化学、物理、材料、生物等多个学科的融合和交流。建议从政策和制度上整合研发资源，鼓励研究团队间的交流与合作，切实保障技术研发的持续性。

（3）对于光催化水解制氢催化剂具体的研发方向，建议从单一半导体光催化剂的研究转向多元化，例如对于TiO_2基催化剂，可研究其与其他半导体材料或金属酸盐的复合，包括金属和非金属离子的协同掺杂，采用多元助催化剂来替代单一的助催化剂等。

参考文献

[1] 黄仲涛，等. 工业催化剂设计与开发 [M]. 北京：化学工业出版社，2009：345-358.

[2] 朱永法，等. 光催化：环境净化与绿色能源应用探索 [M]. 北京：化学工业出版社，2015：467-489.

[3] 王健康，等. 制氢催化剂研究进展 [J]. 分子催化，2005，19（6）：511-513.

虚拟现实专利技术现状及其发展趋势

邵永德　谢丛言[1]　卜芳

（国家知识产权局专利局实用新型审查部）

一、引言

  2016年被众多业内人士称为"VR元年"，"元"在《说文解字》中解释为"始也"，意味着众多业内人士认为2016年VR产业将从新的起点开始出发，并将迎来光明。我们也有目共睹，从2016年年初开始，VR设备竞相进入市场，VR广告也无处不在，VR走入了公众和普通消费者的视野。VR是Virtual Reality的缩写，即虚拟现实，实际上起源于20世纪50年代，是综合利用计算机图形系统和各种现实及控制等接口设备，在计算机上生成的、可交互的三维环境中提供沉浸感觉的技术。此前，受制于处理器芯片技术、图像处理技术、传感技术以及显示技术的影响，成像延迟现象比较严重，容易头晕，以致虚拟现实产业并没有真正发展起来。目前，随着计算机芯片技术的不断进步，大屏幕高处理能力的智能手机的不断发展，虚拟现实产业也迎来新的征程，再一次成为投资的风口。而我国也对虚拟现实产业非常重视，正式发布的"十三五"规划纲要指出，提升新兴产业支撑作用，大力推进先进半导体、机器人、增材制造、智能系统、新一代航空装备、空间技术综合服务系统、智能交通、精准医疗、高效储能与分布式能源系统、智能材料、高效节能环保、虚拟现实与互动影视等新兴前沿领域创新和产业化，形成一批新增长点。可见，虚拟现实产业的春天已经来临，并有极大可能让我们的生活更加丰富多彩。

二、虚拟现实技术的发展现状

  虚拟现实又称为灵境技术，是综合利用计算机图形系统和各种现实及控制等接口设备，在计算机上生成的、可交互的三维环境中提供沉浸感觉的技术，是以沉浸性、交互性和构想性为基本特征的计算机高级人机界面，是一种可以创建和体验虚拟世界

---

[1] 谢丛言贡献等同于第一作者。

的计算机仿真系统。

（一）虚拟现实技术的发展历史

虚拟现实技术是仿真技术的一个重要方向，是仿真技术与计算机图形学、人机接口技术、多媒体技术传感技术、网络技术等多种技术的集合。虚拟现实技术（VR）主要包括模拟环境、感知、自然技能和传感设备等方面。模拟环境是由计算机生成的、实时动态的三维立体逼真图像。感知是指理想的虚拟现实应该具有一切人所具有的感知。除计算机图形技术所生成的视觉感知外，还有听觉、触觉、力觉、运动等感知，甚至还包括嗅觉和味觉等，也称为多感知。自然技能是指人的头部转动，眼睛、手势或其他人体行为动作，由计算机来处理与参与者的动作相适应的数据，并对用户的输入作出实时响应，并分别反馈到用户的五官。传感设备是指三维交互设备（见图1）。

虚拟现实技术的发展历史上出现了两个重要的人物，第一个是美国的空想家摩登·海里戈（Morton Heilig），第二个是美国的科学家杰伦·拉尼尔（Jaron Lanier）。摩登·海里戈是第一个在虚拟现实技术领域提出专利申请的人，他于1957年5月24日提出了有关虚拟现实技术的第一件专利申请（公开号为：US2955156 A），发明名称为"用于个人用途的立体电视设备"，开创了历史的先河。杰伦·拉尼尔是美国著名的科学家，是虚拟现实技术领域的集大成者，其于1989年正式提出了虚拟现实的概念，被业内人士尊称为"虚拟现实之父"。

虚拟现实技术发展历史如图1所示。该技术起源于20世纪50年代，其演变发展史大体上可以分为五个阶段：

① 有声形动态的模拟（1960年以前）
② 虚拟现实萌芽（1960—1972年）
③ 虚拟现实概念的产生和理论初步形成（1973—1989年）
④ 虚拟现实理论进一步的完善和应用（1990—2004年）
⑤ 虚拟现实产业的兴起（2005年至今）

（二）虚拟现实技术的组成和现状

从专利分析的角度看，如图2所示，虚拟现实技术可以分为以下三个部分：硬件设备、计算机软件、软硬件结合的装置/系统。

从行业的角度看，如图3所示，虚拟现实技术主要分为以下四个部分：硬件、软件、内容、应用。硬件主要包括输入设备、输出设备（显示设备）、芯片（主要指CPU和GPU）；软件主要包括图像渲染、3D模型、3D视频、开发平台；内容主要包括视频、游戏、应用商店等；应用主要包括教育、医疗、服务等。

2015年新兴技术成熟度曲线如图4所示，从图中可以看出，虚拟现实技术虽然再次复兴，但实际上仍然处于起步阶段，未来还有很长的一段路要走。虚拟现实产业成为投资的风口，处于爆发前夜，即将迎来光明。

虚拟现实专利技术现状及其发展趋势　553

虚拟现实发展历史

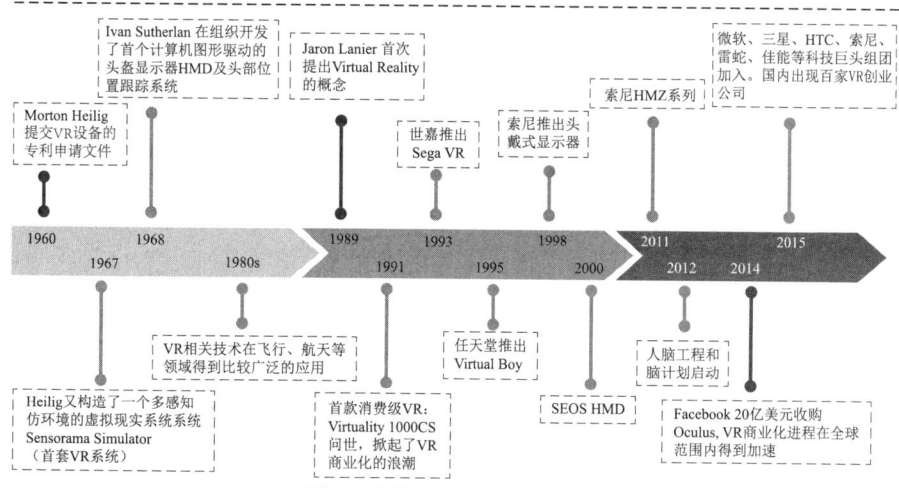

- Morton Heilig 提交VR设备的专利申请文件
- Ivan Sutherlan 在组织开发了首个计算机图形驱动的头盔显示器HMD及头部位置跟踪系统
- Jaron Lanier 首次提出Virtual Reality 的概念
- 世嘉推出 Sega VR
- 索尼推出头戴式显示器
- 索尼HMZ系列
- 微软、三星、HTC、索尼、雷蛇、佳能等科技巨头组团加入。国内出现百家VR创业公司

1960　1967　1968　1980s　1989　1991　1993　1995　1998　2000　2011　2012　2014　2015

- Heilig又构造了一个多感知仿环境的虚拟现实系统系统 Sensorama Simulator（首套VR系统）
- VR相关技术在飞行、航天等领域得到比较广泛的应用
- 首款消费级VR：Virtuality 1000CS 问世，掀起了VR商业化的浪潮
- 任天堂推出 Virtual Boy
- SEOS HMD
- 人脑工程和脑计划启动
- Facebook 20亿美元收购Oculus，VR商业化进程在全球范围内得到加速

图 1　虚拟现实技术发展历史

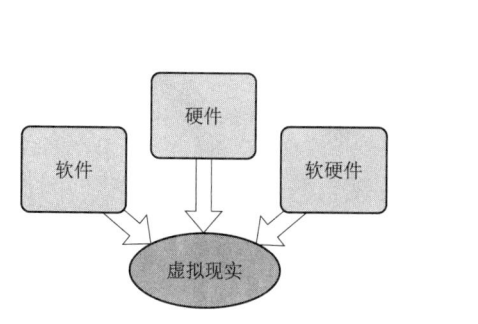

图 2　虚拟现实分类（专利角度）

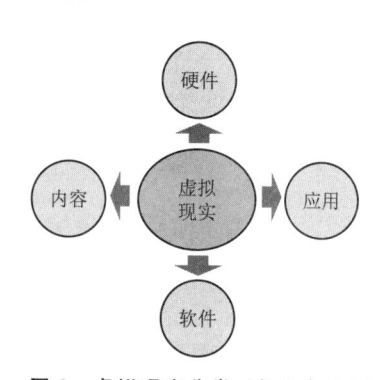

图 3　虚拟现实分类（行业角度）

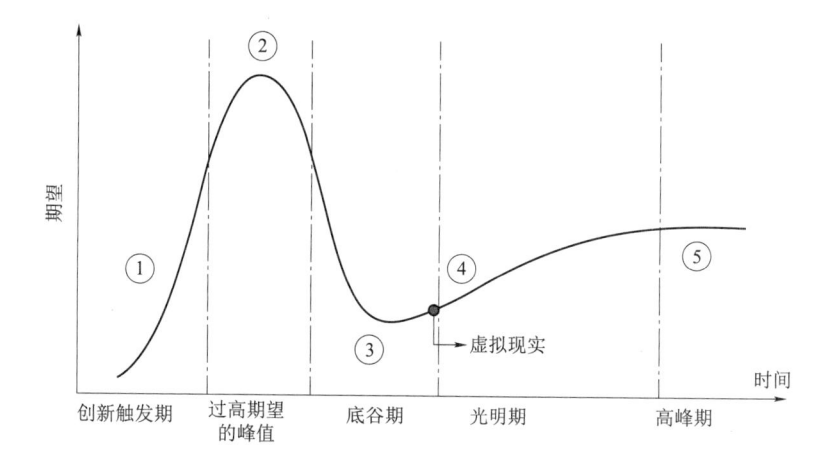

图 4　2015年新兴技术成熟度曲线

（创新触发期　过高期望的峰值　底谷期　光明期　高峰期）

(三) 虚拟现实技术的特点和主要应用领域

1. 虚拟现实技术的特点

(1) 沉浸感

沉浸感是虚拟现实系统最基本的特征,指让人沉浸到虚拟的空间之中,脱离现有的真实环境,获得与真实世界相同或相似的感知,并产生"身临其境"的感受。为了实现尽可能好的沉浸感,虚拟现实系统必须具备人体的感官特性,包括视觉、听觉、嗅觉、味觉、触觉等。

(2) 存在感

存在感是指用户感到作为主角存在于模拟环境中的真实程度。理想的模拟环境应该达到使用户难辨真假的程度,应该具有一切人所具有的感知功能。

(3) 交互性

交互性就是通过硬件和软件设备进行人机交互,包括用户对虚拟环境中对象的可操作程度和从虚拟环境中得到反馈的自然程度。

(4) 想象性

想象性是指用户在虚拟世界中根据所获取的多种信息和自身在系统中的行为,通过逻辑判断、推理和联想等思维过程,随着系统的运行状态变化而对其未来进展进行想象的能力。

2. 主要应用领域

虚拟现实技术的应用领域包括但不限于:医疗、教育、社交、商业、工程、视频、服务、游戏等。伴随面向消费市场的硬件和内容的批量上市,2016 年 VR 将迎来一次爆发。据知名投行预测,全球头戴式 VR 设备到 2020 年能实现年销量 4000 万台左右,市场规模将达到 400 亿元人民币,加上内容服务和企业级应用,市场容量超过千亿元,长期来看 VR 市场可能达到万亿规模。虚拟现实技术是下一个最有可能达到千万级别的计算平台,因此国际著名的科技公司,例如苹果、谷歌、Facebook、微软、三星、索尼等,纷纷在其上面投入巨大的人力物力以抢占先机。投行高盛发布报告预测,到 2025 年 VR/AR 技术将可能产生 1100 亿美元盈收,而其中视频直播、媒体报道、电子游戏、影视娱乐、医疗健康、房地产等几个领域将会成为 VR/AR 的主要应用领域。

三、全球专利申请数据分析

(一) 虚拟现实专利技术分析样本构成

1. 数据库的选择

为了尽可能的全面、准确地反映虚拟现实专利技术的现状及其发展趋势,在对现有专利数据库进行比较分析的基础上,本文的检索数据来源于国家知识产权局的专利检索与服务系统(简称 S 系统)中的数据库,以外文数据库德温特专利数据库

(DWPI) 为主，以中国专利文摘数据库（CPRSABS）为辅。

2. 时间范围

下文的检索结果始于 DWPI 数据库和 CPRSABS 数据库最早收录的专利文献，截止到 2016 年 9 月 1 日公开的专利文献。需要说明的是，由于发明专利申请在申请日满 18 个月后才公开，因此在 2015 年 3 月 1 日之前的数据为全面数据，2015 年 3 月 1 日以后的数据仅供参考。

3. 检索策略

下文以关键词和 IPC 分类号相结合作为主要检索手段进行检索，以关键词为主，以 IPC 分类号为辅。中英文关键词包括：虚拟、现实、情景、场景、头盔、头戴式、显示、视频、3D、图像、眼镜、手柄、手套、virtual、reality、scene、VR、HMD、head、mounted、display、video、three、dimensional、image、glass、handle、glove 等，IPC 分类号包括：G06F 3/00、G06F 19/00、G06T 15/00、G06T 17/00、G02B 27/00、G09G 5/00 等大组及其以下小组。

4. 检索结果

截止到 2016 年 9 月 1 日，在虚拟现实技术领域，在 CPRSABS 数据库中检索到的专利申请共 1836 件，转到 DWPI 数据库后得到检索结果 4168 件，在 DWPI 数据库中检索到的专利申请共 6089 件，将中外两个数据库的数据合并去重，再经过人工去噪后共得到全球专利申请 9749 件。

（二）总体情况分析

1. 申请量趋势变化

首先，我们看看虚拟现实技术相关的专利申请的申请量逐年变化情况。从虚拟现实技术的发展历史中可以看出，美国科学家杰伦·拉尼尔于 1989 年正式提出了虚拟现实的概念，从而虚拟现实的表述开始出现在 1991 年及其以后的提出的专利申请文件中。在 DWPI 数据库中同族专利作为一条信息记录，为了准确统计申请量，将同族专利分别统计，共得到全球专利申请 18 974 件。图 5 示出了 1991 年以后虚拟现实技术的全球专利申请逐年变化趋势情况。从图中可以看出，虚拟现实技术的发展并不是一帆风顺、一路高歌的，其间几经波折，但今年又迎来了复兴的希望。在虚拟现实的概念正式提出后，1991 年开始出现了采用上述正式表述的专利申请文件，当年仅有 5 件专利申请，随后申请量逐年增加，于 1994 年申请量突破了 100 件（147 件），此后申请量平稳上涨，并于 2003 年开始显著增加，于 2006 年申请量突破了 1000 件（1912 件），随后坎坷不断，终于 2011 年申请量达到了最高峰 2478 件，随后下降并保持平稳；2015 年前两个月的申请量就达到了 766 件，可以预见 2015 年全年的申请量有极大的可能超过 3000 件，很有可能突破 4000 件，达到新的高峰，为虚拟现实产业的繁荣提供坚实的技术基础。

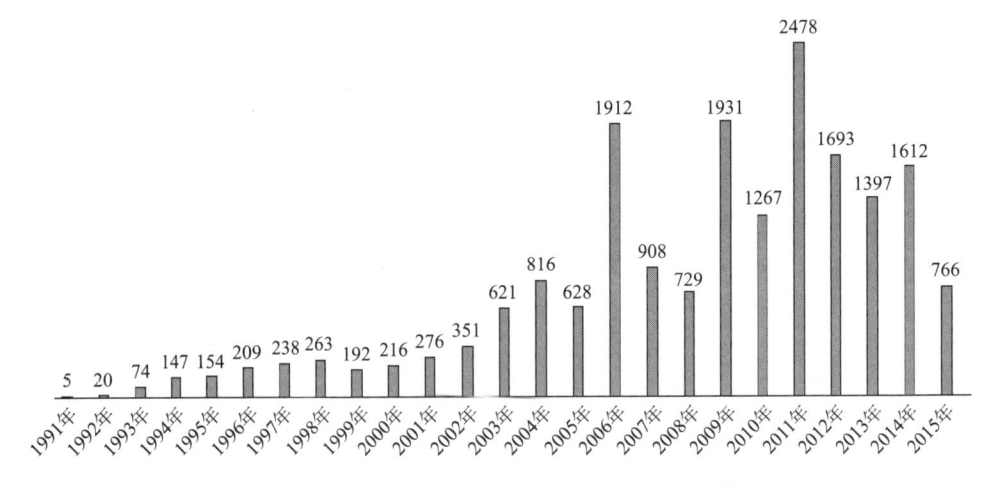

图 5　虚拟现实技术全球专利申请逐年变化趋势

2. 主要分类号分布

其次，我们看看虚拟现实技术相关的专利申请在 IPC 分类体系下的分布情况。下面的表 1 示出了虚拟现实技术的全球主要 IPC 分类号分布情况。从表 1 中可以看出，虚拟现实技术相关的专利申请主要分布在 IPC 分类号为 G06F 3/00、G06F 19/00、G06T 15/00、G06T 17/00、G02B 27/00、G09G 5/00 等大组中。大组、小组综合统计，其中申请量第一的组为 G06F 3/01，其含义为用于用户和计算机之间交互的输入装置或输入和输出组合装置；第二的组为 G06F 3/00，其含义为用于将所要处理的数据转变成为计算机能够处理的形式的输入装置或者用于将数据从处理机传送到输出设备的输出装置；第三的组为 G02B 27/01，其含义为加盖显示器；第四的组为 G06T 17/40，其含义为对用于电脑制图的 3D［三维］模型或图像的操作；第五的组为 G06T 15/00，其含义为 3D［三维］图像的加工；第六的组为 G06F 3/033，其含义为由使用者移动或定位的指示装置；其附加配件；第七的组为 G09G 5/00，其含义为阴极射线管指示器及其他目标指示器通用的目视指示器的控制装置或电路；第八的组为 G06F 3/048，其含义为用于图形用户界面的交互技术；第九的组为 G06F 19/00，其含义为专门适用于特定应用的数字计算或数据处理的设备或方法；第十的组为 G06T 17/00，其含义为用于计算机制图的 3D 建模。可见，虚拟现实技术相关的专利申请的硬件部分集中在输入输出装置，尤其是加盖显示器（主要指头盔显示器），软件部分集中在 3D 图像的处理（主要指视频的处理），其中最重要也最受关注的是头盔显示器。

表 1 虚拟现实技术全球主要 IPC 分类号分布

序号	IPC 分类号	申请量/件	序号	IPC 分类号	申请量/件
1	G06F 3/01	400	6	G06F 3/033	248
2	G06F 3/00	359	7	G09G 5/00	239
3	G02B 27/01	348	8	G06F 3/048	231
4	G06T 17/40	333	9	G06F 19/00	226
5	G06T 15/00	317	10	G06T 17/00	212

表 2 示出了虚拟现实技术的全球主要 IPC 大组分类号分布情况，图 6 示出了虚拟现实技术的全球主要 IPC 大组分类号排名情况。从表 2 和图 6 中可以看出，IPC 分类号为 G06F 3/00、G06F 19/00、G06T 15/00、G06T 17/00、G02B 27/00、G09G 5/00 的大组及其下面的小组在虚拟现实技术的分布情况。虚拟现实技术相关的全球专利申请共 9749 件，数量庞大，分布广泛，即使分布最多的大组也仅仅占总申请量的 15.5%。其中申请量第一的大组是 G06F 3/，专利申请共 1514 件，占总量的 15.5%，第二的大组是 G02B 27/，专利申请共 848 件，占总量的 8.7%。

表 2 虚拟现实技术的全球主要 IPC 大组分类号分布情况

序号	IPC 分类号	申请量/件	百分比
1	G06F 3/	1514	15.5
2	G02B 27/	848	8.7
3	G06T 17/	659	6.7
4	G06T 15/	647	6.6
5	G09G 5/	471	4.8
6	G06F 19/	264	2.7

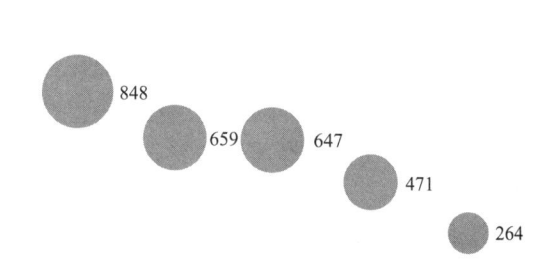

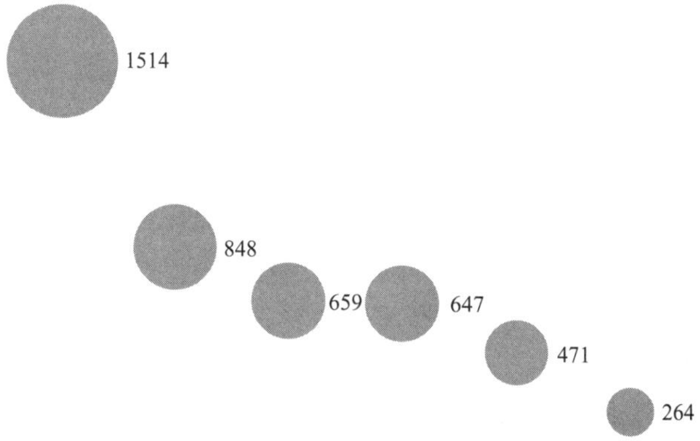

图 6 虚拟现实技术的全球主要 IPC 大组分类号排名

3. 主要申请人分布

接下来，我们再看看虚拟现实技术相关的专利申请的主要申请人分布情况。关于外国的专利申请，在 DWPI 数据库中通过统计 CPY（公司代码）字段可以得到专利申请数量位列前茅的公司的粗略排名情况，再次对上述公司进行检索，可以得到上述公司的准确排名情况。关于中国的专利申请，由于 DWPI 数据库中的 CPY 字段对中国标引不够全面，为了得到尽可能全面、准确的申请人排名情况，在 CPRSABS 数据库中进行检索统计，然后转入到 DWPI 数据库中，但由于我国的专利申请在最近才开始出现爆发式增长，而我国与外国的数据库交换没有那么及时，以致在外国数据库统计的数据可能会比在我国数据库统计的数据少一点。将来自外国和中国的申请人合并在一起统计专利申请数量情况，即可得到表 3。表 3 显示出了虚拟现实技术全球主要申请人分布情况，其相对全面、准确地反映了专利申请数量的排名情况。上述申请人包括索尼公司（SONY）、高通公司（QCOM）、三星公司（SMSU）、微软公司（MICT）、国际商业机器公司（IBMC）、LG 公司（GLDS）、苹果公司（APPY）、英特尔公司（ITLC）、佳能公司（CANO）、南梦宫公司（NAMC）、意美森公司（IMMR）、韩国电子通信研究院（ETRI）和北京航空航天大学（UNBA）。图 7 示出了虚拟现实技术全球主要申请人排名情况。从表 3 和图 7 中可以看出，日本的索尼公司不愧为国际一流的大公司，名列第一，申请量达到了 200 件。其次是韩国的三星公司，也不逊色多少，申请量达到了 156 件。第三的是美国的微软公司，大名鼎鼎，申请量达到了 96 件。现在最火的苹果公司也表现不错，位列第七，申请量也有 69 件。至于我国则表现一般，只有北京航空航天大学入围，位列第十二位，申请量只有 44 件。排名前十三的还包括美国的国际商业机器公司、高通公司、意美森公司和英特尔公司，韩国的 LG 公司和韩国电子通信研究院，日本的南梦宫公司和佳能公司。

表 3 虚拟现实技术全球主要申请人分布

序号	申请人	申请量/件	序号	申请人	申请量/件
1	索尼公司	200	8	南梦宫公司	68
2	三星公司	156	9	佳能公司	67
3	微软公司	96	10	意美森公司	62
4	国际商业机器公司	87	11	韩国电子通信研究院	51
5	高通公司	86	12	北京航空航天大学	44
6	LG 公司	77	13	英特尔公司	40
7	苹果公司	69			

申请人	数量
索尼	200
三星	156
微软	96
国际商业	87
高通	86
LG	77
苹果	69
南梦宫	68
佳能	67
意美森	62
韩国电子	51
北航	44
英特尔	40

图 7　虚拟现实技术全球主要申请人排名

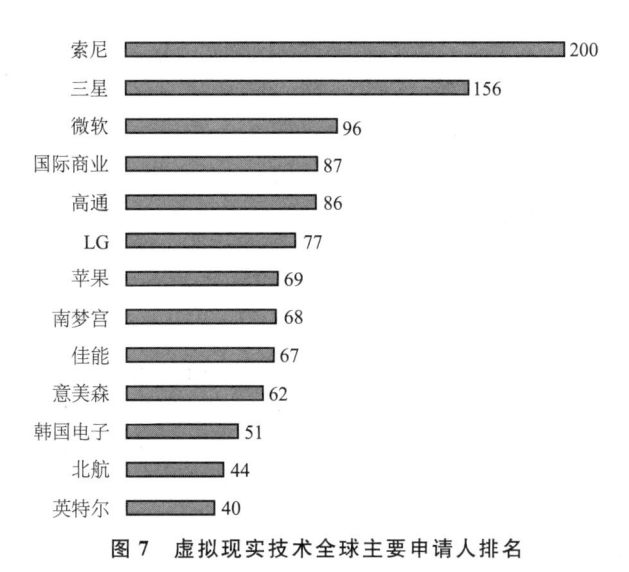

4. 国家分布

最后，我们再看看虚拟现实技术相关的专利申请的主要申请人的国家分布情况。图 8 示出了虚拟现实技术专利申请的国家和地区的分布情况，经过统计分析，可以看出，在美国提出的专利申请位居第一位共 2956 件、占全球的 18%，在中国提出的专利申请位居第二位共 2656 件、占全球的 16%，在世界知识产权组织国际局（WIPO）提出的专利申请位居第三位共 1920 件，占全球的 11%；接下来位居第四至第十的国家分别是：日本、欧洲专利局（EP）、韩国、澳大利亚、加拿大、中国台湾地区、印度，专利申请数量分别为：1702 件、1676 件、1261 件、681 件、648 件、514 件、505 件；至于排名第十一的国家只有 335 件专利申请，后面的国家则更少，与排名前十的国家相比数量差距很大，排名第十一及其后面的国家的专利申请一共只有 2456 件，只占全球的 14%。可见，中国不愧是全球最大的市场和新兴的强大经济体，在虚拟现实技术领域，全球的申请人很看重中国的市场，很多著名公司在中国提出专利申请，仅仅排在美国的后面。图 9 示出了虚拟现实技术专利申请在上述十三家公司的分布情况。从图 9 中我们可以清晰的看到，在虚拟现实技术领域，美、日、韩三分天下，美国更有优势。从公司个数来看，在排名前十三的公司中，其中美国公司有 6 家，几乎占据了半壁江山，其中日本公司和韩国公司各有 3 家，也实力雄厚，我国则只有一家。从申请量来看，在排名前十三的公司中，其中美国公司的专利申请共 440 件，日本公司的专利申请共 335 件，韩国公司的专利申请共 284 件，我国则只有 44 件，美国第一、日本第二、韩国第三、我国则有些微不足道。

图 8　国家和地区分布

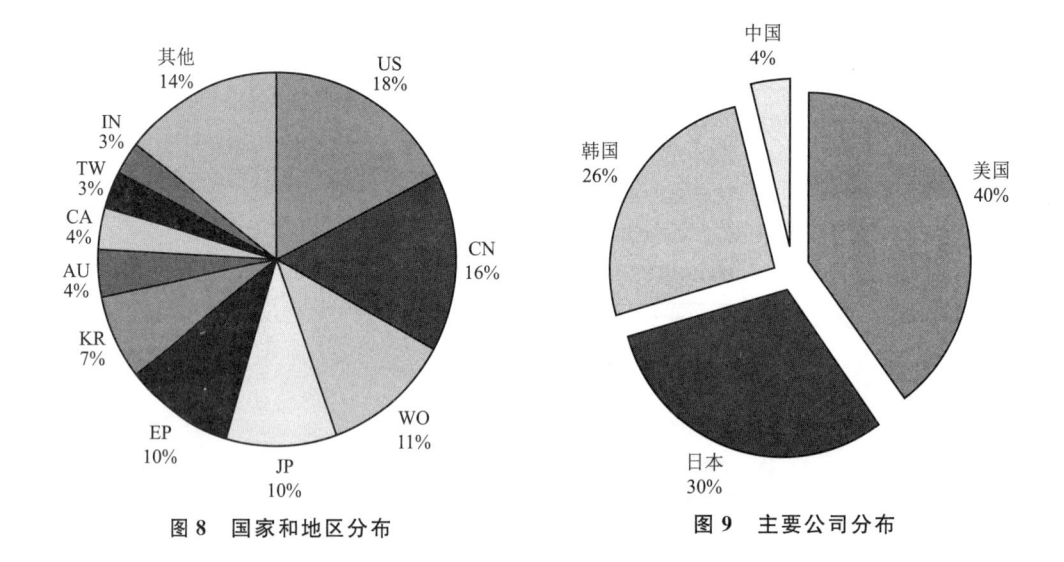

图 9　主要公司分布

(三) 主要技术分支分析

1. 技术分解表

首先，我们看看虚拟现实技术的主要技术分支情况。下面的表4是虚拟现实技术领域的一个简单的技术分解表，包括三级技术分支，不够全面但也示出了主要的、最令人关心的技术内容。从表4中可以看出，从发明内容的角度看，虚拟现实技术可以按照如下的技术分支进行分解：其中一级分支包括硬件设备、计算机软件、软硬件结合的装置/系统；二级分支中的软件部分主要包括数字数据处理和图像数据处理，软硬件结合的装置/系统主要包括数字信息传输和图像通信，硬件设备主要包括输入设备、输出设备、教育演示用具和元器件；三级分支的数量较为庞大，包括计算机辅助设计、数据库结构等，表4中列出了主要的、我们重点研究的部分技术分支。其中最令人关注的就是硬件部分，我们这里也主要对硬件部分进行研究，其中输入设备主要包括手柄/手套、跑步机、体感控制器等，输出设备主要包括头盔、眼镜等，教育演示用具主要包括模拟机，元器件主要包括CPU和GPU。

表 4　虚拟现实技术技术分解表

主题	一级分支	二级分支	三级分支
虚拟现实	软件	数字数据处理	计算机辅助设计
			数据库结构
		图像数据处理	3D建模
			3D图像加工

续表

主题	一级分支	二级分支	三级分支
虚拟现实	硬件	输入设备	手柄手套
		输出设备	头盔
			眼镜
		教育演示用具	模拟机
		元器件	CPU
			GPU
	软硬件	数字信息传输	通信控制
			通信处理
		图像通信	电视系统
			立体电视

2. 申请量趋势变化

其次，我们看看虚拟现实技术硬件部分的三个重要技术分支（手柄/手套、头盔、眼镜）的申请量趋势变化情况。图10示出了虚拟现实技术领域主要技术分支专利申请逐年变化趋势情况。其中发明主题涉及头盔的专利申请为255件，发明主题涉及手柄/手套的专利申请为69件，发明主题涉及眼镜的专利申请为175件。可见，头盔/头戴式显示器方面的专利申请最多，是研发的重点。从图中可以看出关于头盔的专利申请刚开始申请量很少，发展缓慢，在2009年曾经达到了一个峰值，申请量达到了14件，随后下降，但从2012年开始不断增长，最近两年更是增长迅猛，并于2015年突然增长到了77件。关于手柄/手套的专利申请刚开始申请量也不多，发展缓慢，在2012年曾经达到了一个峰值，申请量达到了9件，随后下降，但从2013年开始不断增长，但仍然增长缓慢，但于2015年也增长到了8件，也许2015年能突破新高，但与头盔的申请量相比逊色很多，可见虚拟现实技术中对于手柄/手套方面不是特别关注，研发最少关于眼镜的专利申请刚开始申请量很少，并一直发展缓慢，但从2013年开始不断增长，最近两年更是增长迅猛，并于2015年突然增长到了72件，令人惊讶，仿佛突然之间很多公司意识到了眼镜方面前景广阔，不惜加大投入。总之，最近两年关于头盔和眼镜方面的专利申请迅猛增长起来，相关的产业也很是火热，我们也将持续关注。

3. 主要申请人分布

接下来，我们再看看主要申请人在上述三个重要技术分支（手柄/手套、头盔、眼镜）的分布情况。统计的主要申请人包括以下三种申请人：上述表3中所列出来的

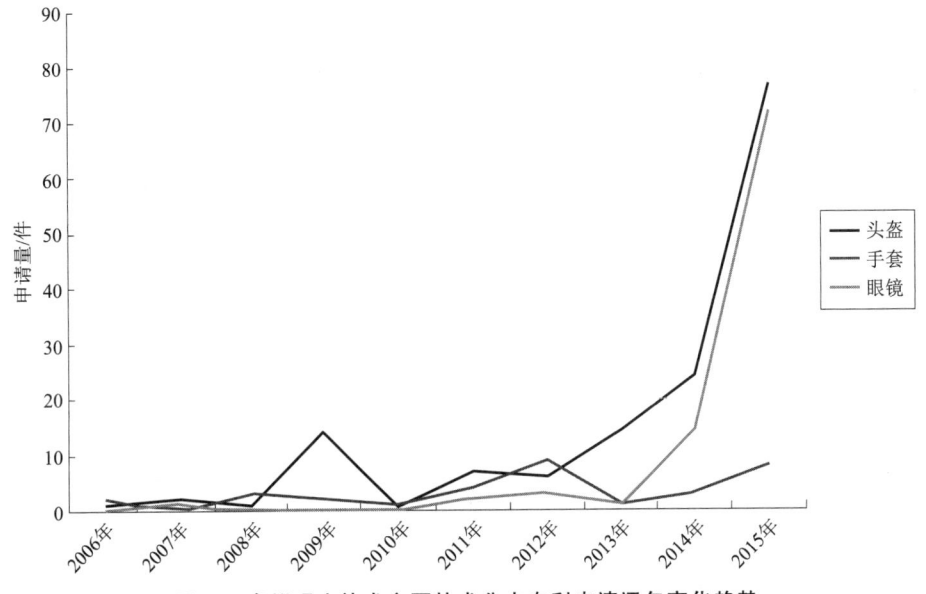

图 10　虚拟现实技术主要技术分支专利申请逐年变化趋势

十三家公司，每个分支排名前十位的申请人，在上述任意两个或三个分支都有专利申请的申请人。下面的矩阵气泡图 11 示出了虚拟现实技术主要申请人的重要技术分支分布。从图 11 中可以看出，经过统计分析后上述分支的主要申请人包括 7 家，分别是奥林巴斯公司、微软公司、索尼公司、佳能公司、LG 公司、三星公司和乐视公司。在眼镜方面，三星公司的专利申请数量最多为 13 件，独占鳌头；排名第二的是 LG 公司，只有 4 件，排名第三的是微软公司，只有 2 件，其他 4 家公司在眼镜方面的专利申请数量均为零。在手柄/手套方面，有点大跌眼镜，并列第一的是日本的索尼公司和佳能公司，各有 2 件专利申请，排名第三的是我国的乐视公司，只有 1 件，其他 4 家公司都没有主题为手柄/手套方面的专利申请，估计手柄/手套技术较为成熟，而索尼公司又占据了垄断地位，投入产出比太低，以致其他大公司不愿意对其进行研究和创新。在头盔方面，百家争鸣，奥林巴斯公司的专利申请数量最多为 16 件，紧随其后的微软公司和索尼公司也不遑多让，都有 14 件专利申请，并列第二，我国的乐视公司排名第 4，也有 7 件发明专利申请，其他 3 家公司在头盔方面也都有或多或少的专利申请。从上述三个技术分支的比较可以看出，最受重视的还是头盔，申请相关专利的公司多，并且上述公司的申请量也多。我国在专利申请方面表现最好的是乐视公司，但是乐视公司从 2015 年才开始重视并提出专利申请，时间方面远远落后，希望能够后来居上。可见，我国在上述三个重要技术分支方面才刚刚起步，也许头盔/头戴式显示器应该是我国相关公司的研发重点。

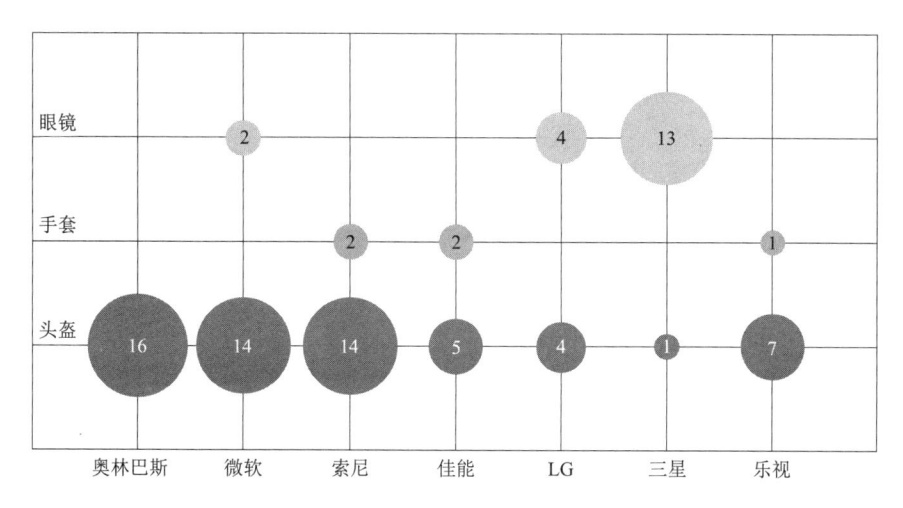

	奥林巴斯	微软	索尼	佳能	LG	三星	乐视
眼镜		2			4	13	
手套			2	2			1
头盔	16	14	14	5	4	1	7

图11 虚拟现实技术主要申请人的重要技术分支分布

4. 国家分布

最后，我们再看看虚拟现实技术上述三个重要技术分支（手柄/手套、头盔、眼镜）的国家分布情况。图12示出了上述七家公司在三个重要技术分支的国内外分布情况。从图12中可以看出，我国在上述三个重要技术分支的专利申请只占全球的9%，专利申请数量很少，外国申请人在我国提出的专利申请少，我国公司提出的专利申请也少，但最近两年开始有增加的趋势。图13示出了上述七家公司在三个重要技术分支的主要国家分布情况。上述分支的主要申请人包括7家公司，在地域分布方面，我国有一家公司，三个分支的专利申请总量为8件，总量最少；美国有一家公司，三个分支的专利申请总量为16件；韩国有两家公司，三个分支的专利申请总量为22件；日本有三家公司，三个分支的专利申请总量为39件，总量最多，几乎占据半壁江山。我国虽然也有公司在上述三个分支提出了专利申请，但专利申请的数量太少，都还有待提高。可见，我国的科技创新还处于发展阶段，还有很长的一段路要走。

（四）重点申请人分析

在虚拟现实技术领域，国际上的主要专利申请人有索尼公司、三星公司、微软公司、苹果公司等，我国的主要专利申请人有北京航空航天大学、暴风集团、乐视公司、宏达国际电子股份有限公司（HTC公司）等。至于元器件（主要指GPU）方面，全球最强的是高通公司，我国的福州瑞芯微电子有限公司在集成电路设计方面也表现不俗。我们选择其中几家有典型代表性的重点申请人进行详细的研究和分析，通过比较发现不足，以求上进。日本选取的是在虚拟现实技术领域专利申请全球第一的

图 12 重要分支国内外分布　　　图 13 重要分支国家分布

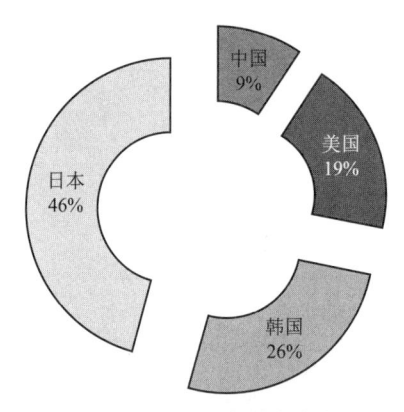

索尼公司，韩国选取的是在虚拟现实技术领域专利申请全球第二的三星公司，美国选取的是在高科技企业中以创新闻名世界的苹果公司。我国台湾地区选取的是在虚拟现实技术领域鼎鼎有名的宏达国际电子股份有限公司，我国大陆地区选取的是在虚拟现实技术领域专利申请量我国排名第一的北京航空航天大学和在我国虚拟现实技术领域颇有名气的乐视公司。

图 14 示出了 2010 年以来北航和索尼在虚拟现实技术领域的专利申请对比情况。在虚拟现实技术领域，索尼公司的专利申请有 200 件，而北京航空航天大学的专利申请只有 44 件，大约是索尼公司的 1/5，数量差距明显。从图 14 中或许可以看出我国第一与全球第一的差距在哪里，北航每年公开的专利申请数量都在个位数，只有 2012 年和 2013 年北航的专利申请数量略大于索尼的专利申请数量，而索尼在 2014 年公开的专利申请数量达到了 11 件。到 2016 年年底北航还没有一件专利申请，而索尼的专利申请数量已经达到了 9 件，可以预测，2017 年全年索尼公开的专利申请数

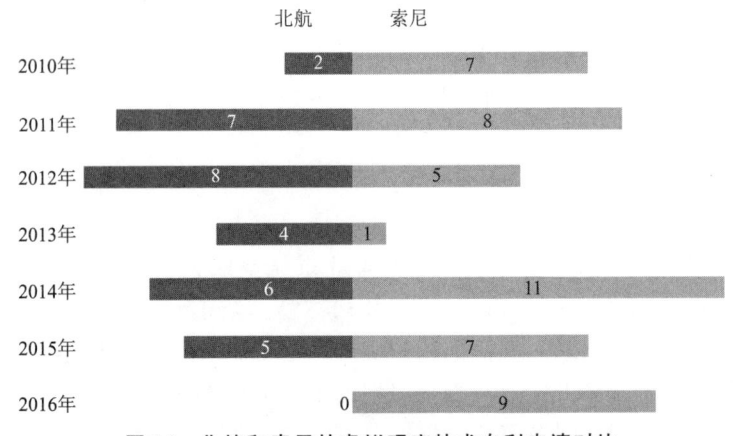

图 14 北航和索尼的虚拟现实技术专利申请对比

量也会达到两位数,并达到新的高点。可见,索尼一直在努力,并且不断进步,而北航的发展原本也不错,可惜2016年有些后劲不足,需要更大的努力才能达到世界一流水平。

表5示出了上述部分重点申请人在虚拟现实技术领域的专利申请统计情况,下面将对其部分有代表性的专利申请进行简单的介绍,其中HTC公司虽然专利申请数量较少,但其仍然是虚拟现实技术的代表性公司之一。

表5 虚拟现实技术部分重点申请人专利申请统计

序号	申请人	申请量/件	序号	申请人	申请量/件
1	索尼公司	200	4	北京航空航天大学	44
2	三星公司	156	5	乐视公司	37
3	苹果公司	69	6	宏达国际电子股份有限公司	9

下面分别列举了上述6家重点申请人的部分具有代表性的专利申请,每家重点申请人选取了两件或三件典型专利进行分析,包括发明专利和实用新型专利。典型专利的选取原则主要基于以下三点:① 基础专利,第一件专利申请或申请日较早的具有代表性的专利申请;② 核心专利,保护范围较大并且被引用次数较多的专利申请;③ 重要专利,具有重大影响意义的重点技术或重点产品所涉及的专利申请。

1. 索尼公司

索尼公司是日本的一家全球知名的大型综合性跨国企业集团,是世界最大的电子产品制造商之一、世界电子游戏业三大巨头之一。索尼公司历史悠久,其专利申请也源远流长,下面选取几篇典型的专利申请进行简单的介绍。

(1) JPH07253751(公开日:19951003)

本申请公开了一种人体感应视频设备。该视频系统由一个视频放映机和一个姿态控制单元构成,视频图像从放映机投射到屏幕,一个具有第二姿态控制单元的座椅与放映机隔离设置,视频放映机和观众座椅能够同样的三维旋转。本申请提供的一种再定位的虚拟现实类型的视频系统,能够感觉到最大程度虚拟现实。

(2) WO2004010370(公开日:20040129)

本申请公开了一种手持式计算机交互设备。该输入装置包括一个中心体,在该输入装置中包括响应及通信系统,该响应及通信系统使得输入装置和计算装置之间的通信成为可能,输入装置至少包括一个从中心体上延伸出的突起,输入装置设计成能够被用户握住。

(3) US2014361956(公开日:20141211)

本申请公开了一种头盔显示器。该头盔显示器包括头部附接部分和耦合到所述头部附接部分的观察模块,所述观察模块包括内部部分和外部壳体,所述内部部分具有进入配置用于渲染图像内容的屏幕中的观察窗,还包括多个照明元件,所述多个照明元件与所述观察模块的所述外部壳体整合在一起,所述多个照明元件被限定用于所述头盔显示器的图像追踪。

从上述典型的专利申请可以看出,在虚拟现实技术领域,索尼公司很早就开始进行专利申请,其布局范围包括视频图像的处理、头盔显示器、游戏手柄等。在头盔显示器方面更是处于全球领先地位,其从1994年开始提出相关主题的专利申请,一直延续到2016年,估计还将继续延续下去,其在2015年发布的PlayStation VR是市场上最火的头盔显示器之一。

2. 三星公司

三星集团是韩国最大的跨国企业集团,同时也是上市企业全球500强,业务涉及电子、金融、机械、化学等众多领域。三星公司的专利申请也起步较早,下面选取几篇典型的专利申请进行简单的介绍。

(1) KR100238305(公开日:20000115)

本申请公开了一种使用多轨迹球的虚拟现实系统。当用户在多轨迹球的踏板上走路时,上述轨迹球在移动。轨迹球传感器将上述轨迹球的运动转换成电信号,上述信号综合分析计算上述电信号的平均值。信息传输部分发送并转换上述平均值成为电脑可用的位置和方向信息,上述电脑感知上述用户的实际移动距离和方向并以图形形式显示上述信息。

(2) US2013187899(公开日:20130725)

本申请公开了一种眼镜装置和电源装置。该眼镜装置包括:快门眼镜单元;同步信号接收单元,用于从所述3D显示设备接收同步信号;快门眼镜驱动单元,用于驱动所述快门眼镜单元;DC/DC转换器单元,用于对从电池提供的DC电压进行转换;以及控制单元,用于通过将PWM信号供应给所述DC/DC转换器单元来控制所述DC/DC转换器单元将经转换的DC电压施加到所述快门眼镜驱动单元,以及用于根据所述同步信号控制由所施加的DC电压驱动的所述快门眼镜驱动单元接通/关断所述快门眼镜单元。

(3) CN105389001(公开日:20160309)

本申请公开了一种用于提供虚拟现实服务的方法及装置。提供了用于通过电子设备提供虚拟现实(VR)的方法和电子设备。方法包括:确定电子设备是否与头戴式设备(HMD)连接;如果电子设备与HMD连接,则确定在电子设备与HMD连接的同时,用户是否穿戴着HMD;以及如果在电子设备与HMD连接的同时,用户穿戴着HMD,则将电子设备的操作模式切换为电子设备向用户提供VR服务的第一操作模式。

从上述典型的专利申请可以看出,三星公司也很早就开始进行专利申请,其布局范围包括眼镜、头盔显示器、3D图像处理等。在眼镜方面的专利申请很多,并处于全球领先地位，其新技术开始在中国提出专利申请，可见其越来越依赖和重视中国市场。

3. 苹果公司

苹果公司是美国的一家高科技公司，其以创新而闻名世界，2016年最新的世界500强排行榜，苹果公司名列第九名。苹果公司的专利申请起步较晚，但通常代表了技术发展的新方向，下面选取几篇典型的专利申请进行简单的介绍。

(1) WO9857292（公开日：19981217）

本申请公开了一种利用鱼眼透镜创造基于图像的虚拟现实环境的方法和系统。该方法和系统包括复数个图像，每个图像包括复数个参数并按照一个光线扭曲模型最优化上述复数个参数。该方法和系统还包括产生基于上述最优化的复数个参数的虚拟现实环境。

(2) US2008068372（公开日：20080320）

本申请公开了一种三维显示系统。该系统提供了一个具有预定角响应反射表面函数的投影屏。在预定角响应反射表面函数的配置下，三维图像被分别调制，由此定义了一个具有可编程偏转角的可编程镜。

(3) CN101794208（公开日：20100804）

本申请公开了一种用于无显示器的电子设备的音频用户接口。本发明针对在不带有显示器的电子设备中提供的音频菜单。电子设备还可包括仅仅具有单个感测单元的输入接口，用于控制设备的音频回放和用于存取与控制设备音频菜单。响应于由单个感测单元检测的特定输入，电子设备使用音频菜单模式，并回放与不同菜单选项相关联的音频剪辑。用户可以在音频剪辑的回放期间通过使用单个感测单元而提供选择指令，以选择与回放的音频剪辑相关联的菜单选项。在某些实施例中，音频菜单可以是多维的。适当的菜单选项可包括，例如，成组的音频、用于切换的选项或与设备可用的音频相关联的特定元数据标记相关联的选项。

从上述典型的专利申请可以看出，苹果公司虽然有钱，虽然不断创新，但其在虚拟现实技术的专利申请并不多，其布局范围包括人机接口、三维显示、图像处理等。其在头盔显示器、眼镜等方面的专利申请不多，估计以后会通过不断并购有潜力的VR/AR公司来充实其技术基础，扩大其专利数据库，参与并引领VR/AR潮流。

4. 北京航空航天大学

北京航空航天大学是中华人民共和国工业和信息化部直属的一所综合性全国重点大学，是国家"985工程""211工程"重点建设高校，是首批16所全国重点大学之一，并正在向建设空、天、信融合特色的世界一流大学稳步前进。

(1) CN1356675（公开日：20020703）

本发明涉及的一种用于无人驾驶直升机操纵者进行模拟飞行训练的装置，它包括投影大屏幕、显示器、主机、飞行控制台、监视器、操纵设备、环绕立体声音箱，飞行控制台安装在训练操纵者座位的正前方,三台显示器分别安装在飞行控制台的前方,训练操纵者座位的正前上方安装有投影大屏幕,训练操纵者座位的左面安装有总距杆,操纵杆和左踏板、右踏板安装在训练操纵者座位前面与飞行控制台的之间。本发明大大降低了训练成本,采用虚拟现实技术和大量实际飞机数据,用双眼效应立体显像技术增强图像的逼真度,使操纵者有亲临现场的感觉。

(2) CN102393970(公开日:20120328)

本发明公开了一种物体三维建模与渲染系统及三维模型生成、渲染方法,系统包括步进电机转动平台、电机控制系统、图像采集和处理系统、背景板更换装置和图像采集装置。三维模型生成方法包括步骤一:系统初始化,步骤二:采集第一个背景板下的360度视频,步骤三:采集第二个背景板下的360度视频,步骤四:逐帧进行双蒙版背景差分法剪除背景。渲染方法包括解码所储存的视频模型、根据当前用户鼠标控制,解算出当前用户希望的视角。如果当前视角与视频中某一帧的视角的差异小于阈值 e,则解码出视频的该帧,作为当前渲染图像;如果不满足条件,则选择与用户期望视角最为临近的两帧图像,进行线性图像插值,得到用户期望视角的渲染图像。

从上述典型的专利申请可以看出,在专利申请方面,北京航空航天大学是我国高等院校的代表,其申请范围包括人机交互、仿真测试、三维建模、模拟训练等。可见,今天的北航已从早年的工科院校转型发展成为文理交融、带有航空航天特色和工程技术优势的综合性大学,但最近两年其专利申请并不多,与虚拟现实技术的发展趋势不符,具体原因有待进一步考察。

5. 乐视公司

乐视公司成立于2004年,乐视致力打造基于视频产业、内容产业和智能终端的"平台+内容+终端+应用"完整生态系统,被业界称为"乐视模式"。乐视垂直产业链整合业务涵盖互联网视频、影视制作与发行、智能终端、大屏应用市场、电子商务、互联网智能电动汽车等。

(1) CN105653029(公开日:20160608)

本发明公开了一种在虚拟现实系统中获得沉浸感的方法、系统及智能手套,该方法包括:当摄像设备拍摄到用户的手指作出手势时,虚拟现实客户端获取该手指的手势并判断是否存在与该手指的手势相同的目标预置手势,若存在,则将该目标预置手势对应的触碰感需求信息和该手指的标识信息发送给智能手部穿戴设备,该智能手部穿戴设备将接收到的该触碰感需求信息转换成响应动作并作用在对应的手指上,以使手指产生与响应动作对应的感觉。本发明通过智能手部穿戴设备将触碰感信息作用在人体手部,增加用户的触碰感,从而提高用户的体感交互沉浸感。

(2) CN105872723(公开日:20160817)

本发明公开了一种基于虚拟现实系统的视频分享方法及装置,该方法包括:在虚拟现实系统中的内部显示装置播放视频文件时,若接收到视频分享指令,则获取内部显示装置播放的视频文件及该视频文件的播放进度信息,并将该视频文件及该播放进度信息发送给外部显示装置,使得外部显示装置能够按照该播放进度信息播放该视频文件,本发明由于将内部显示装置中播放的视频文件及该视频文件的播放进度信息发送给外部显示装置,能够有效实现视频文件的分享,改善用户体验。

(3) CN205301706(公开日:20160608)

本实用新型涉及一种头戴式虚拟现实设备,包括:用于限定所述头戴式虚拟现实设备形状的壳体;设置于所述壳体内表面的用于固定手机的手机卡槽;设置于所述壳体内部的用于与所述手机进行近距离无线通信的近距离无线通信装置。本实用新型通过将近距离无线通信装置集成在头戴式虚拟现实设备中,解决了现有的头戴式虚拟现实设备需要手动启动虚拟现实应用程序的问题,使得虚拟现实体验更好,操作更加便捷。

从上述典型的专利申请可以看出,乐视公司虽然成立不久,但其非常重视专利申请。在虚拟现实技术领域,乐视公司的专利申请集中在最近两年,但其专利申请数量已经名列前茅,其布局范围主要集中在头盔显示器上,其次是视频播放。2015年乐视公司以生态模式进军手机行业,不久之前乐视公司宣布准备进军美国,可见该公司不仅声名鹊起,更是野心勃勃。

6. 宏达国际电子股份有限公司

宏达国际电子股份有限公司(简称宏达电子或HTC)是一家位于中国台湾地区的手机与平板电脑制造商,是全球最大的智能手机代工和生产厂商,于2008年推出了全球第一款安卓手机HTC G1。HTC在我国大陆地区的专利申请并不多,下面选取几篇典型的专利申请进行简单的介绍。

(1) US2016163283(公开日:20160609)

本申请公开了一种虚拟现实系统以及该虚拟现实系统的操作模式的控制方法。上述虚拟现实系统包括一个主机装置、一条传输线以及由一个使用者所佩戴且经由上述传输线耦接于上述主机装置的一个头戴式显示装置。一个多媒体模块经由上述传输线接收来自上述主机装置的多媒体内容,并显示上述多媒体内容的视频部分。一个多感测模块得到关于上述头戴式显示装置、上述使用者以及一个障碍物的一个感测信息。一个外围集线器经由上述传输线提供上述感测信息至上述主机装置。上述多媒体内容的上述视频部分的至少一个虚拟对象响应于上述感测信息而调整。

(2) CN105677015(公开日:20160615)

本申请公开了一种虚拟实境系统。上述虚拟实境系统包括一个主机装置以及一个头戴式显示装置。上述头戴式显示装置包括一个第一无线模块、一个第二无线模块、一个多媒体模块、一个多感测模块以及一个周边集线器。上述多媒体模块经由上述第一无线模块接收来自上述主机装置的多媒体内容。上述多感测模块得到感测信息。上述周边集线器经由上述第二无线模块接收来自上述主机装置的通信数据,并经由上述第二无线模块提供上述感测信息至上述主机装置。

从上述典型的专利申请可以看出,HTC 公司正在转型,研发重心由智能手机领域转向虚拟现实领域,但其专利申请数量并不多,重点研发头盔显示器。随着 HTC 公司在虚拟现实领域不断的开拓发展,其取得了巨大的成就。在 2015 年发布了与 Valve 联合开发的 VR 虚拟现实头盔产品 HTC Vive,也是市场上最火的头盔显示器之一。

四、我国实用新型专利申请数据分析

在阅读下文之前,我们需要先了解一下背景知识,即实用新型专利制度的一些特点。实用新型专利制度中与下文相关的有以下两个特点:一是实用新型专利只保护产品,不保护方法,这里的方法包括计算机软件;二是实用新型专利先审查后公开,即我们能够在公开的数据库中检索到的专利文献都是经过审查后授权公告的。为了尽可能的全面、准确反映虚拟现实技术在我国提出的实用新型专利的现状及其发展趋势,在对现有专利数据库进行比较分析的基础上,下文的检索数据来源于国家知识产权局的专利检索与服务系统(简称 S 系统)中的中国专利文摘数据库(CNABS)。下文的检索结果始于 CNABS 数据库最早收录的专利文献,截止到 2016 年 9 月 1 日公开的专利文献。截止到 2016 年 9 月 1 日,在虚拟现实技术领域,在 CNABS 数据库中检索到的实用新型专利申请授权的共 477 件,再经过人工去噪后刚好得到实用新型专利总申请授权量 400 件,下文将在此数据基础上进行统计分析。

(一)总体情况分析

1. 申请量趋势变化

首先,我们看看虚拟现实技术相关的专利申请的申请授权量逐年变化情况。图 15 示出了虚拟现实技术在我国提出的实用新型专利申请逐年变化趋势情况,可以看到,虚拟现实技术在我国的起步较晚,虽然在 1991 年就开始出现了虚拟现实这一正式表述的专利申请文件,但 1991 年至 2003 年之间,在我国提出的关于虚拟现实的专利申请授权的只有 8 件,而且相关度不大,一直到 2004 年才出现了相关度较大的实用新型专利申请。2003 年仅有 3 件专利申请授权,随后一直维持在个位数,于 2008 年申请授权量突破了个位数,但也仅有 11 件,此后申请量从 2009 年开始缓慢增长,于 2014 年突然开始迅速增长,申请授权量达到了 50 件,随后增长更加迅猛,终于 2015 年申请授权量达到了最高峰 194 件,而 2016 年前两个月的申请授权量就达到了 50 件,可以预见 2016 年全年的申请量有极大的可能超过 200 件,很有可能达到 300 件,达到新的高峰。可见,虽然虚拟现实技术在我国的起步较晚,但这一轮 VR 热潮给我国带来了巨大的变化,最近两年专利申请数量开始出现爆发式增长,相信未来更加引人注目。

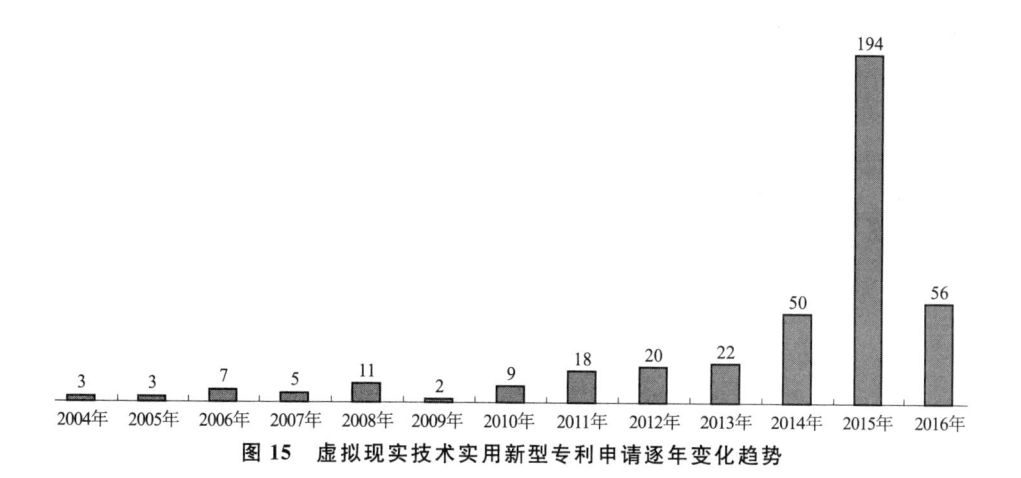

虚拟现实专利技术现状及其发展趋势 571

图 15 虚拟现实技术实用新型专利申请逐年变化趋势

年份	数量
2004年	3
2005年	3
2006年	7
2007年	5
2008年	11
2009年	2
2010年	9
2011年	18
2012年	20
2013年	22
2014年	50
2015年	194
2016年	56

2. 主要分类号分布

其次，我们看看虚拟现实技术相关的专利申请在 IPC 分类体系下的分布情况。表 6 示出了虚拟现实技术的实用新型专利 IPC 分类号分布情况，可以看到，虚拟现实技术相关的实用新型专利主要分布在 IPC 分类号为 G02B 27/00、H04N 13/00、A63B 26/00、G06T 17/00、A63J 25/00 等大组中。大组、小组综合统计，其中申请量第一的组为 G02B 27/01，其含义为加盖显示器；第二的组为 G06F 3/01，其含义为用于用户和计算机之间交互的输入装置或输入和输出组合装置；第三的组为 G02B 27/22，其含义为用于产生立体或其他三维效果的光学仪器；第四的组为 H04N 13/04，其含义为图像重现装置；第五的组为 G09B 9/00，其含义为供教学或训练用的模拟机；第六的组为 H04N 13/00，其含义为立体电视系统及其零部件；第七的组为 A63B 26/00，其含义为训练器械；第八的组为 G06T 17/00，其含义为用于计算机制图的 3D 建模；第九的组为 G02B 27/26，其含义为包含偏振装置的光学投影；第十的组为 A63J 25/00，其含义为专门适用于电影院用的设备。可见，虚拟现实技术相关的实用新型专利主要集中在硬件部分，尤其是涉及加盖显示器（主要指头盔显示器）的专利有 374 件，很有数量优势，其重要性与受关注度可见一斑。

表 6 虚拟现实技术实用新型专利 IPC 分类号分布

序号	IPC 分类号	申请量/件	序号	IPC 分类号	申请量/件
1	G02B 27/01	147	6	H04N 13/00	9
2	G06F 3/01	81	7	A63B 26/00	8
3	G02B 27/22	48	7	G06T 17/00	8
4	H04N 13/04	19	9	G02B 27/26	7
5	G09B 9/00	15	10	A63J 25/00	6

图 16 示出了虚拟现实技术实用新型专利排名前十的 IPC 分类号分布情况。可以看出，实用新型专利数量分布最多的 IPC 分类号是 G02B 27/01，申请授权量为 147 件，占比为 43%；排名第二的是 G06F 3/01，申请授权量为 81 件，占比为 23%；排名第三的是 G02B 27/22，申请授权量为 48 件，占比为 14%；排名第四的 IPC 分类号的实用新型专利远远少于前三名，只有 19 件，下面的则更少。从 IPC 分类号大组看，G02B 27/大组下的专利申请量占据了半壁江山，共 202 件（占比为 50.5%），可见，光学显示器是申请人的研发重点和保护核心。

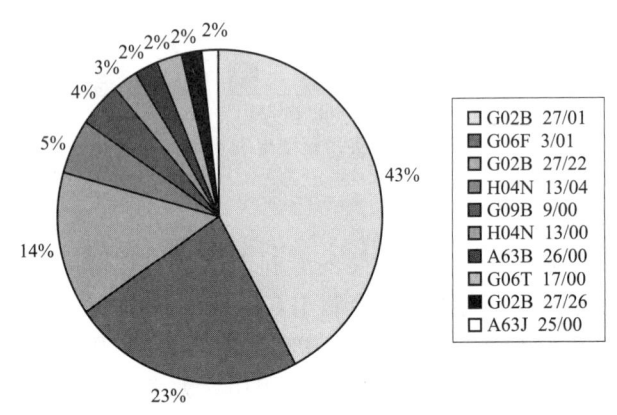

图 16　虚拟现实技术实用新型专利主要 IPC 分类号分布情况

3. 主要申请人分布

接下来，我们再看看虚拟现实技术相关的专利申请的主要申请人分布情况。表 7 示出了虚拟现实技术实用新型专利申请授权量排名前十的申请人分布情况，其相对全面、准确地反映了实用新型专利数量的排名情况。从表 7 中可以看出，深圳市虚拟现实科技有限公司名不虚传，实用新型专利授权量排名第一，不过也只有 9 件。其次是上海盟云移软网络科技股份有限公司，屈居第二，申请授权量为 8 件。并列第三的是北京小鸟看看科技有限公司和深圳多哚新技术有限责任公司，申请授权量为 7 件。接下来，并列第五的是杭州颐客科技有限公司、上海旗娱网络科技有限公司、深圳小宅科技有限公司、苏茂和王傲立，申请授权量为 6 件。最后并列第十的是成都理想境界科技有限公司、大连海事大学、乐视致新电子科技（天津）有限公司、罗明杨、青岛歌尔声学科技有限公司、四川大学和天津先驱领域科技有限公司，申请授权量为 5 件。上述排名前十的申请人共申请实用新型专利 96 件，占总申请授权量的 24%。可见，在虚拟现实技术领域，我国的实用新型专利申请有点杂乱无章，即使排名第一的申请人也只有 9 件专利，还没有申请人能够占据数量优势和强势地位。从专利申请的角度看，群雄逐鹿的局面很可能将继续下去，未来随着 VR 热潮的消退，大浪淘沙，剩下来的也许才是金子。

表7 虚拟现实技术实用新型专利主要申请人分布

排序	申请人	申请量/件
1	深圳市虚拟现实科技有限公司	9
2	上海盟云移软网络科技股份有限公司	8
3	北京小鸟看看科技有限公司	7
3	深圳多哚新技术有限责任公司	7
5	杭州颐客科技有限公司	6
5	上海旗娱网络科技有限公司	6
5	深圳小宅科技有限公司	6
5	苏茂	6
5	王傲立	6
10	成都理想境界科技有限公司	5
10	大连海事大学	5
10	乐视致新电子科技（天津）有限公司	5
10	罗明杨	5
10	青岛歌尔声学科技有限公司	5
10	四川大学	5
10	天津先驱领域科技有限公司	5

4. 我国地域分布

最后，我们再看看虚拟现实技术相关的专利申请在我国的地域分布情况。经过统计分析，表8示出了虚拟现实技术实用新型专利在我国各个省份和地区的分布情况。从表8中可以看出，我国各个省份和地区经济发展不平衡的情况也体现在了专利申请中。虚拟现实技术实用新型专利申请授权量排名第一的省份是广东省，广东省的经济最活跃最发达，申请授权量总计87件，其在2015年的专利申请授权量最多，达到了50件，占其总量的一半以上。排名第二的省份是上海市，申请量总计45件，也是在2015年的专利申请最多，达到了22件，占其总量的接近一半。排名第三的省份是北京市，申请量总计43件，其在2013年至2016年的专利申请都不少，虽然总量比不上广东和上海，但其爆发较早，在2013年的申请量最多。从表8中还可以看出，我国的台湾地区的实用新型专利申请很少，只在2014年有1件；我国的香港地区的实用新型专利申请也很少，和台湾地区一样，只在2015年有1件。当然，更少的是我国的内蒙古自治区、西藏自治区等个别省份，其根本没有申请实用新型专利。

表 8　虚拟现实技术实用新型专利在我国的地域分布　　单位：件

地域	2004年	2005年	2006年	2007年	2008年	2009年	2010年	2011年	2012年	2013年	2014年	2015年	2016年	总计
安徽			1				1	1		1		1	1	6
北京	2		1	2			1	1	2	5	6	15	8	43
福建					1		1			1		4		7
甘肃											1			1
广东		1	1	1			1	4		1	3	50	25	87
广西								1	5					6
海南												4		4
河南											1	2		3
黑龙江			1							1		4		6
湖北									1		2	1	3	7
湖南							1					1	5	7
吉林			2		1						2		1	6
江苏	1				2		1		4	1	4	9		22
江西												1	1	2
辽宁					3	1	1		1	3		3		12
宁夏									1	1				2
山东		2			2			2	1	3	8	11	4	33
山西												1	1	2
陕西			1	2			1	2			3			9
上海					2				1	1	7	22	12	45
四川											2	15	1	18
台湾											1			1
天津									1	1	1	14		17
香港												1		1
新疆							1	1			1			3
云南									1			1		3
浙江						1		1	2		5	24	1	34
重庆								4	1		3	4	2	14
总计	3	3	7	5	11	2	9	18	20	22	50	194	56	400

图 17 示出了虚拟现实技术实用新型专利排名前十的地域分布情况。可以看出，实用新型专利申请量最多的是广东省，共 87 件，占总申请授权量的 21.75％，遥遥领先；排名第二的是上海市，共 45 件，占总申请授权量的 11.25％；排名第三的是北京市，共 43 件，占总申请授权量的 10.75，与上海市相差无几。接下来排名第四至第六的省份分别是浙江省、山东省和江苏省，其专利申请数量也有二三十件。后面的排名第七至第十的省份分别是四川省、天津市、重庆市和辽宁省，其专利申请都只有十几件，与前三名差距较大，不可同日而语。上述排名前十的省份的实用新型专利申请授权共 325 件，占总申请授权量的 81.25％；而排名前三的省份的实用新型专利申请授权共 175 件，占总申请授权量的 43.75％，不到 10％的地域占据了接近一半的申请授权量。可见专利申请地域分布之不均衡，专利申请数量与经济发达程度呈正相关，即经济越发达的地区其专利申请数量也越多，反之经济越落后的地区其专利申请数量也越少。

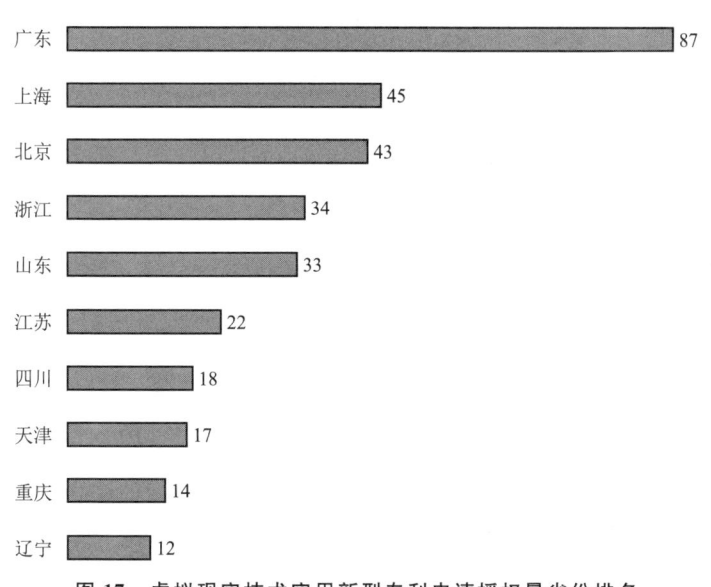

图 17　虚拟现实技术实用新型专利申请授权量省份排名

从上述总体情况可以看出，虚拟现实技术在我国提出的实用新型专利申请数量并不多，而且都是我国的申请人提出的专利申请，外国申请人并没有在我国提出过专利申请。笔者认为原因可能如下：（1）习惯的力量很强大，外国申请人习惯了申请发明专利，不习惯申请实用新型专利；（2）价值高、不差钱，外国申请人可能认为发明专利的价值高一点，即使价格高一点，漂洋过海的也不差这点钱；（3）不得不申请发明，虚拟现实技术的主要发明点在于方法（主要指计算机程序），而我国的实用新型制度不保护方法，外国申请人别无选择只能申请发明；（4）实用新型制度的普及度较低,很多国家没有实用新型制度,导致国外申请人对我国实用新型专利关注及应用较少。

(二)具体情况分析

1. 重要技术分支申请量趋势变化

首先,我们看看虚拟现实技术实用新型专利申请的重要技术分支(G02B 27/01:加盖显示器)的申请授权量趋势变化情况。图 18 示出了虚拟现实技术领域实用新型专利关于加盖显示器的逐年变化趋势情况。从图中可以看出关于加盖显示器的专利申请共有 147 件,在 2008 年以前没有申请人提出过实用新型专利或者申请人虽然提出过专利申请但没有授权,数量为零,只有在 2009 年才有一件实用新型专利被授权,此后数量依然为零,一直到 2014 年突然出现了 7 件实用新型专利,2015 年开始大爆发,专利数量猛增至 62 件,2016 年更是一发不可收拾,目前已经有 77 件被授权,达到了历史最高点,可以预测,以后的专利数量会更多。可见,关于加盖显示器的专利申请最近两年出现迅猛增长,仿佛突然之间很多申请人意识到了头盔显示器的广阔前景,列为研发重点和专利申请重点。

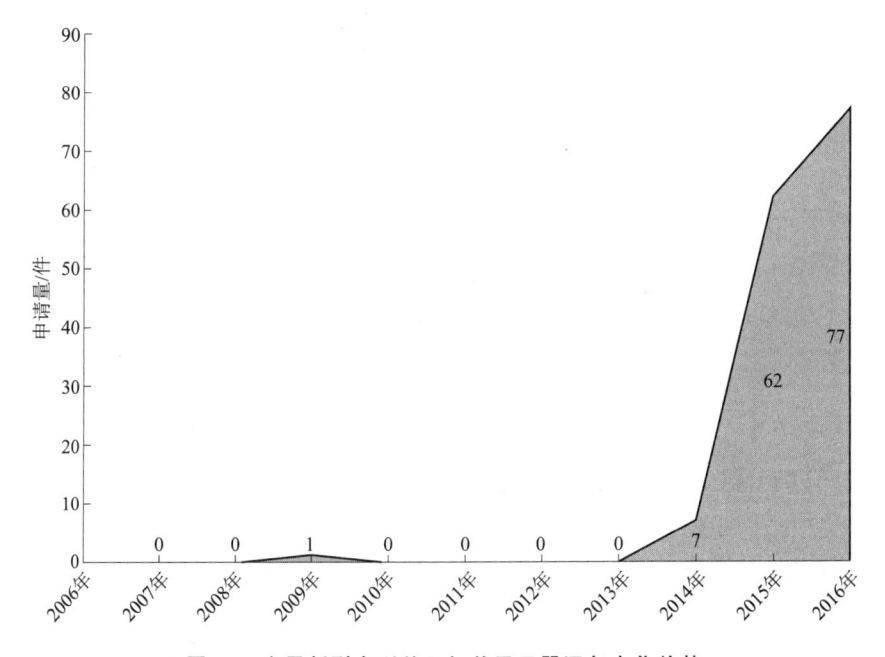

图 18　实用新型专利关于加盖显示器逐年变化趋势

2. 重要技术分支申请人分布

其次,我们看看主要申请人在重要技术分支(G02B 27/01:加盖显示器)的分布情况。表 9 示出了虚拟现实技术领域实用新型专利关于加盖显示器的主要申请人分布情况。从表9中可以看出，在加盖显示器方面，百家争鸣，深圳市虚拟现实科技有限公司仍然表现最好，专利申请授权量排名第一，共有7件，占其总量的77.78%。其次是深圳小宅科技有限公司，排名第二，申请授权量为6件，占其总量的100%，可见该公司全力投入到头盔显示器方面的研发与专利申请。并列第三的是成都理想境界科技有限公司、罗明杨和上海盟云移软网络科技股份有限公司，申请授权量为5件。接下来，并列第六的是王傲立、上海旗娱网络科技有限公司、深圳多哚新技术有限责任公司、海南虚幻视界科技有限公司和乐视致新电子科技（天津）有限公司，申请授权量为4件。最后排名第十一的是京东方科技集团股份有限公司以及其他公司和个人，在此不再一一列举，申请授权量只有3件。上述排名前十的申请人共申请实用新型专利48件，占总申请授权量的32.65%。可见，在上述重要技术分支方面，我国的实用新型专利申请仍然比较分散，排名第一的申请人也只有7件专利申请，仍然没有申请人能够占据数量优势和强势地位。从地域来看，深圳的科技公司比较多，将来也许能够占据优势地位。

表9 虚拟现实技术实用新型专利技术分支申请人分布

排序	申请人	申请量/件
1	深圳市虚拟现实科技有限公司	7
2	深圳小宅科技有限公司	6
3	成都理想境界科技有限公司	5
3	罗明杨	5
3	上海盟云移软网络科技股份有限公司	5
6	王傲立	4
6	深圳多哚新技术有限责任公司	4
6	海南虚幻视界科技有限公司	4
6	乐视致新电子科技（天津）有限公司	4
6	上海旗娱网络科技有限公司	4
11	京东方科技集团股份有限公司	3

3. 实用新型专利分类

如前文所述，从专利分析的角度看，虚拟现实技术可以分为以下三个部分：硬件设备、计算机软件、软硬件结合的装置/系统。下面，我们看看虚拟现实技术实用新型专利的分类情况。下面的表10示出了虚拟现实技术实用新型专利从专利分析的角度进行分类的情况。从表10中可以看出，涉及计算机软件的实用新型专利共6件，在2012年之前一直没有专利申请，只有在2012年才出现1件，然后一直到2015年突然出现5件，总体而言申请量很少（更准确的说法也许是授权量很少），只占总申请授权量的1.5%。涉及软硬件结合的实用新型专利共45件，在2012年之前只有少量专利申请，只有在2012年才增长到5件，然后保持平稳，一直到2015年出现迅速增长，授权的专利申请达到了17件，总体而言申请授权量也不算多，只占总申请授权量的11.25%。涉及硬件设备的实用新型专利共307件，在2012年之前的专利申请也不多，只有在2012年才增长到9件，然后持续增长，到2015年更是增长迅猛，专利申请授权量达到了171件，总体而言申请量很多，占到了总申请授权量的76.75%。涉及其他方面的实用新型专利共42件，其他方面指的是专利申请比较复杂，难以准确判断其是属于软件、硬件还是软硬件结合，故没有进行分类。从表10中可以看出，涉及软件的实用新型专利申请最少，主要原因是实用新型不保护方法（包括计算机软件），而世界硬件的实用新型专利申请最多，占据绝对优势。

表10　虚拟现实技术实用新型专利分类　　　　　　　　单位：件

年份 类型	2004	2005	2006	2007	2008	2009	2010	2011	2012	2013	2014	2015	2016
软件												1	5
软硬		1	1	1	3				2	5	6	5	17	4
硬件	3	1	5	1	6	1		1	9	14	43	171	52
其他		1	1	3	2	1	9	15	5	2	2	1	
总计	3	3	7	5	11	2	9	18	20	22	50	194	56

4. 同日发明分析

接下来，我们看看虚拟现实技术实用新型专利同日申请发明的分布情况。2010年颁布了修改后的中国人民共和国专利法实施细则，允许申请人同时申请发明和实用新型，这样的好处是在发明授权前可以先得到实用新型专利的保护，发明授权时可以再放弃实用新型专利，从权利的保护时限上是最优化的。从数据上可以看得2011年开始出现了同时申请发明和实用新型的现象。经过统计分析，上述400件实用新型专利中，同时申请发明和实用新型的专利共有100件，占总申请量的1/4，比例还是挺高的。其中深圳多哚新技术有限责任公司同时申请发明和实用新型的专利最多，共有7件，占其总申请授权量的100%，可见该公司非常喜欢同时申请，会充分利用法律来保护自己的创新。表11示出了虚拟现实技术实用新型专利同日申请发明申请量排名前十的地域分布情况。从表11中可以看出，排名前十的地区同时申请发明和实用新型的专利共有89件，其中广东省的数量最多，共有28件，只集中在2015年和2016年，可见其最近两年才开始提出同时申请。而排名第二的北京市的数量也有14件，只有广东省的一半，但其时间上分布均匀，在2013年就开始提出同时申请了。

至于排名第三的浙江省，其数量就不多了，只有9件，第三名以后的就更少了，具体参见表11。从表11中的数据来看，上海市同时申请发明和实用新型的专利只有4件，仅仅和经济落后的黑龙江相当。

表11　实用新型专利同日申请发明的地域分布　　　　　　单位：件

地域	2011年	2012年	2013年	2014年	2015年	2016年	总计
广东					17	11	28
北京			2	2	5	5	14
浙江		1		3	5		9
山东			1	2	4		7
广西	1	5					6
江苏		2	1	1	2		6
天津		1			5		6
四川					5		5
上海				1	3		4
黑龙江					4		4

5. 应用领域分析

下面，我们看看虚拟现实技术实用新型专利的应用领域分布情况。表12示出了虚拟现实技术实用新型专利申请授权量排名前十的应用领域分布情况。从表12中可以看出，实用新型专利排名第一的应用领域是人机交互终端，共有143件，遥遥领先，占总申请量的35.75%，主要包括头戴式显示器和数据手套。排名第二的是人机交互终端部件，共有71件，占总申请授权量的17.75，主要包括头盔和手套的零部件。排名第三的是虚拟现实体验系统或装置，共有40件，占总申请授权量的10%。排名第四的是培训或训练系统，共有30件，申请量不算太多，第四名之后的申请量更是减少的厉害。从以上数据可以看出，在应用领域方面，关于人机交互的申请最多，一共有214件，占总申请量的一半以上；关于教育培训的申请也挺多，也是其大展拳脚的地方；关于游戏或健身等娱乐的申请也不算少，公众更容易接触和接受，可能是最佳切入点；至于医疗、展示、管理等方面也是其主要应用领域之一。

表12　虚拟现实技术实用新型专利应用领域分布

排序	应用领域	申请量/件
1	人机交互终端	143
2	人机交互终端部件	71

续表

排序	应用领域	申请量/件
3	虚拟现实体验系统或装置	40
4	培训或训练系统	30
5	虚拟现实终端	23
5	游戏娱乐	23
7	医疗系统或装置	9
8	其他系统部件	8
9	展示系统	6
10	机场管理	4

6. 法律状态分析

最后，我们看看虚拟现实技术实用新型专利的法律状态情况。表 13 示出了虚拟现实技术实用新型专利申请的法律状态的时间分布情况，图 19 示出了虚拟现实技术实用新型专利申请的法律状态的比例分布情况。概括一下法律状态，可以分为三种情况：有效、无效和待定，其中有效是指专利权维持，无效是指放弃专利权、届满终止失效、未缴年费终止失效和未缴年费专利权终止，待定是指等年费滞纳金。从表 13 和图 19 中可以看出，在 400 件实用新型专利中，法律状态为有效的申请最多，共有 302 件，占总申请量的 75%；法律状态为无效的申请并不算多，共有 70 件，占总申请量的 18%。法律状态为待定的申请最少，只有 28 件，占总申请量的 7%。从法律状态的整体情况来看，实用新型专利有效的数量占据 3/4，整体表现还不错，并没有我们想象中的那么糟糕。

表 13　虚拟现实技术实用新型专利法律状态时间分布

法律状态	2004年	2005年	2006年	2007年	2008年	2009年	2010年	2011年	2012年	2013年	2014年	2015年	2016年	总计
等年费滞纳金										2	5	21		28
放弃专利权				1	1	1		2			2			8
届满终止失效	3	3												6
未缴年费终止失效			6	3	9		6	6	6	5	6			47
未缴年费专利权终止								1	4	1	3			9
专利权维持			1	1	1	1	3	9	9	14	34	173	56	302
总计	3	3	7	5	11	2	9	18	20	22	50	194	56	400

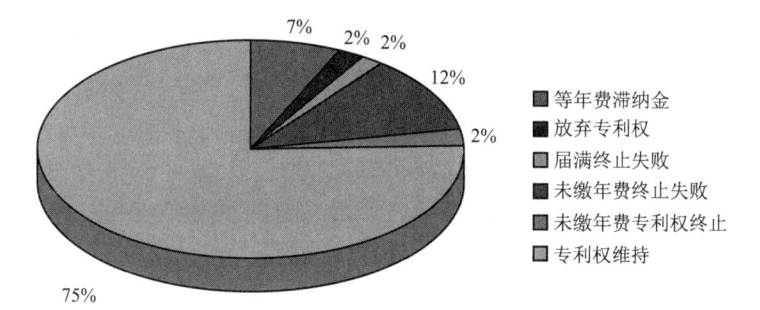

图 19 虚拟现实技术实用新型专利法律状态比例分布

表 14 示出了虚拟现实技术实用新型专利申请授权量排名前五的申请人的法律状态分布情况。从表 14 中可以看出，申请量最多的深圳市虚拟现实科技有限公司共有 9 件实用新型专利，其中法律状态待定的 1 件，有效的 8 件；申请量第二的上海盟云移软网络科技股份有限公司共有 8 件实用新型专利，法律状态全部为有效；排名第三以及其后的公司的实用新型专利的法律状态也全文为有效；只有排名最后的两个个人的实用新型专利有 7 件的法律状态为无效，法律状态为有效的只有 3 件。从上述数据可以看出，公司非常重视，实用新型专利申请，其拥有的专利全部为有效状态，而个人则不太重视，其拥有的专利只有少部分为有效状态。

表 14 虚拟现实技术部分申请人的法律状态分布　　　单位：件

申请人	等年费滞纳金	放弃专利权	届满终止失效	未缴年费终止失效	未缴年费专利权终止	专利权维持	总计
深圳市虚拟现实科技有限公司	1					8	9
上海盟云移软网络科技股份有限公司						8	8
北京小鸟看看科技有限公司						7	7
深圳多哚新技术有限责任公司						7	7

续表

申请人	等年费滞纳金	放弃专利权	届满终止失效	未缴年费终止失效	未缴年费专利权终止	专利权维持	总计
杭州颐客科技有限公司						6	6
上海旗娱网络科技有限公司						6	6
深圳小宅科技有限公司						6	6
苏茂		2			2	2	6
王傲立	2			1	2	1	6

图 20 示出了最近十年虚拟现实技术实用新型有效专利时间分布情况。这里的有效专利是指法律状态为专利权维持的实用新型专利。从图 20 中可以看出，有效专利数量与专利总量在时间分布上趋势基本相同，呈正比例，随着时间的临近，有效专利数量与专利申请授权总量都在逐渐增多，并在 2014 年开始出现加速增长，到目前为止，有效专利总量为 302 件。在 2006 年至 2009 年，每年只 1 件有效专利，2010 年以后渐渐增多，至 2014 年已经增加到了 34 件，而 2015 年则突然爆发增加到了 173 件，占有效专利总量的 57%。从法律状态的时间分布来看，2015 年一年的有效专利数量就占据了总量的一半以上，而专利权维持三年以上（包括三年）的实用新型专利只有 73 件，只占总量的 24%。有效专利的数量是实用新型专利质量的一个重

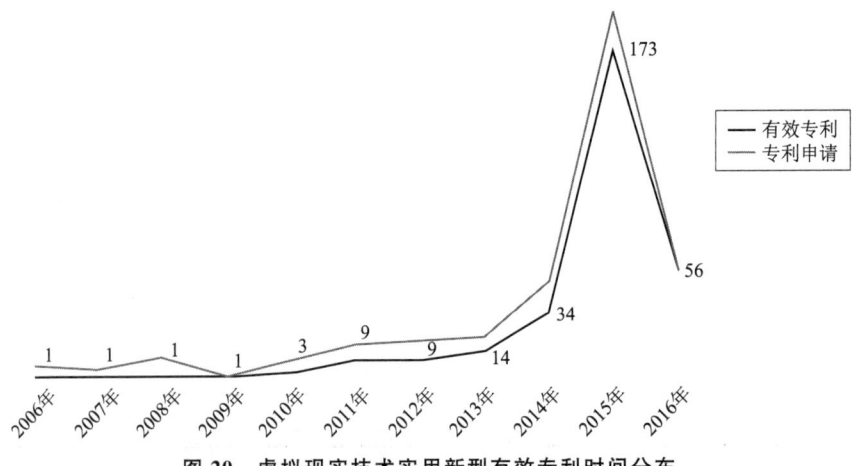

图 20 虚拟现实技术实用新型有效专利时间分布

要指标，目前看来，如果接下来有效专利数量与专利申请总量继续呈正比例增长趋势，那么可以乐观的预测实用新型专利质量没有我们想象中的那么糟糕，否则也许不容乐观。

（三）实用新型与发明专利申请比较分析

截止到 2016 年 9 月 1 日，在 CNABS 数据库中进行检索，在虚拟现实技术领域，得到实用新型专利申请 477 件，得到发明专利申请 2508 件，专利申请总量共 2985 件，其中实用新型专利申请占 16%，与其他技术领域比较而言比例有些偏低。

1. 专利申请量对比

首先，我们看看虚拟现实技术相关的实用新型与发明的申请量逐年变化情况。图 21 示出了 2004 年以来虚拟现实领域中实用新型与发明的申请量逐年变化趋势情况。从图 21 中可以看出，实用新型授权量与发明的申请量逐年变化趋势并不相同，发明的专利申请量是逐年稳步增长的，而实用新型的专利申请授权量则不尽然。2004 年实用新型有 3 件专利申请而发明有 16 件专利申请，2004 年至 2008 年均出现了稳步增长，其中实用新型达到了 11 件而发明达到了 86 件。2008 年至 2011 年实用新型与发明的申请量变化趋势出现了不同，发明仍然一路高歌，而实用新型则出现了下降然后又回升。2011 年以后均出现了迅速增长，其中实用新型的最高点出现在 2015 年，申请量达到了 194 件，而发明的最高点则出现在 2016 年，申请量达到了 817 件。总体来看，实用新型的申请量有些波动，而发明的申请量则比较稳定。在这十二年间，实用新型最高增长了 65 倍（194 除以 3），而发明最高增长了 51 倍（817 除以 16），二者增长倍数差距不大，最近两年二者的专利申请数量都出现了爆发式增长，也许明

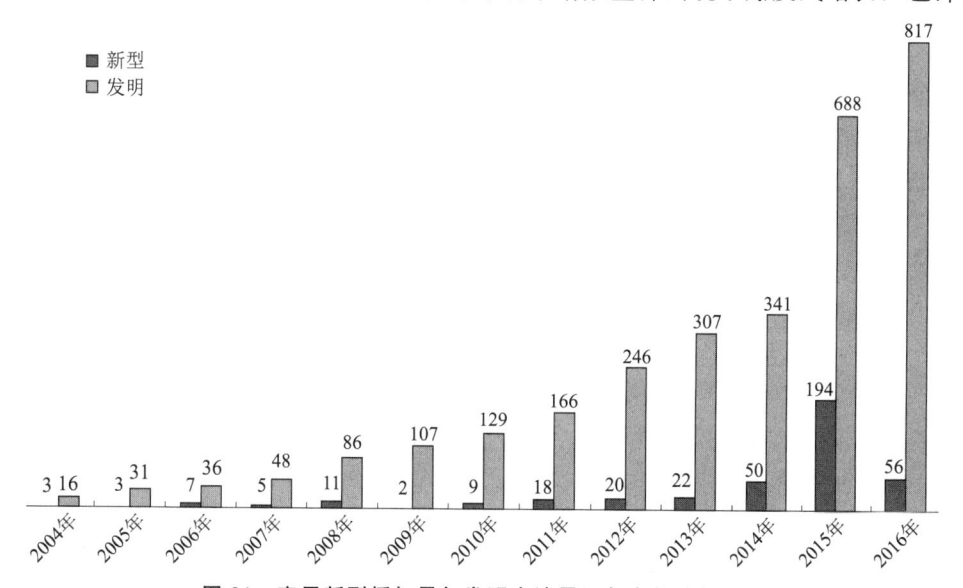

图 21　实用新型授权量与发明申请量逐年变化趋势对比

年会更多。

2. 主要申请人对比

然后,我们再看看实用新型与发明主要申请人对比情况。表15列出了实用新型与发明申请量排名前十的主要申请人对比情况。从表15中可以看出,实用新型与发明的申请量排名前十的申请人的专利申请数量差距很大,同时上榜的申请人也很少。实用新型专利申请最多的是深圳市虚拟现实科技有限公司名,申请量只有9件;发明专利申请最多的是北京航空航天大学,申请量达到了73件,是前者的8倍。实用新型排名第二的是上海盟云移软网络科技股份有限公司,申请量为8件;发明排名第二的是上海交通大学,申请量为44件,是前者的6倍。实用新型排名并列第三的是北京小鸟看看科技有限公司和深圳多唉新技术有限责任公司,申请量为7件;发明排名并列第三的是苏茂、国家电网公司和乐视致新电子科技(天津)有限公司,申请量为37件,是前者的5倍。可见,虽然实用新型与发明的申请量排名第一的差距巨大,但后面的差距在逐渐缩小。从表15中还可以看出,苏茂和北京小鸟看看科技有限公司表现非凡,同时出现在了实用新型和发明两个排行榜上,可见上述个人和公司不但重视发明专利申请也重视实用新型专利申请。在虚拟现实技术领域,我国的实用新型专利申请有点杂乱无章,没有申请人能够占据数量优势和强势地位;而我国的发明专利申请则不同,排名前十的申请人中有六家是高等院校,高等院校占据了半壁江山。

表15 实用新型与发明主要申请人对比

排序	新型申请人	新型/件	发明申请人	发明/件
1	深圳市虚拟现实科技有限公司	9	北京航空航天大学	73
2	上海盟云移软网络科技股份有限公司	8	上海交通大学	44
3	北京小鸟看看科技有限公司	7	苏茂	37
4	深圳多唉新技术有限责任公司	7	国家电网公司	37
5	杭州颐客科技有限公司	6	乐视致新电子科技(天津)有限公司	37
6	上海旗娱网络科技有限公司	6	东南大学	28
7	深圳小宅科技有限公司	6	浙江大学	27
8	苏茂	6	北京小鸟看看科技有限公司	26
9	王傲立	6	北京理工大学	23
10	成都理想境界科技有限公司	5	清华大学	19

从以上对比情况看来，在虚拟现实领域，无论发明还是实用新型，专利申请数量较多的申请人都是我国申请人，外国申请人的申请量则不多，例如索尼公司只有14件专利申请，三星公司也只有20件专利申请，可能是国际上的一流大公司还不太重视国内市场，更有可能是那些大公司依靠专利质量取胜。从专利申请数量来看，实用新型与发明相比较，发明专利申请占据了绝对的数量优势，二者最近两年都出现了爆发式增长；从申请人来看，二者差别较大，实用新型申请人以高科技公司为主，而发明申请人以高等院校为主。如果高等院校和高科技公司能够共享技术、共谋发展，也许能够让我国的虚拟现实技术发展的更快一点，更有机会跟上外国的发展脚步。

五、虚拟现实与增强现实的比较分析

（一）增强现实简介

上文主要从专利的角度分析了虚拟现实，既然谈到了虚拟现实就不得不继续谈谈虚拟现实的"弟弟"——增强现实，二者关系密切，下面将对增强现实进行简单的介绍。

增强现实技术（Augmented Reality，AR），是在20世纪90年代提出的，是一种实时地计算摄影机影像的位置及角度并加上相应图像的技术。AR技术不仅展现了真实世界的信息，而且同时展现了虚拟的信息，两种信息相互补充、叠加。AR技术融合了三维建模、视频图像处理、多传感器融合、实时跟踪、多媒体、多场景融合等多种新技术。

那么，VR与AR这两种技术有什么区别呢？简单来说，虚拟现实（VR）看到的场景和人物全是假的，是把你的意识带入一个虚拟的世界。增强现实（AR），看到的场景和人物一部分是真一部分是假，是把虚拟的信息带入到现实世界中。

虚拟现实技术和增强现实技术有着不同的应用领域、技术和市场机会。虚拟现实技术让用户置身于一个想象出来或者重新复制的世界或者模拟真实的世界。虚拟现实技术领域主要的硬件厂商有Oculus（Rift）、索尼（PlayStation VR）、HTC（Vive）和三星（Gear VR）。增强现实技术是把数字想象世界加在真实世界之上，主要硬件厂商包括微软（HoloLens）、谷歌（Google Glass）和Magic Leap。虽然虚拟现实技术和增强现实技术有着不同的应用空间，但这两项技术都将推动HMD设备成为新的计算平台。可见，头盔显示器是两种技术的交点，必将成为各大公司关注的焦点与研发的重点。

（二）专利申请情况比较分析

截止到2016年9月1日，关于虚拟现实技术，在DWPI数据库中检索到的专利申请共6089件；关于增强现实技术，在DWPI数据库中检索到的专利申请共4043件。在DWPI数据库的4043件专利申请中，收录的在中国提出的专利申请共738件，在外国提出的专利申请共3305件。图22示出了增强现实技术专利申请国内外分布情况。可以看出，在增强现实技术领域，在中国提出的专利申请只占在全球提出的专利申请的18%，与虚拟现实技术相比较，专利申请数量不到一半，但比例略有进步，提高了2个百分点。图23示出了VR、AR技术全球专利申请数量对比情况，可以直观的看出，VR专利申请数量大于AR专利申请数量，占比达到六成，目前来看，VR专利申请占据优势，但AR与VR的差距也不算大，也许会后来居上。

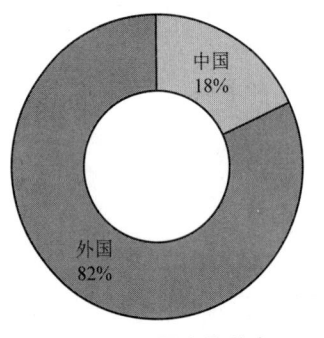

图22 AR国内外分布

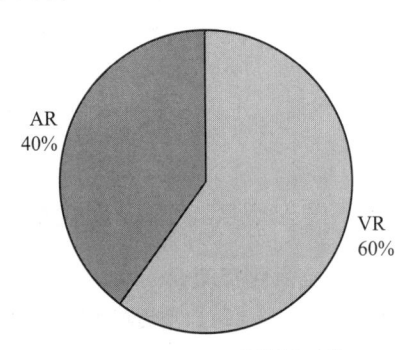

图23 VR、AR申请量对比

1. 专利申请量对比

首先，我们看看VR、AR的专利申请逐年变化趋势对比情况。关于AR，在DWPI数据库中检索到的专利申请共4043件，在DWPI数据库中同族专利作为一条信息记录，为了准确统计申请量，将同族专利分别统计，共得到全球专利申请11 292件。图24示出了2005年以来VR、AR技术全球专利申请数量逐年变化趋势对比情况。可以直观的看出，2005年至2009年AR的专利申请数量较少，但比较稳定的保持在二三百件，2010年突然出现了大幅度的增长，专利申请数量接近千件（979件），之后持续增长，并在2013年达到了顶峰，专利申请数量达到了2018件，2015年前两个月的申请量就达到了1028件，可以预见2015年全年的申请量有极大的可能超过3000件，达到新的高峰。从图24中还可以看出，VR与AR相比，VR专利申请数量几经波折，而AR专利申请数量一路高歌，2010年以前，VR占据绝对优势，VR的专利申请数量远远大于AR的专利申请数量，但2010年以后，AR的专利申请数量增长很快，二者的差距不大而且在不断缩小，两年之后（2012年），AR的专利申请数量达到了1797件，首次超过了VR的专利申请数量1693件，随后二者的差距有不断扩大的趋势，在2015年的前两个月，AR的专利申请数量比VR的专利申请数量多了262件，照此发展下去，2015年全年AR的专利申请数量很可能比VR的专利申请数量多上千件。从图24的对比中可以预测，在专利申请方面，VR的地位很可能不保，虽然VR热潮刚刚兴起不久，但AR也许会掀起更大的浪潮，甚至淹没VR，成为下一个投资的风口。

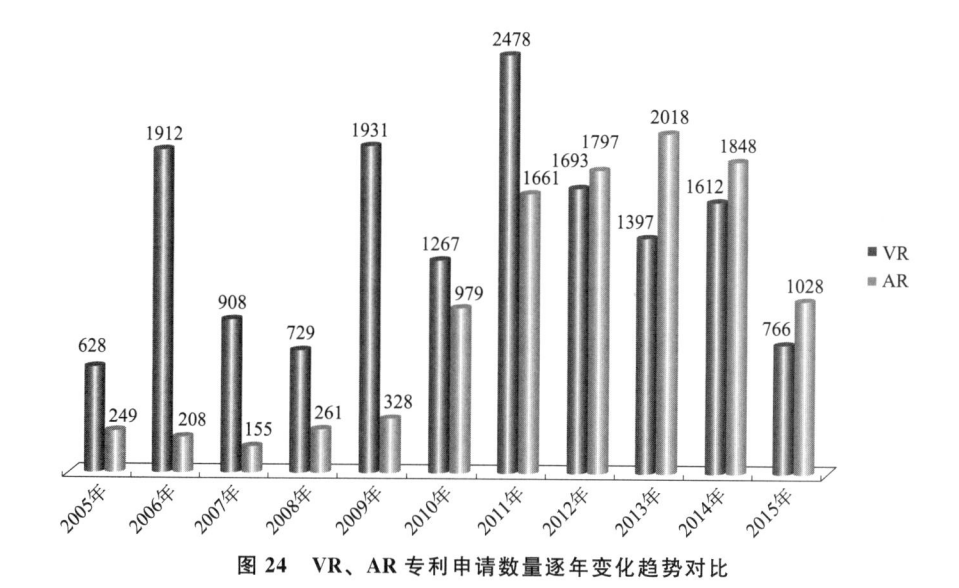

图 24　VR、AR 专利申请数量逐年变化趋势对比

2. 主要申请人对比

接下来，我们再看看 VR、AR 专利申请的主要申请人对比情况。表 16 列出了全球专利申请数量的排名前十的主要申请人分布情况。从表 16 中看增强现实技术，微软公司名列榜首（146 件），排名第二的是三星公司、排名第三的是索尼公司，专利申请数量都超过了一百件；接下来的第四至第十名分别是高通公司、LG 公司、韩国电子通信研究院、诺基亚公司、奇跃公司（MAGIC LEAP INC）、英特尔公司和西门子公司，这些公司差距不大，专利申请数量都超过了 60 件。从表 16 综合来看，无论是 VR 技术还是 AR 技术，索尼公司、微软公司、三星公司都非常强大，它们代表了世界先进的技术水平，上述公司属于第一梯队；而高通公司、LG 公司、英特尔公司也很不错，它们在 VR、AR 两个领域的专利申请也不少，上述公司属于第二梯队；至于国际商业机器公司、韩国电子通信研究院、苹果公司等，它们仅在 VR、AR 一个领域表现不错，另一个领域欠佳，总体来看，上述公司属于第三梯队。显而易见，我国的公司名落孙山，连进入第三梯队的资格都没有，科技创新仍然任重而道远。从表 16 中还可以看出，即使同为国际一流大公司，它们的科研方向也不尽相同，以科技创新闻名世界的苹果公司在 VR 领域颇有建树，但在 AR 领域表现一般；而曾经的手机巨头诺基亚公司则恰恰相反，其在 VR 领域表现平平，但在 AR 领域则大展拳脚，可见诺基亚公司正在转型，从智能手机转到了增强现实技术。我们还可以看到，国外的第一梯队公司的研发重点均从虚拟现实技术转移到了增强现实技术，增强现实技术的专利申请数量明显大于虚拟现实技术，无论是虚拟现实技术还是增强现实技术，第三名以后的公司的专利申请数量明显下降，与第一梯队的差距较大，在可见的

未来，仍然是第一梯队的公司争霸天下。

表 16　VR、AR 全球主要申请人分布

排序	VR 申请人	VR 申请量/件	AR 申请人	AR 申请量/件
1	索尼公司	200	微软公司	146
2	三星公司	156	三星公司	112
3	微软公司	96	索尼公司	108
4	国际商业机器公司	87	高通公司	95
5	高通公司	86	LG 公司	85
6	LG 公司	77	韩国电子通信研究院	71
7	苹果公司	69	诺基亚公司	69
8	南梦宫公司	68	奇跃公司	66
9	佳能公司	67	英特尔公司	58
10	意美森公司	62	西门子公司	58

从以上专利角度的分析看来，虚拟现实技术成功的可能性要高于增强现实技术，这主要得益于虚拟现实技术的进步以及厂商和合作伙伴生态系统的初步形成。目前，虚拟现实技术和增强现实技术均有待进一步提高，但增强现实技术面临的挑战更严峻，包括屏幕技术、实时处理和实时物理环境的校准等。从上述专利角度的分析来看，第一梯队的著名公司牢牢占据着霸主地位，但是，接下来也将面临着严峻的挑战，在刚刚过去的 2015 年，Facebook 收购了虚拟现实技术生产商 Oculus，苹果公司收购了增强现实技术公司 Metaio，两大世界著名公司进军虚拟现实技术与增强现实技术领域的意图十分明显，在不久的将来，我们将看到群雄逐鹿的场面。

六、虚拟现实技术的发展趋势预测与建议

（一）虚拟现实技术的发展趋势

本次 VR 热潮起源于 2014 年，标志性事件是美国的 Facebook 公司收购了虚拟现实技术的领头羊 Oculus VR 公司，从而资本疯狂涌入 VR 领域。目前，世界上第一家虚拟现实电影院在荷兰开业，迪斯尼推出了 VR 体验 APP，三星公司利用 VR 设备直播了青奥会，我国的苏宁易购正在开设 VR 体验店，阿里巴巴集团也推出了全新的购物方式 Buy＋。通过本文上述对虚拟现实技术领域的专利申请进行统计分析和对比分析的基础上，我们可以预测虚拟现实技术有以下几个发展趋势。

1. 美、日、韩三分天下，我国是后起之秀

纵观国内外相关专利申请，从申请数量上来看，美国第一，我国第二，欧洲、日

本、韩国紧随其后，上述各国虽然数量上有差距，但也相差不大；从申请质量上来看，美国、日本、韩国研发投入大，具有技术优势，专利申请质量也高，而我国则起步较晚，专利申请质量也低一些；从主要申请人来看，索尼公司第一，三星公司第二，微软公司第三，排名前十的申请人都集中在美国、日本和韩国，我国的申请数量虽然排第二，但分布凌乱，没有达到国际一流水平的大公司。综合来看，美、日、韩仍将占据优势地位，三分天下，而我国最近两年专利申请出现爆发式增长，专利质量也有提高，有望成为后起之秀。

2. 头盔是重点，内容是王者

遍览虚拟现实技术的各个分支，涉及头盔（头戴式显示器）的专利申请最多，在这一分支日本公司独占鳌头，其中奥林巴斯公司第一，索尼公司第三。可见，国际一流的大公司都非常重视头盔，头盔是其资金投入和产品研发的重点，现在市面上销售的头盔产品最多最火，并将继续吸引大家的关注。与此同时，越来越多的大公司意识到虚拟现实内容的重要性，不断加大对内容方面的开发与研究。根据艾媒咨询的调查报告显示，用户最关心的还是内容方面的丰富程度，可以断言将来内容才是最吸引用户的王者。

3. 应用更丰富，更有潜力

从上述统计分析可以得知，虚拟现实技术应用广泛，包括医疗、教育、社交、商业、工程、视频、服务、游戏等。北京航空航天大学正在研究VR+医疗和VR+教育，并已经申请了一些专利。阿里巴巴集团正在开发VR+购物，如果项目获得成功，那么实体商店和购物中心将面临更大的挑战。张艺谋导演有意进军VR+电影，如果能够克服技术缺陷，将会给我们带来更加完美的体验。当然最重要的应用还是VR+游戏，VR+游戏的市场规模约占整个虚拟现实行业市场规模的一半。可见，虚拟现实技术的应用领域非常广泛，但都还存在着或多或少的缺陷，而有缺陷同时也意味着有潜力，如果能够克服缺陷，将会获得更广阔的发展空间。

4. 优胜劣汰，适者生存

从上述对比分析可以得知，我国公司与国际上的一流大公司差距较大，即使同为大公司相互之间的差距也不容小觑，随着虚拟现实技术的不断发展，虚拟现实行业的准入门槛将不断提高，竞争也会日益激烈，行业将会面临重新洗牌。目前，我国的虚拟现实行业还处于初始阶段，企业众多鱼龙混杂，市场上充斥着大量的低价格低质量的山寨产品，随着市场竞争的进一步加剧，那些没有核心技术的劣质企业必将被淘汰，而那些在技术领域拥有核心竞争力的优秀企业也许能够生存下来，并将获得进一步发展。

（二）对我国相关领域的建议

我国的虚拟现实行业还处于初创阶段，起步较晚，基础较为薄弱，技术较为落后。值得庆幸的是，我国已经有一些科技公司崭露头角，包括深圳市虚拟现实科技有限公司、乐视公司、暴风集团、阿里巴巴集团等。目前，我国虚拟现实行业主要面临以下三个问题：（1）产品，优质产品价格高，山寨产品体验差；（2）技术，技术储备少，发展较慢；（3）内容，内容少，体验差。基于以上问题，我们在此提出以下两个方面的建议。

1. 在技术研发方面的建议

（1）关注国家政策：在当前"大众创业、万众创新"的新时代，虚拟现实行业也随之而起，未来国家财政对虚拟现实行业的投入将会越来越多，有关部门对行业的监管政策也会陆续出台，建议从事技术研发的同时密切关注国家政策的变化，及时调整研发的方向和研究的重点。

（2）加强资本和技术的合作：从上述数据分析可以看出，高等院校掌握了我国虚拟现实行业的最新技术，虚拟现实成为投资的风口，资本大鳄也蜂拥而至，但场面似乎有些混乱，建议成立合作平台，加强资本、科技公司、高等院校三者之间的相互合作，提高资金使用效率，从整体上提高核心竞争力。

（3）重视内容，夯实基础：计算机芯片是虚拟现实技术发展的基础，头盔是国际大公司的研发重点，我国公司也不应当忽视；但从现实情况来看，我们更应当重视对内容的开发，比较而言，计算机芯片很难，头盔的难度也不小，内容才是我们最可行的切入点，倚靠内容吸引用户才能带来利润，有钱才能更好的进行更有难度的研究。

2. 在专利申请方面的建议

（1）充分利用现有的专利资源：从上述数据分析可以看出，在虚拟现实技术领域，现有的专利申请数量已经十分庞大，国际上的一流大公司拥有很多基础专利和核心专利，我国公司应当虚心学习，重视专利资源的挖掘和利用，增加自己的技术储备，避免重复开发，形成自己的有特点的技术，争取尽快推出性价比高的良心产品。

（2）预测行业方向，做好专利布局：目前，我国的虚拟现实行业还没有公司能够占据优势地位，群雄争霸的局面将会持续一段时间，心怀天下者应当深入的了解市场的需求，正确的预测行业的发展方向，提前进行资金投入和科学研究，并择机进行专利申请，发挥自身的特点和优点，关注国际上竞争对手的动态，做好自己的专利布局，先确保自己立于不败之地。

七、结束语

总而言之，以上数据和分析仅仅从一个方面反映了虚拟现实领域的技术现状及其发展趋势，数据可能是不全面的，但数据也是真实的，希望能够起到抛砖引玉的作用，也希望各位看官能够略有所得。我们有理由相信，当"虚拟"照进"现实"，将使我们的生活更加丰富多彩。随着技术的改进、价格的下降以及相关应用的诞生，虚拟现实技术仍然会继续发展下去，未来更会呈现星火燎原不可阻挡之势，让我们拭目以待。

参考文献

［1］杨铁军. 专利分析实务手册［M］. 北京：知识产权出版社，2012.

［2］http://baike.baidu.com/link? url = B6AnHcDDgXZXg6iXXkh7DlwcoGY61dQsmZUf5s-ZZ5Xm0eNoOtpnyCO88d8v05iOQ4St2pHnXKloLNXk2AKw4bq.

［3］http://www.iimedia.cn/39871.html.

［4］http://baike.baidu.com/link? url = jsvTfh8uhzROSMah0zMatOA8 _ rsBC4OrJOlpjYRWJ-choXWeVlLc _ n82xL1fXEsFF9tFvZHoUeSkQVbOa5oIXgT _ CB8ThtXmns308SSk47yrUDkEC7dev-OZeu-ffBhuMz.

儿童推车领域专利技术现状及其发展趋势

王灵威　侯文静[1]　梁一冰[1]　李莉[1]　李晓鹏

（国家知识产权局专利局实用新型审查部）

一、引言

儿童推车是设计用于运载一名或多名儿童，由人工推行的车辆。

（一）儿童推车的发展历史

世界上第一辆有文献记载的婴儿手推车诞生于 1733 年的英格兰，距今已有 277 年的历史，当 Duke of Devonshire 三世委托 Willam Kent（一名园艺师）为他的孩子设计一种交通工具以娱乐他们，Kent 就设计了一种带有轮子、篮子形状的推车，小孩子可以坐在篮子里面，车子则由一匹小马或山羊或狗拉着，公爵对车子很满意，这种车子很快在皇室中流行起来。1840 年，儿童推车变得非常流行，维多利亚女王就曾从 Hitchings 儿童用品店买了三辆给她的孩子们。虽然这些推车座位很高，不太安全，但在当时却是一件时尚品和奢侈品，甚至是地位、身份的象征，如果有人想成为上流社会的一员，那就必须拥有这样的儿童推车。当时的儿童推车与现在有很大的不同，座位和车架部位是由木头或柳条编制，连接件则是贵重的黄铜制成，车子被装饰得像一件艺术品，这些推车通常以公主或公爵夫人的名字来命名，仍然是用动物拉着。

1848 年，一项新的设计出现了，美国人 Charles Burton 在婴儿推车上增加了一个把手，这样父母亲就可以自己推着孩子出行，世界上第一辆真正意义上婴儿"手"推车出现了。但是 Burton 的这个想法没被美国人接受，所以后来他就去了英格兰，并受雇于维多利亚女王、伊莎贝拉女王。

1889 年 6 月 18 日，一个名叫 William H. Richardson 的人带着一个创意走进了巴尔的摩专利局（Baltimore Patent Office），从此永远地改变了婴儿推车的功能。他在现有推车的座舱部位设计一个特殊的连接件，使得座舱既可以朝前，也可以换向后面的推车者，这是一个伟大的发明，坐在车里的儿童可以面对着父母，从而增加了两者

---

[1] 侯文静、梁一冰、李莉等同于第一作者。

的交流，对儿童的身心发展是很有好处的。同时他还改进了车轮部分，已有的推车因为车轴的制约不能单独行进，Richardson 设计的四个轮子都可以单独行进，甚至可以在很小的半径内 360 度转弯。

1889 年，William H. Richardson 发明了座舱可以换向的儿童手推车，对人类是个非常大的贡献。德国婴儿车博物馆位于德国萨安州塞特兹市，收藏着 550 辆古董级婴儿车，最早可追溯到 1860 年。这些婴儿车做工精细，精致宛如艺术品。

20 世纪 20 年代，"一战"结束，新式的婴儿推车对所有的家庭都是必需品。这个时候的婴儿推车做了一些改进，以前柳编或木制的部分被橡胶或塑料代替，铬合金连接件则代替了贵重的黄铜构件，制造成本降低了，这样普遍家庭都可以负担得起。另外车子的安全性能提高了，轮子变大了，设置了脚刹，座舱部位高度降低，这样便于小孩上下车，而座身深则加大了，以防止小孩从里面攀爬出来跌在地下。

1965 年，Owen Maclaren，一位航空机械师，听到女儿抱怨说从英国到美国旅行，还要拖着沉重的婴儿推车非常不方便，Maclaren 意识到她的女儿需要的是一种轻型手推车，并且要能够折叠，在不需要的时候可以收起来。运用他丰富的航空学知识，Maclaren 造了世界上第一辆轻型推车，用铝做车架，并且像伞一样可以折叠，这种儿童手推车一经上市即对老产品形成很大冲击，从此，它成为了年轻父母们的新选择。

随着婴儿推车的不断发展进步，新产品的研发速度越来越快，产品的更新换代也很快，新材料的运用使得婴儿推车产品在重量上趋于轻型化，安全性能越来越高，产品更加人性化，但是婴儿推车烦琐的收合方式及超重的车身成为亟待解决的一大课题。这方面，国内的婴儿推车厂商做出了卓绝的努力和积极的贡献，圣得贝凭借强大的研发团队，研发出众多轻便快递折叠婴儿推车，彻底颠覆了过去的收车方式。

同时，儿童推车也由单一的运载功能发展到集合睡觉、吃饭、玩耍游戏等功能于一身。随着科技的进步和人们生活水平的不断提高，对于儿童推车的安全性、舒适性、便携性等方面都提出了新的要求。

（二）儿童推车的相关标准

儿童推车的主要消费对象是儿童，由于儿童的认知度受其年龄限制具有较大的局限性，因此我们可以说童车的主要使用者是自我保护意识相对较低的婴幼儿人群。为了有效保护儿童在使用儿童推车过程中的安全与健康，许多国家都对儿童推车产品的质量与安全制定了严格的法律法规或标准要求，从而保护儿童的安全与健康，而儿童推车技术的发展创新和专利保护，也都必须以符合相关法律法规或标准为前提。

为了更好地对儿童推车领域技术进行分解，课题组查询并对比了相关产品标准要求,由于目前,国际标准化组织(ISO)对儿童推车暂未制定专门的标准。现着重对美国、欧洲、中国有关儿童推车的相关标准进行介绍。

1. 美国

美国材料与试验协会(ASTM)制定了儿童推车标准,编号是 ASTM F833：13b《婴儿车和折叠式婴儿车消费者安全规范》(该版本于 2014 年 5 月生效)。

2. 欧洲

欧盟对于儿童推车产品应符合 2001/95/EC(在修订)《欧盟通用产品安全指令》的要求。欧盟儿童推车的安全要求标准是 EN 1888：2012《儿童护理用品轮式儿童车辆安全要求和试验方法》。

3. 中国

我国对儿童推车制定了专门的强制性安全标准,GB 14748—2006《儿童推车安全要求》。GB 14748—2006《儿童推车安全要求》已实施 7 年多,已按相关程序申请修订,目前都已通过立项专家评审工作,《儿童推车安全要求》已列入 2013 年标准修订计划,我国国家标准委员会正在组建标准起草组,其中 GB 14748《儿童推车安全要求》参考欧洲相关推车标准,并考虑一些美国标准,结合我国推车行业的实际生产情况进行修改,目前已完成标准草案。

4. 异同对比

从法律地位来看,我国有关儿童推车的安全标准是强制性标准,同时国家也于 2007 年 6 月 1 日起对儿童推车实施强制性认证(CCC)制度。而国外有关儿童推车的标准都是自愿性标准。但是由于市场监管部门往往采用这些标准作为市场准入评判的依据,这些标准实际上又是必须遵守的标准。

从技术要求来看,欧盟标准在整体上相对严于美国的标准,ISO 标准与欧盟标准的技术要求基本相同。我国的儿童推车标准主要跟踪采用 ISO 标准。没有相应 ISO 标准时,参照采用相应的欧盟标准或美国标准。

(三)课题的意义

虽然儿童推车在中国的出现只有十几年时间,而现在中国已经成为世界上最大的童车制造国,但由于儿童推车行业准入门槛低,虽然国内现已拥有众多的相关企业,在昆山等地形成了行业密集区,但企业规模不等、良莠不齐;我国是世界上的人口大国,随着二胎政策的全面开放,婴幼儿数量也在不断增长,对儿童推车的需求不断加大、品质要求不断提升,越来越多的父母通过海淘的渠道购买儿童推车,国外厂商产品悄然抢占中国市场,儿童推车行业竞争日趋激烈,在面临巨大的市场和激烈的竞争之时,如何找准发展方面、避免侵权、有效维权成为我国儿童推车企业迫切需要解决的问题。而针对儿童推车的现有研究均较为笼统、宏观,缺乏对儿童推车专利进行有针对性、系统性的分析,因此我国儿童推车行业形成了虽然拥有众多相关企业、市场前景巨大但同时竞争激烈、相关研究较少的行业现状。

本文通过梳理儿童推车相关的全球专利申请和中国专利申请现状，研究分析其技术发展趋势、专利布局特点以及重点的研发主体相关信息，并在上述分析研究的基础上，对儿童推车的发展趋势提出合理预测，以期为我国儿童推车企业提供行业发展历史沿革、生存现状等相关数据，进而为我国儿童推车企业技术发展及专利布局提供思路及建议，同时也希望能够为消费者提供购买参考及使用建议。

二、儿童推车专利技术现状分析

（一）专利分析的样本构成

1. 数据样本的选择

本文中，利用Patentics进行数据样本提取，对于中国专利选择中国申请库，其涵盖了在中国所有发明公开和实用新型授权专利；对于全球专利，分别选择美国申请库、美国专利库、欧洲申请库、欧洲专利库、PCT申请库、日本申请库等数据库。并通过CNPAT、CNABS、WPI等中外数据库进行二次取样，与Patentics数据样本进行对比及补充。数据采集时间截至2016年4月30日，特别需要说明的是，由于发明专利通常在申请日起18个月公开，以及公开后数据整理入库也需要一定时间，因此本报告中仅2014年10月底前的数据为全面数据，但为了尽可能全面反映专利申请状况，本报告中同样包括2014年10月底之后至数据采集截止日之间的数据，以提供一定的参考。

2. 检索策略

为了力图达到查全和查准的目标，本课题组利用分类号进行了全面检索，分类号涉及：B62B7、B62B9、B62B11；进而利用Patentics机器降噪、关键词降噪、人工阅读降噪等手段进行降噪处理，降噪关键词涉及：儿童、婴儿、幼儿、infant、baby、child、children、stroller、buggy、pushchair。并通过对在中国及全球排名靠前的申请人进行取样，以申请人为检索入口分别在多个数据库进行检索，对检索结果进行对比，并在去除本课题已经获得的降噪后数据，对剩余数据进行人工核实，进一步提取关键词和分类号，以保证数据的全面性。

3. 数据标引

在前期研究的基础上，结合QBT 2161—1995《儿童推车整车通用技术条件》、GB 14748—2006《儿童推车安全要求》和《（童车）国家测试标准》等国家相关标准，并参考欧盟、美国、日本、俄罗斯等国家和组织的相关标准，对儿童推车领域技术进行分解，并将检索结果按照表1所述技术分解进行标引。

表 1　儿童车领域技术名称分解

一级技术分支	二级技术分支	三级技术分支
车架	折叠	折叠方式
		锁定结构
	连接	座椅
		附件
	支撑	
	多人车架	
	减震装置	
	推把	
	多用途	
座椅及婴儿篮	安全装置	
	舒适性附件	
	角度可调结构	
行进机构	驱动机构	
	刹车机构	
	车轮	
附加部件	置物	
	顶棚	
	脚踏	
	其他	

本课题组将儿童推车分为"车架""座椅及婴儿篮""行进机构"和"附加部件"四个一级技术分支，并分别对四个一级分支进行了细分。

将"车架"进一步细分为 7 个二级技术分支，分别为：

⊙ "折叠"：主要涉及车架的折叠技术，并进一步细化为"折叠方式"和"锁定结构"两个三级技术分支；

⊙ "连接"：主要涉及车架与座椅的连接及与除座椅外的其他附件（如顶篷、护栏等）的连接，并以此细化为"座椅"、"附件"两个三级技术分支；

⊙ "支撑"：主要涉及车架的支撑作用和对车架的支撑；

⊙ "多人车架"：主要涉及适用于双胞胎或多胞胎的车架；

⊙ "减震装置"：主要涉及设置在车架上的减震装置；

- "推把"：主要涉及适用于大人推行推车的车手把；
- "多用途"：主要涉及通过对车架的拆装变换组合实现多种功能，及通过车架与其他设备，如自行车，配合实现新功能。

将"座椅及婴儿篮"进一步细分为3个二级分支，分别为：
- "安全装置"：主要涉及保护婴幼儿乘坐者的安全性，如安全带等；
- "舒适性附件"：主要涉及提高婴幼儿乘坐者的舒适性，如座椅垫、靠背垫等；
- "角度可调结构"：主要涉及对座椅及婴儿篮整体或靠背部分角度进行调整。

将"行进机构"进一步细分为3个二级分支，分别为：
- "驱动机构"：主要涉及用于驱动儿童推车行进的机构；
- "刹车机构"：主要涉及用于控制儿童推车制动的机构；
- "车轮"：主要涉及对车轮本身的改进。

将"附加部件"进一步细分为4个二级分支，分别为：
- "置物"：主要涉及附加于儿童推车上的置物装置，如置物板、置物篮、水杯架等；
- "顶篷"：主要涉及附加于儿童推车上的篷，多用于遮阳防晒以及防雨；
- "脚踏"：主要涉及附加于儿童推车上的，供婴幼儿乘坐者放置脚部的踏板；
- "其他"：主要涉及附加于儿童推车上的其他部件，如MP3、空气净化器等。

本文中最终标引得到儿童推车相关全球专利8955件，在中国专利5274件。

4. 相关术语说明

（1）专利申请量统计中的件。在进行专利申请数量统计时，例如为了分析申请人在不同国家、地区或组织所提出的专利申请的分布情况，对同族专利申请进行了分开统计，所得到的结果对应于申请的件数。

（2）全球专利申请：申请人在全球范围内的各国专利局的专利申请。

（3）在中国专利申请：申请人向中国国家知识产权局递交的专利申请。

（4）法律状态约定："有效"指截至检索日，专利权处于有效状态；"失效"指截至检索日，专利权处于失效状态，包括专利申请主动撤回或视为撤回、专利申请被驳回且已生效、专利权人放弃专利权、专利权被无效、专利权届满等；"公开"指截至检索日尚未结案，但实质审查生效的发明专利申请。

（二）全球专利申请分析

1. 全球专利申请技术构成分析

儿童推车的专利申请的技术构成包括车架、座椅及婴儿篮、行进机构及附加部件。由图1可见，申请量最大的为车架，共5864件，占申请总量的66%，而附加部件、行进机构和座椅及婴儿篮申请量相差无几，分别为1270件、1023件和798件，占申请总量的14%、11%和9%。可见，儿童推车的技术构成主要在车架方面。

图 1 全球专利申请技术构成分析

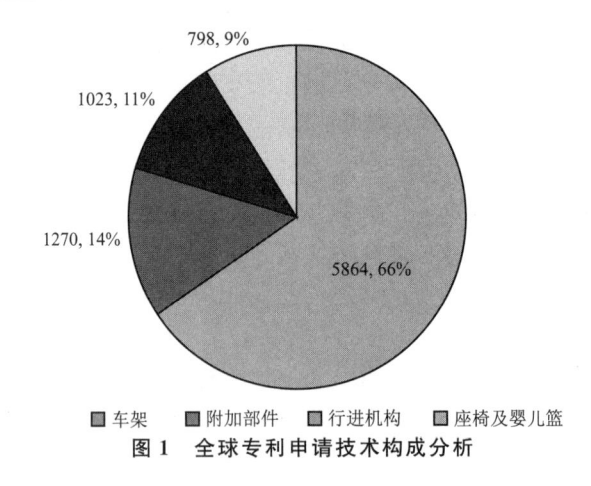

2. 全球专利申请趋势分析

(1) 全球专利申请量趋势分析

儿童推车全球专利申请量趋势如图 2 所示。全球第一篇儿童推车的申请出现在 1968 年，公告号 US3575461，涉及一种在座椅上设置透明单元的婴儿推车。

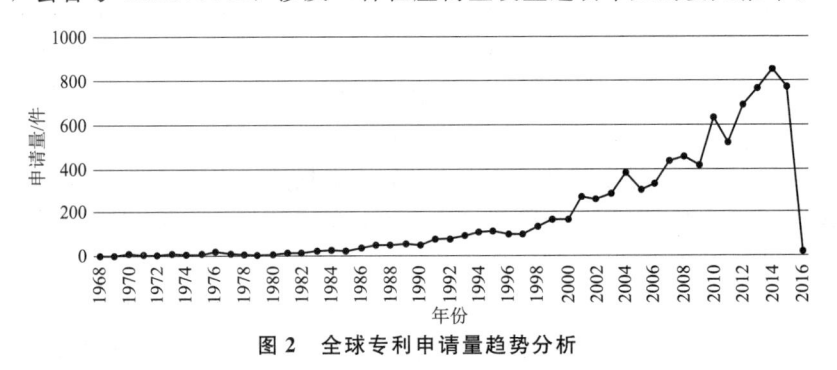

图 2 全球专利申请量趋势分析

从图 2 可以看出，儿童推车的发展可以分为以下 3 个阶段：

第一阶段为 1968—1986 年，全球儿童推车专利申请量在将近 20 年的时间内，始终维持在一个低水平的稳定状态，每年的专利申请总量均不超过 40 件。以公告号 US4386790 为例可见，这一阶段的研究以简单的车架折叠为主要研究方向。

第二阶段为 1987—2000 年，专利申请量开始缓慢增长，每年的专利申请总量不断增长，自 1994 年起突破 100 件。以公告号 US6139046 为例可见，这一阶段的研究在车架折叠的基础上扩展了附加部件的设置，儿童推车结构开始变得复杂。

第三阶段为 2001—2015 年，专利申请量开始进入快速增长阶段，全球专利申请量由 2001 年的 270 件激增至 2015 年的 769 件。以公告号 US9399477 为例可见，这一阶段的研究开始向座椅与车架的可拆卸连接等方面全面多元化发展，儿童推车结构日趋完善。

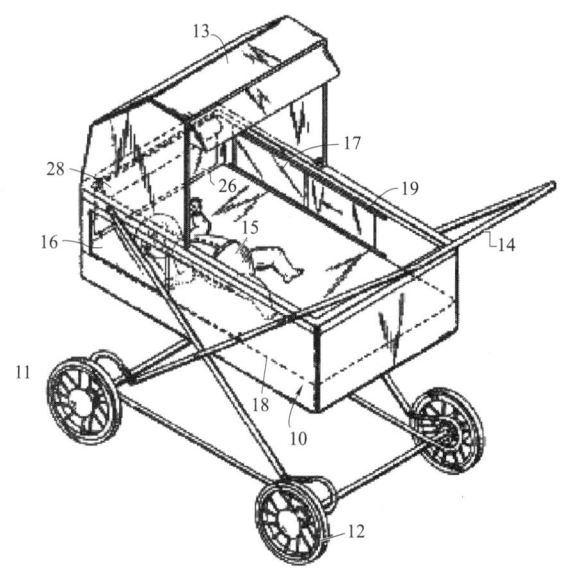

儿童推车领域专利技术现状及其发展趋势　599

US3575461 说明书附图

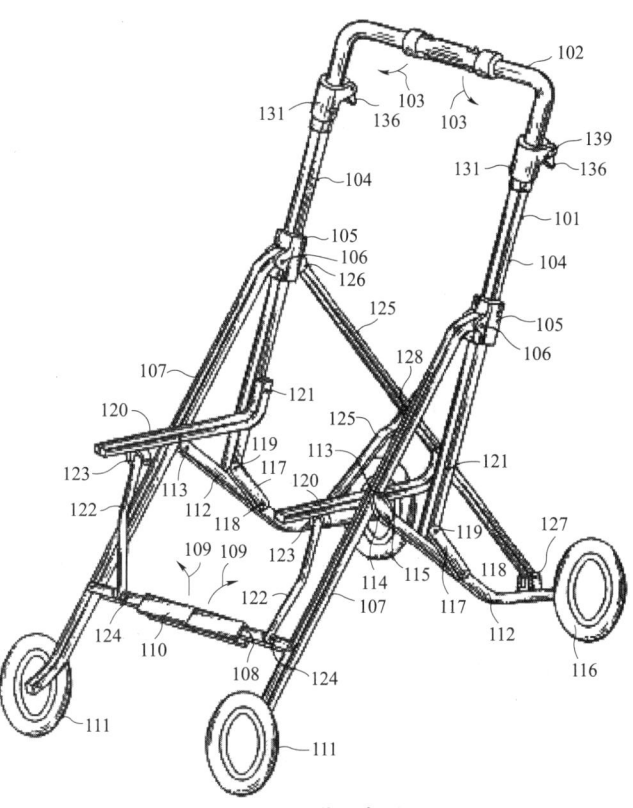

US4386790 说明书附图

US6139046 说明书附图

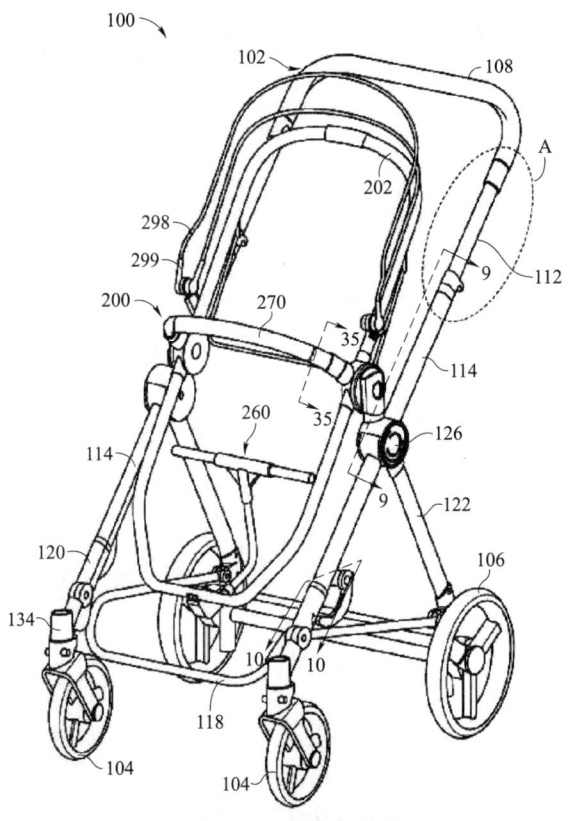

US9399477 说明书附图

可见，自2001年起，儿童推车逐渐成为全球推车领域中的研发热点（其中，2015年的数据为不完全统计）。由此可以判断儿童推车仍然是目前推车领域的一个研究热点，并且达到了一定技术水平。

（2）全球专利申请技术趋势分析

儿童推车全球专利申请技术趋势如图3所示。总体来说，全球专利申请中，各技术分支的专利申请的申请量均为逐年递增的趋势，其中车架方面的趋势更加明显。

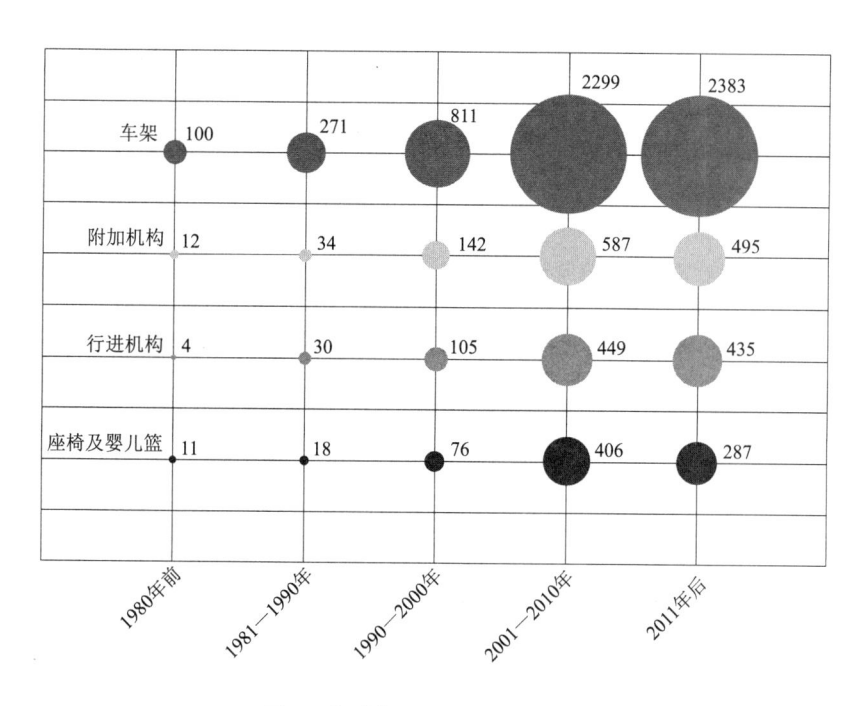

技术分支	1980年前	1981—1990年	1990—2000年	2001—2010年	2011年后
车架	100	271	811	2299	2383
附加机构	12	34	142	587	495
行进机构	4	30	105	449	435
座椅及婴儿篮	11	18	76	406	287

图3　全球专利申请技术趋势分析

具体来说，在车架方面，1980年以前仅有100件专利申请，之后专利申请量逐步增加，在1990年时达到271件专利申请；1991年起至2000年，申请量快速增长到811件，而自2001年起，申请量开始大幅度增长，至2010年，申请量达到2299件；2011年至今共2383件（其中，2015年的数据为不完全统计）。可见，儿童推车车架方面的研究主要集中在2001年以后。

而座椅及婴儿篮、行进机构、附加部件等方面也有所发展。

在座椅及婴儿篮方面，1980年以前仅有11件专利申请，之后专利申请量一直保持在一个较低的水平，在1990年时也仅有18件专利申请；自1991年起至2000年，申请量增长到76件，而自2001年起，申请量开始大幅度增长，至

2010 年，申请量达到 406 件；2011 年至今共 287 件（其中，2015 年的数据为不完全统计）。

在行进机构方面，1980 年以前仅有 4 件专利申请，之后专利申请量有所增加但也一直保持在一个较低的水平，在 1990 年时也仅有 30 件专利申请；自 1991 年起至 2000 年，申请量增长到 105 件，而自 2001 年起，申请量开始大幅度增长，至 2010 年，申请量达到 449 件；2011 年至今共 435 件（其中，2015 年的数据为不完全统计）。

在附加部件方面，1980 年以前仅有 12 件专利申请，之后专利申请量有所增加但也一直保持在一个较低的水平，在 1990 年时也仅有 34 件专利申请；自 1991 年起至 2000 年，申请量增长到 142 件，而自 2001 年起，申请量开始大幅度增长，自至 2010 年，申请量达到 587 件；2011 年至今共 495 件（其中，2015 年的数据为不完全统计）。

3. 全球专利申请人分析

儿童推车全球申请量排名前十位申请人分析如图 4 所示，该图显示出申请量排名前十位申请人的申请量情况。申请量排名前十位申请人均为企业，其中，申请人为中国申请人的有 6 位，申请人为外国申请人的 4 位。申请量最大的申请人是好孩子儿童用品有限公司，申请量为 1487 件。

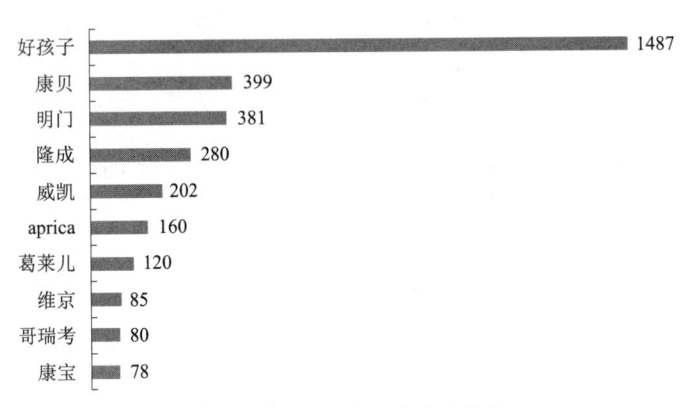

申请人	申请量
好孩子	1487
康贝	399
明门	381
隆成	280
威凯	202
aprica	160
葛莱儿	120
维京	85
哥瑞考	80
康宝	78

图 4　全球专利主要申请人分析

4. 全球专利申请来源国（地区）分析

(1) 全球专利申请来源国（地区）总体分析

儿童推车全球专利申请量来源国（地区）分布见表 2。由表 2 可知，全球专利申请来源国（地区）主要集中在中国、美国、日本、韩国、欧洲等国家和地区；其中专利申请来源国为中国的专利申请最多，有 5038 件，占总量的 56.3%；其次为美国，有 1303 件，占 14.6%。其他国家（地区）如日本、韩国、欧洲等国家（地区）也均有一定量的申请。可见，在全球儿童推车领域，中国专利申请在数量上占有绝对优势。

表 2 全球专利申请来源国分布

国家（地区）	申请量/件	占比/%
中国	5038	56.3
美国	1303	14.6
日本	897	10
韩国	349	3.9
欧洲	342	3.8

（2）主要来源国全球专利申请趋势分析

申请量排名前五位来源国申请趋势如图 5 所示。从该图中可以看出，中国自 1986 年有第一件专利申请后，申请量逐年增加，从 2004 年开始迅猛增长，其申请量远远高于其他专利申请来源国（地区）。全球第一件专利申请来源国是美国，公告号 US3575461，涉及一种在座椅上设置透明单元的婴儿推车，美国每年都有一定量的专利申请，其年申请量保持在 100 件左右。来源国（地区）为日本的最早专利申请来自 1991 年，公告号 JP5065066，涉及对儿童推车推把的改进；韩国的最早专利申请来自 1989 年，公告号 KR19950014630，涉及对儿童推车刹车装置的改进；欧洲的最早专利申请来自 1978 年，公告号 EP0000437，涉及对儿童推车车架折叠的改进，上述三国均为自最早专利申请开始每年都有 50 件左右的专利申请。

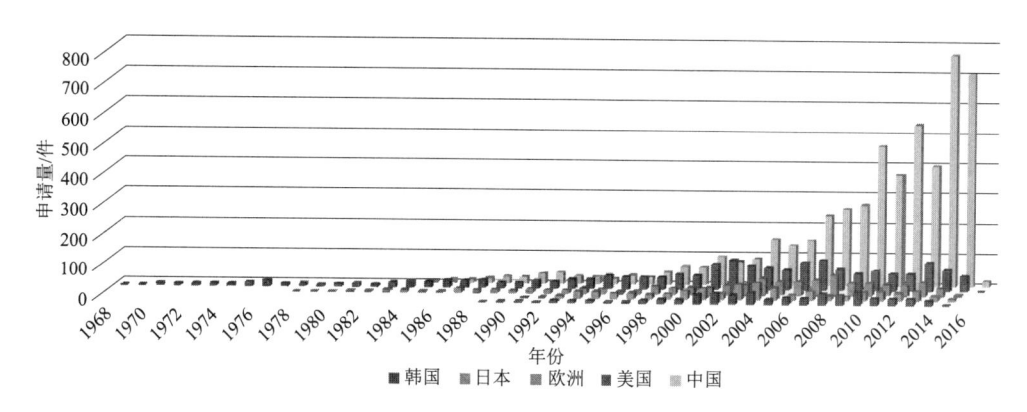

图 5 主要来源国全球专利申请趋势分析

(3) 主要来源国（地区）全球专利申请技术构成分析

申请量排名前五位的来源国（地区）技术构成分析如图 6 所示。由图 6 可知，虽然来源国（地区）不同，但其技术构成基本相同，均主要集中在车架方面。其中中国在车架方面的申请占比达到 65.9%，主要涉及车架的折叠；日本在车架方面的申请占比达到 57.4%，主要涉及车架与座椅的连接；美国在车架方面的申请占比达到 63.4%，主要涉及车架与座椅的连接；欧洲在车架方面的申请占比达到 65.2%，主要涉及车架的折叠；韩国在车架方面的申请占比达到 57.3%，以公告号 KR200378827 为例，主要涉及车架的折叠。

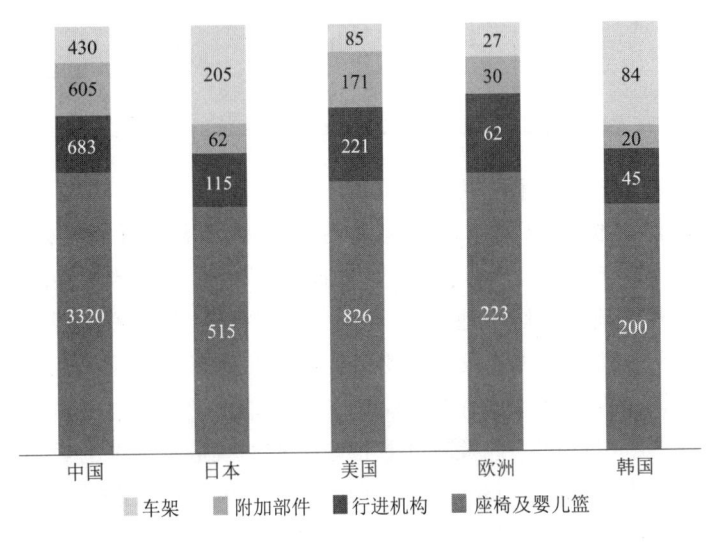

国家	车架	附加部件	行进机构	座椅及婴儿篮
中国	3320	683	605	430
日本	515	115	62	205
美国	826	221	171	85
欧洲	223	62	30	27
韩国	200	45	20	84

图 6 主要来源国全球专利申请技术构成分析

5. 全球专利申请目的国（地区）分析

(1) 全球专利目的国（地区）总体分析

儿童推车全球专利申请目的国家（地区）分布见表 3。由表 3 可知，全球专利申请目的国家（地区）同样主要集中在中国、美国、欧洲等国家（地区）；其中专利申请目的国为中国的专利申请最多，有 5274 件，占总量的 58.9%，其次为美国，1833 件，占总量的 20.5%。其他国家（地区）如欧洲、日本、韩国等其他国家（地区）也有一定量的申请量。由此可见，中国是儿童推车专利布局的主要地区。

表3 全球专利申请目的国家（地区）分布

国家（地区）	申请量/件	占比/%
中国	5274	58.9
美国	1833	20.5
欧洲	803	8.9
日本	564	6.3
韩国	481	5.4

(2) 主要目的国（地区）全球申请趋势分析

申请量排名前五位目的国家（地区）申请趋势如图7所示。从该图中可以看出，中国自1986年有第一件专利申请后，逐年增加，特别是在2004年以后呈快速增长势头，其申请量远远高于其他专利申请目的国家（地区）。目的国家（地区）为韩国、日本、欧洲的申请趋势类似，各自每年均有100件左右的申请量。目的国为美国的最早专利申请出现在1968年，自1968年起每年均有一定量的专利申请，年专利申请量大致为100件。可见，目前全球专利申请的目的国家（地区）也主要集中在中国、美国、欧洲、日本、韩国。

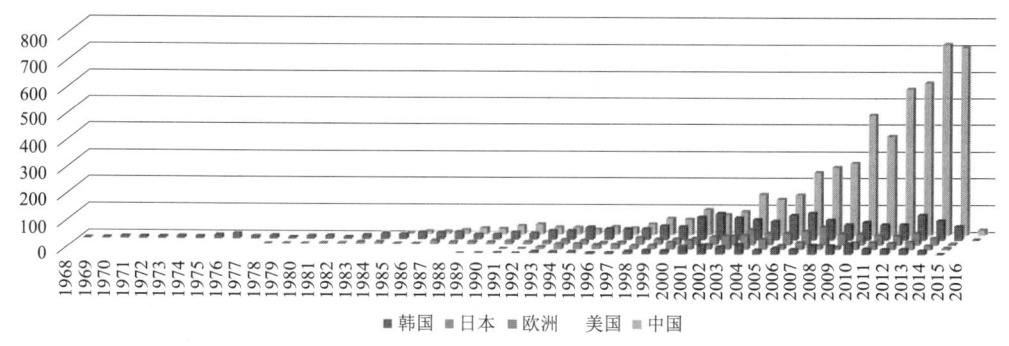

图7 主要目的国家（地区）全球专利申请趋势分析

(3) 主要目的国（地区）全球专利申请技术构成分析

排名前五位目的国家（地区）技术构成分析如图8所示。由图8可知，各目的国家（地区）专利申请的技术构成大致相同，均集中在车架方面。目的国为中国的车架方面专利申请为3472件，所占比例为65.8%，目的国为美国的车架方面专利申请1316件，其所占比例为71.8%；目的国（地区）为欧洲、日本、韩国的车架方面专利申请分别为574件、289件、223件，其所占比例分别为71.5%、49.5%、46.4%，它们所占比例均低于中国，但是都能占专利申请总量的50%以上。由此可见，在全球范围内，儿童推车的专利申请主要是涉及车架的专利申请。

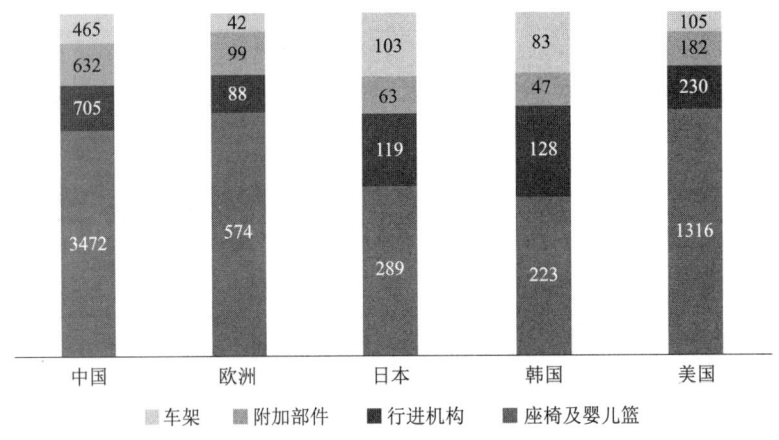

图 8 主要目的国家（地区）全球专利申请技术构成分析

6. 小结

全球专利申请中，在技术主题和技术构成方面主要以车架为研究的核心，在各国技术分布上，均集中在车架方面。在专利申请量方面，全球专利申请量逐年增加，尤其从 2001 年起进入快速增长阶段。在申请人方面，全球申请量排名前十位的申请人全部为企业，其中中国申请人占 60%。在申请来源国（地区）和目的国（地区）方面，全球专利申请来源国（地区）和目的国（地区）主要集中在中国、美国、欧洲、日本和韩国等国家（地区），这其中不论是来源国还是目的国，中国专利申请在数量均占有绝对优势。

（三）在中国专利申请分析

1. 在中国专利技术构成分析

儿童推车在中国专利申请的技术构成如图 9 所示。从图 9 中可以看出，在所有儿童推车专利申请中，车架相关专利申请为 3472 件，占申请总量的 66%；其次为附加部件和行进机构，其申请量分别为 705 件、632 件，分别占申请总量的 13% 和 12%；座椅及婴儿篮方面的专利申请量较小，仅 465 件，占申请总量的 9%。可见，儿童推车在中国专利申请主要集中在车架方面，占绝对的主导的地位。

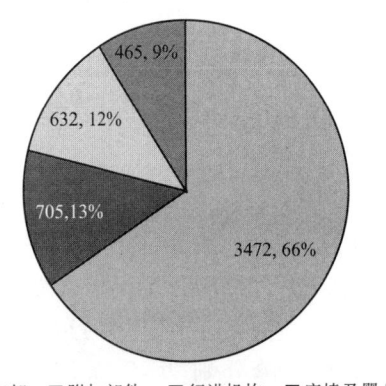

2. 在中国专利申请趋势分析

儿童推车在中国专利申请的申请量趋势如图 10 所示。第一件儿童推车的在

图 9 在中国专利申请技术构成分析

中国专利申请出现在 1985 年；该专利申请 CN85200173 涉及多用途，申请人为杨光宇。

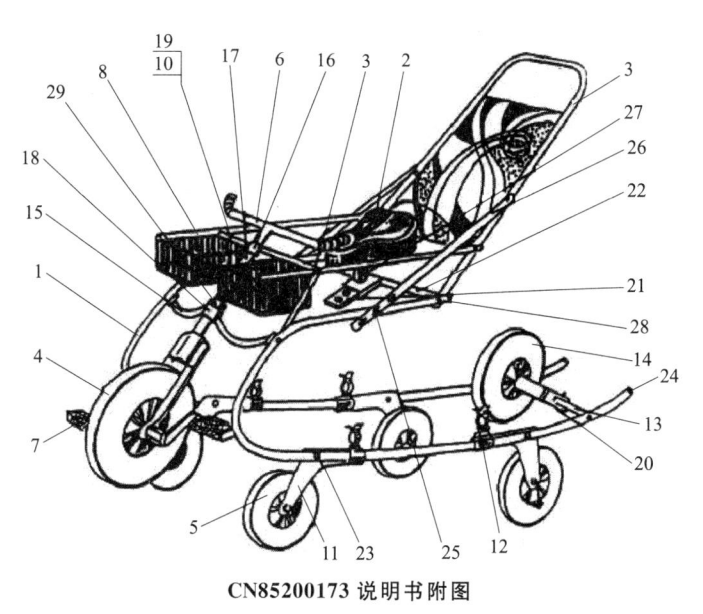

CN85200173 说明书附图

从图 10 可以看出，1985—2003 年，在中国的儿童推车专利申请在将近 20 年的时间内维持在一个低水平的稳定状态，历年申请量均未超过 100 件，大部分为中国国内申请人，占总量的 80% 以上；2004—2009 年在中国专利申请量进入缓慢增长期，年专利申请量均突破 100 件，自 2009 年开始至 2015 年开始进入快速增长阶段，8 年间在中国专利申请量由 2009 年的 254 件激增至 2015 年的 704 件（其中，2015 年的数据为不完全统计）。可见，2009—2015 年，儿童推车逐渐成为研发热点。且 2015 年的数据为不完全统计，由此可以判断儿童推车仍然是目前推车领域的一个研究热点，并且达到了一定技术水平。申请人以中国企业为主，占总量的 70% 以上。

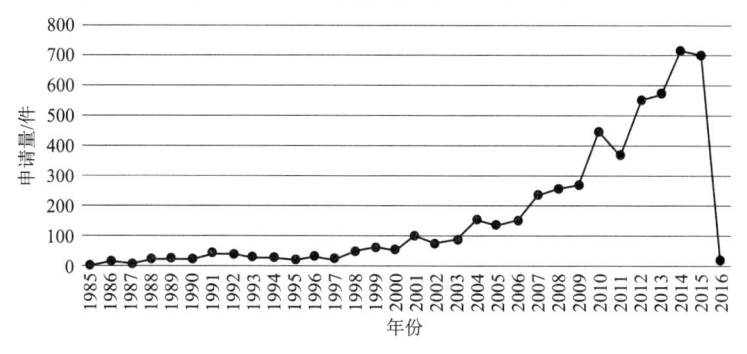

图 10 在中国专利申请量趋势分析

3. 在中国专利申请人分析

儿童推车在中国专利申请量排名前十位申请人分析如图 11 所示。申请量排名前十位申请人中，申请人为中国大陆的有 8 位，为中国香港的有 1 位，申请人为外国申请人的 1 位。在前十位申请人中，企业有 9 位，个人有 1 位。申请量最大的申请人是好孩子儿童用品有限公司，申请量为 1472 件。排名第二位的是昆山威凯儿童用品有限公司，共 280 件。由此可见，在我国专利申请的研发主体以企业为主，其中好孩子儿童用品有限公司专利申请量遥遥领先，占有绝对优势。

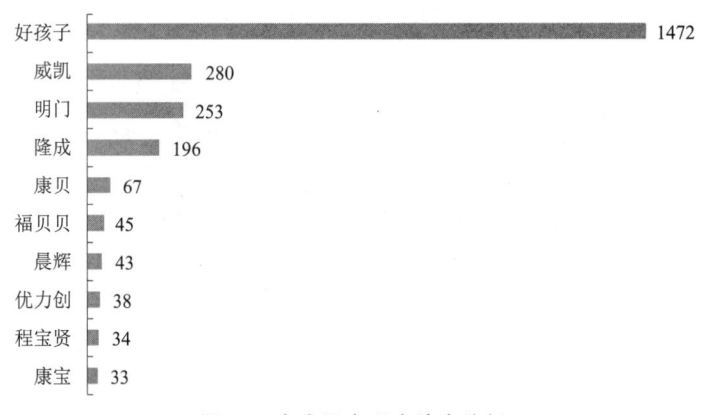

申请人	申请量
好孩子	1472
威凯	280
明门	253
隆成	196
康贝	67
福贝贝	45
晨辉	43
优力创	38
程宝贤	34
康宝	33

图 11　在中国专利申请人分析

4. 在中国专利申请来源国分析

（1）在中国专利申请来源国总体分析

儿童推车在中国专利申请量来源国分布见表 4。由表 4 可知，在中国专利申请来源国为中国的专利申请最多，有 4870 件，占总量的 92.7%；日本、美国、英国、荷兰等国家和地区也均有申请，但其各自的申请总量都很少，其中以来源国为日本的专利申请最多，为 101 件。

表 4　在中国专利申请来源国分布

国家	申请量/件	占比/%
中国	4870	92.7
日本	101	1.9
美国	94	1.8
英国	39	0.74

续表

国家	申请量/件	占比/%
荷兰	28	0.53
西班牙	27	0.51
法国	26	0.49
其他	70	1.33

(2) 主要来源国在中国专利申请趋势分析

申请量排名前 5 位来源国申请趋势如图 12 所示。从该图中可以看出，中国自 1985 年有第一件专利申请后，接着逐年开始增加，尤其是在 2008 年以后呈快速增长势头，其申请量远远高于其他专利申请国。来源国为美国、日本在中国专利申请一直保持较低的申请量，但自 2000 年开始每年均有专利申请。由此可见，儿童推车在中国专利申请主要以国内申请为主，但美国、日本申请也呈现出一定的延续性，说明国外申请人开始重视中国市场。

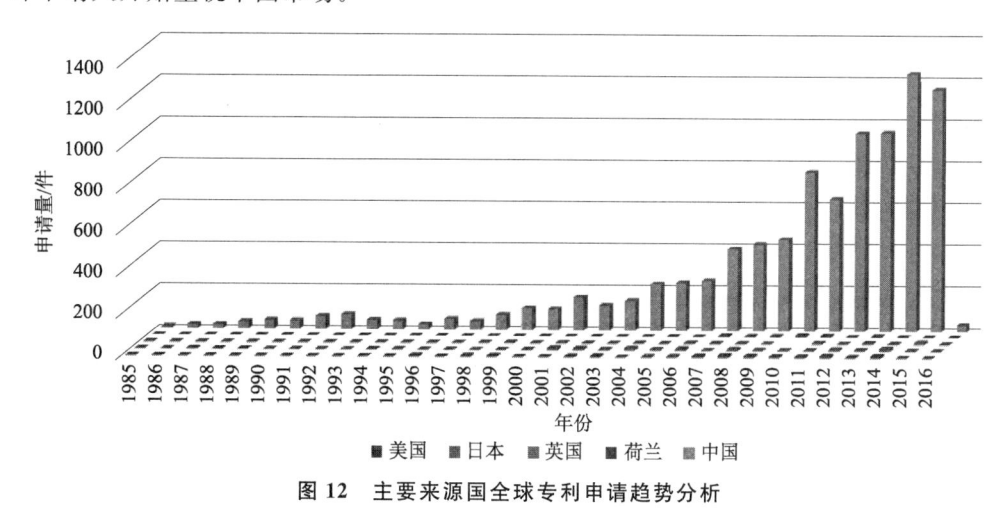

图 12 主要来源国全球专利申请趋势分析

(3) 主要来源国在中国专利申请技术构成分析

儿童推车在中国专利申请量排名前 4 位的来源国技术构成分析如图 13 所示。由图 13 可知，来源国为中国的技术分布主要集中在车架方面，其所占比例为 65.9%；来源国为美国、日本、英国的技术分布也主要集中在车架方面，其所占比例分别为 59.6%、57.4%、79.5%。由此可见，在中国专利申请中，对儿童推车的研究以车架为研究核心。

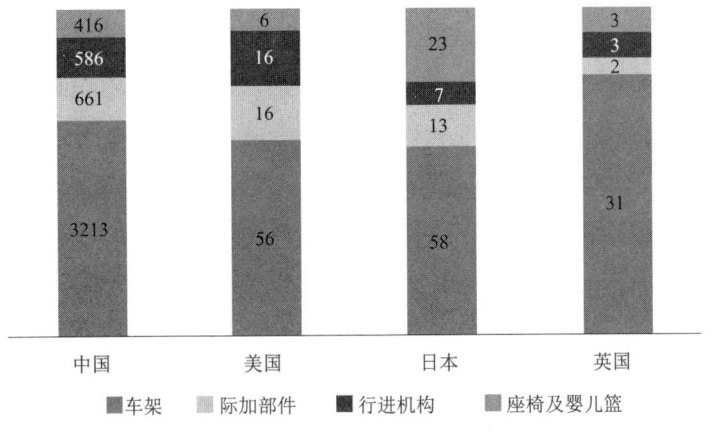

610　各行业专利技术现状及其发展趋势报告（2016—2017）

图13　主要来源国全球专利申请技术构成分析

（中国：车架3213，际加部件661，行进机构586，座椅及婴儿篮416；美国：56，16，16，6；日本：58，13，7，23；英国：31，2，3，3）

5. 在中国专利申请专利类型分析（除外观）

截至检索日，在中国专利申请的专利类型如图14所示。其中发明专利申请1164件，占总量的22%；实用新型专利申请4110件，占总量的78%。究其原因，主要有以下两个方面：（1）儿童推车领域涉及具体的机械结构，而该领域的技术改进也多集中在对机械结构的改进上，属于实用新型的保护客体；（2）儿童推车领域技术更新换代较快，实用新型专利审查周期短、授权快的特性更能适应生命周期短、技术更迭较快的技术领域

6. 在中国专利申请法律状态分析

截至检索日，在中国专利申请法律状态如图15所示。其中专利权处于有效状态的专利申请为2878件，占申请总量的54%；专利权处于失效状态的专利申请为1986件，占申请总量的38%；待审未决的专利申请为404件，占申请总量的8%。由此可见，儿童推车领域的大多数专利申请获得了授权，得到了有效保护。

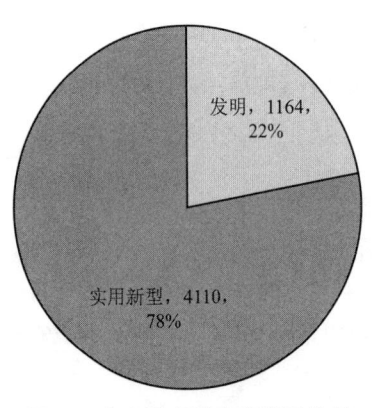

图14　在中国专利申请类型分析 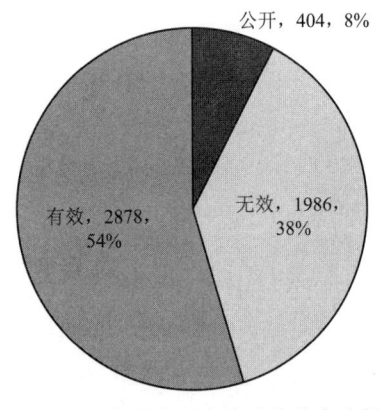　　　　**图15　在中国专利申请法律状态分析**

7. 小结

在中国专利申请的技术主题方面，技术构成主要以车架为研究的核心。在专利申请量方面，在中国专利申请量呈逐年增加趋势，从 2009 年起进入快速增长阶段。在申请人方面，在中国申请量排名前十位的申请人中，以国内企业为主，其中好孩子儿童用品有限公司占绝对主导地位。在申请来源国方面，在中国专利申请来源国主要集中在中国，美国、日本、英国等国家也有少量在中国专利申请，所占比较低，但仍呈现连续性申请趋势。也就是说，儿童推车在中国专利申请以国内申请为主，前四位来源国的技术分布均集中在车架方面。从在中国专利申请的类型来看，主要以实用新型专利为主。从在中国专利申请的法律状态来看，儿童推车专利申请的授权率超过 50%。

三、儿童推车的重点技术分析

从以上分析可以看出，不论是在全球还是中国，儿童推车领域的专利申请大多集中在车架方面，附件、行进机构、座椅及婴儿篮方面的申请相对较少。本文重点对车架相关专利申请进行分析，所采用的数据样本是全球数据。

（一）车架技术总体分析

1. 车架技术构成分析

由于车架涉及的相关技术较多，本文结合车架的结构、功能、用途以及国家标准，将车架分为折叠、支撑、连接、多人车架、减震装置、推把，以及多用途七类。

车架总体分析如图 16 所示。从图中可以看出，在所有涉及车架的专利申请中，

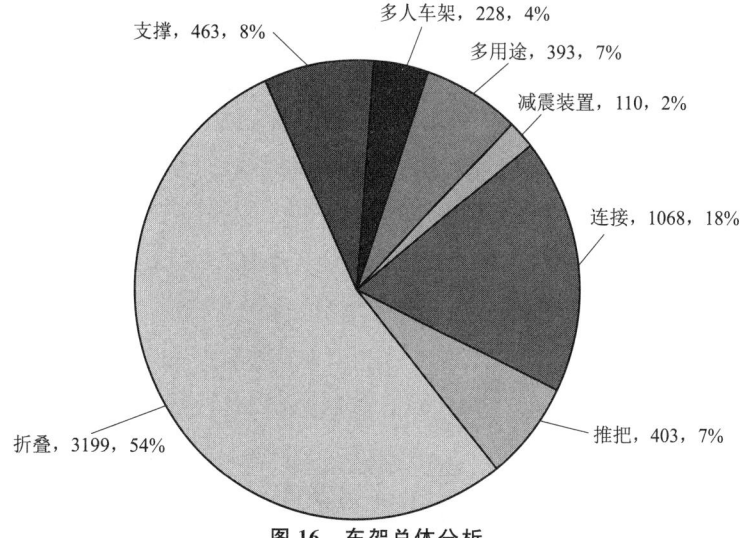

图 16 车架总体分析

其中折叠技术相关专利申请量最大，共计3199件，占车架技术相关专利申请的54%，超过车架技术相关专利申请的一半；其次为连接技术方面相关专利申请，共计1068件，占车架技术相关专利申请的18%；支撑技术相关专利申请，共计463件，占车架技术相关专利申请的8%；推把技术相关专利申请共计403件，约占车架技术相关专利申请的7%；多用途技术相关专利申请共计393件，约占车架技术相关专利申请的7%；多人车架技术相关专利申请共计228件，约占车架技术相关专利申请的4%；减震装置相关专利申请共计110件，约占车架技术相关专利申请的2%。可见，车架主要集中在折叠技术和连接技术两大板块。

2. 车架技术发展趋势分析

车架的技术发展趋势如图17所示。从图17中可以看出，折叠技术、连接技术相关专利申请的申请量均是逐年增加，并且两种技术相关专利均是每年都有一定的申请量，折叠技术相关专利申请的增长速率比连接技术相关专利申请的增长速率快，两种技术的专利申请量明显多于其他五种专利的申请量；支撑技术、推把、多人车架、减震装置相关专利的申请量均是缓慢增长的趋势，四种专利申请在1968—1984年之间的申请量极少；多用途相关专利申请在1968—1985年的申请量极少，在1986—1994年之间的申请量较多，随后在1995—2002年有了显著的减少，由2003年开始又进入增长的阶段。可见，在车架技术相关专利申请中，折叠技术、连接技术是研究的重点。

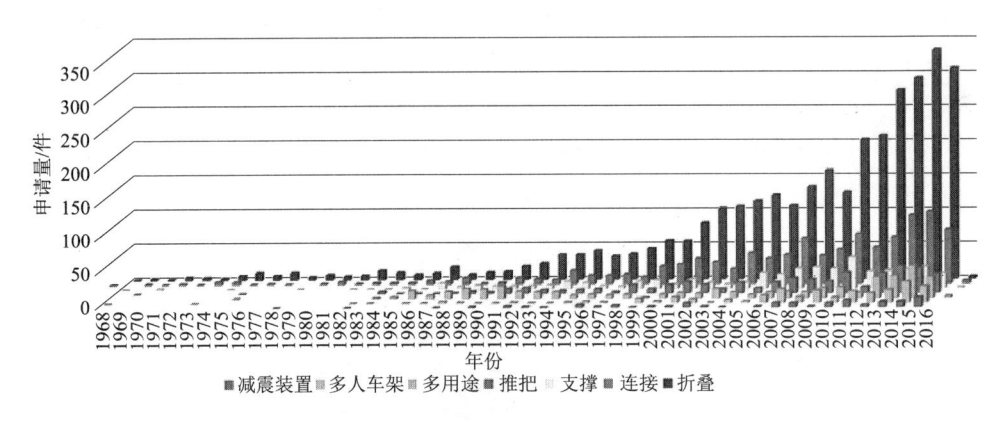

图17 车架技术发展趋势

(二) 折叠技术分析

1. 技术构成分析

从图16中可以看出，在所有涉及车架的专利申请中，其中折叠相关专利申请量最大，结合车架的结构、功能、用途以及国家标准，将折叠分为折叠方式和锁定。折叠技术的总体分析如图18所示。从图18中可以看出，折叠方式相关专利申请为2509件，占折叠技术专利申请的78%，锁定结构为690件，占折叠技术专利申请的

22%。由此可见，折叠方式在折叠技术中是研究的重点。

现有技术中的儿童推车，包括具有展开位置与折叠位置的推车车架、前轮组件、后轮组件、设置在所述的推车车架上的座位、用于将所述的推车车架锁定于展开位置下的车架锁定机构。

现有的儿童推车车架通常以彼此铰接的杠杆件形成一连杆组件的形态，连杆组件上设置了控制机构以控制连杆组件的展开，并形成婴儿乘坐空间和控制折叠闭合。下图示出了一种以折叠方式为特点的儿童推车：

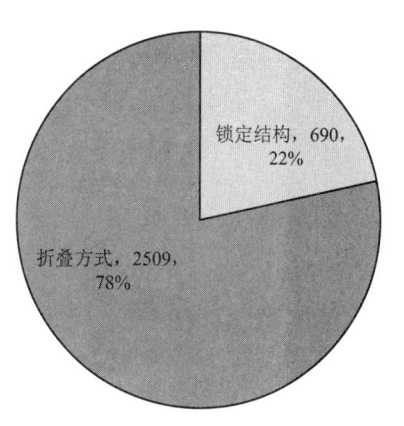

图 18　折叠技术总体分析

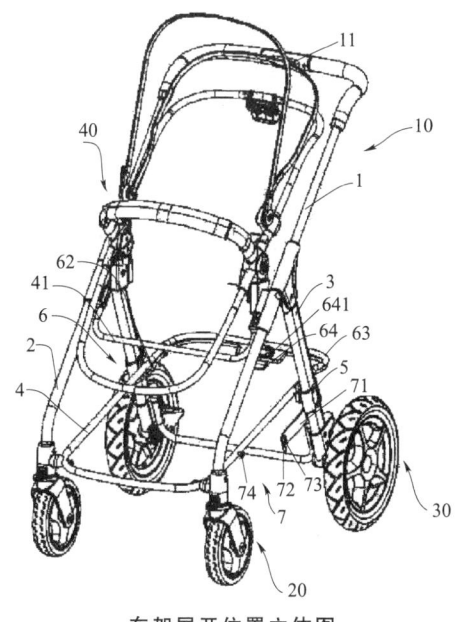

车架展开位置立体图 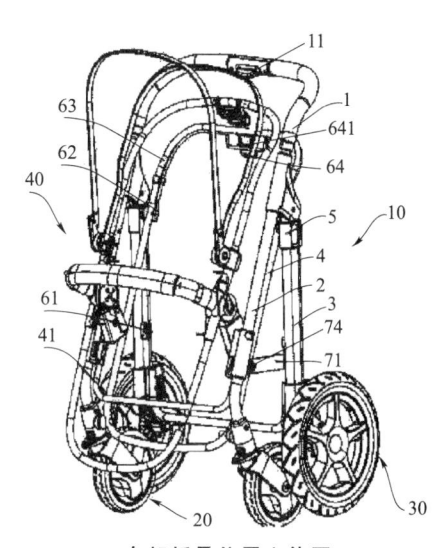　　车架折叠位置立体图

为实现推车车架的收折，在车架上会设置有锁定机构，以对打开的推车车架进行锁定，并能在需收合时释锁以实现推车车架的收合，因此，锁定机构不仅要保证推车车架打开时的卡合强度，还需要满足收合操作时能够简单省力，同时使推车车架保持良好外观，儿童推车的锁定结构形式多样，主要原理是通过部件间的卡合实现锁定功能。下图示出了一种锁定结构：

车架折叠过程侧视图

车架折叠位置立体图

锁定结构示意图

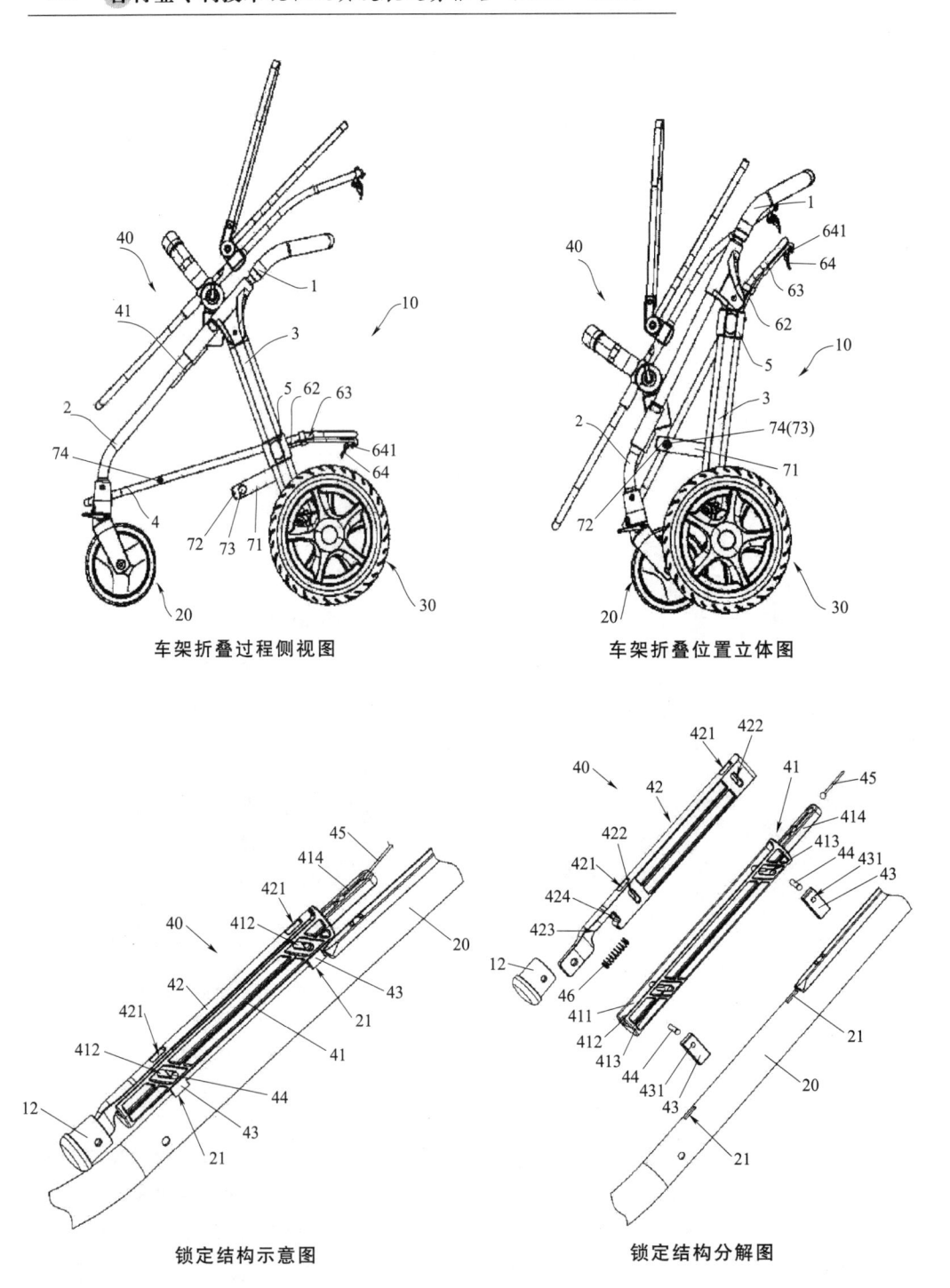

锁定结构分解图

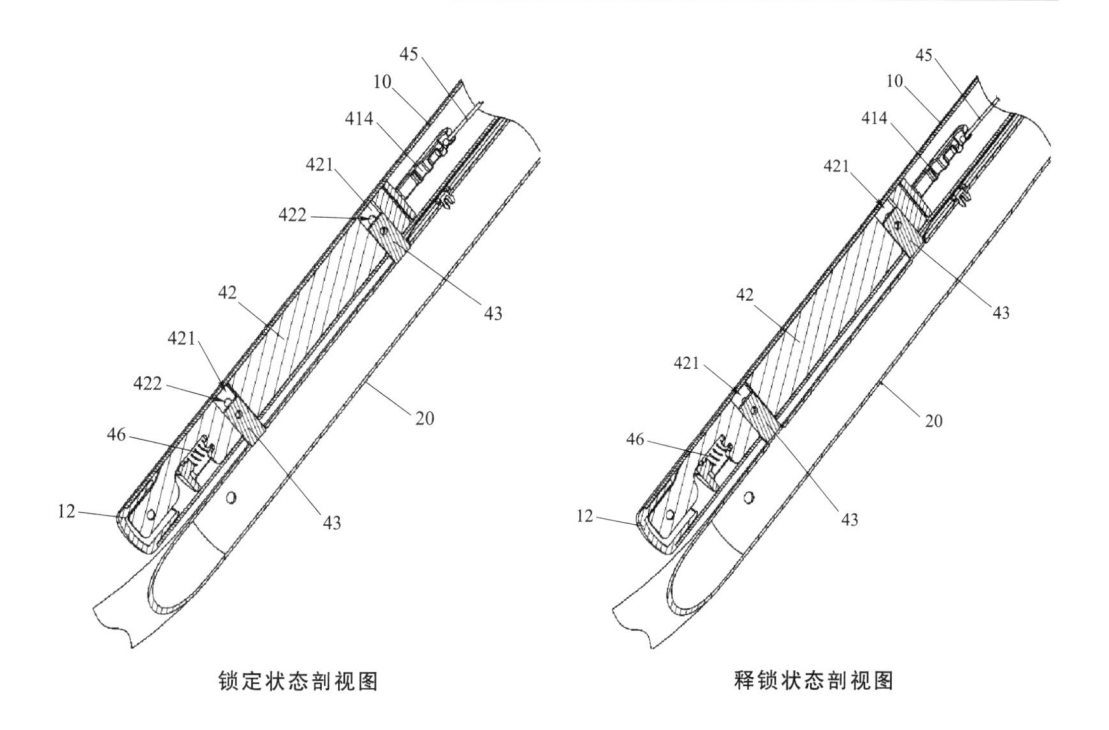

儿童推车领域专利技术现状及其发展趋势 615

锁定状态剖视图   释锁状态剖视图

2. 专利申请趋势分析

折叠的技术申请量的趋势如图19所示。从图中可以看出，折叠技术的发展可分为三个阶段：第一阶段为1969—1991年，全球的折叠技术相关专利的申请量在22年间维持在一个低水平的稳定状态量，每年的申请总量不超过20件；第二个阶段为1993—2006年，折叠技术相关专利申请呈缓慢增长趋势，由1993年的24件增长到2006年的106件；第三个阶段为2007—2016年，折叠技术相关专利申请呈快速增长趋势，每年的专利申请量达到200件以上。这些数据表明，一直以来对折叠技术都有一定的研究，在2007年以后申请量呈最大幅度的增加，研究热度有逐年增加。

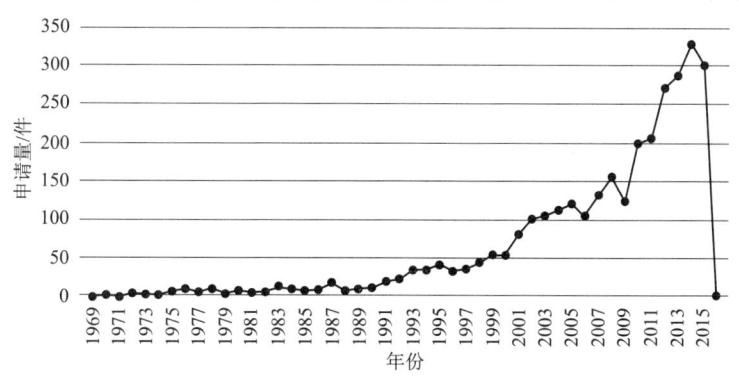

图19 折叠技术申请趋势分析

3. 技术发展趋势分析

折叠技术的发展趋势如图 20 所示。从图中可以看出，在 1969—1983 年间，锁定结构的专利申请量极少，其中 1969—1975 年、1977—1980 年、1982 年均没有锁定结构的专利申请，在 1984—2015 年每年都有一定量的申请量，申请量总体是增长趋势，特别在 2004 年、2007 年、2010 年、2014 年，锁定结构的申请量明显超过了逐步上升的增长速率；在 1969—2016 年间，折叠方式的相关技术在每年均有专利申请，其中 1969—1990 年申请量缓慢上升，总体趋于平稳，随后 1991—2001 年进入第一个快速发展阶段，由 1991 年的 18 件，增长到 2001 年的 63 件，10 年间增长了 40 件，2002—2009 年进入了第二个快速发展阶段，年申请量均超过 80 件，在 2008 年达到了 129 件，在 2010—2015 年进入第三个快速发展阶段，其中 2012—2015 年的申请量均超过 200 件，第二个阶段到第三个阶段的 10 年间，增长了 120 件；折叠方式相关专利申请相比锁定结构专利申请占绝对优势，其增长速率也明显快于锁定结构申请的增长速率。由此可见，在折叠技术专利中，更加侧重于折叠方式的研究。

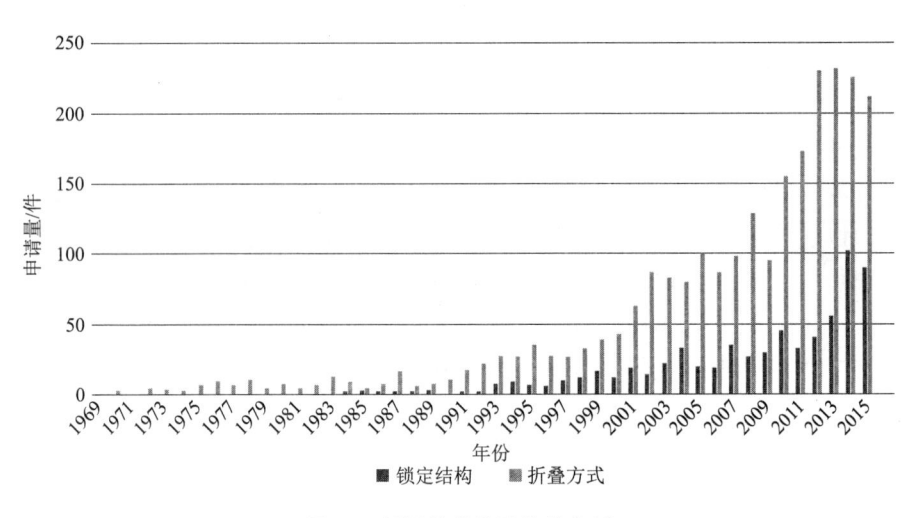

图 20 折叠技术发展趋势分析

4. 重要申请人分析

折叠技术申请量排名前十位申请人的申请量如图 21 所示。专利申请人较为集中，中国申请人有三位，国外申请人有七位，均为企业。申请量最大的申请人是好孩子儿童用品有限公司，共计 807 件，其申请量比排名第二至十位的申请人的申请总量还要多。可见，儿童推车的折叠技术的研发主体是企业，好孩子儿童用品有限公司处于行业领先地位。日本的康贝株式会社申请量位于第二位。

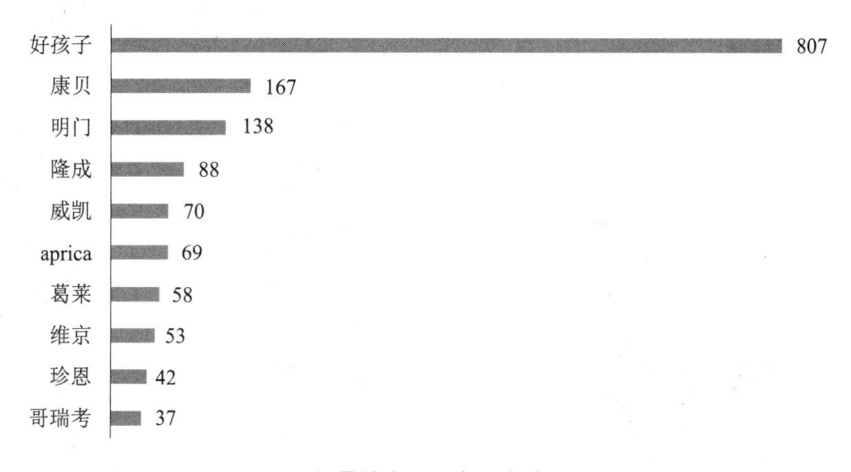

儿童推车领域专利技术现状及其发展趋势　617

好孩子　807
康贝　167
明门　138
隆成　88
威凯　70
aprica　69
葛莱　58
维京　53
珍恩　42
哥瑞考　37

图 21　折叠技术重要专利申请人分析

（三）连接技术分析

1. 技术构成分析

从图 16 中可以看出，在所有涉及车架的专利申请中，连接技术相关专利申请量位于第二位，结合连接的相关结构、功能、用途以及国家标准，将连接分为与座椅的连接和与附件的连接。连接技术的总体分析如图 22 所示。从图中可以看出，与座椅的连接相关专利申请为 752 件，占连接技术专利申请的 70%，与附件的连接的专利申请为 316 件，占连接技术专利申请的 30%。由此可见，与座椅的连接在连接技术中是研究的重点。

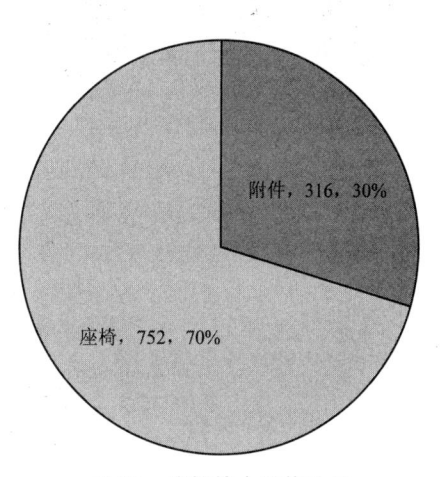

附件，316，30%
座椅，752，70%

图 22　连接技术总体分析

车架与座椅的连接主要目的是便于座椅的安装以及保证连接的稳定性。下图所示的结构涉及一种婴儿车与汽车椅的组合，这也是目前设计的一个热点内容。

除座椅外，儿童推车还涉及若干附件，例如：遮阳棚、扶手、推把、车轮、脚踏板等，车架与这些附件的连接技术本文称之为与附件的连接技术，该项技术主要目的包括为便于拆装、换向或者固定等，下图所示为一种车架与前扶手的快拆装置。

架体立体图

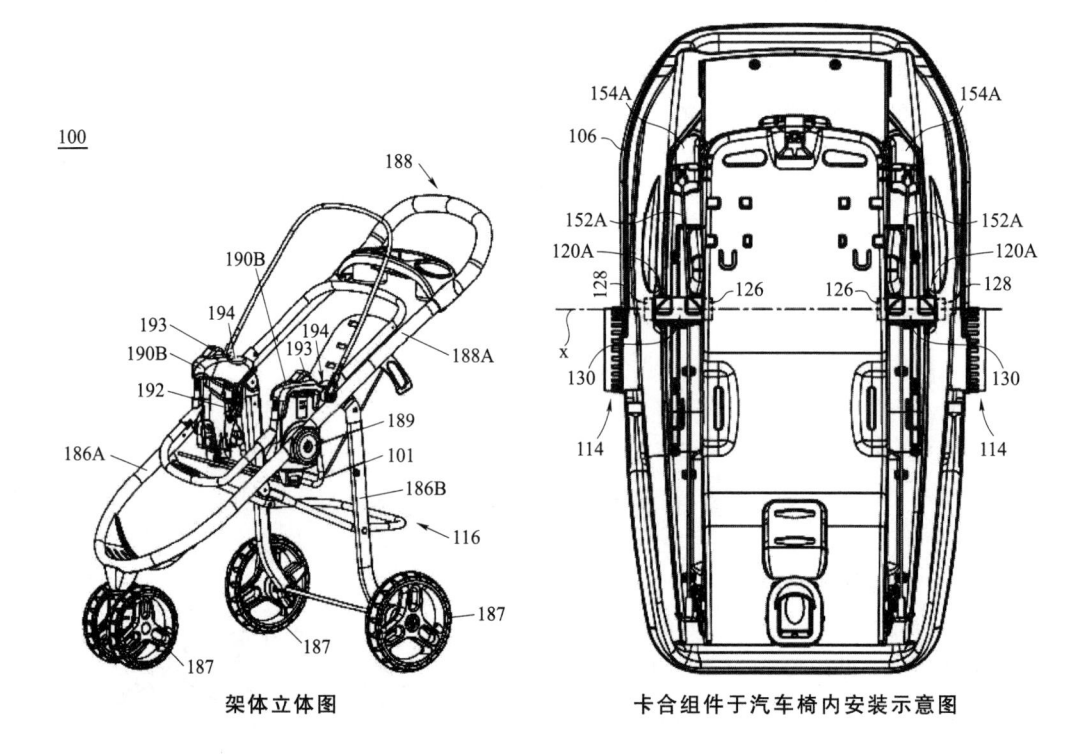

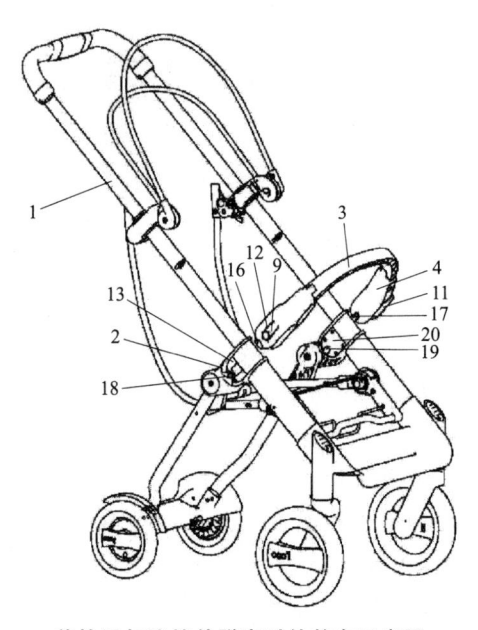

卡合组件于汽车椅内安装示意图

前扶手与连接件脱离时的整车示意图

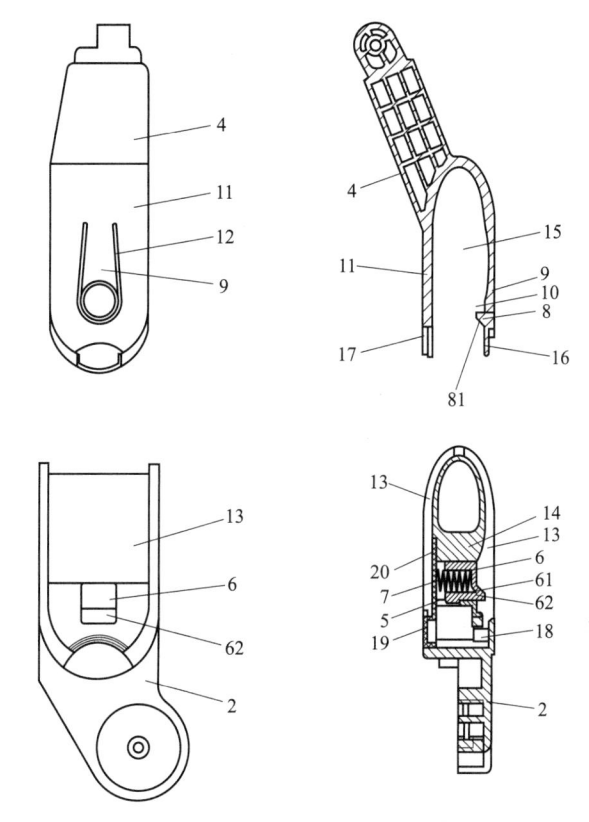

插座与连接件脱离时的结构示意图

2. 专利申请趋势分析

连接的技术申请量的趋势如图23所示。从图中可以看出，连接技术的发展可分为两个阶段：第一阶段为1968—1998年，全球的儿童推车方面连接技术相关专利的

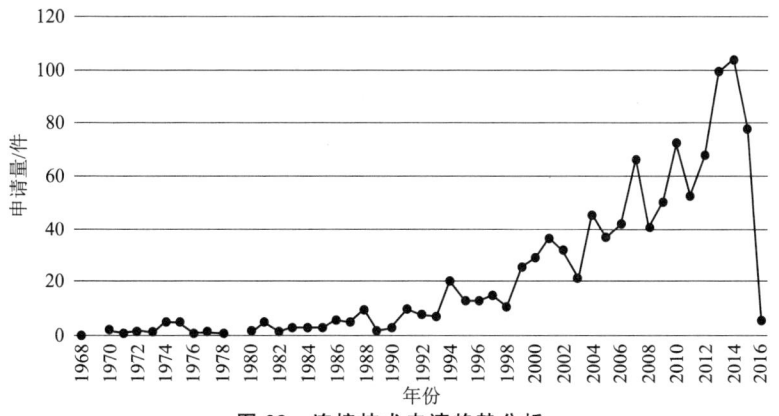

图23 连接技术申请趋势分析

申请量在三十年间维持在一个低水平的稳定状态量由 1 件增长到 11 件，其中，1969 年和 1979 年没有相关申请；第二个阶段为 1999—2016 年，儿童推车的连接技术相关专利申请呈快速增长趋势，1999 年一年的申请量较前一年增长了 15 件，2014 年达到最大申请量 104 件，2015 年申请量有所回落。这些数据表明，在 1999 年以后申请量开始大幅的增加，研究热度有逐年增加。

3. 技术发展趋势分析

连接技术的相关专利申请发展趋势如图 24 所示。从图中可以看出，儿童推车的车架与座椅的连接和与其他附件的连接相关专利申请总体呈增长的趋势；在 1968—1971 年没有车架与座椅的连接技术方面的申请，在 1972—1998 年车架与座椅的连接相关专利申请的申请量整体趋于平稳，在 1976—1980 年车架与座椅的连接相关专利申请的申请量极少，在 1999—2015 年申请量进入快速增长阶段，在 2013 年申请量达到最大值 73 件；车架与附件的连接相关技术专利申请量在 1968—2003 年数量较少，且趋于平稳，在 2004—2015 年，车架与附件的连接相关技术专利申请量较前一个阶段有了较大幅度的提升；在绝大部分年度，车架与座椅的连接相关专利申请量比车架与附件的连接相关技术专利申请量大。这些数据表明，车架与座椅的连接是车架连接技术研究中的主要内容。

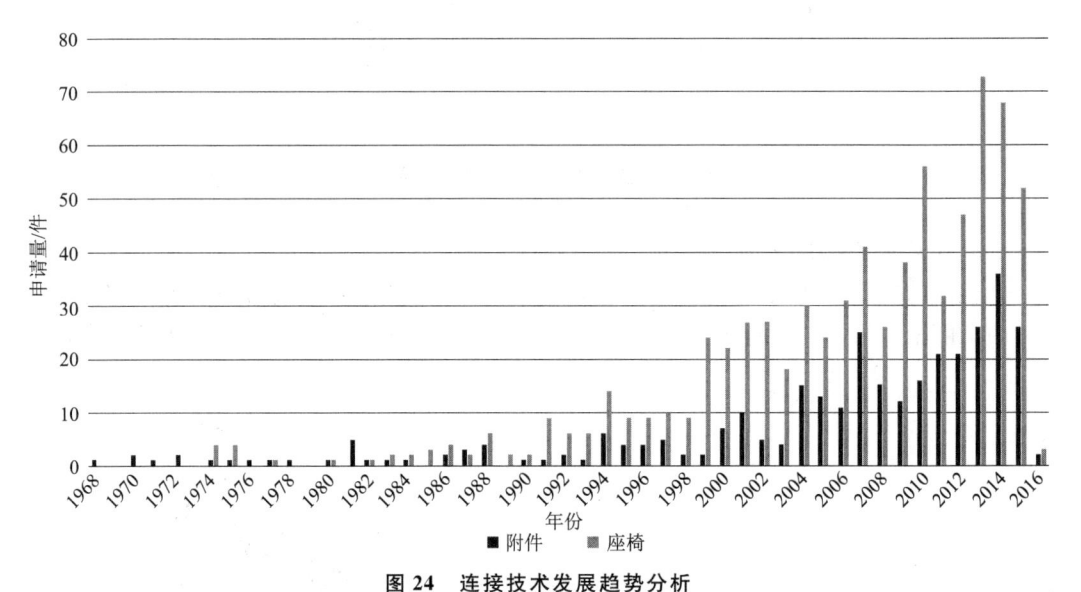

图 24 连接技术发展趋势分析

4. 重要申请人分析

车架连接技术申请量排名前十位申请人的申请量如图 25 所示。由图中可知，车架连接技术方面的专利申请人较为集中，中国申请人有两位，国外申请人有七位，均为企业。申请量最大的申请人是好孩子儿童用品有限公司，共计 120 件，申请量排名第二位的申请人为明门实业有限公司,前两位申请人的申请总量比第三至十位的申请人的申请总量还要多。可见,儿童推车的连接技术的研发主体是企业,好孩子儿童用品有限公司处于行业领先地位,明门实业有限公司紧跟其后。康贝株式会社的申请量位于全球第三位。

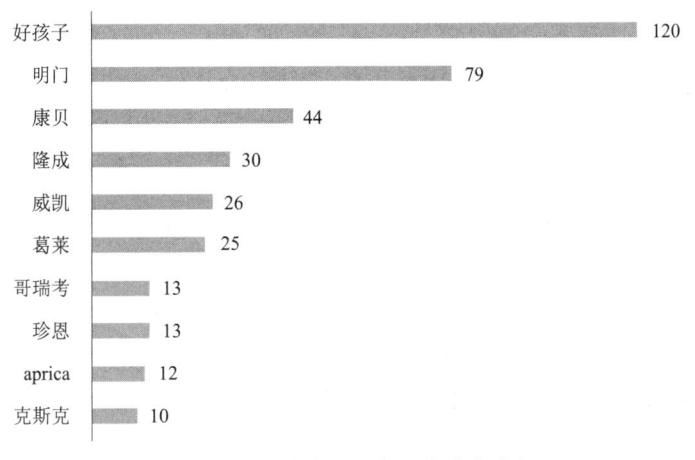

申请人	申请量
好孩子	120
明门	79
康贝	44
隆成	30
威凯	26
葛莱	25
哥瑞考	13
珍恩	13
aprica	12
克斯克	10

图 25　连接技术重要专利申请人分析

(四) 小结

在所有儿童推车的专利申请中,车架相关专利申请量最大,占比超过儿童推车相关专利申请的一半;附件、行进机构、座椅及婴儿篮三者的专利申请量相差不大。车架相关专利申请中折叠方面的相关申请最多,是研究的热点,而折叠方面又以折叠方式的研究为重中之重。

在申请趋势方面,车架的折叠技术及车架与部件的连接技术总体均呈增长趋势,增长速率越来越快。

在申请人方面,车架的折叠技术及车架与部件的连接技术方面的专利申请人均既包括中国申请人,又包括外国申请人,主要申请人均为企业,而好孩子儿童用品有限公司在折叠技术及车架与部件的连接技术方面的专利申请均处于绝对的行业领先地位。康贝株式会社在折叠技术及车架与部件的连接技术方面的申请量均位于全球前三。

在儿童推车的其他方面申请中,附件方面的申请主要涉及儿童推车所涉及的各附加部分,虽然申请量较大,但由于涉及附件较多,申请较宽泛;行进机构的专利申请主要涉及驱动机构、刹车机构、车轮;座椅及婴儿篮的相关申请主要涉及安全装置、舒适性附件、角度可调结构。

四、儿童推车的重点申请人分析

由图 4 全球专利主要申请人申请量分析不难看出,在申请量排名前十位的申请人中,有四家中国大陆企业、一家中国台湾地区企业、五家国外企业。

(一) 好孩子儿童用品有限公司

好孩子儿童用品有限公司创立于 1989 年,是世界儿童用品行业的重要成员之一,是目前中国规模最大的专业从事儿童用品的企业集团,主要经营童车、童床、餐椅、儿童服饰等儿童用品。

1. 申请量趋势分析

好孩子儿童用品有限公司的申请量趋势如图 26 所示。从图中可以看出,好孩子儿童用品有限公司经历了三个发展阶段:第一阶段为 1990—1997 年,该阶段中好孩子儿童用品有限公司儿童推车类申请维持在一个低水平的稳定申请量;第二阶段为 1998—2006 年,相较第一阶段,申请量有了小幅提升,并且申请量稳定;第三阶段为 2007—2016 年,专利申请量进入较快增长阶段,特别是自 2010 年开始,每年申请总量达到 140 件以上。

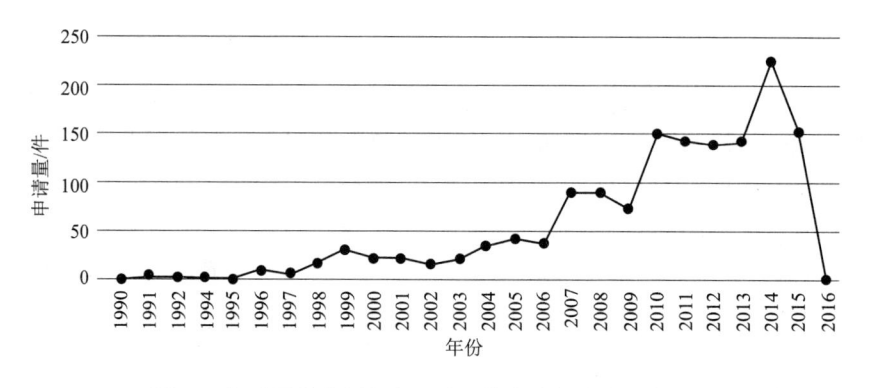

图 26 好孩子儿童用品有限公司的申请量逐年分布趋势

2. 研发重点分析

好孩子儿童用品有限公司的研发重点分析如图 27 所示。从图中可以看出,该公司的儿童推车申请专利申请主要侧重于车架,共计 1137 件,占其申请总量的 76.3%;附加部件和行进机构的申请均为 121 件,分别占其申请总量的 8.2%;座椅及婴儿篮的申请为 108 件,占其申请总量的 7.3%。好孩子儿童用品有限公司在车架、附加部件、行进机构、座椅及婴儿篮方面申请的分布情况与全球及中国的申请分布情况相一致,该公司的研发重点也是中国乃至全球的研发重点。

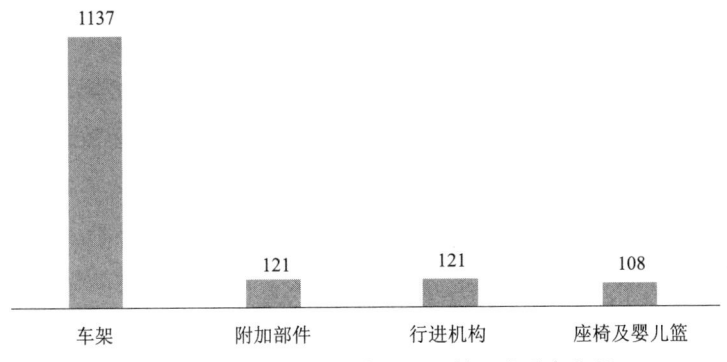

图 27 好孩子儿童用品有限公司的研发重点分析

3. 区域分布分析

好孩子儿童用品有限公司的儿童推车相关专利申请绝大部分为国内申请，其余为向美国、欧洲等国家和地区的专利申请。

4. 在中国专利法律状态分析

截至检索日，该公司的专利申请法律状态如图 28 所示。其中，专利权处于有效状态的专利申请为 1041 件，占申请总量的 70%；专利权处于失效状态的专利申请为 310 件，占申请总量的 21%；待审的专利申请为 79 件，占申请总量的 5%。可见，该公司专利申请的授权率比儿童推车的平均授权率高。

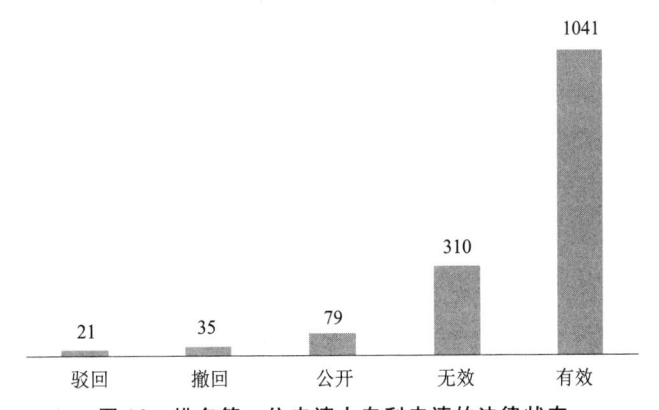

图 28 排名第一位申请人专利申请的法律状态

（二）康贝株式会社

康贝株式会社成立于 1957 年，是日本婴童行业领先企业，以生产婴儿用品和其他健康用品而闻名的大型跨国企业。

1. 申请量趋势分析

康贝株式会社的申请量趋势如图 29 所示。从图中可以看出康贝株式会社的专利申请经历了三个阶段：第一阶段为1981—2000年，该阶段中康贝株式会社儿童推车类申请维持在一个低水平的稳定申请量；第二阶段为2001—2006年，相较第一阶段，申请量有了大幅提升，每年的申请总量达到20件以上；第三阶段为2007—2015年，该阶段申请量较第二阶段有了小幅下降，每年的申请总量有小幅波动。

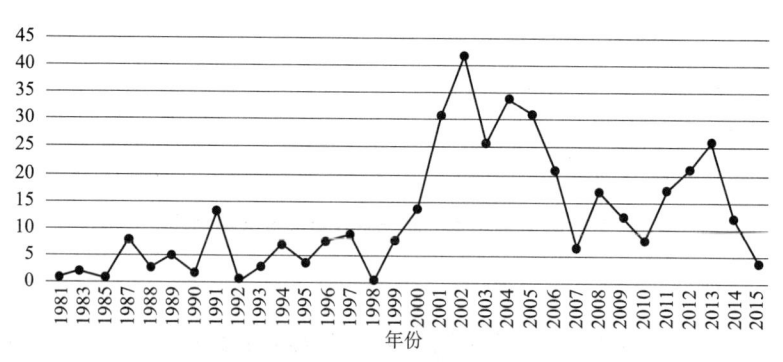

图29 康贝株式会社的申请量逐年分布趋势

2. 研发重点分析

康贝株式会社的研发重点分析如图30所示。从图中可以看出，该公司主要侧重于车架，共计253件，占其申请总量的63.5%，超过其申请总量的一半；附件部件专利申请为50件，占其申请总量的12.5%；行进机构的申请为42件，占其申请总量的10.5%；座椅及婴儿篮的申请为54件，占其申请总量的13.5%。

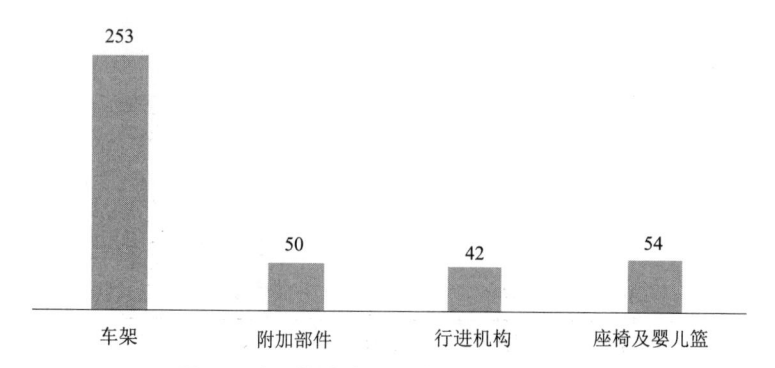

图30 康贝株式会社申请的研发重点分析

3. 区域分布分析

康贝株式会社的专利申请目的国包括日本、韩国、美国、中国和欧洲。康贝株式会社在中国、欧洲、韩国申请情况类似，在三个国家和地区的申请量相当，车架的申请量分别占各申请目的国总申请量的65%～70%，附加部件、行进机构、座椅及婴儿篮分别占申请总量的10%左右；康贝株式会社在美国的申请量较多，其中车架的申请量约占72%；康贝株式会社在本国日本的申请量最大，大约是在中国、欧洲、韩国申请量的总和，车架的申请量约占58%，是车架所占比重最小的申请目的国（见表5）。

表5 康贝株式会社的专利申请目的国分布

技术＼数量＼国别	中国	欧洲	日本	韩国	美国
车架	39	39	89	30	56
附加部件	8	7	17	7	12
行进机构	6	6	18	7	4
座椅及安全篮	6	2	29	11	6
总计	59	54	153	55	78

4. 在中国专利法律状态分析

截至检索日，该公司的专利申请法律状态如图31所示。其中，专利权处于有效状态的专利申请为244件，占申请总量的61%；专利权处于失效状态的专利申请为54件，占申请总量的13.5%；待审的专利申请为78件，占申请总量的19.5%。可见，该公司专利申请的授权率比儿童推车的平均授权率高。

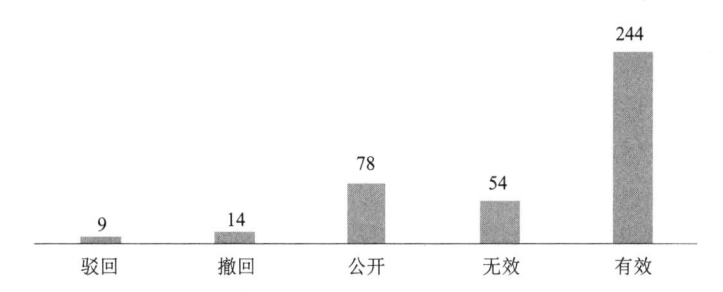

图31 康贝株式会社专利申请的法律状态

（三）明门实业有限公司

明门实业有限公司成立于1983年，专注于婴儿车、婴儿床、汽车安全椅等婴幼儿产品的设计与研发。

1. 申请量趋势分析

明门实业有限公司的申请量趋势如图32所示。从图中可以看出明门实业有限公司的专利申请经历了三个阶段：第一阶段为2003—2009年，该阶段中明门实业有限公司儿童推车类申请维持在一个低水平的稳定申请量；第二阶段为2010—2013年，相较第一阶段，申请量有了大幅提升，每年的申请总量达到40件以上；第三阶段为2014—2015年，该阶段申请量较第二阶段有了小幅下降。

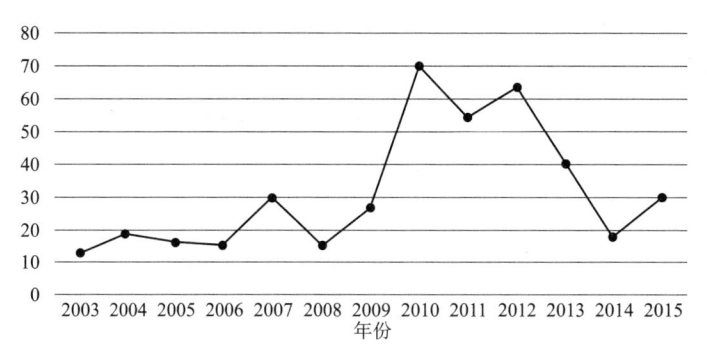

图 32　明门实业有限公司的申请量逐年分布趋势

2. 研发重点分析

明门实业有限公司的研发重点分析如图 33 所示。从图中可以看出，该公司主要侧重于车架，共计 261 件，占其申请总量的 64.4%，超过其申请总量的一半；附加部件为 52 件，占其申请总量的 12.8%；行进机构的申请为 59 件，占其申请总量的 14.6%；座椅及婴儿篮的申请为 33 件，占其申请总量的 8.2%。

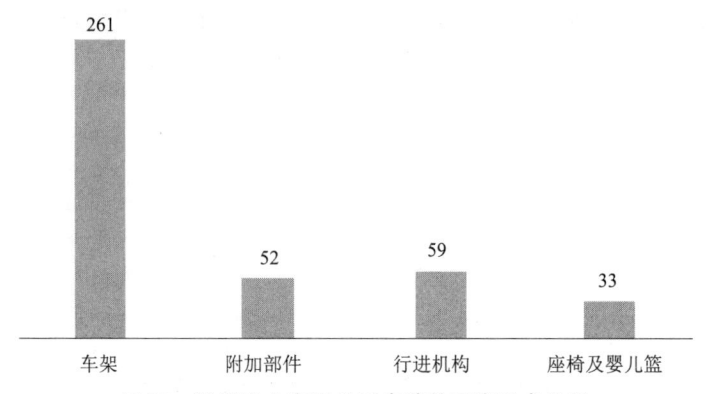

图 33　明门实业有限公司申请的研发重点分析

3. 区域分布分析

明门实业有限公司的专利申请目的国包括中国、美国、日本和欧洲。

4. 在中国专利法律状态分析

截至检索日，该公司的专利申请法律状态如图 34 所示。其中，专利权处于有效状态的专利申请为 301 件，占申请总量的 74%；专利权处于失效状态的专利申请为 38 件，占申请总量的 4%；待审的专利申请为 42 件，占申请总量的 10%。可见，该公司专利申请的授权率高于儿童推车的平均授权率。

（四）中山市隆成日用制品有限公司

中山市隆成日用制品有限公司专业设计、开发、制造一系列婴童及学前儿童用具

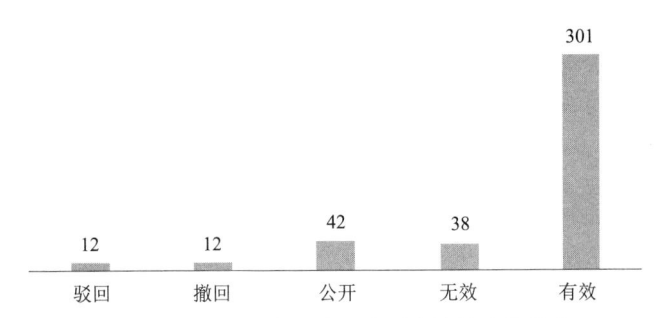

儿童推车领域专利技术现状及其发展趋势　627

```
        301

12    12    42    38
驳回  撤回  公开  无效  有效
```

图 34　明门实业有限公司专利申请的法律状态

及玩具，是全球婴儿手推车最大的生产基地之一。

1. 申请量趋势分析

中山市隆成日用制品有限公司的申请量趋势如图 35 所示。从图中可以看出中山市隆成日用制品有限公司的专利申请经历了三个阶段：第一阶段为 1999—2002 年，该阶段中中山市隆成日用制品儿童推车类申请维持在一个低水平的稳定申请量；第二阶段为 2003—2013 年，相较第一阶段，申请量有了较大幅提升，每年的申请总量达到 9 件以上，其中 2004 年、2010 年、2013 年的全年总申请量均达到 28 件以上；第三阶段为 2014—2015 年，该阶段申请量较第二阶段有了小幅下降，与第一阶段的申请量水平相当。

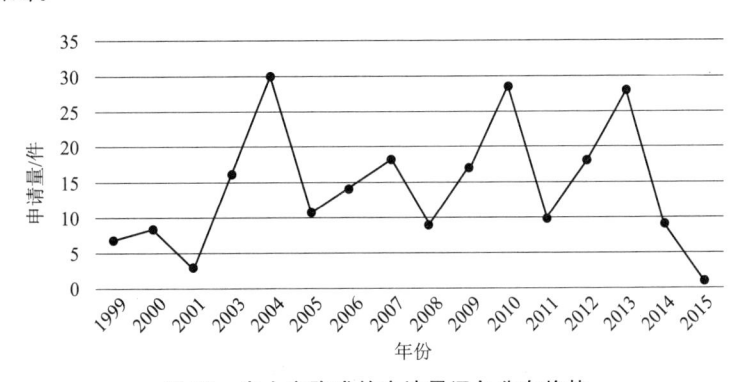

图 35　中山市隆成的申请量逐年分布趋势

2. 研发重点分析

中山市隆成日用制品有限公司的研发重点分析如图 36 所示。从图中可以看出，该公司主要侧重于车架，共计 157 件，占其申请总量的 66.5%，接近其申请总量的七成；附加部件的申请为 10 件，占其申请总量的 4.2%；行进机构的申请为 36 件，占其申请总量的 15.3%；座椅及婴儿篮的申请为 33 件，占其申请总量的 14%。该公司在行进机构、座椅及婴儿篮方面也投入了较大的研发力度。

```
       157




                                  36
                                              24
                  10

      车架      附加部件        行进机构    座椅及婴儿篮
```

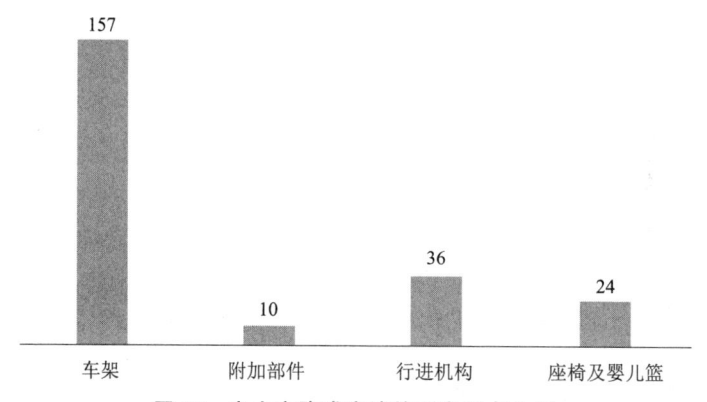

图36　中山市隆成申请的研发重点分析

3. 区域分布分析

中山市隆成日用制品有限公司的专利申请均为国内申请，未向其他国家和地区提交过专利申请。

4. 在中国专利法律状态分析

截至检索日，该公司的专利申请法律状态如图37所示。其中，专利权处于有效状态的专利申请为122件，占申请总量的54%；专利权处于失效状态的专利申请为82件，占申请总量的36%；待审的专利申请为8件，占申请总量的3.5%。可见，该公司专利申请的失效率较高。

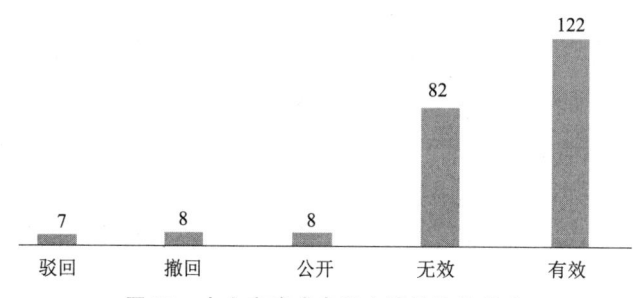

```
                                                    122



                                        82





         7           8           8
        驳回         撤回         公开         无效         有效
```

图37　中山市隆成专利申请的法律状态

（五）威凯儿童用品有限公司

威凯儿童用品有限公司是一家专业从事儿童用品研发、制造和销售于一体的企业。

1. 申请量趋势分析

威凯儿童用品有限公司的申请量趋势如图38所示。从图中可以看出威凯儿童用品有限公司的专利申请自2007年起稳步上升，在2011年、2013年申请量分别较前一年有小幅下滑，但总体是上升的趋势，由2007年全年申请量1件提升至2015年全年申请量的 66 件。

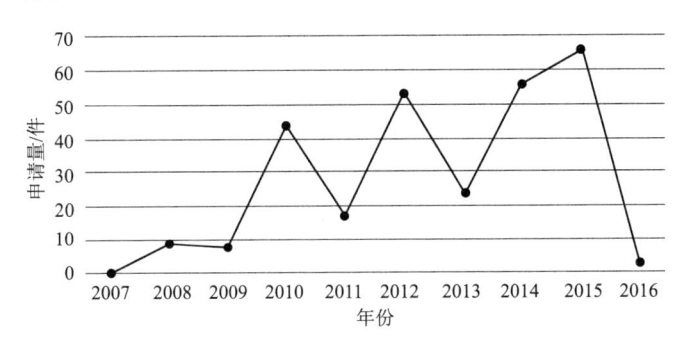

图 38 威凯儿童用品有限公司的申请量逐年分布趋势

2. 研发重点分析

威凯儿童用品有限公司的研发重点分析如图 39 所示。从图中可以看出，该公司主要侧重于车架，共计 161 件，占其申请总量的 57.5%；附加部件的申请为 39 件，占其申请总量的 13.9%；行进机构的申请为 50 件，占其申请总量的 17.9%；座椅及婴儿篮的申请为 30 件，占其申请总量的 10.7%。可见，该公司除了车架这一重点研究方面以外，在行进机构方面也有较多的研究。

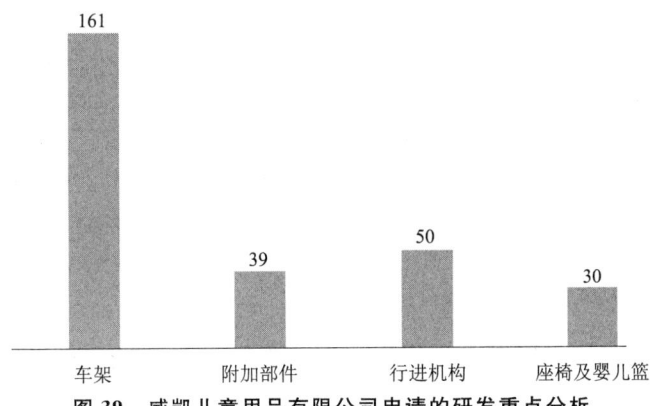

图 39 威凯儿童用品有限公司申请的研发重点分析

3. 区域分布分析

威凯儿童用品有限公司的专利申请均为国内申请，未向其他国家和地区提交过专利申请。

4. 在中国专利法律状态分析

截至检索日，该公司的专利申请法律状态如图 40 所示。其中，专利权处于有效状态的专利申请为 230 件，占申请总量的 82%；专利权处于失效状态的专利申请为 12 件，占申请总量的 4%；待审的专利申请为 18 件，占申请总量的 6%。可见，该公司专利申请的授权率较高。

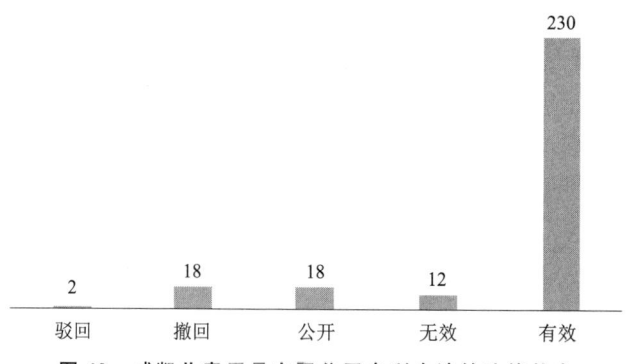

图40　威凯儿童用品有限公司专利申请的法律状态
（驳回 2，撤回 18，公开 18，无效 12，有效 230）

五、儿童推车技术发展趋势预测和建议

（一）儿童推车技术发展趋势

通过对儿童推车专利技术现状的分析，提出以下儿童推车的技术发展趋势预测。

首先，从以上对儿童推车专利信息的分析数据来看，儿童推车由早期的仅提供推、乘单一功能固定式车架推车逐步发展成多功能可折叠式车架推车。从早期的以车架为主要研究方向逐渐向对车架、座椅及婴儿篮、行进机构、附加部件等多研究方向发展，但仍以车架为主要研究方向。而车架方面重点研究方向集中在车架的折叠方面，而车架的连接方面关注度也会进一步增加。预计未来，在车架折叠方面车架的折叠方式仍将是儿童推车的主要研究方向，在车架连接方面仍将以车架与座椅的连接为主要研究方向，而对于车架折叠的锁定结构和车架与附件的连接的关注度也将进一步增加。

随着人们生活水平的提高，对于儿童推车的要求也越来越高，对于儿童推车的安全性、舒适性、功能性都提出了新的更高的要求。对于车架的折叠方面，主要目的是要实现轻量、便捷和安全，可实现单手折叠、便携、不会以外折叠或展开使婴幼儿受伤，折叠后体积小，可轻松放入私家车后备箱等功能。因而，在车架的折叠方式和锁定机构方面仍具有良好的发展前景。对于车架的连接方面，主要要实现座椅及婴儿篮的可拆卸、可旋转、高度可调节、可与安全座椅配合使用等功能。因而，在车架与座椅的连接方面同样具有良好的发展前景。

其次，从以上儿童推车专利信息的分析数据来看，儿童推车在座椅及婴儿篮、行进机构和附加部件方面同样有着广阔的发展前景。

对于座椅及婴儿篮，对于其安全性和舒适性的要求进一步提高，例如座椅及婴儿篮的大小要适合婴幼儿的身材，材质要安全舒适，安全带和安全护栏的舒适度和安全度同样重要。因而在座椅及婴儿篮的安全装置、舒适性附件方面具有一定的发展前景。

对于行进机构，推行自在灵活，转弯方便，是儿童推车的最基本条件之一，未来更趋向于单手推拉自如。刹车与减震也成为必备条件。因而，在驱动、刹车、车轮的改进方面同样具备发展前景。

对于附加部件，置物功能与配件的增设同样成为儿童推车发展的新趋势。

最后，综观全球，我国的儿童推车领域专利申请量远远超过国外，国内的儿童推车创新活跃。尤其以好孩子儿童用品有限公司为主，已逐渐成为国内乃至全球的行业领头羊。虽然具有这样的优势，但是国内在儿童推车领域技术创新方面仍存在一定的问题。目前，国内儿童推车专利申请主要集中在中国，目的国在国外的申请较少，使得国内企业占领国外市场不具备优势。

（二）对我国儿童推车行业的建议

根据以上对儿童推车专利技术现状的分析，提出对我国儿童推车行业的建议。

首先，进一步加强技术创新与知识产权保护。从以上儿童推车专利信息的分析数据来看，近年来我国的儿童推车领域以企业申请为主，且申请量逐年增加，说明我国的儿童推车企业逐渐开始重视技术创新和知识产权保护。作为我国儿童推车生产和研发的主体，企业要在激烈的市场竞争中立于不败之地，就需要不断地加大创新力度，开发新技术和新产品，才能巩固已有市场并拓展新市场。

其次，要增强国际竞争力。从以上儿童推车专利信息的分析数据来看，虽然我国专利申请量远超国外，但国内企业的专利申请主要集中在国内，在国外申请的专利申请量较少。这并不利于国内企业走出去，参与国际竞争，而反观国外企业近年来却愈发重视在中国的专利申请。在国内、国际市场竞争日趋激烈的形势下，国内企业需要加大在国外的专利申请力度，增强国际竞争力。

随着人民生活水平的不断提高和我国二胎政策的全面开放，儿童推车具有广阔的市场和发展前景，机遇与挑战并存，我国的儿童推车必将进入一个快速发展的阶段。

参考文献

[1] 宇博智业机构. 婴儿推车行业发展历史分析［EB/OL］.［2015-05-25］. http://www.chinabgao.com/contactus.asp.

[2] GB 14748—2006. 儿童推车安全要求［S］.

[3] 中华人民共和国商务部. 出口商品技术指南童车［Z］. 2014.

[4] EN1888：2003［E］. Wheeled Child Conveyances-Safety Requirements And Test Methods.

[5] ASTM F833. Standard Consumer Safety Performance Specification for Carriages and Strollers.